SCIENCES INDUSTRIELLES
DE L'INGÉNIEUR

SCIENCES INDUSTRIELLES
DE L'INGÉNIEUR

Spécial ATS

PIERRE TRÉHIN

Professeur agrégé de sciences industrielles
au lycée Jules Ferry à Cannes
Docteur en automatique
Ingénieur Arts et Métiers

ellipses

ISBN 9782340-024038
© Ellipses Édition Marketing S.A., 2019
32, rue Bargue 75740 Paris cedex 15

www.editions-ellipses.fr

Avant-propos

Cet ouvrage s'adresse aux étudiants des classes préparatoires ATS (Adaptation Techniciens Supérieurs) industrielles.

Les systèmes industriels sont pour la majorité d'entre eux pluritechnologiques, et nécessitent une connaissance de l'ensemble des domaines de l'ingénierie industrielle, qu'il s'agisse de génie électrique, de génie mécanique ou d'automatisme.

L'enseignement des sciences industrielles s'appuie sur la démarche de l'ingénieur, qui consiste à systématiquement valider ou confronter des résultats de simulation (domaine de la modélisation) avec des résultats expérimentaux (domaine du réel) ou des exigences requises par le cahier des charges (domaine du commanditaire). C'est pourquoi tous les exercices et problèmes de cet ouvrage s'attachent à mettre en avant cette démarche.

La structure de cet ouvrage est articulée autour de l'architecture des systèmes pluritechnologiques, telle qu'elle est proposée dans les programmes de la CPGE ATS, plutôt que regroupée par champs disciplinaires déconnectés les uns des autres.

La première partie de cet ouvrage présente cette architecture, qui servira de fil conducteur tout au long des parties abordées.

La seconde partie aborde les pré-requis nécessaires à l'assimilation des cours (vecteurs, électrocinétique, transformation de Laplace, ...).

La troisième partie étudie alors de façon exhaustive la chaîne d'énergie.

La quatrième partie est consacrée à l'étude des systèmes asservis, et fait appel aux notions transversales abordées dans la partie précédente.

Enfin, la cinquième partie est quant à elle consacrée à la chaîne d'information, pour laquelle certains thèmes de la partie précédente seront exploités.

Cet ouvrage se veut opérationnel, et se concentre sur les points essentiels à maîtriser en fin de CPGE ATS. Les problèmes sont quant à eux tous extraits ou adaptés de sujets de concours.

La modélisation et la simulation sont des activités incontournables de l'ingénieur, et de nombreux exercices et problèmes sont accessibles en simulation[1] par le biais d'une page internet dédiée à ce livre : http://s2i.en.cpge.ats.free.fr

Les exercices pour lesquels un modèle est développé à des fins de simulation sont identifiés dans l'ouvrage par le QRCode ci-contre qui renvoie à la page internet des modèles.

Je remercie très sincèrement Christophe GREZE et Damien GUIGUES, tous deux enseignants de Sciences de l'Ingénieur au lycée Jules Ferry de Cannes, pour l'aide apportée à la réalisation de cet ouvrage, et pour avoir eu la gentillesse d'assurer la relecture de celui-ci.

Toute remarque ou suggestion peut être adressée par voie électronique à :

s2i.cpgeats.editions@gmail.com

---

[1] Les fichiers de simulation nécessitent le logiciel Scilab 5.5.2 exploité en CPGE ATS, en distribution libre.

Table des matières

Partie A : Structure d'un système multiphysique

Les systèmes industriels complexes sont développés afin de répondre à un ou des besoins spécifiques, et font appel à l'ensemble des technologies industrielles.

Cette première partie a pour ambition la description et la modélisation :

- des exigences que doit respecter le système,
- de la structure de ce système,
- des flux d'énergie qui transitent en son sein,
- de son comportement attendu.

Elle se compose de deux chapitres :

- chapitre 1 : analyse structurelle d'un système multiphysique ;
- chapitre 2 : analyse fonctionnelle d'un tel système.

Chapitre 1. Analyse structurelle

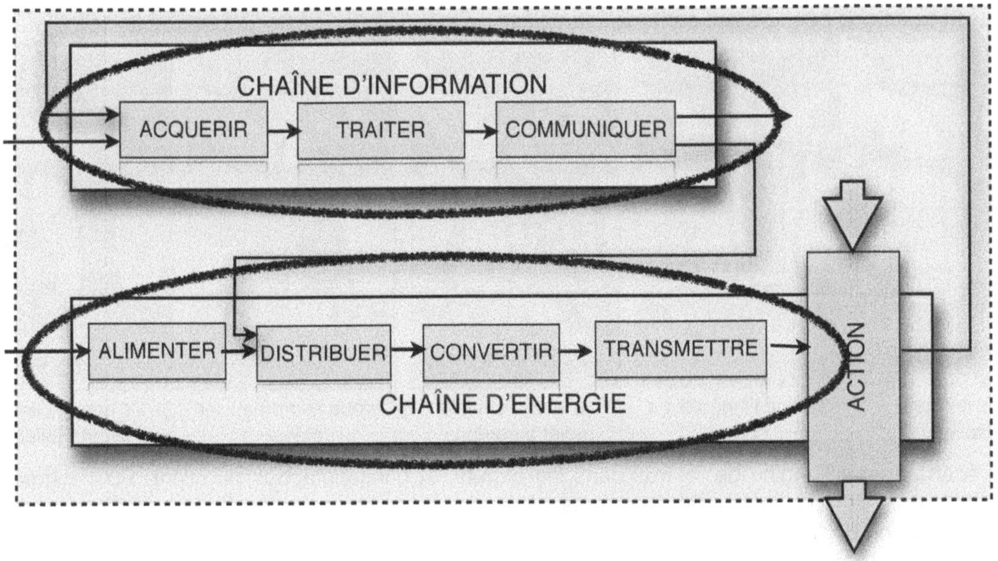

A. Ingénierie Système

A.1 Définition d'un système

Nous appellerons système tout assemblage d'éléments en interactions les uns par rapport aux autres, conçu de façon à réaliser une ou plusieurs fonctions particulières.

Le programme de Sciences Industrielles de l'Ingénieur repose sur l'étude de systèmes pluritechniques, ainsi appelés car ils mettent en œuvre des technologies diverses : conversion électromécanique, transmission de puissance, automatisation, ...

A.2 Définition de l'ingénierie système

L'ingénierie système est une démarche regroupant l'ensemble des activités liées au cycle de vie d'un système, depuis la définition de ses attendus jusqu'à son évolution.

Les modèles utilisés peuvent être des représentations concrètes (CAO) ou plus abstraites.

A.3 Intérêts de l'ingénierie système

On observe souvent lors de la conception et du développement d'un système un manque de rigueur dans l'expression des besoins, qui sont mal identifiés.

Ce que le client a expliqué — Ce que l'ingénieur a conçu — Ce que le chef de projet a compris — Ce que l'automaticien a écrit — Ce que le client souhaitait réellement

Ces écarts sont à l'origine de retards dans les projets, et d'insatisfaction du client. Pour remédier à ces inconvénients, la modélisation des systèmes s'impose.

La modélisation permet :

- de mieux définir les exigences,
- d'améliorer la qualité de la conception,
- de faciliter le développement des systèmes complexes,
- de représenter de façon exhaustive le système.

A.4 Etude des systèmes

A.4.1 Nature des systèmes

Quand on parle de système, on peut entendre :

- le système souhaité, associé à des performances attendues ;
- le système réel, associé à des performances mesurées ;
- le système simulé, associé à des performances simulées.

L'étude des systèmes a pour but de quantifier les écarts entre ces différents systèmes :

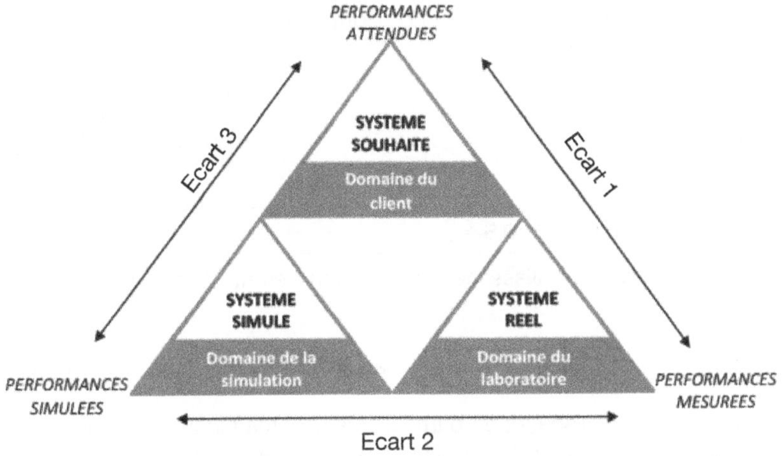

Un système souhaité sera décrit par des outils de description permettant de préciser les fonctions du système et de quantifier ses performances.

Un système simulé est modélisé par des lois comportementales, de façon à estimer ses capacités à répondre aux attentes du système souhaité.

Un système réel est la conséquence des choix effectués lors des simulations. Il est alors possible de mesurer les performances réelles et de les comparer aux performances attendues.

Les écarts entre chaque système font l'objet d'analyses et, le cas échéant, d'une reconfiguration.

A.4.2 Démarches de l'ingénieur

L'ingénieur doit être en mesure de :

- vérifier les performances attendues du système, en évaluant l'écart 1 ci-dessus entre le système réel et les attentes du client : **Compétence de vérification** ;
- construire et valider une simulation, en mesurant et analysant les écarts 2 entre les résultats d'une simulation et le système réel : **Compétence de validation** ;
- prévoir les performances attendues à partir de sa modélisation, en maîtrisant l'écart 3 : **Compétence de prévision**.

A.4.3 Intérêt de la modélisation

La performance de la modélisation d'un système permet de réduire significativement les temps et coûts de développement d'un système.

C'est ainsi que le Falcon 7X a été développé exclusivement par modélisation. Aucun prototype réel de cet avion n'a été créé.

En revanche, le prototype modélisé a volé plusieurs milliers d'heures en toutes conditions de vol...

Les opérations de montage et démontage des équipement ont été simulées avec des mannequins virtuels.

Même les unités et usines de production ont été modélisées avant la production de l'avion.

A.4.4 Modèles exploités en CPGE ATS

Un certain nombre d'outils normalisés de modélisation seront étudiés en sciences industrielles de l'ingénieur en CPGE ATS.

Nous utiliserons :

- le langage SysML qui permet une modélisation fonctionnelle, structurelle et comportementale du système ;
- la schématisation normalisée, et en particulier le schéma cinématique qui permet de décrire les mouvements relatifs entre les différents sous-ensembles d'un mécanisme ;
- les modèles mathématiques qui permettent de prédire les grandeurs physiques en jeu dans le comportement du système ;
- la modélisation informatique du comportement du système, qu'elle soit causale ou acausale.

A.5 Cycle de vie - Conduite de projet

A.5.1 Cycle de vie

L'agence française de normalisation (AFNOR) définit le projet de la façon suivante :

«Un projet se définit comme une démarche spécifique qui permet de structurer méthodiquement une réalité à venir. Un projet est défini et mis en œuvre pour élaborer la réponse au besoin d'un utilisateur, d'un client ou d'une clientèle et il implique un objectif et des actions à entreprendre avec des ressources données».

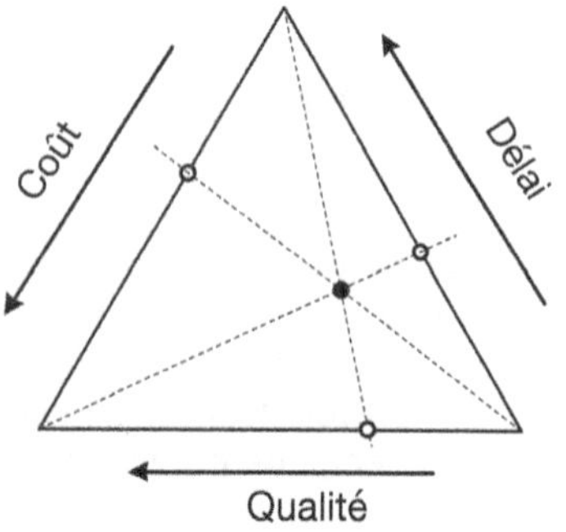

Un projet est toujours un compromis entre trois caractéristiques : Qualité, Coût et Délai du projet.

Intervenir sur une de ces caractéristiques influence systématiquement les deux autres. Ce phénomène est mis en évidence par le triangle «Qualité - Coût - Délai» ci-dessus.

Un projet comporte globalement 3 phases, connues sous la désignation «3C» : Cadrer - Conduire - Conclure.

- Phase de préparation : il s'agit de l'analyse des besoins et de l'analyse de l'opportunité de mener à bien ce projet. Appelée également avant-projet, cette phase aboutit à la rédaction du cahier des charges.
- Phase de réalisation : elle débute par la réception du cahier des charges et s'achève à la livraison du produit. C'est la phase opérationnelle du projet.
- Phase de fin de projet : le produit est mis en situation de production, et il s'agit dans cette phase de s'assurer de son adéquation avec les besoins attendus.

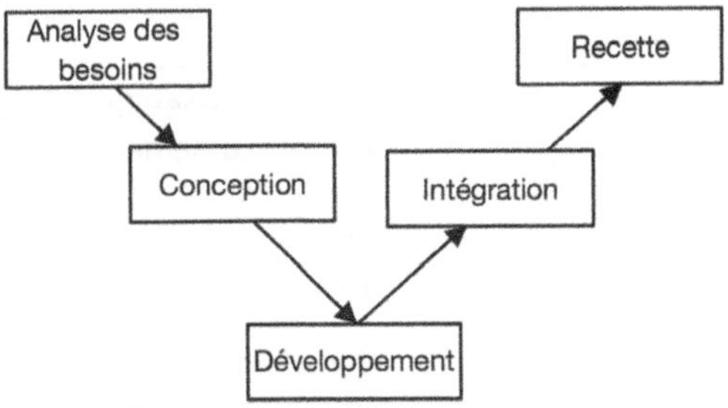

A.5.2 Conduite de projet

Plusieurs cycles de développement de projet existent. Nous aborderons le cycle en cascade, le cycle en V et le cycle itératif.

A.5.2.1 Cycle en cascade

Le modèle en cascade est issu du génie civil. Dans ce modèle, l'ensemble des phases opérationnelles de développement s'enchaînent les unes après les autres (d'où le terme «cascade»).

Ce cycle est très exigeant en terme de qualité, car la non-validation d'une phase peut se révéler désastreuse et coûteuse. Il est donc réservé à l'industrie lourde.

A.5.2.2 Cycle en V

Le manque de réactivité du modèle en cascade a abouti à la création du cycle suivant, appelé cycle en V.

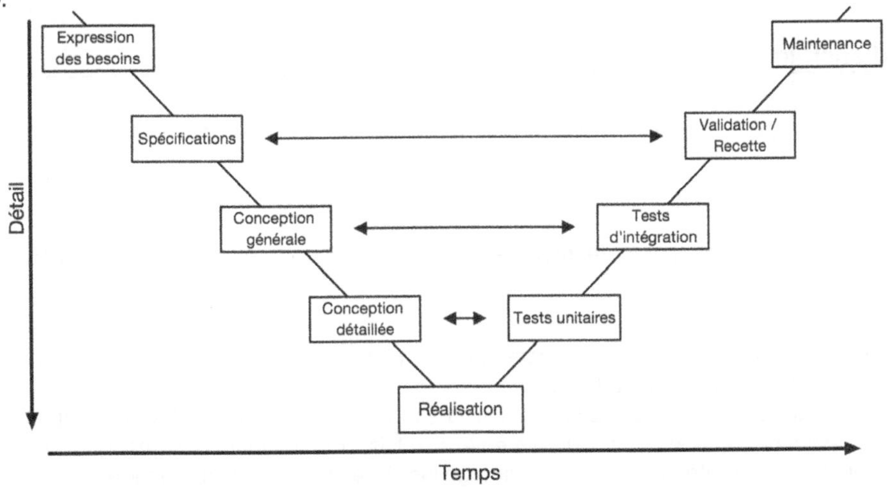

En cas de problème sur une phase, le retour en arrière est plus limité. Lorsque des défauts sont détectés, ils sont intégrés dans la phase correspondante en vis-à-vis.

De même, ce cycle montre la nécessité de l'anticipation : les critères des tests de validation sont définis lors des phases correspondantes.

Ce cycle est devenu le standard de la gestion de projet industriel.

A.5.2.3 Cycle itératif

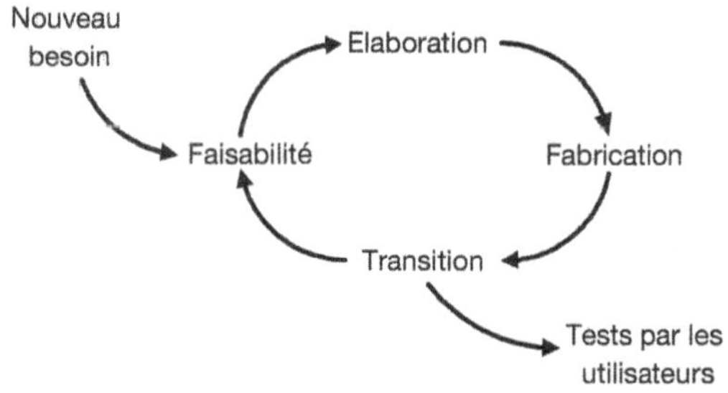

L'idée générale est de livrer le plus rapidement possible (8 semaines maximum) un produit qui puisse être testé par le client, et de recueillir ses avis et critiques, pour ensuite se lancer dans un nouveau cycle.

Ainsi, la phase de livraison devient phase de «transition» dans laquelle le client fait part de ses remarques et exprime l'équivalent d'un nouveau besoin, qui va relancer un nouveau cycle.

Cette méthode se doit d'être très réactive, et chacune des itérations doit être la plus courte possible.

Ce cycle itératif est bien adapté au développement informatique, demandant peu de ressources matérielles.

B. Structure des systèmes

Tout système est constitué d'une succession d'éléments permettant de transmettre l'énergie depuis la source vers les actionneurs (éléments du système agissant sur la matière d'œuvre). L'ensemble de ces éléments constitue la chaîne d'énergie.

Le système adapte son comportement en fonction d'informations sur l'état du système. Il s'agit donc de récupérer ces informations, de les traiter et ensuite de communiquer le résultat de ce traitement.

L'ensemble des éléments impliqués constitue la chaîne d'information.

B.1 Chaîne d'énergie

La chaîne d'énergie a pour rôle la mise en œuvre des éléments qui vont assurer la réalisation des fonctions demandées dans le cahier des charges.

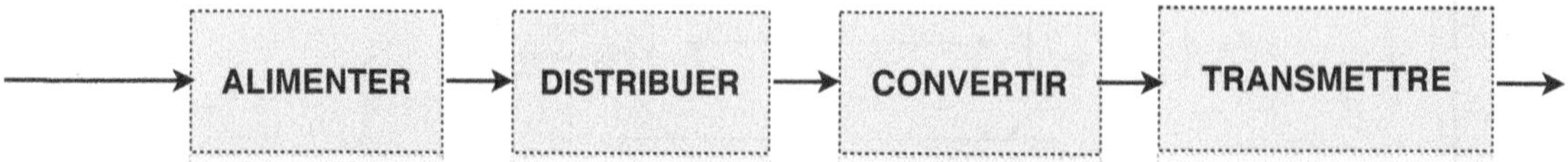

La fonction «**ALIMENTER**» regroupe les constituants permettant de connecter la source d'énergie dans le système : raccordement réseau, batteries, ...

La fonction «**DISTRIBUER**» a pour rôle d'acheminer la source d'énergie, après l'avoir éventuellement adaptée, vers les actionneurs adéquats du système : relais, distributeur pneumatique, variateur, hacheur, ... Cette fonction nécessite des ordres de pilotage issus de la chaîne d'information.

La fonction «**CONVERTIR**» va transformer la nature de l'énergie afin de la rendre compatible avec la nature de la transformation de matière d'œuvre : moteurs électriques, moteurs thermiques, génératrices, vérins, ...

La fonction «**TRANSMETTRE**» regroupe les éléments qui vont acheminer cette énergie convertie de façon à la rendre disponible pour l'action à réaliser : transmission par engrenages, transformation de mouvement vis-écrou, embrayages, poulies-courroies.

B.2 Chaîne d'information

La chaîne d'information a pour rôle l'acquisition de l'état du système en entrée, et la transmission d'informations en sortie (à destination du système ou de l'opérateur).

La fonction «**ACQUERIR**» renseigne le système et/ou l'utilisateur sur l'état du système. Elle permet également de prendre en compte des consignes émanant de l'opérateur : capteurs, interface homme/machine, acquisition numérique de données.

La fonction «**TRAITER**» manipule ces données de façon à faire évoluer le système : automate programmable, ordinateur, logique câblée, supervision

La fonction «**COMMUNIQUER**» permet d'acheminer le résultat de ce traitement vers le système (vers la fonction «DISTRIBUER») ou vers l'opérateur : commandes Tout-Ou-Rien, liaisons réseau, bus de capteurs/actionneurs, interface homme/machine.

B.3 Structure globale d'un système

Le schéma ci-dessous représente de façon générique la structure d'un système, mettant en évidence les liens entre la chaîne d'information, la chaîne d'énergie et l'environnement extérieur (source d'énergie, opérateur et matière d'œuvre) :

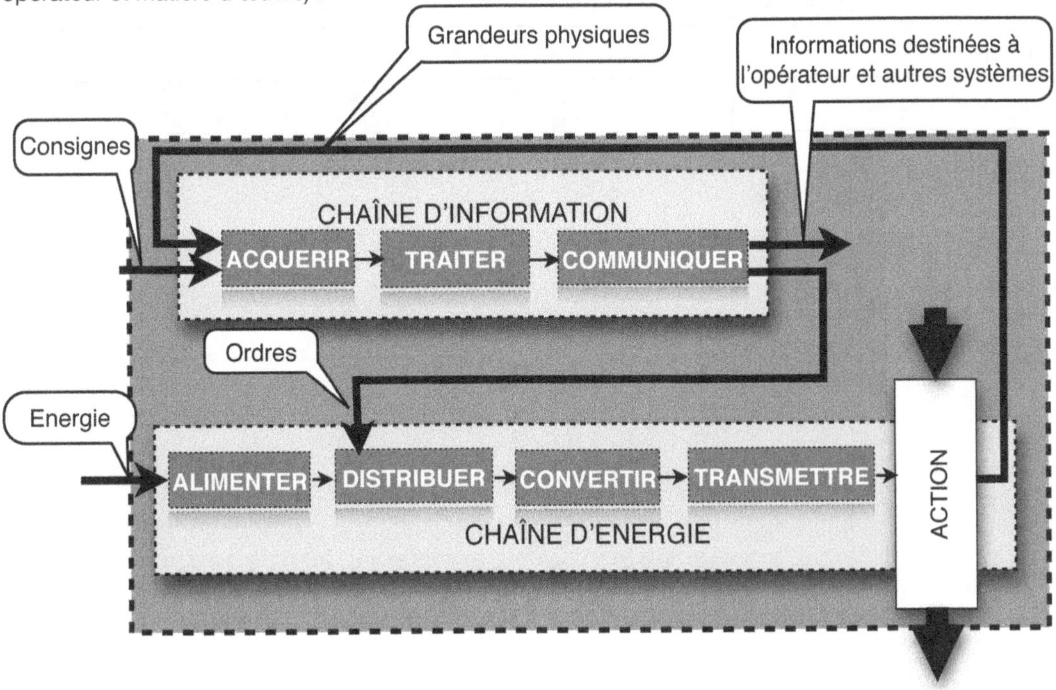

B.4 Flux échangés au sein du système

Les flux transitant au sein du système peuvent être de trois natures :
- énergie,
- information,
- matière.

Chaque flux d'énergie est caractérisé par deux variables physiques :
- une variable **potentielle**,
- une variable de **flux**.

Le produit de ces deux variables est la **puissance** du flux.

Exemples de flux :

Nature du flux	Caractéristique du flux	
	Variable potentielle	Variable de flux
Energie électrique	Tension (V)	Intensité (A)
Energie mécanique (translation)	Force (N)	Vitesse linéaire ($m.s^{-1}$)
Energie mécanique (rotation)	Couple (Nm)	Vitesse angulaire ($rad.s^{-1}$)
Energie pneumatique/hydraulique	Pression (Pa)	Débit ($m^3.s^{-1}$)
Information		
Matière		

Chapitre 2 . Analyse fonctionnelle

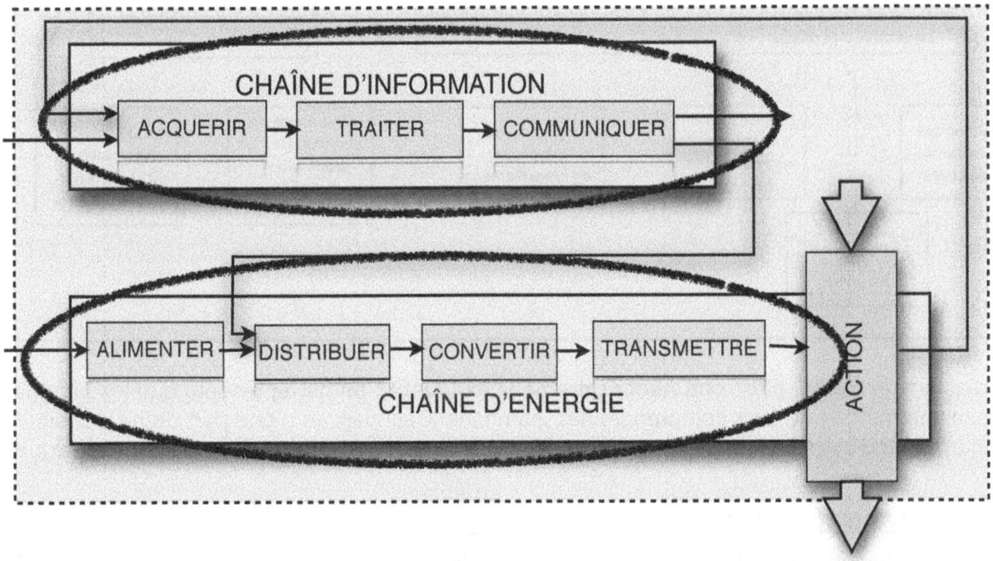

La conduite d'un projet nécessite des échanges continuels entre les différents acteurs. Nous devons pouvoir décrire la finalité d'un système, ce qui en est attendu, son fonctionnement, sa décomposition en sous-ensembles, etc.

Pour que cette communication soit la plus efficace possible, il est impératif de disposer d'outils et de langages de description qui seront communs à tous ces acteurs.

A. Généralités

A.1 Introduction

Le langage SysML (System Modeling Language) est un outil graphique de représentations abstraites (modèles) utilisé pour développer ou décrire des systèmes complexes.

Il permet à tous les concepteurs et utilisateurs d'un système (ingénieur, technicien, service marketing, client, etc.) d'utiliser un langage commun.

Ce langage permet :

- d'analyser la structure et le fonctionnement des systèmes,
- de décrire les systèmes et concevoir des systèmes composés de sous-systèmes ,
- de vérifier et valider la faisabilité d'un système avant sa réalisation.

Il comporte 9 diagrammes, qui ont pour ambition de structurer la description selon 3 points de vue.

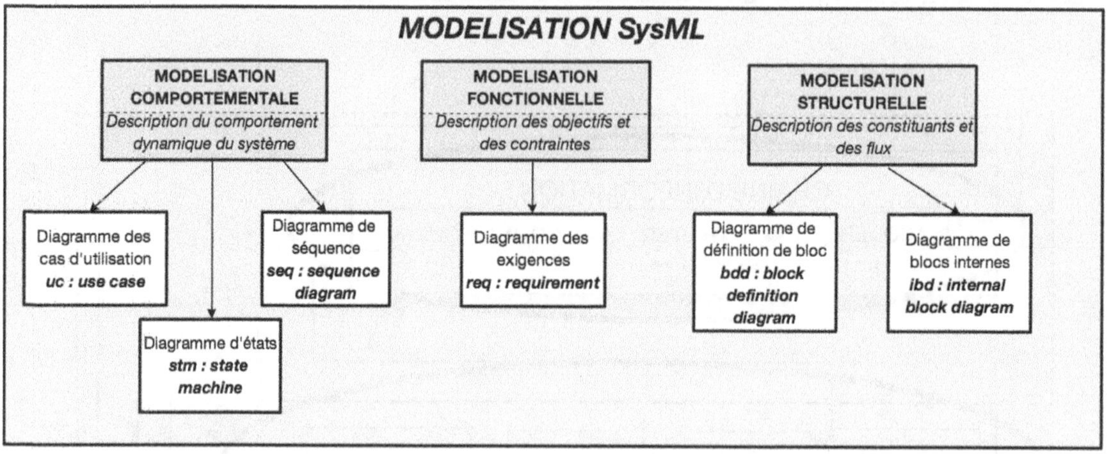

Un diagramme SysML n'est **pas nécessairement exhaustif** : on ne représente que les informations nécessaires permettant de faire comprendre ses intentions. Ceci permet d'une part de ne pas alourdir la représentation, et d'autre part de se focaliser sur les aspects essentiels des éléments à communiquer.

A.2 Modélisation fonctionnelle

Le diagramme des exigences traduit par des fonctionnalités ou des conditions ce qui doit être satisfait par le système.

A.3 Modélisation comportementale

Diagramme de cas d'utilisation

Il représente les services attendus par le système d'un point de vue extérieur au système.

Diagramme de séquence

Il illustre la description textuelle des cas d'utilisation. Il décrit graphiquement l'interaction entre l'acteur (ou les acteurs) et le système.

Diagramme d'activité

Il représente graphiquement, sous forme d'organigramme, les cas d'utilisations.

Diagramme d'états

Ils servent à représenter les différents états d'un objet quelconque en fonction de son état courant et des évènements qui lui arrivent.

A.4 Modélisation structurelle

Diagramme de définition de blocs

Il décrit la structure du système en montrant les sous-ensembles (nommés blocs) qui le constituent et les relations qui les lient.

Diagramme de bloc interne

Il décrit l'organisation interne des blocs (ou d'un ensemble de blocs) définis précédemment en indiquant les flux d'information et d'énergie y circulant.

Diagramme paramétrique

Il permet d'intégrer des analyses systèmes (performance, fiabilité) par des blocs contraintes.

Diagramme de packages

Il sert à représenter les dépendances entre sous-ensembles.

B. Diagramme des exigences (REQ)

Pour découvrir les différents diagrammes, nous prendrons pour support une balance culinaire.

Cette balance permet la pesée d'aliments jusqu'à 3 kg, avec une précision d'un gramme.

Elle inclut une fonction de retarage manuel, et une conversion poids/volume.

B.1 Objectif

Le diagramme des exigences traduit par des fonctionnalités ou des conditions ce qui doit (ou devrait) être satisfait par le système.

Il traduit le cahier des charges, avec des exigences qui peuvent être fonctionnelles, de performances, de contraintes, etc.

Une exigence (Requirement, «req» en abrégé) permet de spécifier une capacité ou une contrainte qui doit être satisfaite par un système. Elle peut spécifier une fonction que le système devra réaliser ou une condition de performance, de fiabilité, de sécurité, etc.

Les exigences servent à établir un contrat entre le client et les réalisateurs du futur système.

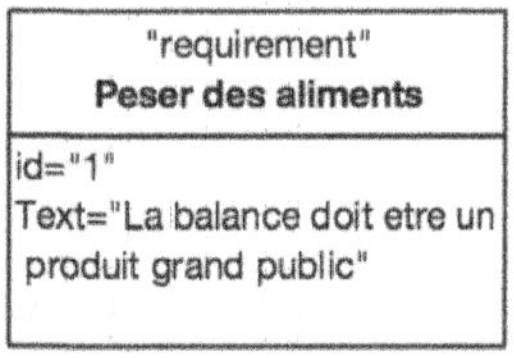

Les deux propriétés de base d'une exigence sont :

- un identifiant unique (permettant ensuite de gérer la traçabilité avec l'architecture, etc.),
- un texte descriptif.

B.2 Le cartouche de diagramme

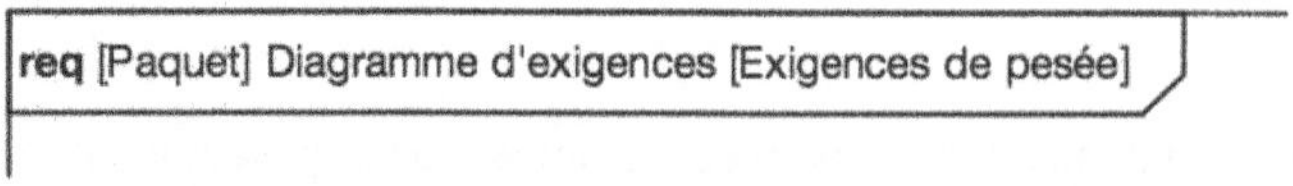

Un cartouche positionné en haut à gauche du diagramme permet de spécifier le type de diagramme SysML, le type de l'élément concerné, l'élément concerné, et le nom du diagramme.

B.3 Construction

Le diagramme des exigences débute par l'exigence globale du système, qui sera ensuite décomposée en exigences unitaires.

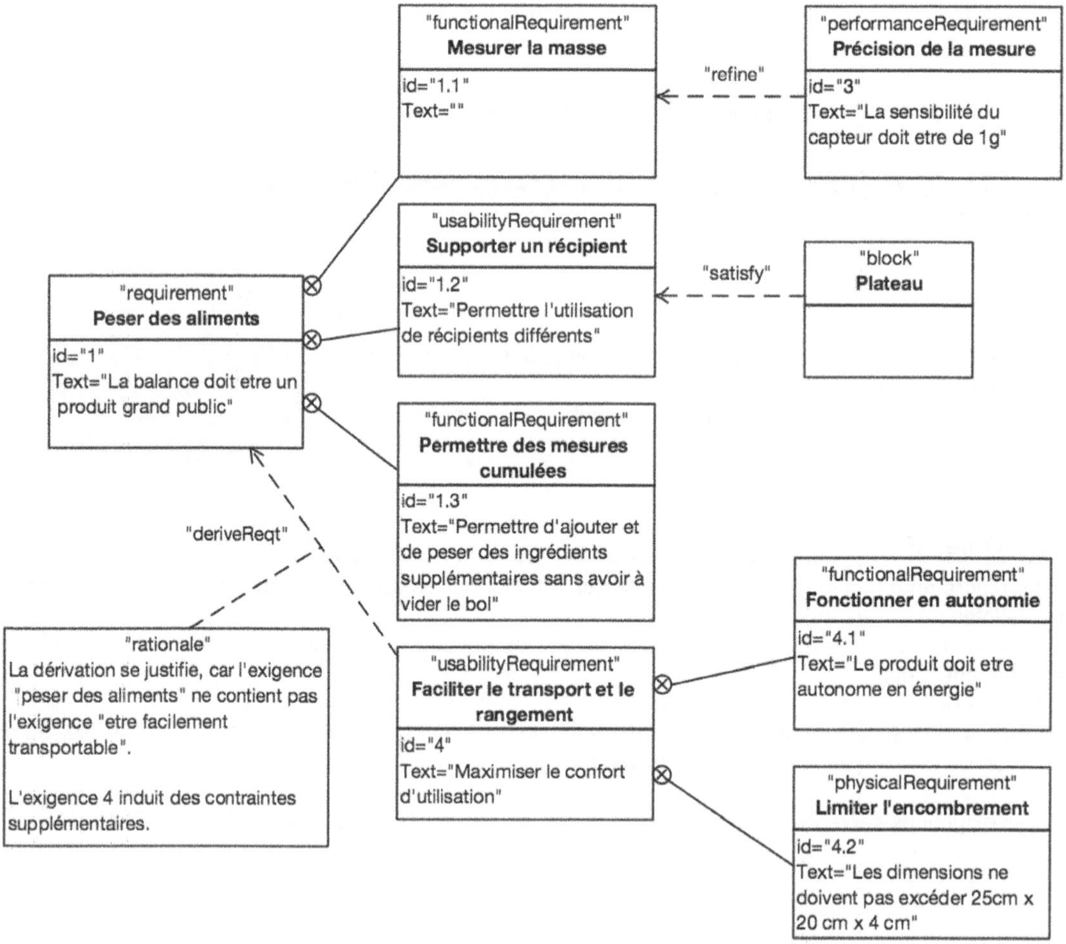

B.4 Les liaisons

Les exigences peuvent être reliées entre elles par des relations de :

Contenance	Raffinement	Dérivation	Satisfaction
⊕——	← – – «refine» – –	← – «deriveReqt» –	← – – «satisfy» – –
Permet de décomposer une exigence composite en plusieurs exigences unitaires	Consiste en l'ajout de précisions, par exemple de données quantitatives.	Permet de relier des exigences de niveaux différents par exemple des exigences système à des exigences de niveau sous-système, etc...	Précise l'élément du système, issu du diagramme de définition de bloc (BDD), qui permet de satisfaire l'exigence désignée

B.5 Les notes graphiques (commentaires)

Deux mots-clés particuliers ont été définis afin de les représenter :
- des problèmes à résoudre « problem » ;
- des justificatifs « rationale ».

B.6 La traçabilité

Elle permet de s'assurer de la cohérence entre ce que fait réellement le projet et ce qu'il doit faire et de faciliter l'analyse d'impact en cas de changement.

Le diagramme d'exigences permet ainsi tout au long d'un projet de relier les exigences avec d'autres types d'élément SysML par plusieurs relations :
- exigence / élément comportemental : « refine » (cas d'utilisation, diagramme d'états, etc.) ;
- exigence / bloc d'architecture : « satisfy » (lien avec l'élément qui satisfait l'exigence).

C. Diagramme des cas d'utilisation (UC)

C.1 Objectif

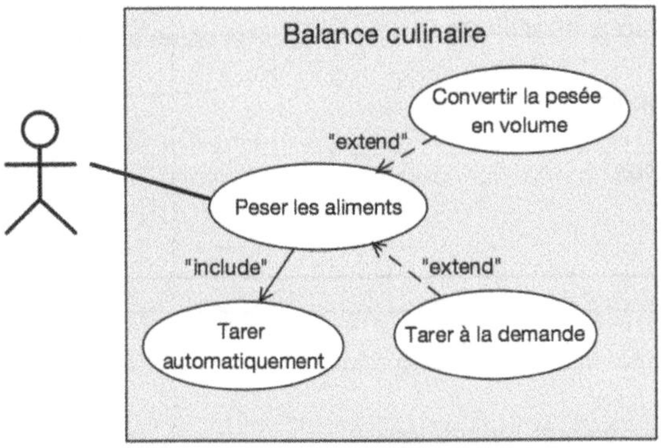

Il représente les services attendus par le système d'un point de vue de l'acteur, donc d'un point de vue extérieur au système.

Il permet de décrire ce que le futur système devra faire, **sans toutefois spécifier comment il le fera**.

Il permet de déterminer les frontières du système et de le placer dans son contexte. A ce niveau, les fonctions internes du système ne nous intéressent pas.

C.2 Les acteurs

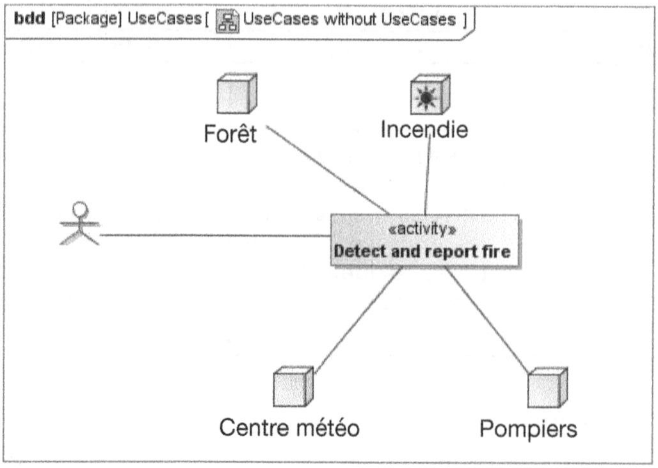

Un «acteur» représente un rôle qui peut être tenu par un humain ou n'importe quel autre système. Il indique avec quoi le système sera en interaction.

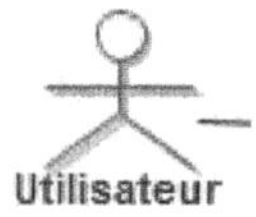

L'acteur principal humain est celui pour qui le cas d'utilisation produit un résultat concret.

Il est possible d'avoir plusieurs acteurs principaux.

Le symbole est à gauche du diagramme.

Les acteurs secondaires (non humains) sont souvent sollicités pour des informations complémentaires ; ils peuvent uniquement consulter ou informer le système lors de l'exécution du cas d'utilisation.

Leur symbole est à droite du diagramme.

C.3 Les cas d'utilisation

La recherche des cas d'utilisation consiste à trouver des cas dans lesquels le système est utilisé pour mener à bien une tâche spécifique d'un acteur.

Chaque cas représente un ensemble de séquence d'actions réalisées par le système.

Les cas d'utilisation sont décrits par un verbe d'action.

C.4 Relation entre cas d'utilisation

C.4.1 Relation d'inclusion : « include »

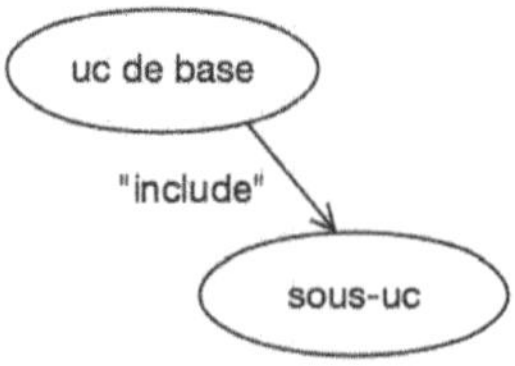

Il permet de faire ressortir une sous-fonctionnalité.

Le cas d'utilisation de base inclut obligatoirement le service décrit par cette relation.

C.4.2 Relation d'extension : « extend »

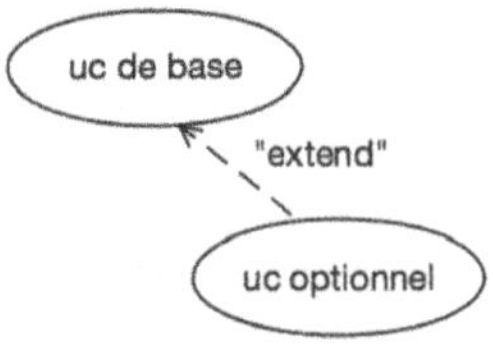

Le cas d'utilisation de base incorpore un autre cas d'utilisation mais optionnel.

D. Diagramme de définition de bloc (BDD)

D.1 Objectif

Il décrit la structure du système en montrant les sous-ensembles (nommés blocs) qui le constituent et les relations qui les lient. Il permet de décrire la structure du système par des liens de composition.

Il donne une représentation statique du système, mais ne décrit pas le fonctionnement du système.

D.1.1 BDD du contexte

Le BDD du contexte définit le système dans son environnement. Il met en relation le système dans sa globalité et l'ensemble des éléments appelés à interagir avec lui.

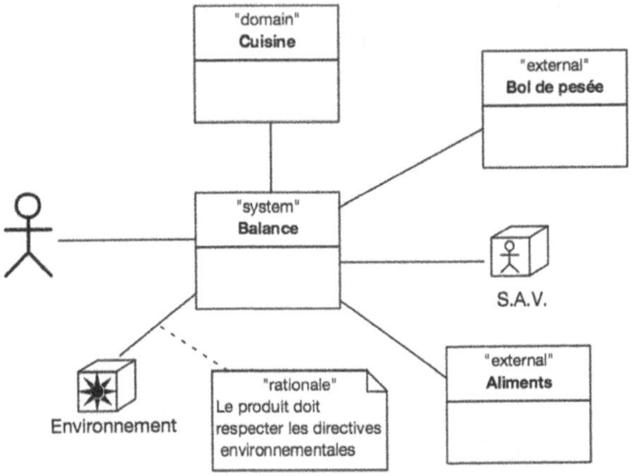

D.1.2 BDD du système

Le BDD du système définit l'architecture matérielle et logicielle de l'ensemble du système.

Il est possible de décrire par BDD l'architecture d'un sous-ensemble.

D.2 Propriétés

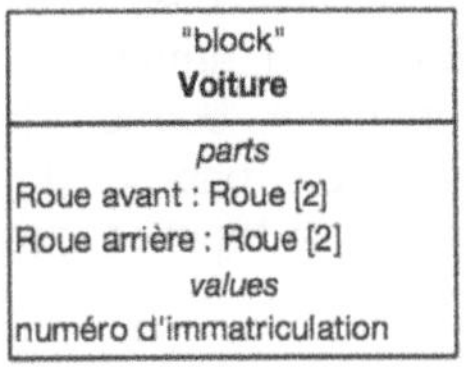

Les propriétés sont les caractéristiques de base du bloc. On distingue :

- les propriétés de type « Valeurs » : caractéristiques quantifiables (couleur, marque, année de mise en service, etc.),
- les propriétés de type « Parties » : elles décrivent la décomposition du bloc en termes d'autres blocs.

D.3 Relations

D.3.1 Relation de type Composition

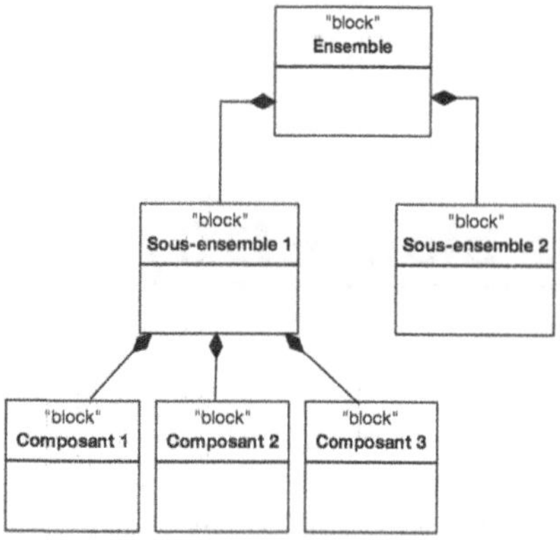

Le bloc contenu fait partie du bloc principal. Un bloc représente le tout, et les autres ses parties.

D.3.2 Relation de type Agrégation

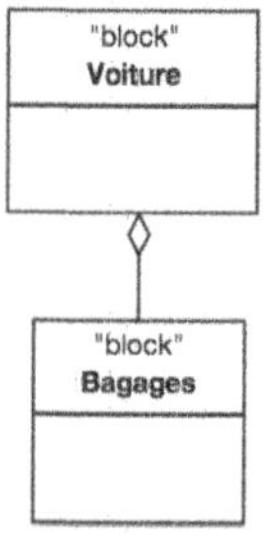

Le bloc ne fait pas partie du bloc principal.

Pour fonctionner le bloc principal n'a pas forcément besoin du bloc contenu mais il peut en avoir besoin à un moment donné.

D.4 Exemple

(Extrait du concours ATS 2016)

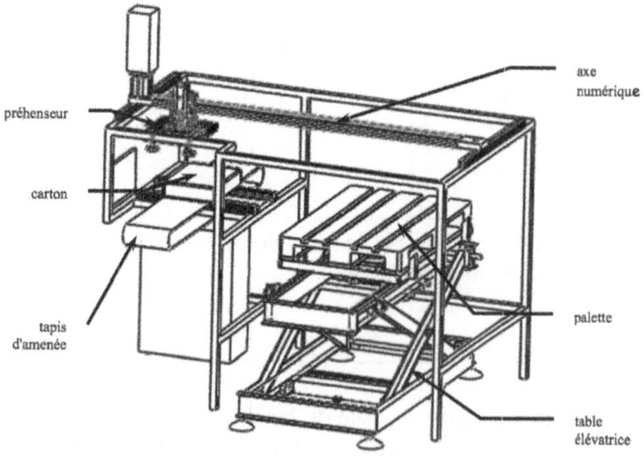

Le système MPLS (Multi Level Packaging System) a pour fonction le conditionnement de cartons. Il se comporte :

- d'un tapis d'amenée permettant d'acheminer les cartons au poste de préhension,
- d'une unité en U, composée d'un axe numérique et d'un préhenseur à ventouses, permettant la manipulation d'un carton à une position précise sur la palette,
- d'une table élévatrice permettant de descendre la palette de la hauteur d'un carton quand une couche est terminée,
- d'un plateau indexeur permet de faire tourner la palette par pas de 90° dans le sens horaire et en fonction des besoins du cycle.

Le diagramme de définition de blocs de ce système est proposé ci-dessous :

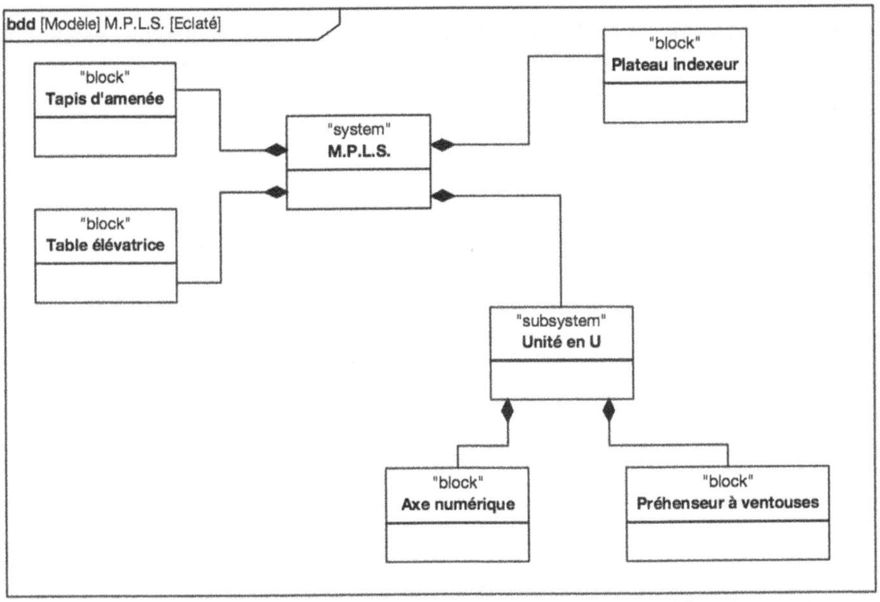

E. Diagramme de bloc interne (IBD)

E.1 Généralités

Ce diagramme (internal block diagram ou ibd) pemet de décrire la structure interne d'un bloc extrait du BDD. Ce bloc extrait peut être le système, un sous-système, ou un bloc élémentaire.

On y décrit les échanges de flux d'énergie, de matière ou d'information. Il est possible d'y adjoindre leur nature (électrique, mécanique, pneumatique).

E.2 Ports des blocs internes

Chaque bloc interne possède un ou plusieurs ports, par lesquels vont transiter :

- les flux,
- les consignes.

E.2.1 Port de flux

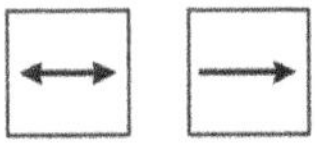

Un port de flux permet de faire entrer ou sortir un flux du bloc. Il peut être unidirectionnel ou bidirectionnel. Les flux sont ici des flux physiques.

Il est éventuellement possible de le nommer.

E.2.2 Port standard

Un port standard permet de connecter le bloc à une consigne, un ordre de commande ou un service. Il s'agit ici de services logiques.

E.2.3 Exemple

Reprenons l'exemple du système M.P.L.S. Le diagramme ibd de l'axe numérique est fourni ci-dessous :

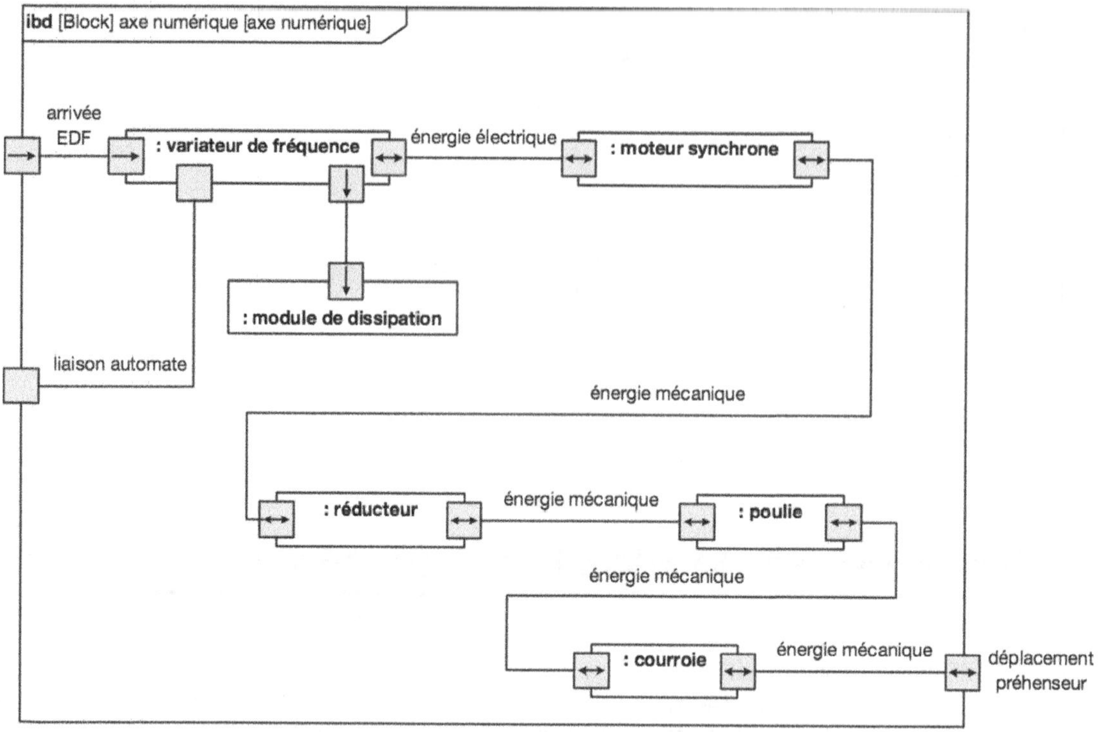

F. Diagramme de séquence (SEQ)

F.1 Objectif

Le diagramme de séquence est un diagramme comportemental qui décrit la chronologie des échanges issus d'un cas d'utilisation entre les acteurs et le système et/ou ses sous-systèmes.

Il complète le diagramme de cas d'utilisation en décrivant graphiquement les interactions à l'aide de messages, et permet de décrire le comportement du système vu de l'extérieur.

Les principales informations contenues dans un diagramme de séquence sont les messages échangés entre les lignes de vie, présentés dans un ordre chronologique.

On retrouve un diagramme de séquence par cas d'utilisation.

F.2 Notation de base

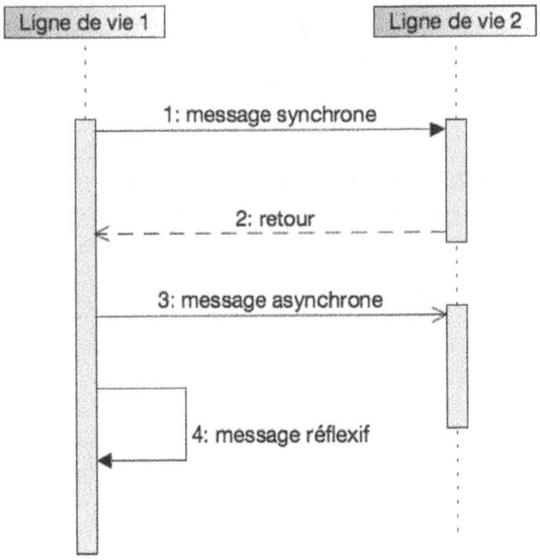

Le diagramme de séquence se lit de haut en bas.

Ligne de vie : ligne verticale en pointillée représentant un élément participant au diagramme de séquence. Elle possède un nom et un type.

Message : élément de communication unidirectionnel entre lignes de vie qui déclenche une activité dans le destinataire.

La réception d'un message provoque un événement chez le récepteur.

F.3 Messages

F.3.1 Message asynchrone

L'émetteur envoie son message sans attendre de réponse en retour.
Le symbole du message asynchrone est une flèche pleine terminée par deux traits).

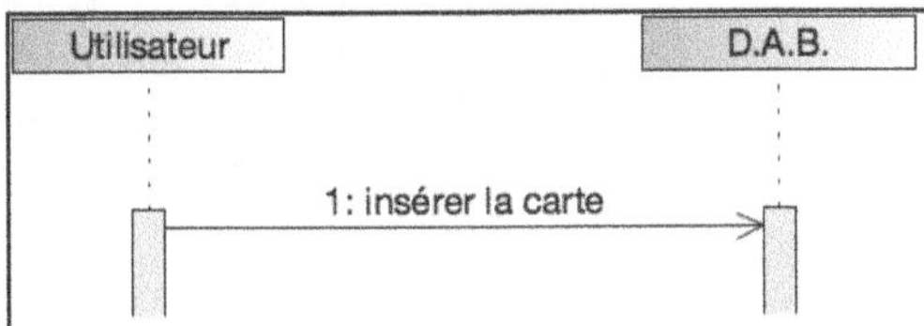

L'utilisateur insère sa carte bancaire dans le distributeur.

Exemple de message asynchrone d'un distributeur automatique de billets (D.A.B.)

F.3.2 Message synchrone

L'émetteur du message est bloqué en attente de la réponse : il ne fait rien entre l'émission et la réception. Il y a forcément un retour : le message retour est le résultat direct du message précédent.

Le symbole du message émis est une flèche pleine et triangle noir plein, celui de la réponse est une flèche en pointillés.

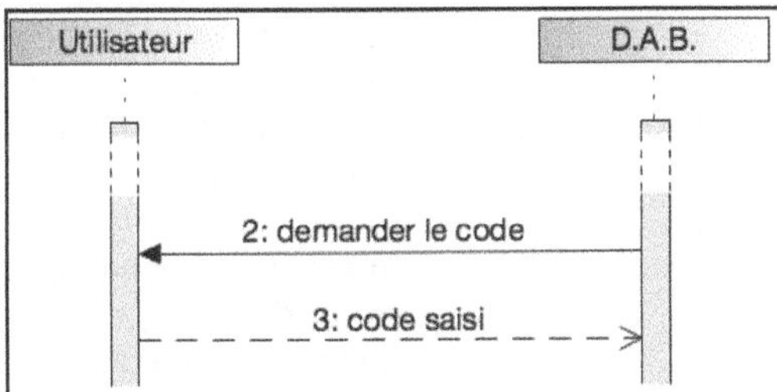

Le D.A.B. demande le code de la carte bancaire, et attend la saisie de celui-ci.

Exemple de message synchrone d'un distributeur automatique de billets (D.A.B.)

F.3.3 Message réflexif

Ce message représente un comportement interne. Le message est émis et reçu par la même ligne de vie.

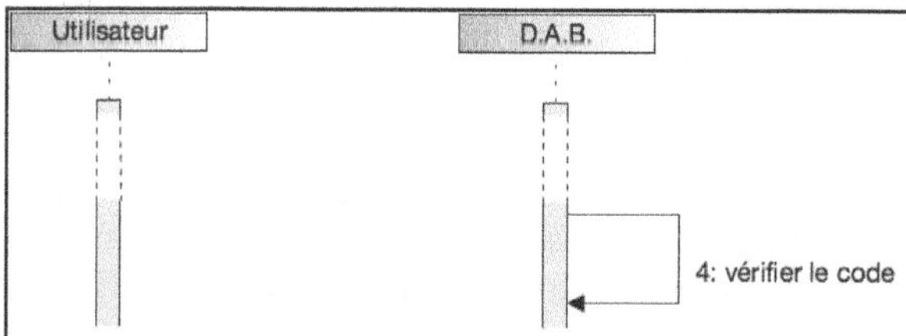

Le distributeur interroge la puce de la carte bancaire pour valider la saisie du code, et permettre la poursuite de la procédure.

F.4 Fragments combinés

Un fragment combiné permet de faire apparaître des comportements différents en fonction de certaines conditions.

F.4.1 Boucle «Loop»

Les échanges contenus dans un fragment combiné de type «Boucle» sont réalisés tant qu'une condition appelée **condition de garde** est vraie.

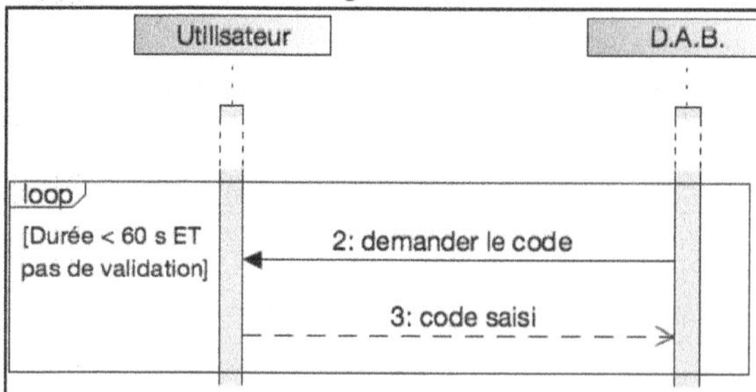

La séquence de demande du code est répétée en boucle pendant 1 minute, tant que la saisie n'a pas été validée.

Exemple de fragment combiné de boucle d'un D.A.B.

F.4.2 Option «Opt»

Les échanges contenus dans un fragment combiné de type «Option» ne sont réalisés que si la condition de garde est vraie.

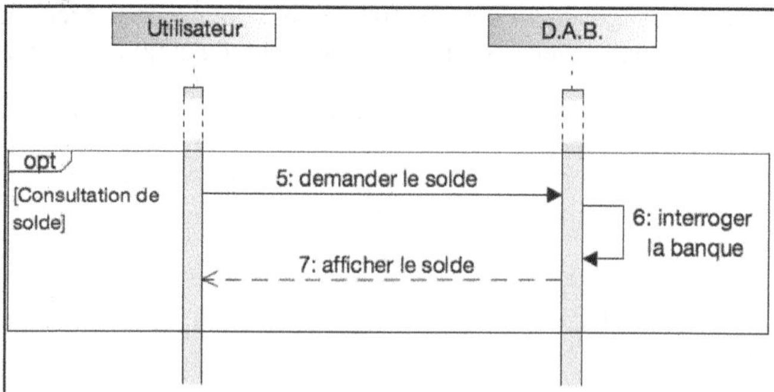

L'utilisateur peut demander la consultation de son solde bancaire, auquel cas le D.A.B. interroge la banque et affiche le solde.

Le message (5) est un message synchrone, qui attend la réponse (7) avant de poursuivre.

Exemple de fragment combiné d'option d'un D.A.B.

F.4.3 Alternative «Alt»

En fonction de l'état de la condition de garde, l'une ou l'autre des possibilités contenues dans le fragment sera réalisée.

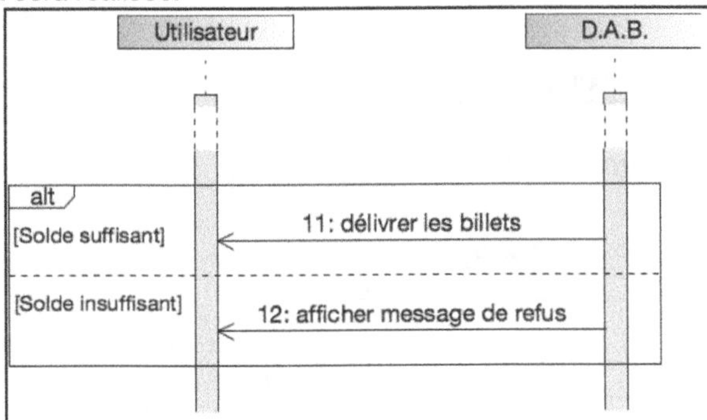

A la suite de la demande de retrait et de la vérification auprès de la banque, le D.A.B. délivre les billets si le solde est suffisant, ou sinon affiche un message de refus.

Exemple de fragment combiné d'alternative d'un D.A.B.

F.5 Exemple

On trouvera page suivante le diagramme de séquence complet du distributeur automatique de billets.

G. Diagramme d'état (STM)

G.1 Généralités

On appellera «**état**» une situation d'une durée finie pendant laquelle le système :

- exécute une activité particulière (constitué de plusieurs actions),
- satisfait à une certaine condition ou est en attente d'un événement.

Le passage d'un état à un autre se fait en franchissant une **transition**.

Le diagramme d'état décrit les états successifs d'un système ou d'un sous-système qui occupent des états bien définis au cours de leur fonctionnement (machine d'état). C'est le cas notamment d'un fonctionnement séquentiel.

Ce paragraphe présente certains points de normalisation du diagramme d'état, le chapitre consacré à la logique séquentielle abordera plus en détail ces diagrammes.

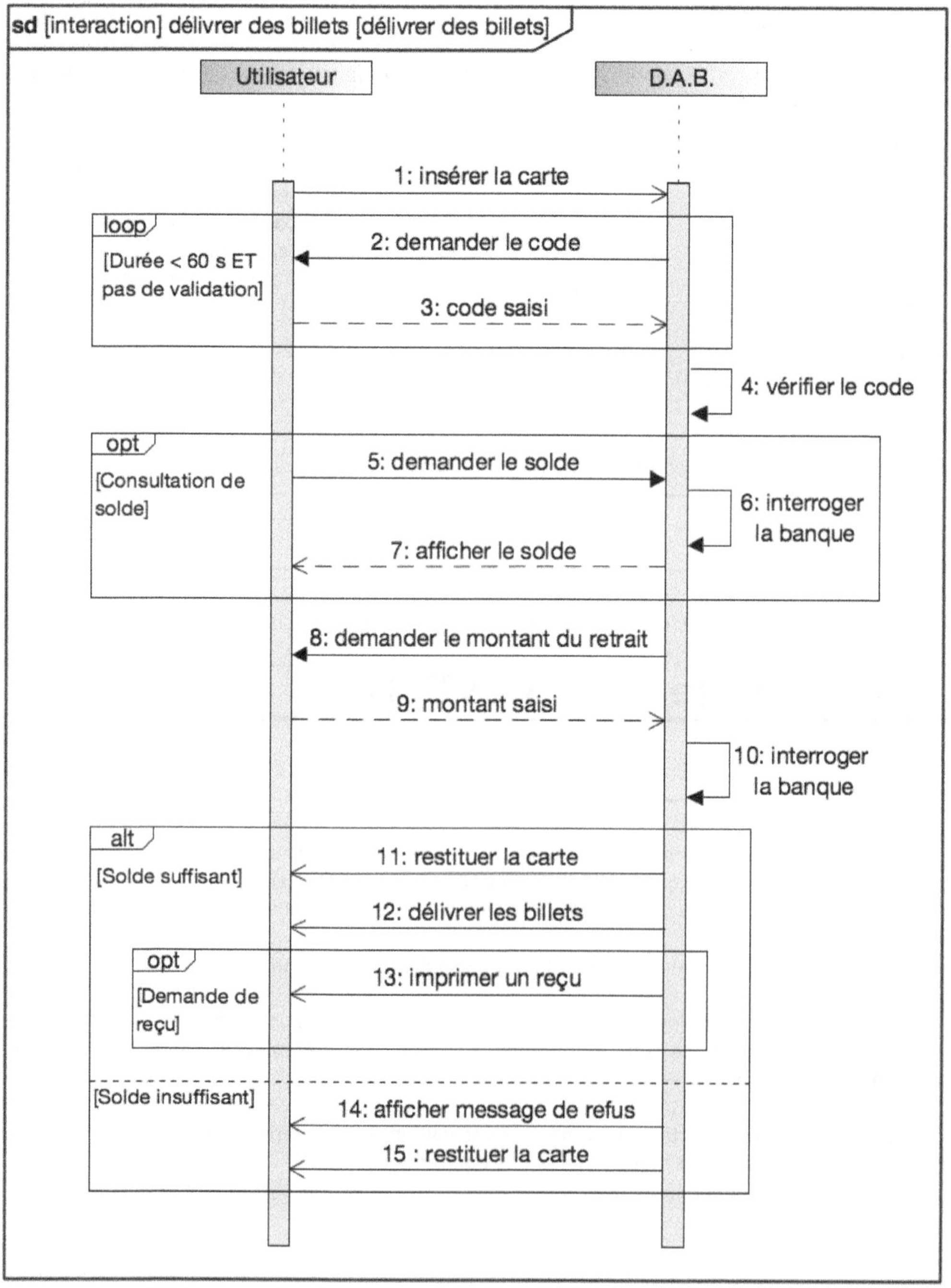

Diagramme de séquence d'un distributeur automatique de billets

Les principaux outils de description d'un diagramme d'état sont les suivants :

	**Etat initial** : il désigne le point de départ de la séquence qui peut correspondre à ma mise en énergie
	**Etat final** : il représente la fin du fonctionnement su système qui peut correspondre à la mise hors énergie. Plus aucun état n'est actif
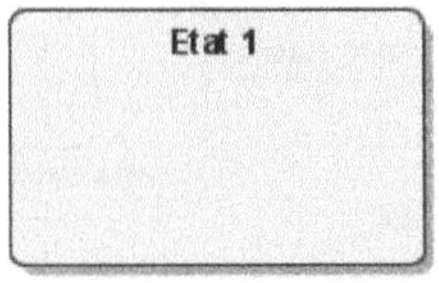	**Etat** : un état représente une situation pendant laquelle: • il satisfait une certaine condition, • il exécute une certaine activité, • il attend un certain événement.
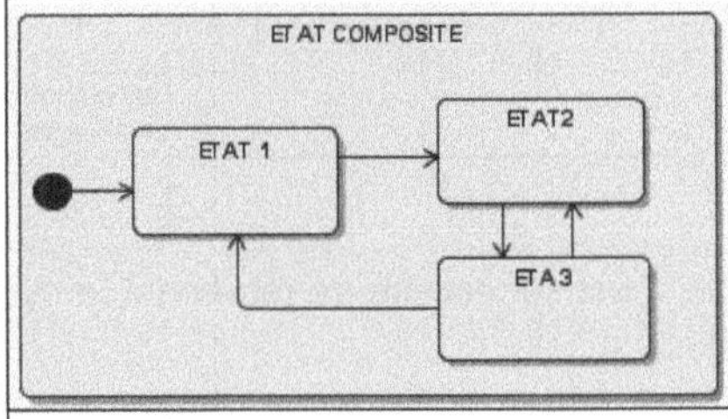	**Etat composite** : aussi appelé super-état, il permet d'englober plusieurs sous-états. Il comporte un état initial. L'activation d'un état composite active le sous-état initial, tandis que sa désactivation entraîne la désactivation de tous les sous-états qui y sont contenus.
Condition	**Transition** : elle représente l'évolution du système d'un état à un autre selon une condition de déclenchement.
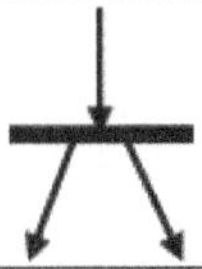	**Fourche** (Fork) : active simultanément 2 états à partir d'un état antérieur. Il existe également l'union qui active 1 état à partir de 2 états précédents.

La description d'un état peut inclure des événements internes, afin de montrer la réponse de l'état à l'occurrence de ces événements.

Les événements *entry*, *do* et *exit* indiquent ce qu'il se passe :

- à l'entrée dans l'état (mot clé *entry*),
- pendant l'état (*do*),
- à la sortie de l'état (*exit*).

G.2 Particularités liées aux états composites

G.2.1 Historique

G.2.2.1 Définition

Lorsqu'un diagramme d'état contient un état composite, celui-ci répond aux mêmes règles qu'un état classique en ce qui concerne son activation ou sa désactivation.

La présence d'un état «Historique» permet de mémoriser le dernier sous-état actif d'un état composite. Dans ce cas, la réactivation de l'état composite entraînera l'activation de ce dernier sous-état actif.

G.2.2.2 Exemple

On s'intéresse à une station de lavage automatique automobile.

Il existe 3 états actifs : «lavage», «séchage» et «lustrage». Les états de lustrage et de lavage sont insérés dans état composite «cycle_lavage».

Durant le cycle de lavage, l'utilisateur peut appuyer sur le bouton d'arrêt d'urgence. S'il appuie sur ce bouton, la machine se met en attente. En cas d'absence de reprise dans la minute, le cycle se termine.

Le diagramme d'état de ce cycle est repris ci-contre.

Dans ce diagramme d'état, si un arrêt d'urgence est demandé au cours de l'état «Lavage», le système se trouve en état «attente». Une reprise va alors réactiver l'état composite «Cycle_lavage», et par suite l'état «Lustrage».

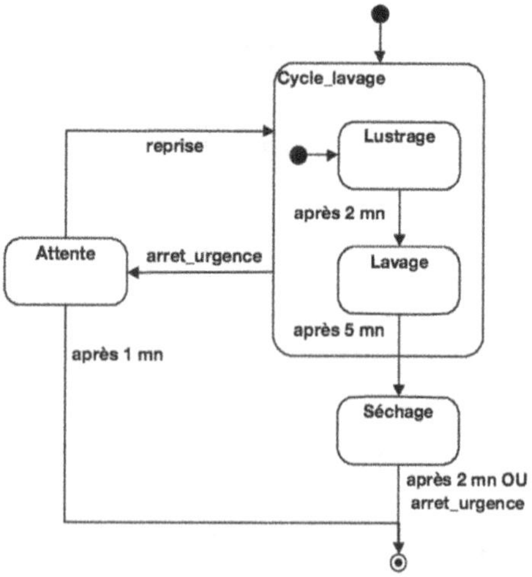

Ce fonctionnement n'est pas acceptable pour ce système, car il est nécessaire de reprendre le cycle dans l'état dans lequel se trouvait l'état composite avant l'attente.

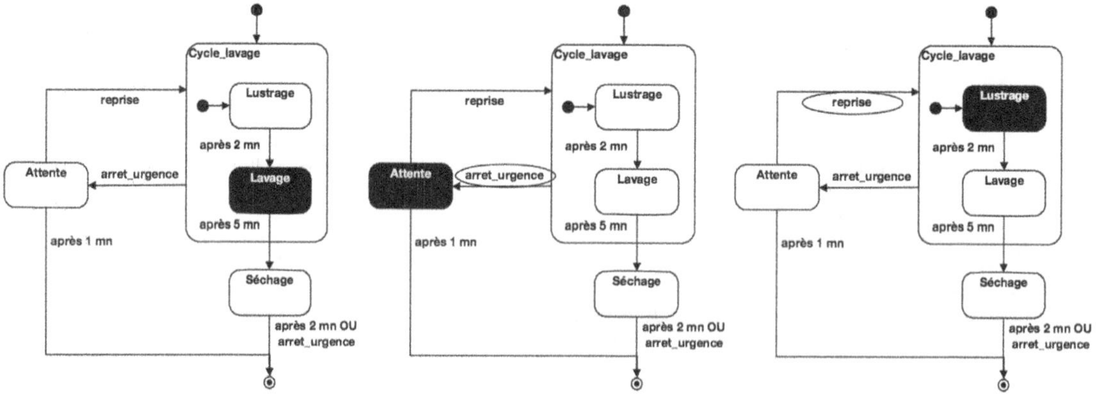

Il faut dans ce cas faire appel à l'état «Historique» :

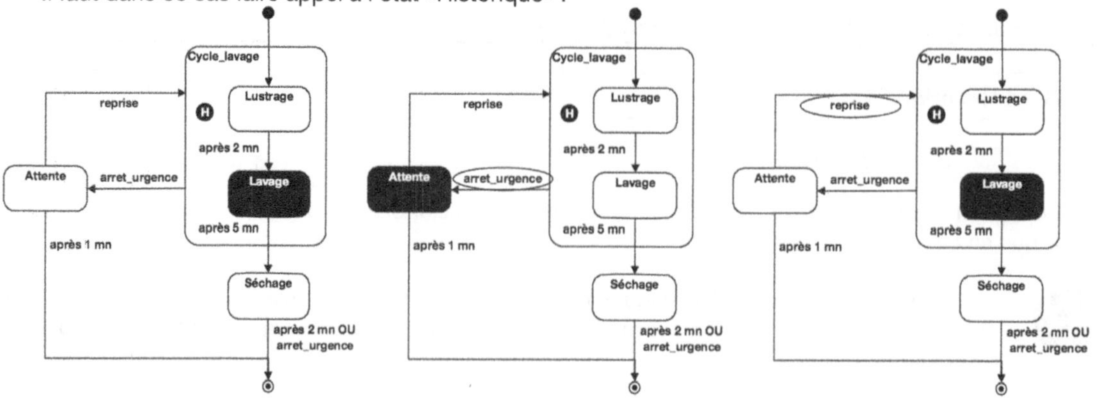

G.2.2 Synchronisation

Le diagramme d'état permet de déployer des synchronisations à l'aide d'une «barre de synchronisation». Cette barre de synchronisation permet de n'activer un état que si tous les états précédents la barre sont actifs.

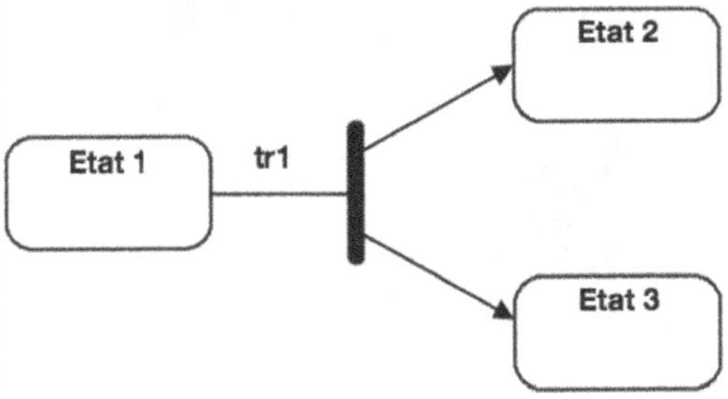

L'état 1 étant actif, l'événement «tr1» induit l'activation simultanée des états 1 et 2 (et la désactivation de l'état 1).

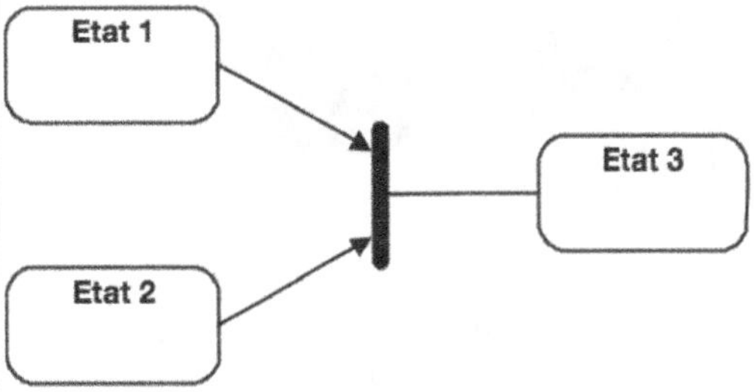

L'état 3 ne sera activé que lorsque les états 1 et 2 seront simultanément actifs.

G.2.3 Agrégation d'automates

On parle d'agrégation d'automates lorsqu'au moins 2 automates exécutent chacun un diagramme d'état de façon indépendante, mais dont l'évolution d'un diagramme d'état peut dépendre de l'état du diagramme de l'autre automate.

Dans l'exemple ci-dessous, les automates 1 et 2 sont agrégés. Dans cet exemple, la condition d'activation de l'état 2.2 de l'automate 2 est :

- d'une part que l'événement «tr4» soit vrai,
- d'autre part que l'automate 1 se trouve dans l'état 1.3.

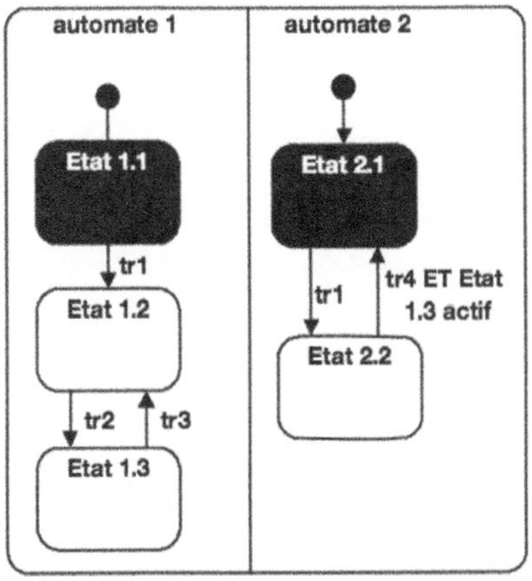

Etat initial, aucun événement

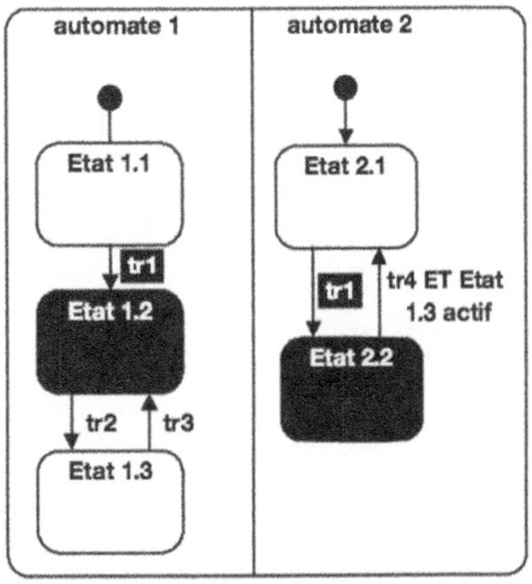

Etats actifs après événement «tr1»

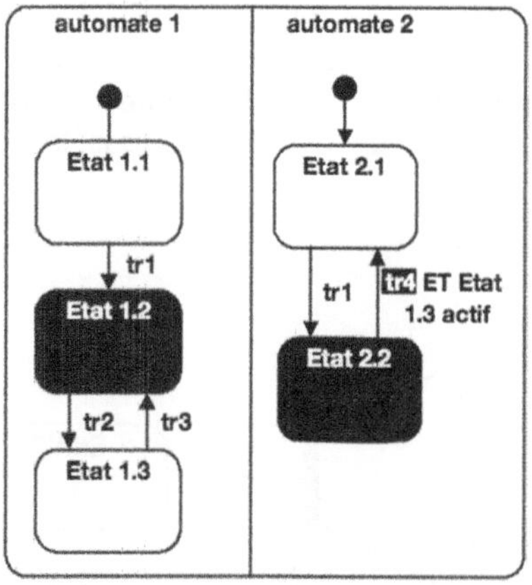

L'événement «tr4» devient vrai, mais le changement d'état de l'automate 2 ne peut avoir lieu tant que l'automate 1 reste dans l'état 1.2

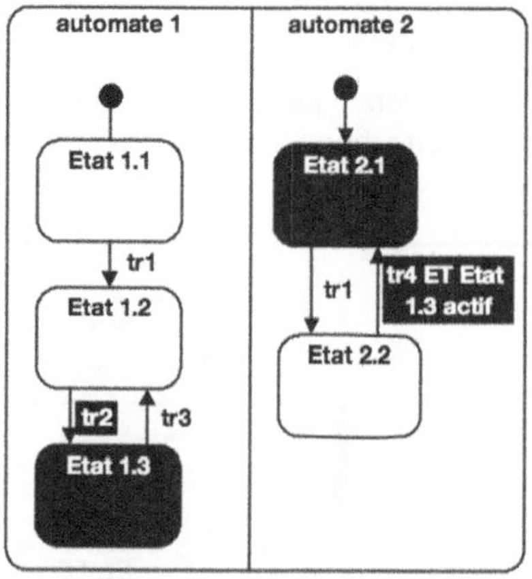

L'apparition de l'événement «tr2» active l'état 1.3 de l'automate 1. En conséquence, l'état 2.1 de l'automate 2 est à présent activé.

Partie B : Rappels et notions utiles

L'enseignement des Sciences Industrielles de l'Ingénieur en CPGE ATS nécessite certains pré-requis qu'il est impératif de maîtriser avant d'étudier les différents aspects des systèmes pluri-techniques. Il s'agit des calculs vectoriels et des notions d'électrocinétique, qui sont abordés dans ce chapitre.

Cette partie a pour ambition de poser les bases indispensables à l'étude des systèmes industriels complexes, et se compose de quatre chapitres :

- chapitre 3 : rappels sur les vecteurs ;
- chapitre 4 : électrocinétique, en régime permanent et en régime transitoire ;
- chapitre 5 : transformation de Laplace ;
- chapitre 6 : représentation par schémas bloc.

Chapitre 3. Rappels mathématiques

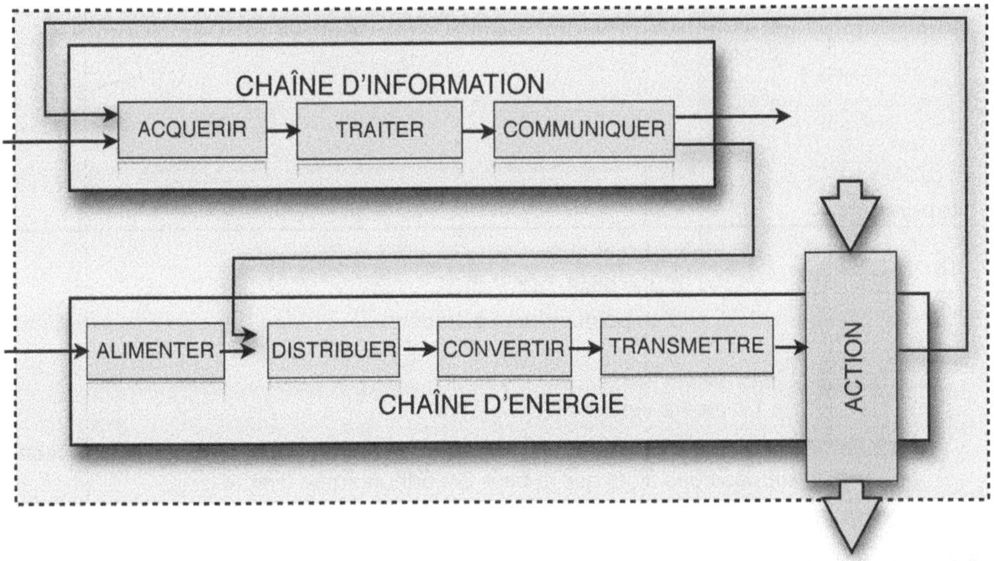

L'enseignement des Sciences Industrielles de l'Ingénieur en CPGE ATS nécessite certains pré-requis qu'il est impératif de maîtriser avant d'étudier les différents aspects des systèmes pluri-techniques. Il s'agit des calculs vectoriels et des notions d'électrocinétique, qui sont abordés dans les deux chapitres suivants.

A. Bases - Repères

A.1 Bases

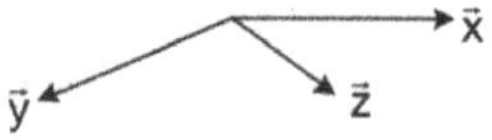

Une base est B constituée de 3 vecteurs $(\vec{x},\vec{y},\vec{z})$, tels qu'aucun de ces vecteurs ne soient colinéaires entre eux. Elle est notée $B(\vec{x},\vec{y},\vec{z})$.

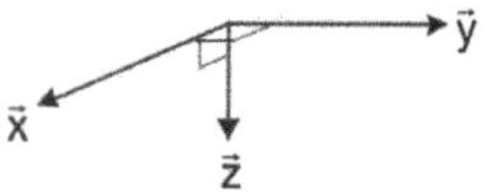

Une base sera dite **orthogonale** si chacun des vecteurs sont orthogonaux deux à deux.

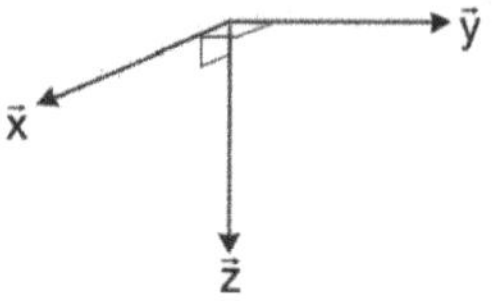

Une base sera dite **orthonormée** si elle est orthogonale, et si la norme de chacun de cas vecteurs est égal à 1. On parle alors de <u>vecteurs unitaires</u> :

$$\|\vec{x}\| = \|\vec{y}\| = \|\vec{z}\| = 1$$

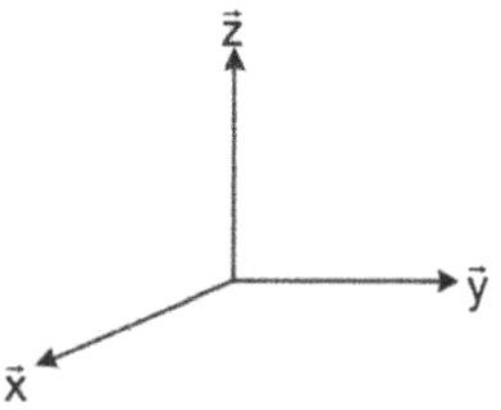

Une base sera dite **orthonormée directe** si les trois vecteurs unitaires orthogonaux respectent la loi du tire-bouchon de Maxwell, appelée aussi règle de la main droite :

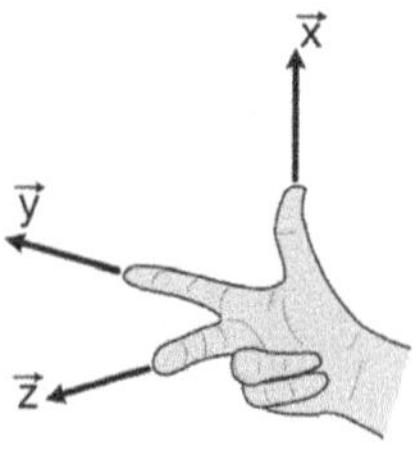

A.2 Repère

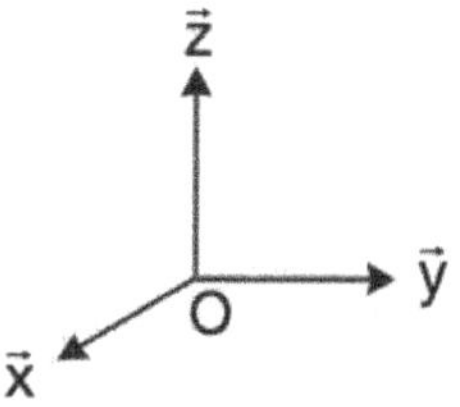

Un repère est constitué :

- d'une base $B(\vec{x},\vec{y},\vec{z})$,
- d'un point, origine du repère.

Un repère sera noté $R(O,\vec{x},\vec{y},\vec{z})$.

Lorsque la nature du repère ou de la base n'est pas explicitée, nous supposerons alors que la base est orthonormée directe.

B. Vecteurs

B.1 Introduction

De nombreuses notions en génie mécanique et en génie électrique font appel à des variables qui sont avantageusement décrites par des vecteurs : longueurs, forces et moments, vitesses et vitesses angulaires, champs électromagnétiques tournants, ...

B.2 Définitions

B.2.1 Vecteur lié

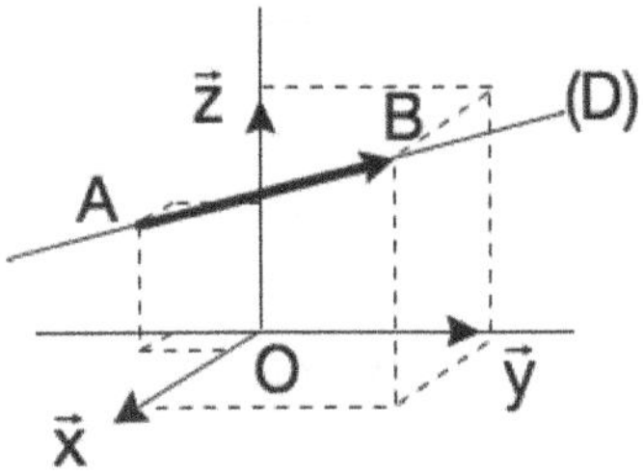

Un vecteur lié est un bipoint ordonné :

$$\vec{V} = \overrightarrow{AB} \text{ avec } A\begin{pmatrix} x_A \\ y_A \\ z_A \end{pmatrix} \text{ et } B\begin{pmatrix} x_B \\ y_B \\ z_B \end{pmatrix}$$

Un vecteur lié n'a qu'un représentant dans l'espace : le bipoint {A,B}.

Il est défini par un point d'application A, une direction (D), un sens $\vec{u}$ (appelé vecteur unitaire) et une intensité $\left\|\overrightarrow{AB}\right\|$.

Ses composantes sont : $\overrightarrow{AB}\begin{pmatrix} x_B - x_A \\ y_B - y_A \\ z_B - z_A \end{pmatrix}$

Son intensité (ou module) vaut : $\left\|\overrightarrow{AB}\right\| = \sqrt{(x_B - x_A)^2 + (y_B - y_A)^2 + (z_B - z_A)^2}$

Son sens est tel que $\vec{u} = \dfrac{\overrightarrow{AB}}{\left\|\overrightarrow{AB}\right\|}$

On appelle **vecteurs équipollents** à $\overrightarrow{AB}$ tous les vecteurs de direction parallèle à (D), de même sens et de même module que $\overrightarrow{AB}$.

Ce vecteur dépend de 6 paramètres : $(x_A, y_A, z_A, x_B, y_B, z_B)$.

B.2.2 Vecteur libre

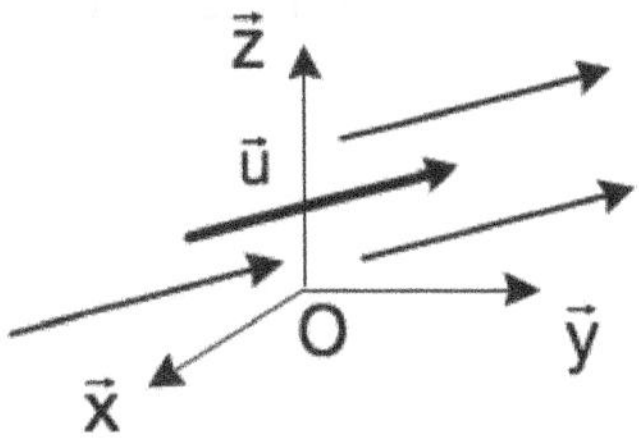

On désigne par vecteur libre l'ensemble des vecteurs équipollents à un vecteur donné.

On écrira $\vec{u}$ sous la forme :

$$\vec{u} = u_x\vec{x} + u_y\vec{y} + u_z\vec{z}$$

Ce vecteur dépend de 3 paramètres : (u_x, u_y, u_z)

B.2.3 Vecteur glissant

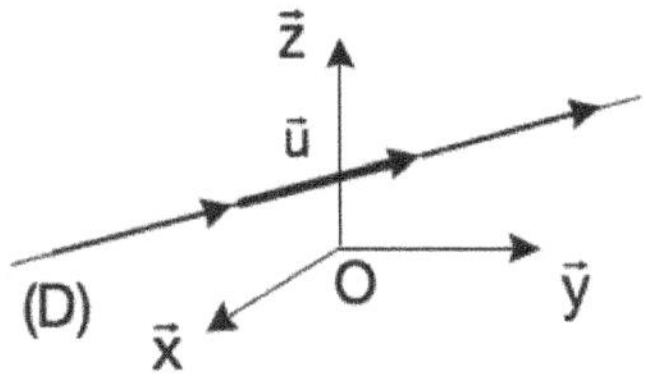

Un vecteur glissant est l'ensemble des vecteurs libres qui sont portés par la même direction.

B.3 Opérations sur les vecteurs

Toutes les opérations sur les composantes décrites ci-après n'ont évidemment de sens que si ces composantes font référence à la même base.

B.3.1 Addition

Dans cette partie, on considère une **base orthonormée directe** $B(\vec{x},\vec{y},\vec{z})$.

On définit deux vecteurs $\overrightarrow{u_1} = \begin{pmatrix} x_1 \\ y_1 \\ z_1 \end{pmatrix}_R = x_1\vec{x} + y_1\vec{y} + z_1\vec{z}$ et $\overrightarrow{u_2} = \begin{pmatrix} x_2 \\ y_2 \\ z_2 \end{pmatrix}_R = x_2\vec{x} + y_2\vec{y} + z_2\vec{z}$

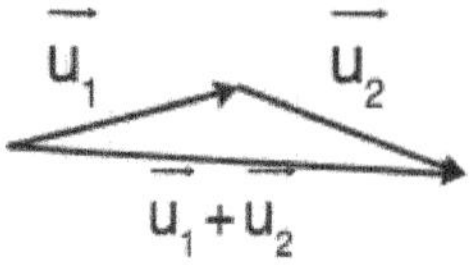

$$\overrightarrow{u_1} + \overrightarrow{u_2} = \overrightarrow{u_2} + \overrightarrow{u_1} = \begin{pmatrix} x_1 + x_2 \\ y_1 + y_2 \\ z_1 + z_2 \end{pmatrix}_R = (x_1 + x_2)\vec{x} + (y_1 + y_2)\vec{y} + (z_1 + z_2)\vec{z}$$

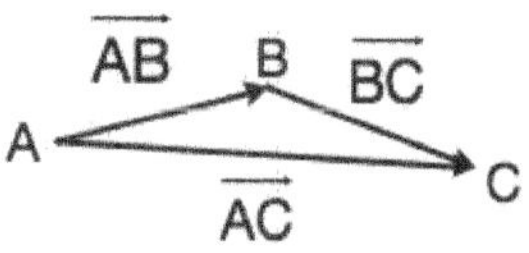

Dans le cas de deux vecteurs liés, on retrouve la relation de Chasles :

$$\overrightarrow{AB} + \overrightarrow{BC} = \overrightarrow{AC}$$

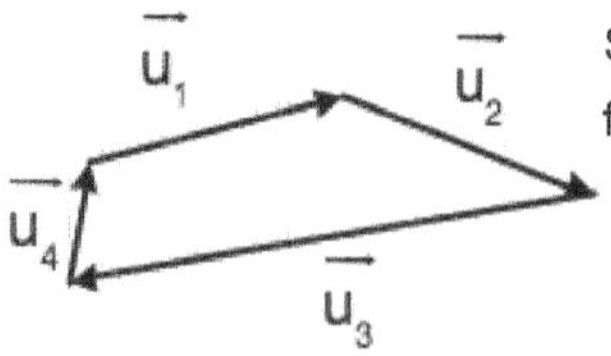

Si la somme de n vecteurs est égal au vecteur nul $\vec{0}$ alors ces n vecteurs forment un polygone fermé :

$$\overrightarrow{u_1} + \overrightarrow{u_2} + \overrightarrow{u_3} + \overrightarrow{u_4} = \vec{0}$$

B.3.2 Produit par un scalaire

Dans les prochains paragraphes, on définit une base orthonormée directe $B\left(\overrightarrow{x_1},\overrightarrow{x_2},\overrightarrow{x_3}\right)$ et 2 vecteurs

$$\vec{u} = \begin{pmatrix} u_1 \\ u_2 \\ u_3 \end{pmatrix}_B \text{ et } \vec{v} = \begin{pmatrix} v_1 \\ v_2 \\ v_3 \end{pmatrix}_B.$$

La multiplication $\lambda\vec{u}$ d'un vecteur $\vec{u}$ par un nombre réel λ est un vecteur :

- colinéaire au vecteur $\vec{u}$,
- de norme $|\lambda|.\|\vec{u}\|$,
- de même sens si $\lambda > 0$, de sens opposé si $\lambda < 0$.

Les composantes de ce vecteur sont $\lambda\vec{u} = \begin{pmatrix} \lambda u_1 \\ \lambda u_2 \\ \lambda u_3 \end{pmatrix}_B$

B.3.3 Produit scalaire

B.3.3.1 Définition

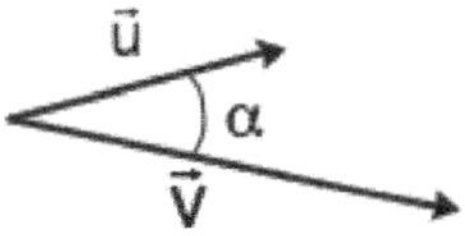

Le produit scalaire $\vec{u}.\vec{v}$ de deux vecteurs $\vec{u}$ et $\vec{v}$ est un nombre réel défini par :

$$\vec{u}.\vec{v} = \|\vec{u}\|.\|\vec{v}\|\cos\alpha \quad \text{où} \quad \alpha = (\vec{u},\vec{v})$$

La valeur du produit scalaire est indépendant de la base choisie.

B.3.3.2 Propriétés

- Si λ et μ sont 2 scalaires, alors $(\lambda\vec{u}).(\mu\vec{v}) = \lambda\mu(\vec{u}.\vec{v})$
- Commutativité : $\vec{u}.\vec{v} = \vec{v}.\vec{u}$
- Distributivité du produit scalaire sur l'addition : $\vec{u}.(\vec{v}+\vec{w}) = \vec{u}.\vec{v}+\vec{u}.\vec{w}$
- Deux vecteurs sont orthogonaux si $\vec{u}.\vec{v} = \vec{0}$ (condition nécessaire et suffisante)

B.3.3.3 Approche analytique dans une base orthonormée directe

Dans une base orthonormée directe, les vecteurs unitaires sont normés (c'est-à-dire que leur norme vaut 1). Par conséquent :

$$\vec{x_1}.\vec{x_1} = 1,\ \vec{x_2}.\vec{x_2} = 1,\ \vec{x_3}.\vec{x_3} = 1$$

Par ailleurs, chacun de ces vecteurs sont orthogonaux deux à deux, et par conséquent :

$$\vec{x_1}.\vec{x_2} = 0,\ \vec{x_1}.\vec{x_3} = 0,\ \vec{x_2}.\vec{x_3} = 0$$

Le produit scalaire des deux vecteurs $\vec{u}$ et $\vec{v}$ a alors pour expression :

$$\vec{u}.\vec{v} = \begin{pmatrix} u_1 \\ u_2 \\ u_3 \end{pmatrix} . \begin{pmatrix} v_1 \\ v_2 \\ v_3 \end{pmatrix} = u_1.v_1 + u_2.v_2 + u_3.v_3$$

B.3.3.4 Approche géométrique

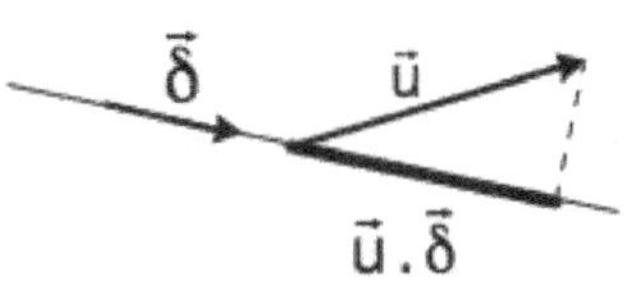

On considère un vecteur $\vec{u}$ que l'on souhaite projeter orthogonalement sur une droite de direction définie par un vecteur unitaire $\vec{\delta}$.

Le produit scalaire $\vec{u}.\vec{\delta}$ de ces deux vecteurs correspond à la valeur de la projection de $\vec{u}$ sur la droite de direction $\vec{\delta}$.

B.3.3.5 Norme et produit scalaire

Le produit scalaire d'un vecteur par lui-même est égal au carré de la norme de ce vecteur :

$$\vec{u}.\vec{u} = \|\vec{u}\|^2$$

B.3.4 Produit vectoriel

B.3.4.1 Définition

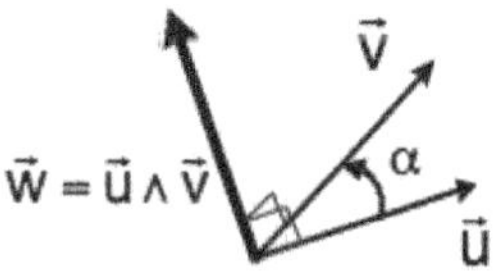

On considère deux vecteurs $\vec{u}$ et $\vec{v}$, formant un angle orienté $\alpha = (\vec{u}, \vec{v})$.

Le produit vectoriel $\vec{u} \wedge \vec{v}$ de ces 2 vecteurs est un vecteur $\vec{w}$ tel que :

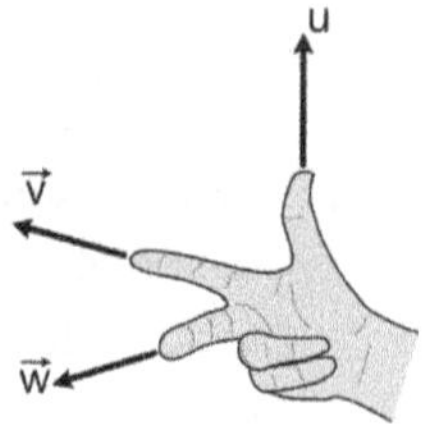

- le vecteur $\vec{w}$ est orthogonal au plan formé par les deux vecteurs $\vec{u}$ et $\vec{v}$,
- son sens est tel que la base $(\vec{u}, \vec{v}, \vec{w})$ <u>est directe</u>,
- sa norme est égale à $\|\vec{w}\| = \|\vec{u}\| . \|\vec{v}\| \sin\alpha$.

B.3.4.2 Propriétés du produit vectoriel

- Associativité : $(\lambda\vec{u}) \wedge \vec{v} = \vec{u} \wedge (\lambda\vec{v}) = \lambda(\vec{u} \wedge \vec{v})$
- Distributivité du produit vectoriel sur l'addition :
  - ✓ $\vec{u} \wedge (\vec{v} + \vec{w}) = \vec{u} \wedge \vec{v} + \vec{u} \wedge \vec{w}$
  - ✓ $(\vec{u} + \vec{v}) \wedge \vec{w} = \vec{u} \wedge \vec{w} + \vec{v} \wedge \vec{w}$
- Antisymétrie : $\vec{u} \wedge \vec{v} = -\vec{v} \wedge \vec{u}$
- 2 vecteurs $\vec{u}$ et $\vec{v}$ sont colinéaires si $\vec{u} \wedge \vec{v} = \vec{0}$

B.3.4.3 Base directe

Si $B(\overrightarrow{x_1}, \overrightarrow{x_2}, \overrightarrow{x_3})$ est une base orthonormée directe, alors :

- le produit vectoriel entre 2 vecteurs colinéaires est nul :

$$\overrightarrow{x_1} \wedge \overrightarrow{x_1} = \vec{0}\,,\ \overrightarrow{x_2} \wedge \overrightarrow{x_2} = \vec{0}\,,\ \overrightarrow{x_3} \wedge \overrightarrow{x_3} = \vec{0}\ ;$$

- le produit vectoriel entre 2 vecteurs unitaires dans le sens direct est le troisième vecteur de la base :

$$\overrightarrow{x_1} \wedge \overrightarrow{x_2} = \overrightarrow{x_3}\,,\ \overrightarrow{x_2} \wedge \overrightarrow{x_3} = \overrightarrow{x_1}\,,\ \overrightarrow{x_3} \wedge \overrightarrow{x_1} = \overrightarrow{x_2}\ ;$$

- le produit vectoriel entre 2 vecteurs unitaires dans le sens indirect est l'opposé du troisième vecteur de la base :

$$\overrightarrow{x_2} \wedge \overrightarrow{x_1} = -\overrightarrow{x_3}\,,\ \overrightarrow{x_3} \wedge \overrightarrow{x_2} = -\overrightarrow{x_1}\,,\ \overrightarrow{x_1} \wedge \overrightarrow{x_3} = -\overrightarrow{x_2}\ .$$

B.3.4.4 Approche analytique

Le produit vectoriel de 2 vecteurs dans une base $B(\overrightarrow{x_1}, \overrightarrow{x_2}, \overrightarrow{x_3})$ orthonormée directe a pour expression :

$$\vec{u} \wedge \vec{v} = \begin{pmatrix} u_1 \\ u_2 \\ u_3 \end{pmatrix}_B \wedge \begin{pmatrix} v_1 \\ v_2 \\ v_3 \end{pmatrix}_B = \begin{pmatrix} u_2v_3 - u_3v_2 \\ u_3v_1 - u_1v_3 \\ u_1v_2 - u_2v_1 \end{pmatrix}_B$$

B.3.4.5 Autres relations

Double produit vectoriel

On appelle «double produit vectoriel» de trois vecteurs $\vec{u}$, $\vec{v}$ et $\vec{w}$ l'expression $\vec{x} = \vec{u} \wedge \left(\vec{v} \wedge \vec{w}\right)$.

On montre que $\vec{u} \wedge \left(\vec{v} \wedge \vec{w}\right) = \left(\vec{u}.\vec{w}\right)\vec{v} - \left(\vec{u}.\vec{v}\right)\vec{w}$.

Produit mixte

On appelle «double produit mixte» de 3 vecteurs $\vec{u}$, $\vec{v}$ et $\vec{w}$ l'expression $\vec{x} = \left(\vec{u},\vec{v},\vec{w}\right) = \vec{u}.\left(\vec{v} \wedge \vec{w}\right)$.

On montre que $\vec{u}.\left(\vec{v} \wedge \vec{w}\right) = \vec{v}.\left(\vec{w} \wedge \vec{u}\right) = \vec{w}.\left(\vec{u} \wedge \vec{v}\right)$.

B.4 Moment d'un vecteur glissant

B.4.1 Moment par rapport à un point

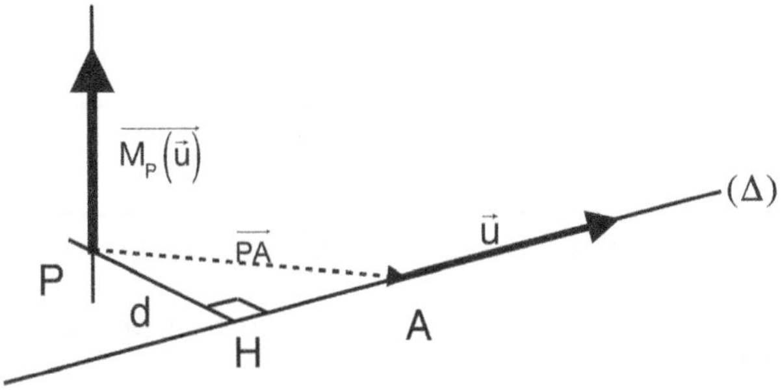

On considère un vecteur $\vec{u}$, glissant sur une droite (Δ), dont un représentant a pour origine le point A.

On appelle moment de ce vecteur par rapport à un point P le vecteur :

$$\overrightarrow{M_P(\vec{u})} = \overrightarrow{PA} \wedge \vec{u}$$

Ce vecteur moment est perpendiculaire au plan formé par les vecteurs $\vec{u}$ et $\overrightarrow{PA}$.

Sa norme $\left\|\overrightarrow{M_P(\vec{u})}\right\|$ est égale au produit $d.\left\|\vec{u}\right\|$ où d est appelé «bras de levier».

(Attention à l'erreur fréquente qui consiste à confondre d avec $\left\|\overrightarrow{PA}\right\|$)

B.4.2 Moment par rapport à un axe

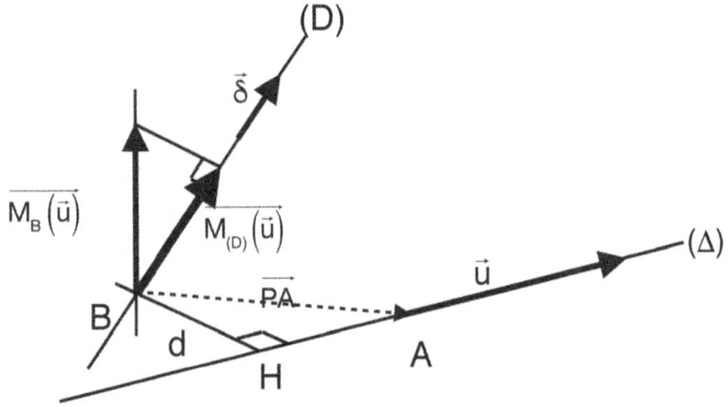

On considère un vecteur $\vec{u}$, glissant sur une droite (Δ), dont un représentant a pour origine le point A.

On considère un axe (D) dont B est un point, et $\vec{\delta}$ son vecteur directeur unitaire.

On appelle moment de ce vecteur par rapport à l'axe (D) la projection du moment $\overrightarrow{M_B(\vec{u})}$ sur la droite (D) :

$$\overrightarrow{M_D(\vec{u})} = \left(\overrightarrow{M_B(\vec{u})}.\vec{\delta}\right)\vec{\delta}$$

Soit également : $\overrightarrow{M_D(\vec{u})} = \left(\left(\overrightarrow{BA} \wedge \vec{u}\right).\vec{\delta}\right)\vec{\delta} = \left(\vec{\delta},\overrightarrow{BA},\vec{u}\right)\vec{\delta}$

B.5 Représentation des vecteurs

S'il est aisé de dessiner des vecteurs dans le plan de la figure, un vecteur perpendiculaire au plan de la figure sera plus délicat à représenter, en particulier son sens.

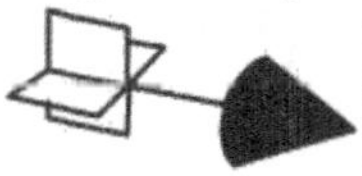

On adoptera alors la méthode suivante dans laquelle un vecteur sera représenté par une flèche.

Cette flèche sera représentée comme suit :

vue de derrière	vue de face
⊗	⊙

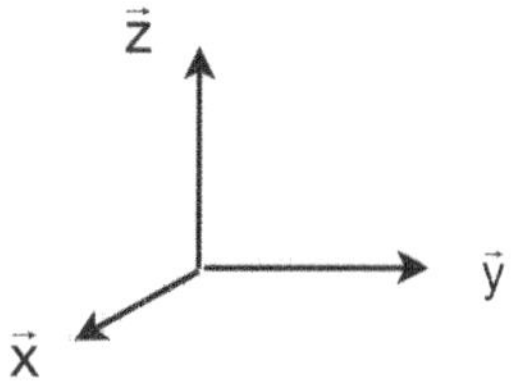

Ainsi, la base représentée en perspective ci-contre pourrait être représentée comme suit :

C. Projections

C.1 Introduction

Il est très fréquent lors de la modélisation des phénomènes physiques mécaniques d'exprimer des vecteurs dans des bases différentes.

Les opérations mathématiques sur ces vecteurs s'en trouvent alors délicates, car les vecteurs à manipuler sont exprimés dans des bases différentes.

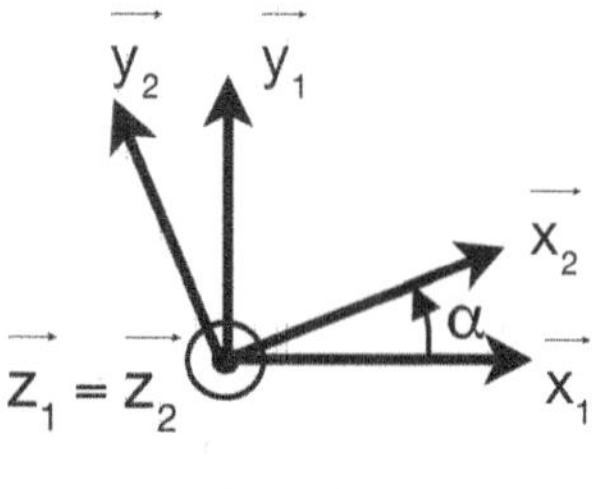

Il est alors nécessaire d'exprimer une base par rapport à une autre, dont le passage de l'une à l'autre sera le plus souvent issu d'une rotation autour d'un axe commun aux deux bases.

Dans l'exemple ci-contre, la base $B_2(\vec{x}_2, \vec{y}_2, \vec{z}_2)$ se construit à partir la base $B_1(\vec{x}_1, \vec{y}_1, \vec{z}_1)$ par une rotation d'angle α autour de l'axe commun $\vec{z_1} = \vec{z_2}$.

C.2 Signe de l'angle de rotation

C.2.1 Convention de signe

Il est très important de rappeler que les angles sont **orientés** : le sens de l'angle définit son signe. Un angle sera positif s'il est direct.

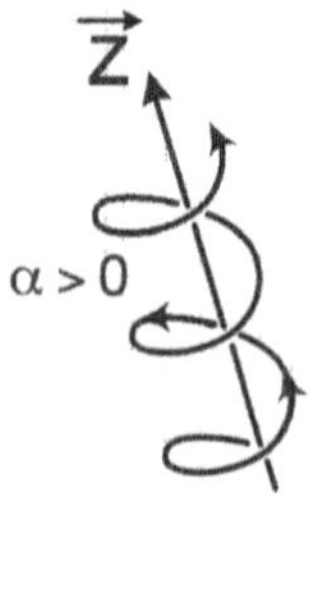

En appliquant la règle du tire-bouchon de Maxwell, tourner dans le sens de α implique un mouvement dans le sens de $\vec{z}$. Cet angle sera donc positif.

Inversement, cet angle ci-contre sera négatif car orienté dans le sens indirect (tourner dans le sens de α implique un mouvement dans le sens inverse de $\vec{z}$).

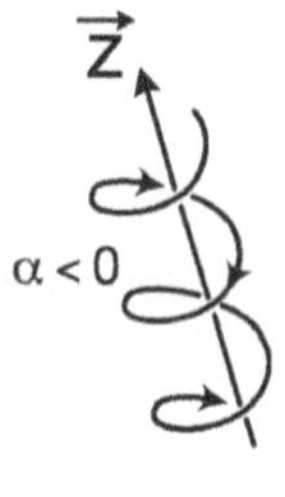

C.2.2 Exemples en représentation plane

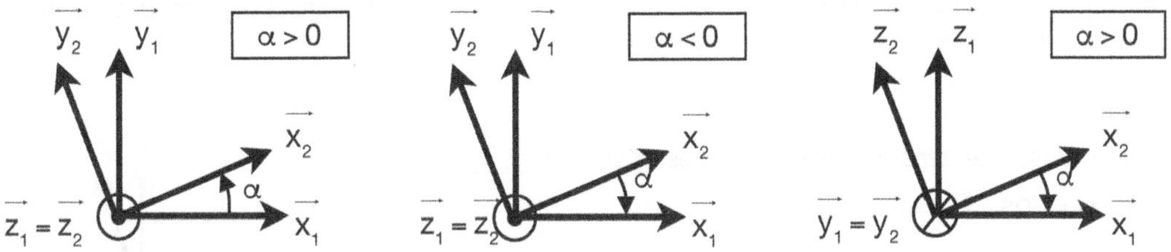

C.3 Projections

C.3.1 Formules de projection entre 2 bases

C.3.1.1 Représentation la plus courante

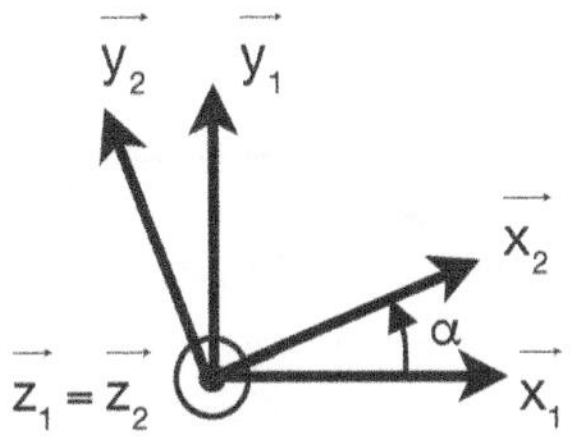

Le problème consiste à exprimer les vecteurs unitaires $\overrightarrow{x_2}$ et $\overrightarrow{y_2}$ dans la base $B\left(\overrightarrow{x_1},\overrightarrow{y_1},\overrightarrow{z_1}\right)$.

Le vecteur $\overrightarrow{x_2}$ se projette dans la base B à l'aide des relations trigonométriques :

$$\overrightarrow{x_2} = \cos\alpha\,\overrightarrow{x_1} + \sin\alpha\,\overrightarrow{y_1}$$

Une façon de déterminer si un vecteur se projette en cosinus ou en sinus est d'identifier sur quel vecteur «s'appuie» l'angle.

Si l'angle s'appuie sur $\overrightarrow{x_1}$ alors la projection sera un cosinus sur $\overrightarrow{x_1}$ (et donc un sinus sur $\overrightarrow{y_1}$).

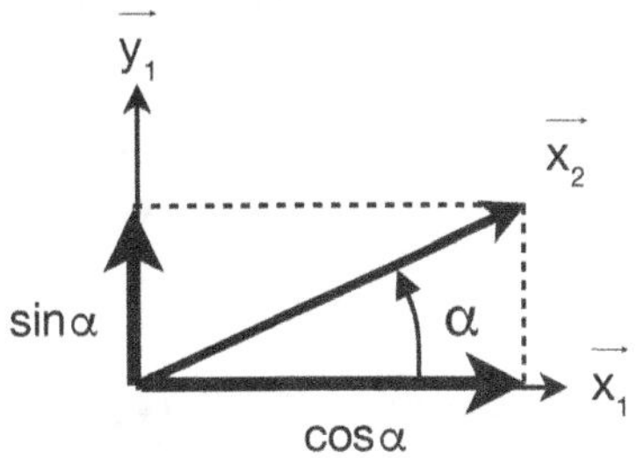

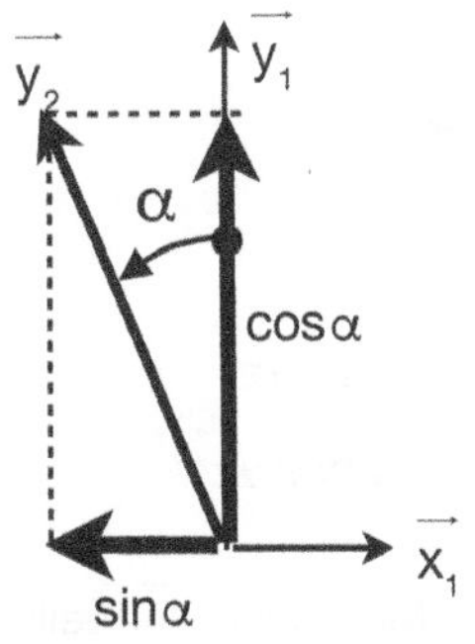

De la même façon, le vecteur $\overrightarrow{y_2}$ se projette dans la base B comme suit :

$$\overrightarrow{y_2} = -\sin\alpha\,\overrightarrow{x_1} + \cos\alpha\,\overrightarrow{y_1}$$

D'où finalement les relations classiques de projection :

$$\begin{cases} \overrightarrow{x_2} = \cos\alpha\,\overrightarrow{x_1} + \sin\alpha\,\overrightarrow{y_1} \\ \overrightarrow{y_2} = -\sin\alpha\,\overrightarrow{x_1} + \cos\alpha\,\overrightarrow{y_1} \\ \overrightarrow{z_2} = \overrightarrow{z_1} \end{cases}$$

C.3.1.2 Représentations non usuelles

Les représentations inusuelles sont souvent à l'origine d'erreurs dans l'écriture des relations de projection, en particulier en ce qui concerne les signes.

Exemple 1

L'erreur classique dans ce cas de figure est d'écrire :

$$\vec{x_2} = \cos\alpha \vec{x_1} - \sin\alpha \vec{y_1}$$

En effet, si $\vec{x_2}$ semble se projeter suivant $-\vec{y_1}$ c'est parce que $\alpha < 0$ et donc $\sin\alpha < 0$

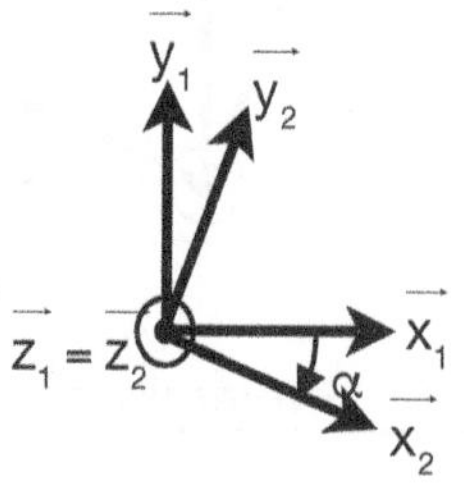

Exemple 2

L'erreur serait ici d'écrire :

$$\vec{x_2} = -\sin\alpha \vec{x_1} + \cos\alpha \vec{y_1}$$

En effet, si $\vec{x_2}$ semble se projeter suivant $-\vec{x_1}$ c'est parce que $\alpha > \frac{\pi}{2}$ et donc $\cos\alpha < 0$

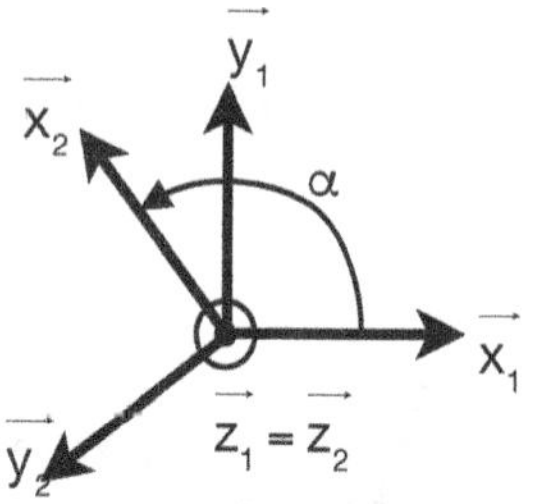

Solution pour éviter ces erreurs

Le meilleur moyen d'éviter ces erreurs est de refaire une figure dans laquelle l'angle $\alpha < \frac{\pi}{2}$.

Par exemple

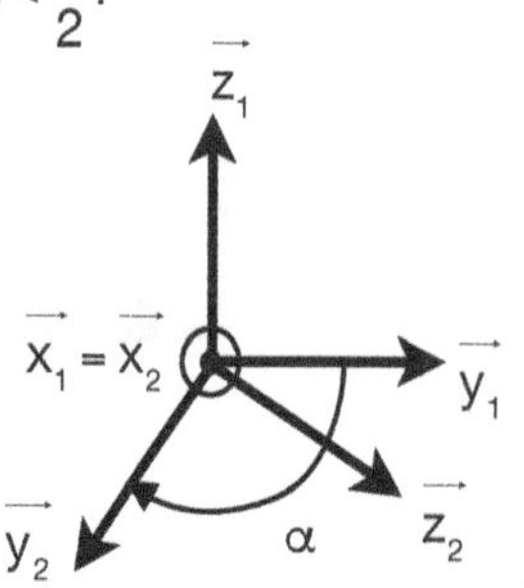

est équivalent à

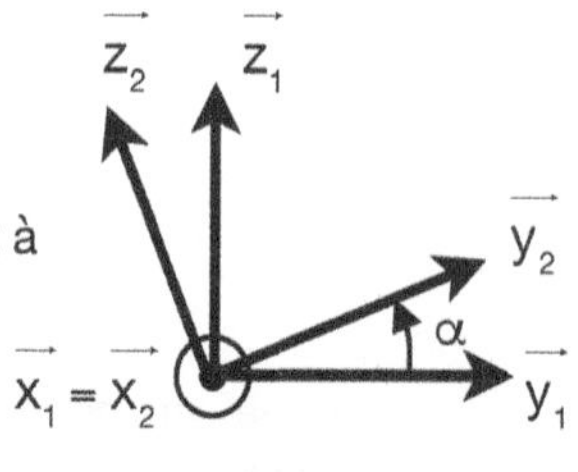

ce qui permet alors d'écrire facilement les équations de projection :

$$\begin{cases} \vec{x_2} = \vec{x_1} \\ \vec{y_2} = \cos\alpha \vec{y_1} + \sin\alpha \vec{z_1} \\ \vec{z_2} = -\sin\alpha \vec{y_1} + \cos\alpha \vec{z_1} \end{cases}$$

Angle en apparence positif

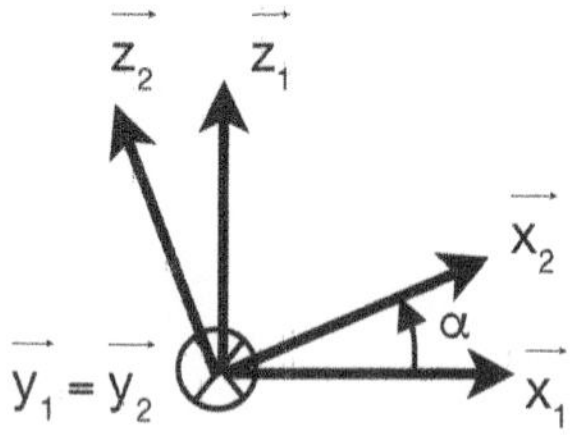

L'angle α est en apparence orienté positivement. Mais il est en réalité négatif, car dans le sens indirect par rapport à l'axe $\vec{x_1}$

Les équations de projection doivent s'écrire :

$$\begin{cases} \vec{x_2} = \cos\alpha \vec{x_1} - \sin\alpha \vec{z_1} \\ \vec{y_2} = \vec{y_1} \\ \vec{z_2} = \sin\alpha \vec{x_1} + \cos\alpha \vec{z_1} \end{cases} \quad \text{car } \alpha < 0$$

Chapitre 4.
Electrocinétique

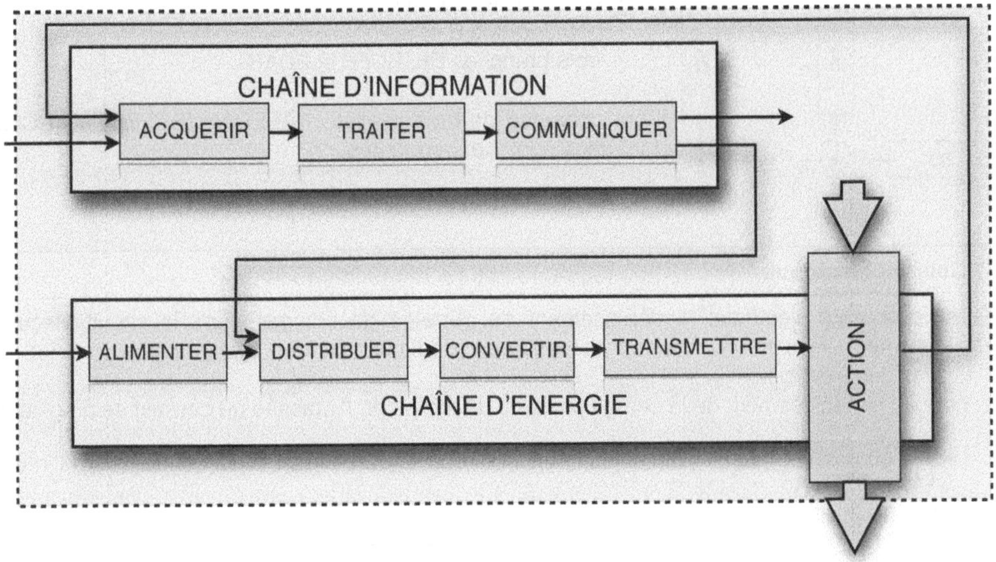

A. Les dipôles

A.1 Généralités sur les circuits électriques

A.1.1 Circuit électrique

A.1.1.1 Définitions

Circuit électrique : ensemble de conducteurs reliés par des fils de jonction et dans lequel circule un courant électrique.
Dipôle : composant électrique possédant deux bornes.
Nœud d'un circuit : point commun à au moins deux dipôles.
Maille d'un réseau : partie d'un circuit formant un contour fermé.
Branche d'un circuit : ensemble de dipôles situés entre deux nœuds consécutifs.

A.1.1.2 Exemple

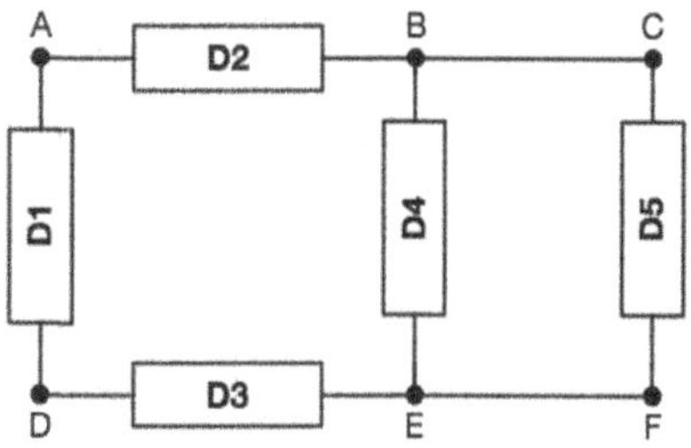

Ce circuit comporte :
- cinq dipôles D1 à D5,
- deux nœuds B et E,
- trois branches BE, BCFE et EDAB.

Il est constitué de trois mailles : {ABEDA}, {BCFEB} et {ACFDA}, dont deux sont indépendantes.

A.1.2 Courant électrique

On appelle courant électrique le déplacement de porteurs de charges dans le circuit électrique. Conventionnellement, le sens du courant est celui du déplacement des charges positives (et donc opposé au sens des électrons).

Si on note dq le déplacement de la charge pendant un temps dt, l'intensité du courant sera égale à :

$I = \frac{dq}{dt}$ où q est la quantité d'électricité en Coulomb (C), t le temps en seconde (s) et I l'intensité en Ampère (A).

A.1.3 Tension aux bornes d'un dipôle

Les charges électriques se déplacent sous l'action d'un champ électrique E, qui fournit ou consomme de l'énergie. Cette variation d'énergie se traduit par une différence de potentiel V entre deux points d'un circuit électrique.

La variation est positive dans le cas d'une source, négative dans le cas d'un récepteur.

$$u_{AB} = V_A - V_B = \int_B^A E\,dx$$

On appellera tension cette différence de potentiel. Cette tension est représentée dans un circuit électrique par une flèche dont l'extrémité désigne le potentiel le plus élevé.

Un fil électrique ne générant que des pertes infimes, la différence de potentiel aux bornes d'un fil est nulle.

A.1.4 Dipôle électrique

A.1.4.1 Conventions

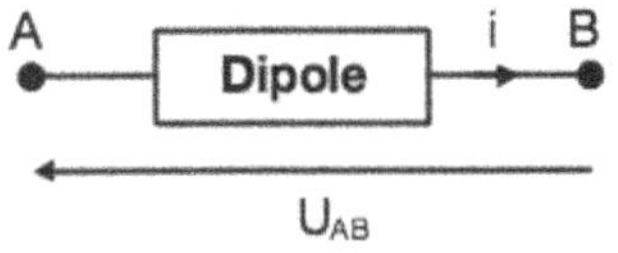

Un dipôle électrique est caractérisé par deux grandeurs électriques :
- l'intensité i qui le traverse,
- la différence de potentiel U_{AB} entre les deux bornes du dipôle.

L'orientation du courant est arbitraire. Si la valeur calculée est positive, le courant circule alors effectivement dans le sens choisi.

L'orientation de la tension dépend de la convention retenue :
- en convention récepteur, la tension est orientée en sens contraire de l'intensité (en effet, le récepteur consommant de l'énergie, son potentiel est plus élevé en entrée),
- en convention générateur, la tension est orientée dans le même sens que l'intensité.

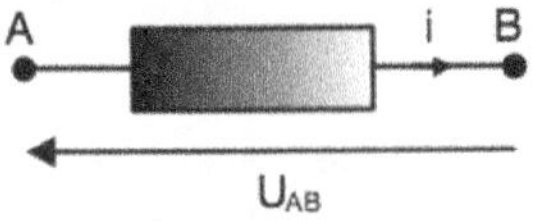

Dipôle en convention récepteur

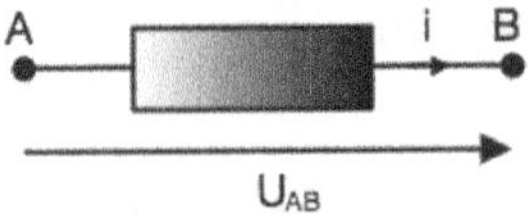

Dipôle en convention générateur

Remarque : si deux dipôles sont reliés entre eux, les conventions peuvent être récepteur pour l'un et générateur pour l'autre.

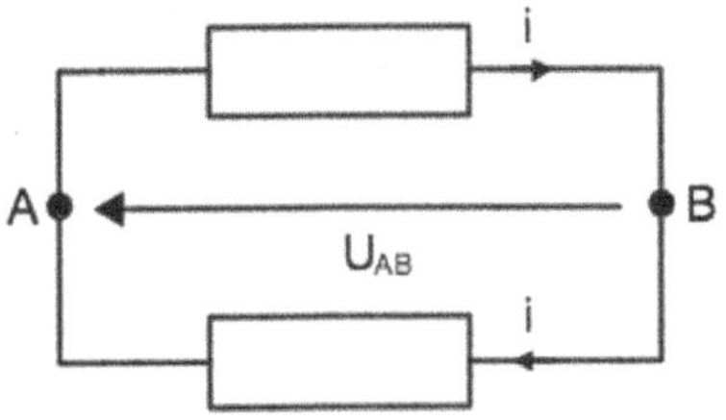

A.1.4.2 Relation courant-Tension

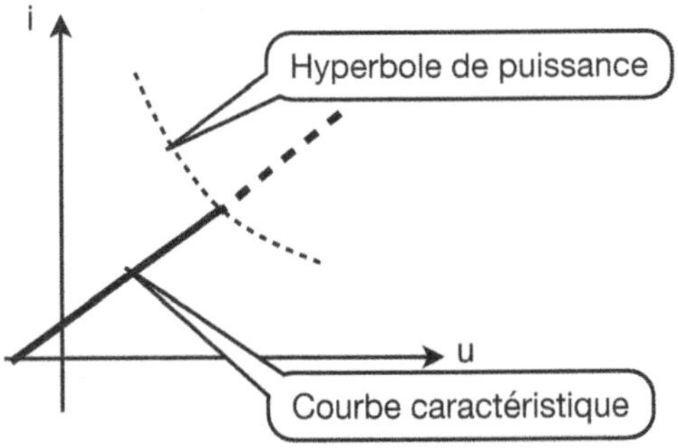

Les grandeurs électriques d'un dipôles suivent une relation u=f(i) ou i=f(u). Cette relation dépend du dipôle.

La représentation graphique de cette relation dans le plan (u,i) ou (i,u) est appelée «courbe caractéristique» du dipôle.

Remarque : si cette courbe passe par l'origine, alors le dipôle est dit passif. Sinon il sera dit actif.

L'hyperbole de puissance traduit les limites techniques de fonctionnement du dipôle en terme de puissance.

A.1.4.3 Dipôles élémentaires

Résistance

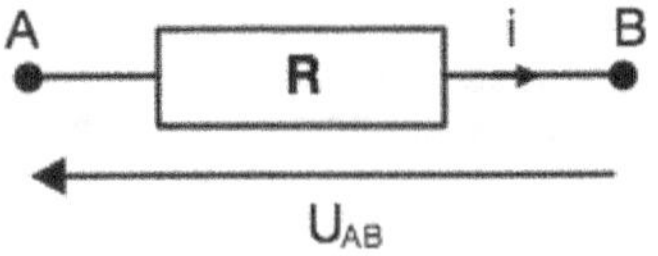

En convention récepteur, la relation caractéristique s'écrit :

$U_{AB} = RI$ ou $I = GU_{AB}$: Loi d'Ohm

R est la résistance, exprimée en Ohm (Ω)

G est la conductance, exprimée en Siemens (S) (G=1/R)

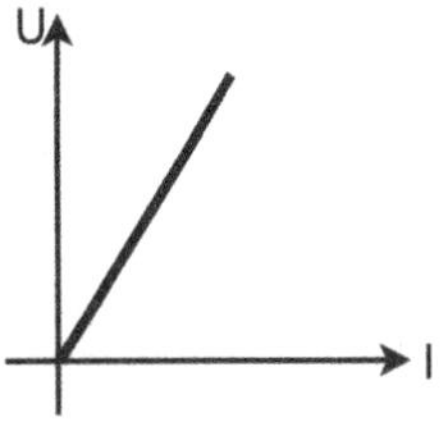

Source idéale de tension

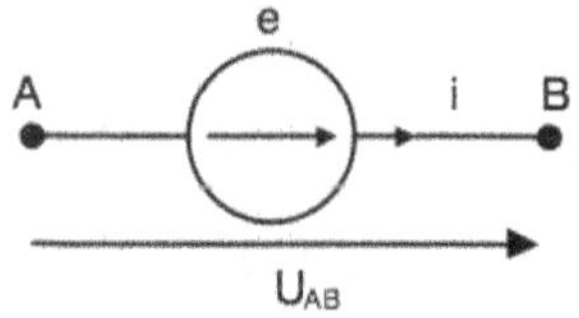

$U_{AB} = e$ quel que soit le courant I

La tension e est appelée force électromotrice (fém).

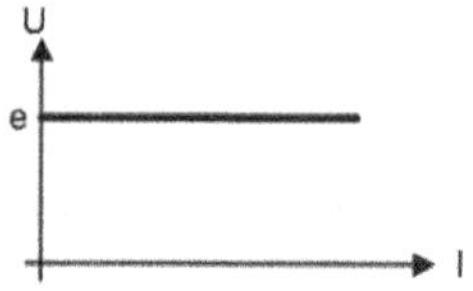

Source idéale de courant

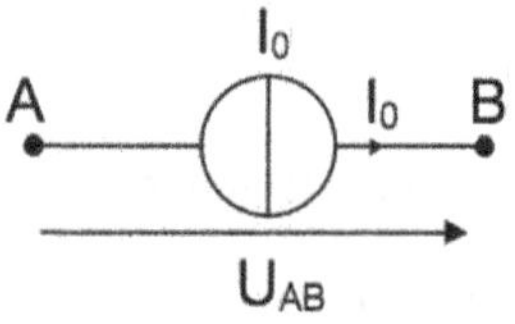

$I = I_0$ quelle que soit la tension U_{AB}

Le courant I_0 est appelé courant électromoteur.

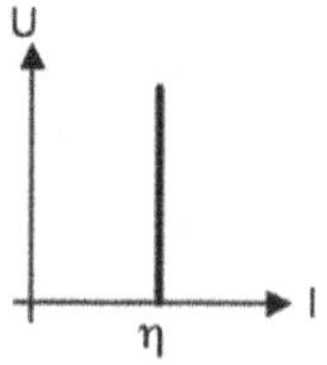

Source réelle de tension

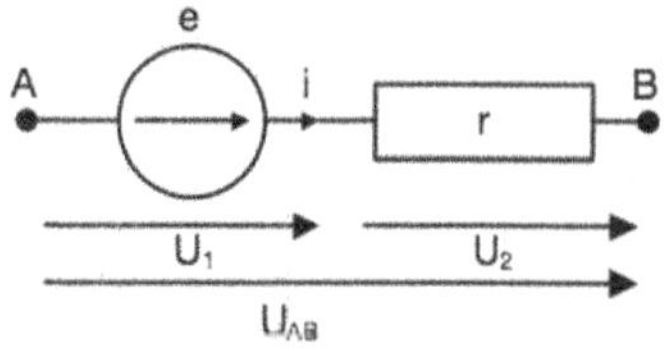

Une source de tension continue réelle est constituée d'une source de tension parfaite et d'une résistance interne r en série.

$$U = U_1 + U_2 = e - rI$$

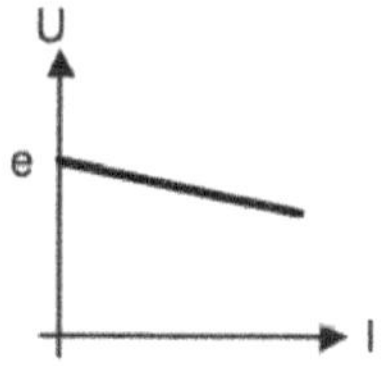

Source réelle de courant

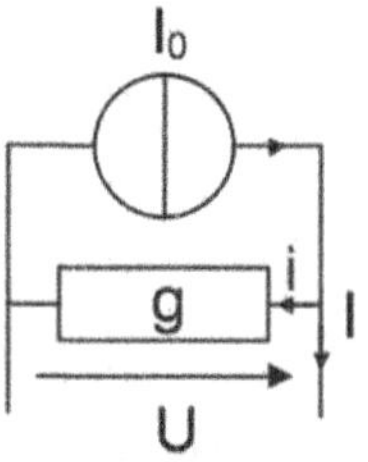

Une source de courant réelle est constituée d'une source de courant parfaite et d'une conductance interne g en parallèle.

$$I = I_0 - gU$$

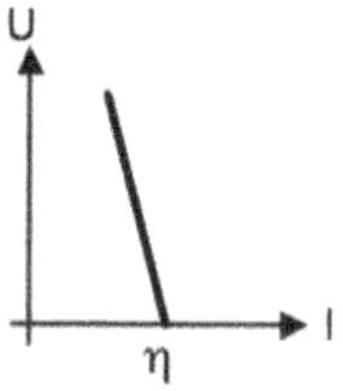

Diode idéale

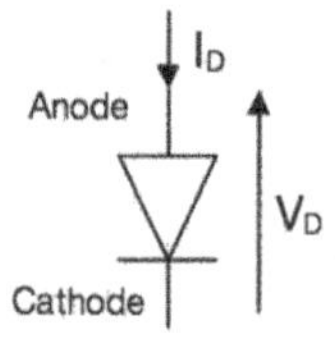

Une diode est un dipôle unidirectionnel, dont les bornes sont appelées Anode (A) et Cathode (K).

Si $V_D<0$ alors la diode est dite en polarisation inverse. Elle est bloquée, et se comporte comme un interrupteur ouvert.

Si $V_D>0$ alors la diode est dite en polarisation directe. Elle est passante, et se comporte comme un interrupteur fermé.

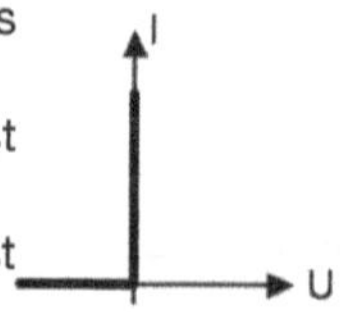

Diode réelle

Une diode réelle possède :

- une résistance interne, appelée résistance dynamique Rs,
- une tension de seuil Vs, au delà de laquelle la diode devient passante.

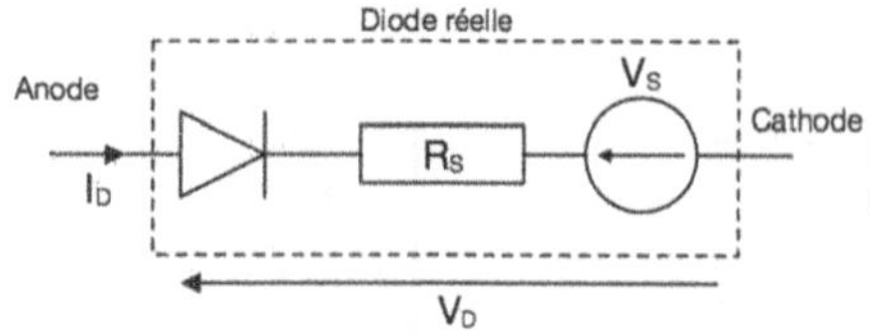

Une diode réelle peut être modélisée par l'association en série d'une diode idéale, d'une résistance R_S et d'une fém V_S.

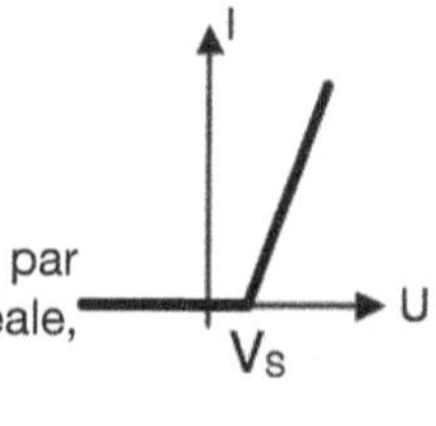

A.2 Méthodes d'étude

A.2.1 Association en série

L'association en série de dipôles s'appuie sur l'additivité des tensions le long d'une branche.

A.2.1.1 Association de résistances en série

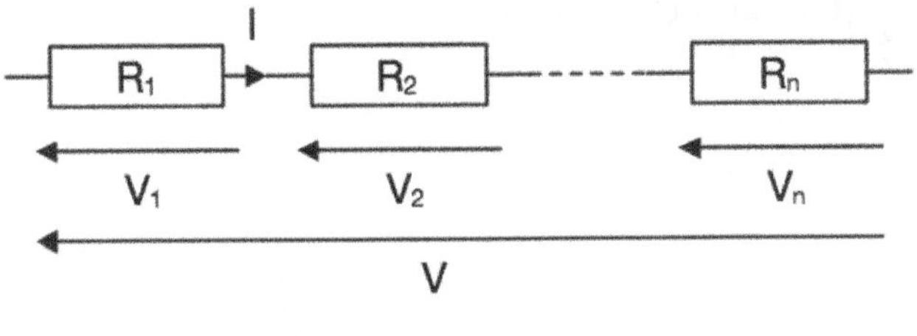

En régime continu, on peut écrire :

$$V = \sum_{i=1}^{n} V_i = \sum_{i=1}^{n} (R_i I) = \left(\sum_{i=1}^{n} R_i \right) I = R_{eq} I$$

La résistance équivalente à n résistances connectées en série vaut alors : $R_{eq} = \sum_{i=1}^{n} R_i$

A.2.1.2 Association de sources de tension

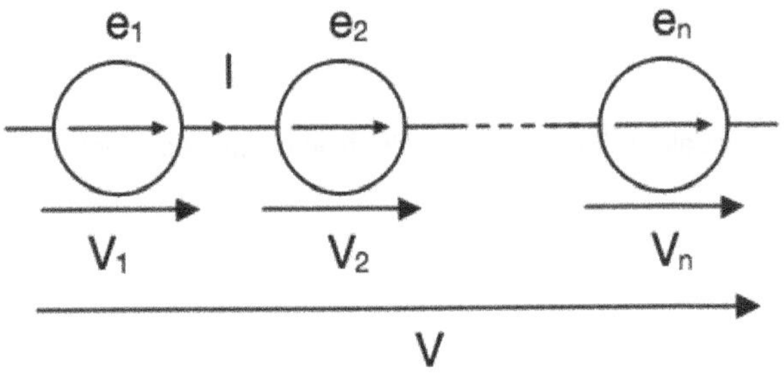

$$V = \sum_{i=1}^{n} V_i = \sum_{i=1}^{n} e_i$$

Le fém équivalente à n fém connectées en série vaut : $e_{eq} = \sum_{i=1}^{n} e_i$

A.2.1.3 Association de sources de courant

L'association en série de sources de courant n'a aucun sens.

A.2.2 Association en parallèle

A.2.2.1 Association de résistances

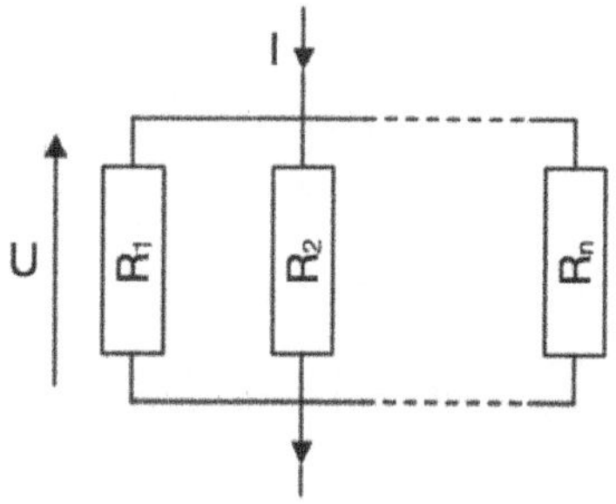

$$I = \sum_{i=1}^{n} (G_i U) = \left(\sum_{i=1}^{n} G_i \right) U = G_{eq} I$$

La conductance équivalente à n résistances connectées en parallèle vaut : $G_{eq} = \sum_{i=1}^{n} G_i$

A.2.2.2 Association de sources de courant

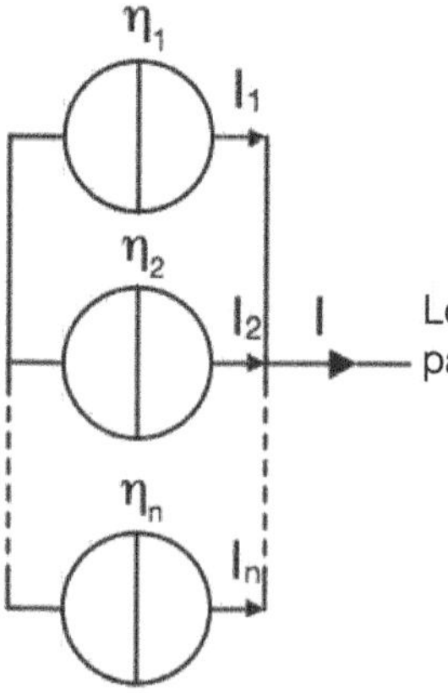

$$I = \sum_{i=1}^{n} I_i = \sum_{i=1}^{n} \eta_i$$

Le courant électromoteur équivalent à n courants électromoteurs connectés en parallèle vaut :

$$\eta_{eq} = \sum_{i=1}^{n} \eta_i$$

A.2.3 Association étoile-triangle (théorème de Kennely)

Dans certains cas les dipôles sont associés en «étoile» ou en «triangle».

Le passage de la structure en triangle vers la structure en étoile est donné par :

$$r_1 = \frac{R_2 . R_3}{R_1 + R_2 + R_3}$$

Le passage de la structure en étoile vers la structure en triangle est donnée par :

$$G_1 = \frac{g_2 . g_3}{g_1 + g_2 + g_3}$$

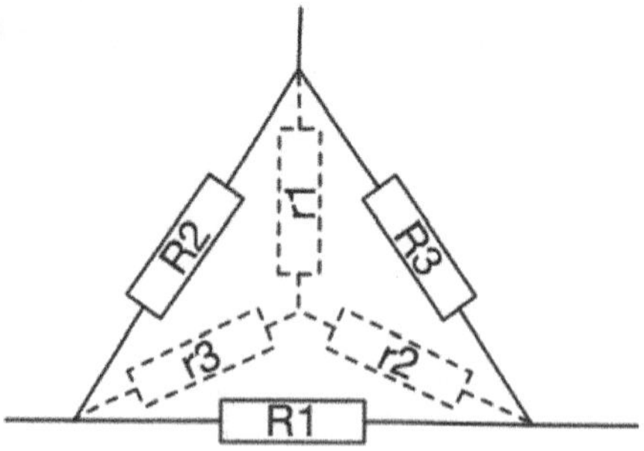

A.2.4 Point de fonctionnement d'un dipôle

A.2.4.1 Généralités

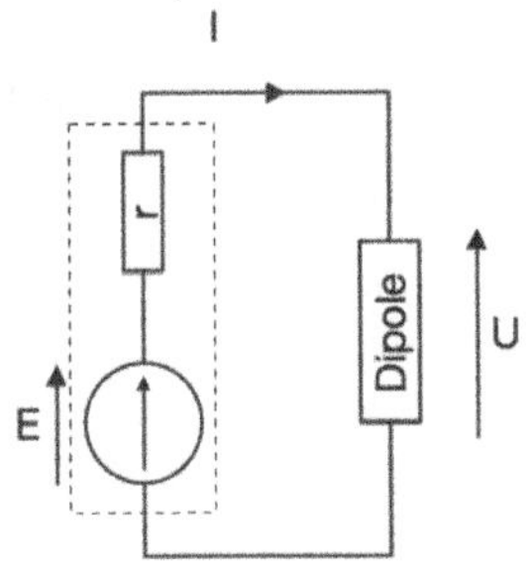

On considère un dipôle récepteur auquel est connecté un dipôle générateur (e,r). Il existe alors un point de fonctionnement spécifique au couplage.

La relation caractéristique du générateur est appelée droite de charge :

- $u = e - ri$ dans le cas d'un générateur de tension ;
- $i = \eta - gu$ dans le cas d'un générateur de courant.

Graphiquement, le couplage entre le dipôle générateur et le dipôle récepteur fait apparaître un point de fonctionnement F :

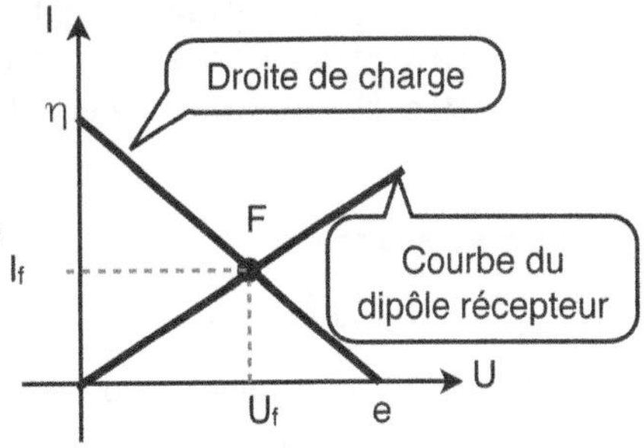

Exemple : Electrolyseur

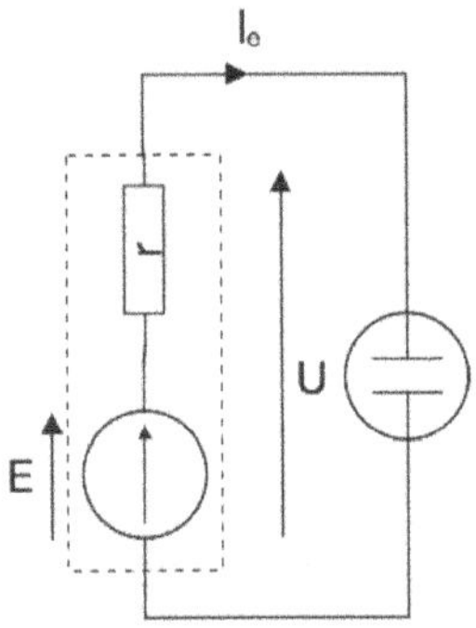

La centrale solaire de Barth (Allemagne) est exploitée à des fins de production d'hydrogène par électrolyse de l'eau.

Chaque panneau est associé à un électrolyseur, dont la courbe caractéristique est fournie ci-contre.

Les cellules photovoltaïques sont modélisées par un fém E=4 V en série avec une résistance interne $r = 5\ \Omega$.

On cherche à déterminer le point de fonctionnement de ce montage.

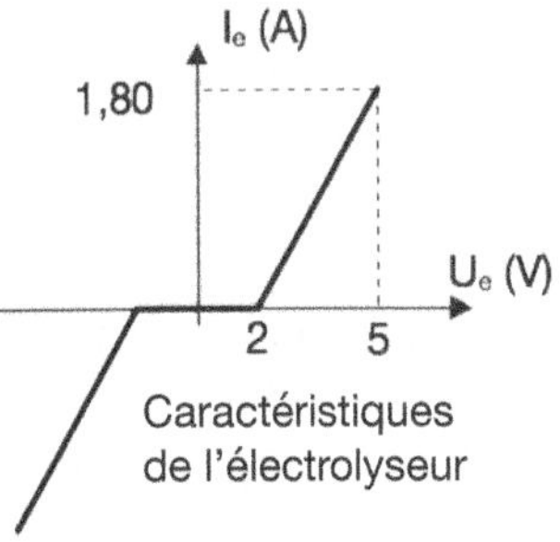

Caractéristiques de l'électrolyseur

Résolution graphique

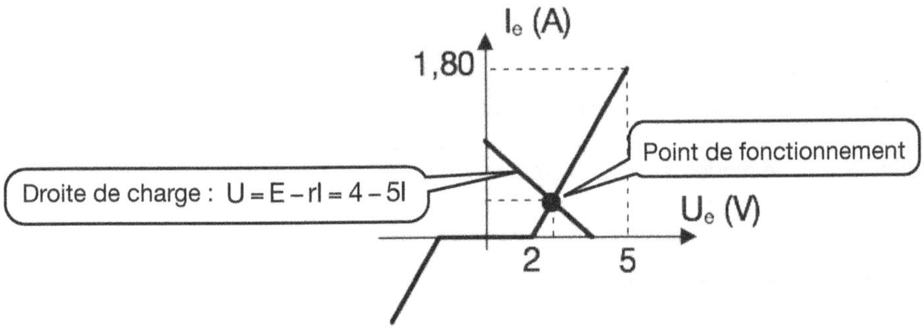

Résolution analytique

La droite de charge a pour équation

$U = E - rI = 4 - 5I$ (1)

La courbe caractéristique de l'électrolyseur a pour équation :

$U < -2$: $I = 0{,}6U + 1{,}2$ (2.1)

$-2 < U < 2$: $I = 0$ (2.2)

$U > 2$: $I = 0{,}6U - 1{,}2$ (2.3)

La résolution du système d'équations s'écrit :

(1) et (2.1) => {U=-0,5 V et I= 0,9 A} Impossible car $U > -2$

(1) et (2.2) => {U=4 V et I= 0 A} Impossible car $U > 2$

(1) et (2.3) => {U=2,5 V et I= 0,3 A} Valeurs du point de fonctionnement

A.2.5 Puissance

A.2.5.1 Définition

La puissance instantanée reçue par un dipôle en convention récepteur a pour expression $P = UI$, où :

- P est la puissance reçue par le dipôle (en Watt W),
- U est la tension aux bornes du dipôle (V),
- I est le courant traversant ce dipôle (A).

Ainsi :

- un dipôle a un caractère récepteur si la puissance reçue est positive,
- un dipôle a un caractère générateur si la puissance reçue est négative.

A.2.5.2 Bilan des puissances dans un circuit électrique

La puissance, au même titre que l'énergie, se conserve.
La somme des puissances reçues par l'ensemble des dipôles d'un circuit est nulle.

A.2.5.3 Effet Joule dans une résistance

Le passage d'un courant dans une résistance provoque une dissipation d'énergie sous forme thermique : c'est l'effet Joule.

$$P = UI = RI^2 = \frac{U^2}{R}$$

Exemple : transfert de puissance

Reprenons la cellule photovoltaïque associée à l'électrolyseur vu dans l'exercice de la page précédente. Au point de fonctionnement déterminé, ce couplage peut se modéliser par la figure ci-contre.

Dans ce modèle : E=4 V, E'=2 V, $r = 5\ \Omega$ et $R = 1{,}67\ \Omega$

Au point de fonctionnement, $I_e = 0{,}3$ A

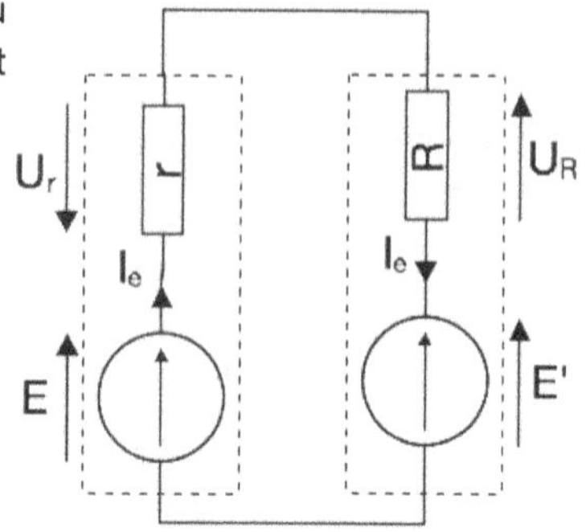

Calcul des tensions aux bornes des résistances

$U_R = RI_e = 0{,}5$ V

$U_r = rI_e = 1{,}5$ V

Calcul des puissances dissipées par effet Joule

$$P_R = U_R I_e = 0{,}15\ \text{W}$$

$$P_r = U_r I_e = 0{,}45\ \text{W}$$

Calcul des puissance reçues par les générateurs idéaux de tension

$P_E = -EI_e = -1{,}2\ \text{W}$ (négative car E et I_e sont dans le même sens, le générateur fournit de la puissance)

$$P_{E'} = E'I_e = 0{,}6\ \text{W}$$

Bilan des puissances transitant dans le circuit

La somme des puissances vaut :

$$P_E + P_{E'} + P_R + P_r = -1{,}2 + 0{,}6 + 0{,}15 + 0{,}45 = 0$$

On vérifie bien que le bilan des puissances est nul.

B. Etude des réseaux en régime permanent

En régime permanent, les grandeurs électriques continues seront notées par une majuscule : tension U, courant I.

B.1 Méthodes de Kirchhoff

B.1.1 Définition

Les méthodes de Kirchhoff consistent à déterminer les courants circulant dans l'ensemble des branches d'un circuit électrique.

Les équations de Kirchhoff sont au nombre de deux : la loi des mailles et la loi des nœuds.

Loi des mailles :

La somme algébrique des tensions dans une maille est nulle : $\sum u = 0$

Loi des nœuds :

La somme algébrique des courants transitant par un nœud est nulle : $\sum I = 0$

B.1.2 Exemple

On considère le circuit suivant, dans lequel on cherche à calculer le courant I_2 dans la charge R_2. Il est constitué de 2 mailles (1) et (2), et de 2 nœuds N et M.

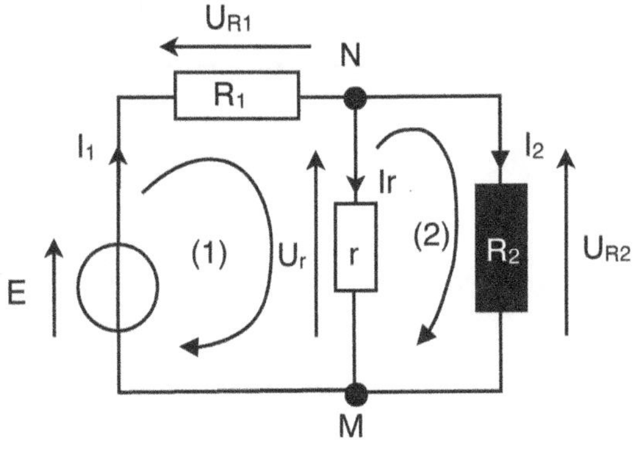

Loi de la maille (1) : $E - U_{R1} - U_R = 0$

Loi de la maille (2) : $U_r - U_{R2} = 0$

Loi du nœud N : $I_1 - I_r - I_2 = 0$

Lois d'Ohm : $\begin{cases} U_{R1} = R_1 I_1 \\ U_r = rI_r \\ U_{R2} = R_2 I_2 \end{cases}$

On aboutit alors au système d'équations suivant :

$$\begin{cases} E - R_1I_1 - r(I_1 - I_2) = 0 \\ r(I_1 - I_2) - R_2I_2 = 0 \end{cases} \text{ qui s'écrit } \begin{cases} E = (R_1 + r)I_1 - rI_2 \\ (R_2 + r)I_2 = rI_1 \end{cases} \text{ Soit au final : } I_2 = \frac{r}{(R_1 + R_2)r + R_1R_2}E$$

B.2 Théorème de Millmann

B.2.1 Enoncé

Le théorème de Millmann est également appelé «loi des nœuds en terme de potentiel».

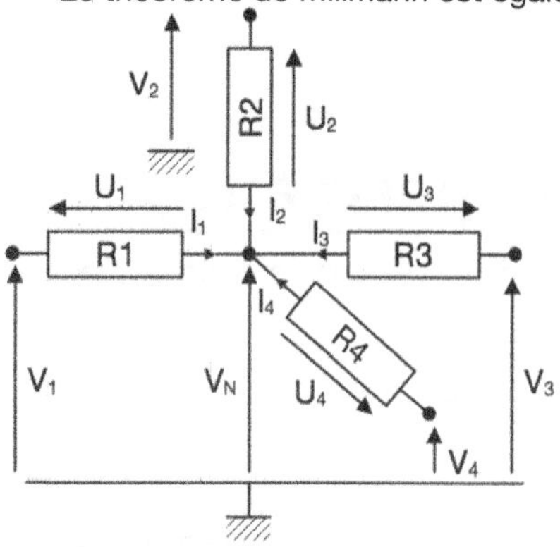

La loi des nœuds de Kirchhoff s'écrit au nœud N :

$$\sum I_i = 0 \text{ , soit } \sum G_iU_i = 0$$

Or $U_i = V_i - V_N$

Donc $\sum G_i(V_i - V_N) = 0$

D'où le théorème de Milmann :

$$\boxed{V_N = \frac{\sum G_iV_i}{\sum G_i}}$$

Remarque : si des branches contiennent des sources de courant, il suffit de remplacer le terme G_iV_i par la valeur du courant électromoteur (cém) des branches en question.

B.2.2 Exemple

Reprenons le circuit décrit au B.1.2, et plaçons-y arbitrairement une référence de tension («masse») en M : $V_M = 0$.

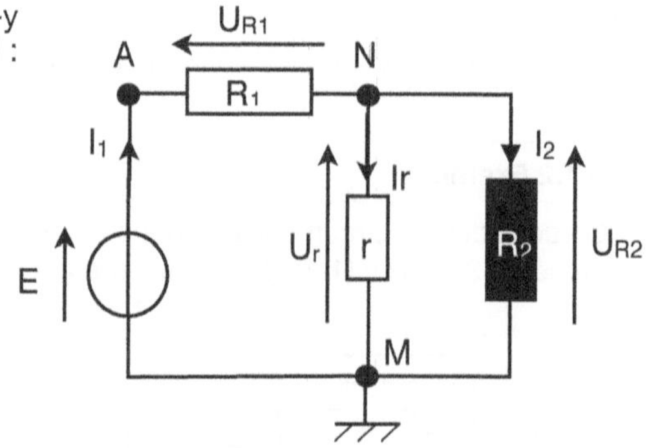

Alors $V_A = E$

Appliquons le théorème de Millmann en N :

$$V_N = \frac{G_1V_A + G_rV_M + G_2V_M}{G_1 + G_2 + G_r} = \frac{G_1E}{G_1 + G_2 + G_r}$$

soit : $V_N = \frac{rR_2}{rR_1 + rR_2 + R_1R_2}E$

D'où on tire directement :

$$I_2 = G_2V_N = \frac{r}{rR_1 + rR_2 + R_1R_2}E$$

B.3 Montages particuliers

B.3.1 Diviseurs de tension et de courant

Diviseur de tension	Diviseur de courant
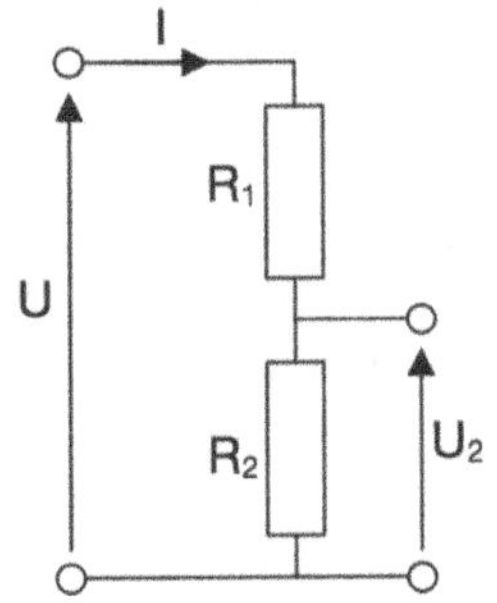	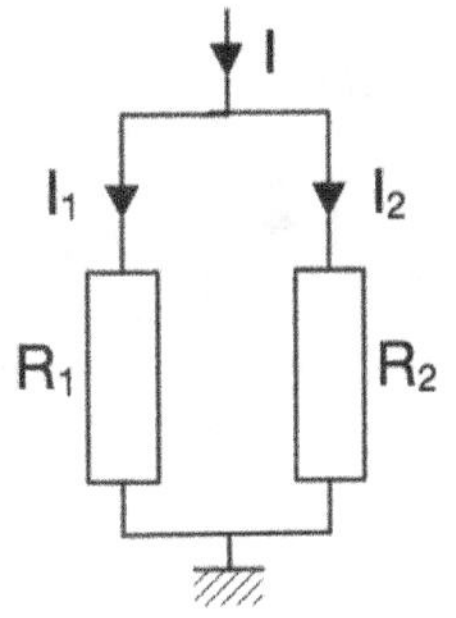
$U_2 = \frac{R_2}{R_1 + R_2} U$	$I_2 = \frac{G_2}{G_1 + G_2} I$

B.3.2 Loi de Pouillet

Dans un circuit ne comportant qu'une seule maille, le courant est fourni par la relation :

$$I = \frac{\sum E}{\sum R}$$

Exemple :

$$I = \frac{E_1 - E_2 + E_3}{R_1 + R_2 + R_3 + R_4}$$

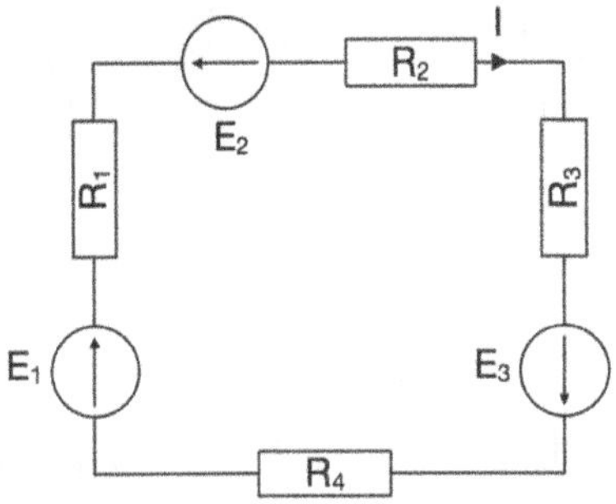

B.4 Circuits équivalents au sens de Thévenin et Norton

B.4.1 Théorème de Thévenin

B.4.1.1 Définition

Ce théorème affirme que toute portion d'un circuit électrique peut être réduite à un seul générateur de tension de fém V_{Th} en série avec une seule résistance R_{Th}.

Ce théorème permet de simplifier grandement l'étude d'un circuit, et ainsi de calculer l'intensité parcourant une branche.

Il est applicable aussi bien en régime continu qu'en régime sinusoïdal, les résistances devenant des impédances.

B.4.1.2 Détermination de la tension de Thévenin

La tension de Thévenin V_{Th} du circuit à réduire est la tension à vide (sans la charge, donc sans les autres éléments du circuit).

B.4.1.3 Détermination de la résistance de Thévenin

La résistance de Thévenin R_{Th} est la résistance équivalente du circuit à réduire lorsque les sources sont rendues passives.

B.4.1.4 Exemple

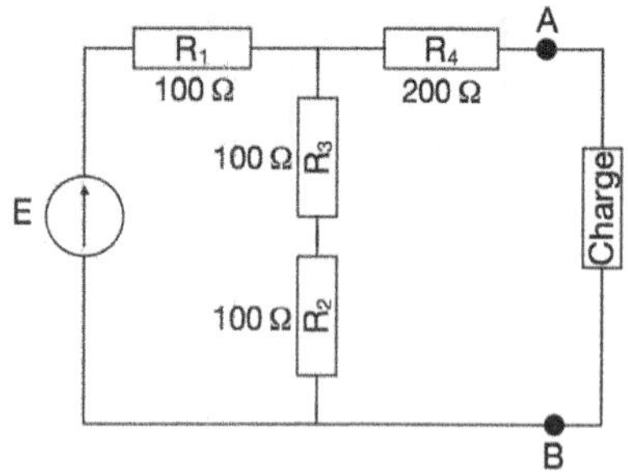

On considère le circuit suivant, dans lequel on souhaite étudier le courant traversant la charge entre A et B, avec E=12V.

Première étape : déconnexion de la charge.

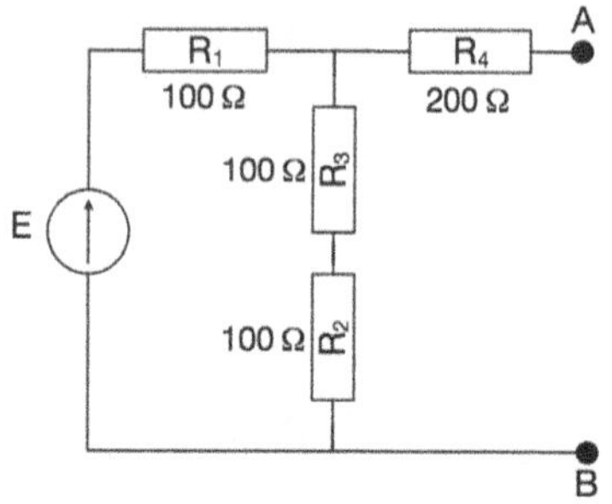

Seconde étape : calcul de la tension de Thévenin équivalente.

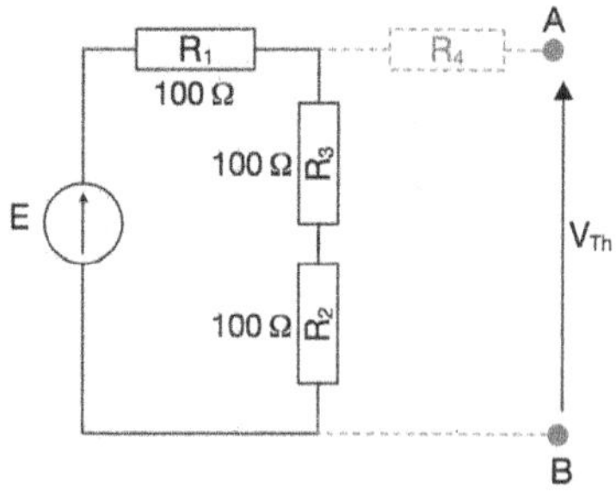

La résistance R_4 n'est pas prise en compte car, la charge étant déconnectée, aucun courant ne la traverse.

On reconnaît un pont diviseur de tension :

$$V_{Th} = \frac{R_2 + R_3}{R_1 + R_2 + R_3} E = 8\ V$$

Troisième étape : calcul de la résistance de Thévenin.

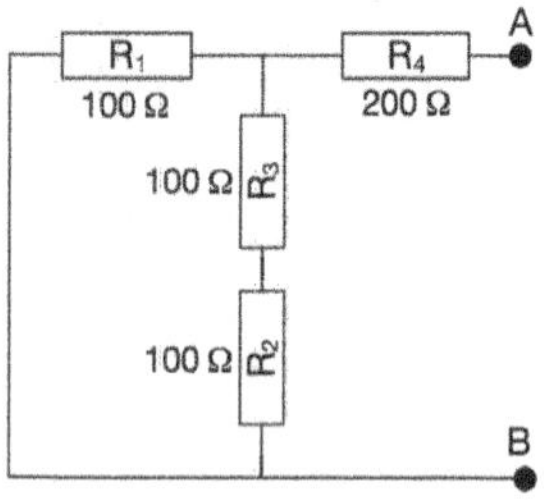

La source de tension est rendue passive, et on calcule la résistance équivalente :

$$R_{Th} = R_4 + \frac{R_1\left(R_2 + R_3\right)}{R_1 + R_2 + R_3} = 266{,}7\ \Omega$$

Circuit équivalent de Thévenin :

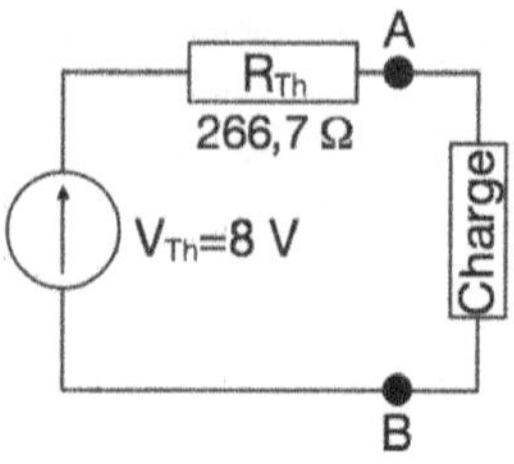

B.4.2 Théorème de Norton

B.4.2.1 Définition

Le théorème de Norton établit que toute portion d'un circuit électrique peut être réduite à un seul générateur de courant en parallèle avec une seule résistance.

A l'instar du théorème de Thévenin, il est aussi bien applicable en régime continu qu'en régime sinusoïdal.

B.4.2.2 Détermination du courant de Norton

Le courant de Norton I_N est le courant traversant la charge lorsque cette dernière est court-circuitée.

B.4.2.3 Détermination de la résistance de Thévenin

La résistance de Norton R_N est la résistance équivalente du circuit à réduire lorsque les sources sont rendues passives (sources de tension court-circuitées et sources de courant débranchées).

B.4.2.4 Exemple

Reprenons le circuit précédent, que l'on souhaite à présent réduire à un circuit de Norton équivalent :

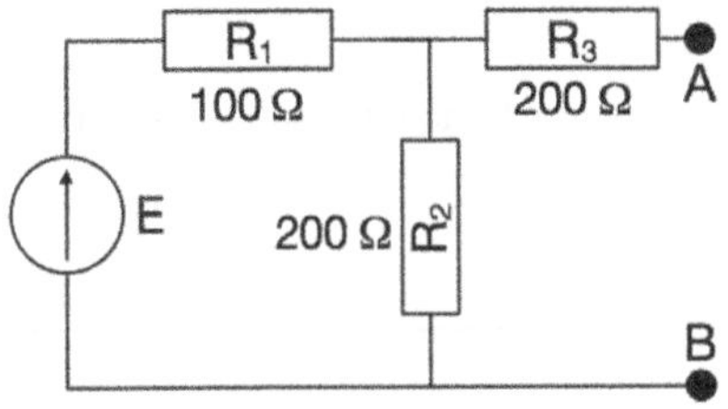

$$G_1 = 1.10^{-2}\ S\,;G_2 = 5.10^{-3}\ S\,;G_2 = 5.10^{-3}\ S$$

Première étape : calcul du courant de Norton

Appliquons le théorème de Millmann en M

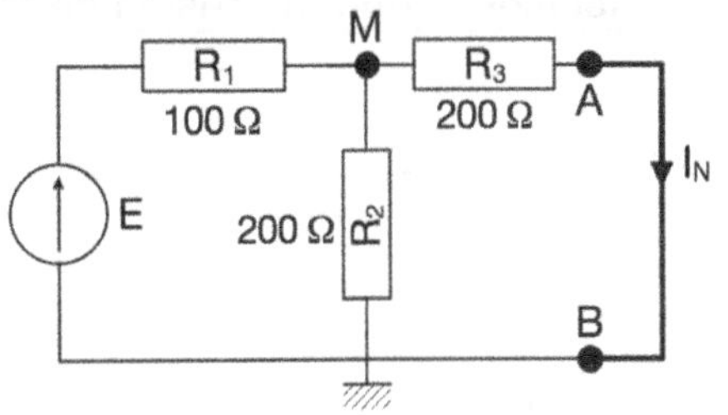

$$V_M = \frac{G_1E + G_2V_T + G_3V_T}{G_1 + G_2 + G_3} = \frac{G_1}{G_1 + G_2 + G_3}E$$

$$I_N = G_3V_M = 30\ \text{mA}$$

Seconde étape : calcul de la conductance de Norton

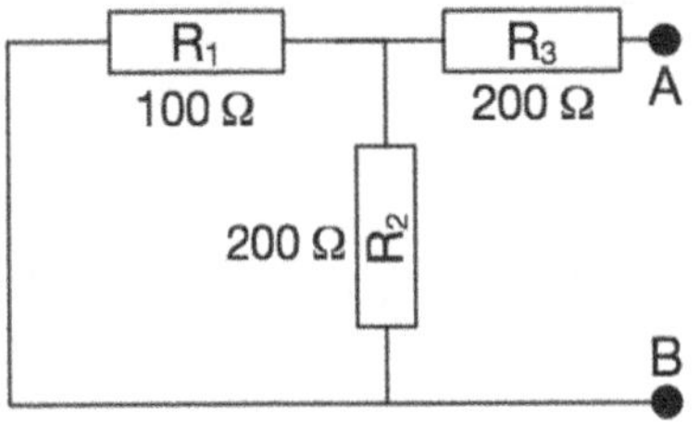

La source de tension est rendue passive, et on a précédemment calculé la résistance équivalente R_{Th}.

On en déduit alors la conductance équivalente de Norton :

$$G_N = 1/R_{TH} = 3{,}75.10^{-3}\ S$$

Circuit équivalent de Norton :

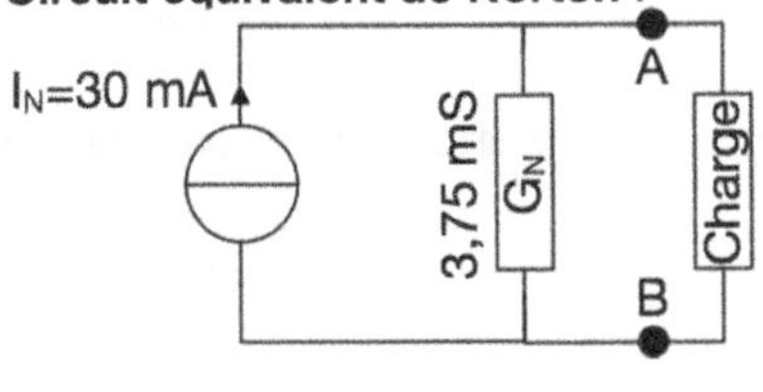

B.4.3 Equivalence Thévenin - Norton

Un générateur de tension de Thévenin (E_{Th},R_{Th}) est équivalent à un générateur de courant de Norton (I_N,G_N) avec :

$$G_N = \frac{1}{R_{Th}}$$

$$I_N = G_N E_{Th}$$

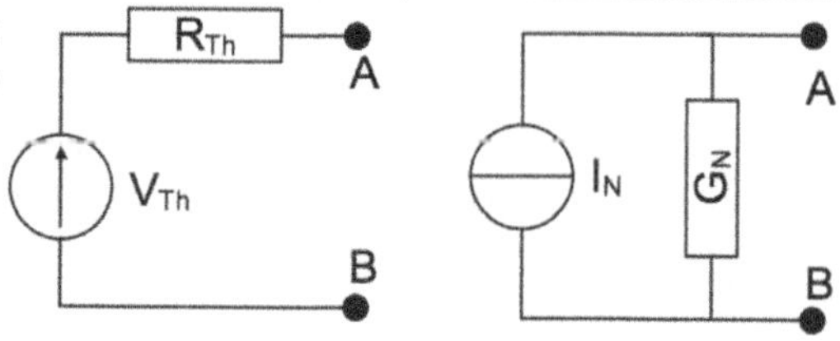

C. Etude des réseaux en régime transitoire

C.1 Définition du régime transitoire

On appelle **régime permanent** tout régime dont les caractéristiques se maintiennent au cours du temps (régime continu, régime sinusoïdal, ...)

On appelle **régime transitoire** le passage d'un régime permanent à un autre régime permanent.

Ce régime transitoire sera caractérisé, entre autres, par sa constante de temps (appelée également temps de relaxation).

En régime transitoire, les grandeurs électriques continues seront notées par une minuscule : tension u ou u(t), courant i ou i(t).

C.2 Relations courant-tension des dipôles élémentaires

C.2.1 Conducteur ohmique de résistance R

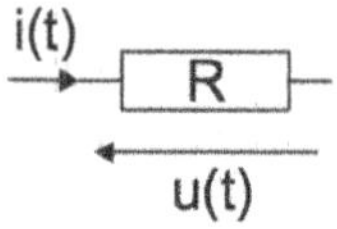

Relation u = f(i) : $u = Ri$

Energie dissipée : $w = \int ui\,dt = R\int i^2\,dt$

C.2.2 Condensateur de capacité C

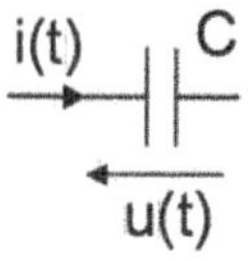

Relation u=f(i) : $i = C\frac{du}{dt}$

Energie stockée : $w = \int ui\,dt = \int uC\frac{du}{dt}dt = C\int u\,du = \frac{1}{2}Cu^2$

Remarques :

- La tension u est impérativement une variable continue, un condensateur n'acceptant pas de discontinuité de tension à ses bornes.
- En régime permanent (u constant), i=0 et le condensateur se comporte comme un interrupteur ouvert.
- En régime périodique établi, la tension moyenne aux bornes d'un condensateur est nulle.
- Un condensateur a un comportement de type «source de tension».

C.2.3 Bobine d'inductance L

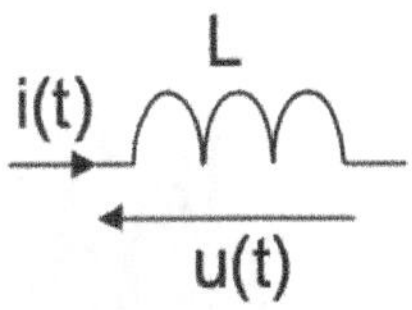

Relation u=f(i) : $u = L\dfrac{di}{dt}$

Energie stockée : $W = \int ui\,dt = \int iL\dfrac{di}{dt}dt = L\int i\,di = \dfrac{1}{2}Li^2$

Remarques :

- Le courant i est impérativement une variable continue, il ne peut y avoir de discontinuité de courant traversant une bobine.
- En régime permanent (i constant), u=0 et la bobine se comporte comme un interrupteur fermé.
- En régime périodique établi, l'intensité moyenne traversant la bobine est nulle.
- Une bobine a un comportement de type «source de courant».

C.3 Méthode de résolution

C.3.1 Ordre des systèmes

L'étude du régime transitoire des réseaux électriques aboutit le plus souvent à l'écriture d'équations différentielles. Le circuit électrique sera alors dit :

- du premier ordre si le comportement est décrit par un seul paramètre, et régi par des équations différentielles du premier ordre,
- du second ordre si le comportement est décrit par deux paramètres, et régi par des équations différentielles du second ordre.

C.3.2 Méthode générale

C.3.2.1 Perturbation du circuit électrique

Un régime transitoire s'installe quand le circuit électrique est modifié (ouverture/fermeture d'un interrupteur par exemple, application d'une tension ou d'un courant, ...).

Cette modification sera appelée «perturbation» du régime précédemment stable, et se retrouve dans le second membre de l'équation différentielle.

C.3.2.2 Résolution des équations

La solution générale de l'équation se fait en deux temps :

- Détermination de la solution homogène (sans second membre) : il s'agit du **régime libre**. Du fait de l'amortissement induit par les résistances, le régime libre est une fonction décroissante du temps.
- Détermination de la solution particulière (avec second membre) : il s'agit du **régime forcé**. Le régime forcé est celui que cherche à imposer la perturbation, et qui s'établit quand le régime devient permanent.

C.3.2.3 Constantes d'intégration

La résolution des équations différentielles implique l'existence de constantes d'intégration (dont le nombre est égal à l'ordre du système.

On utilise les valeurs qui ne peuvent subir de discontinuité de valeur :

- valeur de la tension dans une bobine,
- valeur du courant aux bornes d'un condensateur.

C.3.3 Exemple de circuit du premier ordre

On considère le circuit «RC» ci-dessous, dans lequel les conditions initiales sont $u_0 = 0$.
On ferme l'interrupteur à l'instant t=0.

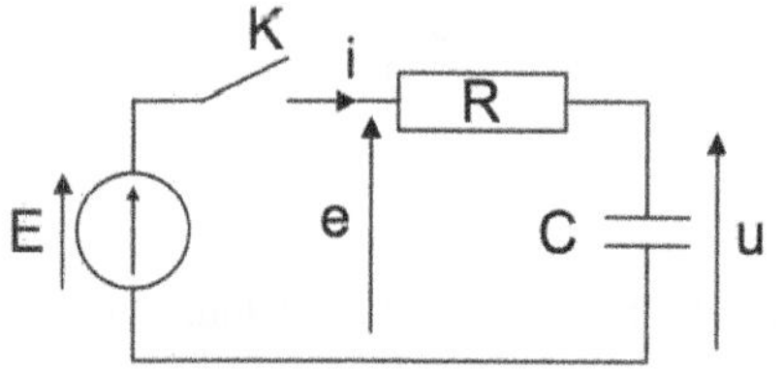

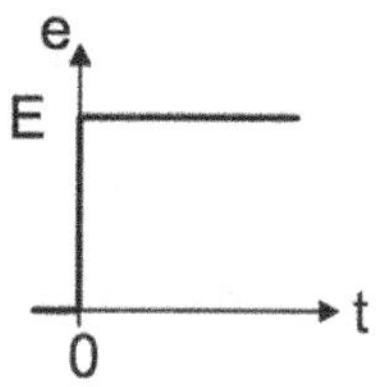

C.3.3.1 Mise en équation

Loi de l'unique maille : $-E + Ri + u = 0$

Relation caractéristique du condensateur : $i = C\dfrac{du}{dt}$

D'où la relation (on privilégiera l'écriture $x + \tau\dfrac{dx}{dt}$, où τ est la constante de temps)

$$\boxed{u + RC\frac{du}{dt} = E}$$

C.3.3.2 Régime libre (solution homogène)

Le régime libre est régi par l'équation :

$$u + RC\frac{du}{dt} = 0 \quad \text{(Equation caractéristique : } 1 + \tau r = 0\text{)}$$

dont la solution est de la forme $u_l(t) = Ae^{-\frac{1}{RC}t}$

A est une constante qui sera déterminée à l'aide des conditions initiales.

C.3.3.3 Régime forcé (solution particulière)

On cherche une solution de la même forme que le second membre de l'équation différentielle, donc ici une constante :

$$u_f(t) = K$$

On remplace cette expression dans l'équation différentielle :

$$K + RC\frac{dK}{dt} = E \text{ soit } K=E$$

C.3.3.4 Solution globale

La solution globale de l'équation est la somme du régime libre et du régime forcé :

$$u(t) = u_l(t) + u_f(t) = Ae^{-\frac{1}{RC}t} + E$$

La condition initiale $u(0^+) = u_0$ à t=0 permet maintenant de définir la constante A :

A+E=0

D'où la solution finale : $u(t)=E\left(1-e^{-\frac{1}{RC}t}\right)$

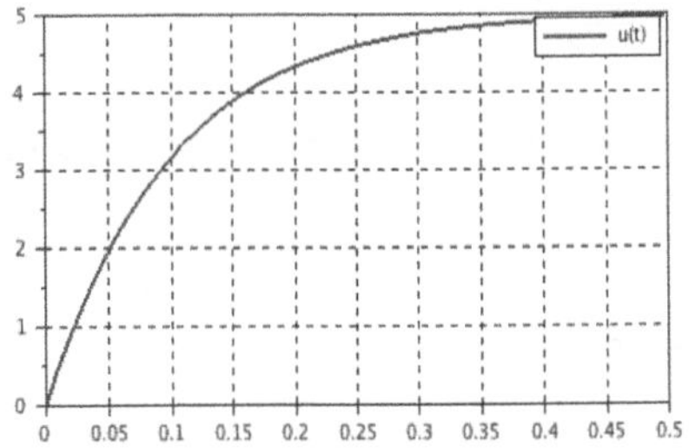

Evolution de $u(t)=E\left(1-e^{-\frac{1}{RC}t}\right)$

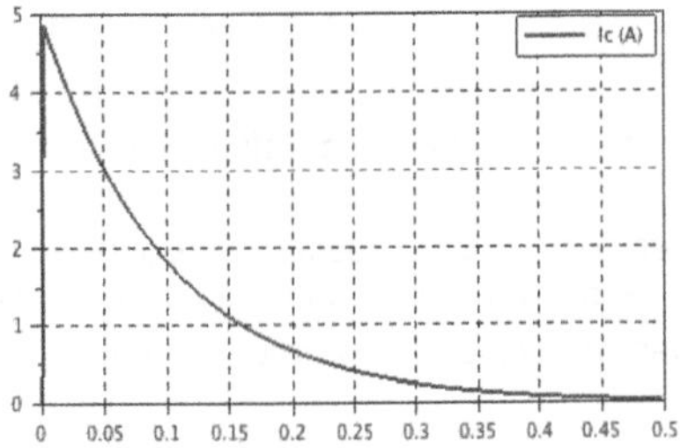

Evolution de $i(t)=C\frac{du(t)}{dt}=\frac{E}{R}e^{-\frac{1}{RC}t}$

C3.4 Exemple de circuit du second ordre

C.3.4.1 Equation différentielle

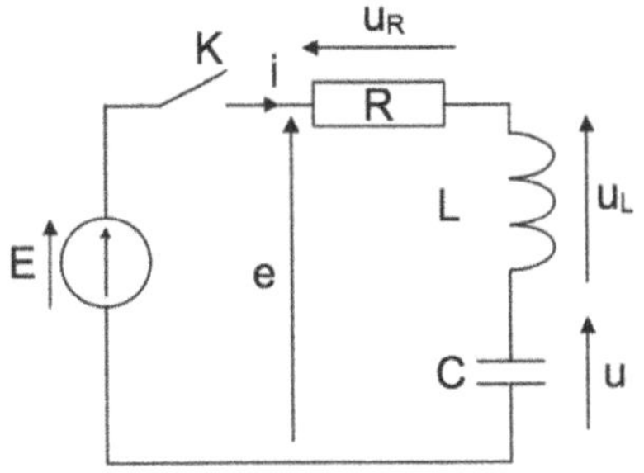

On considère le circuit «RLC» ci-contre, soumis à un échelon de tension e à t=0.

La loi de l'unique maille permet d'écrire :

$$-E+u_R+u_L+u=0 \text{ avec}$$

$$u_R=Ri$$

$$u_L=L\frac{di}{dt}$$

$$i=C\frac{du}{dt}$$

L'équation devient alors :

$$-E+RC\frac{du}{dt}+LC\frac{d^2u}{dt^2}+u=0$$

Cette équation peut s'écrire sous la forme

$$\frac{1}{\omega_0^2}\frac{d^2u}{dt^2}+\frac{2m}{\omega_0}\frac{du}{dt}+u=E \text{ où :}$$

- $\omega_0=\frac{1}{\sqrt{LC}}$ est la pulsation propre du circuit (en $rad.s^{-1}$),
- et $m=\frac{R}{2L\omega_0}$ est le coefficient d'amortissement (sans unités)

Remarque 1 : le terme $Q=\frac{1}{2m}$ est appelé facteur de qualité.

Remarque 2 : la variable m peut aussi s'écrire avec la lettre ξ («ksi»), ou la lettre z.

C.3.4.2 Régime libre (solution de l'équation homogène)

L'équation caractéristique de l'équation différentielle est :

$$\frac{1}{\omega_0^2}r^2+\frac{2m}{\omega_0}r+1=0 \text{ dont le discriminant réduit vaut } \Delta'=\frac{m^2-1}{\omega_0^2}$$

En fonction de la valeur du coefficient d'amortissement, les racines de l'équation seront de nature différente :

- si m>1 : les racines sont réelles, le régime est apériodique ;
- si m=1 : une seule racine réelle, le régime est critique ;
- si m<1 : les racines sont complexes, le régime est pseudo-périodique.

Cas où m>1

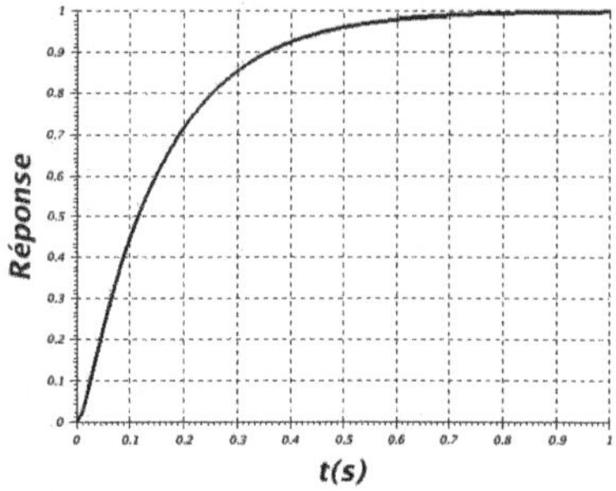

On note r_1 et r_2 les deux racines réelles :

$$r=\left(-m\pm\sqrt{m^2-1}\right)\omega_0$$

La solution de l'équation homogène est alors :

$$u_l(t)=A_1e^{r_1t}+A_2e^{r_2t}$$

Cas où m=1

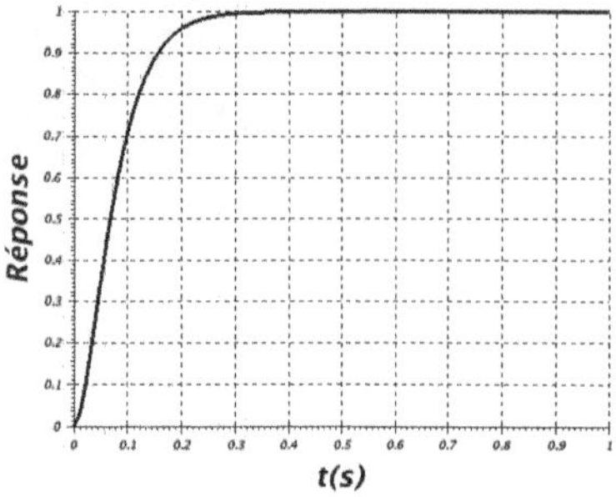

On note r la racine réelle :

$$r=-\omega_0$$

La solution de l'équation homogène est alors :

$$u_l(t)=e^{rt}\left(B_1t+B_2\right)$$

Cas où m<1

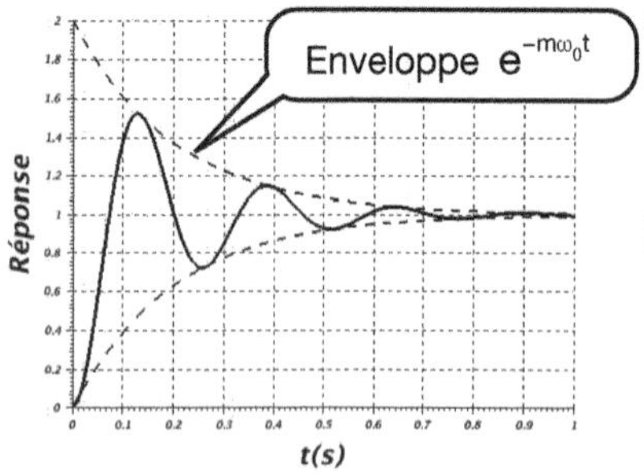

On note r_1 et r_2 les deux racines complexes conjuguées :

$$r=\left(-m\pm j\sqrt{1-m^2}\right)\omega_0=\left(-1\pm j\frac{\sqrt{1-m^2}}{m}\right)m\omega_0$$

La solution de l'équation homogène est alors :

$$u_l(t)=e^{-m\omega_0 t}\left[C_1\cos\left(\omega_0\sqrt{1-m^2}t\right)+C_2\sin\left(\omega_0\sqrt{1-m^2}t\right)\right]$$

$$u_l(t)=C_1e^{-m\omega_0 t}\sin\left(\omega_0\sqrt{1-m^2}t+\varphi\right)$$

C.3.4.3 Régime forcé (solution de l'équation particulière)

Le second membre est une constante, donc on cherche une solution du type :

$$u_f(t) = K$$

En remplaçant dans l'équation différentielle, on arrive à :

$$E = \frac{1}{\omega_0^2}\frac{d^2u}{dt^2} + \frac{2m}{\omega_0}\frac{du}{dt} + u = K$$

C.3.4.4 Solution globale

Les conditions initiales sont :

• avant la fermeture de l'interrupteur, la tension aux bornes du condensateur est nulle s'il est déchargé. Donc $u(0^-) = 0$. Comme il ne peut subir de discontinuité de tension, alors $u(0^+) = 0$;

. de même, l'intensité traversant la bobine est nulle : $i(0^-) = 0$. Une bobine ne pouvant subir de discontinuité, on en déduit $i(0^+) = 0$.

Cas où m>1

Les équations qui régissent les grandeurs électriques sont :

$$u(t) = E + A_1e^{r_1t} + A_2e^{r_2t}$$

$$\frac{i(t)}{C} = \frac{du(t)}{dt} = A_1r_1e^{r_1t} + A_2r_2e^{r_2t}$$

Les conditions initiales induisent les constantes d'intégration suivantes :

$$\begin{cases} u(0) = 0 \Rightarrow E + A_1 + A_2 = 0 \\ i(0) = 0 \Rightarrow A_1r_1 + A_2r_2 = 0 \end{cases} \Rightarrow \begin{cases} A_1 = \dfrac{r_2}{r_1 - r_2}E \\ A_2 = -\dfrac{r_1}{r_1 - r_2}E \end{cases}$$

Cas où m=1

Les équations qui régissent les grandeurs électriques sont :

$$u(t) = E + e^{rt}\left(B_1t + B_2\right)$$

$$\frac{i(t)}{C} = re^{rt}\left(B_1t + B_2\right) + B_1e^{rt}$$

Les conditions initiales induisent les constantes d'intégration suivantes :

$$\begin{cases} u(0) = 0 \Rightarrow E + B_2 = 0 \\ i(0) = 0 \Rightarrow B_1 + rB_2 = 0 \end{cases} \Rightarrow \begin{cases} B_1 = rE \\ B_2 = -E \end{cases}$$

Cas où m=<1

Les équations qui régissent les grandeurs électriques sont :

$$u(t) = E + C_1e^{-m\omega_0t}\sin\left(\omega_0\sqrt{1-m^2}t + \varphi\right)$$

$$\frac{i(t)}{C} = -C_1\omega_0e^{-m\omega_0t}\left[m\sin\left(\omega_0\sqrt{1-m^2}t + \varphi\right) - \sqrt{1-m^2}\cos\left(\omega_0\sqrt{1-m^2}t + \varphi\right)\right]$$

Les conditions initiales induisent les constantes d'intégration suivantes :

$$\begin{cases} u(0)=0 \Rightarrow E+C_1\sin\varphi=0 \\ i(0)=0 \Rightarrow -C_1\omega_0\left(m\sin\varphi-\sqrt{1-m^2}\cos\varphi\right)=0 \end{cases} \Rightarrow \begin{cases} \varphi=\operatorname{atan}\left(\dfrac{\sqrt{1-m^2}}{m}\right) \\ C_1=-\dfrac{E}{\sqrt{1-m^2}} \end{cases}$$

D Exercices

Exercices en régime permanent

Exercice 1 : Méthodes générales

(Corrigé page 542)

On considère le réseau ci-contre.

Exprimer le courant i dans la résistance R3, en utilisant successivement :

- les lois de Kirchhoff,
- le théorème de superposition,
- le théorème de Thévenin,
- le théorème de Norton.

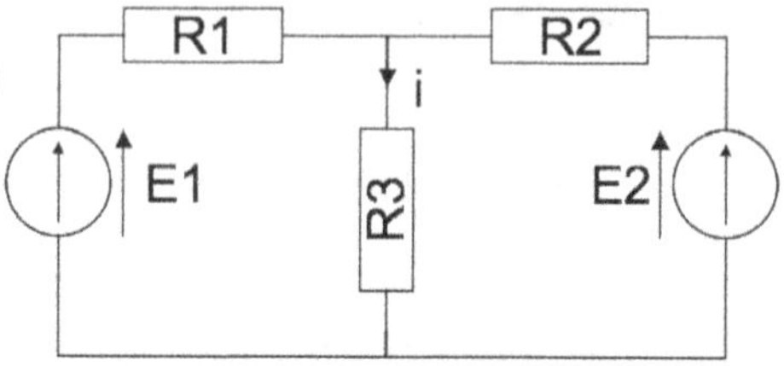

Exercice 2 : Méthodes générales

(Corrigé page 544)

On considère à présent le réseau ci-contre.

Exprimer le courant i dans la résistance R_5, en utilisant successivement :

- le théorème de Thévenin,
- le théorème de Norton.

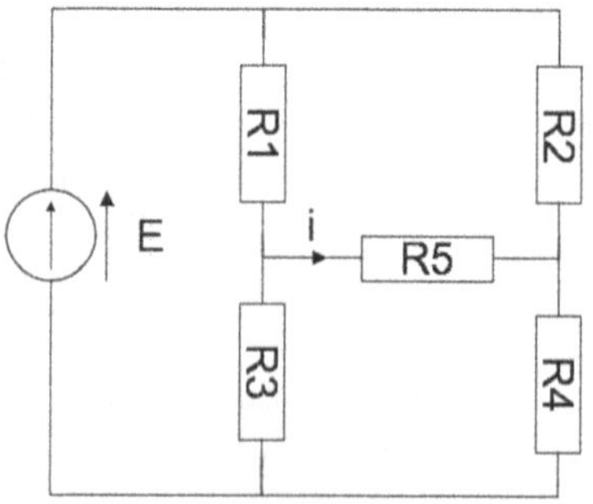

Exercice 3 : Transfert de puissance

(Corrigé page 546)

Un générateur de tension réel (E,r) alimente un radiateur électrique, modélisé par une résistance R

Question 1. Puissance reçue par le radiateur

Exprimer la puissance P_R reçue par le radiateur en fonction de E, r et R.

Question 2. Valeur maximale de la puissance

Quelle est la valeur de la puissance quand R=0 ? Quand elle devient très grande ? Conclure

Déterminer la valeur R_0 de R pour laquelle la puissance dissipée P_R est maximale. Représenter l'allure de la courbe donnant P_R en fonction de R.

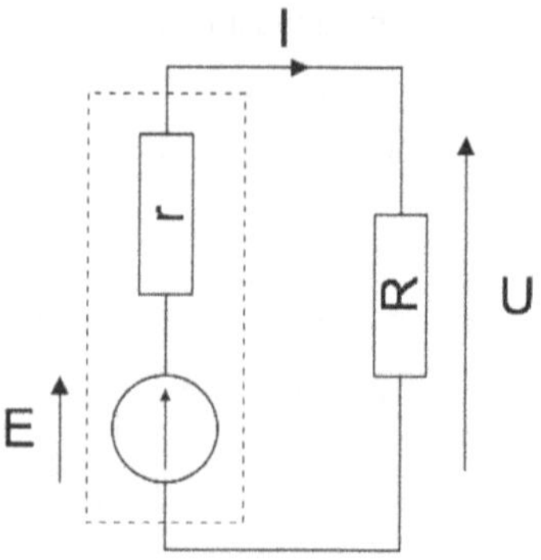

Exercices en régime transitoire

Exercice 4 : Circuit LC en régime libre
(Corrigé page 546)

On considère le circuit page suivante, dans lequel le condensateur est initialement chargé, avec une tension à ses bornes égale à $U_0 = 20\text{ V}$.

On donne $C = 1\,\mu\text{F}$ et $L = 10\text{ mH}$. On ferme l'interrupteur K à t=0.

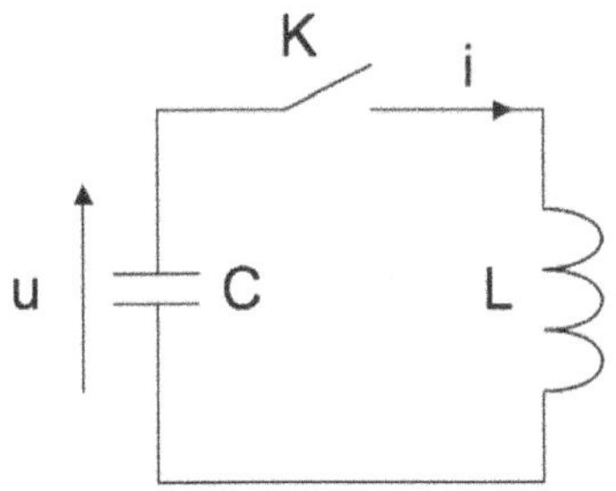

Question 1

Montrer que l'équation différentielle de la tension aux bornes du condensateur s'écrit : $\frac{d^2u}{dt^2} + \omega_0^2 u = 0$.

Calculer la valeur de la pulsation propre ω_0 du circuit, du coefficient d'amortissement m et du facteur de qualité Q

Question 2

Résoudre l'équation différentielle. En déduire les expressions de $u(t)$ et $i(t)$

Question 3

Calculer l'énergie totale du circuit. Conclure.

Exercice 5 : Bobine de contacteur
(Corrigé page 547)

On s'intéresse au comportement d'une bobine de contacteur KM_1 pilotée par un transistor bipolaire. Ce transistor agit comme un interrupteur.

La loi de commande du transistor est fournie ci-dessous :

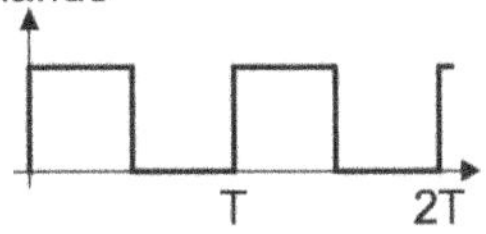

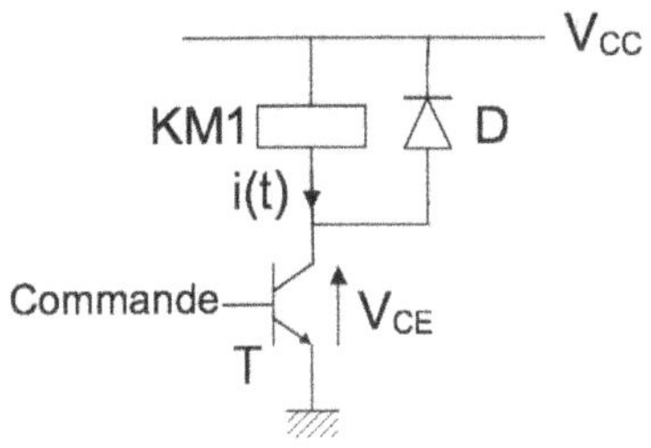

Question 1

On considère que la bobine du contacteur se comporte comme une inductance L en série avec une résistance R. Représenter le schéma équivalent au montage lorsque le transistor devient passant à t=0.

Déterminer et résoudre alors l'équation différentielle du courant lorsque le transistor devient passant (on supposera un courant initialement nul).

Question 2

Les contacts du contacteur se ferment lorsque le courant atteint 50% du courant permanent dans la bobine KM_1. Déterminer le retard t_e à l'enclenchement du contacteur.

Question 3

Pour diminuer ce retard, on décide placer une résistance R_a en série avec R. Justifier la diminution de t_e, et déterminer la valeur limite de R_a pour que l'enclenchement ait toujours lieu.

Chapitre 5. Transformation de Laplace

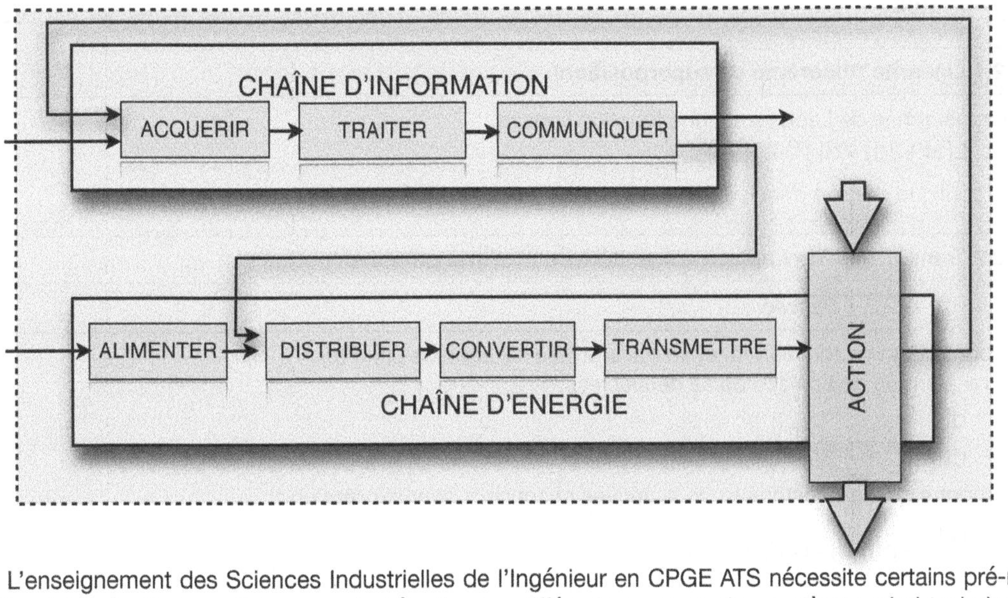

L'enseignement des Sciences Industrielles de l'Ingénieur en CPGE ATS nécessite certains pré-requis qu'il est impératif de maîtriser avant d'étudier les différents aspects des systèmes pluri-techniques. Il s'agit ici de la transformation de Laplace, qui sont abordés dans ce chapitre.

A. Introduction

La transformation de Laplace permet une très grande simplification des solutions mathématiques recherchées.

Les problèmes qui sont posés en Sciences Industrielles de l'Ingénieur sont caractérisés par des fonctions du temps t, le plus souvent régies par des équations différentielles.

La transformation de Laplace transposera ces problèmes du **domaine réel** fonction du temps en problèmes d'un **domaine symbolique** où la variable ne sera plus le temps t mais une variable symbolique p.

A toute fonction f(t) dans le monde réel correspondra une fonction F(p) dans le monde symbolique. Ce passage du monde réel au monde symbolique est défini par la transformée de Laplace.

Oliver Heaviside exploitera cette transformation de Laplace pour la résolution des équations différentielles.

A.1 Définition

On considère une fonction réelle s(t) telle que s(t)=0 pour t<0.

On appellera **transformée de Laplace de la fonction s** L(s) la fonction S(p) telle que :

$$S(p) = \int_0^{+\infty} s(t)e^{-pt}\,dt$$

Cette fonction S(p) est une fonction complexe d'une variable complexe $p = \tau + j\omega$.

A.2 Propriétés

A.2.1 Linéarité (théorème de superposition)

La transformée de Laplace est une fonction linéaire :

$$L(\alpha f + \beta g) = \alpha L(f) + \beta L(g)$$

Elle applique donc le principe de superposition et de proportionnalité.

A.2.2 Transformée de Laplace d'une dérivée et d'une primitive

A.2.2.1 Dérivée

On considère une fonction f(t) et sa transformée de Laplace L(f)=F(p).

La transformée de Laplace de sa dérivée est :

$$\frac{df}{dt} \rightarrow pF(p) - f(0^+)$$

On montre que la transformée de la dérivée seconde a pour expression :

$$\frac{d^2f}{dt^2} \rightarrow p^2F(p) - pf(0^+) - f'(0^+)$$

A.2.2.2 Primitive

On considère une fonction f(t) et sa transformée de Laplace L(f)=F(p).

On note P(t) une primitive de f(t).

La transformée de Laplace de la primitive de f(t) est :

$$\int f(t)dt \rightarrow \frac{F(p)}{p} + \frac{P(0)}{p}$$

A.2.2.3 Conditions de Heaviside

Définition

Un système régi par les fonctions f_i répond aux conditions dites d'Heaviside si :

- $f_i(0^+) = 0$,
- et leurs dérivées $\forall k < n : \frac{d^k f_i}{dt^k}(t = 0^+) = 0$ pour une fonction f_i dérivée n fois.

Ces conditions d'Heaviside traduisent des conditions initiales nulles : f(0), f'(0), ... f (n-1)(0).

Conséquences

Si les conditions d'Heaviside sont réunies, on pourra alors écrire que :

- pour la dérivation d'une fonction temporelle

$$\frac{df}{dt} \xrightarrow{L} pF(p) \text{ et d'une façon générale } \frac{d^n f}{dt^n} \xrightarrow{L} p^n F(p)$$

- pour l'intégration d'une fonction temporelle

$$\int f(t)dt \xrightarrow{L} \frac{F(p)}{p}$$

A.2.3 Changement d'échelle

$$f(kt) \xrightarrow{L} kF(p)$$

A.2.4 Théorème du retard

Introduisons un retard τ , c'est-à-dire un décalage de temps, à la fonction f :

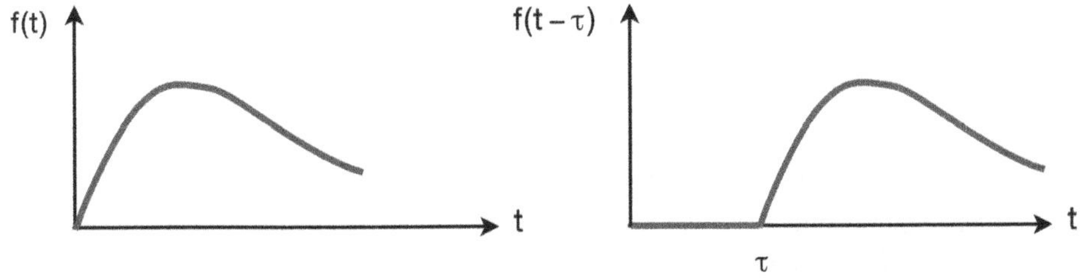

Alors la transformée de Laplace de cette fonction avec retard s'exprime par :

$$f(t-\tau) \rightarrow F(p)e^{-p\tau}$$

A.2.5 Théorème de la valeur initiale

Le théorème de la valeur initiale permet de déterminer la limite $\lim_{t \to 0^+} f(t)$:

$$\lim_{t \to 0^+} f(t) = \lim_{p \to +\infty} \left[pF(p) \right]$$

A.2.6 Théorème de la valeur finale

Le théorème de la valeur finale permet de déterminer la limite $\lim_{t \to +\infty} f(t)$:

$$\lim_{t \to +\infty} f(t) = \lim_{p \to 0} \left[pF(p) \right]$$

A.2.7 Autres propriétés utiles

$$e^{-at}f(t) \xrightarrow{L} F(p+a)$$

$$tf(t) \xrightarrow{L} \frac{dF}{dp}$$

$$\frac{f(t)}{t} \xrightarrow{L} \int_0^{+\infty} F(p)dp$$

A.3 Transformées de Laplace de signaux usuels

A.3.1 Echelon unité (fonction de Heaviside)

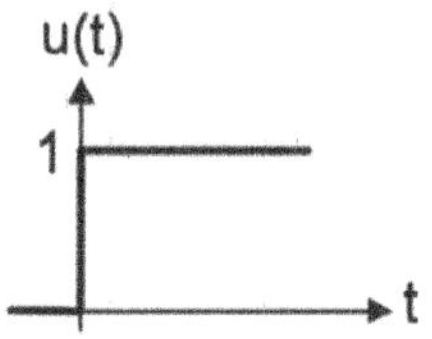

L'échelon unité est une fonction u(t) telle que :

- u(t)=0 pour $t < 0$
- u(t)=1pour $t \geq 0$

La transformée de Laplace de cette fonction est alors :

$$u(t) \xrightarrow{L} U(p) = \frac{1}{p}$$

A.3.2 Rampe (échelon de vitesse)

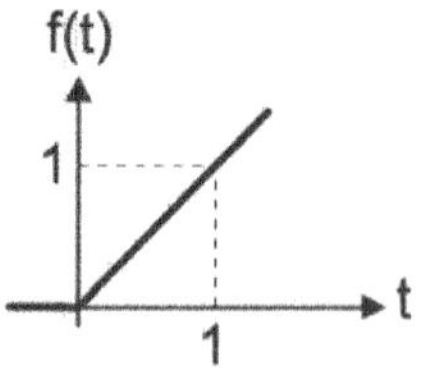

La rampe est l'intégrale de l'échelon unité. Elle est telle que :

- u(t)=0 pour $t < 0$
- u(t)=t pour $t \geq 0$

La transformée de Laplace de cette fonction est alors :

$$u(t) \xrightarrow{L} U(p) = \frac{1}{p^2}$$

A.3.3 Impulsion de Dirac (impulsion unitaire)

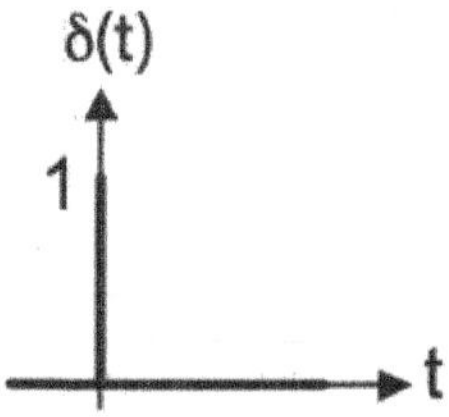

La rampe est cette fois la dérivée de l'échelon unité. Elle est telle que :

- $\delta(t) = 0$ pour $t \neq 0$
- $\delta(t) = 1$ pour $t = 0$

La transformée de Laplace de cette fonction est alors :

$$\delta(t) \xrightarrow{L} \Delta(p) = 1$$

A.3.4 Signal sinusoïdal

On considère un signal sinusoïdal s(t) tel que :

- s(t)=0 pour $t < 0$
- $s(t) = \sin(\omega t + \varphi)$ pour $t \geq 0$

Alors sa transformée de Laplace a pour expression :

$$S(p) = \frac{p\sin\varphi + \omega\cos\varphi}{p^2 + \omega^2}$$

On retiendra essentiellement les cas particuliers :

$$s(t) = \sin \omega t \xrightarrow{L} S(p) = \frac{p}{p^2 + \omega^2}$$

$$s(t) = \cos \omega t \xrightarrow{L} S(p) = \frac{\omega}{p^2 + \omega^2}$$

A.3.5 Signal quelconque

Plutôt que de revenir à la définition de la transformation de Laplace, on utilisera les tables de transformées de Laplace (voir en fin de ce chapitre). Cette table permet de déterminer la transformée de Laplace d'un signal dans le domaine temporel, mais également la transformée inverse.

Cette table ne contient évidemment pas toutes les fonctions, mais la décomposition en éléments simples de fractions rationnelles permettra de se ramener à des compositions simples.

A.4 Décomposition en éléments simples de fractions rationnelles

A.4.1 Problématique

La modélisation des systèmes asservis fait très majoritairement appel aux fonctions de transfert, décrites au paragraphe suivant, qui sont issues des modèles de connaissance transcrites dans le domaine symbolique.

Ces fonctions de transfert s'écrivent sous la forme de fraction de polynômes :

$$H(p) = \frac{S(p)}{E(p)} = \frac{K}{p^k} \frac{1 + \alpha_1 p + \ldots + \alpha_m p^m}{1 + \beta_1 p + \ldots + \beta_2 p^n}$$

Cette fonction de transfert est dite de classe k et d'ordre n+k.

k représente le nombre d'intégrateurs purs du système.

Afin de déterminer la réponse temporelle du système à une entrée, il faut déterminer la transformée de Laplace inverse de cette fraction de polynômes. Cette transformation inverse s'avère délicate à mener en la laissant sous cette forme générale, car les tables de transformées de Laplace sont fournies pour des fonctions du premier et second ordre.

Mais toute fraction rationnelle peut se décomposer en somme de fractions rationnelles de degré 1 ou 2. L'étude d'une fonction de transfert, aussi complexe soit-elle, se fera donc en décomposant cette dernière en somme de fractions simples du second degré : c'est la décomposition en éléments simples.

Le résultat final de la transformation inverse s'obtiendra alors en appliquant le théorème de superposition.

A.4.2 Décomposition en éléments simples

La fonction de transfert H(p) peut s'écrire :

$$H(p) = \frac{K}{p^k} \frac{N(p^m)}{D(p^n)}$$

On montre que le dénominateur $D(p^n)$ peut toujours se décomposer en produit de i polynômes du 1er degré (si les racines sont réelles) et de j polynômes du second degré (si les racines sont complexes) :

$$D(p^n) = (1 + \tau_1 p)\ldots(1 + \tau_i p)(1 + a_1 p + b_1 p^2)\ldots(1 + a_j p + b_j p^2) \quad \text{avec } n=i+2j$$

La fonction H(p) s'écrira alors sous la forme simplifiée suivante :

$$H(p) = \frac{A_1}{1+\tau_1 p} + \frac{A_2}{1+\tau_2 p} + \ldots + \frac{A_i}{1+\tau_i p} + \frac{B_1 + C_1 p}{1+a_1 p + b_1 p^2} + \ldots + \frac{B_j + C_j p}{1+a_j p + b_j p^2}$$

A.4.3 Exemples

Déterminer les coefficients d'une décomposition en éléments simples peut s'avérer fastidieux.

Une méthode satisfaisante consiste à éliminer par des multiplications judicieuses tous les coefficients sauf un.

A.4.3.1 Cas de polynômes du 1er degré

Prenons l'exemple de la fonction de transfert suivante :

$$H(p) = \frac{3+p}{p^4 - 5p^2 + 4} = \frac{N(p)}{D(p)}$$

Le dénominateur est une équation bicarrée, dont les racines sont ±1 et ±2. Il s'écrit donc :

$$D(p) = (-1+p)(1+p)(-2+p)(2+p)$$

La décomposition en éléments simples a donc pour expression initiale :

$$H(p) = \frac{3+p}{(-1+p)(1+p)(-2+p)(2+p)} = \frac{A_1}{p-1} + \frac{A_2}{p+1} + \frac{A_3}{p-2} + \frac{A_4}{p+2} \qquad [1]$$

Détermination de A_1

Le terme A_1 correspond au coefficient de la fraction $\frac{1}{1-p}$.

Multiplions alors [E1] par $(-1+p)$:

$$\frac{3+p}{(1+p)(-2+p)(2+p)} = A_1 + (1-p)\frac{A_2}{p+1} + (1-p)\frac{A_3}{p-2} + (1-p)\frac{A_4}{p+2} \qquad [2]$$

Il suffit maintenant de calculer [E2] pour p=1 pour avoir directement la valeur de A_1 :

$$\frac{3+1}{(1+1)(-2+1)(2+1)} = A_1$$

Soit au final $A_1 = -\frac{2}{3}$

Détermination de A_2

Le terme A_2 correspond au coefficient de la fraction $\frac{1}{1+p}$.

Nous multiplions [E1] par (1+p) et calculons le résultat pour p=-1 :

$$\frac{3+p}{(-1+p)(-2+p)(2+p)} = (p+1)\frac{A_1}{(-1+p)} + A_2 + (1-p)\frac{A_3}{p-2} + (1-p)\frac{A_4}{p+2}$$

$$\frac{3-1}{(-1-1)(-2-1)(2-1)} = A_2$$

Soit au final $A_2 = \frac{1}{3}$

Détermination de A_3 et A_4

En multipliant [E1] successivement par (p-2) et et (p+2) , et en calculant le résultat pour p=2 et p=-2, on aboutit à :

$$A_3 = \frac{5}{12} \text{ et } A_4 = -\frac{1}{12}$$

Conclusion

La fonction de transfert $H(p) = \dfrac{3+p}{p^4 - 5p^2 + 4}$ se décompose donc en :

$$H(p) = -\frac{2}{3(p-1)} + \frac{1}{3(p+1)} + \frac{5}{12(p-2)} - \frac{1}{12(p+2)}$$

A.4.3.2 Cas de polynômes du second degré

La détermination des coefficients dans le cas de dénominateurs du second degré se fait après avoir déterminé les coefficients des dénominateurs du 1er degré, puis en calculant des valeurs particulières.

Prenons le cas de la fonction de transfert suivante :

$$G(p) = \frac{p+2}{p(p+5)(p^2+4)} = \frac{A_1}{p} + \frac{A_2}{p+5} + \frac{B_1 + C_1 p}{p^2+4}$$

Détermination de A_1 et A_2

Les termes A_1 et A_2 se déterminent comme expliqué précédemment au A.4.3.1 :

$$\left[pG(p)\right]_{p=0} = \frac{1}{10} = A_1 \text{ et } \left[(p+5)G(p)\right]_{p=-5} = 2{,}07.10^{-2} = A_2$$

Détermination de B_1 et C_1

Choisissons d'abord comme valeur particulière $\lim\limits_{p \to +\infty} pG(p)$, de façon à faire disparaître C_1 :

$$\lim_{p \to +\infty} pG(p) = 0$$

$$\text{Or} \quad \lim_{p \to +\infty} pG(p) = \lim_{p \to +\infty} \left[A_1 + A_2 \frac{p}{p+5} + \frac{B_1 p + C_1 p^2}{p^2+4}\right] = A_1 + A_2 + C_1$$

Donc $C_1 = -A_1 - A_2 = -0{,}127$

Calculons maintenant, par exemple, la valeur de $G(p)$ pour p=1 :

$$G(1) = \frac{3}{30} = A_1 + \frac{A_2}{6} + \frac{B_1 + C_1}{5} \Rightarrow B_1 = 0{,}11$$

Conclusion

La fonction de transfert $G(p)=\dfrac{p+2}{p(p+5)(p^2+4)}$ se décompose donc finalement en

$$G(p)=\frac{0,1}{p}+\frac{2,07.10^{-3}}{p+5}+\frac{0,11-0,127p}{p^2+4}$$

B. Fonction de transfert (introduction)

B.1 Définition

On considère un système linéaire régi par une équation différentielle mettant en relation l'entrée e(t) du système et sa sortie s(t) :

$$a_n\frac{d^ns}{dt^n}+\ldots+a_1\frac{ds}{dt}+a_0s(t)=b_n\frac{d^ne}{dt^n}+\ldots+b_1\frac{de}{dt}+b_0e(t)$$

Le système étant supposé satisfaire les conditions de Heaviside, la transformée de Laplace de cette équation a pour expression :

$$a_np^nS(p)+\ldots+a_1pS(p)+a_0S(p)=b_np^nE(p)+\ldots+b_1pE(p)+b_0E(p)$$

Les dérivées se sont transformées en puissance $n^{\text{ièmes}}$ de la variable symbolique p, et on peut alors factoriser S(p) et E(p) :

$$[a_np^n+\ldots+a_1p+a_0]S(p)=[b_np^n+\ldots+b_1p+b_0]E(p)$$

soit :

$$H(p)=\frac{S(p)}{E(p)}=\frac{[b_np^n+\ldots+b_1p+b_0]}{[a_np^n+\ldots+a_1p+a_0]}$$

H(p) est appelée **fonction de transfert** du système. Il s'agit d'une fraction rationnelle de deux polynômes de la variable complexe p.

Cette fraction rationnelle peut ensuite se factoriser comme suit :

$$H(p)=\frac{b_m(p-z_m)(p-z_{m-1})\ldots(p-z_1)}{a_m(p-p_m)(p-p_{m-1})\ldots(p-p_1)}$$

Les termes z_i qui annulent le numérateur sont appelés **zéros** de la fonction de transfert.

Les termes p_i qui annulent le dénominateur sont appelés **pôles** de la fonction de transfert.

B.2 Exemple d'application

B.2.1 Mise en situation et équations dans le domaine réel

On considère le circuit électrique RC ci-contre. A t=0, e(t)=0 et s(t)=0.

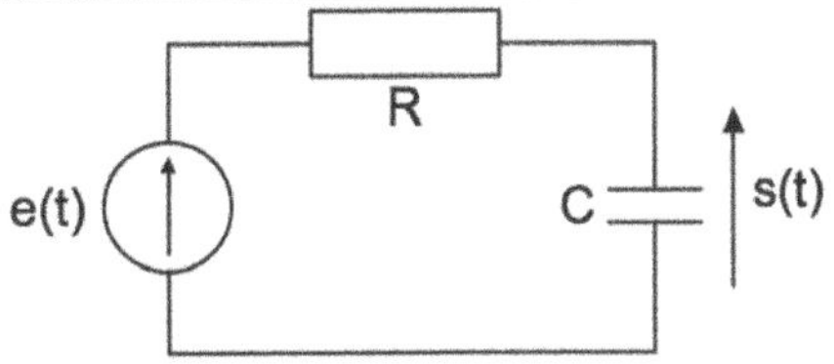

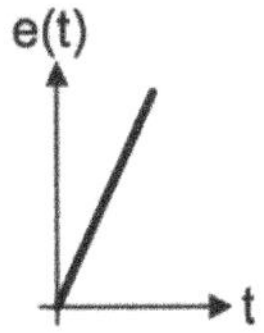

On applique en entrée une rampe e(t)=3t, et on cherche à déterminer l'expression de la sortie s(t).

Ce système est régi par les équations suivantes :

$$\begin{cases} e(t) = Ri(t) + s(t) \\ i(t) = C\dfrac{ds}{dt} \end{cases} \qquad \text{soit :} \qquad RC\frac{ds}{dt} + s(t) = e(t)$$

B.2.2 Equations dans le domaine symbolique et fonction de transfert

Les conditions de Heaviside étant réunies, écrivons cette équation dans le domaine symbolique, en notant S(p) et E(p) les transformées de Laplace de s(t) et e(t) :

$$RCpS(p) + S(p) = E(p)$$

D'où on tire l'expression de la fonction de transfert de ce système :

$$H(p) = \frac{1}{RCp+1}$$

B.2.3 Résolution de l'équation

L'entrée appliquée est une rampe, qui a pour transformée de Laplace $E(p) = \dfrac{3}{p^2}$

On en déduit alors l'expression de S(p) :

$$S(p) = H(p)E(p) = \frac{3}{p^2(RCp+1)}$$

Or la table des transformées de Laplace indique que la transformée inverse de $U(p) = \dfrac{1}{p^2(p+a)}$ est $s(t) = t - \dfrac{1}{a} + \dfrac{e^{-at}}{a}$.

On en déduit alors l'expression de s(t) recherchée :

$$s(t) = 3\left(\frac{t}{RC} - 1 + e^{-\frac{t}{RC}}\right)$$

Chapitre 6. Représentation par schéma-blocs

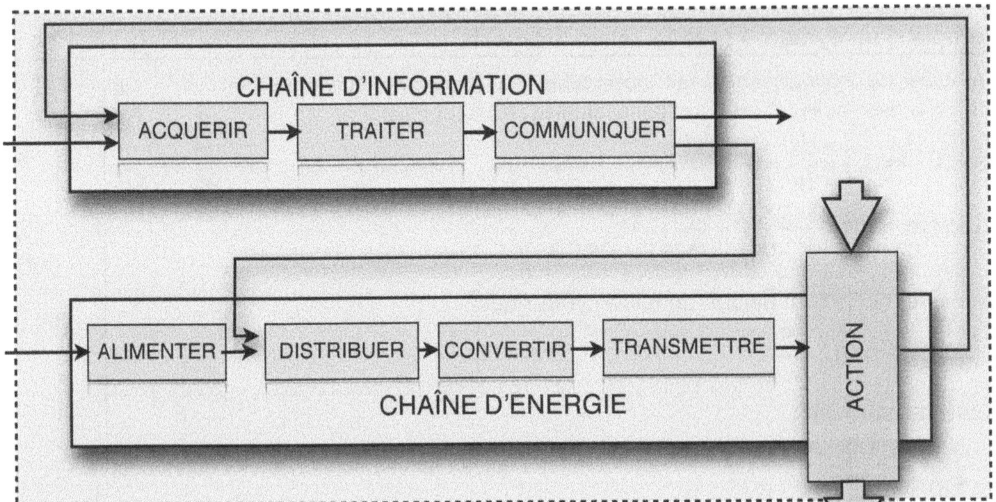

Il existe plusieurs outils pour modéliser les systèmes multi physiques. Lorsque ces systèmes sont asservis, la modélisation par schéma blocs permet de représenter graphiquement les différentes fonctions de transfert qui sont issues des modèles de connaissance.

A. Rappels sur la transformation de Laplace

Nous avons vu au chapitre précédent que les modèles de connaissance des systèmes, établis dans le domaine temporel réel, peuvent être traduites dans le domaine symbolique de Laplace.

A.1 Exemple d'un circuit RC

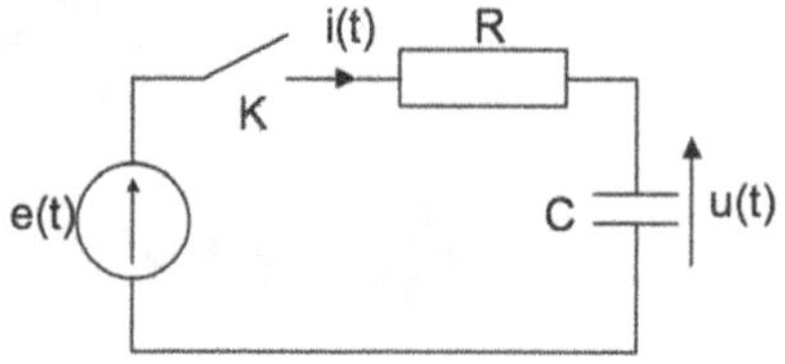

Le modèle de connaissance est décrit par :

$$e(t) - Ri(t) - u(t) = 0$$

$$i(t) = C\frac{du(t)}{dt}$$

D'où on tire

$$u(t) + RC\frac{du(t)}{dt} = e(t)$$

Lorsque les conditions de Heaviside sont réunies, le passage de cette équation dans le domaine symbolique devient :

$$U(p) + RCpU(p) = E(p)$$

D'où on tire finalement l'expression suivante, qui n'est autre que la fonction de transfert du circuit :

$$\frac{U(p)}{E(p)} = \frac{1}{1+RCp}$$

A.2 Exemple d'un système masse-ressort amorti

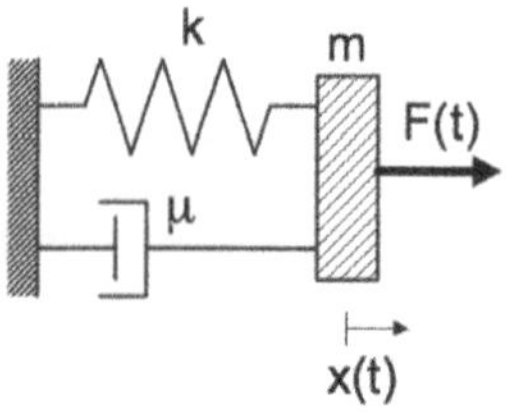

Le modèle de connaissance fait apparaître les équations suivantes, en supposant la masse nulle, et les conditions initiales x(0)=0 et F(0)=0 :

$$F(t) - kx(t) - \mu\frac{dx}{dt} = 0$$

D'où on tire $x(t) + \frac{\mu}{k}\frac{dx(t)}{dt} = \frac{F(t)}{k}$

Cette expression s'écrit dans le domaine symbolique :

$$X(p) + \frac{\mu}{k}pX(p) = \frac{F(p)}{k}$$

On obtient finalement :

$$\frac{X(p)}{F(p)} = \frac{1/k}{1+\frac{\mu}{k}p}$$

B. Schéma bloc

Le schéma bloc, appelé également schéma fonctionnel, est une représentation graphique des fonctions de transfert du système, et des liens qui existent entre elles.

B.1 Blocs élémentaires

B.1.1 Fonction de transfert

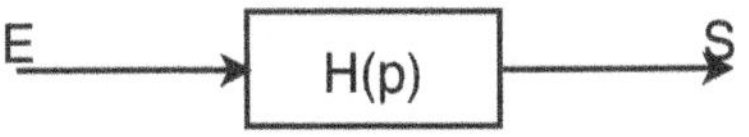

Ce bloc permet de traduire la relation $S(p) = H(p).E(p)$

B.1.2 Gain

Le gain est une fonction de transfert simple, ne comportant qu'un multiplicateur :

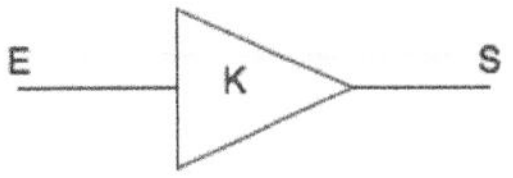

Le gain se lit $S = K.E$

B.1.3 Comparateur / Sommation

Comparateur	Sommateur
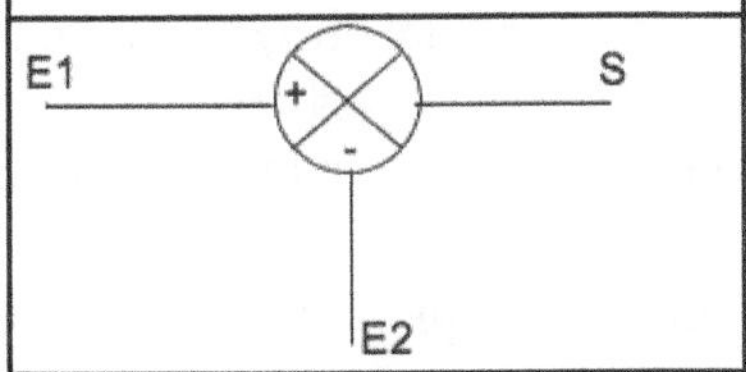	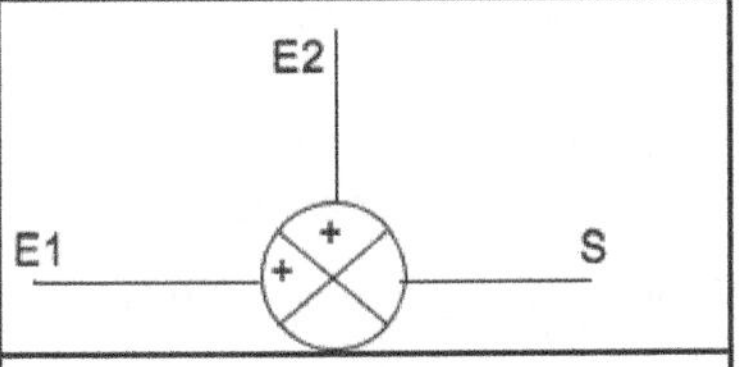
$S = E1 - E2$	$S = E1 + E2$

B.2 Schéma bloc complexe

Les systèmes asservis réels sont décrits par l'articulation de plusieurs blocs.

Prenons l'exemple d'un moteur à courant continu couplé à une inertie. Les équations de ce système, dans le domaine symbolique, sont énoncées ci-dessous (voir le chapitre consacré aux machines à courant continu pour les détails) :

$$\begin{cases} U = E + RI + LpI \\ E = K\Omega \\ C_{em} = KI \\ Jp\Omega = C_{em} - f\Omega \end{cases}$$

Dans ce système, on adopte les notations suivantes :

U : tension d'induit du moteur
E : force contre-électromotrice du moteur
I : courant traversant le moteur
R et L : résistance et inductance de l'induit
K : constante électrique du moteur
C_{em} : couple électromoteur
Ω : vitesse angulaire
J : inertie de l'ensemble ramené au rotor
f : coefficient de frottement visqueux dans les guidages en rotation

Le moteur à courant continu peut ainsi être modélisé par l'articulation des blocs suivants :

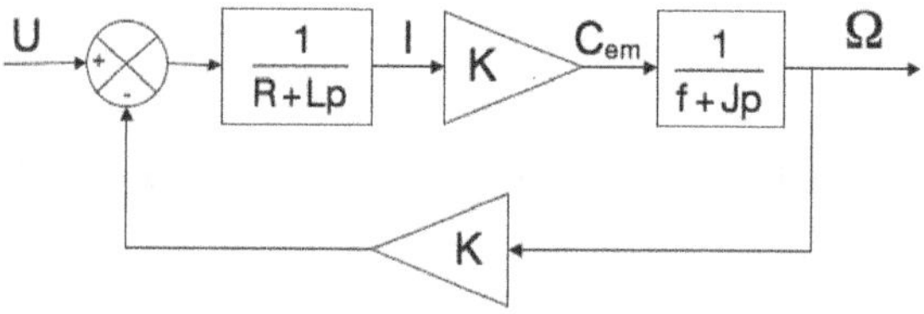

Schéma-bloc du moteur à courant continu

C. Fonctions de transfert

C.1 Structure générale d'un système asservi

Un système asservi comprend généralement deux boucles :

- une boucle d'action, qui va construire un signal à destination de la chaîne d'énergie. Cette boucle d'action est définie par la fonction de transfert H_{direct} dans le domaine de Laplace ;
- une boucle de retour, qui récupère les informations sur l'état du système. Cette boucle de retour est définie par la fonction de transfert H_{retour} dans le domaine de Laplace.

La construction du signal de la boucle d'action dépend de l'écart, appelé «erreur», entre la consigne désirée et l'état du système fourni par les capteurs :

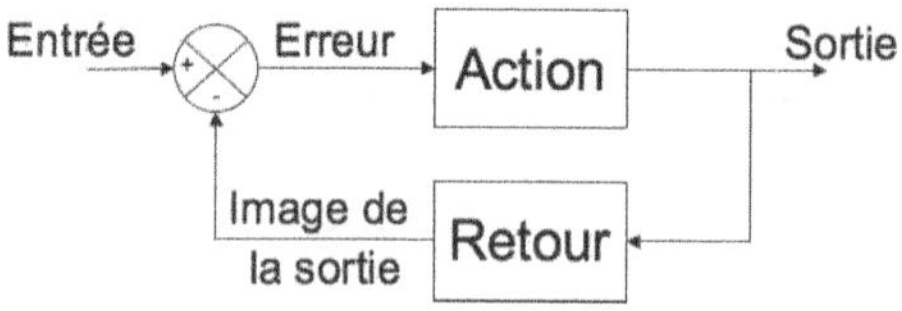

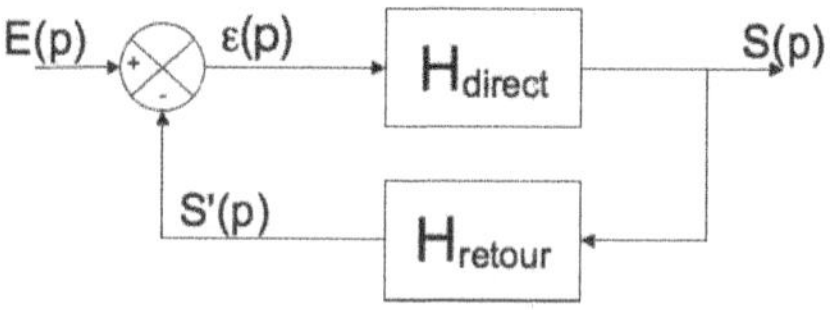

La **fonction de transfert en boucle ouverte FTBO** correspond à la fonction de transfert de ce schéma fonctionnel dans lequel la boucle de retour est «ouverte» :

$$FTBO = \frac{S'(p)}{E(p)} = H_{direct}.H_{retour}$$

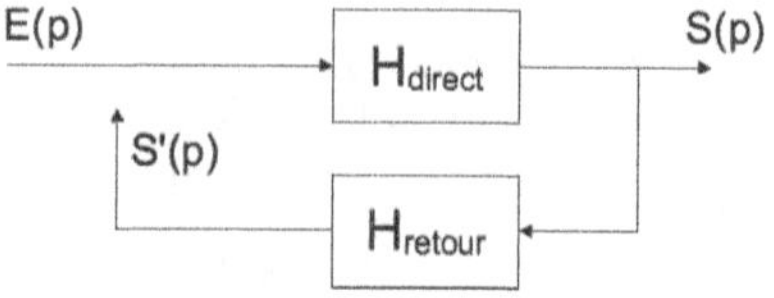

La fonction de transfert du système asservi est quant à elle appelée **fonction de transfert en boucle fermée FTBF** :

$$FTBF = \frac{S(p)}{E(p)}$$

Or $S(p) = H_{direct}\left[E(p) - H_{retour}S(p)\right]$

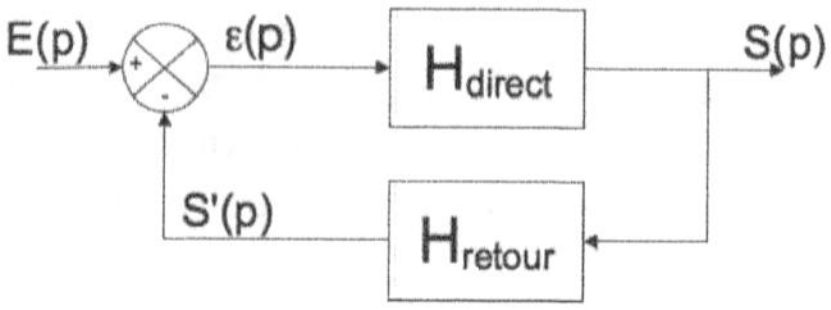

D'où on tire une relation importante à connaître entre la FTBO et la FTBF :

$$FTBF = \frac{H_{direct}}{1 + H_{retour}.H_{direct}} = \frac{H_{direct}}{1 + FTBO}$$

C.2 Cas particulier d'un retour unitaire

Un schéma fonctionnel avec retour unitaire est tel que $H_{retour} = 1$:

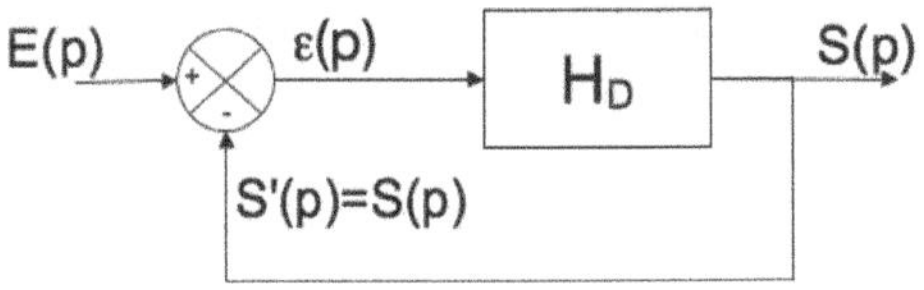

Dans ce cas les fonctions de transfert FTBO et FTBF s'écrivent :

$$FTBO = H_D(p)$$

$$FTBF = \frac{FTBO}{1+FTBO}$$

C.3 Classe et ordre d'une fonction de transfert

Une fonction de transfert peut se mettre sous la forme canonique suivante :

$$H(p) = \frac{K}{p^n\left(1+a_1p+a_2p^2+\ldots+a_mp^m\right)}$$

Cette forme canonique permet de mettre en évidence :
- son **gain** K,
- sa **classe** n,
- son **ordre** m+n.

Ainsi, on dira par exemple de la fonction de transfert suivante $H(p) = \frac{2}{p\left(1+0.2p+0.01p^2\right)}$ que son gain est égal à 2, qu'elle est de classe 1 et d'ordre 3.

C.4 Principe de superposition

Il arrive que la modélisation de certains systèmes fasse intervenir plusieurs entrées. C'est majoritairement le cas de la prise en compte de perturbations (frottements, bruits parasites,...).

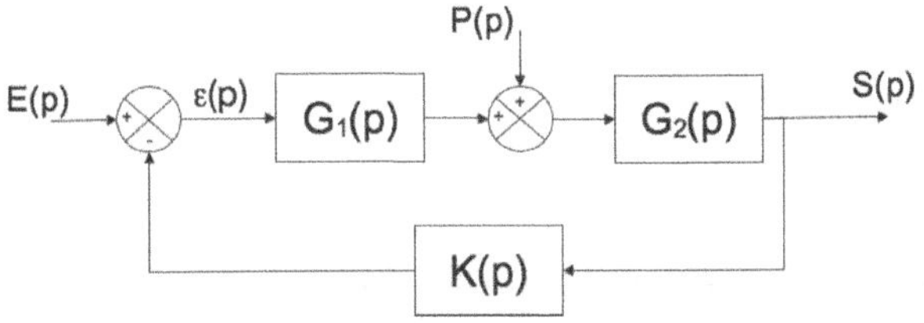

Exemple de schéma-bloc d'un système à 2 entrées

Ces perturbations s'insèrent dans une partie du schéma bloc, et doivent être prises en compte dans la fonction de transfert.

L'étude de ces systèmes multi-entrées se mène en considérant successivement les systèmes qui ne font intervenir qu'une seule variable à la fois, les autres étant considérées nulles, puis en appliquant le principe de superposition.

Dans l'exemple précédent, on considérera donc deux schémas bloc.

Un premier schéma dans lequel <u>la perturbation</u> est nulle : P(p)=0

Dans ce cas, la fonction de transfert s'écrit :

$$H_1(p) = \frac{S_1(p)}{E(p)} = \frac{G1(p).G2(p)}{1+G1(p).G2(p).K(p)}$$

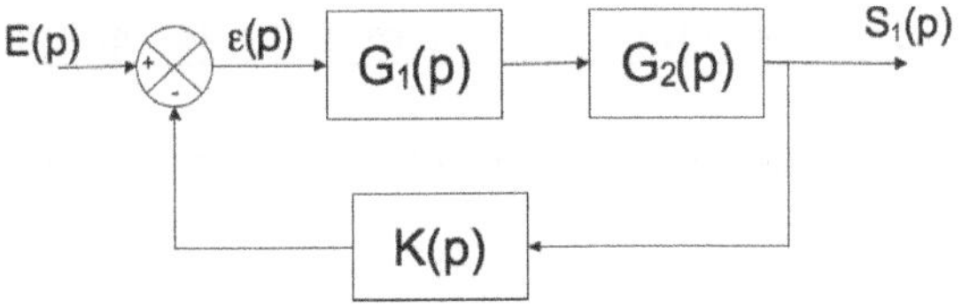

Un second dans lequel <u>l'entrée</u> est nulle : E(p)=0

Le schéma bloc devient le schéma ci-contre, qui peut ensuite se réécrire comme ci-dessous :

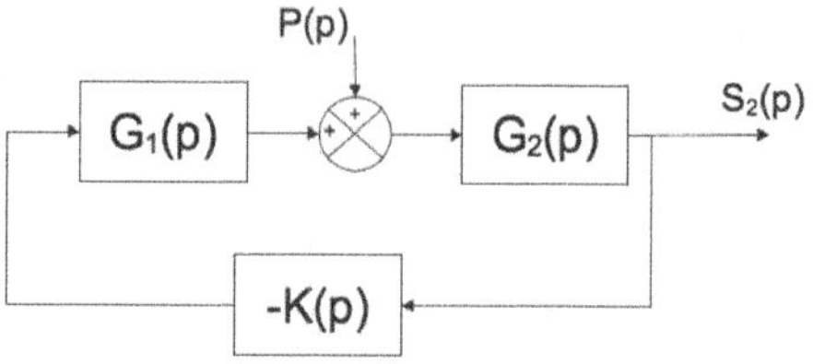

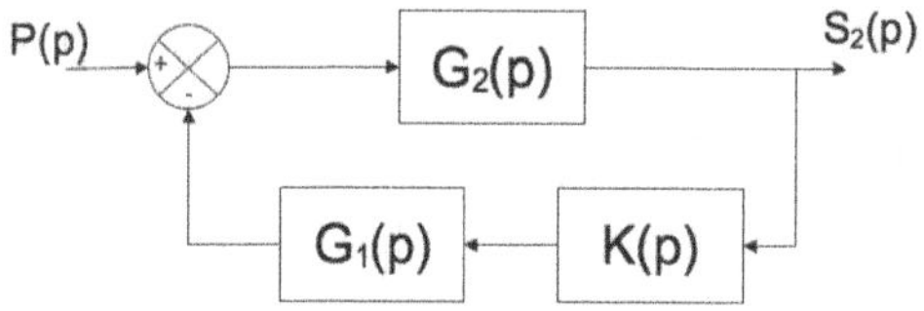

Dans ce cas, la fonction de transfert s'écrit alors :

$$H_2(p)=\frac{S_2(p)}{P(p)}=\frac{G2(p)}{1+G1(p).G2(p).K(p)}$$

Appliquons enfin le principe de superposition :

$$S(p)=S1(p)+S2(p)=H1(p)E(p)+H2(p)P(p)$$

D. Manipulations sur les blocs

D.1 Blocs en série

Le bloc équivalent à plusieurs blocs en série s'obtient en effectuant le produit de chacun des blocs :

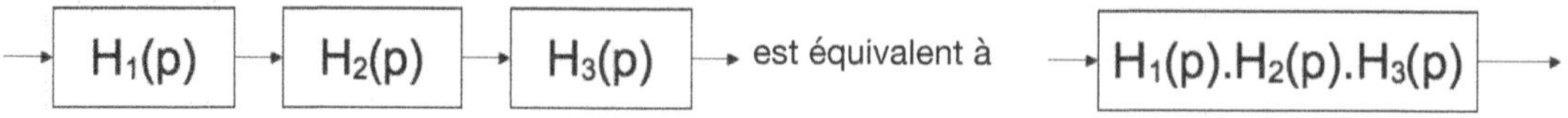

D.2 Blocs en parallèle

Le bloc équivalent à plusieurs blocs en parallèle (reliés par un sommateur) s'obtient en effectuant la somme de chacun des blocs :

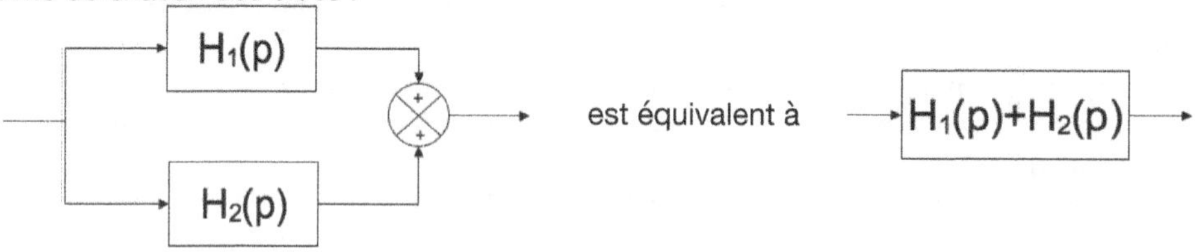

D.3 Déplacement d'un point de prélèvement

Le déplacement d'un point de prélèvement peut se faire vers l'amont ou vers l'aval :

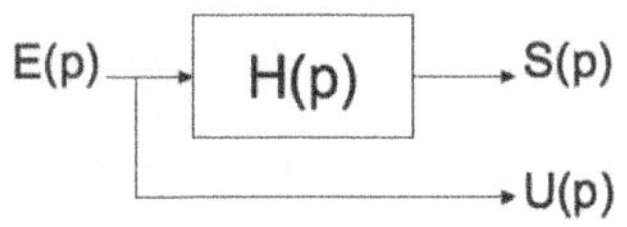

est équivalent à

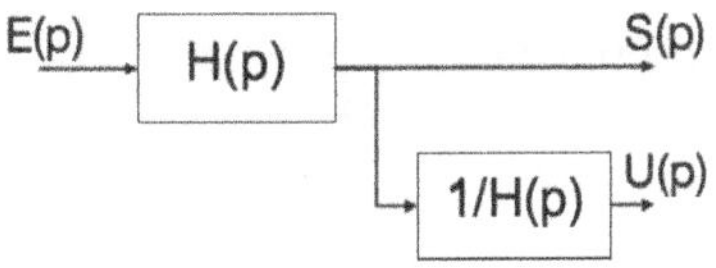

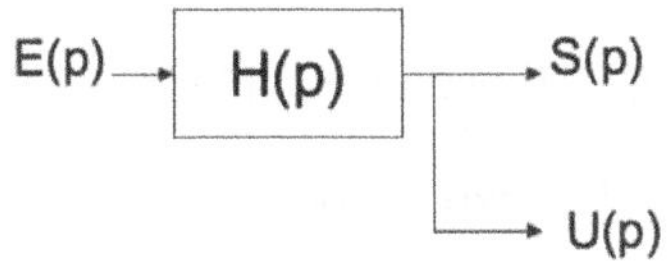

est équivalent à

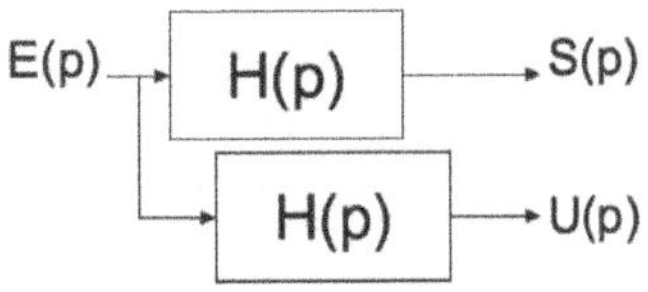

D.4 Déplacement d'un sommateur

2 sommateurs en série sont échangeables :

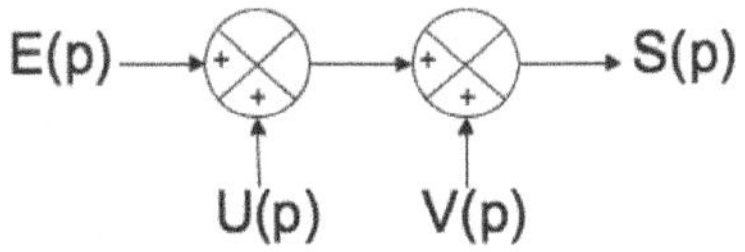

est équivalent à

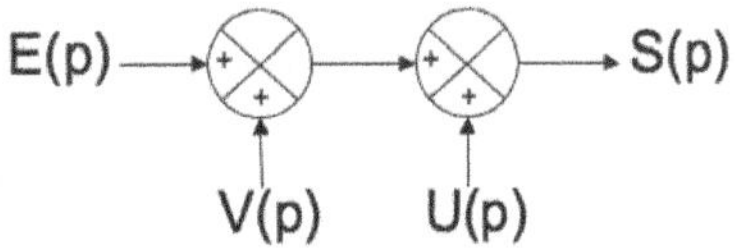

Le déplacement d'un sommateur peut se faire en amont ou en aval d'un bloc :

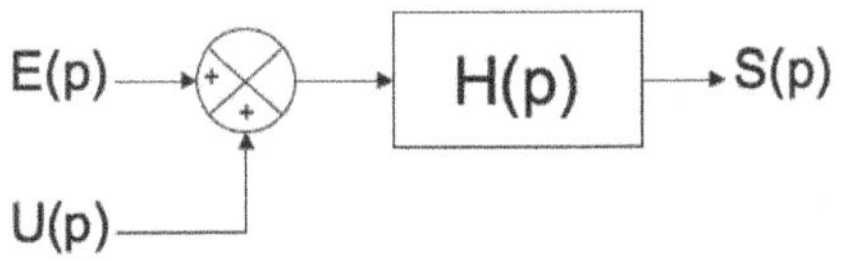

est équivalent à

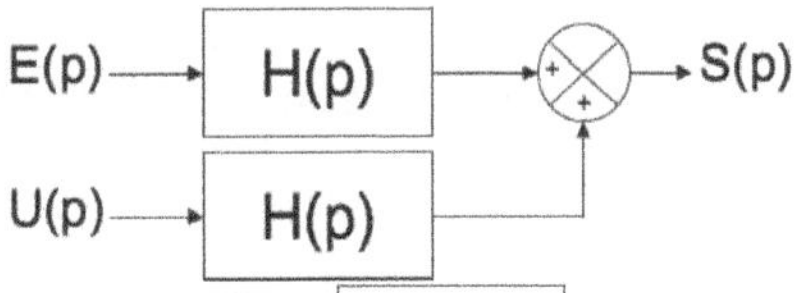

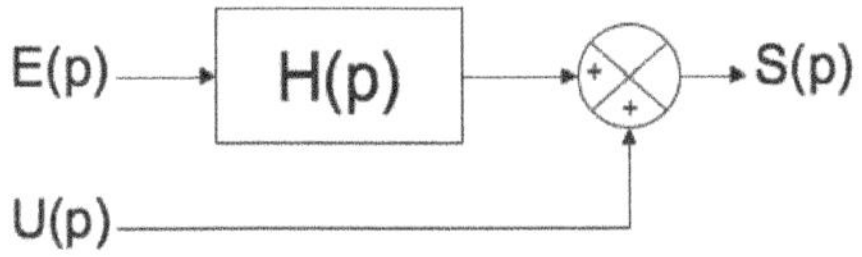

est équivalent à

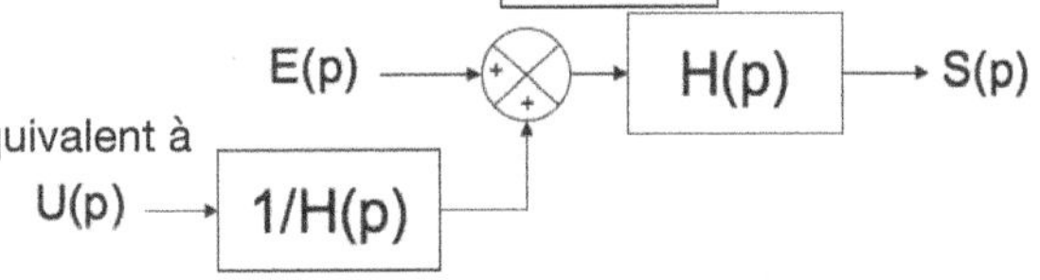

E. Exercices

Exercice 1 : Réduction de schéma bloc *(Corrigé page 548)*

On considère un système décrit par le schéma-bloc ci-dessous :

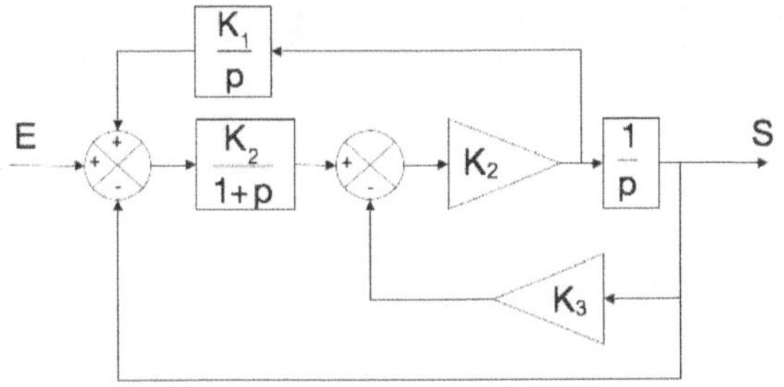

Simplifier ce schéma-bloc par manipulations sur les blocs, puis :

- déterminer l'expression de la FTBO,
- déterminer l'expression de la FTBT,
- définir leurs gain, classe et ordre.

Exercice 2 : Théorème de superposition *(Corrigé page 550)*

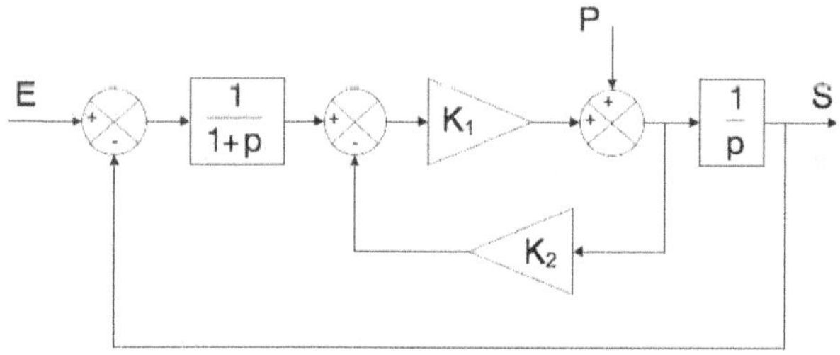

On considère un système à 2 entrées E(p) et P(p), décrit sous la forme du schéma-bloc ci-contre.

On pose $S(p)=H_1(p).E(p)+H_2(p).P(p)$

Déterminer les expressions de $H_1(p)$ et de $H_2(p)$.

Exercice 3 : Modélisation d'un circuit électrique *(Corrigé page 551)*

On souhaite définir la loi entrée-sortie du circuit électrique ci-contre.

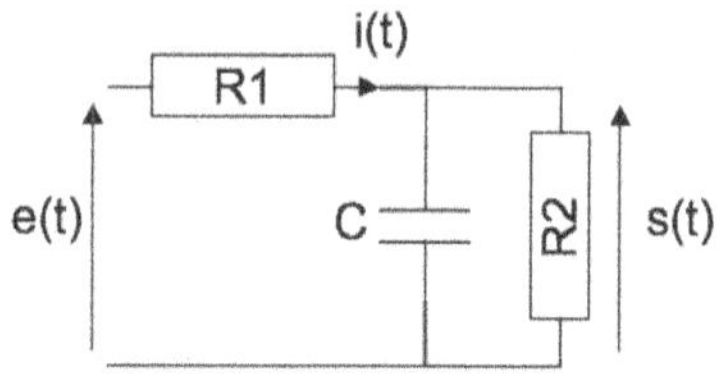

Question 1

Ecrire les équations qui régissent ce système, dans le domaine temporel dans un premier temps, puis dans le domaine symbolique de Laplace.

Question 2

Montrer que le comportement du système peut se décrire à l'aide du schéma-bloc ci-dessous.

Donner les expressions des fonctions de transfert $H_1(p)$, $H_2(p)$ et $H_3(p)$.

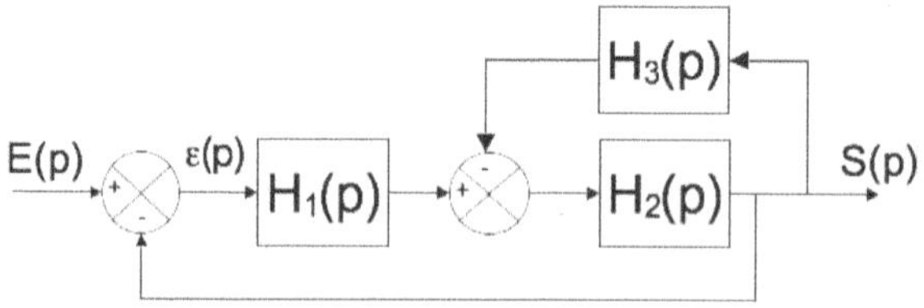

Question 3

En déduire l'expression de la fonction de transfert $H(p)=\dfrac{S(p)}{E(p)}$

Exercice 4 : Modélisation d'un système thermique *(Corrigé page 552)*

La température à l'intérieur d'une cuve est assurée par une résistance électrique R2 qui fournit un flux de chaleur $q_i(t)$. R désigne la résistance thermique de l'enceinte de cette cuve, et C la capacité calorifique de l'air.

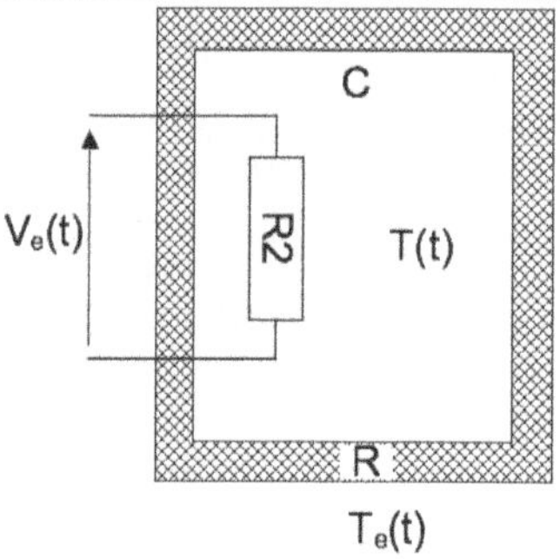

Une partie de cette puissance est perdue par conduction dans la paroi :

$$q_i(t)=\frac{1}{R}\left(T(t)-T_e(t)\right)$$

L'évolution de température à l'intérieur de la cuve répond à la relation :

$$C\frac{dT(t)}{dt}=q_i(t)-q_s(t)$$

Question 1

Ecrire les équations qui régissent ce système dans le domaine symbolique de Laplace.

Question 2

Montrer que le comportement du système thermique peut se modéliser à l'aide du schéma-bloc ci-contre, dont on explicitera les fonctions de transfert $G_1(p)$ et $G_2(p)$.

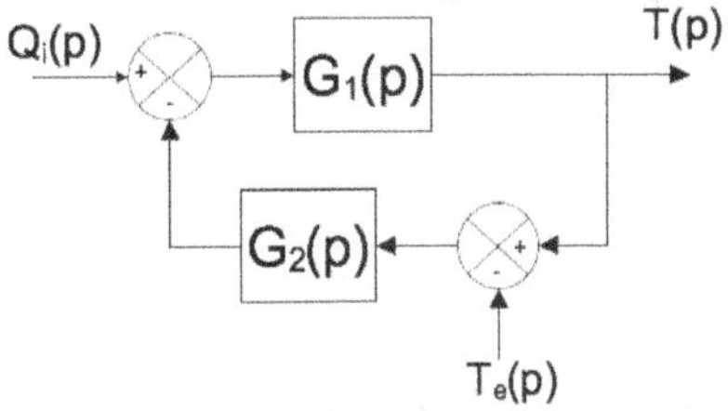

Question 3

En déduire l'expression des fonctions de transfert suivantes :

$$H_1(p) = \left.\frac{T(p)}{Q_i(p)}\right|_{T_e(p)=0} \quad \text{et} \quad H_2(p) = \left.\frac{T(p)}{T_e(p)}\right|_{Q_i(p)=0}$$

CE QU'IL FAUT RETENIR

FTBO - FTBF

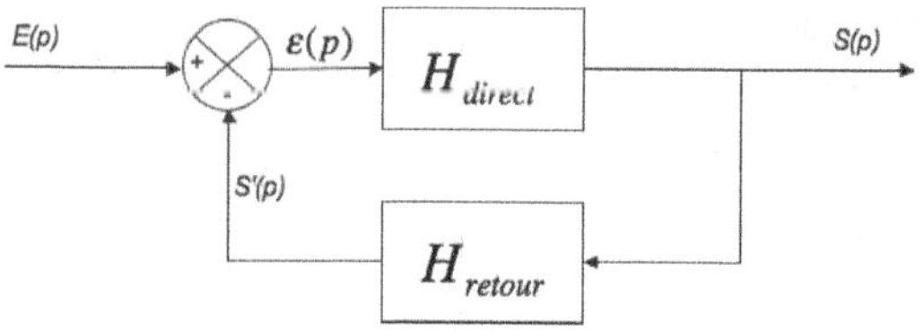

$$FTBO = \frac{S'(p)}{E(p)} = H_{direct}.H_{retour}$$

$$FTBF = \frac{S(p)}{E(p)} = \frac{H_{direct}}{1+H_{direct}.H_{retour}}$$

Classe et ordre d'une fonction de transfert

$$H(p) = \frac{K}{p^n\left(1+a_1p+a_2p^2+\ldots+a_mp^m\right)}$$ classe n - ordre n+m

Opérations sur les blocs

Blocs en série

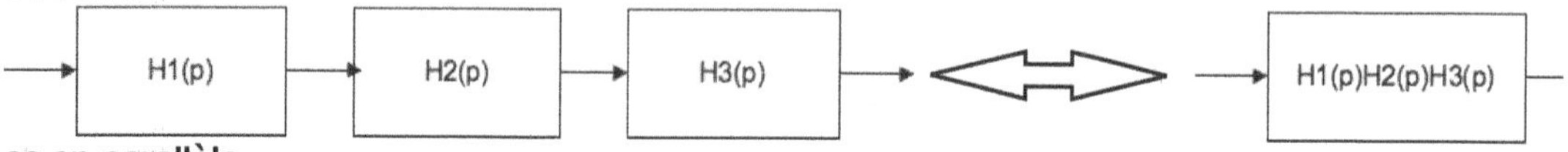

Blocs en parallèle

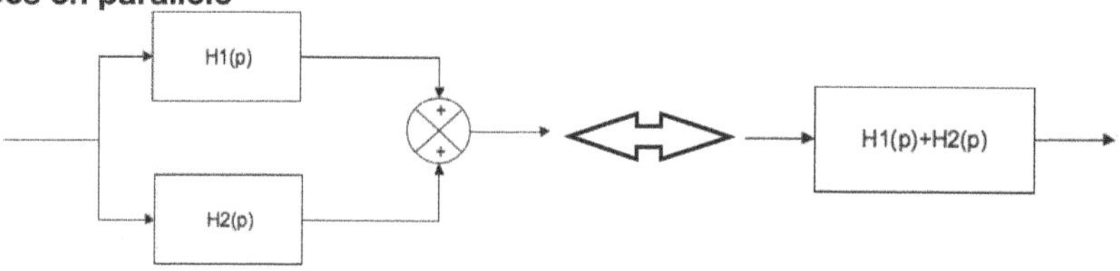

Déplacement d'un point de prélèvement

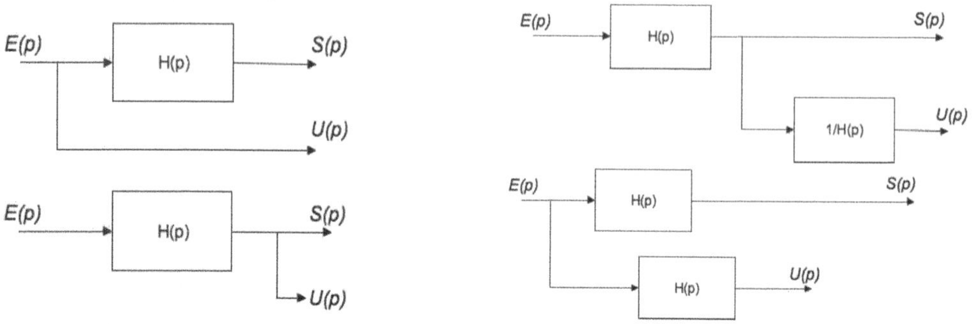

Déplacement d'un sommateur

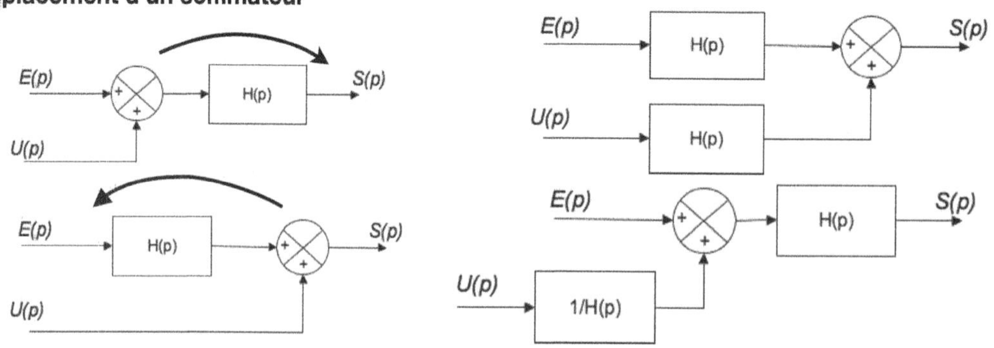

Partie C : Chaîne d'énergie

La chaîne d'énergie d'un système industriel multiphysique regroupe l'ensemble des composants qui vont exploiter une énergie, quelle qu'elle soit, afin d'agir sur la matière d'œuvre.

On retrouvera donc dans cette chaîne d'énergie les éléments qui vont :

- alimenter le système en énergie,
- convertir cette énergie en énergie exploitable par les actionneurs,
- délivrer une énergie, le plus souvent mécanique, qui sera capable de modifier l'état de la matière d'œuvre,
- transformer cette énergie mécanique de façon à créer les mouvements adaptés aux solides manipulés.

Cette partie se décompose en dix chapitres :

- chapitre 7 : description des sources d'alimentation ;
- chapitre 8 : convertisseurs statiques ;
- chapitres 9 à 11 : moteurs à courant continu, asynchrones, synchrones ;
- chapitre 12 : cinématique dans un mécanisme ;
- chapitres 13 : modélisation des mécanismes ;
- chapitres 14 et 15 : études statique et dynamique d'un mécanisme ;
- chapitre 16 : transmission de la puissance mécanique.

Chapitre 7. Sources d'énergie

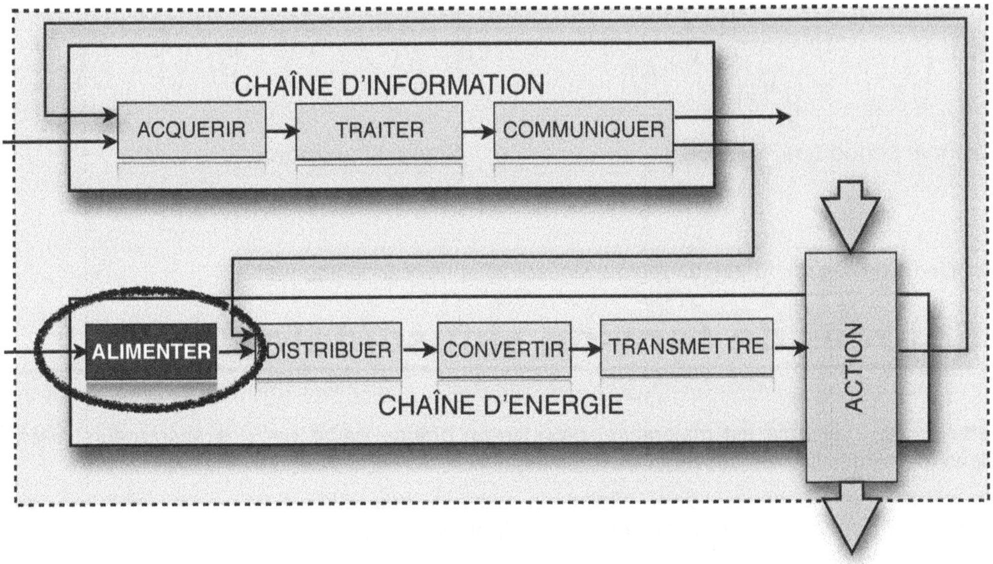

Tout système nécessite une source d'énergie, qui possède ses propres caractéristiques. La source d'énergie doit être compatible avec les convertisseurs d'énergie présents dans le système.

A. Généralités

Le signal électrique (tension ou courant) peut se présenter sous différentes formes :

- signal continu : valeur invariante dans le temps ;
- signal alternatif : valeur variable au cours du temps ;
- signal périodique : valeur variable au cours du temps, se répétant à intervalle régulier.

Un signal sinusoïdal est un cas particulier d'un signal alternatif périodique.

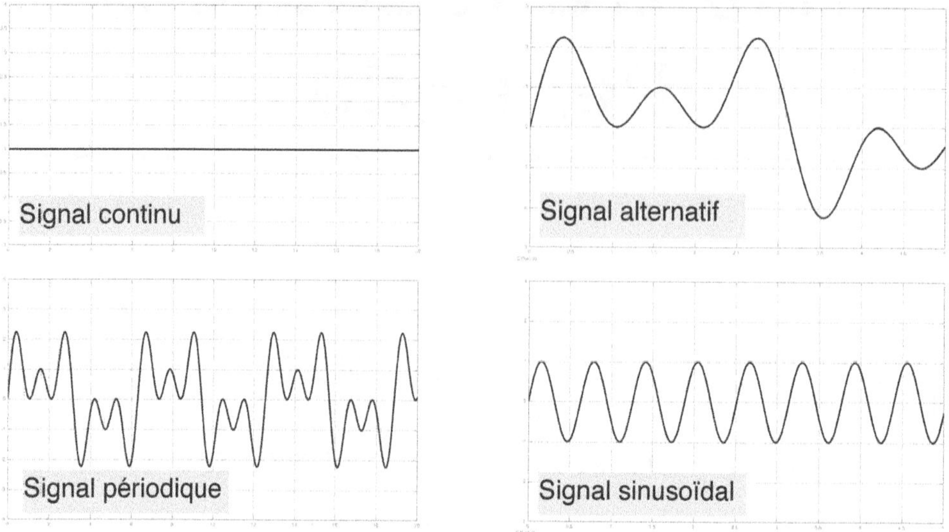

Attention à ne pas confondre un régime sinusoïdal et un régime alternatif.

B. Sources de tension sinusoïdale

Cette source d'énergie est majoritaire, produite en grande partie par des alternateurs reliés à des machines tournantes (le plus souvent des turbines).

Les sources monophasées sont exploitées dans le cas d'installations de faible ou moyenne puissance. En revanche, on privilégiera les sources triphasées dans le cas des fortes puissances.

B.1 Réseau monophasé

B.1.1 Paramètres caractéristiques

B.1.1.1 Forme d'onde

Un signal sinusoïdal $v(t)$ est caractérisé par son amplitude V_M, sa pulsation ω et sa phase φ.

On trouve également comme autre paramètre la fréquence $f = \dfrac{\omega}{2\pi}$, ou la période $T = \dfrac{1}{f}$.

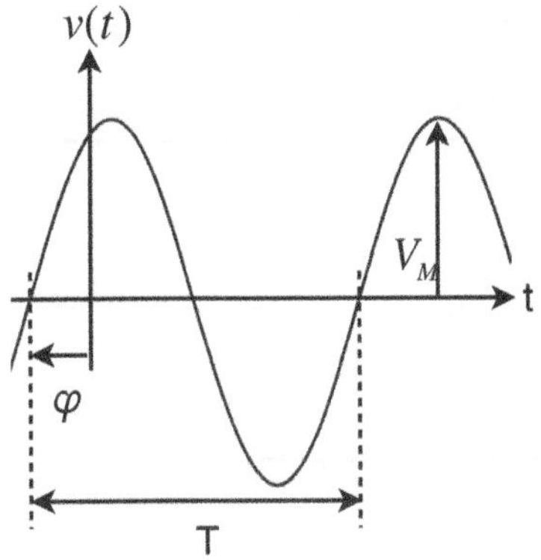

B.1.1.2 Valeur moyenne - Valeur efficace

La valeur moyenne d'une variable sinusoïdale x, aussi appelée composante continue, est définie par :

$$< x >= \frac{1}{T}\int_0^t x(t)\,dt$$

La valeur efficace d'une variable sinusoïdale est définie par :

$$x_{eff} = \sqrt{\frac{1}{T}\int_0^T x^2(t)\,dt} = \sqrt{< x^2 >}$$

Dans le cas des signaux électriques, cette valeur efficace correspond au signal continu qui provoquerait le même échauffement dans une résistance.

Un signal sinusoïdal d'amplitude x a le même comportement qu'un signal continu de valeur $x_{eff} = \frac{x}{\sqrt{2}}$.

Représenter une grandeur sinusoïdale par ses variables temporelles n'est pas la solution la plus pratique pour l'étude des réseaux électriques. En effet, additionner des tensions (par application des lois de mailles de Kirchhoff par exemple) n'est dans ce cas pas chose aisée.

On choisira alors de représenter ces grandeurs :

- soit sous forme vectorielle : diagramme de Fresnel,
- soit sous forme d'exponentielle complexe.

B.1.2 Représentation d'un signal sinusoïdal par diagramme de Fresnel

B.1.2.1 Principe de la représentation vectorielle

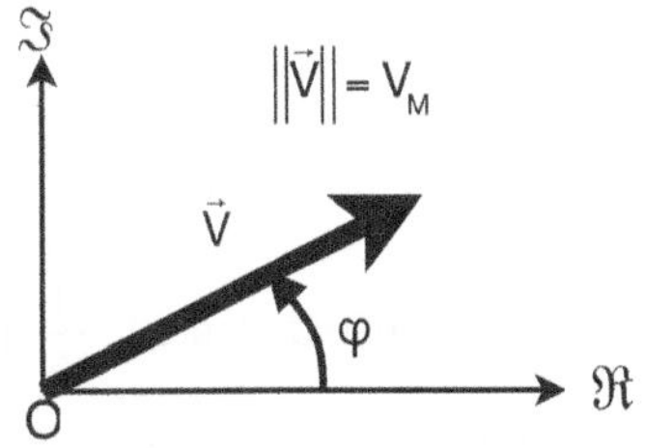

La représentation vectorielle d'un signal permet de représenter graphiquement les deux grandeurs caractéristiques d'amplitude et de phase.

Le signal $v(t) = V_m \sin(\omega t + \varphi)$ est représenté ci-contre par un vecteur $\vec{V}$, de norme V_m et d'angle φ

L'avantage de cette représentation vectorielle réside dans la détermination graphique des sommes de signaux, qui se ramène à une somme de vecteurs.

Par ailleurs, les opérations de dérivation vectorielle sont également aisément déterminées graphiquement.

Opérations sur les vecteurs de Fresnel

Représentation temporelle	Représentation vectorielle
$V = V_M \sin(\omega t + \varphi)$	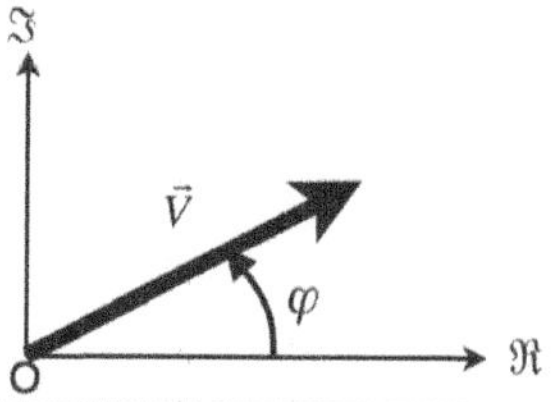
Somme de tensions : $V_1 + V_2 = V_{M_1} \sin(\omega t + \varphi_{V_1}) + V_{M_2} \sin(\omega t + \varphi_{V_2})$	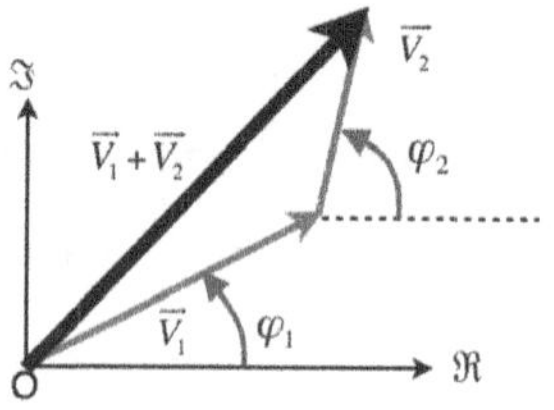
Dérivation d'un signal vectoriel $\frac{dV}{dt} = V_M \omega \cos(\omega t + \varphi)$ $= V_M \omega \sin\left(\omega t + \varphi + \frac{\pi}{2}\right)$	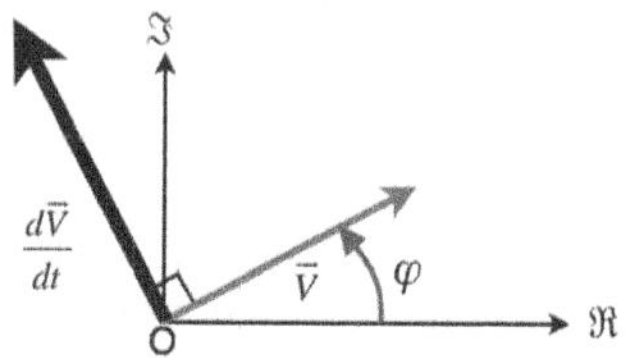 $\frac{d\vec{V}}{dt}$ se déduit de $\vec{V}$ par une rotation de $+\frac{\pi}{2}$ et une homothétie de facteur ω La dérivée **est en avance** sur le signal.
Intégration d'un signal vectoriel : $\int_0^t v(t)\,dt = -\frac{V_M}{\omega}\cos(\omega t + \varphi)$ $= \frac{V_M}{\omega}\sin\left(\omega t + \varphi_V - \frac{\pi}{2}\right)$	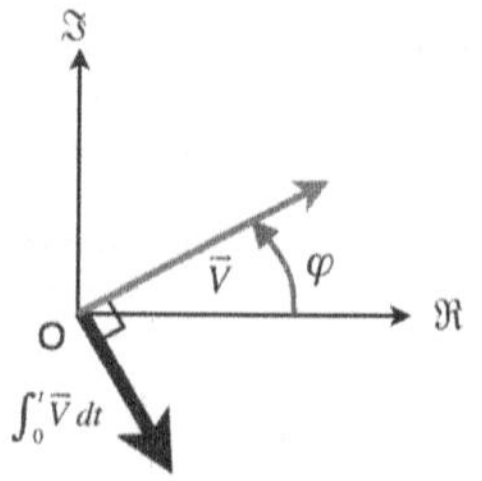 $\int_0^t \vec{V}\,dt$ se déduit de $\vec{V}$ par une rotation de $-\frac{\pi}{2}$ et une homothétie de facteur $\frac{1}{\omega}$ La primitive **est en retard** sur le signal.

B.1.2.2 Premier exemple d'étude : circuit RL

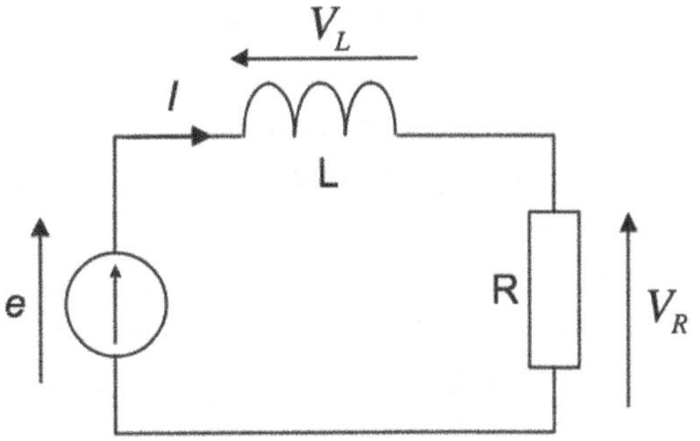

Circuit RL série

On considère le circuit représenté ci-contre. La tension d'entrée sinusoïdale $e = V_M \sin\omega t$ est prise comme référence de phase.

On cherche à déterminer le courant l'amplitude I_M et la phase φ circulant dans le circuit :

$$i = I_M \sin(\omega t + \varphi)$$

Ce problème peut se résoudre à l'aide du diagramme de Fresnel en écrivant que :

- $\vec{e} = \overrightarrow{V_L} + \overrightarrow{V_R}$ (loi des mailles)
- $V_L = L\frac{dI}{dt}$, donc $\overrightarrow{V_L}$ se déduit de $\vec{I}$ par rotation de $+\frac{\pi}{2}$ et d'homothétie $L\omega$

$\vec{e}$ est donc la somme vectorielle de 2 vecteurs perpendiculaires, de normes RI_M et $L\omega I_M$.

Le triangle de Fresnel se construit alors par manipulations de vecteurs, et permet d'obtenir graphiquement :

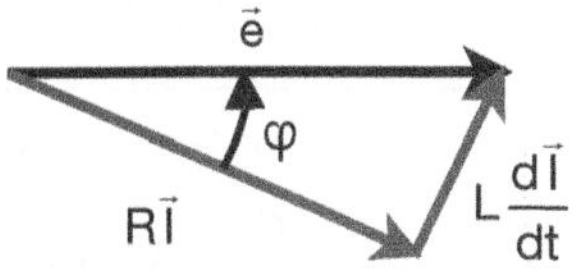

- l'amplitude I_M,
- le déphasage φ du courant sur la tension, ici positif dans la représentation de Fresnel : le courant est en retard sur la tension.

B.1.2.3 Second exemple d'étude : circuit RC

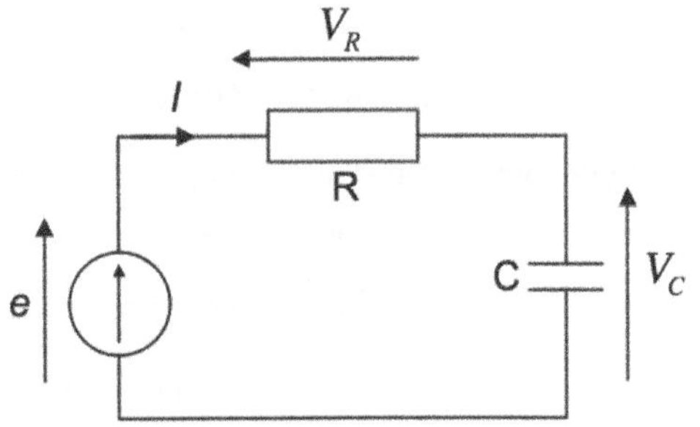

Circuit RC série

Sur le circuit RC représenté ci-contre, la tension d'entrée sinusoïdale e(t) est prise comme référence de phase.

On cherche là encore à déterminer le courant i circulant dans le circuit.

On pose : $e(t) = V_M \sin\omega t$

$$i(t) = I_M \sin(\omega t + \varphi)$$

Le diagramme de Fresnel se construit sachant que $\vec{e} = \overrightarrow{V_R} + \overrightarrow{V_C}$ et que $I = C\frac{dV_C}{dt}$

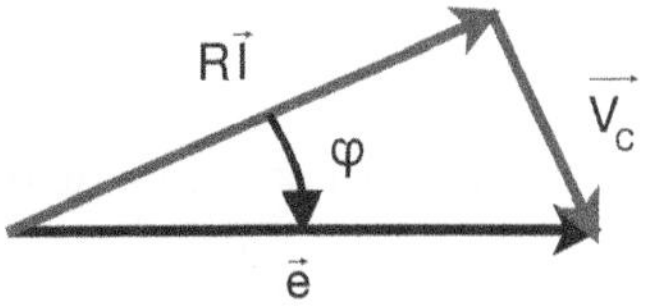

Donc $\overrightarrow{V_C}$ se déduit de $\vec{I}$ par une rotation de $-\frac{\pi}{2}$ et une homothétie de $1/C\omega$.

$\varphi < 0$ dans la représentation de Fresnel : le courant est en avance sur la tension.

B.1.3 Représentation d'un signal sinusoïdal par nombres complexes

B.1.3.1 Généralités

Les diagrammes de Fresnel permettent de visualiser rapidement le déphasage entre tension et courant, mais ne sont pas nécessairement adaptés aux calculs.

Une autre représentation possible des grandeurs sinusoïdales est la modélisation par nombres complexes.

On associe à chaque grandeur sinusoïdale $x = X\sqrt{2}\sin(\omega t + \varphi)$ (où X représente la valeur efficace de cette grandeur) un nombre complexe tel que :

$$\underline{x} = X\sqrt{2}\left[\cos(\omega t + \varphi) + j\sin(\omega t + \varphi)\right] = X\sqrt{2}e^{j(\omega t + \varphi)}$$

Représentation temporelle	Représentation complexe
$V = V_M \sin(\omega t + \varphi)$	$\underline{V} = V_M e^{j(\omega t + \varphi)}$
Somme de signaux : $V_1 + V_2 = V_{M_1}\sin(\omega t + \varphi_1) + V_{M_2}\sin(\omega t + \varphi_2)$	$\underline{V_M} = \underline{V_1} + \underline{V_2}$
Dérivée d'un signal : $\frac{dV}{dt} = V_M \omega \cos(\omega t + \varphi)$	$\frac{d\underline{V}}{dt} = j\omega V_M e^{j(\omega t + \varphi)} = j\omega \underline{V}$
Intégration d'un signal : $\int_0^t v(t)dt = \frac{V_M}{j\omega}\cos(\omega t + \varphi)$	$\frac{d\underline{V}}{dt} = \frac{1}{j\omega} V_M e^{j(\omega t + \varphi)} = \frac{1}{j\omega}\underline{V}$

B.1.3.2 Notion d'impédance complexe

Pour tout dipôle d'un circuit, caractérisé par une tension complexe $\underline{U}$ à ses bornes, et un courant complexe $\underline{I}$ le traversant, on peut définir une relation similaire à une loi d'Ohm :

$\underline{U} = \underline{Z}.\underline{I}$ où $\underline{Z}$ est appelée **impédance complexe** du dipôle.

L'inverse de l'impédance sera notée $\underline{Y}$ et sera appelée **admittance complexe**.

Ainsi :

- l'impédance complexe d'un condensateur est $\underline{Z} = \frac{1}{jC\omega}$ (admittance complexe $\underline{Y} = jC\omega$) ;
- l'impédance complexe d'une inductance est $\underline{Z} = jL\omega$ (admittance complexe $\underline{Y} = \frac{1}{jL\omega}$) ;
- l'impédance complexe d'un résistor est $\underline{Z} = R$ (admittance complexe $\underline{Y} = G$, conductance du résistor).

Exemple de calcul d'une impédance complexe équivalente

On considère le réseau ci-contre, modélisant une ligne de transmission haute fréquence (du type câble coaxial TV).

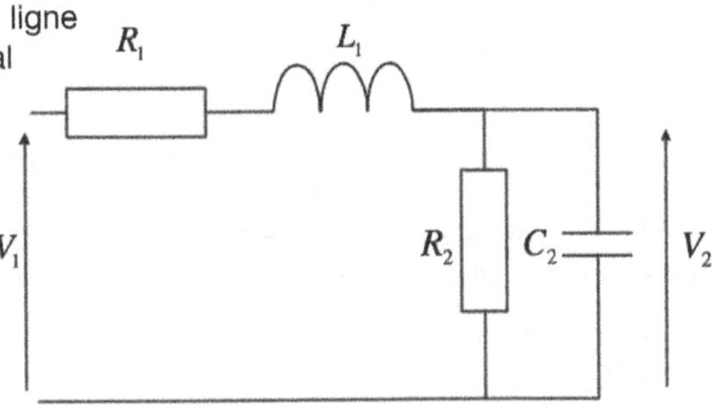

Transmission haute fréquence

On cherche à estimer l'atténuation de ligne. Pour cela, il nous faut déterminer le rapport $\dfrac{\underline{V_2}}{\underline{V_1}}$.

Le circuit électrique est équivalent au circuit ci-dessous :

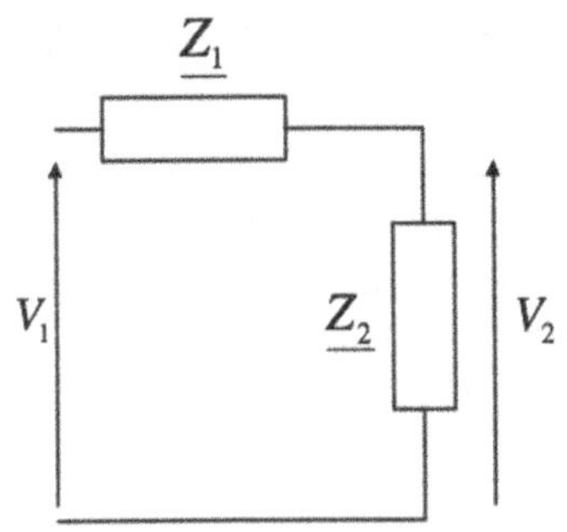

$$\underline{Z_1} = R_1 + jL_1\omega$$

$$\underline{Y_2} = \frac{1}{R_2} + jC_2\omega$$

On se retrouve alors avec un diviseur de tension, tel que

$$\frac{\underline{V_2}}{\underline{V_1}} = \frac{\underline{Z_1}}{\underline{Z_1} + \underline{Z_2}} = \frac{R_2}{(1 + jR_2C\omega)(R_1 + jL\omega)}$$

B.1.4 Puissances

B.1.4.1 Généralités

La puissance instantanée à un instant t est définie par $p(t) = v(t).i(t)$

Comme il s'agit de signaux sinusoïdaux, la puissance instantanée est variable et donc peu exploitable. Nous préférerons alors définir la puissance moyenne :

$$P = \langle p \rangle = \frac{1}{T}\int_0^T p(t)\,dt = \frac{1}{T}\int_0^T v(t)i(t)\,dt \qquad [1]$$

Or, en prenant la tension comme référence de phase, et en notant φ le déphasage de la source par rapport au courant, on a :

$$v(t) = V\sqrt{2}\sin(\omega t)$$

$$i(t) = I\sqrt{2}\sin(\omega t - \varphi)$$

Alors l'équation [1] devient :

$$P = \frac{1}{T}\int_0^T V\sqrt{2}\sin(\omega t) I\sqrt{2}\sin(\omega t - \varphi)\,dt = \frac{2VI}{T}\int_0^T \sin(\omega t)\sin(\omega t - \varphi)\,dt$$

$$P = \frac{2VI}{2T}\int_0^T \left[\cos(\varphi) - \cos(2\omega t - \varphi)\right]dt = \frac{VI}{T}\left(\cos\varphi\left[t\right]_0^T - \left[\frac{1}{2\omega}\sin(2\omega t - \varphi)\right]_0^T\right)$$

Soit au final :

$$\boxed{P = VI\cos\varphi}$$

Cette **puissance active**, exprimée en Watt, correspond à la puissance réellement disponible pour une conversion d'énergie (mécanique, thermique, ...).

B.1.4.2 Puissances réactive - apparente

On définira également la **puissance réactive** $Q = VI\sin\varphi$ (unité : VAR, Volt-Ampère réactif). Cette puissance, qui circule entre générateur et récepteurs, n'est pas convertie.

Cette puissance est consommée par des composants inductifs, et produite par des composants capacitifs.

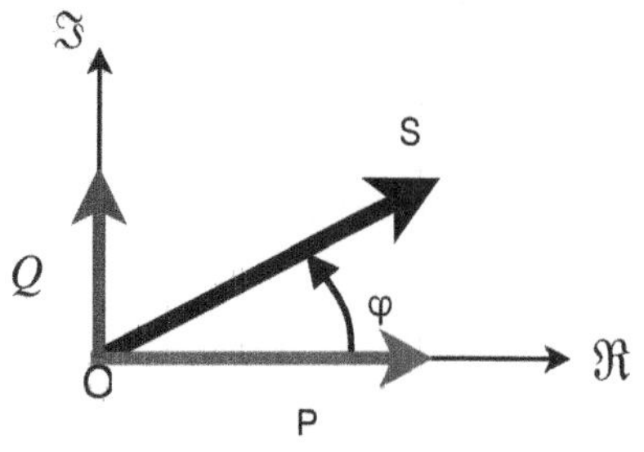

Triangle des puissances

Enfin, on définit **la puissance apparente** $S = VI$ (unité : VA, Volt-Ampère).

Dans le cas de signaux parfaitement sinusoïdaux, cette puissance apparente S a, dans le plan complexe, une composante réelle P et une composante imaginaire Q :

$$\underline{S} = P + jQ \text{ (et donc } S^2 = P^2 + Q^2 \text{)}$$

Un dipôle inductif consomme de la puissance réactive ($\varphi > 0$), tandis qu'un dipôle capacitif en produit ($\varphi < 0$).

Le **facteur de puissance** $FP = \frac{P}{S}$ traduit la qualité d'utilisation de l'énergie électrique.

En pratique, on cherche à obtenir un k le plus proche possible de 1 (faible consommation relative de puissance réactive).

En effet, si seule la puissance active est utilisable et peut être convertie, la présence d'une puissance réactive va augmenter la valeur du courant efficace transitant des les lignes :

$$I_{eff} = \frac{\sqrt{P^2 + Q^2}}{V_{eff}}$$ dans le cas de signaux parfaitement sinusoïdaux.

Dans le cas de signaux sinusoïdaux purs, $k = \cos\varphi$ et $\tan\varphi = \frac{Q}{P}$

Dipôle	Puissance active P	Puissance réactive Q	φ (i par rapport à u)
Résistance	$P = RI^2$	$Q = 0$	O
Inductance	$P = 0$	$Q = L\omega I^2$	$\frac{\pi}{2}$
Condensateur	$P = 0$	$Q = -\frac{1}{C\omega}I^2$	$-\frac{\pi}{2}$

B.1.4.3 Théorème de Boucherot

Dans une installation comportant plusieurs circuits en parallèle, la puissance active totale est la somme des puissances actives de chacun de ces circuits.

$$P_t = \sum_i P_i$$

Il en est de même pour la puissance réactive :

$$Q_t = \sum_i Q_i$$

En revanche, cette égalité n'est pas applicable à la puissance apparente :

$$S_t = \sqrt{\left(P_t^2 + Q_t^2\right)}$$

Le courant efficace total se calcule en passant par la puissance apparente :

$$I_t = \frac{S_t}{V}$$

Exemple : compensation de puissance réactive

Les installations qui consomment de la puissance réactive (utilisation de machines à induction telles que moteurs, alternateurs, ...) induisent une diminution du facteur de puissance. Or le fournisseur d'énergie électrique pénalise les clients qui ont un facteur de puissance trop faible, car pour une même puissance active consommée ceci entraine un surdimensionnement des câbles et des transformateurs.

Il faut donc, pour ces clients, compenser la puissance réactive en en injectant dans le réseau.Pour cela, il leur faudra installer des batteries de condensateurs, qui produisent de la puissance réactive.

On considère un poste de travail sous une tension efficace de 230V 50 Hz, est constitué de 10 lampes à incandescence de 100W chacune, et d'un moteur de puissance utile P_u=3680 W. Le rendement de ce moteur est égal à η=0,75, et son facteur de puissance k=0,707.

Le fournisseur d'énergie impose un $\cos\varphi$=0,88 pour ne pas appliquer de pénalités. L'installation nécessite-t-elle l'adjonction de condensateurs de compensation de puissance réactive ?

Calcul de la puissance absorbée par le moteur

$$P_a = \frac{P_u}{\eta} = 4907 \text{ W}$$

Calcul du facteur de puissance de l'installation

Puissance active totale : $P = 10.100 + 4907 = 5907 \text{ W}$ (les lampes son assimilées à des résistances)

Puissance réactive totale : $Q = P_a \tan\varphi = 4908 \text{ VAR}$

D'où le facteur de puissance global :

$$F_p = \frac{P}{S} = \frac{P}{\sqrt{Q^2 + P^2}} = 0,707$$

L'installation consomme alors

$$I = \frac{P}{V\cos\varphi} = 30.2 \text{ A}$$

Dimensionnement de la batterie de condensateurs

Il faut donc injecter de la puissance réactive, puisque $F_P < 0,88$

Les condensateurs doivent injecter Q_C tel que $\frac{P}{\sqrt{(Q+Q_C)^2+P^2}} = 0,88$

On en déduit $Q_C = -2259$ VAR.

Or $\underline{Q_C} = \frac{1}{jC\omega}I^2 = jC\omega V^2$ donc $Q_C = C\omega V^2$

Soit, pour finir, la capacité totale des condensateurs à installer :

$$C = -\frac{Q_C}{2\pi f V^2} = 136\ \mu F$$

Après ajout de ces condensateurs, l'installation consommera :

$$I = \frac{P}{V\cos\varphi} = 24.2\ A$$

B.2 Réseau triphasé

B.2.1 Généralités

L'alimentation triphasée sinusoïdale est très répandue dans le domaine industriel. Les alimentations monophasées sont en fait issues de ces réseaux triphasés.

Une alimentation triphasée est constituée de trois câbles dans lesquels transitent un signal sinusoïdal, chacun de ces signaux étant déphasé de $2\pi/3$ (1/3 de période).

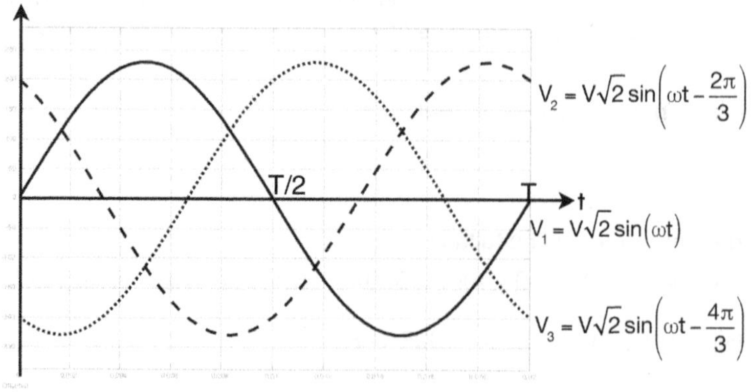

Tensions dans une alimentation triphasée

La figure page suivante définit les différents éléments caractéristiques d'un réseau triphasé :

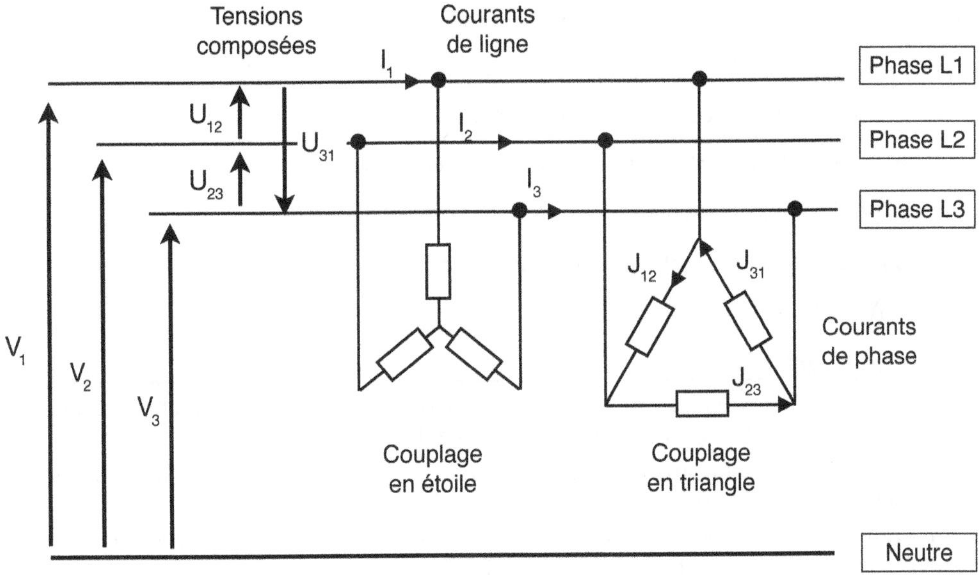

Eléments caractéristiques d'un réseau triphasé

La représentation de Fresnel des tensions simples est tracée sur la figure ci-dessous :

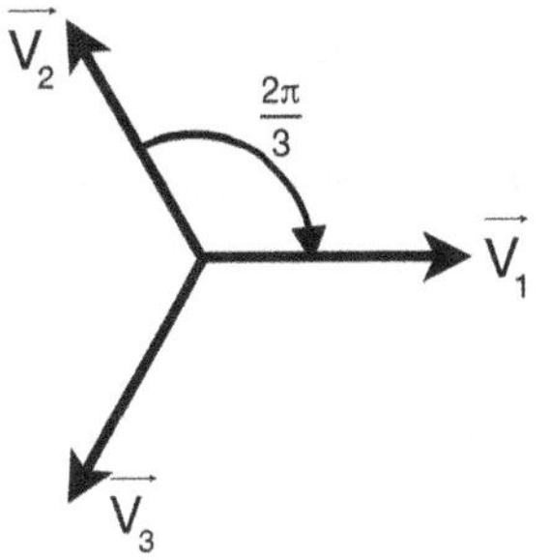

Un régime sera dit équilibré si la somme des trois tensions (ou des trois courants) est nulle. Seuls les régimes équilibrés seront abordés dans ce cours.

Les tensions composées se construisent géométriquement dans la représentation vectorielle, et permettent de déterminer la tension composée U en fonction de la tension simple V :

$$\frac{U_{12}}{\sin\frac{2\pi}{3}} = \frac{V_1}{\sin\frac{\pi}{6}}$$

Soit $U = \sqrt{3}V$

On montre de même que $I = \sqrt{3}J$

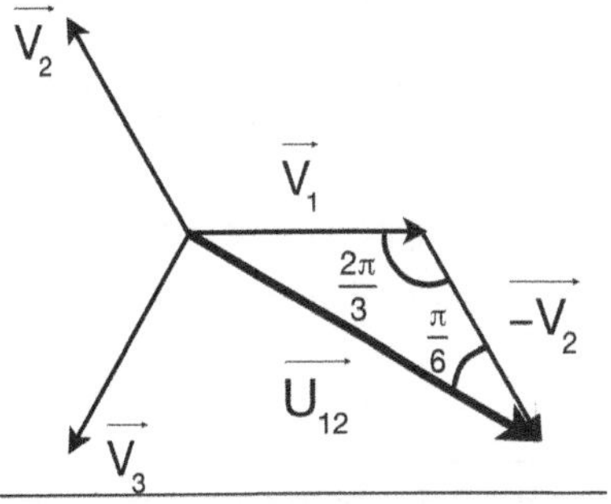

B.2.2 Puissances

B.2.2.1 Théorème de Boucherot

Le théorème de Boucherot s'applique également pour les régimes triphasés sinusoïdaux.

B.2.2.2 Puissance active

Dans le cas d'une alimentation triphasée, la puissance instantanée est :

$$p(t) = v_1(t)i_1(t) + v_2(t)i_2(t) + v_3(t)i_3(t)$$

La puissance moyenne, dite active, est alors donnée par l'expression :

$$P = 3VI\cos\varphi = UI\sqrt{3}\cos\varphi$$

B.2.2.3 Puissances réactive - apparente

La puissance réactive, exprimée en VAR, a pour expression :

$$Q = 3VI\sin\varphi = UI\sqrt{3}\sin\varphi$$

La puissance apparente a quant à elle pour expression :

$$S = 3VI = UI\sqrt{3}$$

B.3 Transformateurs

Le transport de l'énergie électrique nécessite, pour des raisons de coût, d'abaisser le courant car c'est la valeur du courant efficace qui dimensionne les câbles.

Pour transporter la même puissance en abaissant le courant, il est donc nécessaire d'élever la tension : c'est le rôle des transformateurs.

Un transformateur peut avoir pour fonction, soit d'élever ou d'abaisser la tension, soit de transmettre une tension en isolant les circuits d'entrée et de sortie ; il s'agit alors d'un transformateur d'isolement.

Un transformateur sera dit parfait s'il ne présente aucune perte.

B.3.1 Relation entrée-sortie d'un transformateur parfait

Un transformateur est un quadripôle constitué de deux bobines, entourant chacune un circuit magnétique. Il est constitué de N1 spires sur l'enroulement primaire (entrée), et de N2 spires sur l'enroulement secondaire (sortie).

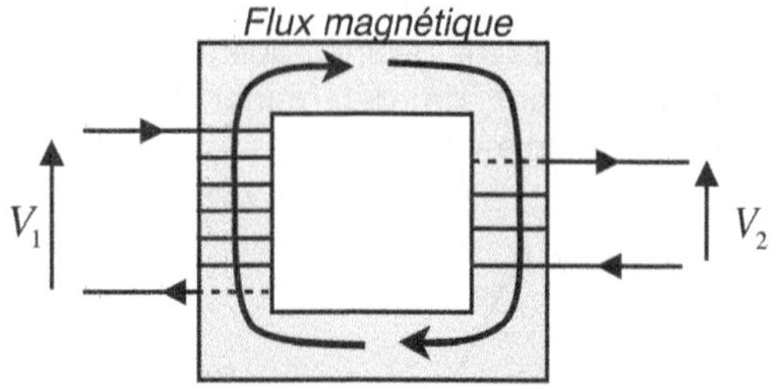

On retient la convention récepteur pour l'enroulement primaire, et la convention générateur pour l'enroulement secondaire.

Dans le cas d'un transformateur parfait, la loi de Lentz énonce que le rapport des tensions suit la relation suivante :

$$\frac{V_2}{V_1} = \frac{N_2}{N_1} = m$$

m est appelé rapport de transformation du transformateur.

La relation sur les courants d'un transformateur parfait est quant à elle :

$$\frac{I_2}{I_1} = \frac{N_1}{N_2} = \frac{1}{m}$$

B.3.2 Symbole d'un transformateur

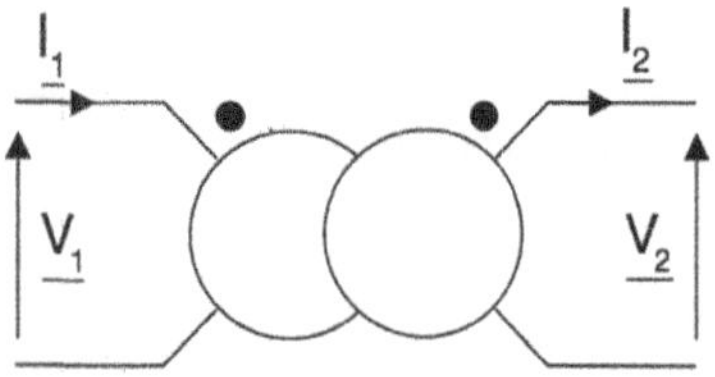

Les deux cercles représentent les bobinages.

Les deux points désignent les «bornes homologues», qui fournissent une indication sur le sens du courant. Les tensions sont en phase si elles pointent chacune vers les bornes homologues.

C. Source de tension continue

Une source de tension sera dite continue si elle fournit une tension invariante dans le temps.

C.1 Accumulateurs

C.1.1 Généralités

Les piles ou les accumulateurs (qui sont des piles rechargeables) sont des systèmes basés sur le transfert d'électrons dans une réaction chimique.

Dotés d'une très faible résistance interne, les accumulateurs peuvent être assimilés à des sources de tension.

C.1.2 Caractéristiques

Un accumulateur peut être défini par :

- sa tension à vide (fém),
- sa capacité en Ah (Ampère.heure) : il s'agit de la quantité d'électricité disponible,
- sa résistance interne.

C.1.3 électrochimiques

C.1.3.1 Plomb-Acide

il s'agit du couple le plus ancien. La tension nominale d'un élément est 2,1 V.

Une telle batterie a une faible énergie massique, mais une forte densité de courant, autorisant ainsi les pics de courant (démarrage moteur par exemple).

C.1.3.2 Nickel-Cadmium NiCd

Sa tension nominale vaut 1,2 V.

L'effet mémoire se manifeste sur ce couple électrochimique (une recharge avant d'avoir une batterie complètement déchargée diminue sa capacité).

C.1.3.3 Nickel-métal hydrure (NiMH)

Sa tension nominale vaut également 1,2 V.

Un tel accumulateur est doté d'une énergie massique 40% supérieure à celle du couple NiCd.

C.1.3.4 Lithium ion ou Lithium métal

Sa tension nominale vaut 3,7 V.

De technologie récente, elle dispose d'une forte densité énergétique.

Le diagramme dit de Ragone ci-contre montre les densités énergétiques de différents couples électrochimiques :

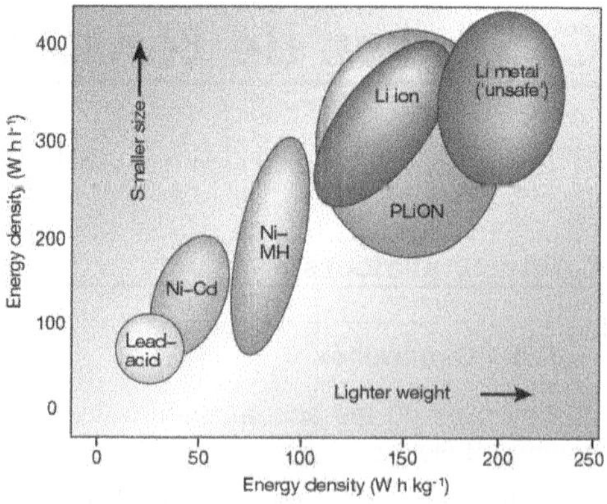

C.2 Puissance

En régime continu, la puissance transmise par un générateur est égale à : P = U.I

D. Source non sinusoïdale

D.1 Introduction

Les sources d'énergie abordées précédemment étaient continues ou sinusoïdales. Mais les signaux électriques peuvent présenter des caractéristiques qui, bien que périodiques, ne sont pas sinusoïdales.

C'est le cas par exemple avec l'utilisation de hacheurs ou d'onduleurs.

Par définition, un récepteur sera dit **«non linéaire»** s'il prélève un signal courant de forme différente de la tension qui lui est appliquée.

Malgré tout, les deux variables conservent leur périodicité.

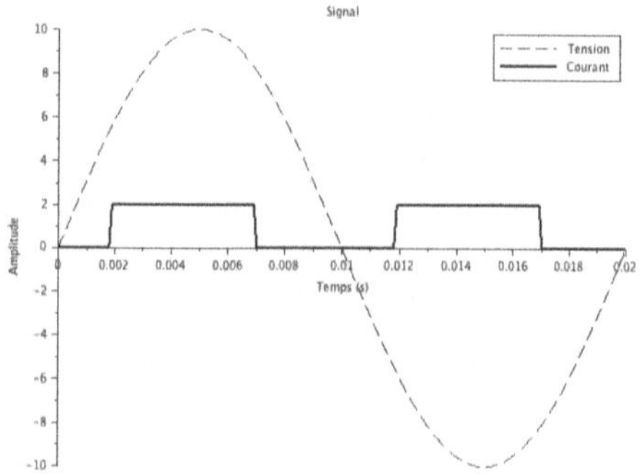

Signal d'un récepteur non linéaire

D.2 Décomposition en série de Fourier

D.2.1 Décomposition d'un signal en signaux sinusoïdaux

Le mathématicien Joseph Fourier a démontré que tout signal périodique f(t) peut se décomposer en une somme infinie de signaux sinusoïdaux.

Considérons le signal de la figure ci-dessous :

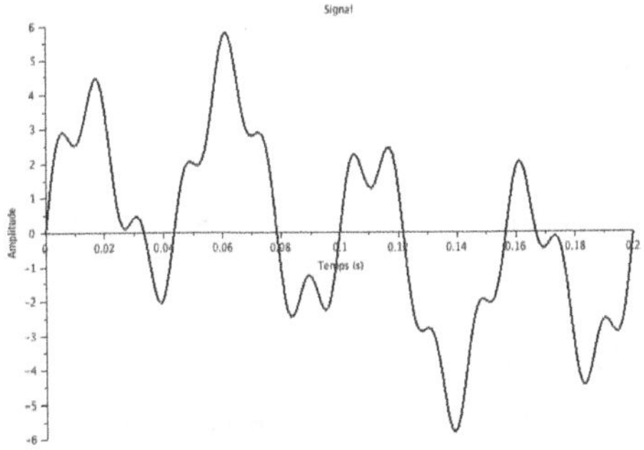

Signal non sinusoïdal périodique

Il est en réalité la somme des trois signaux sinusoïdaux suivants :

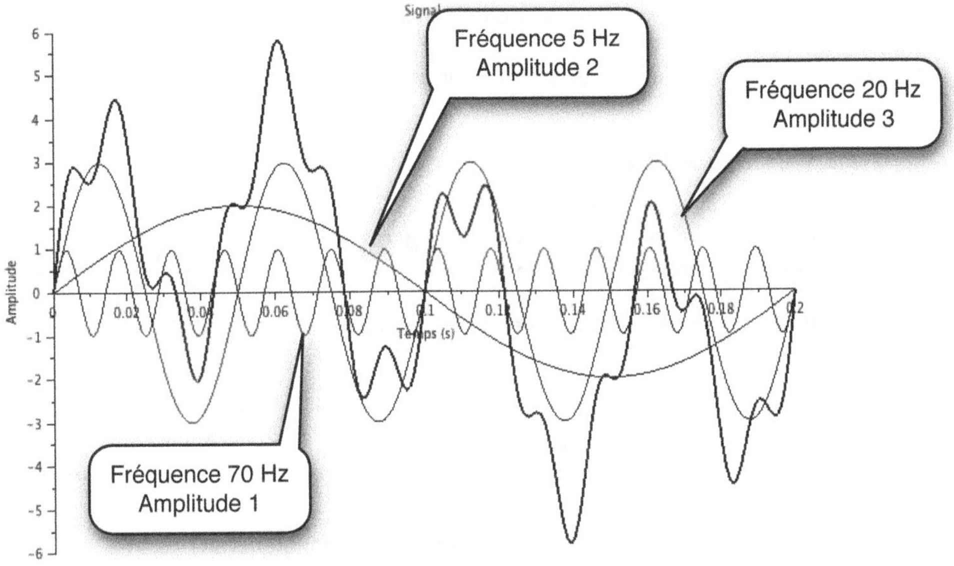

Superposition de plusieurs signaux sinusoïdaux

La décomposition en série de Fourier de tout signal périodique $f(t)$ s'écrit :

$$\boxed{f(t) = a_0 + \sum_{n=1}^{+\infty}\left[a_n \cos(n\omega t) + b_n \sin(n\omega t)\right]}$$

avec $a_0 = \frac{1}{T}\int_0^T f(t)dt$ (moyenne du signal, ou composante continue)

$$a_n = \frac{2}{T}\int_0^T f(t)\cos(n\omega t)dt$$

$$b_n = \frac{2}{T}\int_0^T f(t)\sin(n\omega t)dt$$

Les termes de rang n sont appelés **harmoniques de rang n**.

En outre, l'harmonique de rang 1 est appelé **fondamental**.

D.2.2 Propriétés de la décomposition en série de Fourier

D.2.2.1 Fonction paire ou impaire

Si $f(t) = -f(-t)$ alors la fonction est impaire.

La décomposition de Fourier ne fera alors intervenir que des termes b_n $(\forall n \geq 1 : a_n = 0)$

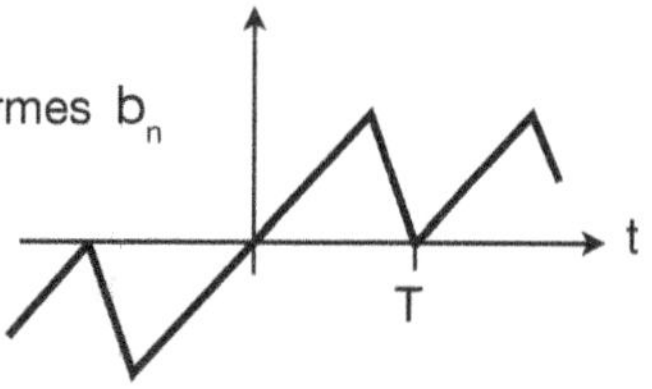

De même, si $f(t) = f(-t)$ alors la fonction est paire.

La décomposition de Fourier ne fera alors intervenir que des termes a_n $(\forall n \geq 1 : b_n = 0)$

D.2.2.2 Symétrie demi-onde

Si $f(t + T/2) = -f(t)$ alors la fonction est caractérisée par une symétrie demi-onde.

La décomposition de Fourier ne fera alors intervenir que des rangs impairs.

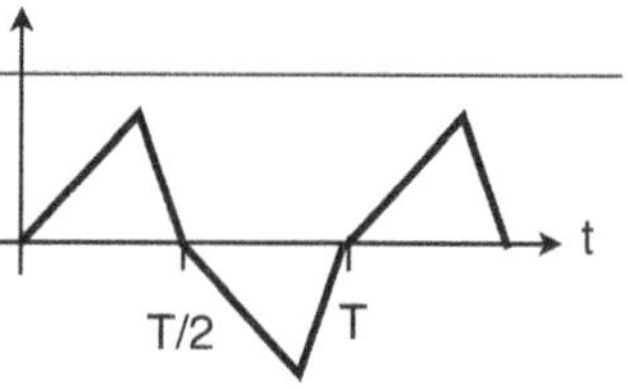

D.2.2.3 Symétrie quart d'onde

Si de plus, pour une fonction caractérisée par une symétrie demi-onde, on observe une symétrie de la demi-onde par rapport à l'axe $t = T/4$, alors on parlera de symétrie quart d'onde.

La décomposition de Fourier ne fera alors intervenir que des rangs b_n impairs.

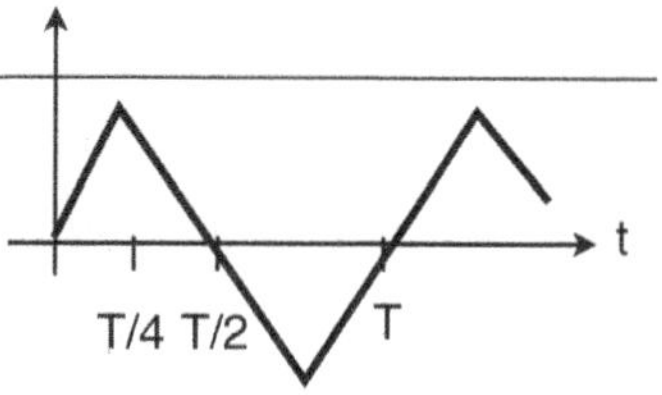

Exemple de détermination des coefficients de Fourier

Considérons le signal triangulaire de la figure ci-dessous.

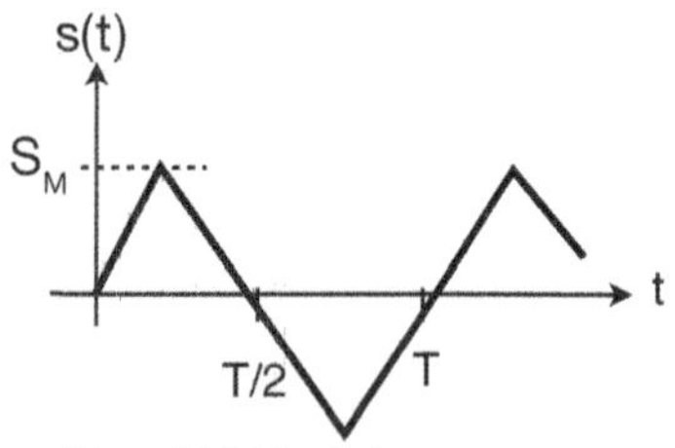

Signal triangulaire

La recherche des symétries montre que $s(t)$:

- est une fonction impaire,
- présente une symétrie demi-onde : $s(t + T/2) = -s(t)$,
- présente une symétrie quart d'onde.

Par conséquent, la décomposition en série de Fourier ne fera intervenir que les termes b_n impairs :

$$b_n = \frac{2}{T}\int_0^T s(t)\sin(n\omega t)\,dt = \frac{8}{T}\int_0^{T/4} s(t)\sin(n\omega t)\,dt$$

Or $\quad s(t) = \frac{4S_M}{T}t$ pour $0 \leq t < T/4$

Donc $b_n = \frac{32S_M}{T^2}\int_0^{T/4} t\sin(n\omega t)\,dt = \frac{32S_M}{T^2}\left[\frac{\sin(n\omega t)}{n^2\omega^2} - \frac{t\cos(n\omega t)}{n\omega}\right]_0^{T/4}$ avec n impair

D'où finalement $b_n = \dfrac{8S_M}{n^2\pi^2}\sin(n\dfrac{\pi}{2})$

Le signal triangulaire se décompose donc en série de Fourier comme suit :

$$s(t) = \frac{8S_M}{\pi^2}\sum_{n=1}^{+\infty}\frac{\sin(n\frac{\pi}{2})}{n^2}\sin(n\omega t)$$

Spectre de fréquence

Le spectre de fréquence permet de visualiser les différentes amplitudes des harmoniques.

Dans le cas d'un signal triangulaire de fréquence 20 Hz et d'amplitude $S_M = 5$, le spectre est représenté ci-après :

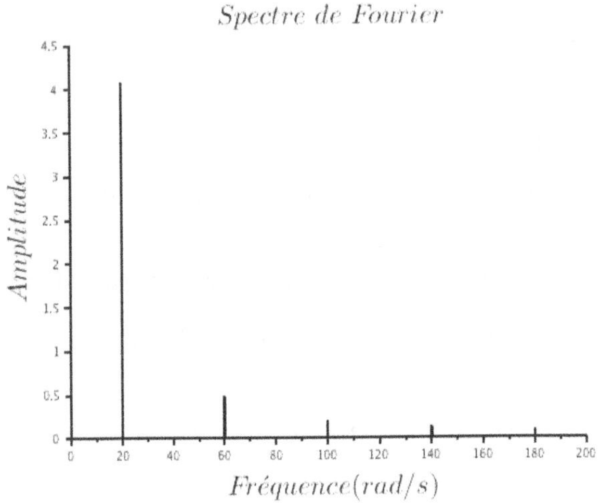

L'amplitude des différentes raies correspond aux valeurs des termes b_n

Reconstitution du signal à partir des harmoniques

La fidélité de reconstitution de ce signal dépend bien évidemment du nombre d'harmoniques exploitées :

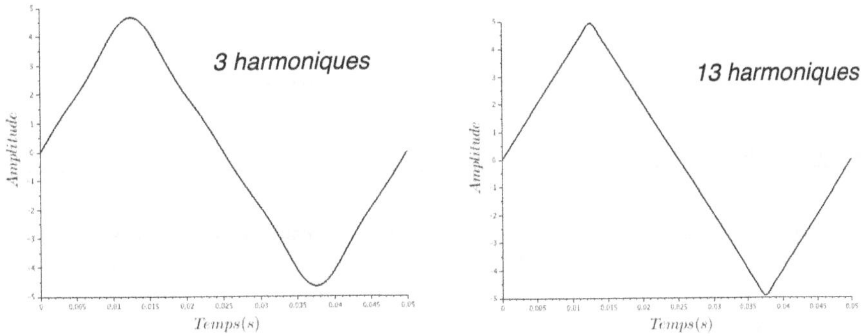

Reconstitution du signal

D.3 Valeur efficace en régime non sinusoïdal

La décomposition de Fourier ne fait intervenir que des grandeurs sinusoïdales, et facilite ainsi le calcul des valeurs efficaces.

La valeur efficace du fondamental a pour expression : $S_1 = \frac{\sqrt{a_1^2 + b_1^2}}{\sqrt{2}} = \frac{b_1}{\sqrt{2}}$

La valeur efficace du rang n a pour expression : $S_n = \frac{\sqrt{a_n^2 + b_n^2}}{\sqrt{2}} = \frac{b_n}{\sqrt{2}}$

La valeur efficace de l'ensemble du signal a donc pour expression :

$$S = \sqrt{\frac{1}{T}\int_0^T s^2(t)\,dt} = \sqrt{b_0^2 + \sum_{n=1}^{+\infty} \frac{\left(a_n^2 + b_n^2\right)}{2}} = \sqrt{b_0^2 + \sum_{n=1}^{+\infty} \frac{b_n^2}{2}}$$

D.4 Puissances en régime non sinusoïdal monophasé

La puissance instantanée a pour expression $p(t) = u(t).i(t)$

On se place dans l'hypothèse où le signal $u(t)$ est purement sinusoïdal, tandis que $i(t)$ est non sinusoïdal, et donc décomposable en série de Fourier.

La puissance active n'est véhiculée que par les harmoniques de $u(t)$ et de $i(t)$ de même rang.

Par conséquent, la puissance active n'est ici véhiculée que par $u(t)$ et le fondamental de $i(t)$:

$$P = V.I_1 \cos\varphi$$

Les autres harmoniques génèrent une puissance qui circule, mais sans être échangée entre le générateur et le récepteur : il s'agit d'une puissance déformante D.

Le bilan des puissances s'écrit alors :

Puissance active :	$P = V.I_1 \cos\varphi$
Puissance réactive :	$Q = V.I_1 \sin\varphi$
Puissance apparente :	$S = V.I$
Puissance déformante :	$D = \sqrt{S^2 - P^2 - Q^2}$

D.5 Qualité du signal

La qualité du signal peut être définie avec le **taux de distorsion harmonique**, qui est le rapport entre la valeur efficace de l'ensemble des courants harmoniques et la valeur efficace du fondamental :

$$THD = \frac{\sqrt{\sum_{n=2}^{+\infty} I_n^2}}{I_1}$$

CE QU'IL FAUT RETENIR

Valeur moyenne - Valeur efficace d'un signal périodique

Valeur moyenne : $<x>=\frac{1}{T}\int_0^t x(t)\,dt$

Valeur efficace : $X_{eff}=\sqrt{\frac{1}{T}\int_0^T x^2(t)\,dt}=\sqrt{<x^2>}$ ($X_{eff}=\frac{X}{\sqrt{2}}$ en régime sinusoïdal)

Représentation des grandeurs sinusoïdales

Ecriture complexe

$X=X_M e^{j(\omega t+\varphi)}$ $\qquad \frac{dX}{dt}=j\omega.X_M e^{j(\omega t+\varphi)}$ $\qquad \int X\,dt=\frac{1}{j\omega}X_M e^{j(\omega t+\varphi)}$

Impédances complexes

Loi d'ohm complexe : $\underline{U}=\underline{Z}.\underline{I}$ avec :

- Résistance : $\underline{Z}=R$ (réel positif pur ; argument nul)
- Inductance : $\underline{Z}=jL\omega$ (imaginaire positif pur ; argument $\pi/2$)
- Condensateur : $\underline{Z}=1/jC\omega=-j/C\omega$ (imaginaire négatif pur ; argument $-\pi/2$)

Diagrammes de Fresnel

$\underline{V}=V_M e^{j(\omega t+\varphi)}$	$\underline{V}=V_{M_1}e^{j(\omega t+\varphi_1)}+V_{M_2}e^{j(\omega t+\varphi_2)}$	$\underline{V}=jL\omega\underline{I}$	$\underline{V}=\frac{1}{jC\omega}\underline{I}=-j\frac{1}{C\omega}\underline{I}$
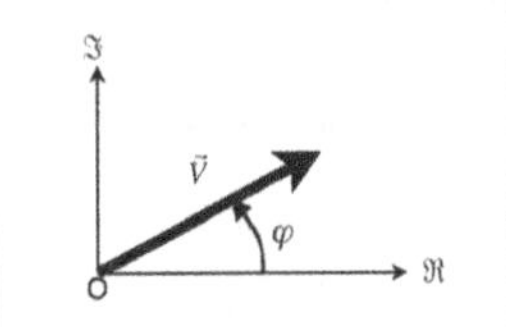	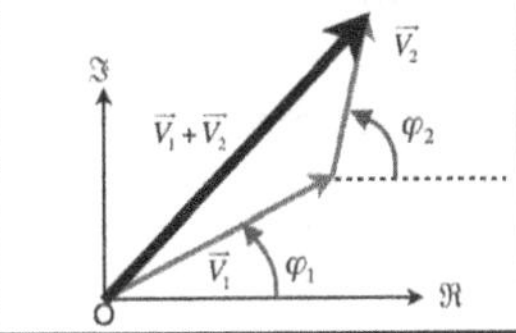	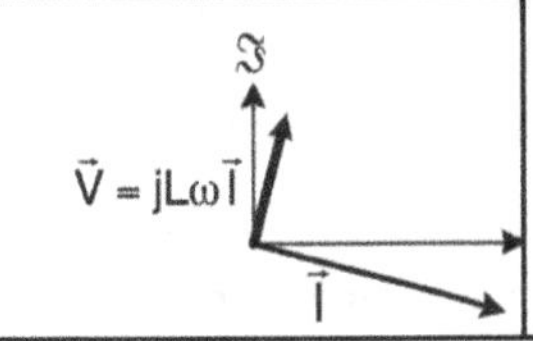	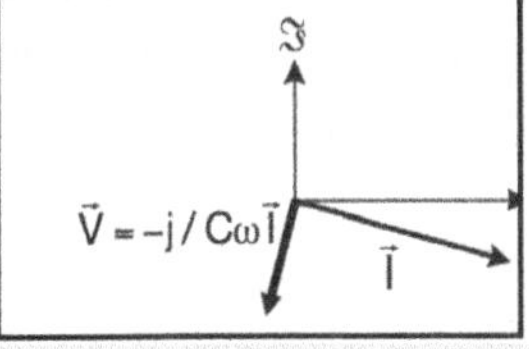

Puissances

Puissance active : $P=VI\cos\varphi$ (seule puissance convertible)

Puissance réactive : $Q=VI\sin\varphi$ (non convertible)

Puissance apparente : $S=VI$

Facteur de puissance : $FP=P/S$ ($FP=\cos\varphi$ en régime sinusoïdal pur)

Régime triphasé

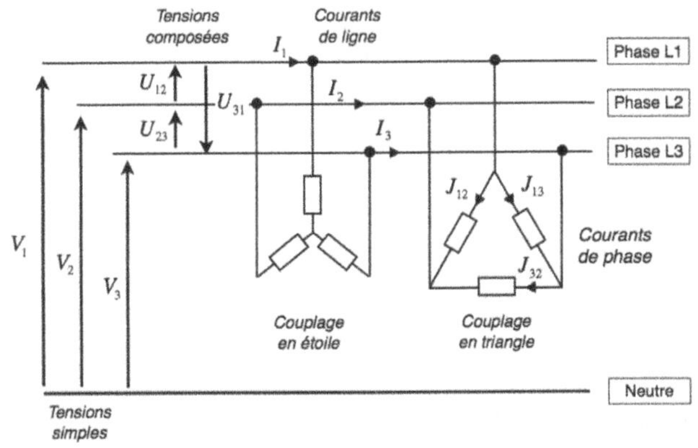

$U=\sqrt{3}V$ et $I=\sqrt{3}J$

$P=3VI\cos\varphi=\sqrt{3}UI\cos\varphi$

$Q=\sqrt{3}UI\sin\varphi$

$S=3VI=\sqrt{3}UI$

A. Exercices

Exercice 1 : Compensation de l'énergie réactive (Corrigé page 554)

Un moteur électrique asynchrone est modélisé par trois impédances identiques, connectées en association triangle sur un réseau triphasé de tension U=400 V entre phases, de fréquence 50 Hz.

Les impédances sont inductives : $\underline{Z} = R + jX$

La puissance électrique absorbée est égale à $P = 25\ kW$, et le courant de ligne vaut $I = 50\ A$

Question 1. Schéma électrique

Dessiner un schéma de façon à faire apparaître les phases et les impédances, les tensions simples et composées, les courants de ligne et de phase.

Question 2. Caractéristiques électriques

Calculer pour chacune des trois impédances la phase φ et le facteur de puissance FP, la puissance réactive consommée par le moteur, les courants de phase J.

En déduire les valeurs des éléments de l'impédance (résistance et inductance)

Question 3. Diagramme de Fresnel

Tracer le diagramme de Fresnel pour les trois phases, en faisant apparaître les tensions simples et composées, les courants de phase et le déphasage

Question 4. Compensation de l'énergie réactive

Le distributeur d'électricité impose un facteur de puissance FP=0,96. Il est décidé d'installer des condensateurs aux bornes de ce moteur afin de compenser l'énergie réactive consommée par celui-ci.

Calculer la valeur de l'énergie réactive que doit consommer l'ensemble {moteur+condensateurs} afin de respecter cette contrainte.

En déduire la valeur des trois condensateurs à installer aux bornes des trois phases du moteur.

Problème 1 : Taux de distorsion harmonique (Corrigé page 555)

L'installation étudiée est une barrière automatisée, alimentée par un onduleur connecté au réseau monophasé V=230 V efficace, et dont le fonctionnement perturbe la qualité des signaux électriques.

La lecture du diagramme des exigences met en évidence la nécessité de respecter la norme CEI 61000-3-2 relative à l'absorption des courants harmoniques. Cette norme précise, entre autres, que le taux global de distorsion harmonique sur les courants ne doit pas dépasser 10%.

On se propose de vérifier dans ce problème si cette exigence est respectée.

L'allure de la tension et du courant en entrée du variateur est de la forme suivante :

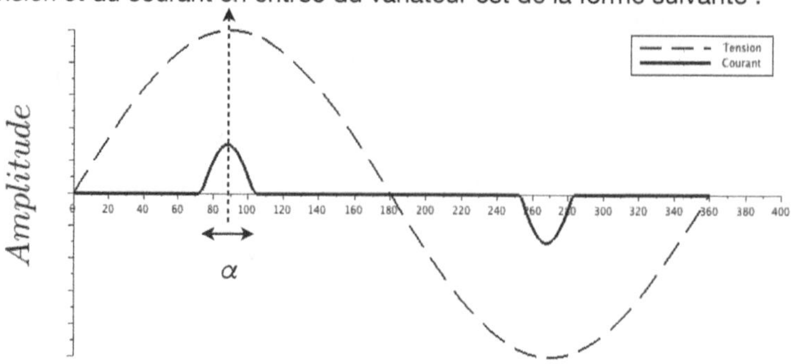

Allure du courant absorbé par l'onduleur

$i(\theta)$ s'exprime sur l'intervalle angulaire α par la relation suivante :

$i(\theta) = I_m \cos(6\theta)$ en plaçant l'axe de référence à $\frac{\pi}{2}$ rad.

Question 1. Valeur efficace du courant

On considère $I_m = 1.9$ A et $\alpha = \frac{\pi}{6}$.

Calculer la valeur efficace I de $i(\theta)$ en fonction de α

On montre que, pour $I_m = 1.9$ A et $\alpha = \frac{\pi}{6}$, la décomposition en série de Fourier de ce courant peut se mettre sous la forme suivante :

$$i(\theta) = \sum_{p=0}^{+\infty} \frac{10,81}{\pi\left[36 - (2p+1)^2\right]} \cos\left(\frac{(2p+1)\pi}{12}\right) \cos\left((2p+1)\theta\right)$$

On rappelle que le taux de distorsion harmonique global est défini par $THD = \frac{\sqrt{\sum_{n=2}^{+\infty} I_n^2}}{I_1}$.

Question 2. Puissances et taux de distorsion

Quelle est la valeur du déphasage φ ?

Calculer les puissances active, réactive, apparente et déformante du signal étudié.

Question 3. Retour sur le cahier des charges

Calculer le taux de distorsion harmonique, en négligeant les harmoniques de rang supérieur à 15.

L'exigence du cahier des charges est-elle respectée au sens de la norme CEI 61000-3-2 ?

Problème 2 : Etude d'une étuve thermique (Concours ATS 2006) *(Corrigé page 556)*

L'objet de ce problème est l'étude d'une étuve thermique permettant un réglage de température (de la température ambiante jusqu'à 200 °C). Le schéma de principe est présenté sur la figure ci-contre.

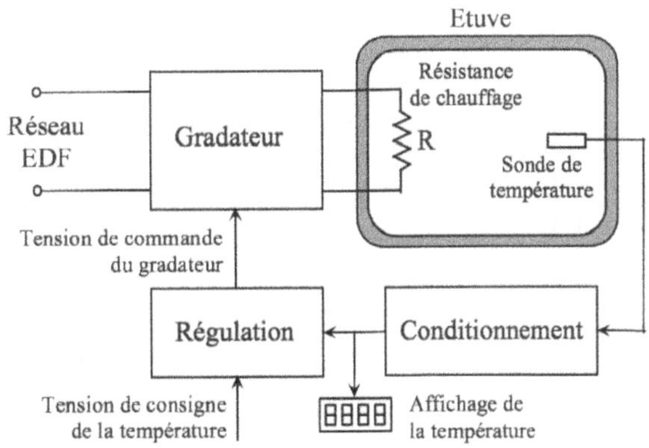

Une résistance électrique assure le chauffage à l'intérieur de l'étuve, un gradateur permettant de moduler la puissance dissipée par cette résistance.

Un capteur de température, plus précisément une sonde au platine Pt100, mesure la température dans l'étuve.

Un conditionneur assure la mise à niveau du signal de mesure pour être ensuite exploité par le régulateur.

Notation :

- θ : température dans l'étuve
- θ_a : température ambiante à l'extérieur de l'étuve, égale à 25 °C.
- v(t) : tension réseau $v(t) = V_m \sin(\omega_0 t)$ avec $V_m = 230\sqrt{2}$ V et $\omega_0 = \frac{2\pi}{T_0} = 2\pi.50\ rad.s^{-1}$

V_{eff} : valeur efficace de la tension du réseau
R : résistance de chauffage, avec $R = 14\ \Omega$
u_e : tension de consigne de la température
u_c : tension de commande du gradateur

Le diagramme des exigences précise que le facteur de puissance du gradateur doit être supérieur à 0,9. On souhaite vérifier les capacités du gradateur à vérifier cette exigence.

Le gradateur est constitué de deux thyristors supposés idéaux (circuit ouvert à l'état bloqué et court-circuit à l'état passant). Le schéma est donné ci-contre.

Ces thyristors sont amorcés avec un retard angulaire ψ par rapport aux passages par 0 de la tension réseau v(t).

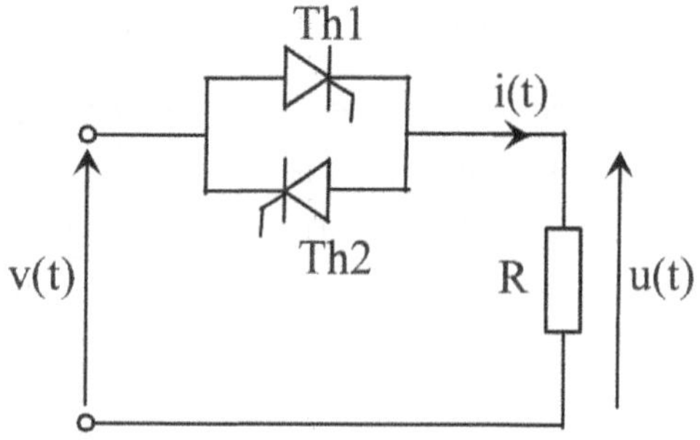

Schéma du gradateur

Question 1. Puissance

On considère le dipôle constitué par la résistance de charge.

Donner la définition générale de la puissance instantanée, notée p(t), dans ce dipôle en fonction de la tension et du courant, ainsi que la définition de la puissance moyenne, notée P.

Question 2. Amorçage des thyristor

Tracer sur le document ci-dessous la forme de la tension u(t) pour un angle d'amorçage ψ égal à 90° :

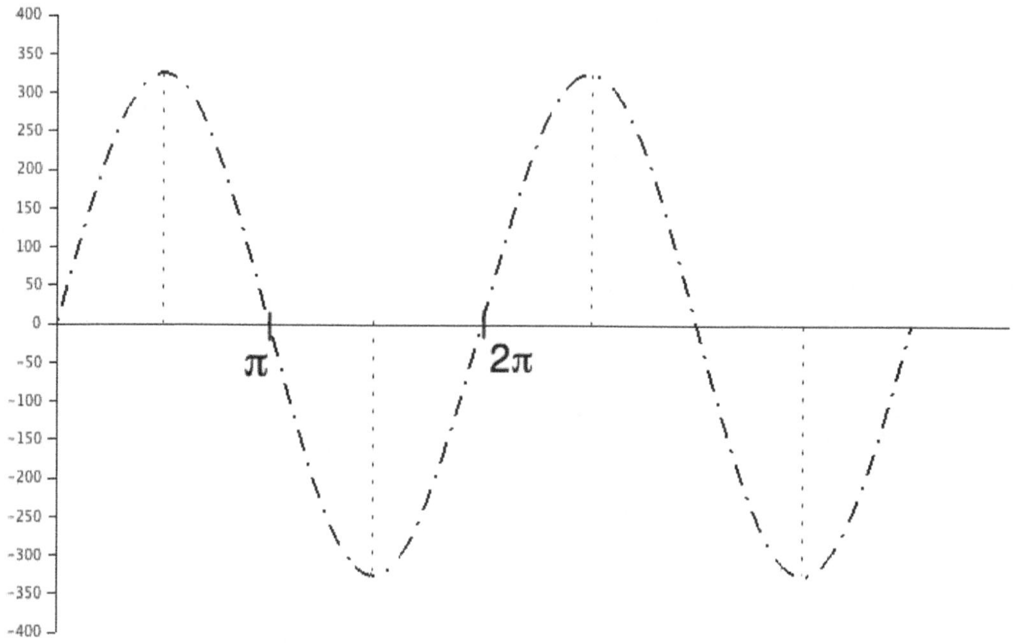

Calculer la valeur moyenne de la tension u(t), notée U_{moy}.

Question 3. Valeurs efficaces et puissance active

Calculer, en fonction de V_{eff} et ψ la valeur efficace de la tension u(t), notée U_{eff}.

Calculer, en fonction de V_{eff}, R et ψ la puissance moyenne dissipée dans la résistance de chauffage, notée P.

Calculer, en fonction de V_{eff}, R et ψ la puissance active fournie par le réseau, notée P_a.

Faire l'application numérique pour ψ = 90°.

Donner l'expression de la valeur efficace du courant réseau, notée I_{eff}, en fonction de V_{eff}, R et ψ.

Question 4. Facteur de puissance

Exprimer la puissance apparente, notée S, fournie par le réseau.

En déduire le facteur de puissance de cette installation, notée fp, en fonction de ψ.

Faire l'application numérique pour ψ = 90°.

Conclure quant au respect de l'exigence relative à la valeur du facteur de puissance.

Chapitre 8. Convertisseurs statiques

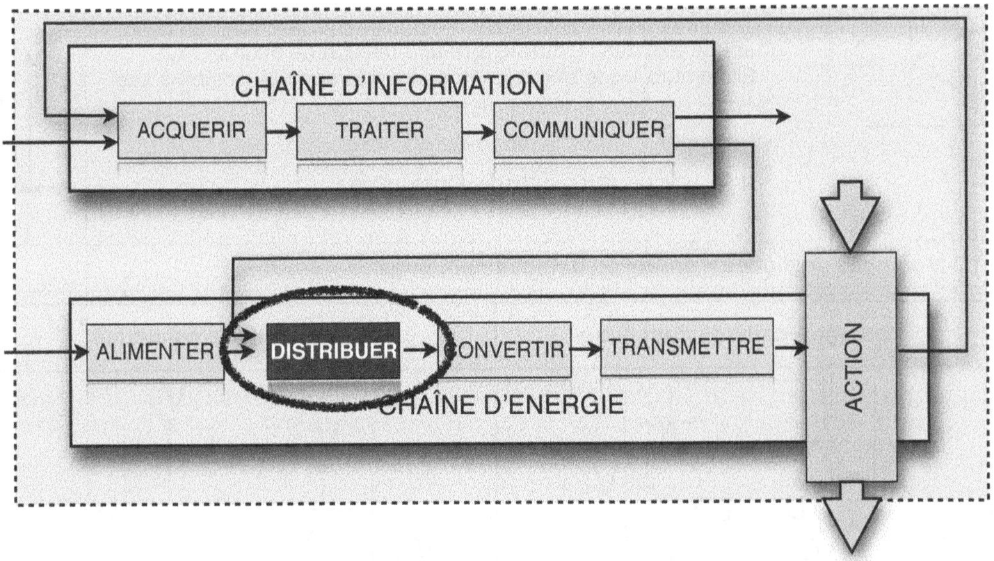

La source d'énergie du système doit être adaptée et modulée afin de fournir une énergie compatible avec les moteurs de la chaîne d'énergie. C'est le rôle des convertisseurs statiques, qui ont pour fonction la conversion AC-DC (redresseurs), DC-DC (hacheurs) et DC-AC (onduleurs).

A. Conversion AC-DC (Redresseurs)

A.1 Rappels : diodes et transistors

L'électronique de puissance, qui distribue l'énergie électrique aux convertisseurs électromécaniques, est constituée de composants qui ont pour fonction de piloter le passage du courant : l'autoriser ou l'interdire. Ils agissent tels des interrupteurs.

A.1.1 Diode idéale

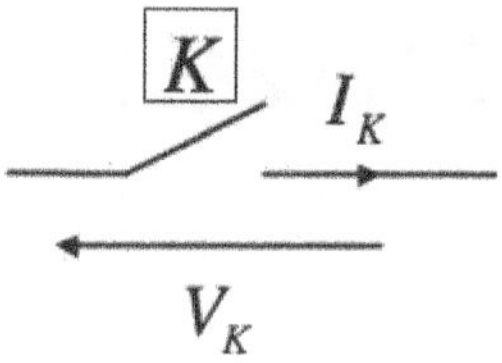

Une diode idéale est telle que :

- en polarisation directe ($V_K > 0$) elle se comporte comme un interrupteur fermé, de résistance nulle ;
- en polarisation inverse ($V_K < 0$) elle se comporte comme un interrupteur ouvert, de conductance nulle.

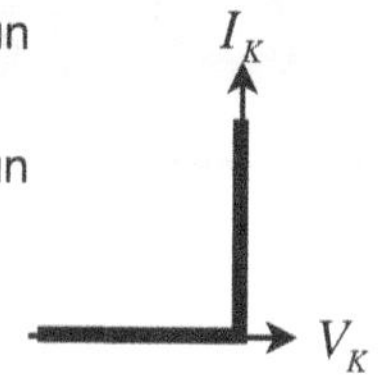

A.1.2 Diode réelle

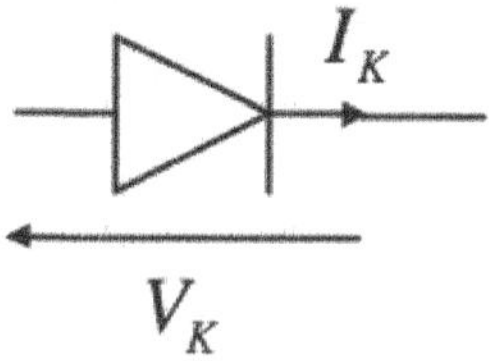

Une diode réelle sera quant à elle caractérisée dans ce cours par une résistance interne r_K et une tension de seuil $V_{K,Th}$.

Elle n'autorise le passage du courant lorsque la tension à ses bornes dépasse la valeur de seuil.

•Si $V_K \geq V_{K,th}$ alors la diode est passante, et $V_K = r_K I_K + V_{K,Th}$

•Si $V_K < V_{K,th}$, alors la diode est bloquée

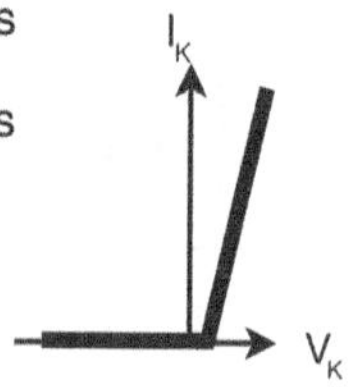

A.1.3 Montages de diodes à anode ou cathode commune

Montage à cathode commune	**Montage à anode commune**
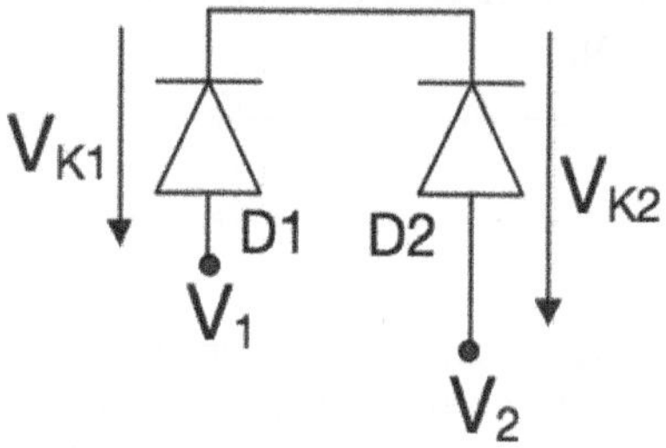	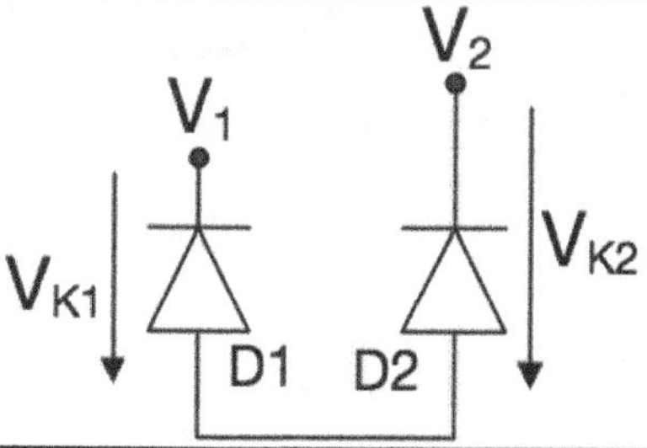
Lorsque plusieurs diodes sont à cathode commune, c'est celle dont le potentiel à l'anode est le plus élevé qui deviendra passante. Ci-dessus, D1 est passante si $V_1 > V_2$	Lorsque plusieurs diodes sont à anode commune, c'est celle dont le potentiel à la cathode est le plus faible qui deviendra passante. Ci-dessus, D1 est passante si $V_1 < V_2$

A.1.4 Thyristor

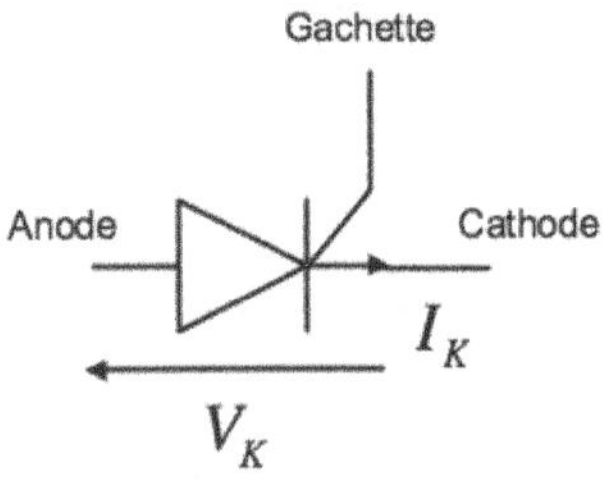

Le thyristor sera considéré comme une diode dont l'amorçage peut être commandé par la présence d'un courant sur la gâchette.

Le thyristor reste alors fermé tant qu'une tension V_K existe. La gâchette n'a plus d'impact sur le fonctionnement du composant, qui se comporte alors comme une diode.
Si le courant I_K s'annule, ou si la tension V_K devient négative, alors le thyristor redevient bloqué.

A.1.5 Transistors

A.1.5.1 Transistor bipolaire

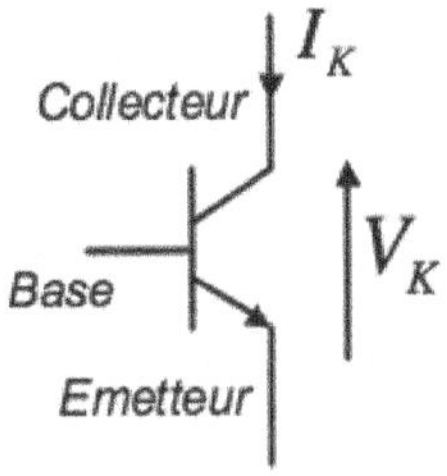

Le transistor bipolaire est quant à lui un interrupteur pilotable à l'amorçage **et** au blocage.
L'amorçage est obtenu en appliquant un courant dans la base du transistor.
Pour une tension $V_K \geq 1$ V, il se trouve en mode linéaire et se comporte en amplificateur de courant avec $i_K = i_C = \beta i_B$ ($\beta \gg 1$, de l'ordre de 10^2 à 10^3).

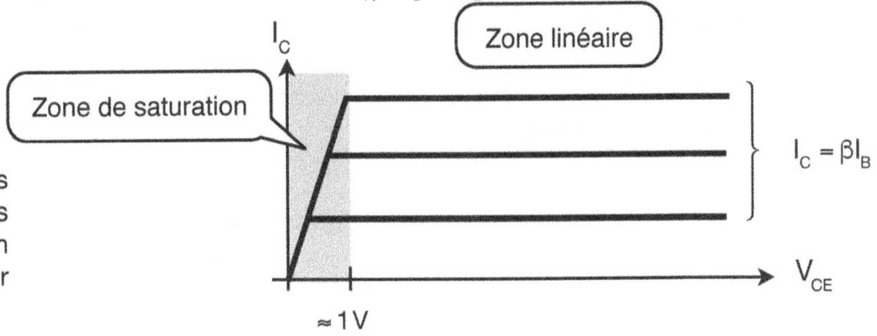

Dans ce cours, les transistors seront utilisés exclusivement en commutation dans leur mode linéaire.

Utilisation en commutation :

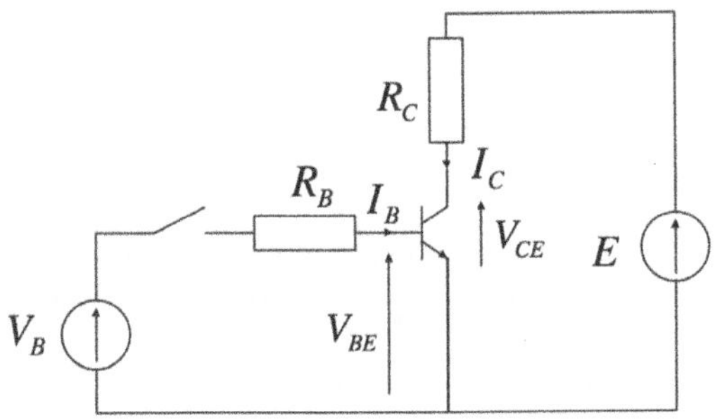

Interrupteur ouvert :

$V_{BE} = 0$, $I_B = 0$: le transistor est bloqué.

$I_C = \beta I_B = 0$ et $V_{CE} = E$

Interrupteur fermé :

$I_B = V_B / R_B$: le transistor saturé est passant.

$I_C = E / R_C$

A.1.5.2 Transistor MOS ou MOSFET

Le transistor MOSFET possède trois ports : la grille G, le drain D et la source S. Il est commandé à l'amorçage et au blocage par l'intermédiaire de la tension V_{GS}.

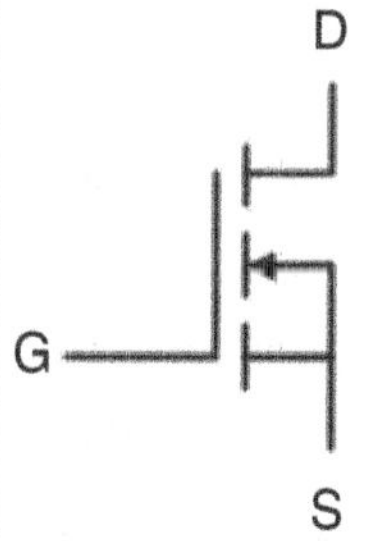

MOSFET Canal N

Le MOSFET «canal N» (NFET) est le plus employé. La source est reliée au potentiel le plus faible.

- Si $V_{GS} > V_{GSth}$ alors le transistor est passant (V_{GSth} désignant la tension de seuil). Il se comporte comme une résistance R_{DOon}.
- Si $V_{GS} = 0$ alors le transistor est bloqué

Moins fréquemment utilisé, le transistor MOSFET «canal P» (PFET) est bloqué par l'existence d'une tension $V_{GS} > V_{GSth}$, et passant pour une tension $V_{GS} = 0$. La source est reliée au potentiel le plus élevé

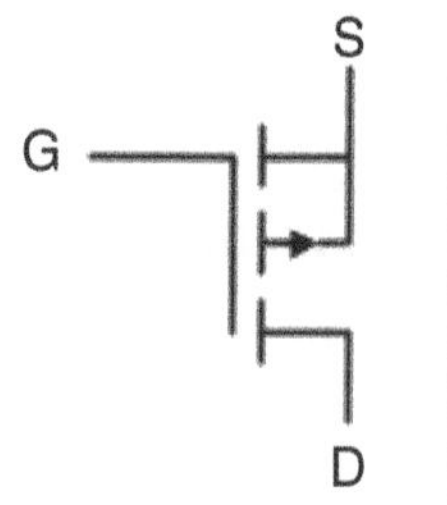

MOSFET Canal P

Un transistor MOS permet des commutations plus rapides qu'un transistor bipolaire, et peut donc être utilisé à des fréquences élevées (jusqu'à 100 kHz).

En revanche, la résistance R_{DSon} augmente fortement avec la tension maximale du transistor ce qui limite son utilisation aux faibles tensions (400V maxi).

A.1.5.3 Le transistor bipolaire à grille isolée IGBT

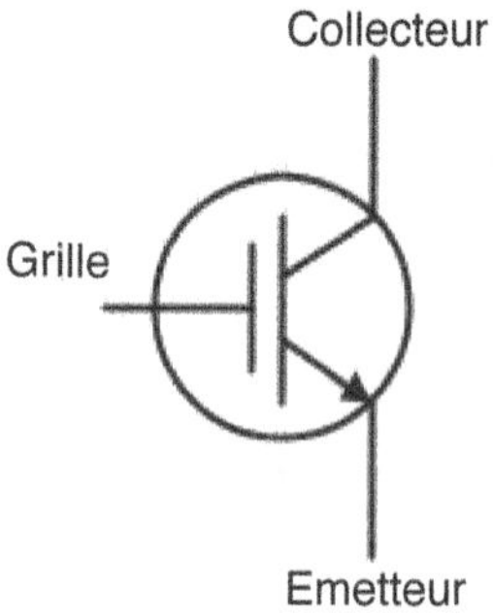

Ce transistor combine les caractéristiques d'un transistor bipolaire et d'un transistor MOS. Il est de ce fait de plus en plus utilisé en électronique de puissance.

Sa fréquence maximale de commutation (jusqu'à 10 kHz) reste toutefois inférieure à celle d'un transistor MOSFET.

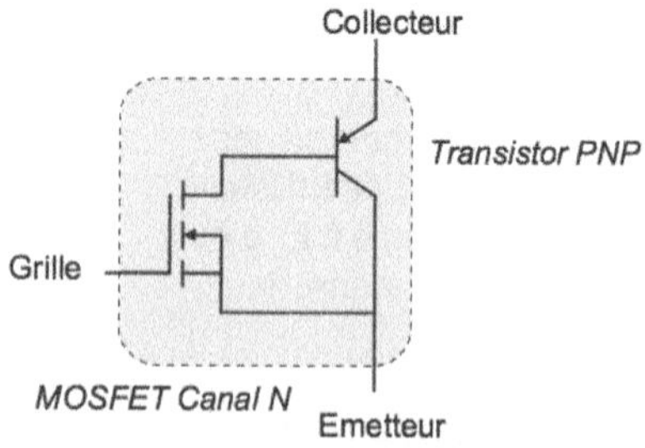

Schéma équivalent du transistor IGBT

A.2 Redressement mono alternance

A.2.1 Généralités

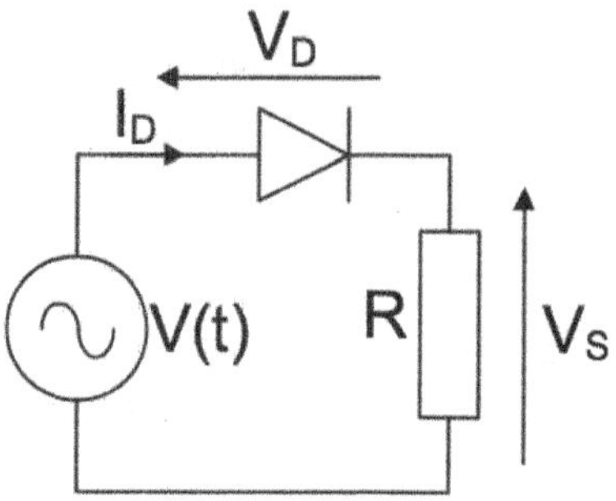

Le redressement mono alternance est le montage de base des redresseurs de tension. Il consiste à ne conserver que les valeurs positives de la source d'entrée.

Le signal d'entrée est sinusoïdal, de pulsation ω et de tension efficace V: $V(t) = V\sqrt{2}\sin(\omega t)$

La charge est quant à elle supposée, dans l'étude qui suit, purement résistive.

A.2.1.1 Comportement pour $0 \leq t < \frac{\pi}{\omega}$

A t=0, la tension V(t) devient positive, ce qui entraîne $V_D > 0$: la diode devient passante.

Alors $V_D = 0$ et $V_R(t) = V(t)$

D'où $i(t) = \frac{V_R}{R}$

A.2.1.2 Comportement pour $\frac{\pi}{\omega} \leq t < \frac{\pi}{2\omega}$

Le courant i(t) s'annule, et provoque le blocage de la diode.

Alors $i(t) = 0$ et $V_R(t) = 0$

A.2.1.3 Forme d'onde

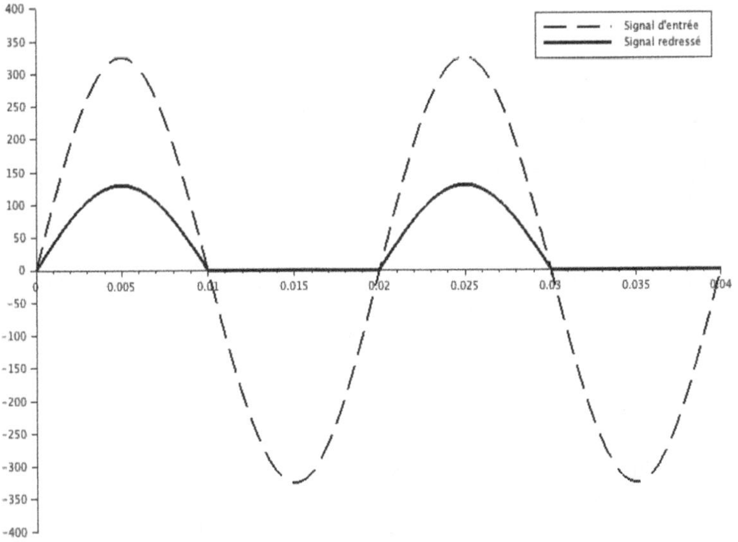

A.2.2 Caractéristiques

A.2.2.1 Tension moyenne de sortie

$$< V_R > = \frac{1}{T}\int_0^T V_R(t)dt = \frac{1}{T}\int_0^{T/2} V(t)dt = \frac{1}{T}\int_0^{T/2} V\sqrt{2}\sin(\omega t)dt$$

$$= -\frac{V\sqrt{2}}{T\omega}\left[\cos(\omega t)\right]_0^{T/2} = \frac{V\sqrt{2}}{\pi}$$

$$\boxed{< V_R > = \frac{\sqrt{2}}{\pi}V}$$

A.2.2.2 Valeur efficace du courant

$$I_{eff}^2 = \langle i^2(t) \rangle = \frac{1}{T}\int_0^T \frac{V_R^2(t)}{R^2}dt = \frac{1}{TR^2}\int_0^{T/2} V_R^2(t)dt = \frac{1}{TR^2}\int_0^{T/2}\left(V\sqrt{2}\sin(\omega t)\right)^2 dt$$

$$I_{eff}^2 = \frac{2V^2}{2TR^2}\left[t - \frac{\sin(2\omega t)}{2\omega}\right]_0^{T/2} = \frac{V^2}{2R^2}$$

$$\boxed{I_{eff} = \frac{V}{R\sqrt{2}}}$$

A.2.2.3 Puissance transmise et facteur de puissance

La puissance active transmise à la charge est calculée par :

$$P_R = \langle V_R(t).i(t) \rangle = \frac{1}{T}\int_0^{T/2}\left(V\sqrt{2}\sin(\omega t)\right)\left(\frac{V}{R}\sqrt{2}\sin(\omega t)\right)dt = \frac{2V^2}{RT}\int_0^{T/2}\sin^2(\omega t)dt$$

$$\boxed{P_R = \frac{V^2}{2R}}$$

Or la puissance apparente de la source de tension vaut $S = V.I_{eff} = \frac{V^2}{R\sqrt{2}}$

Le facteur de puissance est alors égal à :

$$F_P = \frac{P_R}{S} = \frac{\sqrt{2}}{2}$$

Ce facteur de puissance n'est pas élevé, et montre ainsi que le convertisseur «Redresseur mono alternance» n'optimise pas le couplage avec le récepteur.

A.2.2.4 Spectre de fréquence

Le spectre du signal de sortie, obtenu par décomposition en série de Fourier, montre que ce convertisseur génère un certain nombre d'harmoniques.

La composante continue a une amplitude relativement faible devant celle des harmoniques, le convertisseur dégrade significativement le signal.

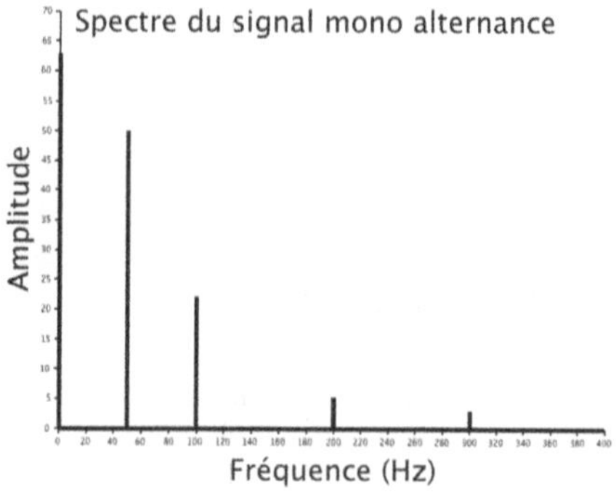

A.3 Redressement double alternance

A.3.1 Principe

Nous allons cette fois chercher à obtenir deux alternances positives, en inversant le signe du signal d'entrée lorsque ce dernier est négatif.

Le redresseur comporte alors 4 diodes, et est appelé **«pont de Graëtz»**.

Dans ce montage, les diodes D1 et D4 sont à cathode commune tandis que les diodes D2 et D3 sont à anode commune.

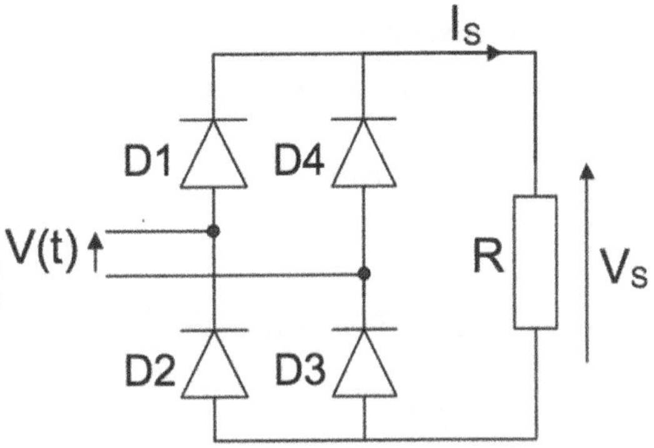

Pont de Graëtz, avec $V(t) = V\sqrt{2}\sin(\omega t)$

A.3.2 Forme d'onde

$0 \leq t < \frac{\pi}{\omega}$: V(t)>0	$\frac{\pi}{\omega} \leq t < \frac{2\pi}{\omega}$: V(t)<0
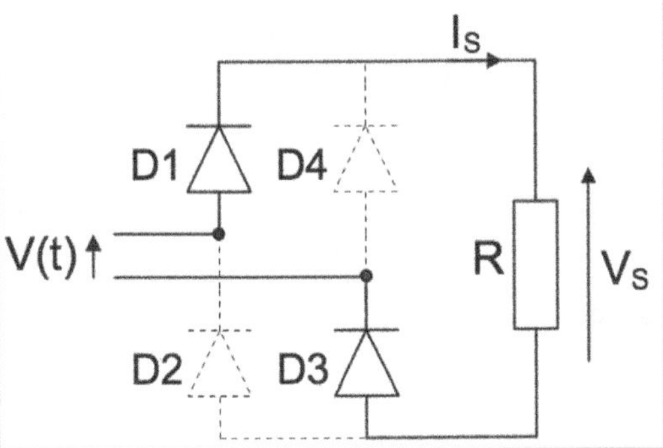	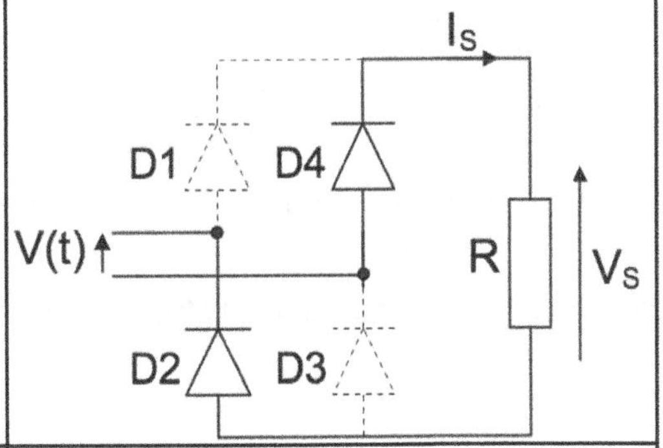
Dans le montage à cathode commune, D1 est passante. Dans le montage à anode commune, D3 est passante.	Dans le montage à cathode commune, D4 est passante. Dans le montage à anode commune, D2 est passante.

On en déduit la forme d'onde du signal de sortie, en fonction du signal d'entrée :

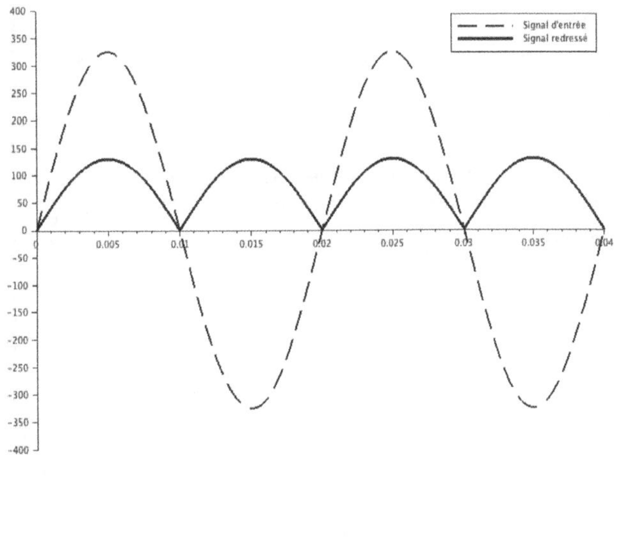

A.3.3 Caractéristiques

A.3.3.1 Tension moyenne de sortie

$$< V_S > = \frac{1}{T_S}\int_0^{T_S} V_s(t)\,dt = \frac{2}{T}\int_0^{T/2} V(t)\,dt = \frac{2}{T}\int_0^{T/2} V\sqrt{2}\sin(\omega t)\,dt$$

$$= -\frac{V2\sqrt{2}}{T\omega}\left[\cos(\omega t)\right]_0^{T/2} = \frac{2V\sqrt{2}}{\pi}$$

$$\boxed{< V_S > = \frac{2V\sqrt{2}}{\pi}}$$

A.3.3.2 Puissance transmise et facteur de puissance

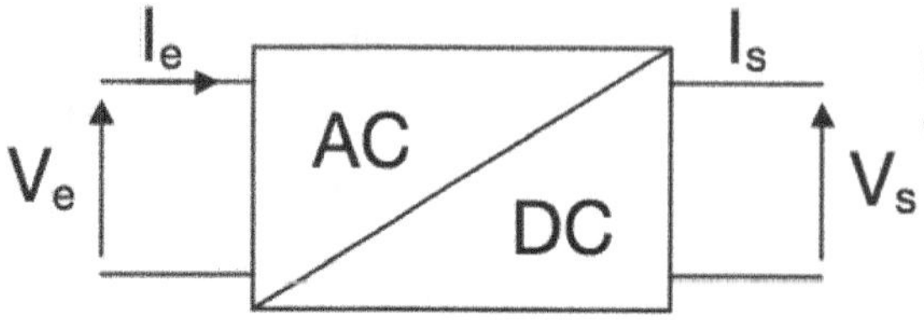

En considérant le courant de sortie constant, de valeur efficace $I_S = I_e$, la puissance de sortie s'écrit :

$$P_S = V_S.I_S = \frac{2V\sqrt{2}}{\pi} I_S$$

La puissance apparente de la source de tension s'écrit :

$$S = V.I_S$$

On en déduit alors l'expression du facteur de puissance :

$$F_P = \frac{P_S}{S} = \frac{2\sqrt{2}}{\pi} \approx 0,9$$

Le facteur de puissance dans ce convertisseur statique est nettement meilleur que dans le cas du redresseur mono alternance.

A.3.3.3 Spectre de fréquence

Le spectre de fréquence montre qu'avec ce convertisseur double alternance, la composante continue devient majoritaire.

Par ailleurs, l'harmonique correspondant à la pulsation de la tension d'entrée (ici 50 Hz) a été éliminée.

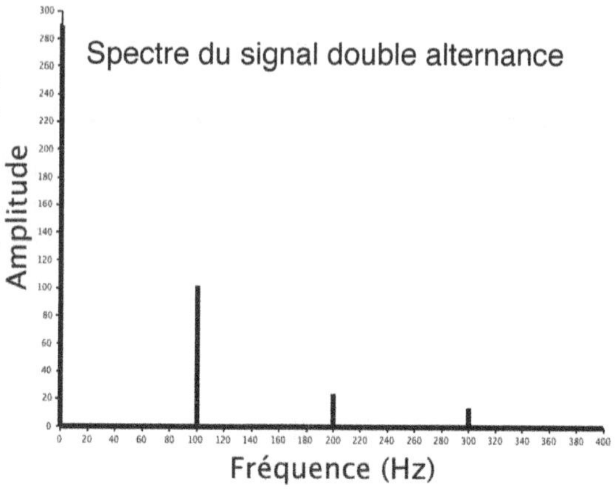

Spectre de fréquence du signal redressé par un pont de Graëtz

A.3.4 Dimensionnement des diodes

A.3.4.1 Diodes idéales

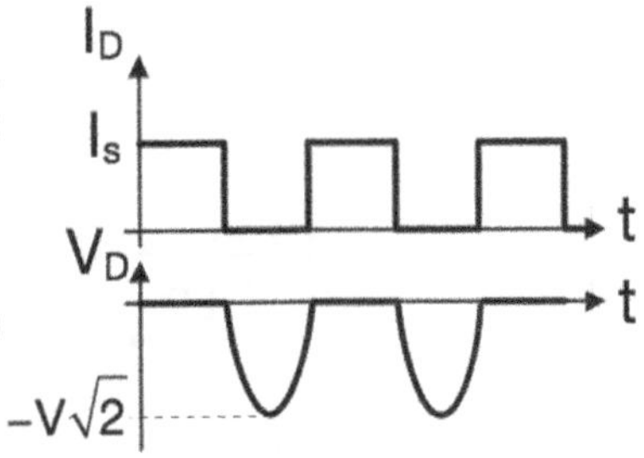

Les diodes sont soumises à des courants positifs lorsqu'elles sont passantes, et à des tensions inverses lorsqu'elles sont bloquées.

Les valeurs caractéristique du courant qui traverse une diode ont pour expression :

$$I_{Deff} = \sqrt{\frac{1}{T}\int_0^{T/2} i_D^2(t)\,dt} = \frac{I_S}{\sqrt{2}}$$

$$< I_D > = \frac{I_S}{2}$$

$$I_{Dmax} = I_S$$

La tension inverse maximale à laquelle est soumise la diode vaut quant à elle :

$$V_{Dmax} = V\sqrt{2}$$

Les diodes seront alors choisies en fonction de ces deux valeurs, sachant que les constructeurs fournissent les données suivantes :

I_D : courant direct efficace admissible (qui doit donc être supérieur à I_{Dmax} calculé)

$I_{F\,AV}$: courant direct moyen (qui doit être supérieur à $< I_D >$ calculé)

$I_{F\,SM}$: courant impulsionnel maximal (qui doit être supérieur à I_{Dmax} calculé)

V_{RRM} : tension maximale inverse (qui doit être supérieure en valeur absolue à V_{Dmax})

A.3.4.2 Diodes réelles

Une diode réelle est modélisée par l'association en série d'un générateur de tension idéal et d'une résistance interne :

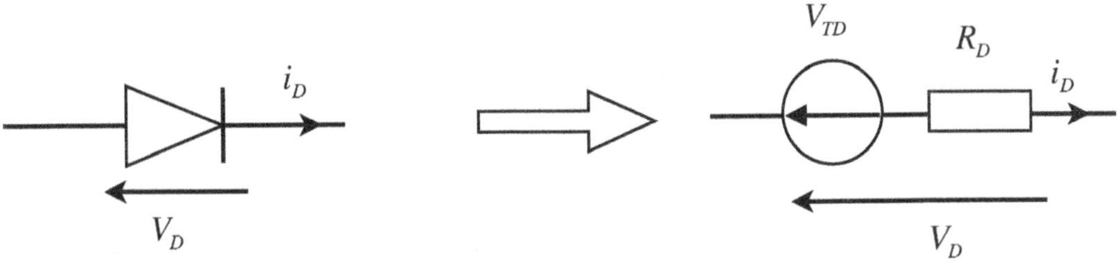

La puissance à dissiper par la diode vaut alors la somme de la puissance transitant dans le générateur de tension et de la puissance dans la résistance :

$$P_D = \frac{1}{T}\int_0^T \left(V_D i_D(t) + R_D i_D^2(t)\right)dt = V_{TD} < i_D > + R_D I_D^2$$

A.4 Redressement triphasé

Le transport d'électricité exploite un réseau triphasé. Pour transformer la tension issue d'un tel réseau en une tension continue, il faut utiliser un montage redresseur à diodes triphasé, appelé pont de Graëtz triphasé.

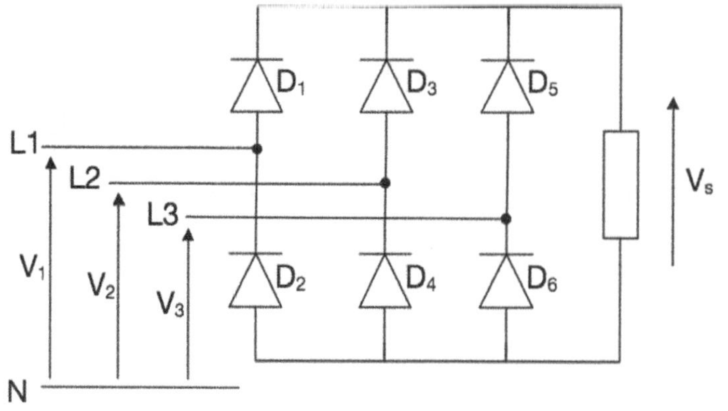

Redresseur triphasé PD3

Les tensions V_1, V_2 et V_3 sont les tensions simples entre phase et neutre, de valeur efficace V :

$$V_1 = V\sqrt{2}\sin(\omega t) \qquad V_2 = V\sqrt{2}\sin\left(\omega t - \frac{2\pi}{3}\right) \qquad V_3 = V\sqrt{2}\sin\left(\omega t - \frac{4\pi}{3}\right)$$

Les diodes D1, D3 et D5 sont des montages à cathode commune. Les diodes D2, D4 et D6 sont quant à elles des montages à anode commune.

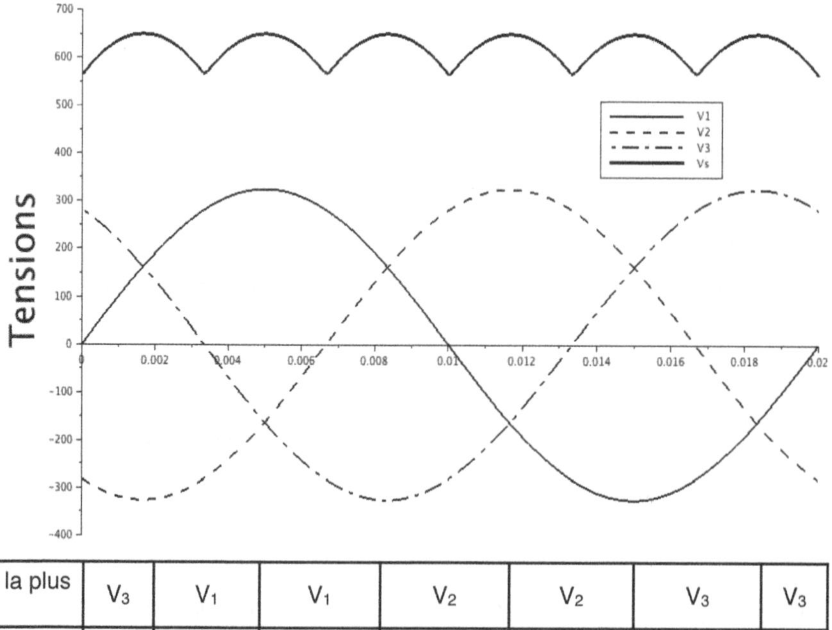

Tension d'anode la plus élevée	V_3	V_1	V_1	V_2	V_2	V_3	V_3
Tension de cathode la plus faible	V_2	V_2	V_3	V_3	V_1	V_1	V_2
Diodes passantes	D5 D4	D1 D4	D1 D6	D3 D6	D3 D2	D5 D2	D5 D4

Si T la période du signal triphasé, le signal redressé est caractérisé par une période égale à T/6.

La tension moyenne de sortie se calcule sur une période du signal redressé, par exemple pour $-\frac{T}{12} \leq t < \frac{T}{12}$:

$$< V_S > = \frac{1}{\left(\frac{T}{6}\right)} \int_{-\frac{T}{12}}^{\frac{T}{12}} U_{13}(t)dt = \frac{6}{T} \int_{-\frac{T}{12}}^{\frac{T}{12}} \sqrt{3}V\sqrt{2}\cos(\omega t)dt = \frac{3\omega\sqrt{3}\sqrt{2}}{\pi} V.2\sin\left(\frac{\pi}{6}\right)$$

$$\boxed{< V_S > = \frac{3\sqrt{6}}{\pi} V}$$

Enfin, le spectre montre des harmoniques qui sont négligeables devant la composante continue :

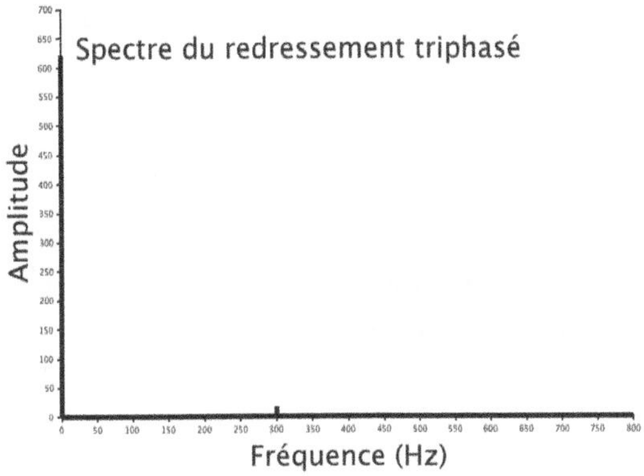

B. Convertisseur DC-DC (Hacheur)

B.1 Cellule de commutation

B.1.1 Généralités

Un convertisseur statique a pour rôle d'adapter une source d'énergie à un récepteur. Son principe va être de successivement connecter et déconnecter par commutation contrôlée la charge à la source

Il est alors possible de convertir :

- une tension continue en :
  - ✓ tension continue : le **hacheur**
  - ✓ tension alternative : l'**onduleur**
- une tension alternative en :
  - ✓ tension continue : le **redresseur**
  - ✓ une tension alternative : le **gradateur**

La charge de la sortie sera modélisée par une **source de courant**. Rappelons que les règles d'association des sources ne permettent de connecter en série une source de tension qu'à une source de courant.

B.1.1.1 Cellule de commutation

Afin d'assurer le transfert d'énergie entre une source et une charge, il est nécessaire de prévoir deux semi-conducteurs (modélisés ici par des interrupteurs) K1 et K2 dans le circuit :

- le premier pour connecter la source de tension et la source de courant qui modélise la charge,
- le second pour assurer le raccordement de la charge de courant.

Ces deux interrupteurs sont nécessairement dans un état complémentaire : l'un est bloqué quand l'autre est passant. Ce changement d'état est reproduit de façon périodique.

Cette structure, appelée cellule de commutation, est à la base de la construction de tout convertisseur statique. Les deux états possibles de cette cellule de commutation sont représentés figure ci-dessous :

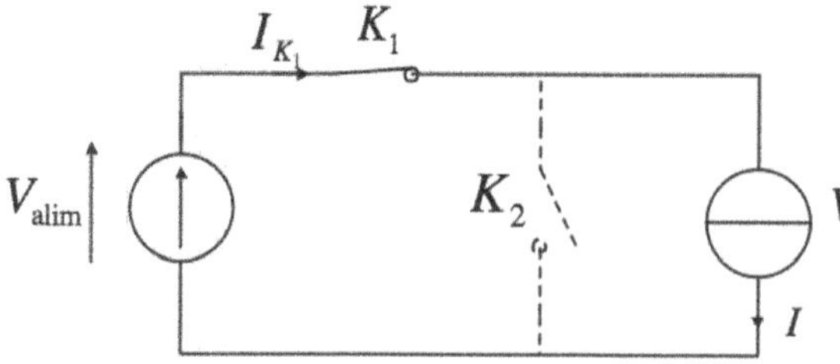

Transfert d'énergie

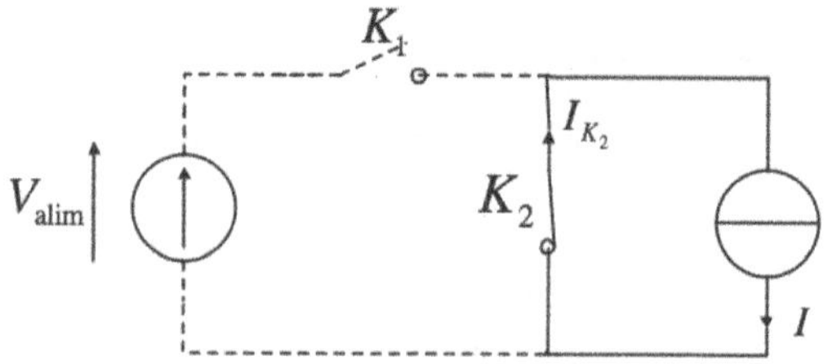

Connexion de la charge

En notant T_{K_1} la durée pendant laquelle l'interrupteur K_1 est fermé et $T = 1/f$ la période dite **de découpage**, on désignera par **rapport cyclique** la grandeur α telle que :

$$\boxed{\alpha = \frac{T_{K_1}}{T}}$$

α représente la fraction de temps pendant laquelle la source de tension transfère son énergie vers la charge.

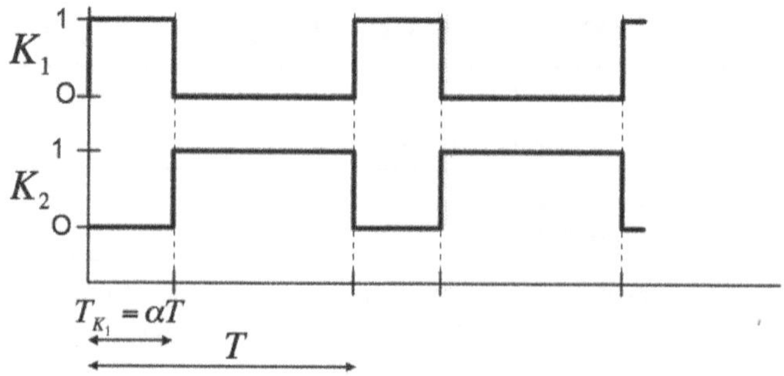

B.1.1.2 Exemple

Connectons une source de tension au circuit RL de la figure page suivante, avec $V_{alim} = 100\text{ V}$, $R = 2\ \Omega$ et $L = 20\text{ mH}$.

L'association RL est assimilée à une source de courant, et respecte donc les règles d'association des sources.

Les interrupteurs K1 et K2 sont ouverts et fermés de façon complémentaires, à la fréquence de découpage $f = 1\text{ kHz}$.

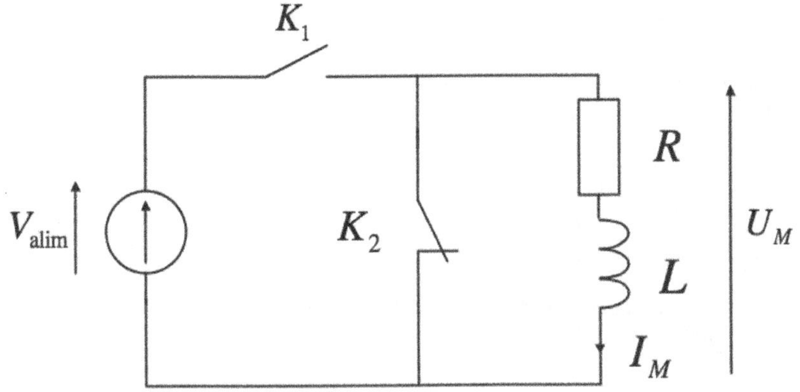

La constante de temps du régime transitoire de ce montage vaut :

$\tau = \frac{L}{R} = 10\,\text{ms}$

Connexion d'une charge RL sur une cellule de commutation

Influence du rapport cyclique

Pour un rapport cyclique $\alpha = 0{,}5$, on observe alors les allures suivantes de courant et de tension moyenne aux bornes du dipôle RL :

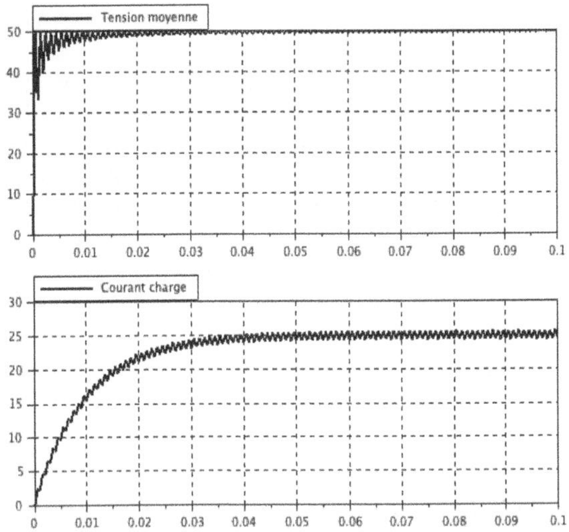

Tension moyenne et courant dans le dipôle RL

Le dipôle voit donc à ses bornes une tension moyenne $< U_m > = 50\,\text{V}$, soit 50% de la valeur de la tension d'alimentation.

Par ailleurs, le courant en régime permanent s'établit à une valeur $I_m = \frac{< U_m >}{R} = 25\,\text{A}$

Sollicitons à présent cette cellule de commutation avec une valeur de rapport cyclique $\alpha = 0{,}2$. La figure page suivante montre que :

- la tension moyenne vaut à présent $< U_m > = 20\,\text{V}$, soit 20% de la valeur de la tension d'alimentation ;
- le courant en régime permanent s'établit maintenant à la valeur $I_m = 10\,\text{A}$.

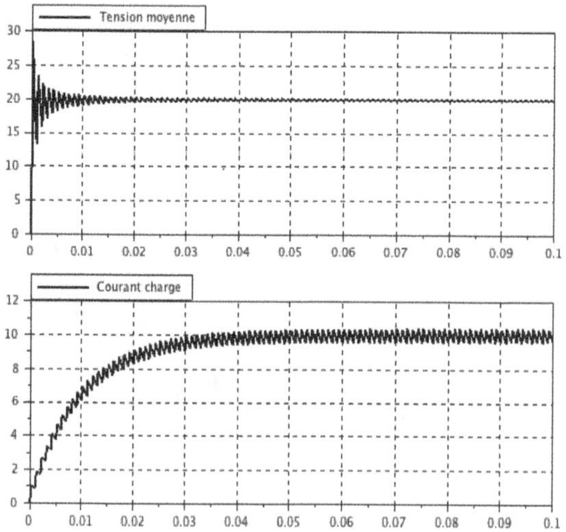

Caractéristiques du dipôle RL pour $\alpha = 0{,}2$

Le rapport cyclique a ainsi une influence directe et, comme nous le verrons plus loin, proportionnelle sur la tension moyenne.

Influence de la fréquence de découpage

Avec ce même rapport cyclique de 20% (α=0,2), appliquons maintenant une fréquence de découpage égale à 100 Hz.

La figure ci-dessous montre que la tension moyenne reste identique, mais que l'allure du courant est en revanche fortement dégradée. En effet, la période de découpage est maintenant du même ordre de grandeur que la constante de temps du système, et le régime transitoire devient influent.

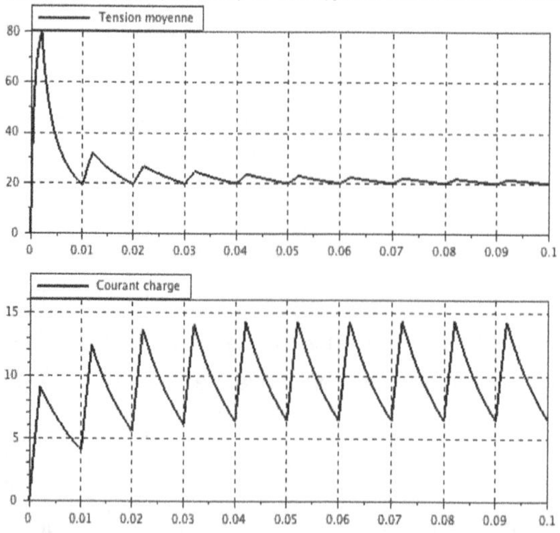

Caractéristiques du dipôle RL pour $\alpha = 0{,}2$ *et* $f = 100\,\text{Hz}$

La présence de la bobine permet ainsi de lisser le courant. Ce lissage est d'autant plus efficace que la fréquence de découpage est élevée, ou que la valeur de l'inductance est importante.

B.2 Hacheur

B.2.1 Composants constitutifs

Un hacheur a pour fonction de distribuer l'énergie électrique à un moteur à courant continu.

Les schémas électriques précédents faisaient intervenir un interrupteur K1 pour assurer le transfert d'énergie entre l'alimentation et la charge, tandis que l'interrupteur K_2 permettait de faire circuler l'énergie accumulée par la charge lorsque cette dernière n'est pas alimentée.

Dans un hacheur, le rôle de l'interrupteur commandé K_1 sera assuré par un transistor. L'interrupteur K2 sera quant à lui réalisé par une diode.

B.2.2 Notion de quadrant de fonctionnement

En fonction des besoins de fonctionnement un moteur à courant devra pouvoir tourner dans un sens seulement, ou dans les deux sens.

De même, il devra fournir uniquement un couple moteur, ou devra pouvoir fournir un couple résistant pour freiner la charge mécanique.

L'ensemble des 4 combinaisons possibles définit les **4 quadrants** de fonctionnement possible d'un moteur :

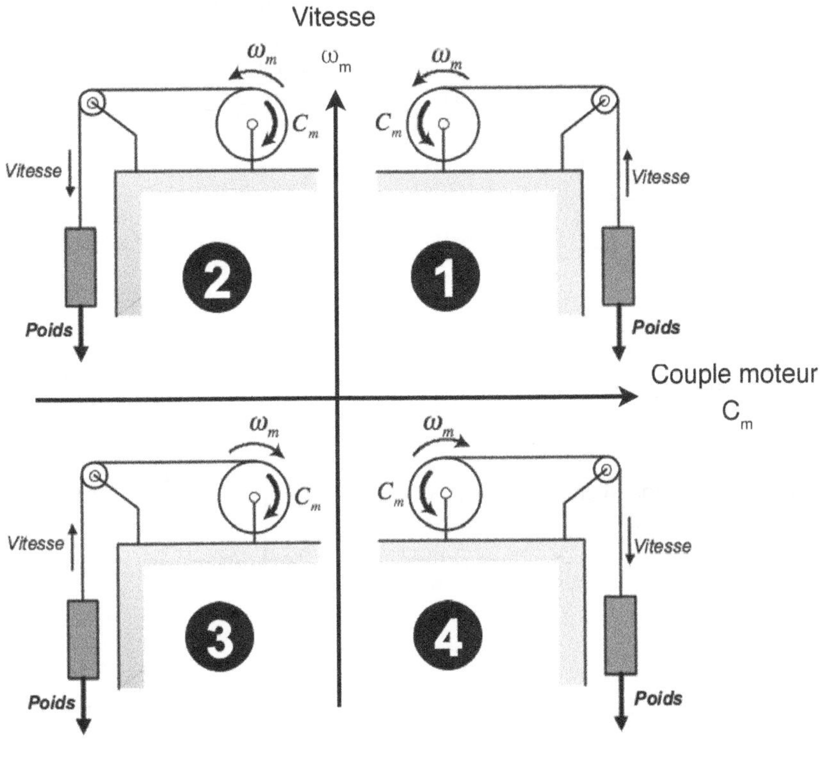

Premier et troisième quadrant

Les premier et troisième quadrants correspondent au cas où la puissance mécanique fournie est positive : couple et vitesse de rotation sont orientés dans le même sens. Le moteur entraîne la charge.

En convention récepteur, tension et courant sont tous deux positifs, et la puissance électrique, positive, est consommée.

Ces quadrants sont des quadrants de fonctionnement moteur.

Second et quatrième quadrant

Les second et quatrième quadrants correspondent au cas où la puissance fournie est négative : coupe et vitesse sont de sens différents. Le moteur freine la charge qui tend à l'entraîner en rotation.

En convention récepteur, tension et courant sont de signe contraires, et la puissance électrique, négative, est produite.

Ces quadrants sont des quadrants de fonctionnement génératrice.

B.2.3 Classification des hacheurs

B.2.3.1 Hacheur série 1 quadrant (Hacheur «Buck»)

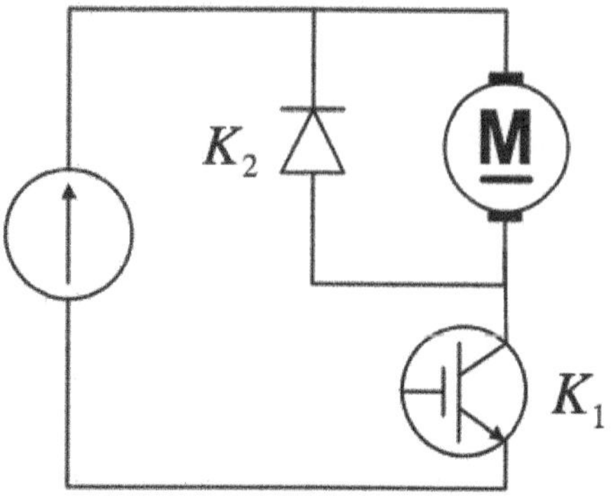

Seul le fonctionnement moteur dans le 1er quadrant est possible dans ce montage. Aucune inversion ni de tension ni de courant n'est possible.

La vitesse est fonction du rapport cyclique α.

Ce hacheur est appelé hacheur série car l'interrupteur K1 est placé en série avec le moteur.

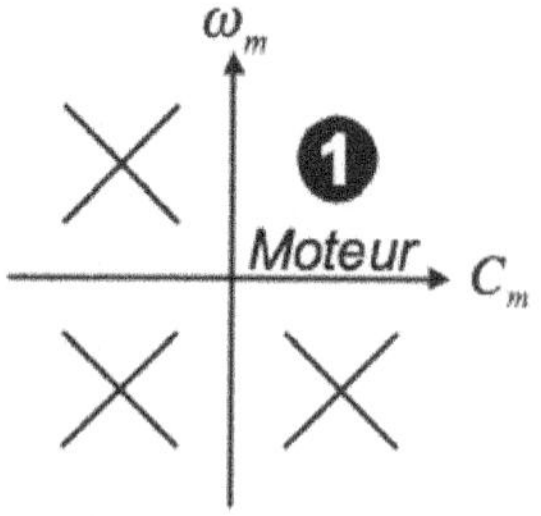

Phase motrice ($0 \leq t < \alpha T$)

Le transistor K1 est fermé, la diode K2 est bloquée car la tension à ses bornes est négative

La tension est appliquée aux bornes du moteur : $U_m = V_{alim}$.

Le courant circule positivement dans le moteur.

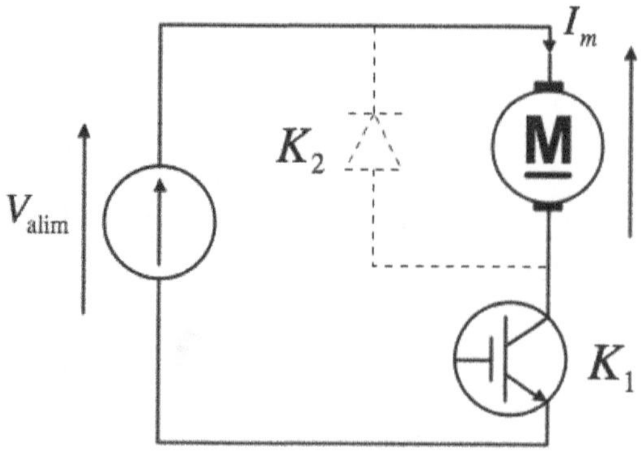

Phase de roue libre ($\alpha T \leq t < T$)

Le transistor K1 est désamorcé (K1 s'ouvre). La chute brutale de courant induit brièvement une inversion de polarité aux bornes de l'inductance.

La tension aux bornes de la diode devient alors positive, et la diode K2 devient passante (K2 se ferme), assurant ainsi la continuité du courant dans le moteur, et évitant les pics de tension liés à la discontinuité de courant.

La présence de cette diode est impérative, car l'inductance de la charge se comporte désormais comme un générateur de courant pour lequel il faut laisser circuler le courant.

L'énergie accumulée dans le moteur se dissipe progressivement, d'où le terme de «phase de roue libre». La tension à ses bornes est nulle : $U_m=0$.

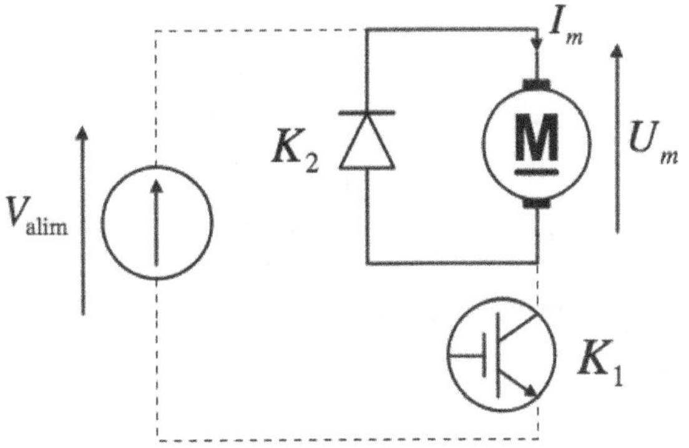

B.2.4 Hacheur 2 quadrants réversible en courant

B.2.4.1 Hacheur 2 quadrants avec diode de récupération

Le hacheur précédent permet de faire fonctionner la machine à courant continu en mode moteur.

Si on souhaite piloter un moteur entraîné par une charge, il faut alors pouvoir le faire fonctionner en génératrice. Pour cela, il faut alors assurer le passage du courant dans le montage du hacheur afin de transférer le courant du moteur vers la batterie. L'énergie mécanique qui l'entraîne est alors convertie en énergie électrique.

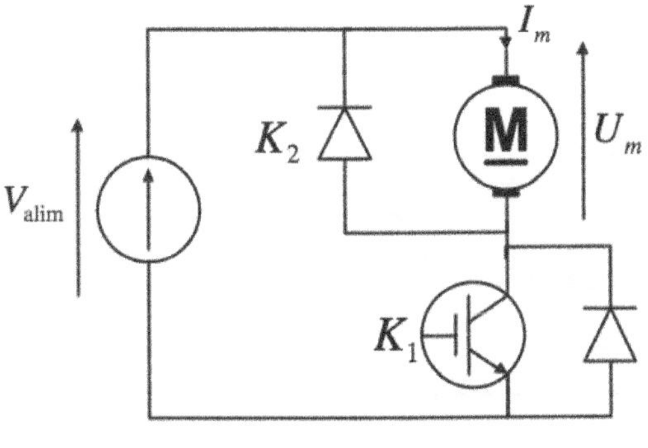

Ce transfert d'énergie est rendu possible par l'adjonction d'une diode en parallèle du transistor représenté par K1.

Le hacheur devient alors un **hacheur 2 quadrants réversible en courant**.

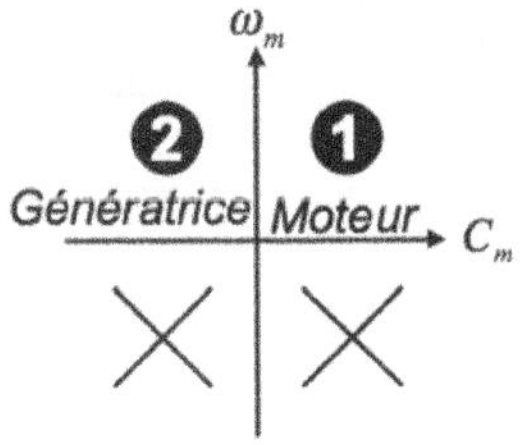

Dans chacune des trois phases (motrice, roue libre, génératrice), un seul des 3 interrupteurs est fermé à la fois (voir figures page suivante).

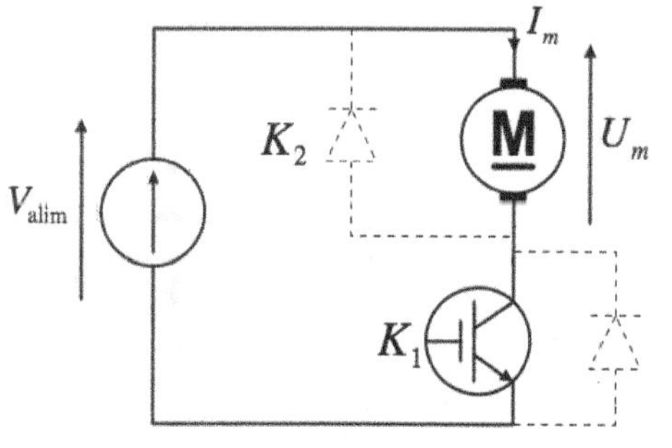

Phase motrice ($U_m > 0$, $I_m > 0$)

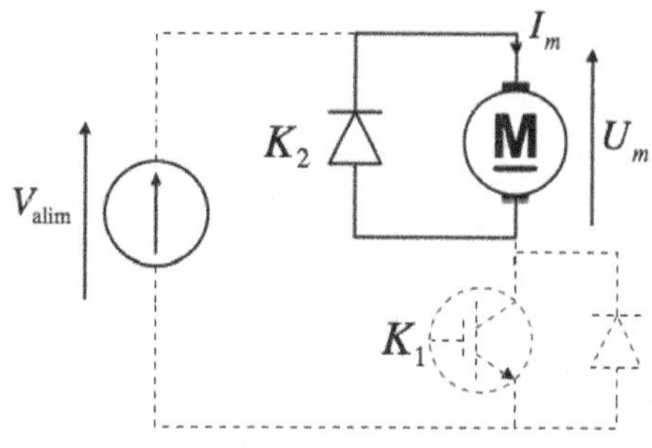

Phase de roue libre ($U_m = 0$, $I_m > 0$)

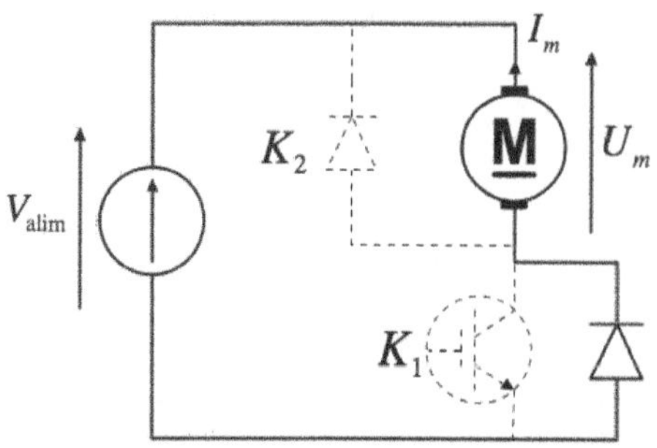

Phase génératrice ($U_m > 0$, $I_m < 0$)

Ce hacheur est donc réversible en courant. Toutefois, la diode dite **de récupération** en parallèle du transistor ne permet pas le pilotage de la tension aux bornes de la machine à courant continu en mode génératrice.

B.2.4.2 Hacheur 2 quadrants avec 2 transistors

Il est possible d'insérer un second transistor qui sera piloté en commutation, permettant ainsi d'assurer le pilotage de la tension U_m dans le quadrant génératrice. Ce second transistor aura pour fonction d'imposer une phase de roue libre en mode génératrice.

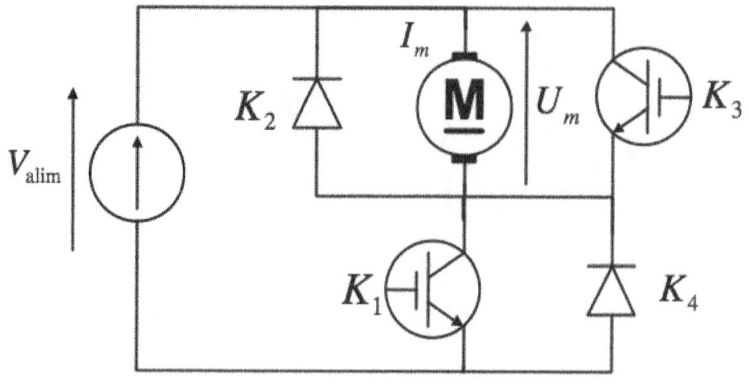

Les deux phases de fonctionnement en mode génératrice sont décrites pages suivante.

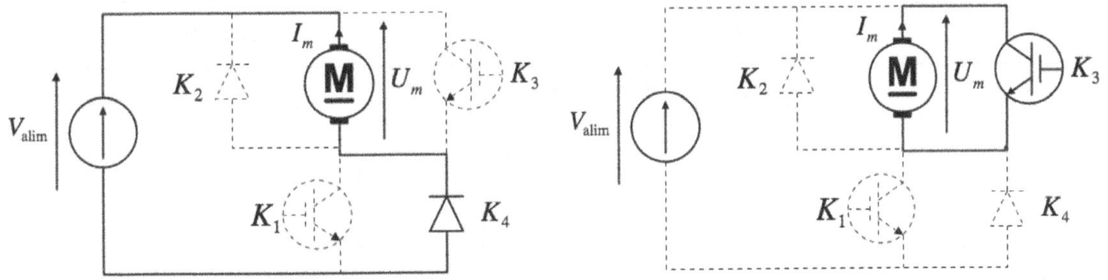

Phase de transfert d'énergie — *Phase de roue libre*

Hacheur 2 quadrants en fonctionnement génératrice

B.2.4.3 Simulation du comportement

Le modèle acausal ci-contre représente un hacheur 2 quadrants avec deux transistors.

Les résultats de la simulation sont reproduits dans le tableau suivant :

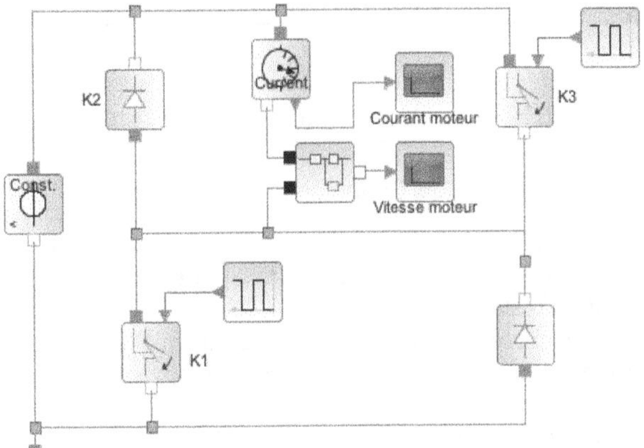

Modèle acausal du hacheur 2 quadrants réversible en courant

	Moteur	Génératrice
$\alpha = 0{,}2$	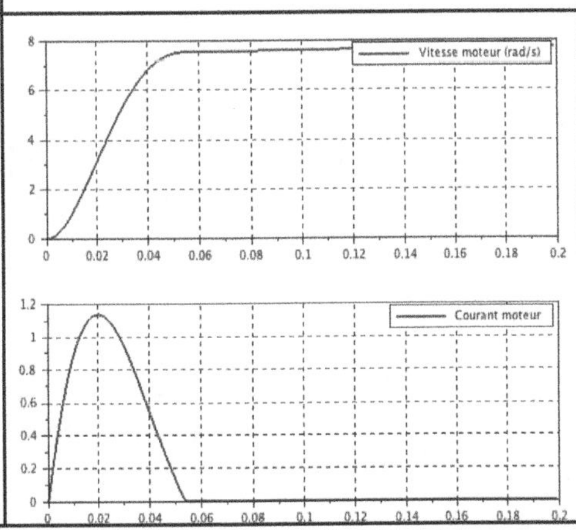	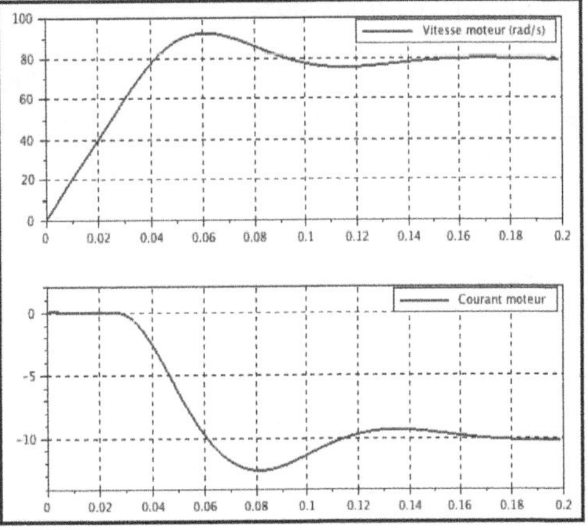

	Moteur	Génératrice
$\alpha = 0{,}8$	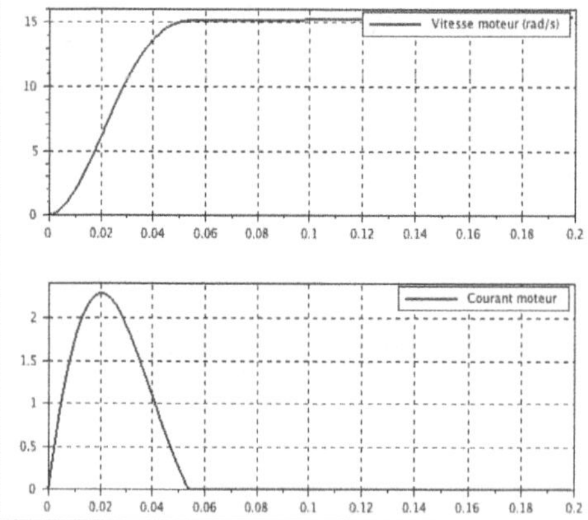	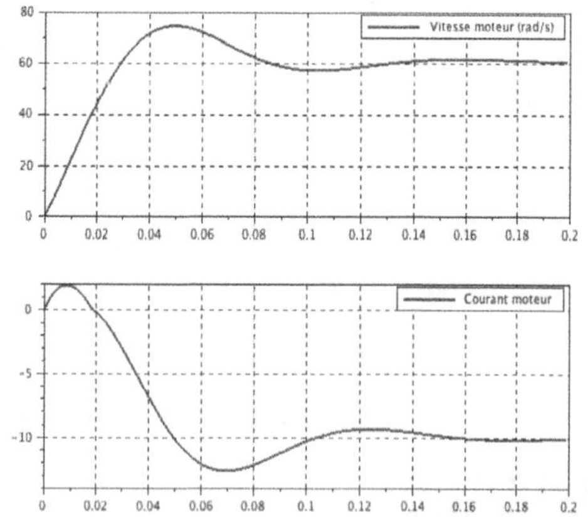

B.2.5 Hacheur 2 quadrants réversible en tension (Pont en H)

B.2.5.1 Principe de fonctionnement

Le hacheur précédemment étudié est réversible en courant : il peut fonctionner en moteur comme en génératrice, mais le sens de sa vitesse de rotation reste le même.

Constitué de 4 transistors, le pont en H étudié dans ce paragraphe permet quant à lui de rendre le fonctionnement du réversible en tension. Il a pour principe d'inverser la tension aux bornes du moteur, en commutant les transistors sur une diagonale du pont.

Il est alors possible de modifier le sens de rotation, tout en restant dans les quadrants moteur.

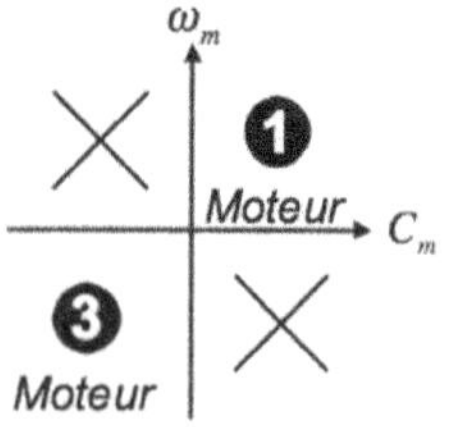

L'alimentation de la charge est assurée en commutant soit la paire de transistors {K1,K3}, soit la paire de transistors {K2,K4}.

Il est évidemment impératif de ne pas commuter simultanément {K1,K2} ou {K3,K4} afin de ne pas court-circuiter la source de tension.

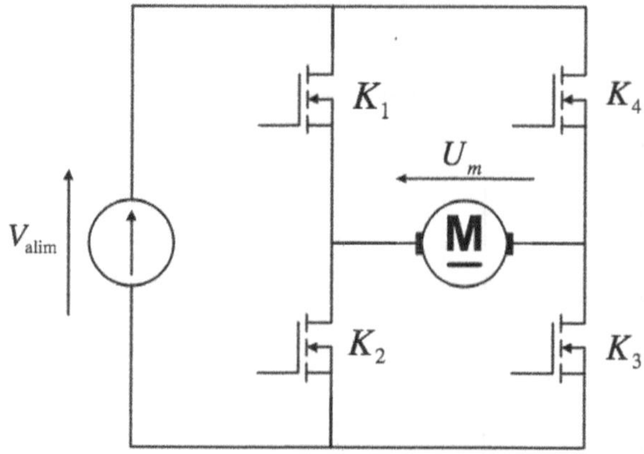

Structure d'un pont en H

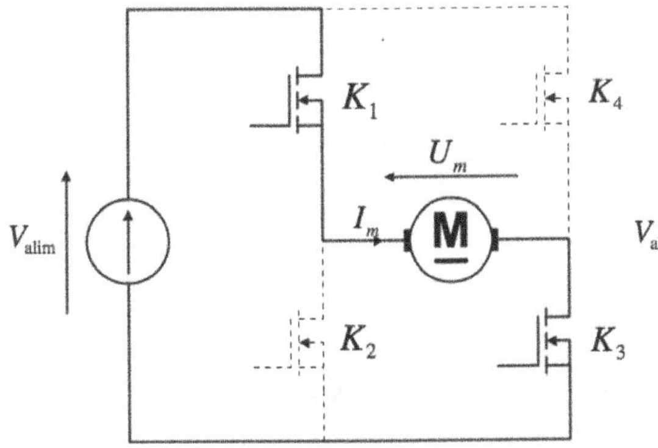

Commutation des interrupteurs K1 et K3

$U_m = V_{alim}$

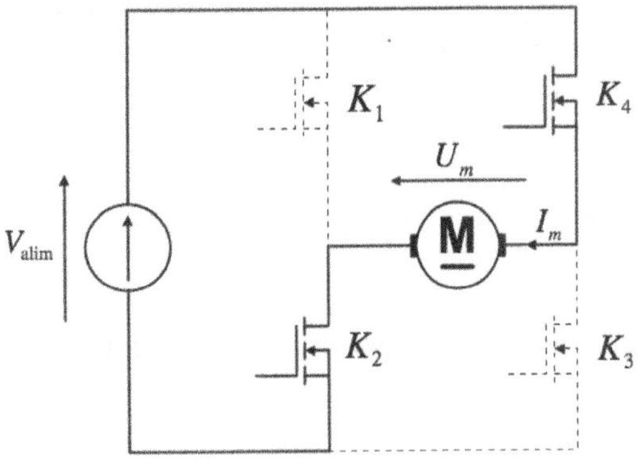

Commutation des interrupteurs K2 et K4

$U_m = -V_{alim}$

B.2.5.2 Pilotage des transistors

La stratégie de pilotage des transistors dépend de la nature de ces transistors. Le pont en H de la figure ci-dessus est constitué de MOSFET «Canal N». Il faut donc appliquer une tension positive sur la grille de chacun de ces transistors à amorcer.

Afin d'éviter le risque de court-circuit de la source de tension, il est possible de concevoir un pont en H faisant intervenir sur chaque branche un MOSFET canal P et un canal N sur chaque branche, ainsi que le montre la figure ci-dessous :

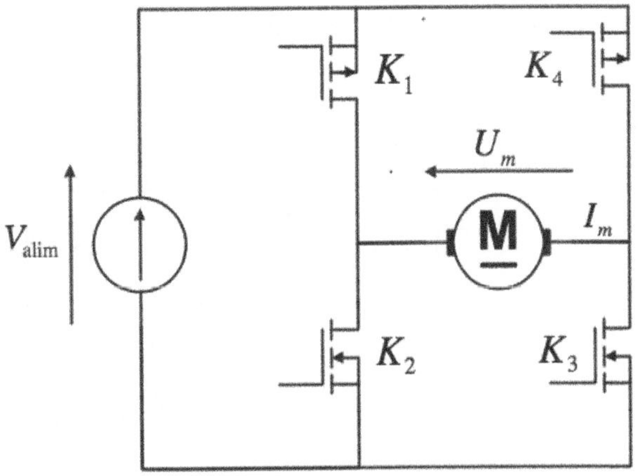

Pont en H avec MOSFET Canal P et N

Dans cette figure, K1 et K4 sont des transistors MOS à **canal P** : ils seront passants lorsque la tension appliquée sur leur grille est nulle (en réalité inférieure à la tension de seuil V_{DSth}).

Inversement, K2 et K4 sont des transistors MOS à **canal N** : ils seront passants lorsque la tension sur leur grille sera positive (en réalité supérieure à V_{DSth}).

Par conséquent, pour commuter K1 et K3 il faudra fournir une tension :

- nulle sur K1 et K2,
- positive sur K3 et K4.

Inversement, pour inverser le sens de rotation et donc commuter K2 et K4, il faudra fournir une tension :

- positive sur K1 et K2 ,
- nulle sur K3 et K4.

La stratégie de commande peut alors se résumer avec le logigramme page suivante :

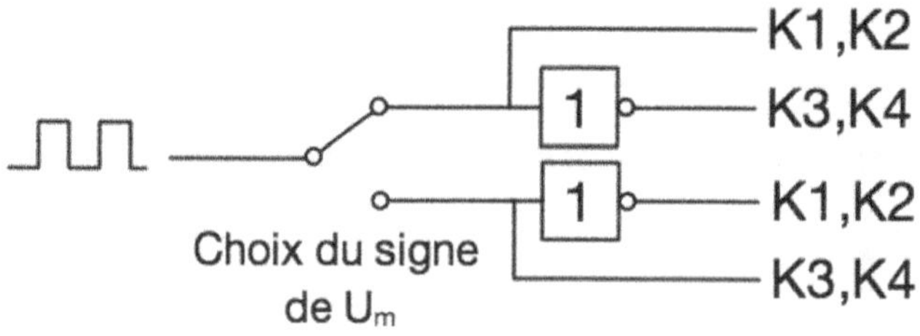

B.2.5.3 Remarque

Dans le pont en H, le moteur est alimenté avec une tension qui peut être aussi bien positive que négative (en sens 2).

Par conséquent, il est **impossible de placer une diode de roue libre** permanente en dérivation du moteur dans le cas du pont en H.

B.2.6 Hacheur 4 quadrants

Le hacheur 4 quadrants permet de faire fonctionner le moteur dans les 4 quadrants possibles : il est possible de le faire fonctionner aussi bien en moteur qu'en génératrice, et ce dans les sens de rotation.

Le hacheur 4 quadrants est un pont en H auquel on a rajouté en parallèle de chaque transistor une diode qui permet d'assurer la réversibilité en courant.

Il existe plusieurs stratégies de commande des transistors, que nous allons détailler dans ce paragraphe.

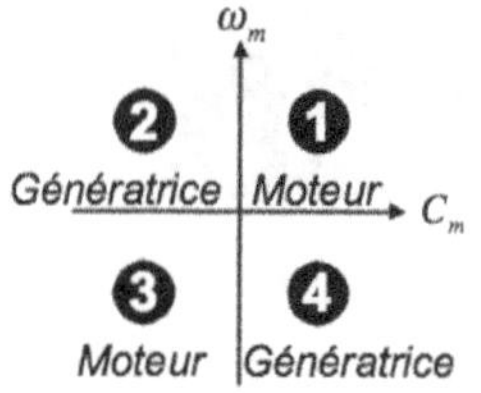

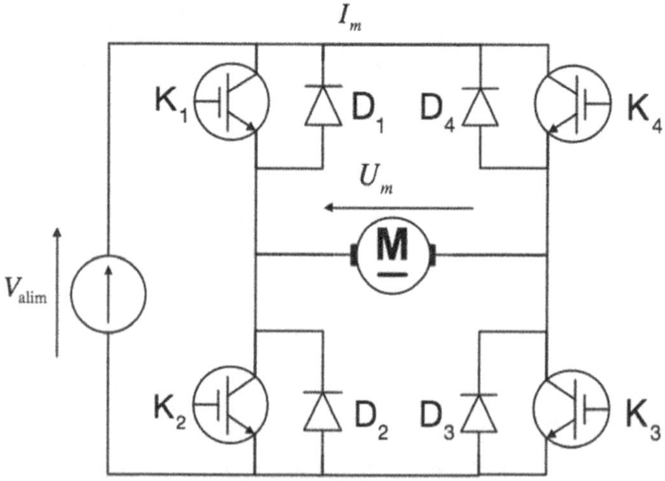

Structure d'un hacheur quatre quadrants

B.2.6.1 Fonctionnement dans le premier quadrant

Première stratégie : K1 est toujours passant

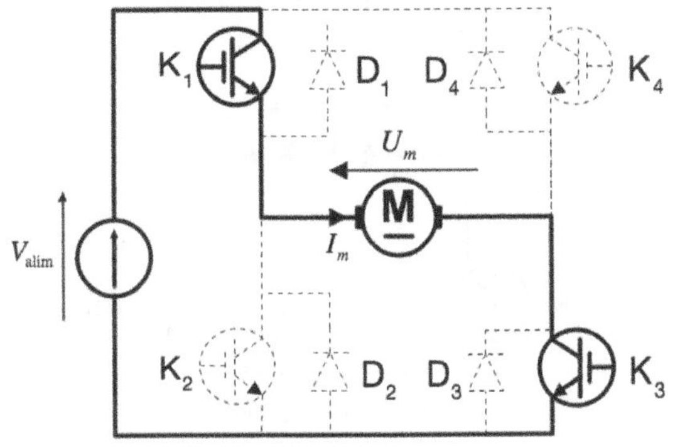

Phase de transfert d'énergie

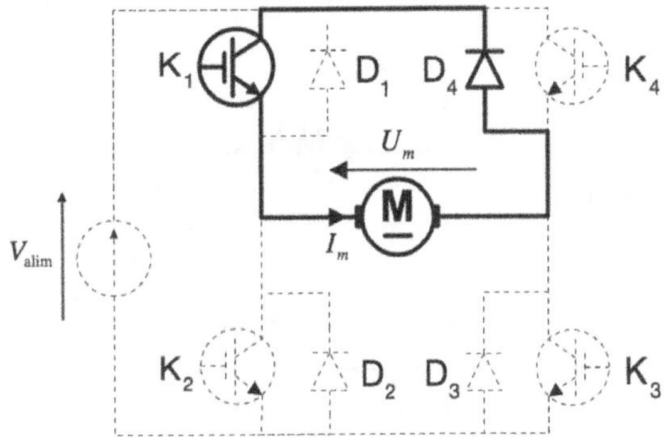

Phase de roue libre

Seconde stratégie : K3 est toujours passant

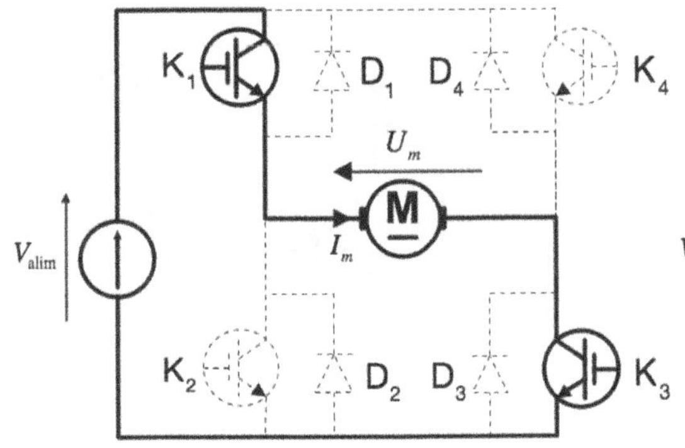

Phase de transfert d'énergie

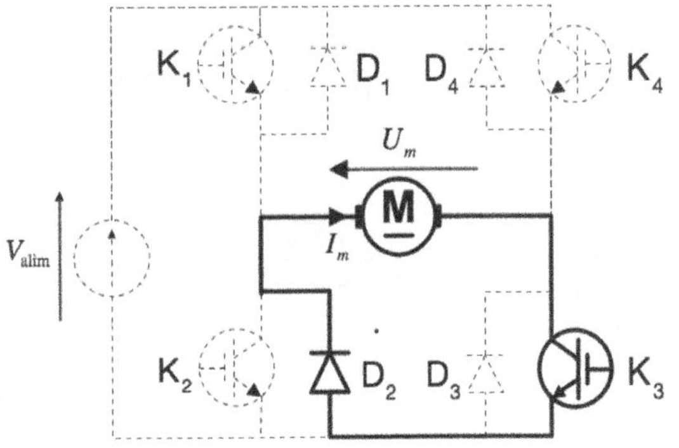

Phase de roue libre

B.2.6.2 Fonctionnement dans le second quadrant

Première stratégie : K4 est piloté en MLI

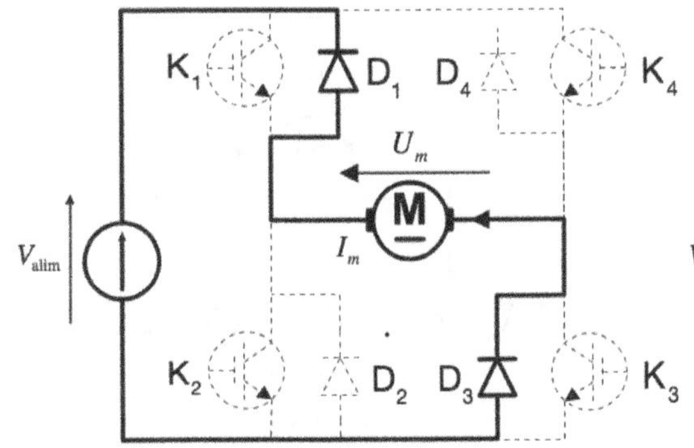

Phase de transfert d'énergie

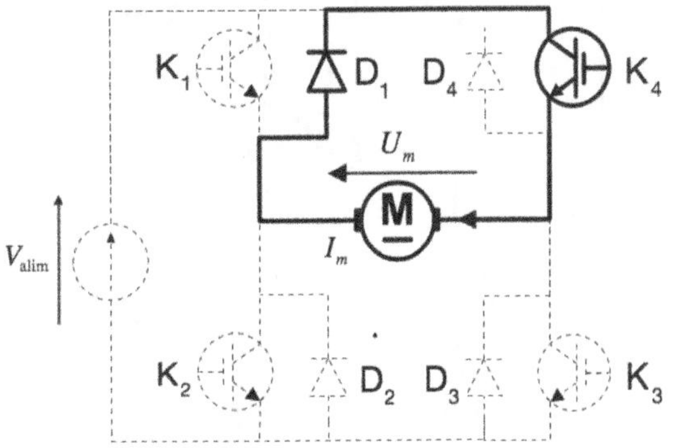

Phase de roue libre

Seconde stratégie : K2 est piloté en MLI

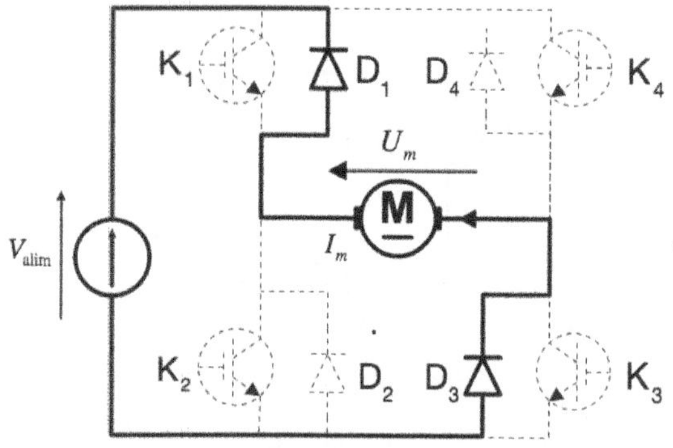

Phase de transfert d'énergie

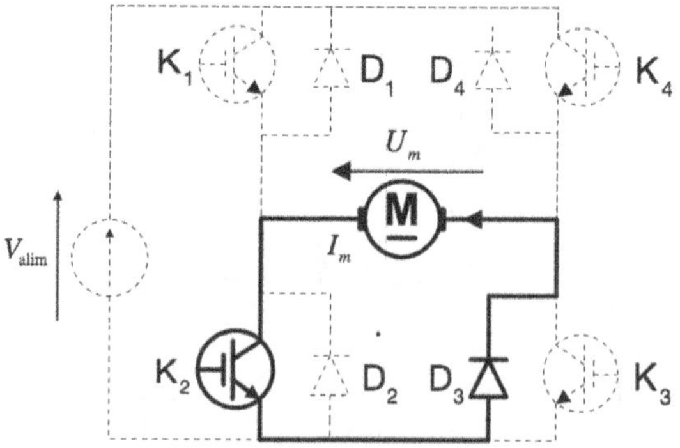

Phase de roue libre

B.2.6.3 Fonctionnement dans le troisième quadrant

Première stratégie : K4 est toujours passant

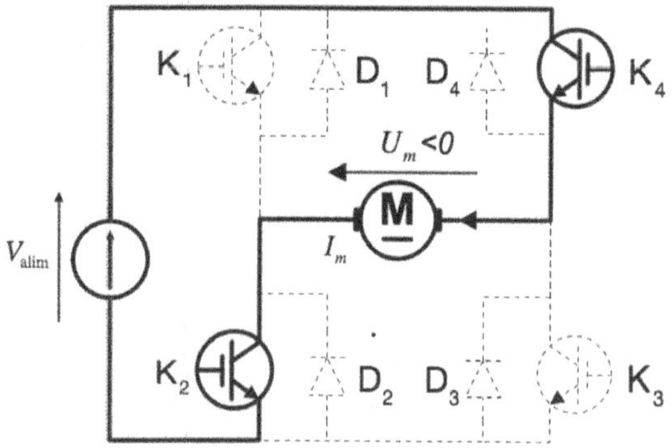

Phase de transfert d'énergie

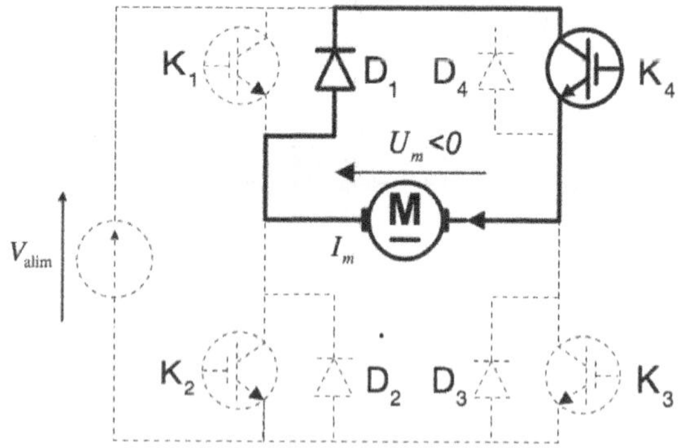

Phase de roue libre

Seconde stratégie : K2 est toujours passant

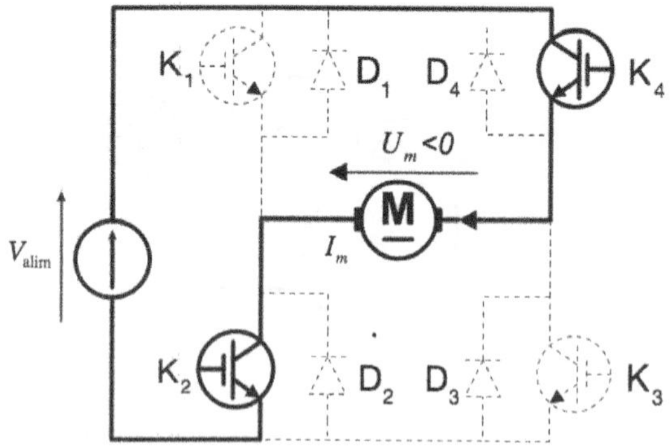

Phase de transfert d'énergie

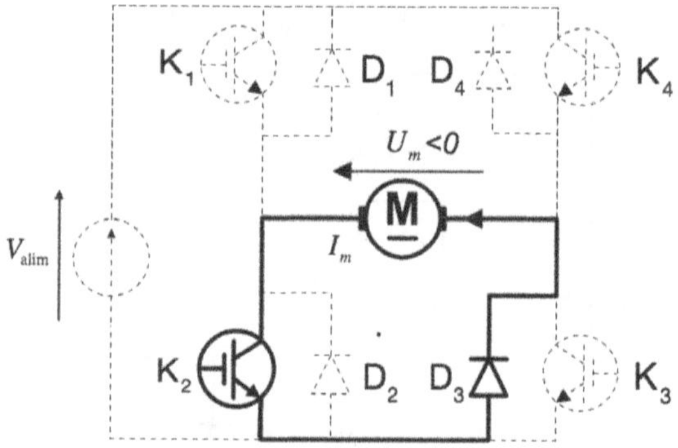

Phase de roue libre

B.2.6.4 Fonctionnement dans le quatrième quadrant :

Première stratégie : K1 est piloté en MLI

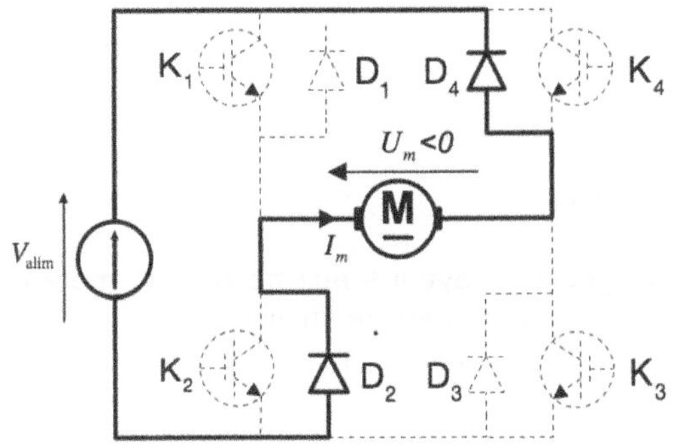

Phase de transfert d'énergie

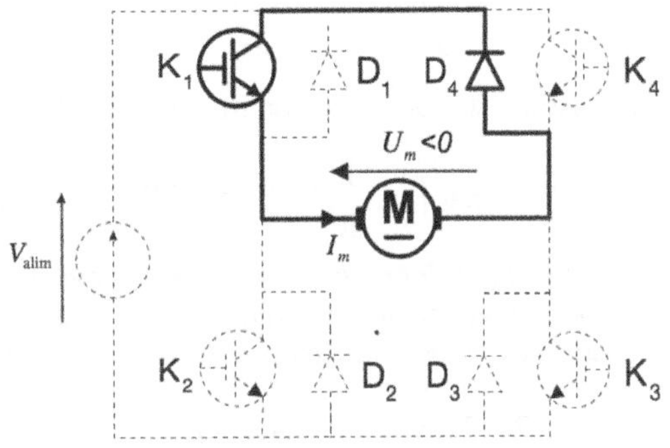

Phase de roue libre

Seconde stratégie : K3 est piloté en MLI

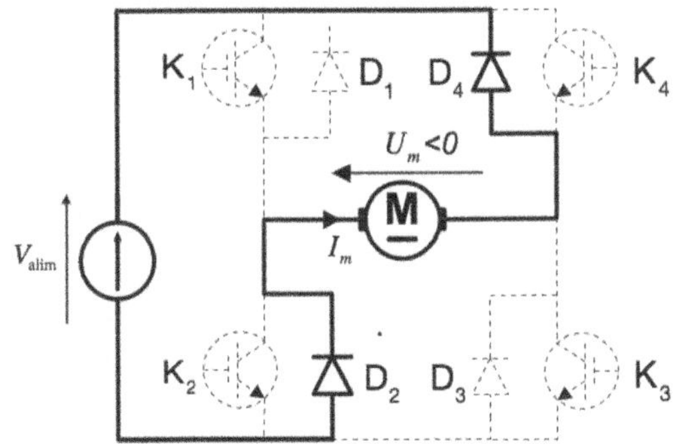

Phase de transfert d'énergie

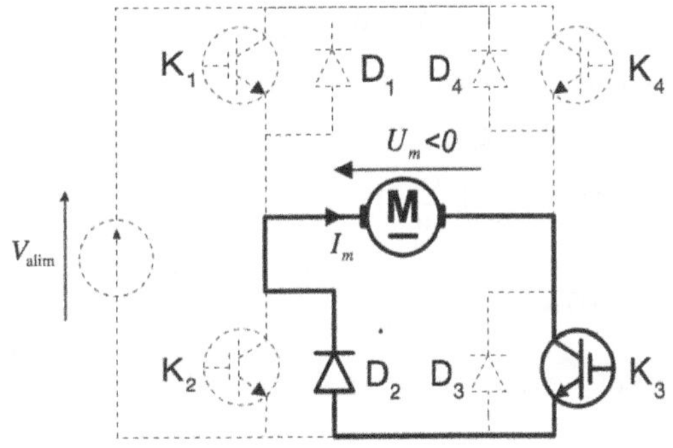

Phase de roue libre

B.2.7 Forme des signaux

B.2.7.1 Modèle d'étude

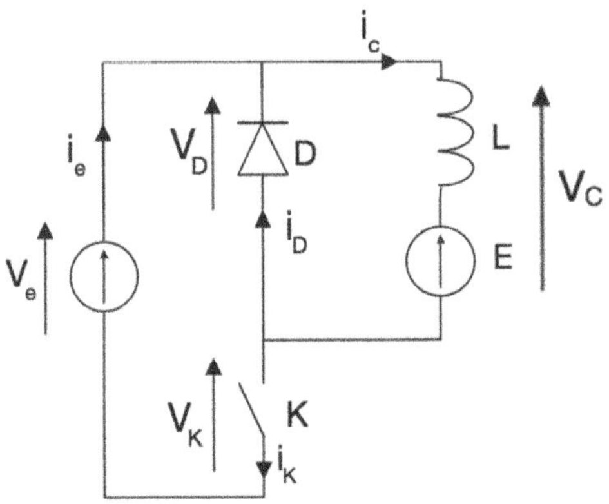

Modèle simplifié d'une cellule de commutation

Nous allons dans la suite négliger la résistance d'induit du moteur, afin de simplifier l'étude.

Une inductance est parfois ajoutée en série au moteur afin de contribuer au lissage des signaux. Dans un tel cas, les valeurs des deux inductances (induit et lissage) s'ajoutent.

La figure ci-contre représente le modèle qui sera utilisé dans ce paragraphe.

B.2.7.2 Tension moyenne aux bornes du moteur

La loi des mailles nous permet d'écrire :

$$V_C = E + L\frac{di}{dt}$$

D'où l'expression de la tension moyenne $< V_C >$:

$$< V_C >= E + \int_0^T L\frac{di}{dt}dt = E \text{ car } i(t) \text{ est un signal périodique.}$$

La valeur de la fcém est donc exactement égale à tension moyenne aux bornes du moteur. Cette tension moyenne va donc directement pouvoir piloter la vitesse de rotation du moteur.

Le rapport cyclique impose donc directement la vitesse de rotation du moteur.

B.2.7.3 Evolution des signaux

Pour $0 \leq t < \alpha T$

Le courant à t=0 vaut $i(0) = I_{min}$

K est fermé, et la diode D est bloquée car $V_D = -V_e < 0$

On écrit alors que

$$V_e = V_C = L\frac{di}{dt} + E$$

Soit $i(t) = \frac{V_e - E}{L}t + I_{min}$

Le courant est maximal à $t = \alpha T$, et vaut $I_{max} = \frac{V_e - E}{L}\alpha T + I_{min}$

Pour $\alpha T \leq t < T$

K est ouvert, et la diode D devient passante, permettant ainsi de dissiper l'énergie accumulée dans l'inductance.

La loi des mailles permet d'écrire : $V_C = 0 = L\frac{di}{dt} + E$

On en déduit immédiatement : $i(t) = \frac{-E}{L}(t - \alpha T) + I_{max}$

B.2.7.4 Formes des signaux

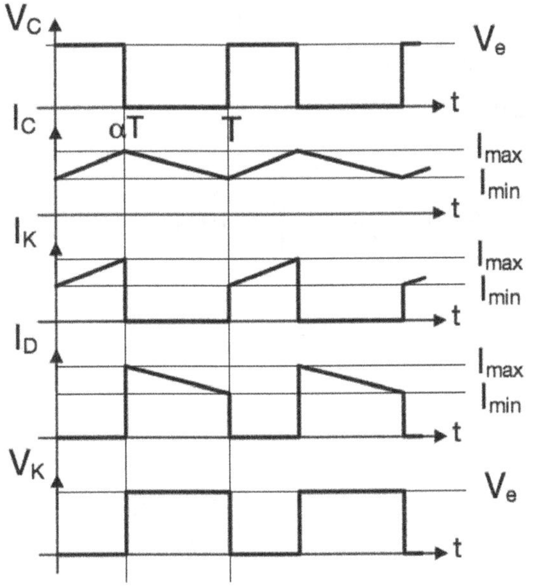

On montre aisément que la tension moyenne s'écrit :

$$< V_C >= \frac{1}{T}\left(\alpha T V_e + 0\right) = \alpha V_e$$

et donc

$$\boxed{E = \alpha V_e}$$

L'ondulation du courant est définie par :

$$\Delta i = I_{max} - I_{min} = \frac{\alpha(1-\alpha)}{L} ET = \frac{\alpha(1-\alpha)}{Lf} E$$

Le courant moteur n'est donc pas lissé, et va être à l'origine d'harmoniques de courant.

Ces harmoniques de courant vont se retrouver dans le circuit magnétique du moteur et provoquer des échauffements, qui peuvent entrainer une diminution de la durée de vie du moteur.

Il est donc important de réduire Δi à des niveaux raisonnables. Les solutions envisageables sont :

- l'augmentation de la fréquence de découpage (dépend du composant utilisé : quelques 100 kHz pour un MOS, 1kHz pour un thyristor),
- l'ajout d'une inductance de lissage en série avec le moteur.

B.3 Puissances dans un hacheur

B.3.1 Généralités

Le hacheur est un composant qui permet d'effectuer un transfert d'énergie entre l'alimentation et un moteur à courant continu.

Une partie de cette puissance est effectivement délivrée au moteur, mais une autre partie est dissipée dans les composants constituants le hacheur.

B.3.2 Cas du hacheur 1 quadrant

On s'intéresse dans ce chapitre à un hacheur un quadrant alimentant une charge, en l'occurrence un moteur électrique modélisé par sa fcém E, son inductance L et une résistance négligeable.

Le hacheur est caractérisé par son rapport cyclique α et sa fréquence de découpage f (période T).

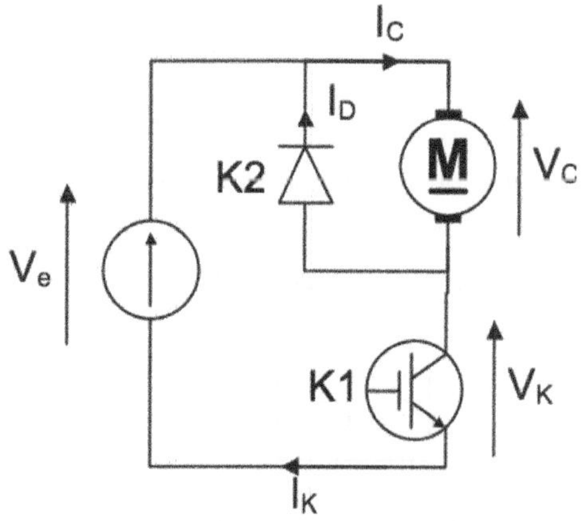

On rappelle les équations qui existent dans ce hacheur :

Pour $0 \leq t < \alpha T$

$$V_e = L\frac{dI_C}{dt} + E \Rightarrow I_C = I_K = \frac{V_e - E}{L}t + I_{C_{min}}$$

$$I_D = 0$$

Pour $\alpha T \leq t < T$

$$L\frac{dI_C}{dt} + E = 0 \Rightarrow I_C = I_D = -\frac{E}{L}(t - \alpha T) + I_{C_{max}}$$

$$I_K = 0$$

On a également montré au paragraphe précédent que :

- la fcém avait pour expression $E = \alpha V_e$,
- l'amplitude de l'ondulation de courant s'écrivait : $\Delta I_C = I_{Cmax} - I_{Cmin} = \frac{\alpha(1-\alpha)}{Lf}E$.

B.3.2.1 Puissance transmise

La présence de la diode rend unidirectionnelle le courant, et le transfert de puissance ne peut se faire que dans le sens Alimentation ➢ Moteur.

La puissance instantanée vaut :

$$p(t) = u(t).i(t)$$

La puissance moyenne transmise au moteur est donc :

$$<p> = \frac{1}{T}\int_0^T p(t)dt = \frac{1}{T}\int_0^T u(t).i(t)dt = \frac{1}{T}\int_0^{\alpha T} Ve.i(t)dt = \frac{1}{T}Ve\int_0^{\alpha T} i(t)dt = \frac{1}{T}V_e\left(\alpha T.I_{mot}\right)$$

Soit au final l'expression de la puissance électrique transmise au moteur :

$$\boxed{<p> = \alpha V_e I_{moy}}$$

B.3.2.2 Puissance dans les composants

Courant moyen dans le transistor

$$<I_K> = \frac{1}{T}\int_0^T I_K(t)dt = \frac{1}{T}\int_0^{\alpha T} I_K(t)dt = \frac{1}{T}\left(\alpha T.I_{moy}\right)$$

$$\boxed{<I_K> = \alpha I_{moy}}$$

Courant efficace dans le transistor

$$<I_{Keff}>^2 = \frac{1}{T}\int_0^T I_K^2(t)\,dt = \frac{1}{T}\int_0^{\alpha T} I_K^2(t)\,dt$$

Or $I_K(t) = \frac{V_e - E}{L}t + I_{C_{min}}$

Donc $<I_{Keff}>^2 = \frac{1}{T}\int_0^{\alpha T}\left(\frac{V_e - E}{L}t + I_{C_{min}}\right)^2 dt = \frac{1}{T}\int_0^{\alpha T}\left(\frac{V_e - E}{L}t + I_{C_{min}}\right)^2 dt$

Posons $u = \frac{V_e - E}{L}t + I_{C_{min}}$

Alors $<I_{Keff}>^2 = \frac{1}{T}\int_{I_{Cmin}}^{I_{Cmax}} \frac{L}{V_e - E}u^2\,du = \frac{L}{V_e - E}.\frac{1}{T}\left[\frac{1}{3}u^3\right]_{I_{Cmin}}^{I_{Cmax}}$

Soit au final :

$$<I_{Keff}> = \sqrt{\frac{Lf}{3(1-\alpha)V_e}\left(I_{Cmax}^3 - I_{Cmin}^3\right)}$$

Courant moyen dans la diode

$$<I_D> = \frac{1}{T}\int_0^T I_D(t)\,dt = \frac{1}{T}\int_{\alpha T}^T I_D(t)\,dt = \frac{1}{T}\left((1-\alpha)T.I_{moy}\right)$$

$$<I_D> = (1-\alpha)I_{moy}$$

Courant efficace dans la diode

$$<I_{Deff}>^2 = \frac{1}{T}\int_0^T I_D^2(t)\,dt = \frac{1}{T}\int_{\alpha T}^T I_D^2(t)\,dt$$

Or $I_D(t) = -\frac{E}{L}(t - \alpha T) + I_{C_{max}}$

Donc $<I_{Deff}>^2 = \frac{1}{T}\int_{\alpha T}^T \left(\frac{E}{L}(t - \alpha T) - I_{C_{max}}\right)^2 dt$

Posons $u = \frac{E}{L}(t - \alpha T) - I_{C_{max}}$

Alors $<I_{Deff}>^2 = \frac{1}{T}\int_{I_{Cmin}}^{I_{Cmax}} \frac{L}{E}u^2\,du = \frac{L}{E}.\frac{1}{T}\left[\frac{1}{3}u^3\right]_{I_{Cmin}}^{I_{Cmax}}$

Soit au final :

$$<I_{Deff}> = \sqrt{\frac{Lf}{3\alpha V_e}\left(I_{Cmax}^3 - I_{Cmin}^3\right)}$$

B.3.3 Commande séquentielle, unipolaire, bipolaire d'un hacheur 4 quadrants

B.3.3.1 Commande séquentielle

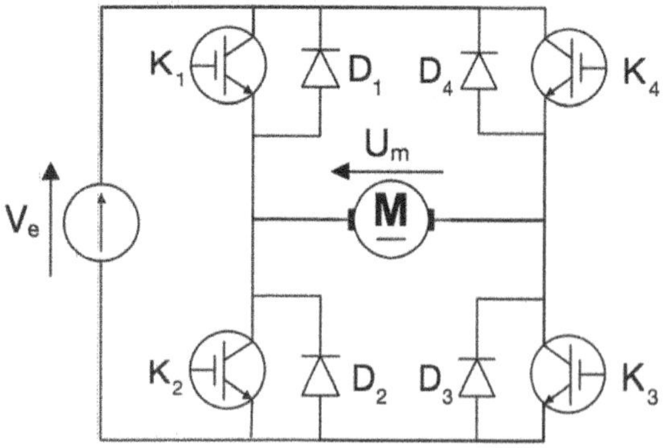

Les stratégies de pilotage des transistors vues dans les paragraphes précédents sont basées sur le maintien permanent dans l'état passant d'un transistor.

Ainsi, pour obtenir $U_m>0$, on peut choisir de :

- maintenir K1 passant et de commuter K3 de façon cyclique,
- ou maintenir K3 passant et de commuter K1 de façon cyclique.

Inversement, pour obtenir $U_m<0$, on peut choisir de :

- maintenir K4 passant et de commuter K2 de façon cyclique,
- ou maintenir K2 passant et de commuter K4 de façon cyclique.

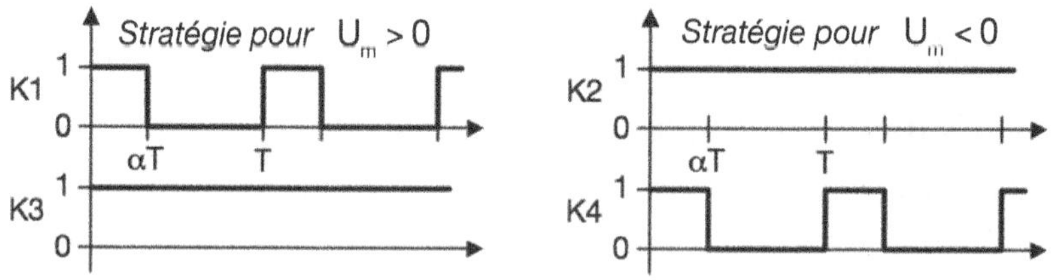

Exemples de stratégies de pilotage

Cette stratégie de pilotage est dite **séquentielle**. Le couple de transistor mis en œuvre dépend du signe souhaité aux bornes du moteur.

La tension moyenne aux bornes du moteur est égale à :

- $U_m = \alpha V_e$ pour les transistors {K1,K3},
- $U_m = -\alpha V_e$ pour les transistors {K2,K4}.

B.3.3.2 Commande continue bipolaire

Une autre stratégie de pilotage des transistors consiste à commander alternativement les couples {K1,K3} et {K2,K4} du hacheur 4 quadrants :

- pour $0 \leq t < \alpha T$: commande des transistors {K1,K3},
- pour $\alpha T \leq t < T$: commande des transistors {K2,K4}.

On parlera ici de **commande bipolaire**.

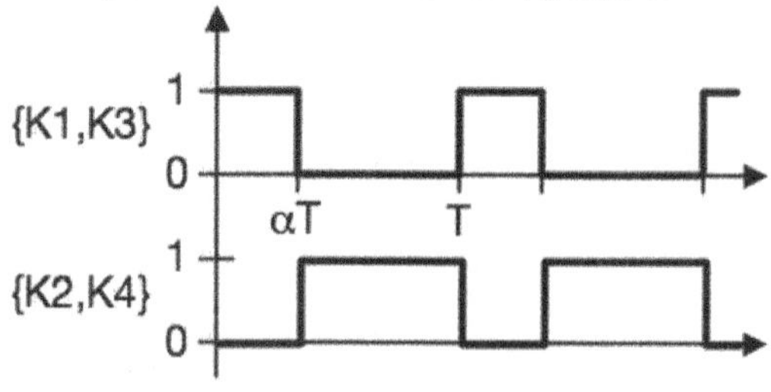

B.3.3.3 Commande continue unipolaire

Dérivée de la commande bipolaire, la **commande unipolaire** commande les bras {K1,K2} et {K3,K4} alternativement, mais avec un décalage d'une demi-période :

- pour $0 \leq t < \alpha T$: commande complémentaire du bras {K1,K2},
- pour $\alpha T + T/2 \leq t < T + T/2$: commande complémentaire du bras {K2,K4}.

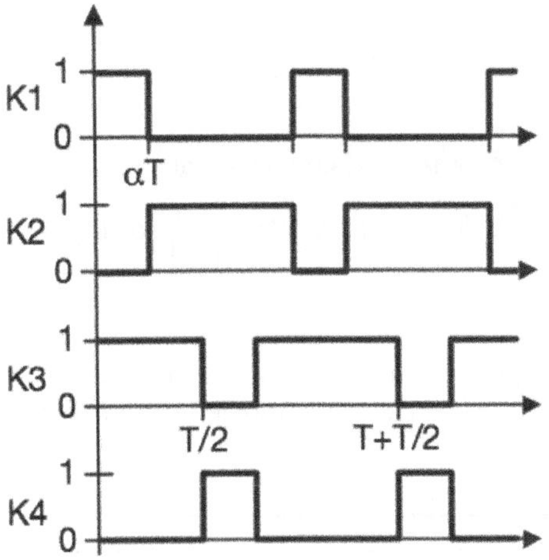

B.3.3.4 Conséquence du type de commande

Selon la commande mise en place, l'allure de la tension aux bornes du moteur et du courant sont représentés ci-dessous :

Commande séquentielle	**Commande bipolaire**	**Commande unipolaire**
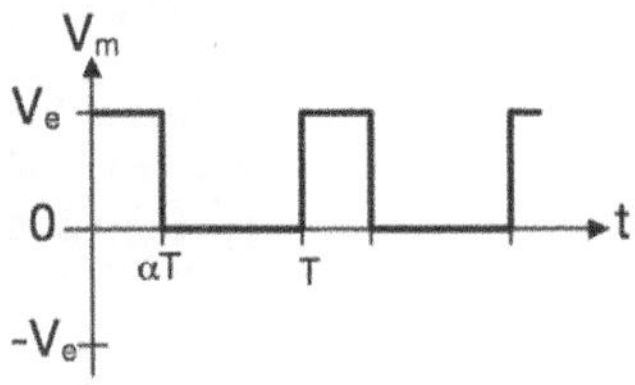	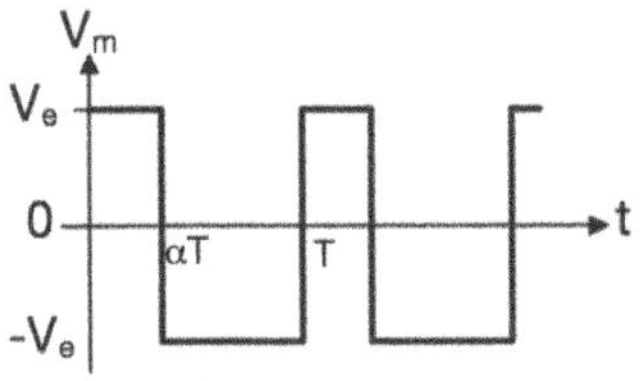	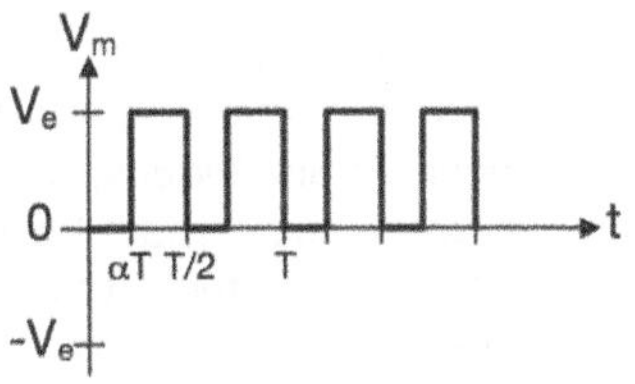
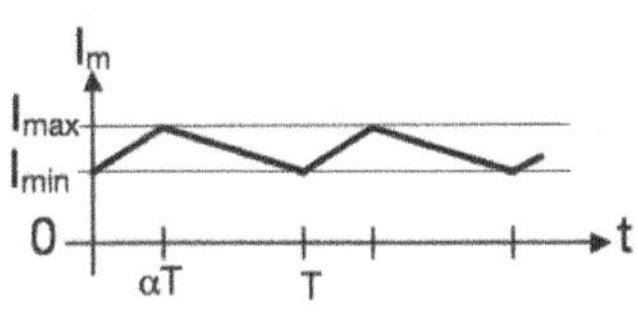	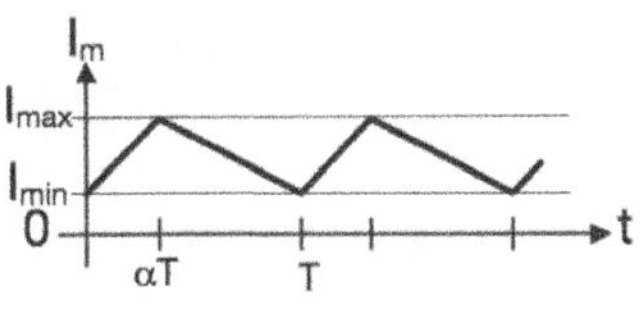	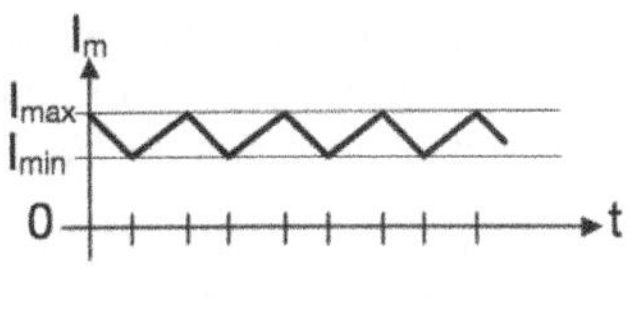

La commande bipolaire est la plus simple à mettre en œuvre; En effet, avec cette stratégie, il est possible d'obtenir $-V_e \leq U_m \leq V_e$ pour $0 \leq \alpha \leq 1$. La valeur particulière $U_m = 0$ correspond à un rapport cyclique $\alpha = 0{,}5$. En revanche, elle génère une ondulation de courant importante.

L'ondulation du courant sera réduite en adoptant une commande unipolaire ou séquentielle, ou en ajoutant une inductance de lissage.

La commande séquentielle génère un minimum de commutations de transistor.

B.3.3.5 Puissance transmise en commande bipolaire

Dans le cas d'un hacheur 4 quadrants dont la stratégie de pilotage est la commande bipolaire, les interrupteurs {K1,K3} commutent de façon complémentaire avec les interrupteurs {K2,K3}.

La tension aux bornes de la charge est alors :

$$< V_C >= \alpha V_e - (1-\alpha) V_e = (2\alpha - 1) V_e$$

L'ondulation du courant a pour expression :

$$\Delta I_C = \frac{2\alpha(1-\alpha)}{L} ET$$

La puissance moyenne transférée à la charge est déterminée par :

$$< p_C >= \frac{1}{T}\int_0^T u(t).i(t)dt = \frac{1}{T}\left[\int_0^{\alpha T} V_e.i(t)dt - \int_{\alpha T}^{T} V_e.i(t)dt\right] = \frac{E}{T}\left[\alpha T I_{moy} - (1-\alpha T) I_{moy}\right]$$

$$\boxed{< p_C >= (2\alpha - 1) E I_{moy}}$$

On reconnaît dans cette expression qu'en fonction de la valeur du rapport cyclique, la puissance peut être positive ou négative, traduisant l'inversion du sens de transfert de l'énergie.

B.4 Hacheur entrelacé

B.4.1 Problématique

Les puissances transitant dans les composants d'un hacheur peuvent amener à surdimensionner ces composants. Par ailleurs, l'ondulation de courant étant inversement proportionnelle à la fréquence de découpage, il serait intéressant de multiplier cette fréquence.

Les hacheurs entrelacés permettent de résoudre cette double problématique.

B.4.2 Principe

Le principe des hacheurs entrelacés réside dans le fonctionnement parallèle de n hacheurs identiques, de même rapport cyclique, mais dont les commandes des interrupteurs seront décalés du rapport T/n :

Les commandes des transistors du hacheur entrelacé à 3 branches ci-contre sont ici décalées de T/3 :

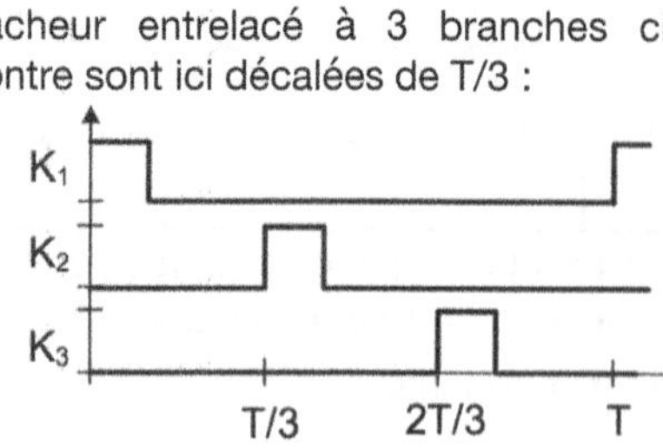

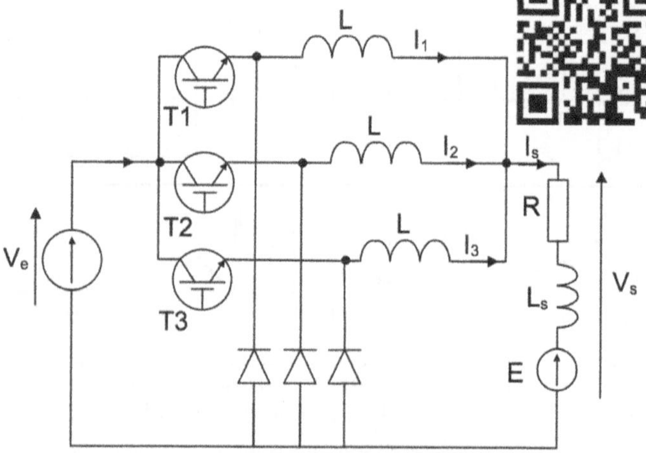

Hacheur entrelacé à 3 branches

Le courant dans chacune des branches, ainsi que le courant dans la charge, sont représentés sur le graphique suivant :

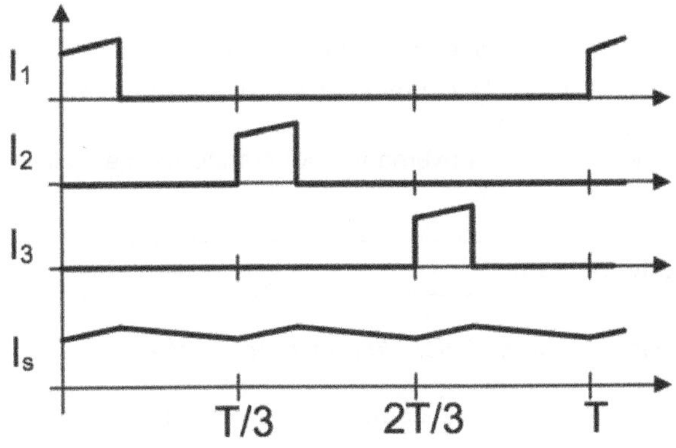

Evolution du courant dans les branches du hacheur entrelacé

Le rapport cyclique est le même pour chaque hacheur, mais les déclenchements sont décalés de T/n entre chaque hacheur.

L'ensemble se comporte ainsi comme un hacheur série classique, mais dont la fréquence de découpage est multipliée par le nombre de hacheurs entrelacés.

B.5 Hacheur Boost (survolteur)

B.5.1 Préambule

Certaines applications peuvent nécessiter une tension à délivrer à une charge supérieure à la tension d'alimentation du système.

Il est alors nécessaire d'élever la tension, contrairement au rôle classique des hacheurs série.

Le hacheur parallèle, ou hacheur boost, permet de réaliser cette fonction.

Le hacheur étant parallèle, il faudra veiller au respect des règles de connexion des sources.

B.5.2 Principe de fonctionnement et hypothèses

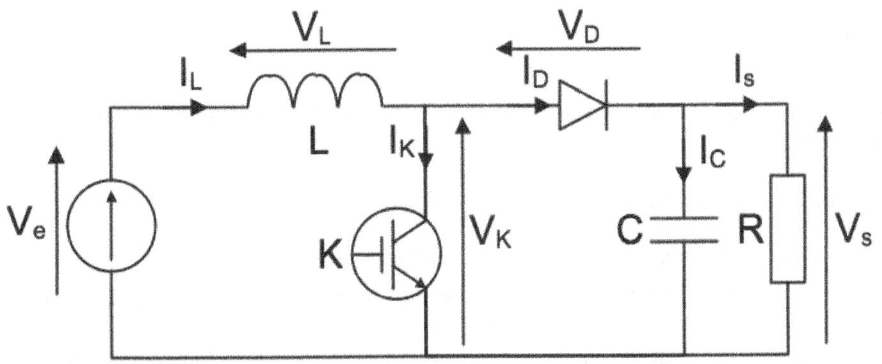

Schéma d'un hacheur Boost (survolteur)

Dans ce hacheur, V_e est la source idéale de tension. La charge est alimentée par la tension de sortie V_s que nous cherchons à déterminer.

K est un transistor qui sera piloté avec un rapport cyclique α , à une fréquence de découpage f.
L'inductance L permet de lisser le courant, et le condensateur C permet quant à lui de lisser la tension. La diode sera supposée idéale.
Nous supposerons que le courant traversant l'inductance ne s'annule jamais : mode de conduction continue.

B.5.3 Etude du fonctionnement

B.5.3.1 Phase de commutation du transistor : $0 \leq t < \alpha T$

A t=0, le transistor est amorcé et se comporte en interrupteur fermé. Ayant posé l'hypothèse de conduction continue, le courant dans l'inductance ne s'est pas annulé et vaut I_{L0}

$V_D = -V_S < 0$ donc la diode est bloquée.

Le schéma équivalent est alors le suivant :

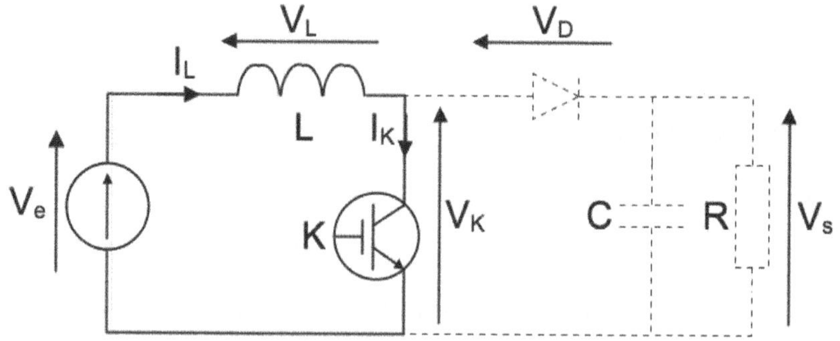

Hacheur boost en phase d'accumulation inductive

Les lois de l'électrocinétique permettent alors écrire :

$$V_e = V_L = L\frac{dI_L}{dt}$$

Donc

$$I_L(t) = \frac{V_e}{L}t + I_{L0}$$

Le courant augmente, et l'inductance accumule de l'énergie électromagnétique. On parle de phase d'«accumulation inductive».

B.5.3.2 Phase de blocage du transistor : $\alpha T \leq t < T$

A $t = \alpha T$, le transistor est bloqué et se comporte en interrupteur ouvert.

La rupture brutale du courant I_L induit une inversion de la tension aux bornes de la bobine, ainsi qu'une surtension.

Le potentiel à l'anode de la diode devient donc supérieur au potentiel à sa cathode, et la diode devient donc passante. L'énergie accumulée dans la bobine est alors transférée vers la charge (schéma équivalent de la figure page suivante).

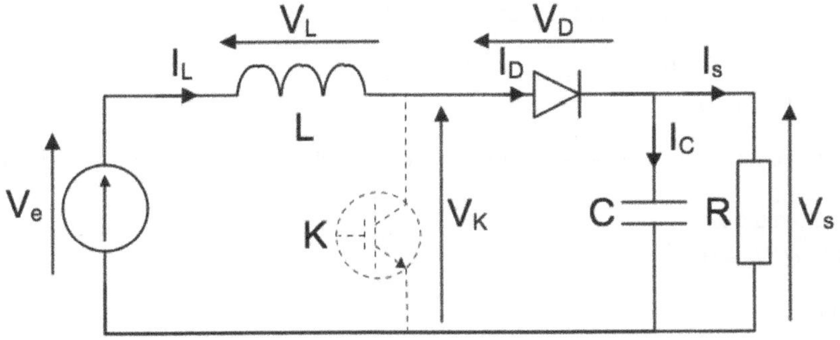

Hacheur boost en phase de transfert d'énergie

La loi des mailles fournit :

$$V_L = L\frac{dI_L}{dt} = V_e - V_D - V_S = V_e - V_S$$

L'inductance libère l'énergie électromagnétique accumulée, et se comporte en générateur de courant. La tension à ses bornes demeure négative.

Par conséquent, $V_e - V_S < 0$: il s'agit bien d'un montage survolteur.

En ce qui concerne l'évolution du courant, on peut écrire :

$$I_L(t) = I_S(t) = \frac{V_e - V_S}{L}t + I_{Lmax}$$: le courant diminue donc.

B.5.3.3 Bilan sur l'ensemble d'une période

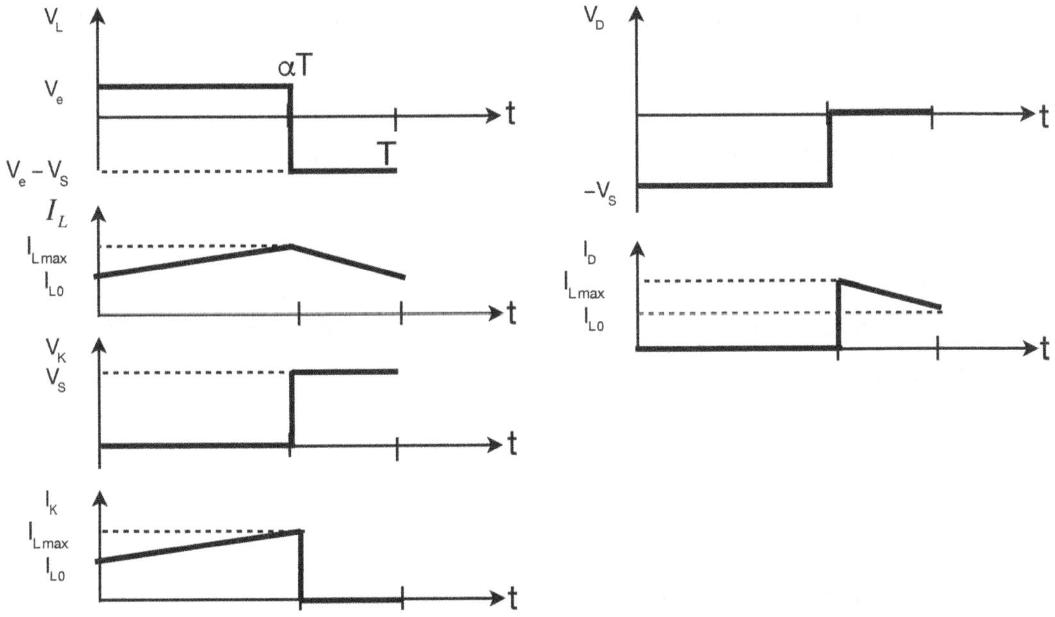

Evolution des signaux dans le hacheur Boost

La valeur moyenne aux bornes de l'inductance est donnée par :

$$< V_L >= \alpha V_e + (1-\alpha)(V_e - V_S)$$

$$< V_L >= V_e - (1-\alpha) V_S$$

Or la tension moyenne aux bornes de l'inductance est nulle, le courant étant périodique.

On en déduit alors :

$$V_e - (1-\alpha) V_S = 0$$

Soit au final :

$$\boxed{V_S = \frac{V_e}{(1-\alpha)}}$$

B.5.3.4 Ondulation du courant dans l'inductance

L'étude au paragraphe B.5.3.1 précédent permet d'établir que le courant maximal, à la fin de la phase de commutation du transistor, a pour expression :

$$I_{Lmax} = I_{L0} + \frac{V_e}{L}\alpha T$$

L'ondulation de courant a alors pour expression :

$$\Delta I_L = \frac{\alpha V_e}{Lf}$$

Plus l'inductance est grande, ou la fréquence de découpage élevée, et plus l'ondulation est faible.

B.5.3.5 Ondulation de la tension aux bornes de la charge

La tension aux bornes de la charge est celle aux bornes du condensateur :

$$V_S = V_C$$

Or $I_C = C\dfrac{dV_C}{dt}$

La tension V_S étant un signal de nature périodique, alors il en est de même pour V_C , et par conséquent $< I_C >= 0$

Par ailleurs, on a :

$$I_D = I_C + I_S \text{(loi des nœuds)}$$

et $< I_D >= (1-\alpha) < I_L >$

On obtient alors la relation donnant l'ondulation de la tension :

$$\Delta V_S = \Delta V_C = \frac{\alpha < I_S >}{Cf}$$

C. Convertisseur DC-AC (Onduleur)

C.1 Généralités

C.1.1 Problématique

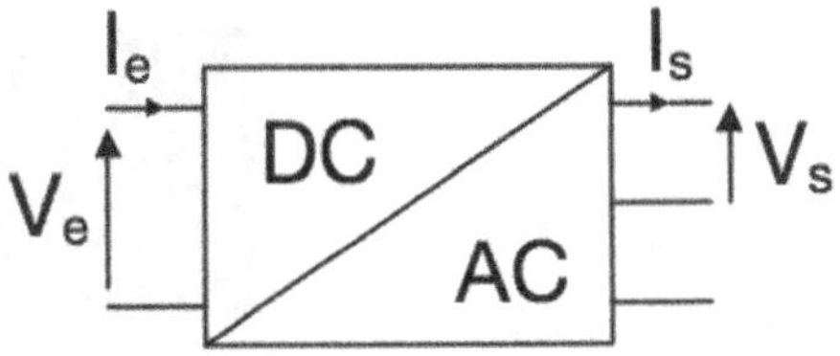

Les onduleurs ont pour fonction de convertir une tension continue en une tension sinusoïdale dont les caractéristiques de tension efficace et de fréquence sont réglables.

Leurs domaines d'application sont essentiellement :

- le pilotage des machines asynchrones et synchrones. Dans ce cas, la tension d'alimentation d'origine est celle du réseau triphasé, qui est redressé puis ensuite converti en tension sinusoïdale dont les caractéristiques sont maîtrisées ;
- les alimentations sans interruptions, afin de protéger les équipements sensibles ou qui ne tolèrent pas d'interruption de leur source d'alimentation. Dans ce cas, la tension d'alimentation d'origine est issue de batteries qui fournissent une tension continue qui sera ensuite convertie par l'onduleur. Il s'agit alors le plus fréquemment d'onduleurs en monophasé.

C.1.2 Structure d'un onduleur

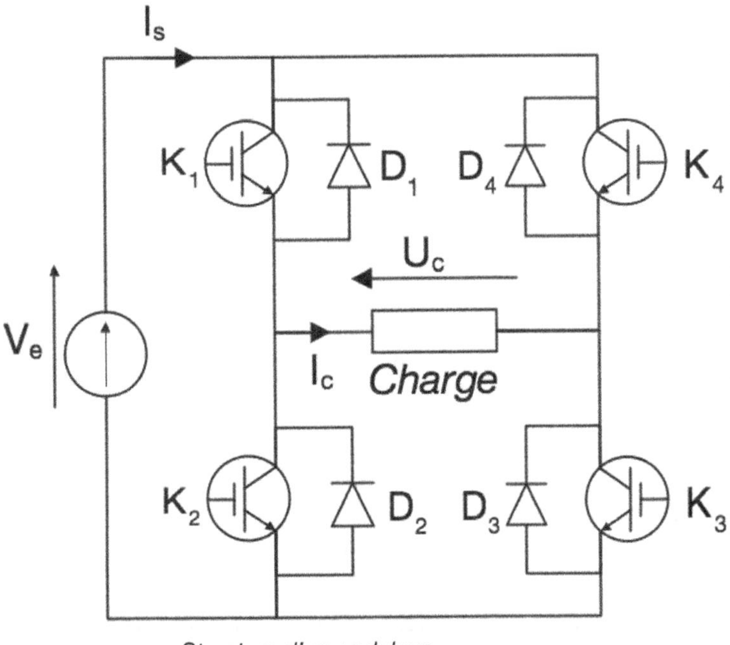

Structure d'un onduleur

Les onduleurs vont utiliser le même principe que les hacheurs, à savoir le découpage d'une tension continue de façon à moduler la tension délivrée aux bornes de la charge.

C'est la façon dont cette tension est découpée qui distinguera les onduleurs des hacheurs.

Les composants utilisés sont donc les mêmes, à savoir des interrupteurs commandés (transistors MOSFET, IGBT) auxquels on associe des diodes afin d'assurer la réversibilité en courant.

C.2 Convertisseur en pont à commande symétrique

C.2.1 Principe de fonctionnement

La structure dans le cas d'un onduleur est représentée ci-dessous. La charge est supposée inductive R+L (respectant ainsi les règles d'association des sources).

La notion de rapport cyclique α vue lors de l'étude des hacheurs est reprise ici. On notera T la période de découpage.

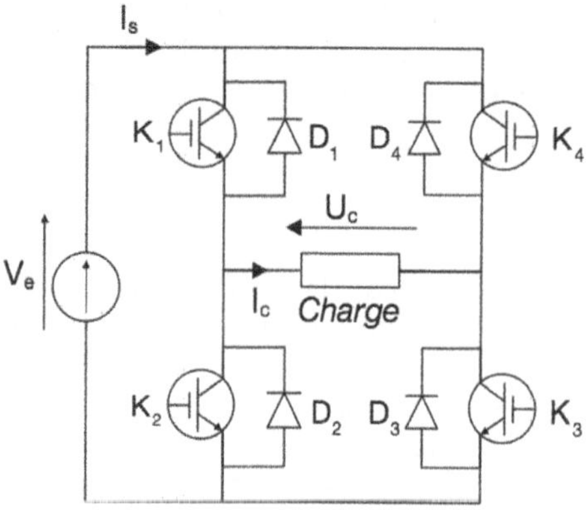

Comportement pour $0 \le t < \alpha T$:

K1 et K3 sont commandés, et $U_c = V_e$

Comportement pour $\alpha T \le t < T$:

K2 et K4 sont commandés, et $U_c = -V_e$

C.2.2 Forme d'onde et spectre de fréquence

Le régime transitoire s'installe à chaque commutation, et la forme d'onde est alors la suivante :

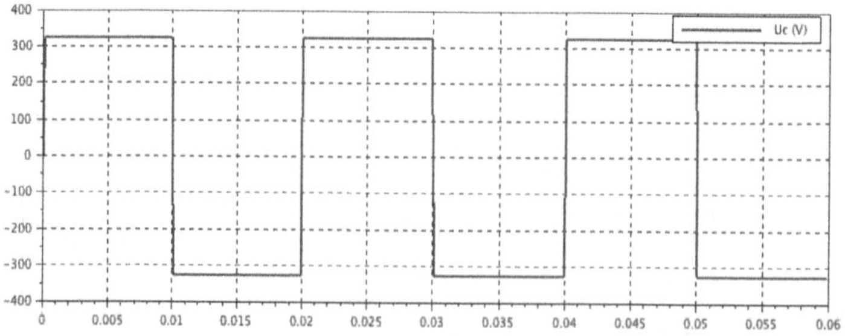

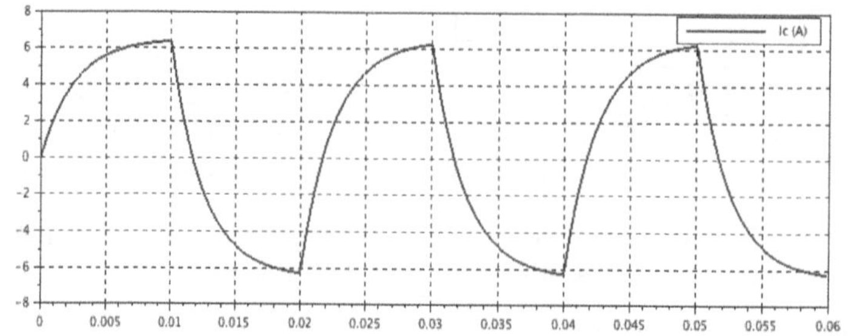

Ce type de commande génère de nombreux harmoniques, préjudiciables au facteur de puissance et à la qualité du signal (voir ci-après le spectre de fréquence pour un signal de fréquence souhaitée de 50 Hz).

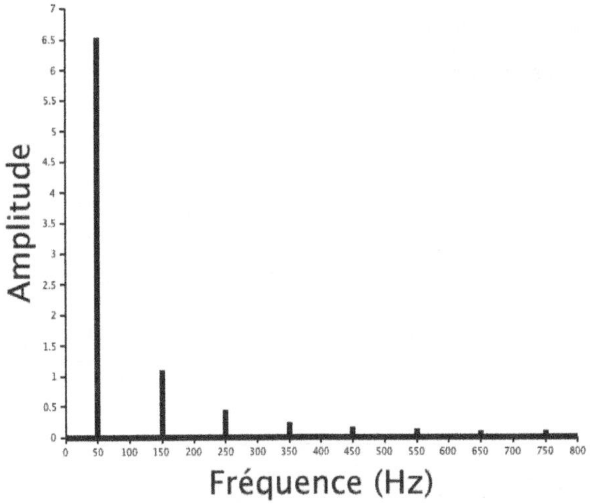

Spectre de courant en sortie d'un onduleur à commande symétrique sur charge RL

C.3 Convertisseur en pont à commande décalée

C.3.1 Principe

Dans cette commande, les interrupteurs K2/K4 commutent de façon alternative, de même que les interrupteurs K1/K3, mais le cycle de commutation de ces derniers est décalé de t_0 :

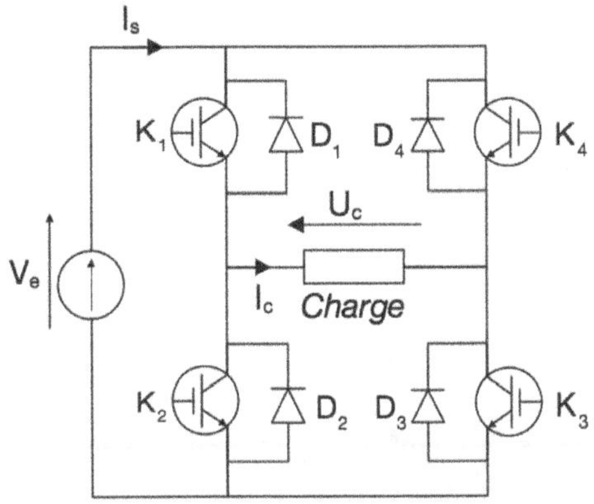

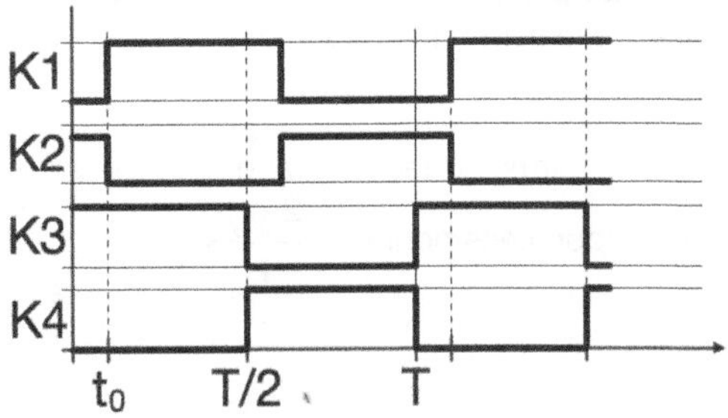

Comportement pour $0 \leq t < t_0$: K2 et K3 sont commandés, et $U_c = 0$

Comportement pour $t_0 \leq t < \frac{T}{2}$: K1 et K3 sont commandés, et $U_c = V_e$

Comportement pour $\frac{T}{2} \leq t < \frac{T}{2} + t_0$: K1 et K4 sont commandés, et $U_c = 0$

Comportement pour $\frac{T}{2} + t_0 \leq t < T$: K2 et K4 sont commandés, et $U_c = -V_e$

C.3.2 Forme d'onde et spectre de fréquence

Le forme d'onde est à présent la suivante :

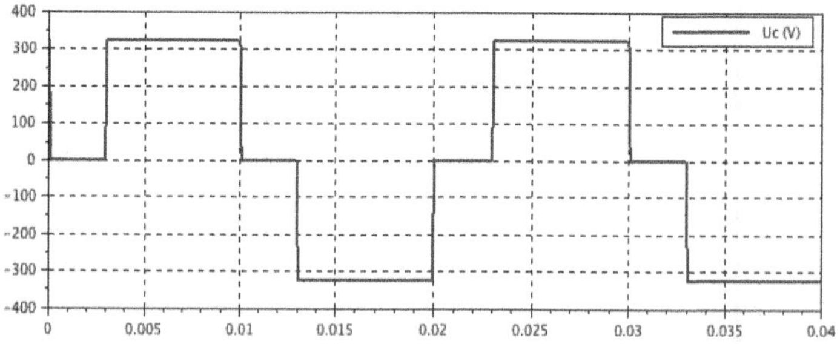

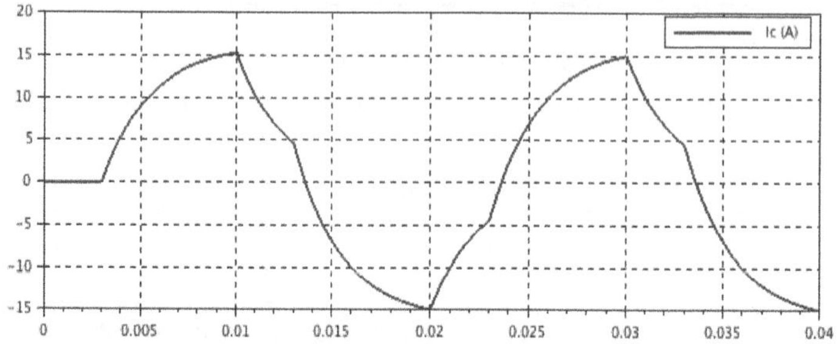

On constate que le spectre de fréquence présente une fondamentale marquée à 50Hz, et essentiellement une harmonique de rang 3 :

Les harmoniques de rang multiples de 3 sont supprimées pour $\alpha = \frac{2\pi t_0}{T} = \frac{\pi}{6}$

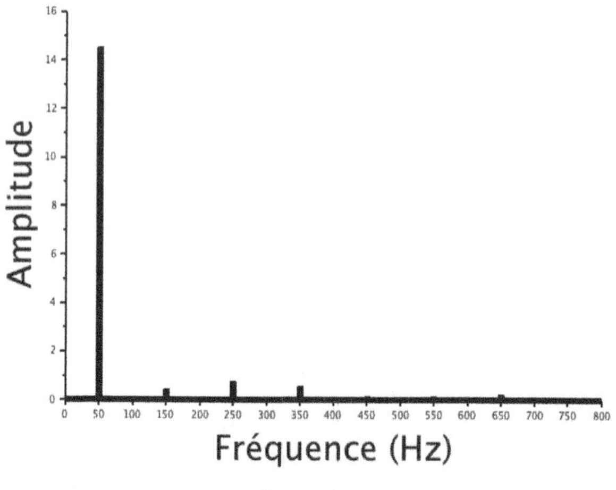

Spectre de courant en sortie d'un onduleur à commande décalée sur charge RL

C.4 Convertisseur en pont à modulation de largeur d'impulsion (MLI)

C.4.1 Génération des impulsions

La structure de l'onduleur reste identique, mais le pilotage est plus sophistiqué, avec des largeurs d'impulsion variables.

Le principe consiste à comparer le signal à générer, appelé **modulante**, avec un signal triangulaire appelé **porteuse**. Si l'amplitude de la modulante est supérieur à celle de la porteuse, alors une impulsion est générée.

Les commandes des interrupteurs de l'onduleur sont obtenues par le résultat de cette comparaison entre la modulante et la porteuse.

On appelle **taux de modulation** le rapport entre l'amplitude de la modulante et l'amplitude de la porteuse.

On appelle **indice de modulation** le rapport entre la fréquence de la porteuse et la fréquence de la modulante.

Comme pour les hacheurs, on distingue le pilotage unipolaire et le pilotage bipolaire :

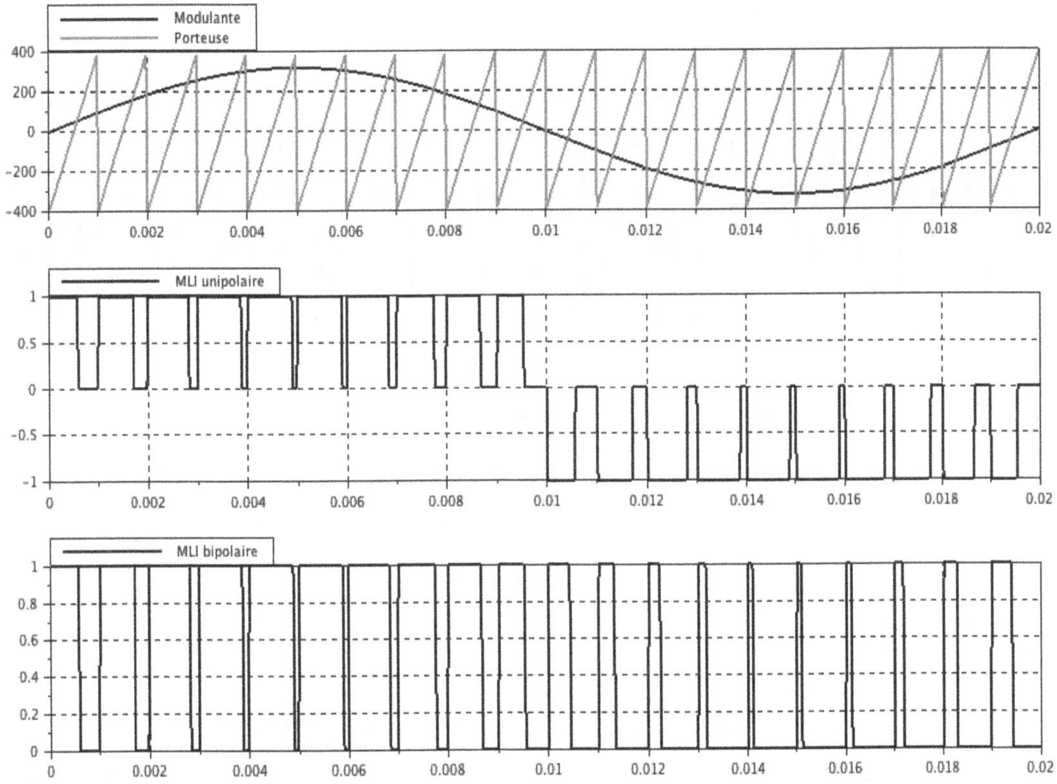

Ce MLI dite intersective est appelée loi «sinus-triangle». Elle nécessite une fréquence de la porteuse nettement supérieur à celle de la modulante.

L'amplitude du signal généré est réglée en adaptant l'amplitude de la modulante.

C.4.2 Forme des signaux sur charge RL

Sur une charge RL, l'allure du courant dans la charge et de la tension à ses bornes est représentée ci-dessous, pour deux fréquences différentes de porteuse (1 kHz et 10 kHz).

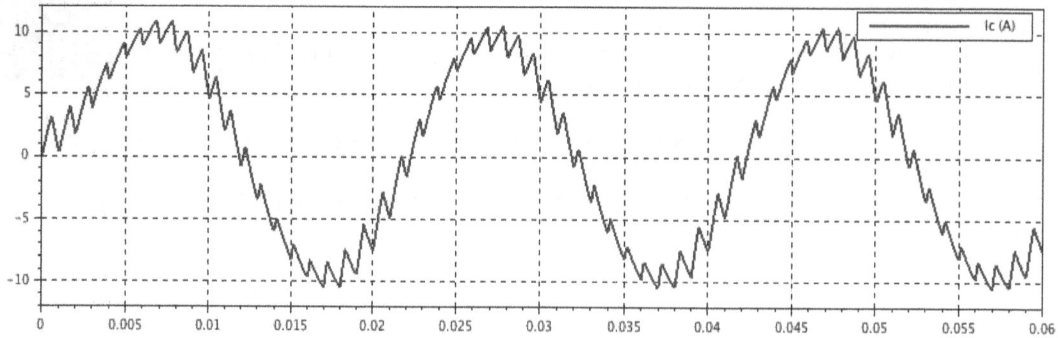

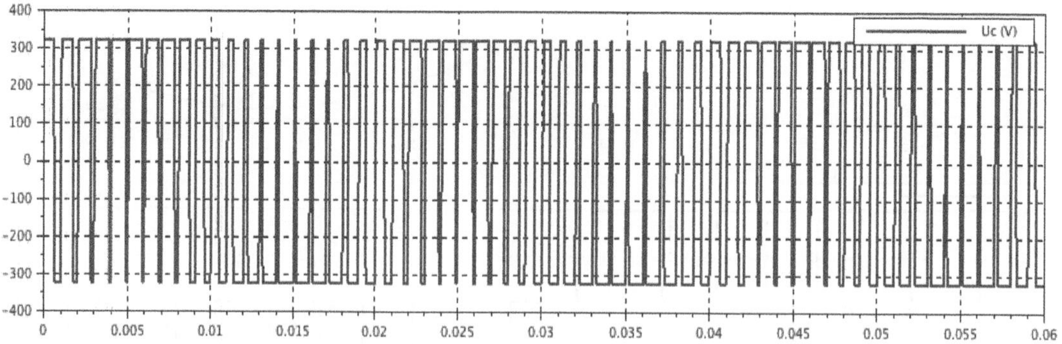

Courant et tension en sortie d'un onduleur MLI (fréquence de porteuse 1 kHz)

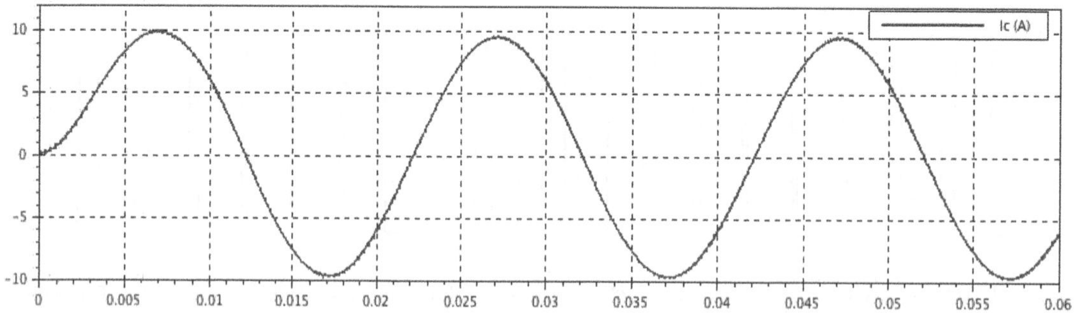

Courant en sortie d'un onduleur MLI (fréquence de porteuse 10 kHz)

C.4.3 Décomposition spectrale de la tension

Les harmoniques de l'onduleur dépendent de certains paramètres, tels que l'indice de modulation et le taux de modulation.

Le spectre de Fourier ci-dessous est issu de la décomposition d'une modulante de fréquence 50 Hz et d'une porteuse de fréquence 1 kHz, avec un taux de modulation égal à 0,8.

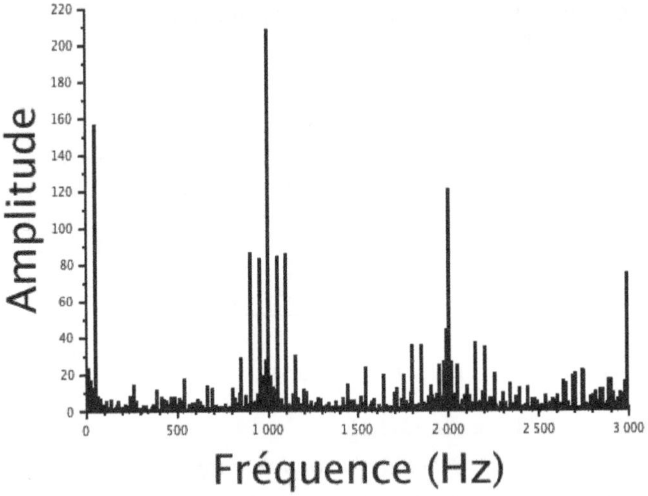

Décomposition le la tension en sortie d'un onduleur

Outre la fréquence du signal généré (ici 50 Hz), on observe des raies centrées sur les multiples de la fréquence de découpage.

Sur une charge RL, le courant lissé par l'inductance présente des harmoniques nettement moins marquées, toujours centrées sur la fréquence de découpage :

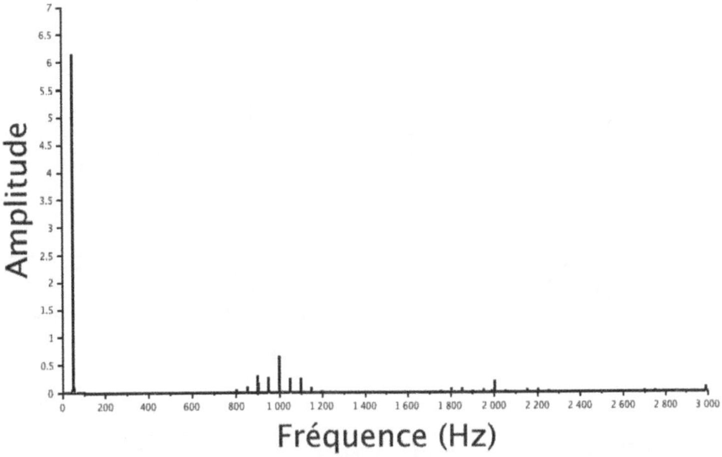

Décomposition du courant en sortie d'un onduleur

C.4 Onduleur triphasé

C.4.1 Onduleur à MLI

Les onduleurs précédemment abordés délivrent une tension sinusoïdale simple, entre une phase et un neutre. Or les moteurs asynchrones et synchrones nécessitent une alimentation triphasée, et il est donc nécessaire de générer 3 signaux sinusoïdaux déphasés de 2π/3.

L'onduleur triphasé permet de répondre à cette problématique.

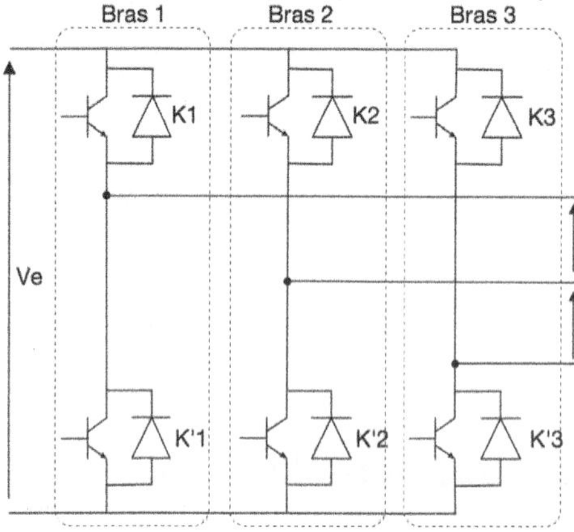

Schéma d'un onduleur triphasé

Les transistors de chacun des bras de l'onduleur sont pilotés en MLI de façon complémentaire, avec une loi intersective «sinus-triangle». La modulante de chacun des bras est une sinusoïde, chacune déphasée de $2\pi/3$:

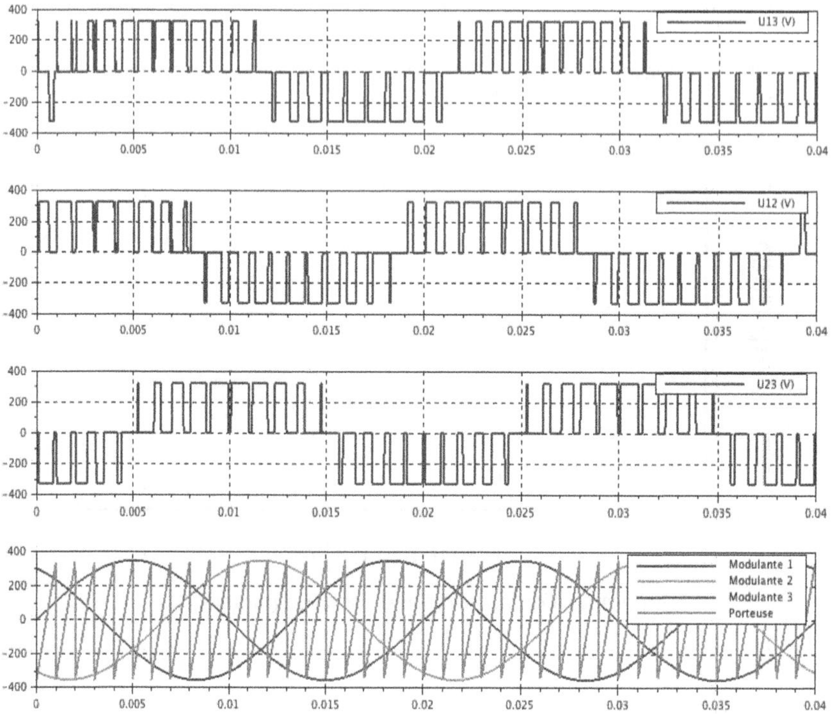

La simulation de la connexion de cet onduleur triphasé sur des charges inductives RL fournit les résultats suivants, avec une fréquence de porteuse égale à 2 kHz :

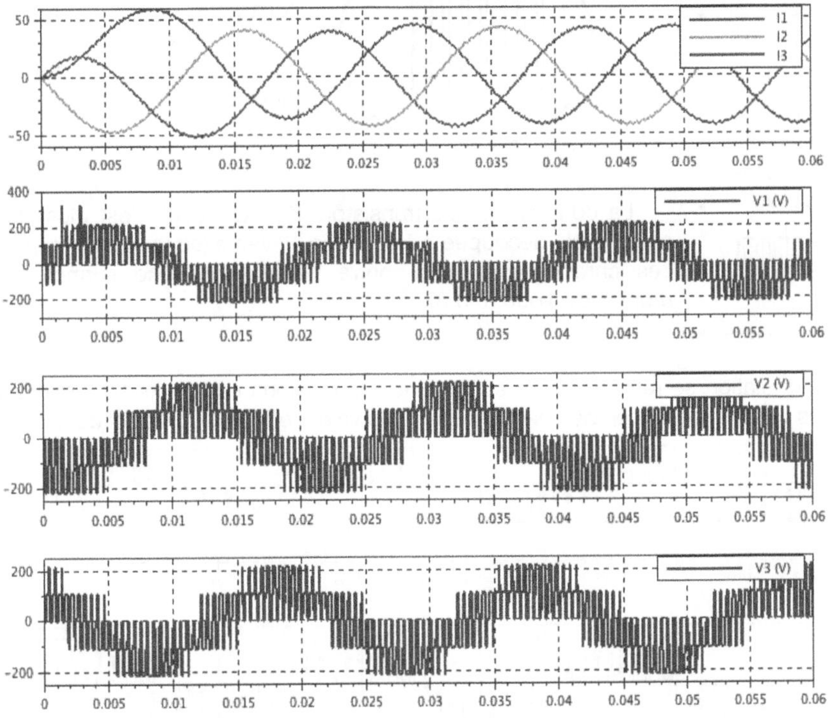

Tensions simples et courants de ligne dans les charges RL

C.4.2 Onduleur à commande décalée

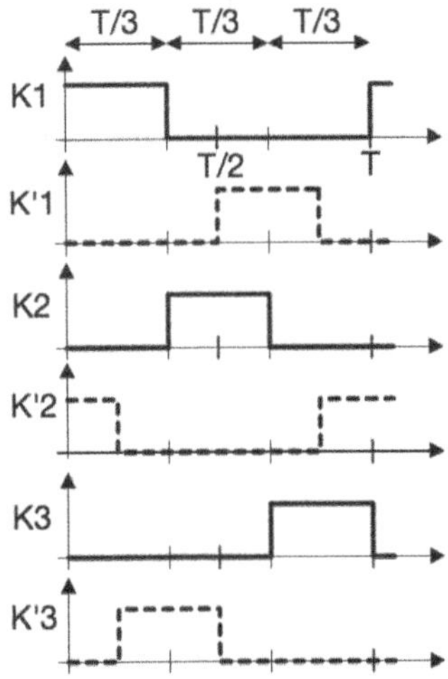

Pour certaines applications, en particulier dans le cas de la commande de moteurs synchrones à aimants permanents, il est préférable de fournir des tensions sous forme de créneaux. On adoptera alors une commande pleine onde (pont à commande décalée).

La loi de commande des transistors des bras de l'onduleur sont représentés ci-contre. Les interrupteurs de chaque bras suivent la même alternance, mais décalés d'un tiers de période.

Cet onduleur délivre les tensions composées suivantes :

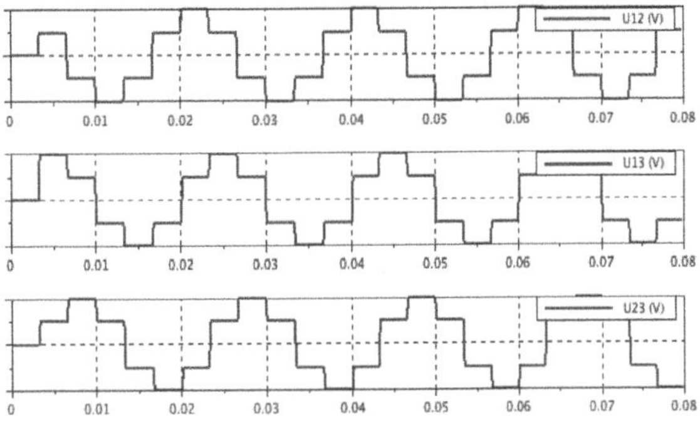

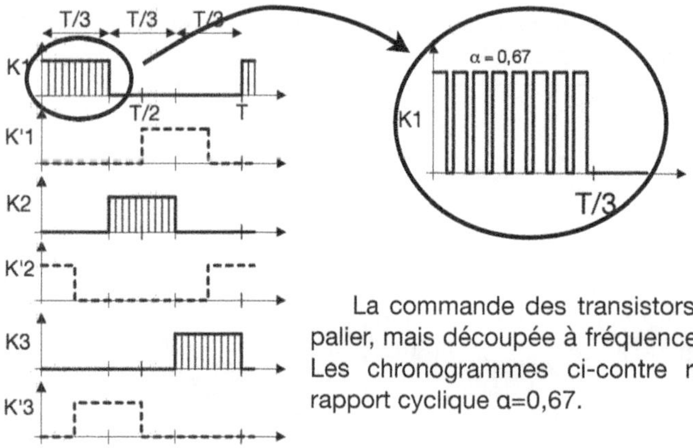

Dans le cas d'un tel onduleur, la valeur efficace de la tension de sortie est constante.

Pour faire varier cette valeur efficace, il est possible d'appliquer une sur-modulation des signaux.

La commande des transistors K1, K2 et K3 n'est plus sous forme d'un palier, mais découpée à fréquence élevée avec un certain rapport cyclique α. Les chronogrammes ci-contre représentent une surmodulation avec un rapport cyclique α=0,67.

Cette sur-modulation se retrouve alors sur l'allure des tensions composées en sortie d'onduleur, et modifie ainsi les valeurs moyennes de chaque palier, et la valeur efficace du signal délivré :

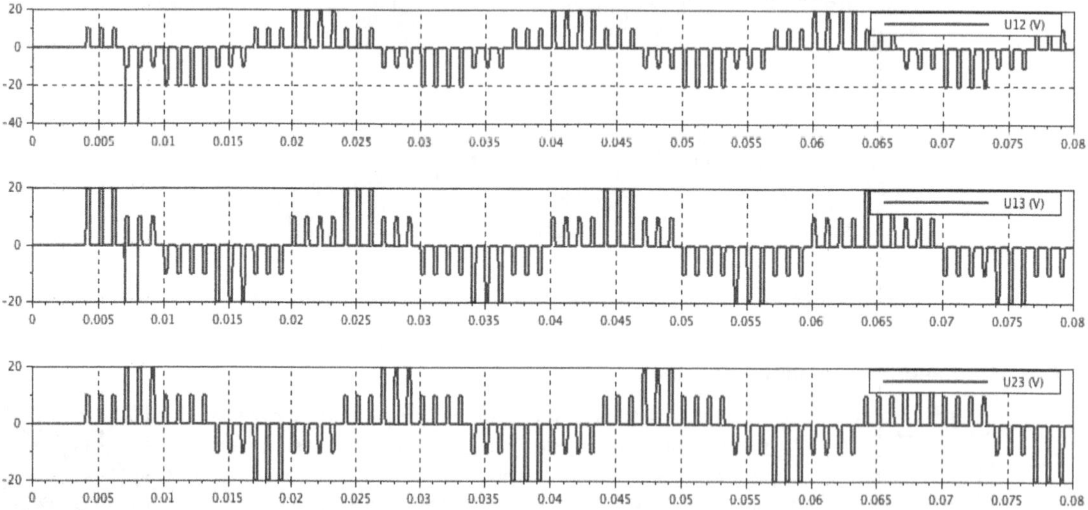

CE QU'IL FAUT RETENIR

Conversion alternatif - continu (redresseurs)

Redressement mono alternance

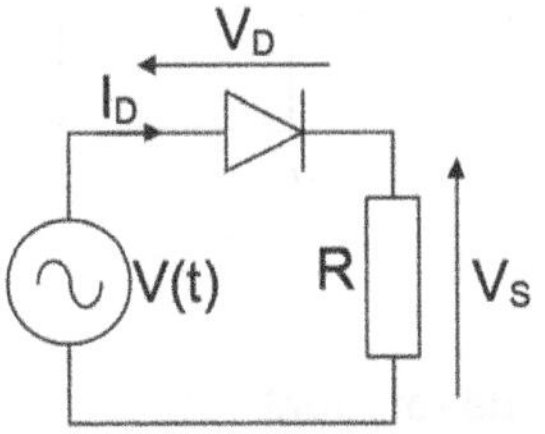

$$< V_R > = \frac{\sqrt{2}}{\pi} V$$

$$I_{eff} = \frac{\sqrt{2}}{2} \frac{V}{R}$$

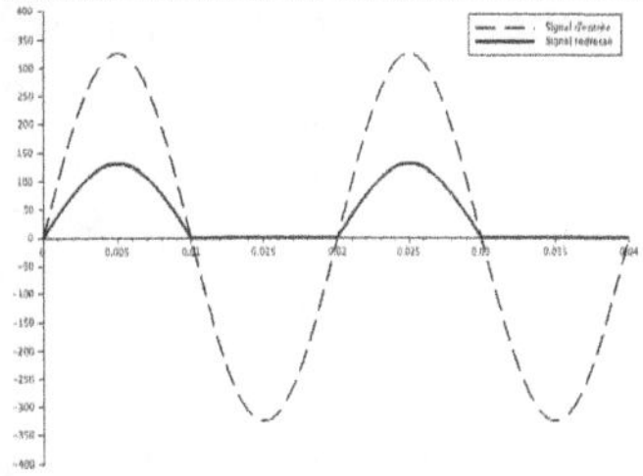

Redressement double alternance (Pont de Graëtz PD2)

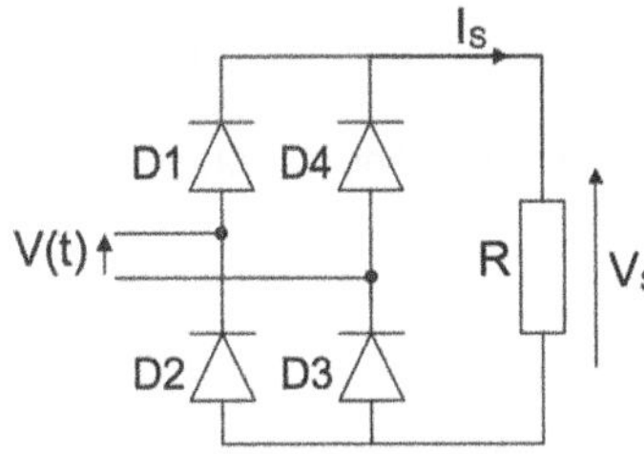

$$< V_R > = \frac{2\sqrt{2}}{\pi} V$$

<u>Montage à cathode commune :</u>
La diode passante possède le potentiel le plus élevé à l'anode est

<u>Montage à anode commune</u> :
La diode passante possède le potentiel le plus faible à la cathode

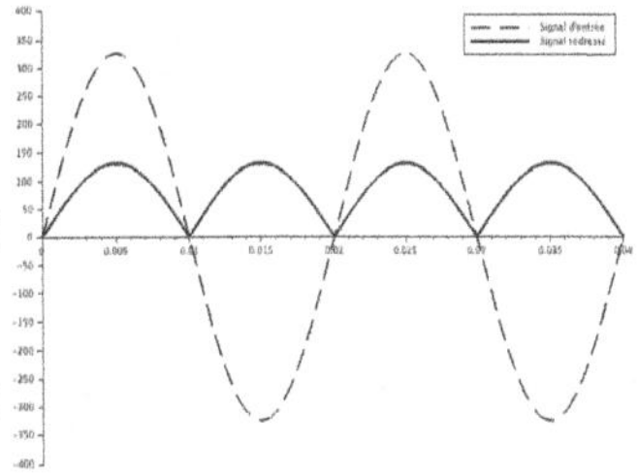

Redressement triphasé (Pont PD3)

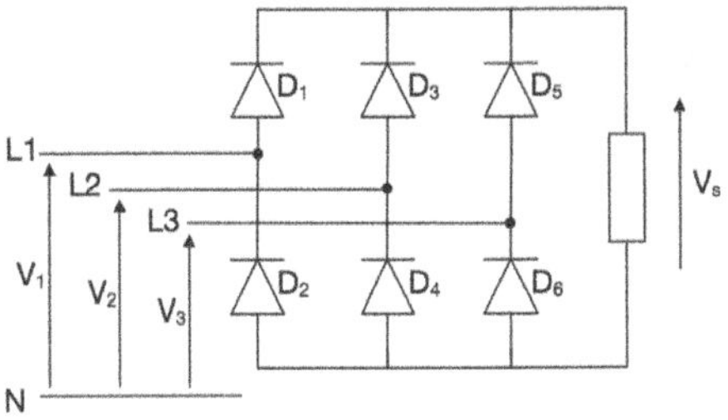

$$< V_S > = \frac{3\sqrt{6}}{\pi} V$$

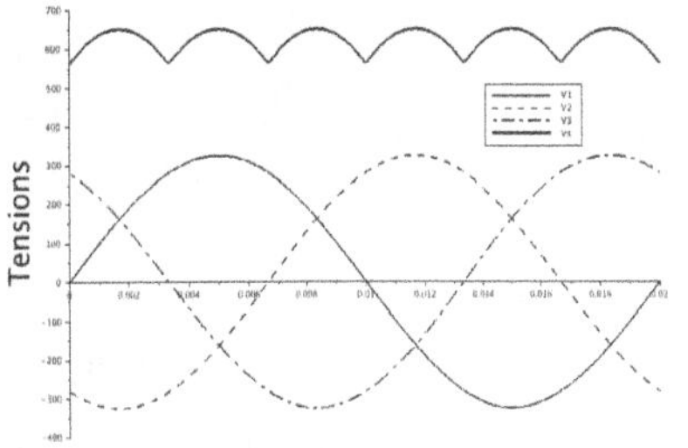

Conversion continu - alternatif (onduleurs)

Structure d'un onduleur

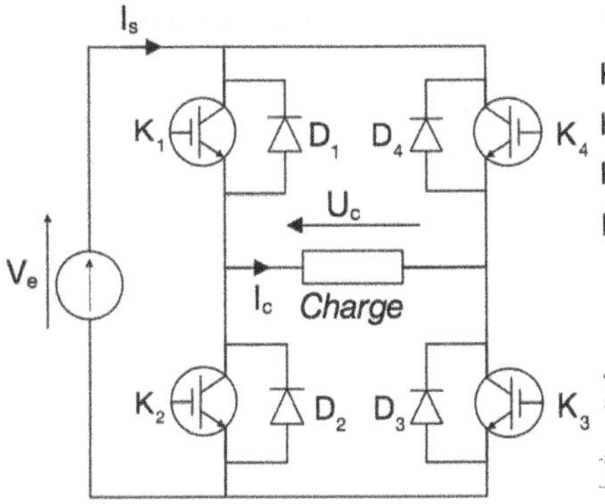

Stratégies de commande

Commande symétrique

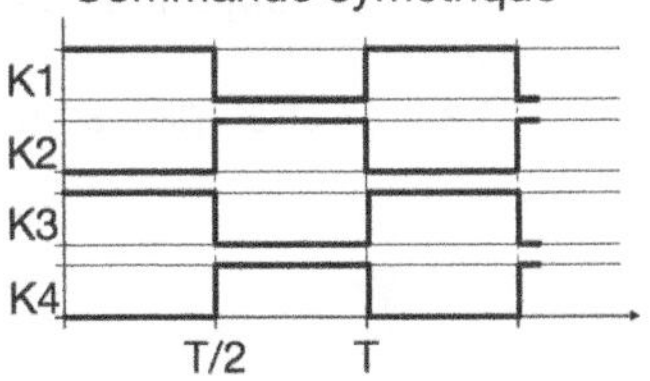

Commande décalée

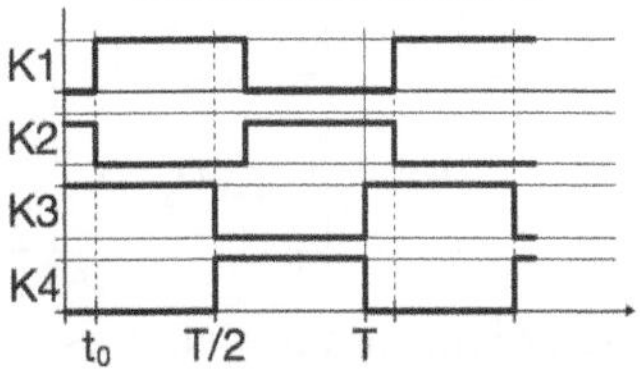

Modulation de largeur d'impulsion

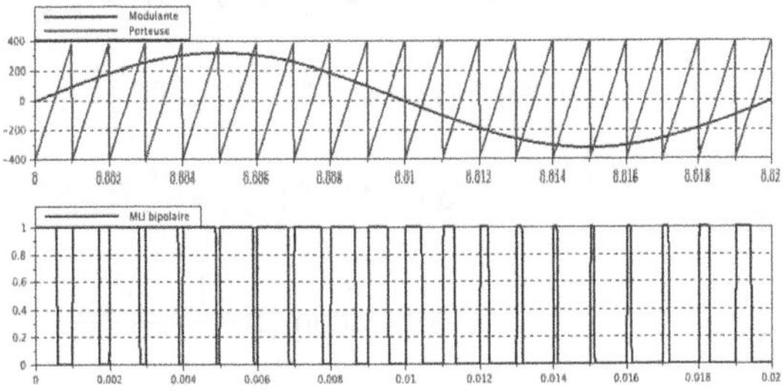

CE QU'IL FAUT RETENIR

Conversion continu - continu (hacheurs)

Hacheur 1 quadrant (moteur à 1 sens de rotation)

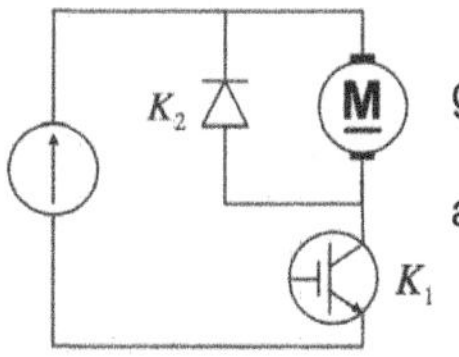

K1 : transistor piloté en MLI, avec rapport cyclique α. Le générateur transfère l'énergie au moteur

K2 : diode de roue libre, permettant la circulation du courant accumulé dans l'inductance (K1 bloqué)

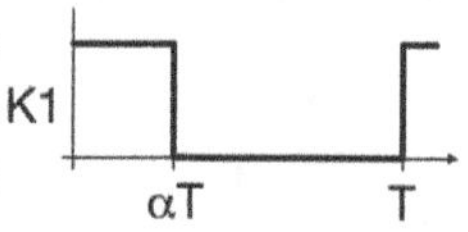

Hacheur 2 quadrants réversible en courant (moteur ou génératrice à 1 sens de rotation)

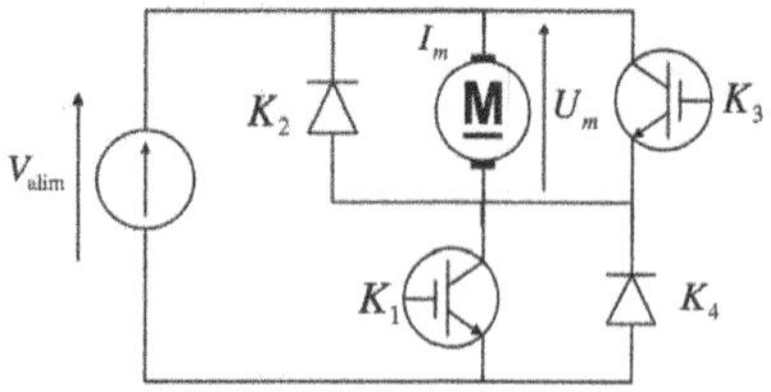

La diode montée en parallèle de K1 autorise l'inversion du sens du courant

➢ Mode génératrice possible, avec le même sens de rotation

Hacheur 2 quadrants réversible en tension (moteur à 2 sens de rotation)

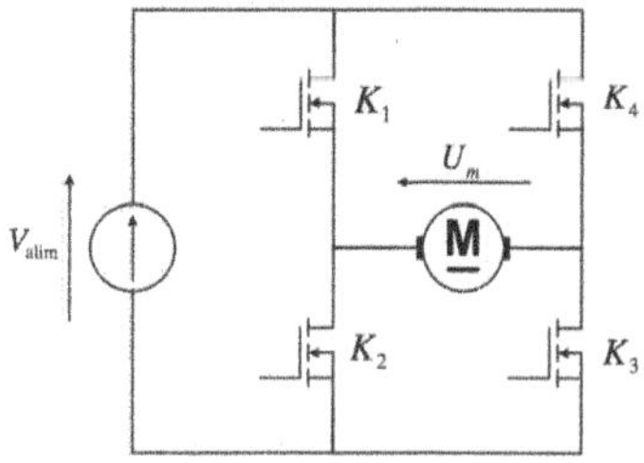

La machine ne fonctionne qu'en mode moteur

Les interrupteurs fonctionnent par paire :

- {K1;K3} pour un sens de rotation
- {K2;K4} pour l'autre sens de rotation

Hacheur 4 quadrants (moteur ou génératrice à 2 sens de rotation)

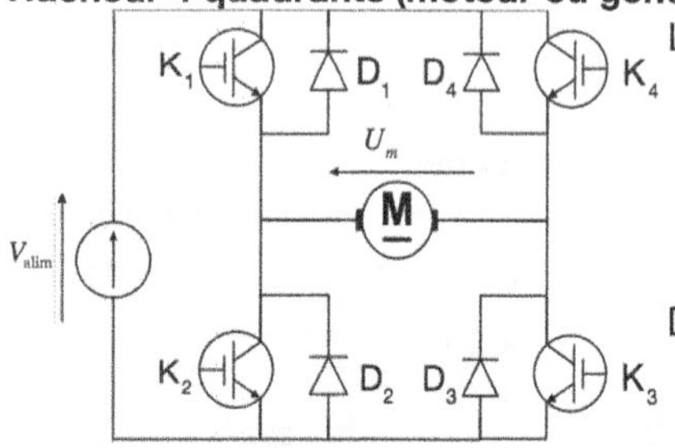

Les 4 quadrants sont accessibles :

- Q1 : {K1;K4} en transfert d'énergie, {K1;D3} en roue libre
- Q2 : {D2;D3} en transfert d'énergie, {K1;D3} en roue libre
- Q3 : {K2;K3} en transfert d'énergie, {K2;D4} en roue libre
- Q4 : {D1;D4} en transfert d'énergie, {K2;D4} en roue libre

D'autres stratégies sont possibles

Relations caractéristiques

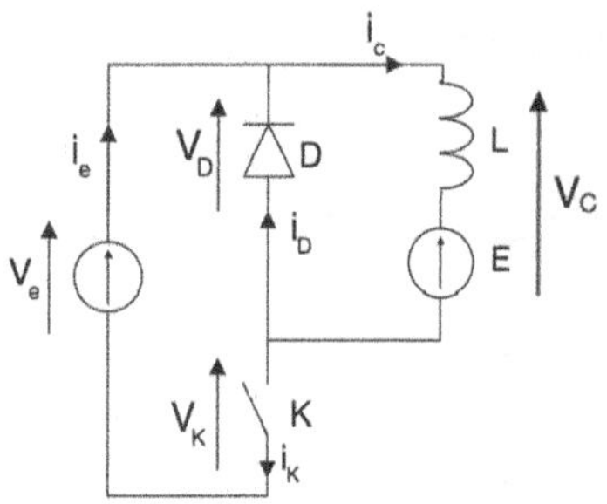

$$< V_C > = \frac{1}{T}\left(\alpha T V_E + 0\right) = \alpha V_E$$

$$0 \leq t < \alpha T \ : \ i(t) = \frac{V_E - E}{L} t + I_{min}$$

$$\alpha T \leq t < T : \ i(t) = \frac{-E}{L}(t - \alpha T) + I_{max}$$

$$\text{Ondulation } \Delta i = \frac{I_{max} - I_{min}}{2} = \frac{\alpha\left(1-\alpha\right)}{2L} ET$$

D. Exercices

Problème 1 : Laveuse autoportée (Concours ATS 2015) *(Corrigé page 557)*

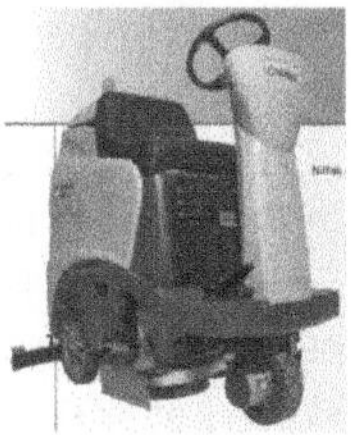

La société Nilfisk propose une large gamme d'engins de nettoyage des sols. La gamme des laveuses autoportées répond aux besoins de lavage pour des surfaces de plusieurs milliers de km carrés.

Les deux roues arrière sont motorisées par des moteurs à courant continu, et on s'intéresse dans ce problème à la distribution de l'énergie à ces moteurs.

Ces laveuses doivent pouvoir avancer et reculer sur des pentes maximales de 6%, à une vitesse maximale de 3 km.h^{-1}.

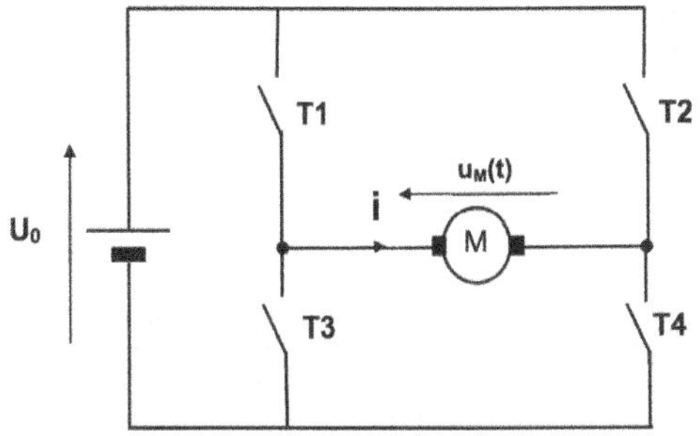

Schéma du convertisseur

Une représentation simplifiée d'une partie de la structure interne du convertisseur est donnée ci-contre.

La tension U_0 est supposée constante $U_0 = 24V$.

Les interrupteurs seront supposés parfaits.

M représente le moteur à courant continu.

Les signaux produits par la carte de commande gèrent les interrupteurs T1, T2, T3 et T4 tels que (T1-T4) d'une part et (T2-T3) d'autre part sont commandés simultanément à la fermeture et à l'ouverture.

Ces signaux sont périodiques de fréquence $f=1/T=20$ kHz.

Pour $0 \leq t < \alpha T$, T1-T4 sont fermés et T2-T3 sont ouverts. Sur le reste de la période ($\alpha T \leq t < T$), T2-T3 sont fermés et T1-T4 sont ouverts.

Question 1. Réversibilité du convertisseur

Définir les possibilités de réversibilité en courant et en tension du convertisseur alimentant le moteur. Justifier la réponse.

Question 2. Chronogramme de la tension

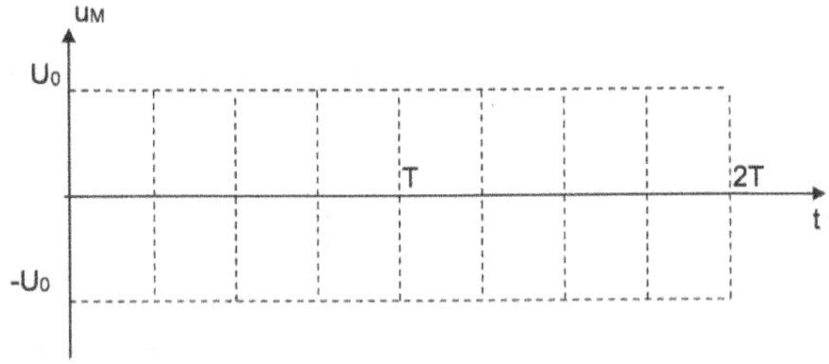

Représenter sur le chronogramme ci-contre, sur deux périodes, la tension U_M pour un rapport cyclique de 0,25.

Question 3. Tension moyenne d'induit

Exprimer la valeur moyenne $<U_M>$ de la tension U_M aux bornes de l'induit de la MCC en fonction de la tension U_0 et du rapport cyclique α.

À partir de cette relation, proposer un encadrement du rapport cyclique pour chaque ligne du tableau ci-contre.

Ω_moteur	α
0	α =……
>0	… ≤α <…
<0	… <α ≤…

Problème 2 : Borne rétractable solaire (Concours ATS 2010)

(Corrigé page 558)

Le dispositif étudié est un système permettant de limiter ou d'interdire la circulation dans des zones à accès réservé. Ce dispositif comporte un caisson intégrant la partie opérative, à savoir une borne motorisée rétractable dans le sol, et un caisson intégrant la partie commande comportant.

Le moteur est déconnecté du système pour être alimenté par le montage de la figure ci-contre.

La tension E est constante et sa valeur est positive. Le courant $I_m(t)$ est toujours strictement positif.

K_1 et K_2 sont des interrupteurs électroniques considérés parfaits. Le convertisseur est commandé de façon périodique, de période T, et présente deux phases différentes de fonctionnement :

- Pendant la première phase, de durée α.T (avec $0<\alpha<1$), K_1 est passant et K_2 bloqué.
- Pendant la seconde phase, soit le reste du temps, K_1 est bloqué et K_2 passant.

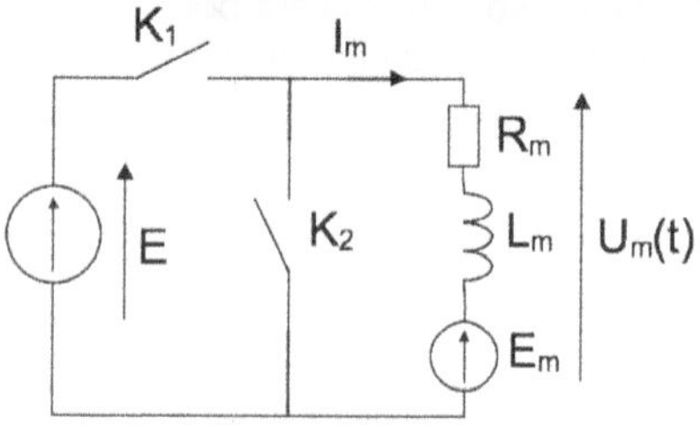

Modèle d'étude du moteur

> On cherche à déterminer les caractéristiques du moteur à courant continu assurant la motorisation de la borne rétractable. Ce moteur sera modélisé par résistance R_m, une bobine L_m et une fcém E_m.

Question 1. Nom du convertisseur

Quel nom porte ce convertisseur électronique ? Comment appelle-t-on la grandeur notée α ?

Question 2. Composants du convertisseur

Le convertisseur est constitué d'une diode et d'un transistor. Dessiner le schéma du montage en faisant apparaître l'emplacement de ces composants.

Question 3. Tension U_m moyenne

L'étude est menée en régime permanent. La période T ayant une valeur très inférieure à L_m/R_m, la résistance R_m sera négligée dans toute la suite.

Exprimer $U_{m[moy]}$, la valeur moyenne de la tension $U_m(t)$ en fonction de α et E. Détailler le calcul.

Question 4. fcém et courant du moteur

Exprimer la fcém du moteur Em, en fonction de α et E. Préciser les hypothèses qui mènent à cette relation.

Donner l'expression de $I_m(t)$ lorsque K_1 est fermé. On notera $I_{m[min]}$ la valeur du courant au début de cette phase de fonctionnement.

En déduire l'expression de L_m, en fonction de E, T, α et de l'ondulation de courant $\Delta I_m = I_{m[max]} - I_{m[min]}$

Question 5. Essai du moteur

On procède à un essai, et on relève la tension U_m et le courant I_m (graphes ci-contre).

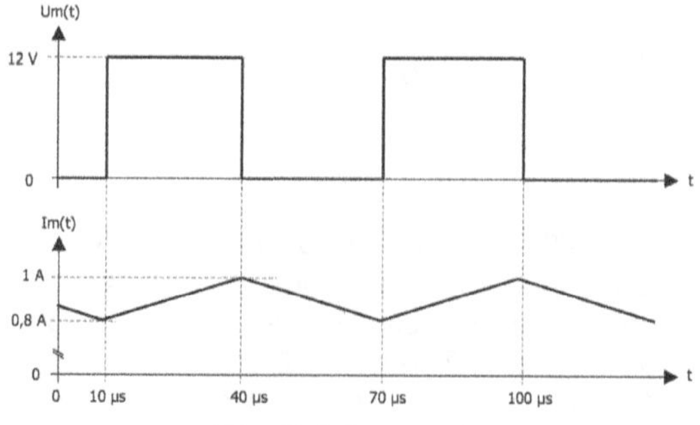

Résultat des essais

Déduire les valeurs numériques de E, T, α et ΔI_m correspondantes à cet essai.

En déduire la valeur numérique de L_m.

Problème 3 : Unité de conditionnement de cartons (Concours ATS 2016) *(Corrigé page 559)*

La société Sonaréma-Fondex assemble, conditionne et diffuse des réchauds à gaz portables de grande puissance. Ces réchauds sont conditionnés et vendus en cartons. L'augmentation du rythme de la distribution impose de palettiser ces cartons afin de les acheminer vers les principaux distributeurs.

La motorisation de l'axe numérique assurant le déplacement du préhenseur à ventouses (figure ci-contre) est confiée à un moteur synchrone, alimenté par l'intermédiaire d'un onduleur.

Une étude préalable concernant le moteur synchrone a montré que ce moteur devait pour cela être alimenté par une tension de fréquence f=97,4 Hz, sous une tension simple efficace par phase V_s=63 V.

Le moteur est modélisé par le circuit représenté ci-contre.

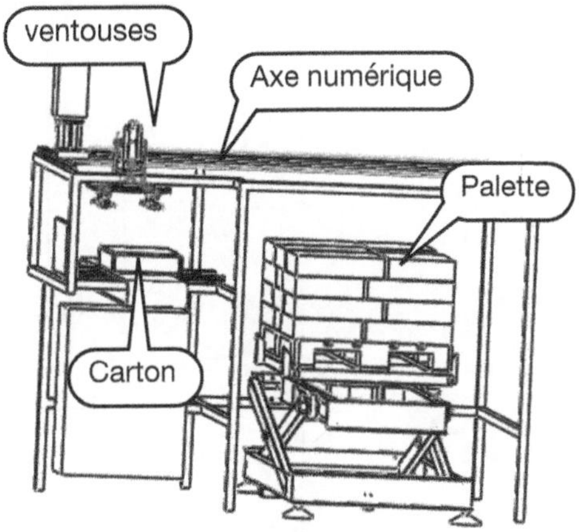

Croquis de l'unité de conditionnement de cartons

Notations:

ω_s :	pulsation des grandeurs électriques.
R_s :	résistance par phase en ohms.
L_c :	inductance cyclique statorique en henrys.
$\underline{V_S}$, $\underline{I_S}$, $\underline{E}$:	amplitudes complexe de la tension, du courant, de la fcém
V_S :	valeur efficace de la tension $\underline{V_S}$ en volts
I_s :	valeur efficace du courant $\underline{I_S}$ en ampères
E :	valeur efficace de la fcem d'induction E par phase en volts

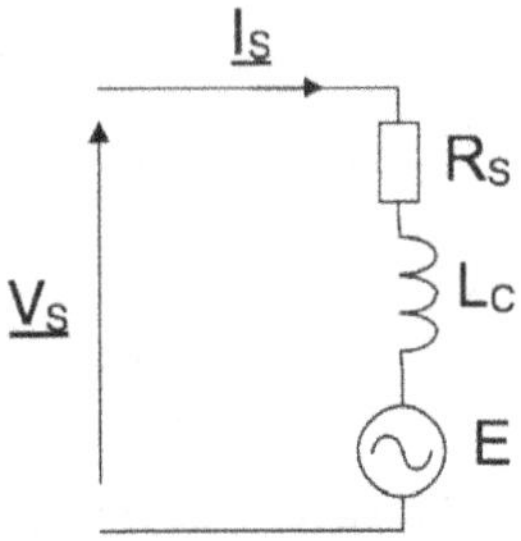

Modèle d'une phase du moteur synchrone

L'objectif de ce problème est de vérifier la compatibilité de la tension d'alimentation de cet onduleur vis-à-vis des exigences de la motorisation, qui impose une vitesse de 0,86 $m.s^{-1}$ pour un couple délivré égal à 0,039 Nm.

Etude de l'onduleur

La figure page suivante montre le principe de la commande MLI (Modulation de Largeur d'Impulsions) du convertisseur statique constitué des interrupteurs K1 à K6.

Chaque cellule de commutation (K1/K4 ; K3/K6 ; K5/K2) est commandée par une fonction de modulation (fm1 ; fm2 ; fm3) dont les valeurs 0 ou 1 déterminent l'état des interrupteurs associés et par conséquent les tensions v_{a0}, v_{b0}, v_{c0}.

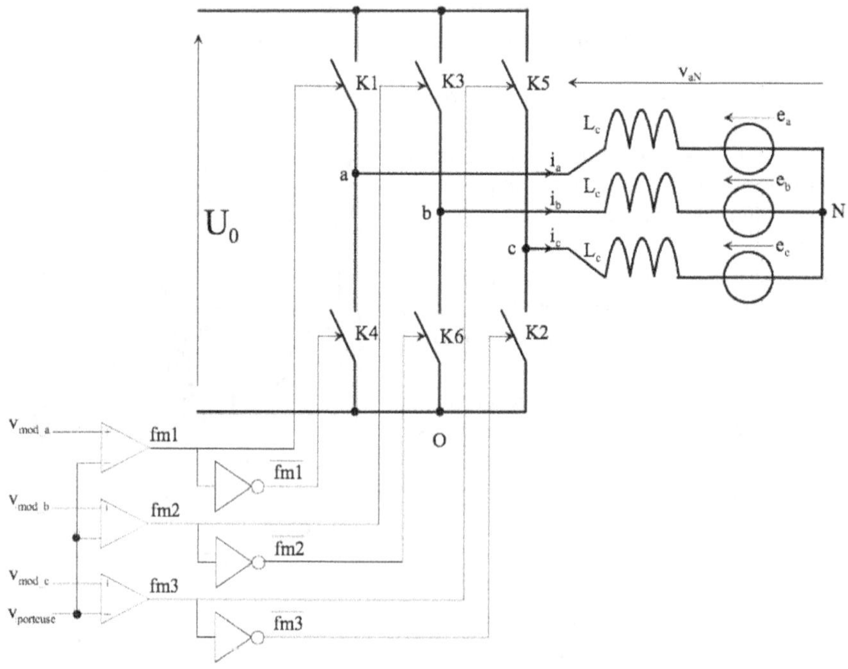

En MLI triphasée, trois comparateurs comparent les tensions modulantes v_{mod_a}, v_{mod_b}, v_{mod_c} à la tension porteuse $v_{porteuse}$. La sortie de ces comparateurs fournit les fonctions de modulation fm1, fm2, fm3. Par exemple :

$v_{mod\_a} > v_{porteuse}$ ➢ fm1=1 ➢ K1 fermé et K4 ouvert

$v_{mod\_c} \leq v_{porteuse}$ ➢ fm3 = 0 ➢ K5 ouvert et K2 fermé

Question 1. Chronogramme de la fonction de modulation fm1

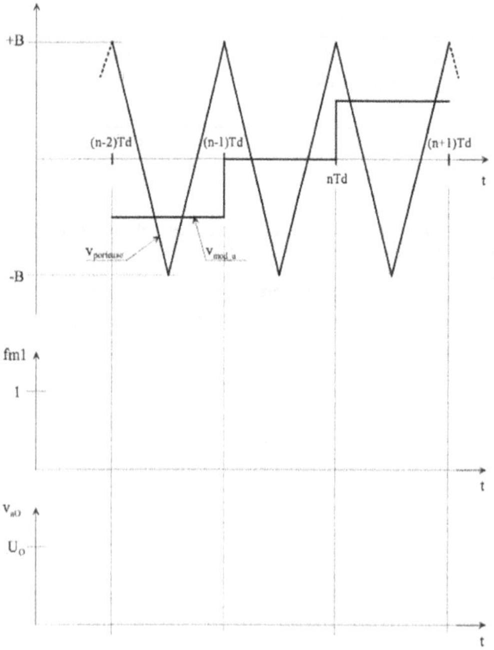

Représenter ci-contre la fonction de modulation fm1 et la tension v_{a0} qui en résulte.

Compléter le chronogramme pour les trois périodes de la porteuse et les trois valeurs de la modulante proposées.

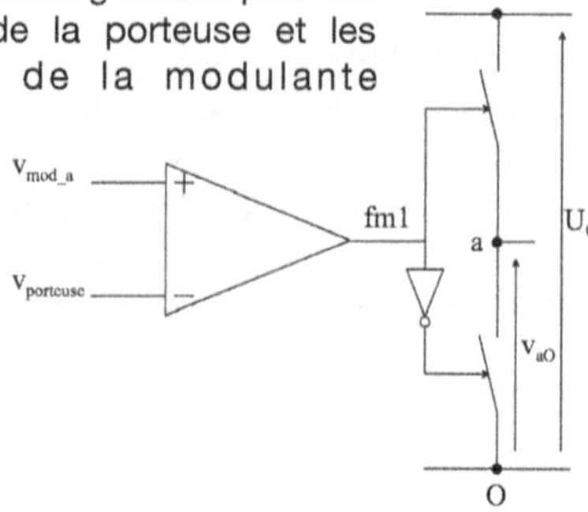

Question 2. Calcul des rapports cycliques

Soit Td la période de découpage. Pour la nième période de découpage, soit t∈[nTd, (n+1)Td], on a

$v_{mod\_a} = (v_{mod\_a})_{nTd}$.

On appelle α_a le rapport cyclique de la fonction de modulation fm1. Montrer que pour la nième période de découpage le rapport cyclique $(\alpha_a)_{nTd}$ s'écrit :

$$(\alpha_a)_{nTd} = \frac{1}{2} + \frac{(v_{mod\_a})_{nTd}}{2B}$$

Question 3. Calcul de la tension v_{a0}

Exprimer la tension v_{a0} en fonction de fm1 et U_0.

En déduire l'expression de la valeur moyenne $< v_{a0} >_{nTd}$ en fonction de $(\alpha_a)_{nTd}$ et U_0.

Question 4. Calcul des tensions v_{b0} et v_{c0}

On appelle α_b le rapport cyclique de la fonction de modulation fm2, et α_c le rapport cyclique de la fonction de modulation fm3.

En déduire l'expression de la valeur moyenne $< v_{b0} >_{nTd}$ et de $< v_{c0} >_{nTd}$

Question 5. Calcul de la tension v_{N0}

Sachant que $e_a + e_b + e_c = 0$, montrer que la tension v_{N0} s'écrit

$$v_{N0} = \frac{1}{3}\left(v_{a0} + v_{b0} + v_{c0}\right).$$

Question 6. Calcul de la tension simple v_{aN}

En déduire l'expression de la tension simple v_{aN} appliquée à la phase a de la machine en fonction des tensions v_{a0}, v_{b0}, v_{c0}.

Exprimer pour la nième période de découpage, la valeur moyenne $< v_{aN} >_{nTd}$ en fonction des modulantes $(v_{mod\_a})_{nTd}$, $(v_{mod\_b})_{nTd}$ et $(v_{mod\_c})_{nTd}$.

Question 7.

En MLI triphasée, $(v_{mod\_a})_{nTd} + (v_{mod\_b})_{nTd} + (v_{mod\_c})_{nTd} = 0$.

Montrer alors que $< v_{aN} >_{nTd} = \frac{U_0}{2} \cdot \frac{(v_{mod\_a})_{nTd}}{B}$.

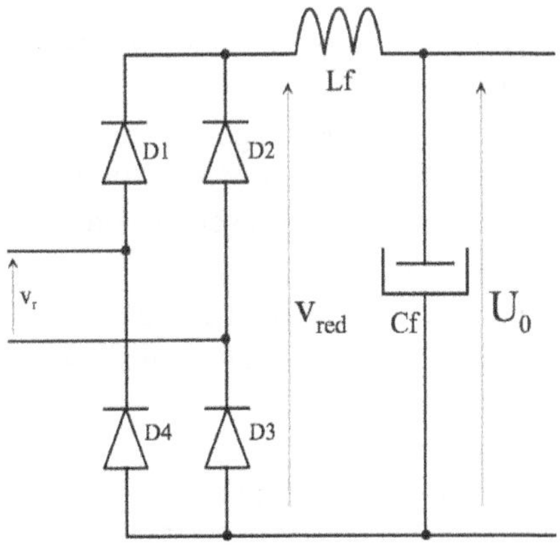

Afin d'éviter la surmodulation, source de réapparition de sous-harmoniques dans les tensions simples, l'amplitude des modulantes est limitée à la valeur B de celle de la porteuse. Les questions suivantes ont pour objectif de vérifier que la source de tension U_0 est compatible pour le point de fonctionnement du préhenseur à ventouses.

Le schéma ci-contre représente le redresseur alimentant l'onduleur.

La tension v_r est une tension sinusoïdale de valeur efficace Vr=230 V.

Question 8. Tension en sortie du redresseur

Dans l'hypothèse de la conduction continue de l'inductance L_f, représenter sur le graphique page suivante la tension v_{red}.

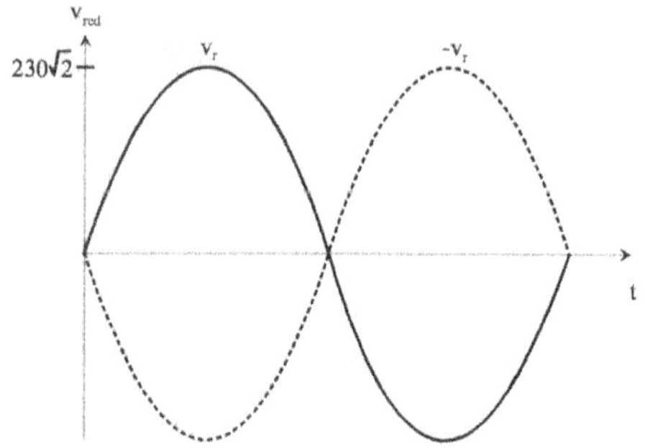

Question 9. Tension moyenne <vred>

Calculer sa valeur moyenne $<v_{red}>$.

En régime permanent, justifier que $U_0 = <v_{red}>$.

Question 10. Conclusion

Comparer la valeur maximale que peut prendre la tension $< V_{aN} >_{nTd}$ à la valeur maximale de l'amplitude maximale de la tension composée.

Conclure sur la compatibilité de la source U_0 pour obtenir le point de fonctionnement du préhenseur.

Problème 5 : Analyse sanguine (Concours CCP TSI 2008) *(Corrigé page 562)*

La société BAYER commercialise des machines destinées à l'analyse sanguine. Le processus demande une température régulée, dont la réalisation fait appel à des amplificateurs opérationnels.

Ces amplificateurs nécessitent une alimentation négative contrôlée avec une ondulation de courant la plus faible possible.

La lecture du diagramme des exigences fait apparaître une exigence chiffrée qui concerne la régulation de température imposée au sein du processus d'analyse sanguine : l'alimentation des amplificateurs opérationnels doit être symétrique, et l'ondulation du courant ne doit pas dépasser 10%.

On se propose de vérifier si cette exigence est respectée.

Interconnexion des sources

En règle générale, il n'est pas possible de connecter en parallèle deux sources de tension de valeurs différentes. Si toutefois cette configuration doit être réalisée, il est alors nécessaire d'intercaler entre les deux sources de tension un étage intermédiaire constitué d'une source de courant.

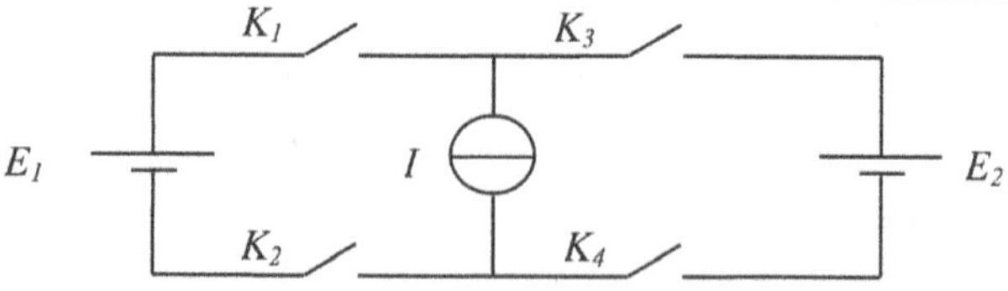

Question 1

Rappeler les règles d'interconnexion des sources de tension et de courant entre elles.

Question 2.

En déduire sur la figure ci-dessus les interrupteurs qui peuvent être fermés au même instant sans risque de détérioration. Montrer que seuls deux interrupteurs sont nécessaires, et préciser lesquels.

Dessiner le nouveau schéma de principe

Question 3

Le schéma de réalisation du schéma de principe précédemment construit est proposé page suivante.

Sur ce schéma, identifier chacune des éléments du schéma de principe (par exemple, E_1 est remplacé par V_E)

Question 4

K_1 est utilisé en commutation forcée (c'est-à-dire que l'ouverture et la fermeture de ce composant sont commandées directement par son circuit de commande).

Le composant qui réalise l'interrupteur K_3 fonctionne-t-il en commutation forcée ? Quel risque pourrait-il y avoir à utiliser une commutation forcée pour ces deux interrupteurs ?

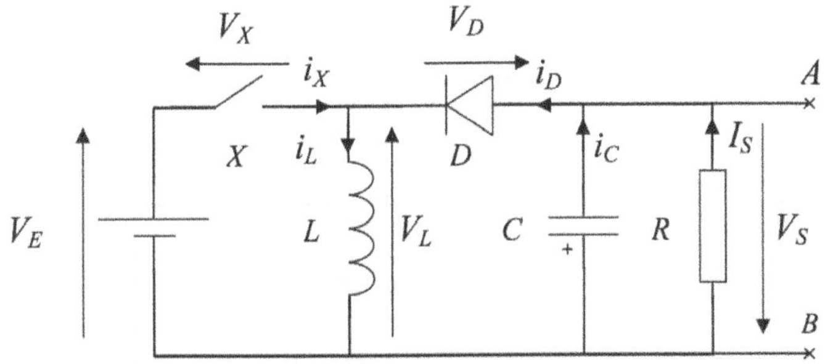

Rapport cyclique du hacheur inverseur

Afin de réaliser la tension négative nécessaire pour alimenter les amplificateurs opérationnels présents, le principe d'un hacheur inverseur (schéma ci-dessus) est retenu.

La tension qui sera utilisée pour l'alimentation négative des amplificateurs opérationnels est la tension V_A-V_B.

La résistance R représente la charge de ce montage et correspond à l'ensemble des charges représentées par les alimentations négatives des amplificateurs opérationnels.

La tension V_S sera supposée constante, de même que le courant I_S dans la charge R.

Tous les éléments de ce montage sont supposés idéaux.

L'interrupteur X est un interrupteur commandé, et ce dernier peut ainsi avoir deux états : fermé ou ouvert. La commande de l'interrupteur X est périodique de période T et se décompose en deux parties. Les figures ci-dessous illustrent ainsi le fonctionnement du hacheur suivant l'état de l'interrupteur X :

<table>
<tr><td>Pour $0 \leq t < \alpha T$
L'interrupteur X est fermé et la diode D est bloquée</td><td>Pour $\alpha T \leq t < T$
L'interrupteur X est ouvert et la diode D est passante</td></tr>
<tr><td>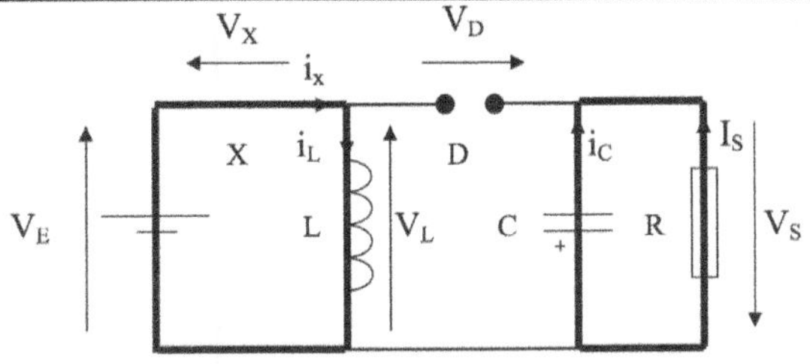

Figure 1</td><td>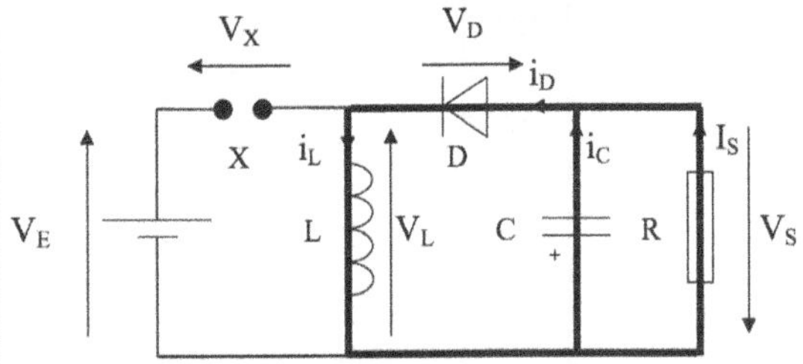

Figure 2</td></tr>
</table>

Question 5

A partir des figures ci-dessus, donner l'équation reliant $V_E(t)$, $V_L(t)$ et $V_X(t)$

Question 6

En passant aux valeurs moyennes, en déduire l'équation reliant les tensions moyennes $\langle V_E \rangle$ et $\langle V_X \rangle$.

Question 7

Donner l'équation de $V_X(t)$ pendant la première partie de la période ($0 \leq t < \alpha T$).

Donner l'équation de $V_X(t)$ pendant la deuxième partie de la période ($\alpha T \leq t < T$).

Question 8

A partir de la question précédente, donner l'expression de la valeur moyenne de $V_X(t)$.

Question 9

A partir des questions 6 et 8, en déduire que $\frac{V_S}{V_E} = f(\alpha)$.

Par une étude simple du signe de la fonction, montrer alors qu'il s'agit bien d'un hacheur inverseur.

Question 10

On pose $\alpha = 0{,}5$ et $V_E = 12\text{ V}$. Déduire de la question précédente la valeur de V_S.

Question 11

Compléter les chronogrammes ci-dessous.

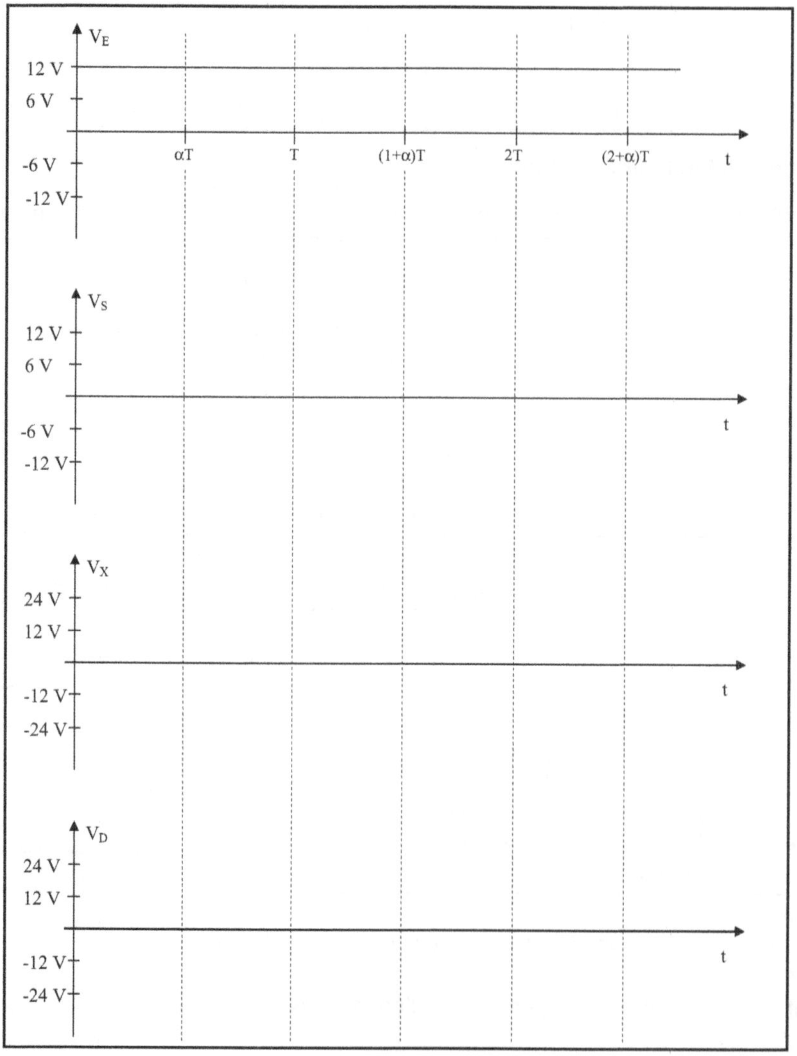

Question 12

On souhaite pouvoir obtenir une tension V_S comprise entre 11 et 13 Volts. Donner les valeurs extrêmes du rapport cyclique α correspondantes.

Validation du taux d'ondulation de courant

Le montage est conçu avec une inductance de valeur $L = 0{,}5\text{ mH}$

L'étude se place dans le cas où la tension de sortie V_S est constante et ne varie donc pas en fonction du temps. La valeur moyenne du courant est de l'ordre de 2A pour un rapport cyclique $\alpha = 0{,}5$.

En régime permanent, l'allure du courant circulant dans la bobine évolue entre I_{Lmin} et I_{Lmax} est représentée sur le chronogramme page suivante (Attention, cette figure n'est qu'indicative sur la forme du courant $I_L(t)$ circulant dans la bobine, mais n'est pas à l'échelle pour le courant moyen...)

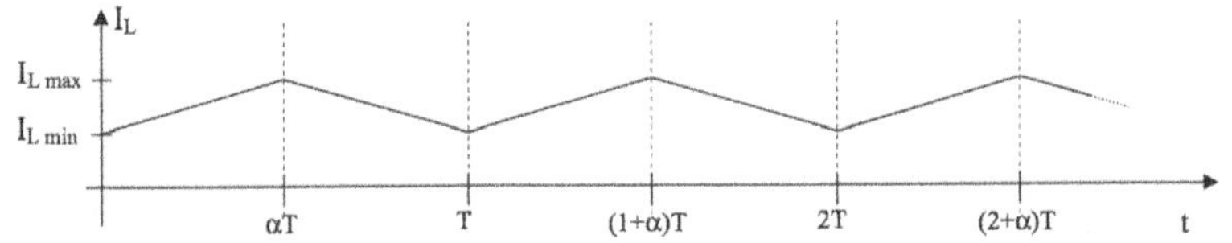

Question 13

En expliquant le raisonnement, compléter les chronogrammes des courants I_D et I_X ci-dessous :

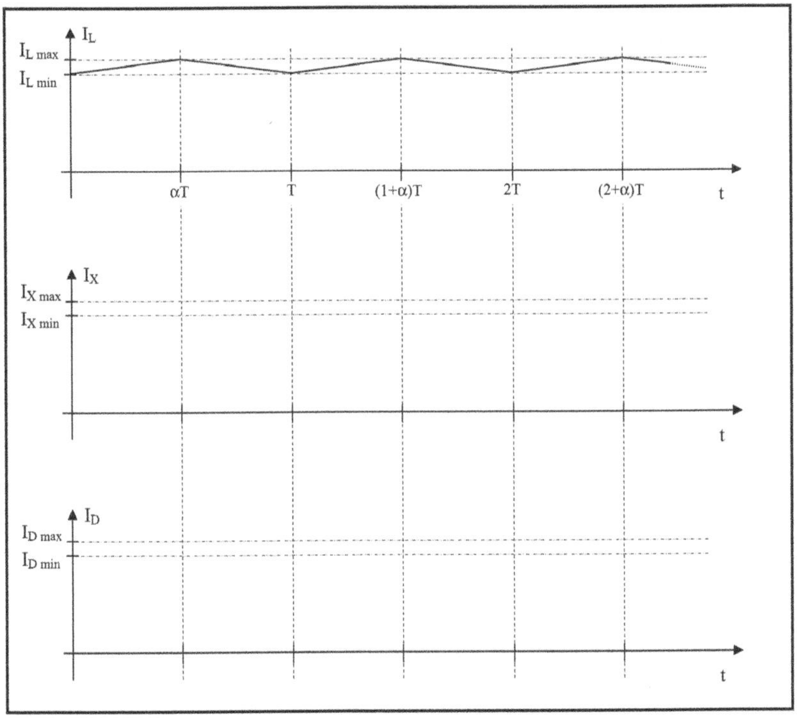

Question 14

En se référant au montage de la figure 1, donner l'équation d'évolution du courant dans la bobine sur la durée $\left[0,\alpha T\right]$ et en déduire l'équation $\Delta I_L = I_{Lmax} - I_{Lmin} = f\left(V_E,\alpha,L,F\right)$, où F désigne la fréquence de commutation de l'interrupteur X.

Question 15

Sachant que la fréquence de commutation est égale à F=50 kHz, calculer la valeur de l'ondulation de courant.

Conclure sur le respect de l'exigence du cahier des charges relative au taux d'ondulation.

Chapitre 9. Moteurs à courant continu

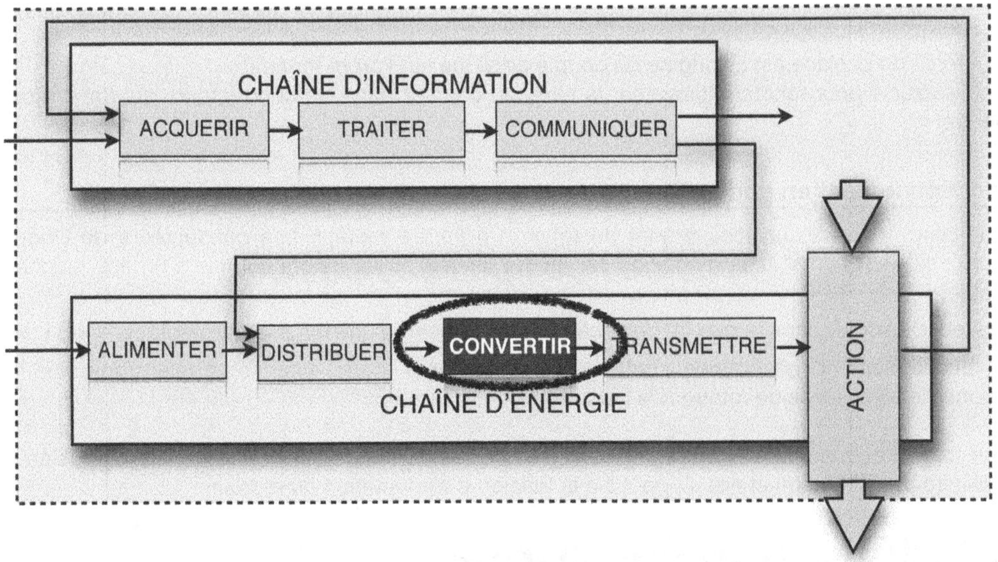

L'énergie électrique n'est que rarement utilisée comme une fin, elle véhicule une énergie intermédiaire qui sera convertie par exemple en énergie mécanique de rotation.

Lorsque le régime est continu, le convertisseur électromécanique est le moteur à courant continu.

A. Principe du moteur à courant continu

A.1 Constitution

Le moteur à courant continu (MCC) est une machine dont les pièces maîtresses sont le rotor (partie mobile) et le stator (partie fixe).

Le stator, appelé <u>inducteur</u>, est magnétisé, soit par des aimants permanents, soit par un bobinage alimenté par un courant continu.

Le rotor, appelé <u>induit</u>, est constitué d'un bobinage dans lequel on fait circuler un courant par l'intermédiaire d'un collecteur (balais).

Dans la figure ci-contre, le sens de parcours du courant est indiqué en utilisant la convention retenue pour l'orientation des vecteurs.

$\overrightarrow{B_S}$ représente le champs magnétique du stator.

Ce champ magnétique exerce la force de Laplace sur les courants I qui circulent dans l'induit (enroulements de longueur L entrants à gauche de la ligne neutre, sortants à droite) :

$$\overrightarrow{F_L} = I\overrightarrow{L} \wedge \overrightarrow{B_S}$$

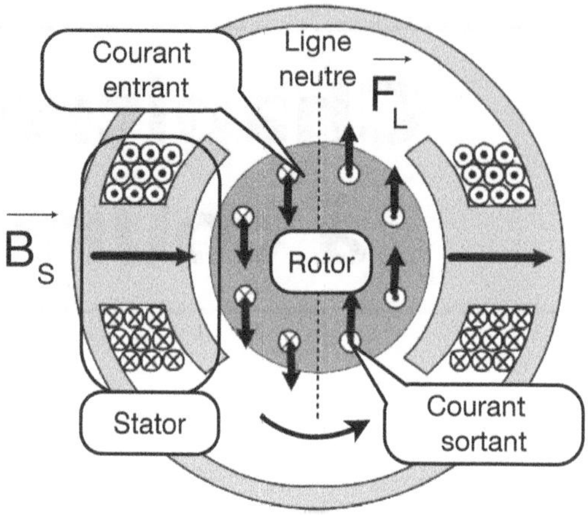

Principe du moteur à courant continu

Cette force de Laplace est à l'origine du couple appliqué sur l'arbre moteur.

Le collecteur a pour fonction d'inverser le sens du courant dans les conducteurs qui franchissent la ligne neutre.

A.2 Fonctionnement en génératrice

On impose cette fois un mouvement de rotation à l'arbre moteur. Les conducteurs de l'induit de longueur L, se déplaçant à une translation de vitesse linéaire V, sont alors soumis à un flux magnétique Φ variable.

Or la loi de Faraday énonce que ce déplacement relatif génère une force électromotrice $e = B.L.V$

En fonctionnement génératrice, cette machine génère donc une force électromotrice (fém) proportionnelle à la vitesse de rotation de l'induit.

Cette force électromotrice existe également en fonctionnement moteur : elle est alors appelée force contre électromotrice (fcém) et elle s'oppose à la tension d'alimentation du moteur.

B. Modélisation électrique

B.1 Eléments constitutifs

Les bobinages de l'induit sont caractérisés par :

- leur résistance R,
- leur inductance L.

Le comportement de l'induit est lié à la tension aux bornes du moteur U, et génère la fcém E induite par la loi de Lenz.

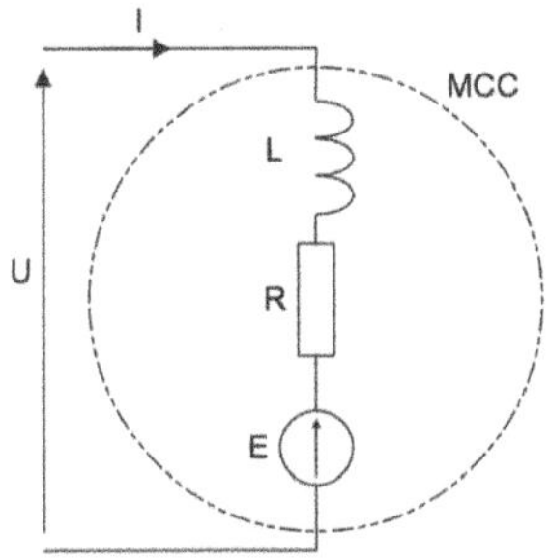

L'induit sera alors modélisé par l'association en série de la résistance R, de l'inductance L et de la fcém E.

L'inducteur est quant à lui modélisé par le circuit ci-contre, lorsqu'il s'agit d'un inducteur bobiné :

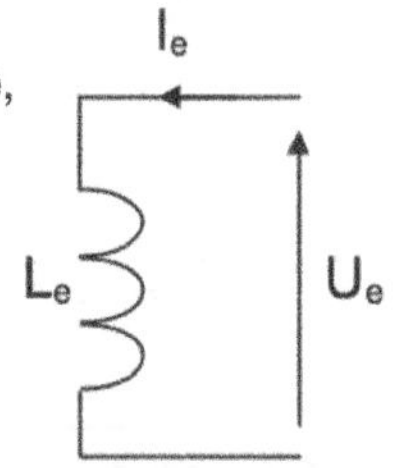

B.2 Modèle de connaissance du moteur

B.2.1 Comportement au niveau de l'induit et de l'inducteur

La loi des mailles appliquée au modèle précédent implique :

$$U = E + RI + L\frac{dI}{dt}$$

La loi de Lenz implique :

$E = k\varphi(I_e)\Omega = K'I_e\Omega$ si l'inducteur est à bobinages ;

$E = k\Phi\Omega = K_E\Omega$ si l'inducteur est à aimants permanents (ou à flux Φ constant).

K_E est appelée constante électrique du moteur.
Seuls les moteurs à flux constant sont abordés au programme de la CPGE ATS.

B.2.2 Conversion électromécanique

Il s'agit ici de la fonction utile du moteur, à savoir convertir l'énergie électrique en énergie mécanique de rotation.

Cette conversion obéit à la loi suivante :

$$C_{em} = K_C I$$

K_C est appelée constante mécanique du moteur.

Dans la pratique, les deux constantes K_E et K_C seront très souvent considérés identiques.

B.3 Fonctionnement en régime permanent

B.3.1 Equations du régime permanent

Rappelons les 3 équations caractéristiques d'un moteur à courant continu :

$$U = E + RI + L\frac{dI}{dt}$$

$$E = K\Omega$$

$$C_{em} = KI$$

En régime permanent, ces équations deviennent :

$$\begin{cases} U = E + RI \\ E = K\Omega \\ C_{em} = KI \end{cases}$$

D'où la loi de comportement d'un tel moteur en régime permanent :

$$E = K\Omega = U - R\frac{C_{em}}{K}$$

B.3.2 Quadrants de fonctionnement

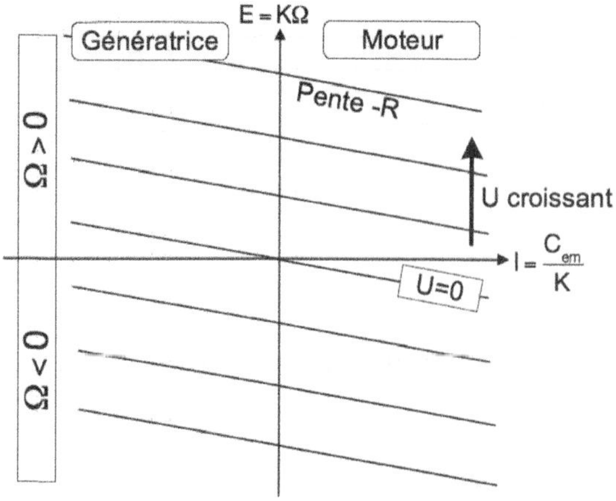

L'équation précédente se traduit graphiquement par les courbes ci-contre.

On y distingue 4 quadrants de fonctionnement :

$C_m > 0$ et $\Omega > 0$

$C_m < 0$ et $\Omega > 0$

$C_m > 0$ et $\Omega < 0$

$C_m < 0$ et $\Omega < 0$

C. Alimentation du moteur

C.1 Variation de vitesse

La loi de Lenz $E = K\Omega$ montre que pour faire varier la vitesse de rotation, il suffit de faire varier la force électromotrice, et par conséquence la tension aux bornes du moteur U_m.

Il existe deux possibilités pour faire varier la tension U_m, en fonction de la nature de l'énergie d'entrée :

- soit les hacheurs lorsque l'énergie d'entrée est de nature continue. Ces hacheurs sont abordés au chapitre 8 consacré aux convertisseurs statiques ;
- soit les montages redresseurs à thyristor, lorsque la source d'énergie d'entrée est de nature sinusoïdale (schéma page suivante).

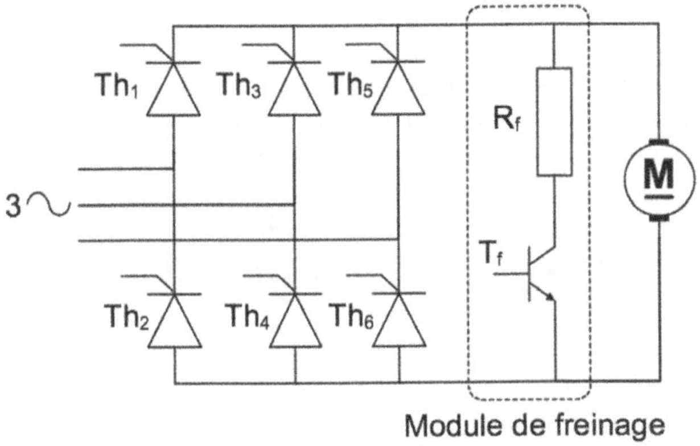

Commande d'un MCC par pont de thyristors

Ce montage à 1 pont de thyristor est irréversible en courant : ce dernier ne peut circuler que dans un seul sens.

Lorsque les thyristors ne sont pas commutés, l'énergie présente dans le moteur se dissipe dans une diode de roue libre, ou dans un module de freinage résistif si l'inertie est trop importante

Sans ces dispositifs, les pics de surtension créés par la rupture du courant dans la bobine endommageraient le moteur.

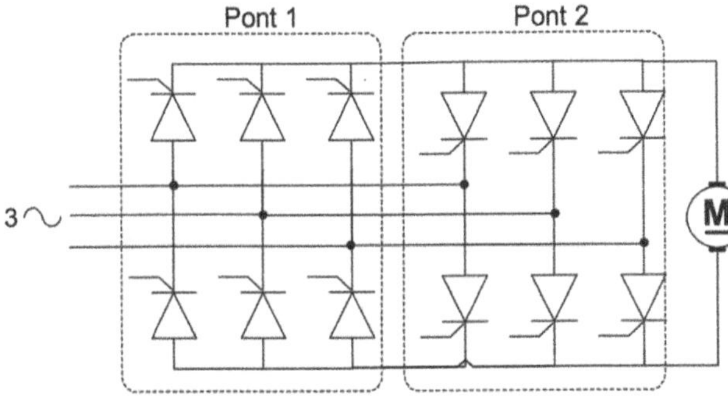

Commande d'un MCC par 2 ponts de thyristors

Le montage à 2 ponts de thyristors ci-contre assure la réversibilité en courant.

Le freinage est possible par renvoi d'énergie sur le réseau.

C.2 Contrôle d'un moteur à courant continu

C.2.1 Alimentation directe

En appliquant un échelon de tension direct aux bornes d'un moteur MCC, on observe les courbes ci-contre de tension, intensité et vitesse.

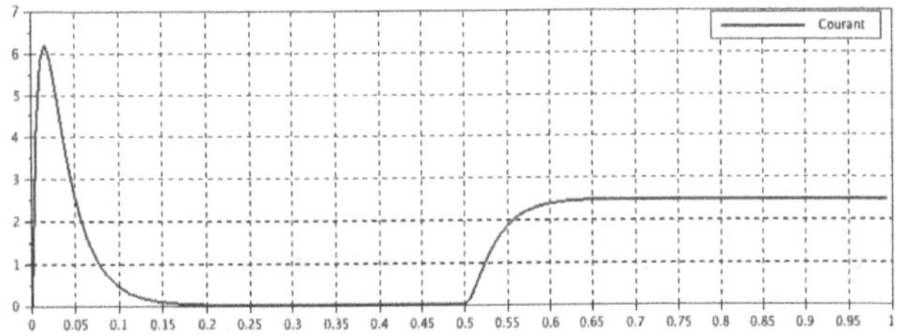

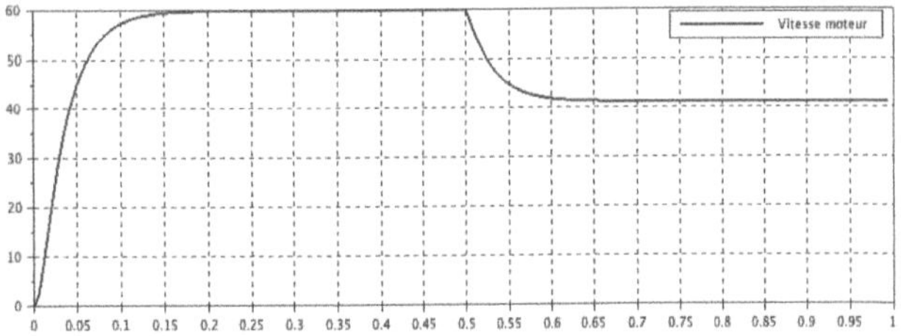

L'établissement brutal de la tension induit un pic de courant au démarrage.

L'apparition d'une perturbation sous forme de couple résistant à t=0,5 s induit un changement immédiat de la vitesse de rotation, dont la valeur est subie.

C.2.2 Contrôle de vitesse

Ces inconvénients peuvent être résolus en effectuant un asservissement en vitesse, grâce à un variateur qui aura pour rôle de moduler la tension aux bornes du moteur, en fonction de la vitesse mesurée par une génératrice tachymétrique GT (qui n'est autre q'une machine à courant continu en mode génératrice) :

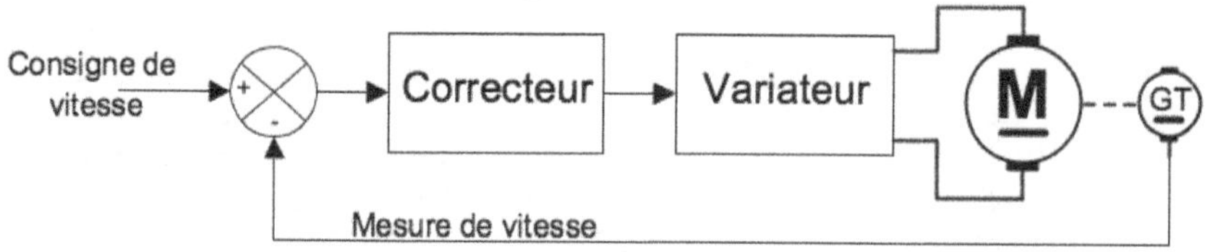

Asservissement en vitesse d'un moteur à courant continu

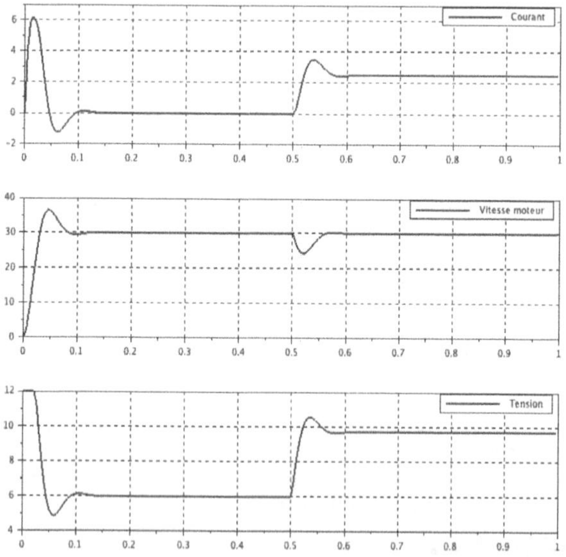

L'apparition du couple résistant est cette fois nettement mieux absorbée. Dans les résultats de la simulation ci-contre, la consigne de vitesse est fixée à 30 rad.s^{-1}.

A l'apparition de la perturbation à t=0,5s, l'asservissement va entraîner une augmentation de la tension, de façon à maintenir constante la vitesse de rotation.

C.2.3 Contrôle de vitesse et de courant

L'asservissement précédent ne permet pas d'annuler le pic de courant au démarrage.

Par ailleurs, certaines applications nécessitent de maîtriser le couple fourni. Il est alors nécessaire d'ajouter au contrôle précédent un asservissement en courant :

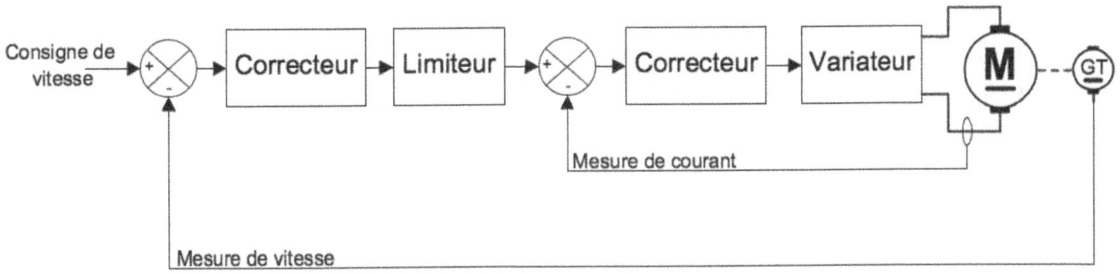

Les signaux électriques asservis deviennent alors ceux de la figure ci-contre, dans laquelle le courant est ici limité et asservi.

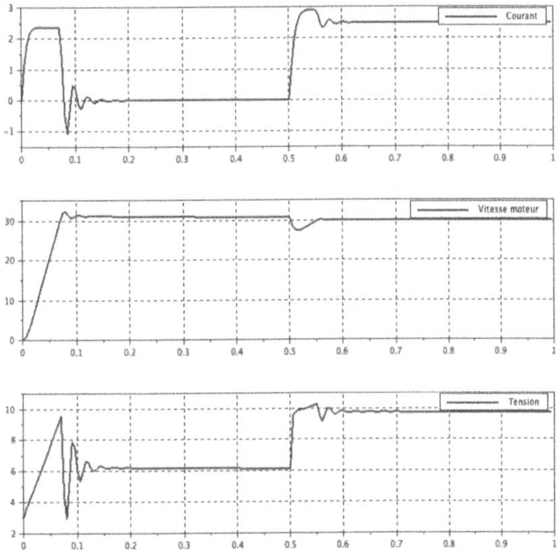

D. Modélisation en régime transitoire

La tension aux bornes de l'inductance n'est plus nulle en régime transitoire.
Les équations de comportement d'un MCC couplé à une inertie J deviennent alors :

$$U = E + RI + L\frac{dI}{dt}$$

$$E = K\Omega$$

$$C_{em} = KI$$

$$J\frac{d\Omega}{dt} = C_{em} - C_r$$

Dans la dernière relation, C_r désigne le couple résistant, somme d'un frottement sec C_{r0} et d'un frottement visqueux f :

$$C_r = C_{r0} + f\Omega$$

Transformons à présent ces équations dans le domaine symbolique de Laplace, et élaborons le schéma-bloc correspondant :

$$\begin{cases} U(p) = E(p) + RI(p) + LpI(p) \\ E(p) = K\Omega(p) \\ C_{em}(p) = KI(p) \\ Jp\Omega(p) = C_{em}(p) - C_{r0}(p) - f\Omega(p) \end{cases}$$

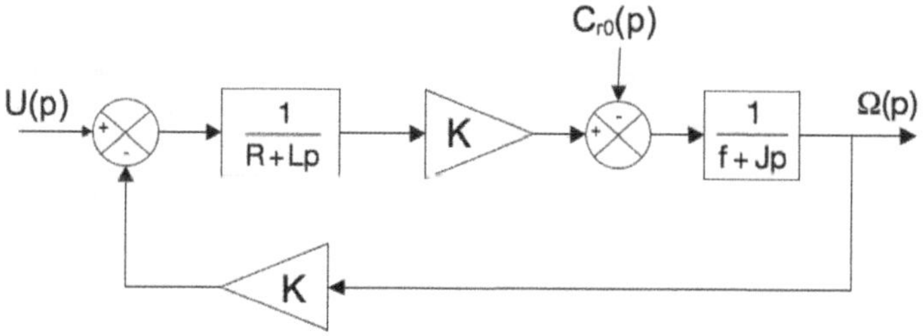

Ce schéma-bloc permet d'écrire, dans l'hypothèse d'un frottement sec nul :

$$\Omega(p) = \left(\frac{1}{f+Jp}\right)\left(\frac{K}{R+Lp}\right)\left(U(p) - K\Omega(p)\right)$$

$$\left(1 + \frac{K^2}{(f+Jp)(R+Lp)}\right)\Omega(p) = \left(\frac{K}{(f+Jp)(R+Lp)}\right)U(p)$$

D'où la fonction de transfert du moteur :

$$H(p) = \frac{\Omega(p)}{U(p)} = \frac{K}{K^2 + (f+Jp)(R+Lp)} = \frac{K/Rf}{\frac{K^2}{Rf} + \left(1 + \frac{J}{f}p\right)\left(1 + \frac{L}{R}p\right)}$$

$$= \frac{K/Rf}{\frac{K^2}{Rf} + 1 + \left(\frac{J}{f} + \frac{L}{R}\right)p + \frac{J}{f}\frac{L}{R}p^2} = \frac{K}{K^2 + Rf + Rf\left(\frac{J}{f} + \frac{L}{R}\right)p + JLp^2}$$

$$= \frac{\frac{K}{K^2+Rf}}{1 + \frac{Rf}{K^2+Rf}\left(\frac{J}{f} + \frac{L}{R}\right)p + \frac{JL}{K^2+Rf}p^2}$$

Après quelques hypothèses simplificatrices, cette fonction de transfert peut s'écrire :

$$H(p) = \frac{\Omega(p)}{U(p)} = \frac{\frac{K}{K^2+Rf}}{(1+\tau_m p)(1+\tau_e p)} \text{ avec } \begin{cases} \tau_e = \frac{L}{R} & \text{(constante de temps électrique)} \\ \tau_m = \frac{RJ}{K^2+Rf} & \text{(constante de temps mécanique)} \end{cases}$$

Soit pour finir, en remarquant que $\tau_e \ll \tau_m$:

$$\boxed{H(p) = \frac{\Omega(p)}{U(p)} = \frac{H_0}{(1+\tau_m p)}} \text{ avec } H_0 = \frac{K}{K^2+Rf}$$

CE QU'IL FAUT RETENIR

Modélisation électrique

Modèle

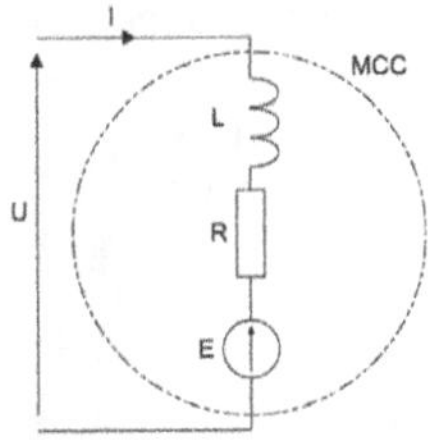

R : Résistance d'induit
L : Inductance de l'induit
E : force contre-électromotrice

Equations électriques

$$U = E + RI + L\frac{dI}{dt}$$

$$E = K_E\Omega \text{ } (K_E \text{ constante électrique, en V.rad}^{-1}\text{.s})$$

Conversion électromécanique

$$C_{em} = K_C I \text{ } (K_C \text{ constante de couple, ou mécanique, du moteur})$$

Etude en régime permanent

Modèle de connaissance

$$\begin{cases} U = E + RI \\ E = K\Omega \\ C_{em} = KI \end{cases} \Rightarrow E = K\Omega = U - R\frac{C_{em}}{K}$$

Quadrants de fonctionnement

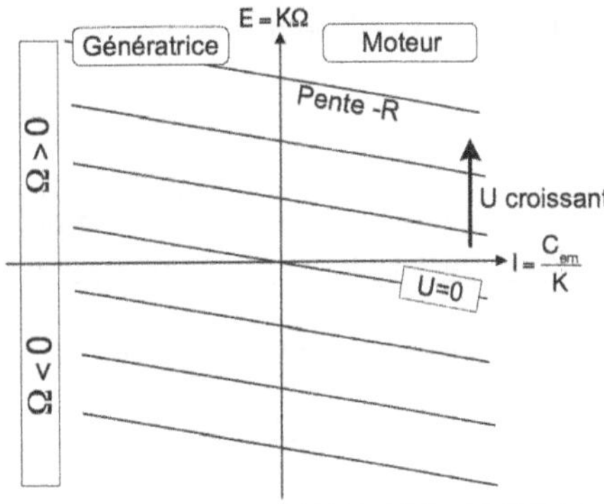

Etude en régime transitoire

$$\begin{cases} U = E + RI + L\frac{dI}{dt} \\ E = K\Omega \\ C_{em} = KI \\ J\frac{d\Omega}{dt} = C_{em} - C_r \end{cases} \Rightarrow \begin{cases} U(p) = E(p) + RI(p) + LpI(p) \\ E(p) = K\Omega(p) \\ C_{em}(p) = KI(p) \\ Jp\Omega(p) = C_{em}(p) - C_{r0}(p) - f\Omega(p) \end{cases}$$

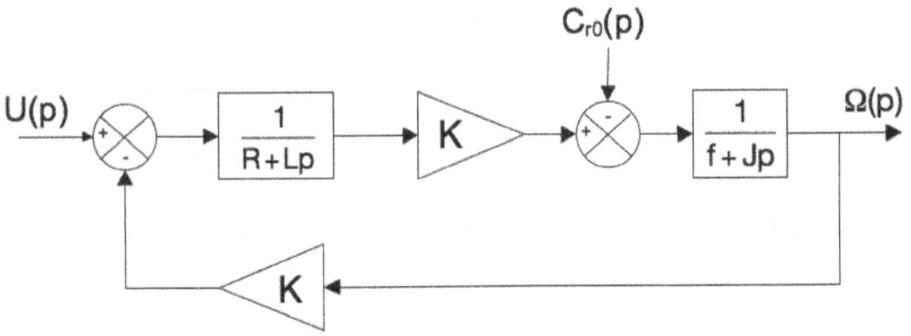

E. Exercices

Exercice 1 : Motorisation d'un axe vertical (Concours ATS 2012) *(Corrigé page 564)*

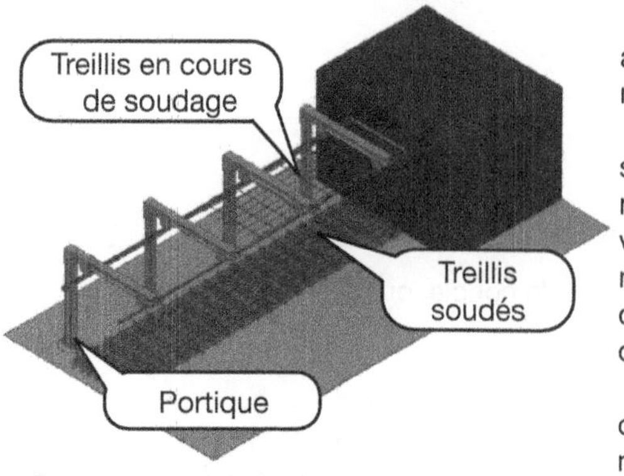

Description globale du système actuel

Le système étudié est une soudeuse automatique de treillis métalliques utilisés en maçonnerie (voir ci-contre).

Il est envisagé de modifier ce système afin d'insérer des modules de translation verticale dont le rôle sera de manipuler le treillis achevé afin de le déposer sur une table d'attente

Un moteur à courant continu assurera la motorisation de ces modules.

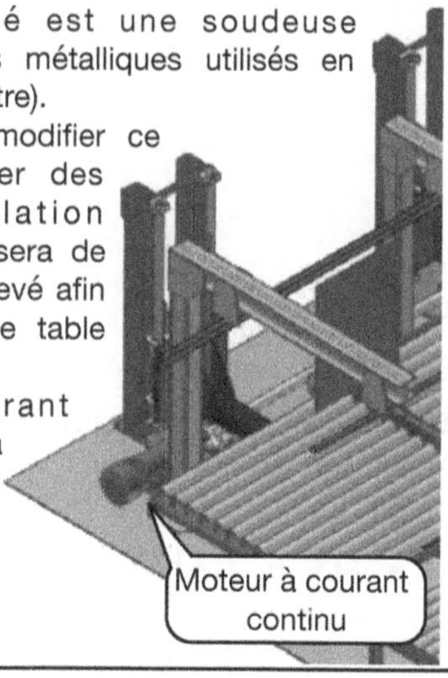

Module de translation verticale

Afin de respecter la cadence de production, le cahier des charges impose que la vitesse de remontée soit au moins égale à 850 $tr.mn^{-1}$.

Tension d'alimentation du moteur

Les caractéristiques nominales du moteur sont répertoriées dans le tableau suivant :

P (kW)	N ($tr.mn^{-1}$)	C (Nm)	U (V)	I (A)	R (Ω)
0,73	1080	6,46	230	4	5,22

Question 1

Déterminer la force électromotrice E, et en déduire la constante électrique Ke du moteur.

Question 2

Déterminer les pertes du moteur par effet Joule Pj, puis par frottement Pf. En déduire le couple de frottement Cf.

Question 3

Exprimer le couple électromagnétique Cem en fonction du couple de frottement Cf et du couple utile Cu.

En déduire la valeur de la constante de couple électromagnétique Km. Commenter le résultat obtenu.

La valeur du couple utile Cu pour les différents cas de chargement, à la montée et à la descente, est fournie dans le tableau ci-contre.

Cu (Nm)	Masse maximale	Masse minimale
Montée	5,6	1,86
Descente	1,39	0,46

Question 4

Exprimer la tension d'alimentation U du moteur à la montée et à la descente en fonction de la fréquence de rotation Nm, du couple utile Cu, du couple de frottement Cf et des constante Km et Ke.

Faire l'application numérique pour une vitesse de rotation de 850 $tr.mn^{-1}$ lors de la montée lorsque la table est en charge maxi.

Question 5

Pour la tension déterminée, calculer la vitesse de rotation du moteur lorsque la table est à vide.

Question 6

Faire l'application numérique pour des fréquences de rotation de 12 tr/min et de 850 tr/min lors de la descente lorsque la table est à vide.

Alimentation du moteur

Le moteur est alimenté par l'intermédiaire d'un pont redresseur PD2 tout thyristor, dont on se propose maintenant de déterminer les angles d'amorçage des thyristors qui permettent d'obtenir une tension moyenne équivalente aux trois tensions précédemment calculées.

Question 7

Compléter le schéma d'alimentation du moteur ébauché ci-contre.

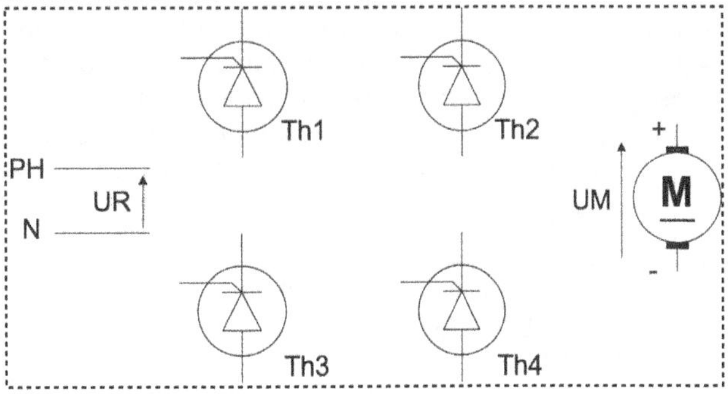

Question 8

Les courbes représentant l'évolution des tensions UR (tension du réseau) et UM (tension à la sortie du pont) sont données ci-dessous pour un angle d'amorçage de 54°.

Repérer, par des hachures dans le tableau, les temps de conduction des différents thyristors du pont.

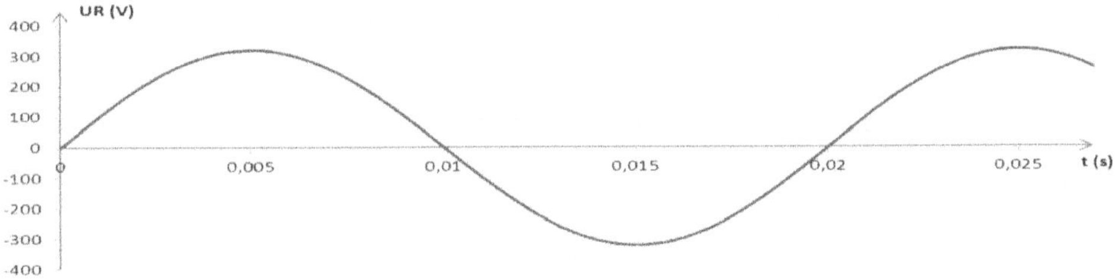

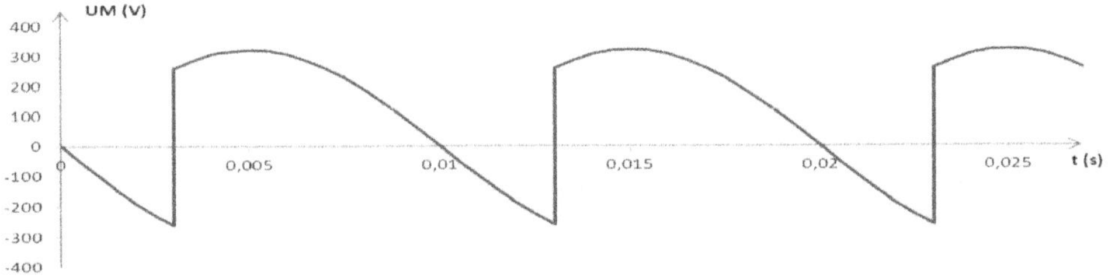

Th1	
Th2	
Th3	
Th4	

Question 9

Exprimer la valeur littérale de la tension moyenne de UM en fonction de l'angle d'amorçage (α) des thyristors et de la tension maximale du réseau UR.

Question 10

La tension du réseau étant caractérisée par une tension efficace V de 230V et une fréquence f de 50Hz, déterminer les angles d'amorçage $\alpha 1$, $\alpha 2$ et $\alpha 3$, au dixième de degré près, qui correspondent respectivement aux tensions UM1 = 183 V, UM2 =-3,65 V et UM3 = -166 V.

Déterminer ensuite les temps t1, t2 et t3 correspondants, au dixième de ms près (à partir du passage par zéro de la tension).

Question 11. Conclusion

Au regard de cette étude, est-il possible d'alimenter le moteur à courant continu de sorte que le cahier des charges soit respecté ?

Exercice 2 : Borne de circulation (Concours ATS 2010) *(Corrigé page 566)*

Le dispositif étudié ici est une borne de circulation alimentée de façon autonome à l'aide de l'énergie solaire. Cette borne a pour fonction de limiter ou interdire la circulation dans des zones à accès réservé.

La translation de cette borne est assurée par un motoréducteur à courant continu

L'induit du moteur peut être représenté par son schéma électrique équivalent, faisant intervenir sa résistance notée R_m, son inductance notée L_m, et sa force électromotrice notée E_m.

On s'intéresse ici à la détermination expérimentale des caractéristiques de ce motoréducteur, dont le moteur est à aimants permanents.

Question 1

Sachant que l'on note I_m le courant absorbé par le moteur et U_m sa tension d'alimentation, représenter le schéma équivalent de l'induit du moteur en utilisant une convention récepteur.

Essai rotor bloqué

On alimente le moteur avec une tension réduite et parfaitement continue, tout en maintenant le rotor bloqué.

Question 2

Montrer que cet essai permet de déterminer la valeur de Rm, dont on donnera l'expression.

Lors d'un essai rotor bloqué, on mesure Um = 2,511 V et Im = 2,7 A.

Déduire de cet essai la valeur numérique de Rm.

Essai en charge

La vitesse angulaire de l'arbre moteur est notée Ω_m.

Question 3

En considérant le courant Im parfaitement continu, exprimer K_m, la constante de fém du moteur, en fonction de U_m, R_m, I_m et Ω_m.

Lors d'un essai en charge, on mesure : $U_m = 12$ V ; $I_m = 2{,}7$ A (constant) et $\Omega_m = 206{,}28$ rad.s^{-1}.

Déduire de cet essai la valeur numérique de Km.

Exercice 3 : Laveuse autoportée (Concours ATS 2015) *(Corrigé page 566)*

La société Nilfisk propose une large gamme d'engins de nettoyage des sols. La gamme des laveuses autoportées répond aux besoins de lavage pour des surfaces de plusieurs milliers de km carrés.

Les deux roues arrière sont motorisées par des moteurs à courant continu, et on s'intéresse dans ce problème à la distribution de l'énergie à ces moteurs.

On se propose d'élaborer la modélisation de ce moteur sous forme de schéma bloc, et en d'en déduire sa fonction de transfert.

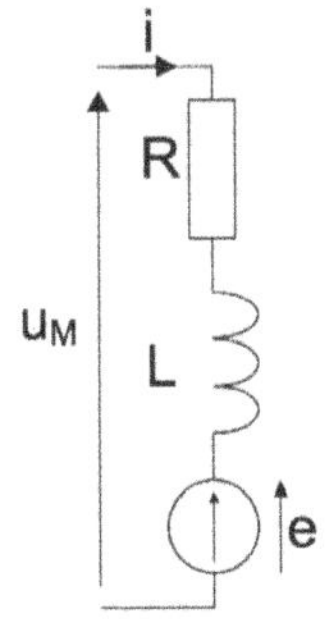

Le modèle électrique de ce moteur est rappelé ci-contre.

On note :

u_M : tension aux bornes de l'induit

i : courant d'induit

e : force contre-électromotrice

L=1,6 mH : inductance d'induit

K_t=0,06 Nm.A^{-1} : constante de couple

J=0,015 kg.m2 : moment d'inertie total ramené à l'arbre moteur

R=0,55 Ω : résistance d'induit

C_m : couple exercé par le moteur

K_e=0,06 V.rad^{-1}.s : constante de vitesse

Les équations qui caractérisent le comportement des moteurs à courant continu sont :

$$u_M(t) = Ri(t) + L\frac{di(t)}{dt} + e(t) \qquad J\frac{d\omega_m(t)}{dt} = C_m(t)$$

$$e(t) = K_e\omega_m(t) \qquad C_m(t) = K_t i(t)$$

Question 1

Compléter ci-dessous le schéma bloc du fonctionnement du moteur à courant continu

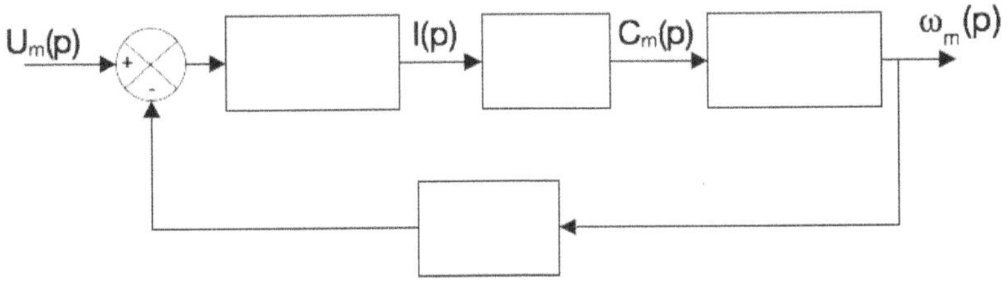

Question 2

Calculer la fonction de transfert $H_m(p) = \frac{\omega_m(p)}{U_m(p)}$

Question 3

En posant $\tau_e = \frac{L}{R}$ et $\tau_{em} = \frac{JR}{K_e K_t}$, justifier que cette fonction de transfert peut être mise sous la forme

$$H_m(p) = \frac{B_0}{(1+\tau_{em}p)(1+\tau_e p)}$$

Chapitre 10. Moteurs asynchrones

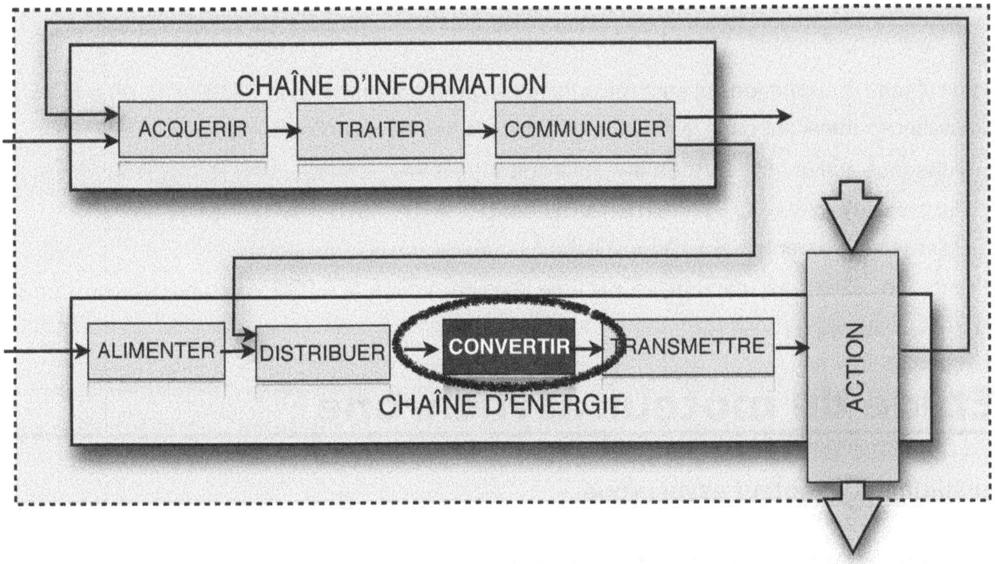

L'énergie électrique n'est que rarement utilisée comme une fin, elle véhicule une énergie intermédiaire qui sera convertie par exemple en énergie mécanique de rotation.

Lorsque le régime est sinusoïdal, le convertisseur électromécanique est le moteur asynchrone. Les moteurs asynchrones représentent un tiers de la consommation électrique mondiale. Il s'agit de moteurs robustes, éprouvés.

A. Généralités

A.1 Introduction

Le moteur asynchrone est le moteur le plus utilisé dans l'industrie. Il s'agit d'un moteur robuste, éprouvé, fiable, doté d'un bon rendement.

Il nécessite un réseau triphasé pour fonctionner, et il est nécessaire de magnétiser les pôles de son stator, ce qui en fait malheureusement un gros consommateur de puissance réactive.

A.2 Rappels sur le régime triphasé

Une alimentation triphasée est constituée de 3 phases lorsqu'il s'agit d'un réseau tripolaire, ou de 3 phases et 1 neutre lorsqu'il s'agit d'un réseau tétrapolaire.

Les tensions de chacune des phases sont de même amplitude et de même pulsation, mais décalées de $2\pi/3$.

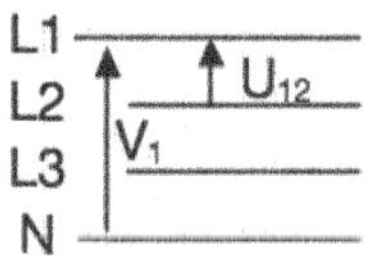

$V_1(t) = V\sqrt{2}\sin(\omega t)$ $\quad V_2(t) = E\sin\left(\omega t - \frac{2\pi}{3}\right)$ $\quad V_3(t) = E\sin\left(\omega t - \frac{4\pi}{3}\right)$

La tension V_1 est appelée tension simple, de valeur efficace V

La tension $U_{12} = V_1 - V_2$ est appelée tension composée, de valeur efficace U.

Dans un réseau équilibré, ce qui sera toujours le cas au programme de la CPGE ATS, on a $U = \sqrt{3}V$.

Les puissances transitant dans le réseau sont, dans le cas de récepteurs linéaires :

Puissance active : $P = 3VI\cos\varphi = \sqrt{3}UI\cos\varphi$

Puissance réactive : $Q = 3VI\sin\varphi = \sqrt{3}UI\sin\varphi$

Puissance apparente : $S = 3VI = \sqrt{3}UI$

En France, le réseau est caractérisé par une tension simple $V = 230$ V et une tension composée U=400 V, à une fréquence f = 50 Hz.

B. Etude du moteur asynchrone

B.1 Constitution du moteur asynchrone

Un moteur asynchrone est composé de 2 éléments principaux :

- un stator, constitué de bobinages. Ce stator possède p paires de pôles (soit p enroulements par phase) ;
- un rotor, qui est la partie tournante du moteur, qui est soit en cage d'écureuil (barreaux lisses), soit bobiné.

Des phénomènes d'induction, détaillés plus loin, vont se créer au sein du rotor. C'est la raison pour laquelle ces machines sont également appelées machines à induction.

Les courants induit qui circulent dans le rotor ne peuvent exister que si une différence de pulsation existe entre le stator et le rotor, donc entre la fréquence d'excitation du stator et la vitesse du rotor.

Cette différence de vitesse, qui est à l'origine de la création du couple électromagnétique, est appelée glissement, et est à l'origine du terme «asynchrone» de ce moteur.

B.2 Couplage d'un moteur asynchrone

Les bobinages d'un moteur asynchrone sont conçus pour être alimentés sous une certaine tension. En fonction des caractéristiques du réseau triphasé qui alimente le moteur, il faudra choisir de relier entre deux phases soit un bobinage, soit deux bobinages.

Les standard de tension d'alimentation des bobinages sont 133 V, 230 V et 400 V.

B.2.1 Couplage étoile

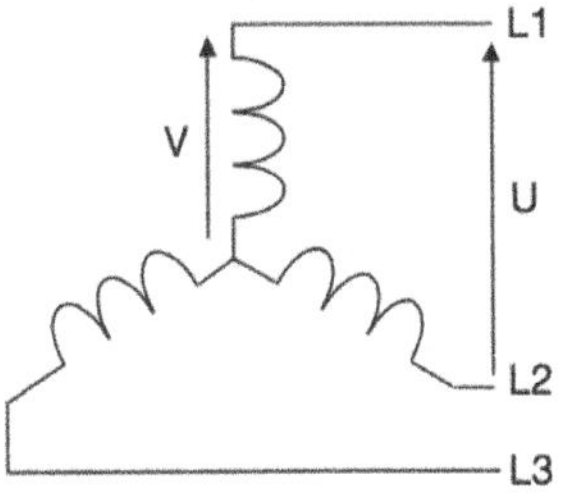

Lorsque la tension simple du réseau correspond à la tension d'alimentation des bobinages du stator, il va falloir coupler ces bobinages en «étoile».

Deux bobinages sont alors reliés entre deux phases, et la tension d'alimentation de chaque bobinage est égale à la tension simple du réseau.

B.2.2 Couplage triangle

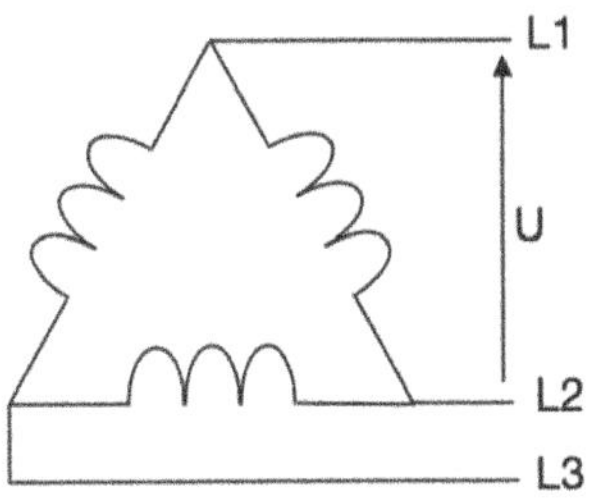

Lorsque cette fois c'est la tension composée du réseau qui correspond à la tension d'alimentation des bobinages du stator, il va falloir coupler ces bobinages en «triangle».

De cette façon, chacun des bobinages est relié entre deux phases, et ces bobinages sont alimentés à une tension égale à la tension composée du réseau.

B.2.3 Plaque signalétique d'un moteur

La plaque signalétique du moteur indique le type de couplage en fonction de la tension :

Tensions indiquées sur la plaque signalétique du moteur	*127V-220V*		*220V-400V*		*400V-660V*	
Tensions du réseau alimentation	*127V*	*220V*	*220V*	*380V*	*380V*	*660V*
Couplage à effectuer	*Δ*	*Y*	*Δ*	*Y*	*Δ*	*Y*

Les plaques signalétiques des moteurs précisent par ailleurs d'autres informations utiles :

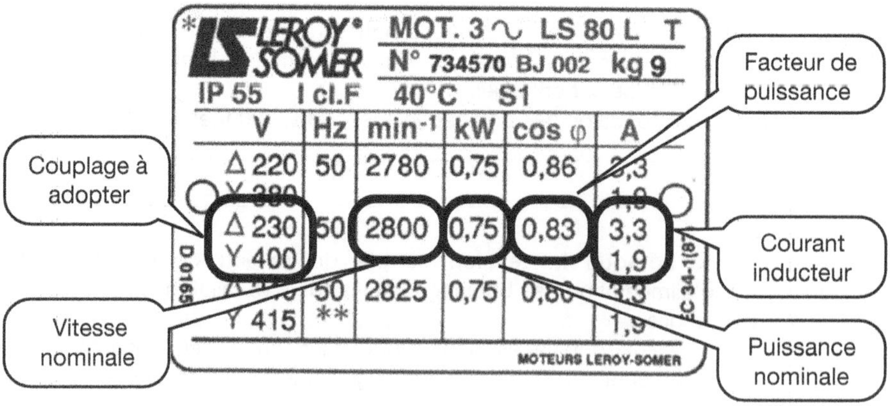

B.3 Principe de fonctionnement

L'alimentation des bobinages du stator par un courant sinusoïdal génère un champ magnétique $\vec{B}$ tournant.

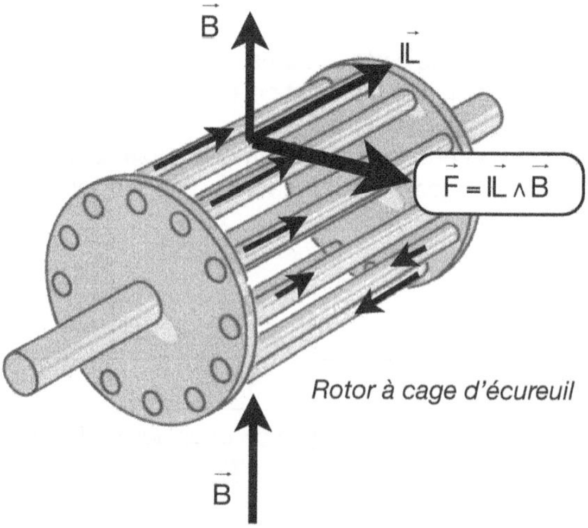

Rotor à cage d'écureuil

Ce champ magnétique tournant crée un flux magnétique $d\Phi = \vec{B}.\vec{dS}$ à travers le rotor en cage d'écureuil de la machine asynchrone.

D'après la loi de Lenz, cette variation de champ magnétique génère une force électromotrice $e = -\frac{d\Phi}{dt}$ entre les barreaux court-circuités du rotor, et un courant induit circule dans ces barreaux.

La circulation de ce courant induit dans le champ magnétique crée alors une force de Laplace $\vec{F} = \vec{IL} \wedge \vec{B}$ sur les barreaux, qui se traduit finalement par un couple moteur.

Il est important de remarquer que ce couple n'existe que grâce à l'induction, créée à la suite de la différence de fréquence entre le champ magnétique tournant et le rotor. On introduira donc la notion de «glissement» qui traduit cette différence de fréquence.

On appelle **pulsation de synchronisme** la pulsation du champ magnétique dans un stator alimenté à une fréquence f, et disposant de p paires de pôles :

$$\Omega_s = \frac{2\pi f}{p}$$

Pour que les phénomènes inductifs puissent avoir lieu, nous avons vu qu'il est nécessaire qu'il y ait une différence de pulsation entre le rotor et le champ magnétique. C'est le **glissement**, défini par :

$$g = \frac{\Omega_s - \Omega}{\Omega_s}$$

En fonctionnement moteur, le glissement est positif (le rotor tourne à une vitesse inférieure à la vitesse de synchronisme), et le fonctionnement est dit «hyposynchrone».

La différence de pulsation fait que, du point de vue du rotor, ce dernier voit un champ magnétique à une fréquence $f_r = gf$.

B.4 Modélisation électrique d'un moteur asynchrone

Une phase d'un moteur asynchrone peut être vue comme un transformateur, dont la pulsation du secondaire serait égale à $g(2\pi f)$, et dont le secondaire serait court-circuité :

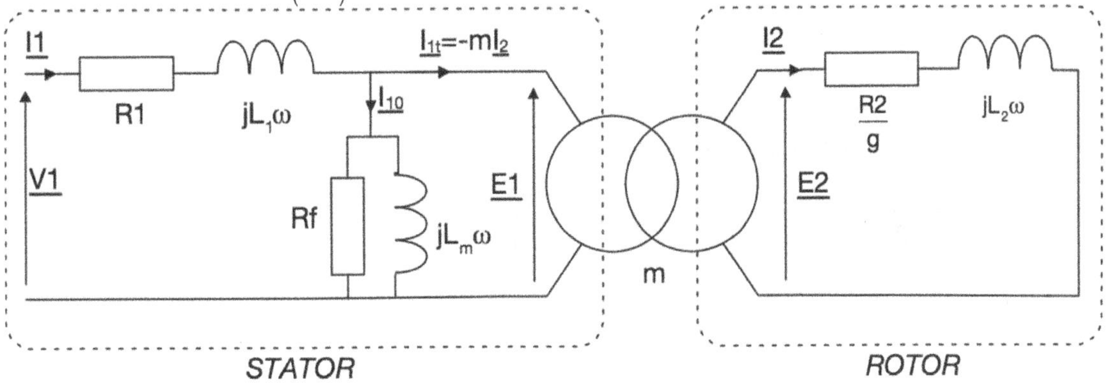

Modèle d'une machine asynchrone

où $\underline{Z}_1 = R_1 + jL_1\omega$ est l'impédance d'un enroulement du stator (résistance et inductance de fuite)

$\underline{Z}_2 = \frac{R_2}{g} + jL_2\omega$ est l'impédance d'un enroulement du rotor (résistance et inductance de fuite)

Rf est la résistance traduisant les pertes ferromagnétiques

L_m est l'inductance magnétisante

L'ensemble {Rf,L_m} modélise le circuit magnétique.

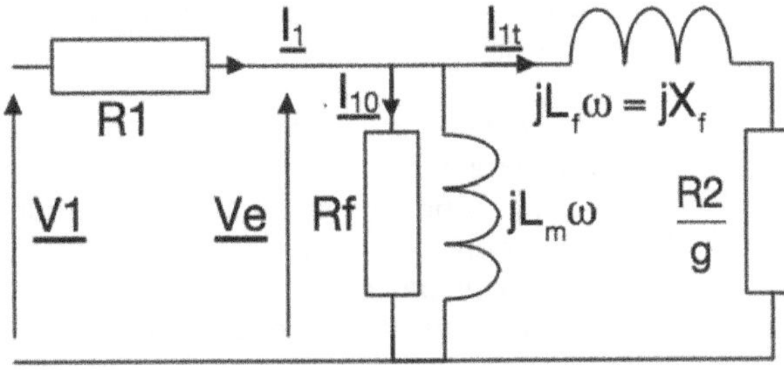

En ramenant les impédances du secondaire au primaire, on aboutit alors au schéma ci-contre. X_f représente la réactance de fuite de l'induit.

Dans ce modèle, **la puissance dissipée dans la résistance fictive R_2/g correspond à la puissance électrique transmise au rotor (P_{em} : puissance électromagnétique).**

B.5 Couple électromagnétique

D'après le modèle élaboré précédemment, la puissance électromagnétique est donc égale à

$$P_{em} = 3\frac{R_2}{g}I_{1t}^2$$

Le couple électromagnétique a donc pour expression :

$$C_{em} = \frac{P_{em}}{\Omega_s}$$

Or, en négligeant la résistance R_1 des enroulements du stator, donc en supposant $\underline{V_1} = \underline{V_e}$ on peut écrire :

$$\underline{I_{1t}} = \frac{\underline{V_1}}{\frac{R_2}{g} + jL_f\omega}, \text{ et donc } I_{1t}^2 = \frac{V_1^2}{\left(\frac{R_2}{g}\right)^2 + \left(L_f\omega\right)^2}$$

D'où l'expression du couple électromagnétique :

$$C_{em} = 3\frac{V_1^2}{\Omega_s}\frac{\frac{R_2}{g}}{\left(\frac{R_2}{g}\right)^2 + \left(L_f\omega\right)^2} \quad \text{avec } g = \frac{\Omega_s - \Omega}{\Omega_s}$$

Cette expression peut finalement s'écrire sous la forme :

$$\boxed{C_{em} = \frac{2C_{max}}{\frac{g}{g_{max}} + \frac{g_{max}}{g}}} \quad \text{avec} \quad \begin{cases} C_{max} = \dfrac{3V_1^2}{2\left(L\omega\right)\Omega_s} \\ g_{max} = \dfrac{R}{L\omega} \end{cases}$$

L'allure du couple en fonction du glissement est alors la suivante :

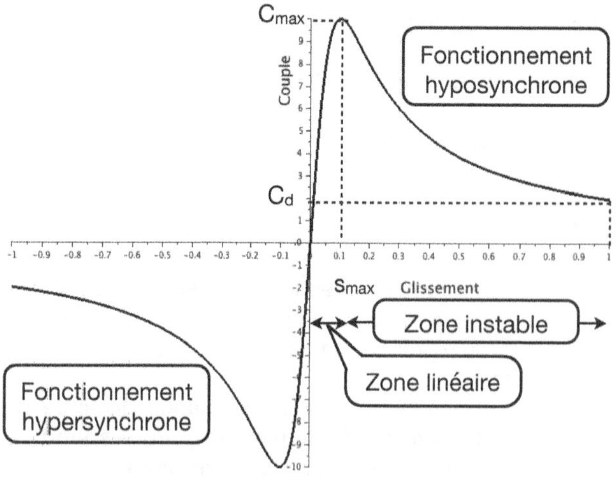

Courbe $C_{em}=f(g)$ d'une machine asynchrone

Cette courbe fait apparaître les deux comportements de la machine asynchrone, linéaire et hyperbolique.

Pour de faibles glissements, la courbe caractéristique est linéaire, et on a :

$$\frac{g}{g_{max}} = \frac{C_{em}}{C_{max}}$$

Au-delà de cette partie linéaire, le comportement peut engendrer une instabilité.

Le fonctionnement hyposynchrone est le fonctionnement normal d'un moteur asynchrone.

Le fonctionnement hypersynchrone correspond au fonctionnement normal d'une génératrice.

C_d représente le couple de démarrage.

Notons qu'il existe toutefois des solutions, intéressantes par exemple dans le cas des éoliennes, qui permettent de faire fonctionner les génératrices en mode hyposynchrone. Il s'agit des machines asynchrones à double alimentation (MADA), mais dont l'étude sort du cadre du programme.

B.6 Pilotage d'un moteur asynchrone

La vitesse d'un moteur dépend donc de la vitesse de synchronisme, qui dépend directement de la fréquence du courant dans le stator.

Faire varier la vitesse d'un moteur asynchrone revient donc à faire varier la fréquence d'excitation du stator. C'est le rôle des variateurs, qui sont des onduleurs.

En faisant varier la fréquence de la modulante (dans le cas d'un onduleur MLI), on fait varier la fréquence du courant d'alimentation des bobinages du stator.

Rappelons toutefois que $C_{max} = \dfrac{3V_1^2}{2(L_f\omega)\Omega_s} = \dfrac{3pV_1^2}{8\pi^2 L_f}\left(\dfrac{V_1}{f}\right)^2$

Comme on cherchera à conserver le couple maximal, la variation de fréquence s'accompagnera d'une variation de tension, telle que le rapport V/f reste constant.

Le pilotage de la machine asynchrone sera dit effectué à U/f constant : on parlera de commande scalaire. Notons qu'il existe également la commande vectorielle, mais dont l'étude sort du cadre du programme.

La structure générale d'un variateur de vitesse pour une commande scalaire d'un moteur asynchrone est représentée ci-dessous :

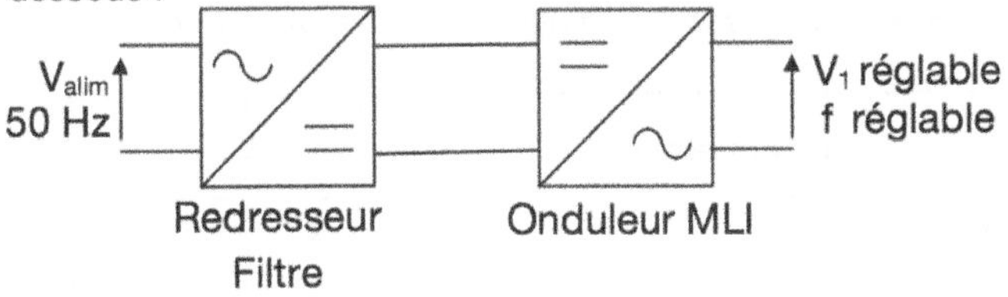

La commande se faisant à U/f constant, il est nécessaire de piloter la tension efficace en sortie d'onduleur. Pour cela, il est possible :

- soit de régler l'amplitude de la modulante (loi MLI de type «sinus-triangle») ;
- soit de procéder à une surmodulation : le signal MLI est lui-même découpé à une fréquence supérieure à la fréquence de la porteuse. Ainsi, la tension moyenne devient réglable en fonction du rapport cyclique de la surmodulation.

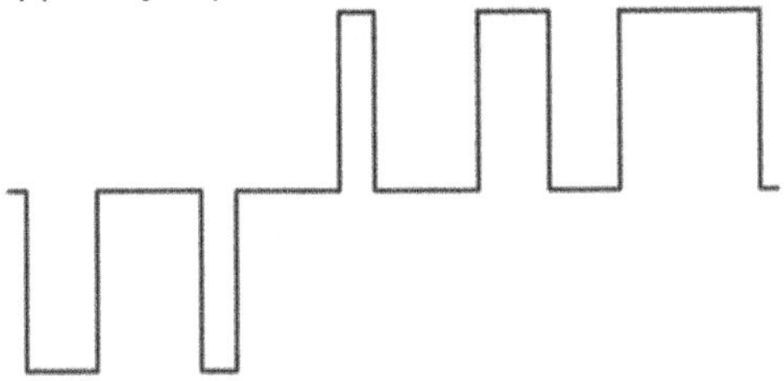

Signal issu de la MLI «sinus-triangle»

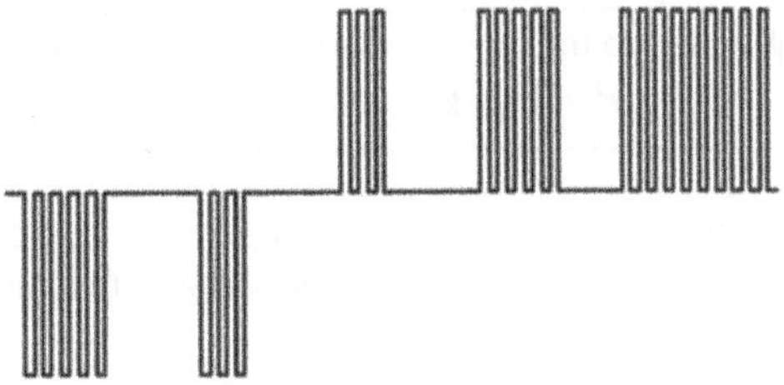

Signal avec surmodulation

La commande scalaire n'est pas adaptée aux très faibles vitesses (inférieures à 10% de la vitesse nominale), car alors la chute de tension aux bornes de la résistance R_1 n'est plus négligeable, et l'approximation $\underline{V}_1 = \underline{V}_e$ (schéma du paragraphe B.4) n'a alors plus de sens.

B.7 Bilan des puissances

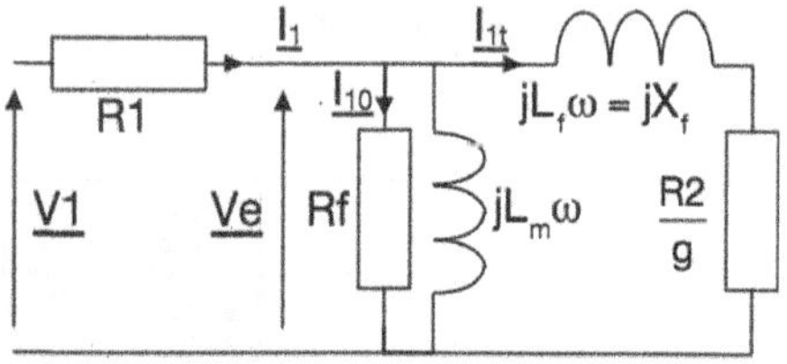

La puissance électrique alimentant une machine asynchrone est transmise :

- au stator sous forme électrique,
- puis est convertie sous forme électromagnétique,
- puis est transmise au rotor sous forme mécanique,
- puis est enfin délivrée sur l'arbre de sortie.

Chaque transmission fait apparaître des pertes, qui sont représentées ci-dessous :

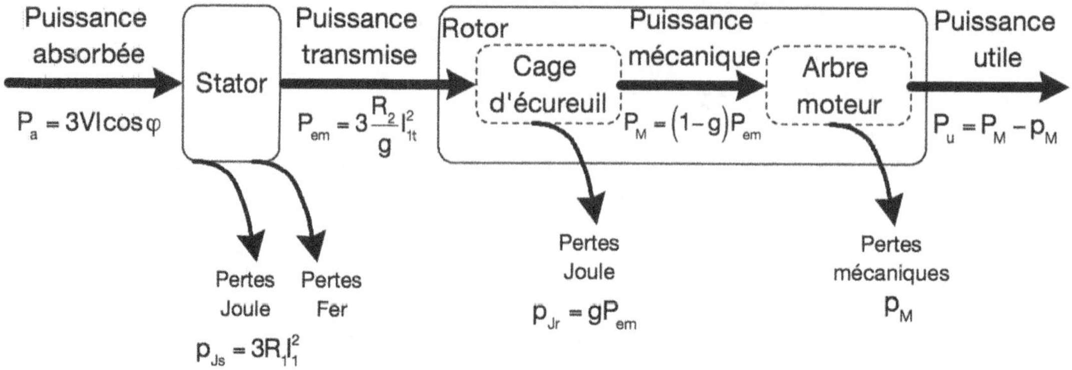

Bilan des puissances d'une machine asynchrone

Puissances acheminées	Pertes
Puissance électrique absorbée : $P_a = 3VI\cos\varphi = \sqrt{3}UI\cos\varphi$	Pertes joule statoriques : $p_{Js} = 3R_1I_1^2$
Puissance électromagnétique transmise à la cage d'écureuil : $P_{em} = 3\frac{R_2}{g}I_{1t}^2$	Pertes fer statoriques : p_{Fs}
Puissance mécanique transmise à l'arbre moteur : $P_M = (1-g)P_{em}$	Pertes joule rotoriques : $p_{Jr} = gP_{em}$
Puissance mécanique disponible en sortie : $P_u = P_M - p_M$	Pertes mécaniques : p_M

Les pertes fer statoriques ne dépendent que de la tension d'alimentation et de la fréquence. Il existe également des pertes fer rotoriques qui sont négligeables.

CE QU'IL FAUT RETENIR

Courbe caractéristique

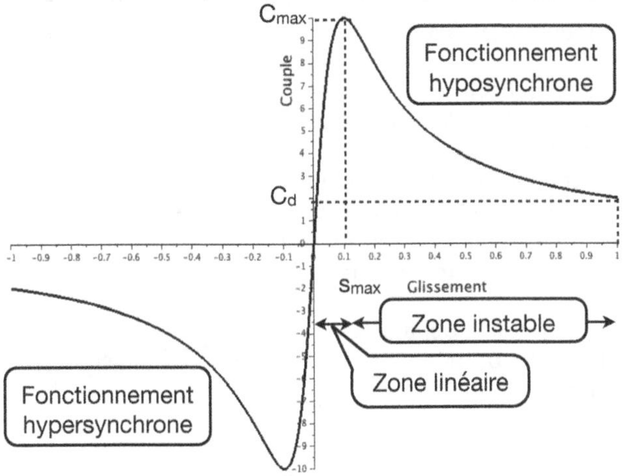

Couple de démarrage : $g = 1$

Au synchronisme : $g = 0$

Dans la zone linéaire :

$$\frac{C_{em}}{g} = \frac{C_{max}}{g_{max}} \text{ avec } g_{max} = \frac{R_2}{X_2}$$

$$C_{max} = \frac{3U_1^2}{2X_2\Omega_s} = K\left(\frac{U_1}{f}\right)^2$$

Pilotage d'un moteur asynchrone

La variation de vitesse d'un MAS est obtenue par variation de fréquence d'alimentation.

Afin de conserver le couple maximal, la variation de fréquence doit s'accompagner d'une variation de tension, telle que U/f reste constant

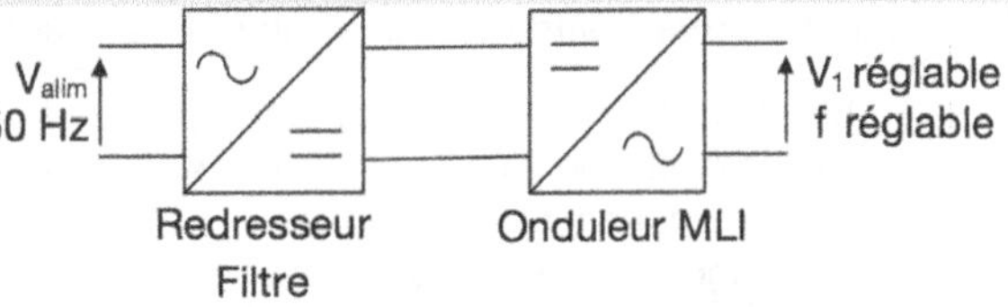

Bilan des puissances

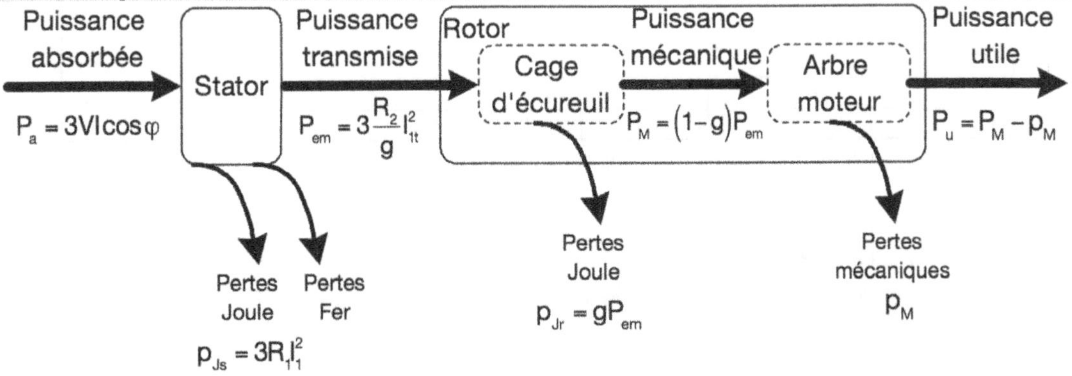

C. Exercices

Exercice 1 : Table de radiographie D2RS (Concours ATS 2018)

(Corrigé page 567)

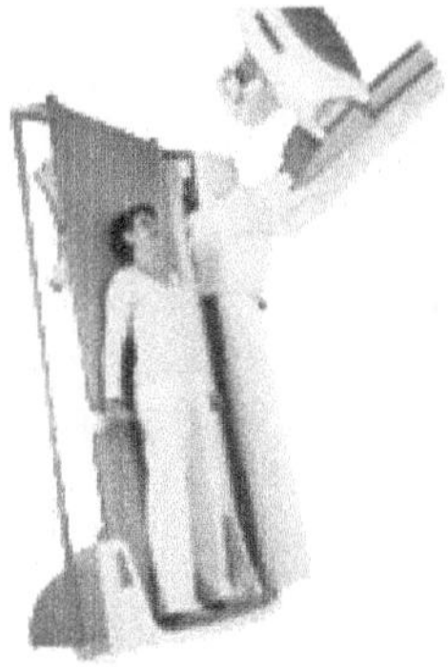

La société Stephanix conçoit des équipements de radiologie pour les hôpitaux. La table D²RS, étudiée dans cet exercice, permet de supporter le patient et le système d'imagerie.

Le mouvement de chariotage de la colonne permet de positionner précisément la source de rayons X. Ce mouvement est assuré par un moteur asynchrone triphasé, piloté par un variateur en commande scalaire.

Il se trouve que des instabilités apparaissent à basse vitesse et perturbent le positionnement de la colonne.

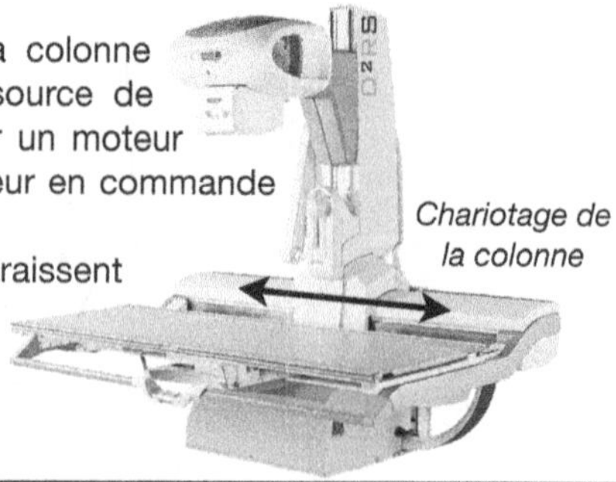

L'objectif de cet exercice est d'étudier le moteur asynchrone et son pilotage.

Détermination des grandeurs nominales de la machine

La table de radiographie est alimentée par le réseau monophasé 230V / 50 Hz. Le variateur délivre une tension maximale de 230 V entre phases. Toutes les pertes de la machine asynchrone sont négligées, à l'exception des pertes joule rotoriques.

La plaque signalétique du moteur est reprise ci-dessous :

3~ Mot	M 2SB 4 FD			Cod	8G360209CV	
No	F-01-13 / 6771243			S 1	IMB	5	14.5	kg
kW	1.1 / 50 Hz					
Hz	V (+/- 10%)	A	min-1	cosΦ		
50	133 / 230 D/Y	8.1 / 4.7	1400	0.78		

Le modèle équivalent par phase est proposé ci-contre. Dans de modèle :

$X_m = L_m\omega$: Réactance de magnétisation

$X_2 = L_2\omega$: Réactance de fuite rotor ramenée au stator

R2 : Résistance d'une phase rotor ramenée au stator

g : glissement

ω : pulsation des courants statoriques

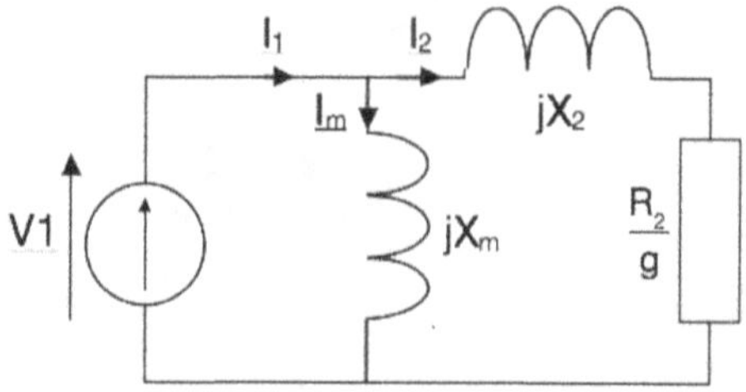

Question 1

Déterminer pour cette machine le nombre de paires de pôles p, le glissement nominal g_n, la puissance active absorbée P_{ab}, les pertes joule rotoriques P_{jr}, le rendement η_n et le couplage des enroulements.

Deux essais à vide ont été effectués pour déterminer les valeurs numériques des paramètres. Les résultats de ces essais sont fournis page suivante.

Conditions de l'essai	Mesures	
Essai à vide (Machine désaccouplée) Tension d'alimentation V_{10} = 133 V Fréquence f = 50 Hz	Puissance réactive absorbée :	Q_0 = 442 VAR
Essai rotor bloqué Tension d'alimentation V_{1rb} = 15 V Fréquence f = 50 Hz	Puissance apparente absorbée : Intensité du courant : Facteur de puissance :	S_{rb} = 117 VA I_{2rb} = 2,49 A f_p = 0,49

Question 2

Faire une hypothèse sur la valeur du glissement dans l'essai à vide et représenter le schéma simplifié du modèle équivalent par phase. Exprimer la puissance réactive Q_0 en fonction des éléments du schéma et en déduire la valeur numérique de l'inductance de magnétisation L_m.

Question 3

Faire une hypothèse sur la valeur du glissement dans l'essai à rotor bloqué et représenter le schéma simplifié du modèle équivalent par phase. Exprimer les puissances active P_{rb} et réactive Q_{rb} en fonction des éléments du schéma. En déduire les valeurs numériques de la résistance rotorique R_2 et de l'inductance de fuite rotorique L_2.

Question 4

Indiquer le paramètre de l'alimentation sur lequel on peut agir pour faire varier la vitesse de la machine.

Couple électromagnétique de la machine

Question 5

Montrer que le couple électromagnétique C_{em} de la machine peut se mettre sous la forme $C_{em} = K.\frac{x}{x^2 + X_2^2}$ et exprimer les paramètres K et x.

Valider le modèle par le calcul du couple nominal de la machine.

Montrer enfin que C_{em} est maximum pour $g = g_{max} = \frac{R_2}{X_2}$. En déduire l'expression de C_{max} en fonction de L_2, V_1, p et f.

Question 6

Justifier qualitativement le choix d'une commande scalaire en $\frac{V_1}{f}$ pour une machine asynchrone associée à un onduleur de tension.

Le couple dans une machine asynchrone est directement proportionnel au carré du flux créé par l'inductance magnétisante L_m. Les performances optimales sont obtenues si ce flux, et donc le courant magnétisant I_m, est maintenu constant sur toute la plage de vitesse.

Question 7

Exprimer la valeur efficace du courant magnétisant I_m en fonction de V_1, L_m et f.

Un modèle plus complet de la machine asynchrone est proposé ci-contre. Dans ce modèle, X_1 représente la réactance de fuite d'une phase stator, et R_1 la résistance d'une phase stator.

Une mesure a permis de déterminer $R_1 = 0{,}85\ \Omega$ et L_1 = 3,24 mH.

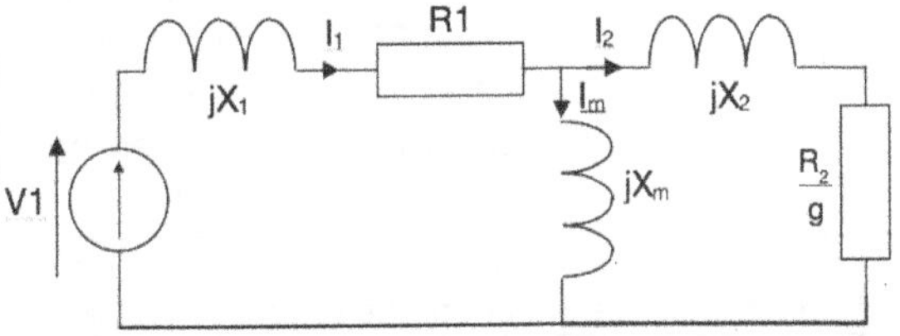

Question 8

Calculer la chute de tension statorique au point nominal.

Par simulation du modèle complet par phase, deux courbes ont été obtenues : le courant magnétisant I_m (A) et la chute de tension Δu (% de V1).

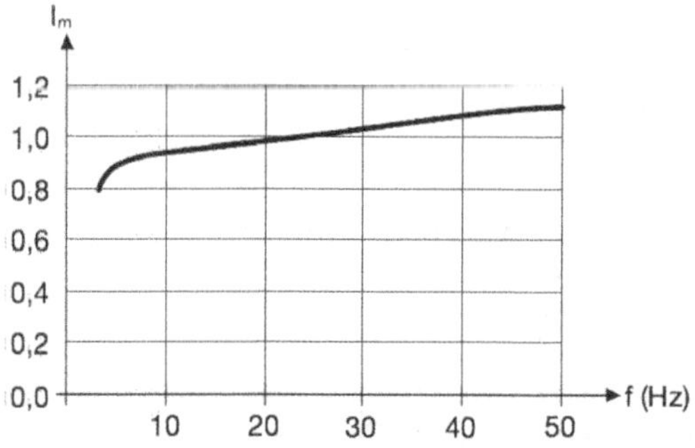

Courant magnétisant

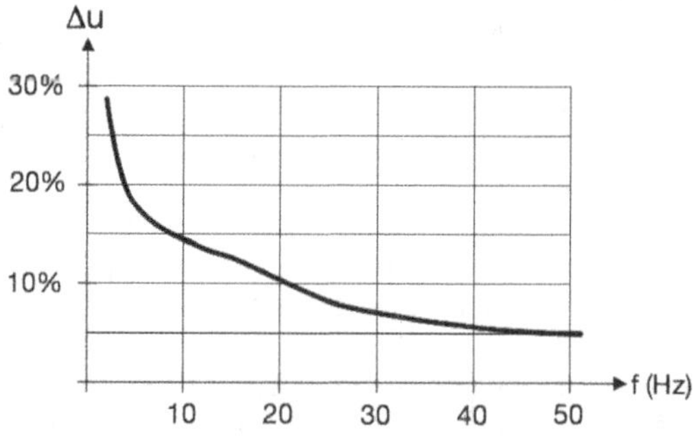

Chute de tension statorique

Question 9

Commenter les courbes obtenues et conclure sur les limites de la commande scalaire. Proposer une autre stratégie de commande qui réponde à la problématique.

Exercice 2 : Panneaux déroulants (Concours ATS 2011) *(Corrigé page 569)*

Le panneau publicitaire déroulant, appartenant à la catégorie des mobiliers urbains pour l'information, est un objet installé dans l'espace public. Le système étudié est le système de panneau type sénior de 8 m² qui équipe de nombreuses villes dont Paris.

Ce panneau permet de faire défiler successivement dans un sens puis dans l'autre jusqu'à 7 affiches réunies en un bandeau, avec un temps d'exposition constant pour chaque affiche.

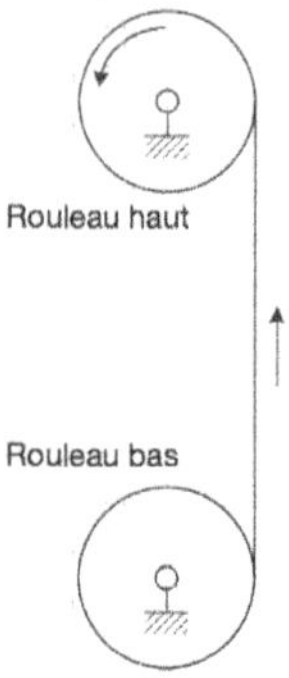

2 moteurs sont mis en œuvre dans ce panneau : un moteur asynchrone pour assurer le déplacement du bandeau, et un moteur à courant continu pour assurer la tension du bandeau.

La traduction du cahier des charges impose une vitesse de rotation $\Omega_m = 139\ \text{rad.s}^{-1}$ et un couple $C_m = 0{,}28\ \text{Nm}$.

Les caractéristiques du moteur, lorsqu'il est alimenté sur un réseau 50 Hz, sont les suivantes :

P_N=120W	Puissance nominale sur l'arbre moteur
N_N=1300 tr.mn^{-1}	Vitesse nominale en sortie d'arbre
I_N=0,8 A	Courant nominal à vitesse nominale
$\cos\varphi = 0{,}68$	Facteur de puissance
I_D/I_N=2,6	Courant au démarrage / Courant nominal
C_N=0,88 Nm	Couple nominal
C_{MAX}/C_N=1,9	Couple maximal / Couple nominal

Le but de l'étude est de vérifier le dimensionnement du moteur asynchrone et de régler la fréquence du variateur afin de répondre aux exigences.

Question 1

Déterminer la puissance P_m nécessaire en régime permanent.

Question 2

A partir des caractéristiques du moteur et de la réponse à la question précédente, montrer que le moteur est largement surdimensionné.

En réalité, le rendement de la transmission n'est pas égal à 1. En conséquence, la valeur du couple électromagnétique en fonctionnement normal est C_{maff}=0,3 Nm.

On rappelle que le l'expression du couple électromagnétique pour un moteur asynchrone est :

$C_{m1} = \dfrac{2C_{max}}{\dfrac{g_0}{g} + \dfrac{g}{g_0}}$ avec C_{max} couple maximal du moteur, g glissement, g_0 glissement pour le couple C_{max}.

Question 3

Donner l'expression de g en fonction de la vitesse angulaire Ω_m et la vitesse de synchronisme Ω_s.

Donner l'expression de Ω_s en fonction de ω, pulsation du réseau et de p, nombre de paire de pôles).

Déterminer Ω_s et N_S lorsque le moteur est alimenté par un réseau triphasé à une fréquence de 50 Hz.

Compte tenu des caractéristiques du moteur, montrer que le nombre de paires de pôles de la machine est égal à 2.

Question 4

A partir des données du constructeur, déduire la valeur du glissement au point de fonctionnement nominal g_N.

Calculer la valeur g_0 à partir de l'expression du couple moteur C_{m1}.

Tracer l'allure de la caractéristique C_m en fonction de g (pour 0<g<1) en indiquant les valeurs numériques de C_N, g_N, C_{MAX}, g_0 sur la courbe. Précisez la zone de fonctionnement stable du moteur.

Question 5

Le système fonctionnant à une valeur de couple $C_{m1}=C_{maff}$=0,3 Nm, donc inférieure à C_N, montrer que l'expression du couple moteur peut se mettre sous la forme $C_{m1} = 2\dfrac{g}{g_0}C_{max}$ et en déduire la valeur du glissement g_{aff} pour le couple C_{maff}.

Question 6

Montrer que l'expression du couple peut s'exprimer par : $C_{m1} = \lambda\left(\Omega_s - \Omega_m\right)$. Précisez l'expression de λ.

On sait que dans le modèle équivalent du moteur asynchrone on a :

$$C_{MAX} = \frac{3pV^2}{2L_2\omega^2} \quad \text{et} \quad g_0 = \frac{R_2}{L_2\omega}$$

V : tension simple aux bornes d'un enroulement

L_2 : inductance secondaire ramenée au primaire

R_2 : résistance rotorique secondaire ramenée au primaire

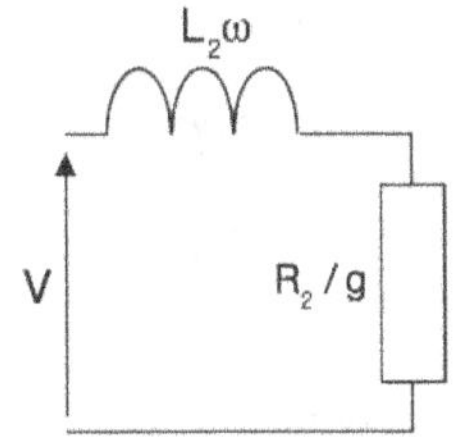

Question 7

Justifier que λ est constant lorsque l'on commande le moteur avec un variateur de vitesse à V/f constant.

Dans la suite du problème, on prendra λ=0,0453 Nm.s.rad^{-1}.

Question 8

Sachant que le moteur doit tourner à la vitesse de $\Omega_m = 139\ \text{rad.s}^{-1}$ avec un couple C_{maff}=0,3 Nm pour respecter le cahier des charges, quelle devra être la vitesse de synchronisme Ω_s ?

En déduire la valeur de la fréquence f_V à programmer dans le variateur de vitesse du moteur pour respecter le cahier des charges.

Exercice 3 : Maison hantée (Concours ATS 2009)

(Corrigé page 571)

Un manège de parc d'attraction est composé de seize véhicules indépendants roulant sur une piste béton de 192 mètres.

Cette piste reçoit en son centre un rail de guidage qui fixe la trajectoire des véhicules.

Chaque voiture peut recevoir deux personnes au maximum. La motorisation de chaque véhicule est assurée par un moteur à courant continu, mais l'analyse de l'activité du service maintenance fait ressortir des changements fréquents des pare-chocs dus aux collisions entre véhicules.

Ces collisions sont dues à des vitesses de véhicules non maîtrisées.

Le cahier des charges prévoit une variation de vitesse maximale de 10% pour un couple utile en sortie de moteur variant de -4 Nm à 10 Nm.

Le service maintenance souhaite remplacer pour chaque véhicule le moteur à courant continu par un moteur asynchrone triphasé associé à un variateur de vitesse (convertisseur de fréquence).

L'objectif est ici de conclure sur la nécessité éventuelle d'équiper chaque chariot d'une régulation de vitesse sachant que la variation de vitesse maximale tolérée par le cahier des charges est de 10%.

L'expression du couple électromagnétique du moteur asynchrone en fonction du glissement déduite des propriétés du schéma équivalent monophasé est de la forme : $C_{em} = \frac{3U^2}{\Omega_s} \cdot \frac{R_2 g}{R_2^2 + X_2^2 g^2}$

Avec C_{em} : couple électromagnétique,
U : valeur efficace de la tension composée,
Ω_s : vitesse angulaire de rotation du champ tournant,
R_2 : résistance d'une phase du rotor, ramenée au stator,
X_2 : réactance d'une phase du rotor ramenée au stator avec
$X_2 = L_2\omega$, , $\omega = 2\pi f$, f : fréquence des courants statoriques,
g : glissement $g = \frac{\Omega_s - \omega_m}{\Omega_s}$
ω_m : vitesse angulaire de rotation du rotor du moteur.

Le moteur est connecté en triangle.

Le couple de pertes est négligé : $C_{em} = C_u$ (couple utile).

Question 1

Dans la zone de fonctionnement du moteur, la caractéristique Cem=f(g) peut être modélisée par une droite paramétrée par Ω_S.

La caractéristique Cem=f(g) passe par un maximum C_M pour une valeur g_M du glissement

En utilisant les propriétés de la dérivée, déterminer l'expression de g_M en fonction de R_2 et X_2.

Donner l'expression de C_M en fonction de U, Ω_S et X_2 .

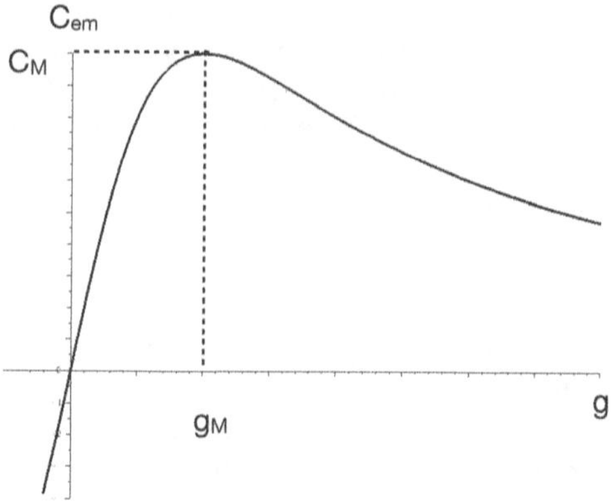

Question 2

Montrer que C_{em} peut se mettre sous la forme

$$C_{em} = 2C_M \frac{x}{1+x^2} \text{ avec } x = \frac{g}{g_M}$$

Le moteur utilisé a les caractéristiques suivantes pour une alimentation à 50 Hz :

Type moteur	**P_N [kW]**	**M_N [Nm]**	**n_N [tr/min]**	**I_N 380-415V [A]**	**Cos φ**	**I_A/I_N**	**J_{Mot} [10^{-4}kgm2]**	**M_{max} [Nm]**
DV100M4	2,2	15	1410	4,9	0,83	5,9	53	40

P_N: puissance nominale
M_N : couple nominal
n_N: vitesse nominale du rotor
I_N: courant nominal
Cos φ: facteur de puissance
I_A/I_N: rapport entre le courant de démarrage et I_N
J_{mot} : inertie du moteur
M_{max} : couple maximal

Question 3

Exprimer la vitesse angulaire de rotation du champ tournant Ω_S en fonction de la fréquence f des courants statoriques et du nombre de paires de pôles p.

En utilisant les caractéristiques du moteur et en considérant qu'en fonctionnement nominal le glissement est faible, déterminer le nombre de paires de pôles p du moteur asynchrone.

Question 4

En utilisant le résultat de la question 2 et les caractéristiques du moteur, calculer la valeur de g_M sachant que x est inférieur à 1.

Les résultats précédents permettent d'obtenir une expression linéarisée de la caractéristique de couple C_{em}=f(g) autour de la vitesse de synchronisme. L'expression de Cem devient alors :

$$C_{em} = 1{,}65.g.\Omega_s$$

Nous allons à présent déterminer la fréquence de la tension d'alimentation pour que le chariot se déplace à 1,3m.s^{-1} (N_m =1400 tr.mn^{-1}) lorsque le couple moteur est de 10Nm.

Question 5

Donner l'expression de C_{em} en fonction de f, p et ω_m (vitesse angulaire de rotation du rotor en rad.s^{-1}).

Calculer la fréquence f des courants d'alimentation du moteur pour que le chariot se déplace à 1,3m/s lorsque le couple moteur est de 10Nm.

Le couple pouvant devenir négatif, la structure du convertisseur doit permettre cette inversion. Il faut d'abord s'assurer de la réversibilité du système utilisé.

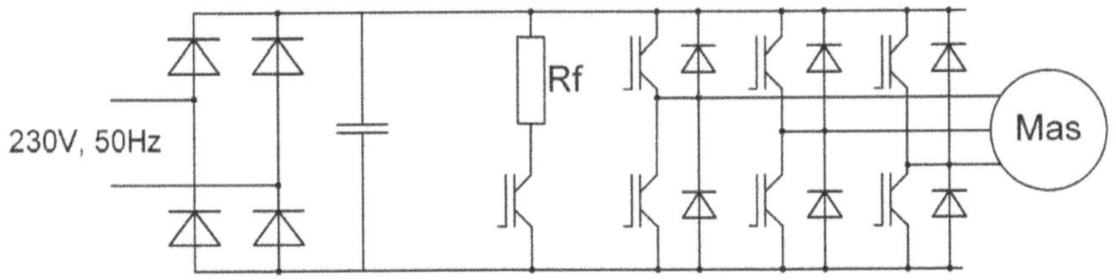

Les transistors sont considérés comme des interrupteurs commandés et le dispositif de commande n'est pas représenté.

Question 6

Le schéma de principe du convertisseur de fréquence représenté ci-dessus permet-il de conclure sur la réversibilité demandée ?

Question 7

La fréquence des courants d'alimentation étant celle calculée à la question 5, calculer la vitesse de rotation du moteur lorsque le couple passe à -4Nm.

En considérant les variations extrêmes de la vitesse en fonction des variations du couple, conclure quant à la nécessité de réguler la vitesse.

Conclure sur le respect des exigences du cahier des charges, relatif à la variation de vitesse tolérée.

Chapitre 11. Moteurs synchrones

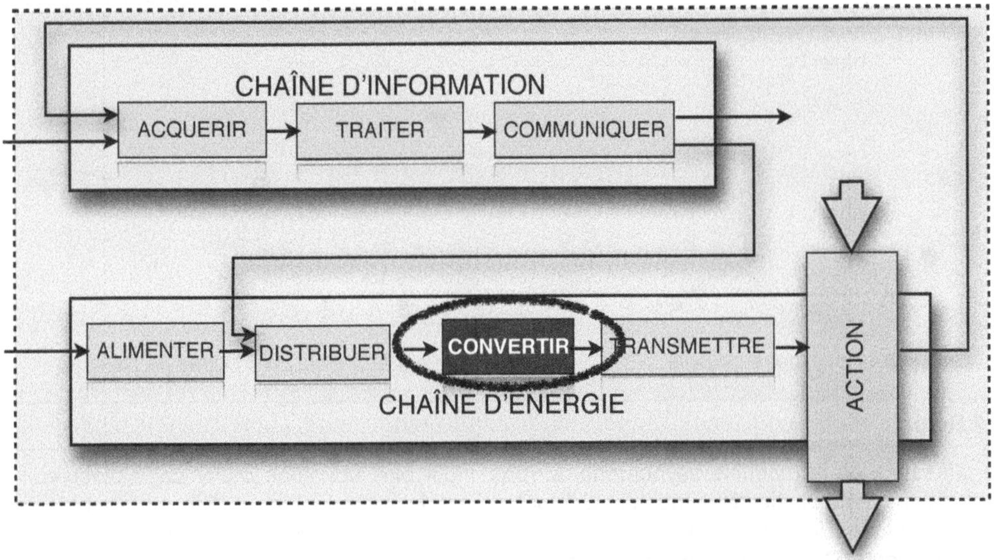

Le développement de l'électronique de puissance autorise désormais l'utilisation des machines synchrones dans les quadrants moteurs. Parmi les moteurs synchrones, nous retiendrons particulièrement les moteurs brushless.

A. Généralités

A.1 Domaines d'emploi

Les machines synchrones peuvent fonctionner en alternateur comme en moteur. Historiquement, ces machines étaient essentiellement utilisées en génératrice, mais le développement de l'électronique de puissance rend maintenant possible le fonctionnement en moteur.

Les machines synchrones et asynchrones présentent certaines similitudes, dans la mesure ou le stator de ces machines est l'induit, et génère la rotation du moteur grâce à un champ magnétique tournant.

De nombreuses applications industrielles exploitent les moteurs synchrones, dans une large gamme de puissance (de quelques watt au gigawatt). Les petits drones utilisent des moteurs synchrones d'une puissance de 15W, tandis que les moteurs du TGV Atlantique développent une puissance d'environ 800 kW.

A.2 Constitution

A.2.1 Stator

Le stator de ces machines contient les enroulements (bobinages) des trois phases, logées dans les encoches d'un noyau en fer feullleté.

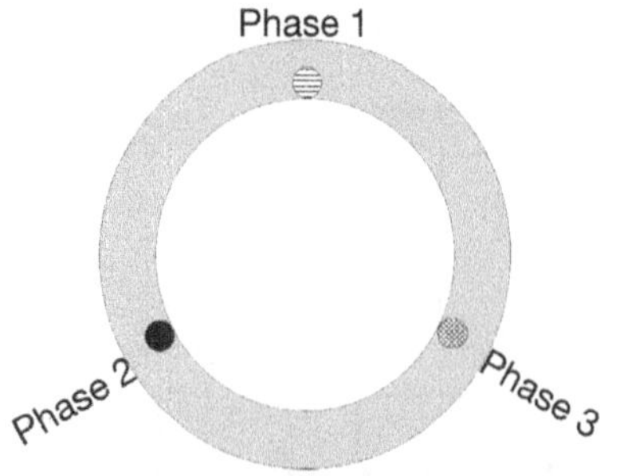

Stator pour p=1 paire de pôle

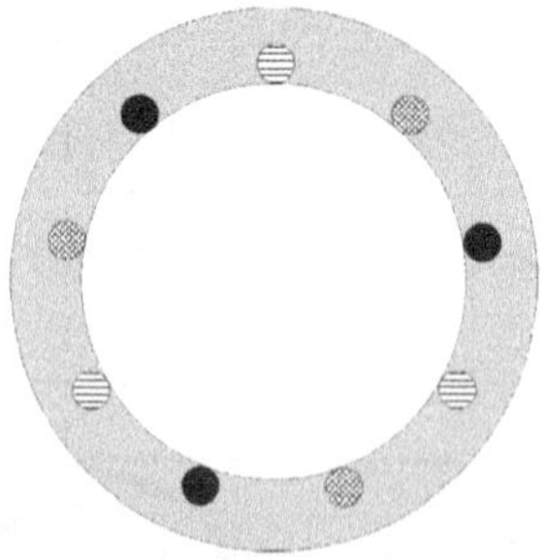

Stator pour p=3 paires de pôles

A.2.2 Rotor

A la différence de la machine asynchrone, le rotor n'est plus constitué d'une cage d'écureuil mais d'aimants (permanents ou électro-aimants). L'inducteur est le rotor, qui peut être soit bobiné, soit à aimants permanents. En respect du programme de la CPGE ATS, nous n'étudierons que les rotors à aimants permanents. Ces moteurs, qui sont donc sans balais, sont appelés moteurs brushless.

Le nombre de pôles du rotor est égal au nombre de pôles du stator, et le rotor suit le champ magnétique du stator.

La fréquence de rotation du rotor est égal à celle du champ magnétique tournant.

Lorsque le moteur tourne à vide (sans charge), les pôles du rotor et du stator sont confondus. En présence d'une charge, on observera un décalage (retard angulaire) entre les pôles du rotor et ceux du stator.

B. Principe de fonctionnement

L'alimentation des enroulements du stator génère un champs magnétique tournant.

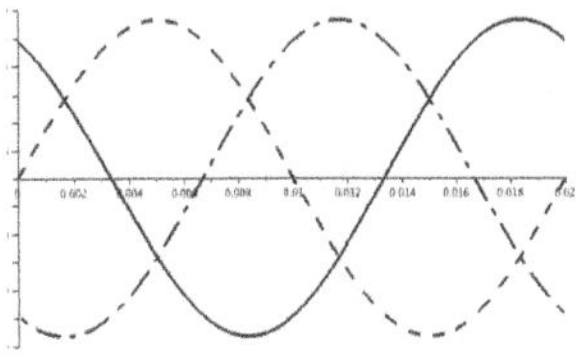

Cette alimentation est de forme sinusoïdale lorsque le moteur est connecté directement au réseau, ou par l'intermédiaire d'un onduleur à modulation de largeur d'impulsion.

Lorsque le moteur est alimenté par un onduleur à commande décalée (moteurs autopilotés, moteurs brushless), les ondes sont alors en forme de créneau.

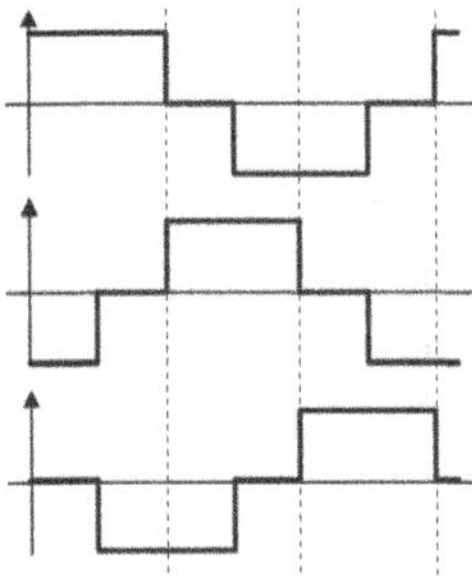

Comme pour les machines asynchrones, la pulsation du champs magnétique dépend de la fréquence de l'alimentation fet du nombre de paires de pôles p :

$$\Omega = \frac{2\pi f}{p}$$

Les p aimants du rotor vont s'aligner sur ce champs magnétique, et vont générer une rotation à la même pulsation Ω : la machine est dite synchrone car les deux pulsations (rotor et stator) sont identiques.

C. Modèle électrique

C.1 Modèle de Behn Eschenburg

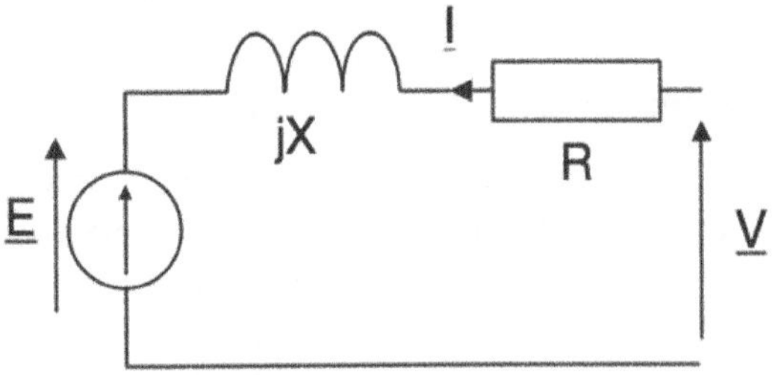

Dans le cas d'une machine non saturée, et à rotor à pôles lisses, la phase d'une machine synchrone peut se modéliser grâce au modèle de Behn Eschenburg.

Dans ce modèle, chaque phase est modélisée par une réactance synchrone, une résistance synchrone, et une fcém en série.

Les valeur de R et X sont constantes. L'inductance synchrone L est la somme de l'inductance propre L_P à la bobine, et des inductances mutuelles M avec les 2 autres bobinages : $L=L_P+2M$.

La fcém répond à la loi $E = k\omega$ dans le cas d'un rotor non bobiné. Elle est directement proportionnelle à la vitesse de rotation du rotor.

Cette fcém peut être soit de forme sinusoïdale, soit trapézoïdale dans le cas de rotors à aimants permanents (moteurs à courant continu brushless BLDC).

C.2 Equations électriques

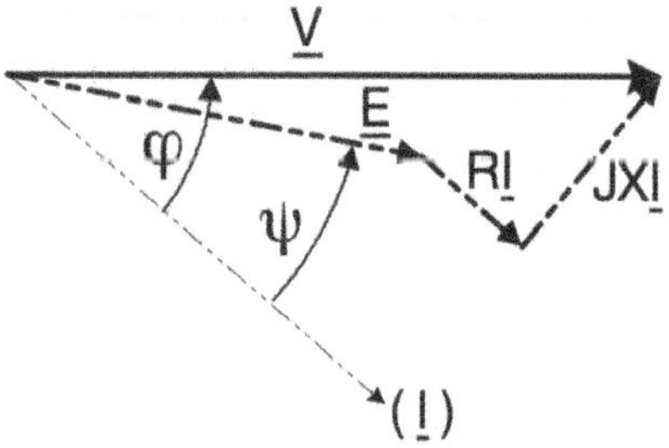

La loi des mailles fournit la relation dans le modèle de Behn Eschenburg, dans le cas d'un moteur :

$$\underline{V} = \underline{E} + (R + jX)\underline{I}$$

où $X = L\omega$ est la réactance synchrone de la phase.

Le diagramme de Fresnel qui traduit cette relation est représenté ci-contre.

Ce diagramme fait apparaître deux déphasages :

- un déphasage φ entre le courant $\underline{I}$ et la tension $\underline{V}$,
- et un déphasage ψ entre le courant $\underline{I}$ et la fcém $\underline{E}$.

Notons que dans le cas d'une génératrice synchrone (alternateur), la loi des mailles devient $\underline{V} = \underline{E} - (R + jX)\underline{I}$.

Le diagramme de Fresnel ci-contre représente le cas d'un alternateur.

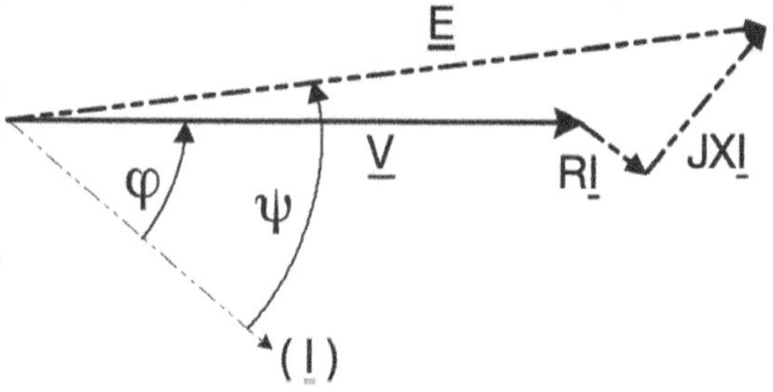

C.3 Bilan des puissances

La puissance active électrique fournie est donnée par l'expression :

$$P_e = 3VI\cos\varphi$$

La puissance active électromagnétique est égale à :

$$P_{em} = 3EI\cos\psi = P_e - 3RI^2$$

La puissance réactive électromagnétique vaut quant à elle :

$$Q_{em} = 3VI\sin\psi = Q_e - 3XI^2$$

C.4 Couple électromagnétique

A l'instar des machines asynchrones, la puissance électromagnétique s'écrit $P_{em} = C_{em}\omega = C_{em}\Omega_s$.

On en déduit alors l'expression du couple électromagnétique :

$$C_{em} = \frac{3EI\cos\psi}{\Omega_s} = \frac{3pEI\cos\psi}{2\pi f}$$

Cette expression montre que le couple est maximal lorsque le courant et la fcém sont en phase (ψ=0). Ceci explique que les moteurs à fcém sinusoïdale seront alimentés par un courant sinusoïdal, tandis que les moteurs à fcem trapézoïdale seront alimentés par un courant en forme de créneau.

Si la conversion de puissance active est parfaite (résistance nulle), et que le moteur est correctement piloté de façon à assurer un déphasage nul entre courant et fcém, alors le couple peut s'écrire :

$$C_{em} = \frac{3VI\cos\varphi}{\Omega_s}$$

D. Stratégie de commande

D.1 Généralités

Bien que rien ne s'oppose à l'alimentation par un signal sinusoïdal d'une machine synchrone à fcém trapézoïdale (ou réciproquement), conserver un couple maximal constant demande à adapter la forme des signaux d'alimentation à la forme de la fcém.

Les moteurs à fcém sinusoïdales seront donc avantageusement alimentés par un onduleur MLI avec une loi sinus-triangle, tandis que les moteurs à fcém trapézoïdales seront alimentés par un onduleur à commande décalée, ou par un onduleur MLI dont la modulante est en forme de créneaux.

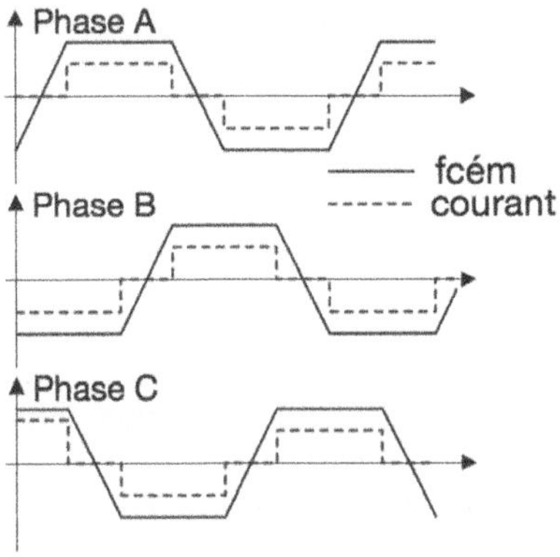

Afin de s'assurer un déphasage ψ nul entre le courant et la fcém, il est alors indispensable de connaître la position du rotor à tout moment afin d'injecter les signaux au stator au bon moment.

On parlera alors de moteurs brushless autopilotés, et la mesure de la position du rotor se fera à l'aide d'un codeur.

Dans le cas d'une fcém trapézoïdale, il ne sera pas nécessaire de doter le rotor d'un codeur à forte résolution, contrairement aux moteurs à fcém sinusoïdale.

D.2 Détails de la commande

D.2.1 Structure du pilotage d'une machine synchrone

La valeur de la fcém d'un moteur asynchrone dépend de la position angulaire du rotor. Afin de garantir un déphasage ψ nul entre la fcém et le courant d'alimentation, il est donc indispensable de mesurer la position angulaire du rotor.

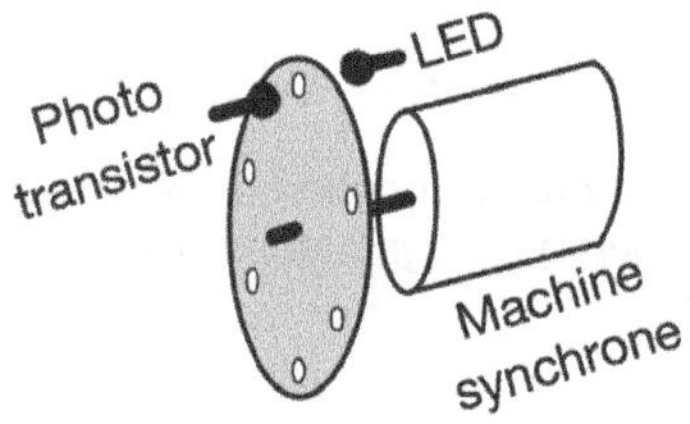

Le dispositif rudimentaire ci-contre suffit à renseigner la commande sur la position du rotor dans le cas d'une machine à fcém trapézoïdale.

L'ensemble de la commande intègrera les éléments suivants :

- le moteur et son onduleur,
- la mesure de l'angle rotor et des courants statoriques,
- le pilotage des transistors de l'onduleur.

En ce qui concerne la mesure des courants statoriques, l'alimentation étant supposée équilibrée, on vérifie $i_a+i_b+i_c=0$. Par conséquent, seule la mesure de 2 courants suffit, le troisième étant obtenu par déduction.

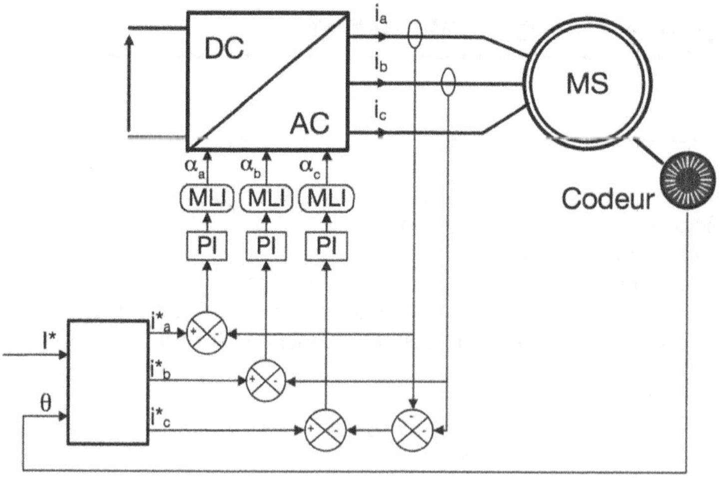

Autopilotage d'une machine synchrone

D.2.2 Exemple de pilotage de l'onduleur pleine onde

On considère une machine synchrone à une paire de pôles, alimentée par un onduleur pleine onde. Les transistors de cet onduleur sont commandés en fonction de la position angulaire du rotor.

La figure ci-dessous représente cette machine et son onduleur, dans la configuration K1 et K'3 passants (et donc $V_U>0$ et $V_W<0$) :

Machine synchrone à 1 paire de pôles

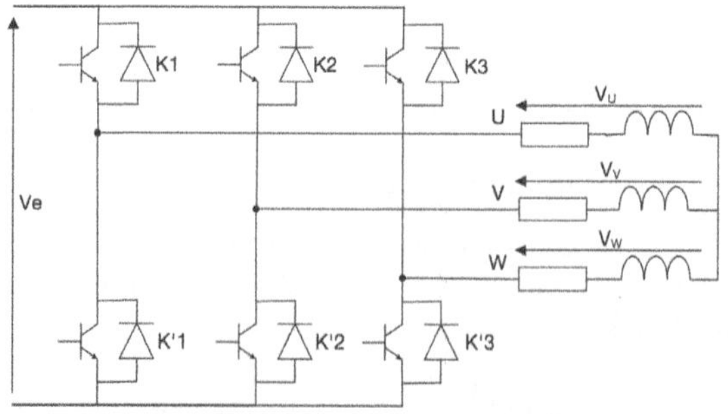

Onduleur pilotant la machine

Les figures suivantes montrent le principe de commutation des transistors en fonction de la position du rotor. Dans ces schémas, les flèches désignent la direction des champs magnétiques. Le champ magnétique du rotor va s'aligner sur celui généré par les phases du stator.

Position du rotor	Pilotage de l'onduleur
 $V_U>0$ et $V_W<0$	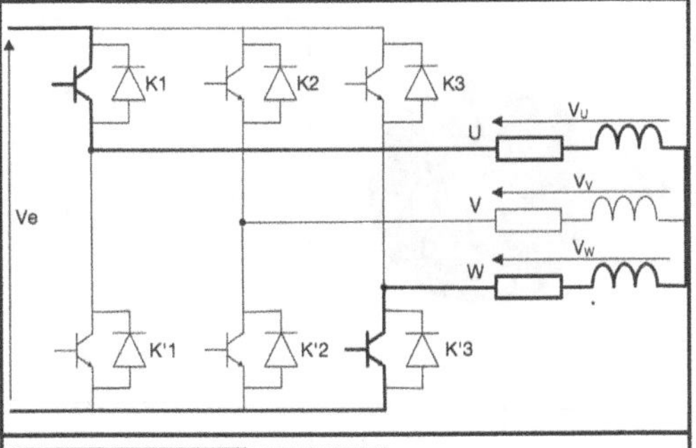
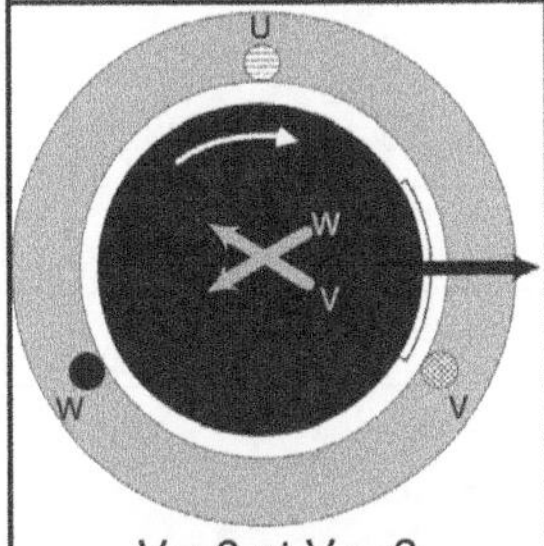 $V_V>0$ et $V_W<0$	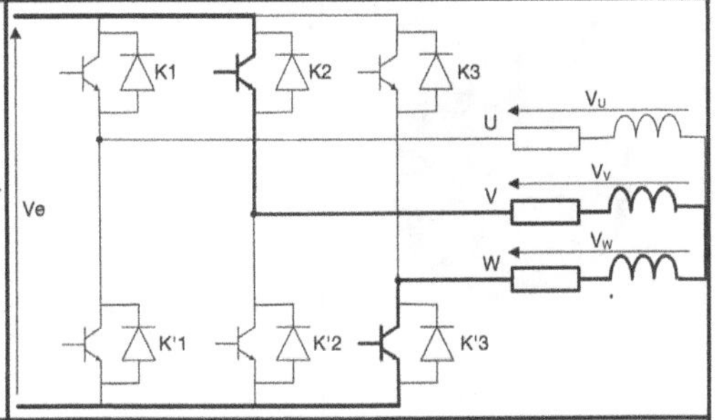
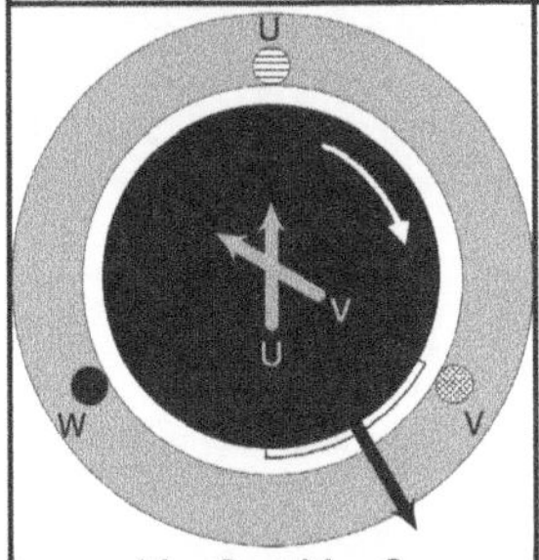 $V_V>0$ et $V_U<0$	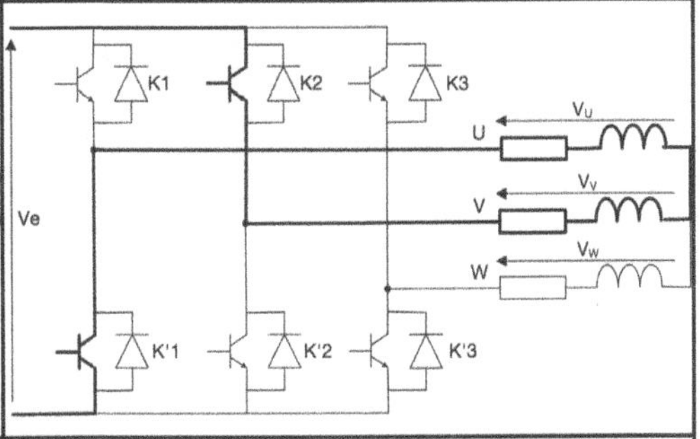
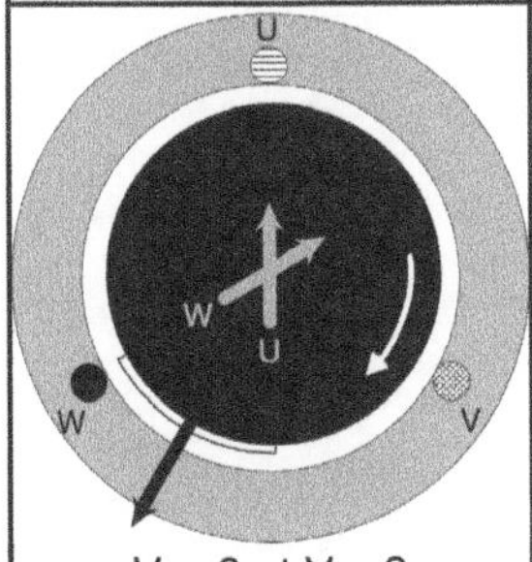 $V_W>0$ et $V_U<0$	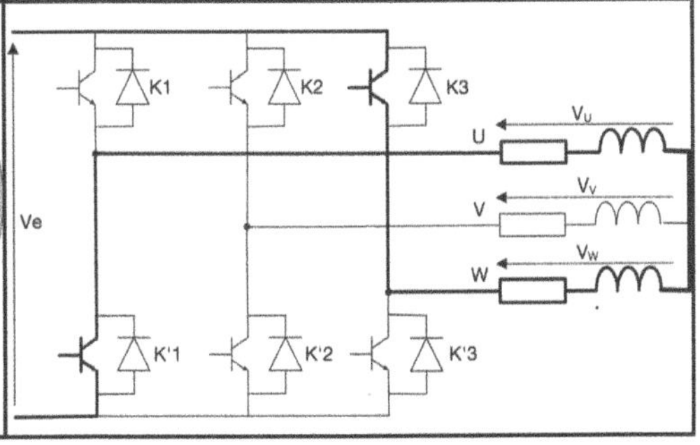

Position du rotor	Pilotage de l'onduleur
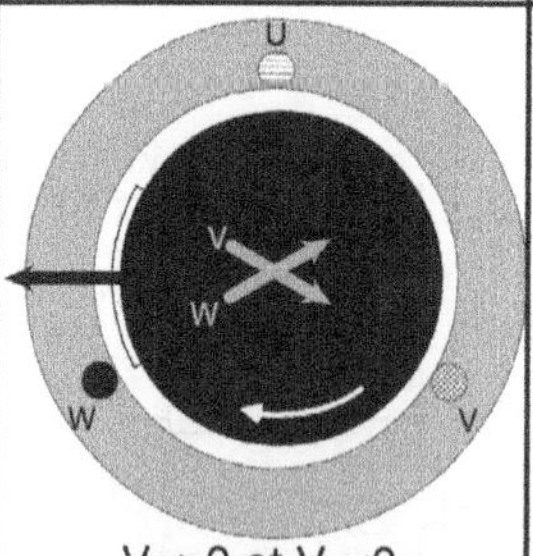 $V_W>0$ et $V_V<0$	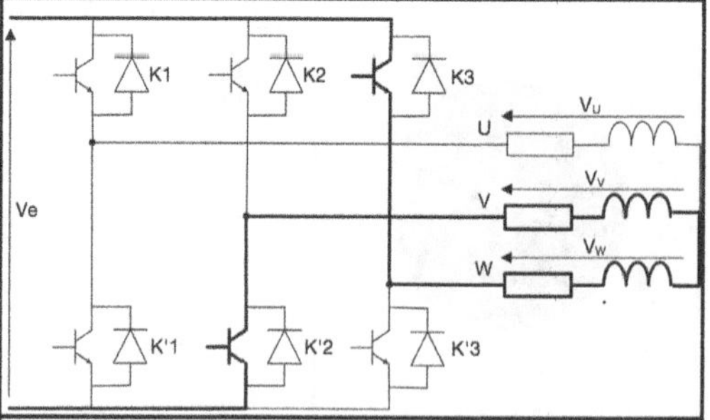
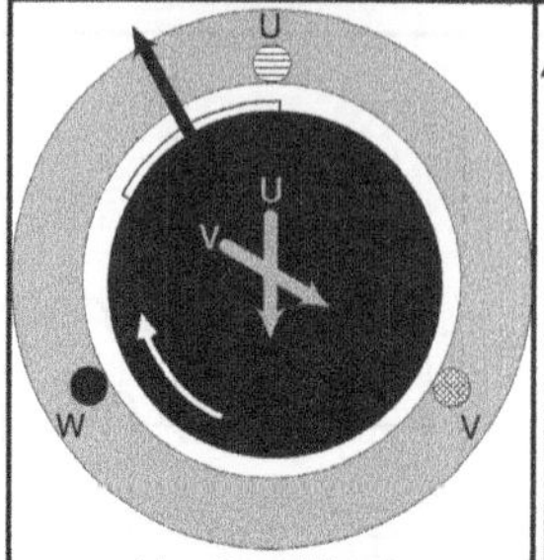 $V_U>0$ et $V_V<0$	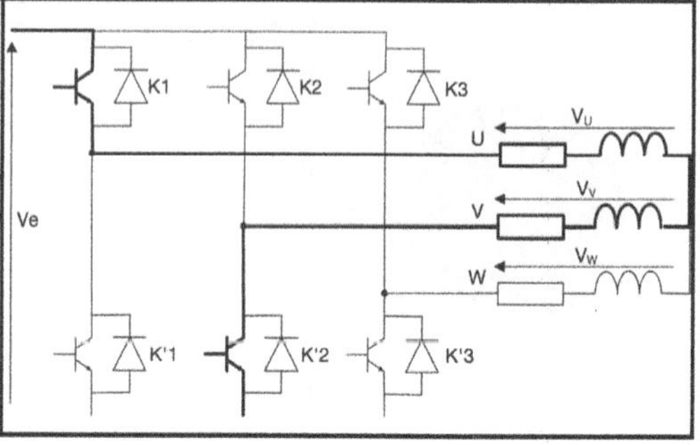

CE QU'IL FAUT RETENIR

Généralités

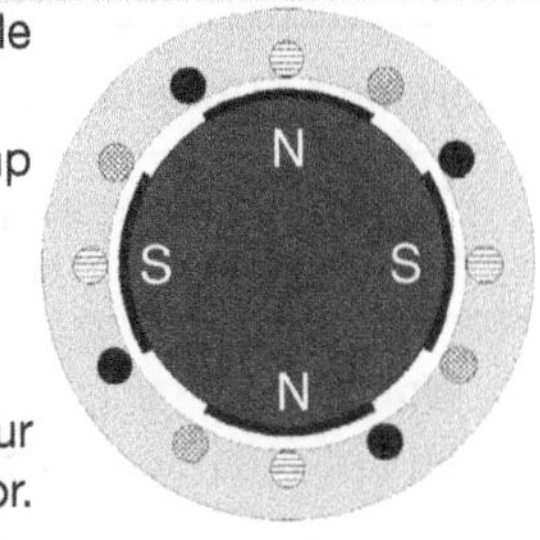

La circulation du courant périodique de pulsation ω dans les p paires de pôle du stator (induit) génère un champ magnétique tournant.

Les aimants du rotor (inducteur) vont alors s'aligner sur ce champ magnétique, entraînant le rotor à la même pulsation que le stator.

Le moteur est synchrone, car $\omega = \Omega_s$ avec $\Omega_s = \dfrac{2\pi f}{p}$

Afin de bénéficier d'un couple maximal, des capteurs intégrés au moteur fournissent les informations de position pour déclencher la commande du stator. On parle de machine «autopilotée»

Modélisation électrique

Modèle de Behn Eschenburg

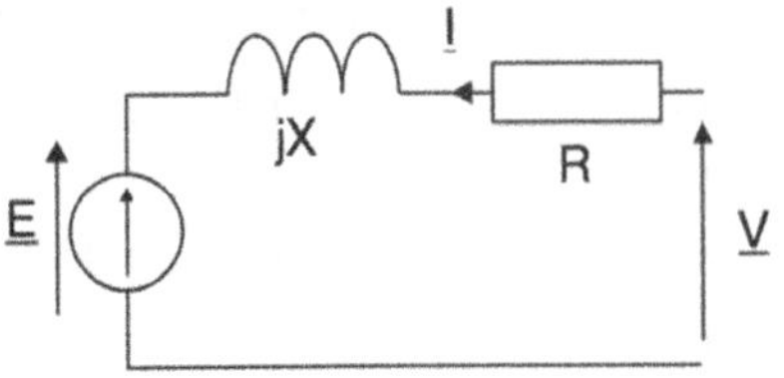

$\underline{V} = \underline{E} + (R + jX)\underline{I}$ où X est la réactance équivalente d'une phase

$E = K_E \omega$ (rotor non bobiné)

Dans le cas d'un rotor à aimants permanents, la fcém E est de forme trapézoïdale.

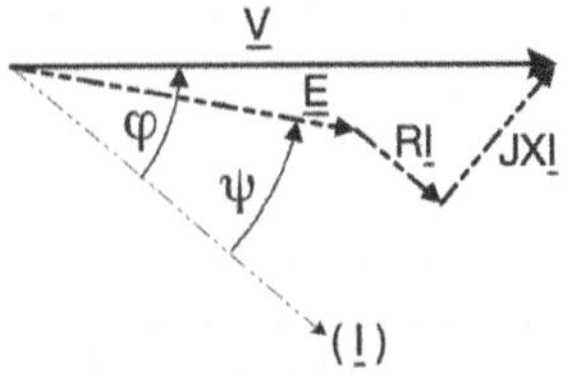

Equations électriques (Diagramme de Fresnel)

Il existe 3 grandeurs sinusoïdales, donc 2 déphasages par rapport au courant

Bilan des puissances

Puissances

Puissance active électrique absorbée :	$P_e = 3VI\cos\varphi$
Puissance active électromagnétique :	$P_{em} = 3EI\cos\psi = P_e - 3RI^2$
Puissance réactive électromagnétique :	$Q_{em} = 3VI\sin\psi = Q_e - 3XI^2$

Couple électromagnétique

$P_{em} = C_{em}\omega = C_{em}\Omega_s$ donc $C_{em} = \dfrac{3EI\cos\psi}{\Omega_s} = \dfrac{3pEI\cos\psi}{2\pi f}$

En négligeant les pertes dans le stator, $C_{em} = \dfrac{3VI\cos\varphi}{\Omega_s}$ car alors $P_{em} = P_e$

Pilotage d'un moteur synchrone

On cherche le couple maximal, donc un déphasage $\psi = 0$

Aimants permanents ➢ fcém trapézoïdale
➢ Commande par onduleur pleine onde

Rotor bobiné ➢ fcém sinusoïdale
➢ Commande par onduleur MLI

La commande des bras de l'onduleur est fonction de la position du rotor ➢ Moteur autopiloté

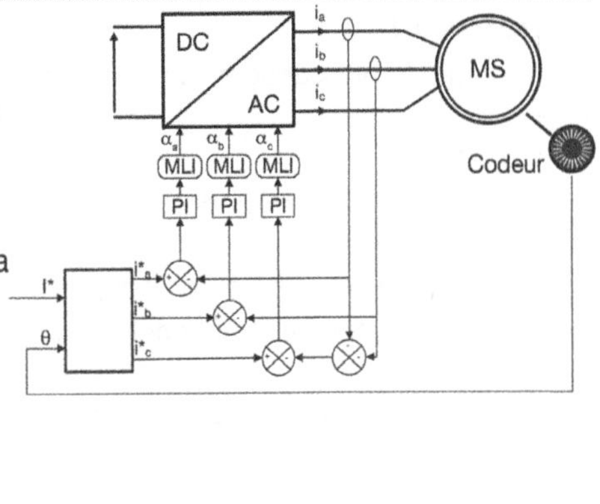

E. Exercices

Exercice 1 : Unité de conditionnement de cartons (Concours ATS 2016)

(Corrigé page 572)

On se reportera au problème 3 du chapitre 8 «convertisseurs statiques» pour la description du système étudié. On rappelle que chaque phase du moteur synchrone est modélisée par le circuit représenté ci-dessous.

Notations :

ω_s : pulsation des grandeurs électriques.
R_s : résistance par phase en ohms.
L_c : inductance cyclique statorique en henrys.
$\underline{V_s}$, $\underline{I_s}$, $\underline{E}$: amplitudes complexe de la tension, du courant, de la fcém
V_S : valeur efficace de la tension $\underline{V_s}$ en volts
I_s : valeur efficace du courant $\underline{I_s}$ en ampères
E : valeur efficace de la fcem d'induction E par phase en volts
k_e : coefficient de fcem, avec $E = k_e \Omega_m$
$\varphi = (\vec{I_s}, \vec{V_s})$: déphasage du courant $\underline{I_S}$ sur la tension $\underline{V_S}$
$\psi = (\vec{I_s}, \vec{E})$: déphasage du courant $\underline{I_S}$ sur la tension $\underline{E}$

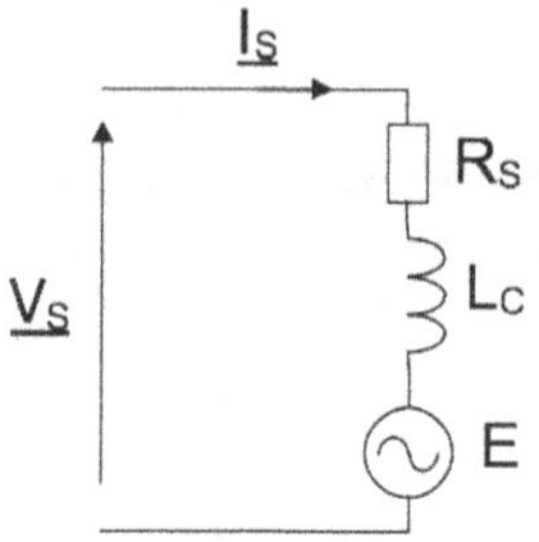

Modèle d'une phase du moteur synchrone

Les données détaillées du machine asynchrone à aimants permanents sont fournies ci-dessous :

Nombre de pôles	6	Résistance Rs par phase	3,91 Ω
Vitesse nominale	3000 tr.mn^{-1}	Inductance cyclique Lc par phase	8,8 mH
Fréquence nominale	150 Hz	Couplage du stator	Etoile
Couple à l'arrêt	2 Nm	Fem à vide entre phase (valeur efficace)	56 V à 1000 tr.mn^{-1}
Courant à l'arrêt	2,4 A		

La cinématique du système et le cahier des charges imposent que la vitesse de rotation du moteur doit être égale à $\Omega_m = 203{,}5\ \text{rad.s}^{-1}$.

L'objectif de ce problème est de modéliser le moteur synchrone et de vérifier que les résistances par phase de ce moteur sont négligeables.

Remarque : pour les questions 1 à 4, nous supposerons que R_s=0.

Question 1

Exprimer la puissance électromagnétique P_{em} transmise par le stator triphasé au rotor en fonction de E, I_s et ψ.

Question 2

La fonction d'autopilotage de la pulsation de l'alimentation du stator à la position du rotor garantit l'égalité: $\Omega_s = \Omega_m$.

Montrer que l'expression du couple électromagnétique C_{em} peut s'écrire $C_{em} = k_c . I_s . \cos\psi$. Exprimer le coefficient de couple k_c en fonction de k_e.

Question 3

Pourquoi les valeurs ψ=0 et ψ=π sont-elles optimales pour le dimensionnement de la machine ?

Question 4

Pour ψ=0, calculer pour le régime permanent lorsque la vitesse de rotation atteint $\Omega_m = 203{,}5\ \text{rad.s}^{-1}$:

- la valeur efficace de la fcem E par phase
- la valeur efficace du courant I_s par phase
- la fréquence des grandeurs électriques
- la valeur efficace de la tension V_s par phase

Question 5

Reprendre le calcul de la tension V_s dans les mêmes conditions de fonctionnement, mais en considérant cette fois la résistance par phase R_s.

Conclure quant à l'hypothèse R_s=0 lors du régime permanent.

Exercice 2 : Etude d'un aérogénérateur (Concours ATS 2003) *(Corrigé page 573)*

L'objet de ce problème consiste à étudier un aérogénérateur, dont la génération de l'énergie électrique est assurée par une génératrice synchrone, à excitation indépendante.

Le principe simplifié d'une telle machine, tel qu'il sera utilisé dans la suite est le suivant :

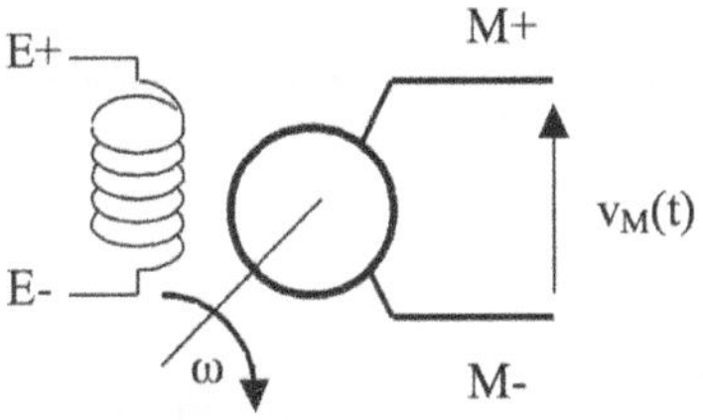

L'induit de la machine, bornes M+ et M- du schéma fournit une tension sinusoïdale notée $v_M(t)$, au moyen d'un schéma équivalent fourni par la figure ci-dessous.

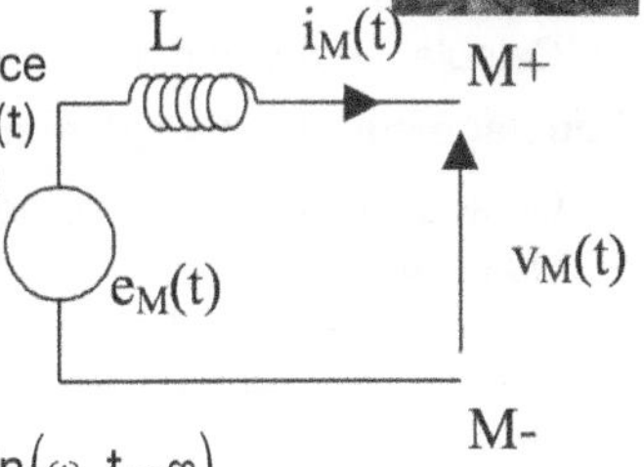

Sur ce schéma, $e_M(t)$ désigne la force électromotrice (ou f.e.m) et $i_M(t)$ représente le courant délivré par la machine (convention générateur).

Le courant, la f.e.m. et la tension sont tous supposés sinusoïdaux, de même pulsation ω_M. On peut alors noter :

$$e_M(t) = E_M\sqrt{2}\sin(\omega_M t + \alpha) \qquad v_M(t) = V_M\sqrt{2}\sin(\omega_M t) \qquad i_M(t) = I_M\sqrt{2}\sin(\omega_M t - \varphi)$$

E_M, V_M et I_M représentent respectivement la valeur efficace de $e_M(t)$, $v_M(t)$ et $i_M(t)$. L'angle α est le déphasage « avance » de la f.e.m. par rapport à la tension ; l'angle ϕ est le déphasage « retard » du courant par rapport à la tension.

La vitesse de rotation de la machine synchrone sera notée ω et son courant d'excitation sera noté i_e : il s'agit d'un courant continu qui doit circuler entre les bornes E+ et E- du schéma. Compte tenu de ces notations, les propriétés de la machine permettent d'écrire les relations suivantes :

$E_M = k.\omega.i_e$ et $\omega = n.\omega_M$ où k et n sont deux constantes « de fabrication », L représente une inductance équivalente. Leurs valeurs numériques sont les suivantes : k = 0,11 V.s/A ; n = 0,5 ; L = 3 mH.

L'aérogénérateur tourne à vitesse constante et, après multiplication de vitesse, la machine synchrone tourne également à vitesse constante : $\omega = \omega_0$. Le courant d'excitation de la machine est également maintenu constant : $i_e = I_0$. Les valeurs numériques sont les suivantes : $\omega_0 = 157\ \text{rad.s}^{-1}$ et $I_0 = 25$ A.

Dans ces conditions, la valeur efficace de la f.e.m. ainsi que la pulsation sont constantes.

Equations électriques complexes

Question 1

Calculer les valeurs numériques de E_M et de ω_M ainsi que la fréquence f_M de toutes les grandeurs sinusoïdales.

Quelle est, en tr.mn^{-1}, la vitesse de rotation de la machine notée N_0 ?

Question 2

Ecrire l'impédance complexe $\underline{Z}$ représentant L. Calculer les valeurs numériques de son module $|Z|$ et de son argument ϕ_Z.

Ecrire les complexes $\underline{V_M}$, $\underline{E_M}$ et $\underline{I_M}$ équivalents respectivement à $v_M(t)$, $e_M(t)$ et $i_M(t)$ en utilisant les notations suivantes : V_M, E_M, I_M, α et φ.

Question 3

Ecrire la relation (en grandeurs complexes) donnant la tension $\underline{V_M}$ en fonction de $\underline{E_M}$, $\underline{I_M}$ et $\underline{Z}$.

Couplage sur une charge résistive

La machine délivre un courant de valeur efficace I_{M1} = 300 A, en phase avec la tension (récepteur résistif).

Question 4

Tracer l'allure du diagramme de Fresnel représentant les vecteurs $\underline{E_M}$, $\underline{V_M}$ et $\underline{I_M}$ en utilisant la tension comme origine des phases.

Question 5

Calculer numériquement la valeur efficace de la tension V_{M1} aux bornes de la machine.

Couplage sur une charge inductive

La machine débite maintenant un courant de même intensité I_{M1} mais sur un récepteur purement inductif.

Question 6

Tracer l'allure du diagramme de Fresnel représentant les vecteurs $\underline{V_M}$, $\underline{E_M}$ et $\underline{I_M}$ en utilisant toujours la tension comme origine des phases.

Question 7

Calculer numériquement la tension V_{M2} aux bornes de la machine.

Couplage sur une charge résistive et inductive

On souhaite évaluer la puissance délivrée par l'aérogénérateur sur un récepteur résistif et inductif.

Question 8

Avec toujours la tension comme origine des phases, tracer l'allure du diagramme de Fresnel représentant les vecteurs $\underline{V_M}$, $\underline{E_M}$ et $\underline{I_M}$ pour un angle φ quelconque.

Question 9

Etablir la relation donnant $E_M.\sin\alpha$ en fonction de I_M, φ et $|Z|$.

Question 10

Donner l'expression de la puissance moyenne délivrée, notée P, en fonction de V_M, I_M et φ.

Déterminer ensuite l'expression de cette même puissance moyenne en fonction uniquement de E_M, V_M, $|Z|$ et de l'angle α.

Question 11

Pour une valeur de tension V_M fixée, Calculer la valeur α_0 de l'angle α permet d'obtenir une puissance maximale si la vitesse reste constante et l'excitation également (la f.e.m. étant alors de module constant).

Pour cette valeur de tension et pour cet angle α_0, quelle est alors la nature du récepteur ?

Chapitre 12. Cinématique

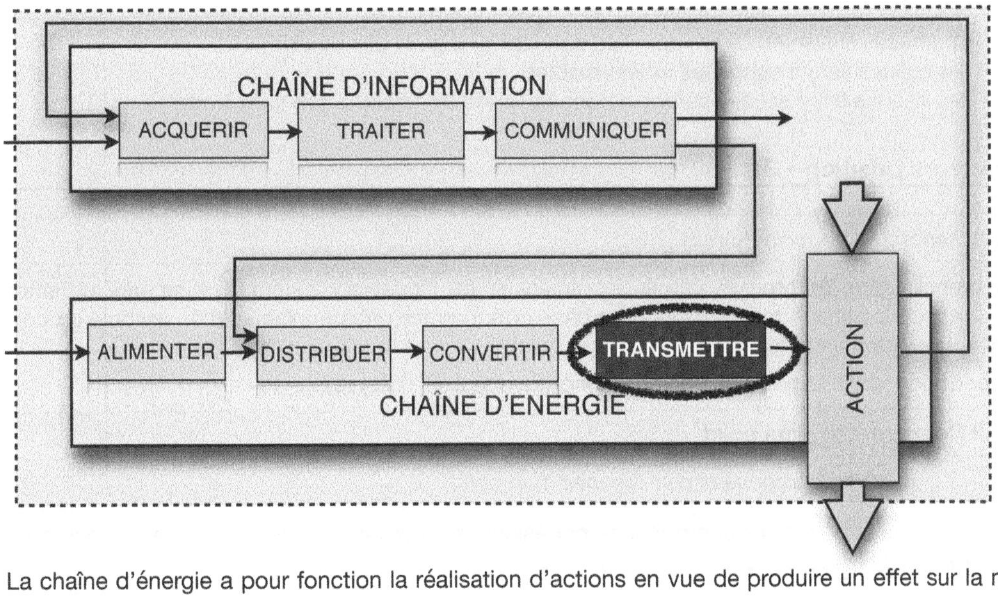

La chaîne d'énergie a pour fonction la réalisation d'actions en vue de produire un effet sur la matière d'œuvre.

Il y a quasiment systématiquement l'existence de mouvements, qu'il est nécessaire de pouvoir modéliser afin de pouvoir vérifier la conformité de l'action par rapport au cahier des charges.

PARTIE I : CINEMATIQUE DU POINT

A. Généralités de la cinématique du point

A.1 Finalités de la cinématique

La cinématique est l'étude des mouvements. Les causes qui sont à l'origine de ces mouvements, seront étudiées au chapitre 15 relatif à la dynamique.

Nous serons amené à résoudre deux types de problématique :

- Déterminer la loi entrée-sortie d'un mécanisme. Il s'agira de déterminer le lien qui existe entre le mouvement en entrée et le mouvement en sortie.
- Déterminer le déplacement et/ou la vitesse d'un point en sortie d'un mécanisme.

Les déplacements seront étudiés en référence à un observateur dans un espace à 3 dimensions, et pour lequel une référence de temps sera définie.

A.2 Hypothèses

Les hypothèses suivantes seront admises dans toute la suite des cours :

- les solides seront supposés indéformables ,
- les liaisons entre solides seront supposées parfaites, c'est-à-dire sans frottements.

A.3 Vecteurs position - Bases

A.3.1 Repère orthonormé direct

On rappelle que les repères utilisés en sciences de l'ingénieur seront des repères orthonormés directs. Un repère orthonormé direct est une base orthonormée directe à laquelle on associe un point de référence, l'origine du repère.

On considère dans la suite un repère orthonormé direct $R\left(0,\vec{x},\vec{y},\vec{z}\right)$.

A.3.2 Coordonnées d'un point

A.3.2.1 Coordonnées cartésiennes d'un point

Dire qu'un point M a pour coordonnées cartésiennes dans ce repère (x,y,z) revient à écrire que le vecteur $\overrightarrow{OM}$ a pour expression $\overrightarrow{OM} = x\vec{x} + y\vec{y} + z\vec{z}$

A.3.2.2 Coordonnées cylindriques d'un point

Dire qu'un point M a pour coordonnées cylindriques dans ce repère $\left(\rho,\theta,z\right)$ revient à écrire que le vecteur $\overrightarrow{OM}$ a pour expression :

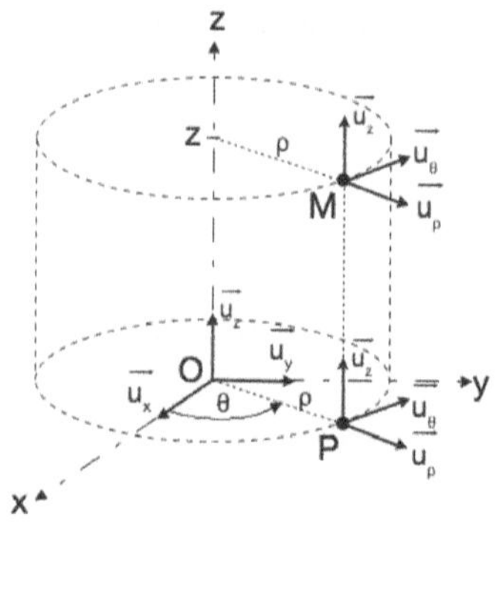

$$\overrightarrow{OM} = \overrightarrow{OP} + \overrightarrow{PM} = \rho\overrightarrow{u_\rho} + z\vec{z}$$

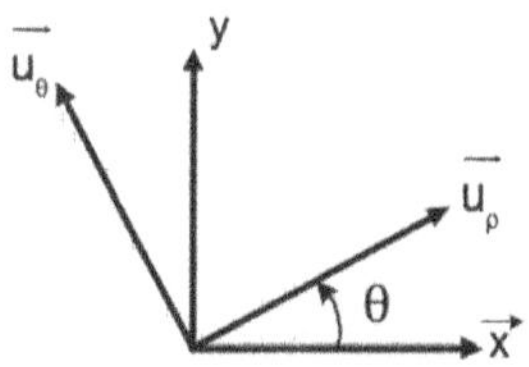

avec $\overrightarrow{u_\rho} = \cos\theta\vec{x} + \sin\theta\vec{y}$

Soit $\overrightarrow{OM} = \rho\cos\theta\vec{x} + \rho\sin\theta\vec{y} + z\vec{z}$

A.3.2.3 Coordonnées sphériques d'un point

Dire qu'un point M a pour coordonnées sphériques dans ce repère (ρ,φ,θ) revient à écrire que le vecteur OM a pour expression :

$$\overrightarrow{OM} = \rho\overrightarrow{u_r}$$

avec $\overrightarrow{u_r} = \cos\theta\vec{z} + \sin\theta\vec{u}$ et $\vec{u} = \cos\varphi\vec{x} + \sin\varphi\vec{y}$

Soit : $\overrightarrow{OM} = \rho\sin\theta\cos\varphi\vec{x} + \rho\sin\theta\sin\varphi\vec{y} + \rho\cos\theta\vec{z}$

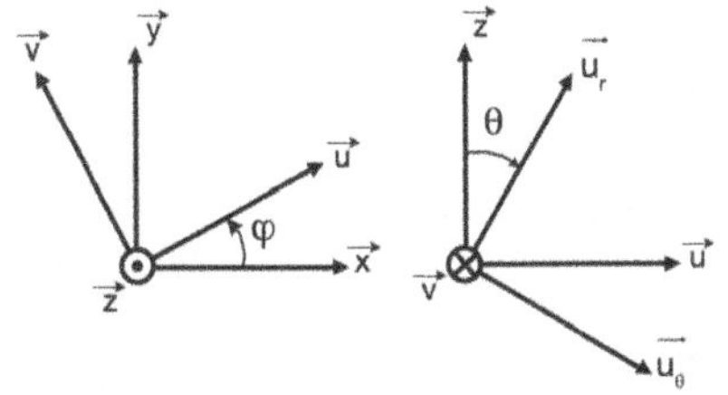

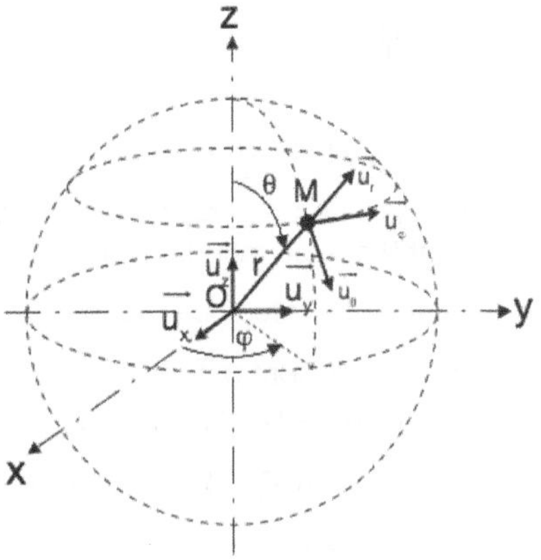

B. Déplacement d'un point

La position d'un point étant définie par un ensemble de trois paramètres, ce déplacement est donc défini par l'évolution au cours du temps des trois paramètres.

Etudier le déplacement d'un point revient à déterminer à chaque instant t sa position dans un repère fixé. Ceci revient donc à étudier l'évolution du vecteur OM en fonction de t.

B.1 Notion de trajectoire

B.1.1 Définition - Equations paramétriques

On appelle **trajectoire d'un point <u>par rapport à un repère R</u>** l'ensemble des positions prises par ce point quand t évolue.

Le point M étant défini par 3 paramètres (par exemple x,y,z en coordonnées cartésiennes), alors ces 3 paramètres évoluent en fonction du temps.

Les équations x(t), y(t), z(t) sont appelées **équations paramétriques du mouvement**.

B.1.2 Expression de la position relative de 2 ensembles

Un vecteur position est un bipoint dont le point d'origine appartient au repère de référence, et le point d'extrémité appartient au solide dont on souhaite définir la position.

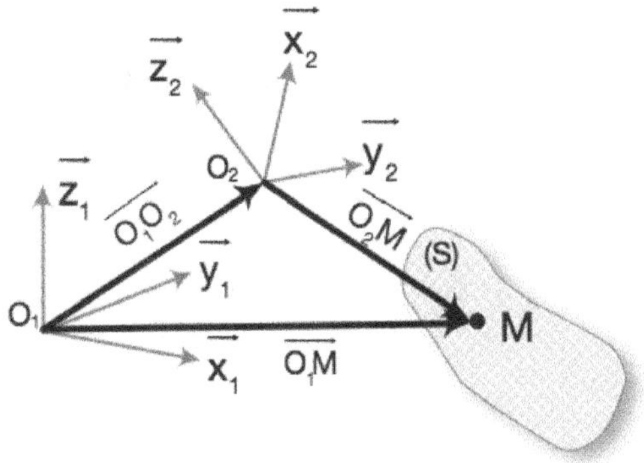

Notons :

- $R_1(O_1,\overrightarrow{x_1},\overrightarrow{y_1},\overrightarrow{z_1})$ un premier repère d'observation lié à un ensemble (1),
- $R_2(O_2,\overrightarrow{x_2},\overrightarrow{y_2},\overrightarrow{z_2})$ un second repère d'observation lié à un ensemble (2).

Le positionnement relatif de l'ensemble (2) par rapport à l'ensemble (1) sera défini par le vecteur position $\overrightarrow{O_1O_2}$.

Il sera alors possible d'exprimer la position d'un point M de l'ensemble (2) par rapport à l'ensemble (1) grâce à la relation de Chasles :

$$\overrightarrow{O_1M} = \overrightarrow{O_1O_2} + \overrightarrow{O_2M}$$

B.1.3 Exemple

On considère un gyropode, pour lequel on cherche à étudier le mouvement d'un point P à la périphérie de la roue de rayon R_1.

A l'instant de référence t=0, on suppose $\overrightarrow{y_2} = \overrightarrow{y_1}$ et P=O.

Trois repères sont définis :

- le repère $R_0\left(O,\vec{x},\vec{y},\vec{z}\right)$ lié au sol ;
- le repère $R_1\left(O_1,\vec{x}_1,\vec{y}_1,\vec{z}\right)$ lié à la plateforme. Ce repère est déduit de R_0 par $\overrightarrow{OO_1} = \lambda(\theta)\vec{x} + R_1\vec{y}$;
- le repère $R_2\left(O_1,\vec{x}_2,\vec{y}_2,\vec{z}\right)$ lié à la roue tel que $\theta = \left(\overrightarrow{x_1},\overrightarrow{x_2}\right)$.

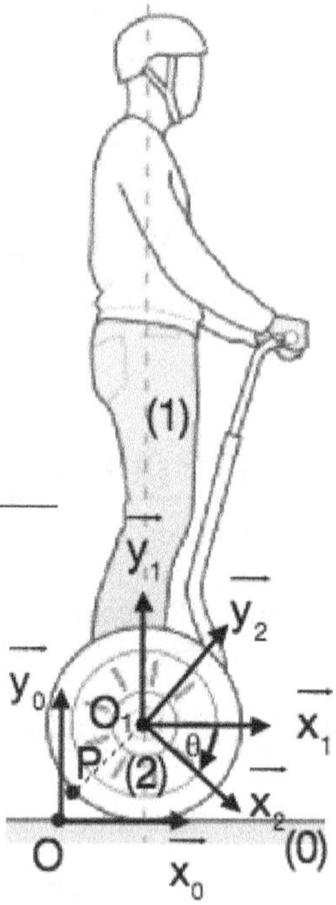

B.1.3.1 Trajectoires du point

La trajectoire du point P dans son mouvement de <u>R_1 par rapport à R_0</u> est une droite horizontale $\left(O,\vec{x}\right)$ (P est ici considéré lié à la plateforme).

La trajectoire du point P dans son mouvement de <u>R_2 par rapport à R_1</u> est un cercle $\left(O_1,R_1\right)$.

La trajectoire du point P dans son mouvement de <u>R_2 par rapport à R_0</u> est une cycloïde de rayon R_1.

B.1.3.2 Equations paramétriques

Expression de $\lambda(\theta)$ en fonction de θ :

$$\lambda(\theta) = -R_1\theta$$

Position de P lié à la roue 2 dans son mouvement par rapport à R_1 :

$$\overrightarrow{O_1P} = -R_1\overrightarrow{y_2} = -R_1\left(-\sin\theta\overrightarrow{x_1} + \cos\theta\overrightarrow{y_1}\right) = R_1\sin\theta\overrightarrow{x_1} - R_1\cos\theta\overrightarrow{y_1}$$

Position de O_1 lié à la plateforme 1 dans son mouvement par rapport à R_0 :

$$\overrightarrow{OO_1} = \lambda(\theta)\vec{x} + R_1\vec{y} = -R_1\theta\vec{x} + R_1\vec{y}$$

Equations paramétriques de la position de P lié à la roue 2 dans son mouvement par rapport à R_0 :

$$\overrightarrow{OP} = \overrightarrow{OO_1} + \overrightarrow{O_1P} = -R_1\theta\vec{x} + R_1\vec{y} + R_1\sin\theta\overrightarrow{x_1} - R_1\cos\theta\overrightarrow{y_1}$$

$$\overrightarrow{OM} = -R_1\left(\theta - \sin\theta\right)\vec{x} + R_1\left(1-\cos\theta\right)\vec{y}$$

Soit au final :

$$\begin{cases} x(\theta) = -R_1\left(\theta - \sin\theta\right) \\ y(\theta) = R_1\left(1-\cos\theta\right) \end{cases}$$

B.1.4 Familles de mouvement

On distingue trois grandes familles de mouvement : les translations, les rotations et les mouvements plan.

Famille	Mouvement particulier	Exemple	Définition
Translation	Translation quelconque	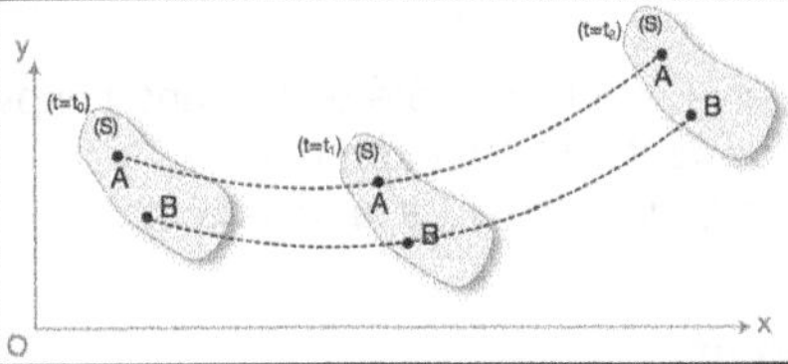	Tout bipoint (AB) du solide reste parallèle à sa position initiale au cours du mouvement.
	Translation rectiligne	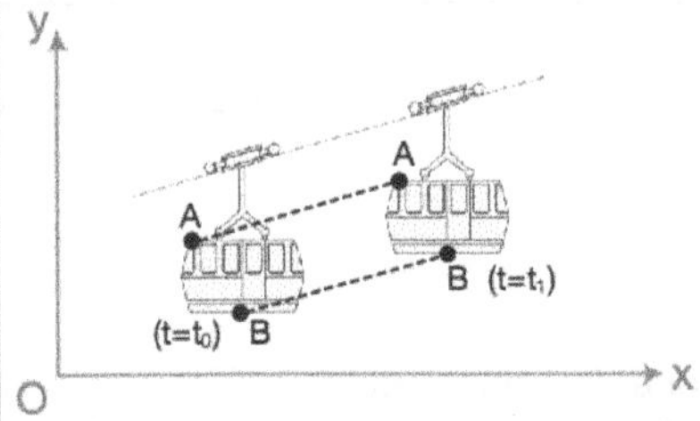	Tous les points du solide se déplacent suivant des lignes parallèles entre elles.
	Translation circulaire	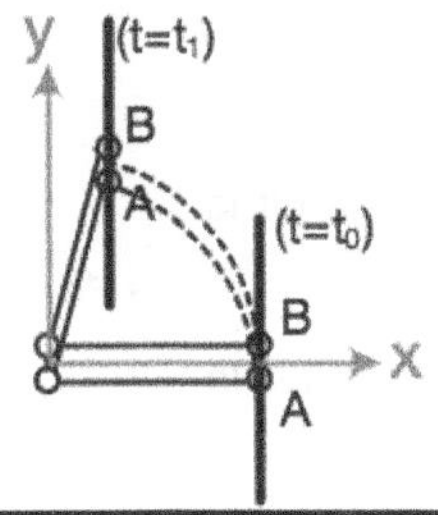	Tous les points du solide se déplacent suivant des courbes géométriques identiques ou superposables.
Rotation		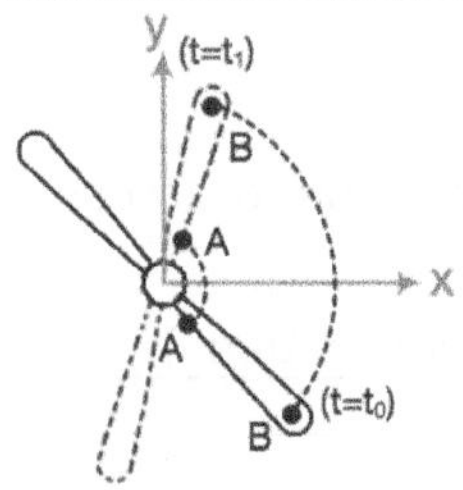	Tous les points du solide décrivent des cercles concentriques centrés sur l'axe du mouvement.
Mouvement plan		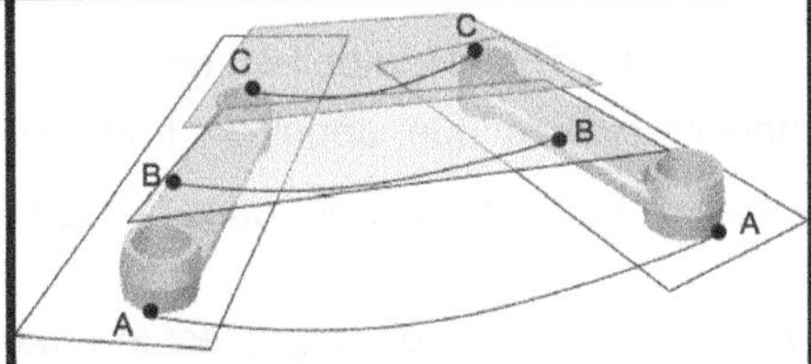	Tous les points du solide se déplacent dans des plans parallèles entre eux.

B.2 Vecteur vitesse d'un point

Par définition, nous désignerons « vecteur vitesse d'un point par rapport à un repère R » la dérivée de son vecteur position par rapport au temps :

$$\overrightarrow{V_{M/R}} = \left(\frac{d\overrightarrow{OM}}{dt}\right)_R$$

Il est fondamental de bien préciser le repère de référence dans l'expression de la dérivée (à ne pas confondre avec le repère dans lequel ce vecteur sera exprimé).

Par ailleurs, le vecteur vitesse est toujours <u>tangent</u> à la trajectoire.

B.3 Vecteur accélération d'un point

Un vecteur accélération traduit la variation au cours du temps du vecteur vitesse :

$$\overrightarrow{\Gamma_{M/R}} = \left(\frac{d\overrightarrow{V_{M/R}}}{dt}\right)_R$$

Dans un repère lié à la trajectoire (tangente et normale), le vecteur accélération $\overrightarrow{\Gamma_{M/R}}$ se décompose en 2 composantes :

- une accélération tangentielle $\overrightarrow{\gamma_t}$ qui traduit la variation de vitesse du point M,
- une accélération normale $\overrightarrow{\gamma_n}$, qui traduit la variation de trajectoire du point M.

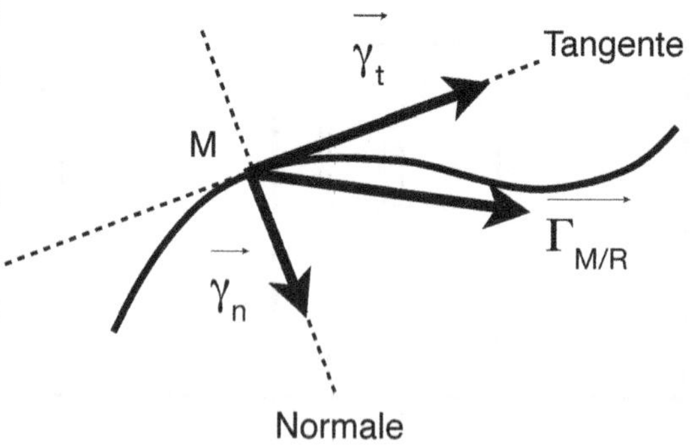

On peut également définir le rayon de courbure ρ, tel que $\gamma_n = \frac{V^2_{M/R}}{\rho}$

B.4 Dérivation vectorielle (changement de base)

B.4.1 Définition générale

On considère un vecteur $\vec{U}$ et deux bases R_1 et R_2 mobiles l'une par à l'autre.

Il existe une relation fondamentale en cinématique, appelée « Formule de Bour », entre la dérivée du vecteur $\vec{U}$ dans la base R_1 et la dérivée de ce même vecteur dans la base R_2 :

$$\left(\frac{d\vec{U}}{dt}\right)_{R_2} = \left(\frac{d\vec{U}}{dt}\right)_{R_1} + \overrightarrow{\Omega_{R_1/R_2}} \wedge \vec{U}$$ où $\overrightarrow{\Omega_{R_1/R_2}}$ est le vecteur rotation de R_1/R_2.

B.4.2 Identification du vecteur rotation

Pour définir le vecteur rotation entre deux bases R_1 et R_2, il faut :

- identifier l'angle θ entre les deux bases,
- dériver cet angle par rapport au temps,
- associer à cette vitesse angulaire $\dot{\theta}$ un vecteur, de façon cohérente avec la règle de Maxwell vue dans le cours sur les vecteurs :

$$\overrightarrow{\Omega_{R_2/R_1}} = \dot{\theta}\vec{z}_1$$

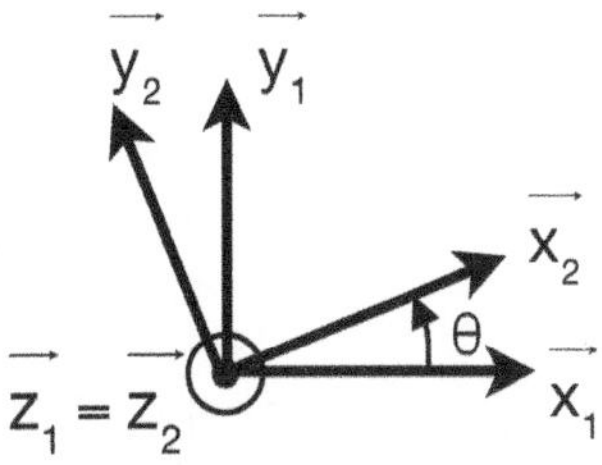

B.4.3 Composition des vecteurs rotation

Si on considère trois bases R_1, R_2 et R_3, alors la composition des vecteurs rotation s'écrit :

$$\overrightarrow{\Omega_{R_3/R_1}} = \overrightarrow{\Omega_{R_3/R_2}} + \overrightarrow{\Omega_{R_2/R_1}}$$

B.4.4 Cas particulier d'un vecteur unitaire

Lorsque $\vec{u}$ est un vecteur unitaire de la base R_1 par exemple, la formule précédente devient :

$$\left(\frac{d\vec{u}}{dt}\right)_{R_2} = \overrightarrow{\Omega_{R_1/R_2}} \wedge \vec{u}$$

Cette relation est intéressant car elle transforme une dérivée en un produit vectoriel.

PARTIE 2 : CINEMATIQUE DU SOLIDE

C. Généralités de la cinématique du solide

Nous nous intéressons dans cette seconde partie aux mouvements relatifs d'un solide par rapport à une référence.

Cette référence peut aussi bien être la terre que nous supposerons fixe, qu'un autre solide (lui-même pouvant être en mouvement par rapport à un troisième solide).

C.1 Position d'un point liée à un solide

En cinématique, l'étude du mouvement d'un point nécessite impérativement de définir :

- la référence du mouvement (le solide par rapport auquel le mouvement est défini),
- le solide auquel est attaché le point.

En effet, un point peut sembler naturellement « lié » à un solide, mais il peut également être le centre d'une liaison entre 2 solides, voire être totalement « hors » du solide.

Ainsi, dans la figure page suivante, le point B peut être considéré attaché de façon naturelle au solide (2), mais également au solide (1), voire au solide (3). En fonction du solide de référence, ce point B aura alors des trajectoires différentes :

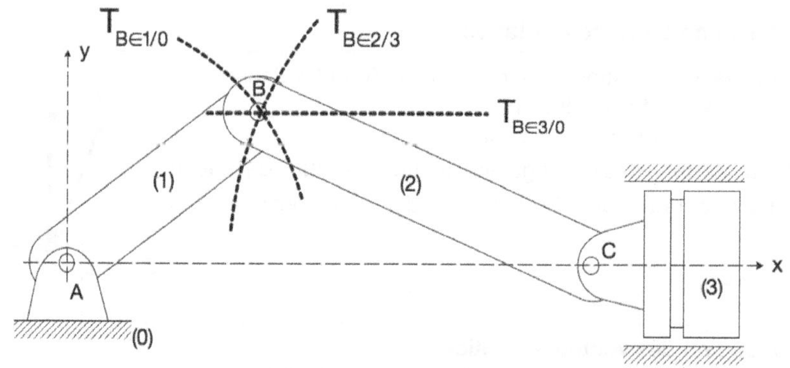

- la trajectoire $T_{B\in1/0}$ du point B lié à (1) par rapport au solide de référence (0) est un cercle centré sur A et de rayon AB,
- la trajectoire $T_{B\in3/0}$ du point B lié à (3) par rapport au solide de référence (0) est une droite horizontale,
- la trajectoire $T_{B\in2/3}$ du point B lié à (2) par rapport au solide de référence (3) est un cercle centré sur C et de rayon CB.

C.2 Expression des vecteurs vitesse et accélération

La position d'un point dépendant donc du repère de référence et du repère auquel ce point est lié, le vecteur vitesse doit lui aussi impérativement faire figurer ces deux repères.

Il en va de même pour l'accélération.

On écrira $\overrightarrow{V_{B\in2/3}}$ et $\overrightarrow{\Gamma_{B\in2/3}}$ pour indiquer que les vecteurs concernent le déplacement du point B dans son mouvement de 2 par rapport à 3 (B est censé appartenir au solide 2, et se déplace par rapport au repère lié à 3).

Ainsi, dans le cas du mécanisme précédent (rappelons que les vecteurs vitesse sont toujours tangents à la trajectoire), on écrira :

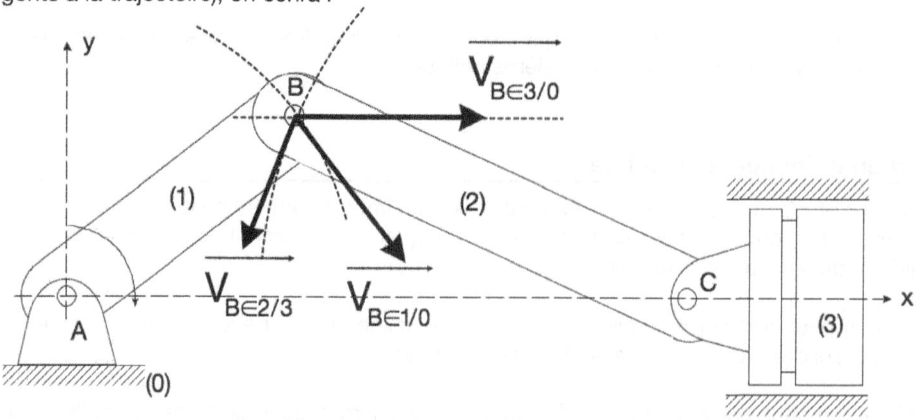

D. Torseur cinématique

D.1 Champ des vecteurs vitesse d'un solide

On considère un solide (S) constitué d'un ensemble de points M.

On appelle champ des vecteurs vitesses d'un solide (S) en mouvement par rapport à un repère R_0 l'ensemble des vecteurs vitesse $\overrightarrow{V_{M\in S/R_0}}$ pour tout point M du solide.

D.2 Equiprojectivité des vitesses

On considère deux points M et N appartenant à un même solide. Ce solide est en mouvement par rapport à un repère $R_0 = \left(O, \overrightarrow{x_0}, \overrightarrow{y_0}, \overrightarrow{z_0}\right)$.

Le solide étant indéformable, la distance entre ces deux points est constante :

$$\left\|\overrightarrow{MN}\right\| = \text{constante}\text{ , soit } \left\|\overrightarrow{MN}\right\|^2 = \text{constante}$$

Donc $$\frac{d\left(\overrightarrow{MN}^2\right)}{dt} = 2\overrightarrow{MN}.\frac{d\left(\overrightarrow{MN}\right)}{dt} = 0 \qquad \text{[E1]}$$

Or $$\left[\frac{d\left(\overrightarrow{MN}\right)}{dt}\right]_{R_0} = \left[\frac{d\left(\overrightarrow{MO}+\overrightarrow{ON}\right)}{dt}\right]_{R_0} = \left[\frac{d\left(\overrightarrow{ON}\right)}{dt}\right]_{R_0} - \left[\frac{d\left(\overrightarrow{OM}\right)}{dt}\right]_{R_0} = \overrightarrow{V_{N\in S/R_0}} - \overrightarrow{V_{M\in S/R_0}}$$

L'équation [E1] devient alors :

$$2\overrightarrow{MN}.\left(\overrightarrow{V_{N\in S/R_0}} - \overrightarrow{V_{M\in S/R_0}}\right) = 0$$

Soit finalement :

$$\overrightarrow{MN}.\overrightarrow{V_{M\in S/R_0}} = \overrightarrow{MN}.\overrightarrow{V_{N\in S/R_0}}$$

Le champ des vitesses d'un solide est dit équiprojectif.

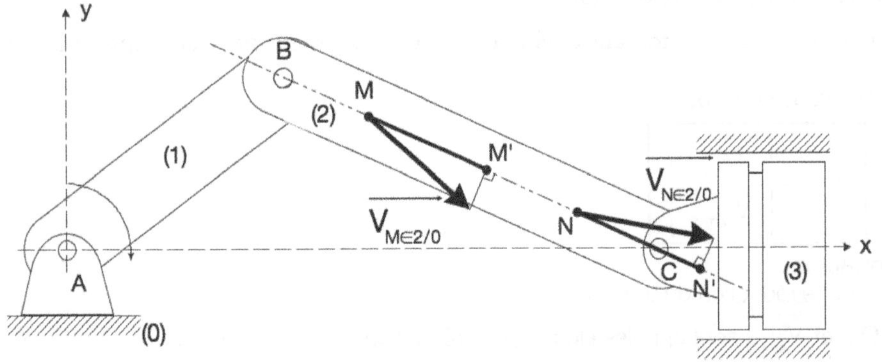

M' et N' sont les projetés orthogonaux de $\overrightarrow{V_{M\in2/0}}$ et $\overrightarrow{V_{N\in2/0}}$ sur la droite (MN). Le théorème d'équiprojectivité implique l'égalité des longueurs MM' et NN'.

D.3 Torseur cinématique

D.3.1 Formule de Varignon

Considérons 2 points A et B appartenant au même solide (1). Ce solide (1) est en mouvement par rapport à un autre solide (0).

Le repère $R_0 = \left(O, \overrightarrow{x_0}, \overrightarrow{y_0}, \overrightarrow{z_0}\right)$ est lié au solide (0)

Le repère $R_1 = \left(O_1, \overrightarrow{x_1}, \overrightarrow{y_1}, \overrightarrow{z_1}\right)$ est lié au solide (1)

Cherchons à exprimer le vecteur vitesse $\overrightarrow{V_{B\in 1/0}}$ par rapport au vecteur vitesse $\overrightarrow{V_{A\in 1/0}}$:

$$\overrightarrow{V_{B\in 1/0}} = \left[\frac{d\overrightarrow{OB}}{dt}\right]_{R_0} = \left[\frac{d\left(\overrightarrow{OA} + \overrightarrow{AB}\right)}{dt}\right]_{R_0} = \left[\frac{d\overrightarrow{OA}}{dt}\right]_{R_0} + \left[\frac{d\overrightarrow{AB}}{dt}\right]_{R_0} = \overrightarrow{V_{A\in 1/0}} + \left[\frac{d\overrightarrow{AB}}{dt}\right]_{R_0}$$

Or, par la formule de dérivation vectorielle (formule de Bour), on a:

$$\left[\frac{d\overrightarrow{AB}}{dt}\right]_{R_0} = \left[\frac{d\overrightarrow{AB}}{dt}\right]_{R_1} + \overrightarrow{\Omega_{1/0}} \wedge \overrightarrow{AB} = \overrightarrow{\Omega_{1/0}} \wedge \overrightarrow{AB}$$

On tire la relation suivante, fondamentale en cinématique du solide, appelée «Formule de Varignon» :

$$\boxed{\overrightarrow{V_{B\in 1/0}} = \overrightarrow{V_{A\in 1/0}} + \overrightarrow{BA} \wedge \overrightarrow{\Omega_{1/0}}}$$

La formule de Varignon permet de déterminer le vecteur vitesse de n'importe quel point du solide à partir de la connaissance d'une première vitesse et du vecteur rotation.

D.3.2 Torseur cinématique

Le champ des vecteurs vitesse d'un solide (1) en mouvement par rapport à (0) sera entièrement décrit par :

- un vecteur vitesse en un point A : $\overrightarrow{V_{A\in 1/0}}$,
- le vecteur rotation de (1) par rapport à (0) : $\overrightarrow{\Omega_{1/0}}$.

Ces deux vecteurs définissent le **torseur cinématique du mouvement de 1 par rapport à 0 <u>réduit au point A</u>**.

Ce torseur cinématique sera noté :

$$\boxed{\left\{\mathcal{V}_{1/0}\right\} = \left\{\begin{array}{c} \overrightarrow{\Omega_{1/0}} \\ \overrightarrow{V_{A\in 1/0}} \end{array}\right\}_A}$$

<u>Remarques importantes</u>

A est appelé <u>point de réduction</u> du torseur.

Les vecteurs $\overrightarrow{\Omega_{1/0}}$ et $\overrightarrow{V_{A\in 1/0}}$ sont appelés <u>éléments de réduction</u> du torseur, avec :

- $\overrightarrow{\Omega_{1/0}}$ **résultante** du torseur, indépendant du point de réduction,
- $\overrightarrow{V_{A\in 1/0}}$ **moment** du torseur, qui dépend du point de réduction.

D.4 Propriétés des torseurs

Les propriétés que nous allons évoquer dans le cadre de la cinématique du solide sont applicables à tous les torseurs qui seront évoqués en sciences de l'ingénieur : torseurs statique, cinétique, dynamique.

D.4.1 Changement de point de réduction

Soit le torseur suivant : $\{T_1\} = \begin{Bmatrix} \overrightarrow{R_1} \\ \overrightarrow{M_A} \end{Bmatrix}_A$

Réduire («déplacer») ce torseur en un autre point revient à exploiter la formule de Varignon. On écrira :

$$\{T_1\} = \begin{Bmatrix} \overrightarrow{R_1} \\ \overrightarrow{M_{1,A}} \end{Bmatrix}_A = \begin{Bmatrix} \overrightarrow{R_1} \\ \overrightarrow{M_{1,B}} \end{Bmatrix}_B \quad \text{avec} \quad \overrightarrow{M_{1,B}} = \overrightarrow{M_{1,A}} + \overrightarrow{BA} \wedge \overrightarrow{R_1}$$

D.4.2 Egalité de deux torseurs

Deux torseurs seront identiques s'ils ont les mêmes éléments de réduction **en un même point**.

$$\{T_1\} = \{T_2\} \Leftrightarrow \begin{Bmatrix} \overrightarrow{R_1} \\ \overrightarrow{M_{1,A}} \end{Bmatrix}_A = \begin{Bmatrix} \overrightarrow{R_2} \\ \overrightarrow{M_{2,A}} \end{Bmatrix}_A \Leftrightarrow \begin{cases} \overrightarrow{R_1} = \overrightarrow{R_2} \\ \overrightarrow{M_{1,A}} = \overrightarrow{M_{2,A}} \end{cases}$$

D.4.3 Torseur nul

Un torseur $\{T_1\}$ sera dit nul s'il existe au moins un point de réduction pour lequel ses éléments de réduction sont nuls.

Il suffit que la résultante $\overrightarrow{R_1}$ soit égale à $\vec{0}$ et qu'il existe au moins un point A pour lequel $\overrightarrow{M_{1,A}} = \vec{0}$.

D.4.4 Somme de torseurs

La somme de deux torseurs $\{T_1\} = \begin{Bmatrix} \overrightarrow{R_1} \\ \overrightarrow{M_{1,A}} \end{Bmatrix}_A$ et $\{T_2\} = \begin{Bmatrix} \overrightarrow{R_2} \\ \overrightarrow{M_{2,A}} \end{Bmatrix}_A$ est un torseur dont les éléments de réduction sont la somme des éléments de réduction de chacun des torseurs :

$$\begin{Bmatrix} \overrightarrow{R_1} \\ \overrightarrow{M_{1,A}} \end{Bmatrix}_A + \begin{Bmatrix} \overrightarrow{R_2} \\ \overrightarrow{M_{2,A}} \end{Bmatrix}_A = \begin{Bmatrix} \overrightarrow{R_1} + \overrightarrow{R_2} \\ \overrightarrow{M_{1,A}} + \overrightarrow{M_{2,A}} \end{Bmatrix}_A$$

ATTENTION : Cette somme n'a de sens que si les deux torseurs sont exprimés au même point de réduction.

D.4.5 Comoment («Produit») de torseurs

Le comoment de deux torseurs $\{T_1\} = \left\{ \begin{matrix} \overrightarrow{R_1} \\ \overrightarrow{M_{1,A}} \end{matrix} \right\}_A$ et $\{T_2\} = \left\{ \begin{matrix} \overrightarrow{R_2} \\ \overrightarrow{M_{2,A}} \end{matrix} \right\}_A$ est un <u>scalaire.</u>

Il a pour expression :

$$\{T_1\} \otimes \{T_1\} = \left\{ \begin{matrix} \overrightarrow{R_1} \\ \overrightarrow{M_{1,A}} \end{matrix} \right\}_A \otimes \left\{ \begin{matrix} \overrightarrow{R_2} \\ \overrightarrow{M_{2,A}} \end{matrix} \right\}_A = \overrightarrow{R_1}.\overrightarrow{M_{2,A}} + \overrightarrow{R_2}.\overrightarrow{M_{1,A}}$$

Propriétés :

- Le comoment de deux torseurs est une opération commutative.
- Il est indépendant du point de réduction choisi.

Attention : Ce comoment n'a de sens que si les deux torseurs sont exprimés au même point de réduction.

D.5 Mouvements particuliers

D.5.1 Translation

Considérons un solide (1) dont une base associée est $B_1\left(\overrightarrow{x_1}, \overrightarrow{y_1}, \overrightarrow{z_1}\right)$, et un solide (2) dont une base associée est $B_2\left(\overrightarrow{x_2}, \overrightarrow{y_2}, \overrightarrow{z_2}\right)$.

Le solide (2) sera dit en translation par rapport au solide (1) si les vecteurs de leurs deux bases respectives restent parallèles au cours du mouvement.

Le torseur cinématique d'une translation est de la forme :

$$\{\mathcal{V}_{2/1}\} = \left\{ \begin{matrix} \vec{0} \\ \overrightarrow{V_{A\in 2/1}} \end{matrix} \right\}_A$$

D.5.2 Rotation

Considérons un solide (1) dont une base associée est $B_1\left(\overrightarrow{x_1}, \overrightarrow{y_1}, \overrightarrow{z_1}\right)$, et un solide (2) dont une base associée est $B_2\left(\overrightarrow{x_2}, \overrightarrow{y_2}, \overrightarrow{z_2}\right)$.

Le solide (2) sera dit en rotation par rapport au solide (1) s'il existe deux points A et B pour lesquels les vecteurs vitesse sont nuls :

$$\overrightarrow{V_{A\in 2/1}} = \overrightarrow{V_{B\in 2/1}} = \vec{0}$$

L'axe $(\Delta) = (AB)$ est l'axe de rotation de ce mouvement.

Le torseur cinématique de ce mouvement sera de la forme :

$$\{\mathcal{V}_{2/1}\} = \left\{ \begin{matrix} \overrightarrow{\Omega_{2/1}} \\ \vec{0} \end{matrix} \right\}_A \text{ pour tout point } A \in (\Delta)$$

E. Composition des mouvements

Nous allons à présent considérer le mouvement d'un solide (2) par rapport à un solide (1), lui-même en mouvement par rapport à un troisième solide (0).

$R_0\left(O,\overrightarrow{x_0},\overrightarrow{y_0},\overrightarrow{z_0}\right)$ est un repère lié à (0).

$R_1\left(O_1,\overrightarrow{x_1},\overrightarrow{y_1},\overrightarrow{z_1}\right)$ est un repère lié à (1).

$R_2\left(O_2,\overrightarrow{x_2},\overrightarrow{y_2},\overrightarrow{z_2}\right)$ est un repère lié à (2).

E.1 Composition des vitesses

Un mouvement complexe se décomposer en mouvements simples entre référentiels différents.

Une relation basée sur la relation de Chasles entre des référentiels successifs permet d'écrire :

$$\overrightarrow{\Omega_{M\in n/0}} = \overrightarrow{\Omega_{M\in n/n-1}} + \overrightarrow{\Omega_{M\in n-1/n-2}} + \ldots + \overrightarrow{\Omega_{M\in 2/1}} + \overrightarrow{\Omega_{M\in 1/0}}$$

et $$\overrightarrow{V_{M\in n/0}} = \overrightarrow{V_{M\in n/n-1}} + \overrightarrow{V_{M\in n-1/n-2}} + \ldots + \overrightarrow{V_{M\in 2/1}} + \overrightarrow{V_{M\in 1/0}}$$

E.2 Composition des torseurs

Les relations de composition des vitesses montre immédiatement que la composition s'applique aux torseurs cinématiques, dont les éléments de réduction s'ajoutent lorsque chacun de ces torseurs est exprimé au même point :

$$\left\{\mathcal{V}_{n/0}\right\}_A = \left\{\mathcal{V}_{n/n-1}\right\}_A + \left\{\mathcal{V}_{n-1/n-2}\right\}_A + \ldots + \left\{\mathcal{V}_{2/1}\right\}_A + \left\{\mathcal{V}_{1/0}\right\}_A$$

F. Lois entrée-sortie des mécanismes

La fonction « Transmettre la puissance » d'un système a pour objectif de transformer le mouvement d'entrée du mécanisme (issu de la fonction « Convertir ») en un mouvement de sortie exploitable pour obtenir l'action souhaitée.

Il existe donc dans la très grande majorité des cas une loi entre le(s) paramètre(s) d'entrée et le(s) paramètre(s) de sortie. Ces paramètres peuvent être des angles, des positions, des vitesse angulaires ou des vitesses linéaires. Cette loi est appelée «Loi entrée-sortie» du mécanisme.

Deux moyens sont à notre disposition pour déterminer cette loi :

- l'exploitation d'une fermeture géométrique,
- l'exploitation d'une fermeture cinématique.

F.1 Fermeture géométrique

F.1.1 Méthode

Une fermeture géométrique est une relation vectorielle, faisant intervenir des vecteurs liés, basée sur la relation de Chasles fermée. Les vecteurs liés font intervenir des points caractéristiques de la géométrique du mécanisme.

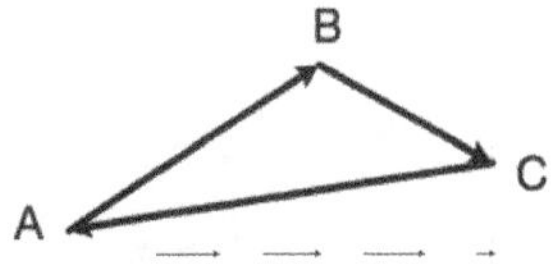

$\overrightarrow{AB} + \overrightarrow{BC} + \overrightarrow{CA} = \overrightarrow{0}$

Etablir une loi entrée-sortie par fermeture géométrique nécessite :

- de paramétrer le mécanisme, en mettant en évidence les grandeurs géométriques caractéristiques de la position des points,

- d'identifier parmi ces grandeurs les paramètres d'entrée et de sortie,
- d'écrire une relation de Chasles fermée faisant intervenir les points caractéristiques du mécanisme,
- de projeter cette relation sur des axes judicieusement choisis de façon à établir une relation entre les paramètres d'entrée et de sortie.

F.1.2 Exemple : système bielle-manivelle

Le système bielle-manivelle est un mécanisme de transmission de mouvement très répandu, qui permet de transformer un mouvement de rotation continu en un mouvement de translation alternatif.

Dans le mécanisme représenté ci-contre, la rotation continue du vilebrequin (1) par rapport à (0) est transformée en translation alternative du piston (3) par rapport à (0).

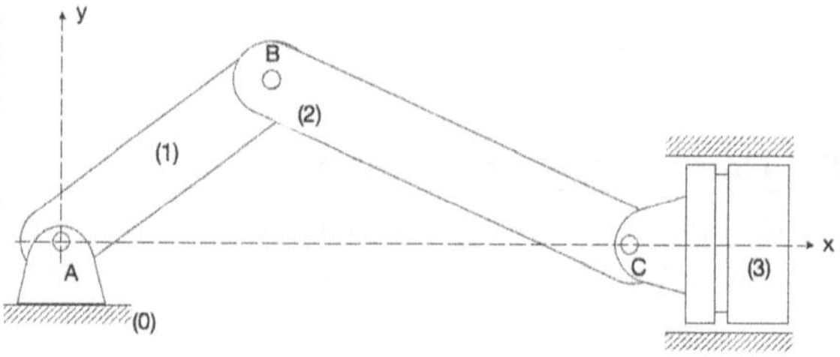

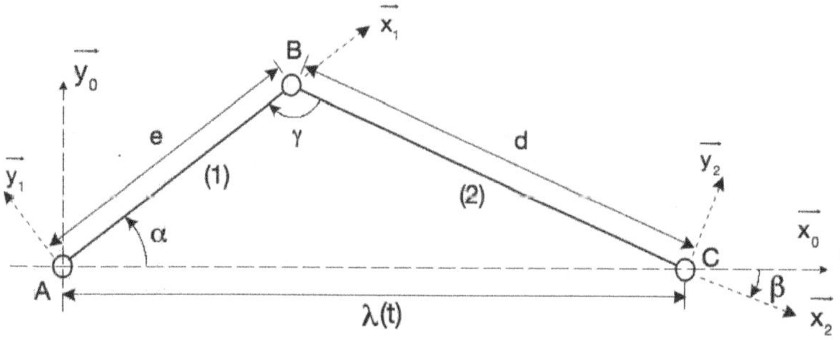

Le schéma ci-contre propose un paramétrage.

Ce paramétrage fait intervenir :

- 3 angles orientés α, β, γ
- 3 longueurs λ(t), e, d
- 1 base B0 $(\vec{x}_0, \vec{y}_0, \vec{z}_0)$ et 2 vecteurs directeurs $\vec{x}_1$ et $\vec{x}_2$

Dans ce paramétrage, la variable d'entrée est l'angle α du vilebrequin, tandis que la variable de sortie est la position λ du piston.

On cherchera donc à établir une relation λ=f(α).

F.1.2.1 Fermeture angulaire

La fermeture angulaire avec les angles <u>orientés</u> α, β et γ fournit la relation suivante :

$$\alpha + \beta + \gamma = \pi$$

F.1.2.2 Fermeture géométrique

On écrit une fermeture géométrique sur les points A, B et C :

$$\overrightarrow{AB} + \overrightarrow{BC} + \overrightarrow{CA} = \vec{0}$$

Or $\overrightarrow{AB} = e \cdot \vec{x}_1$, $\overrightarrow{BC} = d \cdot \vec{x}_2$, $\overrightarrow{AC} = \lambda \cdot \vec{x}_0$

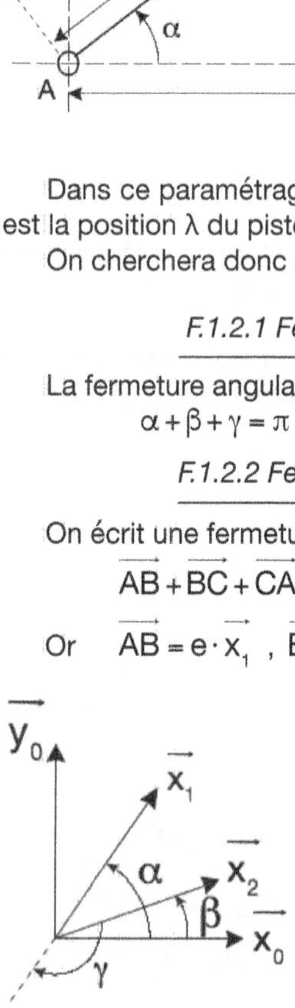

Afin de projeter la fermeture géométrique, il est nécessaire d'exprimer les vecteurs $\vec{x}_1$ et $\vec{x}_2$ dans la base B0 :

$$\vec{x}_1 = \cos\alpha.\vec{x}_0 + \sin\alpha.\vec{y}_0$$

$$\vec{x}_2 = \cos\beta.\vec{x}_0 + \sin\beta.\vec{y}_0$$

La projection de la fermeture géométrique dans la base B0 donne alors :

$$\begin{cases} \vec{x}_0 : e\cos\alpha + d\cos\beta - \lambda = 0 \\ \vec{y}_0 : e\sin\alpha + d\sin\beta = 0 \end{cases}$$

On isole β grâce aux relations trigonométriques suivantes :

$$\begin{cases} \cos\beta = \dfrac{\lambda - e\cos\alpha}{d} \\ \sin\beta = -\dfrac{e}{d}\sin\alpha \end{cases}$$

Or $\cos^2\beta + \sin^2\beta = 1$.

Alors $\left(\dfrac{\lambda - e\cos\alpha}{d}\right)^2 + \left(-\dfrac{e}{d}\sin\alpha\right)^2 = 1$

$$(\lambda - e\cos\alpha)^2 = d^2 - e^2\sin^2\alpha$$

On en déduit alors la relation qui permet d'extraire la loi entrée-sortie $\lambda = f(\alpha)$:

$\lambda = e\cos\alpha + \sqrt{d^2 - e^2\sin^2\alpha}$ (valable si d>e)

F.2 Fermeture cinématique

F.2.1 Méthode

Une fermeture cinématique est une relation entre torseurs cinématiques, qui exploite la composition des mouvements.

Etablir une loi entrée-sortie par fermeture cinématique nécessite :

- d'identifier les mouvements présents dans le mécanisme,
- de paramétrer ces mouvements et d'écrire les torseurs cinématiques,
- d'identifier les paramètres d'entrée et de sortie,
- d'écrire une relation de composition des mouvements fermée, exploitant $\{\mathcal{V}_{0/0}\} = \{0\}$,
- de projeter cette relation sur des axes judicieusement choisis de façon à établir une relation cinématique entre les paramètres d'entrée et de sortie.

F.2.2 Exemple : système bielle-manivelle

Reprenons le système bielle-manivelle du paragraphe précédent. Les mouvements identifiés dans le mécanisme, et les torseurs associés, sont :

Mouvement	Nature du mouvement	Torseur associé, exprimé dans la base $(\vec{x}_0, \vec{y}_0, \vec{z}_0)$
1/0	Rotation d'axe $(A, \vec{z}_0)$	$\{\mathcal{V}_{1/0}\} = \left\{ \begin{array}{l} \vec{\Omega}_{1/0} = \dot{\alpha}\vec{z}_0 \\ \vec{V}_{A\in 1/0} = \vec{0} \end{array} \right\}_A$
2/1	Rotation d'axe $(B, \vec{z}_0)$	$\{\mathcal{V}_{2/1}\} = \left\{ \begin{array}{l} \vec{\Omega}_{2/1} = \dot{\gamma}\vec{z}_0 \\ \vec{V}_{B\in 2/0} = \vec{0} \end{array} \right\}_B$
3/2	Rotation d'axe $(C, \vec{z}_0)$	$\{\mathcal{V}_{3/2}\} = \left\{ \begin{array}{l} \vec{\Omega}_{3/2} = \dot{\beta}\vec{z}_0 \\ \vec{V}_{C\in 3/2} = \vec{0} \end{array} \right\}_C$
3/0	Translation d'axe $(C, \vec{x}_0)$	$\{\mathcal{V}_{3/0}\} = \left\{ \begin{array}{l} \vec{\Omega}_{3/0} = \vec{0} \\ \vec{V}_{C\in 3/0} = \dot{\lambda}\vec{x}_0 \end{array} \right\}_C$

La fermeture cinématique s'écrit dans ce cas :

$$\{\mathcal{V}_{3/2}\}_B + \{\mathcal{V}_{2/1}\}_B + \{\mathcal{V}_{1/0}\}_B + \{\mathcal{V}_{0/3}\}_B = \{0\}$$

Réduisons tous les torseurs en un même point B :

$$\{\mathcal{V}_{1/0}\} = \left\{ \begin{array}{c} \dot{\alpha}\vec{z}_0 \\ e\dot{\alpha}\vec{y}_1 \end{array} \right\}_B \text{ car } \overrightarrow{V_{B\in 1/0}} = \overrightarrow{V_{A\in 1/0}} + \overrightarrow{BA} \wedge \vec{\Omega}_{1/0} = (-e\vec{x}_1) \wedge (\dot{\alpha}\vec{z}_0) = -e\dot{\alpha}\vec{y}_0$$

$$\{\mathcal{V}_{3/2}\} = \left\{ \begin{array}{c} \dot{\beta}\vec{z}_0 \\ -d\dot{\beta}\vec{y}_2 \end{array} \right\}_B \text{ car } \overrightarrow{V_{B\in 3/2}} = \overrightarrow{V_{C\in 3/2}} + \overrightarrow{BC} \wedge \vec{\Omega}_{3/2} = (d\vec{x}_2) \wedge (\dot{\gamma}\vec{z}_0) = -d\dot{\beta}\vec{y}_2$$

$$\{\mathcal{V}_{3/0}\} = \left\{ \begin{array}{c} \vec{0} \\ \dot{\lambda}\vec{x}_0 \end{array} \right\}_B \text{ car le mouvement de 3/0 est une translation.}$$

La fermeture cinématique peut alors s'exprimer de la façon suivante :

$$\left\{ \begin{array}{c} \dot{\beta}\vec{z}_0 \\ -d\dot{\beta}\vec{y}_2 \end{array} \right\}_B + \left\{ \begin{array}{c} \dot{\gamma}\vec{z}_0 \\ \vec{0} \end{array} \right\}_B + \left\{ \begin{array}{c} \dot{\alpha}\vec{z}_0 \\ e\dot{\alpha}\vec{y}_1 \end{array} \right\}_B - \left\{ \begin{array}{c} \vec{0} \\ \dot{\lambda}\vec{x}_0 \end{array} \right\}_B = \left\{ \begin{array}{c} \vec{0} \\ \vec{0} \end{array} \right\}_C$$

D'où on tire :

$\dot{\beta} + \dot{\gamma} + \dot{\alpha} = 0$ (qui n'est autre que la dérivée de l'équation [Exx])

$d\dot{\beta}\vec{y}_2 + e\dot{\alpha}\vec{y}_1 - \dot{\lambda}\vec{x}_0 = \vec{0}$

Projetons cette dernière équation dans la base $(\vec{x}_0, \vec{y}_0, \vec{z}_0)$:

$$\left\{ \begin{array}{l} -d\dot{\beta}\sin\beta - e\dot{\alpha}\sin\alpha - \dot{\lambda} = 0 \\ d\dot{\beta}\cos\beta + e\dot{\alpha}\cos\alpha = 0 \end{array} \right.$$

Ce système d'équations correspond à la dérivée du système d'équations issu de la fermeture géométrique.

CE QU'IL FAUT RETENIR

CINEMATIQUE DU POINT

Vecteur position d'un point

Coordonnées cartésiennes : $\overrightarrow{OM} = x\vec{x} + y\vec{y} + z\vec{z}$

Coordonnées cylindriques : $\overrightarrow{OM} = \rho\overrightarrow{u_\rho} + z\vec{z}$

Coordonnées sphériques : $\overrightarrow{OM} = \rho\overrightarrow{u_r}$

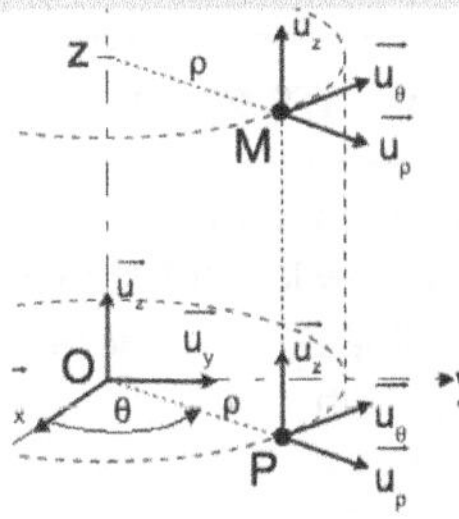

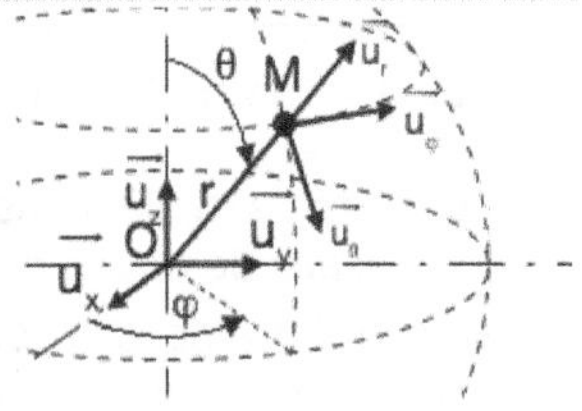

Vecteurs vitesse et accélération d'un point par rapport à une base R

$$\overrightarrow{V_{M/R}} = \left(\frac{d\overrightarrow{OM}}{dt}\right)_R \qquad \overrightarrow{\Gamma_{M/R}} = \left(\frac{d\overrightarrow{V_{M/R}}}{dt}\right)_R$$

Vecteur rotation d'une base par rapport à une autre base

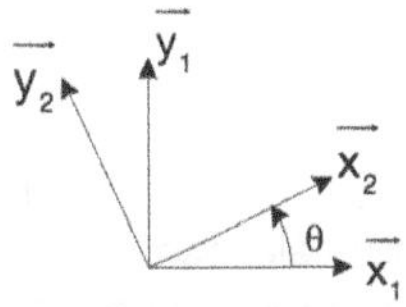

Généralités : $\overrightarrow{\Omega_{R_2/R_1}} = \dot{\theta}\vec{z}_1$

Composition des rotations : $\overrightarrow{\Omega_{R_3/R_1}} = \overrightarrow{\Omega_{R_3/R_2}} + \overrightarrow{\Omega_{R_2/R_1}}$

Formule de dérivation vectorielle (formule de Bour)

Généralités : $\left(\frac{d\vec{U}}{dt}\right)_{R_2} = \left(\frac{d\vec{U}}{dt}\right)_{R_1} + \overrightarrow{\Omega_{R_1/R_2}} \wedge \vec{U}$

Cas particulier d'un vecteur unitaire d'une base B1: $\left(\frac{d\vec{u}_1}{dt}\right)_{B_2} = \overrightarrow{\Omega_{B_1/B_2}} \wedge \vec{u}_1$

CINEMATIQUE DU SOLIDE

Formule de Varignon : $\overrightarrow{V_{B\in 1/0}} = \overrightarrow{V_{A\in 1/0}} + \overrightarrow{BA} \wedge \overrightarrow{\Omega_{1/0}}$

Torseur cinématique (Description du mouvement de 1 par rapport à 0 au point A) : $\left\{\mathcal{V}_{1/0}\right\} = \left\{\begin{matrix}\overrightarrow{\Omega_{1/0}} \\ \overrightarrow{V_{A\in 1/0}}\end{matrix}\right\}_A$

Mouvements particuliers

Translation : $\left\{\mathcal{V}_{1/0}\right\} = \left\{\begin{matrix}\vec{0} \\ \overrightarrow{V_{A\in 1/0}}\end{matrix}\right\}_A$ Rotation : $\left\{\mathcal{V}_{1/0}\right\} = \left\{\begin{matrix}\overrightarrow{\Omega_{2/1}} \\ \vec{0}\end{matrix}\right\}_A$

Composition de mouvements

$$\overrightarrow{\Omega_{M\in n/0}} = \overrightarrow{\Omega_{M\in n/n-1}} + \overrightarrow{\Omega_{M\in n-1/n-2}} + \ldots + \overrightarrow{\Omega_{M\in 2/1}} + \overrightarrow{\Omega_{M\in 1/0}}$$

$$\overrightarrow{V_{M\in n/0}} = \overrightarrow{V_{M\in n/n-1}} + \overrightarrow{V_{M\in n-1/n-2}} + \ldots + \overrightarrow{V_{M\in 2/1}} + \overrightarrow{V_{M\in 1/0}}$$

$$\left\{\mathcal{V}_{n/0}\right\}_M = \left\{\mathcal{V}_{n/n-1}\right\}_M + \left\{\mathcal{V}_{n-1/n-2}\right\}_M + \ldots + \left\{\mathcal{V}_{2/1}\right\}_M + \left\{\mathcal{V}_{1/0}\right\}_M$$

G. Exercices

Exercice 1 : Spiralift (Concours ATS 2017)

(Corrigé page 575)

Le système Spiralift est un mécanisme permettant d'élever des plateformes dans des salles de spectacle, afin de rendre modulaire la configuration de la salle.

Une plateforme est constituée de deux guides charnières, d'un guide lambda et de deux actionneurs spiralift (qui sont en fait des vérins électriques).

On souhaite valider le choix d'un modèle Spiralift, et pour cela il est nécessaire de mener au préalable une étude cinématique du mouvement des guides charnières.

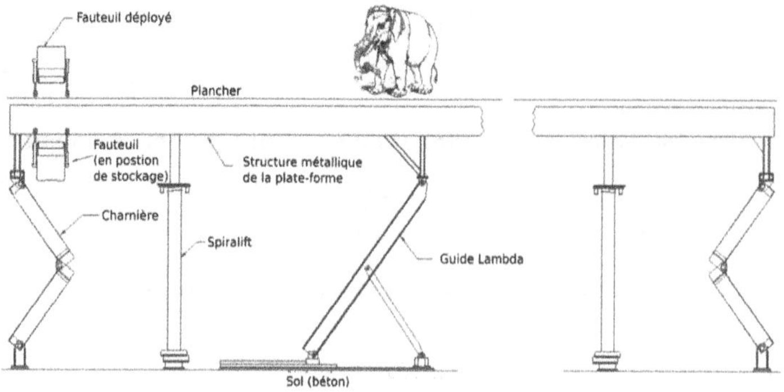

Ces guides charnières sont des pièces mécano-soudées de dimensions importantes qui assurent la rigidité à l'ensemble d'une plate-forme mobile en mouvement. Compte tenu des valeurs élevées de ces caractéristiques cinétiques, on peut s'interroger sur l'effort à développer pour imposer le mouvement de ces pièces.

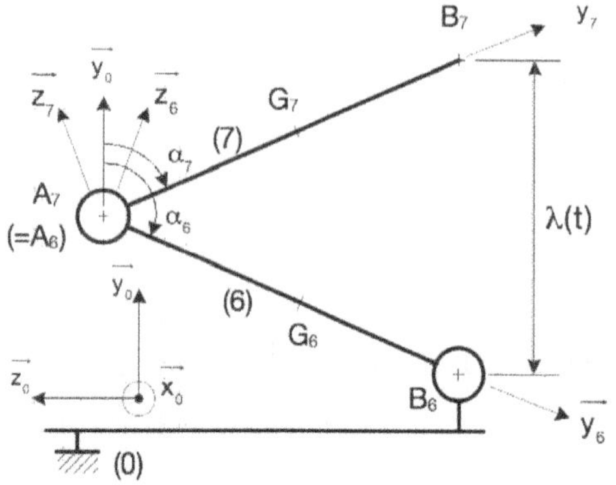

On pose :

$$\overrightarrow{A_7B_7} = l_7 \cdot \overrightarrow{y_7} \text{ et } \overrightarrow{A_6B_6} = l_6 \cdot \overrightarrow{y_6} \text{ avec } l_6 = l_7 = l = 1{,}82\,\text{m}$$

$$\left\|\overrightarrow{A_6G_6}\right\| = \left\|\overrightarrow{A_7G_7}\right\| = \frac{l}{2}$$

$$\alpha(t) = \alpha_7(t) = \pi - \alpha_6(t)$$

On considère l'ensemble E={6+7} qui représente un guide charnière. Pour simplifier l'étude, on considérera que 6 et 7 sont identiques.

Relation entre λ(t) et α(t)

Pour la suite de l'étude, nous aurons besoin de la relation mathématique liant $\lambda(t)$ à $\alpha(t)$, qui pourront être notées λ et α pour simplifier les notations.

Question 1

À l'aide d'une relation de fermeture géométrique, montrer que $\lambda = 2l\cos(\alpha)$.

Détermination des torseurs cinématiques des mouvements de 6/0 et 7/0

Dans toute la suite du problème, on fera l'hypothèse que le problème peut être traité comme un problème plan. Le torseur cinématique du mouvement d'un solide i par rapport à un solide j exprimé au point K dans une base $\left(\overrightarrow{x_n}, \overrightarrow{y_n}, \overrightarrow{z_n}\right)$ sera noté $\left\{\mathcal{V}_{i/j}\right\} = \left\{\begin{array}{c} \vec{\Omega}(i/j) = \omega_{ij}\vec{x}_n \\ \vec{V}_{K,i/j} = v_{ij}\vec{y}_n + w_{ij}\vec{z}_n \end{array}\right\}_K$.

Question 2

Exprimer le torseur cinématique du mouvement de 6 par rapport à 0 $\left\{\mathcal{V}_{6/0}\right\}$ en B_6, en fonction de $\frac{d\alpha}{dt}$.
En déduire l'expression de ce torseur en G_6.

Question 3

Exprimer le torseur cinématique du mouvement de 7 par rapport à 0 $\left\{\mathcal{V}_{7/0}\right\}$ en B_7, en fonction de $\frac{d\alpha}{dt}$, $\frac{d\lambda}{dt}$ et l.

En déduire l'expression de ce torseur en G_7.

Exercice 2 : Véhicule auto guidé (Concours ATS 2014) *(Corrigé page 576)*

Le nouveau Centre Hospitalier Universitaire (CHU) de Dijon Bocage Central a retenu pour sa logistique hôtelière hospitalière des VAG (véhicule auto guidé) ou AGV (Automated guided vehicle).

Le système d'orientation des roues est schématisé ci-après.

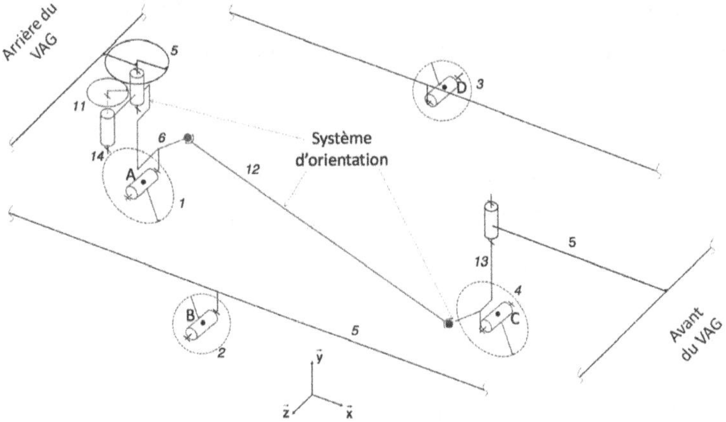

Un moteur électrique (non représenté) permet la rotation simultanée des roue arrière (1) et avant (4) autour des axes $(A,\vec{y})$ et $(C,\vec{y})$ respectivement. L'arbre moteur est 14.

Par l'intermédiaire d'un réducteur (non représenté), l'arbre moteur entraîne un satellite, noté 11. Ce dernier, engrène avec la roue solidaire du carter 5. Le stator du moteur est lié à 6, qui joue le rôle de porte satellite et transmet la puissance nécessaire à l'orientation de la roue arrière, et à la roue avant, par l'intermédiaire de la biellette 12 et de l'axe 13.

La figure suivante montre le système d'orientation dans deux positions : la figure de gauche montre les roues lorsque le VAG avance en ligne droite, la seconde lorsque le VAG est en virage :

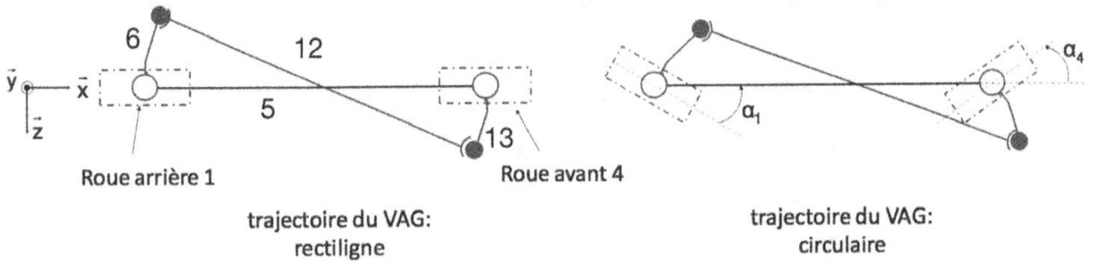

Le cahier des charges impose un non glissement des roues en virage, ce qui impose $\alpha_1=\alpha_4$.

On se propose ici de vérifier le respect de cette exigence, en déterminant la loi entrée-sortie du mécanisme.

Afin de déterminer la relation entre les angles d'orientations des roues arrière et avant, on adopte la modélisation suivante :

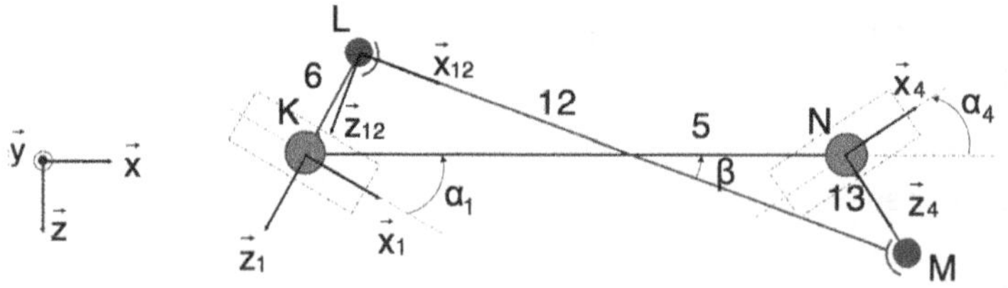

Ce schéma représente le système d'orientation simplifié (vue de dessus du chariot), muni du paramétrage suivant :

- le repère R $\left(O,\vec{x},\vec{y},\vec{z}\right)$ est attaché au carter 5 du VAG,
- la pièce 6 est en liaison pivot d'axe $\left(K,\vec{y}\right)$ avec 5. On y attache le repère R1$\left(K,\vec{x}_1,\vec{y}_1,\vec{z}_1\right)$ et on a $\alpha_1=\left(\vec{x}_1,\vec{x}\right)=\left(\vec{z}_1,\vec{z}\right)$,
- la biellette 12 est en liaison rotule de centre L avec 6 d'une part, et en liaison rotule de centre M avec 13 d'autre part. On y attache le repère R12 $\left(L,\vec{x}_{12},\vec{y},\vec{z}_{12}\right)$ et on a $\beta=\left(\vec{x}_{12},\vec{x}\right)=\left(\vec{z}_{12},\vec{z}\right)$,
- la pièce 13 est en liaison pivot d'axe $\left(N,\vec{y}\right)$ avec 5. On y attache le repère R13 $\left(N,\vec{x}_4,\vec{y},\vec{z}_4\right)$ et on a $\alpha_4=\left(\vec{x},\vec{x}_4\right)=\left(\vec{z},\vec{z}_4\right)$.

Les autres données utiles à l'étude sont :

$\overrightarrow{LK}=L_1\cdot\vec{z}_1$ avec L1 = 98 mm $\qquad$ $\overrightarrow{LM}=L_2\cdot\vec{x}_{12}$ avec L_2 = 1060 mm.

$\overrightarrow{NM}=L_1\cdot\vec{z}_4$ $\qquad$ $\overrightarrow{KN}=L_3\cdot\vec{x}$ avec L_3 = 1042 mm.

On donne ci-dessous les figures géométrales pour les projections :

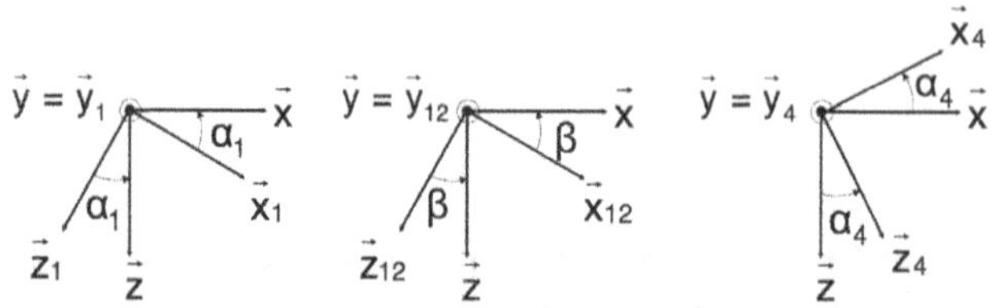

L'objectif est de trouver la relation entre α_1 et α_4 en exploitant la fermeture géométrique K-N-M-L-K.

Question 1

En exploitant la fermeture géométrique proposée, déterminer les deux équations scalaires liant α_1, α_4 et β, issues de la projection sur $\vec{x}$ et $\vec{z}$.

Question 2

En manipulant judicieusement les deux équations précédemment obtenues, donner la relation entre α_1 et α_4 et montrer qu'elle peut se mettre sous la forme suivante :

$$A'\cos\alpha_4-B'\sin\alpha_4=C'$$

avec $A'=2L_1^2\cos\alpha_1$, $B'=2\left(L_1^2\sin\alpha_1-L_1L_3\right)$ et $C'=L_2^2-2L_1^2-L_3^2+2L_1L_3\sin\alpha_1$

Le terme $A'^2+B'^2$ ne s'annulant jamais, la relation précédente peut aussi s'écrire :

$$\frac{A'}{\sqrt{A'^2+B'^2}}\cos\alpha_4-\frac{B'}{\sqrt{A'^2+B'^2}}\sin\alpha_4=\frac{C'}{\sqrt{A'^2+B'^2}}$$

On pose : $\cos\theta = \dfrac{A'}{\sqrt{A'^2+B'^2}}$ et $\sin\theta = \dfrac{B'}{\sqrt{A'^2+B'^2}}$.

On rappelle enfin que pour x et y réels : $\cos x.\cos y - \sin x.\sin y = \cos(x+y)$

Question 3

Exprimer α_4 en fonction de θ, A', B' et C'.

Exercice 3 : Train pendulaire (Concours ATS 2013) *(Corrigé page 576)*

Il est aujourd'hui possible de réduire les temps de parcours en train grâce à la grande vitesse.

Sur ligne classique, une augmentation de la vitesse du train conduirait à une dégradation du confort du passager en particulier lors du passage en courbe. En effet, en courbe, le passager est soumis à une accélération transversale (accélération centripète) qui au-delà d'une certaine valeur devient gênante, inconfortable. Pour compenser cette accélération transversale, la voie est posée avec un dévers dans les portions de courbe, c'est-à-dire que le plan des rails est incliné par rapport au plan horizontal (le rail extérieur est plus haut que le rail intérieur).

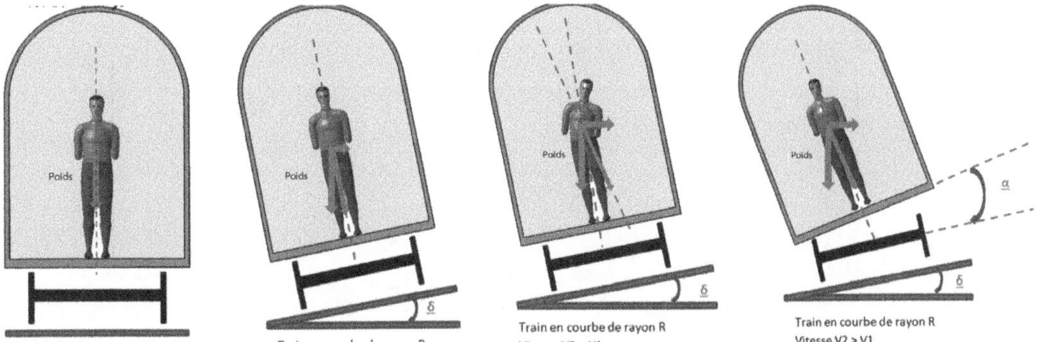

Train en ligne droite

Train en courbe de rayon R
Vitesse V1
Accélération transversale totalement compensée par le dévers de voie

Train en courbe de rayon R
Vitesse V2 > V1
Accélération transversale NON totalement compensée par le dévers de voie : inconfort du passager

Train en courbe de rayon R
Vitesse V2 > V1
Accélération transversale totalement compensée par le dévers de voie et la pendulation

Le cahier des charges impose une diminution des temps de parcours d'au moins 15%, tout en respectant une inclinaison maximale de la caisse α_{MAX}=6,3°. On se propose dans cette étude de vérifier cette exigence du cahier des charges.

La courbe de référence qui sera utilisée est fournie ci-dessous :

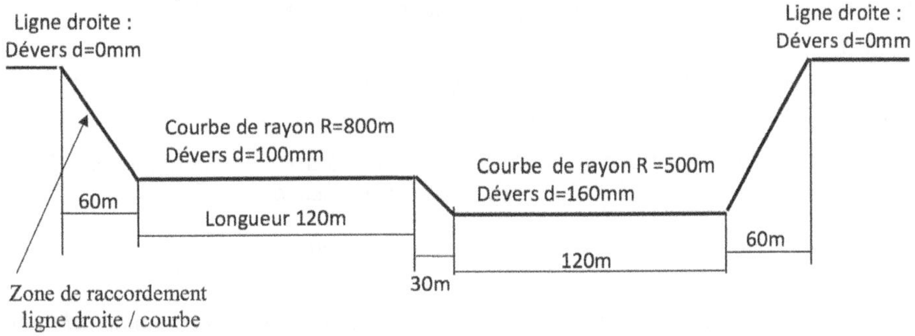

Première étude sans système de pendulation

Hypothèses et notations :

- l'ensemble {D} constitué de la caisse, du bogie et des essieux est supposé indéformable,

- les liaisons sont supposées parfaites,
- l'écartement des rails est noté e,
- l'angle de dévers de pose de la voie est noté δ,
- le dévers de voie en mm est noté d,
- le point G est le centre de gravité de l'ensemble {D}

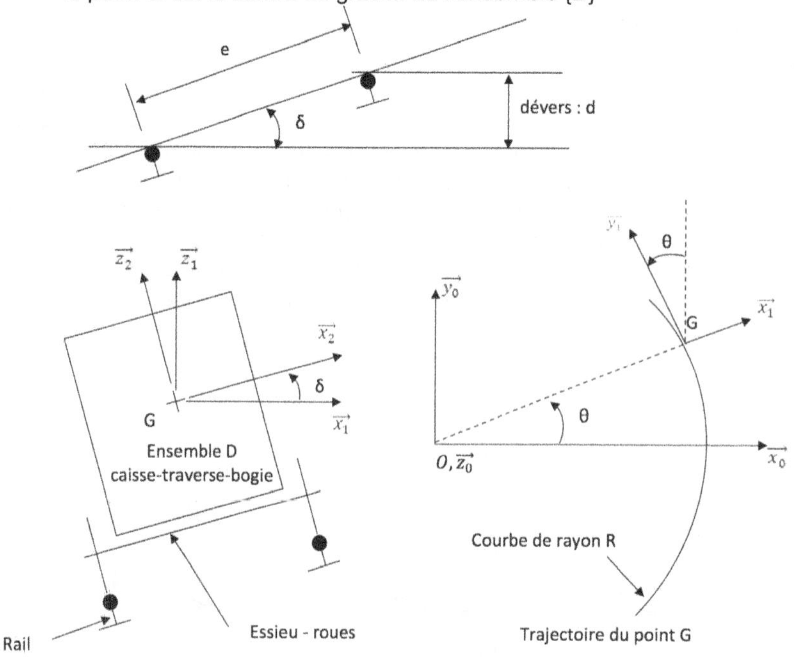

Rayon de courbe :
R = 800m
Dévers de voie installé :
d = 100mm
Vitesse du véhicule :
V = 145 km/h
Ecartement de voie :
e = 1150 mm

Le repère de référence R0 $\left(O,\vec{x}_0,\vec{y}_0,\vec{z}_0\right)$ est supposé galiléen.

L'axe $\left(O,\vec{z}_0\right)$ est perpendiculaire au plan de la trajectoire du véhicule.

L'accélération de la pesanteur est désignée par $\vec{g}=-g\cdot\vec{z}_0$, avec g = 10 m.s^{-2}.

Le repère R1 $\left(O,\vec{x}_1,\vec{y}_1,\vec{z}_1\right)$ suit le point G dans son mouvement curviligne (courbe de rayon R et de centre O).

La vitesse d'avance du véhicule est supposée constante, avec $\overrightarrow{V_{G\in R_1/R_0}}=V\cdot\vec{y}_1$.

L'angle δ est très faible, ce qui permet l'approximation suivante : cosδ=1.

Question 1

Exprimer l'accélération $\vec{a}(G/R_0)$ du point G par rapport à R0 en fonction de V et R.

Question 2

On note γ_{nc} la composante d'accélération appelée «accélération non compensée». Elle correspond à l'accélération latérale équivalente réellement ressentie par le passager.

Montrer que $\gamma_{nc}=\left(\vec{g}-\vec{a}(G/R_0)\right).\vec{x}_2$ peut s'écrire sous la forme : $\gamma_{nc}=\frac{V^2}{R}-g\frac{d}{e}$.

Question 3

Exprimer en fonction de V, R, g et e, l'angle de dévers δ puis le dévers de voie d permettant d'annuler cette composante γ_{nc}.

Question 4

Calculer la composante d'accélération non compensée γ_{nc} à partir des valeurs numériques.

Question 5

Représenter sur la figure ci-contre les différents vecteurs $\vec{g}$, $-\vec{a}(G/R_0)$, $\gamma_{nc}\vec{x}_2$.

Question 6

L'insuffisance de dévers correspond à ce qu'il faudrait ajouter au dévers de voie installé pour annuler l'accélération non compensée γ_{nc}.

Calculer cette insuffisance de dévers, puis l'angle de dévers correspondant exprimé en degré.

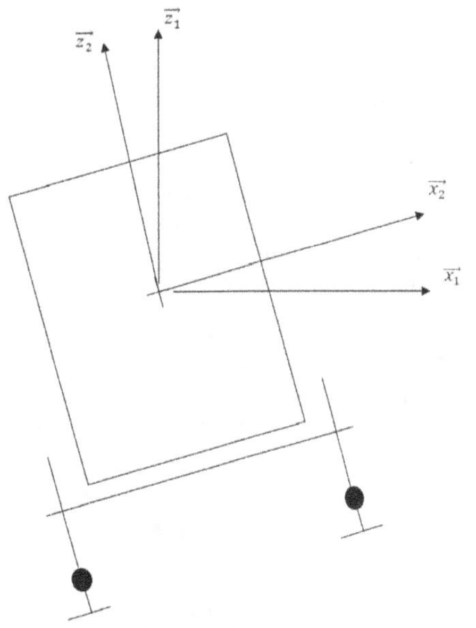

Seconde étude avec système de pendulation

Les normes ferroviaires imposent que l'accélération latérale en courbe ressentie par un passager (accélération latérale non compensée) ne dépasse pas 1,2 m.s^{-2}.

L'angle de pendulation de caisse est noté α.

L'inclinaison de la caisse α obtenue grâce au système de pendulation permet de compenser le manque de dévers de voie pour augmenter la vitesse en courbe tout en limitant l'accélération non compensée.

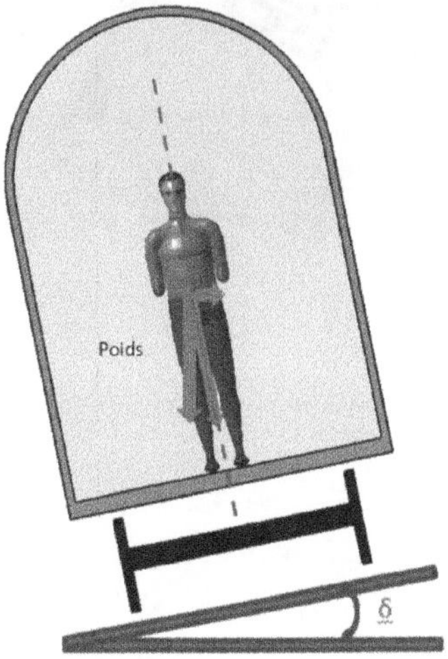

Train en courbe de rayon R
Vitesse V1
Accélération transversale totalement compensée par le dévers de voie

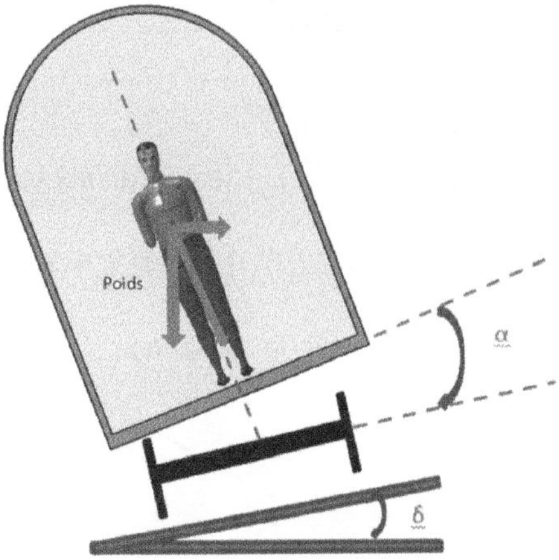

Train en courbe de rayon R
Vitesse V2 > V1
Accélération transversale totalement compensée par le dévers de voie et la pendulation

Le respect du gabarit du train autorise une inclinaison maximale de la caisse par rapport au plan des rails de α_{MAX} = 6,3°. Cette inclinaison vient s'ajouter à l'angle de dévers de voie δ.

Question 7

Déterminer la vitesse que pourra atteindre le véhicule dans cette courbe de référence en respectant l'accélération non compensée maximale autorisée.

Question 8

Conclure vis-à-vis des gains de temps espérés.

Exercice 4 : Laveuse autoportée (Concours ATS 2015) *(Corrigé page 578)*

La société Nilfisk propose une large gamme d'engins de nettoyage des sols. La gamme des laveuses autoportées répond aux besoins de lavage pour des surfaces de plusieurs milliers de km carrés.

Sur le modèle étudié dans ce problème, la motorisation est assurée par la roue avant avec une machine à courant continu. Une évolution est envisagée qui conduirait à remplacer la motorisation avant par deux moteurs à l'arrière non orientables mais commandés en vitesse.

L'objectif de cette étude est de proposer une loi de commande des moteurs à partie de la cinématique de la laveuse.

Un modèle simplifié de la laveuse, et de cette même laveuse en vue de dessus dans un virage sont représentés ci-dessous.

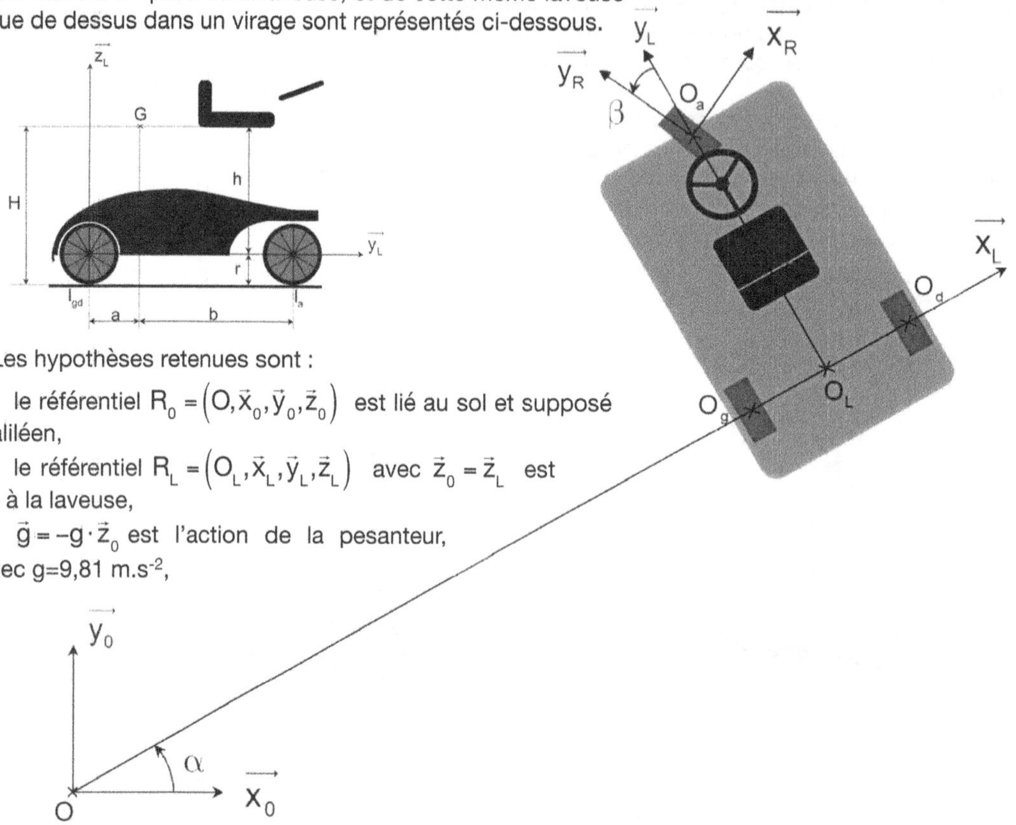

Les hypothèses retenues sont :

- le référentiel $R_0 = (O, \vec{x}_0, \vec{y}_0, \vec{z}_0)$ est lié au sol et supposé galiléen,
- le référentiel $R_L = (O_L, \vec{x}_L, \vec{y}_L, \vec{z}_L)$ avec $\vec{z}_0 = \vec{z}_L$ est lié à la laveuse,
- $\vec{g} = -g \cdot \vec{z}_0$ est l'action de la pesanteur, avec $g = 9{,}81\ m.s^{-2}$,

La vitesse du véhicule sera caractérisée par la grandeur $V(t) = \left\| \vec{V}_{O_L \in R_L / R_0} \right\|$.

L'orientation de la laveuse sera caractérisée par le rayon de courbure ρ(t) de la laveuse en virage. Ce rayon de courbure est directement lié à la rotation β(t) du volant.

Les consignes en vitesse de rotation des deux moteurs seront reliées aux deux consignes de pilotage V(t) et β(t).

Les hypothèses de déplacement sont les suivantes :

- la cinématique du mouvement de la laveuse par rapport au référentiel R_0 peut être considérée comme plane dans le plan $(O, \vec{x}_0, \vec{y}_0)$,
- le point O est centre du virage de la laveuse,

- la roue arrière gauche est en liaison pivot d'axe $\left(O_g,\vec{x}_L\right)$ par rapport au châssis du véhicule,
- la roue avant est en liaison pivot d'axe $\left(O_a,\vec{x}_R\right)$ par rapport à la direction du véhicule,
- la roue arrière droite est en liaison pivot d'axe $\left(O_d,\vec{x}_L\right)$ par rapport au châssis du véhicule,
- les deux roues arrière roulent sans glisser sur le sol

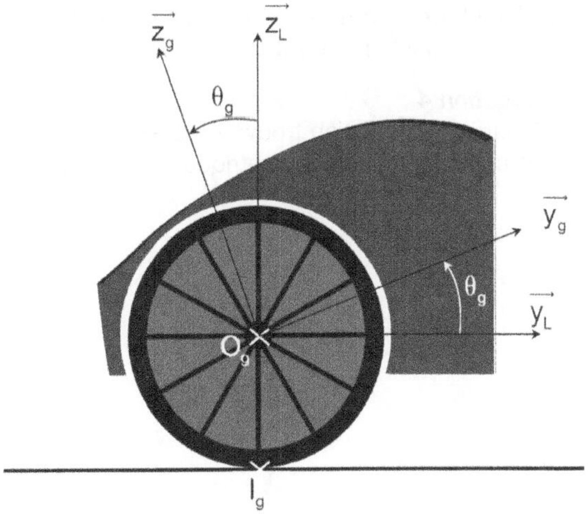

Notations des référentiels

- $R_g=\left(O_g,\vec{x}_g,\vec{y}_g,\vec{z}_g\right)$ avec $\vec{x}_g=\vec{x}_L$
- $R_d=\left(O_d,\vec{x}_d,\vec{y}_d,\vec{z}_d\right)$ avec $\vec{x}_d=\vec{x}_L$

Notations des vecteurs rotation :

- de la laveuse par rapport au sol : $\vec{\Omega}_{R_L/R_0}=\dot{\alpha}\cdot\vec{z}_0$,
- de la roue gauche par rapport au châssis : $\vec{\Omega}_{R_g/R_L}=\dot{\theta}_g\cdot\vec{x}_L$ avec $\dot{\theta}_g=\omega_g$,
- de la roue droite par rapport au châssis : $\vec{\Omega}_{R_d/R_L}=\dot{\theta}_d\cdot\vec{x}_L$ avec $\dot{\theta}_d=\omega_d$.
- $\overrightarrow{OO_L}=\rho\cdot\vec{x}_L$,
- $\overrightarrow{O_LO_g}=(a+b)\vec{y}_L$
- $\overrightarrow{O_gO_L}=\overrightarrow{O_LO_d}=\dfrac{e}{2}\cdot\vec{x}_L$ avec e=0,6 m,
- le point de contact entre la roue gauche (respectivement droite) et le sol est noté I_g (respectivement I_d), avec $\overrightarrow{I_gO_g}=\overrightarrow{I_dO_d}=r\cdot\vec{z}_0$, r=0,15 m le rayon des roues.

Enfin, le torseur cinématique du solide i par rapport au solide j au point A sera noté :

$$\left\{V_{i/j}\right\}=\left\{\begin{array}{c}\vec{\Omega}_{i/j}\\ \vec{V}_{A\in i/j}\end{array}\right\}_A=\left\{\begin{array}{c}p_{ij}\vec{x}_k+q_{ij}\vec{y}_k+r_{ij}\vec{z}_k\\ u_{ij}\vec{x}_k+v_{ij}\vec{y}_k+w_{ij}\vec{z}_k\end{array}\right\}_A$$

Question 1

Tracer sur le document ci-dessous l'angle β de rotation du volant.

Faire apparaître le rayon du virage ρ.

En déduire géométriquement la relation entre l'angle de rotation du volant β, le rayon du virage ρ, a et b.

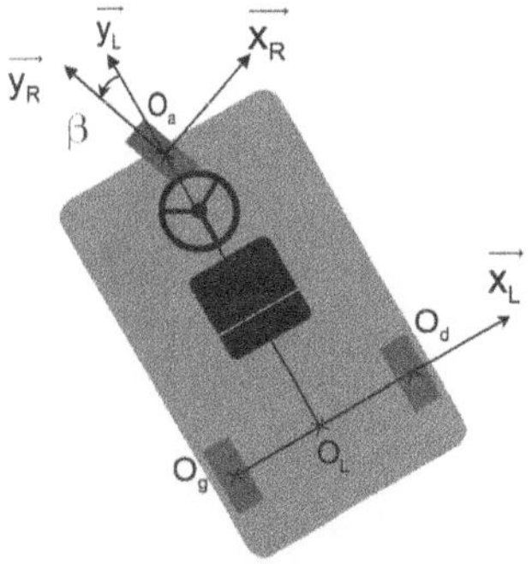

Question 2

Dans les trois cas proposés ci-dessous, donner la valeur de ρ et la relation entre ω_g et ω_d :

1. si la laveuse tourne sur elle-même, ce qui signifie qu'elle tourne autour de l'axe $\left(O_L,\vec{z}_0\right)$;
2. si la laveuse va en ligne droite ;
3. donner la valeur de ρ et ω_g si la laveuse tourne autour de la roue gauche.

Question 3

Exprimer la vitesse de la laveuse $\vec{V}_{O_L \in R_L/R_0} = \vec{V}$:

- en fonction de r, e, ω_g et $\dot{\alpha}$ en utilisant la relation de roulement sans glissement au point de contact I_g de la roue arrière gauche avec le sol ;
- en fonction de r, e, ω_d et $\dot{\alpha}$ en utilisant la relation de roulement sans glissement au point de contact I_d de la roue arrière droite avec le sol ;
- en fonction de ρ et $\dot{\alpha}$

Question 4

A partir de la relation trouvée précédemment entre β et ρ, exprimer ω_g et ω_d en fonction de V et de β et des caractéristiques géométriques du système.

Chapitre 13. Théorie des mécanismes

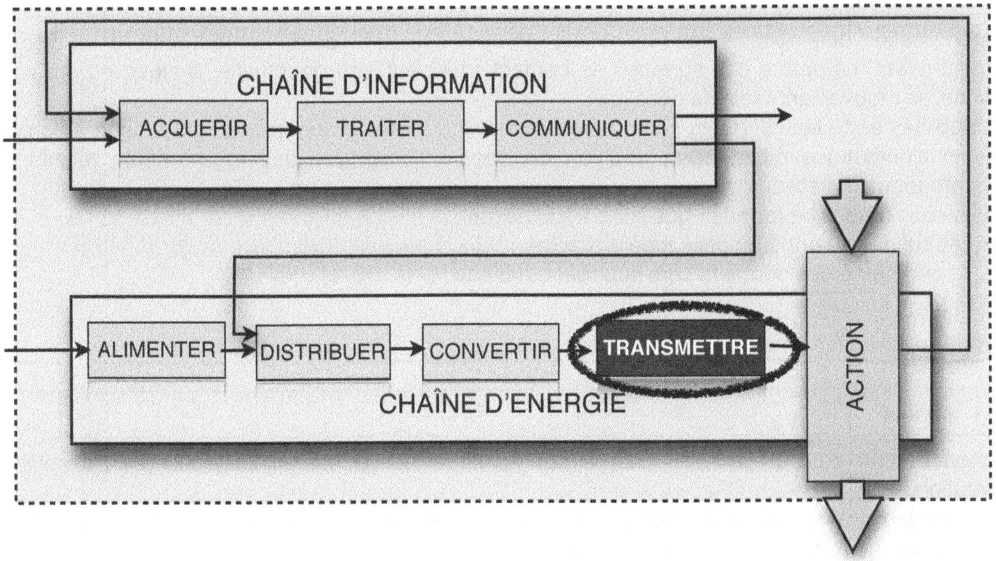

La réalisation des actions est obtenue par les mouvements des constituants de la chaîne de transmission de puissance. La description de ces mouvements nécessite de modéliser les liaisons entre les solides.

La modélisation d'un mécanisme peut revêtir plusieurs aspects. Le schéma cinématique a pour vocation la description des mouvements entre les classes d'équivalence du mécanisme.

A. Liaisons mécaniques

A.1 Modélisation des mécanismes

A.1.1 Finalités

Les mécanismes de transmission de puissance ont pour but d'acheminer la puissance délivrée par le convertisseur vers les actionneurs qui réaliseront les actions nécessaires pour mener à bien les fonctions du système.

La compréhension et l'étude de ces mécanismes passe par leur modélisation, afin de pouvoir réaliser les études :

- cinématique : loi entrée/sortie, mouvements ;
- statique : efforts en jeu dans le mécanisme ;
- dynamique : interactions entre les efforts en jeu et les mouvements.

A.1.2 Outils

La modélisation des mécanismes repose sur l'analyse des surfaces de contact entre deux pièces en mouvement relatif. La nature des surfaces de contact, qui peut être ponctuelle, linéique ou surfacique, conditionne les mouvements relatifs possibles.

Les mobilités entre les différents composants seront modélisés graphiquement, de façon à construire un schéma cinématique qui a pour ambition de décrire l'ensemble des mouvements relatifs entre plusieurs groupes de pièces.

Nous serons amenés à formuler quelques hypothèses :

- les solides seront supposés indéformables,
- la géométrie des contacts sera supposée parfaite.

A.2 Classes d'équivalence

A.2.1 Finalité

La modélisation d'un mécanisme débute par l'analyse de ce mécanisme, afin d'en simplifier sa représentation.

Cette analyse doit permettre de regrouper ensemble les pièces qui n'ont aucun mouvement relatif entre elles : on parlera de classes d'équivalence (au sens de l'équivalence cinématique).

A.2.2 Principe et méthodologie

Les pièces en contact qui n'ont aucun mouvement relatif possible seront regroupées dans un ensemble appelé «classe d'équivalence». Du pont de vue cinématique, nous considérerons alors ces pièces comme étant un seul et même solide.

Dans un dessin d'ensemble, ces classes d'équivalence seront identifiées par des couleurs spécifiques.

Prenons l'exemple d'un micro moteur de modélisme, dont le dessin d'ensemble est représenté page suivante.

L'analyse de ce dessin permet de mettre en évidence 4 classes d'équivalence :

$$A = \{1,2,...,12,24,25,...,35\}$$ (Bâti)

$$B = \{13,14,15,17,18,32,33\}$$ (Vilebrequin)

$$C = \{16\}$$ (Bielle)

$$D = \{19,20,21,22,23\}$$ (Piston)

Dans un souci de modélisation et de simplification, ces quatre classes d'équivalence seront ensuite considérées comme un seul et unique solide.

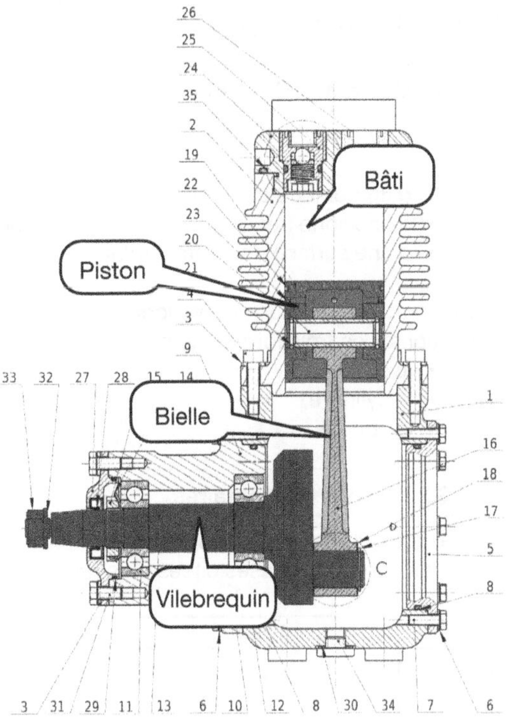

A.2.3 Graphe des liaisons

Parmi les classes d'équivalence identifiées, certaines sont en contact entre elles.

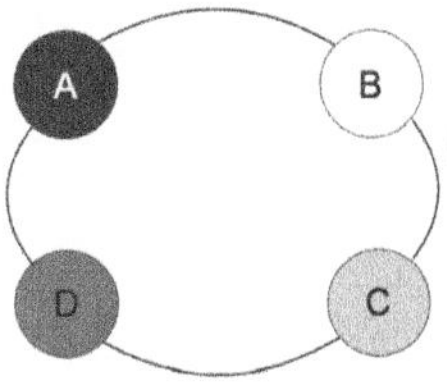

Il est alors possible de définir un «graphe des liaisons» qui permettra d'identifier les classes d'équivalence pour lesquelles une liaison mécanique existe.
Ce graphe relie entre elles les classes d'équivalence en contact.

Par exemple, le graphe ci-contre représente les liaisons du micro moteur.

A.2.4 Chaîne de solides

Le graphe des liaisons représente une « chaîne de solides », décrivant ainsi la propagation des mouvements au sein d'un mécanisme.
Une chaîne de solide peut être ouverte ou fermée.

Le graphe des liaisons du micro moteur précédent représente une chaîne de solides fermée A-B-C-D-A, tandis que la chaîne de solides du robot manipulateur ci-contre est une chaîne ouverte A-B-C-D-E.

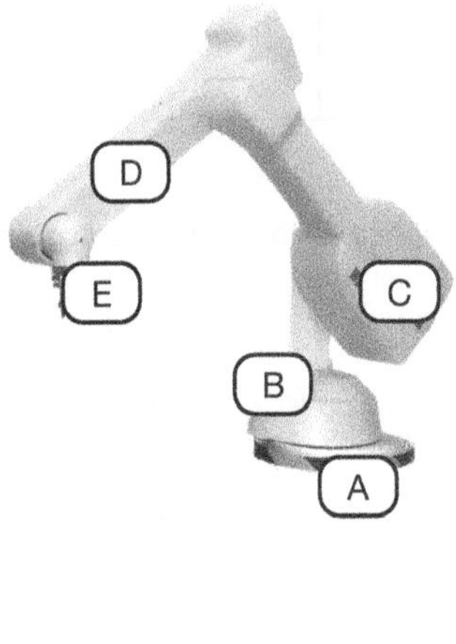

A.3 Liaisons mécaniques

A.3.1 Géométrie du contact

Un contact entre deux classes d'équivalence est caractérisé par sa nature géométrique. Il pourra s'agir :

- d'un point de contact,
- d'une ligne (rectiligne ou non) de contact,
- d'une surface de contact (plane ou non).

La forme du contact conditionne directement les 6 mobilités relatives possibles : 3 rotation et 3 translations. Les trois formes de base à partir desquelles l'ensemble des liaisons sera construit sont :

- le plan,
- le cylindre,
- la sphère.

A.3.2 Liaisons élémentaires

Il existe 6 liaisons simples, dites élémentaires, qui résultent de la combinaison de contacts possible entre les 3 formes de bases citées plus haut :

	Plan	Cylindre	Sphère
Sphère	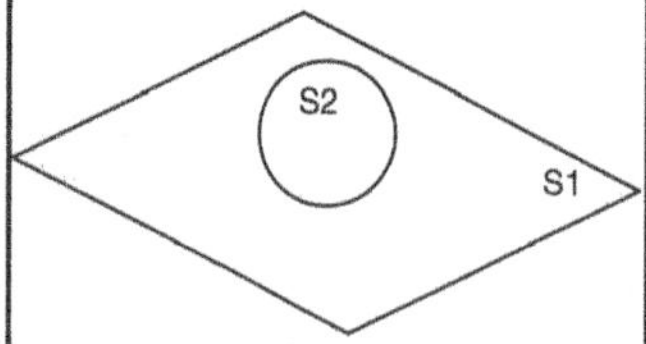	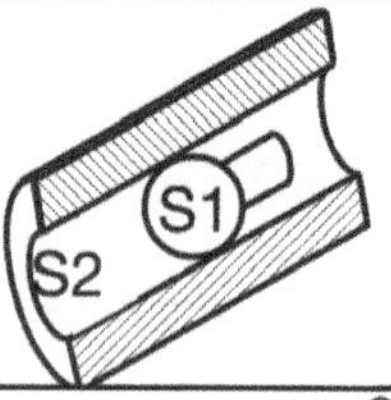	
Cylindre	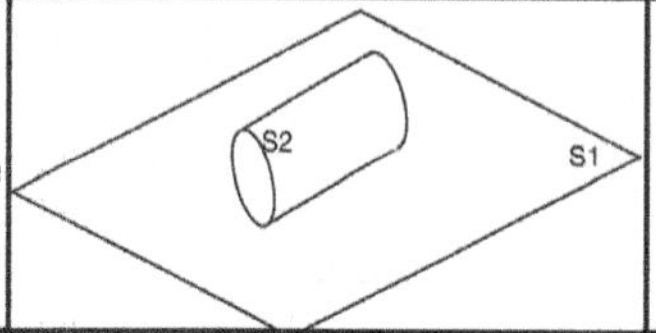	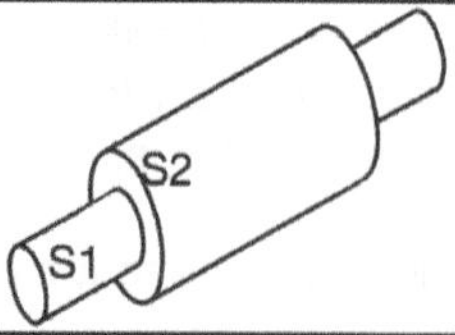	
Plan	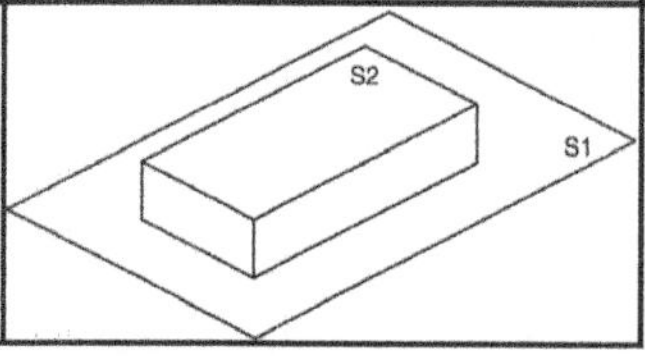		

Chaque forme de contact définit une liaison mécanique élémentaire entre deux solides. Le nom de ces liaisons est normalisée, de même que leur symbole. Ces symboles sont à connaître parfaitement, car ils sont à la base de la compréhension de la cinématique de tout mécanisme.

On trouvera page suivante la liste de ces liaisons normalisées.

Formes en contact		**Géométrie du contact**	**Nom de la liaison**	**Symbole (2D / 3D)**	
Sphère	Plan	Point	Sphère-plan ou ponctuelle		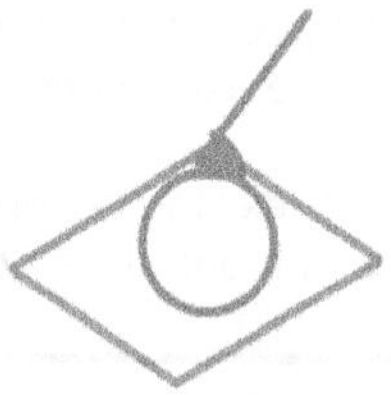
	Cylindre	Ligne circulaire	Linéaire annulaire	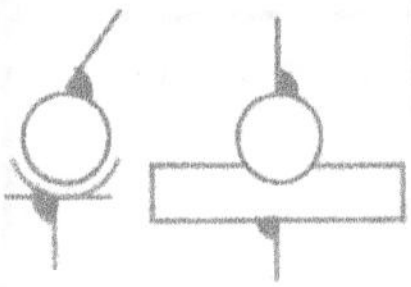	
	Sphère	Sphère	Rotule ou Sphérique		
Cylindre	Plan	Ligne rectiligne	Linéaire rectiligne	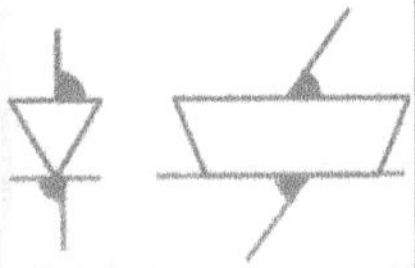	
	Cylindre	Cylindre	Pivot glissant		
Plan	Plan	Plan	Appui plan	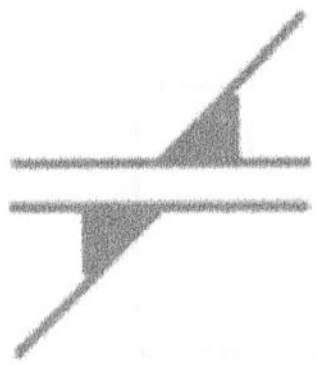	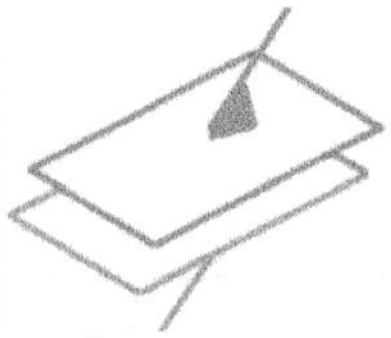

Tableau des liaisons élémentaires normalisées

A.3.3 Liaisons composées

L'association de 2 liaisons élémentaires permet de construire d'autres liaisons, appelées liaisons composées. Elles seront définies par deux surfaces de contact, et donneront lieu à des libertés de mouvements spécifiques.

Il existe souvent plusieurs combinaisons possibles pour une même liaison composée. Le tableau suivant définit les noms et symboles normalisés de ces liaisons composées.

Combinaison de liaisons simples	Nom de la liaison	Symbole (2D / 3D)	
Pivot glissant + Sphère-plan 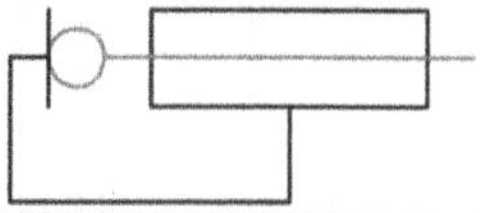	Pivot	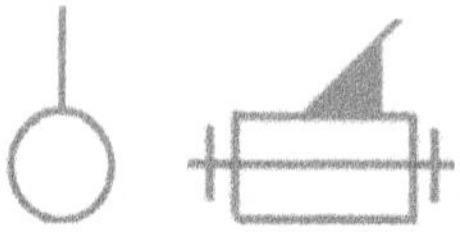	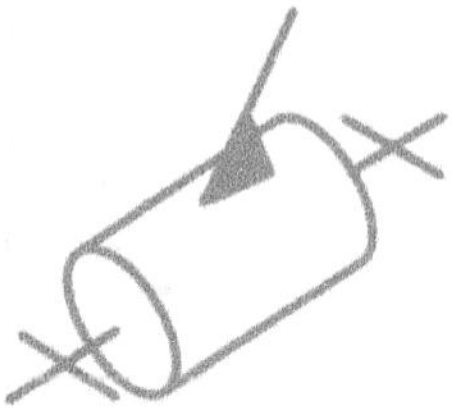
Rotule + Linéaire annulaire 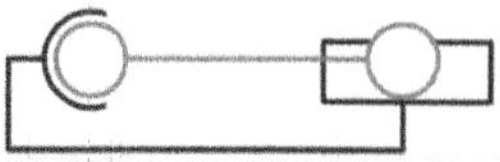			
Appui plan + Linéaire annulaire 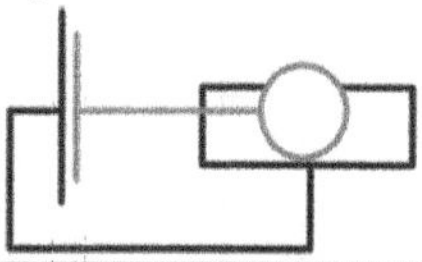			
Pivot glissant + Sphère-plan 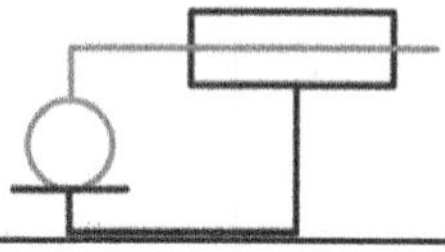	Glissière	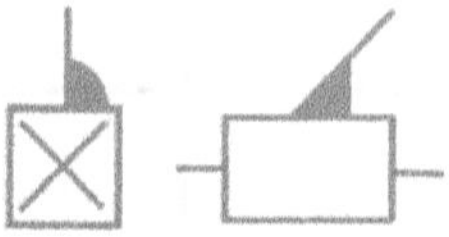	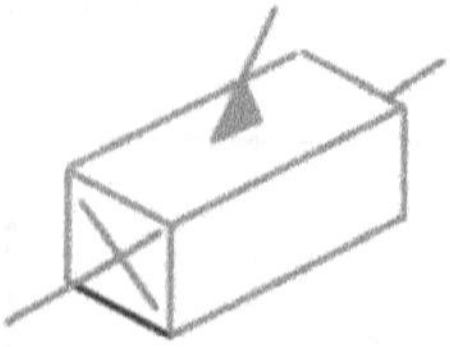
Appui plan + Linéaire rectiligne 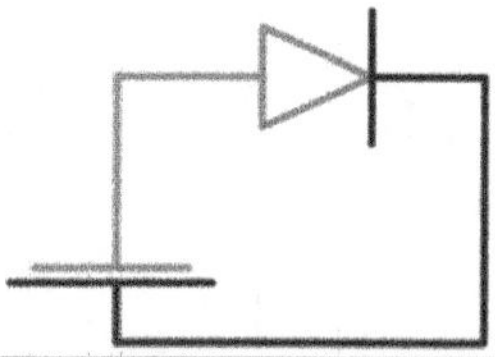			
Pivot glissant + Sphère-plan 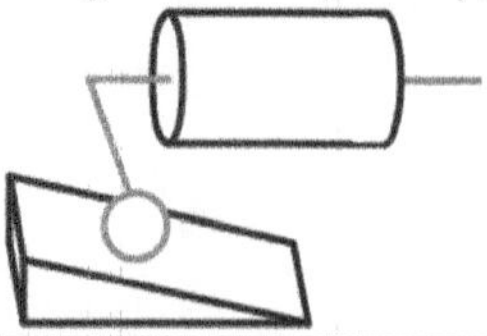	Glissière hélicoïdale		

A.3.4 Degré de liberté d'une liaison

Un solide qui n'est contraint par aucun contact peut évoluer librement suivant les 3 directions, en translation comme en rotation :

- 3 translations possibles suivant x, y et z
- 3 rotations possibles autour des axes x, y et z

Il lui est possible d'effectuer de façon indépendante ces 6 mouvements, qui seront appelés « degrés de liberté » (ddl).

En revanche, la présence d'un point de contact avec un autre solide va supprimer un degré de liberté. Une liaison ponctuelle supprimera ainsi 1 degré de liberté (la translation suivant la normale au contact), tandis qu'une liaison pivot glissant en supprimera 4, ne laissant subsister qu'une rotation et une translation.

A.3.5 Torseur cinématique associé à une liaison

Le torseur cinématique du mouvement quelconque d'un solide S1 par rapport à un solide S2 non limité par un contact, est de la forme suivante au point de réduction A :

$$\{v_{1/2}\} = \left\{ \begin{array}{l} \overrightarrow{\Omega_{1/2}} = \omega_x\vec{x} + \omega_y\vec{y} + \omega_z\vec{z} \\ \overrightarrow{V_{A\in 1/2}} = v_{A,x}\vec{x} + v_{A,y}\vec{y} + v_{A,z}\vec{z} \end{array} \right\}_A$$

Dès lors qu'un contact existe entre deux solides, des degrés de libertés vont être supprimés, traduisant des impossibilités de mouvement.

Un mouvement interdit par le contact se traduira au niveau du torseur cinématique par la nullité de la composante correspondant au mouvement supprimé.

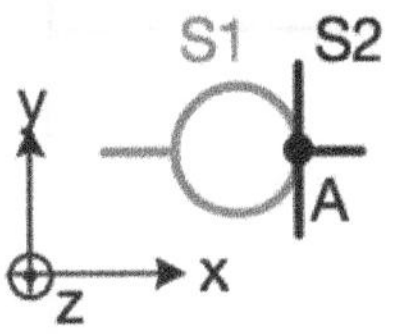

Prenons comme premier exemple la liaison ponctuelle. Cette liaison est caractérisée par son point de contact A et sa normale $\vec{x}$.

Elle supprime donc un degré de liberté : la translation suivant $(A,\vec{x})$.

Le torseur cinématique de la liaison entre S1 et S2 s'écrira donc :

$$\{v_{1/2}\} = \left\{ \begin{array}{l} \overrightarrow{\Omega_{1/2}} = \omega_x\vec{x} + \omega_y\vec{y} + \omega_z\vec{z} \\ \overrightarrow{V_{A\in 1/2}} = v_{A,y}\vec{y} + v_{A,z}\vec{z} \end{array} \right\}_A \quad \text{puisque } v_{A,x}\vec{x} = \vec{0}$$

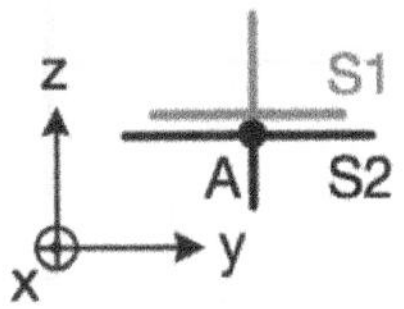

Considérons maintenant la liaison appui plan. A est le centre de la face de contact, et la normale au contact est $\vec{z}$.

Cette liaison supprime 3 degrés de liberté : la translation suivant $\vec{z}$ et les 2 rotations autour de $(A,\vec{x})$ et $(A,\vec{y})$.

Le torseur cinématique de la liaison entre S1 et S2 s'écrira donc :

$$\{v_{1/2}\} = \left\{ \begin{array}{l} \overrightarrow{\Omega_{1/2}} = \omega_z\vec{z} \\ \overrightarrow{V_{A\in 1/2}} = v_{A,x}\vec{x} + v_{A,y}\vec{y} \end{array} \right\}_A \quad \text{puisque} \left\{ \begin{array}{l} v_{A,z}\vec{z} = \vec{0} \\ \omega_x\vec{x} = \omega_y\vec{y} = \vec{0} \end{array} \right.$$

A.4 Tableau normalisé des liaisons mécaniques

Les symboles et les caractéristiques des liaisons de ce tableau doivent être connues, car elles sont les pré-requis pour la lecture, la compréhension et l'étude de tout mécanisme.

Schéma plan	Perspective	Mobilités	Torseur cinématique $\{\mathcal{V}_{1/2}\}$
Ponctuelle (ou sphère-plan) de normale $(O,\vec{x})$			
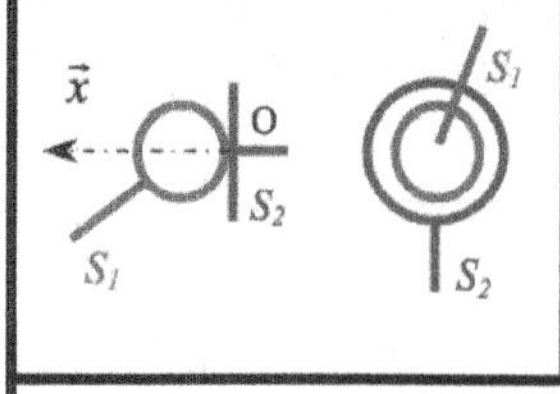	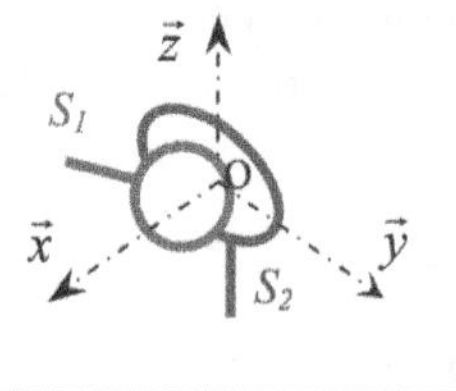	5 ddl ☐ Tx ☒ Rx ☒ Ty ☒ Ry ☒ Tz ☒ Rz	$\left\{\begin{matrix}\overrightarrow{\Omega_{1/2}} = \omega_x\vec{x}+\omega_y\vec{y}+\omega_z\vec{z}\\ \overrightarrow{V_{O\in 1/2}} = v_{O,y}\vec{y}+v_{O,z}\vec{z}\end{matrix}\right\}_O$
Linéaire rectiligne d'axe $(O,\vec{x})$ et de normale $(O,\vec{z})$			
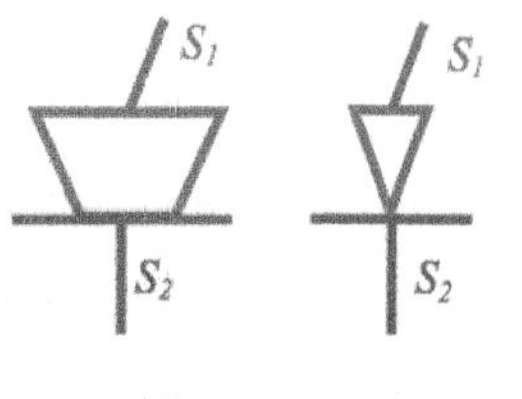	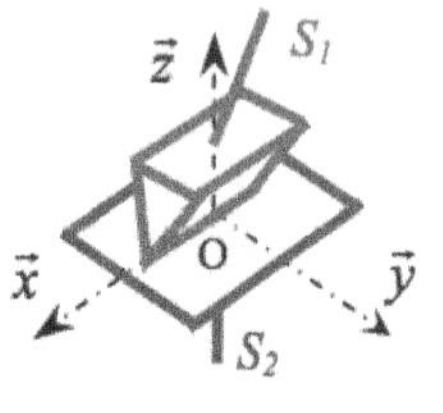	4 ddl ☒ Tx ☒ Rx ☒ Ty ☐ Ry ☐ Tz ☒ Rz	$\left\{\begin{matrix}\overrightarrow{\Omega_{1/2}} = \omega_x\vec{x}+\omega_y\vec{y}\\ \overrightarrow{V_{O\in 1/2}} = v_{O,x}\vec{x}+v_{O,z}\vec{z}\end{matrix}\right\}_O$
Linéaire annulaire (ou sphère-cylindre) d'axe $(O,\vec{x})$			
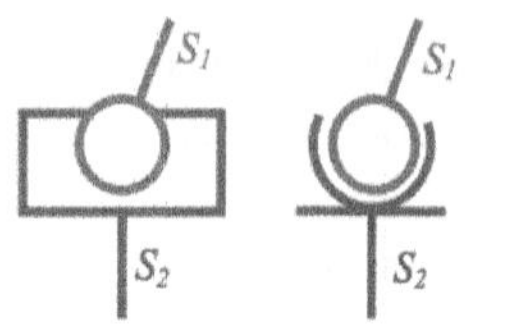	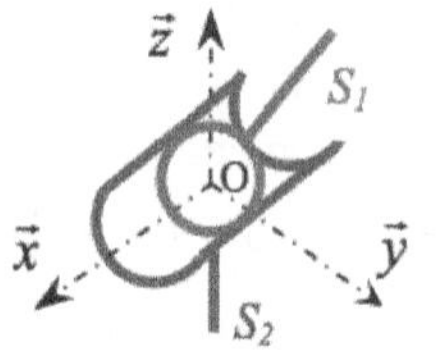	4 ddl ☒ Tx ☒ Rx ☐ Ty ☒ Ry ☐ Tz ☒ Rz	$\left\{\begin{matrix}\overrightarrow{\Omega_{1/2}} = \omega_x\vec{x}+\omega_y\vec{y}+\omega_z\vec{z}\\ \overrightarrow{V_{O\in 1/2}} = v_{O,x}\vec{x}\end{matrix}\right\}_O$
Appui plan de normale $(O,\vec{z})$			
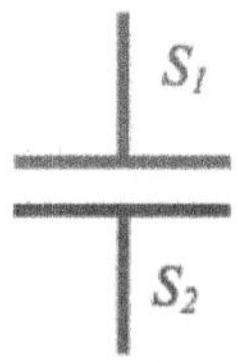	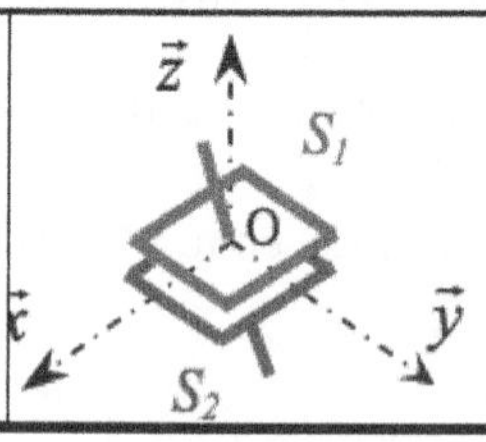	3 ddl ☒ Tx ☐ Rx ☒ Ty ☐ Ry ☐ Tz ☒ Rz	$\left\{\begin{matrix}\overrightarrow{\Omega_{1/2}} = \omega_z\vec{z}\\ \overrightarrow{V_{O\in 1/2}} = v_{O,x}\vec{x}+v_{O,y}\vec{y}\end{matrix}\right\}_O$
Rotule (ou sphérique) de centre O			
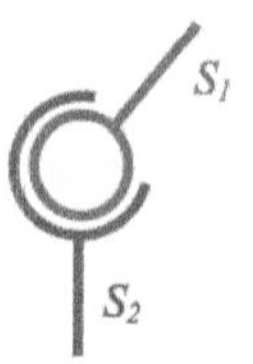	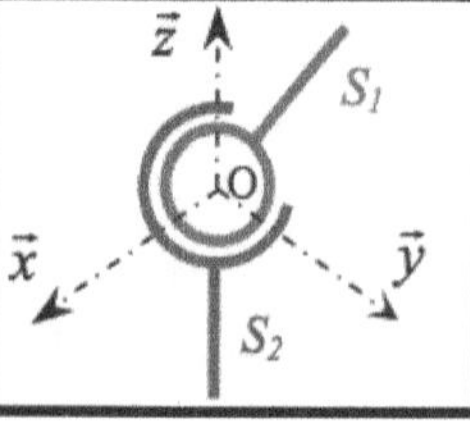	3 ddl ☐ Tx ☒ Rx ☐ Ty ☒ Ry ☐ Tz ☒ Rz	$\left\{\begin{matrix}\overrightarrow{\Omega_{1/2}} = \omega_x\vec{x}+\omega_y\vec{y}+\omega_z\vec{z}\\ \overrightarrow{V_{O\in 1/2}} = \vec{0}\end{matrix}\right\}_O$

Schéma plan	Perspective	Mobilités	Torseur cinématique $\left\{\nu_{1/2}\right\}$
Sphérique à doigt d'axe bloqué $\left(O,\vec{z}\right)$			
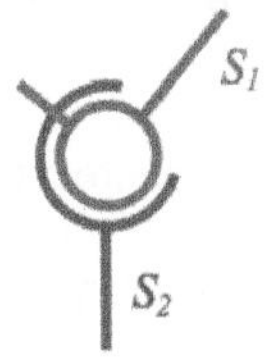	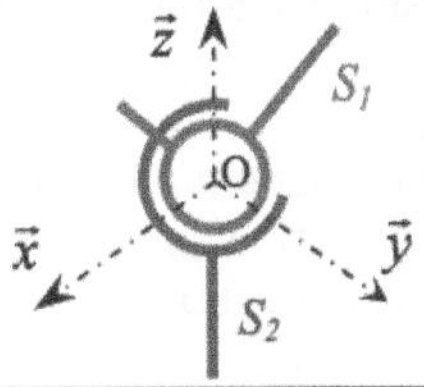	2 ddl ☐ Tx ☒ Rx ☐ Ty ☒ Ry ☐ Tz ☐ Rz	$\left\{ \begin{array}{l} \overrightarrow{\Omega_{1/2}} = \omega_x \vec{x} + \omega_y \vec{y} \\ \overrightarrow{V_{O\in 1/2}} = \vec{0} \end{array} \right\}_O$
Pivot glissant d'axe $\left(O,\vec{x}\right)$			
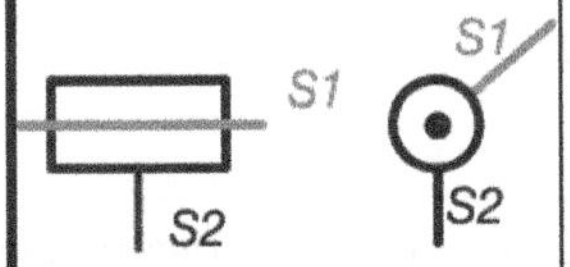	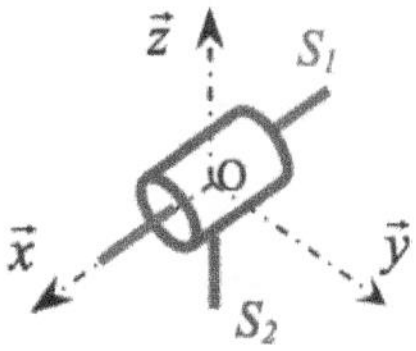	2 ddl ☒ Tx ☒ Rx ☐ Ty ☐ Ry ☐ Tz ☐ Rz	$\left\{ \begin{array}{l} \overrightarrow{\Omega_{1/2}} = \omega_x \vec{x} \\ \overrightarrow{V_{O\in 1/2}} = v_{O,x} \vec{x} \end{array} \right\}_O$
Pivot d'axe $\left(O,\vec{x}\right)$			
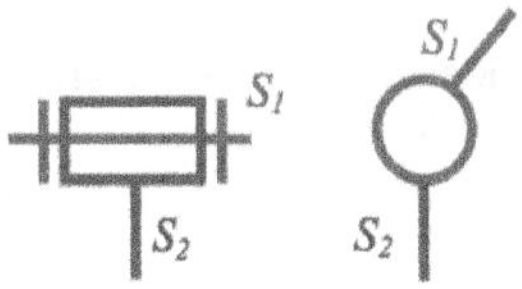	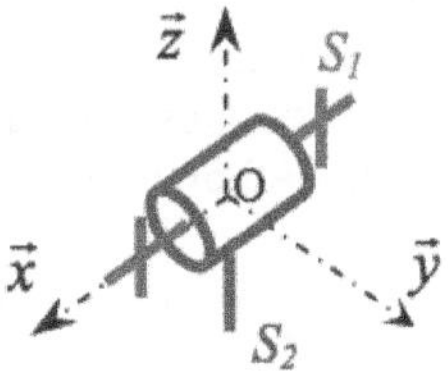	1 ddl ☐ Tx ☒ Rx ☐ Ty ☐ Ry ☐ Tz ☐ Rz	$\left\{ \begin{array}{l} \overrightarrow{\Omega_{1/2}} = \omega_x \vec{x} \\ \overrightarrow{V_{O\in 1/2}} = \vec{0} \end{array} \right\}_O$
Glissière d'axe $\left(O,\vec{x}\right)$			
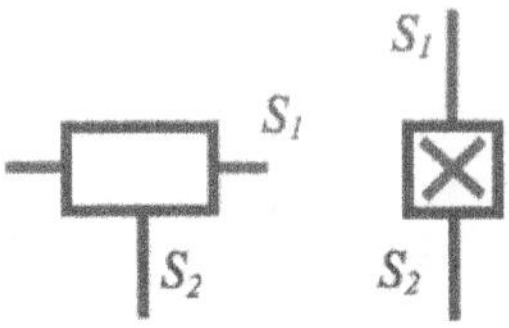	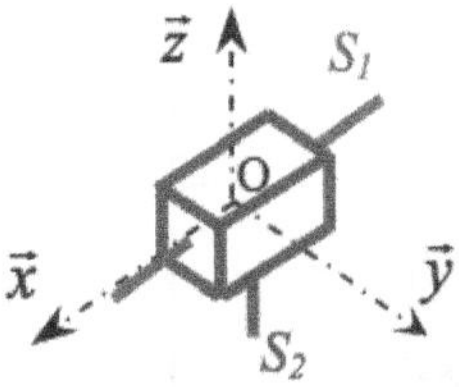	1 ddl ☒ Tx ☐ Rx ☐ Ty ☐ Ry ☐ Tz ☐ Rz	$\left\{ \begin{array}{l} \overrightarrow{\Omega_{1/2}} = \vec{0} \\ \overrightarrow{V_{O\in 1/2}} = v_{O,x} \vec{x} \end{array} \right\}_O$
Glissière hélicoïdale d'axe $\left(O,\vec{x}\right)$			
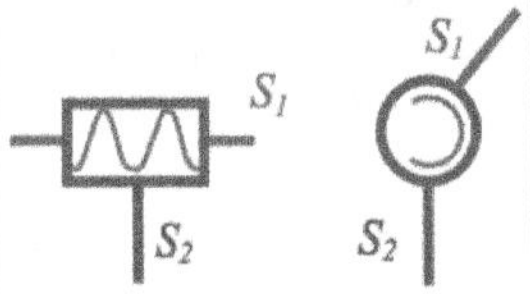	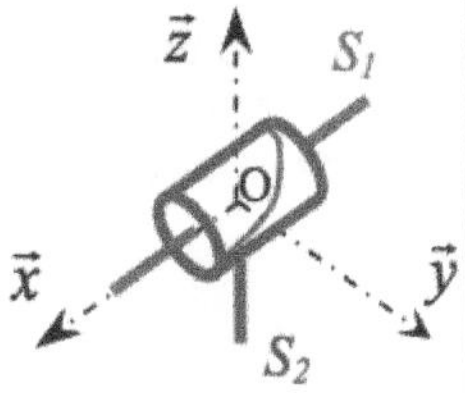	1 ddl ☒ Tx ☒ Rx ☐ Ty ☐ Ry ☐ Tz ☐ Rz	$\left\{ \begin{array}{l} \overrightarrow{\Omega_{1/2}} = \omega_x \vec{x} \\ \overrightarrow{V_{O\in 1/2}} = v_{O,x} \vec{x} \end{array} \right\}_O$ avec $v_{O,x} = \frac{p}{2\pi}\Omega_{1/2}$ (p pas de l'hélice)

A.5 Modélisation des guidages en rotation

A.5.1 Généralités

Les guidages en rotation sont les solutions constructives retenues pour réaliser les liaisons du type «linéaire annulaire», «pivot glissant» et «pivot».

On distingue trois grandes catégories de guidage :

- les guidages sans éléments interposés : le contact entre les solides se fait directement,
- les guidages avec paliers lisses interposés (coussinets),
- les guidages avec éléments interposés (roulements à billes, à rouleaux, à aiguilles).

Le type de guidage, ainsi que ses caractéristiques, conditionnera la liaison retenue pour la modélisation.

A.5.2.Guidage par paliers lisses

A.5.2.1 Principe

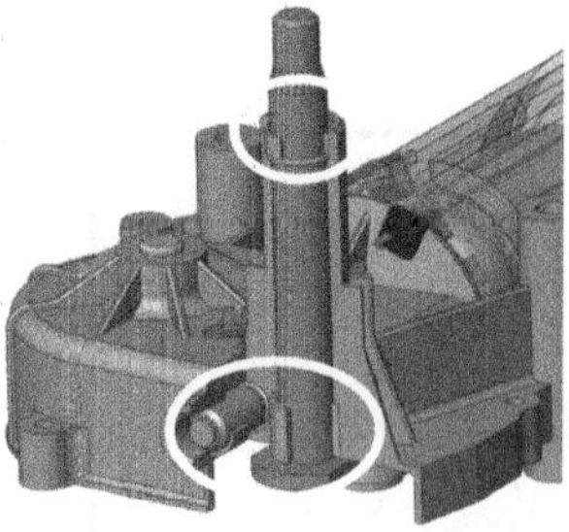

Le principe du contact direct est amélioré en interposant des bagues de frottement qui vont :

- diminuer le coefficient de frottement ;
- augmenter la durée de vie de l'arbre et du logement ;
- diminuer le bruit ;
- reporter l'usure sur les bagues.

Les coussinets sont des bagues cylindriques en bronze ou en matière plastique (Teflon : polyamide PA6.6), épaulée ou non.

Coussinet cylindrique	**Coussinet à collerette**	**Coussinet sphérique**
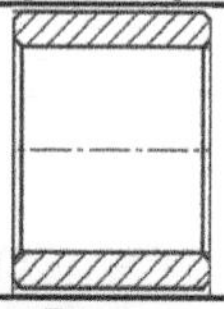		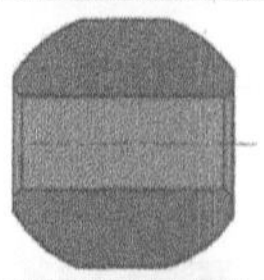
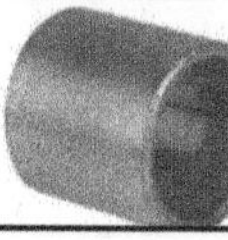		

A.5.2.2 Modélisation

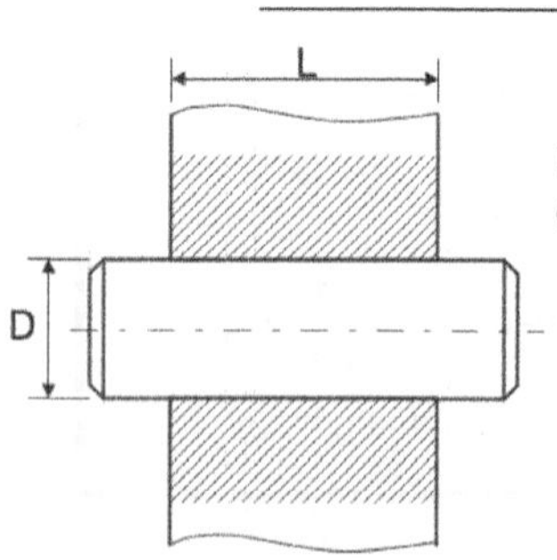

Lors de la modélisation d'un contact surfacique cylindrique, il est nécessaire de prendre en compte le rapport entre L (longueur du contact) et D (diamètre) pour déterminer la liaison correspondante.

En effet, un jeu fonctionnel existe entre l'arbre et l'alésage du coussinet, et la présence de ce jeu induit un léger «rotulage» entre ces éléments, dont la valeur dépend précisément du rapport L/D.

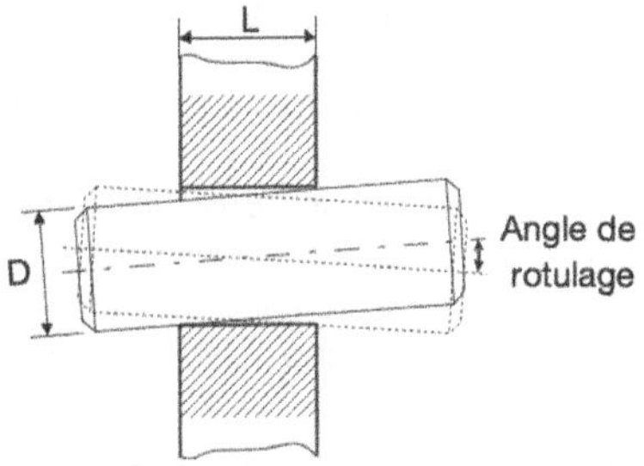

	L/D < 0,5	L/D > 1,5
Translation possible	Linéaire annulaire 	Pivot glissant 
Translation impossible	Rotule 	Pivot 

Notons que si 0,5 < L/D < 1,5 le choix de liaison dépendra d'une analyse plus fine de la géométrie et du jeu dans la liaison.

A.5.3 Guidage par roulements

A.5.3.1 Principe

L'interposition d'éléments roulants entre les solides à guider permet d'augmenter de façon significative les efforts admissibles, la durée de vie du guidage, et de diminuer les frottements dans la liaison.

Il existe plusieurs types de roulements, recensés dans le tableau ci-dessous.

Type de roulement		**Représentation (complète / simplifiée)**		**Charge admissible (radiale / axiale)**		**Vitesse admissible**	**Observations**
A billes à contact radial			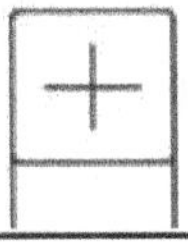	Elevée	Moyenne	Elevée	Extrêmement fréquent
A billes à contact oblique		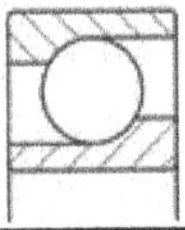		Elevée	Elevée	Moyenne	Ne peut se monter que par paires
A rotule sur billes	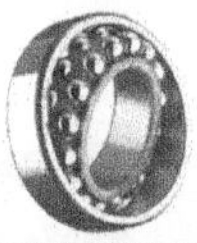	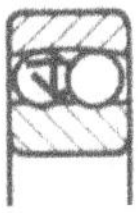	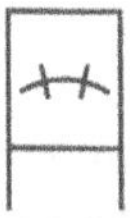	Très élevée	Faible	Moyenne	Autorise un rotulage important
A rouleaux cylindriques		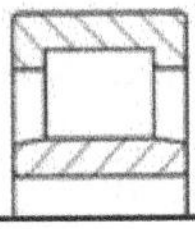	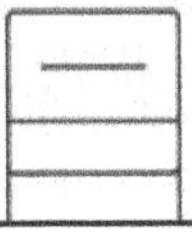	Très élevée	Nulle	Elevée	La bague intérieure est séparable
A rouleaux coniques			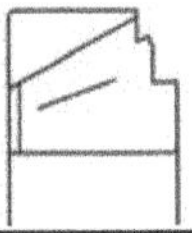	Très élevée	Elevée	Moyenne	Ne peut se monter que par paires

A.5.3.2 Modélisation des roulements à bille à contact radial

Pour le moment, nous ne considérerons à des fins de modélisation que les roulements à billes à contact radial.

La bague intérieure du roulement admettant un certain «rotulage» autour du centre du centre de la liaison, un roulement à bille à contact radial sera la plupart du temps modélisé :

- soit par une liaison rotule si le roulement ne peuvent pas translater (bagues immobilisées),
- soit par une liaison linéaire annulaire si les bagues peuvent translater.

A.6 Liaisons équivalentes

A.6.1 Généralités

Une chaîne de solides peut faire apparaître des liaisons en série ou des liaisons en parallèle. Il est alors possible de chercher l'existence d'une liaison équivalente à ces liaisons, dont les degrés de liberté sont identiques à ceux autorisés par les liaisons associées.

Mais ce n'est pas toujours possible, car une liaison équivalente doit pouvoir être définie par une des liaisons normalisées du tableau du chapitre précédent.

A.6.2 Liaisons en parallèle

A.6.2.1 Torseur cinématique équivalent

Dans le graphe ci-contre, les solides S_i et S_j sont reliés par 3 liaisons en parallèle L_1, L_2 et L_n. Chacune de ces liaisons est définie par son torseur cinématique :

$$\left\{\mathcal{V}_{1,i/k}\right\},\ \left\{\mathcal{V}_{2,i/k}\right\} \text{ et } \left\{\mathcal{V}_{n,i/k}\right\}$$

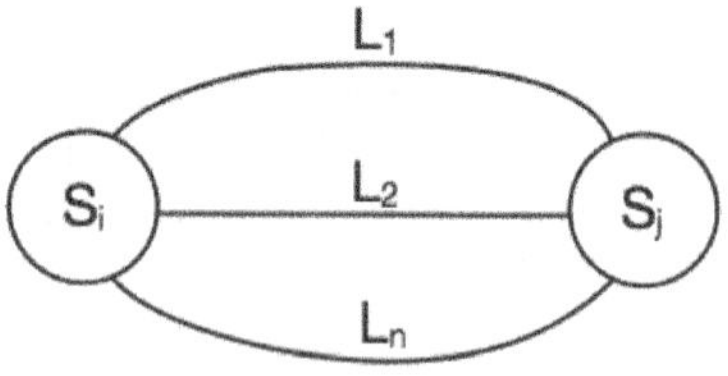

Une équation de fermeture cinématique permet de définir la liaison équivalente, qui doit être caractérisée par un torseur cinématique $\left\{\mathcal{V}_{eq,i/k}\right\}$ compatible avec l'ensemble des torseurs cinématiques :

$$\boxed{\left\{\mathcal{V}_{eq,i/k}\right\} = \left\{\mathcal{V}_{1,i/k}\right\} = \left\{\mathcal{V}_{2,i/k}\right\} = \left\{\mathcal{V}_{n,i/k}\right\}}$$

Cette relation traduit le fait que seuls subsistent les degrés de liberté communs à toutes les liaisons.

A.6.2.2 Exemple

Considérons le guidage en rotation entre le vilebrequin (1) et le bâti (0) d'un micromoteur de modélisme. La liaison est obtenue par l'association de deux roulements, dont :

- un est immobilisé en translation (roulement A, qui sera donc modélisé par une liaison rotule),
- l'autre est libre (roulement, modélisé par une liaison linéaire annulaire).

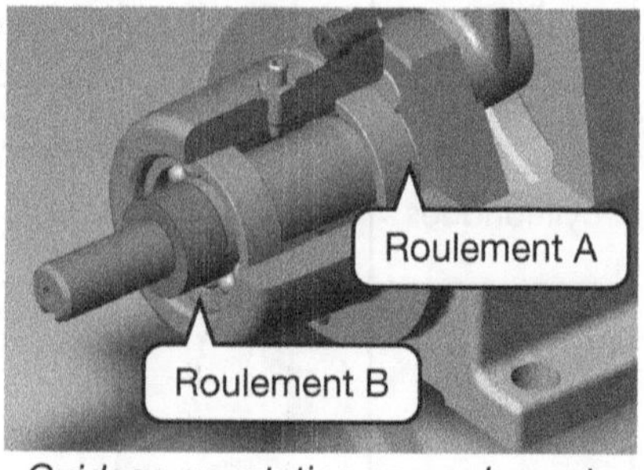

Guidage en rotation par roulements

La figure ci-contre montre la modélisation de ce guidage.

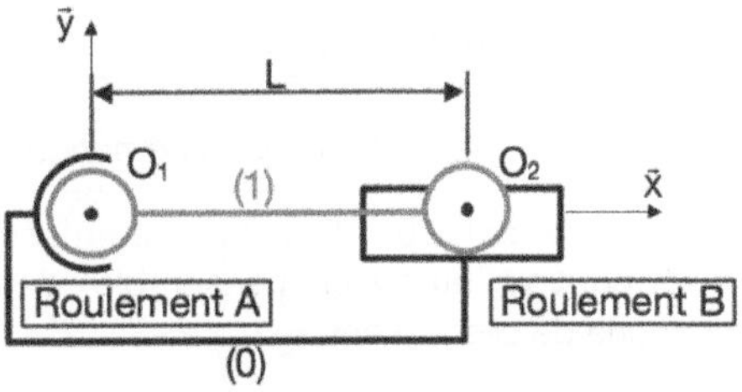

Il existe donc deux liaisons L_1 et L_2 en parallèle entre le vilebrequin (1) et le bâti (0) :

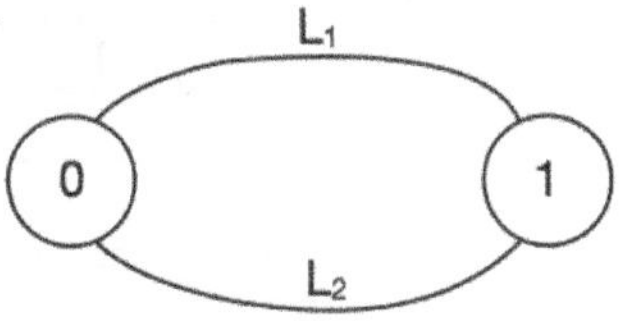

- La liaison L_1 est une liaison rotule, dont le torseur cinématique associé est :

$$\left\{\mathcal{V}_{1,1/0}\right\}_{O_1} = \left\{ \begin{matrix} \omega_{1x}\vec{x} + \omega_{1y}\vec{y} + \omega_{1z}\vec{z} \\ \vec{0} \end{matrix} \right\}_{O_1}$$

- La liaison L_2 est une liaison linéaire annulaire, dont le torseur cinématique associé est :

$$\left\{\mathcal{V}_{2,1/0}\right\}_{O_2} = \left\{ \begin{matrix} \omega_{2x}\vec{x} + \omega_{2y}\vec{y} + \omega_{2z}\vec{z} \\ v_{2x}\vec{x} \end{matrix} \right\}_{O_2}$$

Ces deux liaisons sont équivalentes à une liaison L_{eq} telle que :

$$\left\{\mathcal{V}_{eq,1/0}\right\} = \left\{\mathcal{V}_{1,1/0}\right\} = \left\{\mathcal{V}_{2,1/0}\right\}$$

Pour étudier l'égalité de ces torseurs, ils doivent tous être exprimés au même point. Choisissons par exemple le point O_2.

La formule de Varignon permet d'exprimer $\left\{\mathcal{V}_{1,1/0}\right\}$ en O_2 :

$$\overrightarrow{V1_{O_2\in 1/0}} = \overrightarrow{V1_{O_1\in 1/0}} + \overrightarrow{O_2O_1} \wedge \overrightarrow{\Omega_{1/0}} = \left(-L\vec{x}\right) \wedge \left(\omega_{1x}\vec{x} + \omega_{1y}\vec{y} + \omega_{1z}\vec{z}\right)$$

D'où $\left\{\mathcal{V}_{1,1/0}\right\}_{O_2} = \left\{ \begin{matrix} \omega_{1x}\vec{x} + \omega_{1y}\vec{y} + \omega_{1z}\vec{z} \\ \omega_{1z}L\vec{y} - \omega_{1y}L\vec{z} \end{matrix} \right\}_{O_2}$

Le torseur cinématique équivalent doit donc être tel que

$$\left\{\mathcal{V}_{eq,1/0}\right\} = \left\{ \begin{matrix} \omega_{1x}\vec{x} + \omega_{1y}\vec{y} + \omega_{1z}\vec{z} \\ \omega_{1z}L\vec{y} - \omega_{1y}L\vec{z} \end{matrix} \right\}_{O_2} = \left\{ \begin{matrix} \omega_{2x}\vec{x} + \omega_{2y}\vec{y} + \omega_{2z}\vec{z} \\ v_{2x}\vec{x} \end{matrix} \right\}_{O_2}$$

Pour que ces torseurs soient égaux, il faut alors vérifier $\omega_{1z}L\vec{y} - \omega_{1y}L\vec{z} = v_{2x}\vec{x}$. Cette égalité implique :

$\omega_{1z} = \omega_{1y} = 0$, $v_{2z} = 0$ et $\omega_{1z} = \omega_{2z}$

Le torseur de la liaison équivalente a donc au final l'expression suivante :

$$\left\{\mathcal{V}_{eq,1/0}\right\} = \left\{ \begin{matrix} \omega_{x}\vec{x} \\ \vec{0} \end{matrix} \right\}_{O_2}$$

On reconnaît ici le torseur d'une liaison pivot. La liaison équivalente au guidage est donc une liaison pivot entre le vilebrequin et le bâti.

A.6.3 Liaisons en série

A.6.3.1 Torseur cinématique équivalent

Lorsque plusieurs liaisons sont en série, la liaison globale doit pouvoir autoriser l'ensemble des mouvements de chacune de ces liaisons.

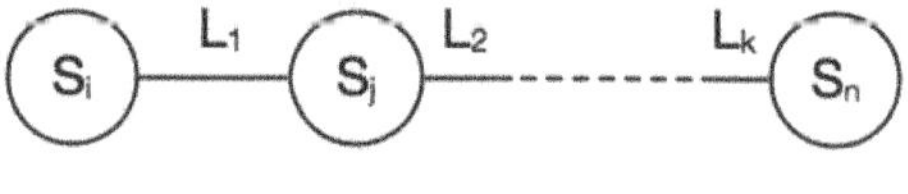

La composition des mouvements, et donc des torseurs cinématiques, implique que le torseur cinématique équivalent doit alors être la somme des torseurs cinématiques :

$$\left\{\mathcal{V}_{eq_{i/k}}\right\} = \left\{\mathcal{V}_{i/j}\right\} + \ldots + \left\{\mathcal{V}_{n/k}\right\}$$

A.6.3.2 Exemple

On s'intéresse à la liaison entre une pièce et un serre-joint.

Les pièces en présence dans le mécanisme sont le mors fixe (0), l'axe de manœuvre constitué de la vis (1) et de l'embout (2), et la pièce à serrer (3).

On cherche à déterminer la nature de la liaison équivalente entre l'axe de manœuvre et la pièce.

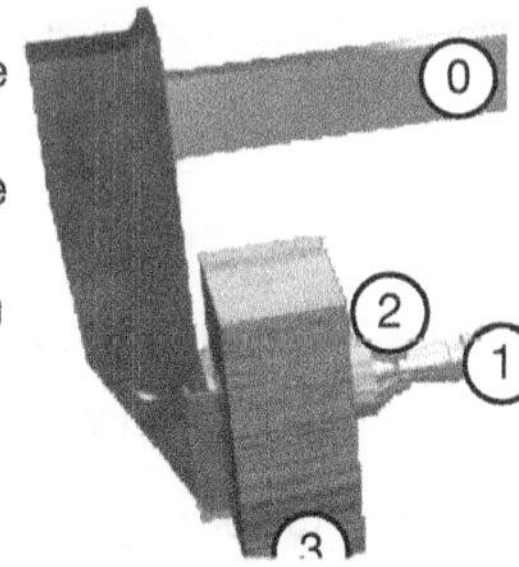

Le graphe des liaisons est donné ci-dessous. Dans ce graphe, la liaison L_1 est une rotule, tandis que la liaison L_2 est un appui plan.

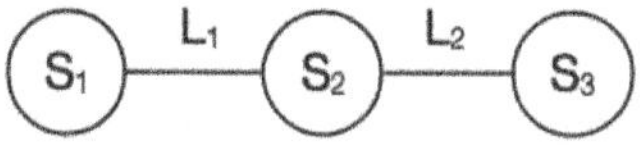

La modélisation de ces liaisons est proposée ci-contre avec son paramétrage.

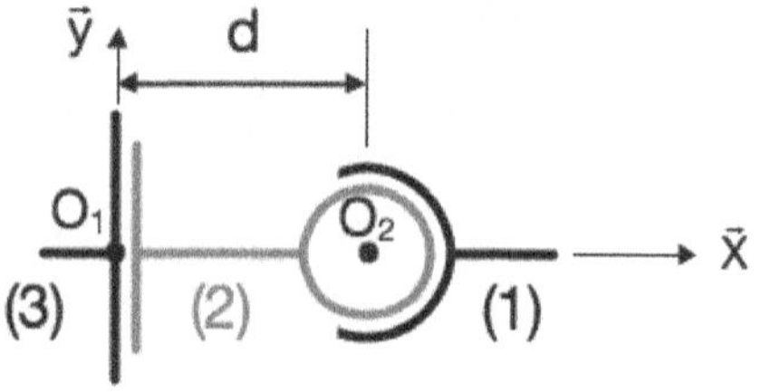

Le torseur cinématique associé à la liaison L_1 est :

$$\left\{\mathcal{V}_{1/2}\right\} = \left\{\begin{matrix} \omega_{x,1/2}\vec{x} + \omega_{y,1/2}\vec{y} + \omega_{z,1/2}\vec{z} \\ \vec{0} \end{matrix}\right\}_{O_2}$$

Le torseur cinématique associé à la liaison L_2 est :

$$\left\{\mathcal{V}_{2/3}\right\} = \left\{\begin{matrix} \omega_{x,2/3}\vec{x} \\ V_{y,O_1\in 2/3}\vec{y} + V_{z,O_1\in 2/3}\vec{z} \end{matrix}\right\}_{O_1}$$

Le torseur cinématique de la liaison équivalente s'obtient en faisant la somme de ces deux torseurs cinématiques :

$$\left\{\mathcal{V}_{eq,1/3}\right\} = \left\{\mathcal{V}_{1/2}\right\} + \left\{\mathcal{V}_{2/3}\right\}$$

Choisissons de réduire les torseurs au point O_1 afin de pouvoir sommer ces torseurs.

La formule de Varignon permet d'écrire le torseur cinématique $\left\{\mathcal{V}_{1/2}\right\}$ en O_1, avec :

$$\overrightarrow{V_{O_1\in 1/2}} = \overrightarrow{O_1O_2} \wedge \overrightarrow{\Omega_{1/2}} = \left(d\vec{x}\right) \wedge \left(\omega_{x,1/2}\vec{x} + \omega_{y,1/2}\vec{y} + \omega_{z,1/2}\vec{z}\right) = -\omega_{z,1/2}d\vec{y} + \omega_{y,1/2}d\vec{z}$$

Le torseur cinématique équivalent peut maintenant être calculé :

$$\{\mathcal{V}_{eq_{2/0}}\} = \left\{\begin{matrix} \omega_{x,1/2}\vec{x} + \omega_{y,1/2}\vec{y} + \omega_{z,1/2}\vec{z} \\ -\omega_{z,1/2}d\vec{y} + \omega_{y,1/2}d\vec{z} \end{matrix}\right\}_{O_1} + \left\{\begin{matrix} \omega_{x,2/3}\vec{x} \\ v_{y,O_1\in 2/3}\vec{y} + v_{z,O_1\in 2/3}\vec{z} \end{matrix}\right\}_{O_1}$$

$$= \left\{\begin{matrix} (\omega_{x,1/2} + \omega_{x,2/3})\vec{x} + \omega_{y,1/2}\vec{y} + \omega_{z,1/2}\vec{z} \\ (v_{y,O_1\in 2/3} - \omega_{z,1/2}d)\vec{y} + (v_{z,O_1\in 2/3} + \omega_{y,1/2}d)\vec{z} \end{matrix}\right\}_{O_1}$$

Ce torseur cinématique autorise 5 degrés de liberté, le degré supprimé étant la translation suivant $\vec{x}$.
La liaison équivalente est donc une liaison ponctuelle, ou sphère/plan.

B. Schéma cinématique

B.1 Introduction

B.1.1 Buts du schéma cinématique

Le schéma cinématique est un outil d'analyse fonctionnelle qui a pour vocation de modéliser les mouvements entre les différentes classes d'équivalence préalablement identifiées.

Ce schéma prend appui sur le graphe des liaisons, ainsi que sur l'analyse des géométries de contact de chacune des liaisons, qui permettent d'identifier le nom des liaisons.

Un schéma cinématique sera donc un modèle qui définira de quelle façon la cinématique se transmet entre l'entrée et la sortie du mécanisme. Il sera utilisé dans plusieurs cadres d'étude :

- étude cinématique : loi entrée-sortie par fermeture cinématique,
- étude statique : modélisation des efforts dans les liaisons,
- étude géométrique : loi entrée-sortie par fermeture géométrique,
- étude de conception : recherche d'un moyen de transmission de mouvement ou de guidage,
- théorie des mécanisme : rigidité du mécanisme, difficultés de réalisation.

B.1.2 Représentations schématiques autres que les liaisons

Les liaisons normalisées vues dans le cours précédent ne permettent pas de représenter de façon efficace certains éléments de transmission de puissance : engrenages, poulies, ...

Nous allons passer en revue quelques modèles supplémentaires qui seront nécessaires lors de l'élaboration de certains schémas cinématiques.

B.1.2.1 Transmission de puissance par adhérence : roues de friction

Les roues à friction permettent d'entraîner, par adhérence, deux roues en contact.

Ces roues sont en contact linéique, et un effort presseur permet au revêtement à fort coefficient d'adhérence de la roue menante de transmettre la puissance à la roue menée.

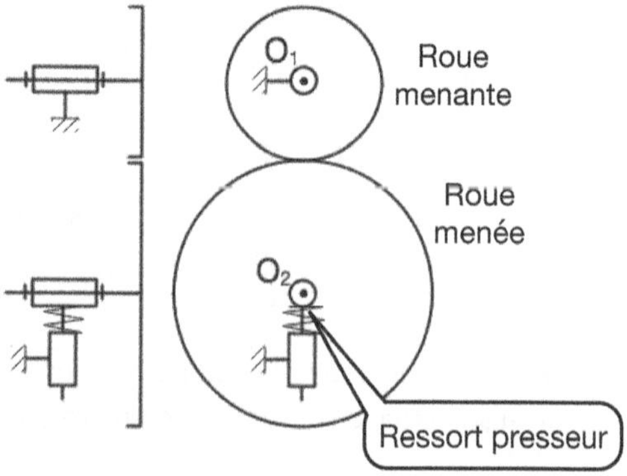

B.1.2.2 Transmission de puissance par obstacle : engrenages

Les engrenages permettent la transmission de fortes puissances.

Il existe plusieurs types d'engrenages, que nous étudierons ultérieurement : à denture droite ou hélicoïdale, à axes parallèles ou concourants.

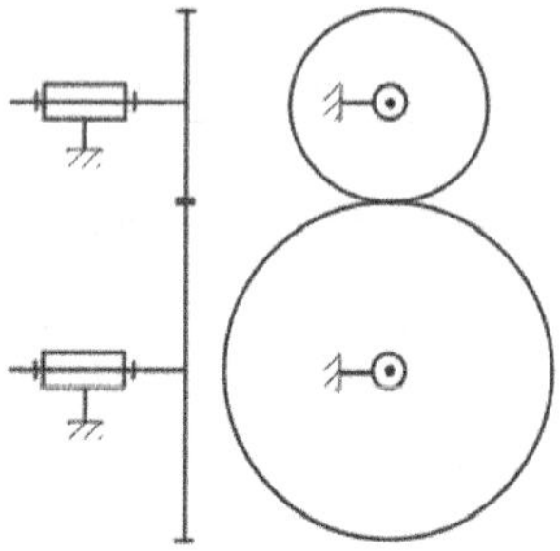

B.1.2.3 Transmission de puissance par obstacle : pignon-crémaillère

Cette liaison permet de transmettre des puissances importantes. On la trouve par exemple dans les directions automobiles.

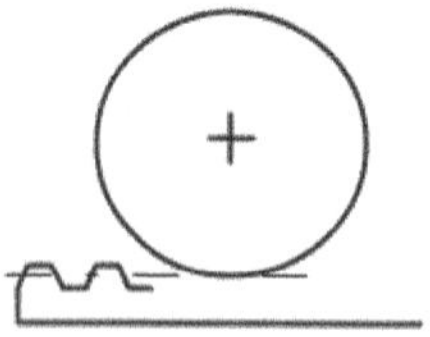

B.1.2.4 Transmission de puissance par obstacle : roue-vis sans fin

Cette liaison présente l'avantage d'être, sauf rares exceptions, irréversible. Contrairement aux transmissions précédentes, la transmission de puissance ne peut se faire que de la vis vers la roue.

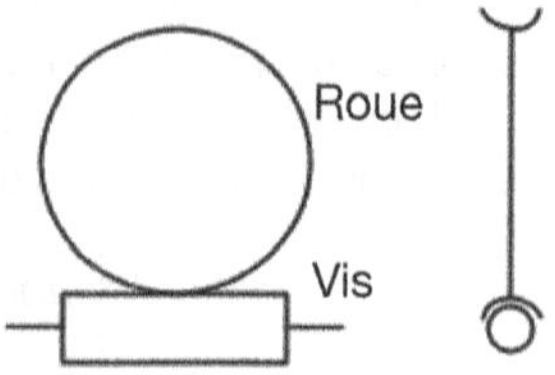

B.1.2.5 Transmission par lien souple : pignon-courroies

Ce mécanisme peut transmettre des puissances importantes, sans le phénomène de glissement : on parlera de courroies synchrones.

Nous verrons que ces courroies présentent malgré tout un léger glissement inhérent à la courroie.

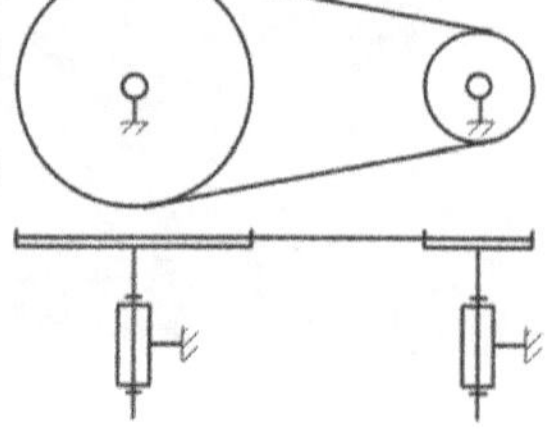

B.1.2.6 Transmission par lien flexible : pignon-chaîne

La transmission par chaîne ne présente aucun glissement, et autorise de fortes puissances.

En revanche, son fonctionnement est bruyant et la chaîne nécessite d'être lubrifiée.

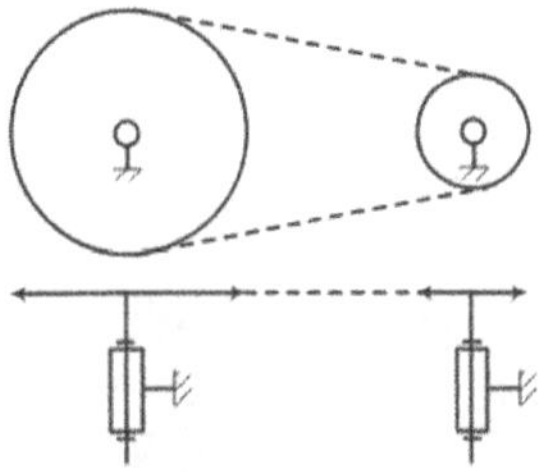

B.2 Réalisation d'un schéma cinématique

B.2.1 Principe général

Un schéma cinématique a pour ambition de modéliser un mécanisme dans son aspect cinématique, en se concentrant sur les liaisons mécaniques entre les différentes classes d'équivalence.

La réalisation d'un schéma cinématique respecte la démarche suivante :

- Identification des classes d'équivalence.
- Tracé du graphe des liaisons.
- Recherche de la géométrie des contacts, et conclusion sur le type de liaisons.
- Choix d'une vue de représentation du schéma cinématique (face, gauche, dessus).
- Représentation normalisée de ces liaisons en cohérence avec la vue choisie.
- Connexion entre elles des liaisons issues de la même classe d'équivalence.

B.2.2 Exemple : bride hydraulique

B.2.2.1 Mise en situation

On souhaite réaliser le schéma cinématique de la bride hydraulique ci-dessous. Cette bride a pour fonction le maintien d'une pièce pendant une opération d'usinage. Le fluide sous pression est injecté dans l'orifice d'admission, La pression hydraulique est convertie par le piston en une force qui est transmise au levier. Le levier en pivot avec le bâti vient alors s'appuyer sur la pièce à serrer.

Ce schéma cinématique aura pour finalité la détermination de la pression nécessaire à fournir en fonction de l'effort désiré sur le doigt.

Le dessin d'ensemble de cette bride est fourni page suivante.

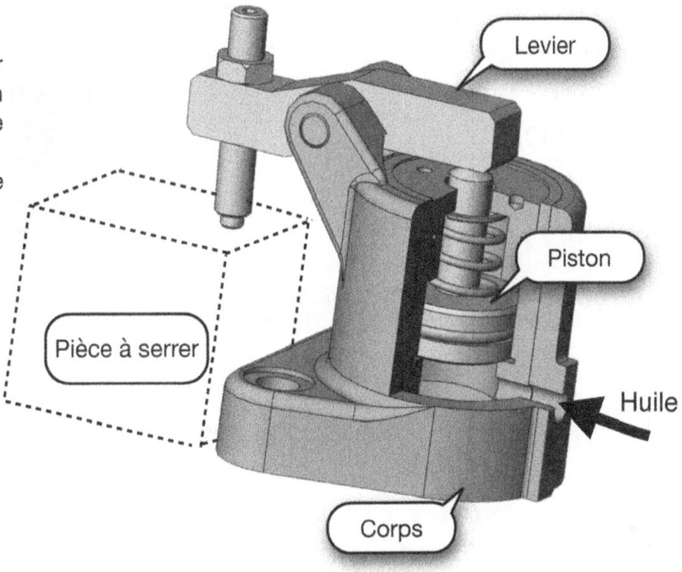

B.2.2.2 Dessin d'ensemble et nomenclature

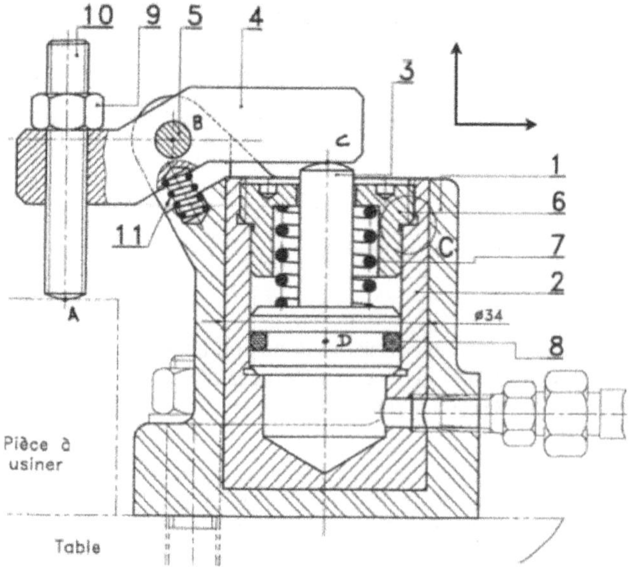

Rep	Qte	Désignation
11	1	Ressort
10	1	Vis
9	1	Ecrou
8	1	Joint torique
7	1	Ressort de rappel
6	1	Couvercle
5	1	Axe
4	1	Levier
3	1	Piston
2	1	Chemise
1	1	Corps

B.2.2.3 Identification des classes d'équivalence

Les classes d'équivalence sont identifiées sur le dessin d'ensemble à l'aide de couleurs distinctes (Remarque : les ressorts ne sont généralement pas représentés, car ils n'ont usuellement pour seul rôle que le maintien de la liaison).

Chaque classe d'équivalence doit être repérée par une lettre ou un numéro, et doit être coloriée sur le dessin d'ensemble.

A = {1,2,5,6}

B = {3,8}

C = {4,9,10}

D = {pièce}

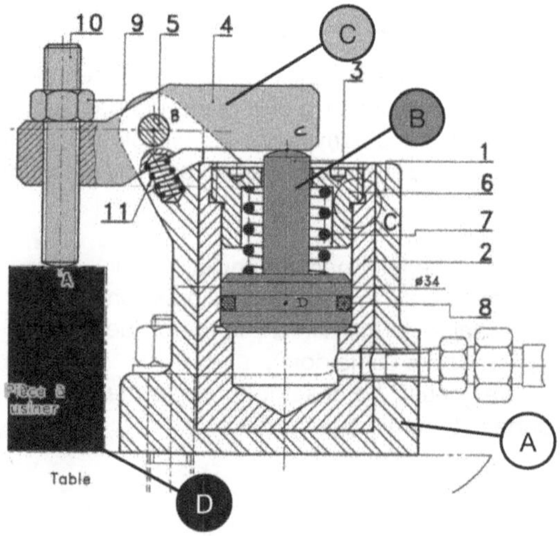

B.2.2.4 Graphe des liaisons

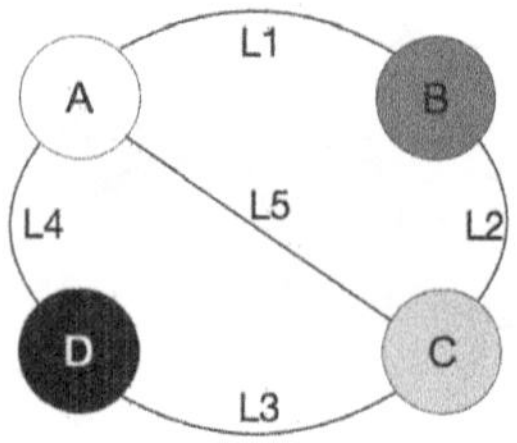

Il faut ensuite tracer le graphe des liaisons en indiquant les classes d'équivalence en contact physique. Cela revient à chercher sur le dessin les couleurs qui sont en contact.

B.2.2.5 Détermination de chacune des liaisons

Nature du contact	Nom de la liaison	Degrés de liberté de la liaison		Schéma de la liaison dans le plan du dessin
Liaison L1				
Cylindre / cylindre	Pivot glissant d'axe $(D,\vec{y})$	☐ Tx ☒ Ty ☐ Tz	☐ Rx ☒ Ry ☐ Rz	
Liaison L2				
Calotte sphérique / Plan	Sphère-plan de normale $(C,\vec{y})$	☒ Tx ☐ Ty ☒ Tz	☒ Rx ☒ Ry ☒ Rz	
Liaison L3				
Calotte sphérique / Plan	Sphère-plan de normale $(A,\vec{y})$	☒ Tx ☐ Ty ☒ Tz	☒ Rx ☒ Ry ☒ Rz	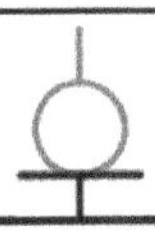
Liaison L4				
Plan / Plan	Appui plan de normale $(A,\vec{y})$	☒ Tx ☐ Ty ☒ Tz	☒ Rx ☒ Ry ☒ Rz	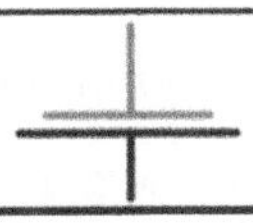
Liaison L5				
Cylindre / cylindre	Pivot glissant d'axe $(B,\vec{z})$	☐ Tx ☐ Ty ☒ Tz	☐ Rx ☐ Ry ☒ Rz	

B.2.2.6 Tracé du schéma cinématique

Le schéma cinématique est alors tracé en respectant l'architecture du mécanisme :

- Mettre en place dans le plan, le schéma des différentes liaisons partielles en respectant leur position sur le dessin d'ensemble.
- Relier tous les éléments de même couleur
- Compléter le schéma et vérifier le fonctionnement du mécanisme.

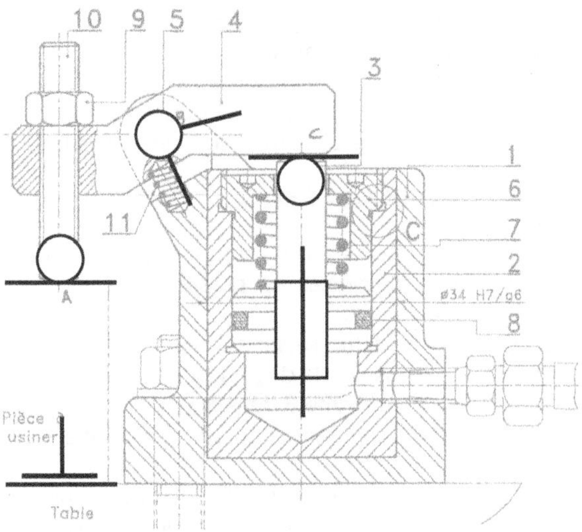

Il ne reste alors plus qu'à tracer hors du dessin d'ensemble le schéma cinématique.

Schéma cinématique 2D dans le plan (x,y)

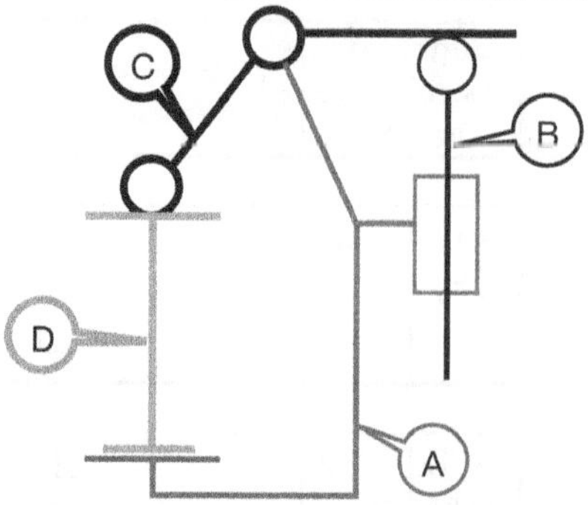

C. Théorie des mécanismes

C.1 Hyperstatisme

C.1.1 Introduction

C.1.1.1 Définition

Un mécanisme sera dit hyperstatique si des degrés de liberté ont été supprimés plusieurs fois. Cette surabondance de suppression de degrés de libertés a plusieurs conséquences :

- résolution analytique : trop d'inconnues existent par rapport au nombre d'équations, rendant ainsi impossible la détermination des inconnues par les méthodes classiques,
- contraintes d'assemblage : le mécanisme sera plus délicat à réaliser car supprimer plusieurs fois un degré de liberté va imposer des contraintes géométriques entre les pièces (parallélisme, distance, coaxialité, etc...),
- rigidité du mécanisme : cette surabondance va rendre le système rigide, ce qui est une qualité souvent recherchée (les machine-outils sont par exemple très hyperstatiques, car on recherche le moins de déformation possible de la structure),
- fiabilité du mécanisme : un système hyperstatique sera plus tolérant aux dégradations des liaisons, car une autre liaison continuera à supprimer les degrés de liberté nécessaires au fonctionnement du mécanisme.

Par opposition au mécanisme hyperstatique, un mécanisme dans lequel on ne supprime que le nombre strictement nécessaire au fonctionnement du système sera dit isostatique.

C.1.1.2 Exemple

Pour réaliser une liaison pivot, qui supprime 5 degrés de liberté, on peut choisir d'associer en parallèle une liaison rotule et une liaison linéaire annulaire.

Chacune des deux liaisons contribue à la suppression du nombre juste nécessaire de degrés de libertés :

- la rotule supprime 3 translations,
- la linéaire annulaire supprime 2 rotations.

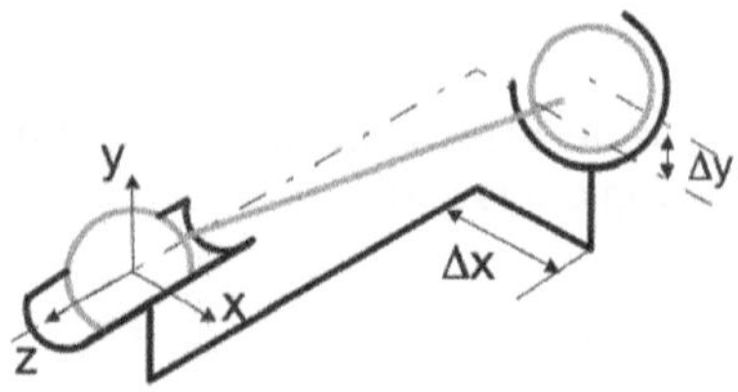

Le positionnement de l'ensemble se fait de manière «naturelle», sans contrainte de montage, quelles que soient les positions des centres de liaison : la liaison est **isostatique**.

On peut également choisir de réaliser cette liaison pivot par association en parallèle d'une liaison pivot glissant et d'une rotule. Dans ce cas :

- la liaison pivot glissant supprime 2 translations (TX et TZ) et 2 rotations (RX et RY),
- la liaison rotule supprime la translation TY nécessaire pour réaliser la liaison pivot, mais supprime également 2 translations TX et TY de façon redondante avec la liaison pivot.

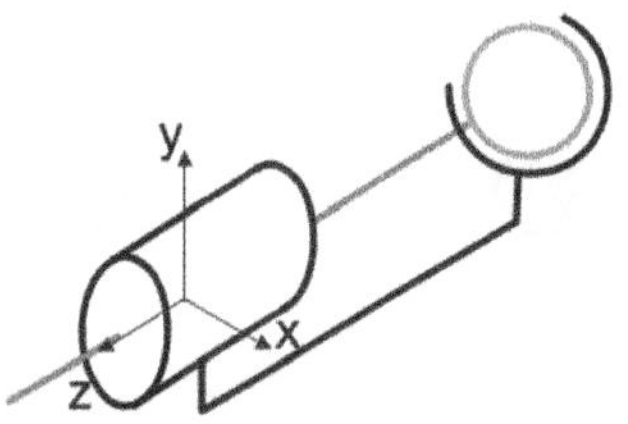

Cette liaison est alors hyperstatique de degré 2.

Cet hyperstatisme va générer 2 contraintes de montage, liées aux degrés de libertés redondants : il s'agit du positionnement en X et Y du centre de la rotule par rapport à l'axe du pivot glissant. En effet, si le centre de la rotule n'est pas coïncident avec l'axe du pivot, l'assemblage sera géométriquement impossible à réaliser.

C.1.2 Détermination du degré d'hyperstatisme

Déterminer le degré d'hyperstatisme d'un mécanisme (ou son isostatisme) nécessite d'introduire un certain nombre de paramètres caractéristiques du mécanisme :

- le nombre total d'inconnues cinématiques,
- le nombre d'équations cinématiques disponibles,
- le nombre total de mobilités du mécanisme.

C.1.2.1 Inconnues cinématiques

Définition

Chacune des liaisons présentes dans le mécanisme est associée à un torseur cinématique dans lequel les composantes non nulles, inconnues, sont les degrés de liberté de la liaison.

Le nombre de degré de liberté dans une liaison est appelé « nombre d'inconnues cinématiques » de la liaison.

On notera n_{ci} le nombre d'inconnues cinématiques de la liaison i, et l le nombre de liaisons dans le mécanisme. Le nombre total d'inconnues cinématiques vaut alors :

$$N_c = \sum_{i=1}^{l} n_{ci}$$

Déterminer le nombre d'inconnues cinématiques revient à compter le nombre total de composantes dans les torseurs cinématiques des liaisons.

Exemple : système bielle-manivelle

Reprenons le micro compresseur étudié au A.2.2. On retrouve dans ce mécanisme un système bielle-manivelle, dont on se propose d'étudier l'hyperstatisme.

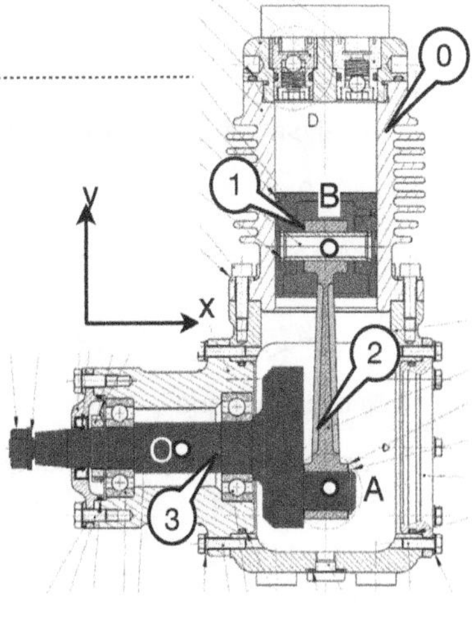

Le graphe des liaisons est rappelé ci-dessous.

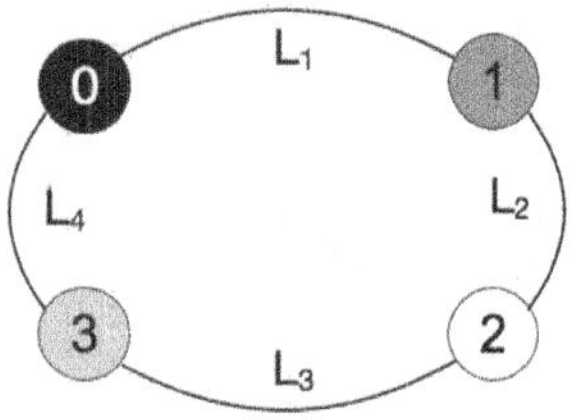

Le mécanisme contient 4 liaisons :

- L1 : liaison pivot glissant
- L2 : liaison pivot glissant
- L3 : liaison pivot
- L4 : liaison pivot

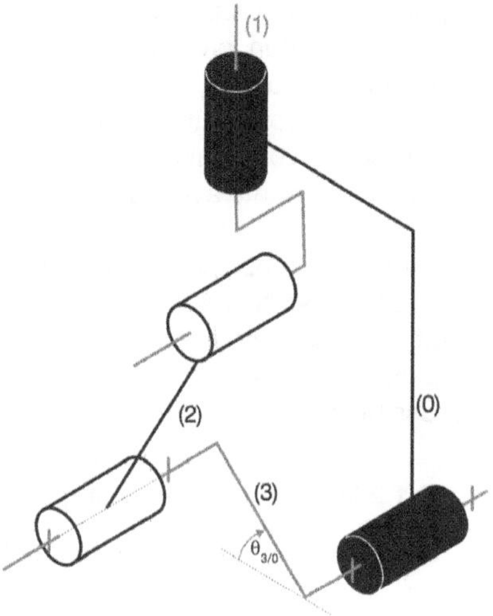

Les inconnues cinématiques recensées dans le mécanisme sont alors :

- 2 liaisons pivot glissant L_1 et L_2 : $n_{c1} = n_{c2} = 2$
- 2 liaisons pivot L_3 et L_4 : $n_{c3} = n_{c4} = 1$

Le nombre total d'inconnues cinématiques vaut alors

$$N_c = 1+1+2+2 = 6$$

C.1.2.2 Nombre cyclomatique

Rappels sur les chaînes de solide

On distingue les chaînes de solide ouvertes, fermées ou complexes.
Notons n le nombre de classes d'équivalence du mécanisme et l son nombre de liaisons.

- Si l=n-1 : la chaîne de solides est dite ouverte, et il n'y a a pas de « cycle ».

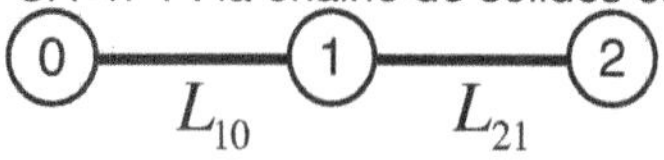

- Si l=n : la chaîne de solides est dite fermée, et il y a 1 cycle.

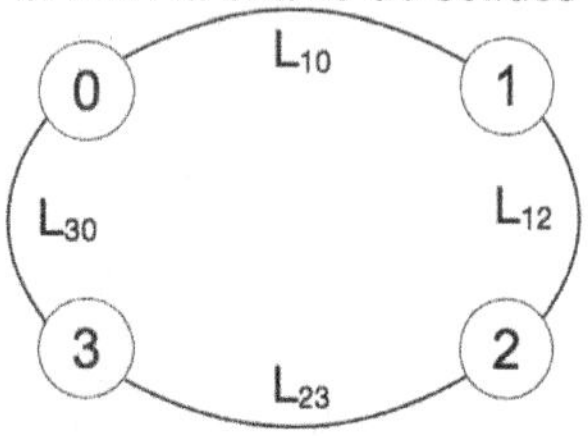

- Si l>n : la chaîne de solides est dite complexe, et il y a plus d'1 cycle.

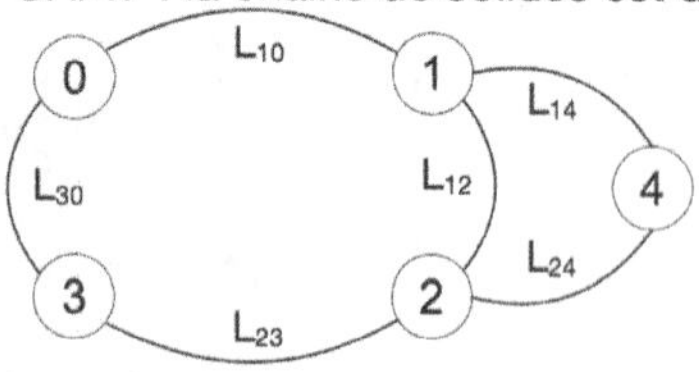

Nombre cyclomatique

On appelle nombre cyclomatique ν (ou μ) le nombre de chaînes de solides fermées indépendantes dans le mécanisme :

$$\nu = l - p + 1$$

Exemple : système bielle-manivelle

Le schéma cinématique est rappelé ci-contre, et le graphe des liaisons ci-dessous.

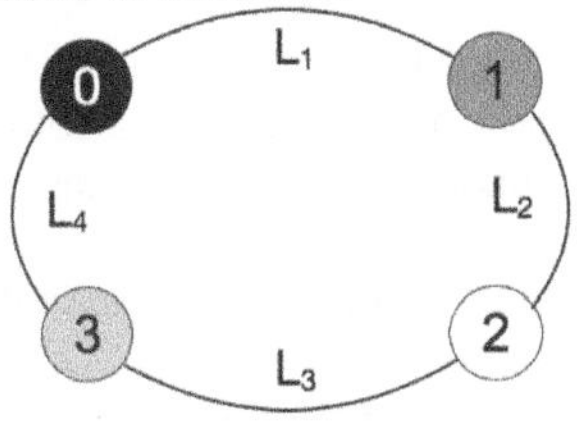

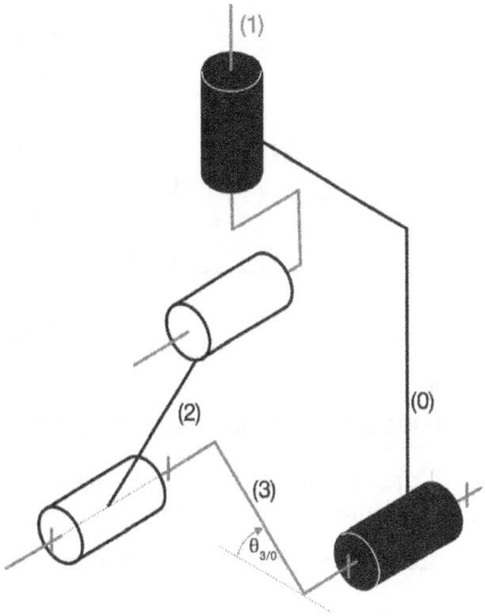

Il y a dans ce mécanisme :

- l=4 liaisons,
- et p=4 pièces.

Le nombre cyclomatique de ce mécanisme est alors égal à :

$$\nu = 4 - 4 + 1 = 1$$

Il existe 1 chaîne fermée.

C.1.2.3 Nombre d'équations cinématiques

Il est possible d'écrire une relation de fermeture cinématique pour chaque chaîne fermée. Or une fermeture cinématique génère 6 équations (3 équations pour les vecteurs rotation, 3 équations pour les vecteurs vitesse).

Sachant qu'il y a ν chaînes fermées, le nombre total d'équations cinématiques E_c est donc égal à :

$$E_c = 6\nu = 6(l - p + 1)$$

C.1.2.4 Mobilités dans le mécanisme

Définition

Les mobilités dans un mécanisme sont les mouvements possibles entre deux classes d'équivalence. Certains mouvement contribuent à la loi entrée/sortie pour laquelle a été conçu le système, d'autres ne sont pas exploités.

Il existe donc deux types de mobilités :

- les mobilités utiles m_u, qui sont les mouvements indépendants contribuant à la loi entrée/sortie du mécanisme,
- les mobilités internes m_i, qui sont des mouvements autres que les mobilités utiles pouvant subsister même si les mobilités utiles sont bloquées.

Le degré de mobilité m d'un mécanisme est la somme des mobilités utiles et internes :

$$m = m_u + m_i$$

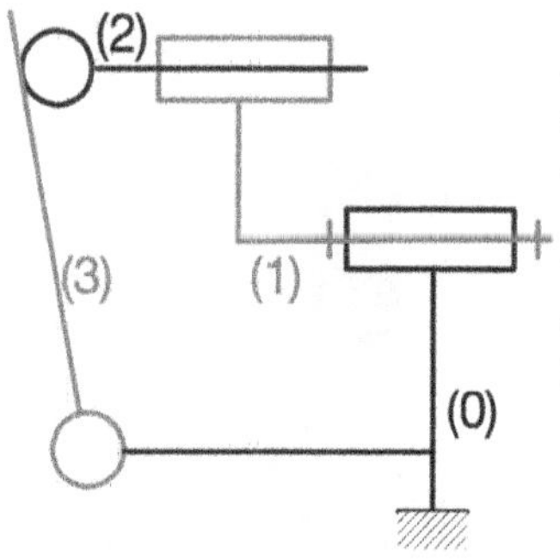

Dans le schéma d'une pompe à piston radiaux ci-contre, il existe deux mobilités utiles : la rotation de l'arbre 1 qui entraîne la translation alternative du piston 2, et la rotation du plateau 4 qui permet le réglage de la cylindrée de la pompe.

Mais il existe également une mobilité interne : si l'on bloque les mobilités utiles (donc si on empêche la rotation de l'arbre 1 et la rotation du plateau 4), il existe un autre mouvement possible qui est la rotation sur lui-même du piston 2.

Ce mouvement ne contribue pas à la loi entrée-sortie du mécanisme.

Dans ce mécanisme, on écrira donc $m = m_u + m_i = 2 + 1 = 1$

Conséquence sur les équations cinématiques

Lorsqu'une mobilité est présente, elle correspond à un mouvement possible dans le mécanisme qui va s'ajouter aux mouvements possibles des liaisons individuelles.

Le nombre total d'équations de mouvements est alors égal à $E_c + m$.

Exemple : système bielle-manivelle

La seule mobilité utile est la rotation du vilebrequin (1) qui entraîne la translation du piston (3) : m_u=1.

Si l'on bloque ce vilebrequin, il n'y a pas d'autres mobilités possibles, donc pas de mobilités internes : m_i=0.

Le degré de mobilité du mécanisme est donc égal à

$$m = m_u + m_i = 1$$

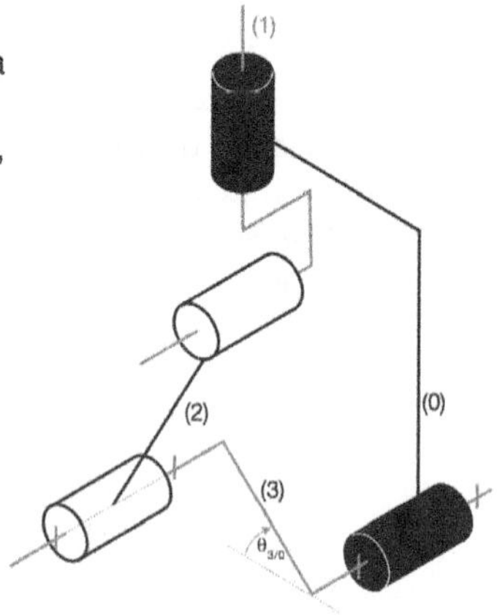

C.1.2.5 Calcul du degré d'hyperstatisme

Définition

Le degré d'hyperstatisme h correspond au nombre d'équations de fermetures cinématiques surabondantes par rapport au nombre d'inconnues cinématiques :

$$\boxed{h = E_c + m - N_c}$$

- Si h>0 : le mécanisme est hyperstatique.
- Si h=0 : le mécanisme est isostatique.
- Si h<0 : le mécanisme est hypostatique (correspond à un mécanisme mal conçu dans lequel il existe plus de mobilités que nécessaire. Ce système n'est pas fonctionnel).

Conséquences de l'hyperstatisme

Lorsqu'un mécanisme est hyperstatique, cela va nécessairement engendrer des contraintes de montage, liées à la nature des degrés d'hyperstatisme. Ces contraintes peuvent être satisfaites de plusieurs façons différentes :

- contraintes géométriques lors de la fabrication des pièces,
- présence de jeu dans les liaisons,
- pièces flexibles autorisant la déformation,
- reconception du mécanisme afin de modifier les liaisons.

Exemple : système bielle-manivelle

$N_c = 6$, $m = 1$, $E_c = 6\nu = 6 \succ h = E_c + m - N_c = 1$

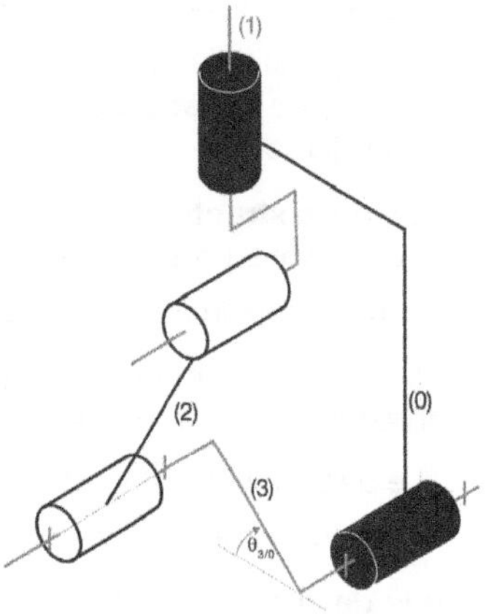

Le mécanisme est donc hyperstatique de degré 1.

La contrainte géométrique associée est le parallélisme dans le plan lié à (2) entre les axes des pivots L_2 et L_3.

Pour rendre le système isostatique, il faudrait par exemple remplacer la liaison pivot L_3 par une liaison rotule.

Remarque : la détermination des contraintes géométriques associées à l'hyperstatisme, ainsi que les solutions à apporter pour rendre le mécanisme isostatique, sortent du programme de la CPGE ATS. Seul est demandée la détermination du degré d'hyperstatisme.

C.2 Exemples d'application

Exemple 1 : système bielle-manivelle

Pour chacune des structures de systèmes bielle-manivelle proposées ci-dessous, on cherche à déterminer leur degré d'hyperstatisme et les éventuelles contraintes géométriques associées.

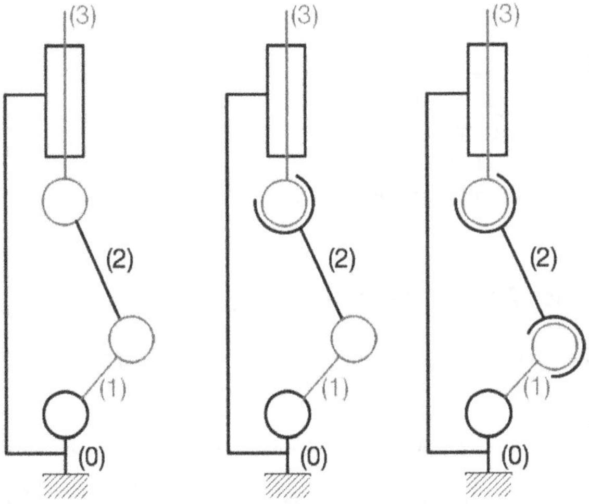

Structure 1 *Structure 2* *Structure 3*

Le graphe des liaisons de ce mécanisme est le suivant :

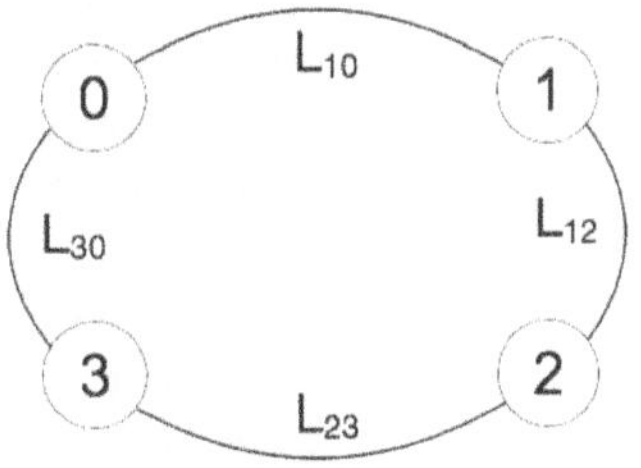

Ce graphe est constitué de p=4 pièces, et l=4 liaisons.

Le nombre cyclomatique est $\nu = l - p + 1 = 1$.

Le nombre d'équations cinématiques vaut alors :

$$E_c = 6\nu = 6$$

Il n'existe qu'une mobilité utile, qui est la translation du piston <u>3</u> (liée à la rotation du vilebrequin <u>1</u>). Donc $m_u = 1$.

Etude de la structure 1

Les liaisons présentes sont 3 pivots (liaisons L_{10}, L_{12}, L_{23}) et 1 pivot glissant (liaison L_{30}), ce qui amène à un nombre d'inconnues cinématique égal à $N_c = 3*1+1*2=5$.

Il n'existe aucune mobilité interne, puisqu'aucune pièce ne peut bouger lorsqu'on bloque le vilebrequin. Donc $m_i = 0$, et $m = m_u + m_i = 1$.

Le degré d'hyperstatisme de la structure est alors égal à $h = E_c + m - N_c = 6+1-5=2$

Le mécanisme est hyperstatique d'ordre 2. Il sera délicat à assembler, avec des contraintes géométriques à respecter, mais en contrepartie le mécanisme sera rigide et moins sensible à des usures dans les liaisons.

Etude de la structure 2

Les liaisons présentes sont 2 pivots (liaisons L_{10}, L_{12}), 1 rotule (liaison L_{23}) et 1 pivot glissant (liaison L_{30}), ce qui amène à un nombre d'inconnues cinématique égal à $N_c = 2*1+1*3+1*2=7$.

Il existe une mobilité interne, puisque le piston peut tourner sur lui-même lorsqu'on bloque le vilebrequin. Donc $m_i = 1$, et $m = m_u + m_i = 2$.

Le degré d'hyperstatisme de la structure est alors égal à $h = E_c + m - N_c = 6+2-7=1$

Le mécanisme est hyperstatique d'ordre 1.

Etude de la structure 3

Les liaisons présentes sont 1 pivot (liaison L_{10}), 2 rotules (liaisons L_{12}, L_{23}) et 1 pivot glissant (liaison L_{30}), ce qui amène à un nombre d'inconnues cinématique égal à $N_c = 1*1+2*3+1*2=9$.

Il existe deux mobilités internes : rotation du piston 3 sur lui-même et rotation de la bielle 2 sur elle-même. Donc $m_i = 2$, et $m = m_u + m_i = 3$.

Le degré d'hyperstatisme de la structure est alors égal à $h = E_c + m - N_c = 6+3-9=0$

Le mécanisme est à présent isostatique. Le montage de cette structure se fera sans difficultés, sans contraintes de réalisation particulières. En revanche, elle sera sensible à la défaillance d'une des liaisons.

Exemple 2 : pompe à pistons radiaux

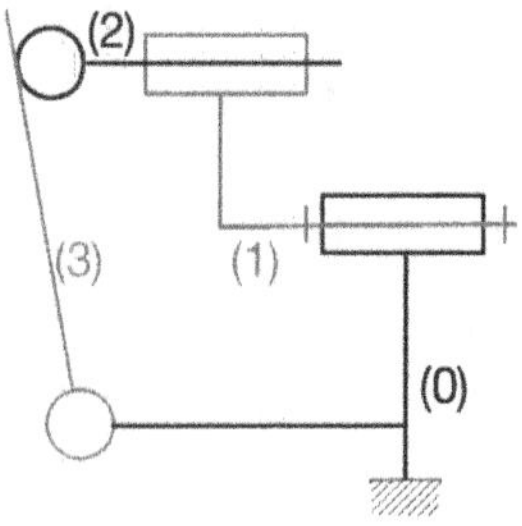

Le graphe des liaisons est fourni ci-contre. Il est constitué de p=4 pièces, et l=4 liaisons.

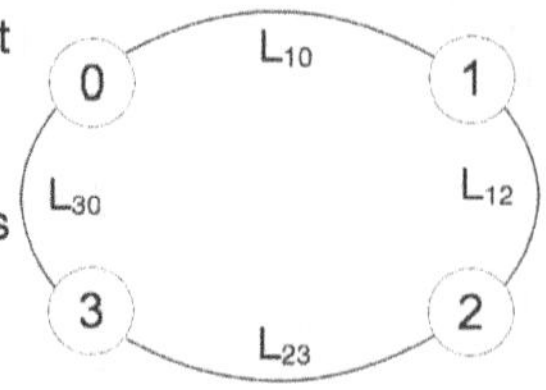

Le nombre cyclomatique est $\nu = l - p + 1 = 1$.

Le nombre d'équations cinématiques vaut alors $E_c = 6\nu = 6$.

Il existe 2 mobilités utiles :

- la translation du piston 2 (liée à la rotation du barillet 1),
- la rotation du plateau 3 qui permet le réglage de la course du piston.

Donc $m_u = 2$.

Les liaisons présentes sont 2 pivots (liaisons L_{10}, L_{30}), 1 ponctuelle (liaison L_{23}) et 1 pivot glissant (liaison L_{12}), ce qui amène à un nombre d'inconnues cinématique égal à Nc=2x1+1x5+1x2=9.

Il existe une mobilité interne, puisque le piston 2 peut tourner sur lui-même lorsqu'on bloque le barillet. Donc $m_i = 1$, et $m = m_u + m_i = 3$.

Le degré d'hyperstatisme de la structure est alors égal à $h = E_c + m - N_c = 6+3-9=0$

Le mécanisme est isostatique.

CE QU'IL FAUT RETENIR

Tableau des liaisons mécaniques normalisées

Liaison	Schéma plan / Perspective	Mobilités	Tx	Ty	Tz	Rx	Ry	Rz
Ponctuelle de normale $(O,\vec{x})$	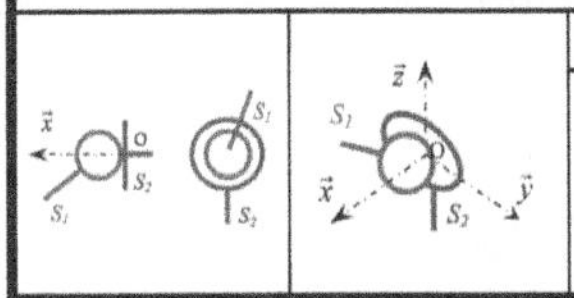	5 ddl	☐	☒	☒	☒	☒	☒
Sphérique à doigt d'axe $(O,\vec{x})$	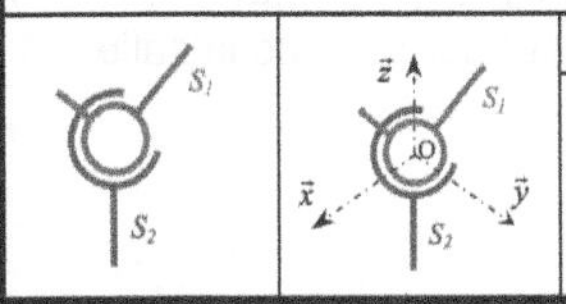	2 ddl	☐	☐	☐	☒	☒	☐
Linéaire rectiligne d'axe $(O,\vec{x})$	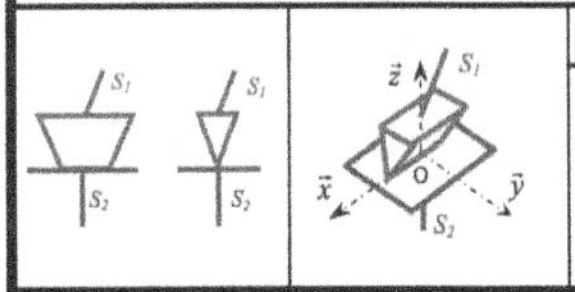	4 ddl	☒	☒	☐	☒	☐	☒
Pivot glissant d'axe $(O,\vec{x})$	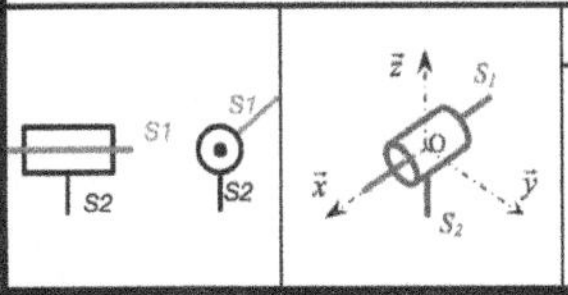	2 ddl	☒	☐	☐	☒	☐	☐
Linéaire annulaire d'axe $(O,\vec{x})$	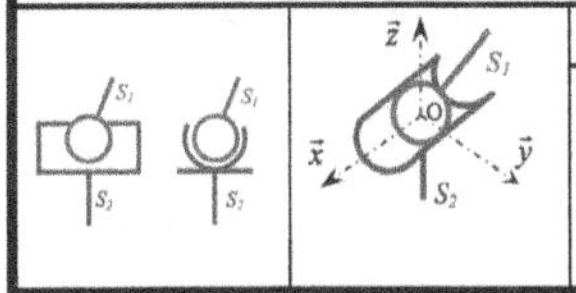	4 ddl	☒	☐	☐	☒	☒	☒
Pivot d'axe $(O,\vec{x})$	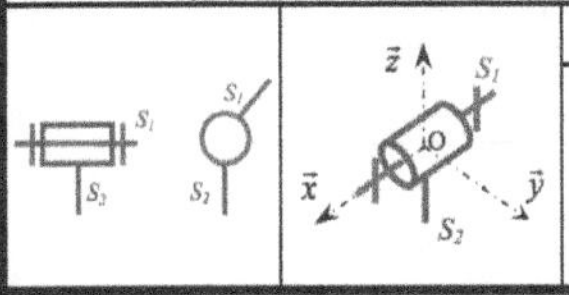	1 ddl	☐	☐	☐	☒	☐	☐
Appui plan de normale $(O,\vec{z})$	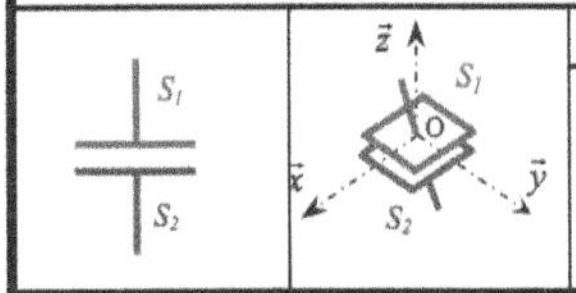	3 ddl	☒	☒	☐	☐	☐	☒
Glissière d'axe $(O,\vec{x})$	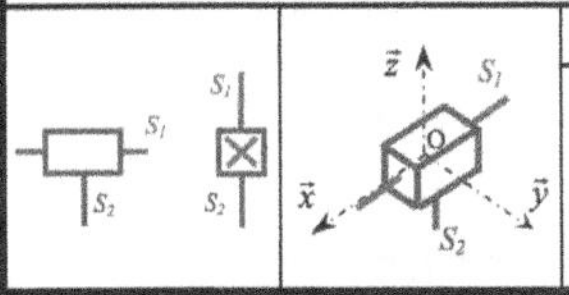	1 ddl	☒	☐	☐	☐	☐	☐
Rotule de centre O	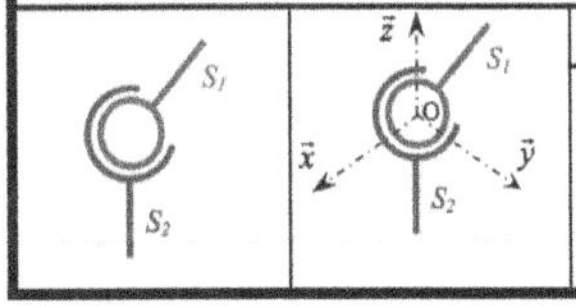	3 ddl	☐	☐	☐	☒	☒	☒
Glissière hélicoïdale d'axe $(O,\vec{x})$	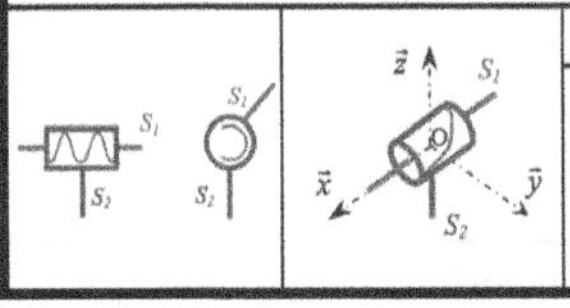	1 ddl	☒	☐	☐	☒	☐	☐

Chaînes de solides

Chaîne ouverte

Chaîne fermée

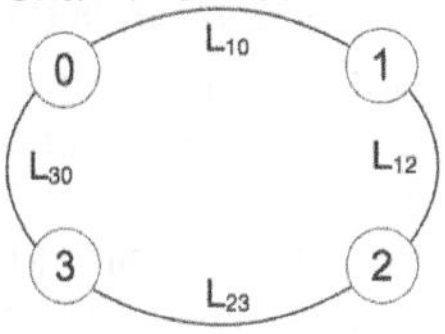

Chaîne complexe

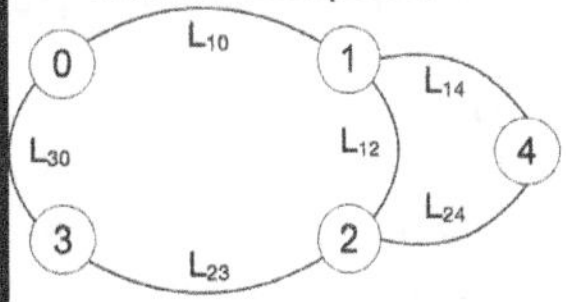

Liaisons équivalentes

Liaisons en parallèle

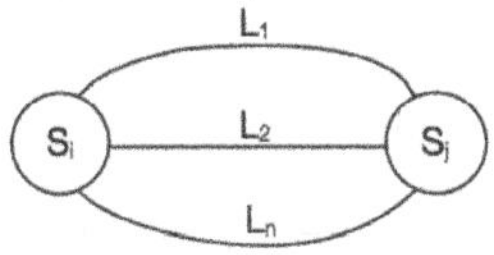

$$\{\mathcal{V}_{eq,i/k}\} = \{\mathcal{V}_{1,i/k}\} = \{\mathcal{V}_{n,i/k}\}$$

Liaisons en série

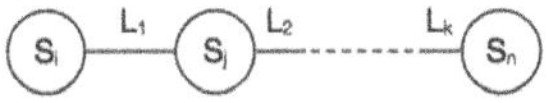

$$\{\mathcal{V}_{eq_{i/k}}\} = \{\mathcal{V}_{i/j}\} + \ldots + \{\mathcal{V}_{n/k}\}$$

Théorie des mécanismes (système à p pièces, l liaisons)

Nombre d'inconnues cinématiques : $N_c = \sum n_{ci}$ avec n_{ci} nombre de ddl de chaque liaison

Nombre cyclomatique (nombre de chaînes fermées indépendantes) : $\nu = l - p + 1$

Nombres d'équations cinématiques : $E_c = 6\nu$

Mobilités du mécanismes (utiles + internes) : $m = m_u + m_i$

Degré d'hyperstatisme : $h = E_c + m - N_c$

- h=0 : système isostatique - pas de contraintes - non rigide
- h>0 : système hyperstatique - contraintes géométriques - rigide

D. Exercices

Exercice 1 : Spiralift (Concours ATS 2017)

(Corrigé page 580)

Le système Spiralift est un mécanisme permettant d'élever des plateformes dans des salles de spectacle, afin de rendre modulaire la configuration de la salle.

Une plateforme est constituée de deux guides charnières, d'un guide lambda et de deux actionneurs spiralift (qui sont en fait des vérins électriques).

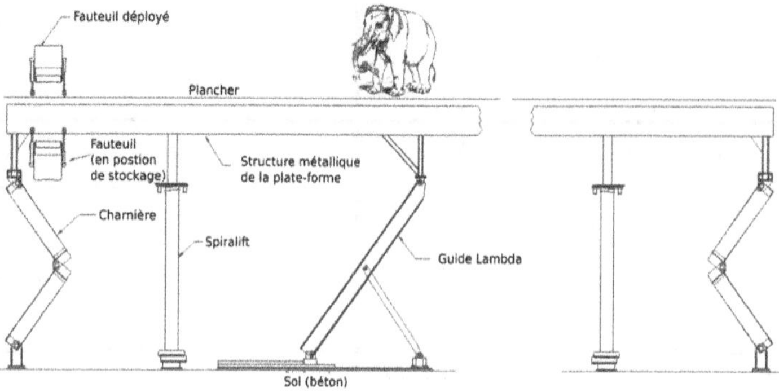

Le schéma cinématique du mécanisme est proposé ci-dessous.

Dans ce schéma, le sol est noté 0. La plate-forme est notée 2. Les deux guides charnières sont composés des pièces {6a,7a} et {6b,7b}. Le guide lambda est composé de {3,4,5}. Les deux Spiralifts sont donc représentés par 1a et 1b.

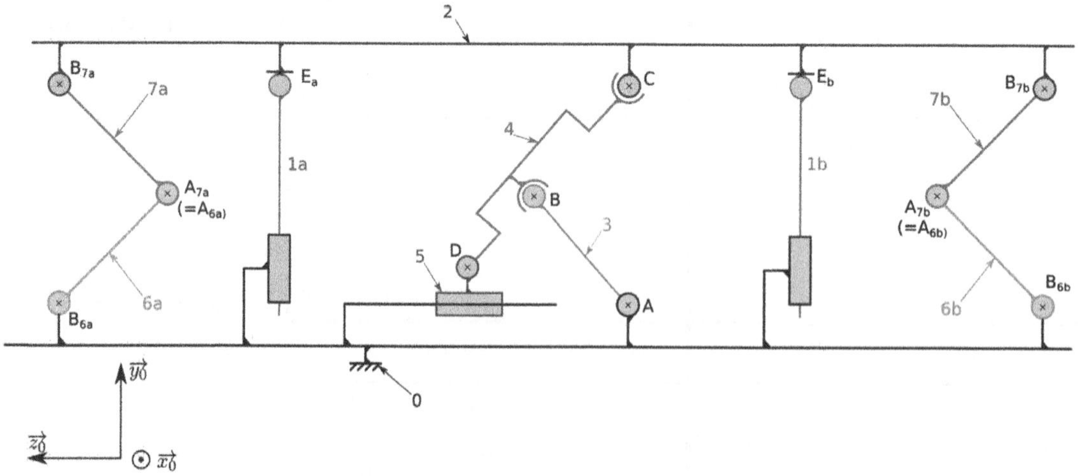

> Le diagramme des exigences fait apparaître :
>
> - une exigence «Déformations» dont le libellé est «Le guidage en translation doit être rigide et minimiser les déplacements dans un plan horizontal»,
> - une exigence «Inclinaison» dont le libellé est «Les plateformes doivent rester horizontales pendant le mouvement».
>
> On se propose de vérifier ici le respect de ces deux exigences.

Question 1

Le graphe des liaisons du mécanisme est proposé page suivante.

Compléter le tableau caractéristique des liaisons qui suit, en indiquant la désignation complète des liaisons (avec leurs caractéristiques telles que axes, centres, directions,...).

Liaison	Désignation complète	Liaison	Désignation complète
$L_{0/6a}$	Pivot d'axe $(B_{6a}, \vec{x}_0)$	$L_{0/1b}$	
$L_{6a/7a}$	Pivot d'axe $(A_{7a}, \vec{x}_0)$	$L_{1b/2}$	
$L_{7a/2}$	Pivot d'axe $(B_{7a}, \vec{x}_0)$	$L_{0/5}$	
$L_{0/6b}$	Pivot d'axe $(B_{6b}, \vec{x}_0)$	$L_{5/4}$	Pivot d'axe $(D, \vec{x}_0)$
$L_{6b/7b}$	Pivot d'axe $(A_{7b}, \vec{x}_0)$	$L_{4/2}$	
$L_{7b/2}$	Pivot d'axe $(B_{7b}, \vec{x}_0)$	$L_{0/3}$	
$L_{0/1a}$		$L_{3/4}$	
$L_{1a/2}$			

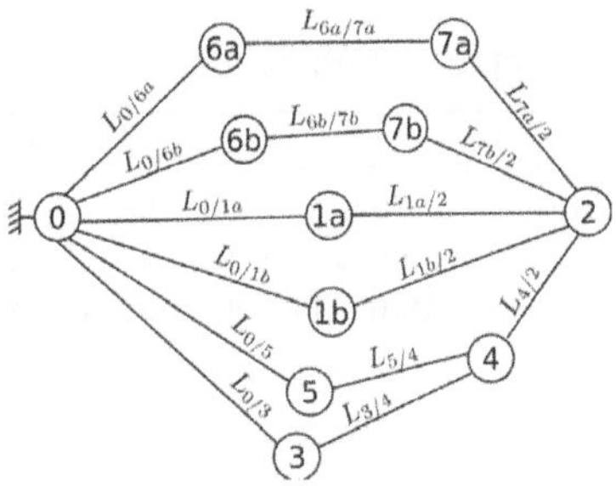

Question 2

En détaillant le raisonnement, déterminer le degré d'hyperstatisme du mécanisme modélisé sur le schéma cinématique.

Question 3

Conclure sur le respect de l'exigence « déformation ».

Le guidage vertical d'une plate-forme par rapport au sol doit conduire à un mouvement descriptible par le tableau de mobilités suivant (par rapport au repère du schéma cinématique) :

Rotations	Translations
$R_x=0$	$T_x=0$
$R_y=0$	$T_y=1$
$R_z=0$	$T_z=0$

Question 4

Dans le tableau ci-dessous, indiquer par une croix la suppression d'un degré de liberté contribuant à la vérification d'une exigence « déformation » ou « inclinaison ».

	Exigence « déformation » « 13.1.2.3.1.2 »	Exigence « Inclinaison » « 13.1.2.3.1.3 »
$R_x=0$		
$R_y=0$		
$R_z=0$		
$T_x=0$		
$T_z=0$		

Question 5

Compléter le tableau suivant en indiquant d'une croix, le (ou les) composant(s) contribuant à la suppression d'un degré de liberté.

	Guides charnières	Guides lambda	Un Spiralift seul	Combinaison de deux Spiraflits
$R_x=0$				
$R_y=0$				
$R_z=0$				
$T_x=0$				
$T_z=0$				

Question 6

En conclusion, les solutions de guidage sont-elles à même de supprimer l'ensemble des degrés de liberté nécessaires au respect des exigences «déformation» et «inclinaison» ?

Exercice 2 : Véhicule auto guidé (Concours ATS 2014)

(Corrigé page 581)

Le nouveau Centre Hospitalier Universitaire (CHU) de Dijon Bocage Central a retenu pour sa logistique hôtelière hospitalière des VAG (véhicule auto guidé) ou AGV (Automated guided vehicle).

Le système d'orientation des roues est schématisé ci-après.

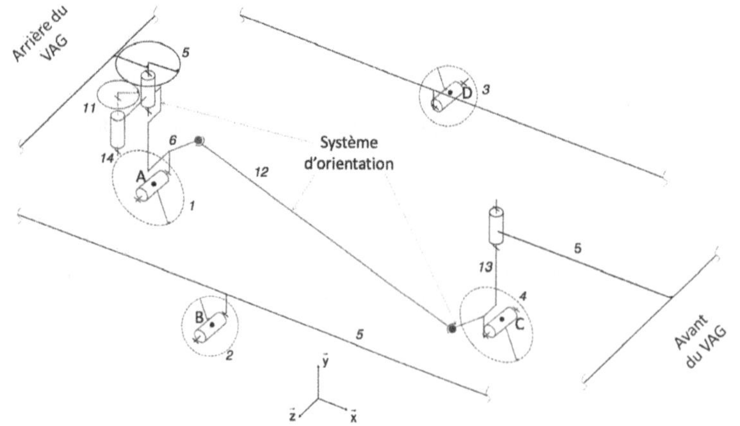

Un moteur électrique (non représenté) permet la rotation simultanée des roue arrière (1) et avant (4) autour des axes $(A,\vec{y})$ et $(C,\vec{y})$ respectivement. L'arbre moteur est 14.

Par l'intermédiaire d'un réducteur (non représenté), l'arbre moteur entraîne un satellite, noté 11. Ce dernier, engrène avec la roue solidaire du carter 5. Le stator du moteur est lié à 6, qui joue le rôle de porte satellite et transmet la puissance nécessaire à l'orientation de la roue arrière, et à la roue avant, par l'intermédiaire de la biellette 12 et de l'axe 13.

La figure suivante montre le système d'orientation dans deux positions : la figure de gauche montre les roues lorsque le VAG avance en ligne droite, la seconde lorsque le VAG est en virage :

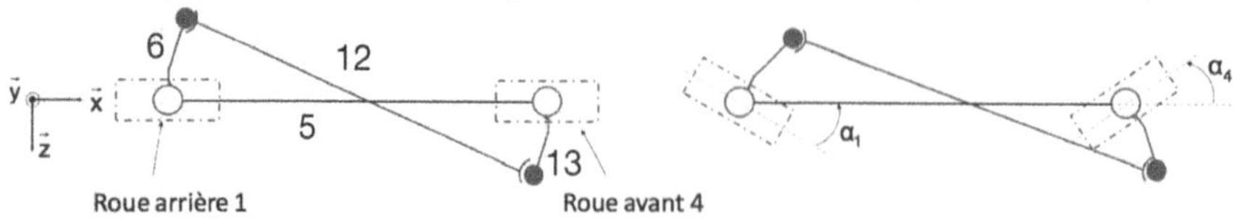

trajectoire du VAG: rectiligne — trajectoire du VAG: circulaire

> Le cahier des charges impose une facilité d'assemblage et de démontage du système d'orientation des roues, lors d'une phase de maintenance par exemple.
>
> On se propose ici de vérifier le respect de cette exigence.

Question 1

On considère donc la chaîne de solide 5,6, 12 et 13.

Calculer le degré d'hyperstatisme noté h_y du modèle associé à cette chaîne et conclure sur le respect de l'exigence du cahier des charges.

Exercice 3 : Train pendulaire (Concours ATS 2013)

(Corrigé page 582)

Il est aujourd'hui possible de réduire les temps de parcours en train grâce à la grande vitesse.

Sur ligne classique, une augmentation de la vitesse du train conduirait à une dégradation du confort du passager en particulier lors du passage en courbe. En effet, en courbe, le passager est soumis à une accélération transversale (accélération centripète) qui au-delà d'une certaine valeur devient gênante, inconfortable. Pour compenser cette accélération transversale, la voie est posée avec un dévers dans les portions de courbe, c'est-à-dire que le plan des rails est incliné par rapport au plan horizontal (le rail extérieur est plus haut que le rail intérieur).

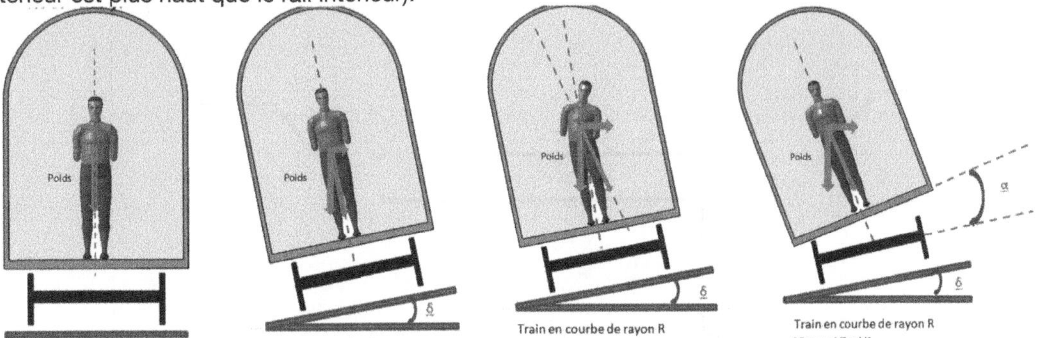

Train en ligne droite

Train en courbe de rayon R
Vitesse V1
Accélération transversale totalement compensée par le dévers de voie

Train en courbe de rayon R
Vitesse V2 > V1
Accélération transversale NON totalement compensée par le dévers de voie : inconfort du passager

Train en courbe de rayon R
Vitesse V2 > V1
Accélération transversale totalement compensée par le dévers de voie et la pendulation

La dernière figure ci-dessus représente un train pendulaire, solution dans laquelle un système de pendulation interposé entre le bogie et la caisse permet de compenser l'accélération transversale pour des vitesses élevées. Le schéma de principe de ce système, et le schéma cinématique associé, sont fournis :

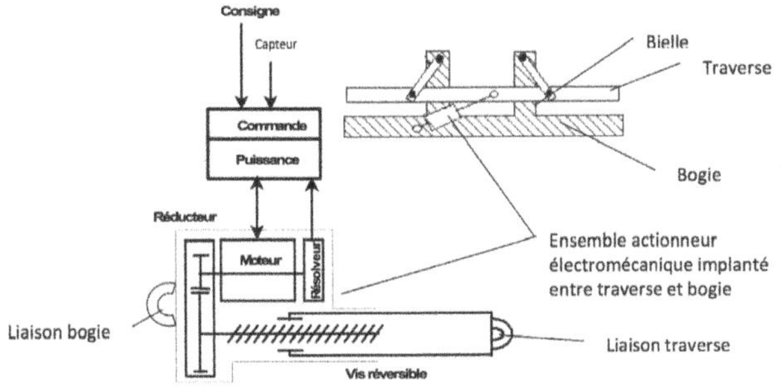

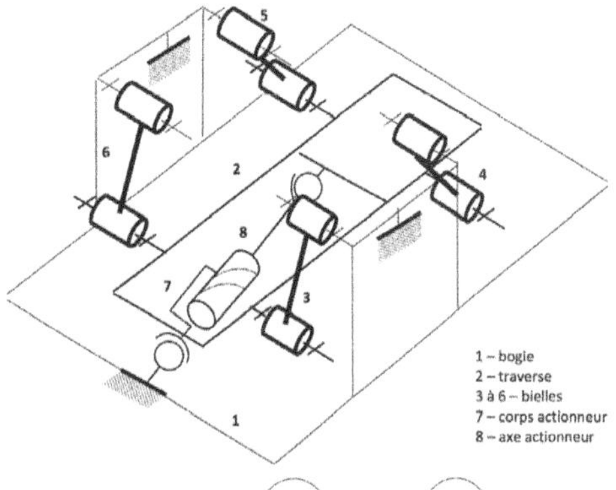

Question 1

A l'aide du schéma cinématique proposé, compléter le graphe de liaisons ébauché ci-contre en indiquant pour chaque liaison leur nom et nombre d'inconnues statiques.

Déterminer le degré d'hyperstatisme de l'ensemble.

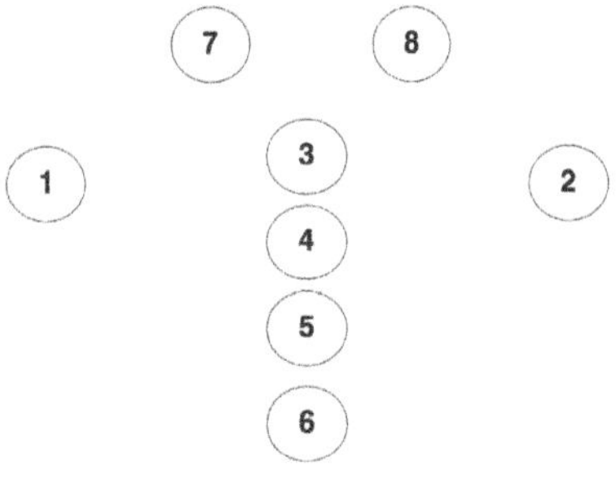

On modélise l'actionneur électromécanique par un axe en liaison hélicoïdale avec le corps de l'actionneur. Sur le schéma cinématique, un seul actionneur est modélisé.

Du fait de la symétrie du problème il est possible de réaliser une étude simplifiée de la cinématique de pendulation en ne modélisant qu'un seul actionneur, la traverse et deux bielles, le tout étant ramené dans le plan.

Question 2

Compléter le schéma cinématique ci-dessous dans le plan du système de pendulation.

Déterminer le degré d'hyperstatisme de l'ensemble pour le modèle plan.

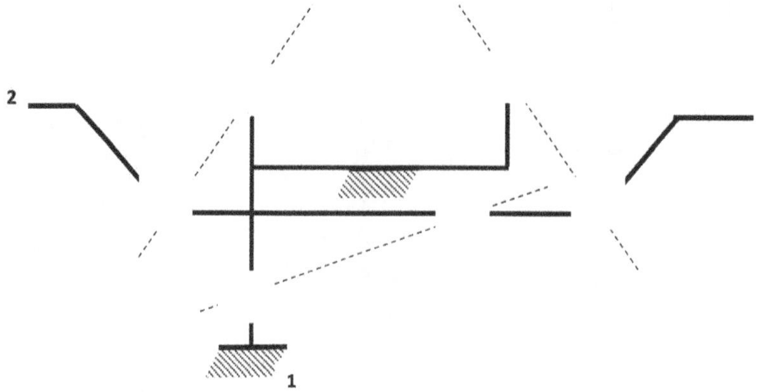

Schéma cinématique plan ébauché

Chapitre 14. Statique

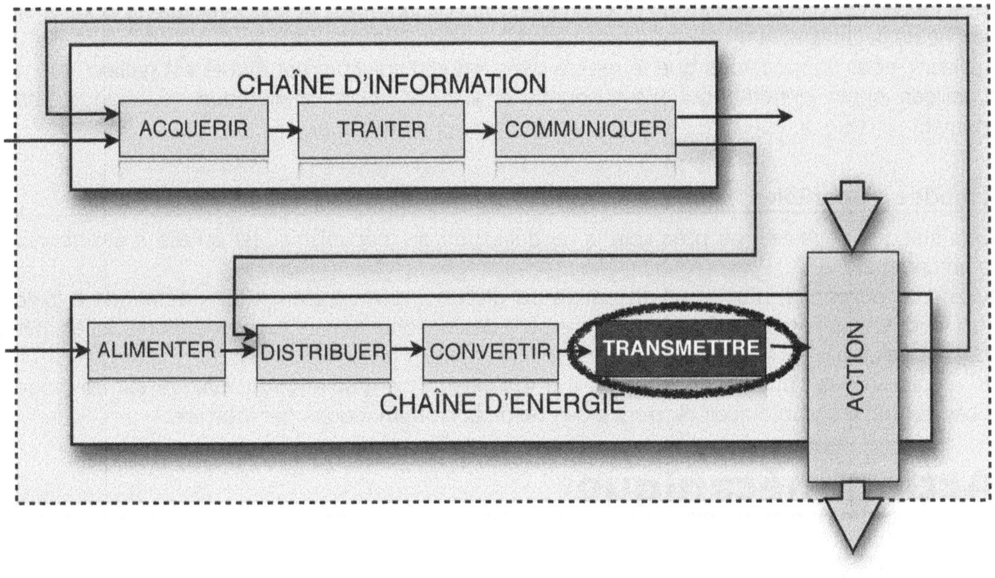

Les constituants des mécanismes sont sollicités par des efforts mécaniques qu'il faut pouvoir déterminer afin de dimensionner correctement les différents éléments du système.

A. Généralités

A.1 Buts de l'étude statique

Les mécanismes sont conçus pour remplir une ou plusieurs fonctions, dans un environnement qui les sollicite. Les actions mécaniques s'exerçant sur ce mécanisme créent des contraintes sur les composants du système, qui doivent être dimensionnés en conséquence.

L'étude statique a pour objectif de déterminer l'ensemble des actions mécaniques qui s'exercent sur les constituants de la chaîne d'énergie.

A.2 Hypothèses et limites de l'étude statique

Les solides étudiés dans le cadre de cette étude seront supposés indéformables. Leur géométrie restera donc constante.

L'étude ne permet pas d'étudier les phénomènes microscopiques, ni les constituants dont la vitesse se rapproche de la lumière, la mécanique relativiste s'appliquant alors.

Par ailleurs, nous supposerons que le repère dans lequel l'équilibre est étudié est galiléen (un repère est dit galiléen si un système qui n'est soumis à aucune action mécanique ne change pas son comportement : il reste en équilibre ou en translation rectiligne uniforme).

A.3 Méthodes disponibles

L'étude statique nécessite au préalable la modélisation du mécanisme, tel qu'elle a été abordée au chapitre précédent.

L'étude d'un ensemble, d'un sous-ensemble ou d'un composant élémentaire demande à isoler cet élément. Il faudra alors faire l'inventaire de l'ensemble des actions mécaniques extérieures à l'élément qui s'exercent sur celui-ci.

Si un mécanisme est constitué d'au plus 3 à 4 solides, une résolution analytique est envisageable. Dans le cas contraire il faudra avoir recours à des résolutions numériques par logiciels.

B. Action mécanique

B.1 Définition et classifications

B.1.1 Définition

On appelle action mécanique toute cause ayant pour effet de :

- créer un déplacement,
- maintenir un corps en équilibre,
- déformer un solide.

Une action mécanique fait toujours 2 éléments : un corps qui agit et un solide qui subit.

B.1.2 Classifications

Une action mécanique peut être :

- de contact (contact entre solides, pression),
- ou à distance (champs magnétique, pesanteur).

Elle peut s'exercer :

- en un point (contact ponctuel entre 2 solides),
- sur une surface (pression d'un fluide),
- sur un volume (pesanteur).

Une action mécanique est caractérisée par sa résultante (capacité à déplacer en translation) et son moment en un point (capacité à déplacer en rotation autour d'un point).

Une force est une action mécanique de moment nul.

Un couple est une action de résultante nulle.

Notons qu'une action mécanique peut créer ou annuler simultanément les deux effets précédents.

B.2 Modélisation d'une force

B.2.1 Caractéristiques

Une force exercée par un solide 1 sur un solide 2 est définie par :

- un point d'application,
- une direction et un sens,
- une intensité.

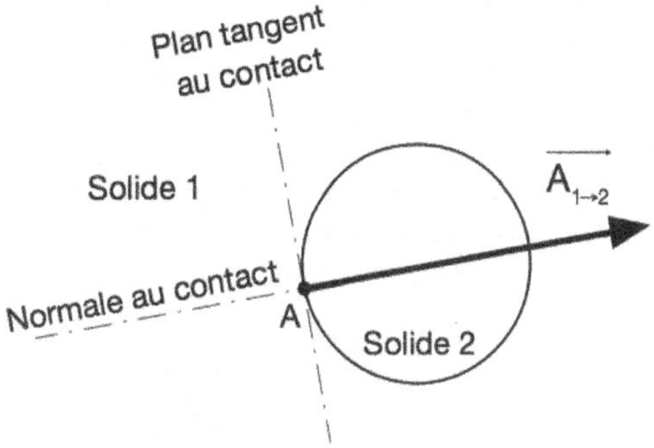

B.2.2 Modélisation mathématique

Une force sera modélisée par un vecteur lié, c'est-à-dire un vecteur associé à un point d'origine. On prendra soin de noter systématiquement en indice du vecteur les solides concernés par l'action mécanique : $\overrightarrow{A_{1\to2}}$ par exemple.

Les propriétés de ce vecteur sont :

- les coordonnées de son point d'application $A\begin{pmatrix} x_A \\ y_A \\ z_A \end{pmatrix}$,
- les composantes du vecteur $\overrightarrow{A_{1\to2}}\begin{pmatrix} X_{1\to2} \\ Y_{1\to2} \\ Z_{1\to2} \end{pmatrix}$,
- sa norme $\left\|\overrightarrow{A_{1\to2}}\right\| = A_{1\to2} = \sqrt{X_{1\to2}^2 + Y_{1\to2}^2 + Z_{1\to2}^2}$.

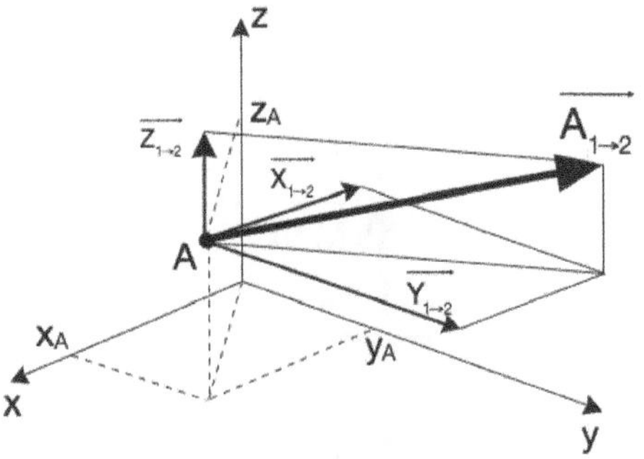

B.2.3 Actions mécaniques assimilables à des forces

B.2.3.1 Poids d'un solide

Dans le cadre d'une étude statique, le poids $\overrightarrow{P_1}$ d'un solide 1 de masse m_1 sera assimilable à une force dont :

- le point d'application est le centre de gravité ;
- la direction est verticale, et le sens descendant ;
- l'intensité est égale à $P_1=m_1g$.

Pour déterminer la position du centre de gravité d'un ensemble de solides, on utilisera avantageusement la formule du barycentre :

$$\left(\sum_{i=1}^{n} m_i\right)\overrightarrow{OG} = \sum_{i=1}^{n}\left(m_i\overrightarrow{OG_i}\right)$$

B.2.3.2 Forces de pression

Un fluide sous pression p exerce sur un solide 1 une action mécanique répartie sur la surface S_1 du solide 1. Cette action mécanique sera assimilable à une force dont :

- le point d'application est le centre géométrique de la surface sur laquelle s'applique la pression,
- la direction est la normale à la surface,
- le sens est orienté du fluide vers la surface,
- l'intensité est égale au produit p.S (expression dans laquelle la pression est exprimée en Pascal (Pa) et la surface en m^2).

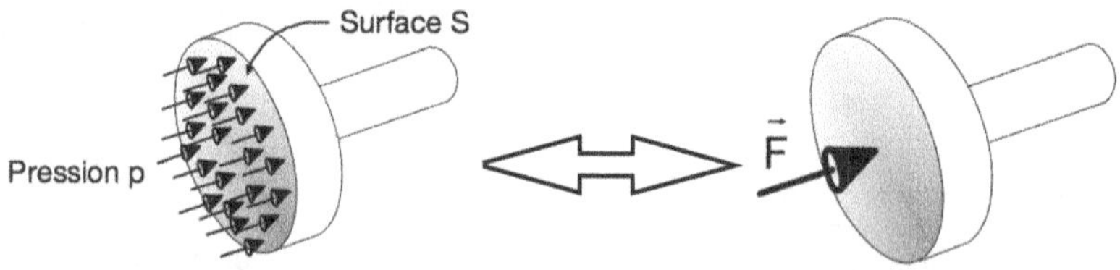

B.3 Modélisation d'un moment

B.3.1 Signification physique

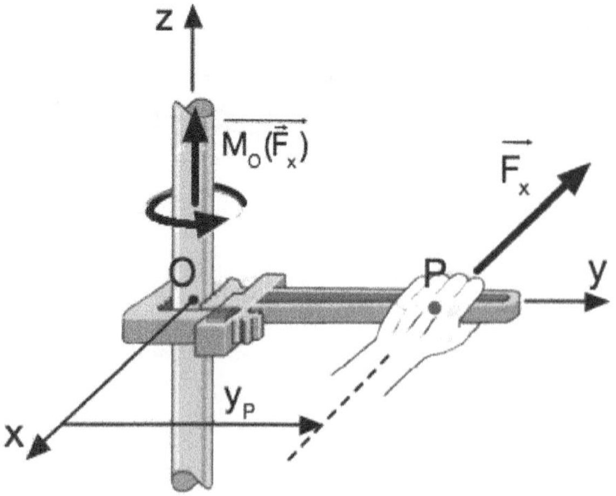

Le moment d'une force F_X par rapport à un point traduit la capacité de cette force à induire ou annuler un effet de rotation autour d'un axe :

- passant par ce point,
- et orthogonal à la direction de la force.

B.3.2 Modélisation mathématique

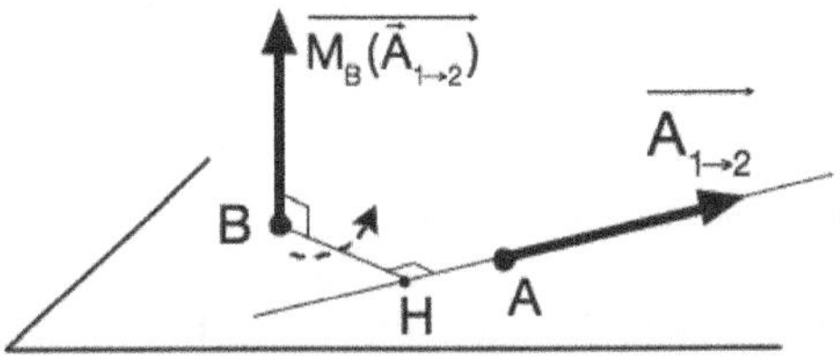

On considère une force $\overrightarrow{A_{1\to2}}$ d'intensité $A_{1\to2}$ qui s'applique en un point A. Cette force génère en un autre point B un moment $\overrightarrow{M_B\left(\overrightarrow{A_{1\to2}}\right)}$.

H est le projeté orthogonal du point B sur la droite d'action de la force $\overrightarrow{A_{1\to2}}$.

La distance BH est appelée «Bras de levier».

Ce moment sera modélisé par un vecteur tel que :

- son point d'application est le point B,
- sa direction est orthogonale au plan contenant le point B et le vecteur $\overrightarrow{A_{1\to2}}$,
- son sens respecte la règle du tire-bouchon de Maxwell,
- son intensité est égale à $M_B\left(\overrightarrow{A_{1\to2}}\right) = BH \cdot A_{1\to2}$

Attention : une erreur classique à ne pas commettre est la confusion entre la distance BH et la distance BA. La distance BA n'est en aucune manière le bras de levier, et ne doit jamais être utilisée pour la détermination d'un moment.

B.3.3 Détermination analytique

Le vecteur $\overrightarrow{M_B\left(\overrightarrow{A_{1\to2}}\right)}$ se calcule à partir des vecteurs $\overrightarrow{A_{1\to2}}$ et $\overrightarrow{BA}$ par la relation :

$$\overrightarrow{M_B\left(\overrightarrow{A_{1\to2}}\right)} = \overrightarrow{M_A\left(\overrightarrow{A_{1\to2}}\right)} + \overrightarrow{BA} \wedge \overrightarrow{A_{1\to2}} = \overrightarrow{BA} \wedge \overrightarrow{A_{1\to2}} \quad \text{car} \quad \overrightarrow{M_A\left(\overrightarrow{A_{1\to2}}\right)} = \vec{0}$$

B.4 Torseur d'une action mécanique

Une action mécanique est d'une façon générale composée d'une force et d'un moment. Ces deux éléments se regroupent dans un torseur. Ce torseur s'écrira comme suit :

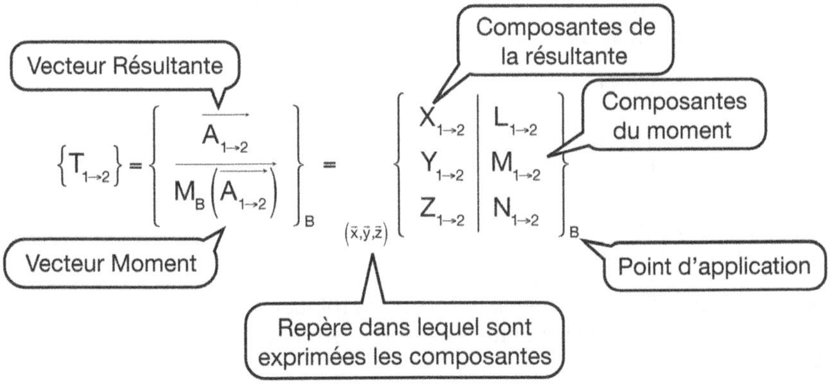

Ce torseur répond à l'ensemble des propriétés des torseurs qui ont déjà vues dans un précédent chapitre.

B.5 Torseur des actions transmissibles dans une liaison mécanique

Les liaisons mécaniques suppriment des degrés de liberté (ddl). Ces ddl sont supprimés car la géométrie du contact interdit le déplacement.

Cette géométrie va donc être en mesure de transmettre une action mécanique qui s'exerce dans la direction des degrés de libertés supprimés. On parlera d'action mécanique transmissible par la liaison mécanique.

B.5.1 Liaison sphère-plan

Une liaison sphère-plan (ponctuelle) de normale $(A,\vec{z})$ possède 5 degrés de liberté : seule la translation T_Z est supprimée.

Elle ne sera donc capable de transmettre qu'une force suivant cette direction, et le torseur des actions transmissibles par la liaison ponctuelle s'écrira :

$$\{T_{1\to2}\} = \left\{ \begin{matrix} Z_{1\to2}\vec{z} \\ \vec{0} \end{matrix} \right\}_A = \left\{ \begin{array}{c|c} 0 & 0 \\ 0 & 0 \\ Z_{1\to2} & 0 \end{array} \right\}_{A\,(\vec{x},\vec{y},\vec{z})}$$

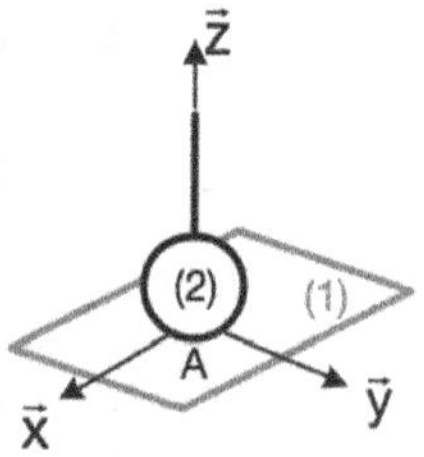

B.5.2 Liaison linéaire annulaire

Les degrés de liberté supprimés dans une liaison linéaire annulaire d'axe $(A,\vec{x})$ sont les 2 translations T_Y et T_Z.

La liaison est donc capable de transmettre une force suivant les axes Y et Z.

Le torseur des actions mécaniques transmissibles de 1 sur 2 s'écrira alors :

$$\{T_{1\to2}\} = \left\{ \begin{array}{c|c} 0 & 0 \\ Y_{1\to2} & 0 \\ Z_{1\to2} & 0 \end{array} \right\}_{A\,(\vec{x},\vec{y},\vec{z})}$$

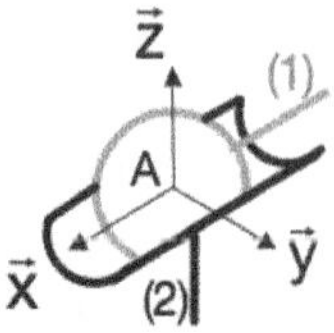

B.5.3 Liaison linéaire rectiligne

Deux degrés de liberté sont supprimés : la translation T_Z et la rotation R_Y.

Le torseur des actions mécaniques transmissibles de 1 sur 2 est alors :

$$\{T_{1\to2}\} = \left\{ \begin{array}{c|c} 0 & 0 \\ 0 & M_{1\to2} \\ Z_{1\to2} & 0 \end{array} \right\}_{A\,(\vec{x},\vec{y},\vec{z})}$$

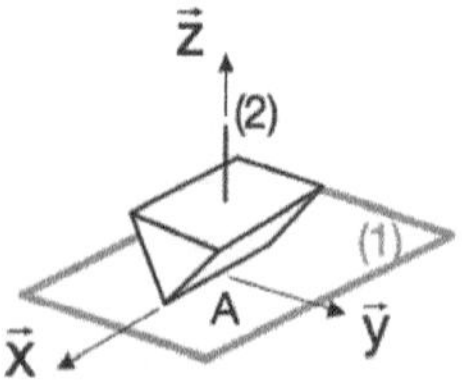

B.5.4 Liaison appui plan

Les degrés de liberté supprimés sont la translation T_Z et les rotations R_X et R_Y.

La liaison est donc capable de transmettre une force suivant Z et des moments autour des axes X et Y.

Le torseur des actions mécaniques transmissibles de 1 sur 2 s'écrira alors :

$$\{T_{1\to2}\} = \left\{ \begin{array}{c|c} 0 & L_{1\to2} \\ 0 & M_{1\to2} \\ Z_{1\to2} & 0 \end{array} \right\}_{A\,(\vec{x},\vec{y},\vec{z})}$$

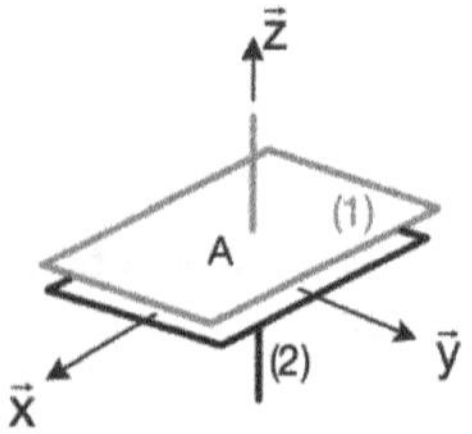

B.5.5 Liaison rotule

Les trois translations sont supprimées. Il est donc possible dans cette liaison de transmettre une force dans les 3 directions.

Le torseur des actions mécaniques transmissibles de 1 sur 2 s'écrira alors :

$$\{T_{1\to2}\} = \underset{(\vec{x},\vec{y},\vec{z})}{\left\{\begin{array}{c|c} X_{1\to2} & 0 \\ Y_{1\to2} & 0 \\ Z_{1\to2} & 0 \end{array}\right\}_A}$$

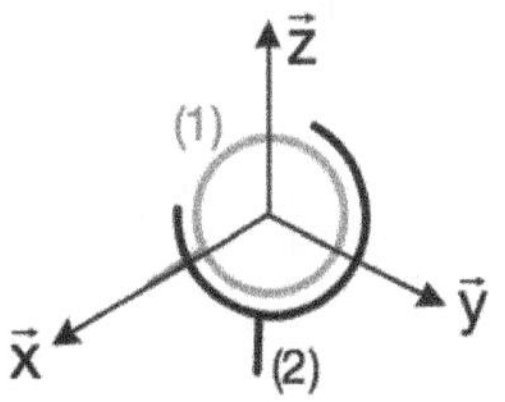

B.5.6 Liaison pivot glissant

Seules la translation T_X et la rotation R_X sont possibles.

Le torseur des actions mécaniques transmissibles de 1 sur 2 s'écrira alors :

$$\{T_{1\to2}\} = \underset{(\vec{x},\vec{y},\vec{z})}{\left\{\begin{array}{c|c} 0 & 0 \\ Y_{1\to2} & M_{1\to2} \\ Z_{1\to2} & N_{1\to2} \end{array}\right\}_A}$$

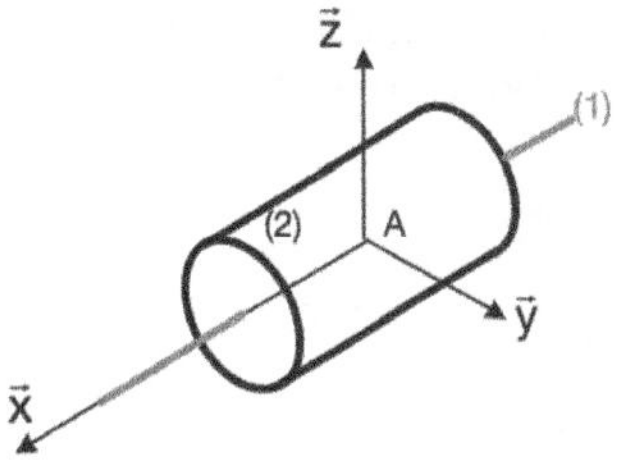

B.5.7 Liaison pivot

Un seul degré de liberté subsiste, la rotation R_X. Les actions mécaniques transmissibles sont alors décrites par le torseur des actions mécaniques transmissibles de 1 sur 2, qui s'écrira :

$$\{T_{1\to2}\} = \underset{(\vec{x},\vec{y},\vec{z})}{\left\{\begin{array}{c|c} X_{1\to2} & 0 \\ Y_{1\to2} & M_{1\to2} \\ Z_{1\to2} & N_{1\to2} \end{array}\right\}_A}$$

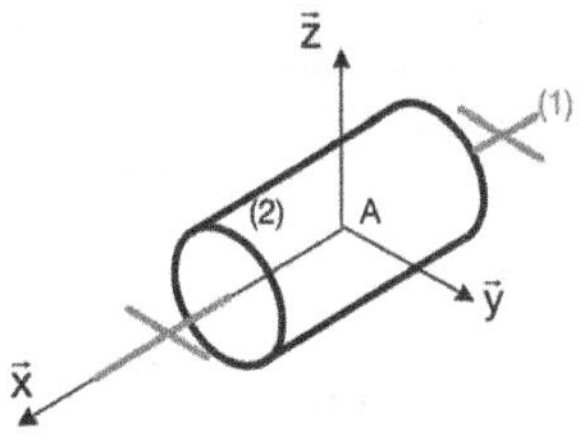

B.5.8 Liaison glissière

Un seul degré de liberté subsiste, la translation T_X.

Les actions mécaniques transmissibles sont alors décrites par le torseur des actions mécaniques transmissibles de 1 sur 2, qui s'écrira :

$$\{T_{1\to2}\} = \underset{(\vec{x},\vec{y},\vec{z})}{\left\{\begin{array}{c|c} 0 & L_{1\to2} \\ Y_{1\to2} & M_{1\to2} \\ Z_{1\to2} & N_{1\to2} \end{array}\right\}_A}$$

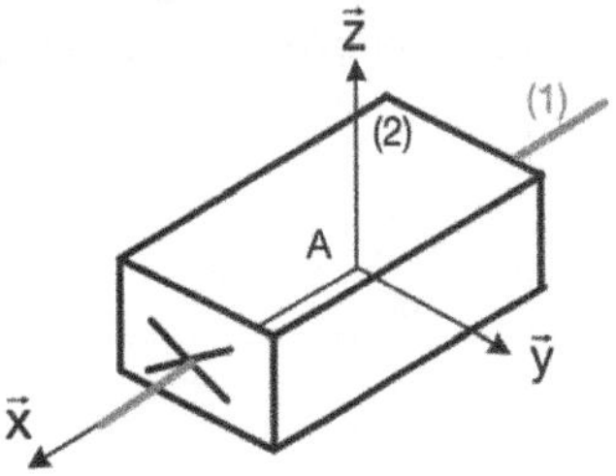

B.6 Problème plan

Un problème sera dit «plan» lorsque le système étudié n'est soumis qu'à des forces dont les composantes sont dans le dit-plan, et à un moment dont l'axe est perpendiculaire au plan.

Les torseurs des actions mécaniques s'écriront alors, dans le cas d'un problème plan dans le plan $(A, \vec{x}, \vec{y})$:

$$\{T_{1\to2}\} = \left\{ \begin{array}{c|c} X_{1\to2} & 0 \\ Y_{1\to2} & 0 \\ 0 & N_{1\to2} \end{array} \right\}_{A\,(\vec{x},\vec{y},\vec{z})}$$

C. Principe fondamental de la statique (PFS)

Nous allons dans ce paragraphe détailler la méthodologie qu'il faudra systématiquement mettre en œuvre lorsqu'il s'agira de résoudre un problème de statique.

Nous prendrons l'exemple du problème plan ci-dessous :

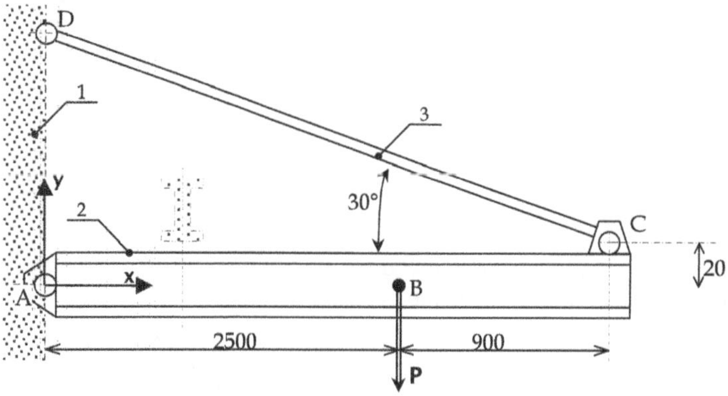

Une potence 2 est supportée par un mur 1 et par un tirant 3. Sur cette potence, en B, se situe un palan dont le poids est connu :

$$\|\vec{P}\| = 2000 \text{ daN}$$

Les points A, C et D sont des articulations, modélisées par des liaisons pivot.

On néglige les poids de la potence 2 et du tirant 3.

C.1 Isolement du système étudié

Qu'il s'agisse d'un ensemble, d'un sous-ensemble, ou d'un composant seul, il est nécessaire de préciser quel élément est isolé de l'extérieur afin de mener son étude statique.

Il faut alors représenter cet élément isolé, afin de pouvoir effectuer le bilan des actions mécaniques extérieures qui s'exercent.

Par exemple : «On isole la potence 2».

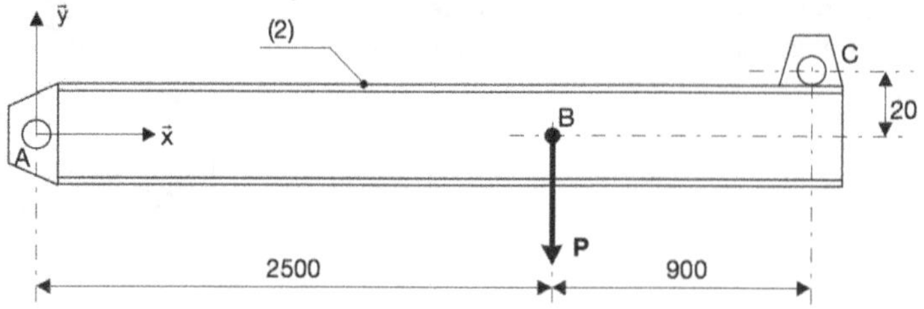

C.2 Bilan des actions mécaniques extérieures (BAME)

Le solide, ou l'ensemble de solides, isolé est soumis à des actions mécaniques qu'il va falloir recenser de façon exhaustive.

Ainsi, après avoir isolé la potence 2, le bilan des actions mécaniques fait apparaître :

- l'action en A de la liaison du bâti 1 sur la potence 2, modélisé par le torseur $\left\{T_{1\to2}\right\}$,
- l'action en C de la liaison du tirant 3 sur la potence 2, modélisé par le torseur $\left\{T_{3\to2}\right\}$,
- l'action en B de la charge $\vec{P}$ sur la potence 2, modélisé par le torseur $\left\{T_{P\to2}\right\}$.

On écrira ensuite l'expression des différents torseurs associés aux actions mécaniques identifiées, en utilisant les caractéristiques de l'action mécanique (liaison, action à distance, pression, ...).

Ainsi, dans le cadre de la potence, on écrirait (rappelons qu'il s'agit d'un modèle plan dans le plan $\left(A,\vec{x},\vec{y}\right)$, et qu'en conséquence toutes les composantes $Z_{i\to j}$, $L_{i\to j}$ et $M_{i\to j}$ des torseurs sont nulles).

$$\left\{T_{1\to2}\right\} = \underset{(\vec{x},\vec{y},\vec{z})}{\left\{\begin{array}{c|c} X_{1\to2} & L_{1\to2} \\ Y_{1\to2} & M_{1\to2} \\ Z_{1\to2} & 0 \end{array}\right\}_A} = \underset{(\vec{x},\vec{y},\vec{z})}{\left\{\begin{array}{c|c} X_{1\to2} & 0 \\ Y_{1\to2} & 0 \\ 0 & 0 \end{array}\right\}_A}$$

car la liaison entre 1 et 2 est une liaison pivot d'axe $\left(A,\vec{z}\right)$.

$$\left\{T_{3\to2}\right\} = \underset{(\vec{x},\vec{y},\vec{z})}{\left\{\begin{array}{c|c} X_{3\to2} & L_{3\to2} \\ Y_{3\to2} & M_{3\to2} \\ Z_{3\to2} & 0 \end{array}\right\}_C} = \underset{(\vec{x},\vec{y},\vec{z})}{\left\{\begin{array}{c|c} X_{3\to2} & 0 \\ Y_{3\to2} & 0 \\ 0 & 0 \end{array}\right\}_C}$$

pour les mêmes raisons.

$$\left\{T_{P\to2}\right\} = \underset{(\vec{x},\vec{y},\vec{z})}{\left\{\begin{array}{c|c} 0 & 0 \\ -P & 0 \\ 0 & 0 \end{array}\right\}_B}$$

car $\vec{P}$ est vertical descendant.

C.3 Résolution de l'équilibre

Il s'agit à présent d'écrire la condition d'équilibre de l'élément isolé.

Le **Principe Fondamental de la Statique (PFS)** énonce que dans un repère galiléen, pour tout système (S) en équilibre, le torseur de l'ensemble des actions mécaniques extérieures à ce système est nul en tout point :

$$\left\{T_{\bar{S}\to S}\right\} = \left\{0\right\} \Rightarrow \left\{\begin{array}{c} \sum \overrightarrow{F_{\bar{S}\to S}} = \vec{0} \\ \sum M_P\left(\overrightarrow{F_{\bar{S}\to S}}\right) = \vec{0} \end{array}\right\}_{\forall P}$$

Ainsi, dans le cas de la potence étudiée en exemple, le PFS s'écrirait :

$$\left\{T_{1\to2}\right\} + \left\{T_{3\to2}\right\} + \left\{T_{P\to2}\right\} = \left\{0\right\}$$

Attention : comme pour tout torseur, cette addition de torseurs n'a de sens que si chaque torseur est exprimé au même point de réduction.

Appliquons le PFS au point A :

$$\left\{T_{1\to2}\right\} = \underset{(\vec{x},\vec{y},\vec{z})}{\left\{\begin{array}{c|c} X_{1\to2} & 0 \\ Y_{1\to2} & 0 \\ 0 & 0 \end{array}\right\}_A}$$

$$\left\{T_{3\to2}\right\} = \underset{(\vec{x},\vec{y},\vec{z})}{\left\{\begin{array}{c|c} X_{3\to2} & 0 \\ Y_{3\to2} & 0 \\ 0 & 0 \end{array}\right\}_C} = \underset{(\vec{x},\vec{y},\vec{z})}{\left\{\begin{array}{c|c} X_{3\to2} & 0 \\ Y_{3\to2} & 0 \\ 0 & -0{,}02X_{3\to2} + 3{,}4Y_{3\to2} \end{array}\right\}_A}$$

$$\left\{T_{P\to2}\right\} = \underset{(\vec{x},\vec{y},\vec{z})}{\left\{\begin{array}{c|c} 0 & 0 \\ -P & 0 \\ 0 & 0 \end{array}\right\}_B} = \underset{(\vec{x},\vec{y},\vec{z})}{\left\{\begin{array}{c|c} 0 & 0 \\ -P & 0 \\ 0 & -2{,}5P \end{array}\right\}_A}$$

L'équilibre de la potence amène alors aux équations suivantes :

$$\left\{\begin{array}{l} X_{1\to2} + X_{3\to2} = 0 \\ Y_{1\to2} + Y_{3\to2} - P = 0 \\ -0{,}02X_{3\to2} + 3{,}4Y_{3\to2} - 2{,}5P = 0 \end{array}\right.$$

Ce système de 3 équations à 4 inconnues ne peut pour le moment être résolu. Il faudrait alors procéder à l'isolement d'un autre solide ou ensemble de solides pour extraire d'autres équations.

Stratégie globale de résolution d'un problème de statique

Tout problème de statique se résout avec la stratégie suivante :

1. Identifier les liaisons existantes.
2. Isoler une partie du système.
3. Dessiner l'ensemble isolé.
4. Faire le bilan des actions mécaniques extérieures, et écrire leurs torseurs.
5. Appliquer le Principe Fondamental de la Statique.
6. Ecrire le système d'équations qui en découle.
7. Eventuellement procéder à un nouvel isolement, jusqu'à posséder suffisamment d'équations pour déterminer l'ensemble des inconnues.

Quelques propriétés et cas particuliers

Actions réciproques

Si un solide S_1 exercice une force $\overrightarrow{F_{1\to2}}$ sur un solide S_2, alors ce solide S_2 exerce, par principe d'action et de réaction, une action mécanique $\overrightarrow{F_{2\to1}} = -\overrightarrow{F_{1\to2}}$ sur le solide S_1.

Solide soumis à 2 forces

Lorsque le bilan des actions mécaniques ne fait apparaître que 2 actions mécaniques s'exerçant sur le système étudié, alors ces actions sont égales et opposées : elles ont même direction, qui passe par les deux points d'applications des force. Elles sont de même intensité et de sens opposé.

D. Frottement et adhérence - Lois de Coulomb

D.1 Contact réel entre solides

Le contact entre deux solides n'est en réalité jamais un point ou une ligne du fait de la déformation des corps, aussi minime soit-elle.

Il y a alors présence d'une surface de contact au sein de laquelle les matériaux des deux solides vont interagir entre eux. Cette interaction dépend d'un grand nombre de paramètres, mais nous ne retiendrons dans ce cours que l'effet de l'effort normal s'appliquant d'un solide sur l'autre.

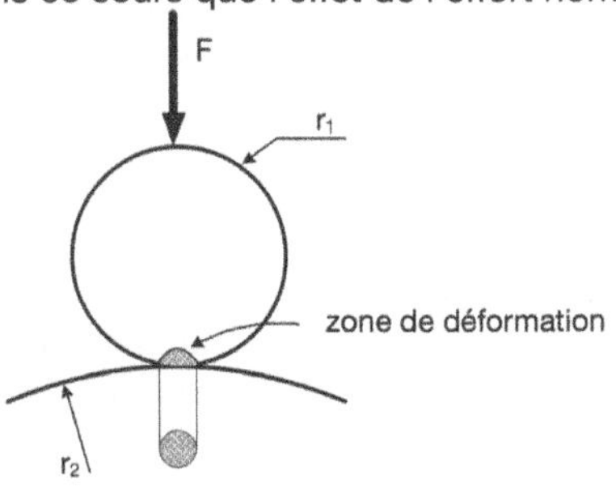

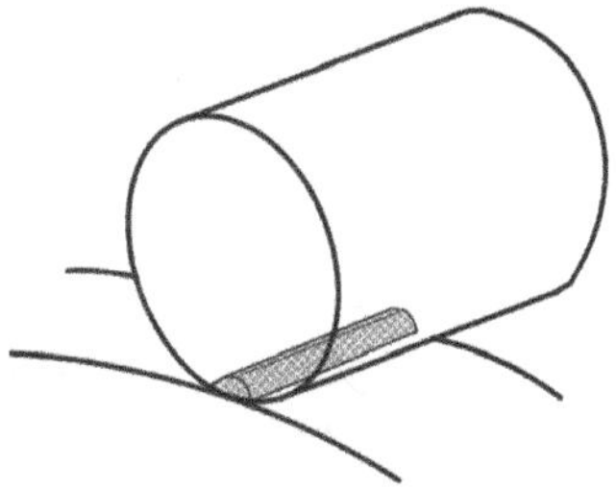

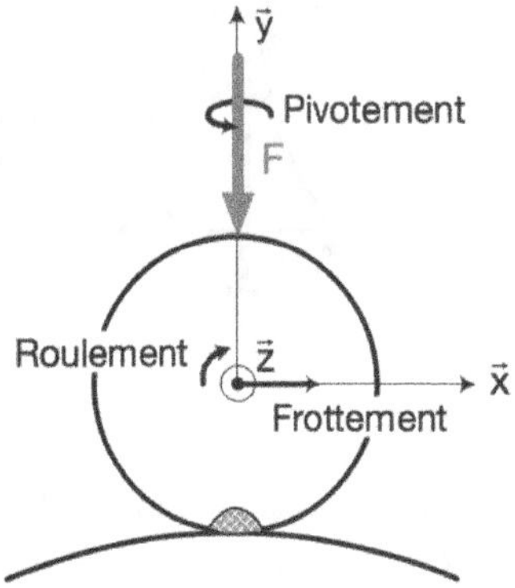

Ce contact lié à la déformation va créer des efforts supplémentaires qui vont avoir tendance à s'opposer au mouvement relatif (glissement) des solides, ou empêcher le mouvement (adhérence).

Nous verrons dans ce chapitre les lois qui permettent de modéliser :

- le frottement et l'adhérence,
- la résistance au roulement d'un corps sur l'autre,
- la résistance au pivotement.

D.2 Frottement - Adhérence

D.2.1 Mouvements relatifs au contact de deux solides

On considère deux solides en contact au point I. Les éléments géométriques de ce contact sont le plan tangent (P_t) et la normale $\vec{n}$. Les mouvements qui vont créer des actions s'y opposant sont modélisées ci-dessous :

- Vitesse de glissement en I : $\overrightarrow{V_{I\in 2/1}}$ dans le plan tangent au contact.
- Rotation de roulement : $\overrightarrow{\Omega_{2/1,RLT}}$ dans le plan tangent au contact.
- Rotation de pivotement : $\overrightarrow{\Omega_{2/1,PVT}}$ sur la normale au contact.

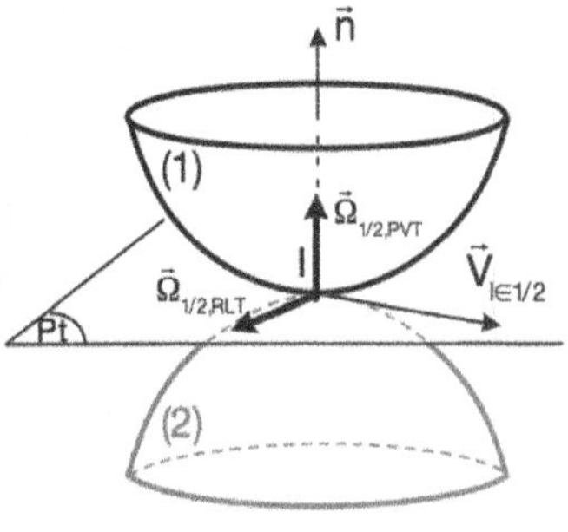

Il y a souvent confusion entre frottement et adhérence, et il y a lieu de bien faire la différence entre ces termes.

D.2.2 Adhérence et frottement

D.2.2.1 Adhérence

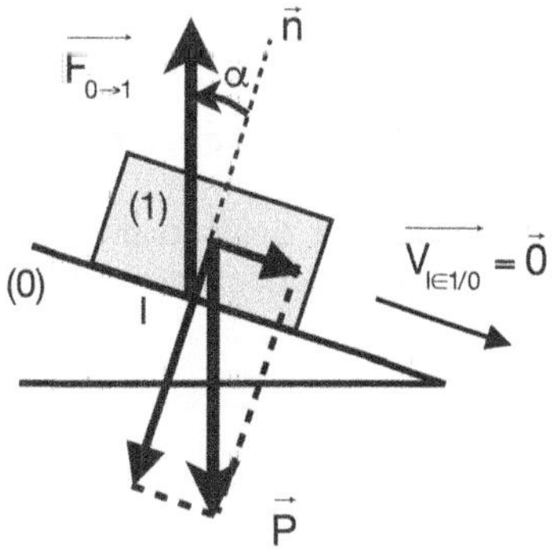

Il y a adhérence lorsque le mouvement relatif n'existe pas, la vitesse de glissement est nulle. Le contact génère une force qui empêche le mouvement d'exister.

En l'absence du phénomène d'adhérence, il existerait une vitesse de glissement $\vec{V}_{I\in1/0}$. L'action $\vec{F}_{0\to1}$ s'oppose à ce mouvement

La résultante $\vec{F}_{0\to1}$ est inclinée d'un angle α par rapport à la normale $\vec{n}$ au contact.

D.2.2.2 Glissement

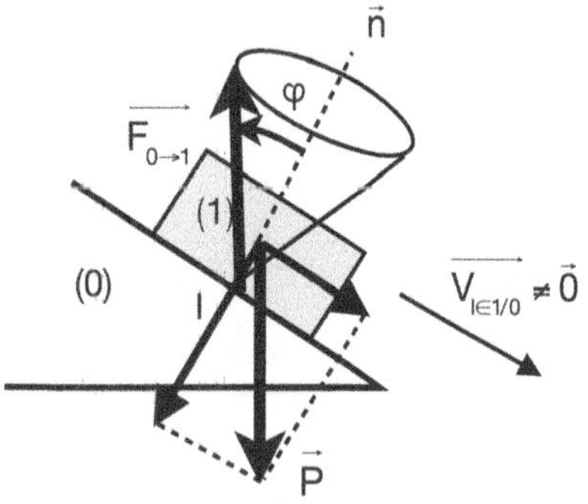

Le contact ne peut s'opposer inconditionnellement au glissement, et il existe une valeur à partir de laquelle l'adhérence est rompue : il y a lors frottement.

Le frottement est une force vitesse $\vec{F}_{0\to1}$ de sens opposé à la vitesse de glissement $\vec{V}_{I\in1/0}$.

La résultante $\vec{F}_{0\to1}$ est maintenant inclinée d'un angle par rapport à la normale $\vec{n}$ au contact. Cet angle est une constante, ne dépendant que des matériaux en contact;

Ainsi, en cas de glissement, l'action $\vec{F}_{0\to1}$ sera toujours située sur ce qui est appelé le «cône de frottement»

D.2.2.3 Décomposition de l'action de contact

Soit un solide 1 en contact avec un solide 0. Isolons le solide 1, et intéressons-nous à l'action de contact entre ces deux solides, modélisée au point I : $\vec{F}_{0\to1} = \vec{N}_{0\to1} + \vec{T}_{0\to1}$.

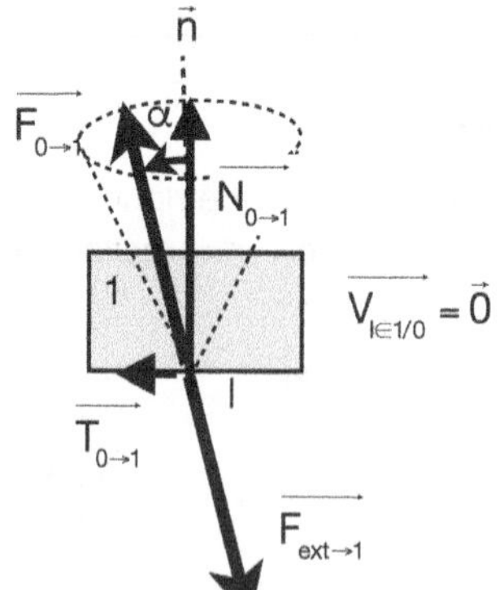

Adhérence $\dfrac{\|\vec{T}_{0\to1}\|}{\|\vec{N}_{0\to1}\|} < \tan\varphi$

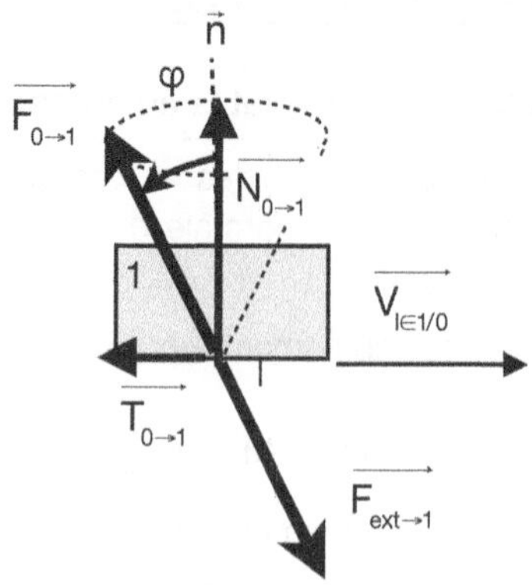

Glissement $\dfrac{\|\vec{T}_{0\to1}\|}{\|\vec{N}_{0\to1}\|} = \tan\varphi$

D.2.3 Coefficients de frottement et d'adhérence

D.2.3.1 Cas du glissement

On appelle alors «coefficient de frottement» la valeur f adimensionnelle définie par :

$$f = \tan\varphi = \frac{T}{N}$$

où T désigne la norme de la composante tangentielle de la résultante, et N la norme de sa composante normale.

Lorsqu'il y a glissement, la résultante du contact entre les solides en glissement relatif est toujours positionnée en limite du cône de frottement, jamais à l'intérieur.

Ce coefficient est indépendant de la vitesse de glissement. Le tableau ci-dessous liste quelques coefficients de frottement usuels, qui sont fonction de la nature des matériaux en contact :

Contact	Coefficient de frottement f
Palier sur film d'huile	0,002 à 0,005
Métal sur métal, bien graissé	0,05 à 0,1
Métal sur métal, légèrement graissé	0,08 à 0,15
Métal sur métal, à sec	0,12 à 0,25
Cuir sur fonte ou acier, à sec	0,2 à 0,3
Bois ou ferrodo sur fonte ou acier, à sec	0,3 à 0,5
Pneu sur verglas	0,08 à 0,1
Pneu sur asphalte mouillé	0,25 à 0,35
Pneu sur asphalte lisse et sec	0,6 à 0,7
Pneu sur béton rugueux	0,8 à 1

D.2.3.2 Cas de l'adhérence

Lorsqu'il y a adhérence, on ne peut pas connaître la position de la résultante. On sait simplement que cette résultante se trouve à l'intérieur du cône de frottement :

$$\frac{T}{N} < f$$

Le cas limite correspond à $\frac{T}{N} = f$ alors que la vitesse de glissement est nulle : on parlera alors de cas limite d'adhérence.

Les coefficients d'adhérence et de frottement sont différents : le coefficient d'adhérence est supérieur au coefficient de frottement. Ces deux coefficients seront toutefois souvent supposés égaux.

D.3 Résistance au roulement

D.3.1 Origine de la résistance au roulement

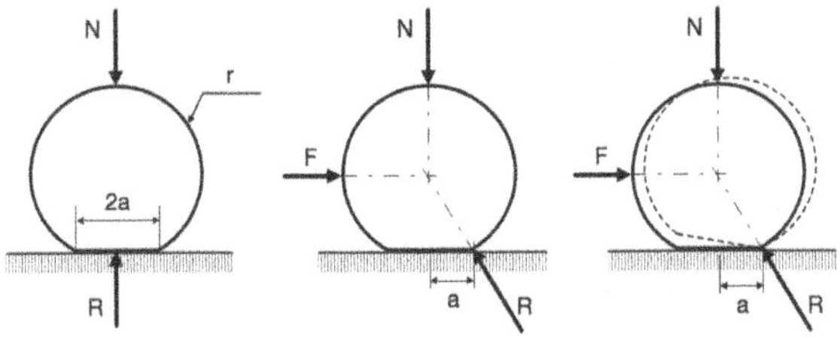

La déformation d'un cylindre de rayon r sous l'effet d'une action normale $\vec{N}$ se traduit par une surface de contact rectangulaire de demi-largeur a, qui s'oppose au roulement.

La réaction du sol $\vec{R}$, décalée de la distance a de la normale au contact, crée un couple qui doit être contré par le couple généré par l'effort $\vec{F}$.

La limite de l'équilibre correspond à l'égalité $r\|\vec{F}\| = a\|\vec{N}\|$

D.3.2 Définition du couple de résistance au roulement

La résistance au roulement est définie par le couple $C_{0 \to 1,RLT} = \delta \left\| \vec{N} \right\|$, où δ est appelé coefficient de résistance au roulement (unité : m).

Le tableau ci-dessous liste quelques valeurs usuelles de coefficients de résistance au roulement :

Matériau	Diamètre (mm)	δ (m)
Rouleau (bois sur bois)	200	0,002 à 0,005
Roue de wagon sur rail sec	800	0,05 à 0,1
Galet de pont roulant sur rail	250 à 400	0,08 à 0,15
Pneu sur route	600	0,12 à 0,25

CE QU'IL FAUT RETENIR

Modélisation d'une action mécanique

Force - Moment

La résultante d'une action mécanique traduit la capacité de cette action à créer ou à bloquer la translation.

Le moment au point A d'une action mécanique traduit la capacité de cette action à créer ou à bloquer la rotation autour du point A.

Une force crée un moment en tout point n'appartenant pas à sa droite support.

Actions de contact

Dès lors qu'il y a contact, donc présence d'un liaison mécanique, il y a une action mécanique que la liaison peut transmettre : action mécanique transmissible.

Un ddl supprimé ➢ Une action transmissible.

Torseur des actions mécaniques transmissibles

$$\left\{T_{1\to2}\right\} = \left\{\begin{array}{c} \overrightarrow{A_{1\to2}} \\ \overrightarrow{M_B\left(A_{1\to2}\right)} \end{array}\right\}_B = {}_{(\vec{x},\vec{y},\vec{z})}\left\{\begin{array}{c|c} X_{1\to2} & L_{1\to2} \\ Y_{1\to2} & M_{1\to2} \\ Z_{1\to2} & N_{1\to2} \end{array}\right\}_B$$

Vecteur Résultante

Composantes de la résultante

Composantes du moment

Vecteur Moment

Point d'application

Repère dans lequel sont exprimées les composantes

Principe Fondamental de la Statique

Enoncé

$$\left\{T_{\bar{S}\to S}\right\} = \left\{0\right\} \Rightarrow \left\{\begin{array}{c} \sum \overrightarrow{F_{\bar{S}\to S}} = \vec{0} \\ \sum \overrightarrow{M_P\left(F_{\bar{S}\to S}\right)} = \vec{0} \end{array}\right\}_{\forall P}$$

Méthodologie

1. Isoler le système étudié
2. Dessiner l'isolement
3. Dresser le bilan des actions mécaniques extérieures au système
4. Réduire l'ensemble des torseurs en un point commun
5. Ecrire et traduire sous forme d'équations le Principe fondamental de la Statique

CE QU'IL FAUT RETENIR

Lois de Coulomb

Dans une liaison $L_{1\to2}$ de point de contact I avec frottement ou adhérence, une action tangentielle s'oppose à la vitesse de glissement $\overrightarrow{V_{I\in2/1}}$: même direction et sens opposé.

Frottement - Adhérence

Cas du frottement $\dfrac{\left\|\overrightarrow{T_{0\to1}}\right\|}{\left\|\overrightarrow{N_{0\to1}}\right\|} = f$

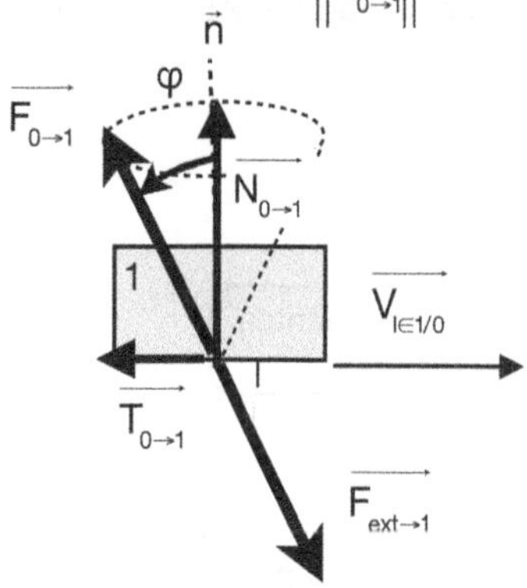

Cas de l'adhérence $\dfrac{\left\|\overrightarrow{T_{0\to1}}\right\|}{\left\|\overrightarrow{N_{0\to1}}\right\|} < f$

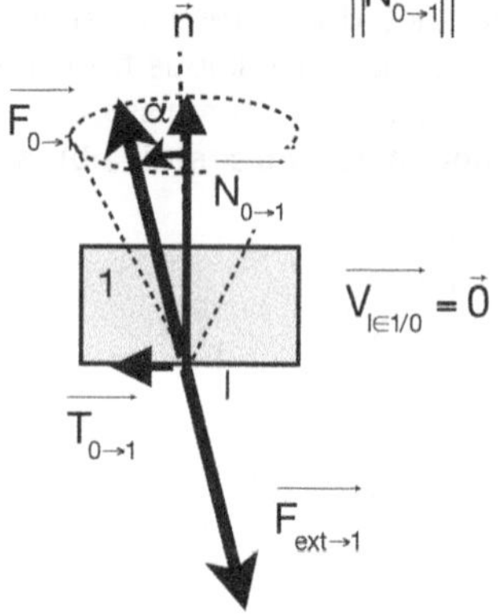

Résistance au roulement

La résistance au roulement est un couple dû à la déformation de l'élément roulant, qui s'écrit :

$C_{0\to1,RLT} = \delta\left\|\vec{N}\right\|$

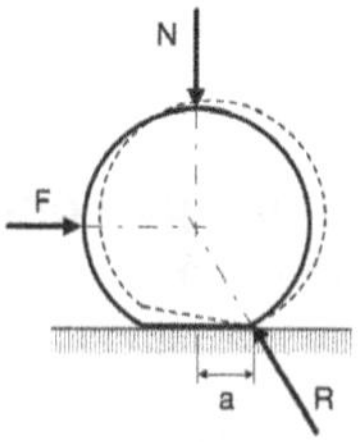

E. Exercices

Exercice 1 : Motorisation d'un axe vertical (Concours ATS 2012) *(Corrigé page 583)*

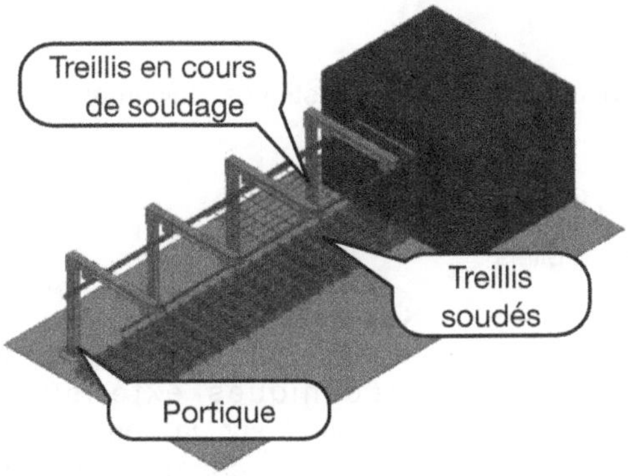

Description globale du système actuel

Le système étudié est une soudeuse automatique de treillis métalliques utilisés en maçonnerie (voir ci-contre).

Il est envisagé de modifier ce système afin d'insérer des modules de translation verticale dont le rôle sera de manipuler le treillis achevé afin de le déposer sur une table d'attente

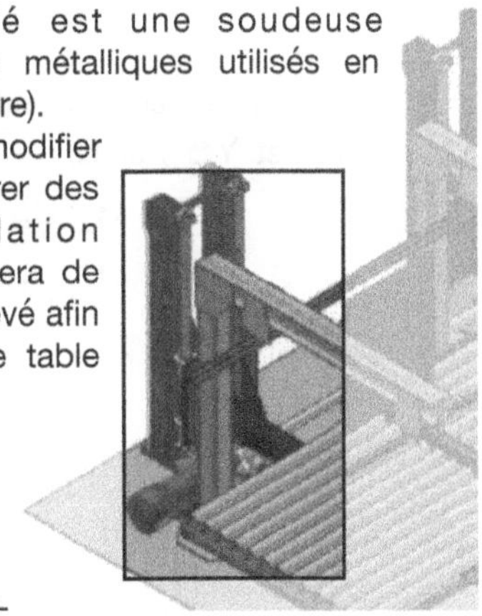

Module de translation verticale

La description d'un module de translation verticale est donnée ci-dessous :

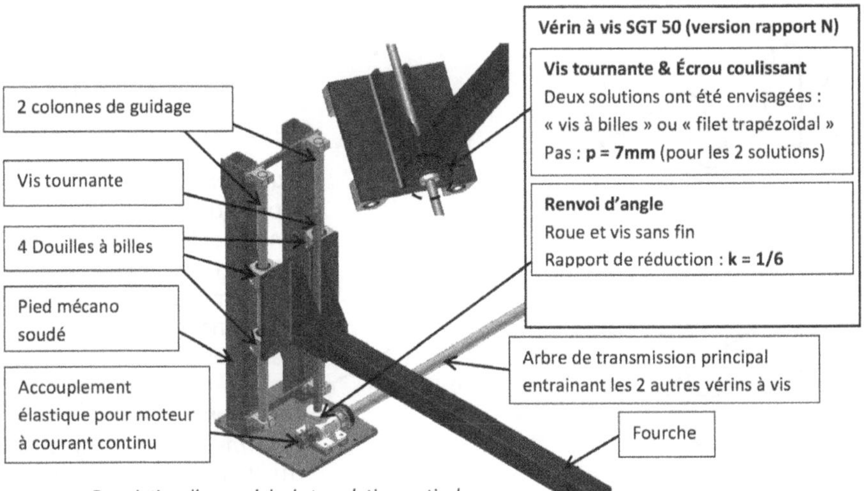

Description d'un module de translation verticale

Le schéma cinématique d'un module est proposé page suivante.

On souhaite dans cette étude vérifier le choix des douilles à billes choisies pour le guidage de ces modules de translation.

Hypothèses et données :

- la liaison glissière est supposée parfaite,
- chaque fourche d'un module de translation verticale reprend la même charge. L'action mécanique exercée par la pesanteur sur la fourche (1) avec son chargement est donc représentée par un glisseur d'axe $(C,\vec{Y})$ de module 5000 N,

• l'action mécanique exercée par la vis (2) sur la fourche (1) est supposée pouvoir s'exprimer, d'après les dispositions constructives, par le torseur suivant :

$$\{T(2 \to 1)\} = \begin{Bmatrix} 0 & 0 \\ Y_{B2\to1} & M_{B2\to1} \\ 0 & 0 \end{Bmatrix}_{B\,(\vec{X},\vec{Y},\vec{Z})}$$

Les documents constructeur permettent de connaître les caractéristiques suivantes (avec $M_{B2\to1}$ en Nm et $Y_{B2\to1}$ en N) :

$M_{B2\to1} = 0{,}0035 \cdot Y_{B2\to1}$ pour une vis trapézoïdale

$M_{B2\to1} = 0{,}0012 \cdot Y_{B2\to1}$ pour une vis à billes

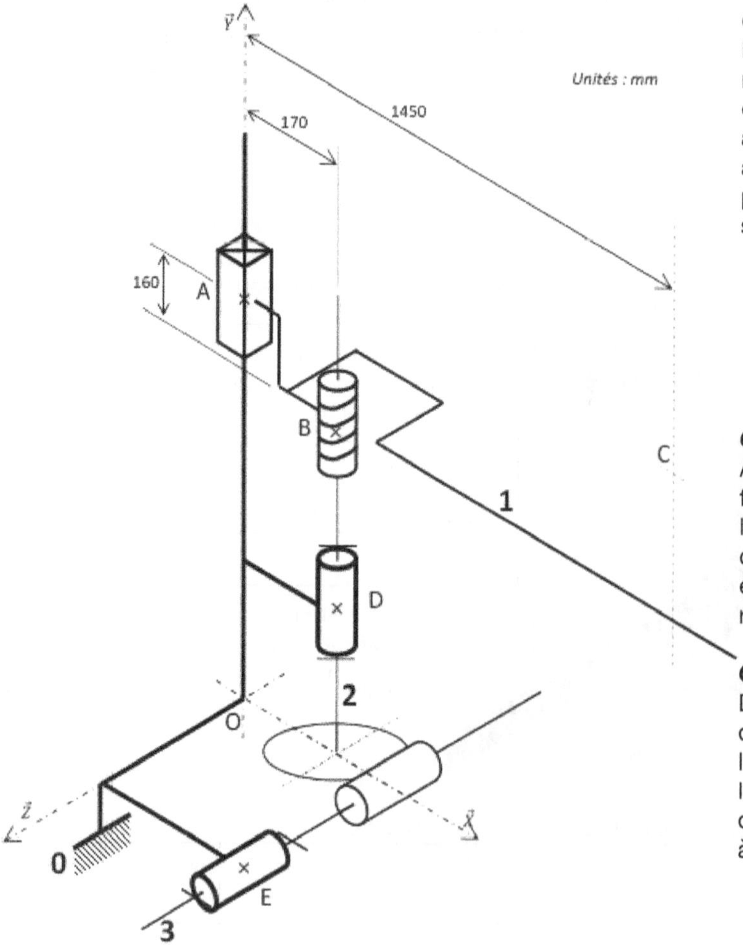

Question 1

Effectuer le bilan des actions mécaniques extérieures exercées sur la fourche (1) avec son chargement. Les actions seront représentées par des torseurs sous la forme suivante :

$$\{T(i \to j)\} = \begin{Bmatrix} X_{Oi\to j} & L_{Oi\to j} \\ Y_{Oi\to j} & M_{Oi\to j} \\ Z_{Oi\to j} & N_{Oi\to j} \end{Bmatrix}_O$$

Question 2

Appliquer le principe fondamentale de la statique à la fourche (1) avec son chargement, et en déduire les équations scalaires utiles à la résolution.

Question 3

Déterminer les composantes du torseur représentant l'action mécanique exercée par le bâti (0) sur la fourche (1) dans les 2 configurations : vis à billes et vis trapézoïdale.

Exercice 2 : Borne rétractable solaire (Concours ATS 2010) *(Corrigé page 585)*

Le dispositif étudié est un système permettant de limiter ou d'interdire la circulation dans des zones à accès réservé. Ce dispositif comporte un caisson intégrant la partie opérative, à savoir une borne motorisée rétractable dans le sol, et un caisson intégrant la partie commande comportant.

Afin de limiter les efforts résistants liés aux frottements dans les guidages en translation du chariot, le constructeur a choisi de placer un contrepoids qui permet de positionner le centre de gravité G de la partie mobile liée au chariot à la distance d de la ligne de référence de la crémaillère (voir ci-dessous le schéma cinématique et le dessin du chariot en vue de dessus).

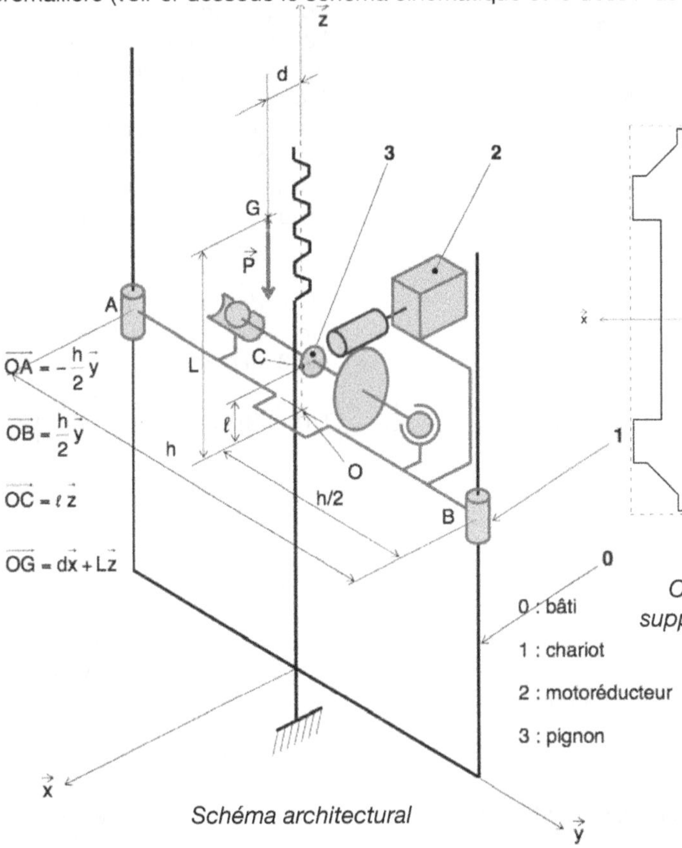

Schéma architectural

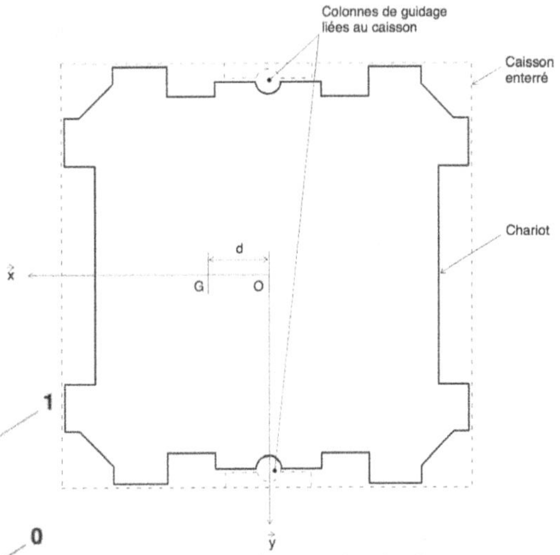

Contours extérieurs du chariot supportant la borne (vue de dessus)

> On se propose dans cette étude d'étudier la position du contrepoids permettant de minimiser les pertes par frottement dans le guidage du chariot 1 et ainsi augmenter l'autonomie du système.

Hypothèses et notations :

- La détermination de la position du contrepoids est effectuée pour la montée à vitesse constante ce qui justifie une étude en statique.
- Les frottements ne sont pas négligés dans les liaisons pivot glissant constituant le guidage du chariot par rapport au bâti. On prendra un facteur de frottement $\tan\phi = 0{,}22$.
- Le poids du chariot et de tous les éléments embarqués (motoréducteur, borne, etc.) n'est pas négligé. On considère la masse totale : $m = 30$ kg et l'accélération de la pesanteur : $g = 10$ m.s^{-2}.

• On suppose que les résultantes des actions mécaniques transmissibles par les liaisons en A et B sont situées respectivement dans les plans $\left(A,\vec{x},\vec{z}\right)$ et $\left(B,\vec{x},\vec{z}\right)$.

En outre, elles présentent une symétrie par rapport au plan $\left(O,\vec{x},\vec{z}\right)$.

• un torseur des actions mécaniques transmissibles par la liaison entre les solides i et j, au point A dans la base $\left(\vec{x},\vec{y},\vec{z}\right)$, sera noté :

$$\left\{T(i \to j)\right\} = \left\{\begin{matrix} \vec{R}(i \to j) \\ \vec{M}_A(i \to j) \end{matrix}\right\}_A \quad \text{avec } \vec{R}(i \to j) = X_{ij}\vec{x} + Y_{ij}\vec{y} + Z_{ij}\vec{z} \text{ et } \vec{M}_A(i \to j) = LA_{ij}\vec{x} + MA_{ij}\vec{y} + NA_{ij}\vec{z}$$

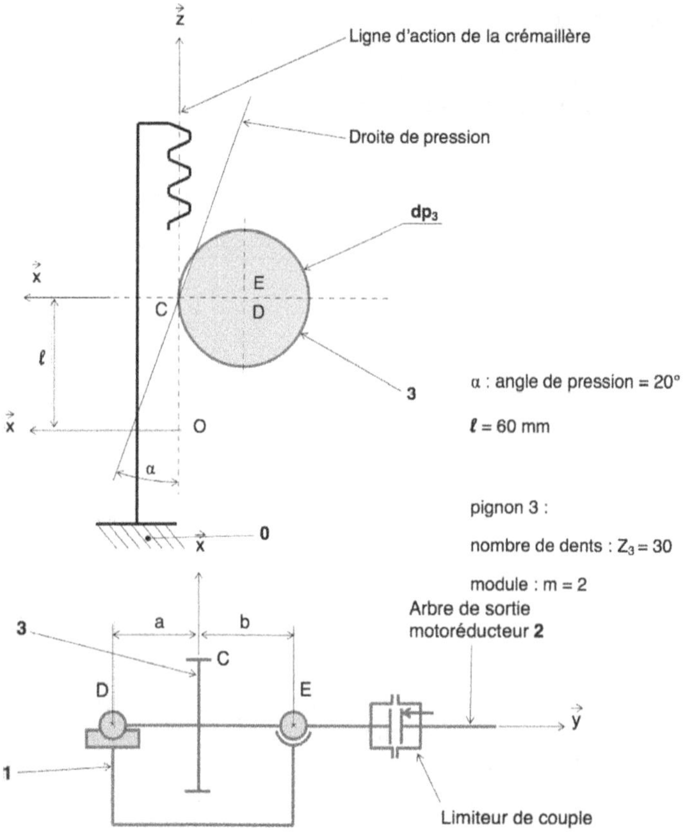

Question 1

A partir de l'isolement de l'ensemble (E) constitué du chariot repère 1 et de tous les éléments embarqués (repères 2 et 3), et en s'aidant des schémas cinématiques partiels ci-contre, effectuer le bilan des actions mécaniques extérieures.

Présenter ce bilan à l'aide des torseurs écrits le plus simplement possible et en tenant compte des hypothèses ci-dessus.

On donne le torseur des actions mécaniques exercées par 0 sur 3 au point C :

$$\left\{T(0 \to 3)\right\} = \left\{\begin{matrix} X_{03}\vec{x} + Z_{03}\vec{z} \\ \vec{0} \end{matrix}\right\}_C$$

$$\text{avec } \tan\alpha = -\frac{X_{03}}{Z_{03}}$$

Question 2

En se plaçant à la limite du glissement, appliquer le principe fondamental de la statique au chariot en équilibre.

En déduire les équations scalaires utiles pour la résolution.

Question 3

Déterminer la composante du moment dans les liaisons en A et en B, uniquement dans le cas de la montée du chariot.

Question 4

Déterminer d en fonction de l,   et α afin d'annuler les moments transmissibles par les liaisons pivot en A et en B dans le cas de la montée du chariot.

Question 5

Application numérique : calculer la valeur de d pour l=60 mm.

Chapitre 15. Dynamique

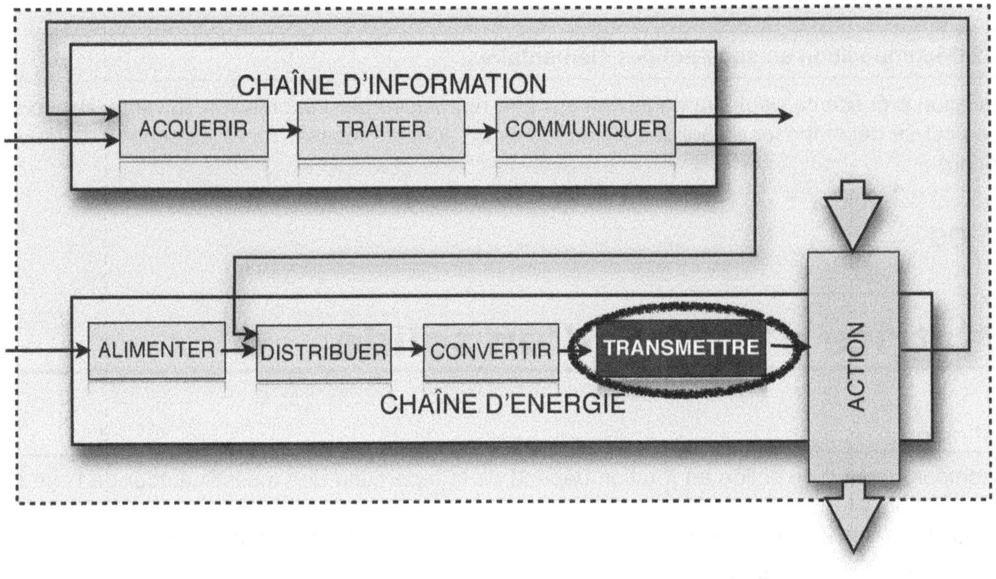

Les mouvements des solides sont initiés par des actions mécaniques extérieures. Inversement, les accélérations sollicitent les liaisons mécaniques.

L'étude de la dualité mouvements-efforts nécessite au préalable de quantifier les caractéristiques inertielles des solides, c'est-à-dire la difficulté à modifier leurs vitesses.

A. Caractéristiques d'inertie

A.1 Masse et centre de gravité d'un solide

A.1.1 Méthode générale

La masse d'un solide (S) quelconque est définie par

$$M(S) = \int_S \rho(M)\,dV \text{ où } \rho(M) \text{ désigne la masse volumique du point M}$$

Le centre de gravité G d'un solide (S) est tel que :

$$\int_S \overrightarrow{GM}\,dm = \vec{0}$$

ou encore : $\overrightarrow{OG} = \frac{1}{m}\int_S \overrightarrow{OM}\,dm$

A.1.2 Décomposition en sous-solides élémentaires

La relation précédente peut avantageusement être remplacée par l'expression suivante, dès lors que le solide peut se décomposer en solides élémentaires S_i, dont les masses m_i et les centres de gravité G_i sont connus :

$$\overrightarrow{OG} = \frac{\sum_i m_i \overrightarrow{OG_i}}{\sum_i m_i}$$

B. Matrice d'inertie d'un solide

B.1 Définition

Le comportement d'un solide en rotation dépend de la répartition des masses autour de l'axe ou du centre de rotation.

La «matrice d'inertie» d'un solide S autour d'un point O définit cette répartition autour des 3 axes :

$$\overline{\overline{I_{O,S}}} = \begin{bmatrix} A & -F & -E \\ -F & B & -D \\ -E & -D & C \end{bmatrix}$$

Cette matrice est symétrique.

Les termes A, B, C définissent les **moments d'inertie** I du solide autour des axes $\vec{x}$, $\vec{y}$ et $\vec{z}$.

Les termes D, E, F définissent les **produits d'inertie** P du solide, non nuls lorsque des dissymétries de répartition des masses autour des axes de rotation (présence d'un balourd par exemple).

Par définition, ces termes ont pour expression :

$$A = \int_S \left(y^2 + z^2\right)dm \qquad B = \int_S \left(x^2 + z^2\right)dm \qquad C = \int_S \left(x^2 + y^2\right)dm$$

$$D = \int_S yz\,dm \qquad E = \int_S xz\,dm \qquad F = \int_S xy\,dm$$

B.2 Théorème de Huygens

Il est possible d'exprimer la matrice d'inertie d'un solide S en un point M quelconque à partir de l'expression de cette matrice en un point particulier.

B.2.1 Moment d'inertie autour d'un axe

Le moment d'inertie $I_{(O,\vec{u})}$ autour de l'axe $(O,\vec{u})$ se déduit de celui autour de l'axe $(G,\vec{u})$ de la façon suivante :

$I_{(O,\vec{u}),S} = I_{(G,\vec{u}),S} + md^2$ où d désigne la distance entre les deux axes $(O,\vec{u})$ et $(G,\vec{u})$.

B.2.2 Produit d'inertie

Si $\overrightarrow{OG} = x_G\vec{x} + y_G\vec{y} + z_G\vec{z}$, alors :

$$P_{(O,xy),S} = P_{(G,xy),S} + mx_Gy_G$$

B.2.3 Cas général des matrices d'inertie

Le changement de point d'expression d'une matrice d'inertie se réalise à l'aide du théorème de Huygens généralisé :

$$\overline{\overline{I}}_{O,S} = \overline{\overline{I}}_{G,S} + m\begin{bmatrix} y_G^2+z_G^2 & -x_Gy_G & -x_Gz_G \\ -x_Gy_G & x_G^2+z_G^2 & -y_Gz_G \\ -x_Gz_G & -y_Gz_G & x_G^2+y_G^2 \end{bmatrix}$$

Ce théorème peut également s'écrire sous la forme :

$\overline{\overline{I}}_{O,S} = \overline{\overline{I}}_{G,S} + \overline{\overline{I}}_{O,m}$ où $\overline{\overline{I}}_{O,m}$ représente la matrice d'un point matériel de masse m en O.

B.3 Matrices d'inertie particulières

B.3.1 Symétries de masse par rapport à un plan

Un solide présentant des symétriques de masse par rapport à un plan verra sa matrice d'inertie caractérisée par la présence d'un ou plusieurs produits d'inertie nuls :

$\overline{\overline{I}}_{O,S} = \begin{bmatrix} A & -F & 0 \\ -F & B & 0 \\ 0 & 0 & C \end{bmatrix}$ si $(O,\vec{x},\vec{y})$ est un plan de symétrie.

$\overline{\overline{I}}_{O,S} = \begin{bmatrix} A & 0 & 0 \\ 0 & B & 0 \\ 0 & 0 & C \end{bmatrix}$ s'il existe deux plans de symétrie parmi $(O,\vec{x},\vec{y})$, $(O,\vec{x},\vec{z})$ ou $(O,\vec{y},\vec{z})$.

B.3.2 Symétrie autour d'un axe de révolution

Un solide présentant une symétrie de masse autour d'un axe verra sa matrice d'inertie caractérisée par la présence de produits d'inertie nuls et d'une égalité de deux de ses moments d'inertie :

$$\overline{\overline{I_{O,S}}} = \begin{bmatrix} A & 0 & 0 \\ 0 & A & 0 \\ 0 & 0 & C \end{bmatrix} \text{ pour un solide d'axe de révolution } (O,\vec{z})$$

B.3.3 Solide sphérique

Sans surprises, la matrice d'inertie d'un solide sphérique voit des produits d'inertie nuls et des moments d'inertie égaux :

$$\overline{\overline{I_{O,S}}} = \begin{bmatrix} A & 0 & 0 \\ 0 & A & 0 \\ 0 & 0 & A \end{bmatrix}$$

B.4 Matrices d'inertie usuelles

On trouvera en annexe de ce chapitre l'expression des matrices d'inertie de quelques solides classiques.

C. Torseur cinétique

C.1 Expression

Le torseur cinétique d'un solide en mouvement traduit la quantité de mouvement de ce solide, en translation comme en rotation. Il est composé au point de réduction A d'une résultante cinétique $\overrightarrow{R_{c,S/R_0}}$ et d'un moment cinétique.

La résultante cinétique d'un solide S en mouvement dans R_0 est donné par l'expression :

$$\overrightarrow{R_{c,S/R_0}} = \int_S \overrightarrow{V_{M\in S/R_0}}\, dm$$

Le moment cinétique est quant à lui défini par :

$$\overrightarrow{\sigma_{A\in S/R_0}} = \int_S \overrightarrow{AM} \wedge \overrightarrow{V_{M\in S/R_0}}\, dm$$

On montre que ces composantes ont pour expression (G désignant le centre de gravité du solide et m sa masse) :

$$\boxed{\begin{array}{l} \overrightarrow{R_{c,S/R_0}} = m\overrightarrow{V_{G\in S/R_0}} \\ \overrightarrow{\sigma_{A\in S/R_0}} = \overline{\overline{I_{A,S}}} \cdot \overrightarrow{\Omega_{S/R_0}} + m\overrightarrow{AG} \wedge \overrightarrow{V_{A\in S/R_0}} \end{array}}$$

Ces deux composantes sont regroupés dans un **torseur cinétique** :

$$\left\{C_{S/R_0}\right\} = \left\{ \begin{array}{c} \overrightarrow{R_{c,S/R_0}} \\ \overrightarrow{\sigma_{A\in S/R_0}} \end{array} \right\}_A$$

Ce torseur répond aux propriétés classiques des torseurs. En particulier, la formule de Varignon de réduction permet d'écrire le moment cinétique en tout point :

$$\overrightarrow{\sigma_{B\in S/R_0}} = \overrightarrow{\sigma_{A\in S/R_0}} + \overrightarrow{BA} \wedge \left(m\overrightarrow{V_{G\in S/R_0}}\right)$$

C.2 Cas particuliers

C.2.1 Cas d'un point fixe dans R_0

Si le point A est un point fixe dans le repère R_0, alors le moment cinétique a pour expression :

$$\overrightarrow{\sigma_{A\in S/R_0}} = \overline{\overline{I_{A,S}}} \cdot \overrightarrow{\Omega_{S/R_0}}$$

C.2.2 Cas où A est le centre de gravité

Si le point A est le centre de gravité G du solide S, alors le moment cinétique a pour expression :

$$\overrightarrow{\sigma_{G\in S/R_0}} = \overline{\overline{I_{G,S}}} \cdot \overrightarrow{\Omega_{S/R_0}}$$

C.2.3 Cas d'un ensemble de solides

Le torseur cinétique d'un ensemble de solide est égal à la somme des torseurs cinétiques de chacun de ces solides individuels.

Si $S = \bigcup_i S_i$, alors $\left\{C_{S,R_0}\right\} = \sum_i \left\{C_{S_i,R_0}\right\}$

C.3 Stratégie de détermination d'un torseur cinétique

Déterminer l'expression d'un torseur cinétique doit se faire après analyse des mouvements des solides, afin de ne pas se lancer dans des calculs inutilement compliqués.

Il faut pour commencer, si nécessaire, décomposer le système de solides en solides élémentaires. Puis, pour chacun de ces solides, écrire son torseur cinétique.

C.3.1 Cas d'un mouvement simple

C.3.1.1 Cas d'une translation

$$\left\{C_{S/R_0}\right\} = \left\{\begin{array}{c} \overrightarrow{R_{c,S/R_0}} = m\overrightarrow{V_{G\in S/R_0}} \\ \overrightarrow{\sigma_{A\in S/R_0}} = m\overrightarrow{AG} \wedge \overrightarrow{V_{A\in S/R_0}} \end{array}\right\}_A = \left\{\begin{array}{c} \overrightarrow{R_{c,S/R_0}} = m\overrightarrow{V_{G\in S/R_0}} \\ \vec{0} \end{array}\right\}_G$$

C.3.1.2 Cas d'une rotation autour d'un axe fixe $(O,\vec{x})$

$$\left\{C_{S/R_0}\right\} = \left\{\begin{array}{c} \vec{0} \\ \overrightarrow{\sigma_{O\in S/R_0}} = \overline{\overline{I_{O,S}}} \cdot \overrightarrow{\Omega_{S/R_0}} \end{array}\right\}_O$$

C.3.2 Cas d'un mouvement complexe

C.3.2.1 Cas d'une matrice d'inertie donnée en un point A

Le moment cinétique se calcule par la relation directe :

$$\overrightarrow{\sigma_{A\in S/R_0}} = \overline{\overline{I_{A,S}}} \cdot \overrightarrow{\Omega_{S/R_0}} + m\overrightarrow{AG} \wedge \overrightarrow{V_{A\in S/R_0}}$$

C.3.2.2 Cas d'une matrice d'inertie donnée au centre de gravité G

Le moment cinétique se calcule par la relation directe au centre de gravité, puis en exprimant ce moment en A par la formule de Varignon :

$$\overrightarrow{\sigma_{G\in S/R_0}} = \overline{\overline{I_{G,S}}} \cdot \overrightarrow{\Omega_{S/R_0}}$$

$$\overrightarrow{\sigma_{A\in S/R_0}} = \overrightarrow{\sigma_{G\in S/R_0}} + \overrightarrow{AG} \wedge \left(m\overrightarrow{V_{G\in S/R_0}}\right)$$

D. Torseur dynamique

Le torseur dynamique traduit l'influence des accélérations, et sera utile dans l'application du Principe Fondamental de la Dynamique

D.1 Définition du torseur dynamique

Le torseur dynamique s'obtient à partir du torseur cinétique, sachant que :

* la résultante dynamique est la dérivée de la résultante cinétique :

$$\overrightarrow{R_{d,S/R_0}} = \left.\frac{d\overrightarrow{R_{c,S/R_0}}}{dt}\right|_{R_0} = m\overrightarrow{\Gamma_{G\in S/R_0}}$$

où $\overrightarrow{\Gamma_{G\in S/R_0}}$ désigne le vecteur accélération du point G dans R_0.

* le moment dynamique est issu du moment cinétique par l'expression :

$$\overrightarrow{\delta_{A\in S/R_0}} = \left.\frac{d\overrightarrow{\sigma_{A\in S/R_0}}}{dt}\right|_{R_0} + m\overrightarrow{V_{A\in S/R_0}} \wedge \overrightarrow{V_{G\in S/R_0}}$$

Le torseur dynamique est construit avec ces deux éléments de réduction :

$$\left\{D_{S/R_0}\right\} = \left\{ \begin{matrix} \overrightarrow{R_{d,S/R_0}} = m\overrightarrow{\Gamma_{G\in S/R_0}} \\ \overrightarrow{\delta_{A\in S/R_0}} = \left.\dfrac{d\overrightarrow{\sigma_{A\in S/R_0}}}{dt}\right|_{R_0} + m\overrightarrow{V_{A\in S/R_0}} \wedge \overrightarrow{V_{G\in S/R_0}} \end{matrix} \right\}_A$$

A l'instar des autres torseurs, la formule de Varignon s'applique également au moment dynamique.

D.2 Cas particuliers

D.2.1 Cas où A est un point fixe dans R_0

Le moment dynamique d'un point A fixe dans le repère R_0 a pour expression :

$$\overrightarrow{\delta_{A\in S/R_0}} = \left.\frac{d\overrightarrow{\sigma_{A\in S/R_0}}}{dt}\right|_{R_0}$$

D.2.2 Cas où A est le centre de gravité du solide

Le moment dynamique du centre de gravité d'un solide a pour expression :

$$\overrightarrow{\delta_{G\in S/R_0}} = \left.\frac{d\overrightarrow{\sigma_{G\in S/R_0}}}{dt}\right|_{R_0}$$

D.2.3 Cas d'une masse ponctuelle

Le moment dynamique d'une masse ponctuelle G, de masse m, vaut $\overrightarrow{\delta_{G\in S/R_0}} = \vec{0}$

D.2.4 Torseur dynamique d'un ensemble de solides

Le torseur dynamique d'un ensemble de solides se détermine en faisant la somme des torseurs dynamiques de chacun des solides élémentaires :

$$\left\{D_{\bigcup_i S_i/R_0}\right\} = \sum_i \left\{D_{S_i/R_0}\right\}$$

E. Energie cinétique

E.1 Définition générale

L'énergie cinétique d'un solide S en mouvement est l'énergie accumulée par ce solide grâce à sa vitesse.

Si on considère le torseur cinématique $\left\{\mathcal{V}_{S/R_0}\right\}$ de ce solide par rapport au repère R_0 et son torseur cinétique $\left\{C_{S/R_0}\right\}$, alors l'énergie cinétique est le comoment de ces deux torseurs, et a pour expression générale :

$$\boxed{T = \frac{1}{2}\left\{C_{S/R_0}\right\} \otimes \left\{\mathcal{V}_{S/R_0}\right\}}$$

(La définition du comoment est donnée au chapitre 12 (cinématique), paragraphe D.4.5).

E.2 Cas particuliers

Le programme de la CPGE ATS demande de retenir les expressions de l'énergie cinétique dans quelques cas particuliers.

E.2.1 Cas d'un solide en translation

On considère ici un solide S de masse m, en translation définie par le vecteur vitesse $\overrightarrow{V_{G\in S/R_0}}$.

$$\left\{\mathcal{V}_{S/R_0}\right\}=\left\{\begin{matrix}\vec{0}\\ \overrightarrow{V_{G\in S/R_0}}\end{matrix}\right\}_G \qquad \left\{C_{S/R_0}\right\}=\left\{\begin{matrix}m\overrightarrow{V_{G\in S/R_0}}\\ \vec{0}\end{matrix}\right\}_G$$

$$\boxed{T=\frac{1}{2}mV_{G\in S/R_0}^2}$$

E.2.2 Cas d'un solide en rotation

On considère à présent le cas d'un solide S de masse m, de matrice d'inertie $\overline{\overline{I_{G,S}}}$ au centre de gravité G et $\overline{\overline{I_{A,S}}}$ au point A≠G.

Si ce solide est en rotation autour d'un axe $(A,\vec{x})$ fixe dans R_0, alors

$$\left.\begin{matrix}\left\{\mathcal{V}_{S/R_0}\right\}=\left\{\begin{matrix}\overrightarrow{\Omega_{S/R_0}}\\ \vec{0}\end{matrix}\right\}_A\\ \left\{C_{S/R_0}\right\}=\left\{\begin{matrix}\vec{0}\\ \overline{\overline{I_{A,S}}}\cdot\overrightarrow{\Omega_{S/R_0}}\end{matrix}\right\}_A\end{matrix}\right\}\Rightarrow T=\frac{1}{2}\overline{\overline{I_{A,S}}}\cdot\Omega_{S/R_0}^2$$

En notant avec $\overrightarrow{\Omega_{S/R_0}}=\omega_{S/R_0}\vec{x}$ et $I_{(A,\vec{x}),S}$ le moment d'inertie du solide autour de l'axe $(A,\vec{x})$, alors

$$\boxed{T=\frac{1}{2}I_{(A,x),S}\,\omega_{S/R_0}^2}$$

E.2.3 Cas de mouvements combinés

Dans le cas de mouvements combinés (par exemple un cylindre roulant sans glisser sur un plan horizontal), les énergies cinétiques s'ajoutent, les mouvements se décomposant en une translation et une rotation :

Considérons par exemple un disque homogène (1) de masse M, d'épaisseur e et de rayon R roulant sans glisser sur le sol au niveau du point I.

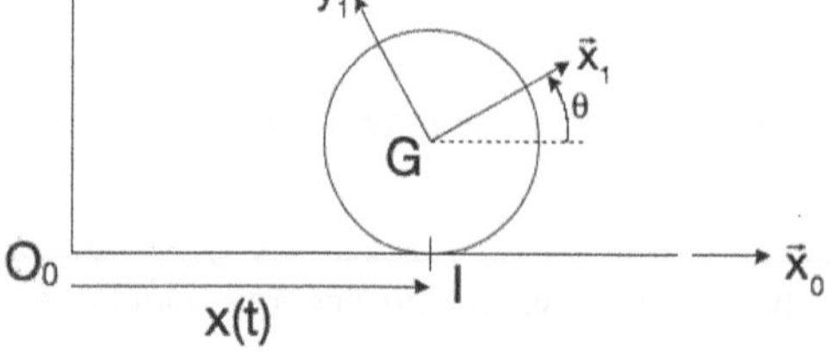

$$\overline{\overline{I_{G,1}}}=\frac{M}{12}\begin{bmatrix}3R^2+e^2 & 0 & 0\\ 0 & 3R^2+e^2 & 0\\ 0 & 0 & 6R^2\end{bmatrix}$$

Le roulement sans glissement impose $\dot{x} = -R\dot{\theta}$.

L'énergie cinétique est la somme :

* de l'énergie cinétique de translation $T^{tr}_{1/0} = \frac{1}{2}M\dot{x}^2 = \frac{1}{2}MR^2\dot{\theta}^2$

* de l'énergie cinétique de rotation $T^{rot}_{1/0} = \frac{1}{2}I_{G,z}\dot{\theta}^2 = \frac{1}{4}MR^2\dot{\theta}^2$

D'où l'énergie cinétique totale du disque :

$$T_{1/0} = T^{tr}_{1/0} + T^{rot}_{1/0} = \frac{1}{2}MR^2\dot{\theta}^2 + \frac{1}{4}MR^2\dot{\theta}^2 = \frac{3}{2}MR^2\dot{\theta}^2$$

E.3 Inertie équivalente - Masse équivalente

E.3.1 Définitions

E.3.1.1. Inertie équivalente

L'inertie équivalente J_{eq} rapportée à la vitesse de rotation θ d'un ensemble E de N solides (Si) en rotation est telle que l'énergie cinétique équivalente est égale à la somme des énergies des solides (Si) :

$$T_{E/R_0} = \frac{1}{2}J_{eq}\dot{\theta}^2 = \sum_{i=1}^{N} T_{S_i/R_0}$$

E.3.1.2 Masse équivalente

La masse équivalente M_{eq} rapportée à la vitesse de translation V d'un ensemble E de N solides (Si) en translation est telle que l'énergie cinétique équivalente est égale à la somme des énergies des solides (Si) :

$$T_{E/R_0} = \frac{1}{2}M_{eq}V^2 = \sum_{i=1}^{N} T_{S_i/R_0}$$

E.3.2 Exemples

E.3.2.1 Exemple 1

On considère le train d'engrenage simple suivant, de rapport de réduction $k = \frac{\omega_2}{\omega_1}$.

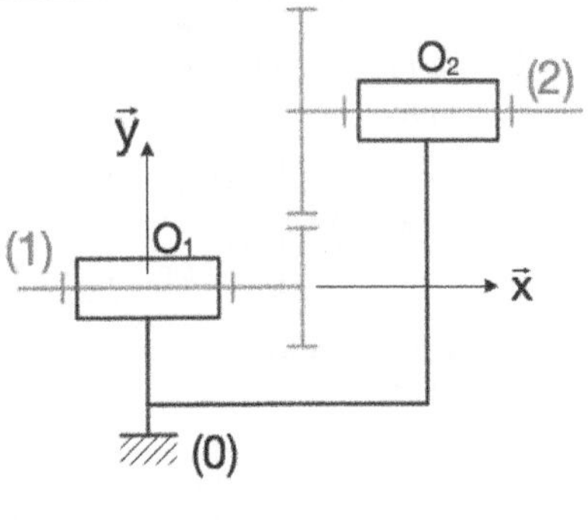

L'inertie des arbres 1 et 2 autour de leurs axes de rotation sont notés respectivement J_1 et J_2.

On cherche l'inertie équivalente ramenée à l'arbre d'entrée (2) :

$$T_{\{1,2\}/R_0} = T_{1/R_0} + T_{2/R_0} = \frac{1}{2}J_1\omega_1^2 + \frac{1}{2}J_2\omega_2^2 = \frac{1}{2}J_1\omega_1^2 + \frac{1}{2}J_2k^2\omega_1^2$$

$$= \frac{1}{2}\left(J_1 + k^2J_2\right)\omega_1^2$$

Or on cherche une inertie équivalente telle que $T_{\{1,2\}/R_0} = \frac{1}{2}J_{eq}\omega_1^2$

Donc l'inertie équivalente est égale à :

$$J_{eq} = J_1 + k^2J_2$$

E.3.2.2 Exemple 2

On considère un système suivant composé d'une masse M (solide 3) en translation à la vitesse V et de deux poulies 1 et 2 de rayon R et d'inerties J autour de leurs axes de rotation de vitesse de rotation ω.

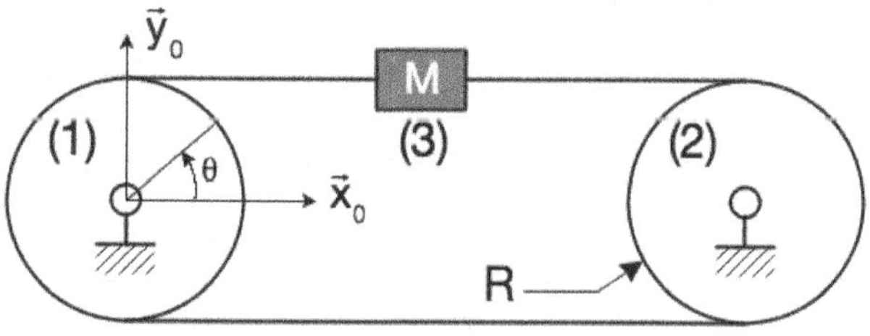

On cherche à déterminer la masse équivalente de ce système.

$$T_{\{1,2,3\}/R_0} = T_{1/R_0} + T_{2/R_0} + T_{3/R_0} = \frac{1}{2}J\omega^2 + \frac{1}{2}J\omega^2 + \frac{1}{2}MV^2$$

Or $\omega = \dfrac{V}{R}$

Donc $T_{\{1,2,3\}/R_0} = J\dfrac{V^2}{R^2} + \dfrac{1}{2}MV^2 = \dfrac{1}{2}\left(\dfrac{2J}{R^2} + M\right)V^2$

Or on cherche une masse équivalente telle que $T_{\{1,2,3\}/R_0} = \dfrac{1}{2}M_{eq}\omega_1^2$

Donc la masse équivalente est égale à :

$$M_{eq} = \frac{2J}{R^2} + M$$

F. Théorème de l'énergie cinétique (TEC)

F.1 Puissances

F.1.1 Puissance d'une action mécanique

On considère une action mécanique s'exerçant sur un solide S, défini par le torseur statique :

$$\left\{T_{\bar{S}\to S}\right\} = \left\{\begin{matrix} \vec{R}_{\bar{S}\to S} \\ \vec{M}_{A,\bar{S}\to S} \end{matrix}\right\}_A$$

Ce solide est en mouvement dans une repère R0, et ce mouvement est défini par le torseur cinématique :

$$\left\{\nu_{S/R_0}\right\} = \left\{\begin{matrix} \vec{\Omega}_{S/R_0} \\ \vec{V}_{A\in S/R_0} \end{matrix}\right\}_A$$

La puissance de cette action mécanique est un scalaire, comoment des torseurs statique et cinématique :

$$P_{\bar{S}\to S/R_0} = \left\{T_{\bar{S}\to S}\right\} \otimes \left\{\nu_{S/R_0}\right\} = \left\{\begin{matrix} \vec{R}_{\bar{S}\to S} \\ \vec{M}_{A,\bar{S}\to S} \end{matrix}\right\}_A \otimes \left\{\begin{matrix} \vec{\Omega}_{S/R_0} \\ \vec{V}_{A\in S/R_0} \end{matrix}\right\}_A$$

$$\boxed{P_{\bar{S}\to S/R_0 A} = \vec{R}_{\bar{S}\to S} \cdot \vec{V}_{A\in S/R_0} + \vec{M}_{A,\bar{S}\to S} \cdot \vec{\Omega}_{S/R_0}}$$

<u>*Remarques*</u> : La puissance est indépendante du point.

F.1.2 Puissance d'un ensemble de solides et de plusieurs actions mécaniques

Dans le cas d'un ensemble E de N solides (S_i) sur lequel s'appliquent plusieurs actions extérieures, la puissance de de ces actions est égale à la somme des puissances de chaque action extérieure sur l'ensemble de solides :

$$P_{\bar{E}\to E/R_0} = \sum_{i=1}^{N} P_{\bar{E}\to S_i/R_0}$$

F.1.3 Puissance des inter efforts

Les inter efforts traduisent les efforts de liaison entre deux solides S_i et S_j.

La puissance de ces inter efforts, également appelée puissance intérieure à ces solides, est égale au comoment des torseurs statique et cinématique dans la liaison :

$$P_{S_i,S_j} = \left\{T_{S_i\to S_j}\right\} \otimes \left\{\mathcal{V}_{S_j/S_i}\right\} = \left\{\begin{matrix} \vec{R}_{S_i\to S_j} \\ \vec{M}_{A,S_i\to S_j} \end{matrix}\right\}_A \otimes \left\{\begin{matrix} \vec{\Omega}_{S_j/S_i} \\ \vec{V}_{A\in S_j/S_i} \end{matrix}\right\}_A$$

$$P_{S_i,S_j} = \vec{R}_{S_i\to S_j} \cdot \vec{V}_{A\in S_j/S_i} + \vec{M}_{A,S_i\to S_j} \cdot \vec{\Omega}_{S_j/S_i}$$

Remarques :

Dans les liaisons cinématiques, $P_{S_i,S_j} \leq 0$ traduit une perte (actions et mouvements ont opposés)

Dans les liaisons motorisées, $P_{S_i,S_j} \geq 0$

Une liaison sera dite parfaite si $P_{S_i,S_j} = 0$

Exemple

Considérons une liaison pivot d'axe $(O,\vec{x})$ entre deux solides (1) et (0).

* Dans le cas d'une liaison parfaite, la puissance inter effort dans la liaison vaut :

$$P_{0,1} = \left\{T_{0/1}\right\} \otimes \left\{T_{1/0}\right\} = \left\{\begin{matrix} X_{01} & 0 \\ Y_{01} & M_{01} \\ Z_{01} & N_{01} \end{matrix}\right\}_A \otimes \left\{\begin{matrix} 0 & \Omega_{10} \\ 0 & 0 \\ 0 & 0 \end{matrix}\right\} = 0$$

* Dans le cas d'une liaison avec frottement Cf de signe opposé à Ω_{10}, la puissance inter effort dans la liaison vaut :

$$P_{0,1} = \left\{T_{0/1}\right\} \otimes \left\{T_{1/0}\right\} = \left\{\begin{matrix} X_{01} & C_f \\ Y_{01} & M_{01} \\ Z_{01} & N_{01} \end{matrix}\right\}_A \otimes \left\{\begin{matrix} 0 & \Omega_{10} \\ 0 & 0 \\ 0 & 0 \end{matrix}\right\} = C_f\Omega_{10}$$

F.2 Théorème de l'énergie cinétique

Le théorème de l'énergie cinétique, également connu sous le nom de théorème de l'énergie puissance, ou théorème de la puissance cinétique, s'écrit pour un solide ou un ensemble de solide en mouvement dans un repère galiléen R_0.

Il traduit l'influence des puissances en jeu sur l'énergie cinétique.

Ce théorème est extrêmement efficace pour extraire les équations différentielles du mouvement d'un solide, ou ensemble de solide, à un degré de liberté.

F.2.1 Cas d'un solide

La dérivée par rapport au temps de l'énergie cinétique d'un solide S en mouvement par rapport à un repère galiléen est égale à la puissance des efforts extérieurs s'exerçant sur S :

$$\frac{dT_{S,R_0}}{dt} = P_{\bar{S}\rightarrow S/R_0}$$

F.2.2 Cas d'un ensemble de solides

La dérivée par rapport au temps de l'énergie cinétique d'un ensemble E de solides S_i en mouvement par rapport à un repère galiléen est égale à la somme de la puissance des efforts extérieurs s'exerçant sur les solides Si, et de la puissance des inter efforts développés dans les liaisons :

$$\frac{dT_{S,R_0}}{dt} = P_{ext} + P_{int} = P_{\bar{S}\rightarrow S/R_0} + \sum_{\substack{i,j \\ i\neq j}} P_{i,j}$$

Exemple d'application du TEC

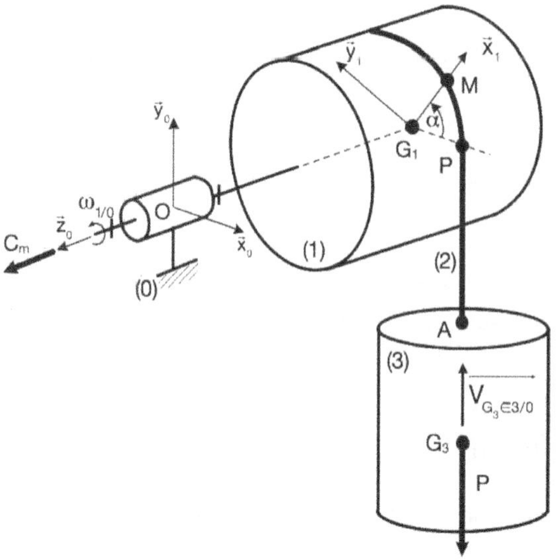

Considérons le mécanisme ci-contre, constitué d'un tambour (1) autour duquel est enroulé un câble (2). Ce câble entraîne en translation une charge (3).

Le tambour est en liaison pivot d'axe $(O,\vec{z}_0)$ par rapport au bâti (0).

La chaîne d'énergie du tambour est constituée d'un moteur à courant continu commandé en vitesse par une loi en trapèze. Ce moteur entraîne un tambour associé à un réducteur.

$R_0 = (O,\overrightarrow{x_0},\overrightarrow{y_0},\overrightarrow{z_0})$ désigne le repère lié au bâti . Ce repère est supposé galiléen.

$R_1 = (O,\overrightarrow{x_1},\overrightarrow{y_1},\overrightarrow{z_1})$ désigne le repère mobile lié au tambour (1), avec $\alpha = (\overrightarrow{x_0},\overrightarrow{x_1})$ et $\dot{\alpha} = \omega_r$.

On cherche à déterminer la valeur de l'accélération $\Gamma_{G_3\in 3/0}$ de la charge.

Données et notations

Moteur : vitesse angulaire ω_m, couple C_m=13,5 Nm, inertie de l'arbre moteur ramenée à son axe de rotation J_m=12600 kg.mm^2

Réducteur : rapport de réduction λ=1/12, moment d'inertie du réducteur ramené à l'arbre moteur J_t=893000 kg.mm^2

Tambour : rayon R=500 mm, centre de gravité G_1 positionné sur l'axe $(O,\vec{z}_0)$.

Câble : masse et inertie négligées.

Le point P est défini par son vecteur position $\overrightarrow{OP} = -L\overrightarrow{z_0} + R\overrightarrow{x_0}$.

La masse de la charge (3) vaut M=24 kg.

Le rendement du réducteur est estimé à η=0,9. Les autres contacts sont supposés sans pertes.

On prendra $\vec{g} = -g\vec{y}_0$ l'accélération de la pesanteur, avec g=10 m.s^{-2}.

Vitesse de translation de la charge

Le vecteur vitesse du point M est définie par :

$$\overrightarrow{V_{M\in 1/0}} = \left.\frac{d\overrightarrow{OM}}{dt}\right|_{R_0} = R\left.\frac{d\vec{x}_1}{dt}\right|_{R_0} = R\left(\left.\frac{d\vec{x}_1}{dt}\right|_{R_1} + \vec{\Omega}_{1/0} \wedge \vec{x}_1\right) = R\omega_r \vec{z}_0 \wedge \vec{x}_1 = R\omega_r \vec{y}_1$$

Le point P est un point particulier, correspondant à α=0. Alors $\overrightarrow{V_{P\in 1/0}} = R\omega_r \vec{y}_0$.

Or il n'y a pas de glissement en P entre le câble (3) et le tambour (1). Donc $\overrightarrow{V_{P\in 3/1}} = \vec{0}$, et par conséquent $\overrightarrow{V_{P\in 3/0}} = R\omega_r \vec{y}_0$.

Par ailleurs, $\overrightarrow{V_{P\in 3/0}} = \overrightarrow{V_{A\in 3/0}} = \overrightarrow{V_{A\in 2/0}}$. On en déduit donc finalement :

$$\overrightarrow{V_{A\in 2/0}} = R\omega_r \vec{y}_0$$

Inerties équivalentes

On considère l'ensemble E={Moteur;réducteur;tambour;charge}

L'énergie cinétique développée par cet ensemble est :

$$T(E/R_0) = \frac{1}{2}J_m\omega_m^2 + \frac{1}{2}J_t\omega_m^2 + \frac{1}{2}MV_{G_3\in 3/0}^2$$

avec $V_{G_3\in 3/0} = V = R\omega_r$ et $\lambda = \frac{\omega_t}{\omega_m}$.

Inertie équivalente ramenée au moteur

On cherche dans ce cas à exprimer l'énergie cinétique en fonction de ω_m.

$$T(E/R_0) = \frac{1}{2}\left(J_m + J_t + MR^2\lambda^2\right)\omega_m^2$$

Si J_{eq_m} est l'inertie équivalente ramenée à l'arbre moteur, alors $T(E/R_0) = \frac{1}{2}J_{eq\_m}\omega_m^2$

D'où $J_{eq\_m} = J_m + J_t + MR^2\lambda^2 = 1060667\ \text{kg.mm}^2$

Masse équivalente ramenée à la charge

On cherche dans ce cas à exprimer l'énergie cinétique en fonction de V.

$$T(E/R_0) = \frac{1}{2}\left(\frac{J_m + J_t}{R^2\lambda^2} + M\right)V^2$$

Si M_{eq} est la masse équivalente ramenée à la charge, alors $T(E/R_0) = \frac{1}{2}M_{eq}V^2$

D'où $M_{eq} = \frac{J_m + J_t}{R^2\lambda^2} + M = 610{,}9\ \text{kg}$

Puissance des actions extérieures et intérieures

La puissance des actions mécaniques extérieures qui s'appliquent sur l'ensemble E vaut :

$$P_{\bar{E}\to E/R_0} = P_{moteur\to E/R_0} + P_{pesanteur\to E/R_0} = C_m\omega_m - MgV = \left(\frac{C_m}{\lambda R} - Mg\right)V$$

La puissance des inter efforts a quant à elle pour expression en régime permanent :

$$P_{int} = -(1-\eta)C_m\omega_m = -(1-\eta)\frac{C_m}{\lambda R}V$$

Théorème de l'énergie cinétique

$$\frac{dT(E/R_0)}{dt} = P_{\bar{E}\to E/R_0} + P_{int} \quad \text{avec} \quad T(E/R_0) = \frac{1}{2}M_{eq}V^2$$

donc $M_{eq}V\dot{V} = \left(\frac{C_m}{\lambda R} - Mg\right)V - (1-\eta)\frac{C_m}{\lambda R}V = \left(\eta\frac{C_m}{\lambda R} - Mg\right)V$

Calcul de l'accélération

Cette dernière relation permet d'obtenir l'expression de l'accélération :

$$\dot{V} = \frac{\eta\frac{C_m}{\lambda R} - Mg}{M_{eq}} = 8,45.10^{-2}\ m\cdot s^{-2}$$

G. Principe fondamental de la dynamique (PFD)

G.1 Généralités

G.1.1 Objectifs des principes dynamiques

L'étude des phénomènes dynamiques existant dans un mécanisme permet de répondre à l'une des problématiques suivantes :

- Dimensionner un actionneur qui permettra d'obtenir le comportement cinématique désiré
- Déterminer les mouvements d'un mécanisme à partir des actions s'exerçant sur celui-ci
- Dimensionner les liaisons par la connaissance des actions mécaniques appliquées, à partir des lois cinématiques

Les problèmes abordés dans ce paragraphe seront limités aux mouvements simples : translation rectiligne ou rotation autour d'un axe fixe.

G.1.2 Hypothèses

G.1.2.1 Référentiel de travail : référentiel galiléen

Les méthodes dynamiques s'appliquent dans un référentiel galiléen. Un référentiel sera dit galiléen si le principe d'inertie y est respecté : tout solide non sollicité est mû en translation rectiligne uniforme.

Tout repère en translation rectiligne uniforme par rapport à un référentiel galiléen est lui-même galiléen.

Dans le cadre des domaines d'application des systèmes étudiés en Sciences de l'Ingénieur (faibles vitesses devant la vitesse de la lumière, faible durée des phénomènes,...), le référentiel terrestre pourra être considéré comme un référentiel galiléen.

G.1.2.2 Masse

Les mécanismes étudiés seront systématiquement à masse constante. Cette hypothèse exclut donc les systèmes dont le principe de fonctionnement est basé sur la variation de masse (propulsion par réaction).

G.1.2.3 Liaisons mécaniques

Les liaisons mécaniques seront la plupart du temps supposées parfaites : géométrie parfaite, sans jeu, sans pertes.

Si des pertes sont prises en compte, il s'agira de frottements modélisés par les lois de Coulomb ou par un rendement.

G.1.3 Lois de mouvement

Les mouvements d'un mécanisme pour lequel on souhaite obtenir un déplacement défini obéissent souvent à une loi cinématique particulière : la loi en trapèze.

Le déplacement souhaité correspond graphiquement à l'aire délimitée par la loi de vitesse.

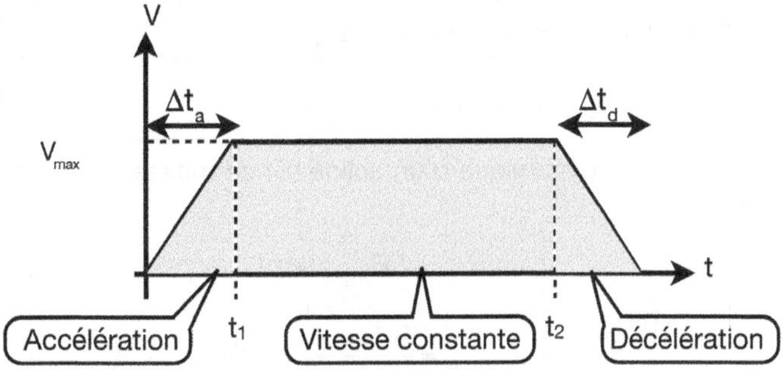

Les cas extrêmes sont la loi en rectangle et la loi en triangle :

La loi en rectangle minimise Vmax, mais l'accélération est infinie

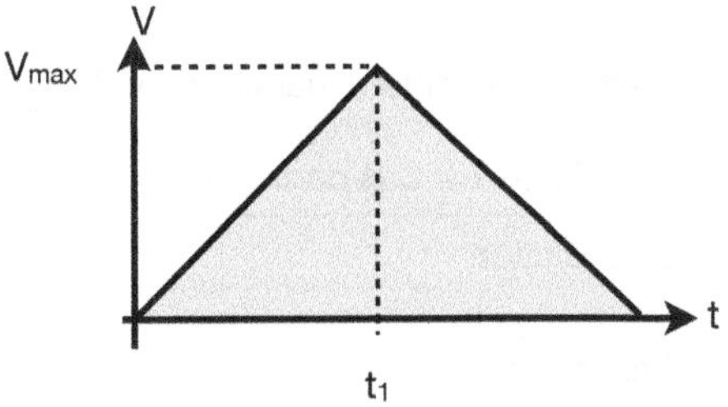

La loi en triangle minimise l'accélération, mais maximise Vmax

G.1.3.1 Accélérations

Dans le cas d'une loi de vitesse en triangle, les valeurs des accélérations se calculent par :

$$a_{G\in S/R} = \frac{V_{max}}{\Delta t} \text{ (translation)}$$

$$\dot{\omega}_{S/R} = \frac{\omega_{max}}{\Delta t} \text{ (rotation)}$$

G.1.3.2 Positions

Toujours dans le cas d'une loi en triangle, les valeurs de position s'extraient facilement par exploitation graphique : il s'agit d'un calcul de l'aire délimitée par la loi de vitesse

$$x = V_{max}\left(t - \frac{1}{2}\Delta t_a - \frac{1}{2}\Delta t_d\right)$$

$$\theta = \theta_{max}\left(t - \frac{1}{2}\Delta t_a - \frac{1}{2}\Delta t_d\right)$$

Cette méthode de résolution est efficace, et appréciée lors des épreuves du concours.

G.1.4 Principe fondamental de la dynamique

G.1.4.1 Torseur dynamique (rappel)

G.1.4.1.1 Expression générale

Le torseur dynamique d'un solide (S) de masse m en mouvement par rapport à un repère galiléen R s'écrit :

$$\left\{D_{S/R}\right\} = \left\{ \begin{array}{c} \overrightarrow{R_{d,S/R}} = m\overrightarrow{\Gamma_{G\in S/R}} \\ \overrightarrow{\delta_{A\in S/R}} = \left.\dfrac{d\overrightarrow{\sigma_{A\in S/R}}}{dt}\right|_R + m\overrightarrow{V_{A\in S/R}} \wedge \overrightarrow{V_{G\in S/R}} \end{array} \right\}_A$$

$\overrightarrow{R_{d,S/R}}$ est la résultante dynamique, et $\overrightarrow{\delta_{A\in S/R}}$ le moment dynamique.

G.1.4.1.2 Cas particuliers

Cas d'une translation

$$\overrightarrow{\delta_{G\in S/R}} = \vec{0}$$

Cas d'une rotation autour d'un axe fixe $\left(A,\vec{x}\right)$:

$$\overrightarrow{\delta_{A\in S/R}} = I_{(A,\vec{x})}\dot{\omega}_x\vec{x}$$

$I_{(A,\vec{x})}$ désigne le moment d'inertie du solide (S) autour de l'axe $\left(A,\vec{x}\right)$, et $\dot{\omega}_x$ désigne l'accélération de rotation du solide autour de ce même axe.

G.1.4.2 Enoncé du principe fondamental de la dynamique

G.1.4.2.1 Enoncé général

On considère un système (S) en mouvement par rapport à un référentiel galiléen. Ce système est soumis à des actions extérieures.

Le principe fondamental de la dynamique énonce que **le torseur dynamique de (S) est égal au torseur des actions mécaniques extérieures agissant sur (S) :**

$$\boxed{\left\{D_{S/R}\right\} = \left\{T_{\bar{S}\to S}\right\}}$$

Ce Principe se décompose en deux théorèmes : le Théorème de la Résultante Dynamique (TRD) et le Théorème du Moment Dynamique (TMD).

G.1.4.2.2 Théorème de la Résultante Dynamique

On considère un système (S) en mouvement par rapport à un référentiel galiléen.

La résultante dynamique de (S) est égale à la somme des forces extérieures agissant sur ce système :

$$m\overrightarrow{\Gamma_{G\in S/R}} = \overrightarrow{R_{\bar{S}\to S}}$$

G.1.4.2.3 Théorème du Moment Dynamique

On considère un système (S) en mouvement par rapport à un référentiel galiléen.

Le moment dynamique de (S) est égale à la somme des moments des forces extérieures agissant sur ce système :

$$\overrightarrow{\delta_{A\in S/R}} = \overrightarrow{M_{A,\bar{S}\to S}}$$

G.1.4.3 Exploitation du principe fondamental de la dynamique

Le PFD permet d'extraire aussi bien les lois de mouvement des actionneurs que les actions dans les liaisons mécaniques.

La projection sur un axe judicieusement choisi permet d'obtenir les relations souhaitées.

G.1.4.3.1 Dimensionnement des actionneurs

La projection du PFD (TRD ou TMD) sur l'axe de mobilité d'un actionneur permet d'extraire les lois reliant le mouvement de l'actionneur avec les actions mécaniques. Il s'agit là d'une démarche de dimensionnement de l'actionneur.

G.14.3.2 Dimensionnement des liaisons

La projection du PFD (TRD ou TMD) sur les directions des inconnues de liaison permet d'obtenir les équations dont la résolution aboutira au calcul des actions mécaniques dans les liaisons.

G.1.4.4 PFD ou TEC : Choix du théorème

Si chacune des deux théorèmes permettent d'extraire les équations différentielles du mouvement, ils présentent des caractéristiques spécifiques qui induiront le choix de la méthode en fonction des conclusions recherchées :

PFD	TEC
6 équations par ensemble isolé	Une équation par mobilité
Fournit les actions de liaisons	Ne fournit pas les actions de liaisons
Vite fastidieux en présence de nombreux solides	Aisé quel que soit le nombre de solides
Pertes difficiles à traiter	Optimal pour les systèmes à 1 degré de liberté

Annexes : matrices d'inertie usuelles

Dans ce tableau, m désigne la masse du solide.

Volume	Matrice d'inertie
Parallélépipède 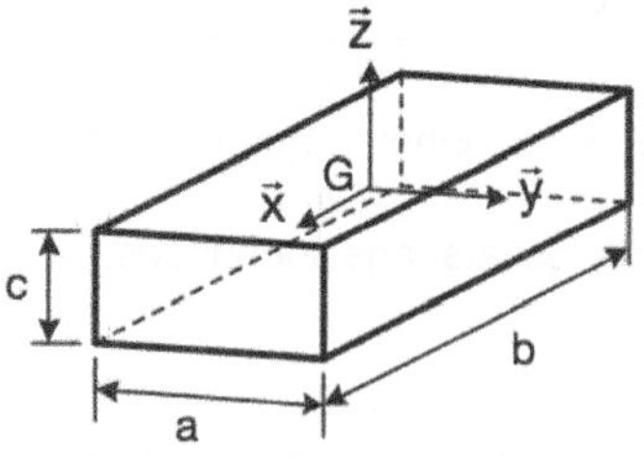	$\overline{\overline{I_{G,S}}} = \begin{bmatrix} \frac{m}{12}\left(b^2+c^2\right) & 0 & 0 \\ 0 & \frac{m}{12}\left(a^2+c^2\right) & 0 \\ 0 & 0 & \frac{m}{12}\left(a^2+b^2\right) \end{bmatrix}$
Cylindre 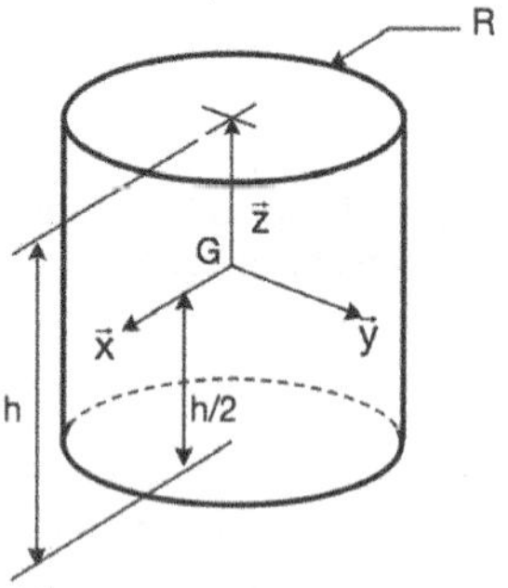	$\overline{\overline{I_{G,S}}} = \begin{bmatrix} m\left(\frac{R^2}{4}+\frac{h^2}{12}\right) & 0 & 0 \\ 0 & m\left(\frac{R^2}{4}+\frac{h^2}{12}\right) & 0 \\ 0 & 0 & m\frac{R^2}{2} \end{bmatrix}$
Cône 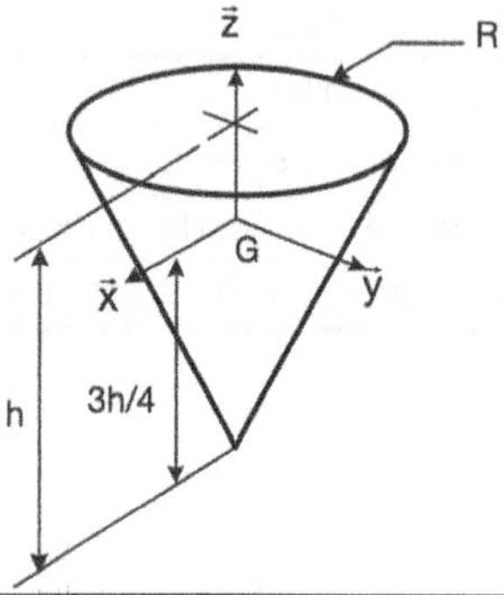	$\overline{\overline{I_{G,S}}} = \begin{bmatrix} \frac{3}{20}m\left(R^2+\frac{h^2}{4}\right) & 0 & 0 \\ 0 & m\left(\frac{R^2}{4}+\frac{h^2}{12}\right) & 0 \\ 0 & 0 & \frac{3}{10}mR^2 \end{bmatrix}$

Volume	**Matrice d'inertie**
Ellipsoïde 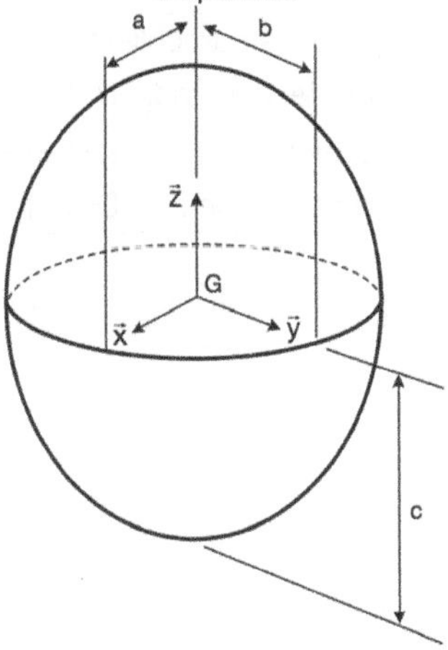	$\overline{\overline{I_{G,S}}} = \begin{bmatrix} \frac{m}{5}\left(b^2+c^2\right) & 0 & 0 \\ 0 & \frac{m}{5}\left(a^2+c^2\right) & 0 \\ 0 & 0 & \frac{m}{5}\left(a^2+b^2\right) \end{bmatrix}$
Tore 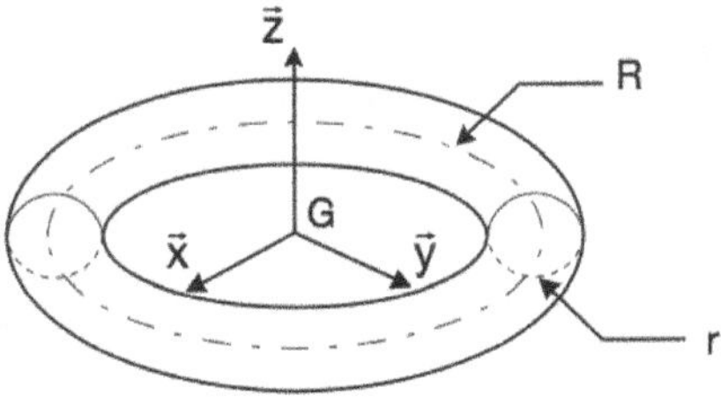	$\overline{\overline{I_{G,S}}} = \begin{bmatrix} m\left(\frac{R^2}{2}+\frac{5r^2}{8}\right) & 0 & 0 \\ 0 & m\left(\frac{R^2}{2}+\frac{5r^2}{8}\right) & 0 \\ 0 & 0 & m\left(R^2+\frac{3r^2}{4}\right) \end{bmatrix}$

CE QU'IL FAUT RETENIR

Cinétique

Matrice d'inertie

$$\overline{\overline{I_{0,S}}} = \begin{bmatrix} A & -F & -E \\ -F & B & -D \\ -E & -D & C \end{bmatrix}$$ A, B, C : Moments d'inertie

D, E, F : Produits d'inertie

Cas particuliers	
$(O,\vec{x},\vec{y})$ plan de symétrie :	D=E=0
2 plans de symétrie :	D=E=F=0
$(O,\vec{z})$ axe de symétrie :	D=E=F=0 et A=B

Théorème de Huygens :

$$\overline{\overline{I_{A,S}}} = \overline{\overline{I_{B,S}}} + m\begin{bmatrix} y^2+z^2 & -xy & -xz \\ -xy & x^2+z^2 & -yz \\ -xz & -yz & x^2+y^2 \end{bmatrix} \quad \text{avec } \overrightarrow{AB} = (x\ y\ z)$$

Moments d'inertie à connaître

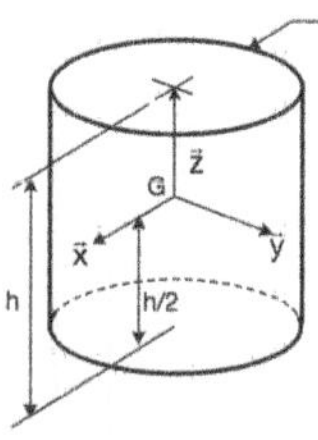

$$I_{(G,\vec{z})} = m\frac{R^2}{2}$$

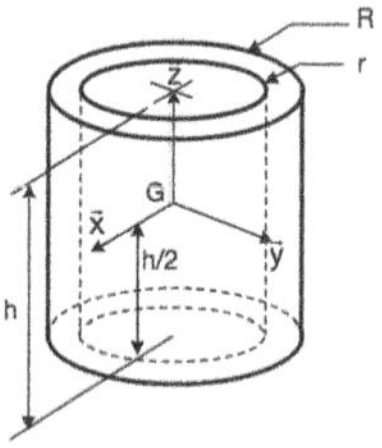

$$I_{(G,\vec{z})} = m\left(\frac{R^2}{2}+\frac{r^2}{2}\right)$$

Torseur cinétique

$$\{C_{S/R_0}\} = \begin{Bmatrix} \overrightarrow{R_{c,S/R_0}} \\ \overrightarrow{\sigma_{A\in S/R_0}} \end{Bmatrix}_A \quad \text{avec} \quad \left| \begin{array}{l} \overrightarrow{R_{c,S/R_0}} = m\overrightarrow{V_{G\in S/R_0}} \\ \overrightarrow{\sigma_{A\in S/R_0}} = \overline{\overline{I_{A,S}}}\cdot\overrightarrow{\Omega_{S/R_0}} + m\overrightarrow{AG}\wedge\overrightarrow{V_{A\in S/R_0}} \end{array} \right.$$

Cas particuliers

Si A=G est le centre d'inertie du solide : $\overrightarrow{\sigma_{G\in S/R_0}} = \overline{\overline{I_{G,S}}}\cdot\overrightarrow{\Omega_{S/R_0}}$

Si A est un point immobile dans R0 : $\overrightarrow{\sigma_{A\in S/R_0}} = \overline{\overline{I_{A,S}}}\cdot\overrightarrow{\Omega_{S/R_0}}$

Changement de point (Varignon) : $\overrightarrow{\sigma_{B\in S/R_0}} = \overrightarrow{\sigma_{A\in S/R_0}} + \overrightarrow{BA}\wedge\left(m\overrightarrow{V_{G\in S/R_0}}\right)$

Torseur dynamique

$$\{D_{S/R_0}\} = \begin{Bmatrix} \overrightarrow{R_{d,S/R_0}} \\ \overrightarrow{\delta_{A\in S/R_0}} \end{Bmatrix}_A \quad \text{avec} \quad \begin{array}{l} \overrightarrow{R_{d,S/R_0}} = m\overrightarrow{\Gamma_{G\in S/R_0}} \\ \overrightarrow{\delta_{A\in S/R_0}} = \left.\dfrac{d\overrightarrow{\sigma_{A\in S/R_0}}}{dt}\right|_{R_0} + m\overrightarrow{V_{A\in S/R_0}}\wedge\overrightarrow{V_{G\in S/R_0}} \end{array}$$

Cas particuliers

Si A=G est le centre d'inertie du solide : $\overrightarrow{\delta_{G\in S/R_0}} = \left.\dfrac{d\overrightarrow{\sigma_{G\in S/R_0}}}{dt}\right|_{R_0} = \overline{\overline{I_{G,S}}}\left.\dfrac{d\overrightarrow{\Omega_{S/R_0}}}{dt}\right|_{R_0}$

Si A est un point immobile dans R0 : $\overrightarrow{\delta_{A\in S/R_0}} = \overline{\overline{I_{A,S}}}\left.\dfrac{d\overrightarrow{\sigma_{A\in S/R_0}}}{dt}\right|_{R_0}$

CE QU'IL FAUT RETENIR

Energie cinétique

Expression générale

$T(S/R_0)=\frac{1}{2}\{C_{S/R_0}\}\otimes\{\mathcal{V}_{S/R_0}\}$ avec $\{\mathcal{V}_{S/R_0}\}$ et $\{C_{S/R_0}\}$ torseurs cinématique et cinétique de S/R_0

Cas particuliers

Solide de masse m, en translation de vitesse $V_{G\in S/R_0}$: $T=\frac{1}{2}mV^2_{G\in S/R_0}$

Solide de moment d'inertie $J_{(A,z)}$ en rotation autour de $(A,\vec{z})$: $T=\frac{1}{2}J_{(A,z)}\omega^2_{S/R_0}$

Inertie équivalente - Masse équivalente

Energie cinétique d'un ensemble de solides : $T\left(\bigcup_i S_i/R_0\right)=\sum_i T(S_i/R_0)$

Inertie équivalente J_{eq} ramenée à l'axe de rotation d'un solide k : $T\left(\bigcup_i S_i/R_0\right)=\frac{1}{2}J_{eq}\omega^2_{k/0}$

Masse équivalente M_{eq} ramenée à la translation d'un solide k : $T\left(\bigcup_i S_i/R_0\right)=\frac{1}{2}M_{eq}V^2_{G_k\in k/0}$

Puissance d'une action mécanique

Puissance d'une action extérieure

S est un solide soumis à des actions extérieures $\{T_{\bar{S}\to S}\}$ et en mouvement dans R_0 défini par $\{\mathcal{V}_{S/R_0}\}$.

$P_{\bar{S}\to S/R_0}$: puissance développée par les actions mécaniques lors du mouvement

$$P_{\bar{S}\to S/R_0}=\{T_{\bar{S}\to S}\}\otimes\{\mathcal{V}_{S/R_0}\}=\left\{\begin{array}{c}\vec{R}_{\bar{S}\to S}\\ \vec{M}_{A,\bar{S}\to S}\end{array}\right\}_A\otimes\left\{\begin{array}{c}\vec{\Omega}_{S/R_0}\\ \vec{V}_{A\in S/R_0}\end{array}\right\}_A=\vec{R}_{\bar{S}\to S}\cdot\vec{V}_{A\in S/R_0}+\vec{M}_{A,\bar{S}\to S}\cdot\vec{\Omega}_{S/R_0}$$

Puissance d'une action intérieure

Si $\{T_{S_i\to S_j}\}$ définit les actions de S_i sur S_j, et $\{\mathcal{V}_{S_j/S_i}\}$ le mouvement de S_j/S_i :

$$P_{S_i S_j}=\{T_{S_i\to S_j}\}\otimes\{\mathcal{V}_{S_j/S_i}\}=\vec{R}_{S_i\to S_j}\cdot\vec{V}_{A\in S_j/S_i}+\vec{M}_{A,S_i\to S_j}\cdot\vec{\Omega}_{S_j/S_i}$$ puissance intérieure

Liaison parfaite : $P_{Si,Sj}=0$
Liaison avec pertes : $P_{Si,Sj}<0$
Liaison motorisée : $P_{Si,Sj}>0$

Théorème de l'énergie cinétique (TEC)

$$\frac{dT(S,R_0)}{dt}=P_{ext}+P_{int}=P_{\bar{S}\to S/R_0}+\sum_{\substack{i,j\\ i\neq j}}P_{i,j}$$

Principe fondamental de la dynamique (PFD)

$$\{D_{S/R}\}=\{T_{\bar{S}\to S}\}$$

Théorème de la résultante dynamique (TRD)

$$m\overrightarrow{\Gamma_{G\in S/R}}=\overrightarrow{R_{\bar{S}\to S}}$$

Théorème du moment dynamique (TMD)

$$\overrightarrow{\delta_{A\in S/R}}=\overrightarrow{M_{A,\bar{S}\to S}}$$

H. Exercices

Exercice 1 : Table de radiographie D2RS (Concours ATS 2018) *(Corrigé page 587)*

La société Stephanix conçoit des équipements de radiologie pour les hôpitaux. La table D^2RS, étudiée dans cet exercice, permet de supporter le patient et le système d'imagerie.

Le mouvement d'incidence de la table permet de positionner angulairement les rayons X par rapport au plateau sur lequel repose le patient.

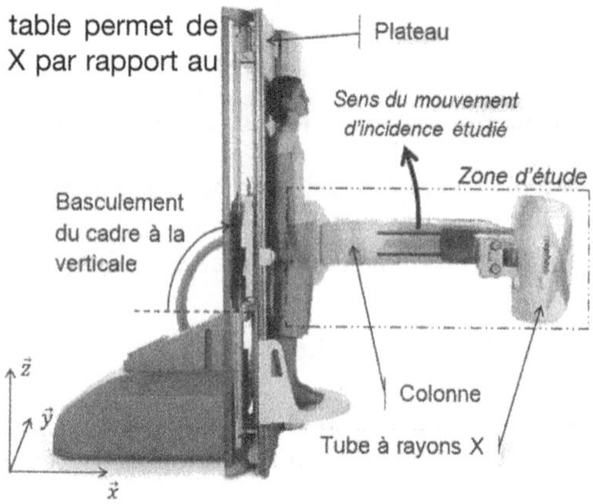

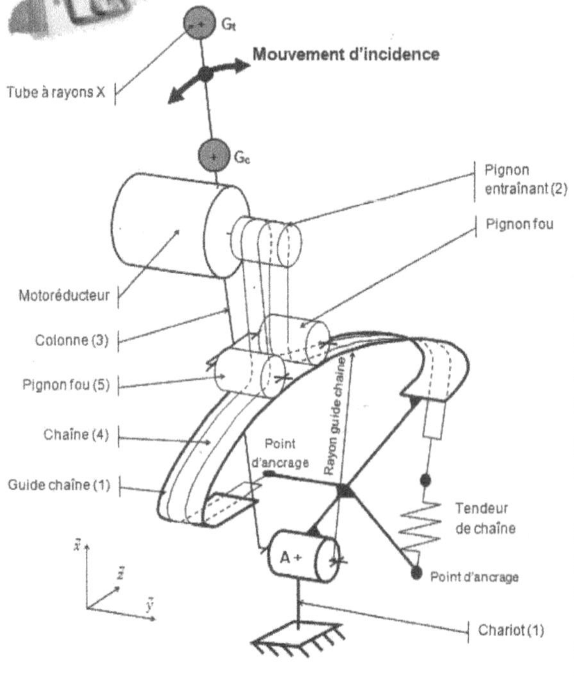

Les extrémités de la chaîne (4) sont solidaires du chariot (1). Le motoréducteur M2SB4, de couple nominal M_n=7,5 Nm, est fixé sur la colonne (3). Il l'entraîne en rotation autour de $(A,\vec{z})$ par l'intermédiaire du système pignon entraînant (2) / chaîne (4), avec une amplitude complète de ± 35° effectuée en 4s.

La chaîne (4) s'enroule autour du pignon entraînant (2) et permet ainsi le mouvement d'incidence de la colonne (3) par rapport au chariot (1).

La transmission du mouvement étant symétrique, seul un pignon fou (5) est pris en compte.

L'objectif de ce problème est de vérifier le dimensionnement de l'actionneur du mouvement d'incidence. Cette vérification se fera dans le cas le plus défavorable, lorsque le cadre est à la verticale, avec un angle d'incidence égal à 0°.

Caractéristiques et hypothèses

Moteur : couple mécanique C_m ; inertie rotor moteur $J_m=25.10^{-4}$ kg.m^2

Réducteur : inertie rapportée à l'arbre rapide (moteur) $J_{red}=5{,}6.10^{-4}$ kg.m^2 ;
rapport de transmission i=40 ; rendement $\eta_r=0{,}72$

Pignon entraînant (2) : nombre de dents Z_i=12 ; pas p_i=15,88 mm ; diamètre primitif D_i=61,36 mm ;
inertie ramenée à l'arbre lent du réducteur $J_i=2{,}2.10^{-4}$ kg.m^2

Pignons fous (5) : inertie et masse négligées

Chaîne (4) : inertie et masse négligées

Guide chaîne (1) : rayon d'enroulement de la chaîne autour du guide R_e=335 mm

Tube à rayons X : considéré comme une masse ponctuelle au point G_t ; masse M_t=70 kg
inertie par rapport à $(A,\vec{y})$ J_t=6,34 kg.m^2 ; rayon AG_t dans le plan $(\vec{x},\vec{z})$ R_t=1700 mm

{colonne (3)+motoréducteur} : inertie par rapport à $(A,\vec{y})$ J_c ; masse concentrée en G_c M_c=98 kg ; rayon AG_c dans le plan $(\vec{x},\vec{z})$ R_c=700 mm

N définit une vitesse de rotation en tr/mn et ω une vitesse de rotation en rad/s.

Le bâti constitue un reprère galiléen.

La vitesse de rotation de l'arbre moteur par rapport à la colonne (3) ω_{m3} est égale à la vitesse de rotation de l'arbre moteur par rapport au chariot (1) ω_{m1}. On adoptera $\omega_m = \omega_{m1} = \omega_{m3}$.

Le pignon entraînant (2) est accouplé à la sortie du réducteur. On note $\omega_{21} = \omega_{23}$ la vitesse de rotation du pignon (2) par rapport au chariot (1).

La liaison pivot d'axe $(A,\vec{y})$ entre la colonne (3) et le chariot (1) est supposée parfaite.

L'accélération de la pesanteur est notée g, avec g=9,81 m/s^2.

On note K' un point situé en périphérie du pignon entraînant (2), et $V_{K'\in 2/3}$ la norme du vecteur vitesse du point K' appartenant au pignon entraînant (2) dans son mouvement par rapport à la colonne (3).

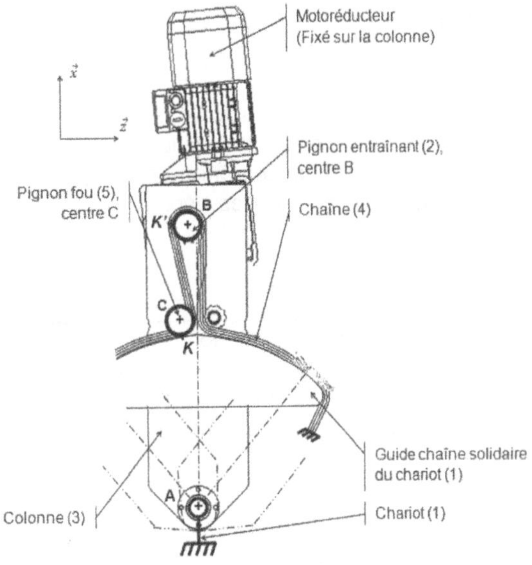

Question 1

Exprimer $V_{K'\in 2/3}$ en fonction de D_i, i et ω_m.

Soit K le point de contact entre le pignon fou (5) et le guide chaîne (1), et $V_{K\in 3/1}$ la norme du vecteur vitesse du point K appartenant à la colonne (3) dans son mouvement par rapport au chariot (1).

Question 2

Exprimer $V_{K\in 3/1}$ en fonction de R_e et ω_{31}, où ω_{31} définit la vitesse de rotation de la colonne (3) par rapport au chariot (1).

Question 3

En supposant des contacts sans glissement aux points K et K', établir la relation entre $V_{K'\in 2/3}$ et $V_{K\in 3/1}$. En déduire l'expression de ω_{31} en fonction de R_e, D_i, i et ω_m.

Soit E l'ensemble {rotor moteur;réducteur;pignon entraînant;tube à rayons X;colonne/motoréducteur}.

Question 4

Etablir l'expression de l'énergie cinétique du rotor Ec_{rotor}, du réducteur Ec_{red}, du pignon entraînant Ec_2 et du sous-ensemble (colonne/motoréducteur) Ec_3 par rapport au chariot (1) en fonction de ω_m et des paramètres du système.

Question 5

Exprimer le moment d'inertie J_t du tube à rayons X au niveau de l'axe $(A,\vec{y})$ en fonction de M_t er R_c.

Déterminer l'énergie cinétique du tube à rayons X Ec_{tube} en fonction de ω_m et des paramètres du système.

Question 6

Etablir l'expression littérale de l'énergie cinétique totale Ec_{totale} de l'ensemble E par rapport au chariot (1) en fonction de ω_m et des paramètres du système, sous la forme $Ec_{totale} = \frac{1}{2} J_{eq} \omega_m^2$ avec J_{eq} le moment d'inertie équivalent de l'ensemble E rapporté sur l'arbre moteur. Définir J_{eq} sous forme littérale.

Question 7

Exprimer la puissance des actions mécaniques extérieures et intérieures à l'ensemble E en fonction de ω_m et des paramètres du système.

Question 8

En appliquant le théorème de l'énergie cinétique, établir une relation entre le couple moteur C_m, son accélération angulaire $\dot{\omega}_m$ et les paramètres du système.

Question 9

Donner numériquement la valeur de Cm pour une accélération $\dot{\omega}_m$ permettant au moteur d'atteindre sa vitesse nominale 1400 tr/mn en 0,1 s.

Exercice 2 : Spiralift (Concours ATS 2017) *(Corrigé page 590)*

Le système Spiralift est un mécanisme permettant d'élever des plateformes dans des salles de spectacle, afin de rendre modulaire la configuration de la salle.

Une plateforme est constituée de deux guides charnières, d'un guide lambda et de deux actionneurs spiralift (qui sont en fait des vérins électriques).

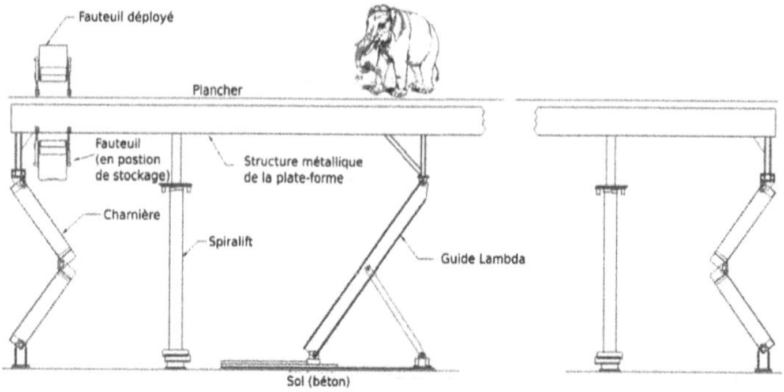

Les guides charnières sont des pièces de dimensions importantes qui assurent la rigidité à l'ensemble d'une plate-forme mobile en mouvement. Compte tenu des valeurs élevées des caractéristiques cinétiques, on peut s'interroger sur l'effort à développer pour imposer le mouvement de ces pièces. Il est pour cela nécessaire de mener une étude dynamique.

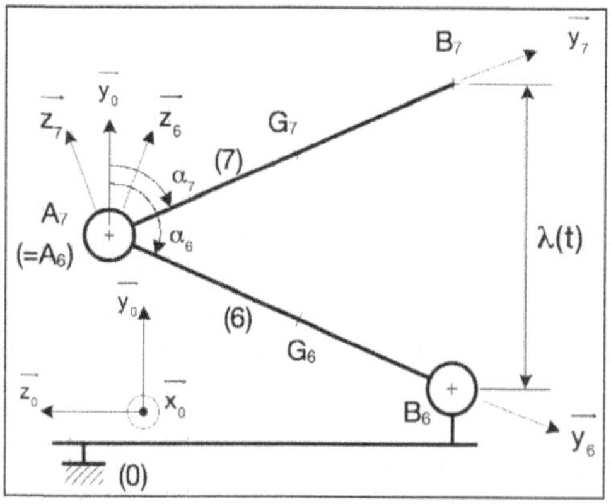

On pose :

$$\overrightarrow{A_7B_7} = l_7 \cdot \vec{y}_7 \text{ et } \overrightarrow{A_6B_6} = l_6 \cdot \vec{y}_6 \text{ avec } l_6 = l_7 = l = 1{,}82\,\text{m}$$

$$\left\|\overrightarrow{A_6G_6}\right\| = \left\|\overrightarrow{A_7G_7}\right\| = \frac{l}{2}$$

$$\alpha(t) = \alpha_7(t) = \pi - \alpha_6(t)$$

On considère l'ensemble E={6+7} qui représente un guide charnière. Pour simplifier l'étude, on considérera que 6 et 7 sont identiques.

Dans toute la suite du problème, on fera l'hypothèse que le problème peut être traité comme un problème plan.

Notations : le torseur cinématique du mouvement d'un solide i par rapport à un solide j exprimé au point K dans la base $(\vec{x}_n, \vec{y}_n, \vec{z}_n)$ sera noté $\{\mathcal{V}_{i/j}\} = \begin{Bmatrix} \vec{\Omega}_{i/j} = \omega_{ij}\vec{x}_n \\ \vec{V}_{K,i/j} = v_{ij}\vec{y}_n + w_{ij}\vec{z}_n \end{Bmatrix}_K$.

Etude cinématique

Question 1

Exprimer le torseur cinématique du mouvement de 6 par rapport à 0 $\left\{ \mathcal{V}_{6/0} \right\}$ en B_6 en fonction de $\dfrac{d\alpha}{dt}$. En déduire l'expression de ce torseur en G_6.

Question 2

Exprimer le torseur cinématique du mouvement de 7 par rapport à 0 $\left\{ \mathcal{V}_{7/0} \right\}$ en B_7 en fonction de $\dfrac{d\alpha}{dt}$, $\dfrac{d\lambda}{dt}$ et l. En déduire l'expression de ce torseur en G_7.

Etude dynamique

Hypothèses :

- le référentiel associé au repère $\left(0, \vec{x}_0, \vec{y}_0, \vec{z}_0\right)$ est supposé galiléen ;
- on prendra la valeur g=9,81 m/s2 pour l'accélération de la pensanteur ($\vec{g} = -g\vec{y}_0$) ;
- on supposera que toutes les liaisons sont parfaites ;
- pour des raisons de symétrie, le problème peut être considéré dans le plan $\left(0, \vec{y}_0, \vec{z}_0\right)$;
- le plancher exerce en B_7 une action $\vec{F} = -F\vec{y}_0$.

Notations : le torseur cinétique d'un solide i dans son mouvement par rapport à un repère j exprimé au point K sera noté $\left\{ C_{i/j} \right\} = \left\{ \begin{matrix} m_i \vec{V}_{G_i,i/j} \\ \vec{\sigma}_{K,i/j} \end{matrix} \right\}_K$.

Question 3

Exprimer le torseur cinétique $\left\{ C_{6/0} \right\}$ en G_6 en fonction de la masse m_6 de la pièce 6, de son moment d'inertie A_6 par rapport à $(G_6, \vec{x}_6)$, l et $\dfrac{d\alpha}{dt}$.

En déduire T(6/0) l'énergie cinétique du solide 6 dans son mouvement par rapport à 0.

Question 4

Exprimer le torseur cinétique $\left\{ C_{7/0} \right\}$ en G7 en fonction de la masse m_7 de la pièce 7, de son moment d'inertie A_7 par rapport à $(G_7, \vec{x}_7)$, l, $\dfrac{d\alpha}{dt}$ et $\dfrac{d\lambda}{dt}$.

En déduire T(7/0) l'énergie cinétique du solide 7 dans son mouvement par rapport à 0.

Question 5

Déterminer alors T(E/0) l'énergie cinétique de l'ensemble E={6+7} par rapport à 0.

Question 6

Faire le bilan des actions mécaniques extérieures agissant sur l'ensemble E. En déduire $P_{ext \to E/0}$, la puissance des actions mécaniques extérieures agissant sur E par rapport au repère 0.

Question 7

Que vaut P_{int}, la puissance des efforts intérieurs à l'ensemble E ?

Question 8

Formuler l'expression du théorème de l'énergie cinétique appliqué à E par rapport à 0, en utilisant $P_{ext \to E/0}$, P_{int} et T(E/0).

Exercice 3 : Unité de conditionnement de cartons (Concours ATS 2016) *(Corrigé page 592)*

La société Sonaréma-Fondex assemble, conditionne et diffuse des réchauds à gaz portables de grande puissance. Ces réchauds sont conditionnés et vendus en cartons. L'augmentation du rythme de la distribution impose de palettiser ces cartons afin de les acheminer vers les principaux distributeurs.

Lé préhenseur à ventouses manipule les cartons de façon à les acheminer vers la palette.

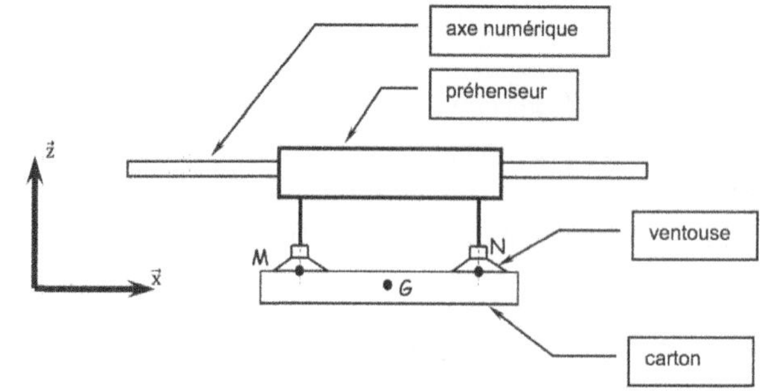

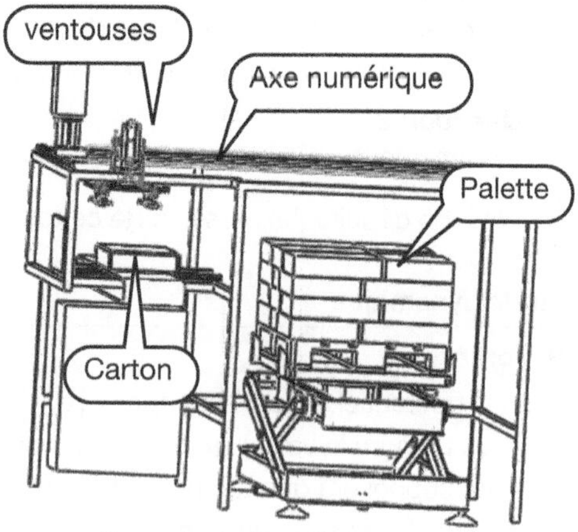

Croquis de l'unité de conditionnement de cartons

Il faut s'assurer qu'il n'y ait pas glissement entre le carton et les ventouses. En effet, si le carton glisse par rapport aux ventouses il risque soit d'être lâché soit de se déplacer par rapport aux ventouses et sera mal positionné sur la palette. Le paramètre permettant d'éviter ce glissement est la valeur de l'accélération.

On cherche dans ce problème à déterminer l'accélération maximale que peut subir le préhenseur, compte tenu des phénomènes d'adhérence des ventouses. On en déduira alors la vitesse linéaire V pour cette accélération.

Notations et données :

- le repère $(O,\vec{x},\vec{y},\vec{z})$ lié au bâti est supposé galiléen ;
- l'ensemble préhenseur+carton est en translation rectiligne d'axe $\vec{x}$;
- la masse du carton est notée m, avec m=8 kg ;
- le centre de gravité du carton est noté G ;
- $\vec{V}_{G\in carton/0} = V(t)\cdot\vec{x}$;
- $\vec{a}_{G\in carton/0} = a(t)\cdot\vec{x}$;
- le coefficient d'adhérence carton/ventouse est noté μ, avec μ=0,4 ;
- l'accélération de la pesanteur est notée g, avec g=10 m.s^{-2}.

Hypothèses :

- le plan $(\vec{x},\vec{z})$ est plan de symétrie pour la géométrie et pour les efforts ;
- en M, la ventouse de gauche exerce sur le carton une action mécanique modélisée par un glisseur :

$$\left\{T^{M}_{ventouse\rightarrow carton}\right\} = \left\{\begin{matrix} X_M & 0 \\ 0 & 0 \\ Z_M & 0 \end{matrix}\right\}_M ;$$

- en N, la ventouse de droite exerce sur le carton une action mécanique modélisée par un glisseur :

$$\left\{T^N_{ventouse \to carton}\right\} = \left\{\begin{matrix} X_N & 0 \\ 0 & 0 \\ Z_N & 0 \end{matrix}\right\}_N ;$$

- $\overrightarrow{GM} = -0{,}1 \cdot \vec{x} + 0{,}07 \cdot \vec{z}$ (en mètre) ;
- $\overrightarrow{GN} = 0{,}1 \cdot \vec{x} + 0{,}07 \cdot \vec{z}$ (en mètre) ;
- la référence des ventouses équipant la machine est référence SAPELEM D=75 en caoutchouc naturel. Le tableau ci-dessous reprend les caractéristiques de la gamme de ventouses (CMU désignant la charge maximale unitaire : F=Δp x S, F force en daN, Δp différence en mbar, S surface en mm²) :

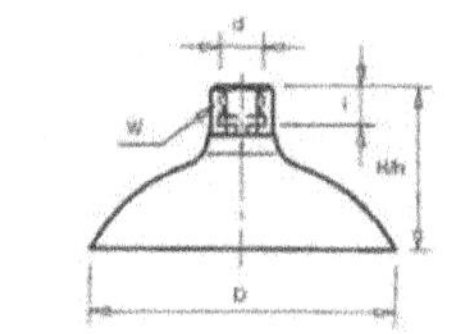

ØD	H	h	e (H-h)	d	i	W	Volume cm3	Poids g
34	30	27	3	1/4	12	17	5	12
53	33	28	5	1/4	12	17	10	21
75	43	36	7	1/4	14	21	25	58
96	53	40	13	1/4	14	21	75	107

CMU en kg

ØD	Nitrile	Silicone	Caoutchouc Naturel	Polyuréthane
34	2,70	2,50	2,30	2,80
53	5,80	3,40	2,70	5,60
75	11,00	8,00	6,00	10,00
96	13,00	9,00	6,00	12,00

Question 1

A la limite du glissement, donner la relation entre X_M et Z_M, et entre X_N et Z_N

Question 2

A la limite du glissement, appliquer le principe fondamental de la dynamique au carton et en déduire l'accélération maximale admissible ainsi que les actions mécaniques exercées par les ventouses.

Question 3

Les ventouses sont-elles capables d'encaisser les efforts qui leur sont appliquées ?

Exercice 4 : Laveuse autoportée (Concours ATS 2015) *(Corrigé page 594)*

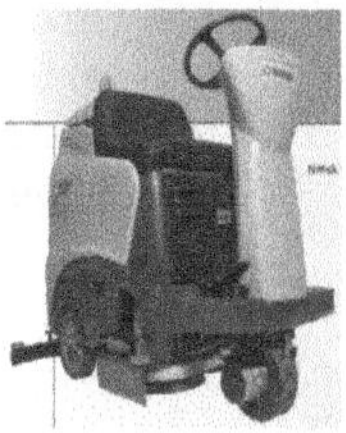

La société Nilfisk propose une large gamme d'engins de nettoyage des sols. La gamme des laveuses autoportées répond aux besoins de lavage pour des surfaces de plusieurs milliers de km carrés.

Cette laveuse est amenée à être transportée sur un véhicule utilitaire à plateau, puis déchargée sur une rampe de pente maximale 16% (angle 9,1°).

Le diagramme des exigences impose des contraintes de sécurité au cours de ce déchargement, en particulier une distance de freinage maximale de 2 m.

L'objectif de cette étude est de vérifier que la distance maximale n'est pas dépassée lors d'un freinage d'urgence, sachant que celui-ci ne s'opère que sur la roue avant.

L'auto-laveuse se déplace en ligne droite, ce qui permet l'utilisation d'un modèle plan illustré ci-dessous :

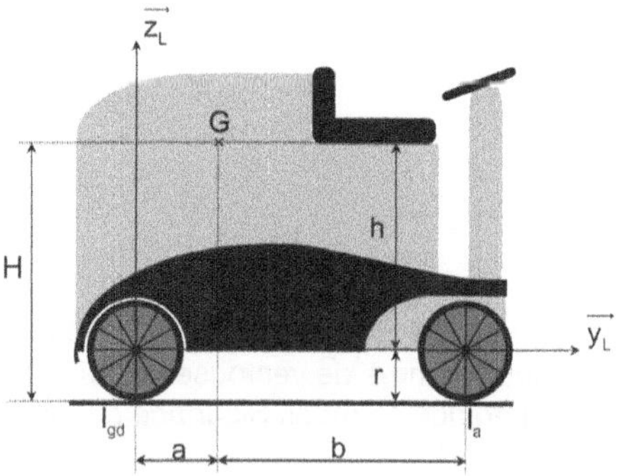

Modèle simplifié de la laveuse

Laveuse en ligne droite sur une pente

Par raison de symétrie, on propose de travailler sur un modèle simplifié de type «bicyclette». Pour cela, les roues arrière sont modélisées par la roue équivalente unique, notée roue gd (gauche-droite), qui supportera les résultantes des forces appliquées sur ces dernières.

Hypothèses :

- le problème est supposé comme un problème plan ;
- le référentiel $R_0 = \left(O, \vec{x}_0, \vec{y}_0, \vec{z}_0\right)$ est lié au sol et supposé galiléen ;
- le référentiel $R_L = \left(O_L, \vec{x}_L, \vec{y}_L, \vec{z}_L\right)$ avec $\vec{x}_0 = \vec{x}_L$ est lié à la laveuse ;
- $\vec{g} = -g \cdot \vec{z}_0$ est l'action de la pesanteur avec g=9,81 m.s^{-2} ;
- le vecteur position de la laveuse est $\overrightarrow{OO_L} = \lambda \cdot \vec{y}_L + r \cdot \vec{z}_L$;
- on considérera le système S={laveuse+conducteur} dont la masse M_S est de 500 kg et ayant pour centre de gravité G ;
- on négligera dans cette partie :
  - l'inertie des roues et celle du moteur ;
  - l'action tangentielle du sol sur les roues arrières ;
- le contact de la roue avant avec le sol se fait avec frottement, avec f le coefficient de frottement ;
- les roues arrière sont en liaison pivot d'axe $\left(O_L, \vec{x}_L\right)$ par rapport au châssis de la laveuse ;
- toutes les liaisons autres que les liaisons roue avant-sol sont considérées comme parfaites.

Les dimensions de la laveuse sont les suivantes : a=0,7 m ; b=0,5 m ; r=0,150 m ; h=0,375 m.

Lors du déchargement, la laveuse est soumise à son poids pour descendre et va accélérer pendant la descente. On se place dans des conditions défavorables :

- une pente fixée à sa valeur maximale de 16 % ;
- une rampe sèche, avec un coefficient de frottement maximal sur sol sec : f=0,85 ;
- le freinage est effectué en toute fin de descente.

Le torseur des actions mécaniques transmissibles par le solide i sur le solide j au point A sera noté :

$$\left\{T_{i\to j}\right\} = \left\{\begin{array}{c} \vec{R}_{i\to j} \\ \vec{M}_{A(i\to j)} \end{array}\right\}_A = \left\{\begin{array}{c} X_A \cdot \vec{x}_K + Y_A \cdot \vec{y}_K + Z_A \cdot \vec{z}_K \\ L_A \cdot \vec{x}_K + M_A \cdot \vec{y}_K + N_A \cdot \vec{z}_K \end{array}\right\}_A$$

Question 1

Donner les expressions des torseurs des actions mécaniques transmissibles :

- du sol sur la roue avant $\left\{T_{sol \to Roueavant}\right\}$ au point I_a ;
- de la pesanteur au point G noté $\left\{T_{pesanteur \to S}\right\}$;
- du sol sur le fauteuil au niveau de la roue arrière $\left\{T_{sol \to Rouearrière}\right\}$ au point I_{gd}.

Question 2

Donner l'expression du moment dynamique $\vec{\delta}_G(S/R_0)$ de l'ensemble S au point G, en projection dans R_L. Déterminer l'accélération de la laveuse γ_d lors du déchargement.

Question 3

Exprimer la vitesse et la position du fauteuil en fonction du temps, puis déterminer la vitesse de la laveuse pour une longueur de rampe égale à 5 m (on considère que la laveuse part du haut de la rampe à l'instant t = 0 avec une vitesse initiale et un déplacement initial nuls).

Lors du freinage d'urgence en bas de la rampe, on considère que la roue avant est bloquée et glisse sur le sol.

Question 4

Avec cette hypothèse, donner la nouvelle expression de la composante tangentielle du sol sur la roue avant, et des équations scalaires trouvées à la question 3, calculer le temps du début de freinage, la nouvelle valeur de l'accélération, le temps d'arrêt et la distance de freinage.

Question 5

Conclure quant au respect de la distance de freinage maximale en cas d'urgence imposée au début de la partie.

Exercice 5 : Panneaux déroulants (Concours ATS 2011) *(Corrigé page 596)*

Le panneau publicitaire déroulant, appartenant à la catégorie des mobiliers urbains pour l'information, est un objet installé dans l'espace public. Le système étudié est le système de panneau type sénior de 8 m^2 qui équipe de nombreuses villes dont Paris.

Ce panneau permet de faire défiler successivement dans un sens puis dans l'autre jusqu'à 7 affiches réunies en un bandeau, avec un temps d'exposition constant pour chaque affiche.

Les rouleaux haut et bas sont mis en œuvre par des motoréducteurs et des système poulies-courroie

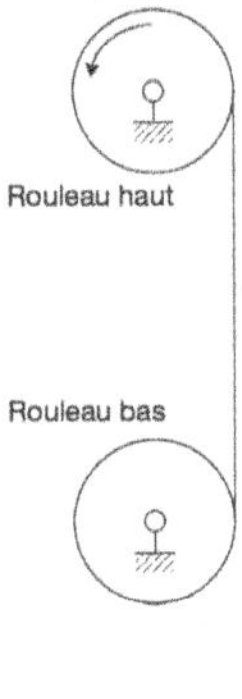

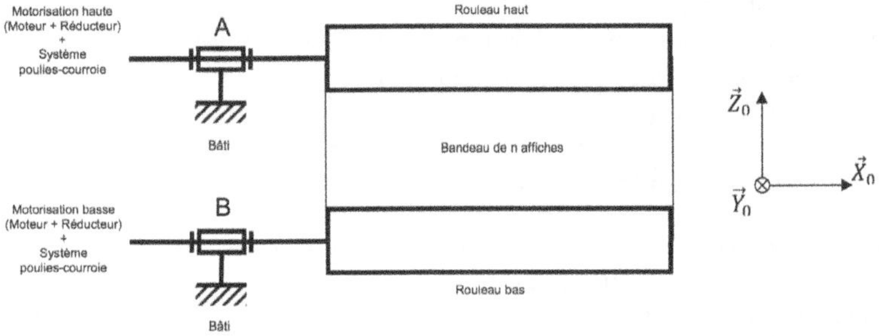

Au cours de l'enroulement du bandeau d'affiches sur un rouleau, l'ensemble des pièces est entraîné par un seul moteur (motorisation haute pour un défilement vers le haut, motorisation basse pour un défilement vers le bas).

Pour garantir en permanence une tension suffisante dans l'affiche même en régime établi, on décide d'implanter des organes de friction (frottement sec) au niveau de chaque liaison pivot entre chaque rouleau et le bâti.

Pendant l'enroulement sur le rouleau haut, l'action mécanique de chaque organe de friction sur chacun des rouleaux bas et haut peut être modélisée par le torseur suivant dans lequel C_{fr} désigne le couple de frottement :

$$\left\{T_{Frott:bâti \to rouleau\,haut}\right\} = \left\{\begin{matrix} \vec{0} \\ -C_{fr}\vec{X}_0 \end{matrix}\right\}_A \text{ et } \left\{T_{Frott:bâti \to rouleau\,bas}\right\} = \left\{\begin{matrix} \vec{0} \\ -C_{fr}\vec{X}_0 \end{matrix}\right\}_B \text{ avec } C_{fr} > 0$$

Pour l'étude, on propose alors le schéma détaillé suivant :

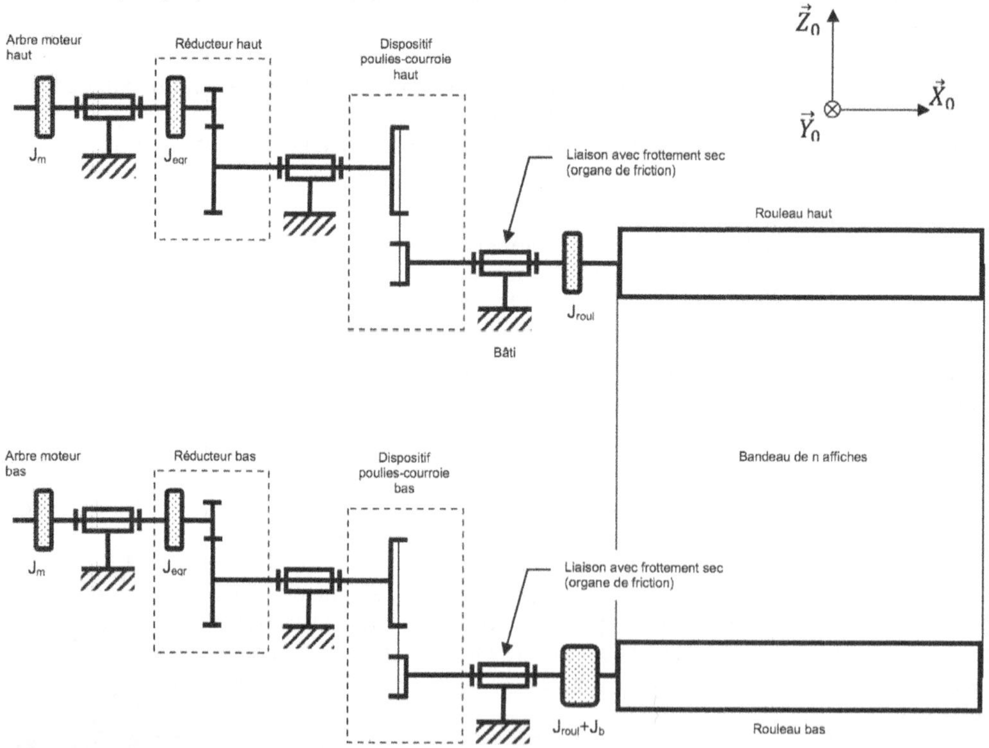

Hypothèses :

- le référentiel R_0 lié au bâti 0 est galiléen ;
- le bandeau d'affiches est initialement entièrement enroulé sur le rouleau bas ;
- on étudie l'enroulement du bandeau sur le rouleau haut ;
- les rayons des rouleaux sont supposés constants durant l'enroulement du bandeau sur le rouleau haut (les deux rouleaux tournent à la même vitesse pendant l'enroulement du bandeau) ;
- l'effet de la pesanteur est négligé face aux autres actions mécaniques ;
- les liaisons sont supposées parfaites ;
- les inerties des pièces des dispositifs poulie-courroie sont négligées ;
- les courroies sont inextensibles et sans masse ;
- le bandeau d'affiches est inextensible ;
- la partie du bandeau d'affiches situé entre les deux rouleaux est sans masse.

On appelle :

- am : les arbres moteur des transmissions haute et basse ;
- aer : les arbres d'entrée des réducteurs haut et bas ;

- asr : les arbres de sortie des réducteurs haut et bas ;
- roul : les rouleaux haut et bas.

Notations :

- J_{roul} : le moment d'inertie d'un rouleau vide par rapport à son axe ;
- J_m : le moment d'inertie de l'arbre moteur par rapport à son axe ;
- J_{eqr} : le moment d'inertie équivalent du réducteur ramené sur son arbre d'entrée ;
- J_b : le moment d'inertie du bandeau d'affiches par rapport à l'axe d'un rouleau, lorsque le bandeau d'affiches est entièrement enroulé sur le dit rouleau ;
- Ω_{roul} : la vitesse angulaire du rouleau autour de son axe par rapport à R_0 ;
- Ω_m : la vitesse angulaire de l'arbre moteur autour de son axe par rapport à R_0 ;
- Ω_{asr} : la vitesse angulaire de l'arbre de sortie du réducteur autour de son axe par rapport à R_0 ;
- k_r : le rapport de transmission du réducteur ;
$$k_r = \frac{\Omega_{asr}}{\Omega_{aer}} = \frac{\Omega_{asr}}{\Omega_m} = \frac{1}{19{,}5}$$
- k_{pc} : le rapport de transmission du dispositif poulie-courroie ;
$$k_{pc} = \frac{\Omega_{roul}}{\Omega_{asr}} = 2$$
- J_m : le couple exercé sur l'arbre moteur par le stator du moteur alimenté.

Question 1

Donner l'expression de la vitesse linéaire de l'affiche en régime établi V_0 en fonction de Ω_m, k_r, k_{pc} et du rayon d'enroulement R du bandeau sur le rouleau.

Pendant la phase d'accélération du bandeau d'affiche, la vitesse de défilement du bandeau est variable. Elle est notée V(t). L'accélération linéaire du bandeau est constante. Elle est notée γ.

Question 2

Donner l'expression de l'accélération linéaire de l'affiche γ en fonction de k_r, k_{pc}, du rayon d'enroulement R et de l'accélération angulaire de l'arbre moteur notée $\dot{\Omega}_m$.

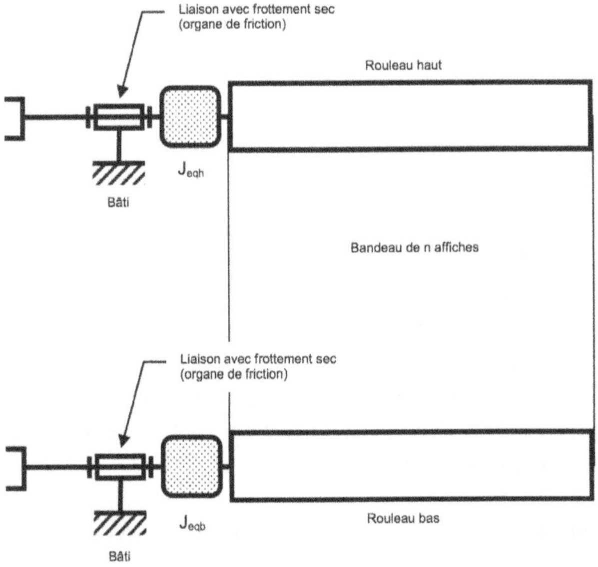

Le modèle retenu pour déterminer l'inertie équivalente est proposé ci-contre :

On note :

- J_{eqh} : le moment d'inertie équivalent de toute la chaîne de transmission haute ramené sur le rouleau haut ;
- J_{eqb} : le moment d'inertie équivalent de toute la chaîne de transmission basse ramené sur le rouleau bas.

Question 3

En utilisant la figure précédente, exprimer en fonction de Ω_{roul}, des différents moments d'inertie (J_{roul}, J_m, J_{eqr}, J_b) et de k_r et k_{pc}, l'énergie cinétique $T(S_{bas}/0)$ dans son mouvement par rapport à R_0 de l'ensemble S_{bas} formé par :

- l'arbre moteur bas ;
- l'arbre d'entrée bas du réducteur ;
- l'arbre de sortie bas du réducteur ;
- les arbres d'entrée et de sortie du dispositif poulies-courroie bas ;
- le rouleau bas sur lequel est entièrement enroulé le bandeau d'affiches.

Question 4

En déduire l'expression du moment d'inertie équivalent J_{eqb} ramenée sur le rouleau bas.

Question 5

Calculer J_{eqb} si J_m=120 kg.mm², J_{eqr}=1,5 kg.mm² et (J_{roul}+J_b)=161500 kg.mm².

On cherche maintenant la tension dans l'affiche T_{aff} (effort exercé par la partie haute du bandeau s'enroulant sur le rouleau supérieur sur la partie basse du bandeau se déroulant du rouleau inférieur).

L'action mécanique décrivant T_{aff} est modélisée par le torseur suivant :

$$\left\{T_{\text{bandeau haut}\to\text{bandeau bas}}\right\} = \left\{\begin{array}{c} T_{aff}\vec{z}_0 \\ \vec{0} \end{array}\right\}_K$$

Le modèle utilisé est le suivant :

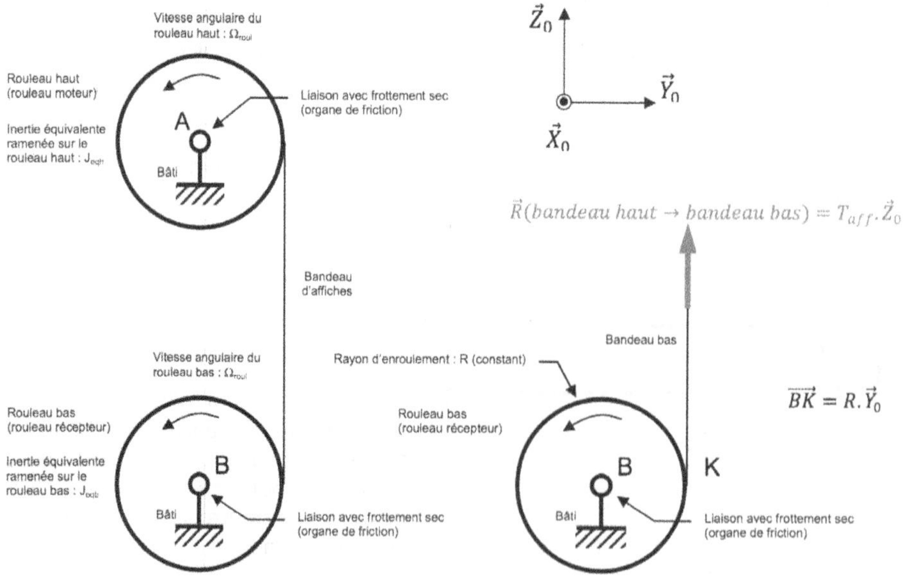

Question 6

Appliquer le théorème du moment résultant (Principe Fondamental de la Statique) à l'ensemble Σ={rouleau bas + bandeau bas} selon l'axe $(B,\vec{x}_0)$ pour déterminer la relation liant la tension dans l'affiche T_{aff}, le couple de frottement C_{fr} et le rayon d'enroulement R.

Question 7

Calculer la valeur de C_{fr} si on souhaite fixer la tension T_{aff} dans l'affiche à 40 N avec un rayon d'enroulement R=76 mm.

Chapitre 16. Transmission de puissance

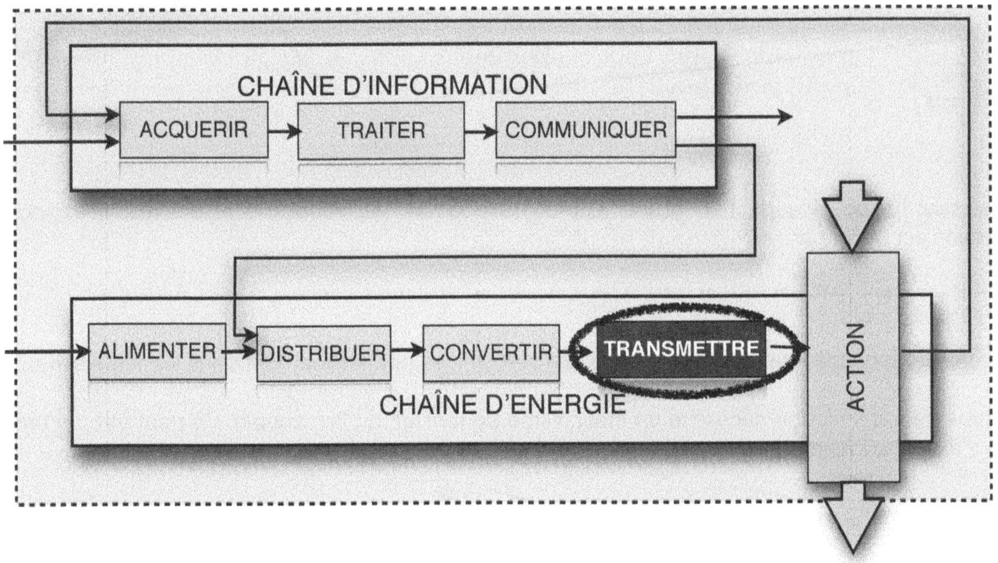

L'énergie mécanique en sortie de la fonction CONVERTIR doit être acheminée vers l'effecteur qui va agir sur la matière d'œuvre. Cette énergie mécanique, majoritairement de rotation, subit des modifications de vitesse et de direction par l'intermédiaire de courroies, chaînes et roues dentées.

A. Transmission indirecte

A.1 Généralités

La transmission d'un mouvement de rotation sera qualifiée d'indirecte lorsqu'elle met en œuvre un lien souple tel que des courroies ou des chaînes.

Cette solution sera retenue les entraxes sont importants. On retiendra :

- la transmission par courroie plate
- la transmission par courroie crantée
- la transmission par chaîne

A.2 Transmission par chaîne ou courroie

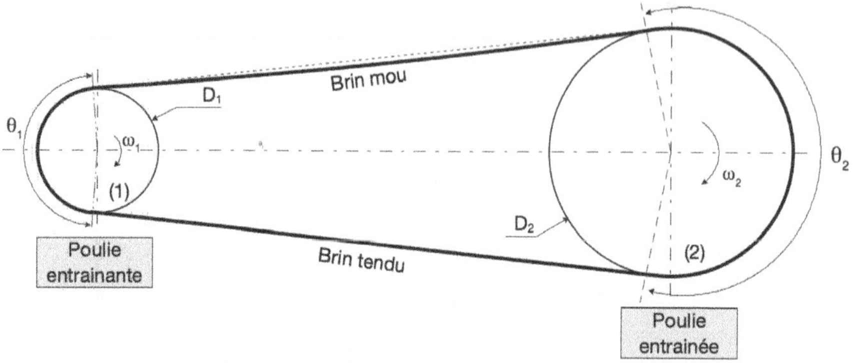

En faisant l'hypothèse de non glissement de la courroie par rapport aux poulies, le rapport de transmission est défini par :

$$k = \frac{\omega_2}{\omega_1} = \frac{D_1}{D_2}$$

La transmission indirecte conserve le sens de rotation : les poulies tournent dans le même sens.

Ce type de transmission nécessite un mécanisme de tension du lien souple. Ce peut être un tendeur, qui devra systématiquement être installé sur le brin mou, ou un mécanisme de réglage de l'entraxe.

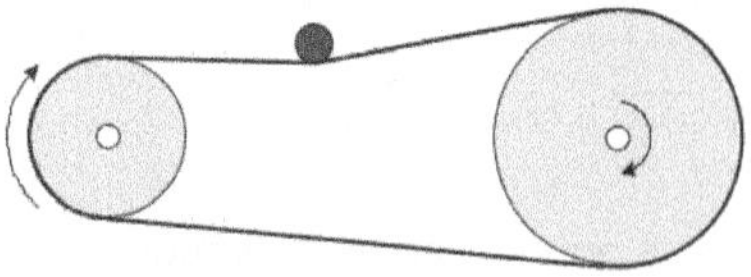

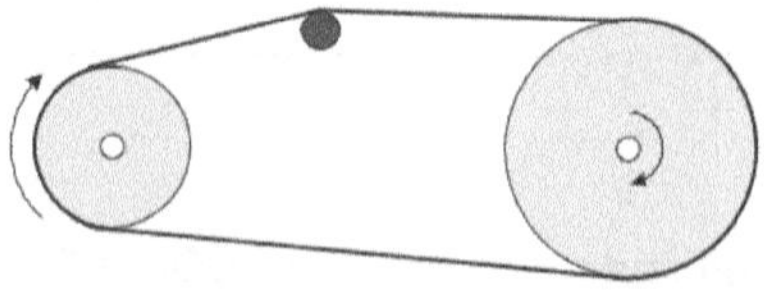

A.3 Types de courroies

Plate	Ronde	Poly V	Trapézoïdale	Crantée
		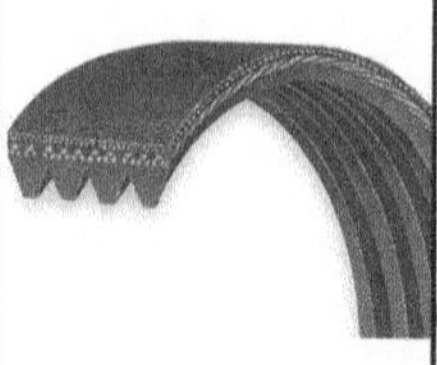	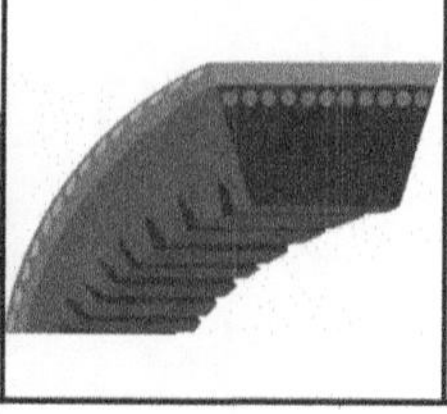	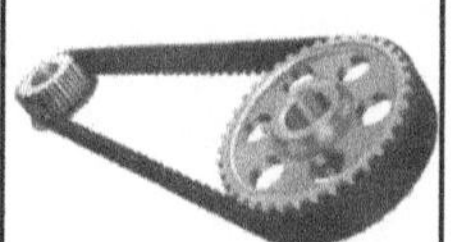

A.4 Avantages de la transmission indirecte

La transmission indirecte présente des avantages qui peuvent imposer son choix :

- Simplicité de mise en œuvre ;
- Possibilité de transmettre la rotation sur des entraxes importants ;
- Absence de lubrification dans le cas des courroies ;
- Absorption des variations de couple.

Par ailleurs, dans le cas des courroies plates ou rondes, la torsion de la courroie permet de modifier le sens et la direction des axes de rotation :

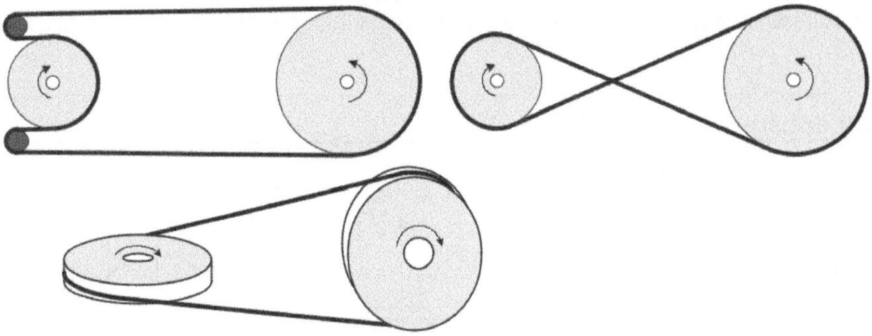

A.5 Inconvénients de la transmission indirecte

Certaines caractéristiques de la transmission indirecte peuvent invalider son choix :

- Transmission non synchrone dans le cas de la courroie plate : un glissement est systématiquement présent, de l'ordre de 3%.
- Nécessité d'un mécanisme de réglage de la tension.
- Lubrification recommandée pour la transmission par chaîne.

A.6 Tableau comparatif des solutions de transmission indirecte

	Chaîne	**Courroie crantée**	**Courroie trapézoïdale**	**Courroie Poly V**
Vitesse maximale (m/s)	35	60	40	80
Couple transmissible	Très élevé	Faible	Elevé	Faible
Rapport de transmission maxi	9	10	15	40
Lubrification	Oui	Non	Non	Non
Avantages	Durée de vie Synchrone Puissance	Vitesses élevées Silence Entretien	Couple transmis Silence Entretien	Vitesse Rapport de transmission Entretien
Inconvénients	Bruit	Glissement	Rendement	Durée de vie

B. Transmission directe

B.1 Généralités

La transmission directe ne fait pas appel à un élément intermédiaire : les deux roues sont en contact direct, et le sens de rotation est alors inversé.

La transmission de puissance se fait :

- par adhérence dans le cas d'un contact de deux roues lisses,
- par obstacle dans le cas d'un contact de deux engrenages.

La transmission par adhérence est limitée aux faibles puissances, afin de ne pas risquer le glissement relatif des roues.

B.2 Transmission par adhérence

La condition de non glissement au point I s'écrit :

$$\overrightarrow{V_{I\in s/e}} = \vec{0}$$

Alors $\overrightarrow{V_{I\in s/0}} - \overrightarrow{V_{I\in e/0}} = \vec{0}$

Or, d'après la formule de Varignon:

$$\overrightarrow{V_{I\in s/0}} = \overrightarrow{V_{O_s\in s/0}} + \overrightarrow{IO_s} \wedge \vec{\Omega}_{s/0} = R_s\dot{\theta}_s\overrightarrow{x_0}$$

et $\overrightarrow{V_{I\in e/0}} = \overrightarrow{V_{O_e\in e/0}} + \overrightarrow{IO_e} \wedge \vec{\Omega}_{e/0} = -R_e\dot{\theta}_e\overrightarrow{x_0}$

D'où :

$$R_e\dot{\theta}_e + R_s\dot{\theta}_s = 0$$

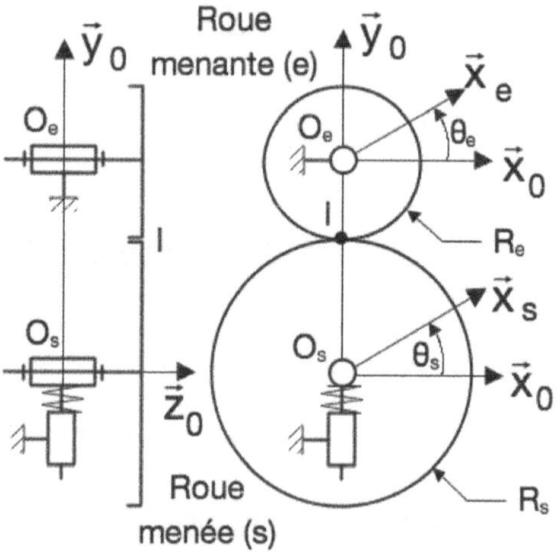

Soit finalement l'expression du rapport de transmission :

$$\boxed{k = \frac{\omega_s}{\omega_e} = -\frac{R_e}{R_s}}$$

Le rapport de transmission est négatif, ce qui se traduit une inversion du sens de rotation des roues en contact.

B.3 Transmission par obstacle

B.3.1 Développante de cercle

La transmission de la puissance est obtenue par l'intermédiaire d'une denture, dont le profil permettant de limiter les glissements relatifs des dents est la «développante de cercle».

Cette courbe, appelée également anti-clothoïde, est une trajectoire dans laquelle les normales des points sont les tangentes d'un cercle :

L'équation paramétrée de cette trajectoire est :

$$M(t)\begin{cases} x(t) = r\left(\cos t + t\sin t\right) \\ y(t) = r\left(\sin t - t\cos t\right) \end{cases}$$

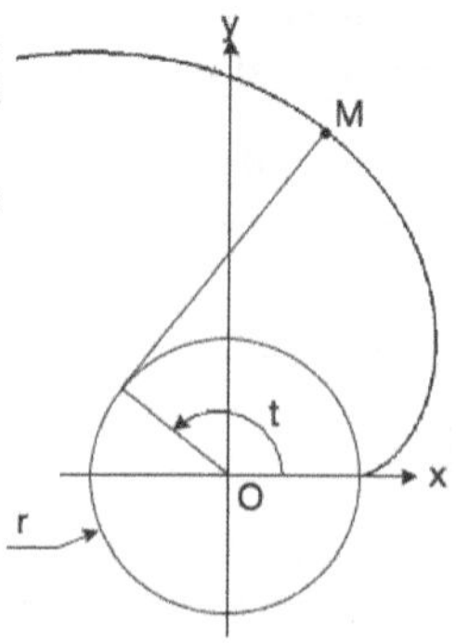

Elle possède la propriété intéressante suivante : le point de contact de 2 développantes de cercles tournant autour de 2 points fixes **se déplace sur une droite** qui est la normale au contact (appelée ligne de pression).

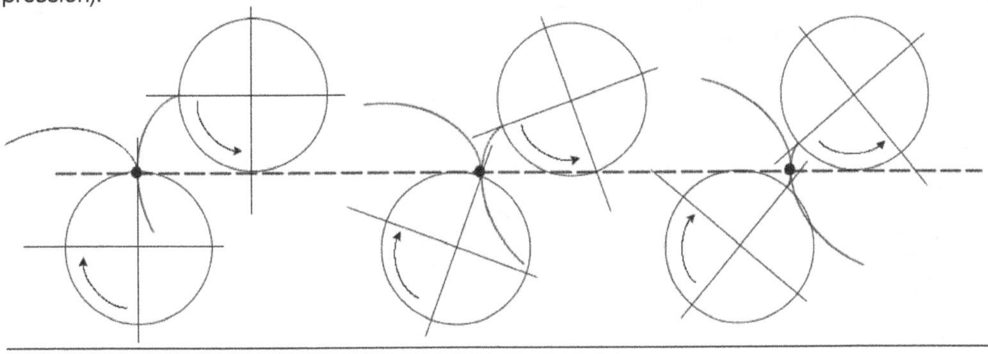

B.3.2 Géométrie du contact

B.3.2.1 Cercles primitifs

L'étude cinématique des engrenages peut se faire par analogie avec la transmission par adhérence, dans laquelle les roues en contact sont caractérisées par un diamètre appelé «diamètre primitif» de l'engrenage.

D_1 et D_2 sont les diamètres primitifs des engrenages. Ils correspondent aux diamètres fictifs des roues de friction, dont I serait le point de contact.

a est l'entraxe entre les engrenages.

p est le pas de la denture. il s'agit de la distance d'arc entre deux dents consécutives.

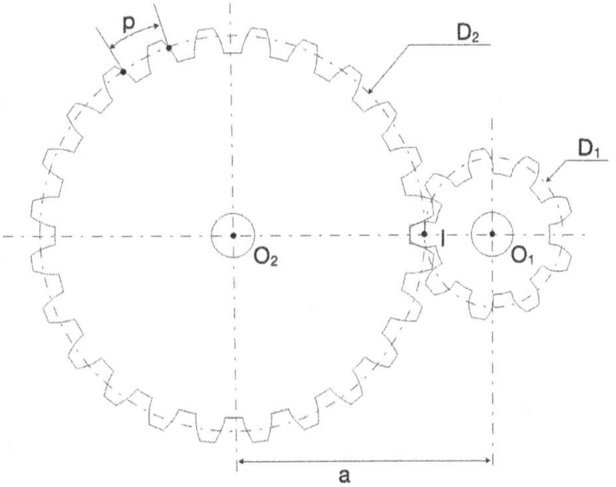

B.3.2.2 Angle de pression

Le contact entre deux dents d'un engrenage génère une action mécanique dont l'angle par rapport au plan tangent des cercles primitifs est appelé «angle de pression»

Pour les engrenages classiques, cet angle de pression vaut $\alpha = 20°$.

Effort tangentiel : $F_t = F_{2\to1} \cos\alpha$

Effort radial : $F_r = F_{2\to1} \sin\alpha$

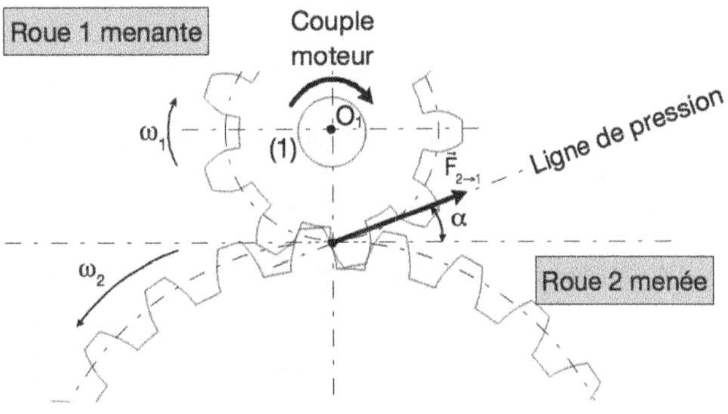

B.4 Caractéristiques d'un engrenage

Une transmission par engrenage fait intervenir deux roues dentées, dont la plus petite est communément appelée **le pignon** et la plus grande **la roue**.

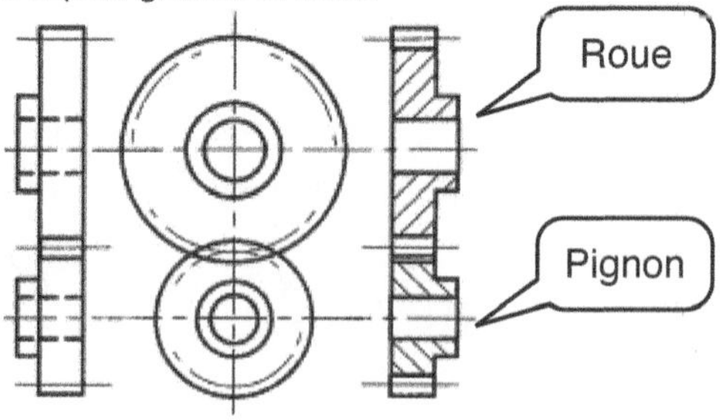

Les engrenages les plus courants sont des engrenages à contact extérieur, mais il existe également des engrenages à contact intérieur.
Remarque : Dans un tel cas, le **sens de la rotation n'est pas inversé**.

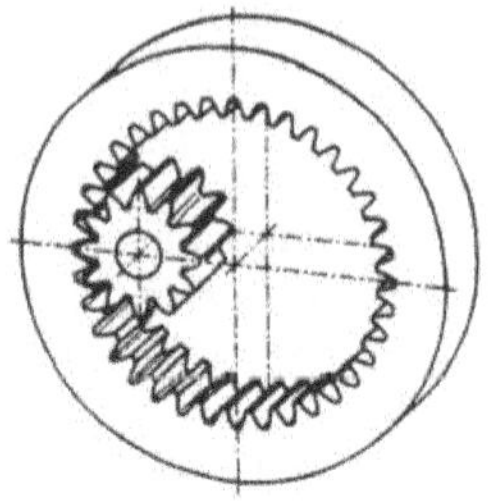

B.4.1 Rapport de transmission

B.4.1.1 Cas de deux roues dentées à contact extérieur

Comme dans le cas du contact par adhérence, le rapport de transmission dans le cas de deux engrenages est donné par la relation :

$$k = \frac{\omega_s}{\omega_e} = -\frac{R_e}{R_s} = -\frac{Z_e}{Z_s}$$

où Z_e désigne le nombre de dents de la roue d'entrée, menante, et Z_s le nombre de dents de la roue de sortie, menée.

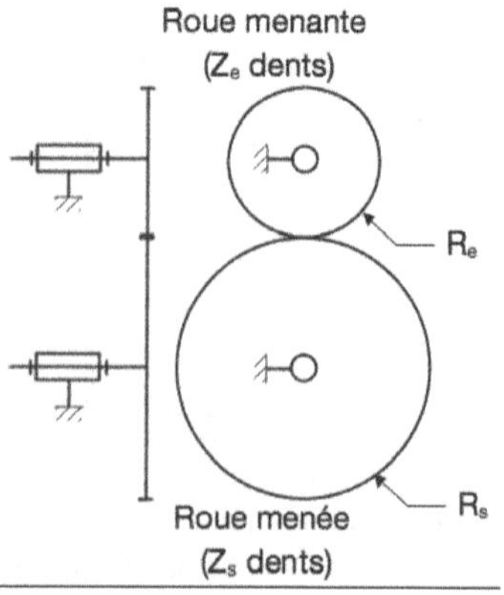

B.4.1.2 Généralisation à un train d'engrenages

On appelle roue «menante» une roue motrice, et roue «menée» une roue réceptrice.
n désigne le nombre de contacts extérieurs du train d'engrenages.

Le rapport de transmission est alors déterminé par la **formule de Willis** :

$$k = \frac{\omega_{sortie}}{\omega_{entrée}} = (-1)^n \frac{\prod Z_{menantes}}{\prod Z_{menées}}$$

Exemple

Dans l'exemple du réducteur à 3 étages ci-contre, (1) est l'arbre d'entrée, et (4) est l'arbre de sortie.

Les contacts 1/2a, 2b/3a et 3b/4 sont tous des contacts extérieurs.

Si l'entrée est (1), alors les roues menantes sont les roues 1, 2b et 3b. Les roues menées sont 2a, 3a et 4.

Le rapport de transmission a alors pour expression

$$k = \frac{\omega_{4/0}}{\omega_{1/0}} = (-1)^3 \frac{Z_1 \cdot Z_{2b} \cdot Z_{3b}}{Z_{2a} \cdot Z_{3a} \cdot Z_4}$$

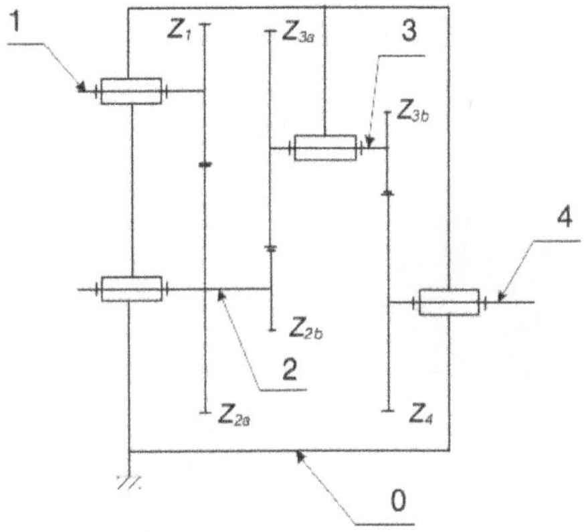

B.4.2 Caractéristiques de la denture

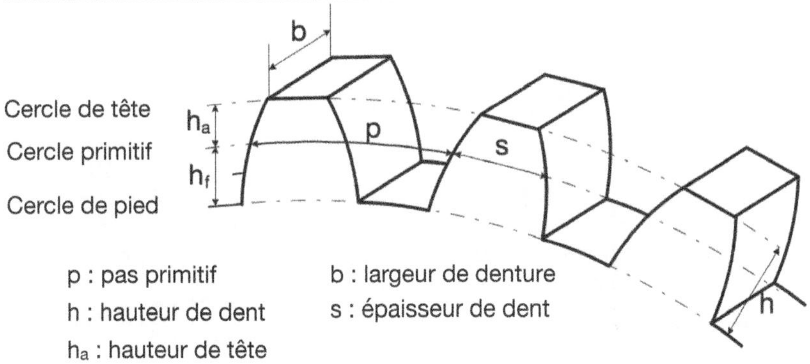

p : pas primitif

h : hauteur de dent

h_a : hauteur de tête

h_f : hauteur de pied

b : largeur de denture

s : épaisseur de dent

B.4.2.1 Diamètre primitif

Comme vu précédemment, le diamètre primitif correspond au diamètre fictif permettant l'analogie avec un contact direct par adhérence.

B.4.2.2 Pas primitif de la denture

Le pas primitif correspond à la longueur de l'arc de cercle primitif compris entre deux dents successives.

Pour que deux engrenages puissent être compatibles, il faut que le pas de chacune des roues soit identique.

B.4.2.3 Module de la denture

Le module d'une denture permet d'établir une relation entre le diamètre primitif et le nombre de dents. Il s'agit d'une valeur normalisée, déterminée en fonction du couple à transmettre.

Les relations entre diamètre primitif D, pas p, nombre de dents Z et module m sont les suivantes :

$$D = mZ$$

$$p = m\pi$$

B.5 Types d'engrenages

On classe les engrenages par la forme de leur denture (droit ou hélicoïdale), et également par la position relative des axes de rotation (parallèles, concourants, ...)

B.5.1 Forme de la denture

Les engrenages à denture droite sont les plus faciles à réaliser. En revanche, ils sont bruyants.

Ils autorisent des déplacements axiaux.

Les dentures hélicoïdales autorisent quant à elles la transmission de couples plus important.

Les dentures des engrenages doivent être de sens opposés pour que l'engrènement puisse être obtenu.

Cet engrenage génère des efforts axiaux, qui se retrouvent dans les paliers :

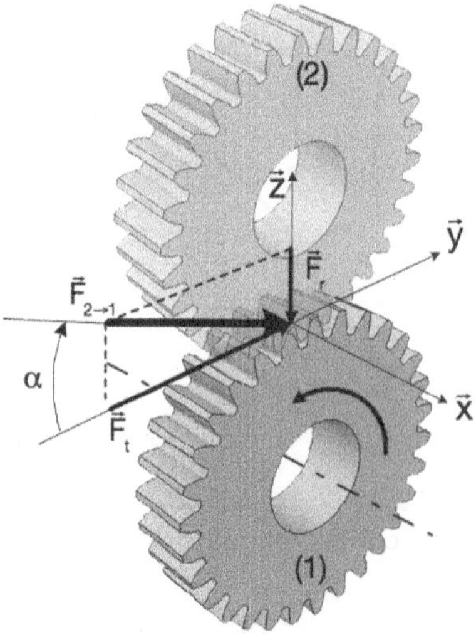

Efforts dans une denture droite

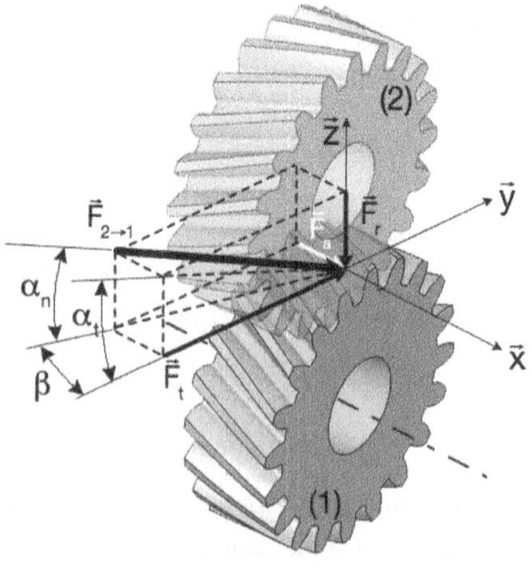

Efforts dans une denture hélicoïdale

Pour contrer ce phénomène, on peut avoir recours à l'emploi d'un couple de roues à denture opposée : les roues à chevron (dont la forme est à l'origine du logo de la marque Citroën). Bien qu'idéale, cette solution est onéreuse à mettre en œuvre.

B.5.2 Positions relatives des axes des roues engrenées

On distingue les engrenages à axes parallèle et les engrenages à axe concourant.

Engrenages à axes parallèles

Engrenages à axes concourants

Les engrenages à axes concourant sont appelés **engrenages à roues coniques**. Le sommet des cônes doivent coïncider, ce qui nécessite un réglage précis des positions des engrenages.

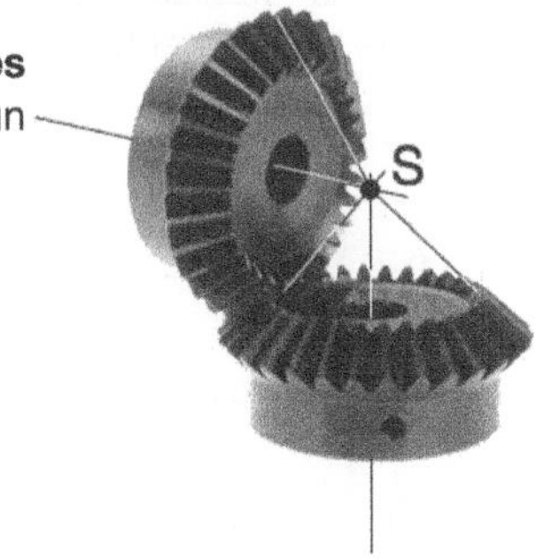

Outre les cas évoqués précédemment, on trouve également des engrenages particuliers, qui sont les engrenages à axes non parallèles et non concourants : les engrenages à roue et vis sans fin.

Dans ce cas particulier, la formule de Willis devient :

$$k = \frac{\omega_s}{\omega_e} = \frac{Z_e}{Z_s}$$ où Z_e désigne le nombre de filets de la vis

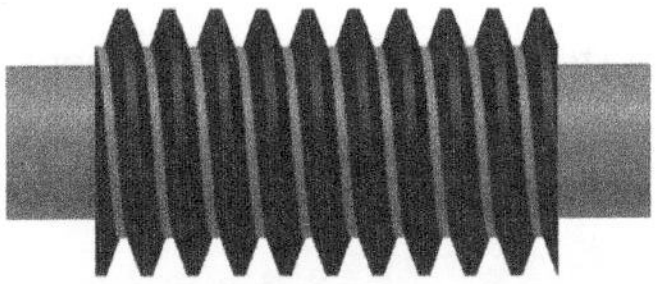

Vis à 1 filet

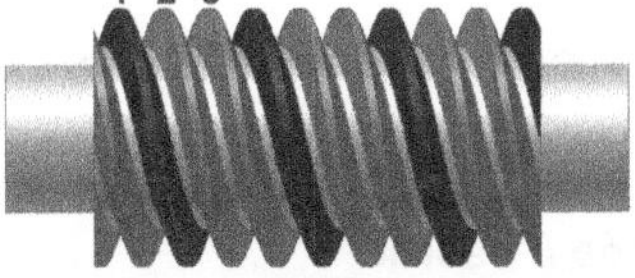

Vis à 3 filets

Les caractéristiques de la transmission par vis-écrou sont les suivantes :

- rapport de transmission pouvant être très élevé (entre 1/5 et 1/150) ;
- frottement important au niveau de la denture, engendrant un rendement faible et une usure importante ;
- le système est le plus souvent irréversible, à l'exception des cas où l'angle d'hélice est inférieur à la valeur du demi-angle au sommet du cône d'adhérence.

C. Trains épicycloïdaux

C.1 Généralités

Les réducteurs à train d'engrenages classiques présentent l'inconvénient d'être rapidement encombrants dès lors que l'on souhaite obtenir un rapport de transmission important.

Les trains épicycloïdaux permettent d'obtenir des rapports de transmission élevés tout en maintenant un encombrement raisonnable.

Ils sont constitués :

- d'un planétaire intérieur,
- d'un planétaire extérieur,
- de satellites insérés entre les planétaires,
- d'un arbre porte-satellite.

L'étude de tout réducteur à train épicycloïdal nécessite au préalable d'identifier formellement chacun de ces éléments.

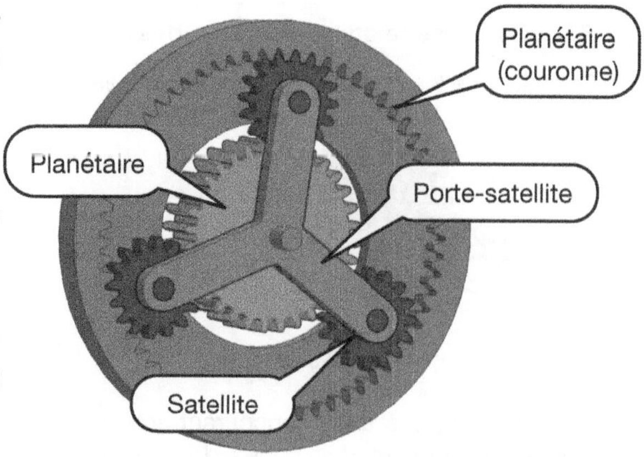

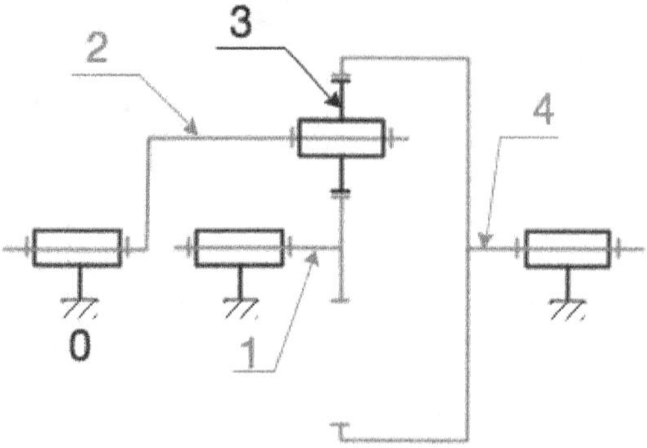

Dans le schéma ci-contre, on identifie (3) comme étant le satellite, car c'est l'élément engrené avec deux autres roues. Ces 2 roues sont par conséquent identifiées comme étant les planétaires.

L'élément autour duquel sont guidés les satellites est repéré (4), qui se trouve être le porte-satellite.

(1) est le planétaire d'entrée
(2) est l'arbre porte-satellite
(3) est un satellite
(4) est le planétaire de sortie, ou couronne

C.2 Caractéristiques des trains épicycloïdaux

Il existe donc 3 arbres en rotation : les deux planétaires et le porte-satellite. Par conséquent, plusieurs combinaisons sont envisageables.

C.2.1 Combinaison à 1 entrée / 1 sortie

Il s'agit de la combinaison la plus courante. Elle consiste à bloquer une des mobilités, et on obtient alors un réducteur.

Planétaire (1) bloqué	**Porte-satellite (2) bloqué**	**Planétaire (4) bloqué**
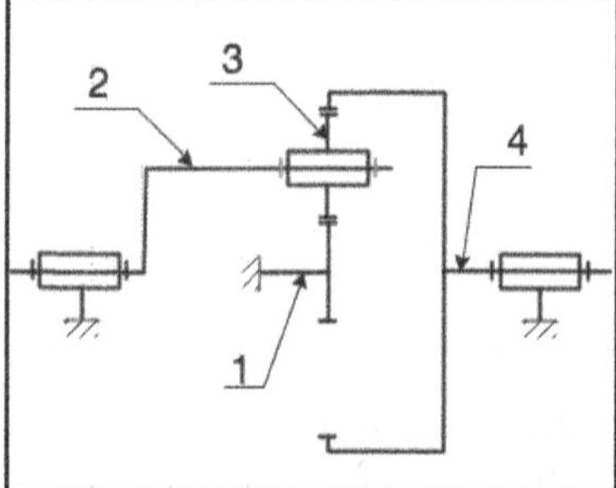	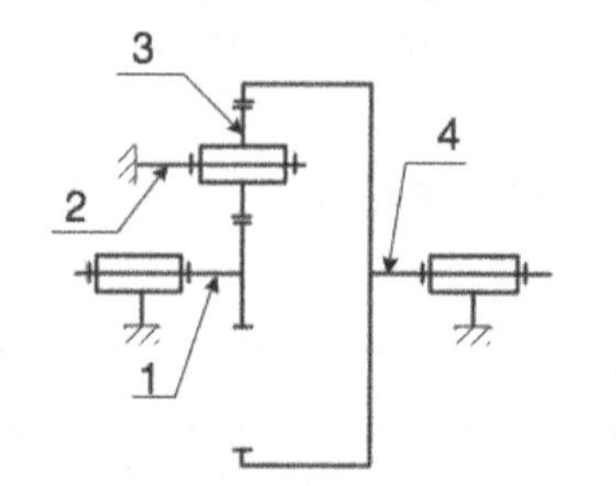	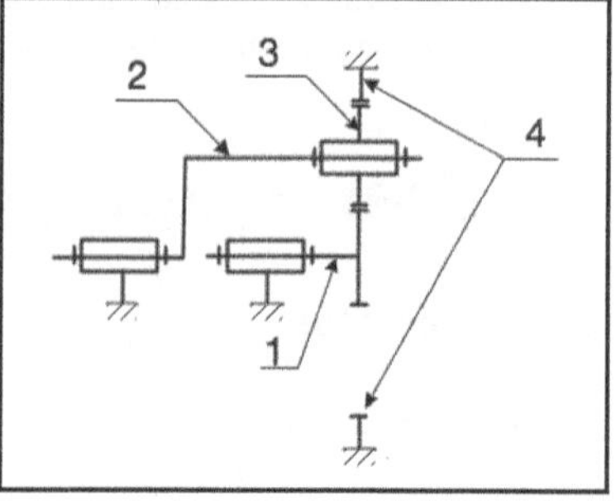

Le rapport de transmission dépend de la mobilité supprimée. Il est ainsi possible de créer un réducteur à plusieurs rapports de transmission (utilisation dans les boîtes de vitesse automatiques par exemple).

C.2.2 Combinaison à 2 entrées / 1 sortie

Dans cette combinaison, 2 arbres sont pilotés et la vitesse de sortie dépend des vitesses de ces 2 arbres.

On peut par exemple imposer en entrée les vitesses de rotation du planétaire (1) et du porte-satellite (2). Le planétaire (4) est alors l'arbre de sortie, et sa vitesse de rotation dépendra des deux vitesses de rotation d'entrée.

C.2.3 Combinaison 1 entrée / 2 sorties

Il s'agit ici du différentiel de voiture, permettant de transmettre la rotation de l'arbre en sortie de boîte de vitesses aux deux roues à des vitesses différentes en virage. Dans ce cas, l'entrée est la rotation du porte-satellite, les deux sorties étant les deux planétaires, auxquels sont liées les roues.

Cette combinaison particulière est abordée en détail plus loin dans ce chapitre.

C.2.4 Types de trains épicycloïdaux

On distingue 4 types de trains épicycloïdaux, en fonction de la position relative des planétaires et des satellites.

Le tableau suivant représente ces 4 types de train et leurs caractéristiques. Dans chacun des schémas :

- (1) désigne le planétaire d'entrée,
- (2) désigne le satellite,
- (3) désigne le porte-satellite,
- (4) désigne le planétaire de sortie (communément appelée couronne dans les trains de type I à III).

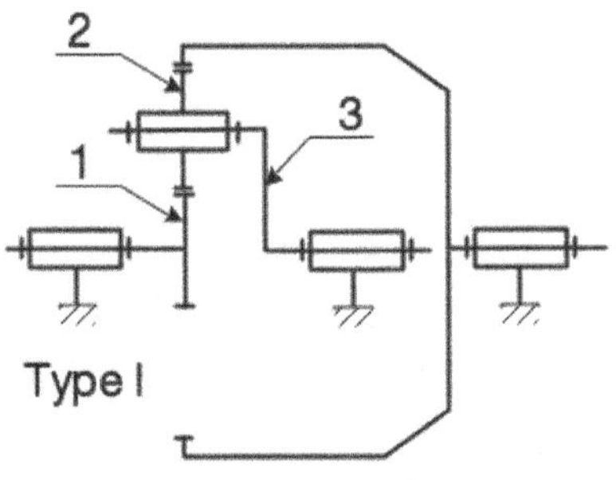 • un satellite à simple denture • un planétaire intérieur • un planétaire extérieur	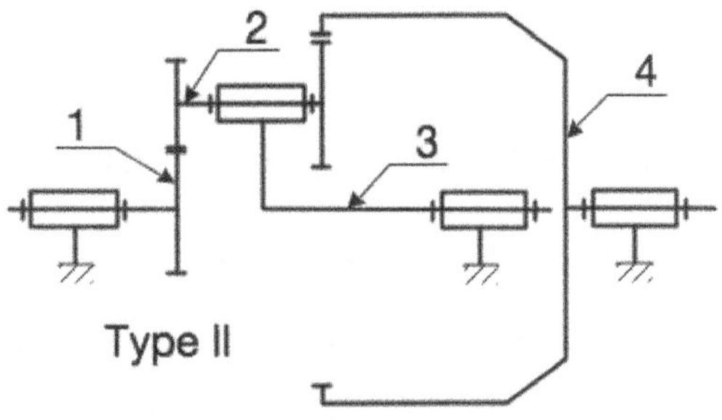 • un satellite à double denture • un planétaire intérieur • un planétaire extérieur

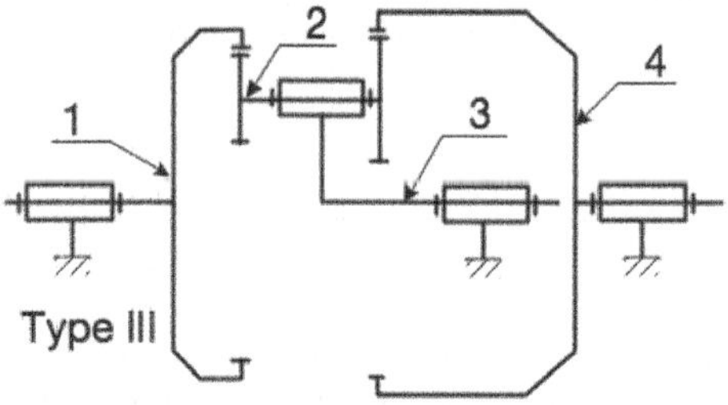

- un satellite à double denture
- deux planétaires intérieurs

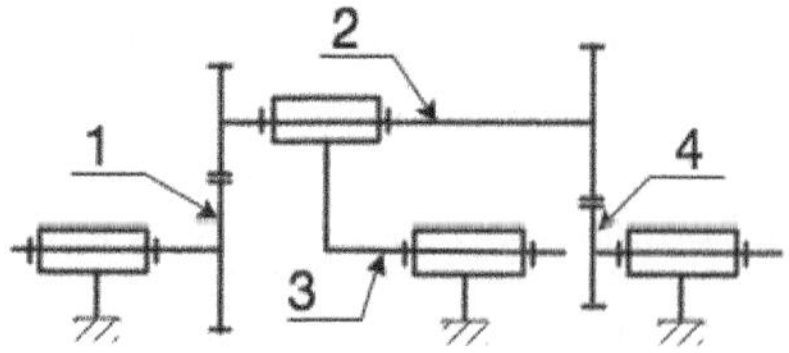

Type IV

- un satellite à double denture
- deux planétaires extérieurs

C.3 Etude cinématique

On considère un train épicycloïdal de type II.

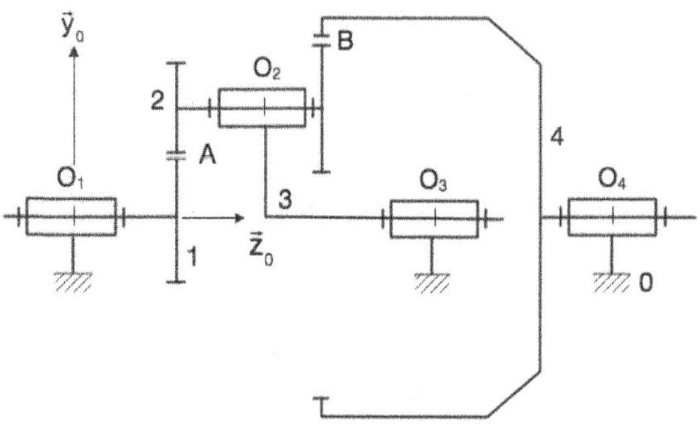

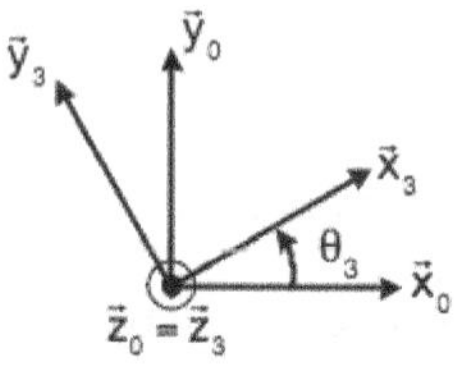

$$\overrightarrow{O_1A} = e_1\vec{z}_0 + R_1\vec{y}_3$$
$$\overrightarrow{O_2A} = -e_2\vec{z}_0 - R_2\vec{y}_3$$
$$\overrightarrow{O_2B} = e'_2\vec{z}_0 + R'_2\vec{y}_3$$
$$\overrightarrow{O_3B} = -e_3\vec{z}_0 + R_4\vec{y}_3$$

Les profils des dentures sont des développantes de cercle, induisant un non glissement aux contacts A et B.

C.3.1 Condition de roulement sans glissement en A

$$\overrightarrow{V_{A\in 1/2}} = \vec{0} \Rightarrow \overrightarrow{V_{A\in 1/3}} + \overrightarrow{V_{A\in 3/2}} = \vec{0}$$

Or $\overrightarrow{V_{A\in 1/3}} = \overrightarrow{V_{O_1\in 1/3}} + \overrightarrow{AO_1} \wedge \overrightarrow{\Omega_{1/3}} = \left(-e_1\vec{z}_0 - R_1\vec{y}_3\right) \wedge \left(\omega_{1/3}\vec{z}_0\right) = -R_1\omega_{1/3}\overrightarrow{x_3}$ (Formule de Varignon)

et $\overrightarrow{V_{A\in 3/2}} = \overrightarrow{V_{O_2\in 3/2}} + \overrightarrow{AO_2} \wedge \overrightarrow{\Omega_{3/2}} = \left(e_2\vec{z}_0 + R_2\vec{y}_3\right) \wedge \left(\omega_{3/2}\vec{z}_0\right) = R_2\omega_{3/2}\overrightarrow{x_3}$

On en déduit alors une première relation :

$$R_1\omega_{1/3} - R_2\omega_{3/2} = 0 \qquad [1]$$

C.3.2 Condition de roulement sans glissement en B

$$\overrightarrow{V_{B\in 2/4}} = \vec{0} \Rightarrow \overrightarrow{V_{B\in 2/3}} + \overrightarrow{V_{B\in 3/4}} = \vec{0}$$

Or $\overrightarrow{V_{B\in 2/3}} = \overrightarrow{V_{O_2\in 2/3}} + \overrightarrow{BO_2} \wedge \overrightarrow{\Omega_{2/3}} = \left(-e_2'\vec{z}_0 - R_2'\vec{y}_3\right) \wedge \left(\omega_{2/3}\vec{z}_0\right) = -R'_2\,\omega_{2/3}\overrightarrow{x_3}$

et $\overrightarrow{V_{B\in 3/4}} = \overrightarrow{V_{O_3\in 3/4}} + \overrightarrow{BO_3} \wedge \overrightarrow{\Omega_{3/4}} = \left(e_3\vec{z}_0 - R_4\vec{y}_3\right) \wedge \left(\omega_{3/4}\vec{z}_0\right) = -R_3\omega_{3/4}\overrightarrow{x_3}$

On en déduit alors une seconde relation :

$$R'_2\,\omega_{2/3} + R_4\omega_{3/4} = 0 \qquad [2]$$

C.3.3 Formule de Willis

De la relation [1], on tire $\omega_{3/2} = \dfrac{R_1}{R_2}\omega_{1/3}$

De la relation [2], on tire $\omega_{3/2} = \dfrac{R_4}{R'_2}\omega_{3/4} = -\dfrac{R_4}{R'_2}\omega_{4/3}$

Soit au final la formule de Willis :

$$\boxed{\frac{\omega_{1/3}}{\omega_{4/3}} = \frac{\omega_{1/0} - \omega_{3/0}}{\omega_{4/0} - \omega_{3/0}} = -\frac{R_2.R_4}{R_1.R'_2} = \lambda} \quad \textbf{Formule de Willis}$$

C.3.4 Moyen simple de détermination du rapport de transmission

La méthode la plus efficace pour retrouver la formule de Willis est de supposer l'arbre porte-satellite immobile, et de traiter le train épicycloïdal comme un train de 2 réducteurs simples.

On exprime alors le rapport de transmission en prenant comme référence l'arbre porte-satellite :

$$\lambda = \frac{\omega_{sortie} - \omega_{porte\text{-}satellite}}{\omega_{entrée} - \omega_{porte\text{-}satellite}} = (-1)^n \frac{\prod Z_{menantes}}{\prod Z_{menées}}$$

C.3.5 Autre expression de la formule de Willis

La formule de Willis peut également s'écrire de la façon suivante. Il s'agit alors de la formule de Ravignaux :

$$\omega_1 - \lambda\omega_4 + (\lambda - 1)\omega_3 = 0$$

C.4 Condition de montage

Les trains épicycloïdaux peuvent comporter 1 ou plusieurs satellites. La configuration la plus fréquente comporte 3 satellites, car elle permet de répartir le couple sans être au détriment de l'encombrement.

C.4.1 Train à 1 satellite

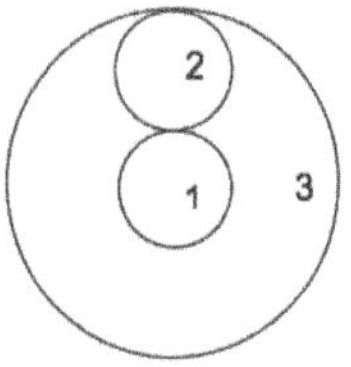

La condition de montage est $r_3 = r_1 + d_2$

Donc $mZ_3 = mZ_1 + 2mZ_2$

On en déduit la condition de montage d'un train à 1 satellite :

$$Z_3 = Z_1 + 2Z_2 .$$

C.4.2 Train à 2 satellites

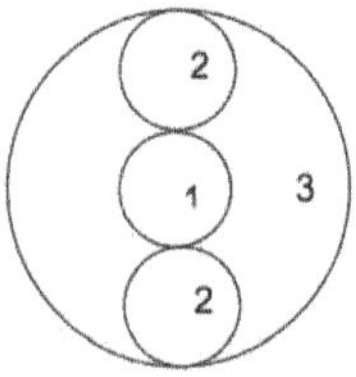

La condition de montage doit respecter un nombre de dents entier :

$$\frac{Z_2}{2} + \frac{Z_1}{2} + \frac{Z_2}{2} + \frac{Z_3}{2} = \text{entier} \text{ , soit } Z_2 + \frac{Z_1 + Z_3}{2} = \text{entier}$$

On en déduit la condition de montage d'un train à 2 satellites :

$$Z_1 + Z_3 \text{ doit être pair .}$$

C.4.3 Train à 3 satellites

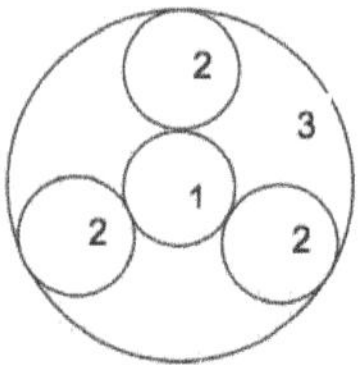

On utilise le même raisonnement que précédemment :

$$\frac{Z_2}{2} + \frac{Z_1}{3} + \frac{Z_2}{2} + \frac{Z_3}{3} = \text{entier} \text{ , soit } Z_2 + \frac{Z_1 + Z_3}{3} = \text{entier}$$

On en déduit la condition de montage d'un train à 2 satellites :

$$Z_1 + Z_3 \text{ doit être multiple de 3 .}$$

C.4.4 Généralisation

Le raisonnement est valable quel que soit le nombre de satellites.

On retiendra donc que pour qu'un train épicycloïdal comportant n satellites puisse être assemblé, il faut que la somme des nombres de dents des planétaires soit un multiple de n.

C.5 Trains épicycloïdaux particuliers

C.5.1 Trains complexes

Un train épicycloïdal complexe est l'association de plusieurs trains épicycloïdaux en série. Souvent employés dans les boîtes de vitesses automatiques, ce type de train s'étudie en appliquant la formule de Willis de façon successive.

Exemple du «Train Simpson»

Le train Simpson est une boîte de vitesses automatique automobile, constitué de deux trains épicycloïdaux de type I en série.

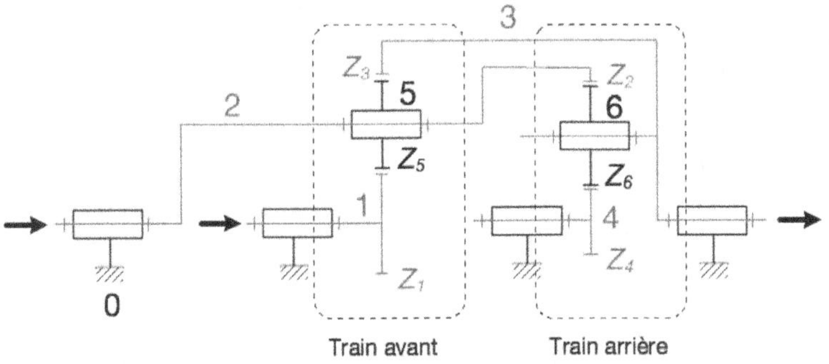

Il est constitué :

- d'un planétaire (1) sur le train avant,
- d'un porte-satellite (2) avant relié à la couronne arrière,
- d'un porte-satellite arrière (3) relié à la couronne avant,
- d'un planétaire arrière (4).

$Z_1=37$; $Z_2=81$; $Z_3=95$; $Z_4=39$; $Z_5=21$; $Z_6=29$.

La puissance du moteur peut être délivrée sur le planétaire avant (1) et/ou sur le porte-satellite avant (2). Il existe donc deux entrées au train Simpson.

La sortie du mécanisme est la rotation du porte-satellite arrière (3).

Formules de Willis des trains

Train avant : $\lambda_{av} = \dfrac{\omega_{3/2}}{\omega_{1/2}} = (-1)^1 \dfrac{Z_1 \cdot Z_5}{Z_5 \cdot Z_3} = -\dfrac{Z_1}{Z_3} = -0{,}389$

Train arrière : $\lambda_{ar} = \dfrac{\omega_{2/3}}{\omega_{4/3}} = (-1)^1 \dfrac{Z_4 \cdot Z_6}{Z_6 \cdot Z_2} = -\dfrac{Z_4}{Z_2} = -0{,}481$

Première vitesse

La puissance moteur est transmise au planétaire (1). Le planétaire arrière (4) est immobilisé.

$$\frac{\omega_{3/0} - \omega_{2/0}}{\omega_{1/0} - \omega_{2/0}} = \lambda_{av} \quad \text{et} \quad \frac{\omega_{2/0} - \omega_{3/0}}{\omega_{4/0} - \omega_{3/0}} = \lambda_{ar} \text{ avec } \omega_{4/0} = 0$$

Donc $\omega_{3/0} = \lambda_{av}\omega_{1/0} + (1-\lambda_{av})\omega_{2/0}$ et $\dfrac{\omega_{2/0}}{\omega_{3/0}} = 1 - \lambda_{ar}$

On tire de ces deux relations :

$$\omega_{3/0} = \lambda_{av}\omega_{1/0} + (1-\lambda_{av})(1-\lambda_{ar})\omega_{3/0}$$

Soit au final :

$$\frac{\omega_{3/0}}{\omega_{1/0}} = \frac{\lambda_{av}}{\lambda_{av} + \lambda_{ar} - \lambda_{av}\lambda_{ar}} = 0{,}368$$

Seconde vitesse

La puissance moteur est transmise au porte-satellite (2). Le planétaire arrière (4) est immobilisé.
Les relations précédentes restent vraies :

$$\omega_{3/0} = \lambda_{av}\omega_{1/0} + \left(1-\lambda_{av}\right)\omega_{2/0} \text{ et } \frac{\omega_{2/0}}{\omega_{3/0}} = 1 - \lambda_{ar}$$

On tire immédiatement de la seconde relation :

$$\frac{\omega_{3/0}}{\omega_{2/0}} = \frac{1}{1-\lambda_{ar}} = 0{,}675$$

Troisième vitesse

La rotation du moteur est transmise simultanément au planétaire (1) et au porte-satellite (2).
La formule de Willis du train avant amène :

$$\omega_{3/0} - \omega_{2/0} = \lambda_{av}\left(\omega_{1/0} - \omega_{2/0}\right) \text{ avec } \omega_{1/0} = \omega_{2/0}$$

On tire immédiatement $\omega_{3/0} - \omega_{2/0} = 0$, d'où :

$$\frac{\omega_{3/0}}{\omega_{2/0}} = 1$$

Quatrième vitesse

La puissance moteur est transmise au porte-satellite (2). Le planétaire avant (1) est immobilisé.
La formule de Willis du train avant amène :

$$\frac{\omega_{3/0} - \omega_{2/0}}{\omega_{1/0} - \omega_{2/0}} = \lambda_{av} \text{ avec } \omega_{1/0} = 0$$

Donc $\omega_{3/0} = \left(1-\lambda_{av}\right)\omega_{2/0}$

D'où on tire :

$$\frac{\omega_{3/0}}{\omega_{2/0}} = 1-\lambda_{av} = 1{,}389$$

Marche arrière

La puissance moteur est transmise au planétaire (1). Le porte-satellite (2) est immobilisé.
La formule de Willis du train avant amène :

$$\omega_{3/0} = \lambda_{av}\omega_{1/0} + \left(1-\lambda_{av}\right)\omega_{2/0}$$

D'où on tire :

$$\frac{\omega_{3/0}}{\omega_{1/0}} = \lambda_{av} = -0{,}389$$

Le rapport de transmission est négatif, confirmant l'inversion de sens de l'arbre de sortie pour une marche arrière.

C.5.2 Différentiel

Le différentiel est un train épicycloïdal à 1 entrée et 2 sorties, dit «sphérique», qui permet à partir d'une vitesse de rotation d'entrée d'obtenir 2 vitesses de rotation différentes en sortie.

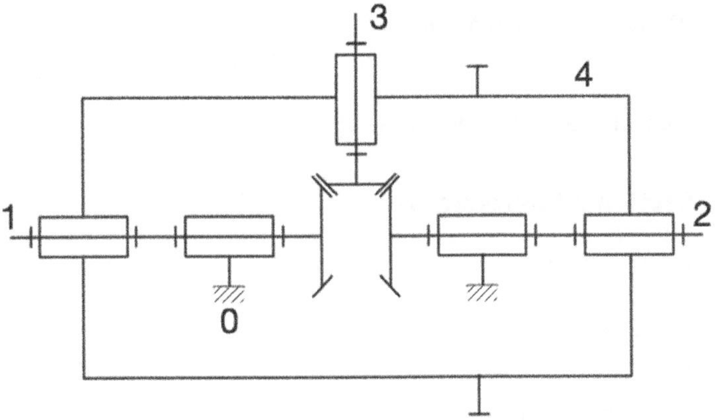

Dans ce train épicycloïdal :

- (1) et (2) sont les planétaires, reliés aux roues,
- (3) est le satellite,
- (4) est le porte-satellite, relié à l'arbre de sortie de transmission.

Ce différentiel, installé sur les véhicules, permet de garantir le non glissement des roues motrices dans un virage.

La formule de Willis appliquée à ce différentiel permet alors d'écrire :

$$\frac{\omega_{1/4}}{\omega_{2/4}} = -\frac{Z_2}{Z_3} \cdot \frac{Z_3}{Z_1} = -\frac{Z_2}{Z_1}$$

Or $Z_1 = Z_2$, donc $\frac{\omega_{1/0} - \omega_{4/0}}{\omega_{2/0} - \omega_{4/0}} = -1$

<u>En ligne droite</u> : $\omega_{1/0} = \omega_{2/0}$ et $\omega_{4/0} = \omega_{1/0} = \omega_{2/0}$

<u>En virage</u> : $\omega_{1/0} \neq \omega_{2/0}$ et $\omega_{4/0} = \frac{\omega_{1/0} + \omega_{2/0}}{2}$

L'inconvénient de ce dispositif est lié à la répartition du couple : si une roue est en perte d'adhérence, ou se retrouve hors de la route, alors le couple moteur ira intégralement vers cette roue. C'est la raison pour laquelle un véhicule dont une roue est dans le vide ou patine ne pourra plus avancer, même si l'autre roue est en adhérence.

CE QU'IL FAUT RETENIR

Transmission indirecte (Courroie / Chaîne)

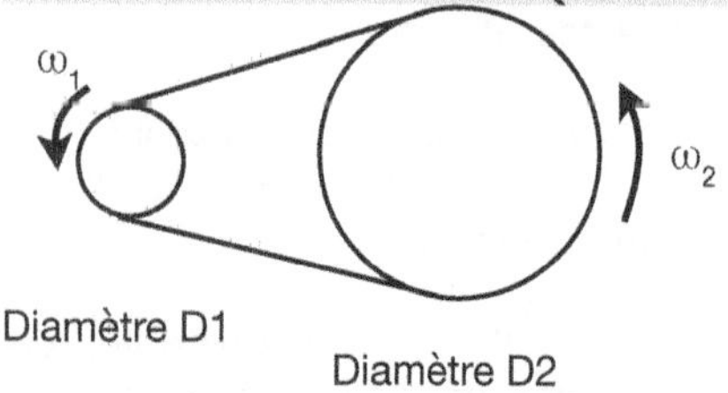

Rapport de transmission : $k = \dfrac{\omega_2}{\omega_1} = \dfrac{D_1}{D_2}$

Le sens de rotation est conservé

Transmission directe (Roue de friction / Engrenages)

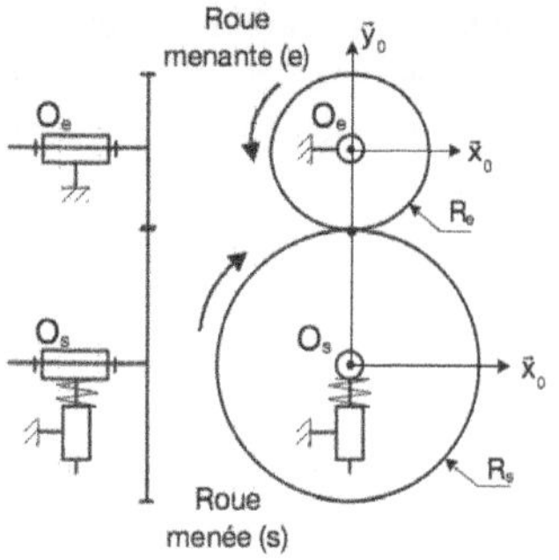

Rapport de transmission : $k = \dfrac{\omega_2}{\omega_1} = -\dfrac{D_1}{D_2}$

$k < 0$ car le sens de rotation est inversé

Engrenages : $D = mZ$ avec

D : diamètre <u>primitif</u> de l'engrenage
m : module de l'engrenage (unité : mm)
Z : nombre de dents

Transmission roue et vis sans fin : le nombre de «dents» de la vis est défini par son nombre de filets.

Trains d'engrenages

Rapport global de transmission : Formule de Willis

$$k = \frac{\omega_{sortie}}{\omega_{entrée}} = (-1)^n \frac{\prod Z_{menantes}}{\prod Z_{menées}}$$

n : nombre de contacts extérieurs

Trains épicycloïdaux

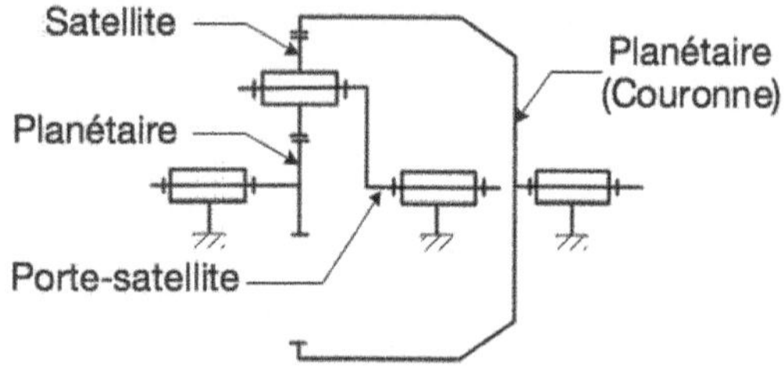

Astuce : pour identifier le satellite, chercher le solide qui est en contact avec 2 engrenages différents. A partir de là, on identifie le porte-satellite et les 2 planétaires

Formule de Willis : on choisit <u>arbitrairement</u> un planétaire comme entrée, puis on écrit la formule de Willis <u>par rapport au porte-satellite</u>, qu'on supposera donc fixe dans l'écriture de la formule (même si en réalité il n'est pas immobile par rapport au bâti)

$$k = \frac{\omega_{planétaire\ de\ sortie/porte-satellite}}{\omega_{planétaire\ d'entrée/porte-satellite}} = (-1)^n \frac{\prod Z_{menantes}}{\prod Z_{menées}}$$

Exemple ci-contre : (2) est le satellite, et donc (3) le porte-satellite. On choisit arbitrairement le planétaire (1) comme entrée, et la couronne (4) comme sortie.

$$k = \frac{\omega_{4/3}}{\omega_{1/3}} = (-1)^1 \frac{Z_1 \cdot Z'_2}{Z_2 \cdot Z_4}$$

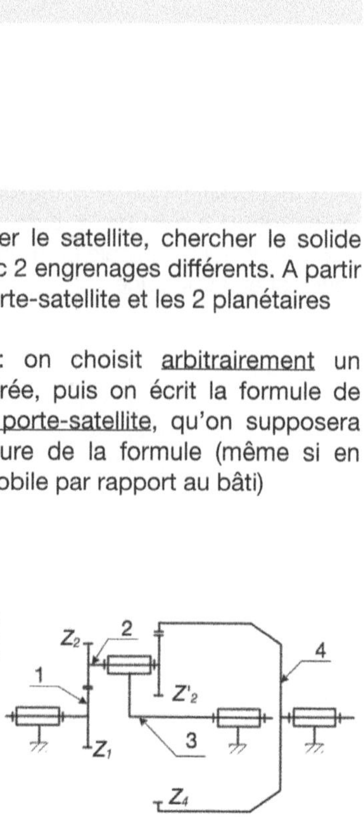

D. Exercices

Exercice 1 : Train pendulaire (Concours ATS 2013)

(Corrigé page 596)

Il est aujourd'hui possible de réduire les temps de parcours en train grâce à la grande vitesse.

Sur ligne classique, le passager est soumis en courbe à une accélération transversale (accélération centripète) qui au-delà d'une certaine valeur devient gênante, inconfortable. Pour compenser cette accélération transversale, la voie est posée avec un dévers dans les portions de courbe : le plan des rails est incliné par rapport au plan horizontal (le rail extérieur est plus haut que le rail intérieur). Une augmentation de la vitesse est possible en inclinant la caisse par rapport aux bogies.

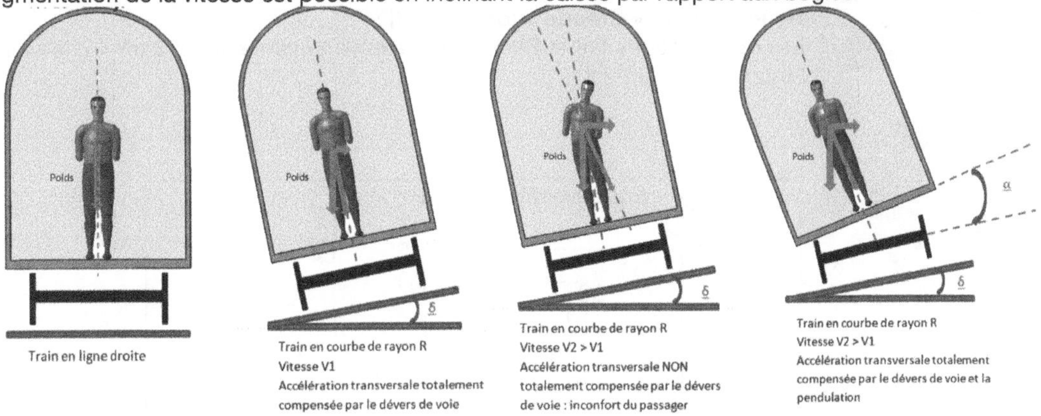

Le mécanisme de pendulation est représenté ci-contre, qui a pour fonction d'incliner la caisse par rapport aux bogies.

Un actionneur inséré entre le bogie et la traverse de pendulation permet d'obtenir cette inclinaison.

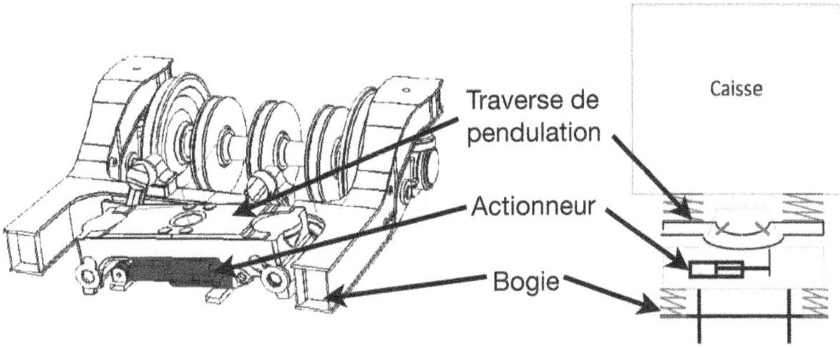

L'actionneur est un vérin électrique, dont le schéma de principe fourni ci-dessous.

Les données techniques sont :

- ω_m : vitesse de rotation moteur (en rad.s^{-1}),
- ω_{vis} : vitesse de rotation axe vis (en rad.s^{-1}),
- p=10 mm : pas de la vis,
- $N = \omega_m/\omega_{vis} = 3{,}04$: rapport de transmission du réducteur inséré entre le moteur et la vis.

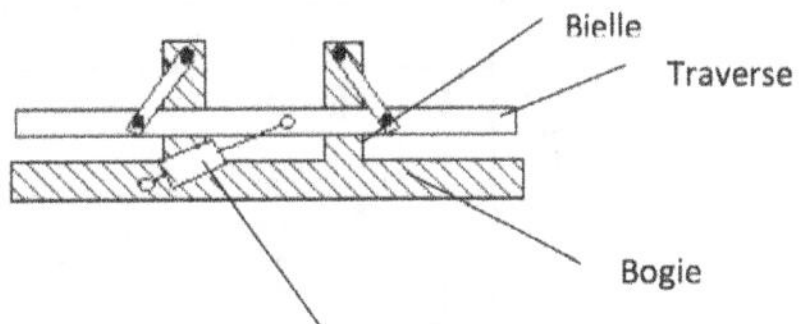

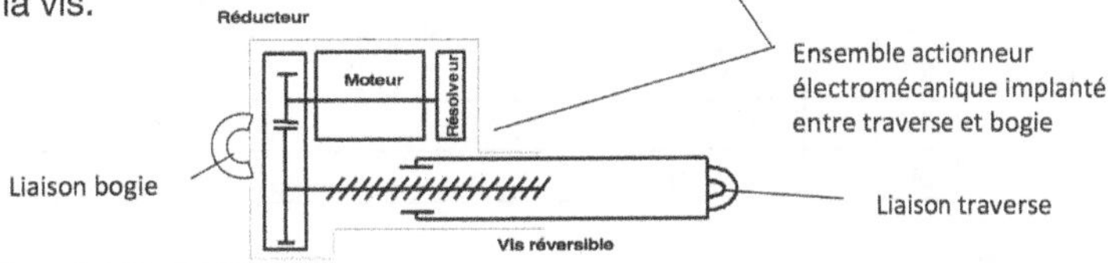

Déterminer la vitesse de rotation du moteur ω_m correspondant à une vitesse de sortie de la tige de l'actionneur nominale de V=0,1 m.s^{-1}.

Exercice 2 : Réducteur à deux vitesses

(Corrigé page 597)

Les appareils de manutention et de levage nécessitent souvent une grande vitesse pour les phases d'approche ou de dégagement, et une petite vitesse lors de la phase de manutention.

Le schéma du réducteur d'un de ces systèmes est donné ci-dessous.

Fonctionnement « Petite vitesse » (PV) :

Seul le moteur PV tourne à 1500 tr/min suivant $-\vec{z}_0$.

La couronne 25 est entraînée en rotation par l'intermédiaire de la roue 13 et de la vis sans fin 34 liée à l'arbre moteur PV.

Le pignon 19 est maintenu fixe par le frein du moteur GV (Grande Vitesse).

Fonctionnement « Grande vitesse » (GV) :

Les deux moteurs GV et PV tournent en même temps à 1500 tr/min, le moteur GV tournant suivant $+\vec{x}_0$.

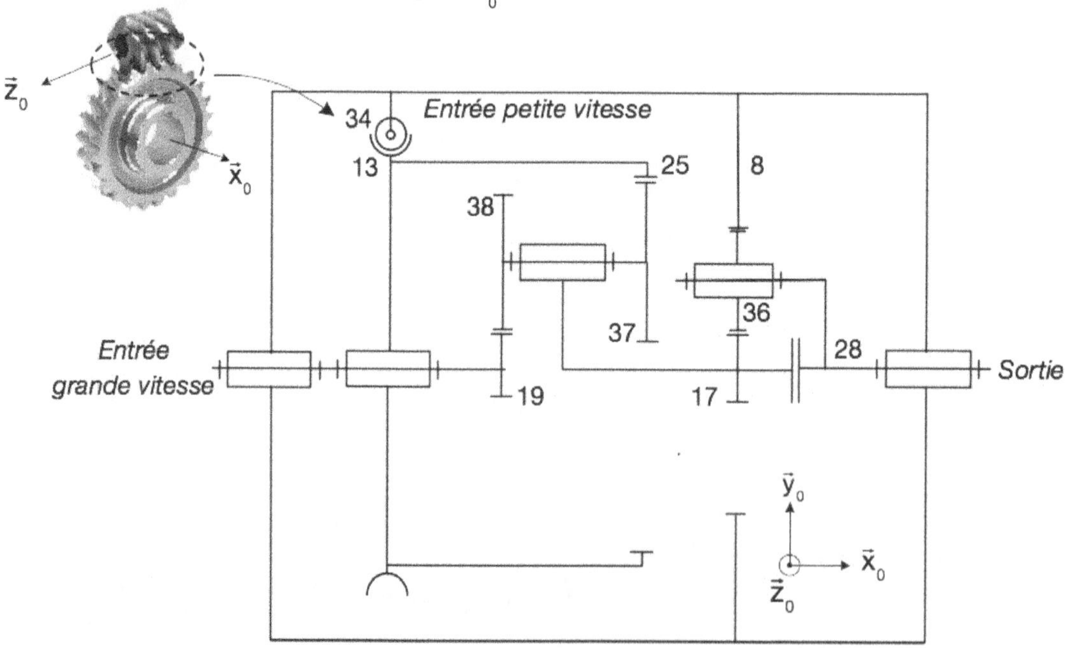

Rep	Nb	Désignation	Caractéristiques
8	1	Couronne fixe	Z_8 = 79 dents
13	1	Roue	Z_{13} = 41 dents
17	1	Pignon	Z_{17} = 17 dents
19	1	Pignon d'entrée GV	Z_{19} = 19 dents
25	1	Couronne	Z_{25} = 83 dents
34	1	Vis sans fin (entrée PV)	Z_{34} = 1 filet - pas à droite
36	3	Pignon	Z_{36} = 31 dents
37	3	Pignon	Z_{37} = 32 dents
38	3	Pignon	Z_{38} = 29 dents

Question 1

Donner le signe de $\omega_{13/0}$ (suivant $\pm\overrightarrow{y_0}$) lorsque $\omega_{34/0} > 0$ (suivant $\overrightarrow{z_0}$)

Question 2

Déterminer l'expression de la vitesse de rotation $\omega_{28/0}$ de l'arbre de sortie 28 en fonction de $\omega_{19/0}$, $\omega_{34/0}$ et des nombres de dents Z_i .

Question 3

Faire l'application numérique en fonctionnement « Petite Vitesse », puis en fonctionnement « Grande Vitesse ».

Exercice 3 : Véhicule auto guidé (Concours ATS 2014) *(Corrigé page 598)*

Le nouveau Centre Hospitalier Universitaire (CHU) de Dijon Bocage Central a retenu pour sa logistique hôtelière hospitalière des VAG (véhicule auto guidé) ou AGV (Automated guided vehicle).

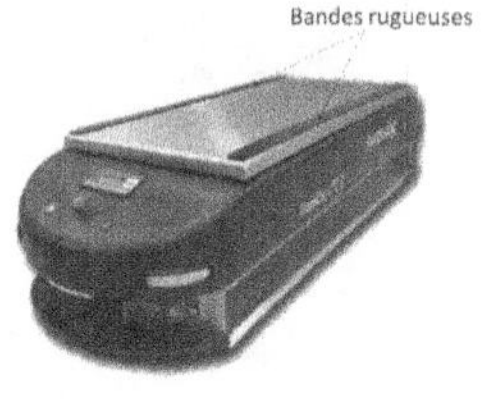

Le schéma cinématique spatial simplifié est donné ci-après.

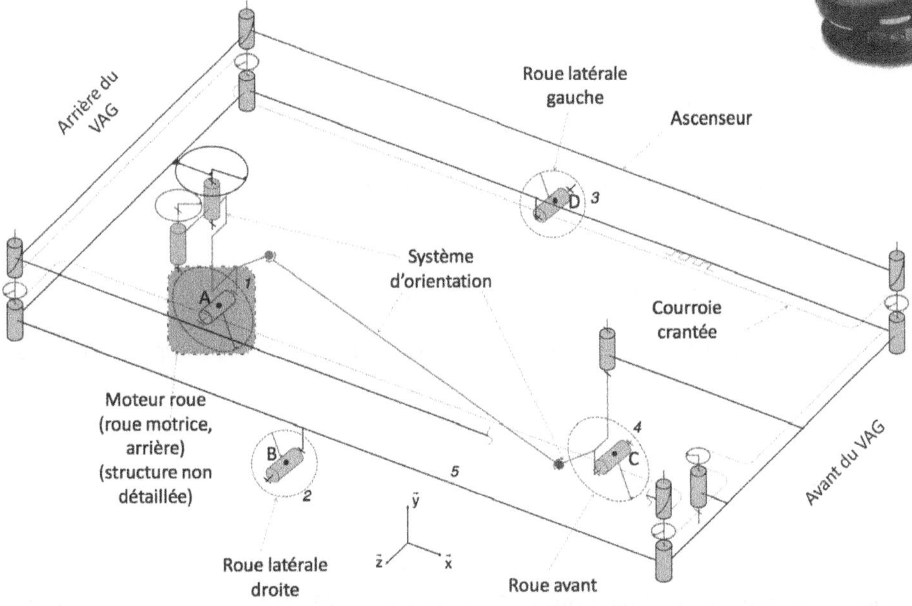

Afin de valider le choix du moteur-roue, il est nécessaire de déterminer au préalable la relation entre la vitesse de rotation de ce moteur et la vitesse de translation du VAG. C'est l'objet de cette étude.

La figure page suivante montre la structure du moteur roue 1. L'arbre 7 est l'arbre moteur (le moteur n'est pas représenté). L'énergie mécanique est transmise à la roue 1 par l'intermédiaire de trois trains d'engrenages simples, identiques, disposés à 120 degrés (voir figure de droite, sur laquelle seuls les pignons et roues sont représentés pour plus de lisibilité). La figure de gauche ne représente qu'un seul de ces trains. Il possède trois étages.

On suppose qu'il y a roulement sans glissement entre la roue 1 et le sol 0 en I_1. Le chariot se déplace en ligne droite (mouvement de translation rectiligne suivant $\vec{x}$). Le système d'orientation des roues est donc bloqué et il n'y a pas de mouvement relatif entre 6 et 5.

Le rayon des roues du VAG est noté r=105 mm, et $\overrightarrow{I_1A} = \overrightarrow{I_2B} = \overrightarrow{I_3D} = \overrightarrow{I_4C} = r\vec{y}$.

On note $\overrightarrow{\Omega_{7/6}} = \omega_{6/7} \cdot \vec{z}$ le vecteur vitesse de rotation de l'arbre moteur 7 par rapport à 6, et $\overrightarrow{\Omega_{1/6}} = \omega_{1/7} \cdot \vec{z}$ le vecteur vitesse de rotation de la roue 1 par rapport à 6.

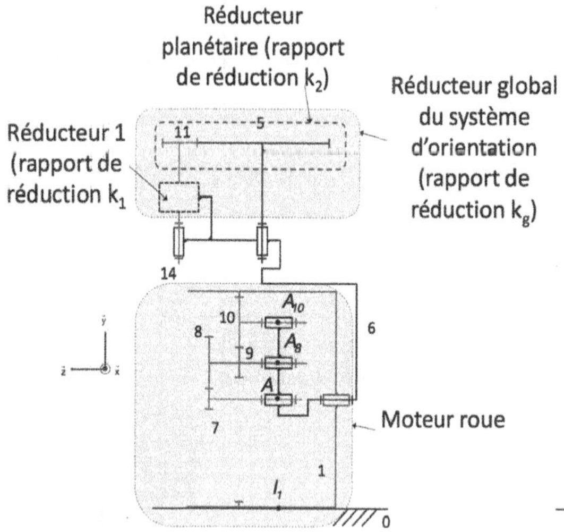

Nombre de dents des éléments tournants :
$Z_1 = 108$; $Z_7 = 9$; $Z_8 = 38$;
$Z_9 = 19$; $Z_{10} = 39$

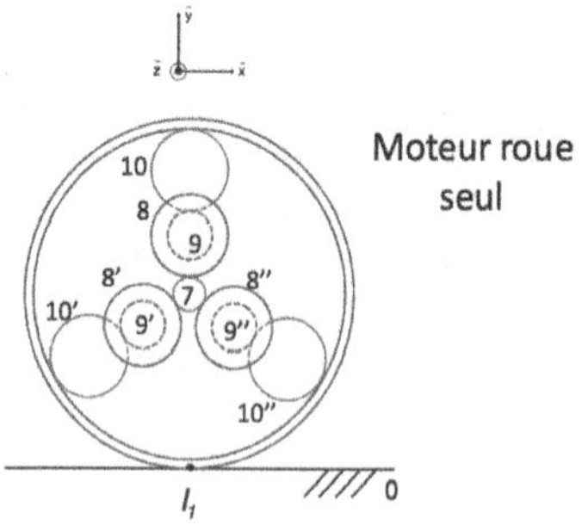

Schéma cinématique du moteur-roue

Question 1

Exprimer le rapport de réduction noté $r_1 = \dfrac{\omega_{1/6}}{\omega_{7/6}}$ en fonction de Z_1, Z_7, Z_8 et Z_9, puis réaliser l'application numérique.

Question 2

Déterminer la relation entre $\omega_{1/0}$ et $\omega_{1/6}$ et la relation entre $\omega_{7/0}$ et $\omega_{7/6}$.

Dans le mouvement de translation rectiligne considéré, le point A est fixe par rapport au carter 5, et par conséquent $\overrightarrow{V_{A\in 5/0}} = \dot{x} \cdot \vec{x}$.

Question 3

La condition de roulement sans glissement s'écrit $\overrightarrow{V_{I_1\in 1/0}} = \vec{0}$. Donner alors la relation liant $\dot{x}$ à $\omega_{7/6}$ en fonction de r_1 et r.

Exercice 4 : Boîte de transmission d'hélicoptère (Concours CCP TSI 2015) *(Corrigé page 598)*

Le déplacement des hélicoptères est assuré par un rotor principal permettant la sustentation et la translation de l'appareil.

Un rotor arrière permet de compenser le couple de réaction engendré par le rotor principal et de contrôler les mouvements de lacet de l'appareil (figure 1).

La puissance est délivrée par deux turboréacteurs qui entraînent en rotation une boîte de transmission principale (BTP) qui elle-même entraîne d'une part le rotor principal et d'autre part le rotor arrière, par l'intermédiaire d'un arbre de transmission et d'une boîte de transmission arrière (BTA).

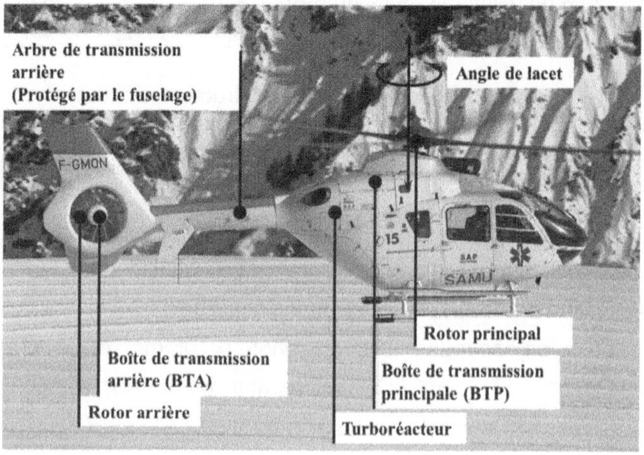

Pour chaque association hélicoptère - turboréacteur, Airbus Helicopters conçoit, fabrique et assemble une BTP. Cet ensemble étant au cœur du fonctionnement et de la sûreté de l'appareil, il nécessite une attention particulière et c'est ainsi qu'un banc d'essai permet de vérifier qu'il répond au cahier des charges.

Ce banc d'essai se présente sous la forme d'un châssis permettant d'assurer la liaison avec la BTP. Il est équipé d'un moteur à courant continu qui entraîne une succession de réducteurs entraînant eux-mêmes deux arbres reliés aux deux entrées de la BTP (figure ci-contre).

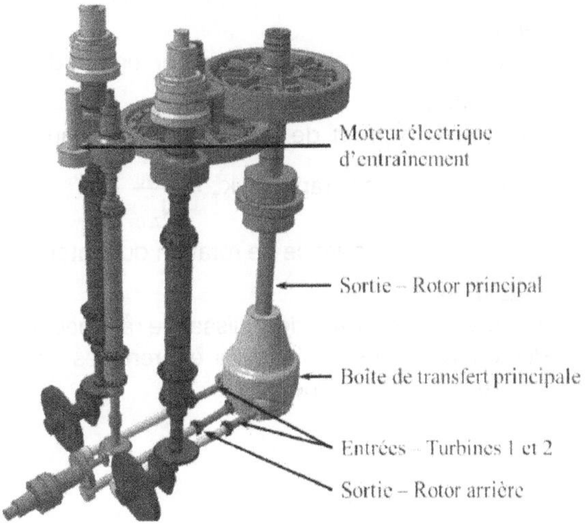

La BTP agit alors sur le rotor principal de l'hélicoptère. Le respect des caractéristiques des cycles d'essais est assuré par un asservissement en vitesse et en couple.

Le schéma cinématique simplifié du banc d'essai est donné ci-dessous.

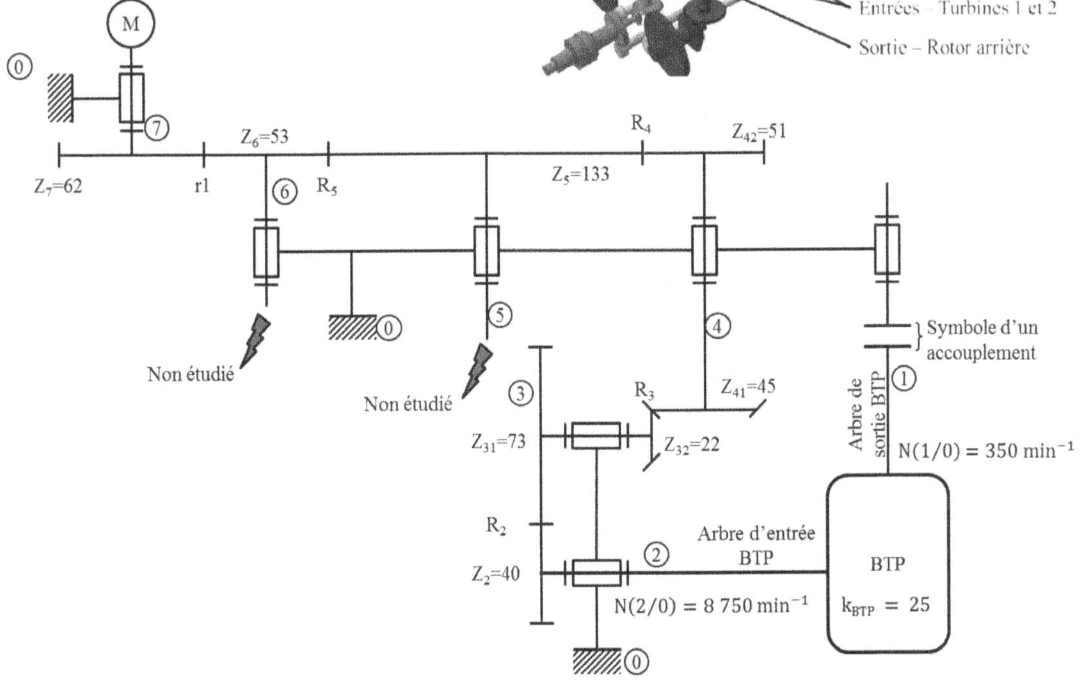

On note :

- k_{BTP}=25 le rapport de transmission de la BTP, défini par $k_{BTP} = \dfrac{N_{2/0}}{N_{1/0}}$;
- η=0,98 le rendement de la BTP et de chacune des transmissions par engrenages en régime permanent ;
- $N_{2/0}$=8750 tr.mn^{-1} la fréquence de rotation en entrée de BTP (fréquence de rotation des turbines entraînant la BTP) ;
- $N_{1/0}$=350 tr.mn^{-1} la fréquence de rotation en sortie de BTP (la fréquence de rotation du rotor) ;
- C_1=4100 Nm le couple transmis par l'arbre de sortie de la BTP (ce couple étant nécessaire pour assurer la rotation des pales et le vol de l'hélicoptère).

On cherche dans cette étude à dimensionner le moteur électrique permettant d'assurer la motorisation du banc d'essai.

Question 1

Déterminer le couple C_2 à fournir en entrée de la BTP.

Question 2

Calculer le rapport de transmission de l'arbre moteur jusqu'à l'entrée de la boîte de vitesses. On exprimera pour cela le rapport $k_T = \frac{N_{2/0}}{N_{7/0}}$.

En déduire la fréquence de rotation du moteur électrique $N_{7/0}$ en $tr.mn^{-1}$.

Question 3

En faisant un bilan de puissance à chacun des étages de réduction et en tenant compte du rendement des transmissions par engrenages, calculer le couple C_7 que doit fournir le moteur électrique et la puissance mécanique utile.

Partie D : Performance des systèmes asservis

Les systèmes multiphysiques sont des systèmes complexes dans lesquels la chaîne d'information délivre des consignes à destination de la chaîne d'énergie. Il est attendu que le système réponde de façon performante aux consignes émises, en terme de :

- précision,
- rapidité,
- stabilité.

Cette partie a pour objectif d'étudier l'asservissement d'un système multiphysique, et aborde les points suivants :

- chapitre 17 : modélisation des asservissements ;
- chapitre 18 : réponse d'un système asservi ;
- chapitre 19 : correction des systèmes asservis.

Chapitre 17. Modélisation et réponse d'un système asservi

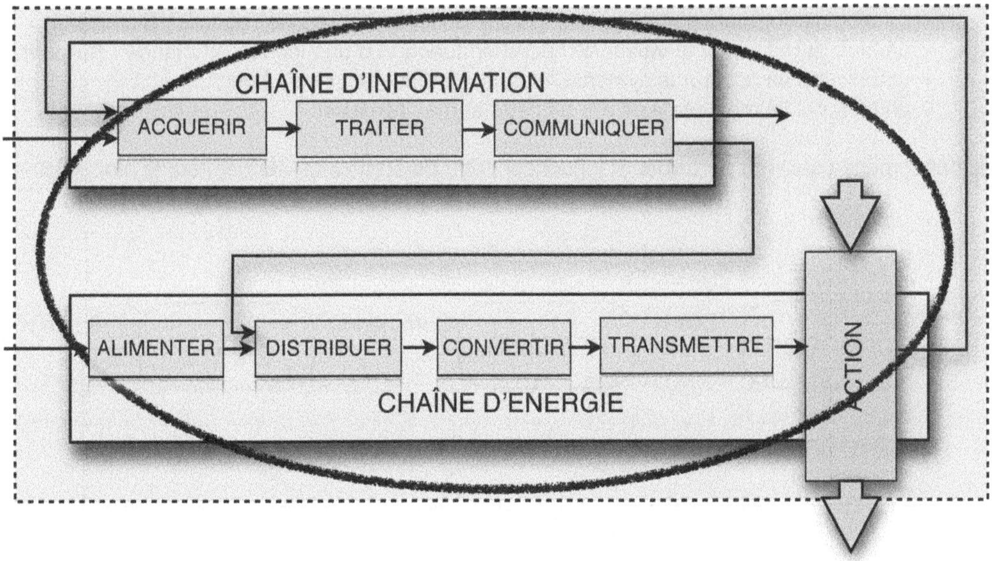

Les systèmes multiphysiques sont dans la majorité des cas asservis à une consigne. Afin d'évaluer les performances de ces systèmes, il faut commencer par mettre en place une modélisation et identifier le comportement de certains de ces asservissements.

A. Introduction aux systèmes asservis

A.1 Structure globale des systèmes asservis

A.1.1 Problématique

Un système asservi a pour fonction de maintenir une grandeur de sortie à la valeur désirée, sans intervention humaine.
Lorsque la consigne d'entrée est fixe, on parle de **régulation**.
Lorsque la sortie doit suivre une entrée variable, on parle alors d'**asservissement**.

Prenons l'exemple d'une automobile que l'on souhaite maintenir manuellement à vitesse constante : dans une montée, la vitesse de l'automobile va diminuer. L'automobiliste détecte cette diminution, et va en conséquence augmenter la puissance délivrée au moteur. La puissance sera ajustée en fonction de la vitesse acquise par l'automobile. Inversement, en descente, la vitesse va augmenter, et l'automobiliste va diminuer la puissance de façon à ramener la vitesse à la valeur désirée.

A.1.2 Structure d'un système asservi

Pour asservir un système à une consigne, il faut donc :

- un bloc de comparaison entre la consigne désirée et le résultat obtenu : **Comparer** ;
- un bloc qui va traiter la valeur de l'écart en fonction d'une loi de commande : **Réguler** ;
- un bloc qui va agir sur le système, et ainsi modifier son état : **Agir** ;
- un bloc qui va mesurer la valeur de cette sortie : **Mesurer**.

Les phénomènes qui vont perturber et influencer l'état de sortie interviennent sur le bloc «**Agir**».

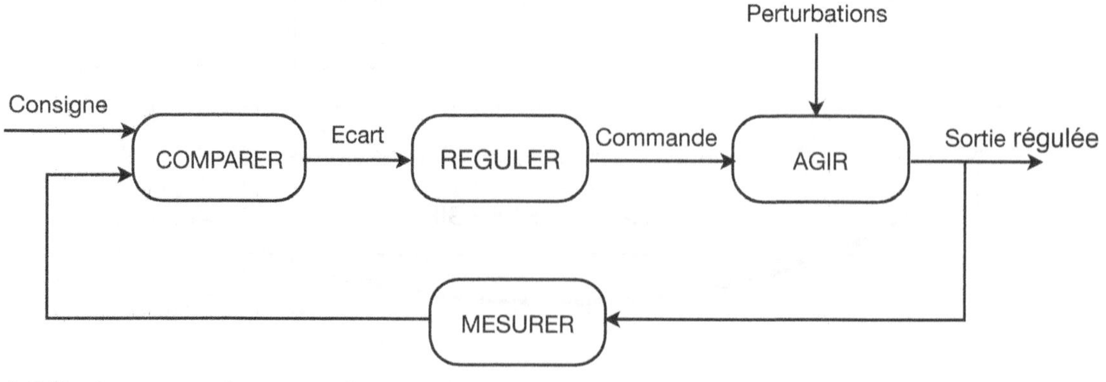

A.2 Performance des asservissements

A.2.1 Précision

La précision d'un système asservi est l'écart ε entre la consigne et la sortie lorsque le système est stabilisé (pour $t \to +\infty$).

A.2.1.1 Erreur indicielle

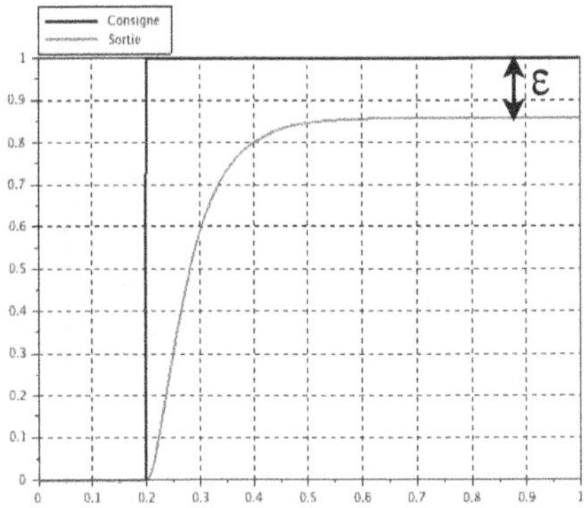

Lorsque la consigne est une fonction de Heaviside (échelon), l'écart est alors appelé «erreur indicielle».

Cette erreur peut être constante ou tendre vers l'infini.

A.2.1.2 Erreur de traînage

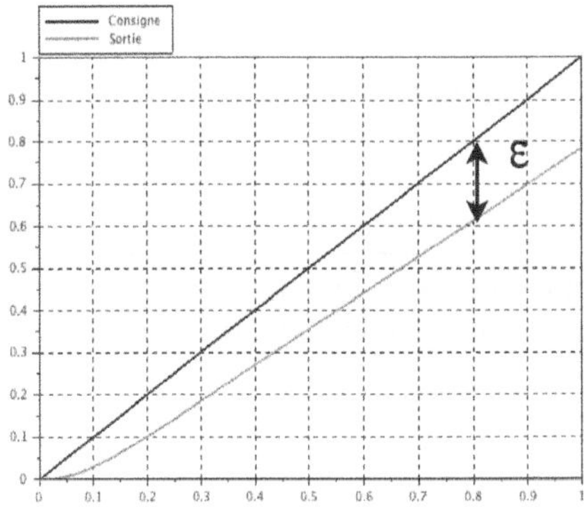

Lorsque la consigne est une rampe, l'écart entre la droite de consigne et la sortie est alors appelé «erreur de traînage».

Cette erreur peut être constante ou tendre vers l'infini.

A.2.2 Stabilité

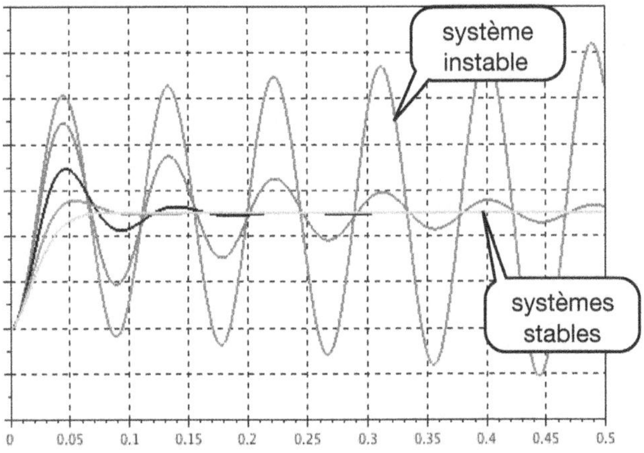

Un système sera dit stable si, pour une entrée bornée, sa sortie reste bornée.

Parmi les systèmes stables, nous verrons que la condition de «limite bornée» n'est pas suffisante pour définir la performance d'un système asservi.

En effet, les réponses ci-contre montrent que, même si chacun des systèmes est stable :

- le premier oscille trop longtemps avant de stabiliser sa réponse,
- le troisième est trop long avant d'atteindre sa réponse stable.

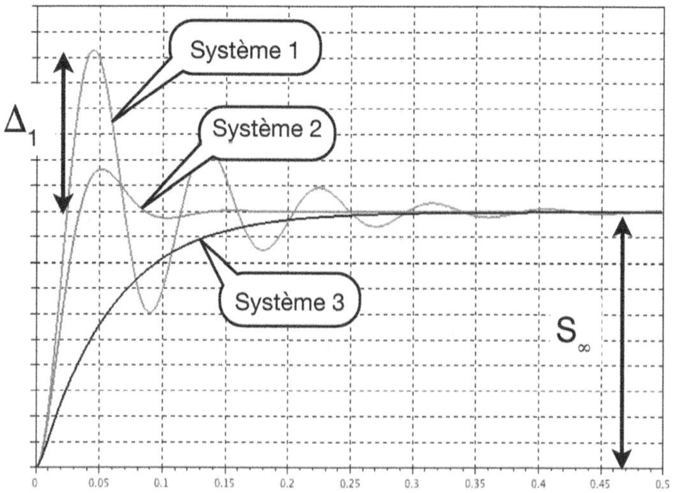

Nous verrons plus loin qu'un autre critère de performance est le dépassement relatif, en particulier le premier dépassement :

$$D_1 = \frac{\Delta_1}{S_\infty}$$ où Δ_1 est la valeur du premier dépassement et S_∞ la valeur finale de la sortie.

A.2.3 Rapidité

La rapidité d'un système est le temps que met celui-ci pour atteindre sa valeur finale.

On parlera de **temps de réponse à 5%** : temps mis pour que la valeur de la sortie reste bornée dans l'intervalle $[0{,}95S_\infty \;\; 1{,}05S_\infty]$.

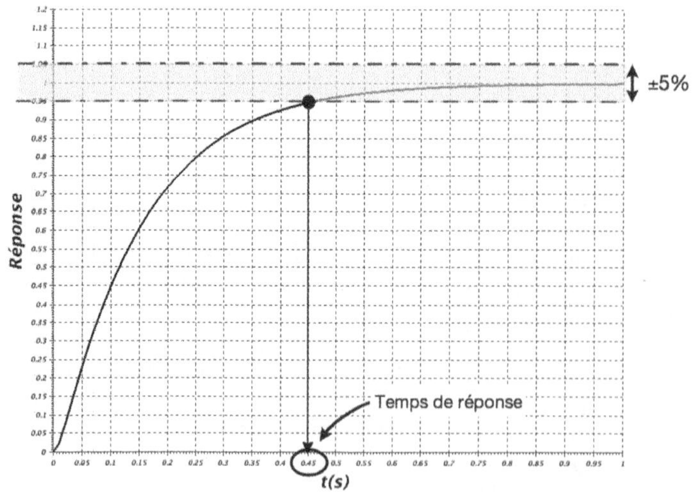

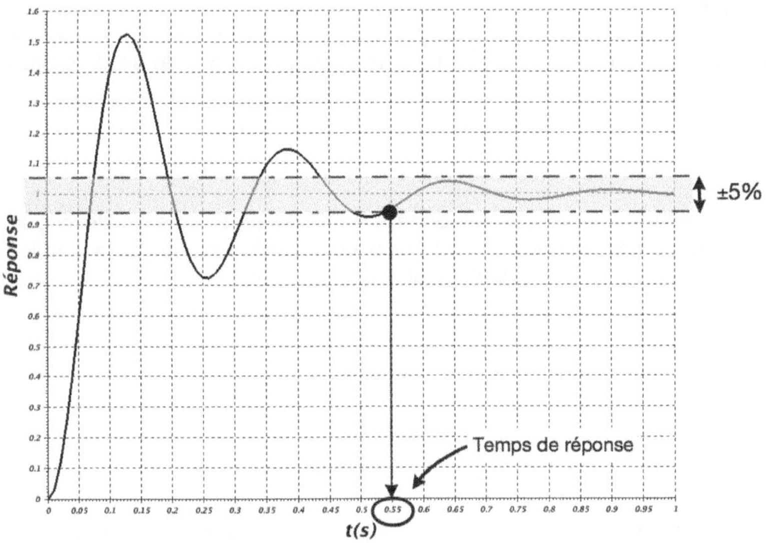

A.3 Systèmes asservis étudiés en CPGE ATS

Les systèmes étudiés seront dit «Systèmes Linéaires Continus Invariants» (SLCI)

A.3.1 Système Linéaire

A.3.1.1 Définition

Considérons 1 système asservi (SA) :

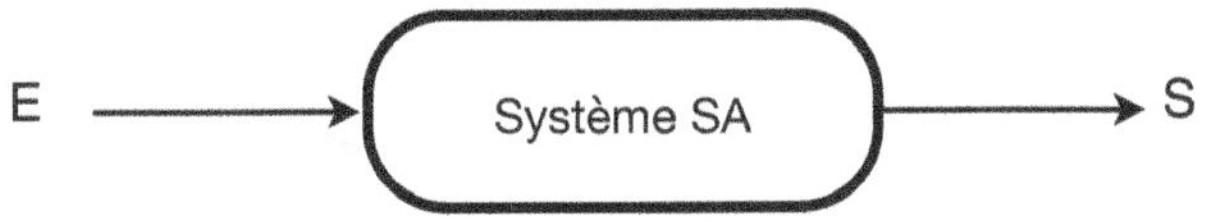

A une entrée E1, le système répond par S1.
A une entrée E2, le système répond par S2.

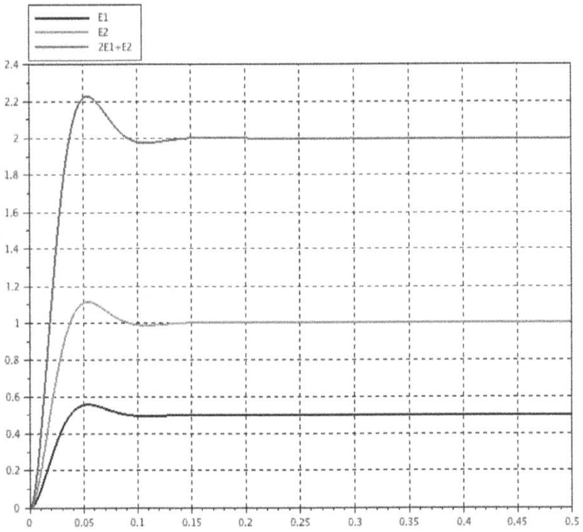

Ce système sera dit linéaire si :

- à une entrée λE1 le système répond par λS1,
- à une entrée E1+E2 le système répond par S1+S2.

A.3.1.2 Non linéarités

Les principales non linéarités que l'on peut être amené à trouver sont l'effet de seuil, la saturation, l'hysteresis et la courbure.

L'effet de seuil

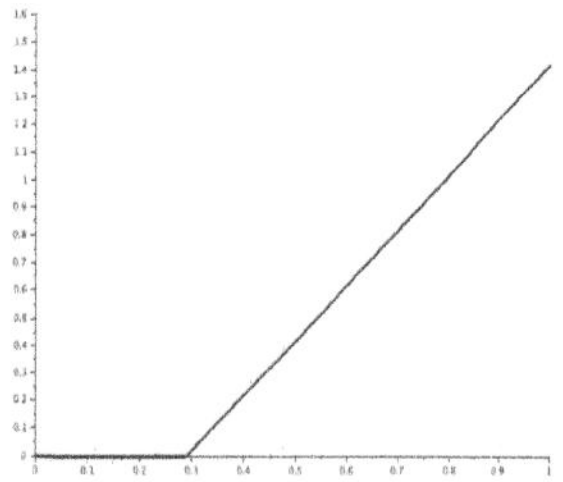

L'effet de seuil est un phénomène fréquent dans la description des phénomènes physiques (frottement sec en mécanique par exemple, ou loi caractéristique d'une diode réelle en électricité).

La saturation

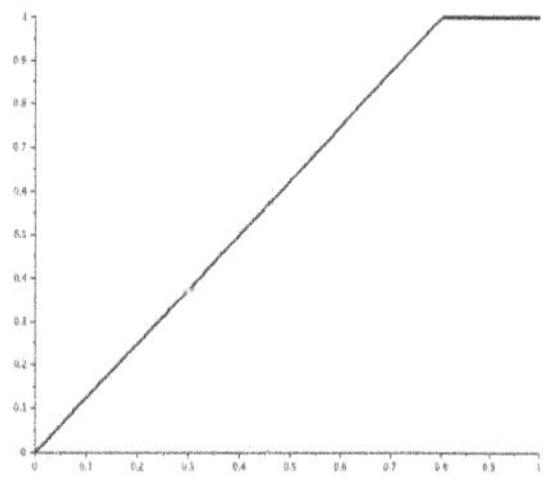

Au-delà d'une certaine valeur d'entrée, la sortie reste constante quelle que soit la valeur d'entrée.

Les amplificateurs linéaires intégrés (A.L.I.) sont caractérisés par une telle non-linéarité. Mécaniquement, il pourrait s'agir de butées qui bloquent le déplacement.

L'hystérésis

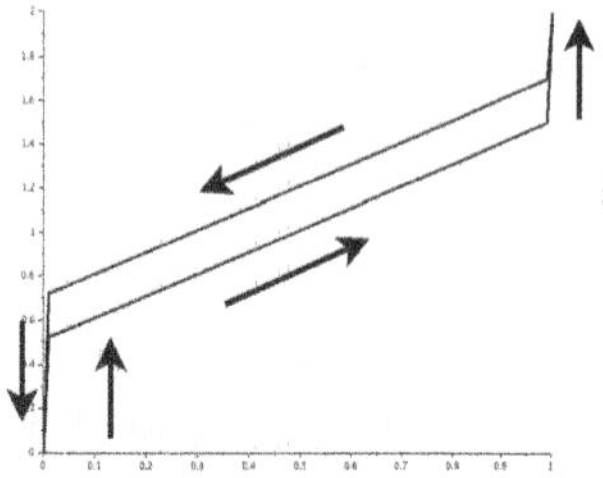

Le comportement d'un système présentant un hystérésis est différent suivant que les valeurs d'entrée sont croissantes et décroissantes.

Courbure

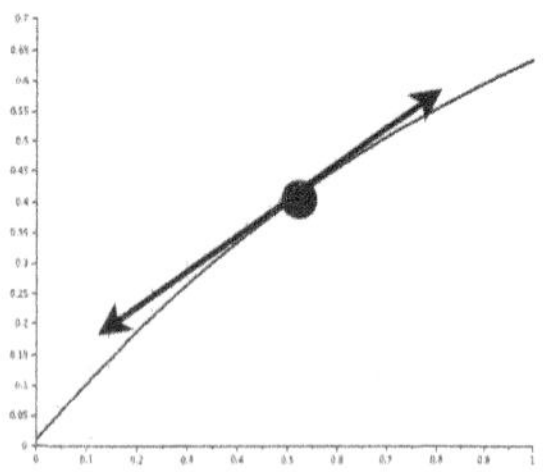

Les phénomènes sont en réalité rarement linéaires. Quand il n'est pas possible de représenter la courbe par une droite passant par l'origine, il sera alors nécessaire d'approximer autour d'un point de fonctionnement la courbe à une droite.

On parlera alors de linéarisation autour du point d'étude.

A.3.2 Systèmes continus

Un système est dit continu lorsqu'il est décrit par une fonction du temps qui est continue (ne présente pas de discontinuité).

Un système discrétisé pour traitement informatique n'est pas continu.

A.3.3 Systèmes invariants

Nous supposerons enfin que les caractéristiques des systèmes étudiés restent stables au cours du temps. Leurs caractéristiques n'évoluent pas.

B. Représentation par schéma-blocs

B.1 Rappels sur la transformation de Laplace

Nous avons vu au chapitre 5 (« Transformation de Laplace ») que les modèles de connaissance des systèmes, établis dans le domaine temporel réel, peuvent subir une transformation dans le domaine symbolique de Laplace.

B.1.1 Exemple d'un circuit RC

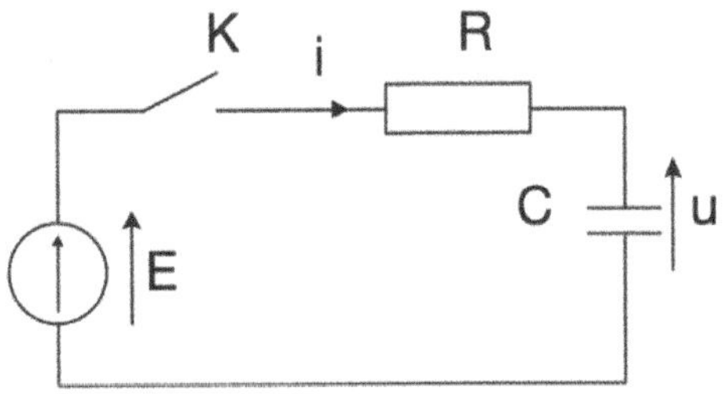

Le modèle de connaissance est décrit par :

$$E - Ri - u = 0$$

$$i = C\frac{du}{dt}$$

D'où on tire

$$u + RC\frac{du}{dt} = E$$

Le passage de cette équation dans le domaine symbolique devient :

$$U(p) + RCpU(p) = E(p)$$

D'où on tire finalement

$$\frac{U(p)}{E(p)} = \frac{1}{1+RCp}$$ qui n'est autre que la fonction de transfert du circuit.

B.1.2 Exemple d'un système masse-ressort amorti

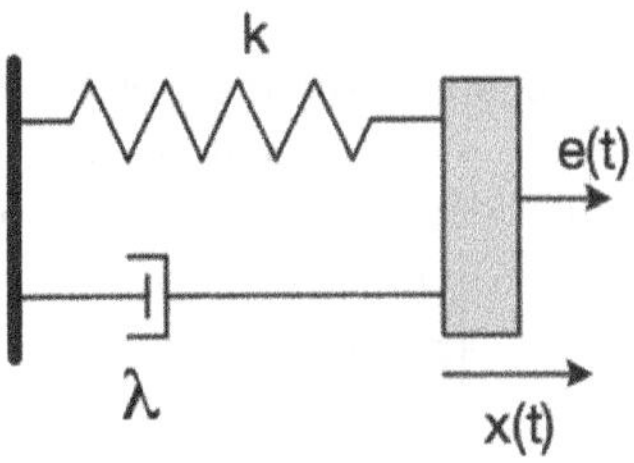

Le modèle de connaissance fait apparaître les équations suivantes, en supposant la masse nulle :

$$e - F_{ressort} - F_{amortisseur} = 0$$

$$F_{ressort} = kx$$

$$F_{amortisseur} = \lambda\frac{dx}{dt}$$

D'où on tire $x + \frac{\lambda}{k}\frac{dx}{dt} = \frac{e}{k}$

Soit dans le domaine symbolique : $X(p)+\frac{\lambda}{k}pX(p)=\frac{E(p)}{k}$

On obtient finalement : $\frac{X(p)}{E(p)}=\frac{1/k}{1+\frac{\lambda}{k}p}$

B.2 Schéma bloc

Le schéma bloc, appelé également schéma fonctionnel, est une représentation graphique des fonctions de transfert du système, et des liens qui existent entre eux.

B.2.1 Blocs élémentaires

B.2.1.1 Fonction de transfert

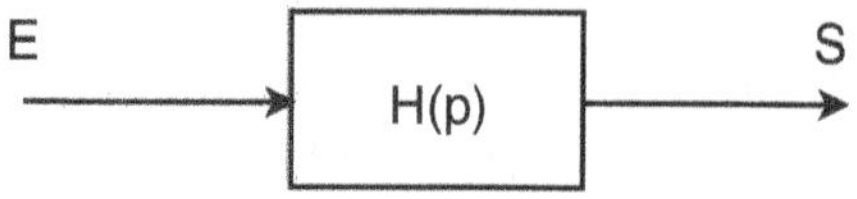

Ce bloc permet de traduire la relation $S(p)=H(p).E(p)$

B.2.1.2 Gain

Le gain est une fonction de transfert simple, ne comportant qu'un multiplicateur :

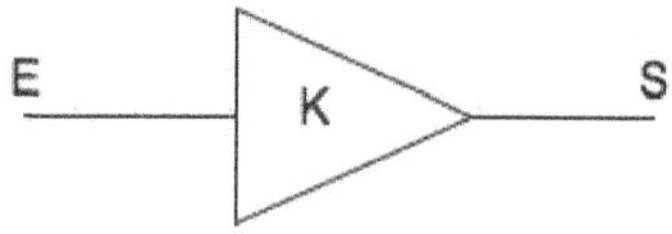

Le gain se lit $S=K.E$

B.2.1.3 Comparateur / Sommation

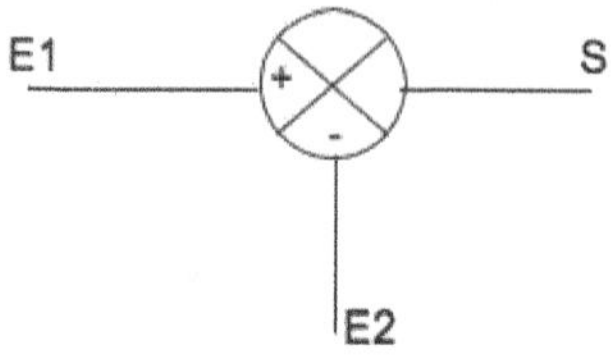

Cette jonction permet de comparer deux signaux : $S=E1-E2$

On trouve également des sommateurs : $S=E1+E2$

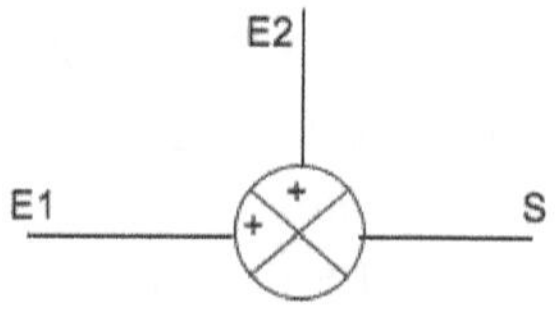

B.2.2 Schéma bloc complexe

Les systèmes asservis réels sont décrits par l'articulation de plusieurs blocs.

Prenons l'exemple d'un moteur à courant continu couplé à une inertie, que l'on souhaite asservir en vitesse. On se référera au cours sur le moteur à courant continu pour extraire son modèle de connaissance dans le domaine symbolique :

$$\begin{cases} U=E+RI+LpI \\ E=K\Omega \\ C_{em}=KI \\ Jp\Omega=C_{em}-f\Omega \end{cases}$$

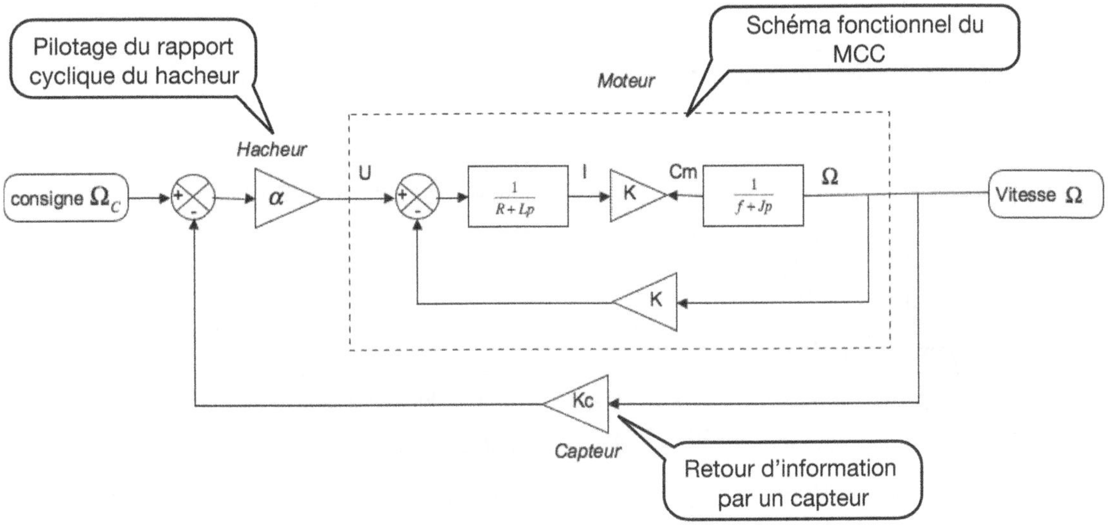

C. Identification d'un système asservi

La très grande majorité des systèmes rencontrés au concours sont des systèmes du premier ou du second ordre. Il est donc primordial de connaître les caractéristiques de ces systèmes.

Nous étudierons dans ce cours la réponse de tels systèmes à une entrée en échelon.

La réponse harmonique (lorsque l'entrée est de nature sinusoïdale) sera étudiée au chapitre 18.

C.1 Système du 1er ordre de classe 0

Rappelons qu'un système du 1er ordre est décrit par une équation différentielle du 1er ordre de la forme :

$$s(t)+\tau\frac{ds(t)}{dt}=Ke(t)$$ où τ est appelée constante de temps.

Sa fonction de transfert est $H(p)=\frac{S(p)}{E(p)}=\frac{K}{1+\tau p}$.

Lorsque l'entrée e(t) est un échelon d'amplitude E_0 (fonction de Heaviside), alors la réponse d'un tel système a toujours la forme ci-dessous.

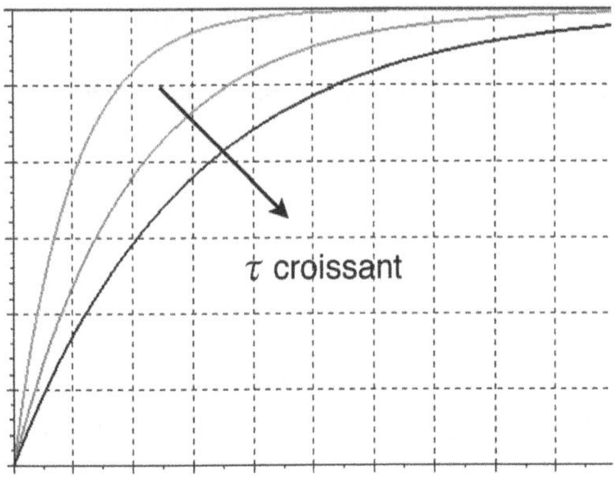

C.1.1 Valeur finale

Appliquons le théorème de la valeur finale :

$$S_\infty = \lim_{t\to+\infty}(s(t)) = \lim_{p\to 0}[pS(p)] = \lim_{p\to 0}\left[p\frac{K}{1+\tau p}E(p)\right]$$

Or e(t) est un échelon d'amplitude E_0, dont la transformée de Laplace est $E(p) = \frac{E_0}{p}$.

Donc $S_\infty = \lim_{p\to 0}\left[p\frac{K}{1+\tau p}\frac{E_0}{p}\right] = \lim_{p\to 0}\left[\frac{KE_0}{1+\tau p}\right] = KE_0$

C.1.2 Tangente à l'origine

La fonction s(t) répond aux conditions de Heaviside pour la dérivée première, car $s(0^+)=0$.

La transformée de Laplace de $\frac{ds(t)}{dt}$ est alors pS(p), et le théorème de la valeur initiale appliqué à la dérivée de s(t) permet de déterminer la pente de la tangente à l'origine de la réponse s(t) :

$$\lim_{t\to 0}\left(\frac{ds(t)}{dt}\right) = \lim_{p\to+\infty}\left[p(pS(p))\right] = \lim_{p\to+\infty}\left[p^2\frac{K}{1+\tau p}\frac{E_0}{p}\right] = \lim_{p\to+\infty}\left[\frac{KE_0}{\frac{1}{p}+\tau}\right] = \frac{KE_0}{\tau}$$

La tangente à l'origine de la réponse est donc non horizontale, avec une pente égale à $\frac{KE_0}{\tau}$.

C.1.3 Identification d'un système du premier ordre

Cette réponse est ainsi caractérisée par :
- aucun dépassement de la valeur finale,
- une valeur finale égale à KE_0,
- une tangente à l'origine de pente non nulle.

La réponse à $t = \tau$ vaut $0{,}63KE_0$, et la réponse à $t = 3\tau$ vaut $0{,}95KE_0$.

3τ est donc le temps de réponse à 5%, noté $t_{r5\%}$.

C.2 Système du second ordre de classe 0

Un système asservi du second ordre est décrit par une équation différentielle du second ordre :

$x(t) + \frac{2m}{\omega_0}\frac{dx(t)}{dt} + \frac{1}{\omega_0^2}\frac{d^2x(t)}{dt^2} = Ke(t)$ où m est le coefficient d'amortissement et ω_0 la pulsation propre.

Sa fonction de transfert s'écrira alors :

$$H(p) = \frac{S(p)}{E(p)} = \frac{K}{1+\frac{2m}{\omega_0}p+\frac{1}{\omega_0^2}p^2}$$

Lorsque l'entrée est un échelon d'amplitude E_0, l'expression de la sortie s(t) dépend de la valeur du coefficient d'amortissement m.

C.2.1 m>1 : Régime apériodique (système amorti)

$$s(t) = \frac{KE_0}{\tau_1 - \tau_2}\left[\tau_1\left(1-e^{-\frac{t}{\tau_1}}\right)+\tau_2\left(1-e^{-\frac{t}{\tau_2}}\right)\right]$$

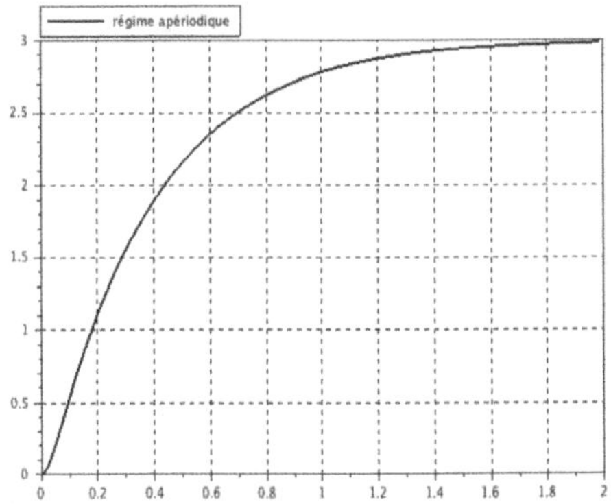

La fonction de transfert peut se décomposer en le produit de deux fonctions du 1er ordre, de constantes de temps τ_1 et τ_2 :

$$H(p) = \frac{K}{(1+\tau_1 p)(1+\tau_2 p)}$$

L'allure de la réponse est similaire à celle d'un système du 1er ordre, **à la différence de la tangente à l'origine qui est horizontale**

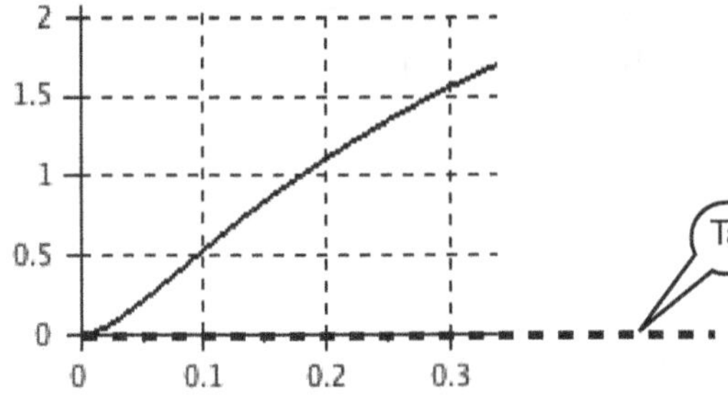

Lorsque les deux constantes de temps sont très différentes, on peut négliger la fonction de transfert possédant la constante de temps la plus faible.

Il ne reste alors que le **pôle dominant**, constitué de la constante de temps supérieure.

L'erreur d'approximation n'est marquée qu'aux premiers instants de la réponse.

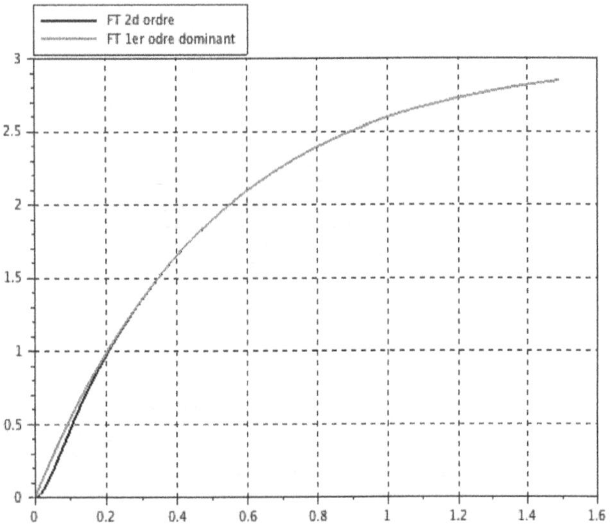

Il n'existe pas de relation simple permettant de déterminer le temps de réponse. Toutefois, la similitude de la réponse avec celle des systèmes du 1er ordre, avec une constante de temps équivalente à $2m/\omega_0$ peut autoriser l'approximation suivante :

$$t_{r5\%} \approx 3.\left(2\frac{m}{\omega_0}\right)$$

C.2.2 m=1 : Régime apériodique critique (amortissement optimal)

$$s(t) = KE_0\left[1-\left(1+\tau\right)e^{-\frac{t}{\tau}}\right]$$

La réponse peut également être assimilée à une exponentielle.

$$H(p) = \frac{K}{\left(1+\tau p\right)^2}$$

De tous les régimes apériodiques, c'est le plus rapide.

C.2.3 m<1 : Régime pseudo-périodique

$$s(t) = kE_0\left[1-\frac{1}{\sqrt{1-m^2}}e^{-m\omega_0 t}\sin\left(\sqrt{1-m^2}\,\omega_0 t+\varphi\right)\right] \text{ avec } \varphi = \operatorname{atan}\frac{\sqrt{1-m^2}}{m}$$

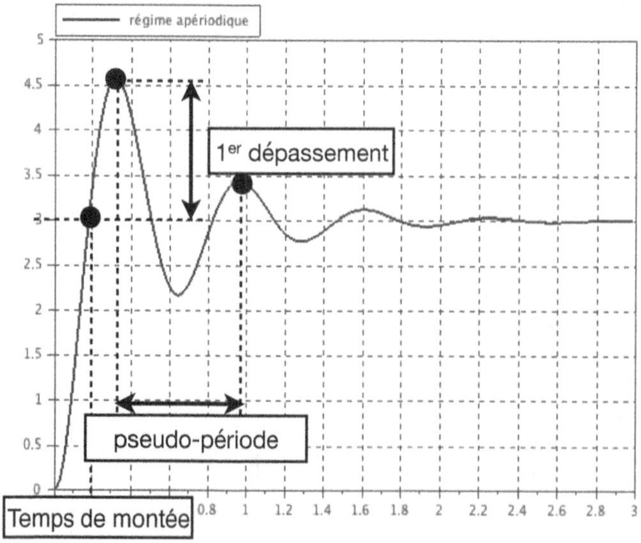

La réponse est caractérisée par :

- sa pseudo-pulsation associée à la pseudo-période $T_a = \frac{2\pi}{\omega_a}$: $\omega_a = \sqrt{1-m^2}\,\omega_0$;
- son premier dépassement $\Delta_1 = \frac{s\left(T_a/2\right)}{s(t\to\infty)}$.

Ce 1er dépassement est obtenu pour t=Ta/2, et correspond à la première solution de $\frac{ds(t)}{dt} = 0$.

Il a pour expression $\Delta_1 = e^{-\frac{m\pi}{\sqrt{1-m^2}}}$.

L'abaque ci-dessous permet de déterminer la valeur du coefficient d'amortissement en fonction du premier dépassement :

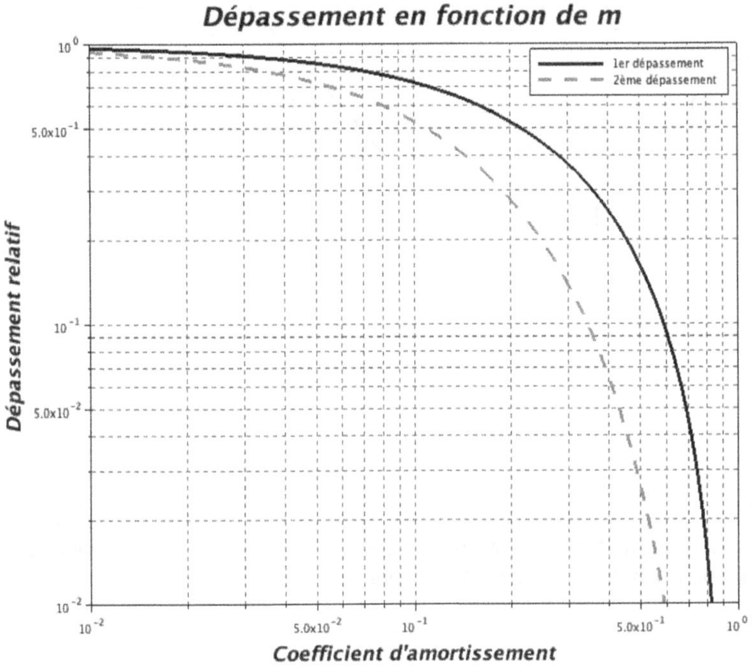

C.2.4 Temps de réponse à 5%

Le temps de réponse à 5% ($t_{r5\%}$) dépend de la pulsation ω_0 et du coefficient d'amortissement m.

L'abaque page suivante permet de déterminer le produit $\omega_0.t_{r5\%}$ (appelé «temps de réponse réduit») en fonction de l'amortissement m.

Cet abaque montre clairement qu'il existe une valeur de m pour laquelle le système est le plus rapide.

Cette valeur est égale à $m = \sqrt{\frac{\ln(20)^2}{\ln(20)^2 + \pi^2}} \approx 0{,}7$

Dans ce cas, le temps de réponse réduit est égal à $\omega_0.t_{r5\%} = 3$.

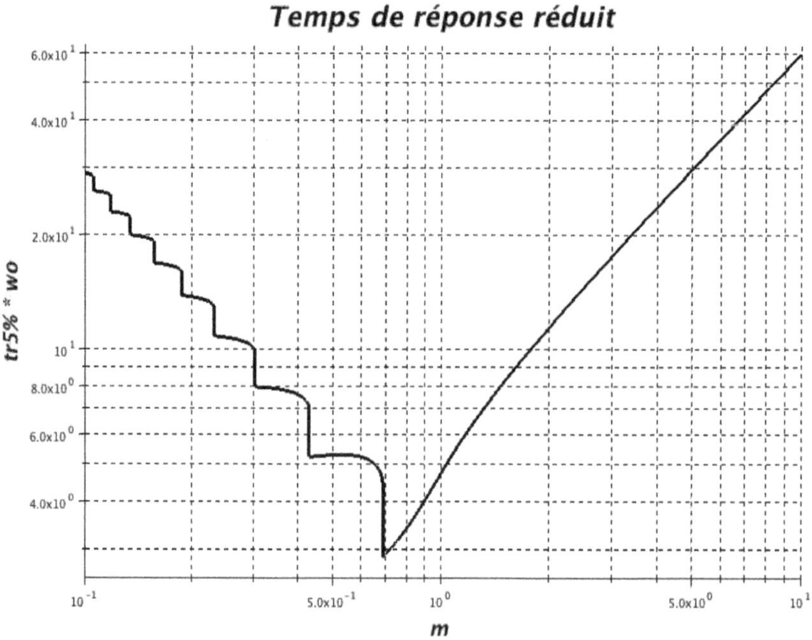

C.2.5 Temps de montée t_m

L'abaque $s=f(\omega_0.t)$ ci-dessous permet de déterminer la pulsation propre par identification du temps de montée, à partir du moment où le coefficient d'amortissement est connu.

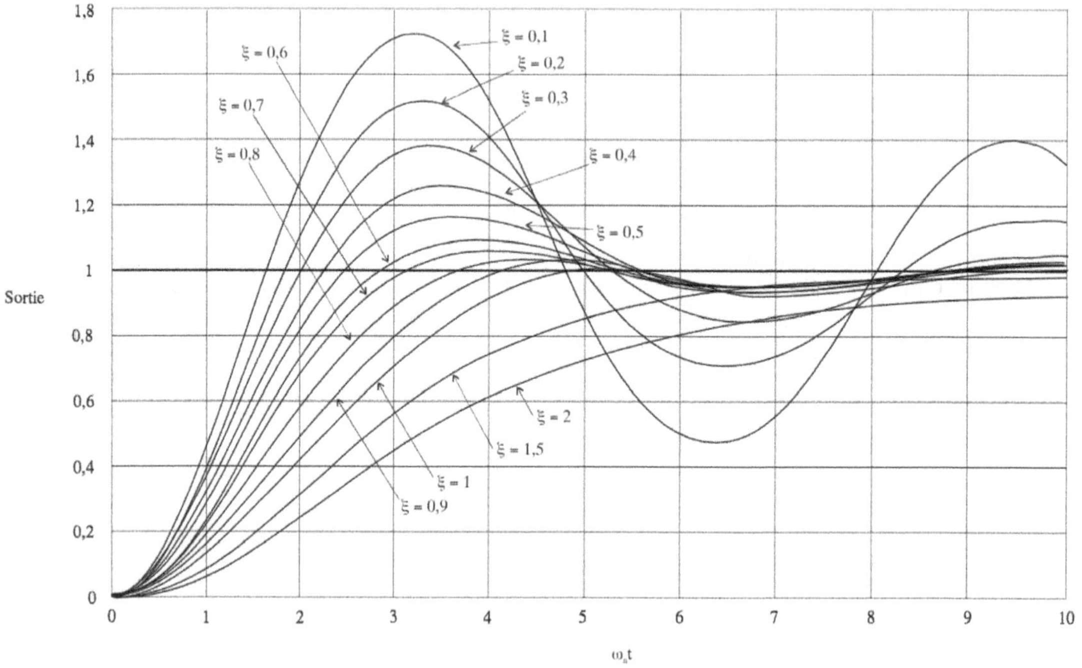

C.3 Exemples d'identification

On s'intéresse dans ces exemples à un système pour lequel la fonction de transfert est inconnue. On cherche à déterminer expérimentalement cette fonction de transfert par identification de sa réponse indicielle.

C.3.1 Exemple 1

On mesure la réponse indicielle à un échelon d'amplitude $E_0=2$:

La forme de la réponse laisse supposer un système du 1er ordre (pas de dépassement, forme exponentielle, tangente à l'origine non horizontale).

Sa fonction de transfert serait donc de la forme :

$$H(p) = \frac{K}{1+\tau p}$$

Il faut donc identifier le gain K et la constante de temps **τ**.

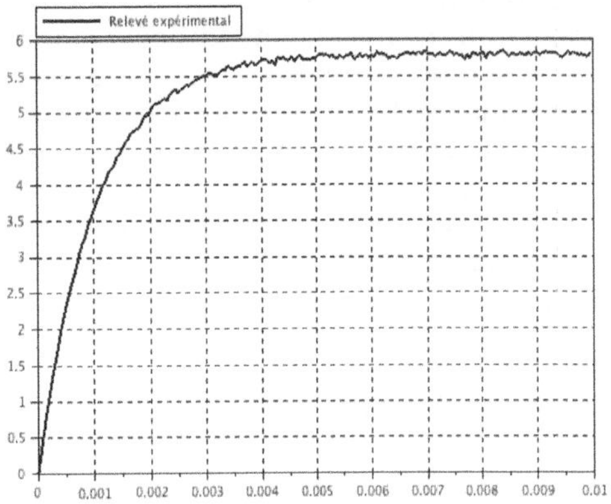

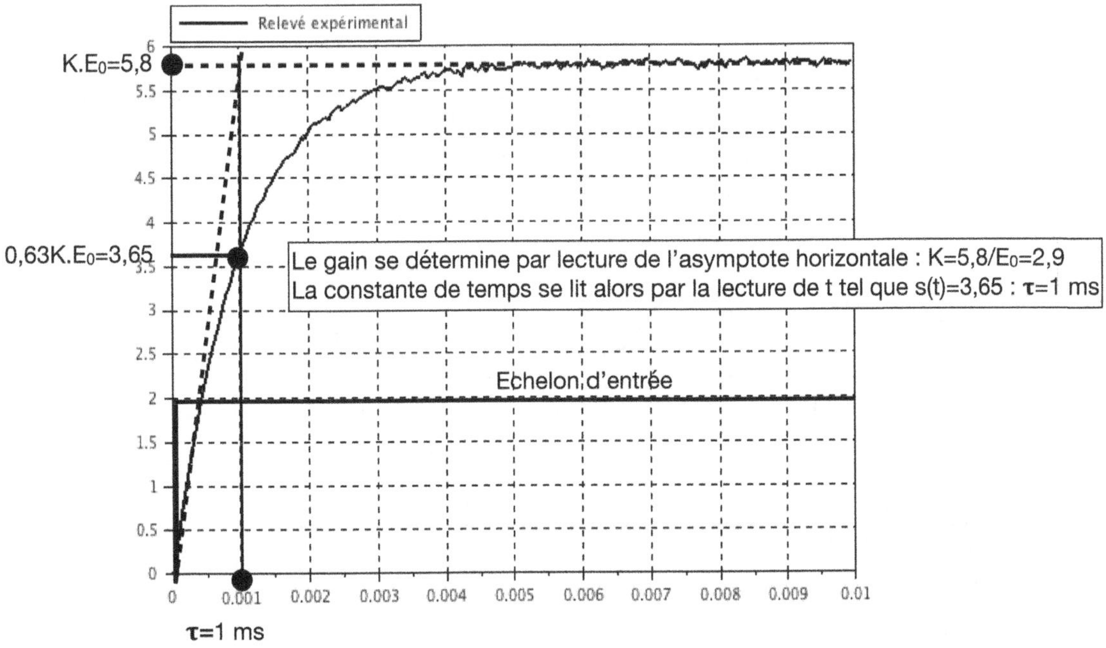

On en déduit alors l'expression de la fonction de transfert qui sera adoptée :

$$H(p) = \frac{2{,}9}{1+10^{-3}p}$$

Le temps de réponse de ce système se calculera par $t_{r5\%} = 3\tau = 3\,\text{ms}$.

C.3.2 Exemple 2

La réponse indicielle à un échelon d'amplitude $E_0=10$ est cette fois relevée sur la figure ci-contre :

La présence d'un dépassement et la tangente à l'origine horizontale nous pousse à formuler l'hypothèse d'un système d'ordre **dominant** 2 (c'est-à-dire que l'ordre réel peut être supérieur, mais que le système se comporte comme un système du second ordre).

On cherche donc à identifier le gain, le coefficient d'amortissement et la pulsation propre de ce système :

$$H(p) = \frac{K}{1 + \frac{2m}{\omega_0}p + \frac{1}{\omega_0^2}p^2}$$

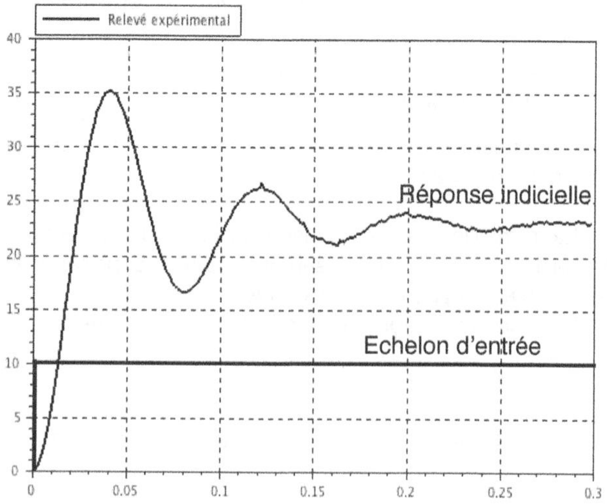

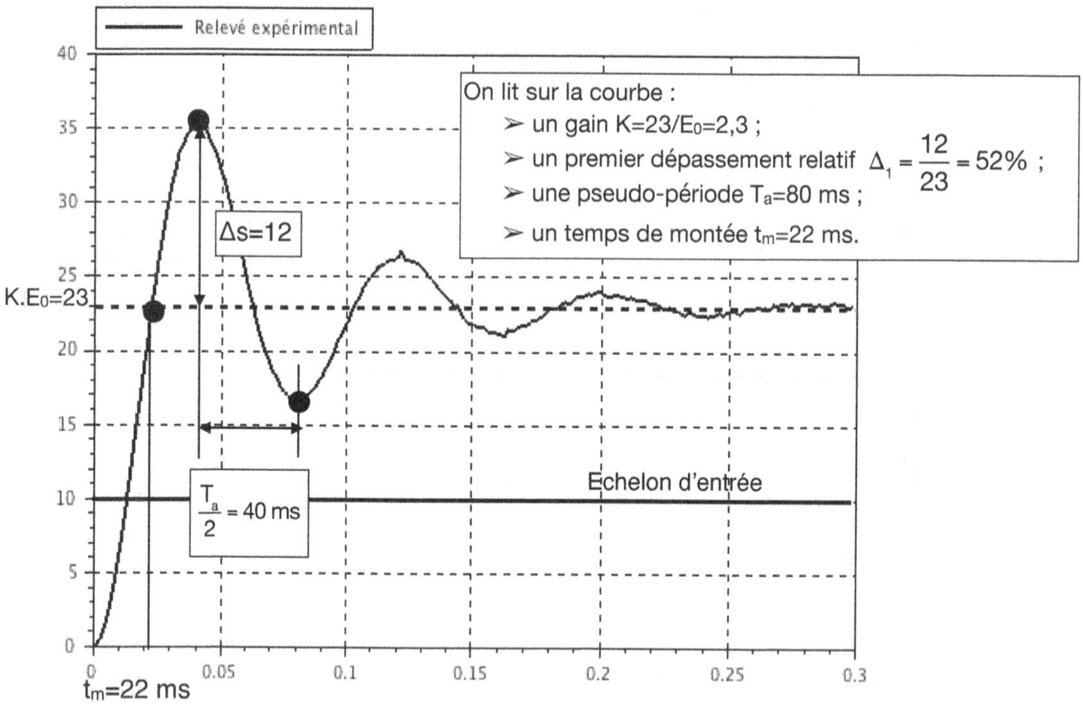

On exploite alors les abaques à notre disposition à partir de ces valeurs :

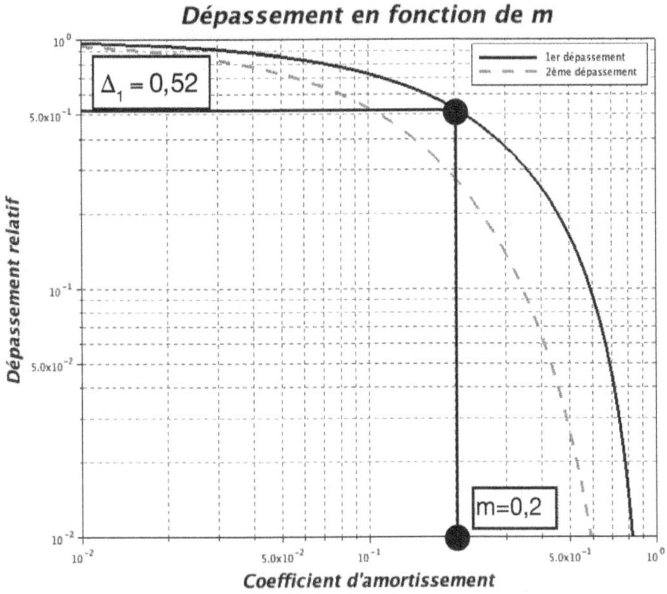

Le coefficient d'amortissement peut alors être estimé à m=0,2.

La pulsation propre du système peut alors se déterminer, soit par mesure du temps de réponse, soit par mesure du temps de montée.

<u>Détermination de ω_0 par mesure du temps de réponse</u>

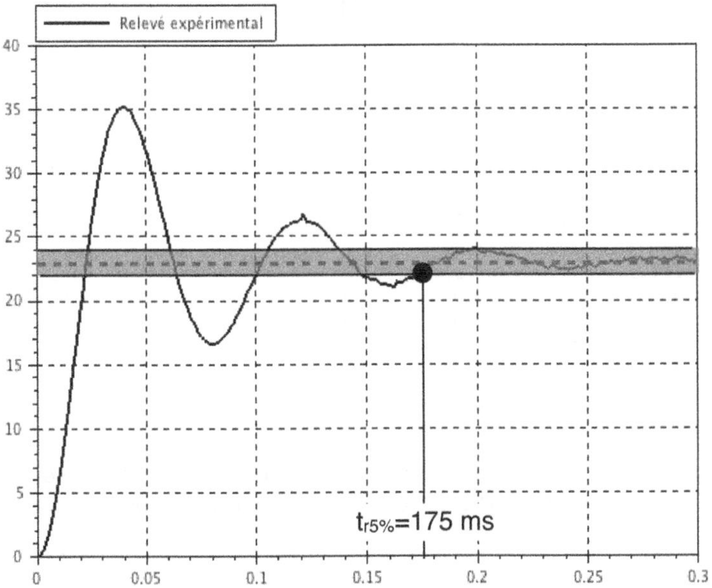

Le temps de réponse mesuré est égal à $t_{r5\%}$=175 ms. Sachant que le coefficient d'amortissement est égal à 0,2, l'abaque du temps de réponse réduit permet d'évaluer la valeur de la pulsation propre :

On relève pour m=0,2 un temps de réponse réduit égal à $\omega_0 \cdot t_{r5\%} = 14$.

On peut alors en déduire la valeur de la pulsation propre :

$$\omega_0 = \frac{14}{t_{r5\%}} = \frac{14}{0,175} = 80\ \text{rad.s}^{-1}$$

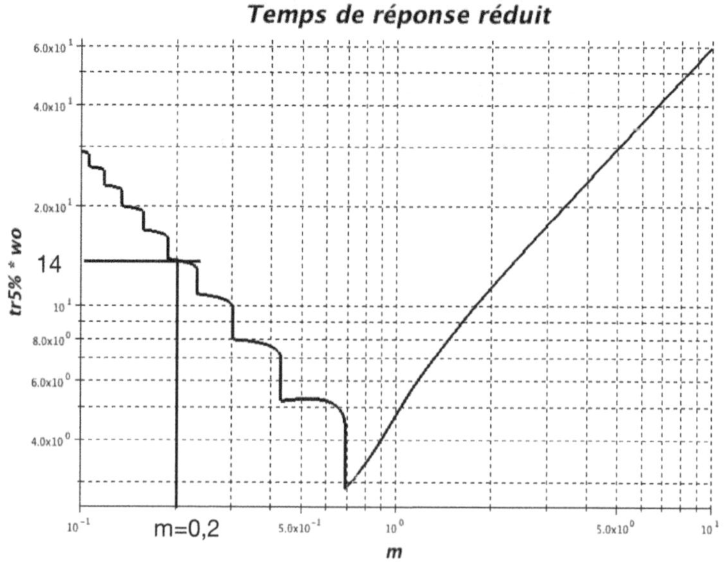

Détermination de ω0 par mesure du temps de montée

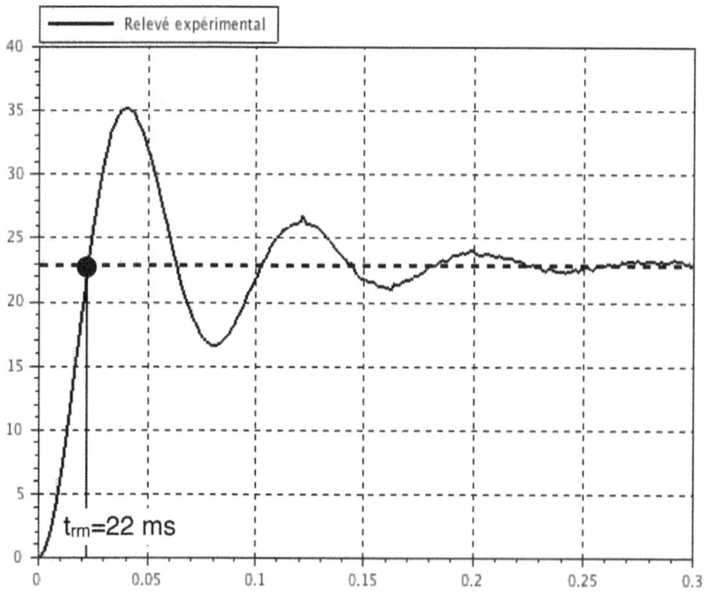

Le temps de montée mesuré est égal à $t_{r5\%}$=22 ms. Sachant que le coefficient d'amortissement est égal à 0,2, l'abaque du temps de montée réduit permet d'évaluer la valeur de la pulsation propre :

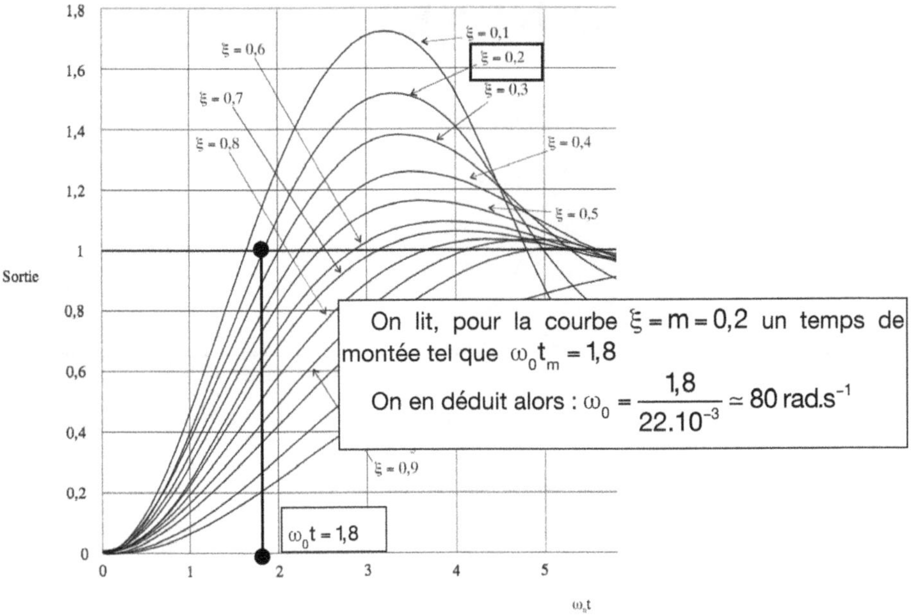

La fonction de transfert du système peut alors être exprimée par : $H(p) = \dfrac{23}{1 + \dfrac{0,4}{80}p + \dfrac{1}{80}p^2}$

ANNEXES

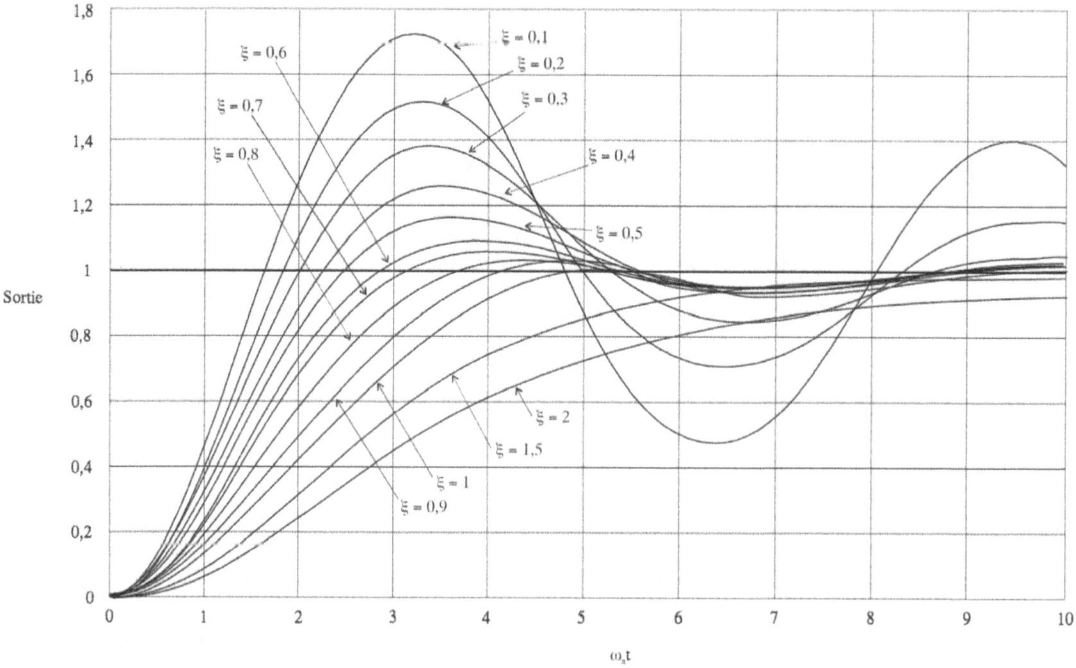

Temps de réponse réduit

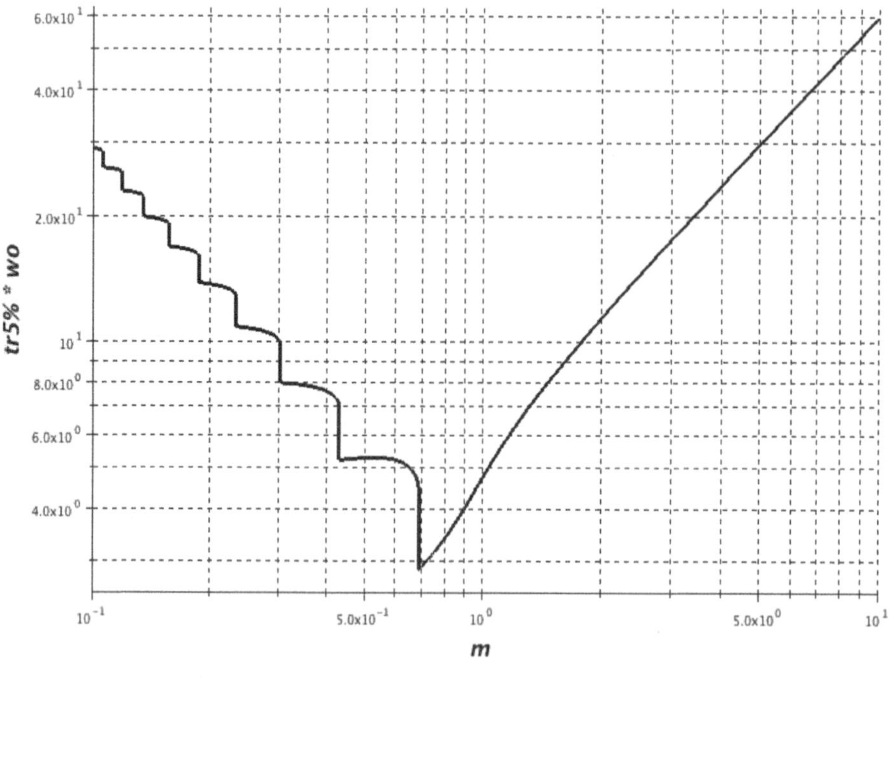

CE QU'IL FAUT RETENIR

Identification des systèmes du 1er ordre

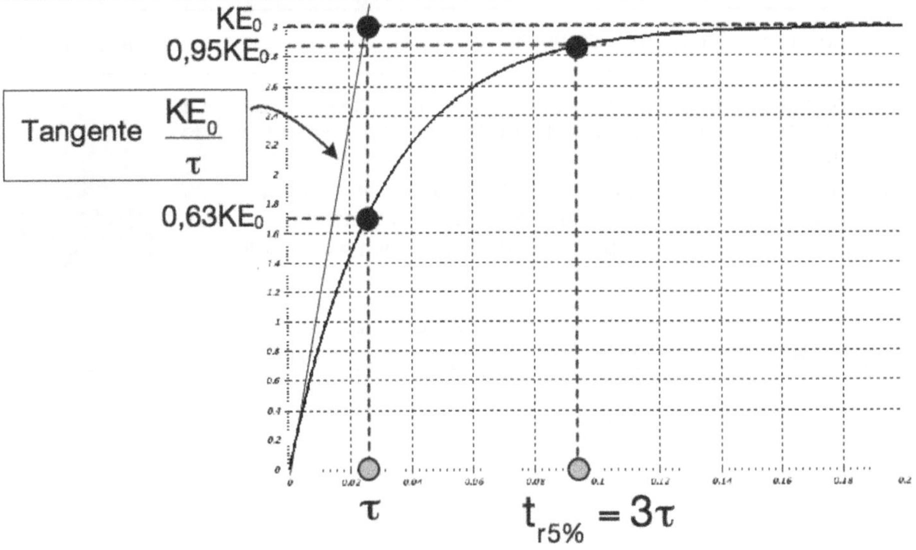

Réponse à $t = \tau$: $0{,}63KE_0$

Réponse à $t_{r5\%} = 3\tau$: $0{,}95KE_0$

Identification des systèmes du 2d ordre

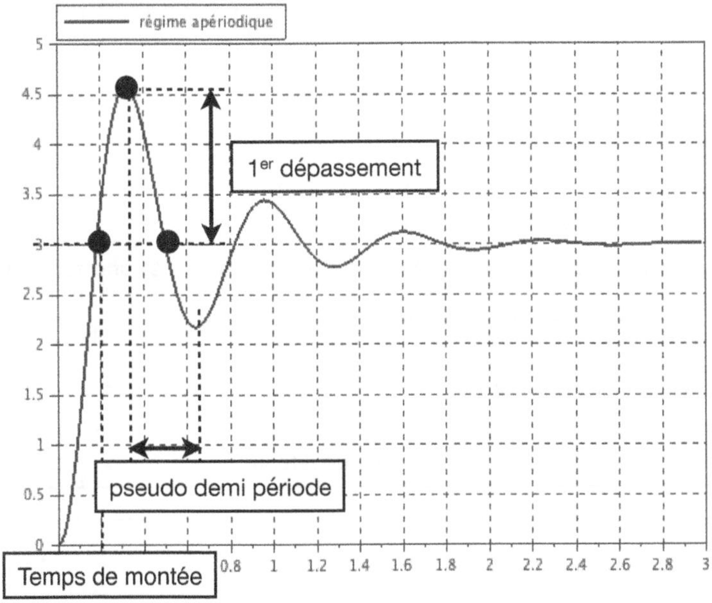

Pseudo-pulsation : $\omega_a = \omega_0\sqrt{1-m^2}$

D. Exercices

Exercice 1 : Laveuse autoportée (Concours ATS 2015) *(Corrigé page 600)*

La société Nilfisk propose une large gamme d'engins de nettoyage des sols. La gamme des laveuses autoportées répond aux besoins de lavage pour des surfaces de plusieurs milliers de km carrés.

Les deux roues arrière sont motorisées par des moteurs à courant continu, et on s'intéresse dans ce problème à la distribution de l'énergie à ces moteurs, et plus particulièrement au comportement du convertisseur statique qui alimente ces moteurs.

> Le diagramme des exigences précise que la constante de temps de ce convertisseur doit être inférieure à 100 ms, et on se propose de vérifier expérimentalement cette exigence.

On soumet le convertisseur statique à un échelon de V_α, on obtient la réponse indicielle Um présentée à la figure ci-dessous :

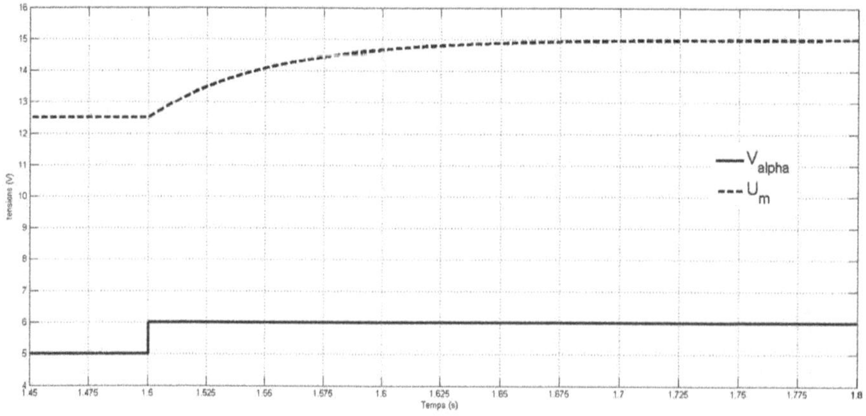

Nous supposerons que $H_C(p)$, fonction de transfert du convertisseur statique, est une fonction de transfert de type passe-bas du premier ordre, et peut donc se mettre sous la forme $H_C(p) = \dfrac{A_0}{1+\tau p}$.

Question 1

Déduire de la figure précédente les coefficients   et A_0.

Question 2

En déduire la valeur du temps de réponse du convertisseur statique retenu.

> Conclure sur le respect de l'exigence étudiée.

Exercice 2 : Transpalette à conducteur porté (Concours Centrale TSI 2008)

(Corrigé page 601)

Le support de cette étude est un transpalette électrique à conducteur porté destiné principalement au chargement / déchargement de palettes à partir de l'arrière des remorques de camions adossées à un quai.

Le conducteur est debout sur le transpalette.

La motorisation est assurée par un moteur continu dont on souhaiterait déterminer la fonction de transfert $H_m(p) = \dfrac{\Omega_m(p)}{U_m(p)}$, où $\Omega_m(p)$ désigne la vitesse de rotation du moteur, et $U_m(p)$ sa tension d'alimentation.

Un échelon de tension de 713 mV, débutant à t=0,2 s, est appliqué à ce moteur. Sa réponse en vitesse est reproduite ci-contre.

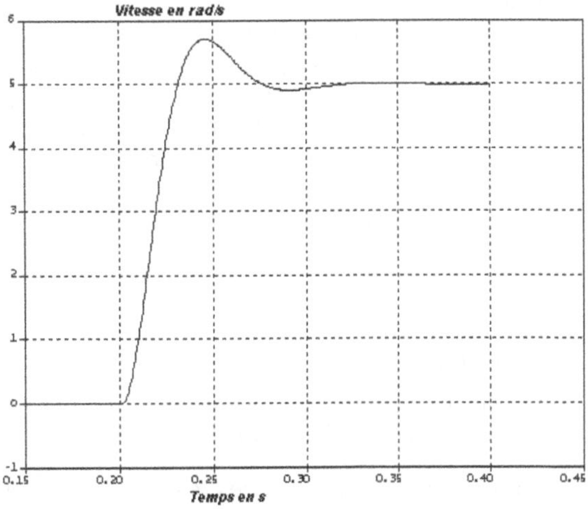

Question 1

Relever, sur la réponse à un échelon, la valeur finale, le temps de réponse à 5% et le dépassement indiciel de cette réponse.

Question 2

En vous aidant du tableau ci-dessous, déterminer le gain statique (H_{m0}), le facteur d'amortissement (z) et la pulsation propre (ω_0) de la fonction de transfert du moteur.

z	0, 1	0, 15	0, 2	0, 25	0, 3	0, 35	0, 4	0, 45	0, 5
$t_r \cdot \omega_0$	29	19 · 6	13, 7	10, 8	10, 1	7, 9	7, 6	5, 2	5, 3
D %	73	62	53	44	37	31	25	20, 5	16, 2

z	0, 55	0, 6	0, 65	0, 7	0, 75	0, 8	0, 85	0, 9	0, 95	1
$t_r \cdot \omega_0$	5, 3	5, 2	5	3	3, 1	3, 4	3, 7	4	4, 4	4, 2
D %	12, 6	9, 5	6, 8	4, 5	2, 8	1, 52	0, 63	0, 15	0, 01	-

Exercice 3 : Fardeleuse (Concours CCP TSI 2011)

(Corrigé page 601)

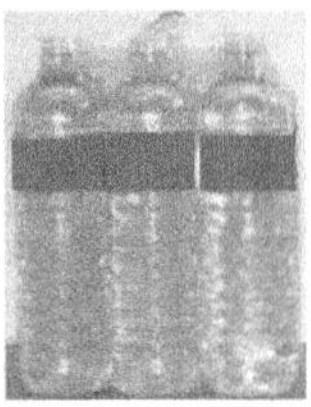

Pour satisfaire les clients, certains produits de grande consommation sont enveloppés sous film plastique pour à la fois les protéger, faciliter leur transport, leur manutention ou encore leur stockage. L'opération qui consiste à mettre le produit sous film s'appelle le fardelage et le système réalisant cette opération une fardeleuse.

Le principe de fardelage consiste à déposer un film plastique thermo-rétractable puis à le chauffer pour qu'il épouse la forme du produit à emballer.

L'opération de rétractage du film est réalisée en chauffant dans un four les produits sous film plastique.

Ce four est mis en chauffe par l'intermédiaire de résistances qui fournissent à l'air une puissance égale à 400W.

Le diagramme des exigences précise d'une part que la température à l'intérieur du four doit être égale au minimum à 200°C, et que la montée en température ne doit pas dépasser 20mn.

L'objectif de cette étude est de modéliser le comportement du four et de déterminer le temps de réponse de ce dernier à un échelon de puissance.

Modèle de connaissance

Le modèle de connaissance du four est établi à partir des indications suivantes :

- on note m la masse d'air contenue à l'intérieur du four (kg), C_p la chaleur spécifique de l'air ($J.kg^{-1}.°C^{-1}$), θ la température (°C)
- l'énergie du four va servir :
  - d'une part à chauffer la masse d'air, la quantité d'énergie (J) nécessaire est alors $dW=m.C_p.d\theta$ avec m=0,24 kg et Cp=1000 $J.kg^{-1}.°C^{-1}$;
  - d'autre part à compenser les pertes dans les parois.
- on suppose que le four est constitué de deux types de parois, une métallique et une plastique (rideau du four). Pour chaque type de paroi, on définit une résistance thermique : R_{th1} pour le métal et R_{th2} pour le plastique. Les pertes dans les parois s'expriment par l'équation suivante :

$$P_i(t) = \frac{\theta(t) - \theta_a(t)}{R_{thi}}$$ avec $\theta_a(t)$ la température ambiante à l'intérieur du four

Question 1

Exprimer les pertes totales dans le four sous la forme $P_{12}(t) = \frac{\theta(t) - \theta_a(t)}{R_{theq}}$. On donnera l'expression de Rt_{heq} en fonction des résistances R_{thi} des parois.

A quel type d'association des résistances R_{th1} et R_{th2} est équivalente la résistance R_{theq} ?

Question 2

Donner l'expression de la puissance totale P(t) à fournir au four sous la forme d'une équation différentielle en θ(t). On prendra en compte $\theta_a(t)$.

Question 3

En considérant des conditions initiales nulles, donner l'équation correspondante dans le domaine de Laplace.

On associe : la fonction Θ(p) dans le domaine de Laplace à la fonction temporelle θ(t)
la fonction $\Theta_a(p)$ dans le domaine de Laplace à la fonction temporelle $\theta_a(t)$
la fonction P(p) dans le domaine de Laplace à la fonction temporelle P(t)

Question 4

Faire un schéma bloc représentant le processus de chauffe, avec Θ(p) en sortie, en fonction de P(p) et $\Theta_a(p)$.

Question 5

Si on ne tient pas compte de $\Theta_a(p)$, exprimer la fonction de transfert : $F_1(p) = \frac{\Theta(p)}{P(p)}$ et indiquer son ordre.

Question 6

Pour cette fonction de transfert, dessiner l'allure de la réponse indicielle.

Modèle de comportement

Un échelon de puissance de 400 W a été réalisé dans le four. On donne sur la figure page suivante l'évolution de la température dans le four.

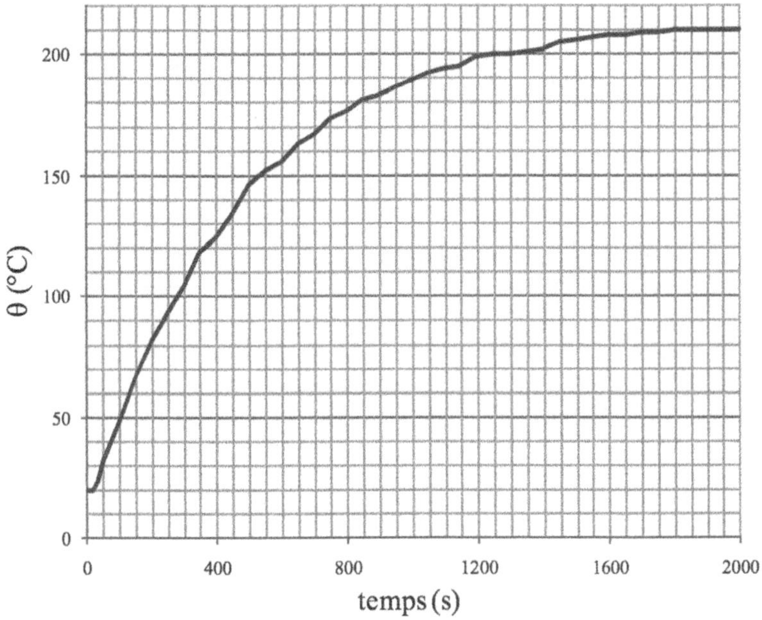

Cet essai met en évidence la présence d'un retard T_d. La modélisation d'un retard pur s'exprime dans le domaine de Laplace en multipliant par $e^{-T_d \cdot p}$ la fonction de transfert sans retard.

Question 7

Identifier la valeur numérique de T_d en expliquant la démarche, et proposer une explication qualitative de ce retard.

Amélioration du modèle de connaissance

Question 8

Conclure sur la validité du modèle $F_1(p)$ et proposer un nouveau modèle $F_2(p)$ tenant compte de ce retard.

Question 9

Identifier les valeurs numériques de R_{theq} et $\tau = R_{theq} \cdot m \cdot C_p$ en justifiant la démarche.

Chapitre 18. Réponse harmonique des systèmes asservis

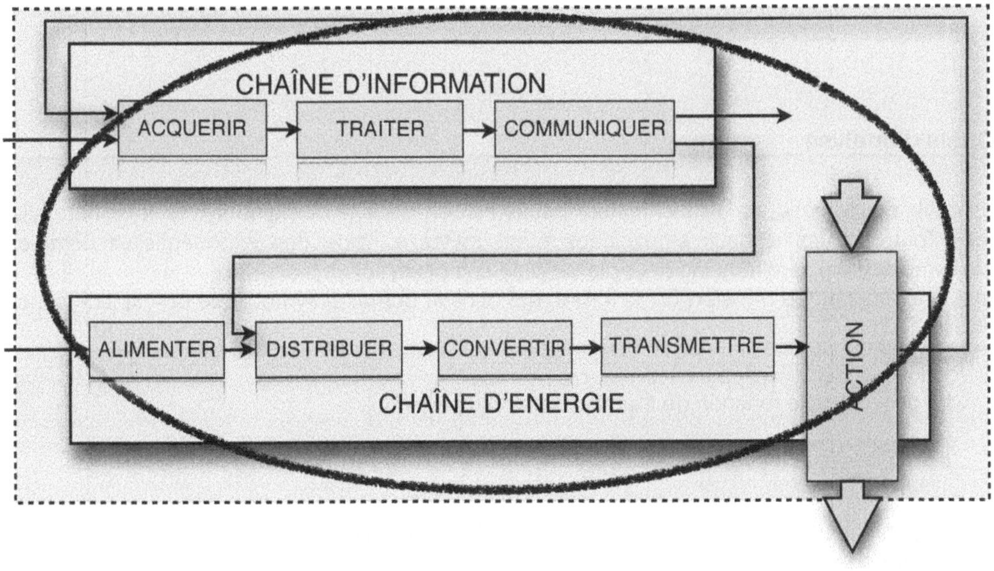

Les systèmes multiphysiques sont dans la majorité des cas asservis à une consigne. Les notions de stabilité sont fondamentales dans la conception des systèmes asservis. Nous devons également être en mesure de déterminer le comportement du système pour l'ensemble des sollicitations, indicielles ou sinusoïdales.

L'analyse harmonique remplit ce double rôle.

A. Rappels sur les systèmes asservis

A.1 Introduction

L'étude des performances des systèmes asservis nécessite de s'assurer de la stabilité de ces derniers dans une large gamme de sollicitations.

Nous avons abordé au chapitre précédent les réponses à des sollicitations en échelon, et avons pu déterminer les performances en terme de précision et de temps de réponse.

Nous allons à présent envisager le cas des sollicitations sinusoïdales de pulsation ω, dont l'étude nous fournira d'autres renseignements importants sur les caractéristiques du système : gain, déphasage, fréquence de coupure, etc.

C'est le rôle de l'analyse harmonique.

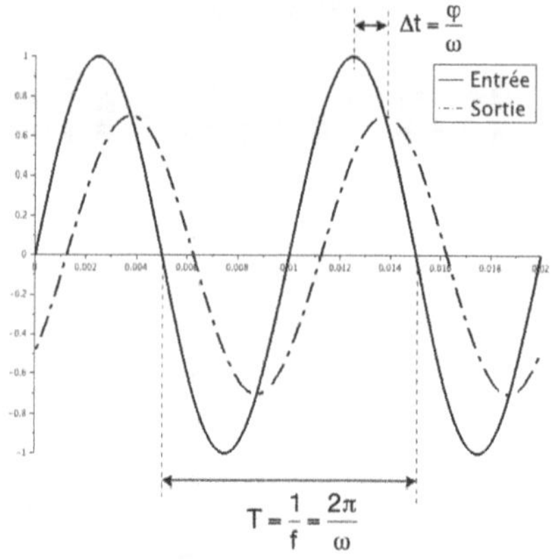

A.2 Outils d'analyse

Les outils mathématiques utilisés restent basés l'étude dans le domaine symbolique (formalisme de Laplace). Toutefois, les signaux sinusoïdaux étant traités à l'aide des exponentielles complexes, la variable symbolique p sera remplacée par la variable complexe jω.

Ainsi, une fonction de transfert du 1er ordre, qui dans le domaine symbolique de Laplace serait écrite $H(p)=\frac{K}{1+\tau p}$, sera étudiée en analyse harmonique par la fonction de transfert $\underline{H}(j\omega)=\frac{K}{1+j\tau\omega}$.

Le gain de cette fonction de transfert sera $G(\omega)=\left|\underline{H}(j\omega)\right|$

Le déphasage sera $\varphi(\omega)=\arg\underline{H}(j\omega)$

L'outil graphique utilisé dans le cadre de la CPGE ATS pour mener à bien l'analyse harmonique sera le diagramme de Bode.

B. Représentation dans le plan de Bode

B.1 Généralités

B.1.1 Rappels minimum sur l'exponentielle complexe et les logarithmes décimaux

B.1.1.1 Exponentielle complexe

En sciences industrielles de l'ingénieur, l'imaginaire pur est noté j (contrairement aux mathématiques où il est noté i), afin d'éviter toute confusion avec une intensité.

Tout nombre complexe $\underline{z} = x + jy$ peut se représenter dans le plan complexe $(\Re, \Im)$.

Il peut s'écrire sous la forme trigonométrique : $\underline{z} = \rho(\cos\theta + j\sin\theta)$

où ъ est appelé module de $\underline{z}$: $\rho = |\underline{z}| = \sqrt{x^2 + y^2}$

θ est appelé argument de $\underline{z}$: $\theta = \arg(\underline{z})$

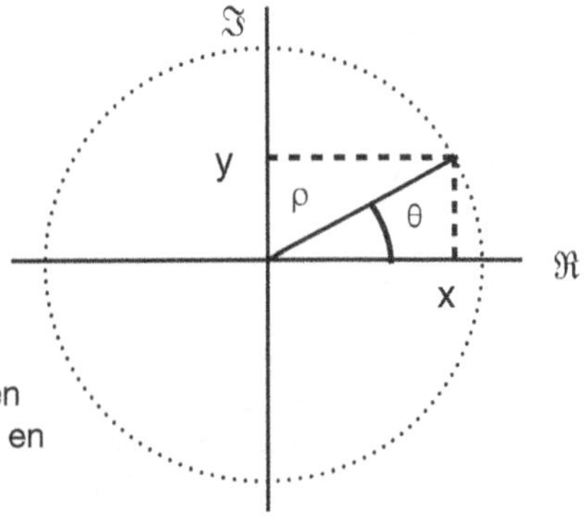

Les variables complexes seront essentiellement décrites par la notion d'exponentielle complexe :

$$\underline{z} = \rho e^{j\theta}$$

En effet, les traitements mathématiques sur ces variables s'en trouveront grandement simplifiés dans le cadre des études en régime sinusoïdal.

B.1.1.2 Opérations sur les complexes

Dans le cadre de l'analyse harmonique des systèmes asservis, nous serons amenés à manipuler les modules et les arguments de produits et de rapports de variables complexes.

Il faut retenir que :

$$|\underline{z_1} \cdot \underline{z_2}| = |\underline{z_1}| \cdot |\underline{z_2}|$$

$$\arg(\underline{z_1} \cdot \underline{z_2}) = \arg(\underline{z_1}) + \arg(\underline{z_2})$$

$$\arg\left(\frac{\underline{z_1}}{\underline{z_2}}\right) = \arg(\underline{z_1}) - \arg(\underline{z_2})$$

$$\arg(\underline{z}^n) = n\arg(\underline{z})$$

Par ailleurs :

- l'argument d'un réel vaut 0 ou π,
- l'argument d'un imaginaire pur vaut ± π/2.

B.1.1.3 Logarithmes décimaux

La fonction logarithme décimal log est la fonction réciproque de la fonction $f(x)=10^x$: si $y=10^x$ alors $\log(y)=x$.

Remarque : le logarithme décimal est défini à partir du logarithme népérien $\log(x)=\dfrac{\ln(x)}{\ln(10)}$

Nous aurons besoin dans ce chapitre des propriétés suivantes du logarithme décimal :

$$\log(1)=0 \text{ et } \log(10)=1$$

$$\log(x.y)=\log(x)+\log(y)$$

$$\log\left(\frac{x}{y}\right)=\log(x)-\log(y) \text{ et donc } \log\left(\frac{1}{y}\right)=-\log(y)$$

$$\log(x^n)=n\log(x) \text{ et donc } \log\left(10^n\right)=n$$

B.1.2 Principes du tracé des diagrammes de Bode

On considère une fonction de transfert $\underline{H}(j\omega)=\dfrac{\underline{N}(j\omega)}{\underline{D}(j\omega)}$

Les diagrammes de Bode caractérisant cette fonction de transfert sont constitués de deux courbes, définissant en fonction de ω :

- le gain $G(\omega)=\left|\underline{H}(j\omega)\right|$
- la phase $\varphi(\omega)=\arg\underline{H}(j\omega)$

Les abscisses de ces deux courbes, exprimant la pulsation ω, sont tracées en échelle logarithmique.

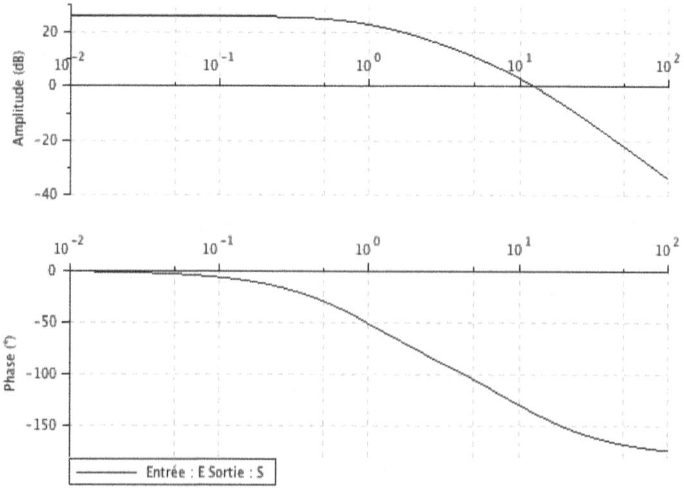

Le gain est représenté en décibel :

$$G_{dB}=20\log G(\omega)=20\log\left|N(j\omega)\right|-20\log\left|D(j\omega)\right|$$

La phase est conventionnellement représentée en degrés (°) :

$$\varphi(\omega)=\arg H(j\omega)=\arg N(j\omega)-\arg D(j\omega)$$

B.2 Diagrammes de Bode d'un système du 1er ordre

La fonction de transfert dans le domaine symbolique s'écrit

$$H(p) = \frac{K}{1+\tau p}$$

Elle s'écrira donc comme suit avec la variable complexe :

$$\underline{H}(j\omega) = \frac{K}{1+j\tau\omega}$$

Nous commencerons par mener une étude asymptotique, qui consistera à tracer l'allure générale des courbes par l'étude des limites, puis nous affinerons ces tracés.

Cette méthode par étude asymptotique sera utilisée pour toutes les analyses harmoniques.

B.2.1 Etude du gain

Le gain G_{dB} est défini par :

$$G_{dB} = 20\log\left|H(j\omega)\right| = 20\log\left|\frac{K}{1+j\tau\omega}\right| = 20\log(K) - 20\log\left(\sqrt{1+\left(\tau\omega\right)^2}\right)$$

B.2.1.1 Comportement asymptotique pour $\tau\omega \to \infty$

$G_{dB} \approx 20\log K$: il s'agit d'une asymptote horizontale.

B.2.1.2 Comportement asymptotique pour $\tau\omega \to +\infty$

$G_{dB} \approx 20\log K - 20\log\left(\tau\omega\right)$: il s'agit d'une asymptote de pente -20 dB/décade.

B.2.1.3 Intersection des asymptotes

L'intersection des deux asymptotes a lieu pour $\tau\omega = 1$

Cette pulsation particulière $\omega = 1/\tau$ est appelée pulsation de cassure de la fonction de transfert.

A cette pulsation de cassure, le gain vaut $G_{dB} = 20\log K - 10\log 2 = 20\log K - 3dB$.

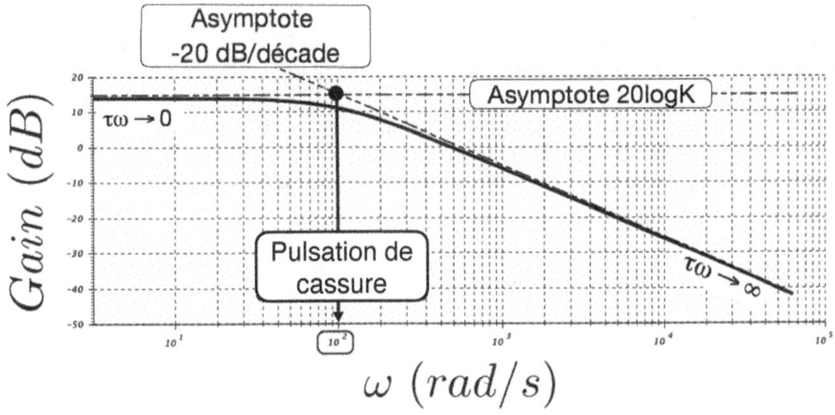

B.2.2 Etude de la phase

La phase φ est définie par :

$$\varphi = \arg \underline{H}(j\omega) = \arg K - \arg(j\tau\omega) = -\text{atan}(\tau\omega)$$

Asymptote pour $\tau\omega \to 0$: $\varphi \approx 0°$ ➢ Asymptote horizontale d'ordonnée 0°

Asymptote pour $\tau\omega \to +\infty$: $\varphi \approx -90°$ ➢ Asymptote horizontale d'ordonnée -90°

Pour $\tau\omega = 1$: $\varphi = -\text{atan}1 = -45°$

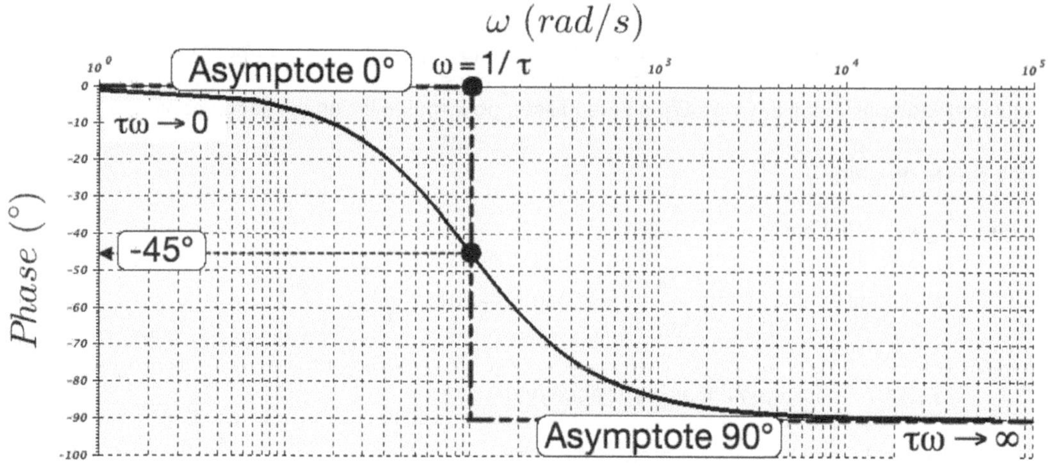

B.2.3 Méthodologie et exemple

B.2.3.1 Méthodologie

Tracé du diagramme de gain :

- on commence par tracer l'asymptote horizontale à 20logK ;
- à la pulsation de cassure, on trace l'asymptote -20 dB/décade ;
- puis on affine le tracé réel, sachant qu'à la pulsation de cassure le point se situe -3 dB sous l'intersection des asymptotes.

Tracé du diagramme de phase :

- on commence par tracer les 2 asymptotes φ=0° et φ=-90° ;
- à la pulsation de cassure, on trace le segment vertical joignant les 2 asymptotes ;
- puis on affine le tracé réel, sachant que :
  - à la pulsation de cassure la phase vaut φ=-45°,
  - une décade avant cette pulsation, la phase vaut φ=-5°,
  - une décade après cette pulsation, la phase vaut φ=-85°.

B.2.3.2 Exemple

Soit la fonction de transfert du 1er ordre suivante, sous forme canonique $H(p) = \dfrac{3}{1+0,5p}$

Elle s'écrit avec la variable complexe jω sous la forme $\underline{H}(j\omega) = \dfrac{3}{1+j0,5\omega}$

Tracé du diagramme de gain

La pulsation de coupure vaut $\omega_0 = \dfrac{1}{0,5} = 2\ \text{rad.s}^{-1}$

Comportement pour $\omega \to 0$: $\underline{H}(j\omega) \approx 3$ ➢ $G_{dB} \approx 20\log 3 = 9,5$ dB

Comportement pour $\omega \to +\infty$: $\underline{H}(j\omega) \approx \dfrac{3}{j\omega}$ ➢ Pente -20 dB/décade

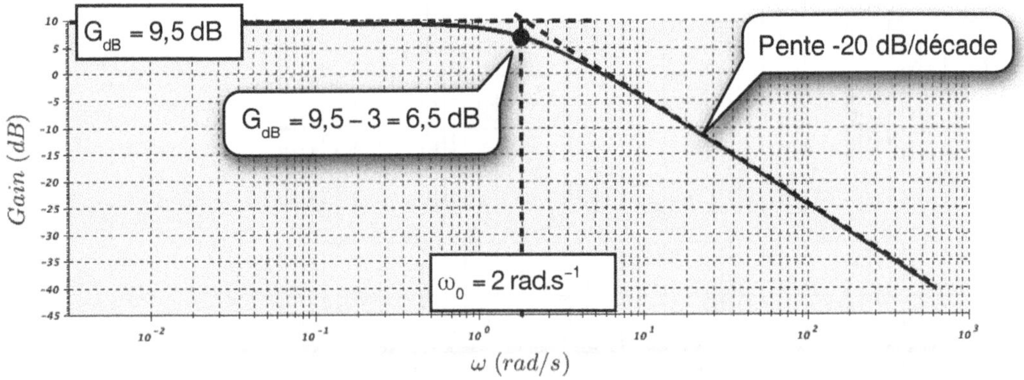

Tracé du diagramme de phase

Comportement pour $\omega \to 0$: $\arg\underline{H}(j\omega) = \arg(3) - \arg(1+j\omega) \underset{\omega \to 0}{\longrightarrow} 0°$ ➢ $\varphi \approx 0°$

Comportement pour $\omega \to +\infty$: $\arg H(j\omega) \underset{\omega \to +\infty}{\longrightarrow} -90°$ ➢ $\varphi \approx -90°$

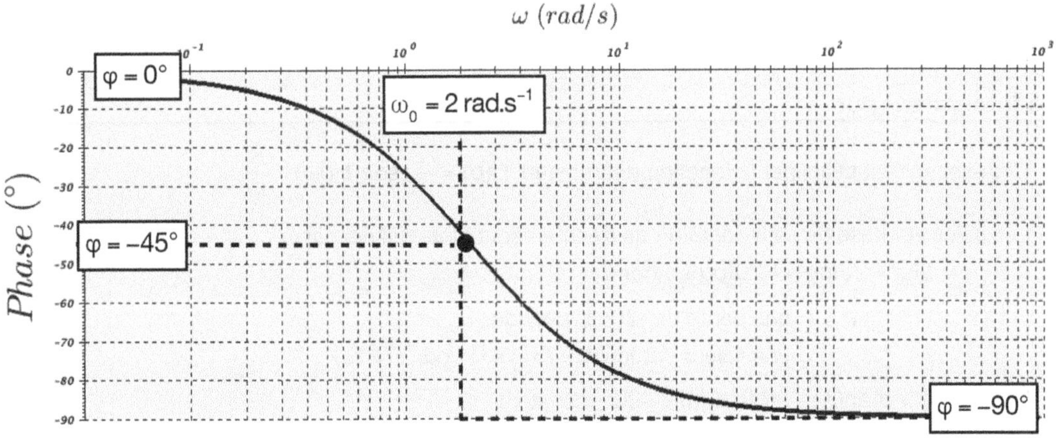

B.3 Diagrammes de Bode d'un gain pur

Le gain pur est défini par la fonction de transfert H(p)=K, soit $\underline{H}(j\omega) = K$.

Les gains et phase de cette fonction de transfert valent alors :

- $G_{dB} = 20\log\left|\underline{H}(j\omega)\right| = 20\log K$ constant ;
- $\varphi = \arg\left(\underline{H}(j\omega)\right) = \arg(K)$ constant : φ=0° si K>0 , φ=-180° si K<0.

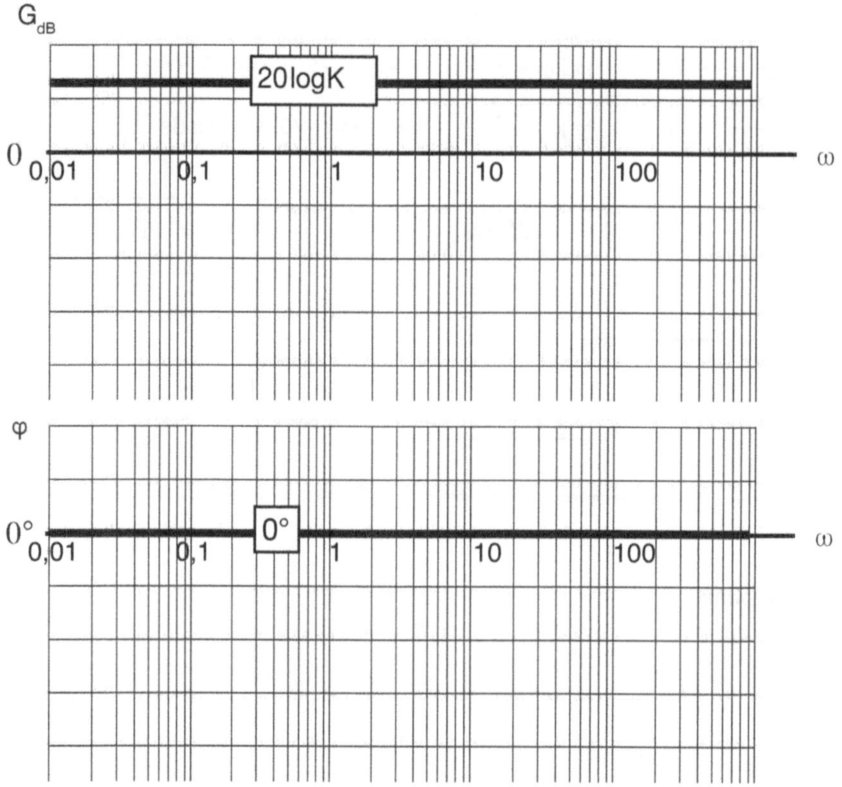

B.4 Intégrateur pur

L'intégrateur est défini par la fonction de transfert $H(p) = \dfrac{K}{p}$, soit $\underline{H}(j\omega) = \dfrac{K}{j\omega}$

Les gains et phase de cette fonction de transfert sont alors définis par :

- $G_{dB} = 20\log K - 20\log\omega$, donc :
  - une pente de -20 db/décade,
  - une valeur particulière $G_{dB} = 0$ pour $\omega = K$
- $\varphi = \text{atan}(K) - \arctan(j\omega) = -90°$ constant

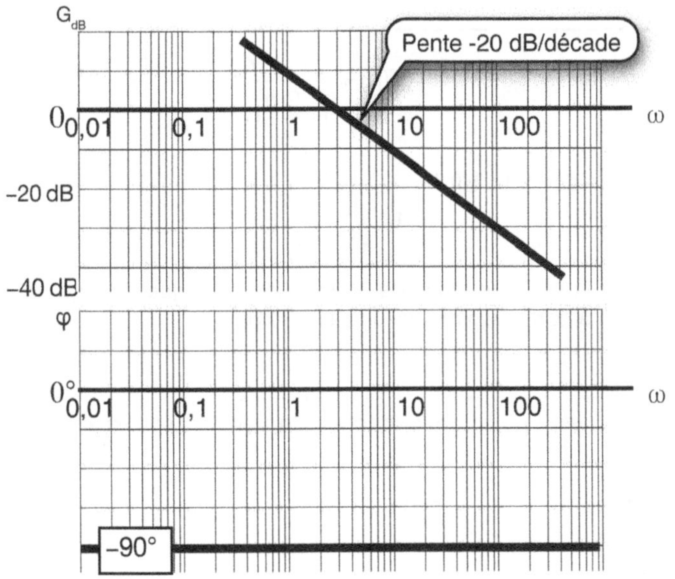

B.5 Dérivateur pur

L'intégrateur est défini par la fonction de transfert $H(p) = Kp$, soit $\underline{H}(j\omega) = jK\omega$

Les gains et phase de cette fonction de transfert sont ici caractérisés par :

- $G_{dB} = 20\log K + 20\log\omega$, donc :
  - une pente de +20 db/décade,
  - une valeur particulière $G_{dB} = 0$ dB pour $\omega = 1/K$
- $\varphi = \text{atan}(jK\omega) = +90°$ constant

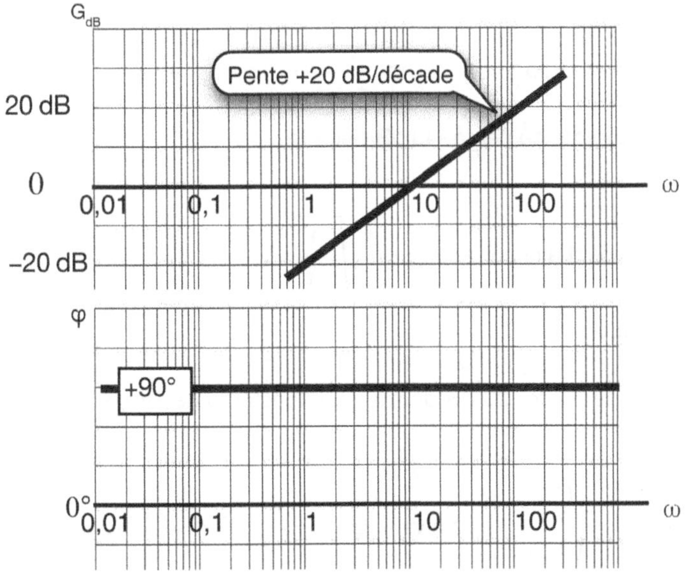

B.6 Système du second ordre

La fonction de transfert sous forme canonique s'écrit $H(p)=\dfrac{K}{1+\dfrac{2m}{\omega_0}p+\dfrac{1}{\omega_0^2}p^2}$

En notation complexe, cette fonction devient : $H(p)=\dfrac{K}{1-\dfrac{\omega^2}{\omega_0^2}+\dfrac{2m}{\omega_0}j\omega}$

Comme dans le cas de l'étude de la réponse indicielle, il va falloir distinguer les systèmes amortis (régime apériodique) des systèmes non amortis (régime pseudo-sinusoïdal).

B.6.1 Systèmes amortis (m>1)

Dans le cas des systèmes amortis, les 2 pôles de la fonction de transfert sont réels. Cette dernière peut alors s'écrire sous la forme :

$H(j\omega)=\dfrac{K}{(1+j\tau_1\omega)(1+j\tau_2\omega)}$ avec $\omega_0^2=\dfrac{1}{\tau_1}\cdot\dfrac{1}{\tau_2}$ et on suppose $\tau_1>\tau_2$

B.6.1.1 Diagramme de gain

$G=\dfrac{K}{\sqrt{1+(\tau_1^2\omega^2)}\sqrt{1+(\tau_2^2\omega^2)}}$, soit $G_{dB}=20\log K-10\log\left(1+(\tau_1\omega)^2\right)-10\log\left(1+(\tau_2\omega)^2\right)$

Comportement asymptotique pour $\omega\to 0$

$G_{dB}\approx 20\log K$

Il s'agit d'une asymptote horizontale.

Comportement asymptotique pour $\omega\to\infty$

$G_{dB}\approx 20\log K-20\log(\tau_1\omega)-20\log(\tau_2\omega)\approx 20\log\dfrac{K}{\tau_1\tau_2}-40\log\omega$

Il s'agit à présent d'une asymptote de pente -40 dB/décade.

Intersection des asymptotes

Les deux asymptotes se coupent à la pulsation $\omega_0=\sqrt{\dfrac{1}{\tau_1\tau_2}}$

Comportement asymptotique pour $\dfrac{1}{\tau_1}<\omega<\dfrac{1}{\tau_2}$

On observe une asymptote de pente -20 dB/décade. La constante de temps τ_1 est dominante devant τ_2.

A la pulsation particulière $\omega_0=\sqrt{\dfrac{1}{\tau_1\tau_2}}$, le gain vaut $G_{dB}(\omega_0)=20\log K-20\log(2m)$

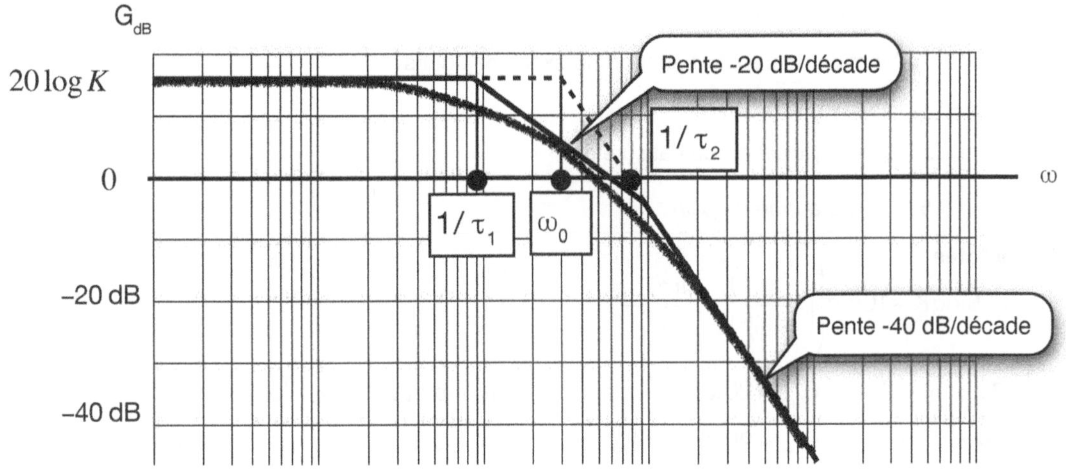

B.6.1.2 Diagramme de phase

$\varphi = \arg(K) - \arg(1 + j\tau_1\omega) - \arg(1 + j\tau_2\omega)$

Comportement asymptotique pour $\omega \to 0$

$\varphi \approx \arg(K) - \arg(1) - \arg(1) \approx 0°$

Il s'agit d'une asymptote horizontale 0°

Comportement asymptotique pour $\omega \to +\infty$

$\varphi \approx \arg(K) - \arg(j\tau_1\omega) - \arg(j\tau_2\omega) \approx -180°$

Il s'agit d'une asymptote horizontale -180°

Comportement asymptotique pour $\frac{1}{\tau_1} < \omega < \frac{1}{\tau_2}$

La constante de temps τ_1 est dominante, et $\varphi \approx \arg(K) - \arg(j\tau_1\omega) \approx -90°$

Il s'agit d'une asymptote horizontale -90°

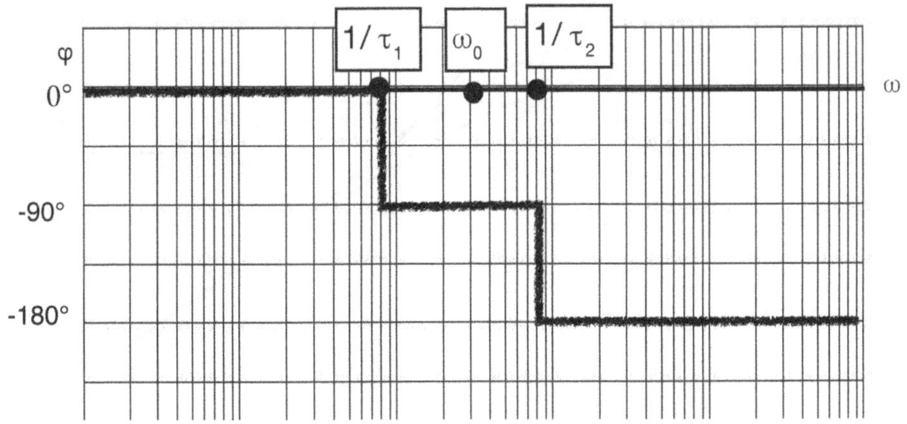

B.6.2 Systèmes sous-amortis (m<1)

Les pôles de la fonction de transfert sont complexes conjugués :

$$p = -m\omega_0 \pm j\omega_0\sqrt{1-m^2}$$

Il n'existe alors qu'une pulsation de cassure ω_0.

B.6.2.1 Diagramme de gain

Asymptotes

$$G_{dB} = 20\log K - 10\log\left(\left(1-\frac{\omega^2}{\omega_0^2}\right)^2 + \frac{4m^2\omega^2}{\omega_0^2}\right)$$

Pour $\omega \to 0$: $G_{dB} \approx 20\log K$, il s'agit d'une asymptote horizontale.

Pour $\omega \to +\infty$: $G_{dB} \approx 20\log K - 40\log(\omega/\omega_0)$, il s'agit d'une asymptote de de pente -40 dB/décade.

Phénomène de résonance

On montre que si $m < \frac{\sqrt{2}}{2}$, il existe une valeur de pulsation $\omega_r = \omega_0\sqrt{1-2m^2}$ pour laquelle la valeur du gain est maximale :

$$G(\omega_r) = \frac{K}{2m\sqrt{1-m^2}}$$

On appellera alors «facteur de résonance» le rapport $Q_r = \frac{G_{max}}{K} = \frac{1}{2m\sqrt{1-m^2}}$

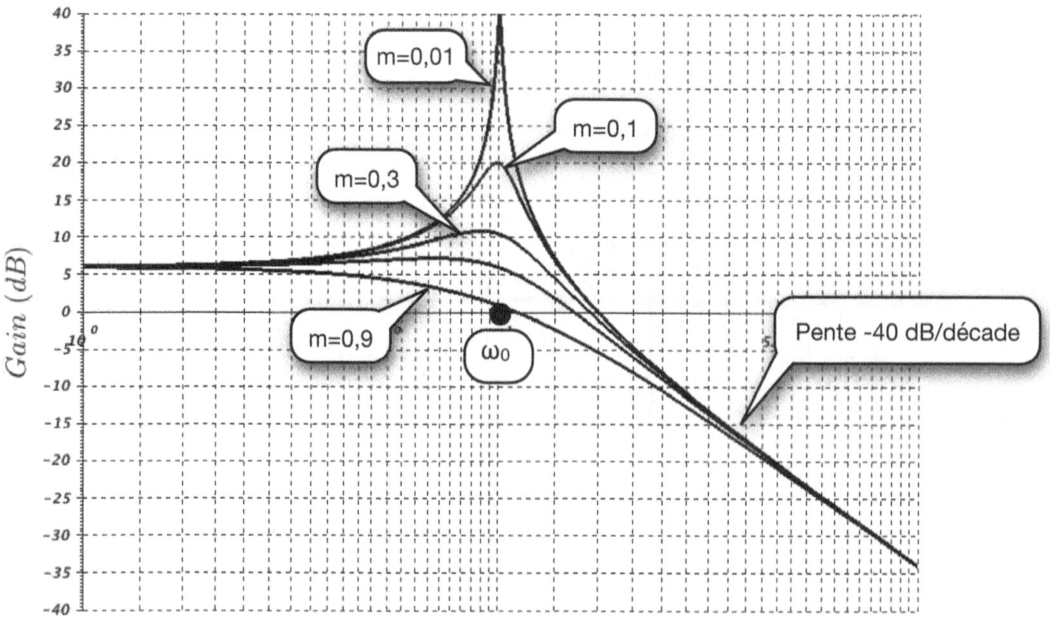

B.6.2.2 Diagramme de phase

$$\varphi = \arg(K) - \arg\left(\left(1-\frac{\omega^2}{\omega_0^2}\right)+j\frac{2m}{\omega_0}\omega\right) = -\operatorname{atan}\left(\frac{2m\frac{\omega}{\omega_0}}{1-\frac{\omega^2}{\omega_0^2}}\right)$$

Pour $\omega \to 0$: $\varphi \approx 0°$, il s'agit d'une asymptote horizontale 0°

Pour $\omega \to +\infty$: $\varphi \approx -180°$, il s'agit d'une asymptote horizontale -180°

Pour $\omega = \omega_0$: $\varphi = -90°$

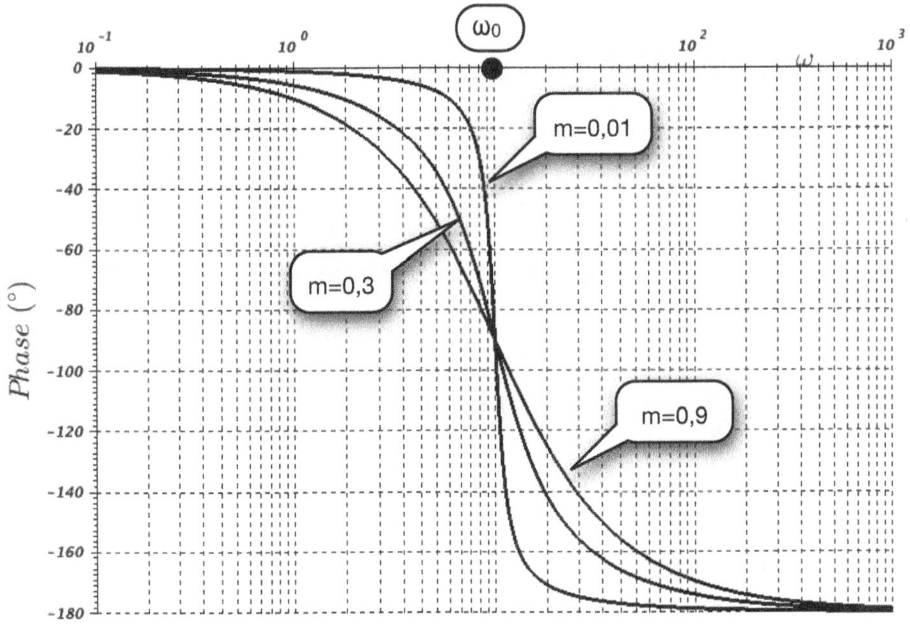

C. Critères de stabilité

C.1 Généralités

Rappelons la structure générale d'un système asservi :

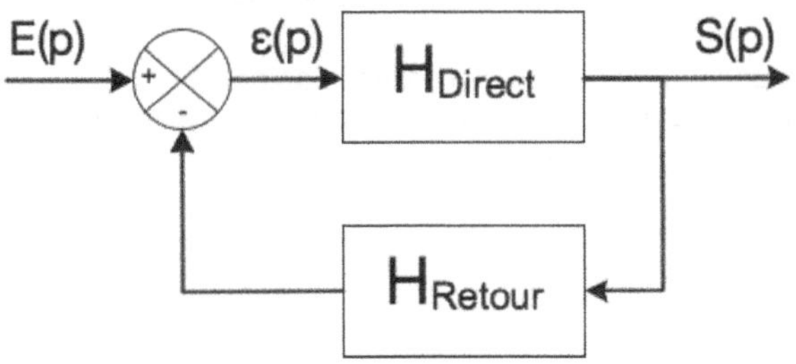

Si la fonction de transfert du système asservi en boucle fermée $H_{BF}(p)$ est connue, elle pourra alors s'écrire sous la forme :

$$H(p) = \frac{(p-z_1)(p-z_2)\ldots(p-z_n)}{p^r(p-p_1)(p-p_2)\ldots(p-p_m)}$$ où les z_i sont les zéros de la FTBF, et p_i ses pôles.

Il sera alors possible d'appliquer des critères analytiques sur la nature des pôles pour conclure sur la stabilité.

L'expression de cette fonction de transfert n'est cependant pas toujours connue.
Mais dans ce cas, il sera souvent possible de déterminer par identification expérimentale sa fonction de transfert en boucle ouverte. Nous appliquerons alors des critères graphiques sur les diagrammes de Bode de cette fonction de transfert en boucle ouverte.

C.2 Critères analytiques sur la FTBF

C.2.1 Condition nécessaire sur la structure du polynôme du dénominateur

Ecrivons la FTBF sous sa forme polynomiale $H_{BF}(p) = \dfrac{N(p)}{a_0 + a_1p + a_2p^2 + \ldots + a_np^n}$

Une condition nécessaire de stabilité d'un système est la présence de coefficients strictement positifs pour l'ensemble des coefficients a_i.

Exemples :

$$H_{BF}(p) = \frac{2}{1+2p+5p^2+3p^4}$$ est instable car le coefficient en p^3 est nul.

$$H_{BF}(p) = \frac{2+3p}{1-2p+5p^2+p^3+3p^4}$$ est instable car le coefficient en p est négatif.

$$H_{BF}(p) = \frac{1+2p}{1+2p+5p^2+3p^3}$$ est peut-être stable car tous les coefficients sont strictement positifs.

C.2.2 Condition nécessaire et suffisante sur la nature des pôles de la FTBF

On montre que la nature de la réponse indicielle dépend de la nature des pôles de la fonction de transfert en boucle fermée

Lorsqu'un pôle est réel, la réponse varie exponentiellement en $e^{p_i t}$, et le mode associé est dit exponentiel. Pour que la réponse converge, il est nécessaire d'avoir $p_i < 0$.

Lorsqu'un pôle est complexe, la réponse est une oscillation contrainte dans une enveloppe en exponentielle, telle que :

- la fréquence des oscillations augmente avec la partie imaginaire,
- l'enveloppe exponentielle est convergente si la partie réelle est négative.

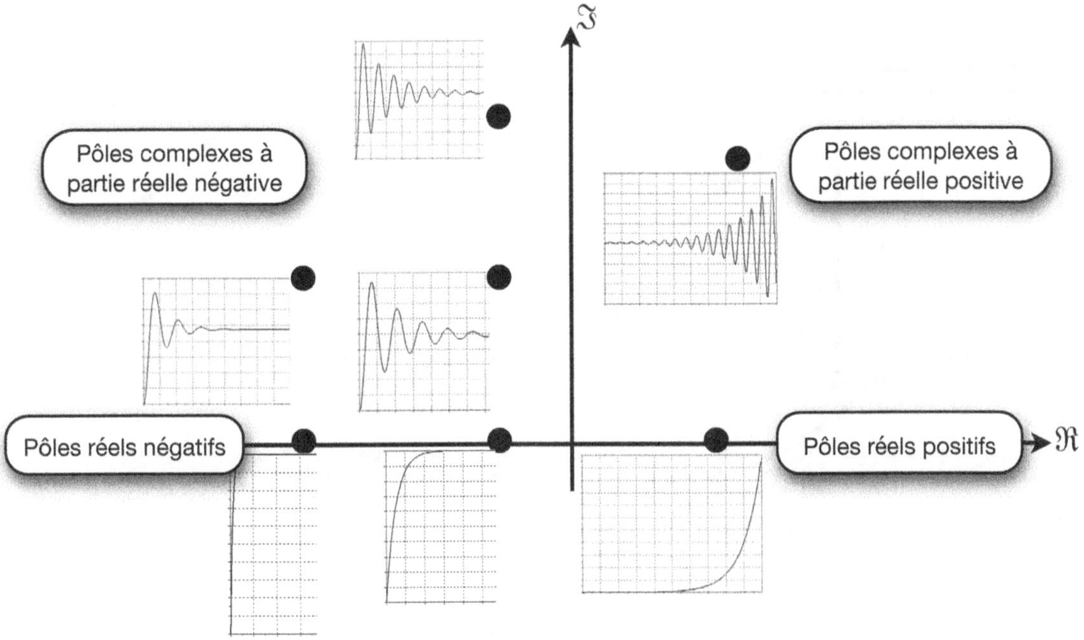

Nous retiendrons donc que pour assurer la stabilité d'un système asservi, il faut que tous les pôles de sa FTBF soient à partie réelle strictement négative.

C.3 Critères graphiques sur la FTBO

C.3.1 Généralités

La fonction de transfert d'un système asservi s'écrit :

$$FTBF = \frac{H_{direct}}{1+H_{direct}.H_{retour}} = \frac{H_{direct}}{1+FTBO}$$

Ce système est instable dès lors que 1+FTBO tend vers 0, donc quand FTBO→-1.

Les critères de stabilité seront alors basés sur l'étude de l'éloignement de la FTBO de la valeur -1 dans le plan complexe, défini par un gain G_{dB}=log(1)=0 dB et une phase φ=-180°.

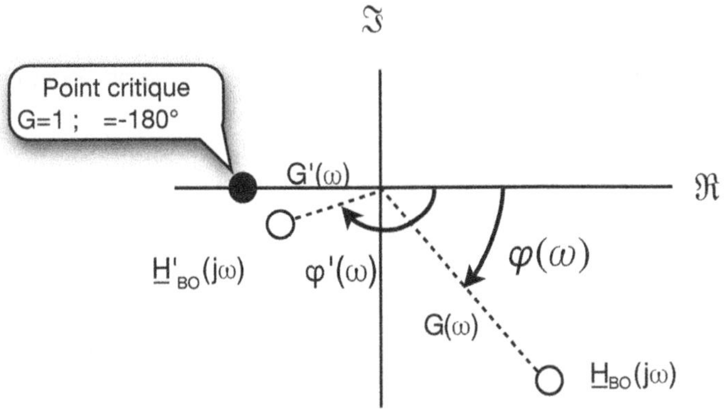

Le système défini par la fonction de transfert $\underline{H}_{BO}(j\omega)$ ci-contre est stable à la pulsation ω, car son gain et sa phase sont éloignés du point critique.

Le système défini par la fonction de transfert $\underline{H}'_{BO}(j\omega)$ est en revanche à la limite de l'instabilité à la pulsation ω, car son gain et sa phase sont trop proches du point critique.

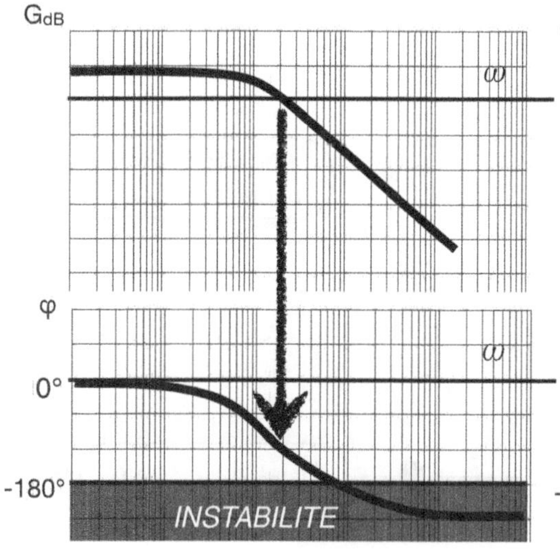

Système stable, car $\varphi > -180°$ pour $G_{dB} = 0$

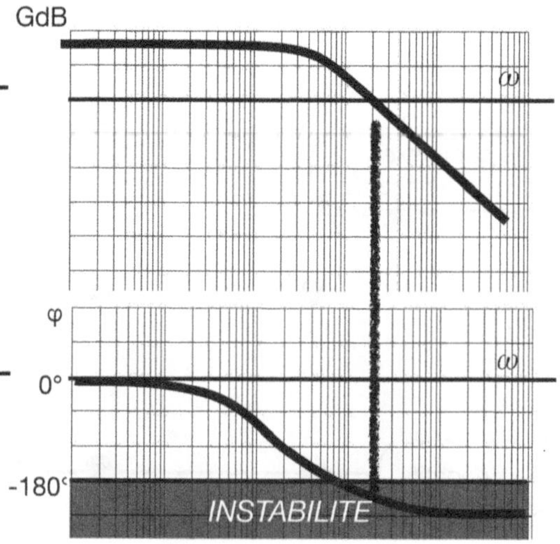

Système instable, car $\varphi < -180°$ pour $G_{dB} = 0$

Rappelons que la phase d'un système du 1er ordre est au minimum égale à φ=-90°, et que celle d'un système du 2[d] ordre est au minimum égale à φ=-180°. Nous pouvons par conséquent tirer une première conclusion du critère de stabilité :

> Les systèmes dont la FTBO est du 1er ou du 2[d] ordre sont stables.

C.3.2 Marges de stabilité

C.3.2.1 Définition

Les critères précédents permettent de garantir la stabilité d'un système.

Cependant, nous serons amenés à régler et corriger le système afin d'améliorer ses performances. Or ces réglages vont modifier le gain et la phase du système, et il faut par conséquent garantir des marges de stabilité afin que la correction apportée ne provoque pas une instabilité du système.

Nous définirons donc la stabilité d'un système par ses marges de stabilité : marge de gain et marge de phase.

On appelle pulsation critique ω_c la pulsation à laquelle le gain est égal à 1, donc lorsque $G_{dB}(\omega_c) = 0\ \text{dB}$.

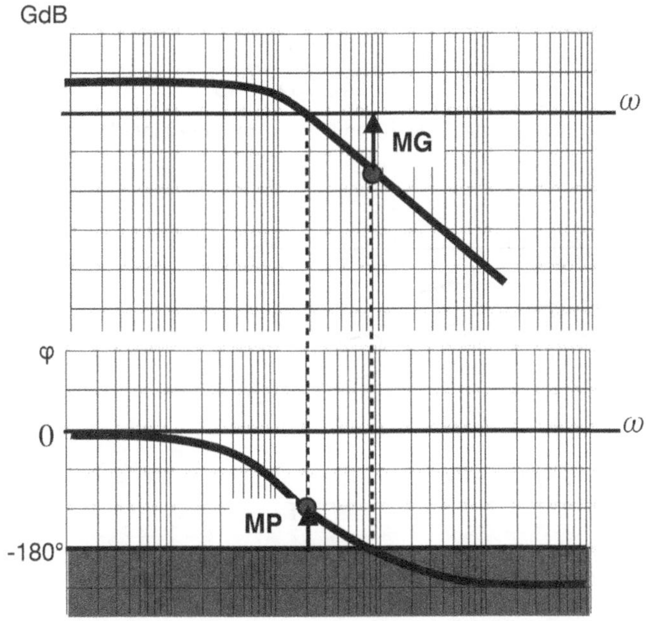

La marge de gain MG se définit à la pulsation à laquelle la phase vaut φ=-180°. Il s'agit de l'écart entre le gain du système à cette pulsation et le gain limite 0 dB.

Elle traduit le gain que l'on peut rajouter au système en boucle ouverte avant de le rendre instable.

La marge de phase MP se définit à la pulsation critique $\omega = \omega_c$ comme l'écart entre la phase du système $\varphi(\omega_c)$ et la limite $\varphi = -180°$.

Elle traduit la phase que l'on peut retirer au système en boucle ouverte avant de le rendre instable.

C.3.2.2 Détermination analytique

Le calcul des ces marges s'obtient en suivant la méthode décrite ici.

Marge de phase

1. Recherche de la pulsation critique ω_c telle que $G_{dB}(\omega_c) = 0$ dB
2. Calcul de la phase correspondante $\varphi(\omega_c)$
3. Calcul de la marge de phase $MP = 180 + \varphi(\omega_c)$

Marge de gain

1. Recherche de la pulsation ω_φ à laquelle $\varphi(\omega_\varphi) = -180°$
2. Calcul du gain correspondant $G_{dB}(\omega_\varphi)$
3. Calcul de la marge de gain $MG = -G_{dB}(\omega_c)$

C.3.2.3 Valeurs usuelles

Les valeurs usuelles de marge qui permettent de garantir une marge de stabilité confortable sont :

- une marge de phase supérieure à 45° ;
- une marge de gain supérieure à 10 dB.

C.3.2.4 Influence des marges de stabilité sur la réponse indicielle d'un système

L'allure de la réponse indicielle d'un système dépend de la valeur des marges de stabilité. En effet, plus les larges seront restreintes, et plus le système répondra avec des oscillations marquées (tout en restant avec une réponse convergente).

Exemple 1

Considérons un système caractérisé par la FTBO suivante : $H(p) = \dfrac{K}{1+20p+100p^2}$

En faisant varier la valeur de K, on fait varier l'asymptote G_{dB}=20logK et on modifie ainsi les marges de stabilité.

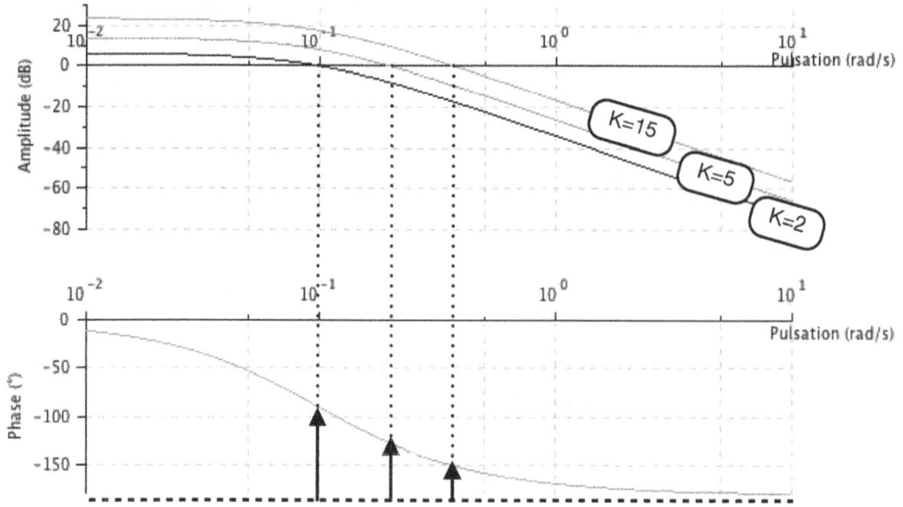

L'allure des réponses indicielles correspondant à chacun de ces cas montre clairement l'influence de la marge de phase sur le comportement du système, même si le système reste intrinsèquement stable du fait de son second ordre :

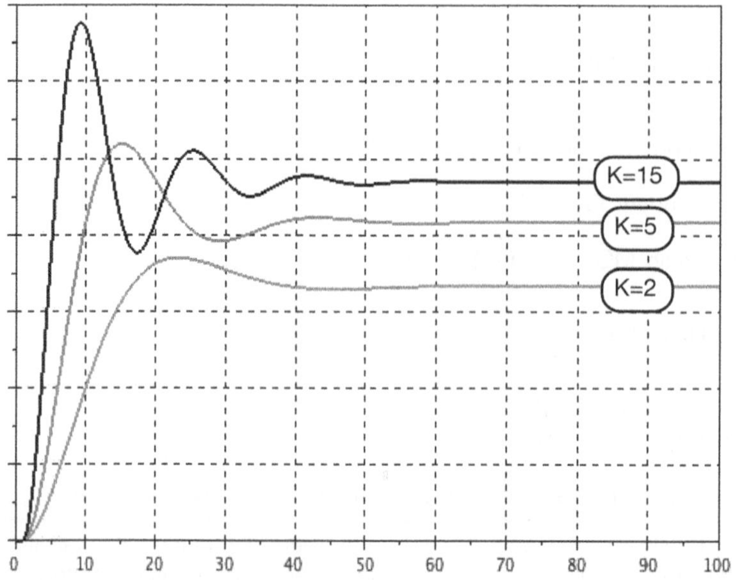

Exemple 2

Un système est maintenant caractérisé par sa FTBO suivante : $H(p)=\dfrac{K}{p\left(1+2p+1p^2\right)}$.

La présence d'un intégrateur dans cette fonction de transfert, de classe 1, va diminuer la phase globale de 90°, et il existera cette fois une pulsation à partir de laquelle le système sera instable.

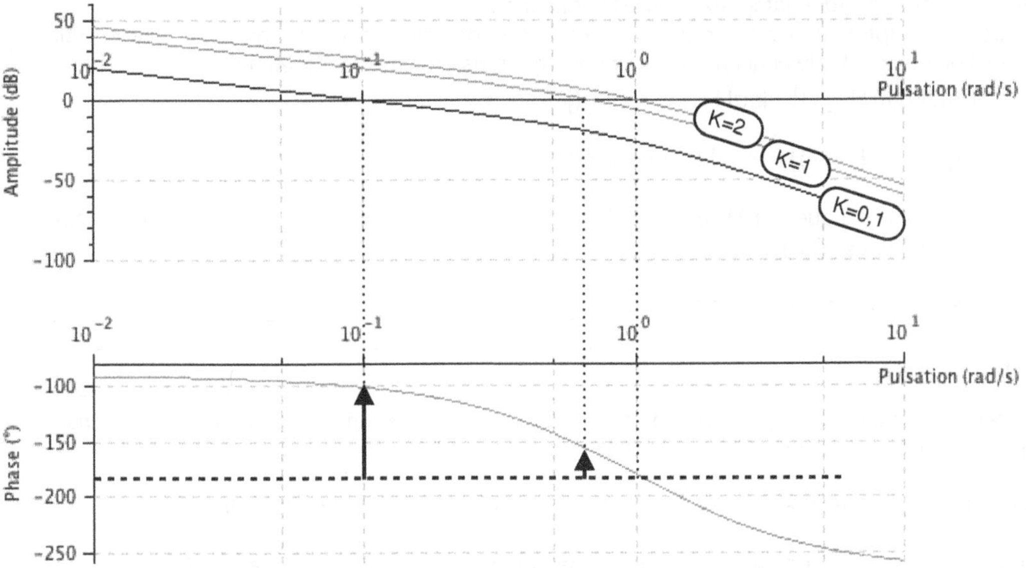

Il existe cette fois des limites de stabilité.

En particulier, K=2 induit une marge de phase nulle, le système est oscillatoire à la limite de l'instabilité.

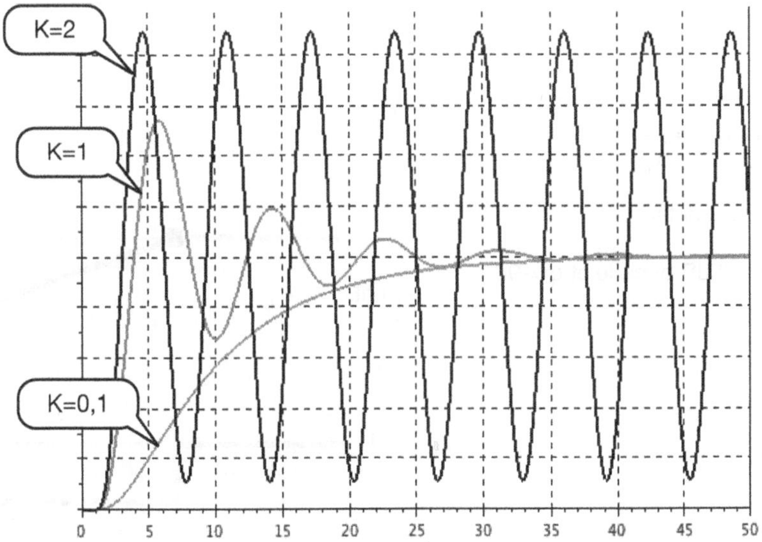

D. Approche méthodique des tracés de Bode

D.1 Principe général

Une fonction de transfert peut s'écrire comme étant le produit de plusieurs fonction de transfert simples (1er ordre, 2d ordre, intégrateur pur, dérivateur pur).

Le tracé asymptotique de n'importe quelle fonction de transfert pourra alors se faire en utilisant la superposition des effets de chacune des fonctions de transfert simples. En effet :

$$\log\left(H_1(j\omega).H_2(j\omega)\right) = \log H_1(j\omega) + \log H_2(j\omega)$$

$$\arg\left(\underline{H}_1(j\omega).\underline{H}_2(j\omega)\right) = \arg \underline{H}_1(j\omega) + \arg \underline{H}_2(j\omega)$$

Le tracé asymptotique de $H(p) = H_1(p).H_2(p)....H_n(p)$ s'obtient alors en sommant les tracés de chacune des fonctions $H_i(p)$.

D.2 Tracés asymptotiques des fonctions simples

D.2.1 Généralités

Un terme constant correspond à une asymptote horizontale et une phase $\varphi=0°$ dans le cas courant où cette constante est positive (sinon $\varphi=-180°$).

Un terme en $\frac{1}{p}$ correspond à une asymptote de -20 dB/décade et une phase $\varphi=-90°$.

Un terme en p correspond à une asymptote de +20 dB/décade et une phase $\varphi=+90°$

Plus généralement, un terme en p^n se traduit par une asymptote de 20n dB/décade et une phase $\varphi=90n$ °.

D.2.2 $\underline{H}_i(j\omega) = \dfrac{1}{1+j\tau_i\omega}$

Pulsation de cassure : $\omega_{c_i} = \dfrac{1}{\tau_i}$

$\omega < \omega_{c_i}$: Asymptote horizontale et $\varphi=0°$

$\omega > \omega_{c_i}$: Asymptote -20 dB/décade et $\varphi=-90°$

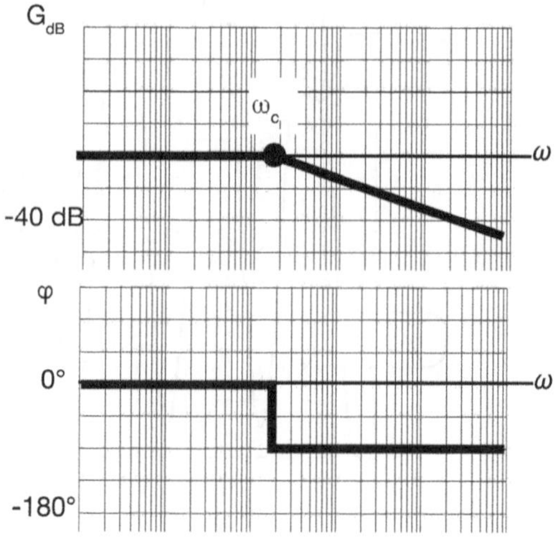

D.2.3 $\underline{H}_i(j\omega) = \dfrac{1}{1 + j\dfrac{2m_i}{\omega_{0_i}^2}\omega - \dfrac{\omega^2}{\omega_{0_i}^2}}$ **(avec 2 racines complexes conjuguées)**

Pulsation de cassure : $\omega_{c_i} = \omega_{0_i}$

$\omega < \omega_{0_i}$: Asymptote horizontale et $\varphi=0°$

$\omega > \omega_{0_i}$: Asymptote -40 dB/décade et $\varphi=-180°$

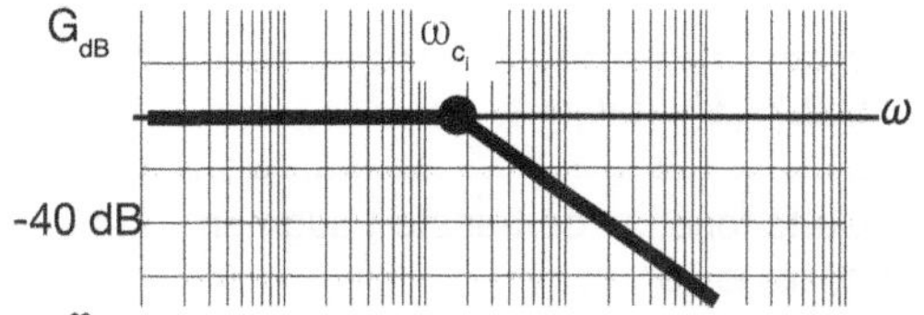

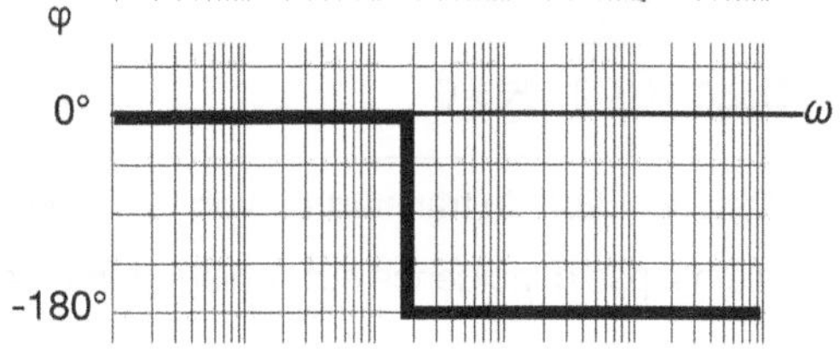

D.2.4 $\underline{H}_i(j\omega) = 1 + j\tau_i\omega$

Pulsation de cassure : $\omega_{c_i} = \dfrac{1}{\tau_i}$

$\omega < \omega_{c_i}$: Asymptote horizontale et $\varphi=0°$

$\omega > \omega_{c_i}$: Asymptote +20 dB/décade et $\varphi=+90°$

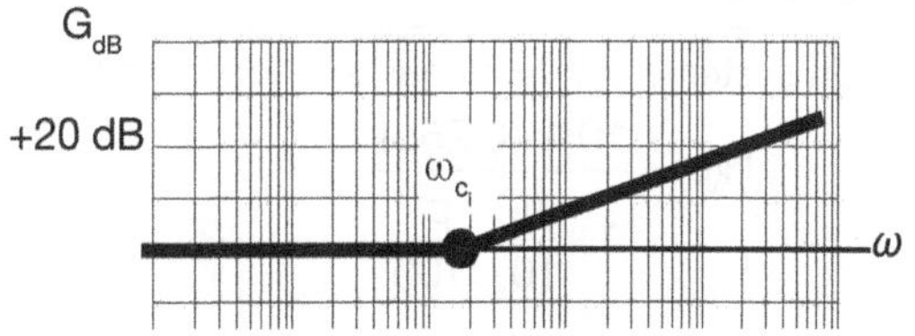

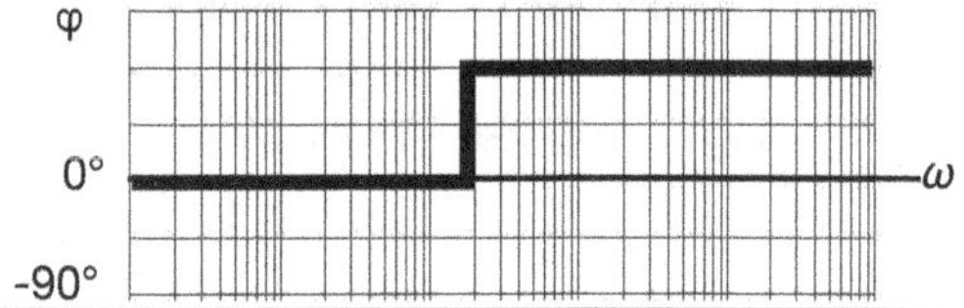

D.2.5 $\underline{H}_i(j\omega) = 1 + j\dfrac{2m_i}{\omega_{0_i}}\omega - \dfrac{\omega^2}{\omega_{0_i}^2}$

Pulsation de cassure : $\omega_{c_i} = \omega_{0_i}$

$\omega < \omega_{0_i}$: Asymptote horizontale et $\varphi=0°$

$\omega > \omega_{0_i}$: Asymptote +40 dB/décade et $\varphi=+180°$

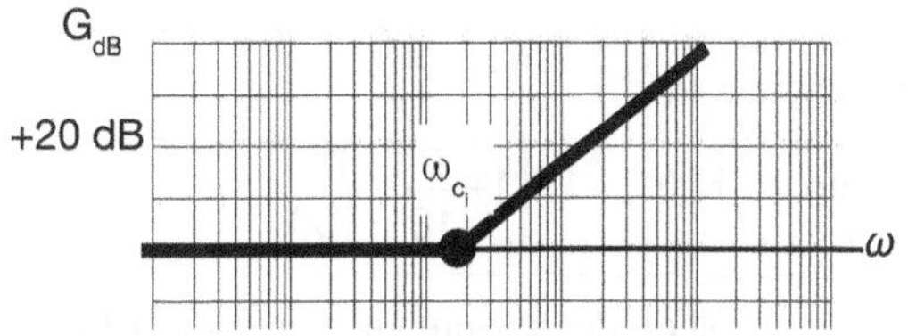

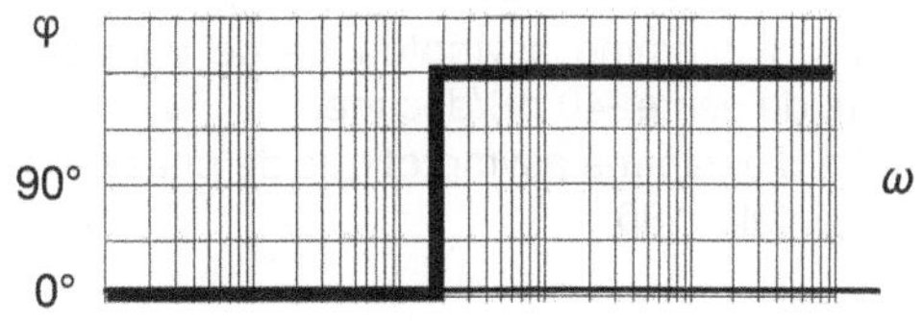

D.2.6 $\underline{H}_i(j\omega) = \dfrac{1}{j\omega}$

Cette fonction de transfert diminue la pente du diagramme de gain de -20 dB/décade, et diminue la phase de 90°.

D.2.7 $\underline{H}_i(j\omega) = j\omega$

Cette fonction de transfert augmente la pente du diagramme de gain de +20 dB/décade, et augmente la phase de 90°.

D.2.8 $\underline{H}_i(j\omega) = K > 0$

Cette fonction de transfert provoque un décalage vertical du diagramme de gain de $20\log K$.

Elle n'a pas d'incidence sur le diagramme de phase.

D.3 Exemples

D.3.1 Exemple 1

Un système est décrit par la fonction de transfert suivante :

$$H(p) = \frac{10(1+0{,}25p)}{1+\dfrac{p}{10}+\dfrac{p^2}{100}}$$

Elle se décompose en $H(p) = H_1(p)\cdot H_2(p)\cdot H_3(p)$ avec :

$$H_1(p) = 1+0{,}25p \ ; \ H_2(p) = \frac{1}{1+\dfrac{p}{10}+\dfrac{p^2}{100}} \ ; \ H_3(p) = 10$$

Etude de $H_1(p) = 1+0{,}25p$

La pulsation de cassure vaut $\omega_{c1} = 4\,\text{rad.s}^{-1}$.

Le diagramme asymptotique de gain est une droite horizontale 0 dB pour $\omega<4$ rad.s^{-1}, puis une droite de pente +20 dB/décade.

Le diagramme asymptotique de phase est une droite horizontale 0° pour $\omega<4$ rad.s^{-1}, puis une droite horizontale +90°.

Etude de $H_2(p) = 1/\left(1+\dfrac{p}{10}+\dfrac{p^2}{100}\right)$

La pulsation de cassure vaut $\omega_{c2} = 10\,\text{rad.s}^{-1}$.

Le diagramme asymptotique de gain est une droite horizontale 0 dB pour $\omega<10$ rad.s^{-1}, puis une droite de pente -40 dB/décade.

Le diagramme asymptotique de phase est une droite horizontale 0° pour $\omega<10$ rad.s^{-1}, puis une droite horizontale -180°.

Etude de $H_3(p) = 10$

Cette fonction décale le diagramme de gain de 20log10=+20 dB, et n'affecte pas la phase.

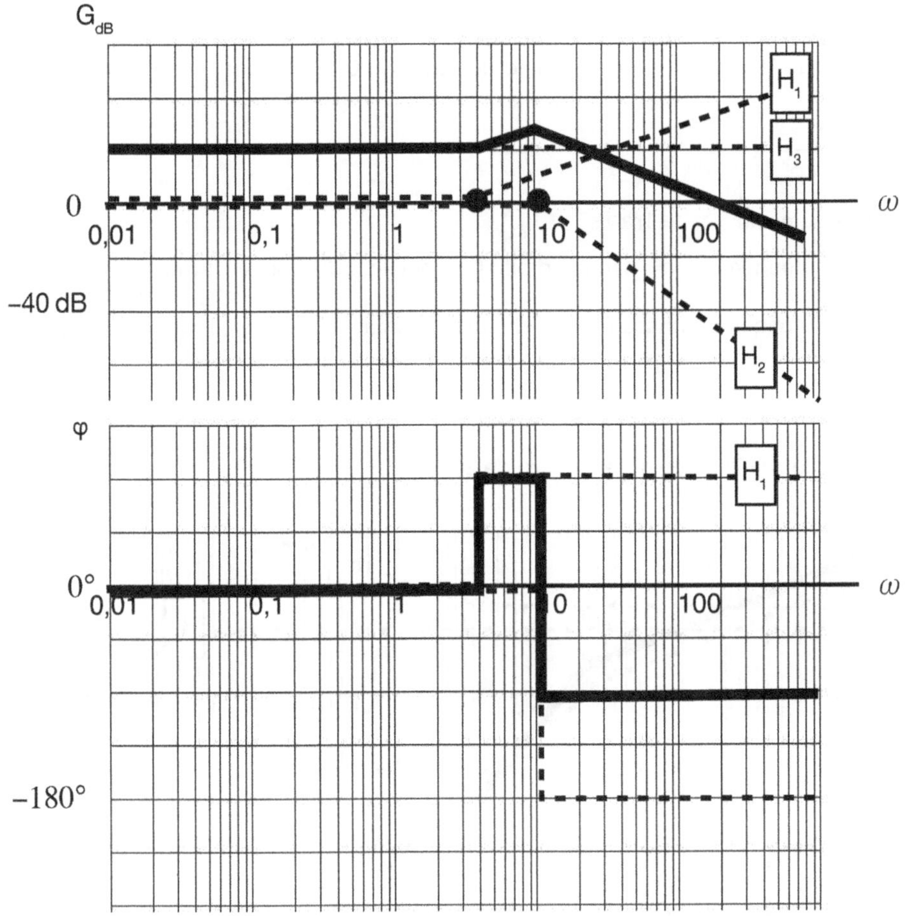

D.3.2 Exemple 2

Un système est défini par sa fonction de transfert en boucle ouverte suivante :

$$H_{BO}(p) = \frac{3(5+p)}{p(1+p+p^2)}$$

Elle se décompose en $H(p) = H_1(p) \cdot H_2(p) \cdot H_3(p) \cdot H_4(p)$ avec :

$$H_1(p) = 5+p\,;\; H_2(p) = \frac{1}{p}\;;\; H_3(p) = \frac{1}{1+p+p^2}\;;\; H_4(p) = 5$$

Etude de $H_1(p) = 5 + p = 5\left(1 + \frac{p}{5}\right)$

La pulsation de cassure vaut $\omega_{c1} = 5\ \text{rad.s}^{-1}$.

Le diagramme asymptotique de gain est une droite horizontale 20log5= 32 dB pour ω<5 rad.s^{-1}, puis une droite de pente +20 dB/décade.

Le diagramme asymptotique de phase est une droite horizontale 0° pour $\omega<5$ rad.s^{-1}, puis une droite horizontale +90°.

Etude de $H_2(p)=\frac{1}{p}$

Cette fonction diminue les pentes du diagramme de gain de 20 dB/décade, et diminue la phase de 90°.

Etude de $H_3(p)=\frac{1}{1+p+p^2}$

La pulsation de cassure vaut $\omega_{c2}=1\,\text{rad.s}^{-1}$.

Le diagramme asymptotique de gain est une droite horizontale 0 dB pour $\omega<1$ rad.s^{-1}, puis une droite de pente +40 dB/décade.

Le diagramme asymptotique de phase est une droite horizontale 0° pour $\omega<1$ rad.s^{-1}, puis une droite horizontale -180°.

Etude de $H_4(p)=3$

Cette fonction décale le diagramme de gain de 20log3=22 dB.

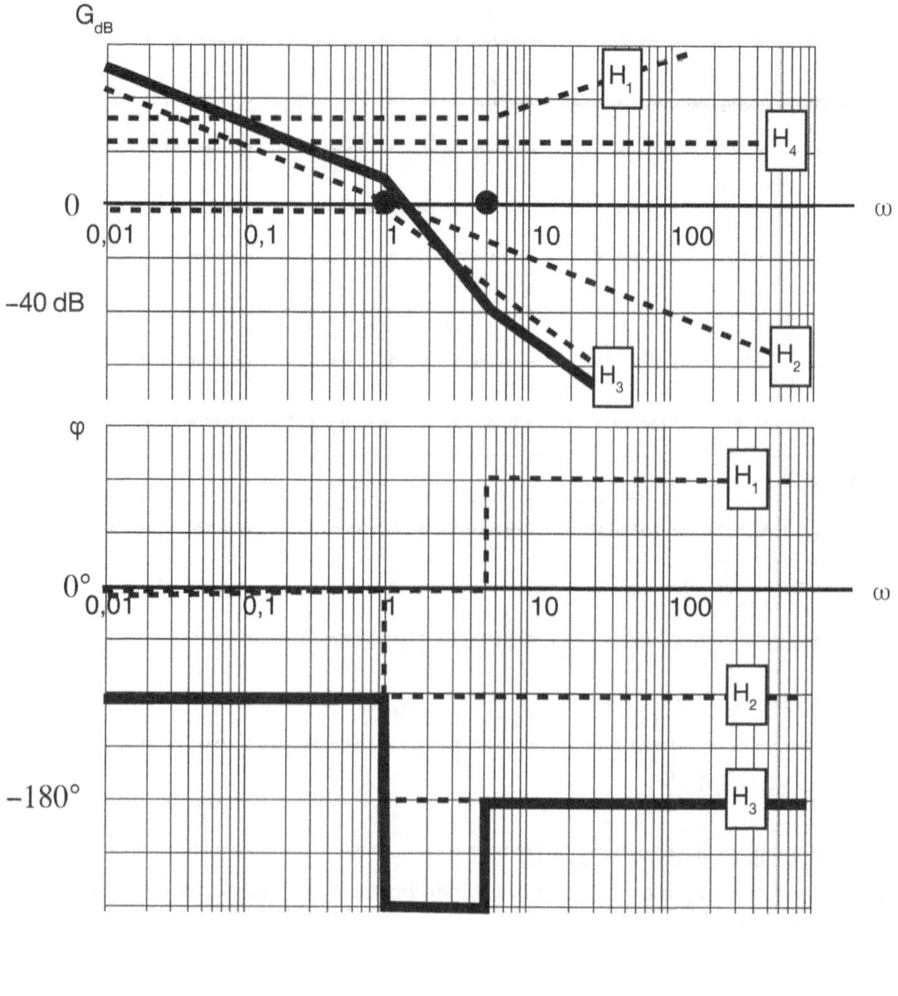

CE QU'IL FAUT RETENIR

Généralités

$$H(p)=\frac{N(p)}{D(p)} \text{ devient } \underline{H}(j\omega)=\frac{N(j\omega)}{D(j\omega)}$$

Gain en régime harmonique : $G(\omega)=\left|\underline{H}(j\omega)\right|$

Déphasage de la sortie : $\varphi(\omega)=\arg \underline{H}(j\omega)$

Diagrammes de Bode

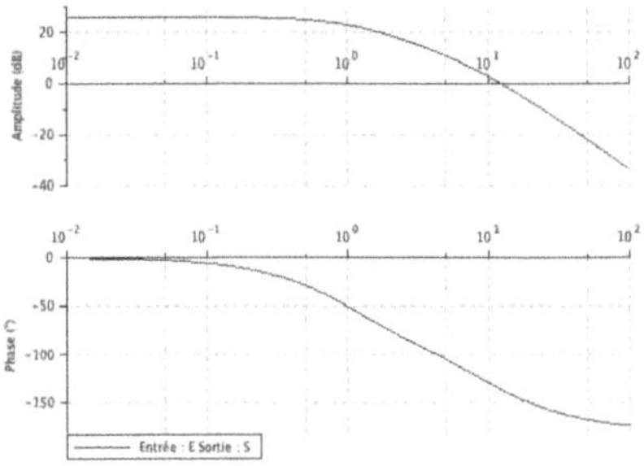

$$G_{dB}=20\log G(\omega)$$

$$\varphi(\omega)=\arg H(j\omega)$$

Diagrammes asymptotiques

1er ordre	2d ordre m>1	2d ordre m≤1
$H(p)=\dfrac{K}{1+\tau p}$	$H(p)=\dfrac{K}{1+\dfrac{2m}{\omega_0}p+\dfrac{p^2}{\omega_0^2}}=\dfrac{K}{(1+\tau_1 p)(1+\tau_2 p)}$	$H(p)=\dfrac{K}{1+\dfrac{2m}{\omega_0}p+\dfrac{p^2}{\omega_0^2}}$

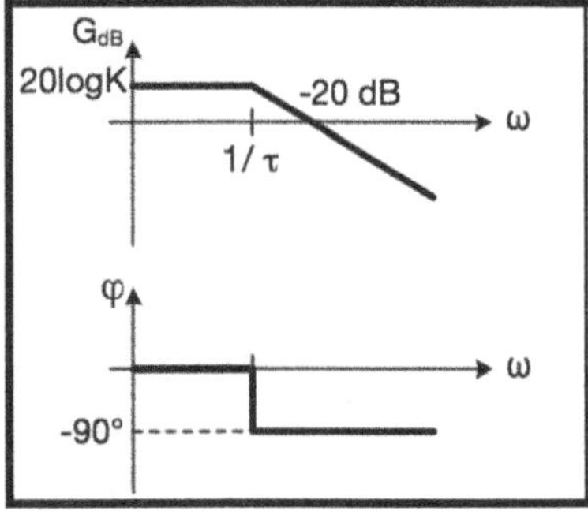

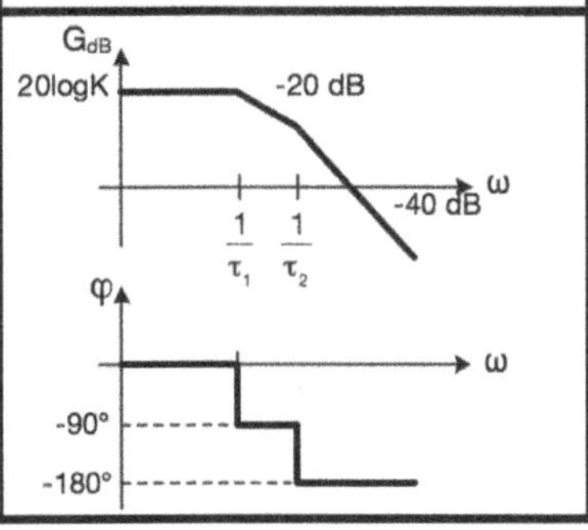

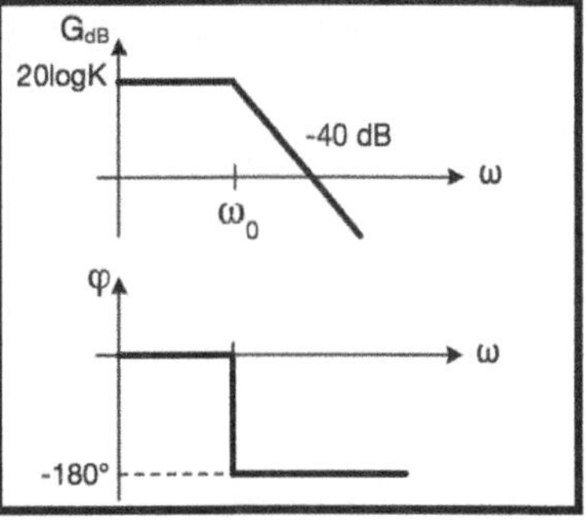

Critères de stabilité

Sur la FTBT : Tous les coefficients du dénominateur D(p) doivent être strictement positifs (condition nécessaire).

Tous les pôles doivent être à partie réelle strictement négative.

Sur la FTBO : $G_{dB}<0$ pour φ=-180°

φ>-180° pour $G_{dB}=0$

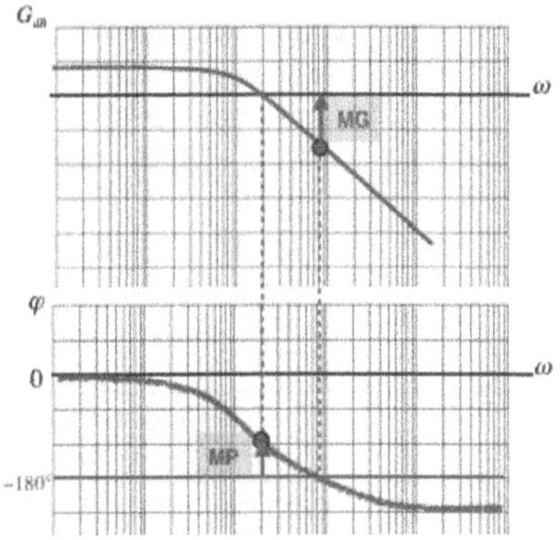

E. Exercices

Exercice 1 : Train pendulaire (Concours ATS 2013) *(Corrigé page 603)*

Il est aujourd'hui possible de réduire les temps de parcours en train grâce à la grande vitesse.

Sur ligne classique, une augmentation de la vitesse du train conduirait à une dégradation du confort du passager en particulier lors du passage en courbe. En effet, en courbe, le passager est soumis à une accélération transversale (accélération centripète) qui au-delà d'une certaine valeur devient gênante, inconfortable. Pour compenser cette accélération transversale, la voie est posée avec un dévers dans les portions de courbe, c'est-à-dire que le plan des rails est incliné par rapport au plan horizontal (le rail extérieur est plus haut que le rail intérieur).

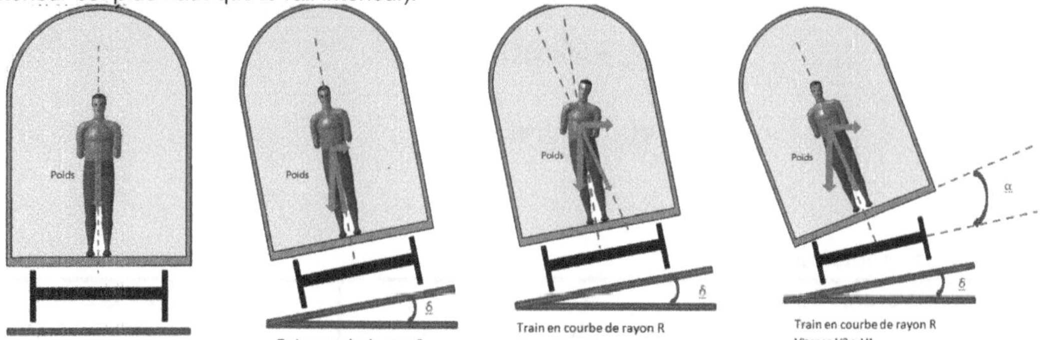

Train en ligne droite

Train en courbe de rayon R
Vitesse V1
Accélération transversale totalement compensée par le dévers de voie

Train en courbe de rayon R
Vitesse V2 > V1
Accélération transversale NON totalement compensée par le dévers de voie : inconfort du passager

Train en courbe de rayon R
Vitesse V2 > V1
Accélération transversale totalement compensée par le dévers de voie et la pendulation

Le mécanisme de pendulation est représenté ci-contre, qui a pour fonction d'incliner la caisse par rapport aux bogies.

Un actionneur inséré entre le bogie et la traverse de pendulation permet d'obtenir cette inclinaison.

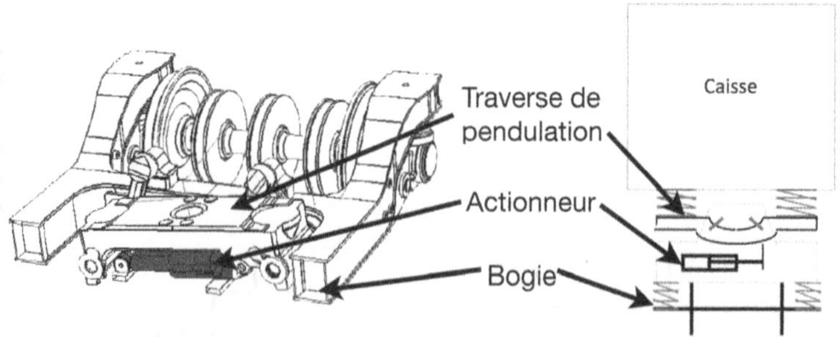

L'actionneur est un vérin électrique, dont le schéma de principe fourni ci-dessous.

Les données techniques sont :

- ω_m : vitesse de rotation moteur (en rad.s^{-1}),
- ω_{vis} : vitesse de rotation axe vis (en rad.s^{-1}),
- λ=10 mm : pas de la vis,
- N= ω_m/ω_{vis} = 3,04: rapport de transmission du réducteur inséré entre le moteur et la vis.
- K=1,9 V.rad^{-1}.s : constante de fém et de couple du moteur à courant continu.

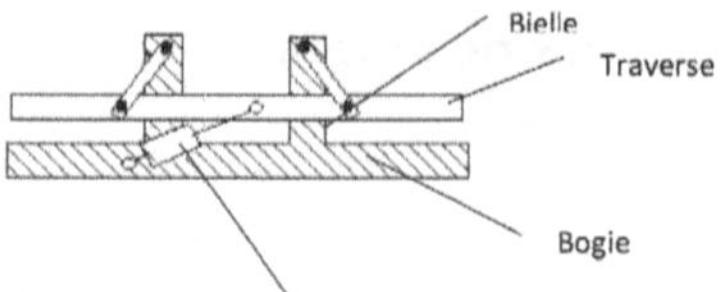

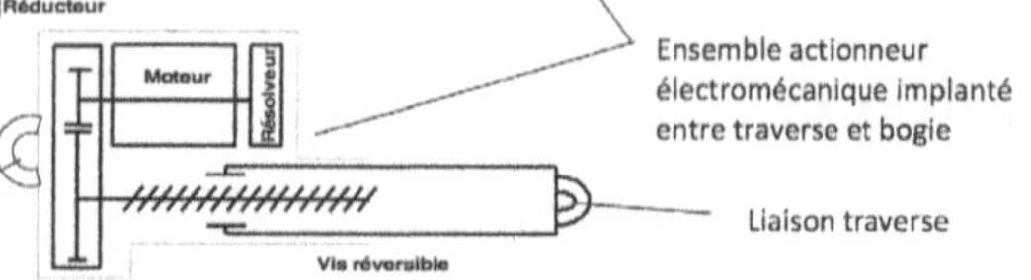

Le diagramme des exigences impose que la mise en position s'effectue sans dépassement de la consigne. On se propose dans cette étude de vérifier le respect de cette exigence.

La modélisation de l'actionneur étudié est fournie page suivante.

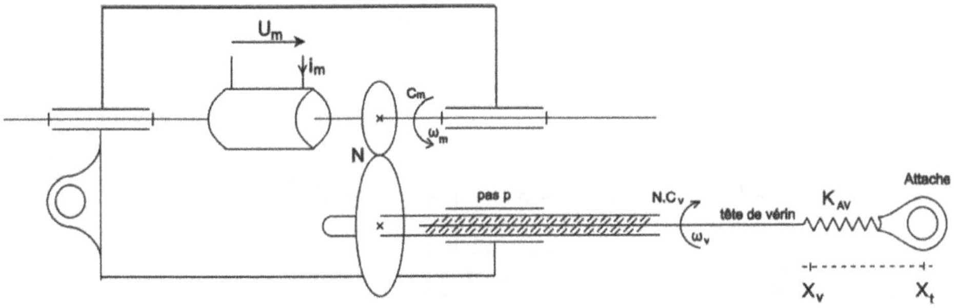

C_m est le couple exercé par le moteur (sur son arbre).

C_v est le couple résistant exercé par l'axe de l'actionneur ramené à l'arbre moteur.

On notera J_{eq} l'inertie équivalente ramenée à l'arbre du moteur de l'ensemble {moteur; réducteur; vis}, et f_t =0,03 Nm.rad^{-1}.s le coefficient de frottement fluide total équivalent ramené à l'arbre moteur.

On considérera enfin un effort maximal de poussée de l'actionneur à vitesse constante de F_v=80 kN.

Question 1

Ecrire les quatre équations liant U_m, I_m, E, ω_m et C_m qui caractérisent le fonctionnement de la machine à courant continu (en convention récepteur). L'inductance d'induit est supposée négligeable.

On prendra pour la suite une résistance d'induit du moteur R=0,8 Ω.

Le schéma de Laplace modélisant le moteur est proposé ci-dessous. On posera $\tau_V = \frac{J_{eq}}{f_t}$

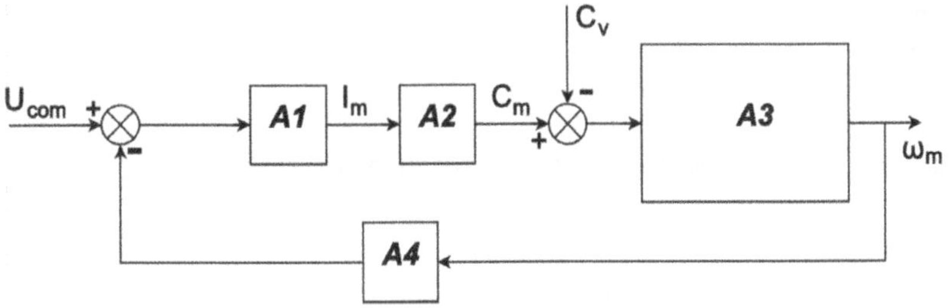

Question 2

Expliciter A1(p), A2(p), A3(p) et A4(p) en fonction de la variable de Laplace p et des paramètres du moteur.

D'après la modélisation de l'actionneur en haut de page, il est possible de calculer l'effort appliqué sur l'actionneur en fonction de la déformation de la liaison entre la tête de l'actionneur et l'attache de la traverse.

$K_{AV} = 5.10^7$ N.m^{-1}	raideur d'attache de la tête de l'actionneur
X_V :	position de la vis (tête de l'actionneur)
X_T :	position de la traverse au niveau de l'attache

Question 3

Déterminer les fonctions A5 et A6 du schéma de Laplace du réducteur et de l'actionneur ci-dessous en fonction des paramètres de la vis et du réducteur.

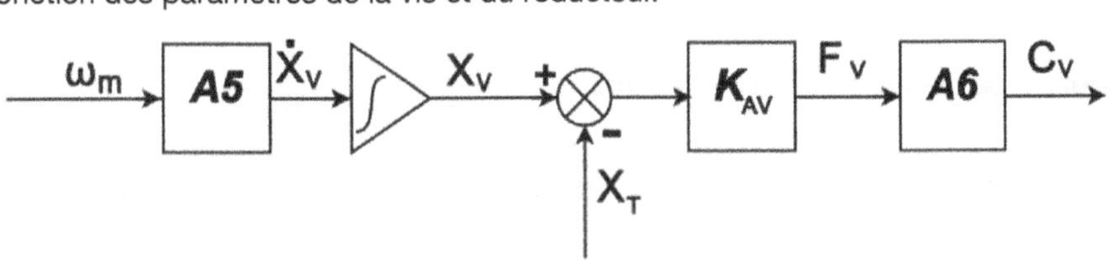

Le schéma de Laplace complet de l'actionneur est donné ci-dessous :

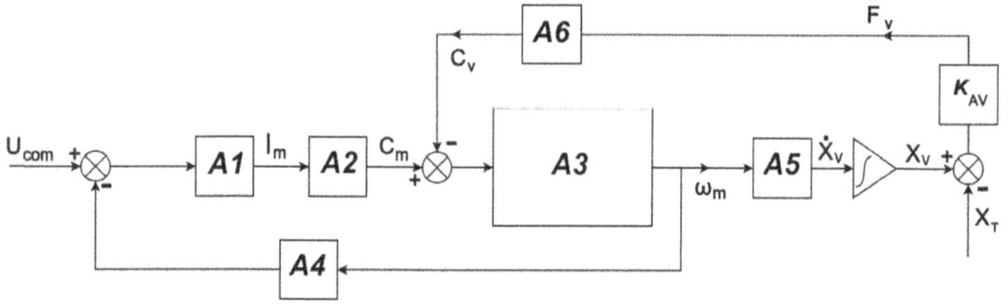

On cherche à présent la fonction de transfert de l'actionneur, et on décompose pour cela le système en deux fonctions distinctes :

Question 4

Déduire des questions précédentes les fonctions de transfert suivantes : $\dfrac{F_V(p)}{I_m(p)}$ et $\dfrac{F_V(p)}{X_T(p)}$.

Question 5

Compléter le schéma bloc de l'actionneur complet en identifiant A7, A8 et A9 :

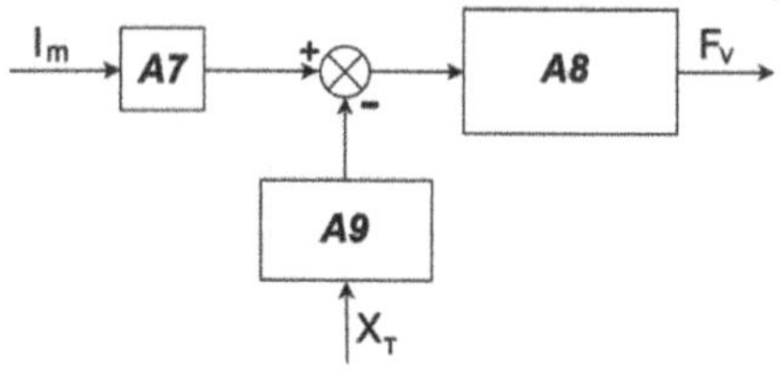

Question 6

On donne la relation qui lie le couple moteur C_m à l'effort de l'actionneur F_V :

$$C_m = F_V \frac{\lambda}{2\pi N} + f_t \omega_m$$

En déduire l'expression de F_V en statique en fonction de I_m.

On s'intéresse à présent à la commande en tension (U_{com}) du moteur.

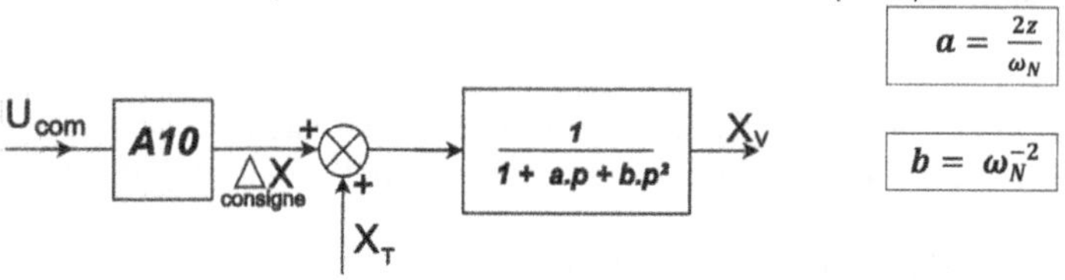

Question 7

On cherche la fonction de transfert liant X_V à U_{com}.

1- Exprimer $\omega_m(p)$ en fonction de I_m et F_V. (s'aider des questions 2 et 3).

2- Exprimer $X_V(p)$ en fonction de ω_m. (s'aider de la question 3).

En déduire la relation entre X_V et U_{com}.

Question 8

Identifier A10, ω_n et z à partir des résultats précédents.

Question 9

Donner la condition sur τ_V permettant d'éviter un dépassement afin de répondre au cahier des charges.

Exercice 2 : Spiralift (Concours ATS 2017) *(Corrigé page 605)*

Le système Spiralift est un mécanisme permettant d'élever des plateformes dans des salles de spectacle, afin de rendre modulaire la configuration de la salle.

Certaines salles sont équipées d'espaces de rangement situés sous la scène. Une plate-forme d'ascenseur d'orchestre peut s'abaisser au niveau du plancher de l'espace de stockage permettant ainsi à des opérateurs de faire glisser sur la plate-forme le matériel de scène, comme des décors ou des instruments de musique.

Le positionnement de cette plate-forme doit être effectué avec une grande précision, afin de permettre le déploiement du matériel de scène par roulage entre l'espace de stockage et l'ascenseur d'orchestre.

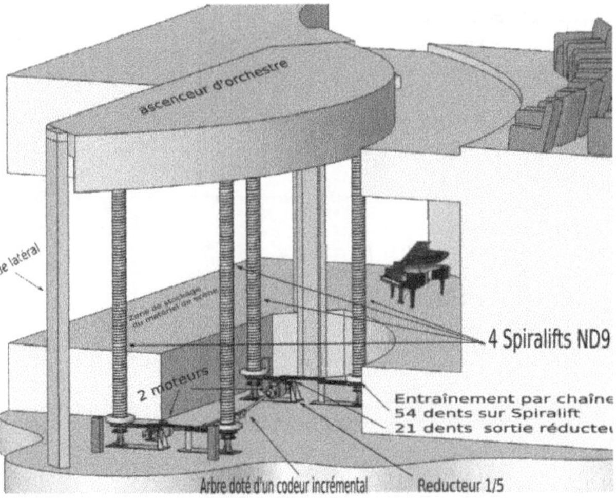

L'étude qui suit se limitera à l'étude d'un seul moteur pilotant une seule colonne Spiralift.

Afin d'assurer le bon positionnement de la plate-forme de l'ascenseur d'orchestre, le concepteur a choisi de contrôler la vitesse de l'arbre d'entraînement du Spiralift par le biais d'une boucle de vitesse.

> L'objectif de cette étude est d'identifier les paramètres d'un modèle correspondant à la boucle de vitesse de l'arbre.

Le schéma simplifié de la boucle de vitesse de l'arbre est donné sur la figure ci-dessous :

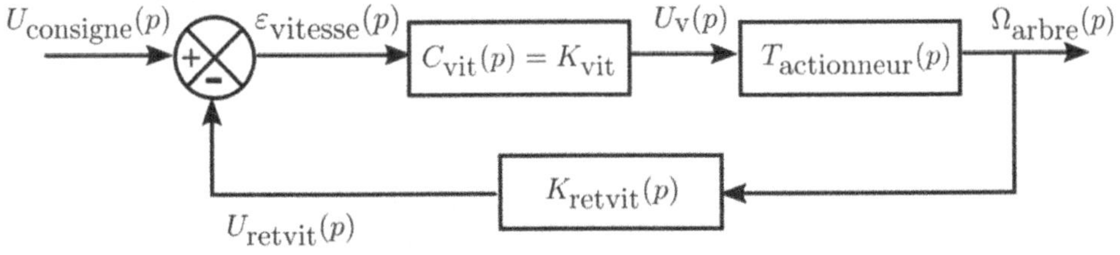

Avec :

$u_{consigne}$: tension représentative de la consigne de vitesse de l'arbre (en V) ;
u_{retvit} : tension représentative de la vitesse mesurée de l'arbre (en V) ;
u_v : tension de commande du convertisseur (en V) ;
ω_{arbre} : vitesse de rotation de l'arbre en (rad/s) ;
$C_{vit}(p)$: fonction de transfert du correcteur à action proportionnelle ;
$T_{actionneur}(p)$: fonction de transfert du moteur associé à son convertisseur ;
$k_{retvit}(p)$: fonction de transfert associée au capteur de vitesse et son adaptation.

(Remarque : par convention, les variables dans le domaine de Laplace sont notées avec des majuscules, alors qu'elles sont notées avec des minuscules dans le domaine temporel).

Un modèle obtenu à partir de l'étude fréquentielle du moteur associé à son convertisseur a permis de tracer le diagramme de Bode de la fonction de transfert $T_{actionneur}(p) = \dfrac{\Omega_{arbre}(p)}{U_V(p)}$.

Ce diagramme de Bode est représenté ci-dessous. Les asymptotes du diagramme de Bode y sont représentées en pointillés.

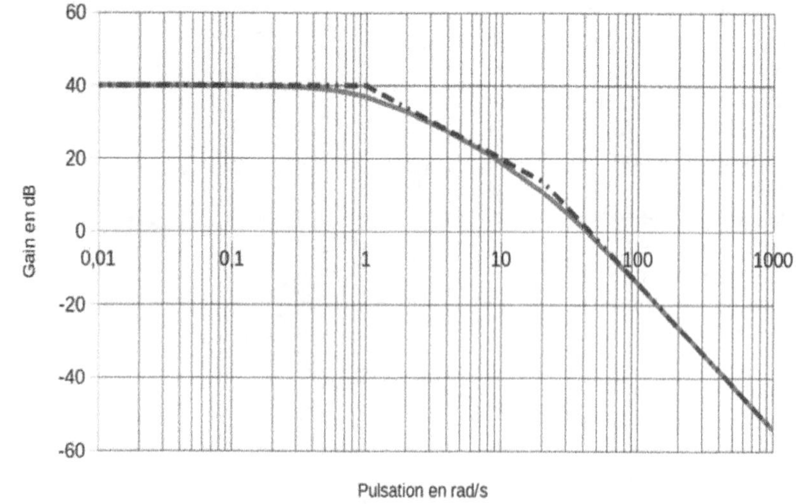

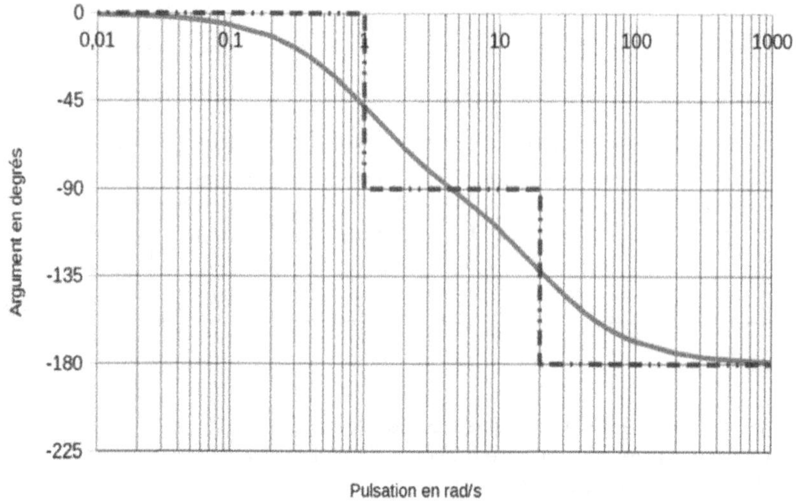

Question 1

A partir de l'étude de ces deux diagrammes, exprimer $T_{actionneur}(p)$ sous la forme suivante, en précisant les valeurs de K_{ac}, ω_1 et ω_2 : $T_{actionneur}(p) = \dfrac{K_{ac}}{\left(1+\dfrac{p}{\omega_1}\right)\left(1+\dfrac{p}{\omega_2}\right)}$

Le capteur de vitesse délivre une tension u_{retvit} proportionnelle à la vitesse de rotation de l'arbre. La caractéristique de transfert de cet ensemble est donnée ci-contre.

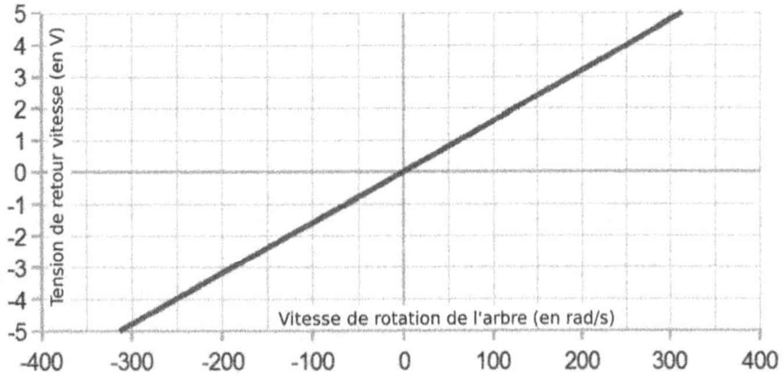

Question 2

Déterminer, à partir de la caractéristique du capteur de vitesse, le coefficient d'amplification de la fonction de transfert :

$$K_{retvit}(p) = \frac{U_{retvit}(p)}{\Omega_{arbre}(p)}$$

Question 3

Déterminer l'expression littérale de la fonction de transfert en boucle ouverte, en conservant dans cette expression la grandeur K_{vit} du correcteur :

$$FTBO_{vitesse}(p) = \frac{U_{retvit}(p)}{\varepsilon_{vitesse}(p)}$$

Question 4

Superposer sur le diagramme de Bode de la page précédente, le diagramme de Bode de cette fonction de transfert en boucle ouverte pour $K_{vit}=1$.

Exercice 3 : Laveuse autoportée (Concours ATS 2015) *(Corrigé page 606)*

La société Nilfisk propose une large gamme d'engins de nettoyage des sols. La gamme des laveuses autoportées répond aux besoins de lavage pour des surfaces de plusieurs milliers de km carrés.

Les deux roues arrière sont motorisées par des moteurs à courant continu. On s'intéresse dans cette étude à l'asservissement en vitesse de ces moteurs.

Une représentation possible de cet asservissement est présentée ci-dessous :

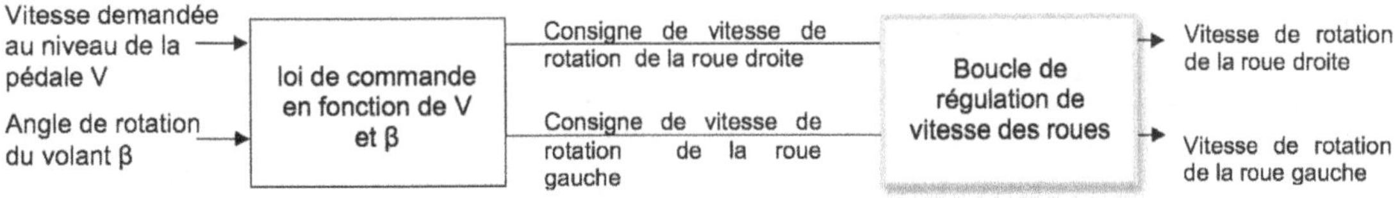

L'asservissement en vitesse est réalisé par :

- un correcteur du signal d'écart entre la vitesse de consigne ω_C et la vitesse mesurée ω des roues. Ce correcteur de fonction de transfert $C(p)=C_0$ fournit $V_a(p)$ la tension de commande du convertisseur statique ;
- un convertisseur statique qui, à partir de la tension $V_a(p)$, fournit la tension $U_m(p)$ au moteur. L'expression de sa fonction de transfert $H_C(p)$ est abordée dans cette étude ;
- le moteur tournant à la vitesse ω_m modélisé par sa fonction de transfert $H_m(p)$;
- un réducteur de rapport de réduction $k=\omega/\omega_m=1/55$;
- un capteur de vitesse, sous la forme d'une génératrice tachymétrique (GT) modélisée par un gain pur $G_0 = 1\ V{\cdot}rad^{-1}{\cdot}s$.

Le diagramme des exigences précise les critères de performances suivants :

- stabilité : marge de phase ≥45°, et marge de gain ≥10 dB ;
- précision : erreur en régime permanent en ligne droite ±10 % ;
- dépassement sur la vitesse : aucun ;
- rapidité : temps de réponse à 5% de la commande en vitesse ≤0,5 s.

La fonction de transfert des moteurs $H_m(p) = \dfrac{\omega(p)}{U_m(p)}$, où ω(p) désigne la vitesse de rotation du moteur et U_m sa tension d'alimentation, s'exprime :

$$H_m(p) = \frac{\omega(p)}{U_m(p)} = \frac{B_0}{(1+\tau_{em}p)(1+\tau_e p)}$$ avec B_0=16,7 rad.s^{-1}.V^{-1} et $\tau_{em} = 2{,}3\,s$.

Question 1

Compléter le schéma bloc de l'asservissement en vitesse de l'un des moteurs :

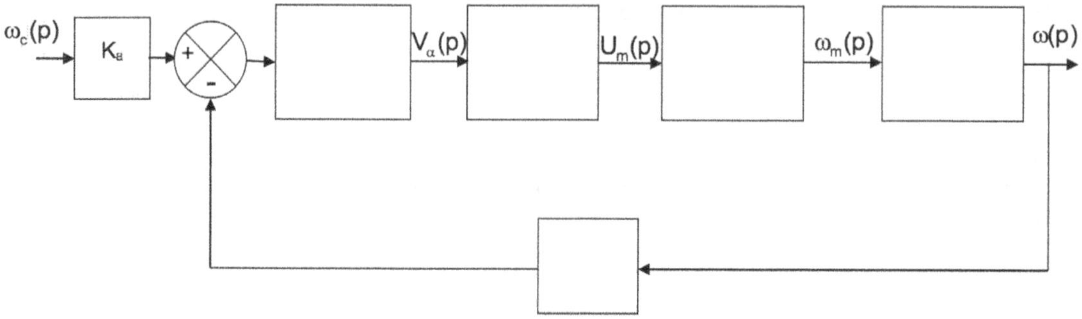

K_a est le coefficient de mise en forme de la consigne de vitesse, exprimé en V/(rad·s^{-1}).

Question 2

Comment choisir le gain K_a pour que la vitesse ω(t) soit correctement asservie ?

On soumet le convertisseur statique à un échelon de V_α, on obtient la réponse indicielle U_m présentée ci-après :

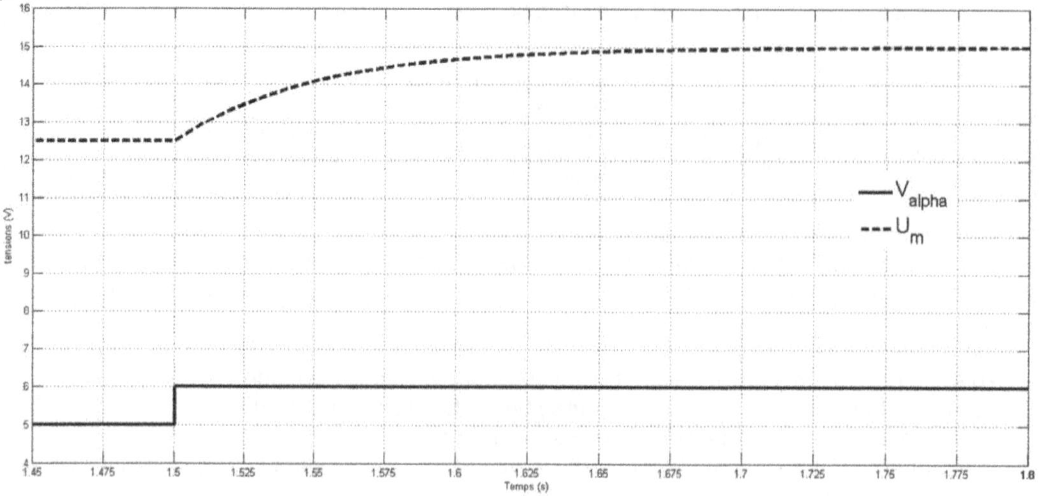

Nous supposerons que $H_c(p)$ est une fonction de transfert de type passe-bas du premier ordre et peut donc se mettre sous la forme $H_C(p) = \frac{A_0}{1+\tau p}$.

Question 3

Déduire du résultat de l'essai du convertisseur les valeurs des coefficients et A_0.

Question 4

Exprimer la fonction de transfert en boucle fermée $FTBF(p) = \frac{\omega(p)}{\omega_C(p)}$ en fonction de A_0, B_0, C_0, G_0, k, $_{em}$, et Ka, en négligeant $_e$ devant $_{em}$.

Mettre cette fonction de transfert sous la forme canonique :

$$FTBF(p) = \frac{\alpha}{1+\frac{2\xi}{\omega_0}p+\left(\frac{p}{\omega_0}\right)^2}$$

Question 5

On souhaite que la laveuse réponde à une consigne de vitesse le plus rapidement possible et sans dépassement. Déterminer la valeur du coefficient d'amortissement ξ à choisir pour respecter cette contrainte.

En déduire la valeur de C_0.

Question 6

À l'aide de l'abaque du temps de réponse réduit en fonction de l'amortissement ci-dessous, conclure quant au respect du cahier des charges en termes de temps de réponse.

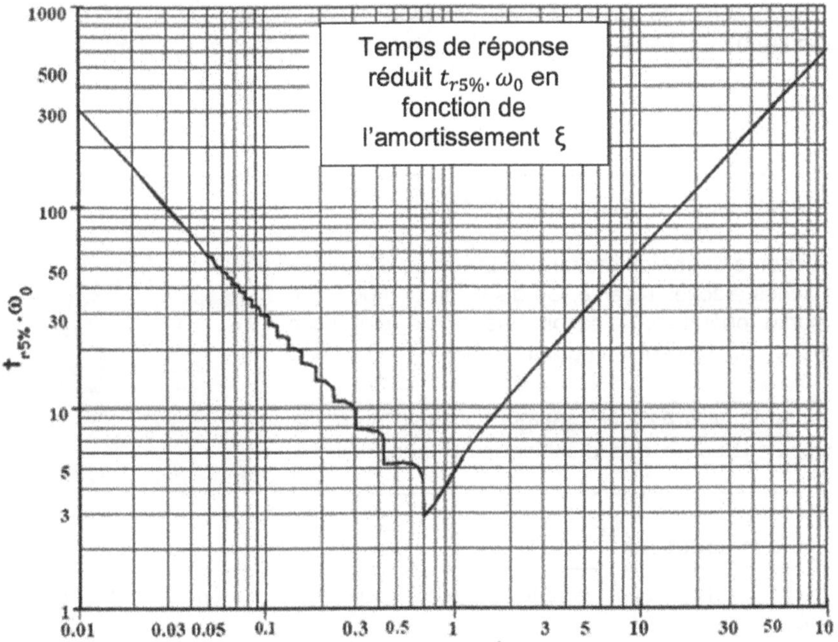

On prendra pour la suite du problème $FTBO(p) = \frac{11}{1+2{,}35p+0{,}115p^2}$.

Le tracé réel du diagramme de Bode de la fonction de transfert en boucle ouverte est donné ci-dessous :

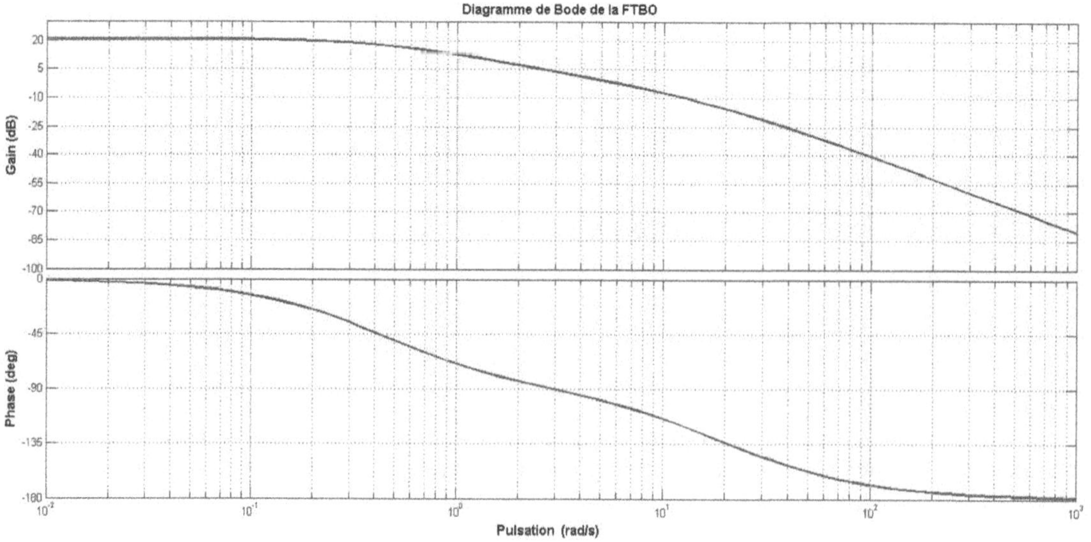

Question 7

Déterminer sur ce document la marge de phase et la marge de gain du système.

Question 8

Calculer l'erreur statique commise sur la vitesse de rotation des roues suite à une consigne en échelon d'amplitude de 5 km/h.

Exercice 4 : Borne rétractable solaire (Concours ATS 2010) *(Corrigé page 608)*

Le dispositif étudié est un système permettant de limiter ou d'interdire la circulation dans des zones à accès réservé. Ce dispositif comporte un caisson intégrant la partie opérative, à savoir une borne motorisée rétractable dans le sol, et un caisson intégrant la partie commande comportant.

On cherche dans cette étude à évaluer l'énergie que doit fournir la batterie lors de la montée de la borne, que le cahier des charges limite à 350 J.

Fonction de transfert de la motorisation

Les équations de fonctionnement du moteur peuvent s'écrire en utilisant le formalisme de Laplace :

Equation électrique : $U_m(p) = K_m \cdot \Omega_m(p) + R_m \cdot I_m(p) + L_m \cdot p \cdot I_m(p)$

Equation mécanique : $J \cdot p \cdot \Omega_m(p) = K_m \cdot I_m(p) - F \cdot \Omega_m(p) - C_R(p)$

avec C_R Couple résistant sur l'arbre moteur (charge et frottements secs)
F Coefficients de frottement visqueux : $F=57.10^{-6}$ $Nm.rad^{-1}.s$
J Inertie totale ramenée sur l'arbre moteur : $J=72{,}5.10^{-6}$ $kg.m^2$
R_m Résistance de l'induit du moteur : $R_m=0{,}93\ \Omega$
L_m Inductance de l'induit : $L_m=0{,}9$ mH
K_m Constante électrique du moteur : $K_m=0{,}046$ V.rad-1.s

Question 1

Dans le cas où $C_R = 0$, déterminer l'expression de la fonction de transfert de la motorisation, soit $H_m(p) = \Omega_m(p) / U_m(p)$.

Question 2

A partir de cette fonction de transfert, déterminer les expressions du gain statique H_{mo}, du coefficient d'amortissement m et de la pulsation propre ω_0.

Question 3

Calculer la valeur numérique de m. En déduire les particularités que présentent les réponses indicielle et harmonique dans ce cas.

En régime harmonique, la fonction de transfert peut s'écrire sous la forme :

$$H_m(j\omega) = H_{mo} \cdot H_{mv}(j\omega) = H_{mo} \cdot \frac{1}{\left(1+\frac{j\omega}{\omega_1}\right)\left(1+\frac{j\omega}{\omega_2}\right)}$$ avec $\omega_1=33{,}2$ $rad.s^{-1}$ et $\omega_2=1001$ $rad.s^{-1}$.

Question 4

Tracer le diagramme de Bode de gain de la fonction $H_{mv}(j\omega)$ sur le document ci-dessous. Faire apparaître les asymptotes et la courbe réelle.

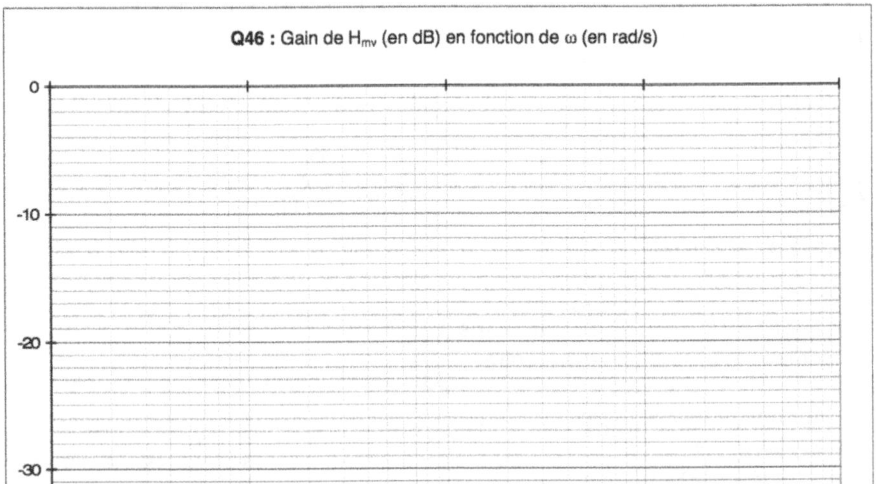

Question 5

Montrer que la motorisation du système peut être étudiée en négligeant la valeur de L_m. Indiquer la ou les raisons qui justifient cette approximation.

Modélisation complète du système

En utilisant le formalisme de Laplace, le système complet peut être modélisé par le schéma-blocs suivant :

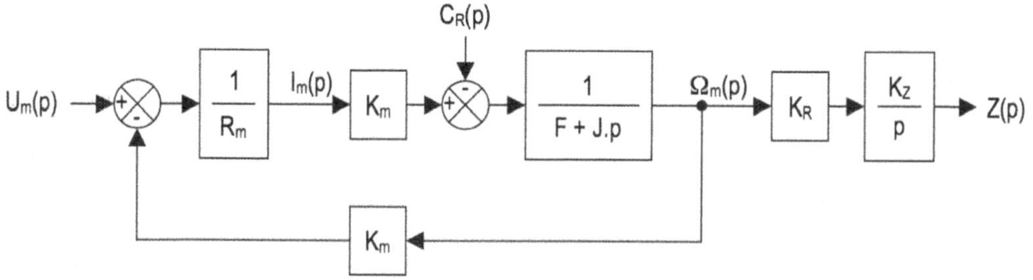

Notations :

U_m : tension appliquée au moteur (V)
I_m : courant absorbé par le moteur (A)
F : coefficient de frottement visqueux ($Nm.rad^{-1}.s$)
J : inertie totale ramenée sur l'arbre moteur ($kg.m^2$)
K_R : rapport de réduction K_R=1/60
K_Z/p : fonction de transfert de la transmission (K_Z = 30 mm)

R_m : résistance de l'induit (Ω)
K_m : constante du moteur ($V.rad^{-1}.s$)
C_R : couple résistant sur l'arbre moteur
Ω_m : vitesse angulaire de l'arbre moteur ($rad.s^{-1}$)
L_m : inductance du moteur, négligée
Z : position de la borne (Z=0 mm borne rentrée)

Question 6

A partir du schéma-blocs, déterminer les fonctions de transfert $H_1(p)$ et $H_2(p)$ telles que :

$$Z(p) = H_1(p)\cdot U_m(p) - H_2(p)\cdot C_R(p)$$

Question 7

Simplifier les expressions de $H_1(p)$ et $H_2(p)$ en posant :

$$A = \frac{K_m \cdot K_R \cdot K_Z}{K_m^2 + F\cdot R_m} \qquad B = \frac{R_m \cdot K_R \cdot K_Z}{K_m^2 + F\cdot R_m} \qquad \tau = \frac{J\cdot R_m}{K_m^2 + F\cdot R_m}$$

Evolution de la position de la borne

Le moteur est relié à la batterie du système par l'intermédiaire de contacts électromécaniques (commande TOR), comme le montre la figure ci-contre.

La résistance de la batterie est négligée, sa tension nominale est de : E_B = 12V.

L'application d'une tension positive sur le moteur provoque une montée de la borne.

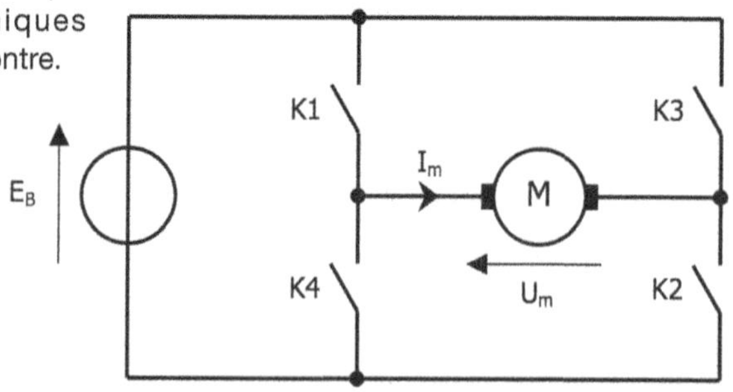

Question 8

Déterminer la position des interrupteurs K1, K2, K3 et K4 lors d'une montée et lors d'une descente de la borne.

Question 9

Pour $U_m(p)=E_B/p$ et $C_R(p)=C_{R0}/p$ déterminer l'expression de Z(p) en fonction de A, B, E_B, C_{R0}, τ et p.

Question 10

Déduire de la question précédente, l'expression de Z(t) pour la montée.

✓ Les transformées de Laplace usuelles sont données en annexe de cet ouvrage.

✓ La borne se trouve en bas à l'arrêt à l'instant initial. Donc Z(0)=0.

Question 11

Vérifier que le temps T_m nécessaire pour passer de Z = 0 à Z = 500 mm est égal à 5,84 s.

✓ A = 10,6 (mm/s)/ V ; B = 214 (mm/s)/N.m ; τ = 31,1 ms

✓ Lors de la montée, le couple résistant C_{R0} est égal à 0,192 N.m (cette valeur sera utilisée pour toute la suite).

Chapitre 19. Correction des systèmes asservis

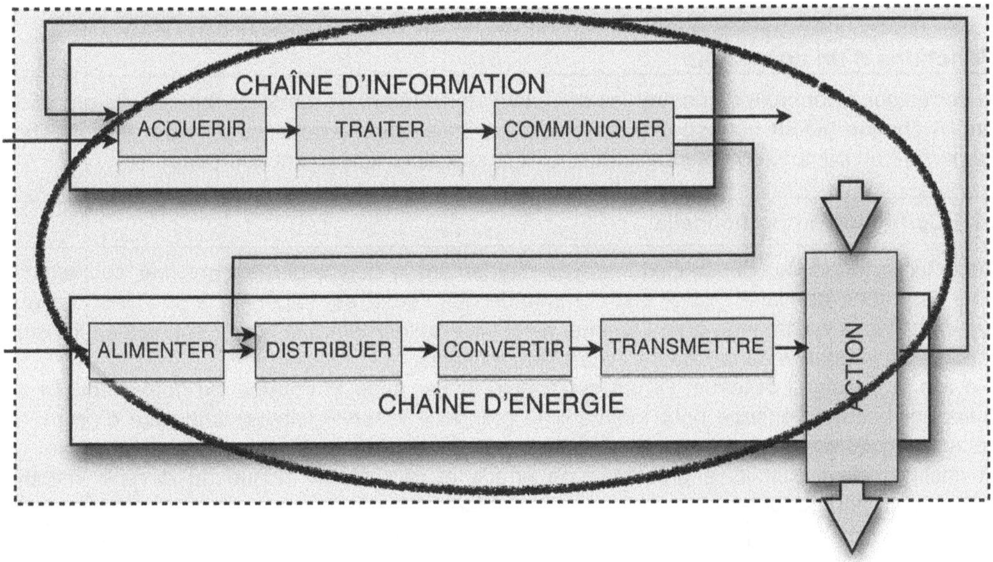

Les systèmes asservis doivent le plus souvent répondre à des critères de précision, rapidité et stabilité. Or un système satisfait rarement ces critères intrinsèquement, et il est alors nécessaire de corriger son comportement pour améliorer ses performances.

A. Généralités

A.1 Structure d'un système asservi corrigé

Afin d'améliorer les performances d'un système asservi, il va falloir agir sur l'écart entre la consigne et la sortie, afin de corriger sa valeur avant de piloter le système.

La structure globale d'un tel asservissement sera donc de la forme suivante :

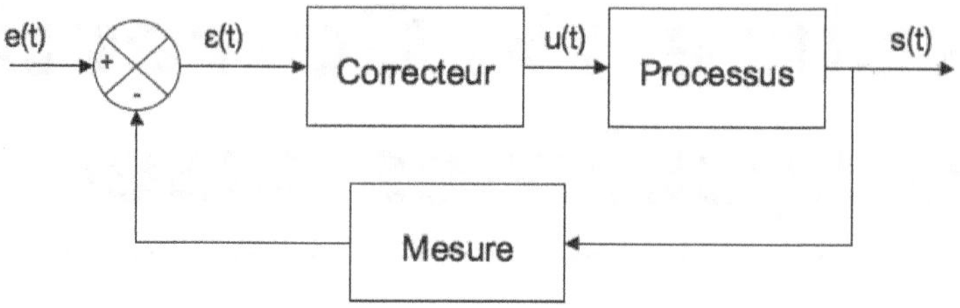

La fonction de transfert du correcteur $C(p) = \frac{U(p)}{\varepsilon(p)}$ est implantée dans l'unité de traitement du système.

A.2 Fonctions d'un correcteur

Un correcteur a pour rôle de contrer les défauts d'un système, en terme de rapidité, de précision et de stabilité. A chaque défaut correspond un correcteur, mais nous verrons qu'un type de correction peut faire apparaître un comportement indésirable, qu'il faudra alors également corriger.

A.2.1 Correction proportionnelle

D'une façon générale, on souhaite arriver rapidement à la valeur de consigne souhaitée. L'idée première sera donc de «faire croire» à la commande que l'écart est supérieur à sa valeur réelle pour le forcer à amplifier sa commande pour l'amener ainsi plus rapidement à la valeur souhaitée : il s'agit d'une correction proportionnelle dans laquelle l'écart sera multiplié.

Une fois la consigne obtenue, l'écart est annulé et par suite la commande également. Or certains systèmes ont besoin d'énergie pour maintenir la grandeur asservie (vitesse angulaire d'un moteur par exemple). L'annulation de la commande va alors provoquer une diminution de grandeur asservie.

Au final, la valeur stabilisée présente une erreur, et le système risque de devenir instable si la correction est trop importante.

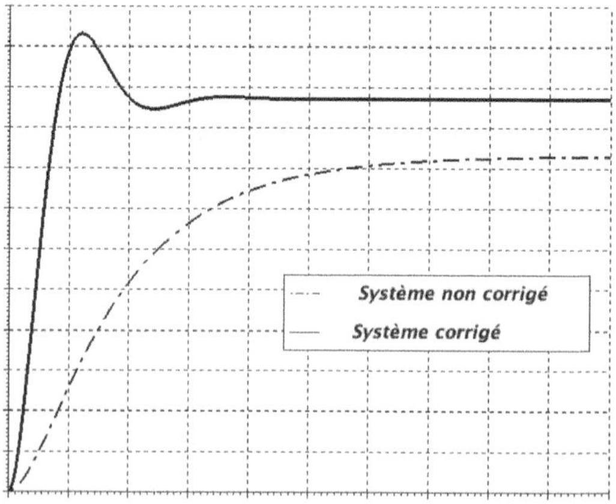

Réponse à un échelon unitaire d'un système non corrigé et corrigé

A.2.2 Correction intégrale

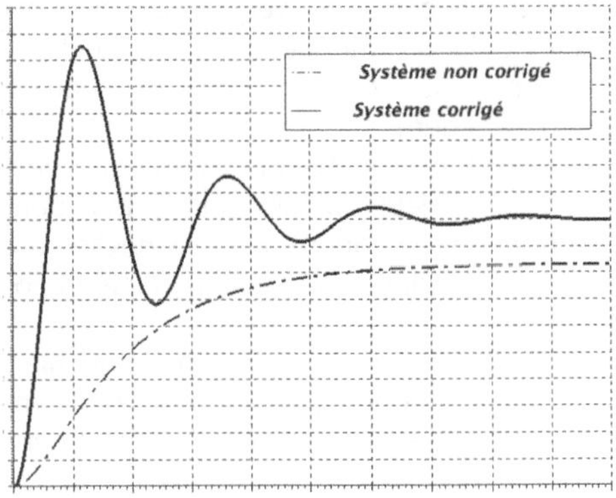

Afin de remédier à cet inconvénient, le correcteur devra «mémoriser» depuis combien de temps l'écart est négatif, et pour cela va sommer les erreurs accumulées : plus le nombre d'erreurs cumulées est important, plus le système devra réagir. Il s'agit là d'une correction intégrale, qui va sommer les erreurs.

En contrepartie, lorsque la consigne sera atteinte, ce correcteur va continuer un certain temps à agir sur le système, provoquant ainsi un dépassement de la consigne. Ce dépassement s'atténuera au fur et à mesure le temps que la somme des écarts s'annule.

Ce correcteur induit un système précis, mais peut provoquer un dépassement de la consigne et donc une augmentation du temps de réponse.

A.2.3 Correction dérivée

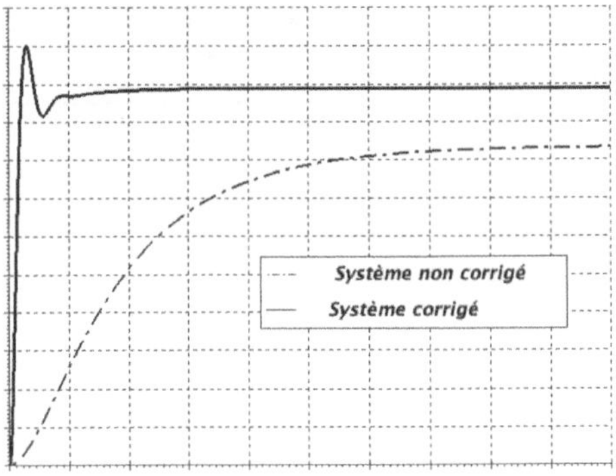

La solution à apporter sera alors de «tempérer» l'action du correcteur sur le système en fonction de la vitesse de rapprochement de la consigne : il faudra dériver la valeur de l'écart et agir en conséquence.

Il s'agit de la correction dérivée.

A.3 Défaut de rapidité

Ce défaut peut être résolu par insertion d'une correction proportionnelle qui va artificiellement multiplier l'écart pour forcer le système à réagir de façon plus importante.

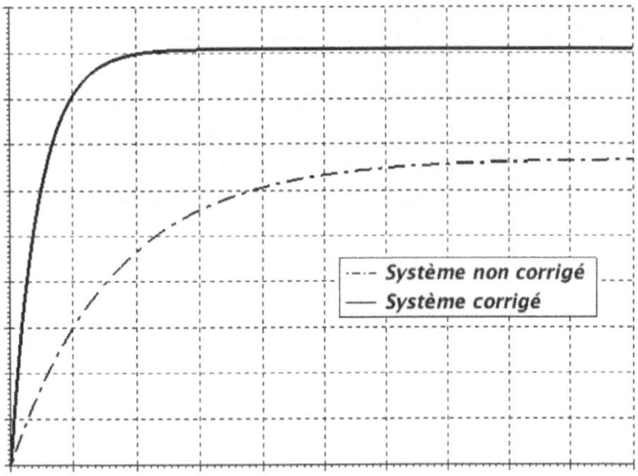

A.4 Défaut de précision

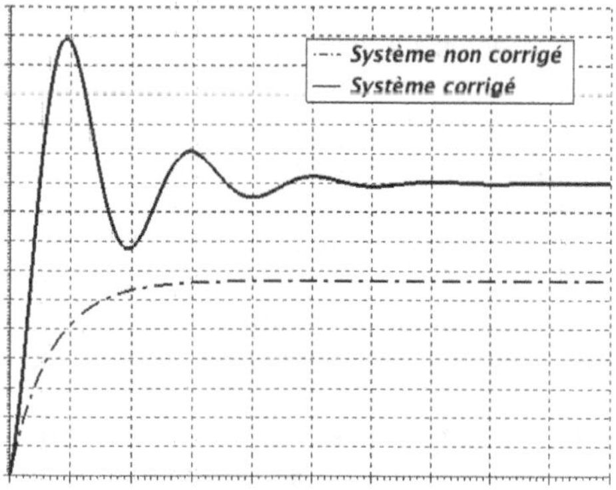

Le système n'arrive pas à converger vers la valeur de consigne, soit de façon intrinsèque à cause de sa fonction de transfert, soit parce que les perturbations modifient son comportement.

Ce type de système a besoin d'énergie pour maintenir la sortie à la valeur de consigne. Il faut donc augmenter la correction de façon proportionnelle à la quantité d'erreurs accumulées, par action d'intégration de ces erreurs.

Mais en contrepartie, la correction ne s'annulera qu'après avoir dépassé la consigne, lorsque la somme des écarts négatifs compensera la somme des écarts positifs précédents.

Si le système devient précis, c'est souvent au détriment d'une augmentation sensible du temps de réponse.

Pour remédier à cet inconvénient, il sera de mise de joindre au correcteur intégral un correcteur proportionnel afin d'améliorer le temps de réponse :

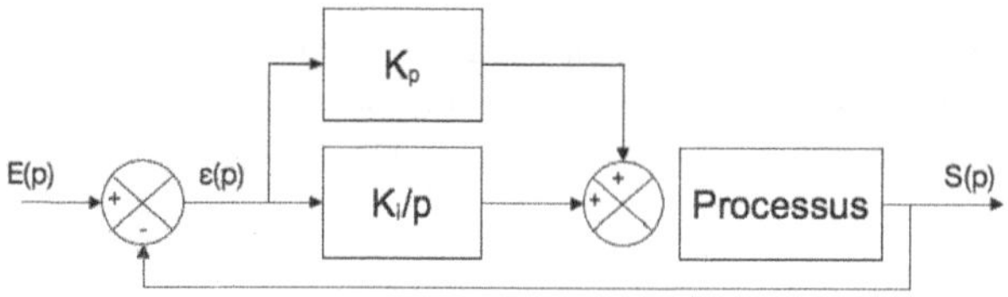

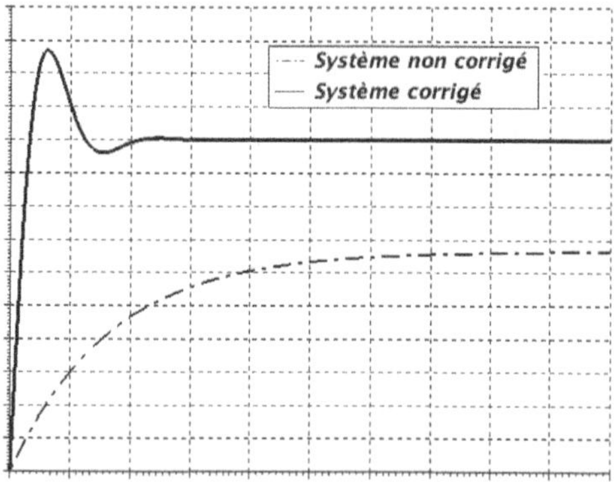

L'action proportionnelle est prépondérante au début de la réponse (l'intégration est encore minime), et apporte l'énergie au système pour le rendre rapide.

La précision est apportée en fin de réponse, lorsque l'action proportionnelle est minime mais que la somme des erreurs contribue à faire converger le système vers la consigne.

A.5 Défaut de stabilité

Des oscillations peuvent apparaître avant d'obtenir une réponse stable, même avec le seul correcteur proportionnel, lorsque l'inertie du système est importante.

La solution à apporter consiste à diminuer la correction lorsque la variation d'erreur diminue : une action dérivatrice des erreurs permettra d'anticiper la capture de la consigne.

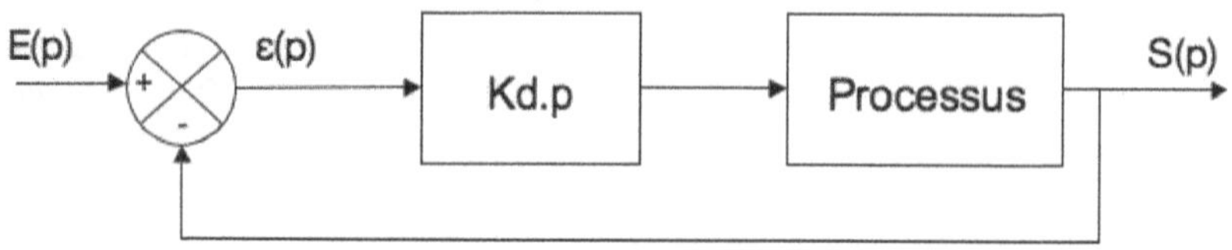

Un tel correcteur n'est jamais utilisé seul, car il induit une diminution de la classe du système en boucle ouverte, et dégrade par conséquent la précision. En effet, le correcteur réagit en fonction de la variation des écarts, mais pas en fonction de l'écart. Si la sortie est stable mais éloignée de la valeur de la consigne, ce correcteur ne le verra pas.

Il est donc systématiquement associé à un autre type de correcteur, proportionnel ou intégral.

B. Etude détaillée des correcteurs P et PI

Dans toute la suite, on notera FTBO(p) la fonction de transfert en boucle ouverte du système asservi non corrigé, associée à son gain $G_{dB}(\omega)$ et à sa phase $\varphi(\omega)$. Sa pulsation de coupure sera notée ω_c, telle que $G_{dB}(\omega_c)=0$ dB.

On notera de même FTBO*(p) la fonction de transfert en boucle ouverte corrigée, avec son gain $G^*_{dB}(\omega)$ et sa phase $\varphi^*(\omega)$.

B.1 Correcteur proportionnel P

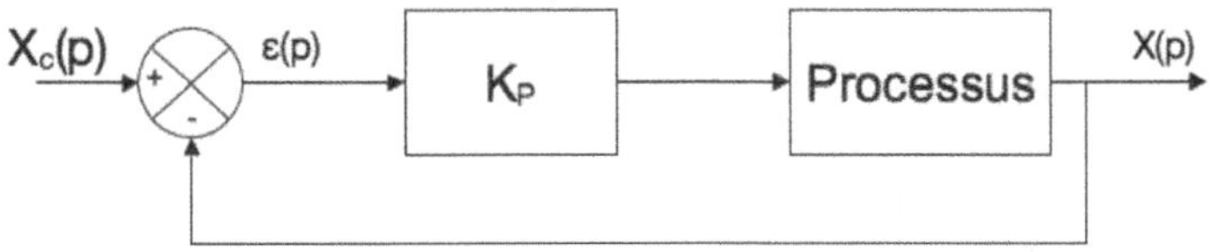

La fonction de transfert du correcteur proportionnel est $C(p)=K_p$.

Le gain et la phase de ce correcteur sont respectivement $20\log K_p$ et 0° : ce correcteur ne modifie pas la phase, mais décale le diagramme de gain de H(p) :

$$FTBO^*(p) = C(p)\cdot FTBO(p) \Rightarrow \begin{cases} G^*_{dB} = G_{dB} + 20\log K_p \\ \varphi^* = \varphi \end{cases}$$

Ce correcteur améliore la rapidité du système, car l'augmentation du gain apporte de l'énergie au système, d'autant plus que les hautes fréquences sont moins filtrées et contribuent à la rapidité.

En revanche, la marge de phase MP se retrouve diminuée, et rapproche le système de l'instabilité.

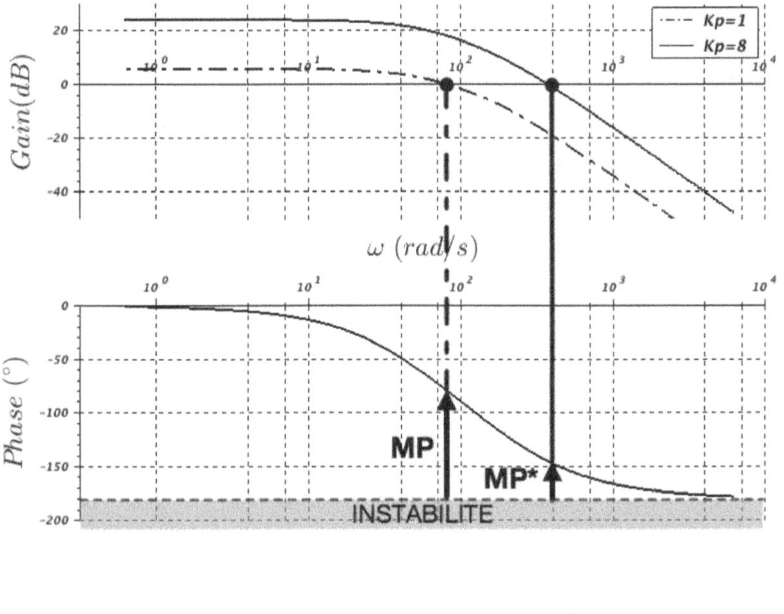

Les systèmes non précis le sont parce qu'ils ont besoin d'énergie pour maintenir la consigne.

Une action proportionnelle ne peut annuler l'erreur dans ces systèmes, même si elle contribue à l'atténuer.

En résumé :

- le correcteur proportionnel améliore sensiblement la rapidité ;
- la précision augmente lorsque le système n'est pas précis ;
- la stabilité se dégrade.

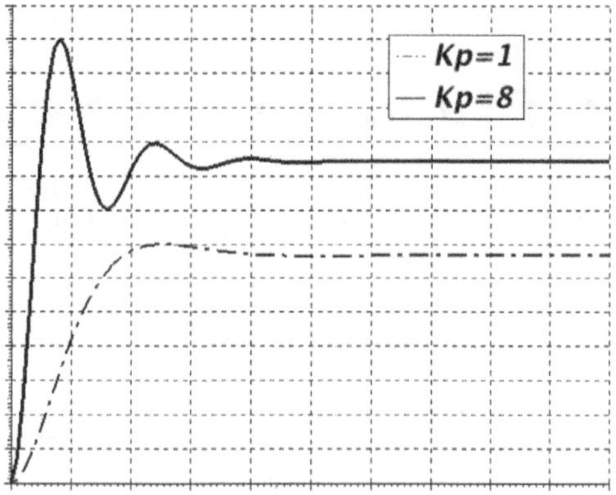

B.2 Correcteur proportionnel-intégral PI

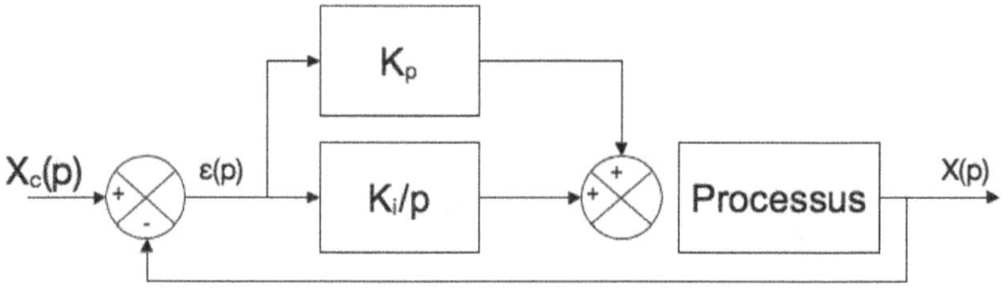

La fonction de transfert du correcteur proportionnel est $C(p)=K_p+\frac{K_i}{p}=\frac{K_p p+K_i}{p}$, dont la pulsation de cassure est $\omega=K_i/K_p$.

Ce correcteur peut s'écrire également $C(p)=K_p\frac{1+T_i p}{T_i p}$.

Traçons le diagramme de Bode de ce correcteur seul :

Il amplifie les basses fréquences, apportant ainsi l'énergie nécessaire à la précision.

La phase à hautes fréquences (pour $\omega>K_i/K_p$) s'annule, contribuant ainsi à stabiliser l'intégrateur pur.

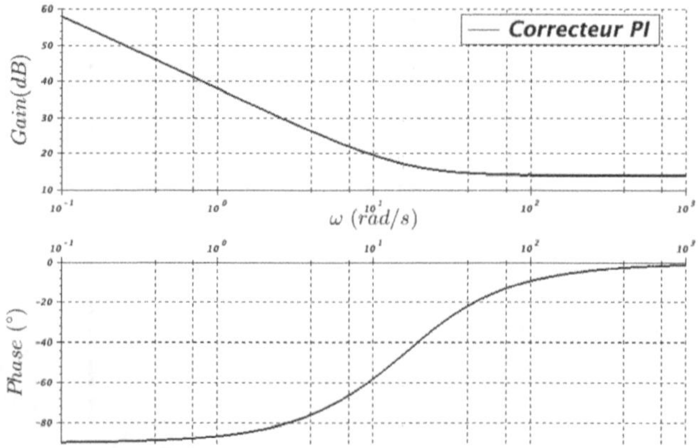

En résumé :

- le correcteur proportionnel-intégral améliore la précision ;
- la stabilité n'est pas trop affectée.

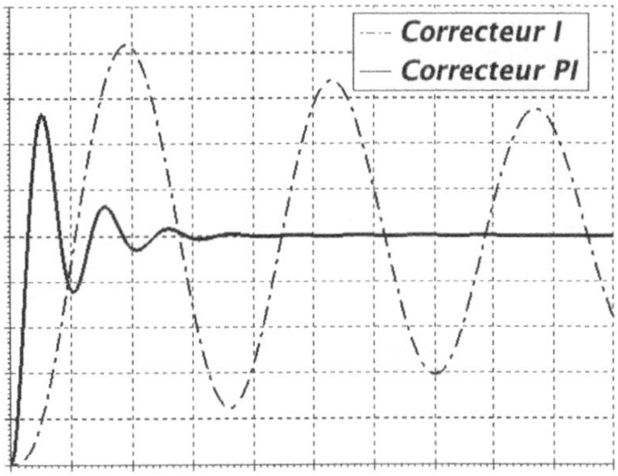

Pour garantir la stabilité, il faut que le correcteur retire le minimum de phase à la pulsation de coupure de la FTBO non corrigée.

Il faut donc que la pulsation de coupure du correcteur seul soit inférieure à la pulsation de coupure de la FTBO, ce qui se traduit par :

$$\frac{K_i}{K_p} \ll \omega_c$$

Prenons l'exemple d'un système asservi à retour unitaire dont la FTBO s'exprime :

$$FTBO(p) = \frac{2{,}4}{1+2{,}4.10^{-2}p+10^{-4}p^2}$$

Cette fonction de transfert du second ordre est caractérisée par une pulsation propre égale à ω_0=100 rad.s^{-1}, et une pulsation de cassure ω_c=100 rad.s^{-1}.

Sa marge de phase est égale à MP=90°.

Les figures suivantes montrent l'influence de 3 correcteurs PI sur le comportement du système asservi.

1er cas : K_p=2 et K_i=40

La pulsation de coupure de ce correcteur K_i/K_p=20 rad.s-1 est égale à 1/5 de la pulsation de cassure de la FTBO.

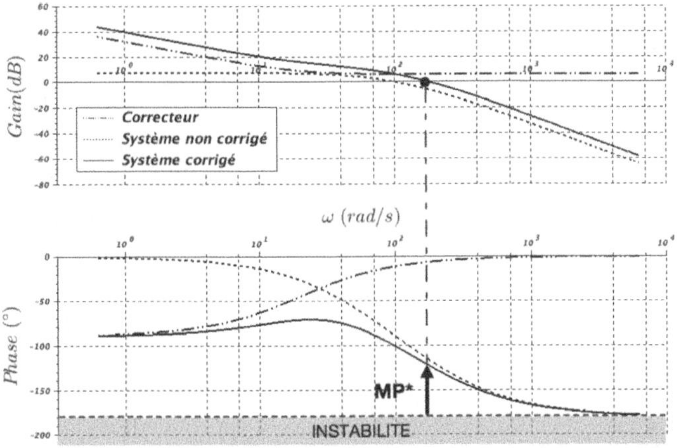

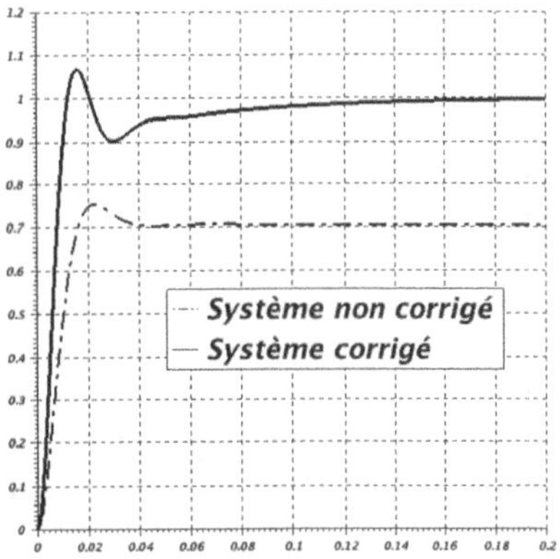

La marge de phase du système corrigé est égale à MP*=60°, qui devient précis tout en conservant une marge confortable de stabilité.

2e cas : $K_p=2$ et $K_i=200$

La pulsation de coupure de ce correcteur $K_i/K_p=100$ rad.s-1 est maintenant égale à la pulsation de cassure de la FTBO.

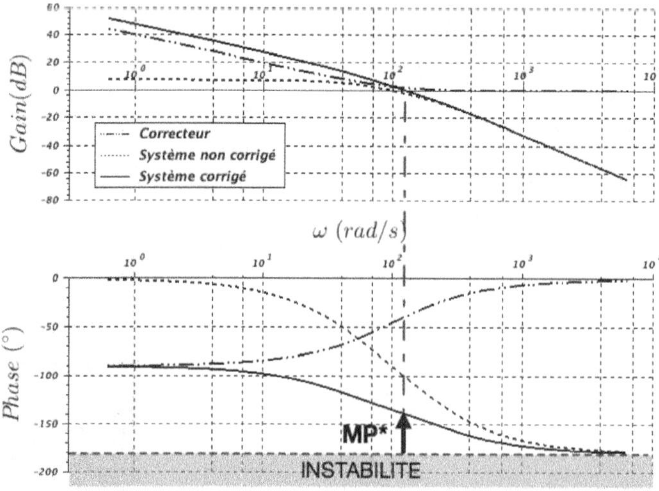

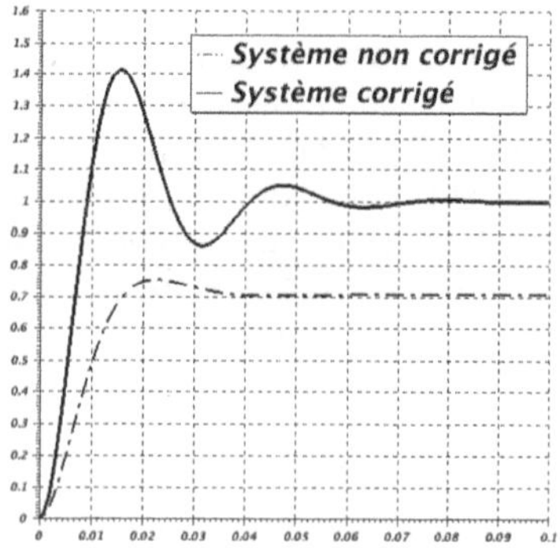

La marge de phase du système corrigé est égale à 40°, marge qui reste acceptable mais rapproche d'un comportement instable.

3e cas : $K_p=2$ et $K_i=1000$

La pulsation de coupure de ce correcteur $K_i/K_p=500$ rad.s-1 est cette fois égale à 5 fois la pulsation de cassure de la FTBO.

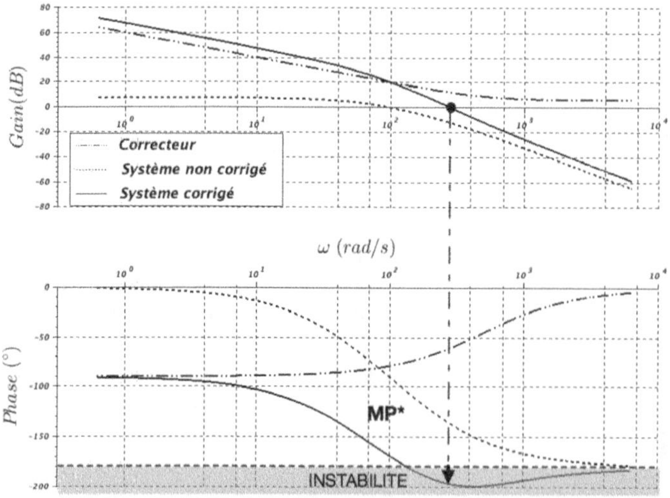

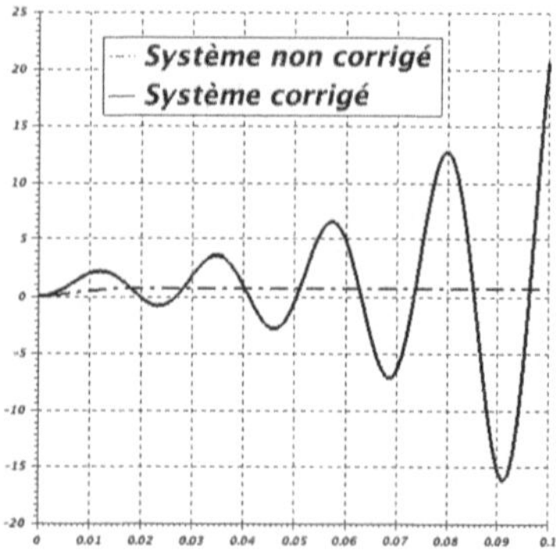

La phase du système corrigé est dans ce cas inférieure à 180°, et provoque une instabilité du système asservi.

B.3 Correcteur Proportionnel Intégrateur Dérivée PID théorique

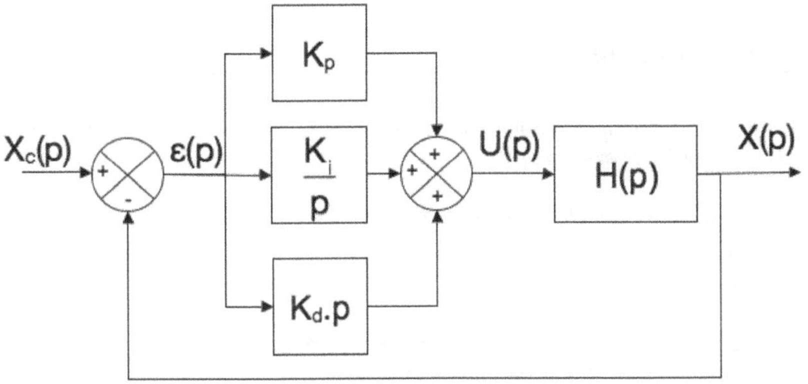

La fonction de transfert du correcteur proportionnel est $C(p) = K_p + \frac{K_i}{p} + K_d p$

Cette fonction de transfert peut également s'écrire $C(p) = K_p \left(1 + \frac{K_i / K_p}{p} + \frac{p}{K_p / K_d} \right)$

Le diagramme de Bode de ce correcteur est le suivant :

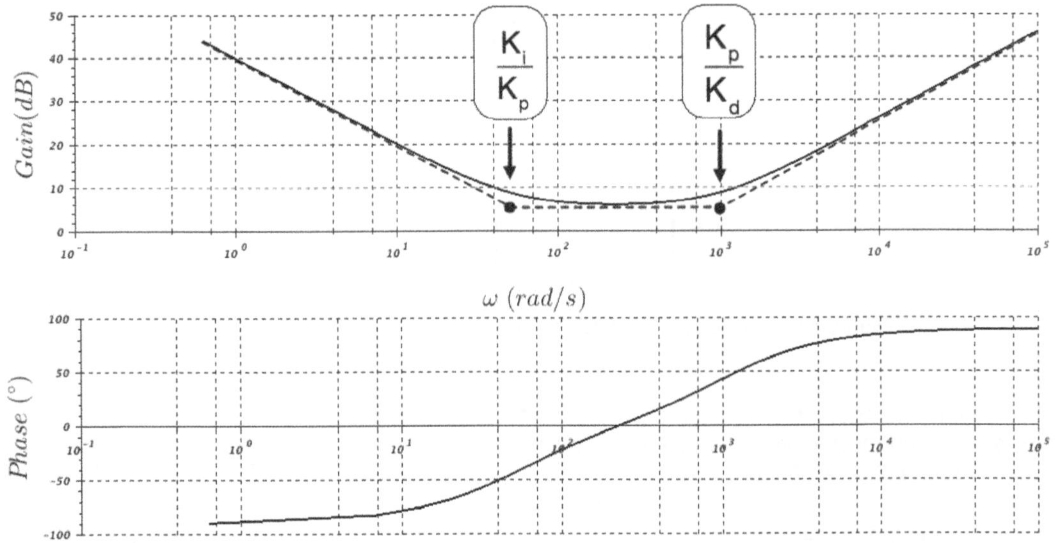

L'action intégrale est positionnée sur les basses fréquences, amplifiant ainsi les basses fréquences afin d'augmenter la précision, et en s'assurant que la pulsation critique de la FTBO seule soit supérieure à la pulsation de coupure du correcteur PI.

L'action dérivée est positionnée sur les hautes fréquences, augmentant ainsi la phase et contribuant à améliorer la stabilité du système en ajoutant de la phase à la pulsation critique de la FTBO corrigée.

L'action proportionnelle est enfin placée de façon à régler la pulsation critique.

C. Réglages des correcteurs

C.1 Réglage d'un correcteur proportionnel P

Si les fonctions de transfert sont connues, le calcul de la valeur de K_P se fera en adoptant le critère de marge de phase (MP=45° ou MP=60° par exemple).

Exemple : considérons la fonction en boucle ouverte suivante :

$$FTBO(p) = \frac{5}{(1+6p)(1+10^{-2}p)}$$

Son diagramme de Bode (page suivante) montre que la marge de phase est égale à 100°, et qu'il est possible de rajouter 38 dB avant que cette marge de phase soit égale à 60°.

Nous allons donc adopter une correction proportionnelle $K_p = 10^{38/20} = 79$:

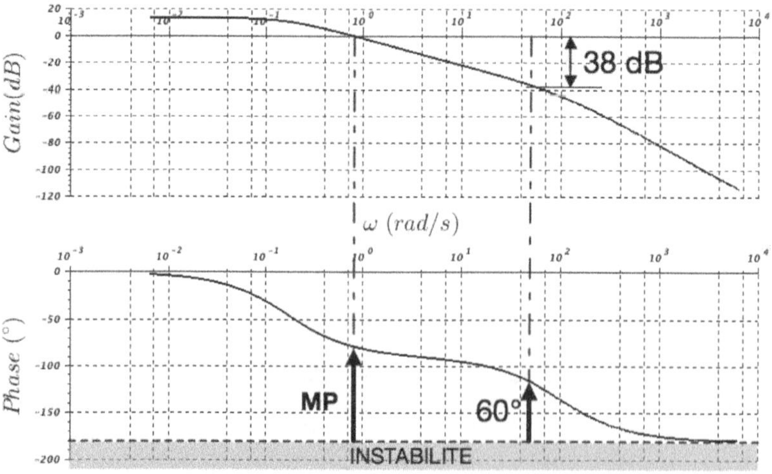

Diagramme de Bode de la FTBO non corrigée

Le système corrigé est beaucoup plus rapide et précis avec ce correcteur proportionnel (le temps de réponse passe de 2,9 s à 50 ms).

On notera en revanche la présence d'un dépassement de 8% sur la réponse.

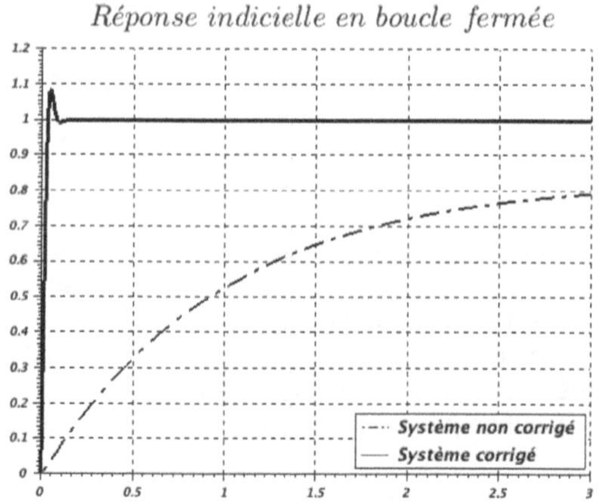

C.2 Réglage d'un correcteur proportionnel intégral PI

Le réglage d'un correcteur PI $C(p) = K_p + \frac{K_i}{p}$ nécessite de déterminer la valeur du gain K_p et de la constante de temps d'intégration $T_i = \frac{1}{K_i}$.

Nous retiendrons deux méthodes de réglage d'un tel correcteur :

- avec critère de marge de phase,
- avec compensation du pôle dominant.

Rappelons au préalable quelques caractéristiques du diagramme de phase d'un correcteur PI, dont la pulsation de cassure est $\omega_{c,PI} = \frac{K_i}{K_p}$ (voir diagramme page suivante) :

- la phase de ce correcteur est égale à -45° pour $\omega = \omega_{c,PI}$;
- la phase est égale à -5° pour une pulsation supérieure d'une décade ($\omega = 10 \cdot \omega_{c,PI}$) ;
- la phase est égale à -85° pour une pulsation inférieure d'une décade ($\omega = 0,1 \cdot \omega_{c,PI}$).

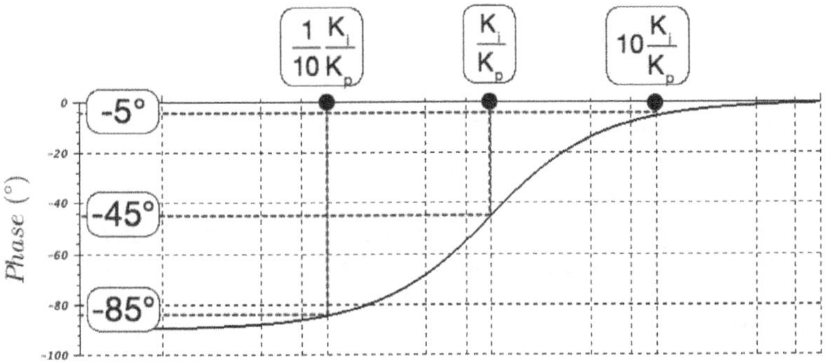

C.2.1 Méthode par critère de marge de phase

Il s'agit ici de régler le correcteur de façon à s'assurer une marge de stabilité suffisante.
La méthode consistera donc à :

- régler dans un premier temps l'action proportionnelle K_p de façon à garantir la marge de phase souhaitée,
- puis régler l'action intégrale Ki de telle sorte que la cassure soit située une décade en amont de la pulsation de coupure.

Ce dernier réglage diminue de 5° la marge de phase choisie. On peut le cas échéant anticiper cette diminution en réglant l'action proportionnelle de façon à obtenir une marge de phase égale à la marge souhaitée +5°.

Exemple

Un système est décrit par sa fonction de transfert en boucle ouverte $H_{BO}(p) = \dfrac{4}{1+0{,}24p+10^{-2}p^2}$.

Son diagramme de Bode est représenté ci-dessous :

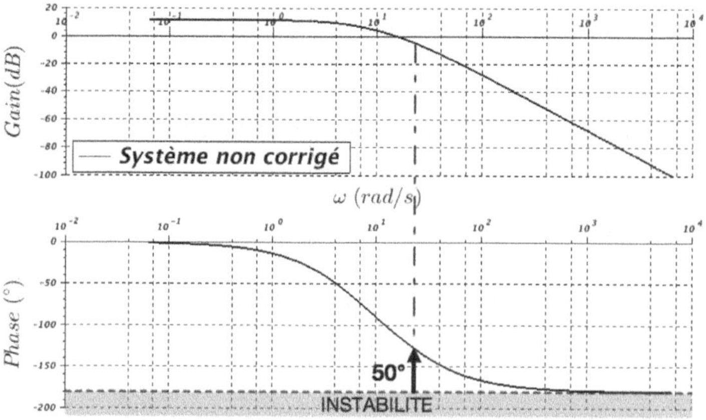

On souhaite dimensionner un correcteur pour ce système tel que la marge de phase du système corrigé soit égale à 45°.

Dimensionnement de l'action proportionnelle

La marge de phase du système non corrigée est égale à 70°. Il est possible de rajouter 5,6 dB afin de bénéficier d'une marge de phase de 50° (correspondant aux 45° de marge de phase souhaitée à laquelle on rajoute 5° pour anticiper la diminution due à l'action intégrale).

On adopte donc un gain $K_p = 10^{5{,}6/20} = 1{,}9$.

Le diagramme de Bode du système corrigé par l'action proportionnelle seule confirme la nouvelle marge de phase de 50°, à la pulsation de coupure ω=24,3 rad.s^{-1}.

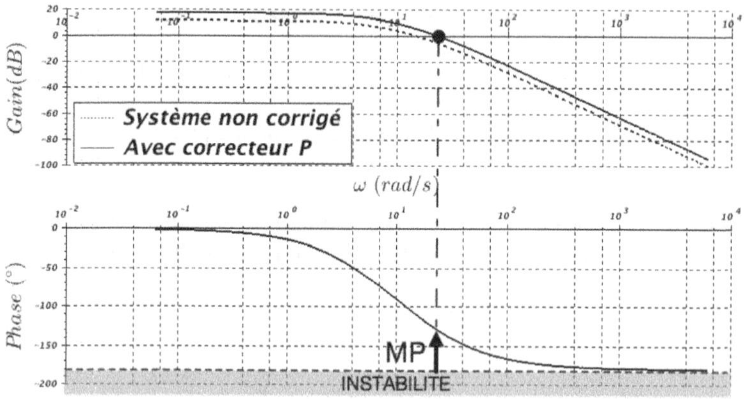

Dimensionnement de l'action intégrale

Afin de ne pas dégrader la stabilité du fait de l'intégrateur, on choisit de positionner la pulsation de cassure Ki/Kp une décade en amont de la pulsation de coupure.

On choisit donc $\dfrac{K_i}{K_p} = 2{,}43\ \text{rad.s}^{-1}$, soit $K_i = 4{,}6$

Le diagramme de Bode du système corrigé confirme la marge de phase de 45° :

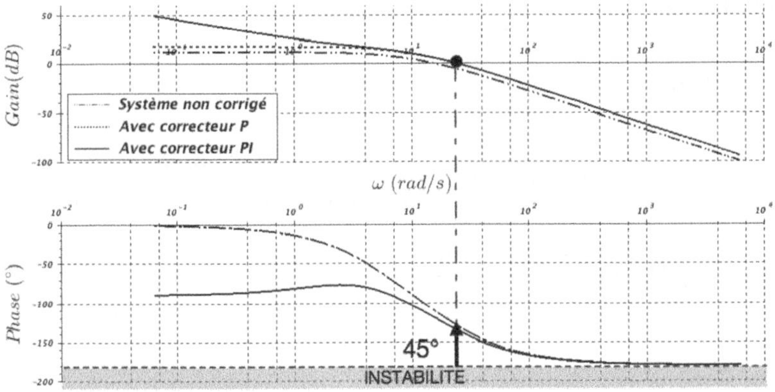

La réponse indicielle ci-contre montre l'influence du correcteur ainsi dimensionné sur le comportement du système.

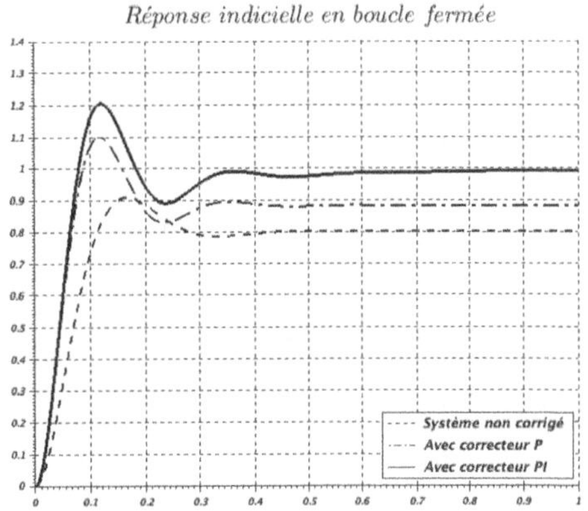

C.2.2 Méthode par critère de compensation du pôle dominant

Le temps de réponse d'un système dépend de la valeur des pôles de sa fonction de transfert. Plus la partie réelle du pôle est faible, plus ce pôle retarde le système. La méthode de compensation du pôle dominant consiste à supprimer le pôle de valeur réelle la plus faible, appelé pôle dominant, qui retarde le système.

Un correcteur PI sera alors dimensionné de façon que la constante de temps de l'intégrateur compense le pôle dominant de la fonction de transfert.

La méthode de réglage par compensation du pôle dominant consiste donc à :

- régler la pulsation de coupure de l'intégrateur afin qu'elle soit égale à la pulsation de coupure la plus faible de la fonction de transfert,
- puis régler le coefficient K_p de façon à assurer la marge de phase souhaitée.

Exemple

Reprenons le système étudié précédemment, dont l'expression de sa fonction de transfert en boucle ouverte est $H_{BO}(p) = \dfrac{4}{1+0,24p+10^{-2}p^2}$.

Les pôles de cette fonction de transfert valent p_1=-5,37 rad.s^{-1} et p_2=-18,63 rad.s^{-1} :

$$H_{BO}(p)=\frac{400}{(p+5,37)(p+19,63)}=\frac{4}{\left(1+\dfrac{p}{5,37}\right)\left(1+\dfrac{p}{18,63}\right)}$$

Le pôle dominant est ici le pôle p_1, que nous allons compenser par la correction intégrale en adoptant $K_i=p_1=5,37$.

Avec $K_i=p_1$ et $K_p=1$, le correcteur s'écrit alors $C(p)=K_p+\dfrac{K_i}{p}=\dfrac{K_i}{p}\left(1+\dfrac{K_p p}{K_i}\right)=\dfrac{5,37}{p}\left(1+\dfrac{p}{5,37}\right)$.

La FTBO corrigée est alors $C(p)\cdot H_{BO}(p)=\dfrac{5,37}{p}\left(1+\dfrac{p}{5,37}\right)\dfrac{4}{\left(1+\dfrac{p}{5,37}\right)\left(1+\dfrac{p}{18,63}\right)}=\dfrac{21,47}{p\left(1+\dfrac{p}{18,63}\right)}$

Le diagramme de Bode du système ainsi corrigé est le suivant :

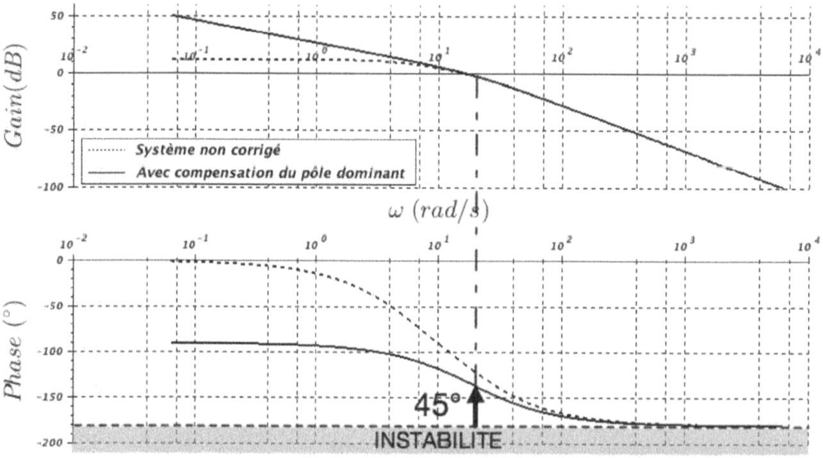

Il est alors possible de rajouter 1,8 dB pour obtenir une marge de phase de 45°. On adopte donc finalement $K_p=10^{1,28/20}=1,23$.

Le figure ci-contre montre la réponse du système en fonction des deux méthodes exposées plus haut : critère de marge de phase et compensation du pôle dominant.

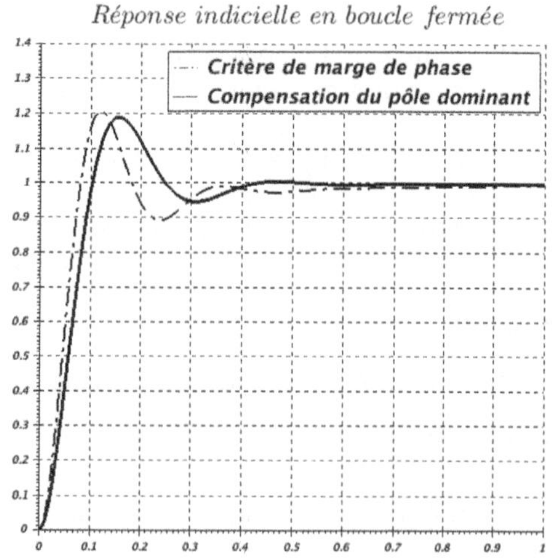

CE QU'IL FAUT RETENIR

Synthèse des correcteurs

Seuls les correcteurs à action proportionnelle et à action proportionnelle-intégrale sont à connaître pour le concours ATS.

Correcteur à action proportionnelle P

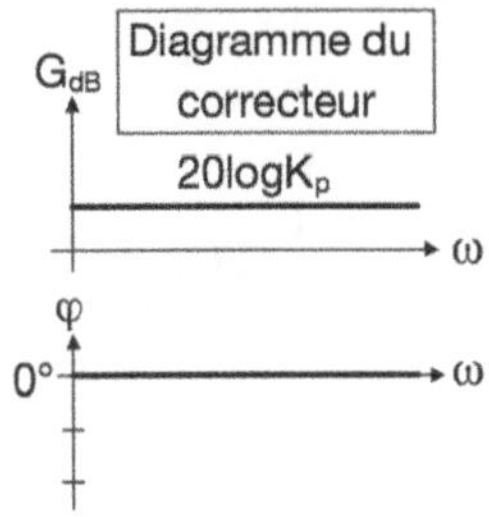

Correcteur : $C(p) = K_p$
Avantage : rapidité
Inconvénient : stabilité
Dimensionnement : réglage de K_p par choix d'une marge de phase
Impact sur la FTBO : phase inchangée ; gain relevé de $20\log K_p$

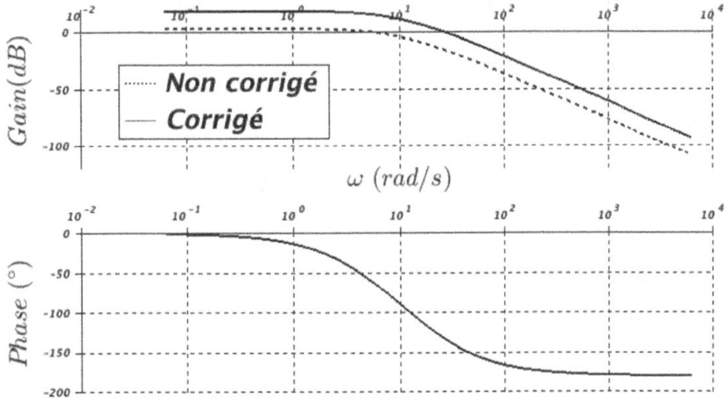

Correcteur à action proportionnelle-intégrale PI

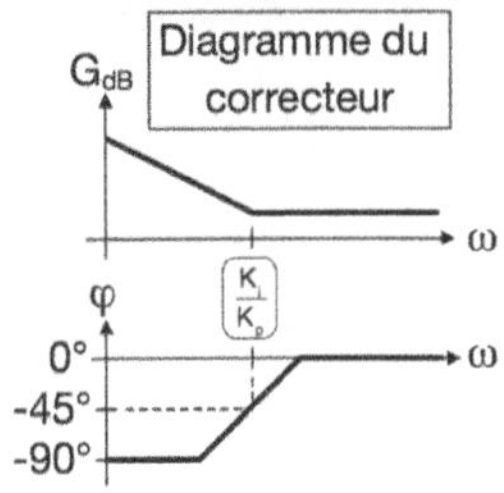

Correcteur : $C(p) = K_p + \frac{K_i}{p} = K_p\left(\frac{1+T_ip}{T_ip}\right)$
Avantage : précision
Inconvénient : stabilité
Dimensionnement par critère de marge de phase :
1. réglage de K_p par choix d'une marge de phase
2. réglage de K_i pour une pulsation de cassure une décade en amont

Dimensionnement par compensation du pôle dominant :
1. réglage de Ki pour une pulsation de cassure égale au pôle dominant
2. réglage de K_p par choix d'une marge de phase

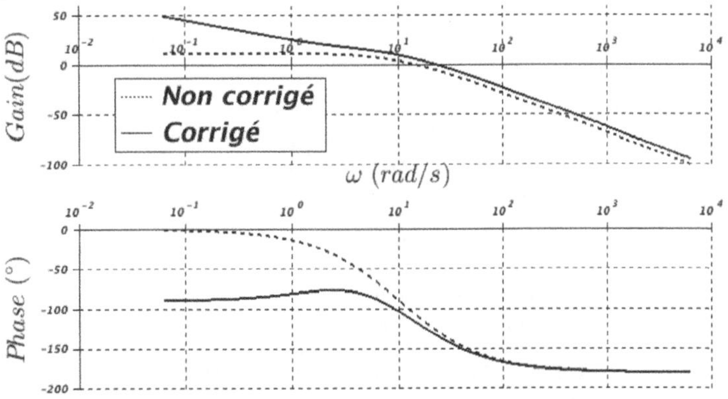

D. Exercices

Exercice 1 : Table de radiographie D2RS (Concours ATS 2018) *(Corrigé page 610)*

La société Stephanix conçoit des équipements de radiologie pour les hôpitaux. La table D2RS, étudiée dans cet exercice, permet de supporter le patient et le système d'imagerie.

Le mouvement d'incidence de la table permet de positionner angulairement les rayons X par rapport au plateau sur lequel repose le patient.

La chaîne d'énergie de ce mouvement inclut un motoréducteur et un mécanisme de transformation de mouvement (figure ci-dessous).

Un codeur incrémental de résolution 500 points est installé sur l'axe moteur pour assurer l'asservissement de position du mouvement d'incidence en radiologie 2D.

Les principales caractéristiques de la cinématique du mouvement d'incidence sont données figure ci-dessous.

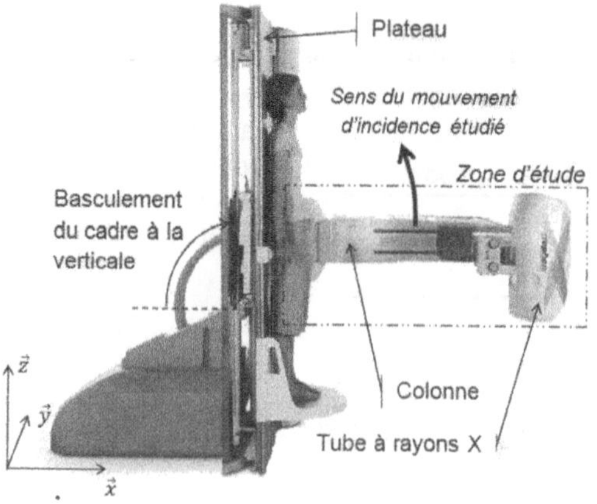

L'extrait du cahier des charges est fourni :

Exigences	Critères	Niveau
Déplacer angulairement le tube à rayons X pour cibler la zone à radiographier	N_{imax}	17,5 °/s
Régler la vitesse de l'incidence	Précision sur N_i	0,05 °/s
Temps de réponse	$t_{r5\%}$	100 ms

> On souhaite dimensionner le correcteur de l'asservissement en vitesse de façon à respecter les exigences du cahier des charges.

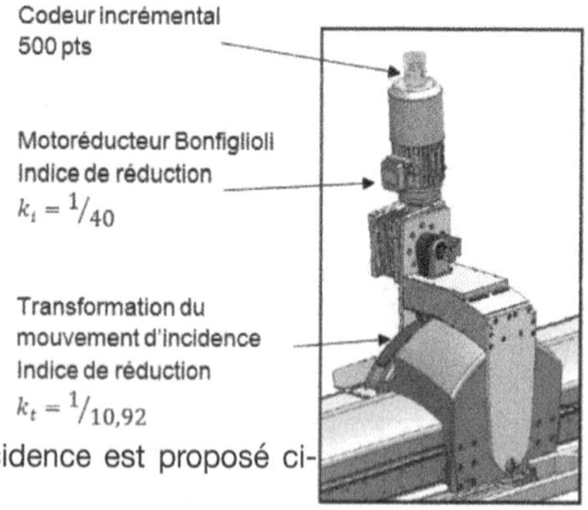

Le modèle de la chaîne de contrôle du mouvement d'incidence est proposé ci-dessous :

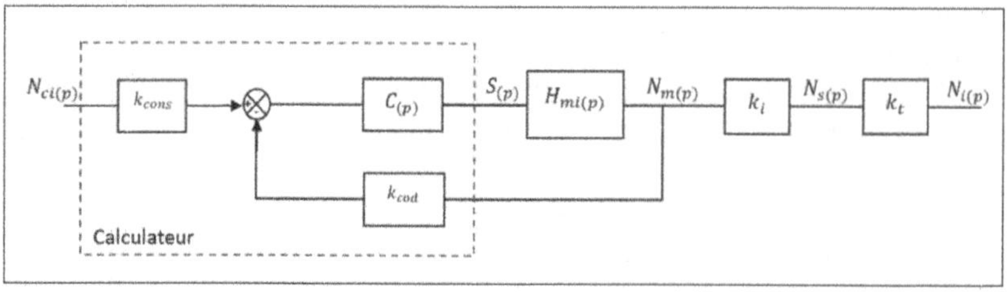

Le paramétrage associé à ce modèle est le suivant :

$N_{ci(p)}$	Consigne de vitesse angulaire incidence	°/s
k_{cons}	Coefficient d'adaptation de la consigne	
$C_{(p)}$	Fonction de transfert du correcteur	
$S_{(p)}$	Consigne de vitesse variateur	tr/min
$H_{mi(p)}$	Fonction de transfert de l'incidence	
$N_{m(p)}$	Vitesse angulaire en sortie du moteur	tr/min
k_i	Indice de réduction motoréducteur	
$N_{s(p)}$	Vitesse angulaire en sortie du motoréducteur	tr/min
k_t	Indice de réduction transformation de mouvement	
$N_{i(p)}$	Vitesse angulaire du mouvement d'incidence	°/s
k_{cod}	Coefficient d'adaptation du retour vitesse	

Identification en boucle ouverte :

L'essai a consisté à envoyer une consigne de vitesse en entrée du variateur de vitesse en ayant au préalable modifié les réglages pour supprimer les rampes.

Le calculateur a permis d'enregistrer le comportement en vitesse du moteur et a fourni un fichier de points permettant de tracer la courbe N_m=f(t), réponse à un échelon de consigne S de 30 tr/mn.

Ce relevé fait apparaître un retard pur dont on ne tiendra pas compte.

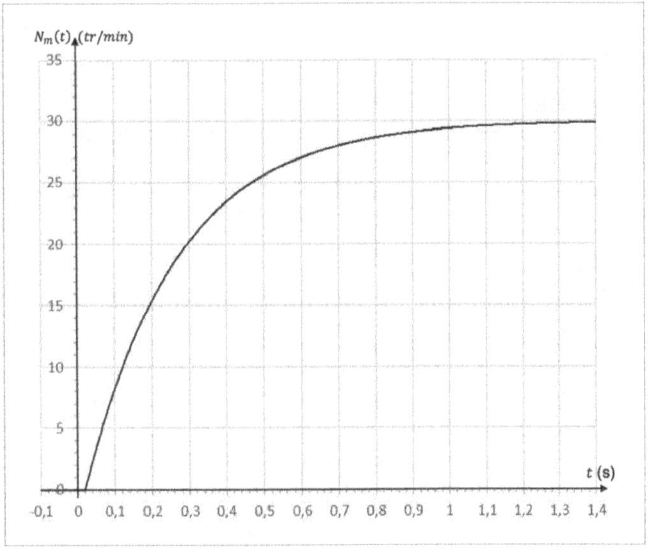

Question 1

On s'intéresse à la fonction de transfert $H_{mi}(p) = \dfrac{N_m(p)}{S(p)}$.

Identifier le gain statique H_{i0} et la constante de temps $_i$ de cette fonction de transfert en faisant apparaître les tracés nécessaires à l'identification des paramètres sur la courbe.

Question 2

Calculer la valeur numérique $k_r = k_i \cdot k_t$. Choisir les coefficients k_{cons} et k_{cod} du modèle de la chaîne de contrôle pour obtenir la forme de la figure ci-dessous :

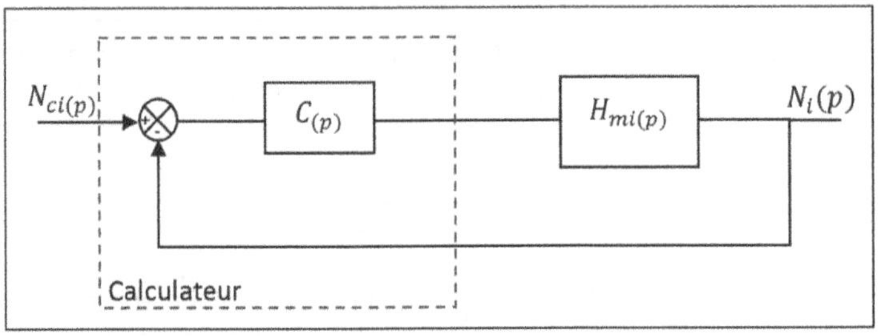

Pour la suite, on prendra $H_{mi}(p) = \dfrac{1}{1+\dfrac{p}{4}}$

Correcteur proportionnel : C(p)=k_p

Pour éviter la saturation du signal de commande variateur, la valeur de k_p est fixée à 10.

Question 3

Exprimer la fonction de transfert Boucle Ouverte $H_{BO}(p)$ et calculer la valeur numérique ε_s de l'erreur en réponse à une entrée échelon unitaire (erreur statique).

Question 4

Exprimer la fonction de transfert Boucle Fermée $H_{BF}(p)$ sous la forme $\dfrac{H_{iBF}}{1+\tau_{iBF}p}$ et calculer la valeur numérique de ses paramètres.

Conclure vis-à-vis du cahier des charges sur la nécessité d'un correcteur proportionnel intégral.

Correcteur proportionnel intégral : $C(p) = k_p + \frac{k_i}{p}$

Question 5

Montrer que la fonction de transfert du correcteur C(p) prend la forme $C(p) = k_c \cdot \left(\frac{1+\tau_c p}{\tau_c p}\right)$ et exprimer les coefficients k_c et τ_c en fonction de k_p et k_i.

Question 6

Tracer l'allure du gain et de la phase (diagramme asymptotique de Bode) de ce correcteur.

Le réglage du correcteur C(p) est conduit par la méthode de compensation de la constante de temps dominante du système, soit $\tau_c = \tau_i = \frac{1}{4}$.

Question 7

Exprimer la fonction de transfert Boucle Ouverte corrigée $H_{BOc}(p)$ et et montrer qu'elle prend la forme $H_{BOc}(p) = \frac{k_i}{p}$. Donner la valeur de k_i si $k_p=10$ et indiquer son unité dans le système international (SI).

Conclure sur la stabilité du système et donner la valeur de la marge de phase m .

Question 8

Calculer la valeur de l'erreur statique ε_s en réponse à un échelon unitaire avec ce correcteur. Calculer la valeur du temps de réponse $t_{r5\%}$ du système corrigé.

Conclure sur le respect du cahier des charges.

Exercice 2 : Unité de conditionnement de cartons (Concours ATS 2016) *(Corrigé page 612)*

La société Sonaréma-Fondex assemble, conditionne et diffuse des réchauds à gaz portables de grande puissance. Ces réchauds sont conditionnés et vendus en cartons. L'augmentation du rythme de la distribution impose de palettiser ces cartons afin de les acheminer vers les principaux distributeurs.

La motorisation de l'axe numérique assurant le déplacement du préhenseur à ventouses (figure page suivante) est confiée à un moteur synchrone, alimenté par l'intermédiaire d'un onduleur.

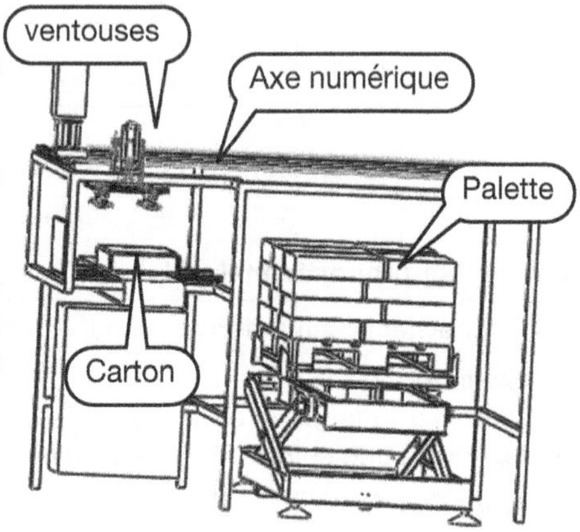

On s'intéresse ici à la stratégie de contrôle de la vitesse de ce moteur synchrone.

L'asservissement de couple est réglé par le constructeur. On considère que la dynamique de cette boucle est très rapide par rapport à la boucle de vitesse.

Nous retiendrons pour la suite de l'étude le modèle simplifié suivant de l'asservissement de couple, dans lequel $(I_s)_{ref}$ désigne le courant de phase et C_{em} le couple électromagnétique :

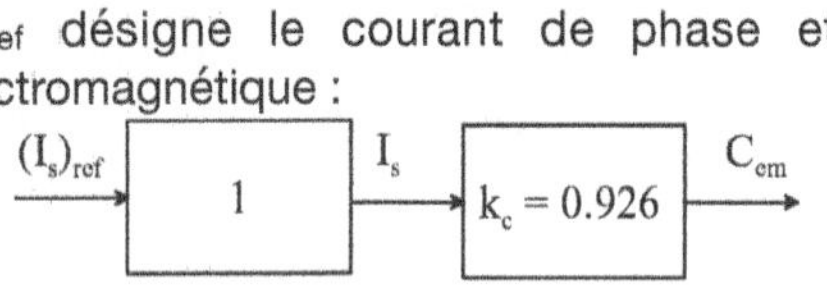

La boucle de vitesse fait apparaître le schéma fonctionnel simplifié page ci-dessous :

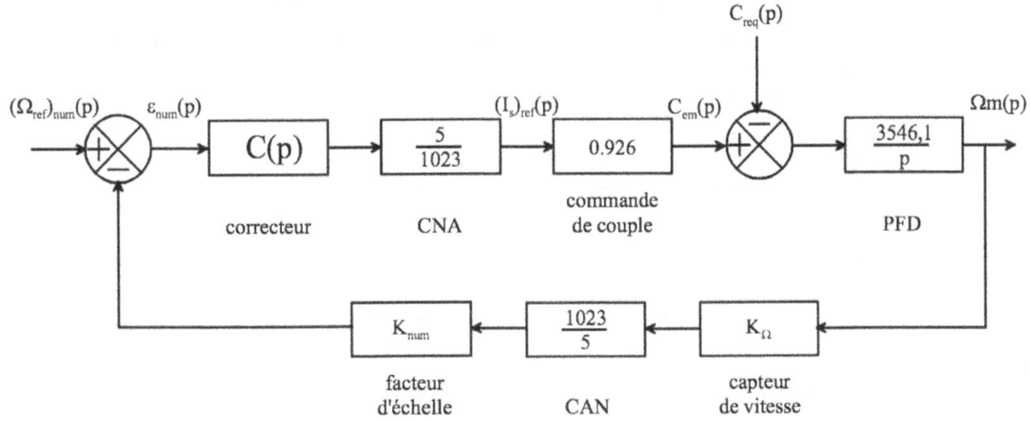

La chaîne de retour est constituée :

- d'un capteur de vitesse de gain K_Ω, qui délivre une tension de +5V pour une vitesse Ω_m égale à 100 rad.s^{-1} ;
- d'un convertisseur analogique/numérique (CAN) qui convertit en code binaire naturel sur 10 bits son entrée analogique comprise entre 0 et +5V. On fera l'approximation linéaire de la relation entrée/sortie du CAN ;
- d'un facteur d'échelle K_{num} qui affecte le résultat de la CAN de façon à obtenir un gain unitaire de la chaîne de retour. Ainsi, la référence numérique de vitesse $(\Omega_{ref})_{num}$ exprime directement la vitesse Ω_m désirée.

Question 1

Calculer le facteur d'échelle K_{num} pour avoir un retour unitaire.

La chaîne directe est constituée :

- d'un correcteur numérique C(p) qui corrige l'erreur numérique $\varepsilon_{num}(p)$ de vitesse ;
- d'un convertisseur numérique/analogique (CNA) qui convertit un mot codé sur 10 bits en binaire naturel en une tension comprise entre 0 et +5V. On fera l'approximation linéaire de la relation entrée/sortie du CNA. La sortie du CNA définit la référence de courant $(I_s)_{ref}$ pour l'asservissement de couple.

Question 2

Pour une chaîne de retour à gain unitaire, exprimer l'erreur de vitesse sous la forme suivante :

$$\varepsilon_{num}(p) = H_1(p)\cdot\left(\Omega_{ref}\right)_{num}(p) + H_2(p)\cdot C_{req}(p)$$

Question 3

Le couple résistant équivalent se réduit à un couple de frottement sec C_{r0} constant. Donner l'expression littérale de l'erreur statique de vitesse ε_0 si on applique une consigne échelon de vitesse d'amplitude $(\Omega_{ref})_{num0}$ et si le correcteur est de type proportionnel, soit C(p) = K. Justifier le résultat. On appliquera avantageusement le théorème de la valeur finale.

Question 4

On utilise maintenant un correcteur proportionnel et intégral, soit : $C(p) = K_p\left(\dfrac{1+T_ip}{T_ip}\right)$.

On applique une consigne échelon d'amplitude $(\Omega_{ref})_{num0}$. Donner l'expression littérale de l'erreur statique de vitesse ε_0. Justifier le résultat.

Dorénavant, nous nous intéressons au comportement dynamique de l'asservissement de vitesse autour d'un point de repos. Le système étant linéaire, l'influence des frottements secs n'est pas prise en compte.

Nous conservons le correcteur proportionnel (gain K) et intégral (constante de temps T_i) pour les raisons évoquées à la question précédente.

La notice constructeur du variateur indique une période d'échantillonnage de la boucle de vitesse de valeur Te = 0,5 ms, dont la transformée de Laplace s'écrit $e^{-Te.p}$.

Le schéma fonctionnel devient :

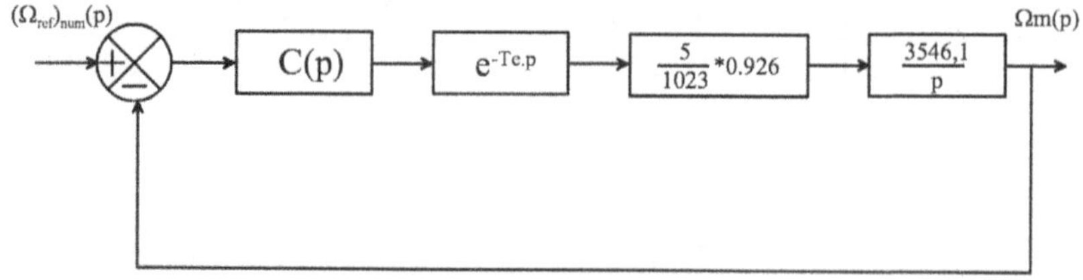

Question 5

Pour p=jω, exprimer la fonction de transfert en boucle ouverte FTBO.

Question 6

La dynamique de la boucle de couple impose une pulsation à gain unitaire de la FTBO égale à ω_u=1000 rad.s^{-1}. Calculer la constante de temps T_i afin d'obtenir une marge de phase de 45° de la FTBO à la pulsation $\omega = \omega_u$.

Question 7

Calculer le gain proportionnel K afin d'obtenir un gain unitaire de la FTBO à la pulsation $\omega = \omega_u$.

Exercice 3 : Véhicule Auto Guidé (Concours ATS 2014) *(Corrigé page 614)*

Le nouveau Centre Hospitalier Universitaire (CHU) de Dijon Bocage Central a retenu pour sa logistique hôtelière hospitalière des VAG (véhicule auto guidé).

La liaison au sol s'effectue par l'intermédiaire de 2 roues latérales fixes et 2 roues longitudinales orientables :

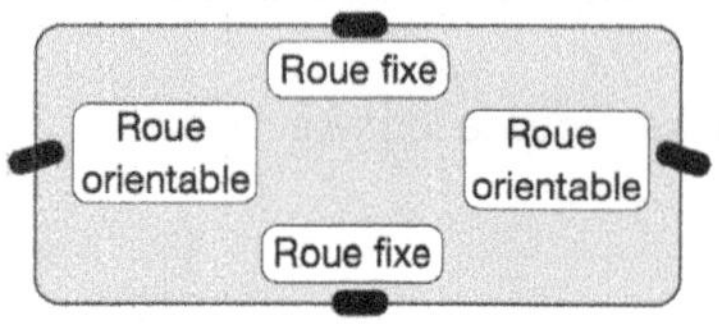

On se propose ici de vérifier et ajuster les performances de la boucle d'asservissement de direction.

Le schéma bloc de l'asservissement de direction retenu est donné page suivante.

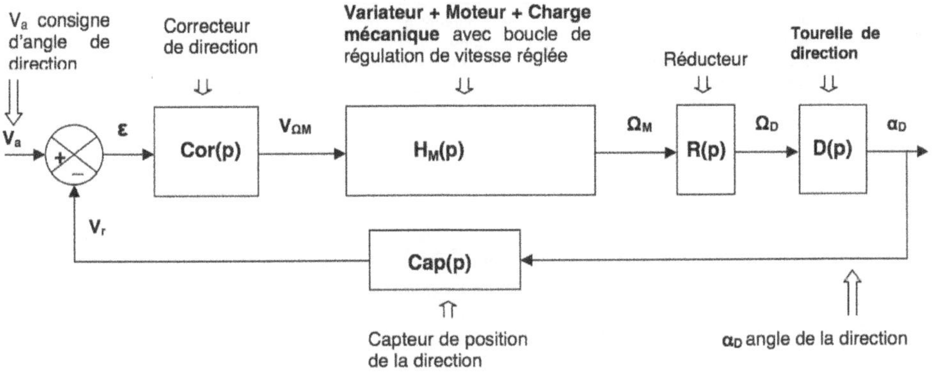

L'ensemble Variateur + Moteur + Charge mécanique avec Ω_M vitesse de rotation du rotor moteur en rad.s^{-1}et $V_{\Omega M}$ consigne de vitesse est modélisé par la fonction de transfert suivante :

$$H_M(p) = \frac{\Omega_M(p)}{V_{\Omega M}(p)} = \frac{K_M}{(1+T_E \cdot p)(1+T_M \cdot p)}$$

avec :

- T_E constante de temps électrique $T_E = 20$ ms
- T_M constante de temps mécanique $T_M = 200$ ms

La constante K_M est telle que lorsque la valeur de la consigne en entrée de variateur est une constante $V_{\Omega M} = 5V$, la vitesse stabilisée du rotor moteur est $N = 3750$ tr·min^{-1}.

Le rapport de réduction entre le rotor moteur et l'axe de la direction est de 153,33.

Expressions des fonctions de transferts des éléments utilisés

Question 1

Déterminer à partir des indications fournies et pour des vitesses exprimées en rad·s^{-1} :

- la valeur numérique de la constante K_M,
- la fonction de transfert du réducteur de la direction : $R(p) = \dfrac{\Omega_D(p)}{\Omega_M(p)}$

Question 2

Donner dans le domaine temporel la relation entre la vitesse de rotation de la direction $\Omega_D(t)$ et son angle $\alpha_D(t)$ puis en déduire la fonction de transfert D(p) dans le domaine de Laplace.

Acquisition de l'angle de la tourelle de direction α_D (figure page suivante) :

- un potentiomètre rotatif multitour (angle α_P maxi de 10 tours ou 3600°) dont l'axe est solidaire d'un pignon de diamètre primitif $D_{pP} = 20$ mm, est entraîné par un pignon de diamètre $D_{pD} = 200$ mm solidaire de la tourelle de direction ;
- le potentiomètre est alimenté sous une tension de 10 V continu, sa tension de sortie notée V_r est de 5 V pour la ligne droite, correspondant à $\alpha_D = 0$.

Le débattement maximal de la direction est $\alpha_D = \pm\, 75°$ autour de la ligne droite.

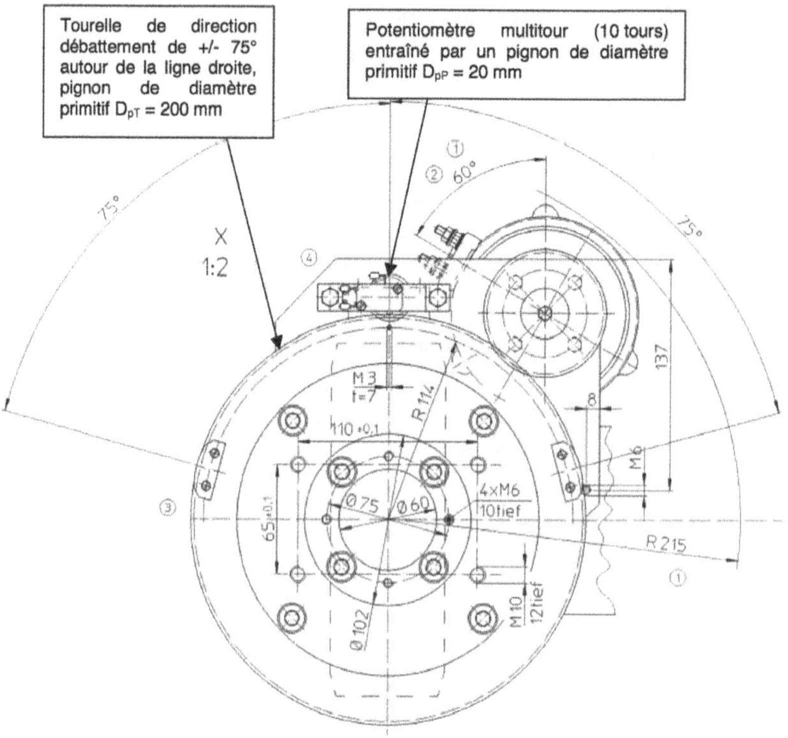

Question 3

Pour la plage de variation de l'angle de direction α_D, déterminer la plage angulaire balayée par le potentiomètre autour de la ligne droite, et la plage de tension V_r correspondante. Montrer que la fonction de transfert du potentiomètre P(p) autour du point de repos (ligne droite) et qui correspond à la pente de $V_r = f(\alpha_D)$ a pour valeur numérique Cap(p) = Cap = 1,59 V·rad^{-1}.

Fonction de transfert en boucle ouverte et réglage du correcteur

Pour la suite de l'étude, on prendra Cap(p) = Cap = 1,59 V·rad^{-1}.

Question 4

Exprimer la fonction de transfert en boucle ouverte $T_{BO}(p) = \dfrac{V_r(p)}{\varepsilon(p)}$ à partir des notations du schéma bloc de l'asservissement de direction.

Le correcteur a pour fonction de transfert $Cor(p) = \dfrac{K_p \cdot (1 + T_i \cdot p)}{1 + \dfrac{T_i}{a} \cdot p}$

avec :

- $T_i = T_M$ ce qui permet la compensation du pôle dominant du système,
- $\dfrac{T_i}{T_a} \ll 1$ pour le domaine de fonctionnement, ce qui permet de négliger ce terme.

Question 5

Justifier le qualificatif « compensation de pôle dominant » et expliquer l'intérêt de ce choix.

Remplacer alors par leur expression chacun des termes du schéma bloc, simplifier et montrer en précisant l'hypothèse faite, que l'on peut mettre l'expression sous la forme :

$$T_{BO}(p) = \frac{V_r(p)}{\varepsilon(p)} = \frac{K_p \cdot K_{BO}}{p\left(1+\tau_{BO} \cdot p\right)}$$

Exprimer alors K_{BO} et τ_{BO} et donner leurs valeurs numériques. Pour la suite on retiendra $K_{BO} = 0{,}815$ et $\tau_{BO} = 20$ ms.

Pour le réglage du correcteur on ajustera la marge de phase à 45° dans le tracé de Bode en boucle ouverte en posant pour le régime sinusoïdal établi $j\omega = p$.

Question 6

Pour $K_p = 1$, esquisser sur ci-dessous le tracé asymptotique de Bode en gain et phase de la fonction de transfert $T_{BO}(j\omega)$, situer les points importants sur les axes et donner les pentes du gain et les valeurs connues.

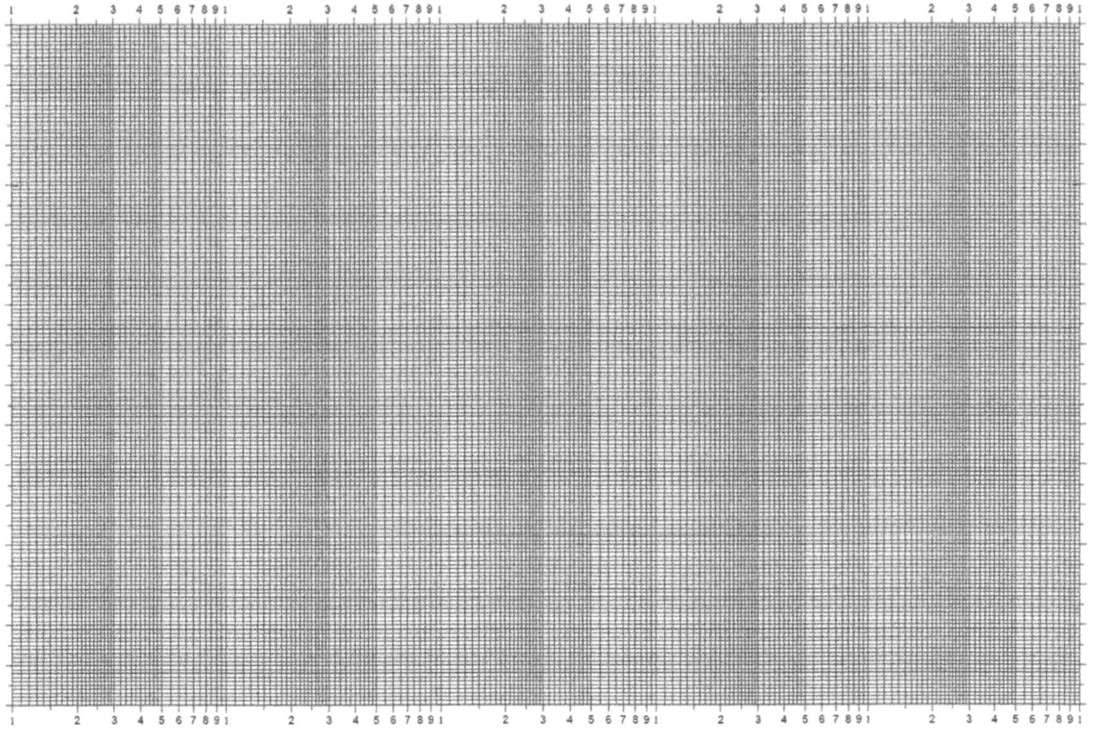

Question 7

Donner en justifiant à l'aide de votre tracé, mais sans calcul, la valeur de la pulsation $\omega_{M\Phi}$ donnant un angle de phase correspondant à la marge de phase de 45°. Esquisser alors le tracé de phase réel pour justifier.

Question 8

Avec Kp =1, calculer alors pour cette pulsation $\omega_{M\Phi}$ la valeur du module de $T_{BO}(j\omega)$ puis son gain G en décibel, et déterminer la nouvelle valeur de K_p permettant d'ajuster la marge de phase à 45°.

Question 9

Indiquer comment ce réglage intervient sur la stabilité et la rapidité de l'asservissement, et esquisser qualitativement l'allure de la réponse transitoire à un échelon.

Partie E : Chaîne d'information

La chaîne d'énergie des systèmes multiphysiques est pilotée en fonction de l'état du système et de la séquence d'actions prévue. Il est donc nécessaire de procéder à :

- l'acquisition de l'état du système,
- la modélisation comportementale de ce système.

Cette partie a pour objectif d'étudier l'ensemble de cette chaîne d'information, en étudiant les points suivants :

- chapitre 20 : étude des capteurs ;
- chapitres 21 à 23 : conditionnement du signal (amplification, filtrage, conversion analogique-numérique et numérique-analogique) ;
- chapitres 24 et 25 : modélisation du comportement du système par logique combinatoire et séquentielle.

Chapitre 20. Capteurs et détecteurs

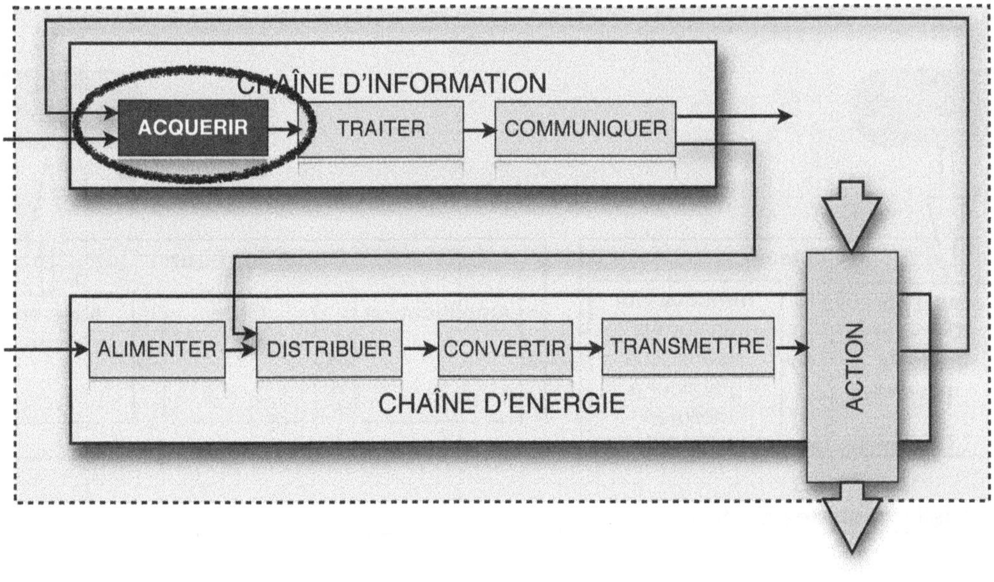

La mise en œuvre des systèmes complexes nécessite d'acquérir des informations sur l'état de ce système. Cette fonction essentielle est assurée par les capteurs.

A. Généralités

A.1 Positionnement dans la chaîne d'information

Le capteur est l'élément central de la fonction «Acquérir» dans la chaîne d'information :

Cette fonction se décompose en plusieurs éléments structurels :

- le capteur, constitué d'un corps d'épreuve sollicité par la grandeur physique à mesurer, et d'un transducteur qui convertit la nature de cette grandeur physique en signal électrique ;
- le conditionnement de ce signal de façon à délivrer une information exploitable par la fonction «Traiter».

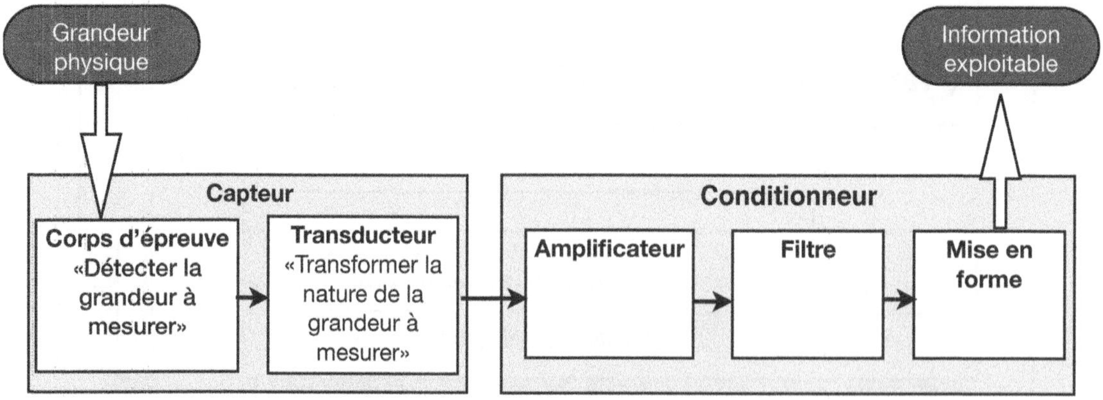

A.2 Classification des capteurs

Les capteurs sont regroupés en différentes catégories, en fonction de la nature des informations d'entrée et de sortie :

- Information en entrée :
  - objet : présence, déplacement, vitesse d'un objet ;
  - action mécanique : force, couple, pression ;
  - environnement : température, hygrométrie, luminosité, ...
- Information en sortie :
  - analogique ;
  - binaire (T.O.R. : «Tout Ou Rien») ;
  - numérique.

Le procédé de mise en œuvre pour générer le signal définit également une catégorie de capteurs (actifs ou passifs).

A.2.1 Capteur analogique

La grandeur délivrée par ce capteur est un signal continu dans le temps, pouvant prendre une infinité de valeurs possibles.

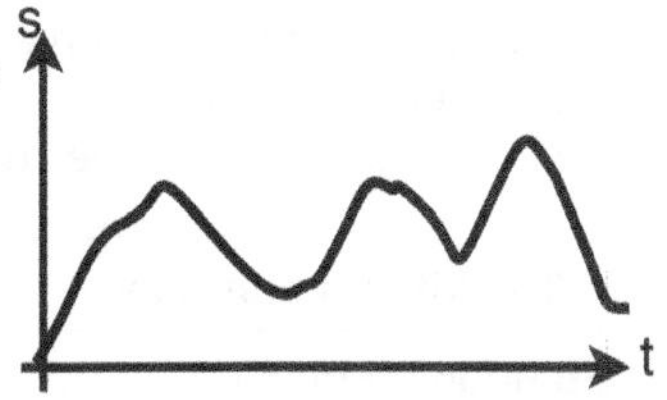

A.2.2 Capteur Tout Ou Rien

La grandeur délivrée par un capteur T.O.R. ne peut prendre que deux états : un état bas (0V par exemple) et un état haut (5V par exemple).

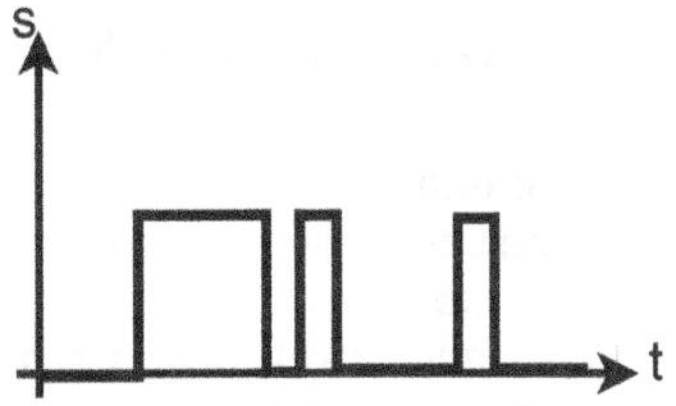

A.2.3 Capteur numérique

La grandeur délivrée par un capteur numérique peut prendre plusieurs valeurs, mais discontinues.

Ainsi, un capteur délivrant une information codée sur 8 bits ne peut prendre que 255 valeurs distinctes.

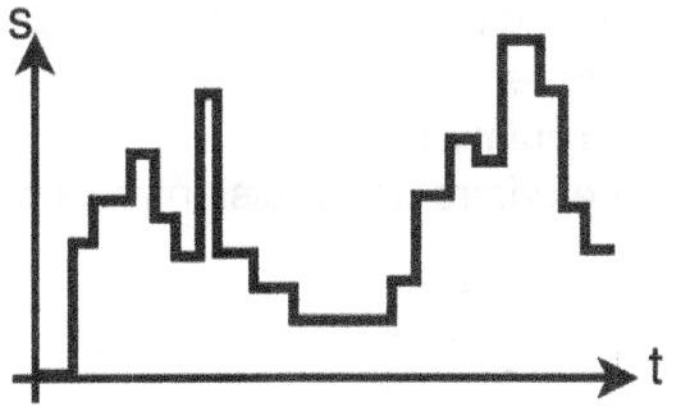

A.2.4 Capteurs passifs / capteurs actifs

Un capteur sera dit passif si la grandeur physique appliquée sur ce capteur fait varier une impédance. Il doit être alimenté par une source externe.

Par exemple, on trouve :

- les capteurs résistifs, dont la résistance varie avec la grandeur physique mesurée : température par sonde Pt100, déformation par extensométrie, intensité lumineuse par photorésistance ;
- les capteurs inductifs, dont l'inductance varie avec la grandeur physique mesurée : déplacement par inductance variable, effort par capteur magnéto-élastique ;
- les capteurs capacitifs : mesure de niveau de liquide.

Par opposition, un capteur sera dit actif si la grandeur physique appliquée génère une tension ou un courant. Cette tension ou ce courant sont généralement faibles et nécessitent l'emploi d'amplificateurs.

Par exemple :

- capteurs à effet photo électrique, qui génèrent un courant fonction de la luminosité ;
- capteurs à effet thermo électrique, qui génèrent une tension en fonction de la différence de température entre deux matériaux ;
- capteurs à effet piezo électrique, qui génèrent une tension entre les deux faces d'un matériau en fonction de la pression exercée sur ces faces ;
- capteurs à effet hall, qui génèrent une tension en fonction du champ magnétique environnant.

A.3 Caractéristiques de performance des capteurs

Un certain nombre de critères permet de quantifier les performances d'un capteur : résolution, sensibilité, linéarité, etc.

Ces critères sont regroupés dans les catégories des caractéristiques statiques ou dynamiques.

A.3.1 Critères statiques

Etendue de mesure

Il s'agit de l'amplitude de valeurs mesurables par le capteur.

Sensibilité

Elle traduit la capacité du capteur à détecter une faible variation de la grandeur physique à mesurer.

Elle s'exprime par le coefficient $\frac{\Delta S_{sortie}}{\Delta S_{entrée}}$.

Résolution

Il s'agit de la plus petite variation mesurable par le capteur.

Linéarité

La linéarité traduit la constance de la relation entre la variation de la grandeur physique et la variation de la grandeur de sortie.

Justesse

il s'agit de la capacité du capteur à fournir les mêmes valeurs que des valeurs étalon de référence.

Fidélité

Il s'agit de la capacité du capteur à reproduire la même valeur lors de la mesure de la même grandeur physique.

Précision

Le critère de précision rassemble les critères de justesse et de fidélité.

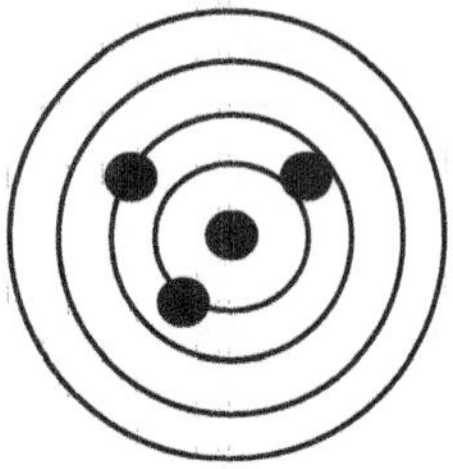

Juste mais pas fidèle

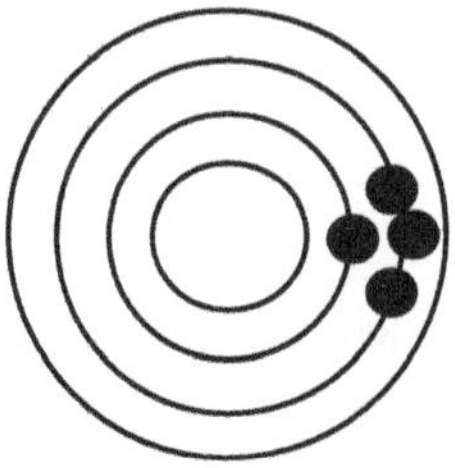

Pas juste mais fidèle

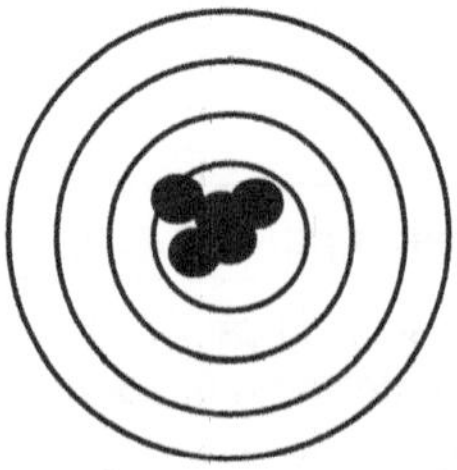

Précis : juste et fidèle

A.3.2 Classification des erreurs

Erreur d'offset (décalage d'origine)

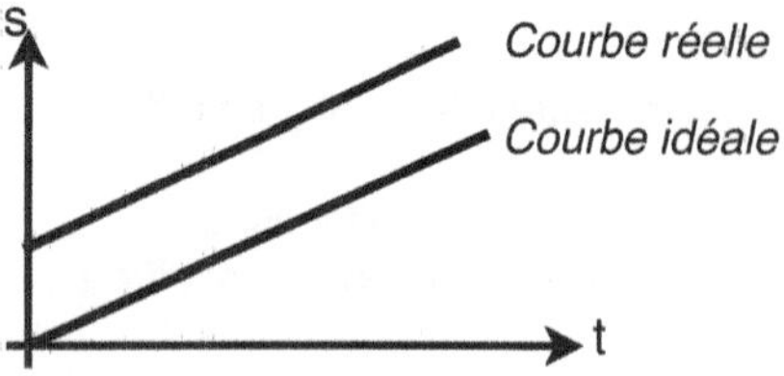

Erreur d'échelle

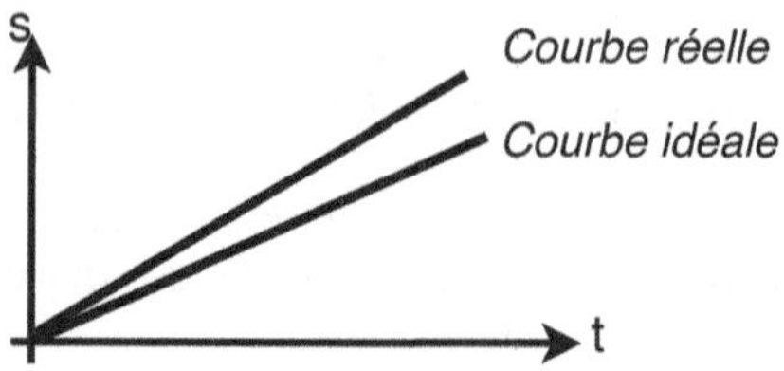

Erreur de linéarité

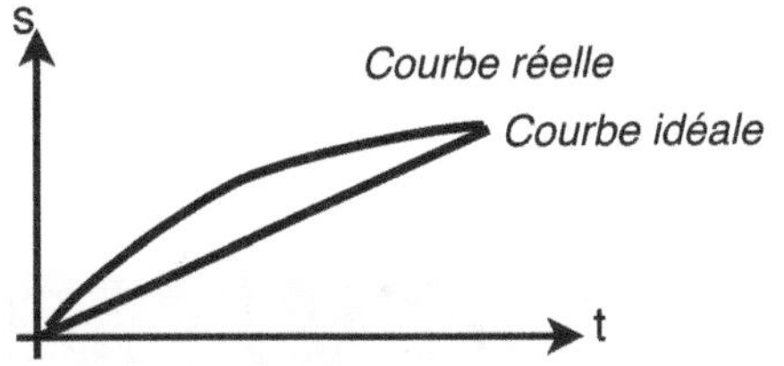

Erreur d'hystéresis

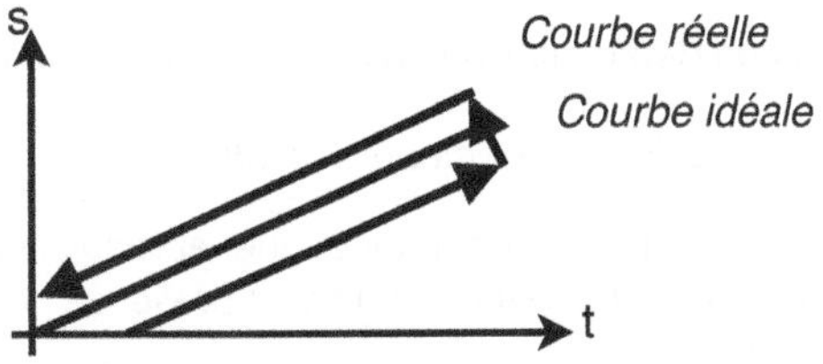

A.3.3 Caractéristiques dynamiques

Temps de réponse

Il s'agit du temps mis par le capteur à fournir 95% de la valeur finale (lors d'une entrée en échelon de la grandeur à mesurer).

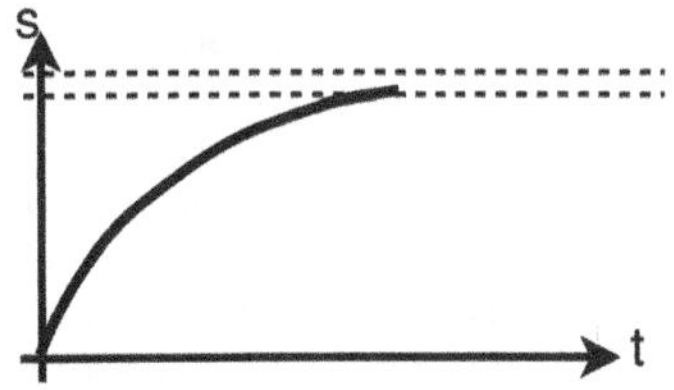

Bande passante à -3 dB

Il s'agit de la fréquence au-delà de laquelle le fonctionnement du capteur n'est plus correct.

Cette pulsation de coupure est liée au temps de réponse du capteur.

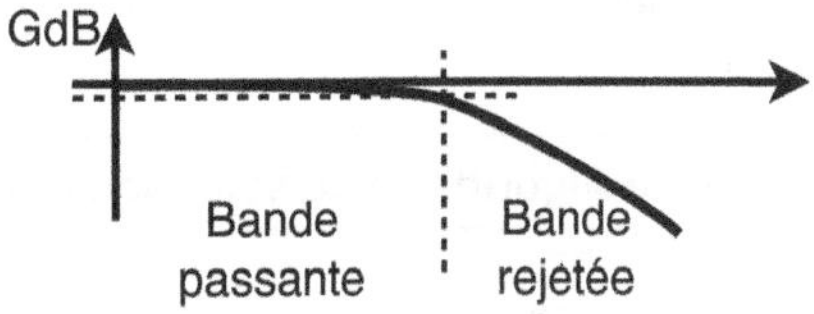

B. Technologie des capteurs et détecteurs

B.1 Distinction capteur / détecteur

Un détecteur est un capteur «Tout Ou Rien» : il détecte la présence ou l'absence d'un grandeur physique.

Un capteur est capable de fournir une information quantifiée représentative de la valeur de la grandeur mesurée.

B.2 Détecteurs de position

B.2.1 Détecteurs à contact

Les détecteurs à contact délivrent leur signal de sortie électrique lorsqu'un solide vient actionner l'organe de commande.

Ils peuvent être unipolaires (une sortie normalement ouverte NO ou normalement fermée NF) ou bipolaires.

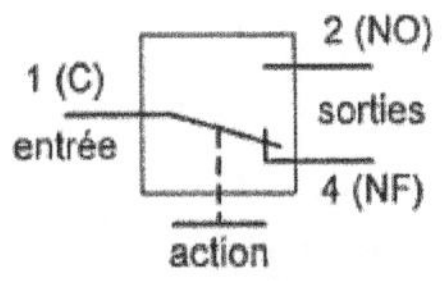

Unipolaire

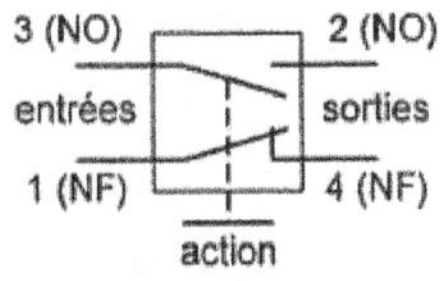

Bipolaire

B.2.2 Détecteur de proximité

Il s'agit de détecteur dont la détection se fait à distance.

B.2.2.1 Détecteurs inductifs

Ils émettent un champs magnétique, et réagissent à la variation de ce champs magnétique, détectant ainsi la présence d'une masse métallique conductrice.

B.2.2.2 Détecteurs capacitifs

La capacité installée dans la tête du détecteur est perturbée par la présence de tout matériau non poreux à proximité de ce capteur.

B.2.2.3 Détecteur photo électrique

Ces capteurs sont constitués d'un émetteur de lumière et d'un récepteur. Le récepteur fournit un signal en fonction de la présence ou de l'absence du signal lumineux émis.

Capable de détecter la présence de tout corps réfléchissant, ils peuvent être de type barrage ou reflex.

B.2.3 Algorithme de sélection d'un détecteur

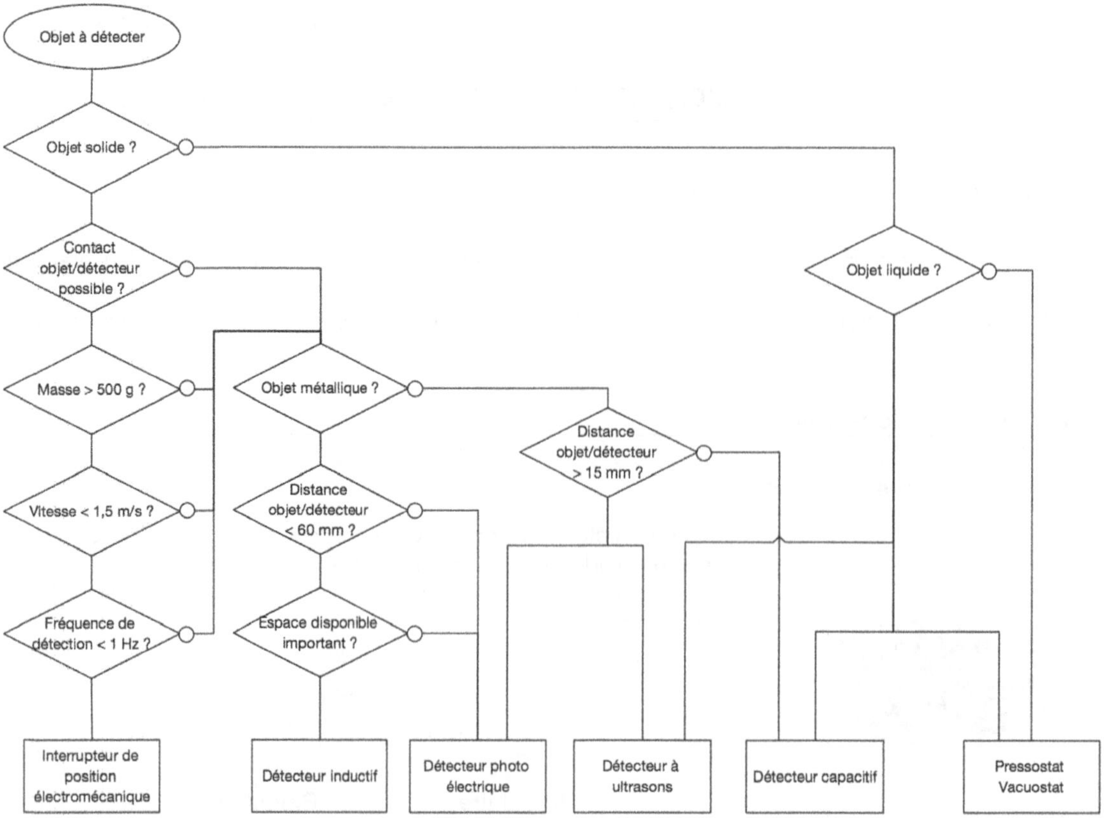

B.3 Capteurs

B.3.1 Mesure de distance

Les capteurs à ultrason exploitent la vitesse de transmission du son dans le corps.

Utilisés dans l'air ils permettent de mesurer une distance entre le capteur et un objet. Utilisés dans un corps liquide en mouvement, ils permettent de mesurer la valeur du débit volumique.

B.3.2 Mesure analogique de position

Les capteurs à base de montage potentiométrique permettent de mesurer une position angulaire ou linéaire.

Montés en pont diviseur de tension, la mesure de la tension est représentative de la résistance, et par suite de la position mesurée.

Ils sont limités par le débattement du potentiomètre. C'est la raison pour laquelle les servomoteurs ont un débattement angulaire limités, car la mesure de l'angle de rotation est obtenu à l'aide d'un potentiomètre.

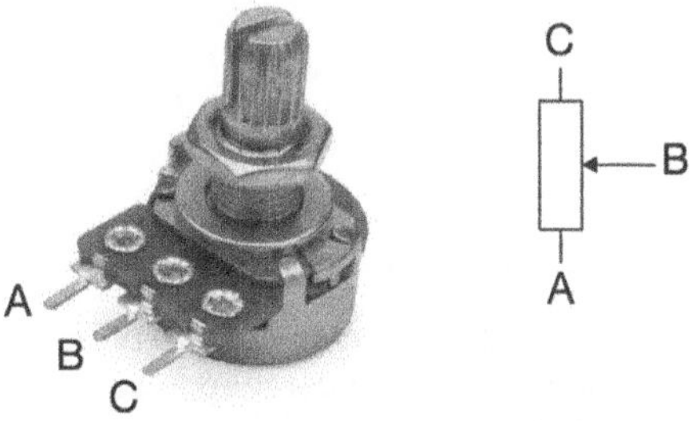

B.3.3 Mesure numérique de position

Les codeurs remplissent la fonction de mesure de position angulaire. Ils sont abordés au paragraphe C de ce chapitre.

B.3.4 Mesure de l'accélération

Les accéléromètres exploitent le principe fondamental de la dynamique, qui lie l'accélération d'une masse à la force appliquée sur cette masse.

B.3.5 Mesure des forces

B.3.5.1 Jauges de contrainte

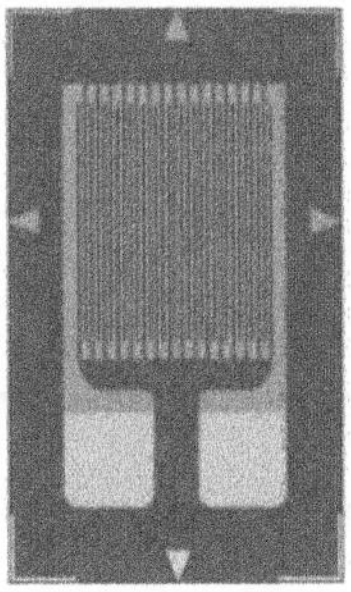

Les jauges de contrainte (extensométriques) utilisent le fait que la résistance d'un fil dépend de son diamètre.

Une jauge de contrainte est constitué de fils électriques. L'application d'une force sur une telle jauge va déformer ces fils, et ainsi modifier leurs diamètres (qui vont diminuer lors d'une extension).

La résistance de ces fils va s'en trouver augmentée, et la mesure de cette résistance sera alors représentative de la force appliquée sur la jauge.

Ces jauges peuvent être également utilisée pour la mesure d'une pression, d'un couple, etc.

B.3.5.2 Capteur piezo électrique

On appelle phénomène piezo électrique la capacité d'un matériau à délivrer une tension lorsque ce matériau est soumis à une contrainte de compression.

Ce phénomène est réciproque, ces matériaux pouvant se déformer lorsqu'on leur applique une tension électrique.

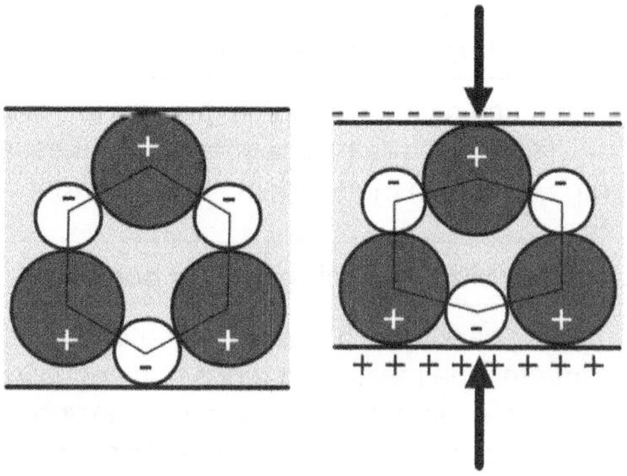

B.3.6 Mesure de température

Les sondes de températures présentent une variation de résistance que l'on peut considérer linéaire en fonction de la température à laquelle elles sont soumises. Ainsi, la sonde Pt100 est constituée d'un fil de platine, telle que sa résistance vaut 100 Ω à 0°C et 138,5 Ω à 100°C).

B.3.7 Mesure et détection de champs magnétique

On considère un barreau dans lequel circule un courant i0. L'effet Hall énonce qu'une tension dite «de Hall» V_h apparaît sur les faces de ce barreau lorsqu'il est soumis à un champ magnétique B. En effet, un champ magnétique exerce sur les charges électriques en mouvement une force de Laplace qui dévie la trajectoire de ces charges :

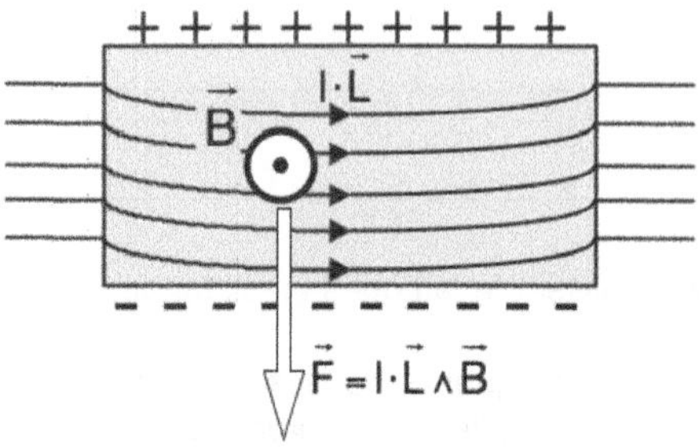

$V_h = K_h \cdot B \cdot i_0$ où K_h est la constante de Hall, dépendante du matériau du barreau.

C. Codeurs

Les codeurs sont des capteurs qui permettent, directement ou indirectement, de mesurer une position angulaire.

Nous étudierons dans cette partie les codeurs optiques, qui peuvent être absolus ou relatifs. D'autres types de codeur existent, tels que les codeurs à effet Hall, qui seront exploités de la même façon que les codeurs optiques incrémentaux (relatifs).

C.1 Principe de fonctionnement

Les codeurs optiques sont constitués d'un émetteur de lumière (LED) et d'un récepteur (phototransistor). Entre cet émetteur et ce récepteur est inséré un disque sur lequel des zones opaques et transparentes sont régulièrement réparties.

Le faisceau lumineux sera donc transmis au phototransistor en fonction de la position de ce disque.

Le nombre de rupture du faisceau sera alors représentatif de la variation de position angulaire du disque.

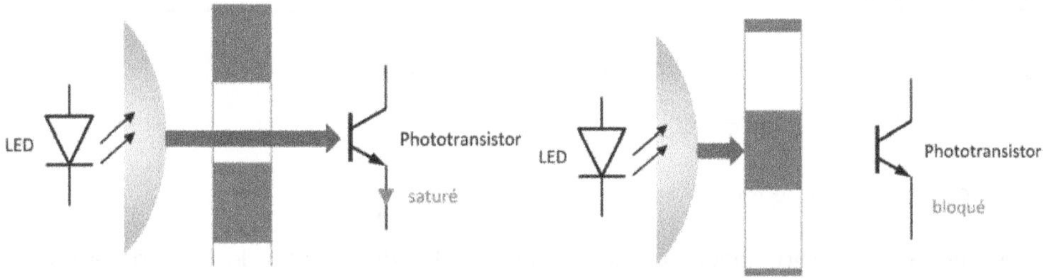

Le codeur renvoie donc une tension nulle lorsque le faisceau lumineux est rompu, et positive lorsque le phototransistor reçoit ce faisceau.

C.2 Codeur incrémental (ou relatif)

Le disque de ce codeur est constitué d'une unique piste sur laquelle sont espacés un certain nombre d'encoches.

Le nombre n d'encoches est appelé résolution du codeur. Ce codeur permet donc de mesurer la position angulaire du disque à partir d'une position de départ de référence. C'est la raison pour laquelle il est appelé codeur «relatif».

La plupart de ces codeurs disposent en réalité de 3 pistes :

- 2 pistes A et B d'encoches décalées en quadrature (décalage d'1/4 de pas). Le décalage permet d'identifier le sens de rotation du disque ;
- 1 piste Z ne disposant que d'une encoche, permettant de définir une position «top zéro». Cette piste permet de compter le nombre de tours.

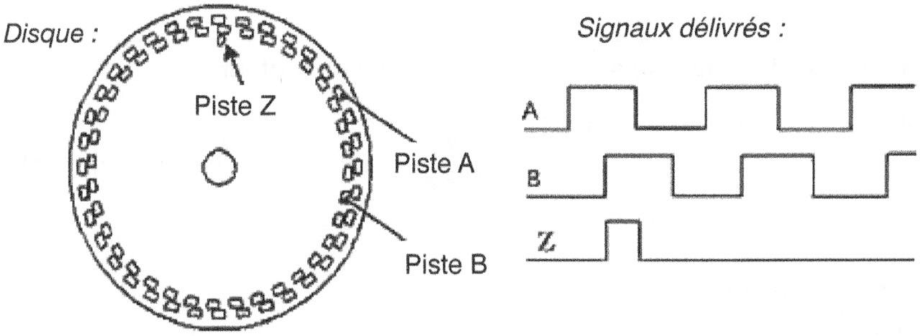

La fréquence des impulsions permet de calculer la vitesse de rotation du disque.

C.3 Codeur absolu

Le codeur absolu délivre quant à lui une valeur numérique de la position angulaire. Doté de n pistes, il délivre une valeur codée sur n bits de la position angulaire.

La piste la plus au centre (semi circulaire) représente le bit de poids fort, tandis que la piste en périphérie représente le bit de poids faible.

La résolution du codeur est donc donnée par le nombre d'encoches de cette piste en périphérie.

Un codeur absolu à n pistes permet ainsi de coder 2^n positions.

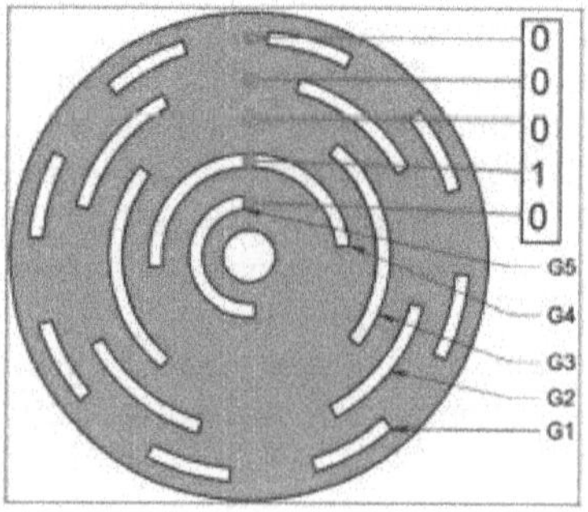

EC.4 xemples de calcul

Dans tous les cas suivants, on considère un mécanisme composé :

- d'un moteur de vitesse de rotation $\Omega_m = \frac{d\theta_m}{dt}$,
- d'un réducteur de rapport de réduction $K = \frac{\Omega_p}{\Omega_m}$ avec $\Omega_p = \frac{d\theta_p}{dt}$,
- et d'un système de transformation de mouvement rotation/translation de rapport de conversion $P = \frac{V}{\Omega_p}$ avec $V = \frac{dx}{dt}$,
- d'un codeur de résolution N_P relié soit en sortie de moteur, soit en sortie de réducteur.

C.4.1 Etude d'un système poulie-courroie avec codeur en sortie de réducteur

On note R le rayon de la poulie.

La vitesse linéaire V est liée à la vitesse de rotation de la poulie Ω_p par : $V=\Omega_p.R$

La transformation de mouvement est donc ici définie par P=R.

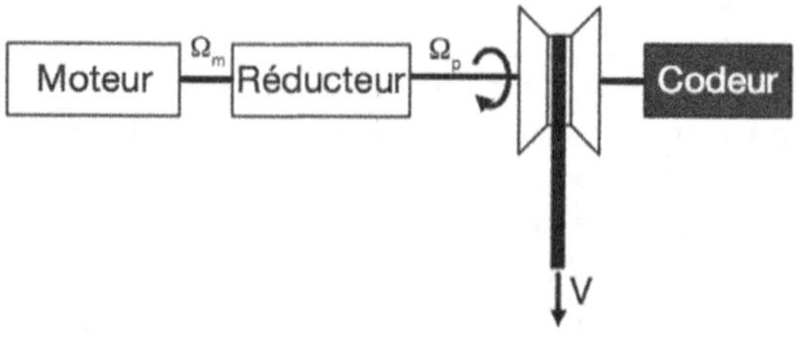

La résolution angulaire du codeur vaut $\Delta\theta_p = \frac{2\pi}{N_p}$.

La résolution linéaire est donc égale à $\Delta x = R \cdot \Delta\theta_p = \frac{2\pi R}{N_p}$.

C.4.2 Etude d'un système poulie-courroie avec codeur en sortie de moteur

La résolution angulaire du codeur vaut à présent $\Delta\theta_m = \frac{2\pi}{N_p}$.

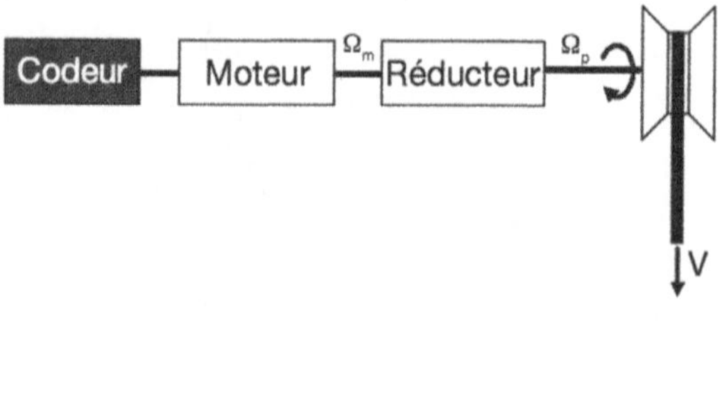

Or $\Delta\theta_p = K\Delta\theta_m$.

La résolution linéaire est donc égale à :

$$\Delta x = R \cdot \Delta\theta_p = K\frac{2\pi R}{N_p}$$

C.4.3 Etude d'un système vis-écrou avec codeur en sortie de réducteur

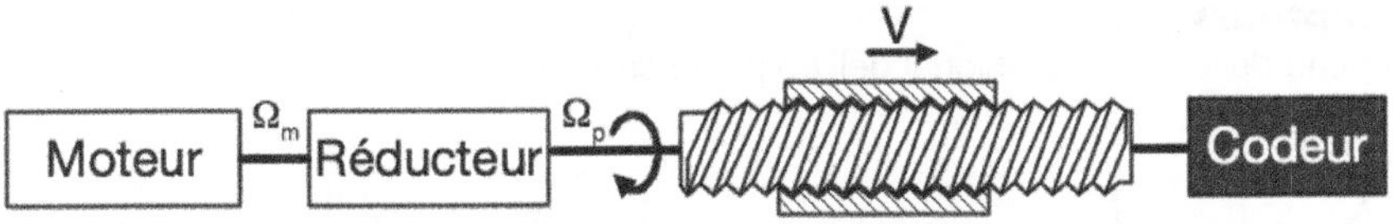

La rapport de transmission P est égal au pas de la vis, exprimé en m.rad^{-1}.
La vitesse linéaire V est alors liée à la vitesse de rotation de la poulie Ω_p par : $V=\Omega_p.P$

La résolution angulaire du codeur vaut $\Delta\theta_p = \frac{2\pi}{N_p}$.

La résolution linéaire est donc égale à $\Delta x = P \cdot \Delta\theta_p = \frac{2\pi P}{N_p}$.

C.4.4 Etude d'un système vis-écrou avec codeur en sortie de moteur

La résolution angulaire du codeur vaut à présent $\Delta\theta_m = \frac{2\pi}{N_p}$.

Or $\Delta\theta_p = K\Delta\theta_m$. La résolution linéaire est donc égale à :

$$\Delta x = R \cdot \Delta\theta_p = KP\frac{2\pi}{N_p}$$

CE QU'IL FAUT RETENIR

Classification des capteurs

La classification dépend de la nature du signal délivré par le capteur :

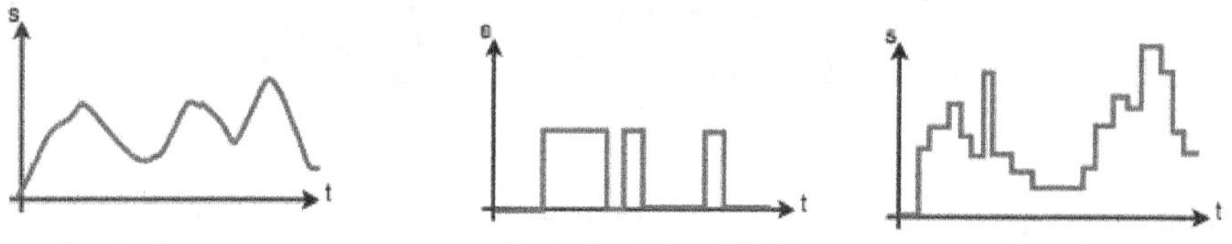

Analogique | Tout-Ou-Rien (TOR) | Numérique

Critères de performance

Critères statiques

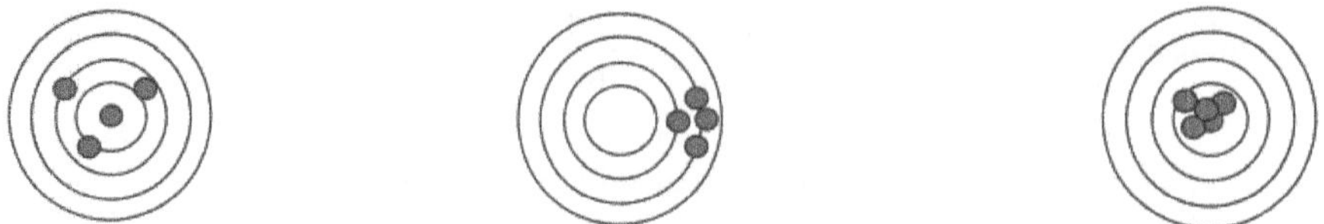

Juste
Les valeurs sont centrées autour de la valeur réelle, mais peuvent en être éloignées.

Fidèle
Les valeurs sont regroupées autour d'une valeur, mais cette valeur peut être fausse.

Précis
Les valeurs sont regroupées autour de la valeur réelle.

Précis = Juste+Fidèle

Critères dynamiques

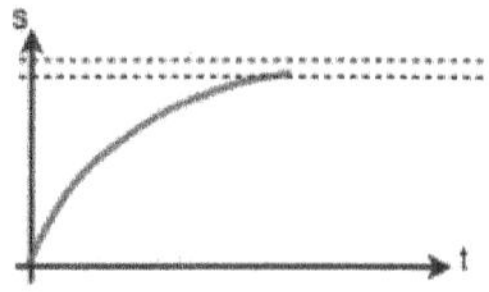

Temps de réponse

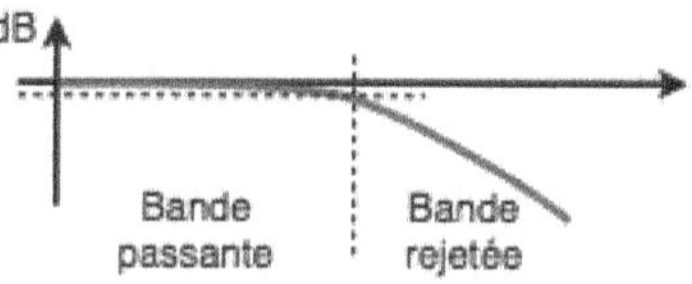

Bande passante à -3 dB : le capteur ne détecte plus les sollicitations dans la bande rejetée

Codeurs

Nature du codeur

Codeur incrémental : le plus courant, il délivre des impulsions (information Tout-Ou-Rien). Il faut donc compter le nombre d'impulsions pour connaître l'angle de rotation du codeur, et il est nécessaire de définir une origine à partir de laquelle on compte les impulsions.

Codeur relatif : il délivre une grandeur numérique représentative d'un angle. Il suffit donc de lire directement la valeur fournie pour connaître l'angle de rotation du codeur.

Calculs liés aux codeurs incrémentaux

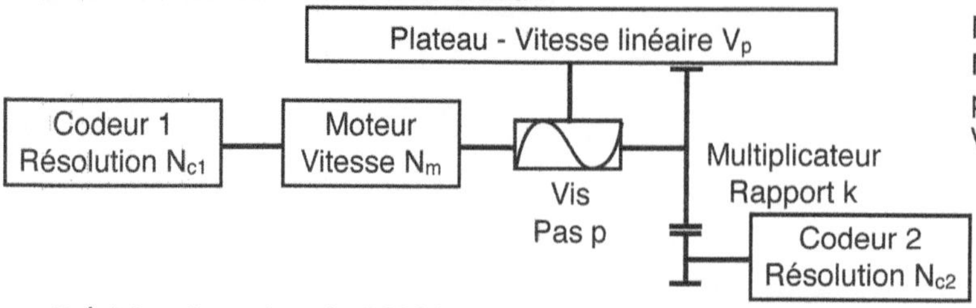

Nc en points/tr
Nm en tr/mn
p en mm/tr
V_p en mm/s

Précision du codeur 1 : $360/N_{c1}$ en ° de rotation de la vis
Précision du codeur 2 : $360/N_{c12}$ en ° de rotation de la vis (donc plus précis à résolution égale)
Précision de positionnement du plateau : p/N_{c1} en mm/point
Fréquence d'acquisition des signaux du codeur 1 : $N_{c1}.N_m/60$ en Hz (point/s)
Fréquence d'acquisition des signaux du codeur 2 : $kN_{c1}.N_m/60$ en Hz (point/s)

D. Exercices

Exercice 1 : Spiralift (Concours ATS 2017) *(Corrigé page 617)*

Le système Spiralift est un mécanisme permettant d'élever des plateformes dans des salles de spectacle, afin de rendre modulaire la configuration de la salle.

Une plate-forme d'ascenseur d'orchestre peut s'abaisser au niveau du plancher de l'espace de stockage permettant ainsi à des opérateurs de faire glisser sur la plate-forme le matériel de scène, comme des décors ou des instruments de musique.

Le positionnement de cette plate-forme doit être effectué avec une grande précision, afin de permettre le déploiement du matériel de scène par roulage entre l'espace de stockage et l'ascenseur d'orchestre.

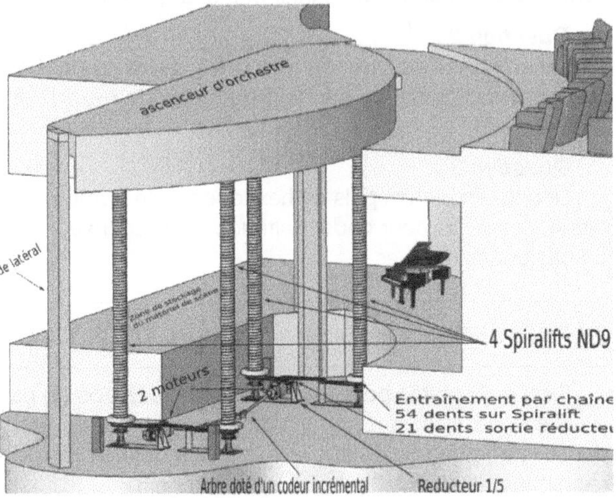

La mesure de l'altitude de l'ascenseur d'orchestre est déduite de la position angulaire (sur plusieurs tours) de l'arbre d'entraînement du Spiralift.
st compatible avec la course de l'ascenseur d'orchestre.

Le diagramme des exigences impose que :

- l'ascenseur se déplace entre deux niveaux distants de 5,60 mètres ;
- la mesure de la hauteur de la plateforme doit pouvoir détecter un déplacement de 0,2 mm ;
- la valeur représentative de l'altitude doit être codée sur 2 octets.

L'objectif de cette étude est de vérifier que la résolution du capteur d'altitude permet de mesurer le plus petit écart d'élévation que l'on souhaite détecter et de vérifier que le format de stockage de l'altitude est compatible avec la course de l'ascenseur d'orchestre.

Données

La position angulaire de cet arbre est mesurée à l'aide d'un codeur incrémental délivrant 32 impulsions par tour, associé à un compteur. Le compteur est incrémenté de un à chaque impulsion quand la plate-forme monte (décrémenté de un à chaque impulsion quand la plate-forme descend). Le niveau le plus bas de l'ascenseur d'orchestre est détecté par un capteur de fin de course placé sur le rail de guidage.

Lorsque l'ascenseur d'orchestre est à son niveau le plus bas, le compteur est mis à zéro. Ainsi, le nombre stocké au niveau du compteur est proportionnel à l'altitude de l'ascenseur d'orchestre.

Données :

- la course totale de la plate-forme d'ascenseur d'orchestre est de 5,6 m ;
- la sortie du réducteur est reliée à la couronne du Spiralift ND9 par une chaîne, telle que :
  - le pignon associé à l'axe du réducteur, comporte 21 dents,
  - le pignon associé à la couronne du Spiralift comporte 54 dents ;
- un tour de la couronne du Spiralift ND9 provoque une variation d'altitude de l'ascenseur d'orchestre d'une hauteur de 52,9 mm.

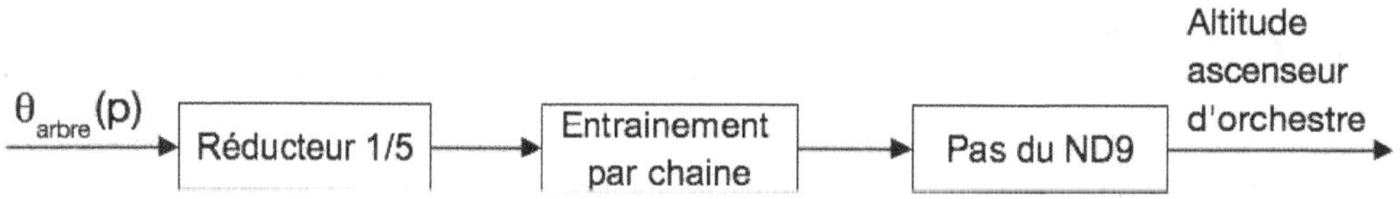

Question 1

Déterminer le plus petit écart d'altitude de l'ascenseur d'orchestre mesurable par ce dispositif et vérifier que l'exigence du cahier des charges est respectée.

Question 2

Déterminer l'altitude du plancher de la zone de stockage par rapport à la position basse de l'ascenseur d'orchestre sachant que le code hexadécimal correspondant à l'altitude de ce plancher est 0x184E.

Question 3

Donner en binaire puis en hexadécimal le nombre codant l'altitude maximale. En déduire le nombre de bits nécessaires pour coder l'altitude de l'ascenseur d'orchestre. Ce résultat est-il conforme à l'exigence du cahier des charges ?

Exercice 2 : Train pendulaire (Concours ATS 2013)

(Corrigé page 617)

Il est aujourd'hui possible de réduire les temps de parcours en train grâce à la grande vitesse.

Sur ligne classique, pour compenser l'accélération transversale, la voie est posée avec un dévers dans les portions de courbe, c'est-à-dire que le plan des rails est incliné par rapport au plan horizontal (le rail extérieur est plus haut que le rail intérieur).

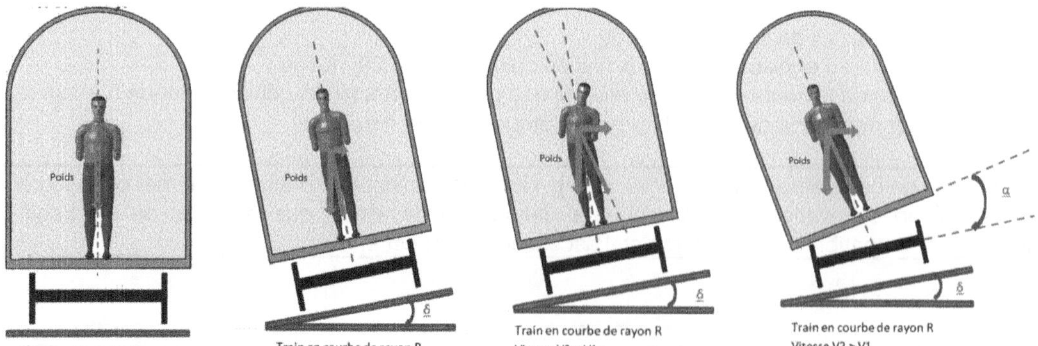

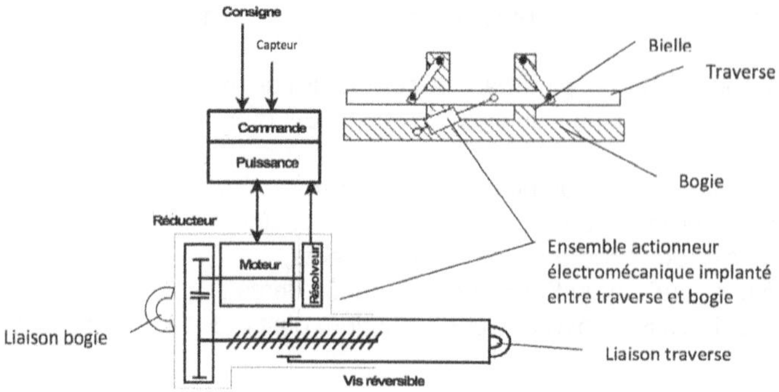

La dernière figure ci-dessus représente un train pendulaire, solution dans laquelle un système de pendulation interposé entre le bogie et la caisse permet de compenser l'accélération transversale pour des vitesses élevées.

Le schéma de principe de ce système est proposé ci-contre, dans lequel un moteur permet de mettre en mouvement un vérin électrique.

Le cahier des charges précise que, sur une consigne de position, la course de l'axe de l'actionneur du système de pendulation ne doit présenter aucun écart supérieur à 2 mm.

On se propose de vérifier cette précision de pendulation.

La course effectuée par l'axe de l'actionneur est connue grâce à un codeur monté à l'extrémité de l'axe moteur.

La réduction utilisée est de 100 ($\omega_m/\omega_{codeur} = 100$) entre la rotation de l'axe moteur et celle du codeur.

Le pas de la vis vaut p = 10 mm.

Le réducteur de la transmission a pour rapport $N=\omega_m/\omega_{vis} = 3{,}04$.

Question 1

Déterminer la rotation qu'effectue le codeur pour la course maximale de l'axe actionneur de 140 mm.

Question 2

Justifier alors le choix de ce rapport de réduction.

L'incertitude sur le calage du codeur est de ±10 minutes d'angle.

On donne la définition des différents jeux dans la chaîne d'actionneur :

- articulations actionneur/bogie et actionneur/traverse : $\Delta art = \pm\ 0{,}12$ mm ;
- jeu au niveau du couple d'engrenages du réducteur : $\Delta red = \pm\ 0{,}2°$;
- jeu pour la vis à rouleau : $\Delta vis = \pm\ 0{,}02$mm.

Question 3

Exprimer la course de l'actionneur Xv en fonction de l'angle α_{codeur} du codeur en intégrant les différents jeux.

Question 4

En déduire la précision de positionnement de l'axe de l'actionneur pour une course de 140 mm et conclure vis-à-vis du cahier des charges.

Exercice 3 : Top Chair S (Concours CCP TSI 2013)

(Corrigé page 618)

Le fauteuil TopChair S offre aux personnes à mobilité réduite une nouvelle possibilité de se déplacer sans assistance à domicile, au travail ou en ville. Ce fauteuil roulant électrique est capable de franchir obstacles et marches sans nécessiter l'installation d'une structure fixe.

Le mode «escalier» permet au fauteuil de monter et descendre les escaliers. Dans ce mode, le microcontrôleur a besoin d'une information de position du fauteuil par rapport aux marches.

Des capteurs de distance, tous identiques, permettent la détection de la première et de la dernière marche.

Les capteurs utilisés sont des capteurs SHARP GP2Y0A21YK0F, dont les caractéristiques sont fournies page suivante.

Question 1

Donner les caractéristiques du capteur : le type de rayon émis, la tension d'alimentation recommandée, le temps maximum (T_m) entre deux mesures.

En déduire la fréquence minimale (f_m) de prise d'échantillon. Donner, d'après la courbe page suivante, la tension de sortie maximum.

Capteur de distance SHARP GP2Y0A21YK0F

Caractéristiques

- lumière non visible : infrarouge ;
- faible influence de la couleur de l'objet et de sa réflectivité grâce à la méthode de mesure ;
- grande amplitude de mesure ;
- aucun circuit de contrôle nécessaire, la sortie peut être reliée directement à un micro-processeur.

Applications

- utilisable aussi bien pour la détection de personnes que d'objets variés.

Schémas blocs

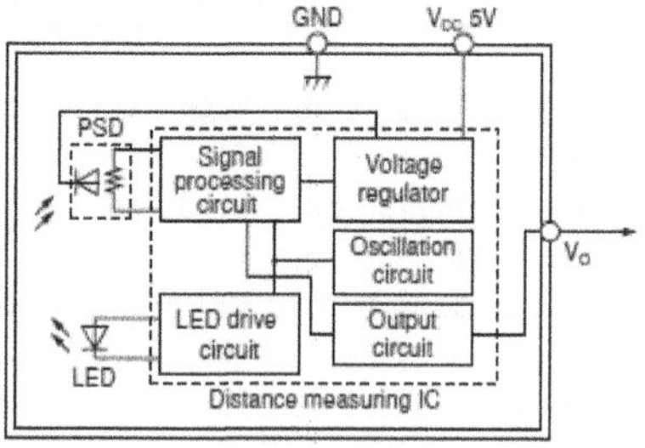

Caractéristiques électro-optique mesurées par réflexion sur une feuille blanche

Paramètre	Symbole	Conditions	Min.	Typ.	Max	Unité
Distance de mesure	ΔL		20	-	150	cm
Tension de sortie	Vo	pour L = 150 cm	0,25	0,4	0,55	V
Variation de la tension de sortie	ΔVo	Pour une distance variant de L = 150 cm à 20 cm	1,8	2,05	2,3	V
Dissipation moyenne de courant	Icc	-	-	33	50	mA

Conditions de fonctionnement

Tension d'alimentation conseillée	Vcc	4,5 à 5	V
Tension de sortie	Vo	–0,3 à Vcc + 0,3	V
Température de fonctionnement	T_{op}	–10 à +60	°C

Chronogramme

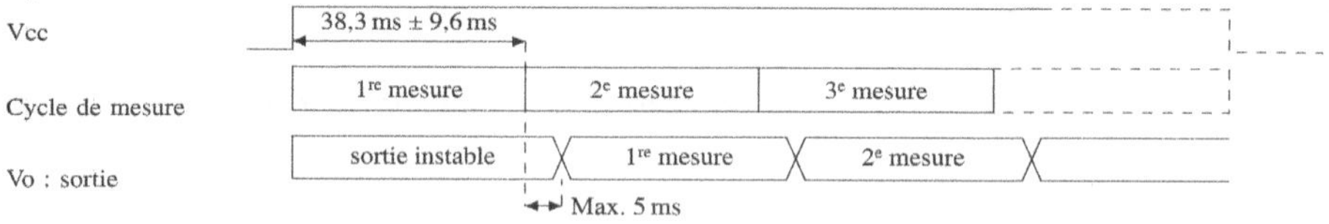

Tension de sortie Vo en fonction de la distance L

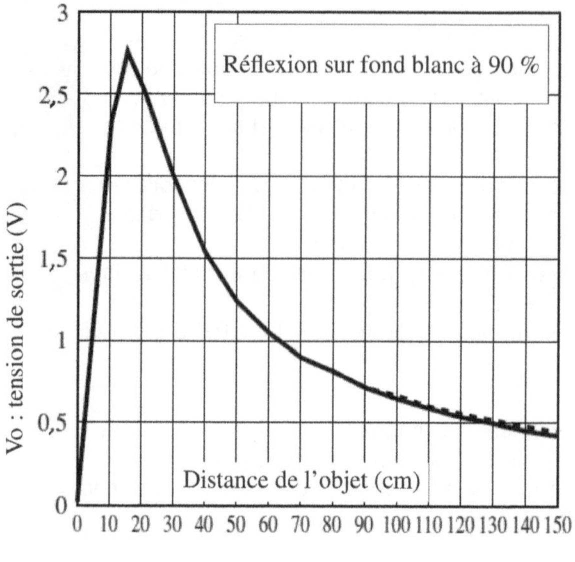

Question 2

Préciser le type de signal fourni par le capteur. En déduire la fonction nécessaire au traitement de cette information par le microprocesseur.

Conclure sur la compatibilité de la connexion directe du capteur avec un microprocesseur alimenté en 5 V ($V_{référence}$ = 5 V).

Question 3

Donner la tension fournie par le capteur pour une distance mesurée de 15 cm, 9 cm, 30 cm, 4 cm et 65 cm. Que constatez-vous ?

Préciser le domaine d'emploi du capteur.

Proposer, en justifiant, une méthode permettant de déterminer que le capteur sort de son domaine d'emploi lorsque le fauteuil s'approche d'un obstacle.

Chapitre 21. Amplification du signal

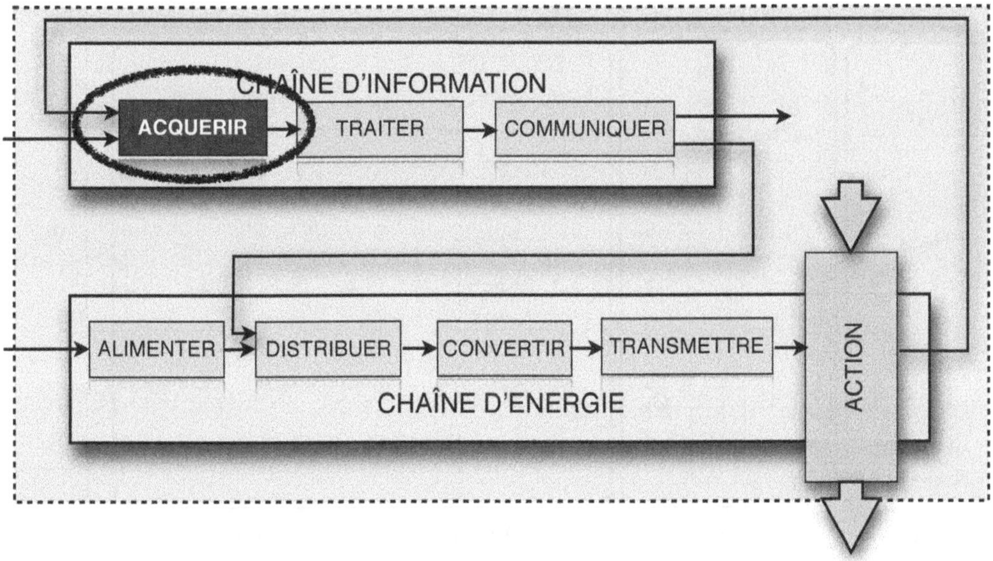

Les capteurs fournissent souvent des signaux électriques de (très) faible valeur. Afin de les rendre exploitables par le traitement des informations, il va donc falloir les amplifier.

A. Conditionnement du signal

Les capteurs ont pour fonction de fournir une image d'une grandeur physique sous la forme d'un signal le plus souvent électrique. Le courant ou la tension en sortie du capteur sont alors représentatifs de la grandeur à mesurer.

Cependant, cette grandeur est généralement de faible intensité, ce qui la rend difficilement exploitable directement par le bloc «Traiter l'information».

Ainsi, un électroencéphalogramme mesure les tensions des ondes alpha à gamma, d'une amplitude de quelques µV. Une jauge de contrainte délivre, par l'intermédiaire d'un pont de Wheatstone, des tensions de l'ordre du mV.

Le rôle de la chaîne de conditionnement du signal est d'amplifier ces signaux électriques. Nous verrons dans les cours suivants qu'il sera de plus nécessaire :

- de filtrer ces signaux afin de s'affranchir des fréquences parasites amplifiées lors de l'amplification du signal,
- de convertir la grandeur analogique en grandeur numérique.

Le composant qui est à l'origine de cette amplification, et qui sera étudié dans ce cours, est l'Amplificateur Linéaire Intégré (A.L.I.), connu également sous l'ancien terme d'amplificateur opérationnel.

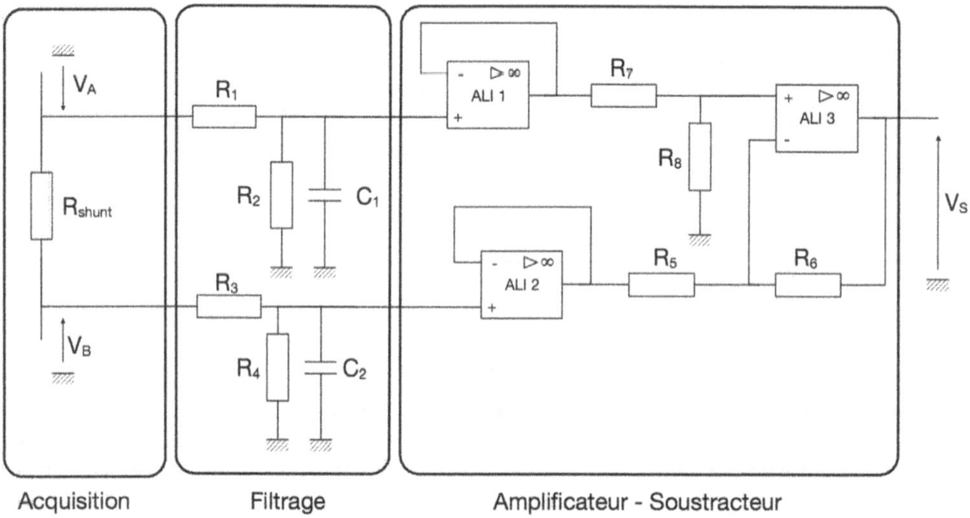

B. Caractéristiques de l'Amplificateur Linéaire Intégré

B.1 Symbolisation

Le symbole de l' A.L.I. est le suivant :

Norme française : Norme américaine :

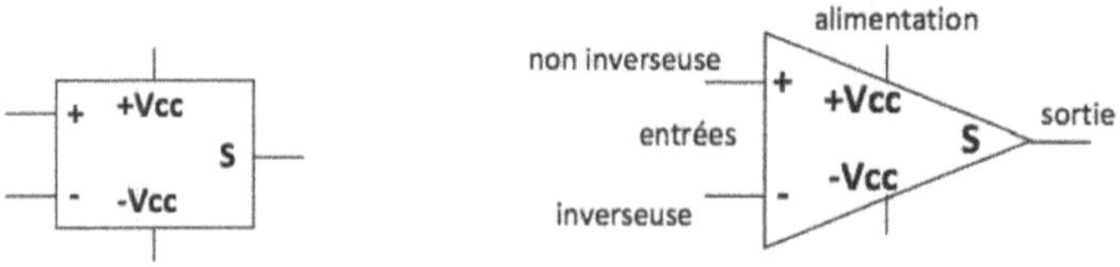

Il s'agit d'un composant actif, qui nécessite une tension d'alimentation Vcc pour fonctionner.

B.2 Caractéristique et principe de fonctionnement

B.2.1 Principe de fonctionnement

Le fonctionnement d'un ALI est défini par sa tension différentielle $\varepsilon = V^+ - V^-$, et sa tension de sortie V_S qui ne peut dépasser la tension d'alimentation V_{cc}.

Pour de très faibles valeurs de ε, l'ALI se comporte comme un amplificateur, de gain très élevé : de l'ordre de 10^5.

La tension de sortie est alors :

$$V_S = A_{vd}\left(V^+ - V^-\right) = A_{vd}\varepsilon$$

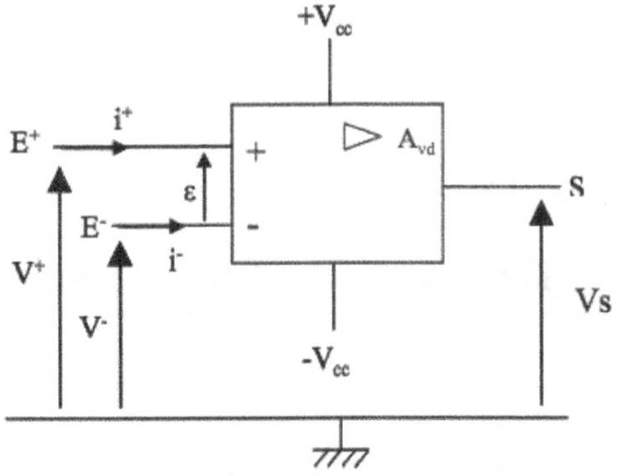

Cette tension de sortie est théoriquement limitée à V_{cc}. En réalité, sa valeur maximale est légèrement inférieure, notée V_{sat} (tension de saturation).

La différence V_{cc}-V_{sat} est appelée tension de déchet (1 à 2 V).

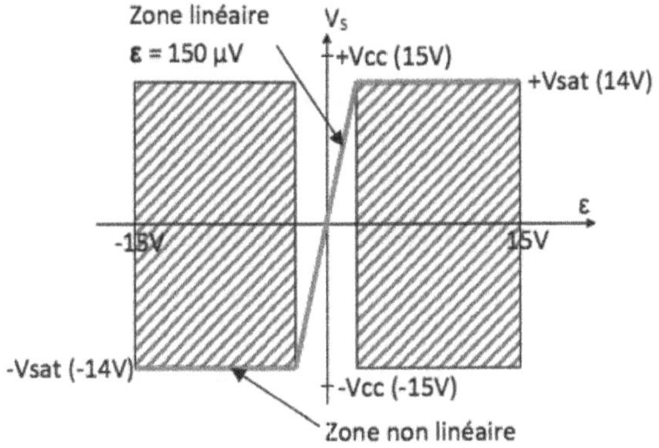

En «boucle ouverte», l'ALI fonctionne donc en mode linéaire pour de très faibles valeurs de ε (quelques mV), et en mode non linéaire au-delà (l'ALI est saturé).

En dehors de la zone de fonctionnement linéaire, l'ALI fonctionne donc dans un mode «Tout Ou Rien» en fonction du signe de ε.

Nous verrons par conséquent que pour faire fonctionner ce composant en amplificateur, il faut le faire travailler en «boucle fermée» en insérant une boucle de réaction, consistant à relier sa sortie à l'entrée inverseuse.

Nous étudierons dans ce chapitre les deux modes de fonctionnement de l'ALI, le mode non linéaire puis le mode linéaire :

- le mode non linéaire, donc en saturation, permettra d'effectuer les opérations de comparaison et de mise en forme d'un signal (génération d'un signal périodique carré) ;
- le mode linéaire permettra d'effectuer les opérations de multiplication (amplification), somme et différence.

B.2.2 Caractéristique d'un ALI parfait

Un Amplificateur Linéaire Intégré parfait est caractérisé par :

* une impédance d'entrée infinie : $i^+ = 0$, $i^- = 0$
* une impédance de sortie nulle : V_S est indépendant du courant de sortie i_S
* un coefficient d'amplification infini : $\varepsilon=0$ en régime linéaire, donc $V^+=V^-$.

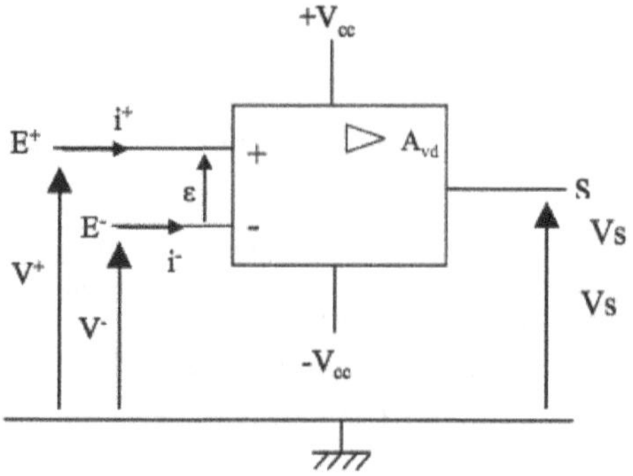

C. ALI en mode non linéaire

Un Amplificateur Linéaire Intégré fonctionnera en mode non linéaire s'il n'existe pas de boucle de contre-réaction (donc pas de liaison entre la sortie et l'entrée inverseuse V^-).
Une boucle de réaction positive (liaison entre la sortie et l'entrée non inverseuse V^+) peut exister.

Dans ce mode de fonctionnement, l'ALI permet :

- de comparer un signal à une tension de référence,
- de générer des signaux, périodiques ou non (mise en forme).

C.1 Comparateur simple

Un montage comparateur simple est un montage dans lequel un signal est comparé à une tension unique de référence.
Un montage à ALI sera un montage comparateur simple dès lors que sa sortie n'est pas reliée à son entrée non inverseuse.

C.1.1 Comparateur simple avec $V_{ref}=0$

C.1.1.1 Montage non inverseur

si $V_e > 0$ alors $\varepsilon > 0$, et $V_s = +V_{cc}$

si $V_e < 0$ alors $\varepsilon < 0$, et $V_s = -V_{cc}$

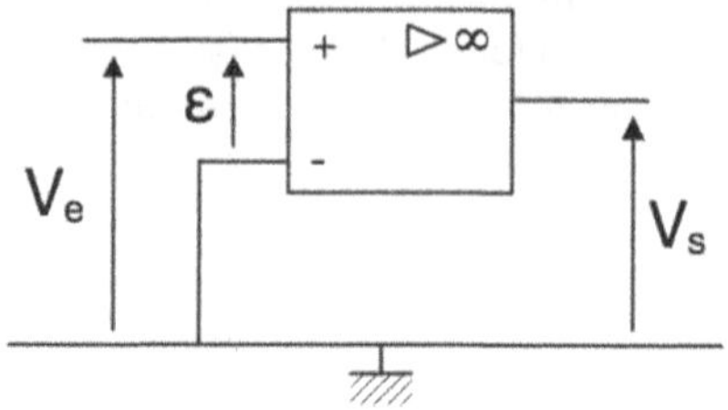

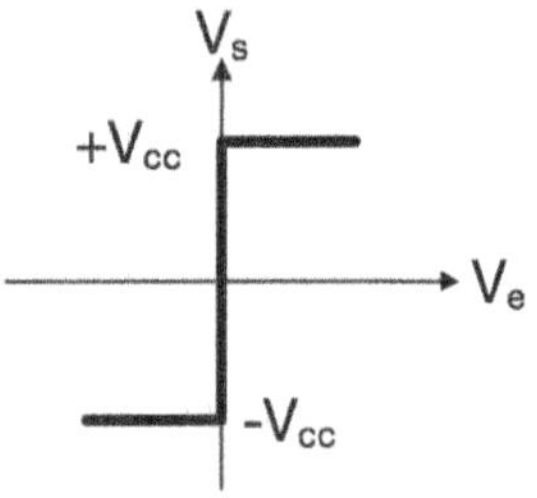

C.1.1.2 Montage inverseur

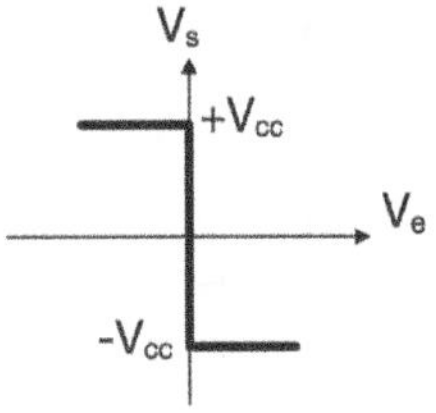

si $V_e > 0$ alors $\varepsilon < 0$ et $V_s = -V_{cc}$
si $V_e < 0$ alors $\varepsilon > 0$ et $V_s = +V_{cc}$

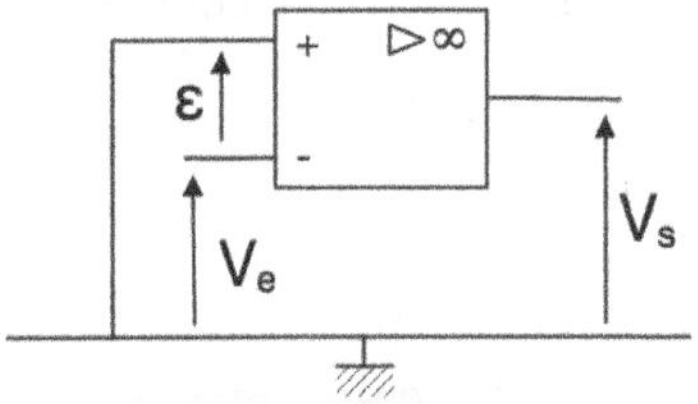

C.1.2 Comparateur simple avec $V_{ref} \neq 0$

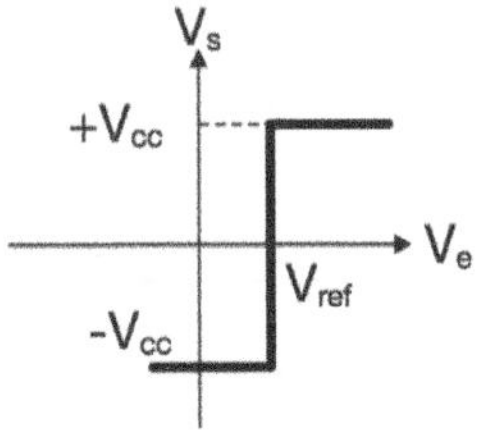

si $V_e > V_{ref}$ alors $\varepsilon > 0$, et $V_s = +V_{cc}$
si $V_e < V_{ref}$ alors $\varepsilon < 0$, et $V_s = -V_{cc}$

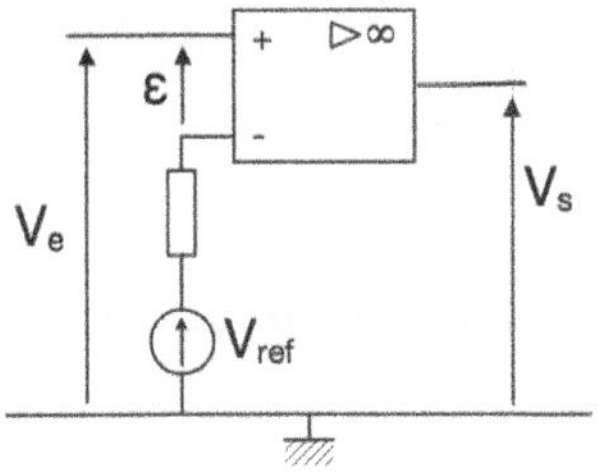

C.2 Comparateur à hystérésis

Lorsque la sortie de l'ALI est reliée à son entrée non inverseuse, alors le montage sera un comparateur à hystérésis, avec 2 seuils.

C.2.1 Comparateur à hystérésis non inverseur

Appliquons le théorème de Millmann sur l'entrée non inverseuse de l'ALI :

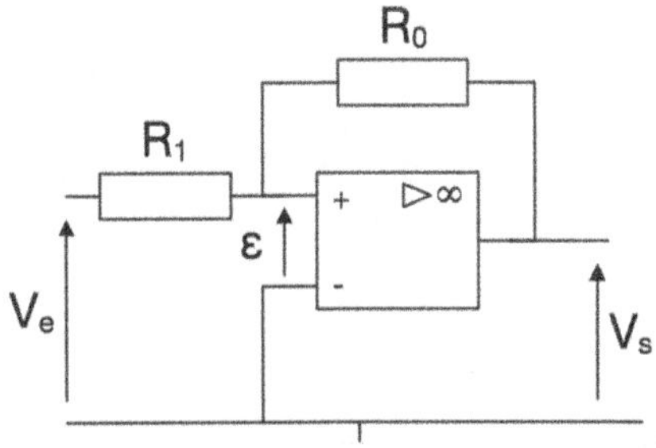

$$V^+ = \frac{G_1V_e + G_0V_s}{G_1 + G_0} = \frac{\frac{V_e}{R_1} + \frac{V_s}{R_0}}{\frac{1}{R_1} + \frac{1}{R_0}} \text{, donc } \varepsilon = \frac{R_0V_e + R_1V_s}{R_1 + R_0}$$

Etat de la tension de sortie :

- $V_s = +V_{cc}$ si $\varepsilon > 0$, donc si $R_0V_e + R_1V_{cc} > 0$

  $V_s = +V_{cc}$ si $V_e > -\frac{R_1}{R_0}V_{cc}$

- $V_s = -V_{cc}$ si $\varepsilon < 0$, donc si $R_0V_e - R_1V_{cc} < 0$

  $V_s = -V_{cc}$ si $V_e < \frac{R_1}{R_0}V_{cc}$

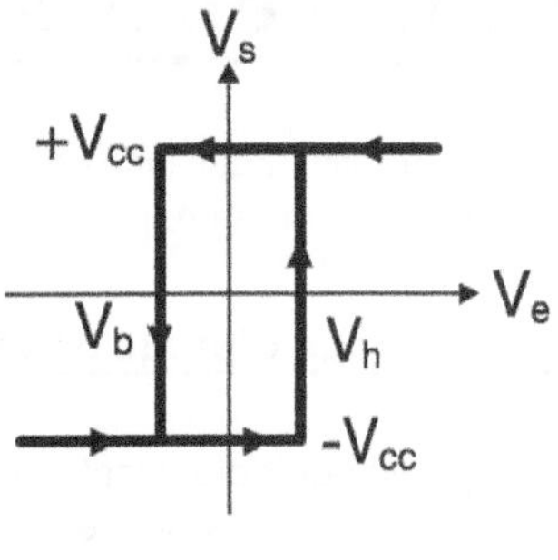

$V_b = -\frac{R_1}{R_0}V_{cc}$ et $V_h = \frac{R_1}{R_0}V_{cc}$ sont les seuils de l'hystérésis.

Remarque : le changement d'état s'effectue toujours au franchissement du second seuil.

C.2.2 Comparateur à hystérésis non inverseur, avec seuils non symétriques

L'application du théorème de Millmann permet d'écrire :

$$\varepsilon = \frac{R_0 V_1 + R_1 V_s}{R_1 + R_0} - V_{ref}$$

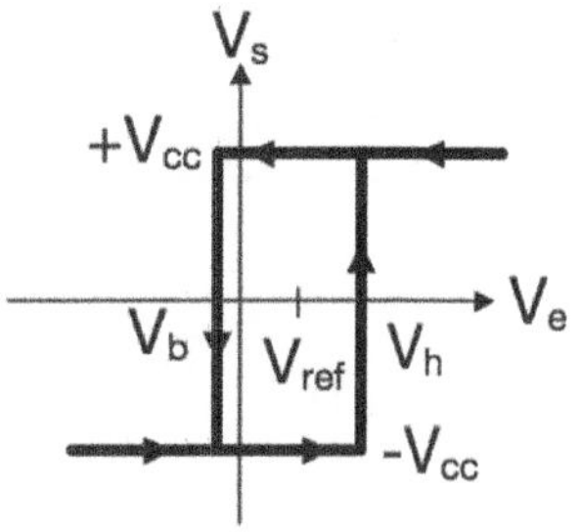

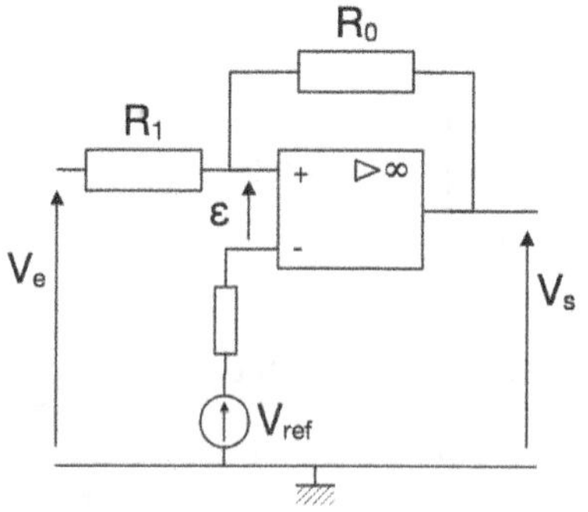

C.2.3 Intérêt du comparateur à hystérésis

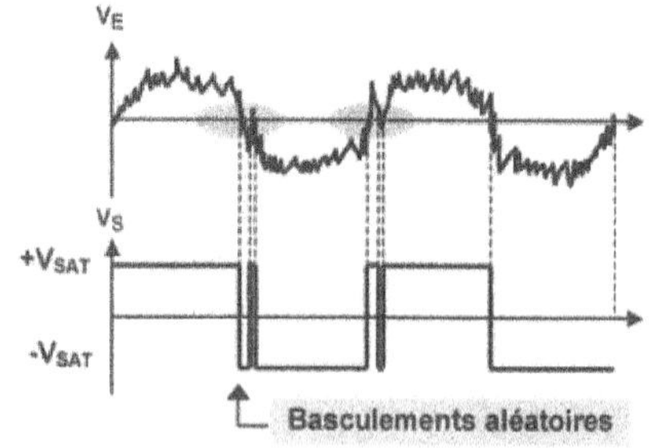

La comparaison d'un signal analogique par rapport à un seuil permet de convertir une grandeur analogique en une grandeur logique Tout-Ou-Rien.

Mais si le signal est bruité, donc superposé à des variations à hautes fréquences de faible intensité, alors un montage comparateur simple basculera plusieurs fois au franchissement du seuil.

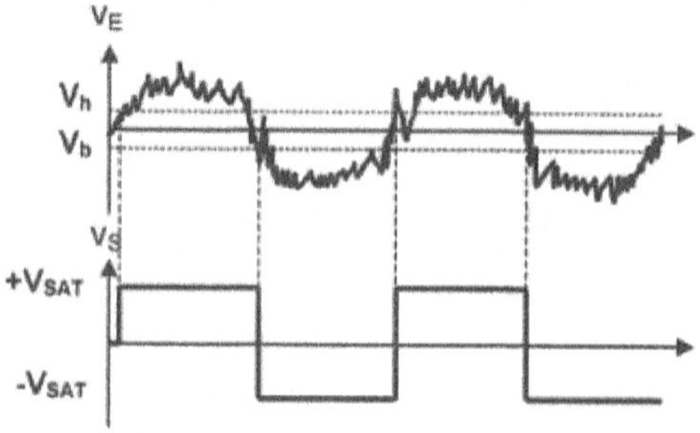

Le montage comparateur à hystérésis permet de s'affranchir de ces bruits, en attendant que le signal soit passé sous le seuil V_b avant de changer le signe de la tension de sortie V_s.

D. ALI en mode linéaire

Un Amplificateur Linéaire Intégré fonctionnera en mode linéaire si une boucle de contre réaction est installée : liaison entre la sortie et l'entrée inverseuse.

D.1 Méthode d'étude des montages linéaires

La méthodologie décrite ci-dessous permet de mener à bien l'étude de ces montages linéaires :

- Mise en évidence du mode de fonctionnement linéaire, par la présence d'une contre-réaction.
- Caractérisation de la nature du montage : non inverseur si le signal est relié à E+, inverseur sinon.

• Définition de la méthode analytique de calcul déployée : théorème de Millmann ou pont diviseur de tension.

• Conduite du calcul en exprimant le potentiel V^+ ou V^-, et en exploitant les caractéristiques d'un ALI parfait : $\varepsilon=0$, $V^+=V^-$, $i^+=i^-=0$.

• Conclusion sous la forme d'une fonction de transfert V_s/V_e.

D.2 Montages amplificateur

D.2.1 Montage amplificateur non inverseur

D.2.1.1 Cas général

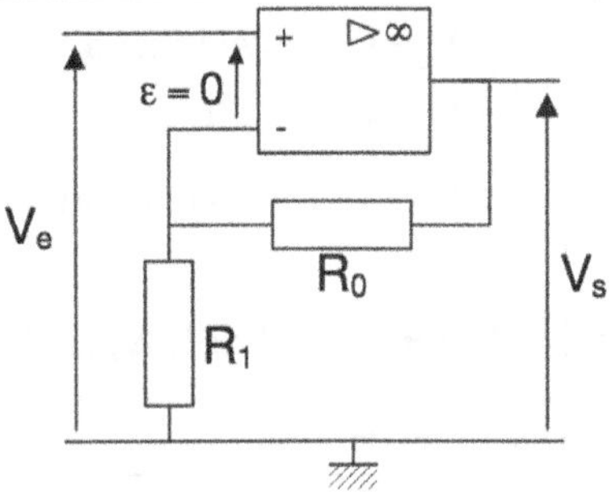

1. Présence d'une contre-réaction ➢ Fonctionnement linéaire.
2. Signal d'entrée sur E+ ➢ Montage non inverseur.
3. Résolution par application du théorème de Millmann sur l'entrée inverseuse.
4. Développement des calculs :

$$V^- = \frac{G_0 V_s}{G_0 + G_1} = \frac{\frac{V_s}{R_0}}{\frac{1}{R_0}+\frac{1}{R_1}} = \frac{R_1 V_s}{R_0 + R_1}$$

Or $V_e = V^+ = V^-$ car $\varepsilon=0$. Donc $V_e = \frac{R_1}{R_0 + R_1} V_s$

5. D'où la fonction de transfert du montage :

$$\frac{V_s}{V_e} = \frac{R_0 + R_1}{R_1}$$

D.2.1.2 Cas particulier : suiveur de tension

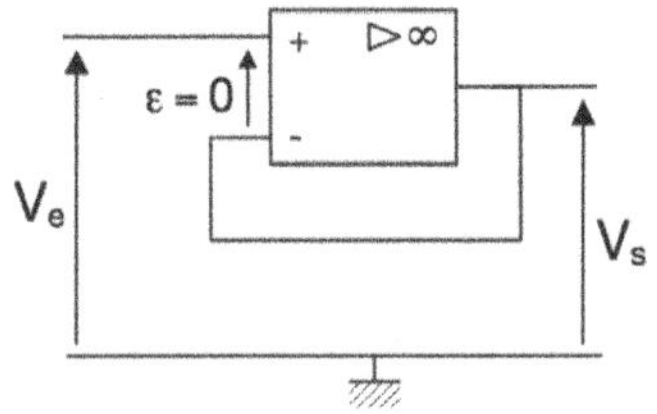

Si $R_0 = 0$ et $R_1 = \infty$ alors $\frac{V_s}{V_e} = 1 + \frac{R_0}{R_1} = 1$

Il s'agit du montage suiveur de tension.

D.2.2 Montage amplificateur inverseur

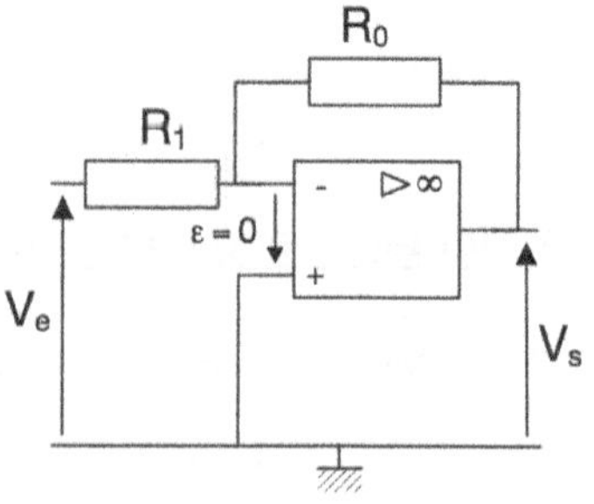

1. Présence d'une contre-réaction ➢ Fonctionnement linéaire.
2. Signal d'entrée sur E- ➢ Montage inverseur.
3. Résolution par application du théorème de Millmann sur l'entrée inverseuse.
4. Développement des calculs :

$$V^- = \frac{G_0V_s + G_1V_e}{G_0 + G_1} = \frac{\frac{V_s}{R_0} + \frac{V_e}{R_1}}{\frac{1}{R_0} + \frac{1}{R_1}} = \frac{R_1V_s + R_0V_e}{R_0 + R_1}$$

Or $V^- = 0$ car l'ALI est parfait, donc ε=0, et donc $V^- = V^+ = 0$.

Donc $R_1V_s + R_0V_e = 0$.

5. D'où la fonction de transfert du montage : $\frac{V_s}{V_e} = -\frac{R_0}{R_1}$

D.3 Montage amplificateur de différence

D.3.1 Cas général

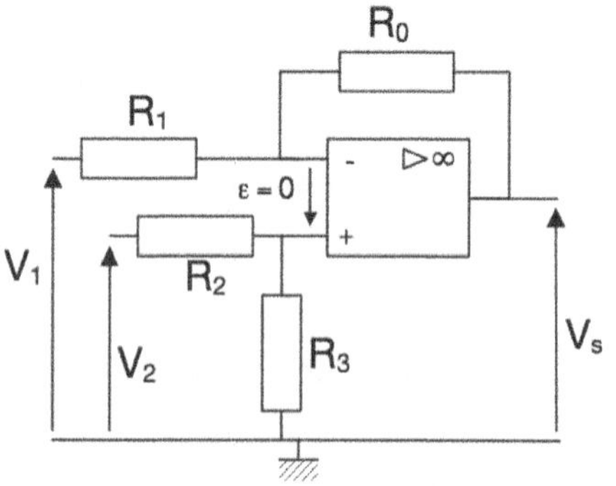

1. Présence d'une contre-réaction ➢ Fonctionnement linéaire.
2. Signal d'entrée sur E+ et E- ➢ Pas de conclusion immédiate.
3. Résolution par application du théorème de Millmann sur l'entrée inverseuse puis non inverseuse.
4. Développement des calculs :

$$V^- = \frac{G_0V_s + G_1V_1}{G_0 + G_1} = \frac{\frac{V_s}{R_0} + \frac{V_1}{R_1}}{\frac{1}{R_0} + \frac{1}{R_1}} = \frac{R_1V_s + R_0V_1}{R_0 + R_1}$$

$$V^+ = \frac{G_2V_2}{G_2 + G_3} = \frac{R_3V_2}{R_2 + R_3}$$

Or $V^- = V^+$ (ALI parfait)

Donc $\frac{R_1V_s + R_0V_1}{R_0 + R_1} = \frac{R_3V_2}{R_2 + R_3}$

5. D'où la fonction de transfert du montage : $V_s = \frac{R_0 + R_1}{R_1(R_2 + R_3)}R_3V_2 - \frac{R_0}{R_1}V_1$

D.3.2 Cas particulier

Si $R_3 = R_0$ et $R_2 = R_1$ alors la fonction de transfert s'écrit :

$$V_s = \frac{R_0}{R_1}(V_2 - V_1)$$

Il s'agit alors d'un montage soustracteur de tension.

D.4 Montage amplificateur de somme

D.4.1 Cas général

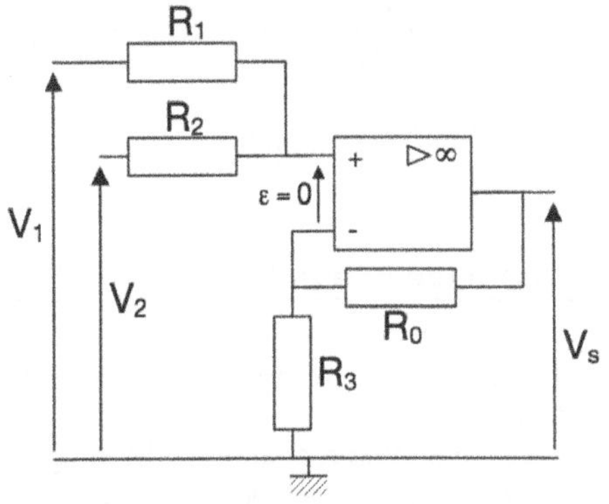

1. Présence d'une contre-réaction ➢ Fonctionnement linéaire.
2. Signaux d'entrée sur E+ ➢ Montage non inverseur.
3. Résolution par application du théorème de Millmann sur l'entrée inverseuse puis non inverseuse.
4. Développement des calculs :

$$V^- = \frac{G_0 V_s}{G_0 + G_3} = \frac{R_3 V_s}{R_0 + R_3}$$

$$V^+ = \frac{G_1 V_1 + G_2 V_2}{G_1 + G_2} = \frac{R_2 V_1 + R_1 V_2}{R_1 + R_2}$$

Or $V^- = V^+$ (ALI parfait)

Donc $\frac{R_3 V_s}{R_0 + R_3} = \frac{R_2 V_1 + R_1 V_2}{R_1 + R_2}$

5. D'où la fonction de transfert du montage :

$$V_s = \frac{R_0 + R_3}{R_1 + R_2}\left(\frac{R_2}{R_3} V_1 + \frac{R_1}{R_3} V_2\right)$$

D.4.2 Cas particulier

Si $R_3 = R_0$ et $R_2 = R_1$ alors la fonction de transfert s'écrit :

$$V_s = V_1 + V_2$$

Il s'agit alors d'un montage sommateur de tension.

D.5 Montage dérivateur

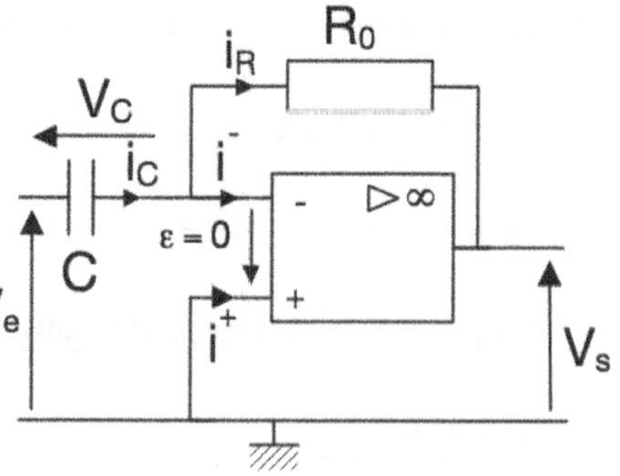

1. Présence d'une contre-réaction ➢ Fonctionnement linéaire.
2. Signaux d'entrée sur E- ➢ Montage inverseur.
3. Résolution par application des lois de Kirchhoff.
4. Développement des calculs :

$$V_e - V_C - R_0 i_R - V_s = 0$$

Or $V_e = V_c$ car ε=0 (ALI parfait)

$i_c = i_R$ car $i^- = 0$ (ALI parfait)

$i_c = C\dfrac{du_c}{dt}$ (relation caractéristique)

5. D'où la fonction de transfert : $V_s = -R_0 C\dfrac{dV_e}{dt}$ ➢ Montage dérivateur inverseur

D.6 Montage intégrateur

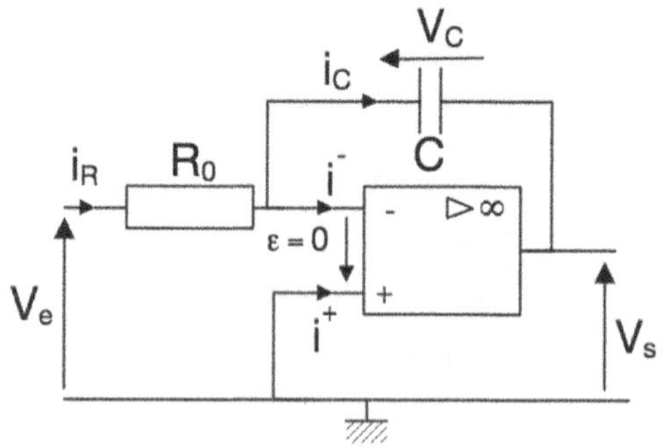

1. Présence d'une contre-réaction ➢ Fonctionnement linéaire.
2. Signaux d'entrée sur E- ➢ Montage inverseur.
3. Résolution par application des lois de Kirchhoff.
4. Développement des calculs :

$$V_e - R_0 i_R - V_C - V_s = 0$$

Or $V_e = R_0 i_R$ car ε=0 (ALI parfait)

$i_c = i_R$ car $i^- = 0$ (ALI parfait)

$i_c = C\dfrac{du_c}{dt}$ (relation caractéristique)

5. D'où la fonction de transfert : $V_e = -R_0 C\dfrac{dV_s}{dt}$, soit :

$$V_s = -\frac{1}{R_0 C}\int V_e\,dt$$ ➢ Montage intégrateur inverseur

CE QU'IL FAUT RETENIR

Caractéristiques d'un ALI parfait

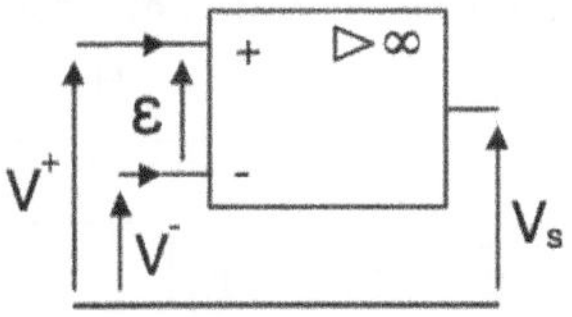

Impédance d'entrée infinie : $i^+=0$, $i^-=0$
Impédance de sortie nulle : V_S est indépendant de i_S
Coefficient d'amplification infini : $\varepsilon=0$ en régime linéaire ➢ $V^+=V^-$

Modes de fonctionnement

Sortie non reliée à l'entrée inverseuse E- ➢ Mode non linéaire (saturé)
Sortie reliée à l'entrée inverseuse E- ➢ Mode linéaire

ALI en mode non linéaire (saturé)

Sortie non reliée à l'entrée non inverseuse E+ ➢ Comparateur simple
Sortie reliée à l'entrée non inverseuse E+ ➢ Comparateur à double seuil

Exemple : comparateur simple

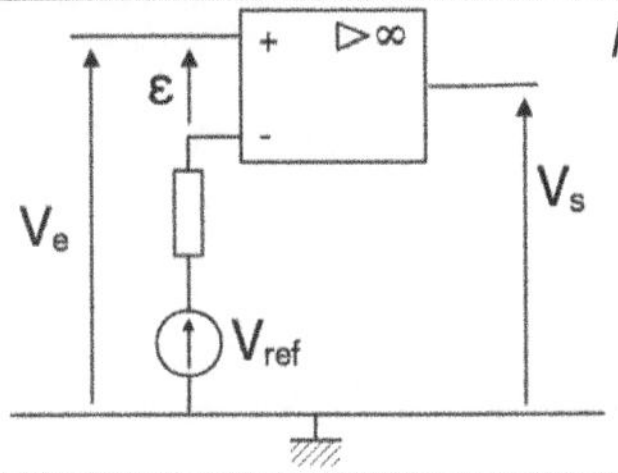

Non inverseur avec Vref≠0

$V_e > V_{ref}$ ➢ $\varepsilon > 0$ ➢ $V_s = +V_{cc}$

$V_e < V_{ref}$ ➢ $\varepsilon < 0$ ➢ $V_s = -V_{cc}$

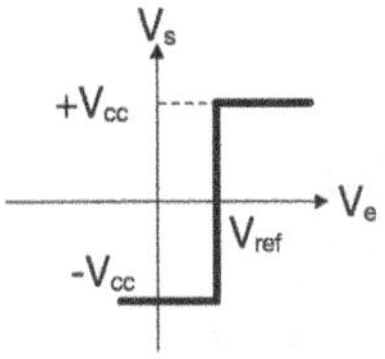

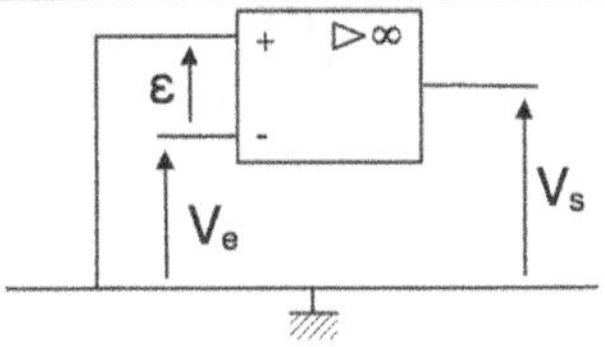

Inverseur avec Vref=0

$V_e > 0$ ➢ $\varepsilon < 0$ ➢ $V_s = -V_{cc}$

$V_e < 0$ ➢ $\varepsilon > 0$ ➢ $V_s = +V_{cc}$

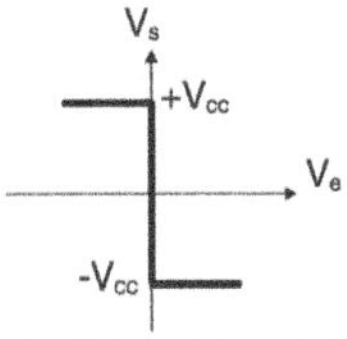

ALI en mode linéaire

Méthode d'étude

1. Présence d'une contre-réaction ➢ Mode linéaire
2. Montage non inverseur si le signal est relié à E+, inverseur sinon
3. Méthode de calcul déployée : théorème de Millmann ou pont diviseur de tension
4. Conduite du calcul en exploitant les caractéristiques d'un ALI parfait
5. Conclusion sous la forme d'une fonction de transfert V_S/V_e

Exemple d'étude : montage amplificateur non inverseur

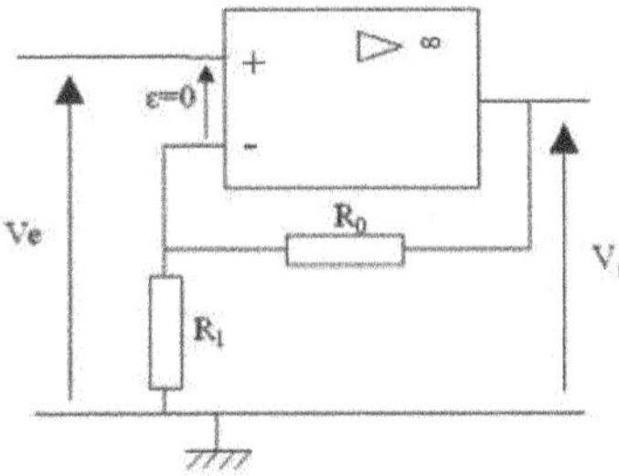

Millmann sur E- : $V^- = \dfrac{R_1 V_s + R_0 V_1}{R_0 + R_1}$

ALI parfait : $V_e = V^+ = V^-$

Fonction de transfert : $\dfrac{V_s}{V_e} = \dfrac{R_0 + R_1}{R_1}$

CE QU'IL FAUT RETENIR

Exemple d'étude : montage soustracteur

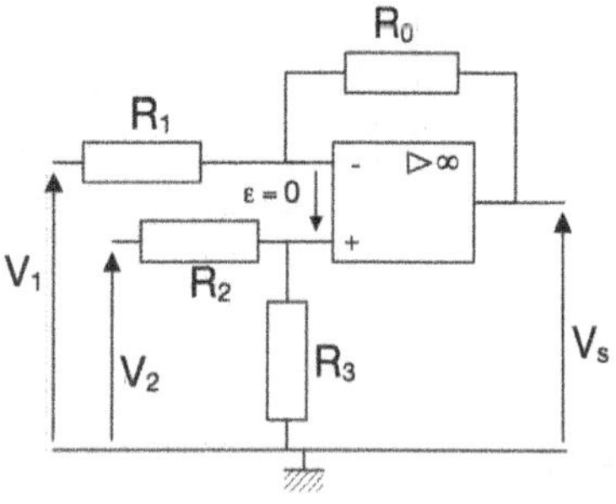

Millmann sur E- et E+ : $V^- = \frac{R_1 V_s + R_0 V_1}{R_0 + R_1}$ et $V^+ = \frac{R_3 V_2}{R_2 + R_3}$

ALI parfait : $V^- = V^+$

Fonction de transfert : $V_s = \frac{R_0 + R_1}{R_1 (R_2 + R_3)} R_3 V_2 - \frac{R_0}{R_1} V_1$

Exemple d'étude : montage dérivateur

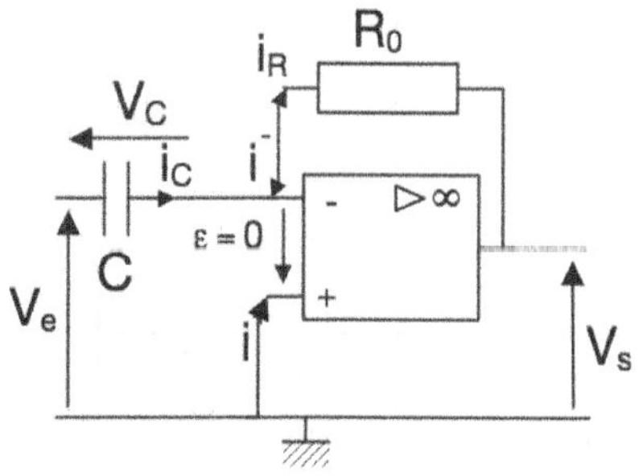

Lois de Kirchhoff : $V_e - V_C - R_0 i_R - V_s = 0$

Relation caractéristique : $i_c = C \frac{dV_c}{dt}$

ALI parfait : $V_e = V_c$ et $i_c = i_R$

Fonction de transfert : $V_s = -R_0 C \frac{dV_e}{dt}$

E. Exercices

Exercice 1 : Panneaux déroulants (Concours ATS 2011)

(Corrigé page 619)

Le panneau publicitaire déroulant, appartenant à la catégorie des mobiliers urbains pour l'information, est un objet installé dans l'espace public. Le système étudié est le système de panneau type sénior de 8 m^2 qui équipe de nombreuses villes dont Paris.

Ce panneau permet de faire défiler successivement dans un sens puis dans l'autre jusqu'à 7 affiches réunies en un bandeau, avec un temps d'exposition constant pour chaque affiche.

La gestion du défilement des affiches s'effectue par un automate programmable de type Siemens S7-216.

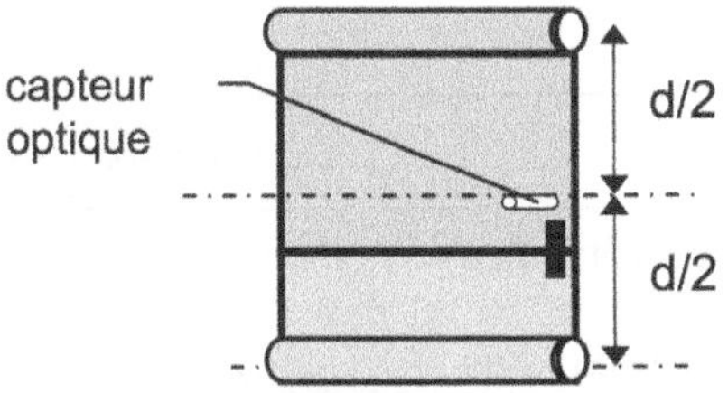

Le système dispose d'un capteur optique situé sur le coté arrière à égale distance des deux capteur rouleaux.

Les affiches sont reliées entre elles par un procédé ZipGrip et renforcées par une bande adhésive.

Sur le bord de celles-ci est placée une bande réfléchissante de 50 x 150 mm à cheval sur les deux affiches. Aux extrémités des affiches se trouvent des amorces (support d'affiche de même longueur) avec des bandes réfléchissantes 50 x 600 mm.

Lors d'un défilement normal, le capteur ne voit que les bandes réfléchissantes d'affiche.

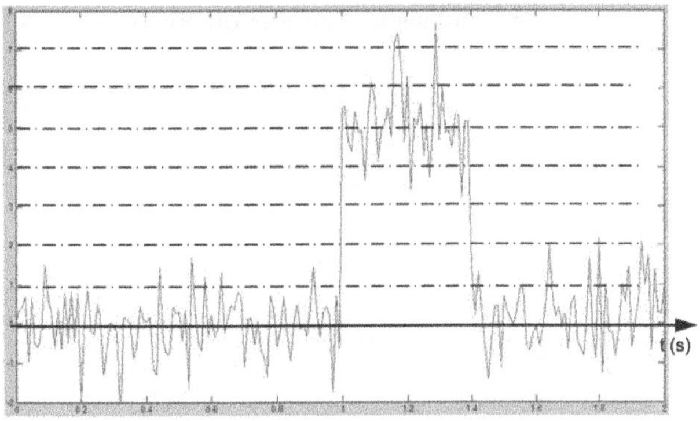

Le signal logique délivré par ce capteur est fortement bruité à cause des variateurs de vitesse situés à proximité de l'automate et des tubes de néon situés à l'arrière du panneau. La figure ci-contre montre le signal provenant du capteur optique.

En conséquence, un conformateur électronique doit être placé à l'entrée de l'automate. Le but de cette étude est de dimensionner ce conformateur, compte tenu de l'allure du signal provenant du capteur optique.

La structure de ce conformateur est la suivante :

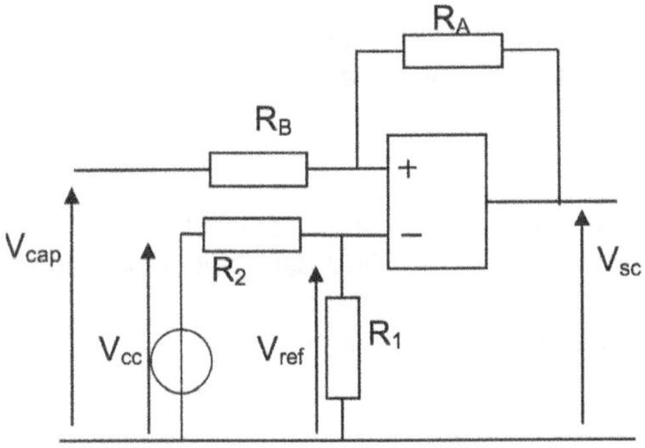

$R_A = 8{,}9\ k\Omega$
$R_B = 1{,}1\ k\Omega$
$R_1 = 1\ k\Omega$
$V_{CC} = 12\ V$
$V_{ref} = 2{,}2\ V$

L'ALI est alimenté entre $-V_{CC}$ et $+V_{CC}$ et sera supposé parfait.

Hypothèses :
$V_S = \pm V_{SAT} = \pm V_{CC}$

Question 1
Préciser le régime de fonctionnement de l'amplificateur opérationnel.

Question 2
Exprimer V_{ref} en fonction de R_1, R2 et V_{CC}. Calculer la valeur de R_2.

Question 3
Exprimer V^+ (tension sur l'entrée + de l'AOP) en fonction de R_A, R_B, V_{cap} et V_{SC}.

Question 4
En déduire les seuils de basculement V_{cap1} et V_{cap2}.

Question 5
Sont-ils compatibles avec le signal V_{cap} de la figure précédente ?

Question 6
Tracer la caractéristique de transfert V_{SC} en fonction de V_{cap}.

Exercice 2 : Maison hantée (Concours ATS 2009) *(Corrigé page 620)*

Un manège de parc d'attraction est composé de seize véhicules indépendants roulant sur une piste béton de 192 mètres.

Cette piste reçoit en son centre un rail de guidage qui fixe la trajectoire des véhicules.

Chaque voiture peut recevoir deux personnes au maximum.

On s'intéresse ici au système de verrouillage de la barre de sécurité qui a pour fonction de maintenir le passager durant le parcours :

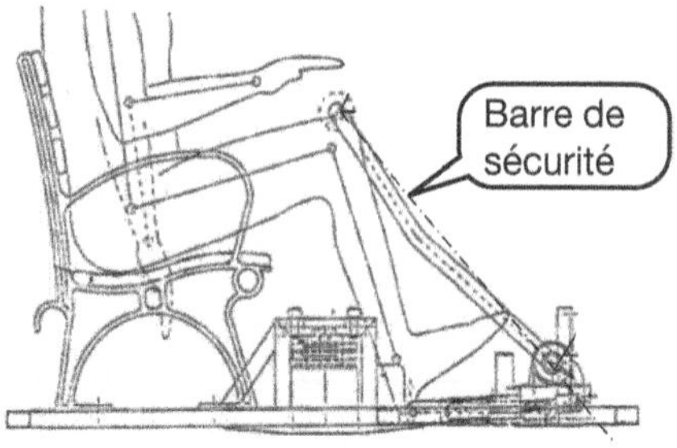

En fonctionnement normal, l'effort exercé sur la barre doit être compris entre 5N et 100N. Si l'effort est inférieur, la barre n'est pas correctement en place (actionneur défectueux).

Si l'effort est supérieur, la cause est soit un ralentissement trop brutal, soit une action volontaire des passagers.

Dans tous les cas, l'opérateur doit être prévenu de l'incident. L'exploitant se propose d'implanter un capteur à base de jauges de contrainte sur la barre à l'endroit où la contrainte est la plus forte.

La chaîne d'acquisition a la structure suivante :

Le capteur constitué d'un pont de jauges est placé sur la barre, la sensibilité est de 1,5mV/V, l'étendue de mesure est de 250N, ce qui entraîne un signal de sortie de 30µV par N pour un capteur alimenté sous 5V.

Les caractéristiques du convertisseur analogique numérique de l'automate sont :

- une résolution de 2,5 mV ;
- un codage sur 12 bits.

Pour que le résultat de la conversion soit significatif même pour les faibles valeurs de l'effort, la chaîne de conversion sera dimensionnée de manière à obtenir 5 incréments par newton en sortie du convertisseur analogique numérique.

Le conditionneur objet de cette étude permet d'alimenter le capteur et d'adapter le signal au convertisseur analogique numérique de l'automate.

Le signal de sortie du capteur est amplifié par un montage à base d'amplificateur d'instrumentation AD620. Cet amplificateur intégré possède un coefficient d'amplification réglable par une résistance extérieure R_g.

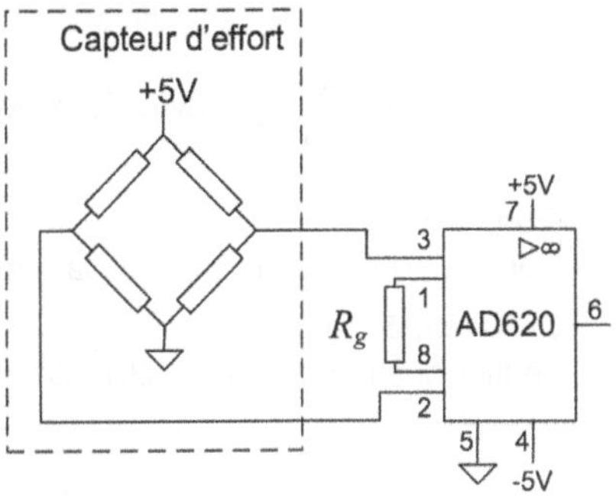

Le schéma interne de l'amplificateur est donné ci-après.

Les amplificateurs opérationnels sont supposés idéaux et fonctionnent tous en régime linéaire.

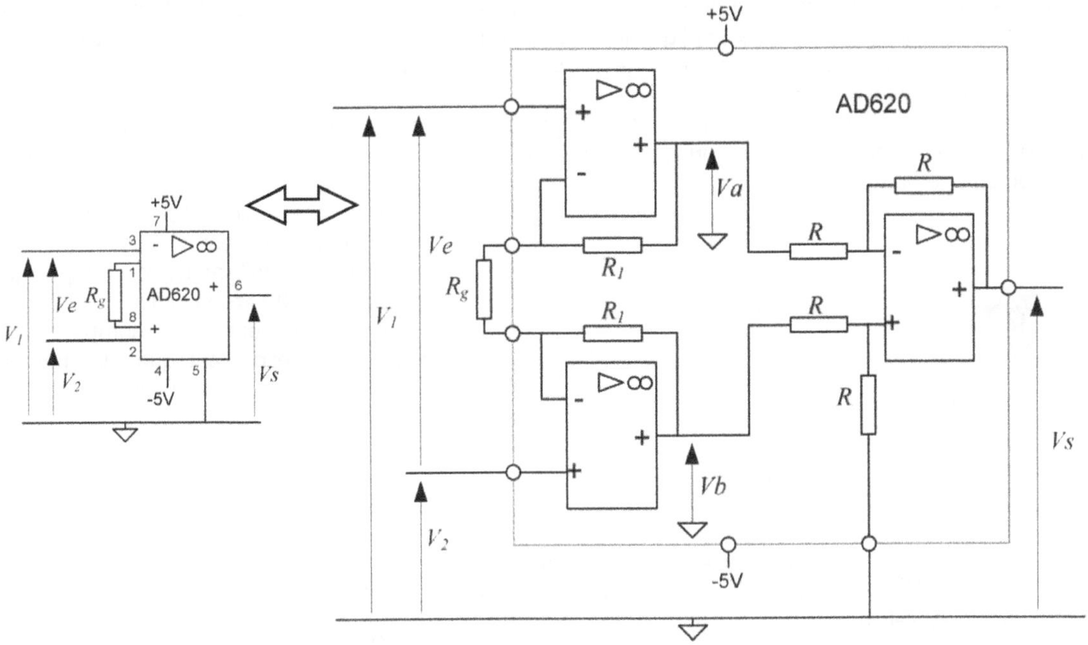

Le but est ici de déterminer la valeur de la résistance R_g de manière à respecter la contrainte de 5 incréments par newton.

Question 1

Déterminer la relation entre V_s, V_a et V_b.

Question 2

Déterminer la relation entre V_a, V_1 et V_2 puis entre V_b, V_1 et V_2.

Question 3

Déduire des deux questions précédentes la relation entre V_s, V_1 et V_2.

Question 4

Sachant que $R_1 = 24700\ \Omega$, déterminer la valeur de R_g pour obtenir 5 incréments par newton.

Le constructeur de l'amplificateur AD 620 propose la relation suivante pour calculer le gain:

$$R_g = \frac{49{,}4\ \text{k}\Omega}{G-1} \quad \text{avec } R_g \text{ en k}\Omega \text{ et le gain } G = \frac{V_s}{V_e}$$

Question 5

Conclure quant à la valeur de la résistance R_g obtenue.

Question 6

Vérifier que la solution choisie est compatible avec les caractéristiques de l'automate.

Exercice 3 : Stabilisateur cardiaque actif (Concours Centrale Supelec TSI 2012) *(Corrigé page 621)*

Les pathologies cardiaques, et particulièrement les rétrécissements des artères qui alimentent le myocarde (muscle cardiaque), sont en constante augmentation. La chirurgie à cœur battant se substitue progressivement à celle courante impliquant un arrêt du cœur et la mise en place d'une circulation extracorporelle. L'avantage essentiel de cette chirurgie à cœur battant est de limiter les complications induites par l'intervention.

Cette technique opératoire se différencie du pontage classique par la conservation du battement cardiaque durant l'intervention ; la principale difficulté réside alors dans la nécessité d'immobiliser la partie du cœur à opérer.

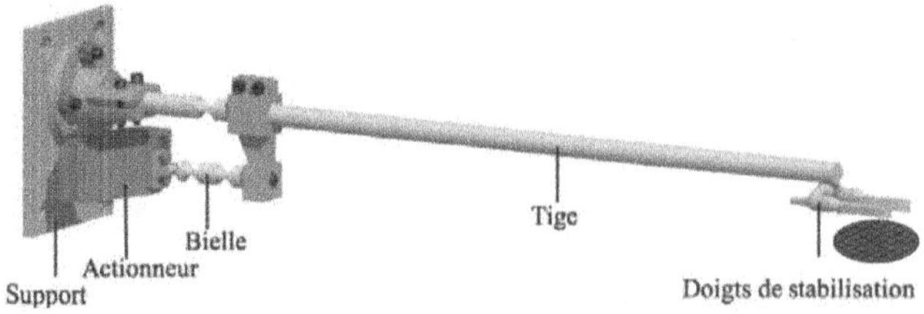

Pour intervenir précisément sur la zone concernée, il est nécessaire de faire appel à un stabilisateur mécanique qui immobilise cette «zone cible».

Le stabilisateur actif comporte un actionneur piezo électrique qui met en mouvement un système bielle-manivelle.

La déformation de la tige doit être mesurée afin de pouvoir assurer l'asservissement en position de la dite tige.

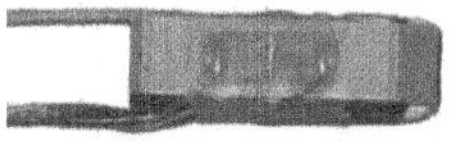

La mesure de déplacement est réalisée grâce à quatre jauges de déformations montées sur les céramiques piézo-électriques.

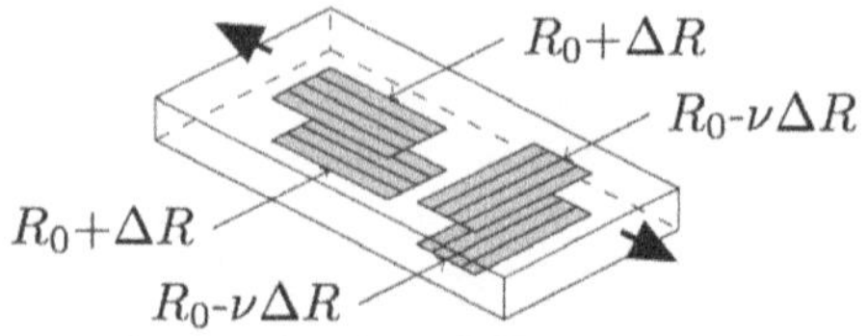

On s'intéresse dans cette étude au conditionnement du signal de ces jauges de contrainte.

Ce conditionnement se fait à l'aide d'un pont de Wheatstone représenté ci-contre. Il permet d'obtenir une tension image de la déformation longitudinale des céramiques piézoélectriques.

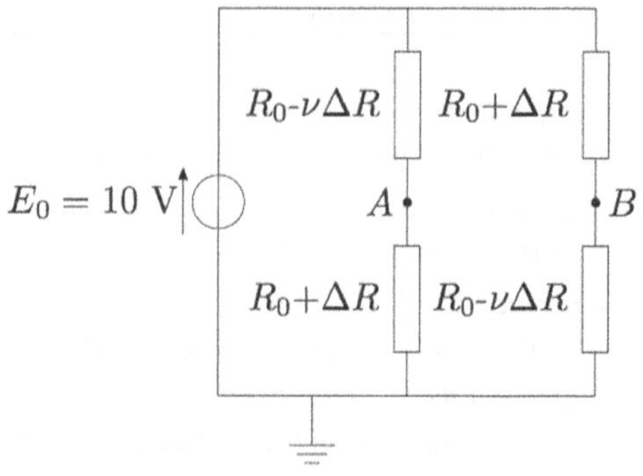

Notations

La tension d'alimentation du pont de Wheatstone est de 10 V. On note R_0 la valeur de la résistance d'une jauge au repos. La variation de la résistance de chaque jauge est liée à sa déformation $\Delta L/L_0$ par le facteur de jauge G_F : $\Delta R/R_0 = G_F(\Delta L/L_0)$. On donne L_0 = 16 mm (longueur d'une jauge en absence de déformation), ν = 0,31 (coefficient de Poisson), R_0 = 350 Ω, G_F = 2,1.

Question 1

Exprimer la tension u_{AB} en fonction de E_0, R_0, ΔR et ν. Simplifier l'expression obtenue en considérant $\Delta R/R0 \ll 1$.

Pour un déplacement correspondant à la course maximale de l'actionneur X_A = −130 µm, la déformation est $\Delta L/L_0$ = 0,11%.

Question 2

Calculer la valeur numérique de la tension U_{AB} pour ce déplacement de X_A = −130 µm.

Afin d'être compatible avec l'électronique de commande, le niveau de ce signal doit atteindre 7,5 V pour un déplacement X_A = −130 µm. Le signal de sortie du conditionneur est alors amplifié par un amplificateur d'instrumentation (voir ci-dessous) à base d'amplificateurs linéaires intégrés (ALI) alimentés en +15 V/−15 V et supposés idéaux.

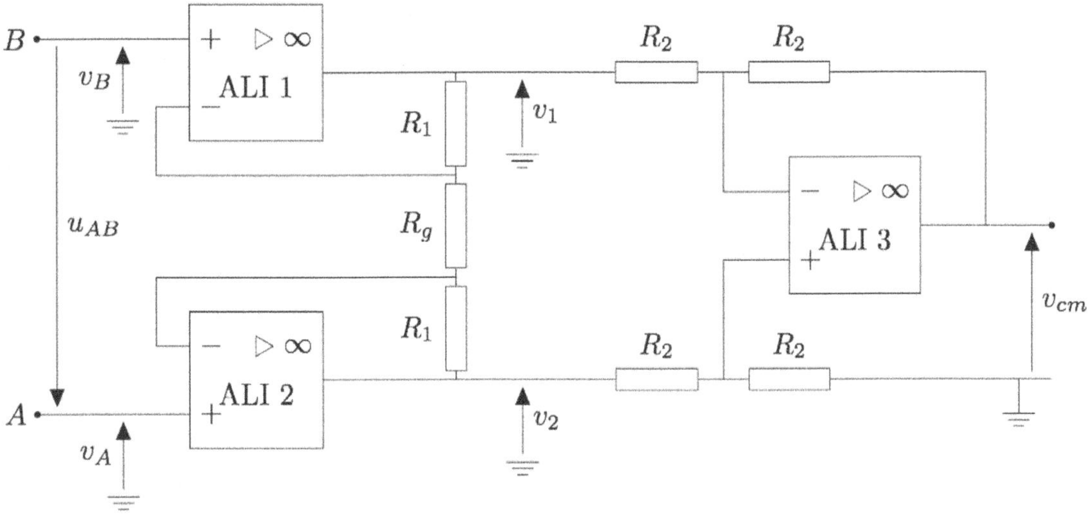

Question 3

Déterminer d'une part la relation entre $v_{cm}(t)$, $v_1(t)$ et $v_2(t)$ puis, d'autre part la relation entre $u_{AB}(t)$, $v_1(t)$ et $v2(t)$. En déduire l'expression littérale de l'amplification du montage ci-dessus.

On donne R_1 =24,7 kΩ, R_2 =10 kΩ, R_g =100 Ω.

Question 4

Calculer la valeur numérique de la tension Vcm, pour un déplacement X_A = −130 µm et indiquer si ce signal est compatible avec l'électronique de commande.

Chapitre 22. Filtrage du signal

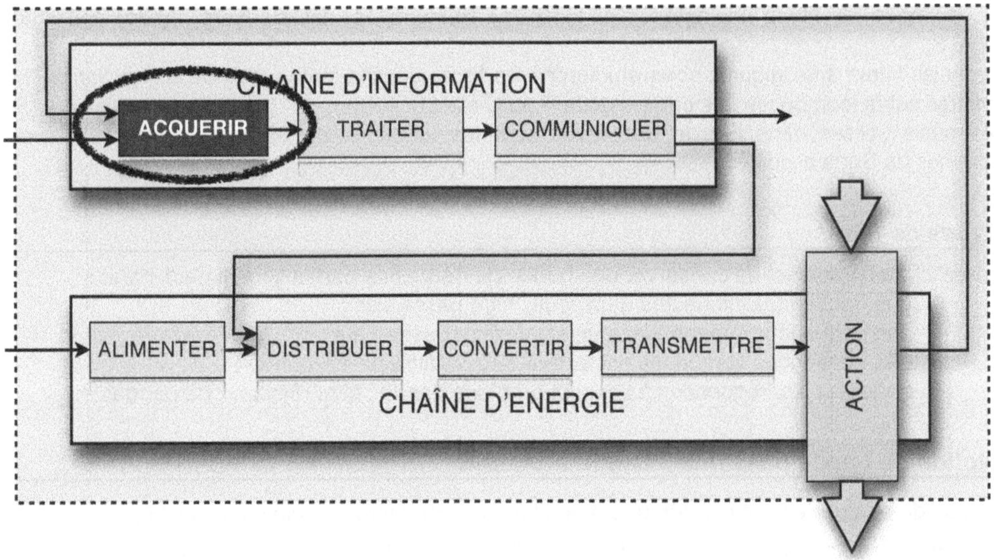

Les signaux électriques véhiculent des signaux de fréquences très diverses. Afin d'exploiter la bonne information parmi toutes ces fréquences, il est nécessaire de privilégier certaines fréquences et de rejeter les autres.

Le filtrage, élément de la chaîne de conditionnement du signal, remplit cette fonction.

A. Généralités

A. 1Problématique et classification du filtrage

A l'issue de l'acquisition d'une grandeur physique par un capteur, la chaîne de conditionnement a pour fonction de mettre en forme le signal délivré afin de le rendre exploitable par le bloc de traitement des données.

Le signal issu du capteur n'est jamais purement constitué du seul signal utile, mais d'une superposition de plusieurs signaux de fréquences très différentes.

La chaîne de conditionnement doit permettre de ne transmettre que les informations utiles, en conservant la bande de fréquences véhiculant l'information utile, et en rejetant les autres fréquences : c'est le rôle du filtre.

Tous les systèmes électroniques comportent au moins un filtre. Les applications de ces filtres sont très variées :

- Acquisition et traitement des données
- Communications
- Alimentations électriques

On distingue les filtres analogiques et les filtres numériques, ces derniers n'étant pas étudiés en CPGE ATS.

Parmi les filtres analogiques, nous étudierons les filtres passifs (composés de composants R, L et C) et les filtres actifs (composés des composants R, L, C et ALI).

Les outils utilisés dans l'étude des filtres sont les fonctions de transfert complexes, avec leurs diagrammes de Bode associés.

A.2 Types de filtres

L'objectif du filtrage est de conserver une bande de fréquence particulière. Il peut s'agit :

- des fréquences inférieures à un seuil : filtre passe-bas ;
- des fréquences supérieures à un seuil : filtre passe-haut ;
- des fréquences comprises entre deux seuils : filtre passe-bande ;
- de toutes les fréquences à l'exception d'une bande : filtre réjecteur de bande.

A.3 Notion de bande passante / bande atténuée

L'étude du comportement harmonique d'un filtre fait apparaître un gain maximal $G_{dB_{MAX}}$.

Nous appellerons bande passante d'un filtre l'ensemble des fréquences telles que le gain du filtre pour ces fréquences est supérieure ou égal à $G_{dB_{MAX}} - 3dB$.

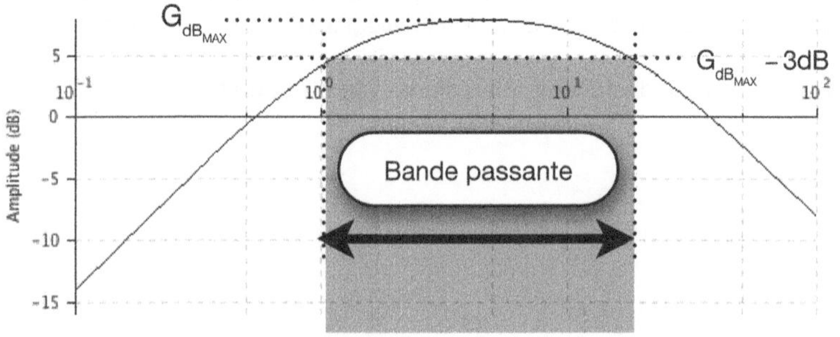

Les fréquences rejetées sont regroupées dans la bande atténuée.

A.4 Notion de gabarit de filtre

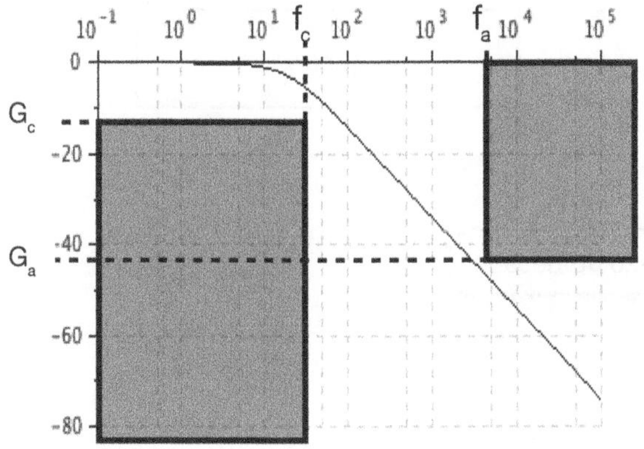

Un filtre idéal devrait maximiser le gain dans la bande passante, et l'annuler dans la bande atténuée. Un tel filtre n'est toutefois pas réalisable en pratique. Il faut donc définir un gain G_{MAX} et G_{MIN} tels que :

- les gains du filtre dans la bande passante doivent vérifier $G > G_c$
- les gains du filtre dans la bande atténuée doivent vérifier $G < G_a$

On définit ainsi des zones impératives et des zones interdites dans lesquelles doivent obligatoirement se trouver la réponse fréquentielle du filtre.

On appelle gabarit d'un filtre la représentation schématique de ces zones.

Le gabarit ci-dessus est un exemple de gabarit de filtre passe-bas.

B. Filtres analogiques passifs

B.1 Filtre passe-bas du 1er ordre

B.1.1 Fonction de transfert

On applique sur le circuit ci-contre le principe du pont diviseur de tension :

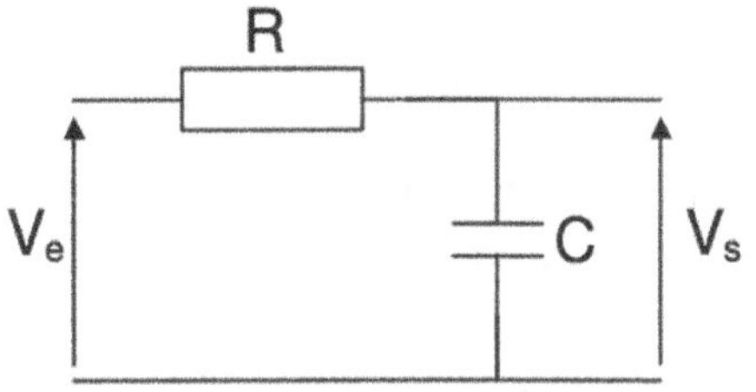

$$\underline{V_s} = \frac{\underline{Z_C}}{\underline{Z_C} + \underline{Z_R}} \underline{V_e} \text{ avec } \underline{Z_C} = \frac{1}{jC\omega} \text{ et } \underline{Z_R} = R$$

La fonction de transfert s'écrit donc :

$$\frac{\underline{V_s}}{\underline{V_e}} = \frac{1}{1 + jRC\omega} \text{ ou encore } \frac{\underline{V_s}}{\underline{V_e}} = \frac{1}{1 + j\left(\frac{\omega}{\omega_0}\right)}$$

Il s'agit d'une fonction du 1er ordre, dont :

- le gain vaut $G_{dB} = 20\log\frac{1}{\sqrt{1+(RC\omega)^2}} = -10\log\left(1+(RC\omega)^2\right)$;
- la pulsation de cassure, qui est également la pulsation de coupure, est $\omega_0 = 1/RC$.

La fréquence de coupure de ce filtre est donc $f_c = \frac{2\pi}{\omega_0} = 2\pi RC$.

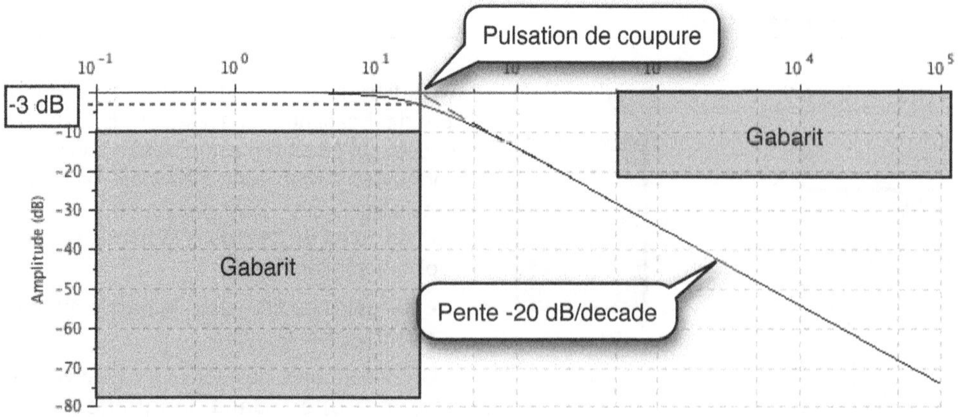

B.1.2 Effets sur un signal électrique

Le filtre passe-bas est particulièrement efficace pour éliminer les bruits d'une mesure. Considérons par exemple le signal ci-dessous :

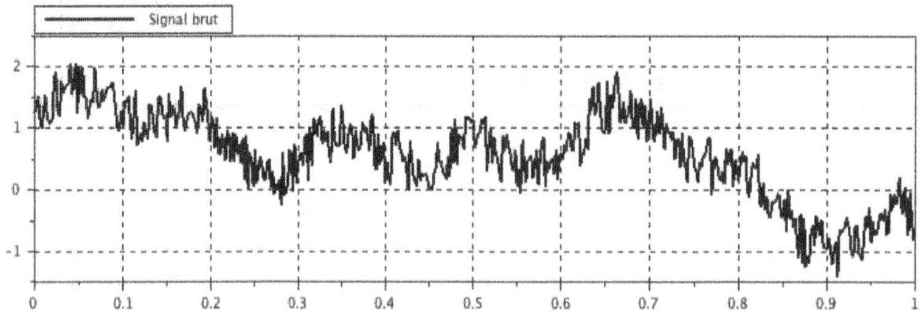

Il est constitué de la superposition de 6 signaux sinusoïdaux différents.

Un filtre passe-bas de pulsation propre 20 rad/s délivrera le signal filtré suivant :

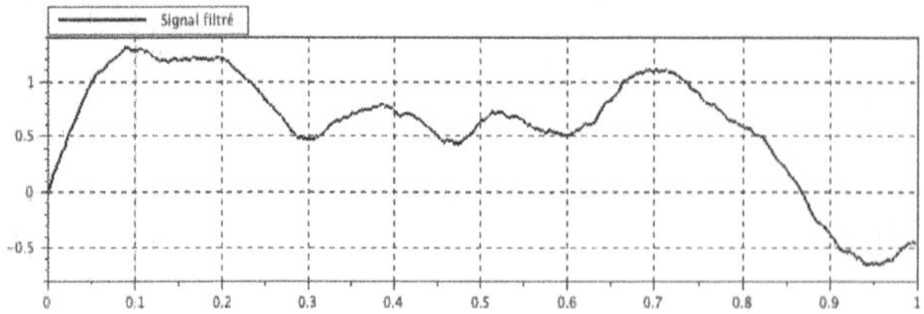

B.2 Filtre passe-haut du 1er ordre

B.2.1 Fonction de transfert

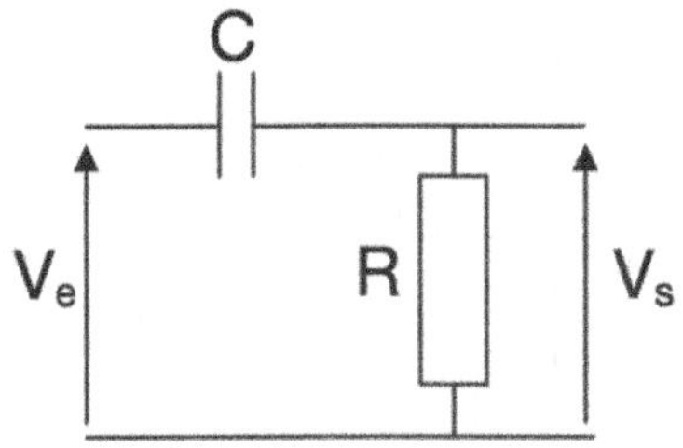

On considère à présent le circuit ci-contre, sur lequel on appliquera une nouvelle fois le principe du pont diviseur de tension :

$$\underline{V}_s = \frac{\underline{Z}_R}{\underline{Z}_C + \underline{Z}_R}\underline{V}_e$$

La fonction de transfert s'écrit alors :

$$\frac{\underline{V}_s}{\underline{V}_e} = \frac{jRC\omega}{1 + jRC\omega} \text{ ou encore } \frac{\underline{V}_s}{\underline{V}_e} = \frac{j\frac{\omega}{\omega_0}}{1 + j\frac{\omega}{\omega_0}}$$

Il s'agit encore d'une fonction du 1er ordre, dont :

- le gain vaut $G_{dB} = 20\log\frac{\omega / \omega_0}{\sqrt{1 + (\omega / \omega_0)^2}}$;
- la pulsation de cassure est $\omega_0 = 1 / RC$.

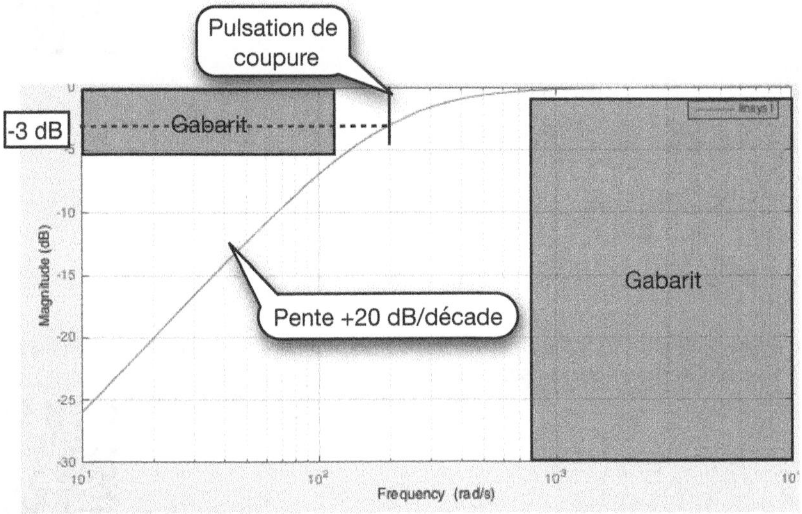

B.2.2 Effets sur un signal

Le filtre passe-haut permet de ne conserver que les fréquences élevées d'un signal. Pour le signal brut précédent, l'application d'un filtre passe-haut de pulsation de coupure 200 rad/s délivre le signal filtré ci-dessous.

L'ensemble des basses et moyennes fréquences a été rejetée.

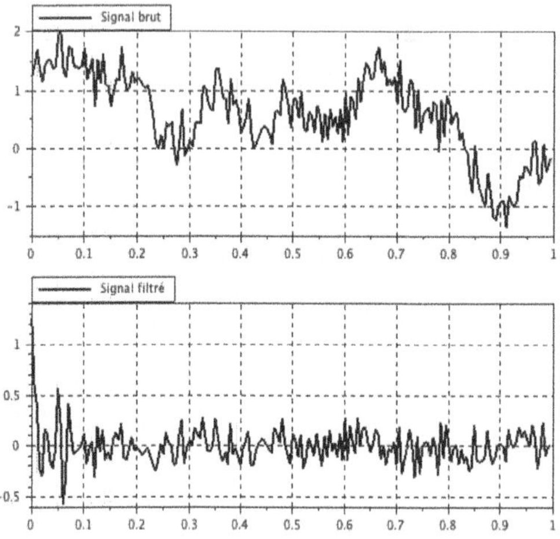

Ce filtre est utile lorsqu'il s'agit par exemple de corriger les dérives lentes d'un capteur, pour ne fournir que le signal utile :

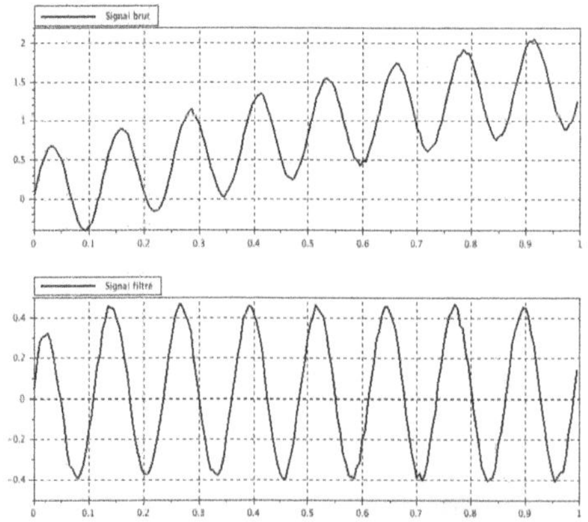

Il permet également de supprimer la composante continue des signaux, comme le montre la figure ci-dessous, dans laquelle la composante continue du signal d'entrée a été supprimée :

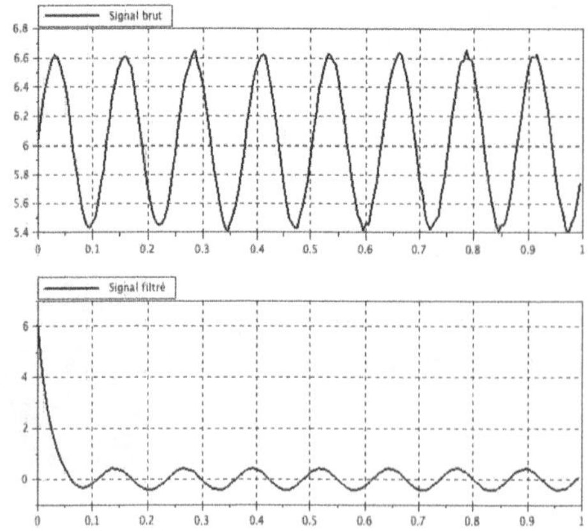

B.3 Filtre passe-bas du 2^d ordre

B.3.1 Premier circuit : Double circuit RC

Soit le circuit suivant, constitué de 2 filtres passe-bas du 1er ordre en série, dont les pulsations de coupure sont respectivement $\omega_{0_1} = 1/R_1C_1$ et $\omega_{0_2} = 1/R_2C_2$:

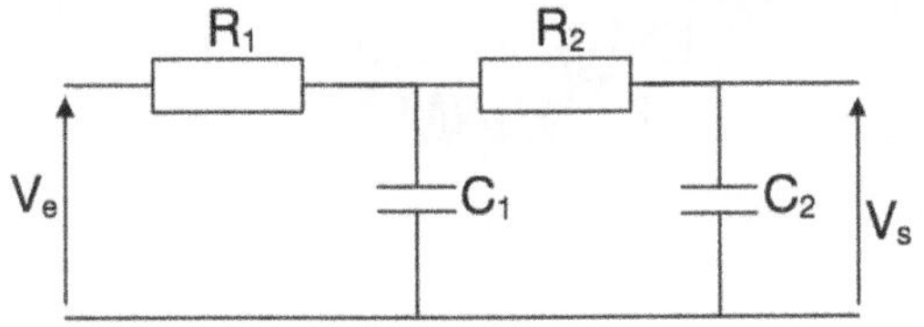

Si $R_2 \gg R_1$, le comportement de ce filtre peut s'étudier en étudiant chacun des filtres successivement.

$$\frac{\underline{V}_{C_1}}{\underline{V}_e} = \frac{1}{1+j\frac{\omega}{\omega_{0_1}}} \text{ avec } \omega_{0_1} = 1/R_1C_1$$

$$\frac{\underline{V}_s}{\underline{V}_{C_1}} = \frac{1}{1+j\frac{\omega}{\omega_{0_2}}} \text{ avec } \omega_{0_2} = 1/R_2C_2$$

On en déduit alors la fonction de transfert globale :

$$\frac{\underline{V}_s}{\underline{V}_e} = \frac{1}{\left(1+j\frac{\omega}{\omega_{0_1}}\right)\left(1+j\frac{\omega}{\omega_{0_2}}\right)} = \frac{1}{1+j\omega\left(\frac{1}{\omega_{0_1}}+\frac{1}{\omega_{0_2}}\right)-\frac{\omega^2}{\omega_{0_1}\omega_{0_2}}}$$

Il s'agit d'une fonction du second ordre, dont les pulsations de cassure sont ω_{0_1} et ω_{0_2}.

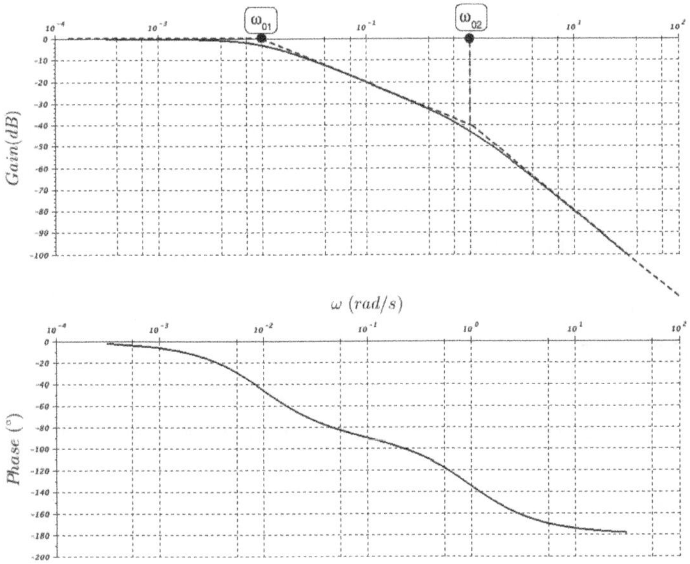

Le filtrage est plus efficace avec un filtre du second ordre. Les réponses ci-dessous montrent l'application d'un filtre du 1er ordre et d'un filtre du second ordre dont les pulsations de coupure sont identiques :

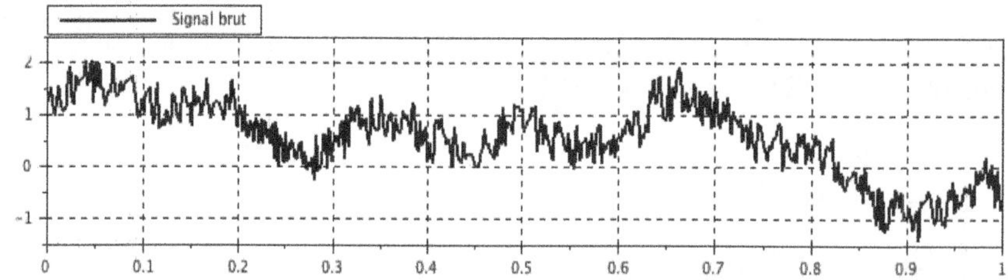

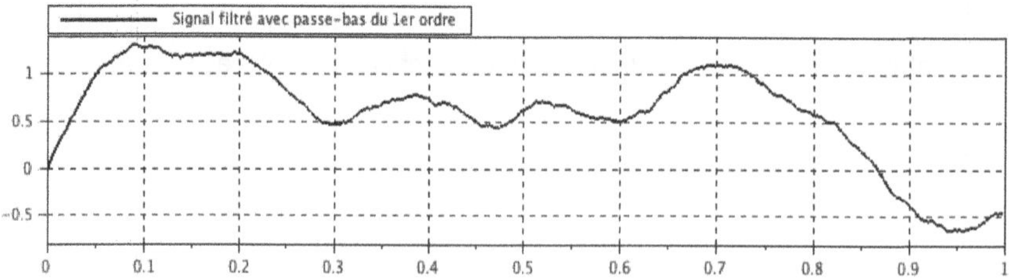

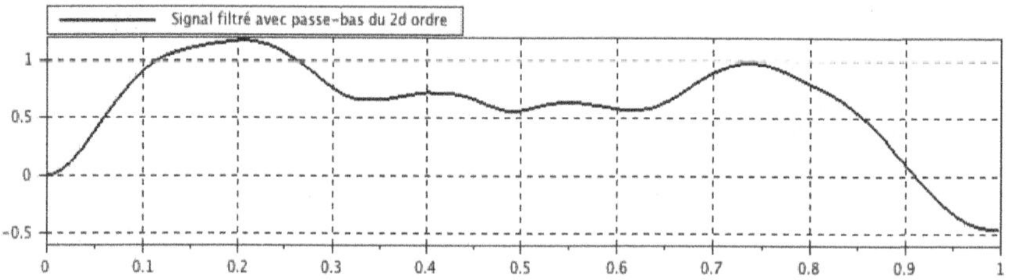

B.3.2 Second circuit : Circuit RLC

Considérons à présent le circuit RLC suivant :

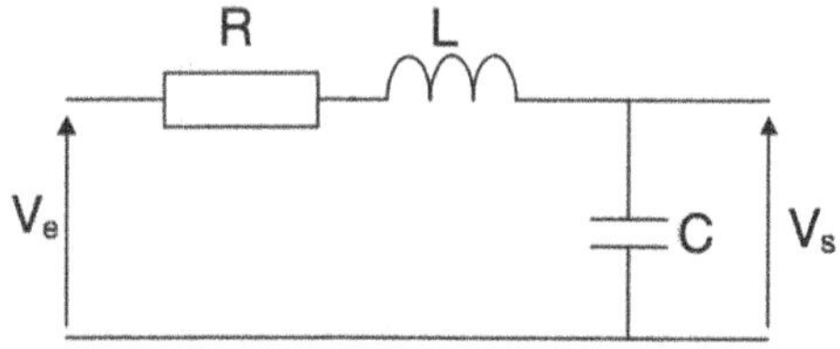

En appliquant le pont diviseur de tension, on obtient :

$$\frac{\underline{V_s}}{\underline{V_e}} = \frac{\dfrac{1}{jC\omega}}{\dfrac{1}{jC\omega} + R + jL\omega} = \frac{1}{1 + jRC\omega - LC\omega^2}$$

Cette fonction de transfert peut se mettre sous la forme suivante, similaire au premier circuit :

$$\frac{\underline{V_s}}{\underline{V_e}} = \frac{1}{1 + 2\dfrac{R}{2}\sqrt{\dfrac{C}{L}}\, j\dfrac{\omega}{\omega_0} - \left(\dfrac{\omega}{\omega_0}\right)^2}$$

B.3.3 Forme générale

Les fonctions de transfert des filtres passe-bas du second ordre auront toujours la forme suivante :

$$\frac{\underline{V_s}}{\underline{V_e}} = \frac{K}{1+\frac{2m(j\omega)}{\omega_0}+\left(j\frac{\omega}{\omega_0}\right)^2}$$

ω_0 est la pulsation propre du filtre.
m est son facteur d'amortissement.
K est son gain statique.

B.4 Filtre passe-haut du 2^d ordre

Soit le circuit suivant :

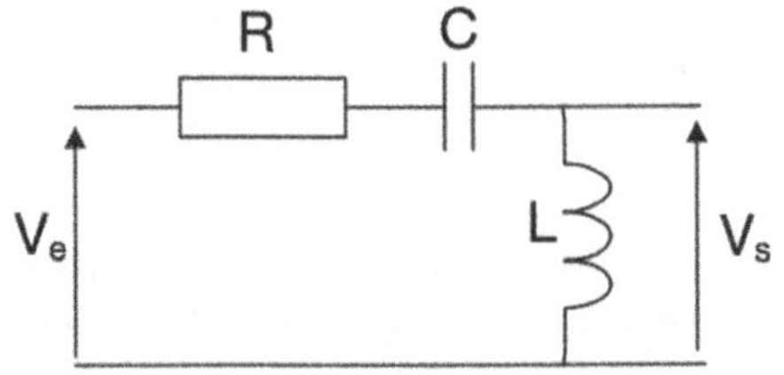

Sa fonction de transfert est :

$$\frac{\underline{V_s}}{\underline{V_e}} = \frac{jL\omega}{jL\omega+\frac{1}{jC\omega}+R} = \frac{LC(j\omega)^2}{1+jRC\omega+LC(j\omega)^2}$$

Les fonctions de transfert des filtres passe-haut du second ordre auront toujours la forme suivante :

$$\frac{\underline{V_s}}{\underline{V_e}} = \frac{K\left(j\frac{\omega}{\omega_0}\right)^2}{1+\frac{2m(j\omega)}{\omega_0}+\left(j\frac{\omega}{\omega_0}\right)^2}$$

B.5 Filtre passe-bande

B.5.1 Fonction de transfert

Il existe plusieurs structures de filtres passe-bande.

La structure ci-contre associe en série un filtre passe-bas et un filtre passe-haut, tels que la pulsation de coupure du filtre passe-bas est supérieure à celle du filtre passe-haut.

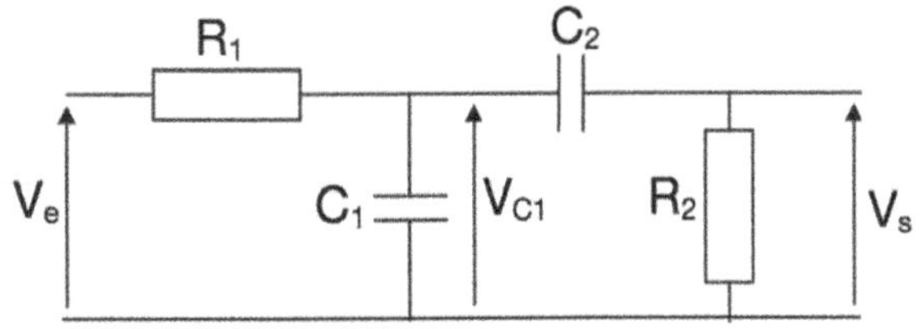

La fonction de transfert d'un filtre passe-bande est souvent exprimée comme suit :

$$\frac{\underline{V}_s}{\underline{V}_e} = \frac{K}{1 + jQ\left(\frac{\omega}{\omega_0} - \frac{\omega_0}{\omega}\right)} \quad \text{où } Q = \frac{1}{2m} \text{ est appelé facteur de qualité}$$

Mais on peut également trouver la forme plus classique en SII :

$$\frac{\underline{V}_s}{\underline{V}_e} = \frac{jK\frac{\omega}{\omega_0}}{1 + j\frac{2m\omega}{\omega_0} + \left(j\frac{\omega}{\omega_0}\right)^2}$$

B.5.2 Conséquences sur le signal

Ce filtre conserve les composantes des fréquences centrées sur une certaine valeur, avec une bande passante plus ou moins étendue.

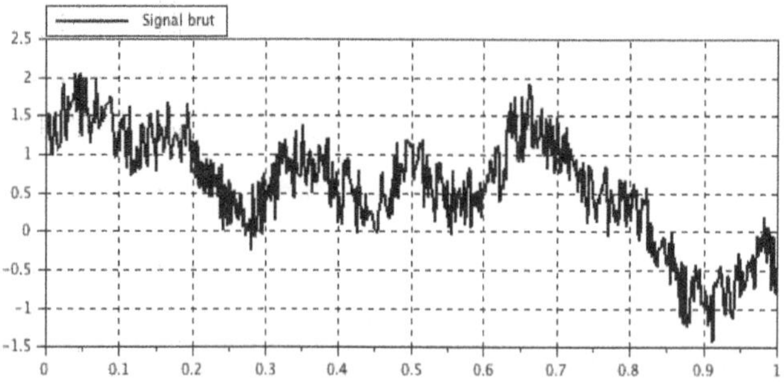

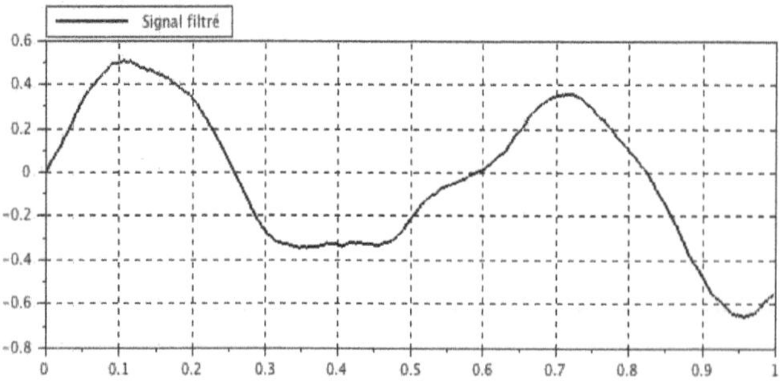

Par exemple, un filtre passe-bande centré sur la pulsation $\omega_0 = 10$ rad.s^{-1} appliqué au signal du B.2.2 délivre le signal ci-contre.

Il conserve uniquement la composante de la pulsation concernée, en excluant les autres bandes de fréquence.

B.5.3 Diagrammes de Bode et gabarit du filtre

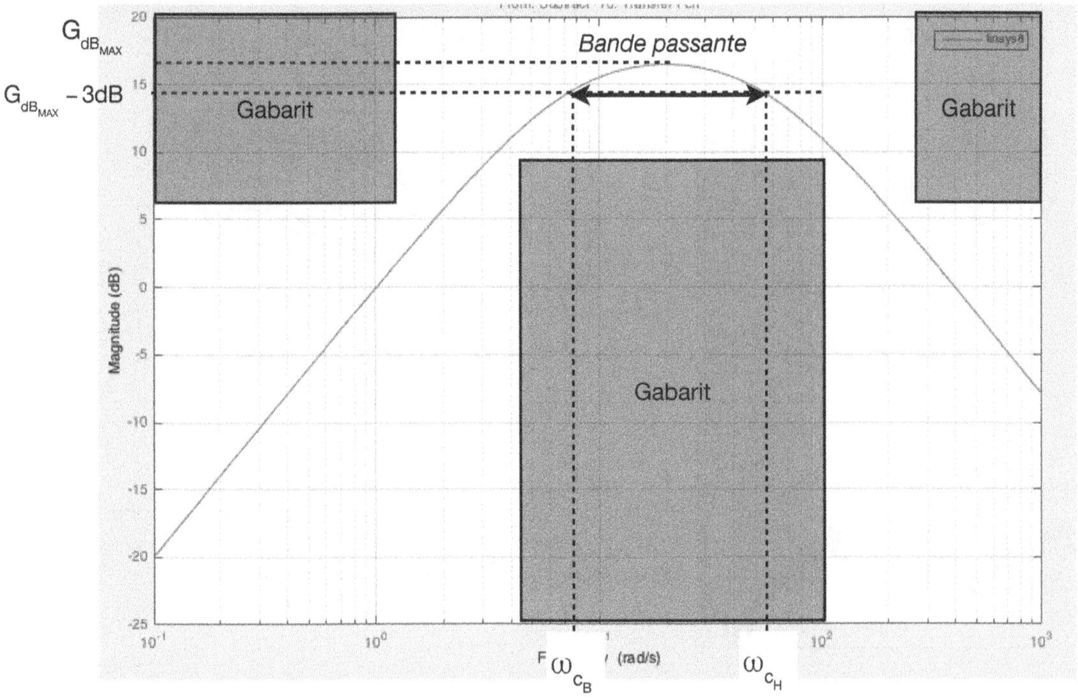

B.5.4 Recherche de la bande passante

La bande passante est définie par la bande de fréquence pour laquelle le gain est supérieur ou égal à $G_{dB_{MAX}} - 3dB$.

La méthode de détermination de la bande passante d'un filtre passe-bande est :

- Recherche de la pulsation propre ω_0 telle que $G(\omega_0)$ est maximal : G_{MAX} ;
- Résolution de $G(\omega) = \dfrac{G_{MAX}}{\sqrt{2}}$

B.5.5 Influence du facteur de qualité

Le facteur de qualité traduit la sélectivité du filtre autour de la fréquence de coupure.

Plus le facteur de qualité est élevé, plus le filtre est sélectif, ainsi que le montre les diagrammes de Bode de gain page suivante :

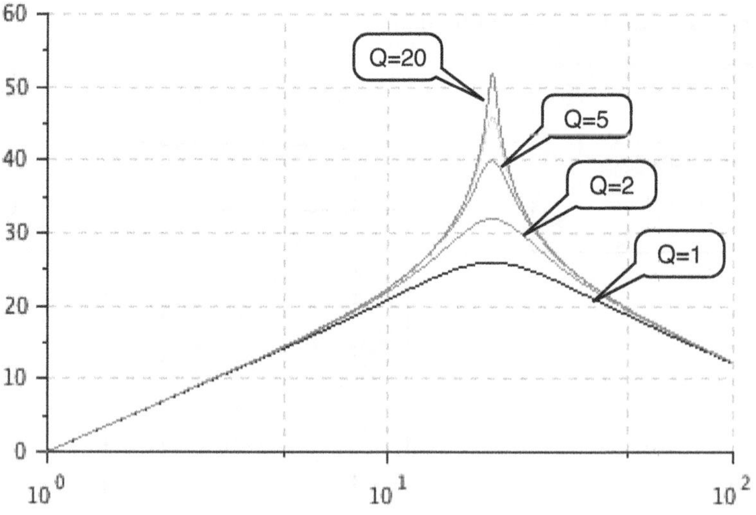

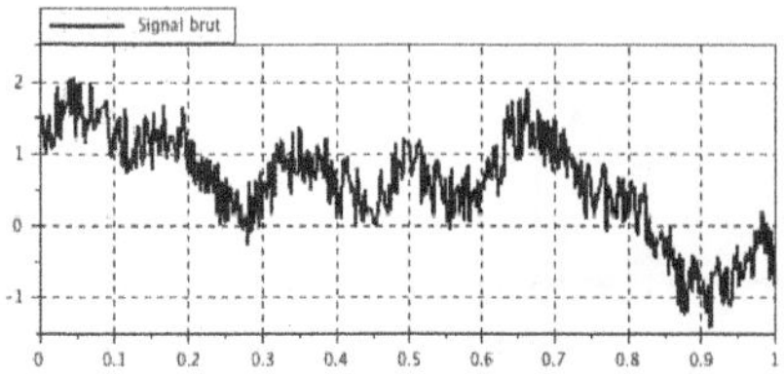

Considérons par exemple le signal du paragraphe B.1.2. On cherche à en extraire la composante centrée sur ω_0=20 rad.s^{-1}, en appliquant un filtre passe-bande centré sur ω_0.

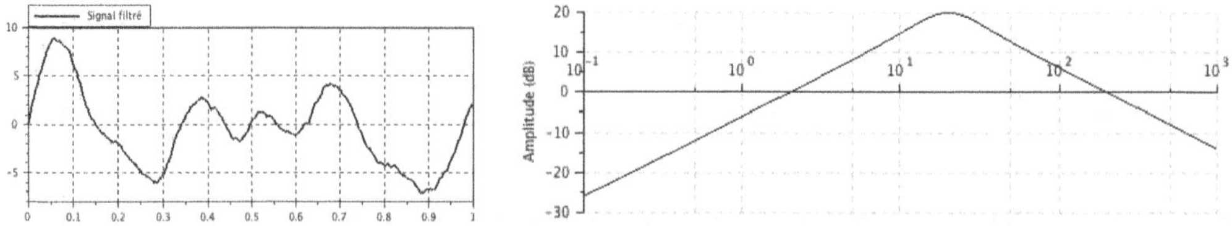

Réponse et diagramme de gain pour Q=1

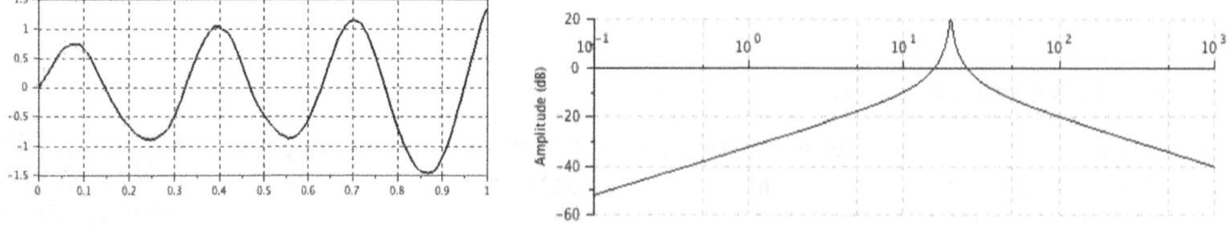

Réponse et diagramme de gain pour Q=20

B.6 Filtre réjecteur de bande (coupe-bande)

B.6.1 Fonction de transfert

Le circuit ci-contre représente un exemple de filtre réjecteur de bande.

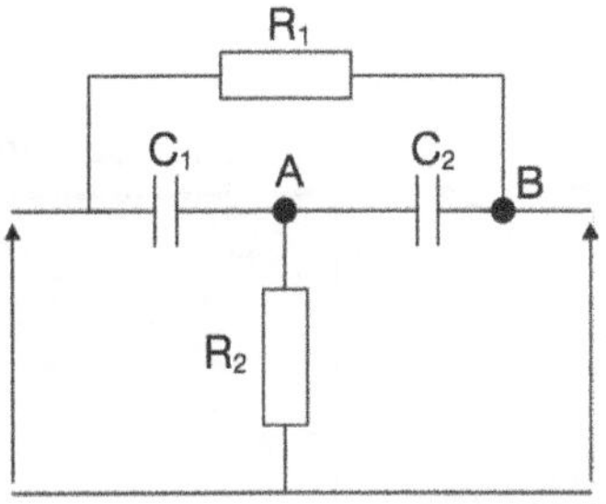

Appliquons le théorème de Millmann en A :

$$\underline{V_A} = \underline{V_{R_2}} = \frac{(jC_1\omega)\underline{V_e} + (jC_2\omega)\underline{V_s}}{jC_1\omega + jC_2\omega + \frac{1}{R_2}} = \frac{(jR_2C_1\omega)\underline{V_e} + (jR_2C_2\omega)\underline{V_s}}{1 + jR_2(C_1 + C_2)\omega} \qquad (1)$$

Appliquons maintenant le théorème de Millmann en B :

$$\underline{V_B} = \underline{V_s} = \frac{(jC_2\omega)\underline{V_{R_2}} + \frac{1}{R_1}\underline{V_e}}{jC_2\omega + \frac{1}{R_1}} = \frac{(jR_1C_2\omega)\underline{V_{R_2}} + \underline{V_e}}{1 + jR_1C_2\omega} \qquad (2)$$

Dans le cas particulier où $C_1 = C_2 = C$, $R_1 = 2R$ et $R_2 = R/2$, on tire de l'équation (1) :

$$(1 + jRC\omega)\underline{V_{R_2}} = \left(j\frac{R}{2}C\omega\right)\underline{V_e} + \left(j\frac{R}{2}C\omega\right)\underline{V_s}$$

$$\underline{V_{R_2}} = \frac{j\frac{R}{2}C\omega}{1 + jRC\omega}\left(\underline{V_e} + \underline{V_s}\right)$$

Expression que l'on exploite alors dans (2) :

$$(1 + j2RC\omega)\underline{V_s} = (j2RC\omega)\underline{V_{R_2}} + \underline{V_s} = (j2RC\omega)\frac{j\frac{R}{2}C\omega}{1 + jRC\omega}\left(\underline{V_e} + \underline{V_s}\right) + \underline{V_e}$$

$$(1 + j2RC\omega)(1 + jRC\omega)\underline{V_s} = (jRC\omega)^2\left(\underline{V_e} + \underline{V_s}\right) + (1 + jRC\omega)\underline{V_e}$$

$$\left[(1 + 2jRC\omega)(1 + jRC\omega) - (jRC\omega)^2\right]\underline{V_s} = \left[(jRC\omega)^2 + (1 + jRC\omega)\right]\underline{V_e}$$

Soit finalement la fonction de transfert du filtre :

$$\frac{\underline{V_s}}{\underline{V_e}} = \frac{1 + jRC\omega + (jRC\omega)^2}{1 + 3jRC\omega + (jRC\omega)^2}$$

B.6.2 Diagramme de Bode et gabarit du filtre

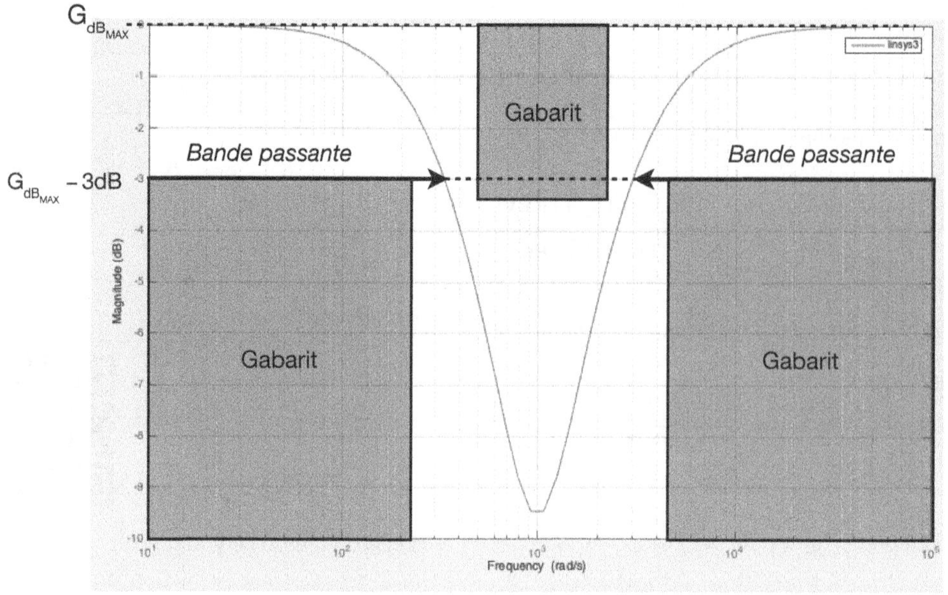

B.7 Détermination rapide de la nature du filtre

Avant de mener une étude détaillée d'un filtre, et ainsi connaître sa fonction, il est possible dans la majorité des cas d'identifier sa nature par une étude de son modèle équivalent à basse et haute fréquence.

Il faut pour cela exploiter les équivalences suivantes :

- une bobine est assimilable à basse fréquence à un interrupteur fermé, et à haute fréquence à un interrupteur ouvert ;
- un condensateur est assimilable à basse fréquence à un interrupteur ouvert, et à haute fréquence à un interrupteur fermé.

Composant	Equivalence BF	Equivalence HF

A l'aide de cette équivalence, l'étude du comportement d'un circuit à basse et haute fréquence d'un permet d'identifier sa fonction :

Circuit	Equivalence BF	Equivalence HF	Type de filtre
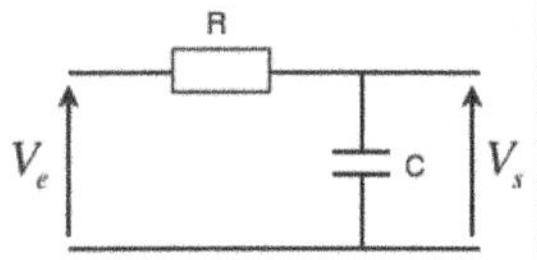	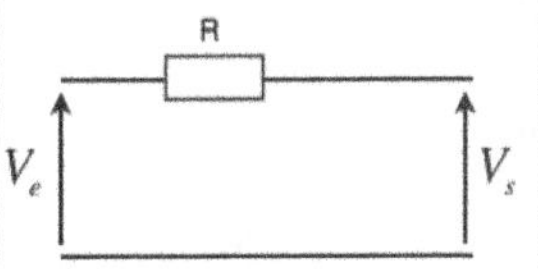	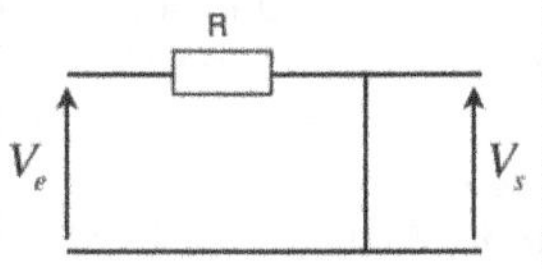	BF : $V_s \approx V_e$ HF : $V_s = 0$ ***FILTRE PASSE-BAS***
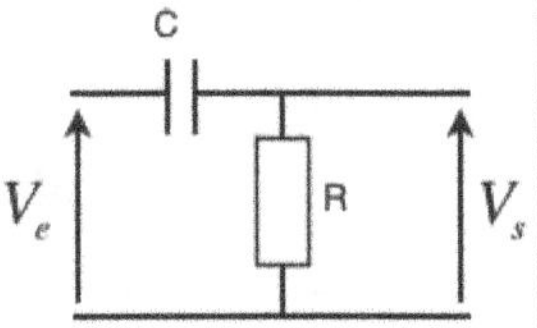	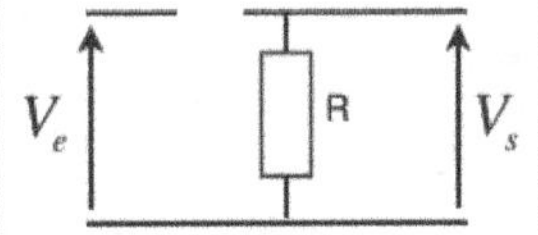	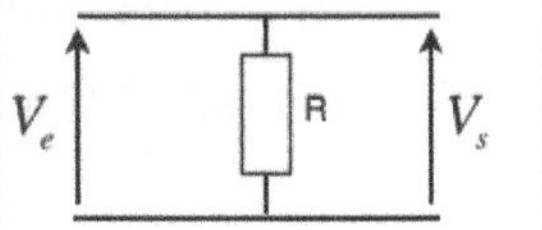	BF : $V_s = 0$ HF : $V_s = V_e$ ***FILTRE PASSE-HAUT***
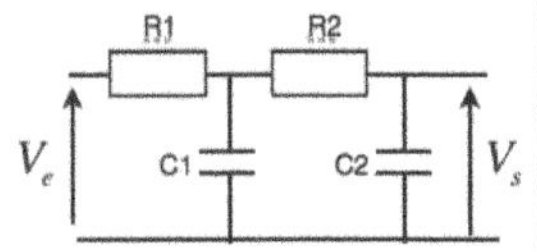	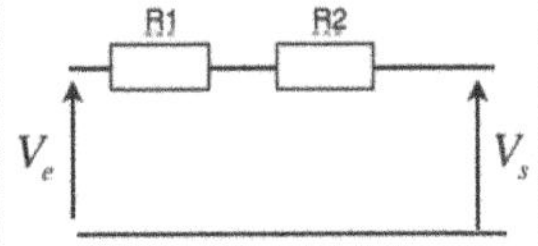	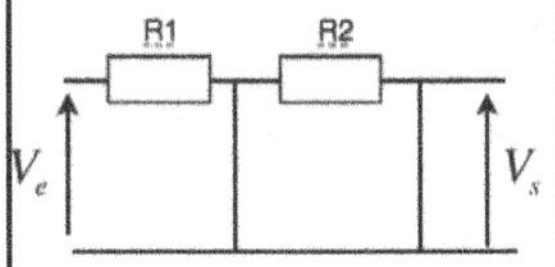	BF : $V_s \approx V_e$ HF : $V_s = 0$ ***FILTRE PASSE-BAS***
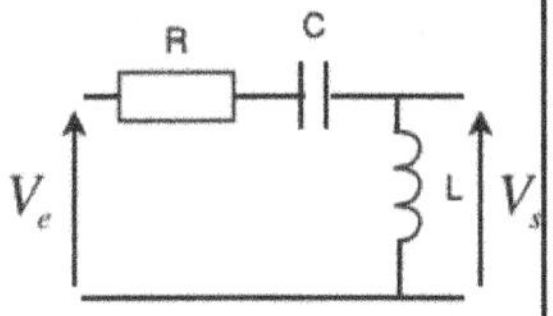	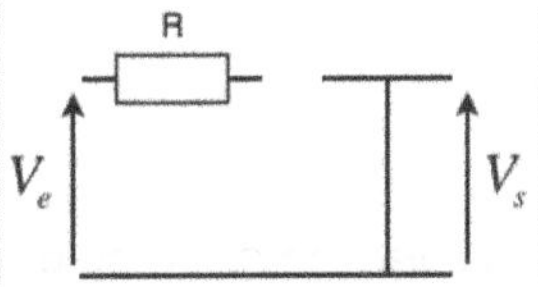	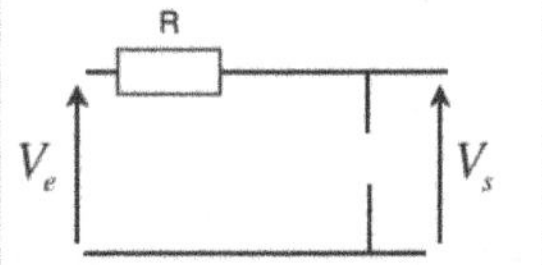	BF : $V_s = 0$ HF : $V_s \approx V_e$ ***FILTRE PASSE-HAUT***
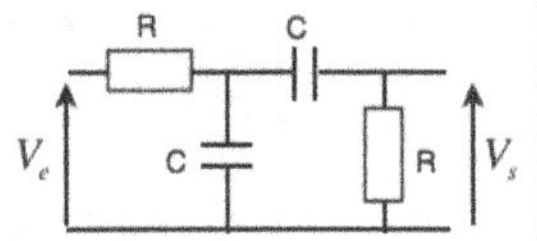	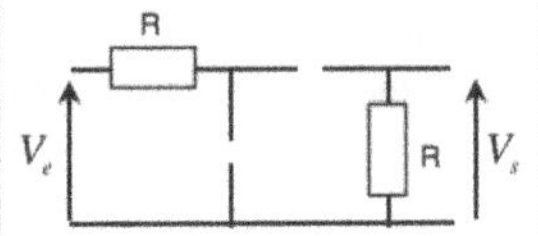	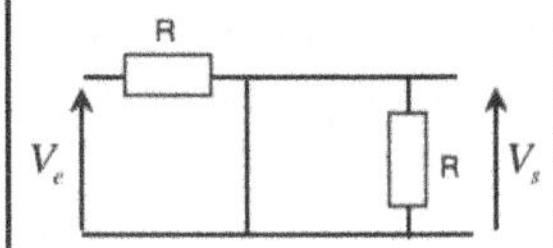	BF : $V_s = 0$ HF : $V_s = 0$ ***FILTRE PASSE-BANDE***
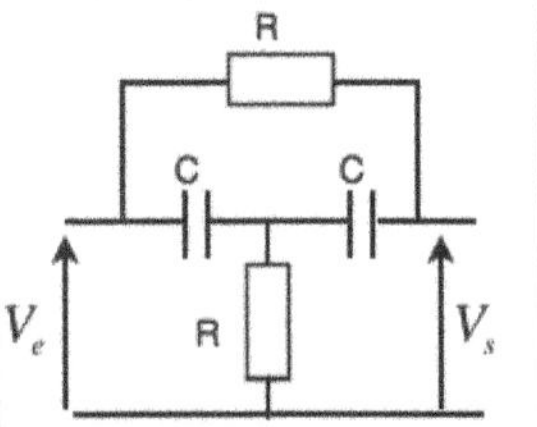	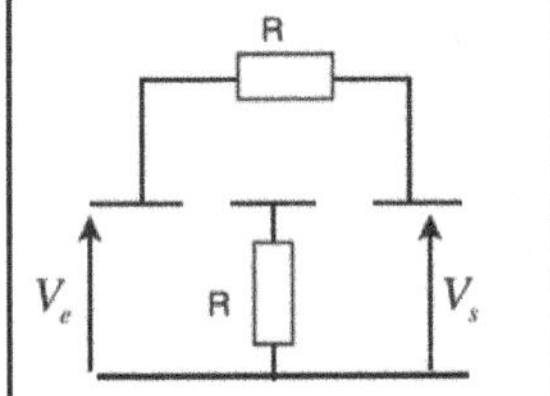	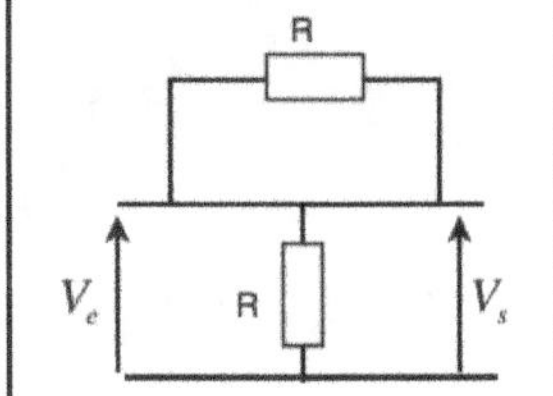	BF : $V_s \approx V_e$ HF : $V_s = V_e$ ***FILTRE COUPE-BANDE***

C. Filtres analogiques actifs

Les filtres analogiques peuvent exploiter les propriétés des Amplificateurs Linéaires Intégrés (ALI). Ils permettent de ne plus avoir recours aux bobines, qui sont des composants encombrants et onéreux.

En contrepartie, les filtres actifs nécessitent une alimentation électrique, contrairement aux filtres passifs.

Dans les études qui vont suivre, l'ALI sera systématiquement supposé parfait.

C.1 Filtre passe-bas

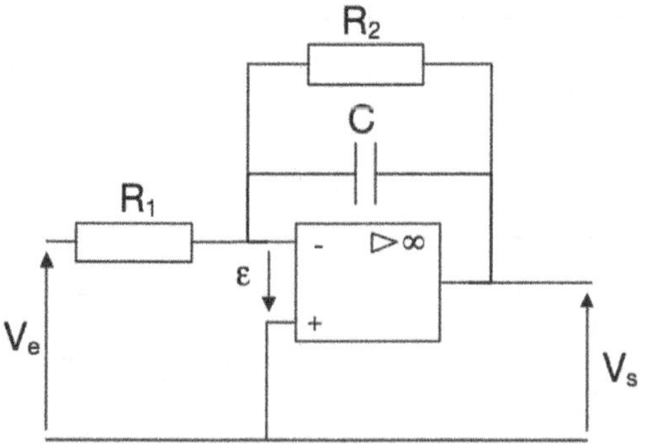

Il existe une boucle de réaction sur l'entrée inverseuse, l'ALI fonctionne donc en mode linéaire.

Le signal est relié à l'entrée inverseuse, le montage est donc un montage inverseur.

Appliquons le théorème de Millmann sur E- :

$$\underline{V^-} = \frac{\frac{1}{R_1}\underline{V_e} + \left(\frac{1}{R_2} + jC\omega\right)\underline{V_s}}{\frac{1}{R_1} + \frac{1}{R_2} + jC\omega} = \frac{R_2\underline{V_e} + \left(R_1 + jR_1R_2C\omega\right)\underline{V_s}}{R_1 + R_2 + jR_1R_2C\omega}$$

$$\underline{V^-} = \frac{R_2\underline{V_e} + \left(R_1 + jR_1R_2C\omega\right)\underline{V_s}}{R_1 + R_2 + jR_1R_2C\omega}$$

L'ALI étant supposé parfait, on tire $\underline{V^-} = \underline{V^+} = 0$

Alors $R_2\underline{V_e} + \left(R_1 + jR_1R_2C\omega\right)\underline{V_s} = 0$

D'où on tire finalement la fonction de transfert :

$$\frac{\underline{V_s}}{\underline{V_e}} = -\frac{R_2}{R_1 + jR_1R_2C\omega} = -\frac{R_2 / R_1}{1 + jR_2C\omega}$$

Il s'agit bien ici d'un filtre passe-bas du 1er ordre, de pulsation de cassure $\omega_0 = \frac{1}{R_2C}$.

La simulation avec R1=R2=500 Ω et C = 100 µF aboutit au même résultat que dans le cas d'un filtre passif du 1er ordre de pulsation de coupure ω_0 = 20 rad.s-1, avec un signal inversé puisque le montage est inverseur :

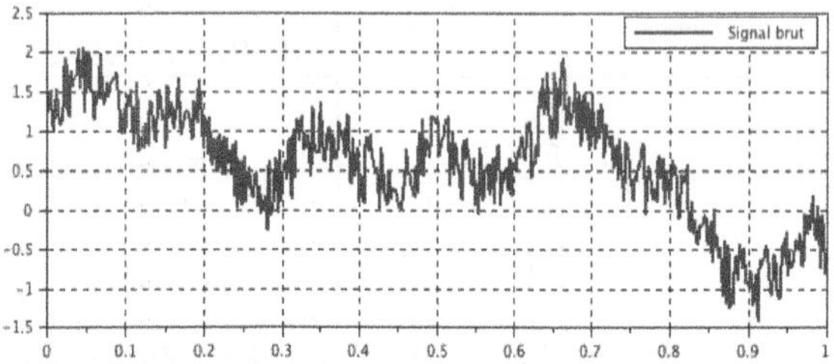

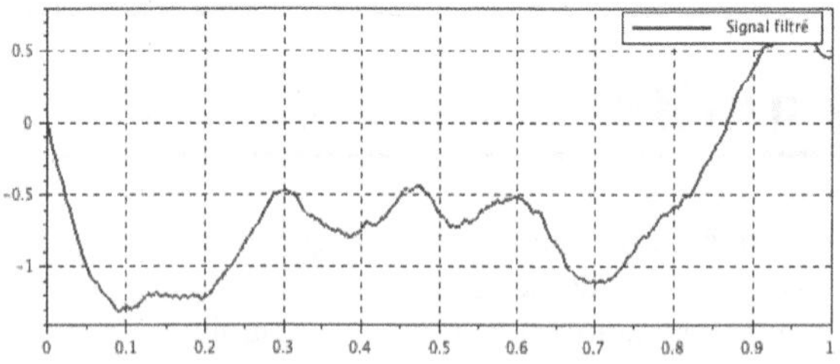

C.2 Filtre passe-haut

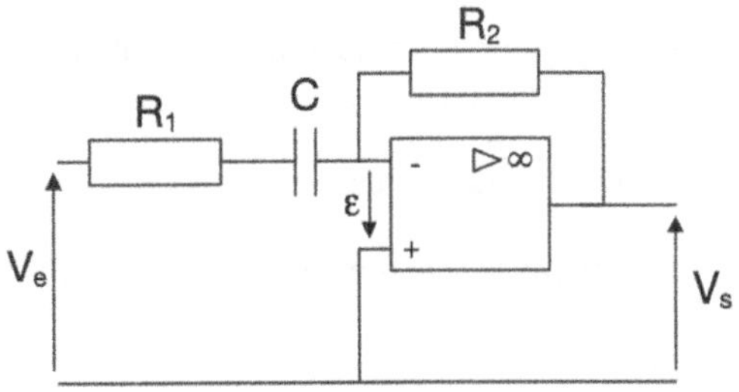

Il existe une boucle de réaction sur l'entrée inverseuse, l'ALI fonctionne donc en mode linéaire.

Le signal est relié à l'entrée inverseuse, le montage est donc un montage inverseur.

Appliquons le théorème de Millmann sur E- :

$$\underline{V}^- = \frac{\frac{1}{R_2}\underline{V_s} + \left(\frac{1}{R_1 + \frac{1}{jC\omega}}\right)\underline{V_e}}{\frac{1}{R_2} + \frac{1}{R_1 + \frac{1}{jC\omega}}} = \frac{\left(1 + jR_1C\omega\right)\underline{V_s} + jR_2C\omega\underline{V_e}}{1 + j\left(R_1 + R_2\right)C\omega}$$

L'ALI étant supposé parfait, on tire $\underline{V}^- = \underline{V}^+ = 0$

Alors $\left(1 + jR_1C\omega\right)\underline{V_s} + jR_2C\omega\underline{V_e} = 0$

D'où on tire finalement la fonction de transfert : $\frac{\underline{V_s}}{\underline{V_e}} = -\frac{jR_2C\omega}{1 + jR_1C\omega}$

Il s'agit bien ici d'un filtre passe-haut du 1er ordre, de pulsation de cassure $\omega_0 = \frac{1}{R_1C}$

La simulation avec R1=R2=50 Ω et C = 100 µF aboutit au même résultat que dans le cas d'un filtre passif du 1er ordre de pulsation de coupure ω_0 = 200 rad.s^{-1}, avec un signal inversé puisque le montage est inverseur :

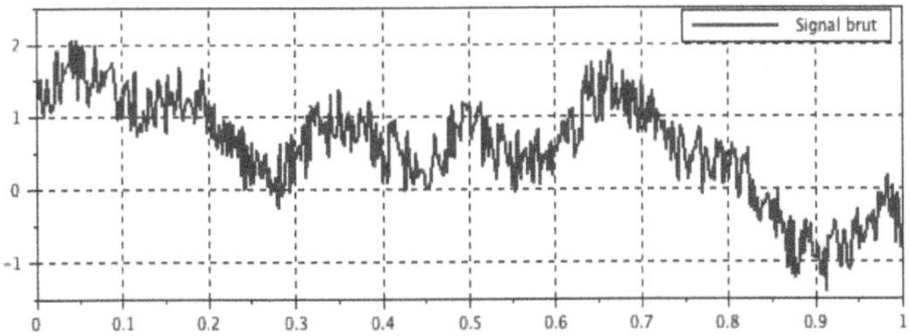

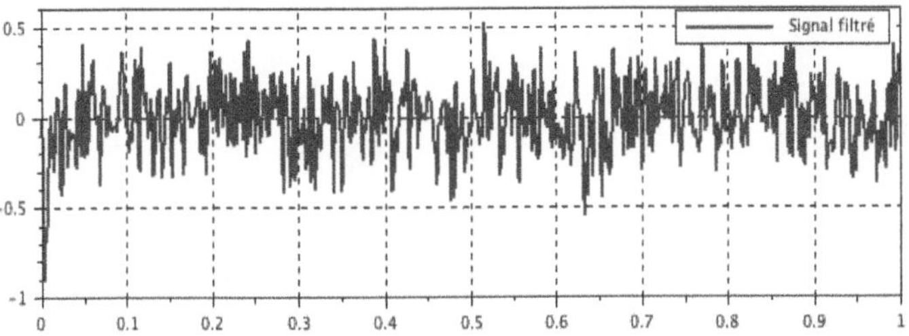

C.3 Filtre passe-bande

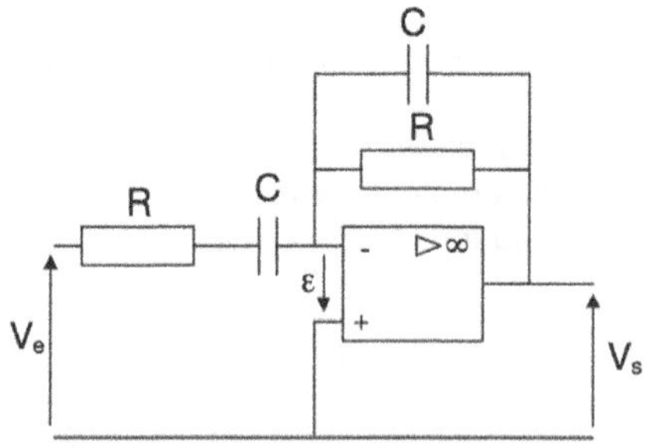

Il existe une boucle de réaction sur l'entrée inverseuse, l'ALI fonctionne donc en mode linéaire.

Le signal est relié à l'entrée inverseuse, le montage est donc un montage inverseur.

Appliquons le théorème de Millmann sur E- :

$$\underline{V}^- = \frac{\left(\dfrac{1}{R+\dfrac{1}{jC\omega}}\right)\underline{V_e}+\left(\dfrac{1}{R}+jC\omega\right)\underline{V_s}}{\dfrac{1}{R+\dfrac{1}{jC\omega}}+\dfrac{1}{R}+jC\omega} = \frac{\left(\dfrac{jRC\omega}{1+jRC\omega}\right)\underline{V_e}+(1+jRC\omega)\underline{V_s}}{\dfrac{jRC\omega}{1+jRC\omega}+1+jRC\omega}$$

$$= \frac{jRC\omega\underline{V_e}+(1+jRC\omega)^2\underline{V_s}}{jRC\omega+(1+jRC\omega)^2}$$

L'ALI étant supposé parfait, on tire $\underline{V}^- = \underline{V}^+ = 0$

Alors $jRC\omega\underline{V_e}+(1+jRC\omega)^2\underline{V_s} = 0$

D'où on tire finalement la fonction de transfert : $\dfrac{\underline{V_s}}{\underline{V_e}} = -\dfrac{jRC\omega}{(1+jRC\omega)^2}$

Il s'agit bien ici d'un filtre passe-bande, de pulsation de cassure $\omega_0 = \dfrac{1}{RC}$

CE QU'IL FAUT RETENIR

Généralités

Bande passante - Bande atténuée (ou rejetée, ou d'arrêt)

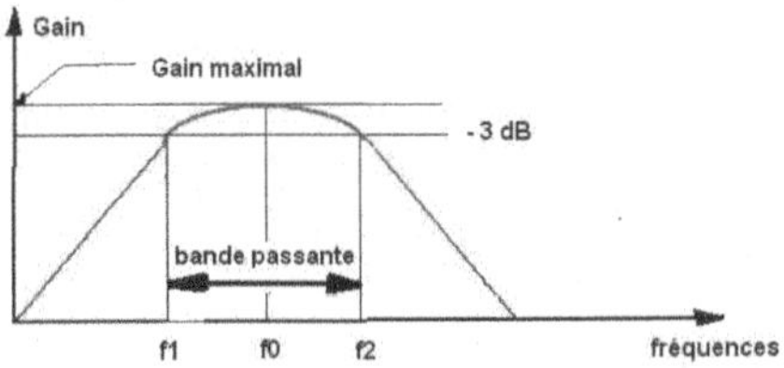

Bande passante :

Fréquences pour lesquelles le gain G_{dB} est tel que $G_{dB} \leq G_{dBMAX}$-3 dB

(soit $G \leq \frac{G_{MAX}}{\sqrt{2}}$)

Gabarits de filtres

Les gabarits schématisent les zones dans lesquelles doit se trouver le diagramme de gain du filtre.

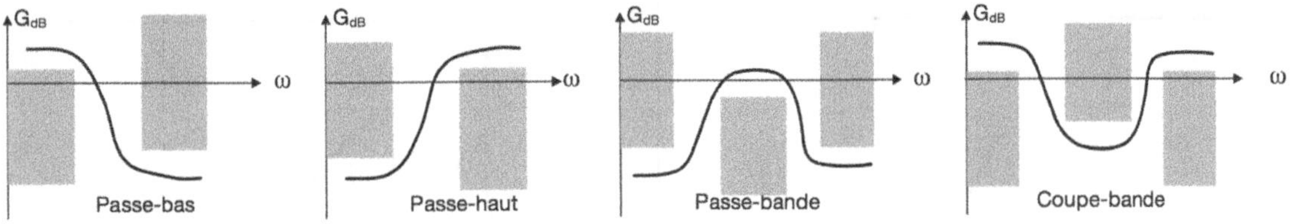

Filtres analogiques passifs

Construits à partir de composants passifs (résistances, condensateurs, bobines), l'étude de ces filtres est menée à l'aide des lois d'électrocinétique en régime sinusoïdal.

Filtres du premier ordre

Filtre passe-bas	Filtre passe-haut
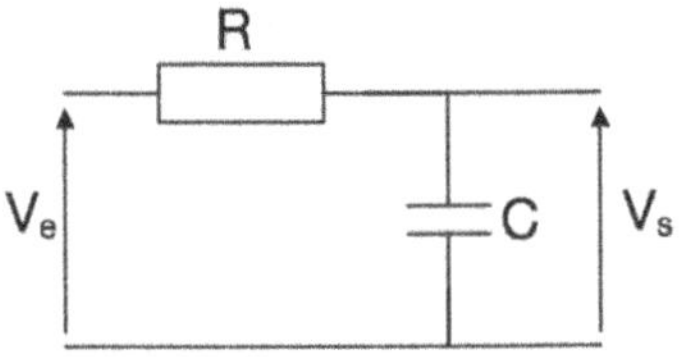 $\frac{\underline{V_s}}{\underline{V_e}} = \frac{1}{1+j\frac{\omega}{\omega_0}}$ avec $\omega_0 = 1/RC$	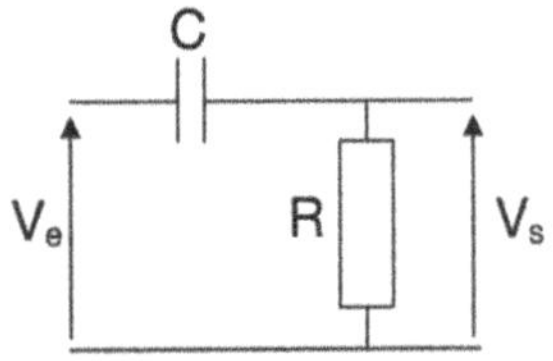 $\frac{\underline{V_s}}{\underline{V_e}} = \frac{j\frac{\omega}{\omega_0}}{1+j\frac{\omega}{\omega_0}}$ avec $\omega_0 = 1/RC$
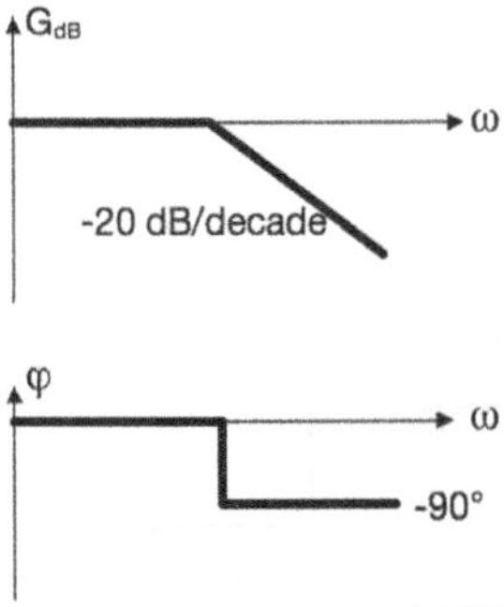	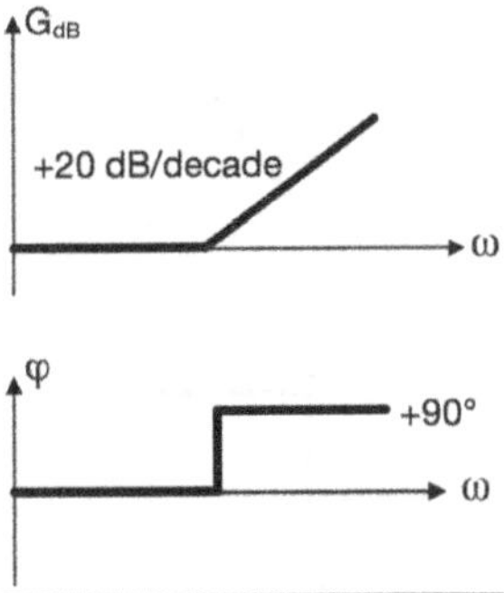

CE QU'IL FAUT RETENIR

Filtres du second ordre

Filtre passe-bas

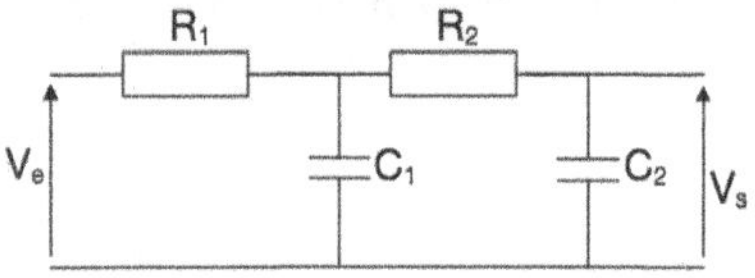

$$\frac{\underline{V_s}}{\underline{V_e}} = \frac{1}{\left(1+j\frac{\omega}{\omega_{0_1}}\right)\left(1+j\frac{\omega}{\omega_{0_2}}\right)}$$

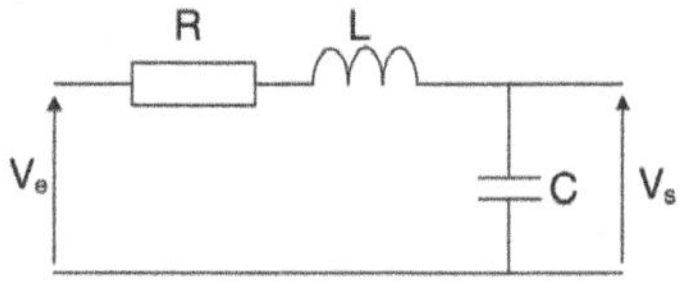

$$\frac{\underline{V_s}}{\underline{V_e}} = \frac{K}{1+\frac{2m(j\omega)}{\omega_0}+\left(j\frac{\omega}{\omega_0}\right)^2}$$

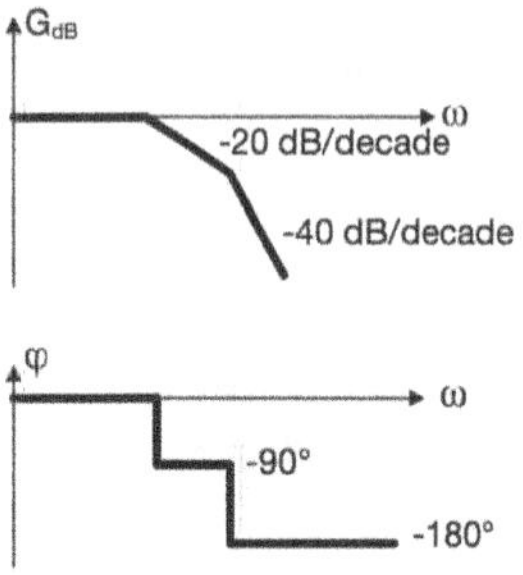

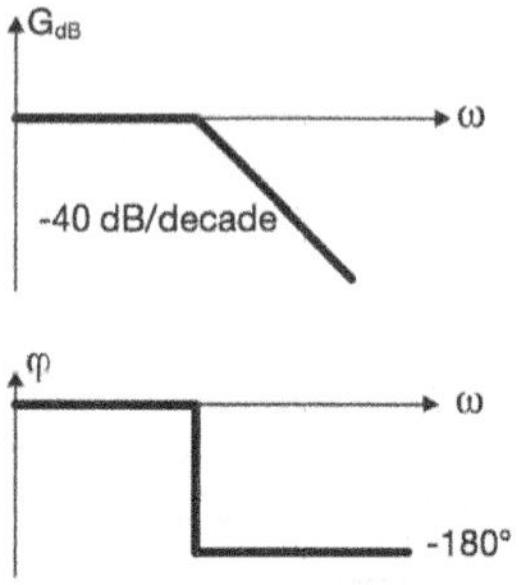

Filtre passe-haut

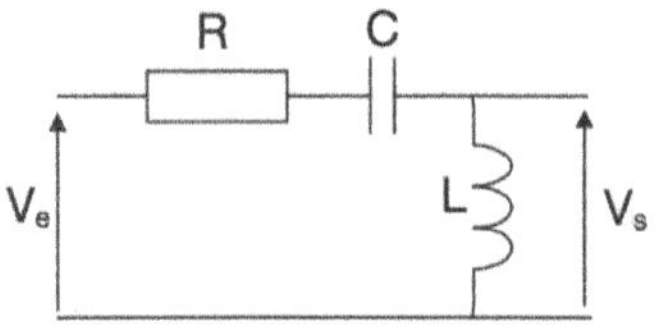

$$\frac{\underline{V_s}}{\underline{V_e}} = \frac{K\left(j\frac{\omega}{\omega_0}\right)^2}{1+\frac{2m(j\omega)}{\omega_0}+\left(j\frac{\omega}{\omega_0}\right)^2}$$

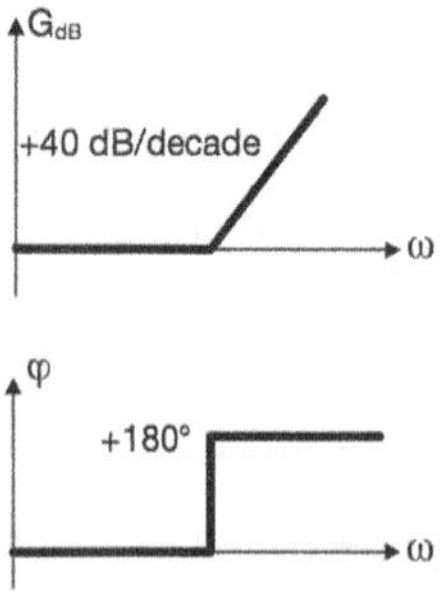

Filtre passe-bande

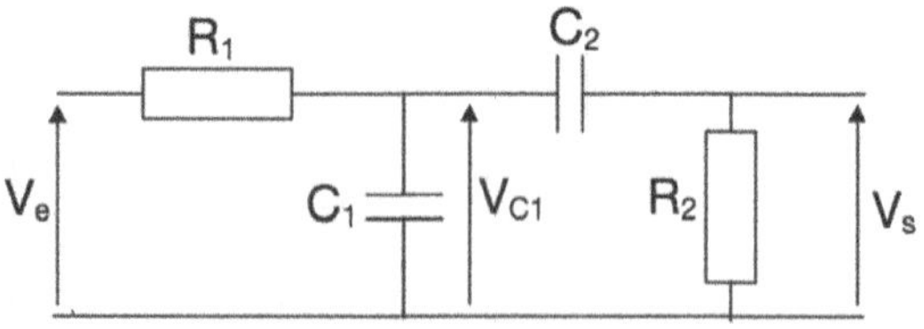

$$\frac{\underline{V_s}}{\underline{V_e}} = \frac{K}{1+jQ\left(\frac{\omega}{\omega_0}-\frac{\omega_0}{\omega}\right)}$$

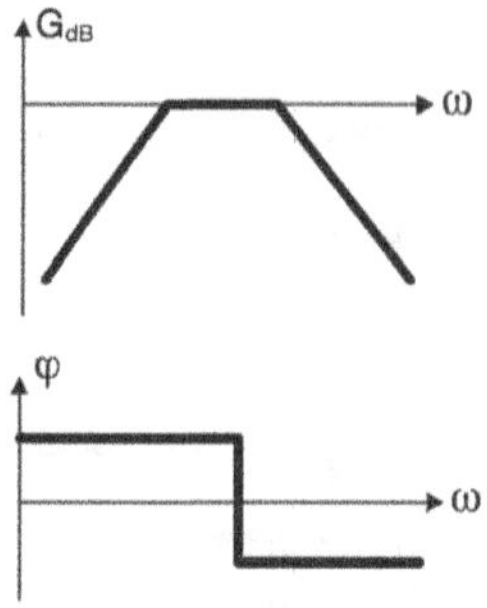

CE QU'IL FAUT RETENIR

Détermination rapide d'un filtre

Par la forme de la fonction de transfert

$\dfrac{1}{1^{er}\text{ ordre}}$	$\dfrac{(j\omega)}{1^{er}\text{ ordre}}$	$\dfrac{1}{2^{nd}\text{ ordre}}$	$\dfrac{(j\omega)}{2^{nd}\text{ ordre}}$	$\dfrac{(j\omega)^2}{2^{nd}\text{ ordre}}$
Passe-bas du 1er ordre	Passe-haut du 1er ordre	Passe-bas du 2nd ordre	Passe-bande	Passe-haut du 2nd ordre

Par le comportement asymptotique du circuit (exemples)

Circuit	Equivalence BF	Equivalence HF	Type de filtre
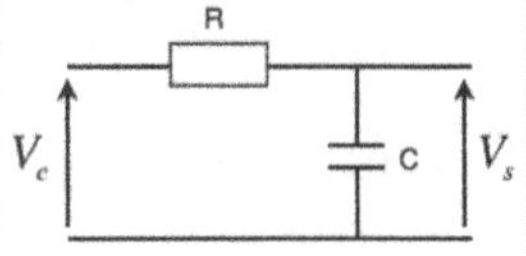	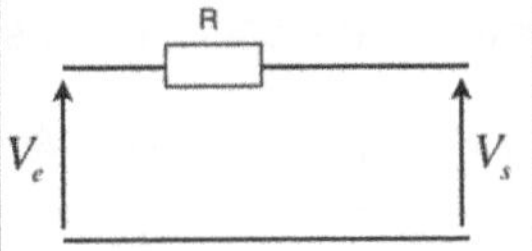	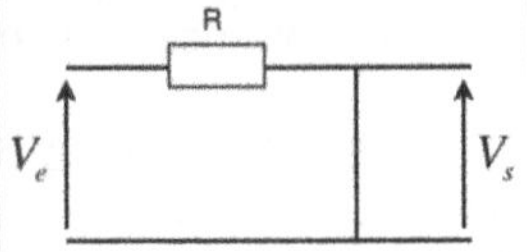	BF : $V_s \approx V_e$ HF : $V_s = 0$ ***FILTRE PASSE-BAS***
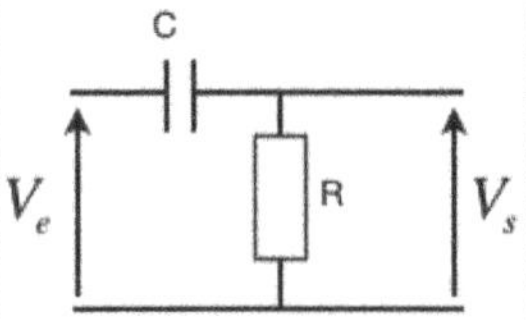	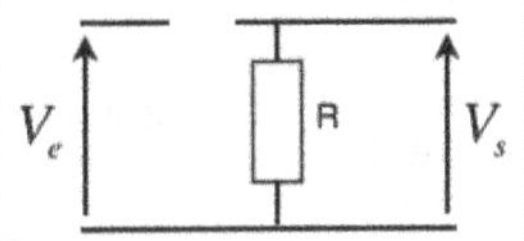	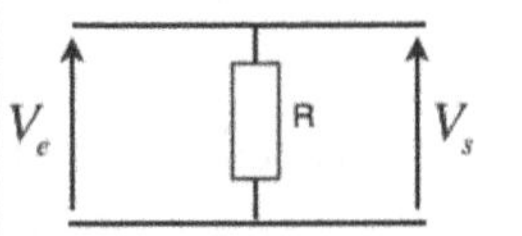	BF : $V_s = 0$ HF : $V_s = V_e$ ***FILTRE PASSE-HAUT***
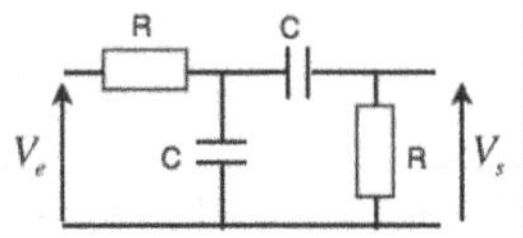	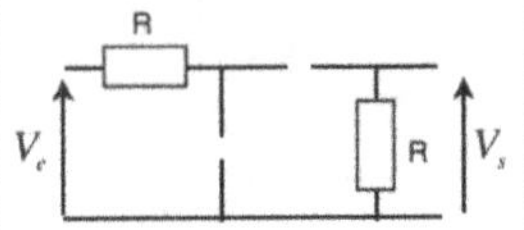	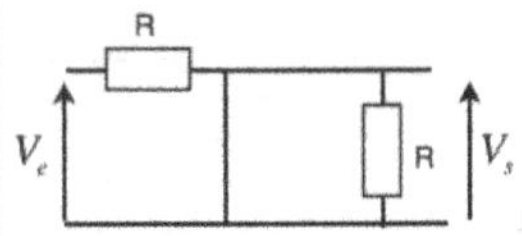	BF : $V_s = 0$ HF : $V_s = 0$ ***FILTRE PASSE-BANDE***
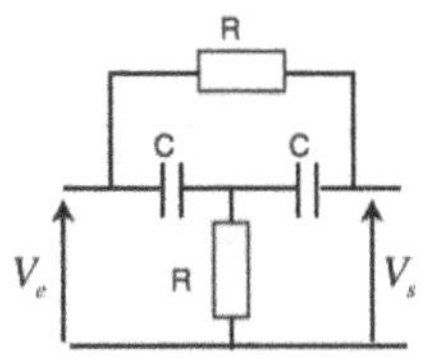	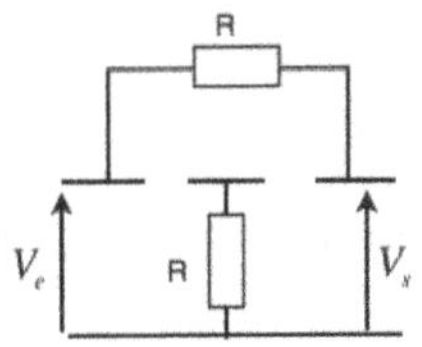	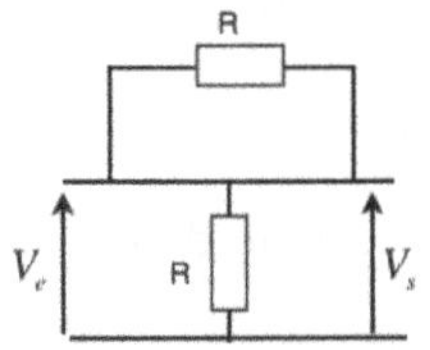	BF : $V_s \approx V_e$ HF : $V_s = V_e$ ***FILTRE COUPE-BANDE***

D. Exercices

Exercice 1 : Laveuse autoportée (Concours ATS 2015) *(Corrigé page 622)*

La société Nilfisk propose une large gamme d'engins de nettoyage des sols. La gamme des laveuses autoportées répond aux besoins de lavage pour des surfaces de plusieurs milliers de km carrés.

Les deux roues arrière sont motorisées par des moteurs à courant continu, qui sont asservis en vitesse. Cet asservissement nécessite l'acquisition de leur vitesse de rotation.

Or une mesure faussée de la vitesse de rotation des roues de la laveuse pourrait engendrer un mauvais comportement de celle-ci lors de la conduite (glissement, dérapage...). Il est donc important de s'assurer que la mesure de la vitesse est correctement réalisée.

Cette mesure est faite par une génératrice tachymétrique qui est installée sur l'essieu reliant les roues arrière.

La tension issue du capteur $V_E(t)$ est perturbée par des parasites générés par le passage des balais d'une lame de cuivre à l'autre sur le collecteur de la génératrice. Un filtre pouvant atténuer ces perturbations est donc installé en aval du capteur de vitesse.

Le schéma simplifié de la chaîne d'acquisition est donné ci-dessous :

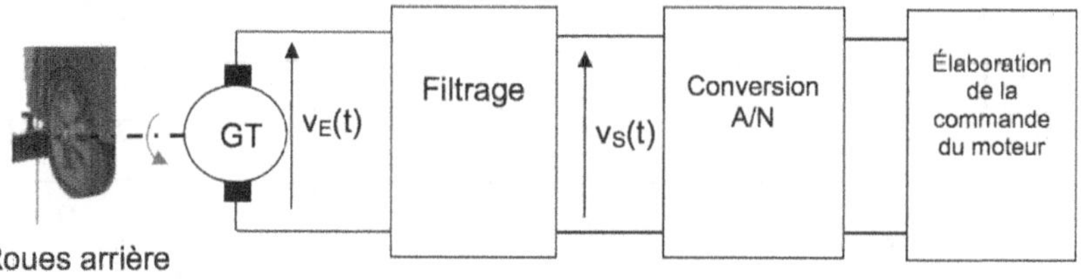

Les objectifs de cette étude sont de rechercher la fréquence de coupure du filtre à installer, et de vérifier les performances du filtre et de la conversion A/N.

Le collecteur de la génératrice possède 14 lames. Son arbre tourne à une vitesse maximale de 5836 tr/min, ce qui correspondrait à une vitesse de roues de 6 km/h.

On note f_0 la fréquence de coupure du filtre en amont du CAN et f_P la fréquence fondamentale des parasites générés par le collecteur.

Question 1

Calculer f_P.

Les caractéristiques du filtre sont les suivantes :

- la fréquence f_0 vaut $f_0 = 0{,}1.f_P$;
- les signaux ayant une fréquence supérieure ou égale à f_P devront subir une atténuation strictement supérieure à 20 dB par rapport aux signaux en basses fréquences.

Question 2

Dessiner un gabarit de filtre respectant ces contraintes.

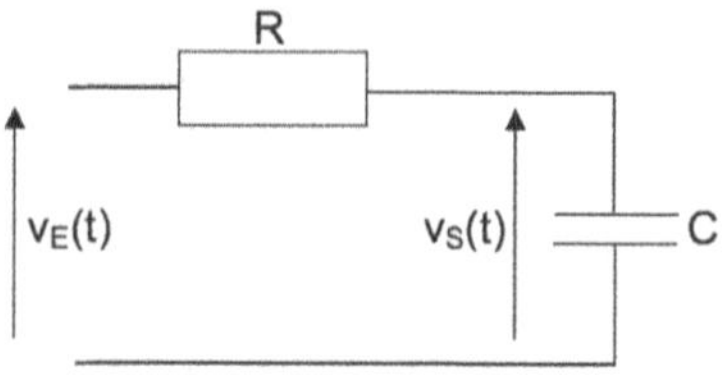

La figure ci-contre est un exemple de structure de filtre proposée par le constructeur du capteur.

Question 3

Montrer que le filtre de la figure précédente ne peut pas satisfaire les exigences d'atténuation fixées plus haut.

On propose d'ajouter un deuxième filtre en cascade identique au premier :

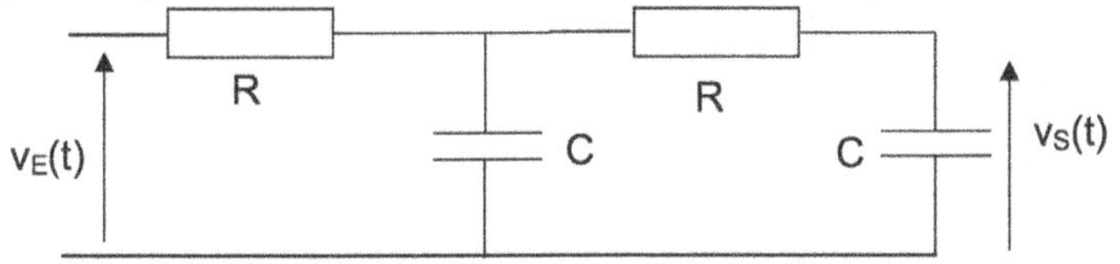

Question 4

Calculer la fonction de transfert $\dfrac{V_S(j\omega)}{V_E(j\omega)}$ relative au montage de la figure ci-dessous.

Montrer que le filtre peut convenir pour satisfaire les exigences d'atténuation fixées plus haut.

Question 5

Choisir des valeurs de R et de C de façon à satisfaire le gabarit défini plus haut.

La vitesse de la laveuse peut varier de -2 km/h à 6 km/h. La mesure faite par la génératrice tachymétrique est ensuite convertie en un mot de 5 bits.

Question 6

Calculer la plus petite variation de vitesse au niveau des roues qui pourra être mesurée.

Exercice 2 : Panneaux déroulants (Concours ATS 2011) *(Corrigé page 624)*

Le panneau publicitaire déroulant, appartenant à la catégorie des mobiliers urbains pour l'information, est un objet installé dans l'espace public.

Ce panneau permet de faire défiler successivement dans un sens puis dans l'autre jusqu'à 7 affiches réunies en un bandeau, avec un temps d'exposition constant pour chaque affiche.

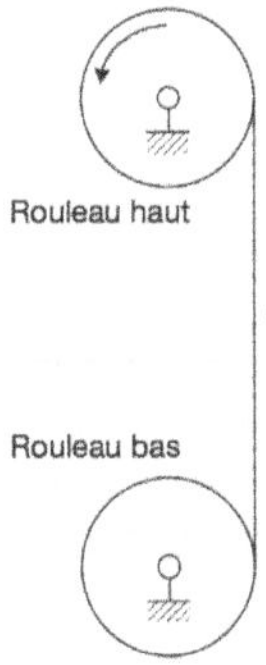

2 moteurs sont mis en œuvre dans ce panneau : un moteur asynchrone pour assurer le déplacement du bandeau, et un moteur à courant continu pour assurer la tension du bandeau.

L'asservissement du la tension du bandeau nécessite la mesure du couple moteur délivré par le moteur à courant continu. Cette mesure mesure du couple moteur se fait par la mesure du courant grâce à un capteur à effet Hall qui délivre une tension V_{im}.

On obtient une tension V_{im} (1V/A) image du courant I_m dans le moteur. L'allure de l'image du courant est la suivante :

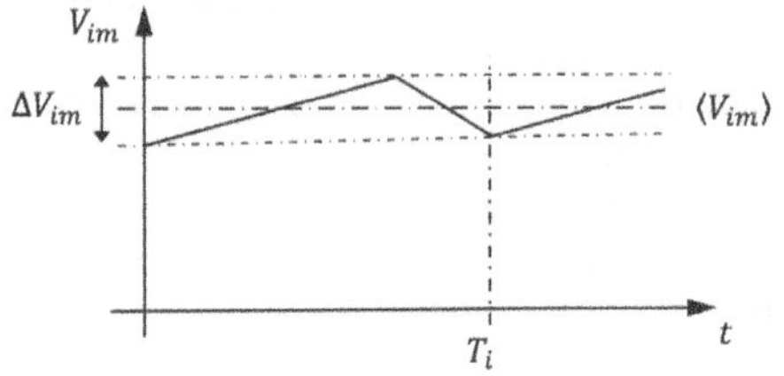

$\langle V_{im} \rangle$ tension image du courant moyen
ΔV_{im} tension image de l'ondulation du courant
$T_i = 0{,}5\ ms$

> On désire obtenir l'image du courant moyen avec une atténuation de l'ondulation relative $\Delta I_m/\langle I_m \rangle$ d'au moins 40 dB afin d'obtenir une valeur moyenne sans perturbation pour un asservissement correct.
>
> Le but est de dimensionner les composants du filtre passif.

Pour cela on utilise la structure suivante dont l'étude sera menée avec la représentation complexe :

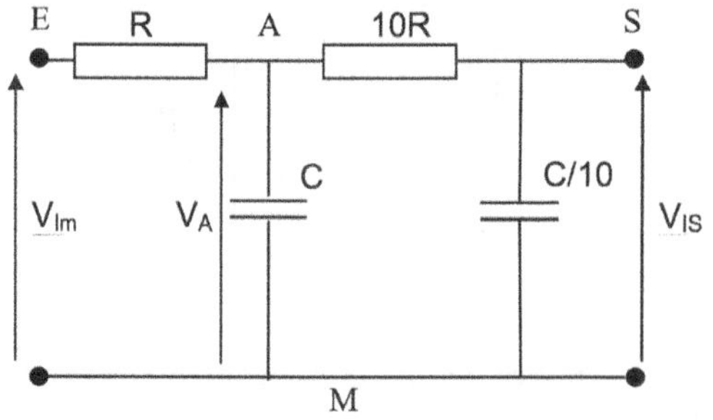

Question 1

Quel type de filtre permet de garder la composante continue et d'atténuer l'ondulation ?

Question 2

Exprimer la tension V_A en fonction des tensions V_{is} et V_{im} et les différents composants.

Question 3

Exprimer V_{is} en fonction de V_A.

Question 4

En déduire l'expression de la fonction de transfert et montrer qu'elle se met sous la forme :

$$\frac{V_{is}}{V_{im}} = \frac{1}{1+\alpha j\frac{\omega}{\omega_0}+\left(j\frac{\omega}{\omega_0}\right)^2} \quad \text{avec } \omega_0 = \frac{1}{RC}$$

Question 5

On désire une atténuation de 40 dB du fondamental ω_i du signal V_{im}. Compte tenu de la fréquence de ce signal calculer la valeur de la pulsation ω_0.

Question 6

Afin de ne pas charger de trop le capteur à effet Hall, on désire que l'impédance d'entrée minimale du montage ne soit pas inférieure à 1 kΩ. Préciser la valeur de R.

Question 7

En déduire la valeur de C.

Exercice 3 : Maison hantée (Concours ATS 2009) *(Corrigé page 625)*

Un manège de parc d'attraction est composé de seize véhicules indépendants roulant sur une piste béton de 192 mètres.

Cette piste reçoit en son centre un rail de guidage qui fixe la trajectoire des véhicules.

Chaque voiture peut recevoir deux personnes au maximum.

On s'intéresse ici à la mesure des efforts qui s'exercent sur la barre de sécurité des voitures. Le capteur et le conditionneur ont été étudiés dans l'exercice 2 du chapitre 21 précédent.

La chaîne d'acquisition a la structure suivante :

On s'intéresse à présent au filtrage du signal délivré par le conditionneur.

La fréquence d'échantillonnage du convertisseur analogique numérique est de 500 Hz. Le théorème de Shannon impose que le signal à convertir ne doit pas contenir de fréquences supérieures à 250 Hz.

Le filtre utilisé est donc un filtre passe-bas qui doit présenter une atténuation assez rapide (ordre élevé) pour être efficace. Le filtre choisi, d'ordre 8 est réalisé par la mise en cascade de 4 filtres d'ordre 2.

La suite concerne l'étude d'un de ces filtres d'ordre 2, dont le gabarit et le circuit sont représentés ci-dessous :

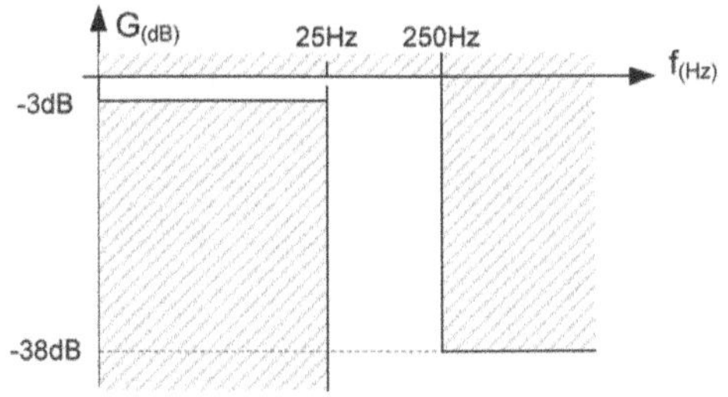

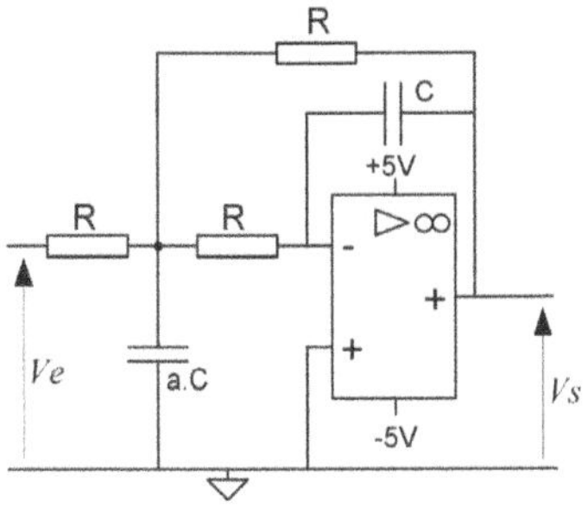

L'amplificateur opérationnel est supposé idéal et fonctionne en régime linéaire.

Question 1

Déterminer l'expression littérale de la fonction de transfert harmonique de ce filtre en fonction de R, C, a, ω.

Question 2

Mettre cette fonction de transfert sous la forme : $\underline{H}(j\omega) = \dfrac{K}{1 + \dfrac{1}{Q} \cdot \dfrac{j\omega}{\omega_0} + \left(\dfrac{j\omega}{\omega_0}\right)^2}$

Le gain du filtre doit être le plus constant possible pour les basses fréquences, puis présenter une décroissance très rapide lorsque la fréquence du signal devient proche de 250 Hz. Un facteur de qualité $Q = 1/\sqrt{2}$ est un bon compromis pour respecter ces deux critères.

Question 3

Déterminer la valeur de a pour obtenir un facteur de qualité $Q = 1/\sqrt{2}$.

Question 4

Déterminer la valeur du produit RC pour que la fréquence de coupure à 3 dB soit de 25 Hz.

Question 5

Calculer le gain à 250 Hz et conclure sur le respect du gabarit.

Chapitre 23. Conversion analogique-numérique et numérique-analogique

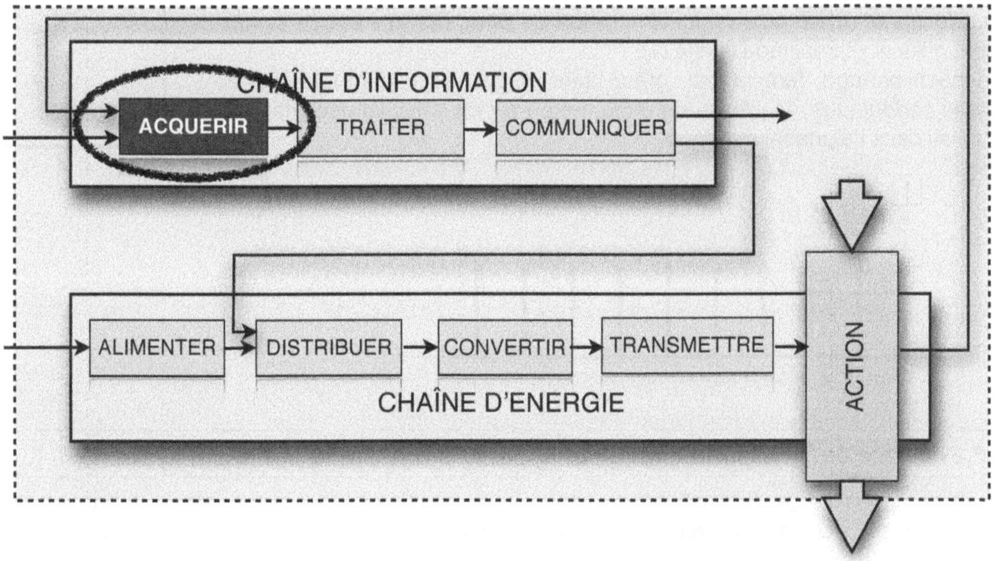

Les contrôleurs qui traitent l'information sont des systèmes numériques, pour lesquels il faut fournir une valeur numérique. Il va donc falloir convertir la grandeur analogique issue des capteurs (après amplification et filtrage) en grandeur numérique directement exploitable par le contrôleur.

Il s'agit de la conversion analogique-numérique, dernier étage de la chaîne de conditionnement du signal.

A. Echantillonnage

A.1 Objectif des conversion analogique-numérique et numérique analogiques

Le bloc fonctionnel «Traiter l'information» de la chaîne d'information manipule des informations numériques, que ce soit en entrée comme en sortie.

Or les signaux issus des capteurs sont analogiques. De même, les blocs en aval du traitement de l'information nécessitent le plus souvent des informations analogiques.

Il est donc nécessaire de convertir, en entrée du traitement, les grandeurs analogiques en grandeur numérique. De même, les grandeurs numériques délivrées en sortie de traitement devront être converties en grandeur analogique.

Le traitement numérique des systèmes pluri-technologiques asservis est un domaine complexe, dans lequel nous nous contenterons d'aborder en CPGE ATS les notions d'échantillonnage.

A.2 Echantillonnage numérique

A.2.1 Peigne de Dirac

Si l'étude des asservissements fait massivement appel à la fonction de Heaviside (fonction échelon), le traitement du signal, et particulièrement l'échantillonnage, utilise quant à lui l'impulsion de Dirac $\delta(t)$, qui est un signal de durée nulle et d'amplitude l'unité (1).

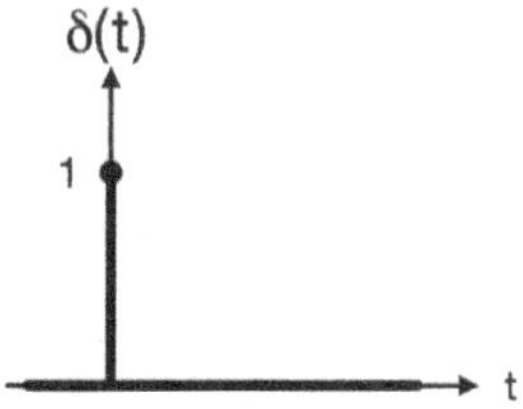

L'échantillonnage fera appel grâce une succession d'impulsions à intervalles périodiques : le peigne de Dirac, noté P_{Te} (ou Ш$_{Te}$, Ш désignant la lettre «sha» dans l'alphabet cyrillique).

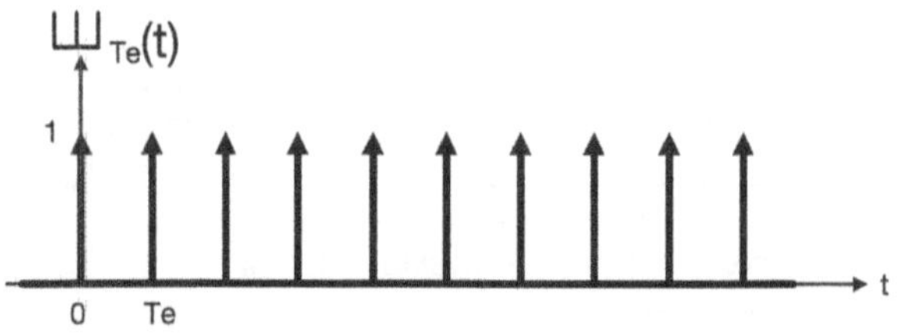

A.2.2 Principe de l'échantillonnage

Le principe général de l'échantillonnage consiste à «multiplier» le signal analogique par le peigne de Dirac. Ceci revient à prélever à intervalles réguliers la valeur de la grandeur analogique à traiter :

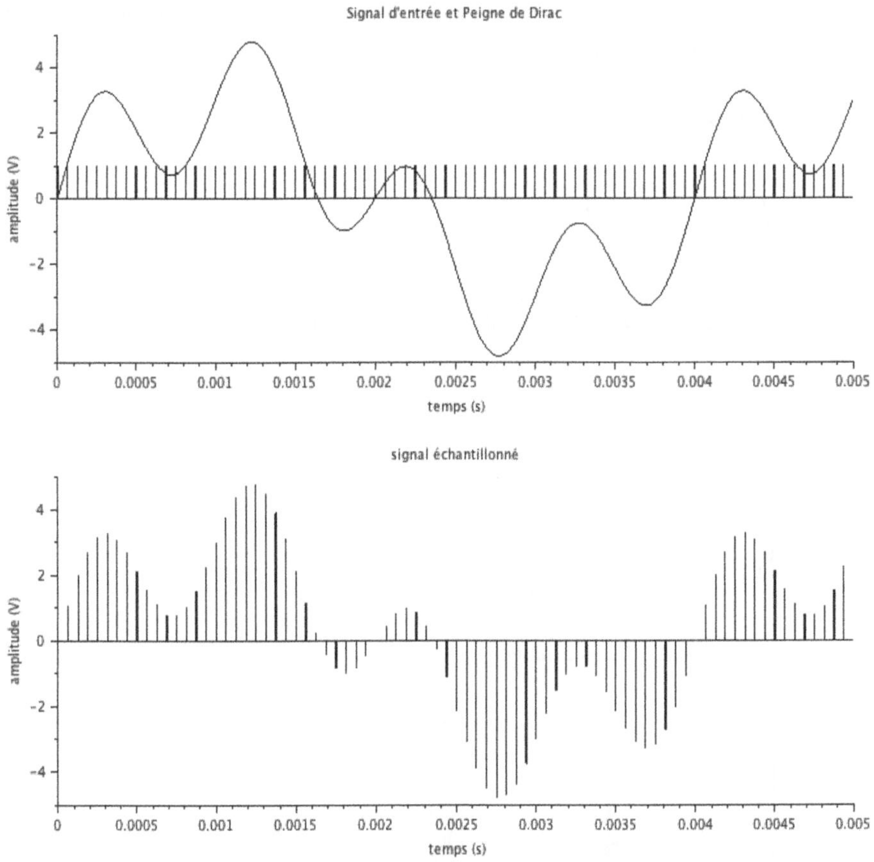

A.2.3 Conséquences sur le spectre de fréquences

L'échantillonnage modifie de façon très sensible le spectre de fréquences du signal analogique.

Notons F_e la fréquence d'échantillonnage d'un signal $e(t) = E_0 \sin(2\pi f_0 t)$ de fréquence f_0.

Le spectre de fréquence n'est dans ce cas constitué que d'un rang, à la fréquence f_0.

Ci-contre par exemple, le spectre d'un signal de fréquence $f_0 = 3$ kHz.

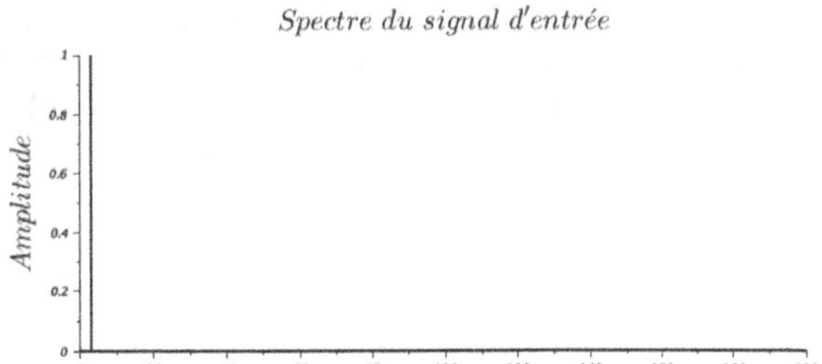

Les mathématiciens nous montrent que le «produit» (il s'agit en fait d'une convolution) de ce signal par un peigne de Dirac de période $T_e = 1/F_e$ se décompose comme suit :

$$e^{*}(t) = e(t).P_{Te}(t) = \frac{E_0}{T_e}\sin(2\pi f_0 t) + \frac{E_0}{Te}\sum_{n=1}^{\infty}\left[\sin(2\pi(nF_e - f_0)t) + \sin(2\pi(nF_e + f_0)t)\right]$$

Par conséquent, le signal échantillonné est caractérisé par un ensemble périodique de raies de même amplitude que le signal analogique, sur les fréquences $nF_e \pm f_0$:

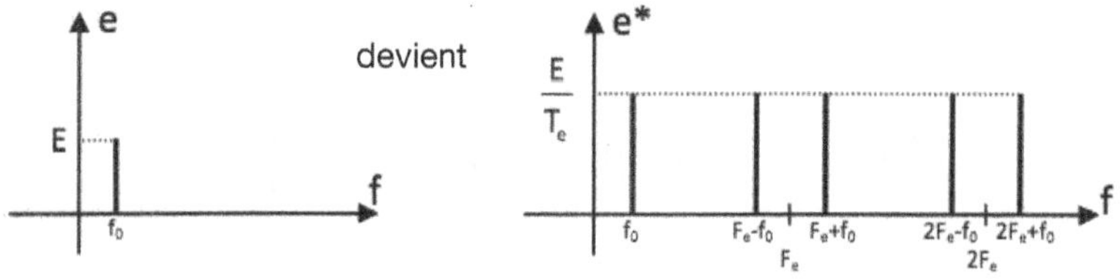

Le spectre est ainsi dupliqué sur toutes les fréquences multiples de Fe.
La figure ci-dessous montre le spectre de l'échantillonnage d'un signal échantillonné à 10 kHz :

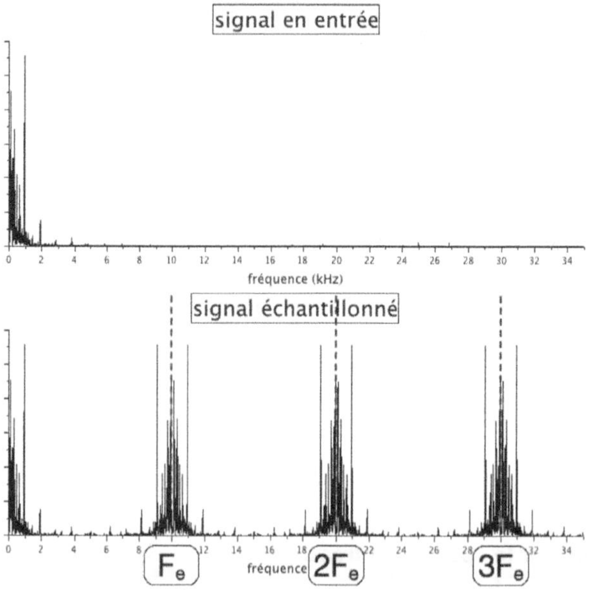

La reconstitution du signal est alors aisée : il suffit de traiter le signal à travers un filtre passe-bas, de façon à conserver le premier spectre.

Afin de ne conserver que le spectre du signal d'origine, ce filtre doit avoir une fréquence de coupure située entre la fréquence maximale f_{max} du signal et la fréquence minimale F_e-f_{max} de la première réplication.

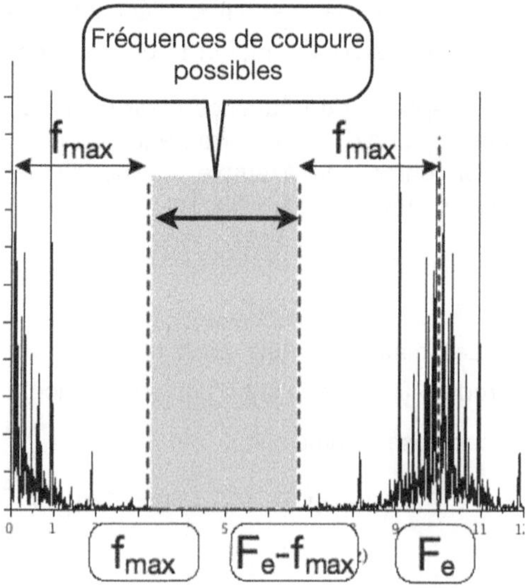

A.3 Théorème de Shannon - Filtre antirepliement («antialiasing»)

A.3.1 Théorème de Shannon

Il existe toutefois des situations pour lesquelles cette reconstitution ne peut se faire :

- lorsque le spectre du signal analogique s'étend sur une plage infinie de fréquences (ou si la fréquence maximale est si importante que la fréquence d'échantillonnage est techniquement inenvisageable) ;
- lorsque la fréquence d'échantillonnage est trop faible, auquel cas il y aura chevauchement des spectres si $f_{max} > F_e - f_{max}$.

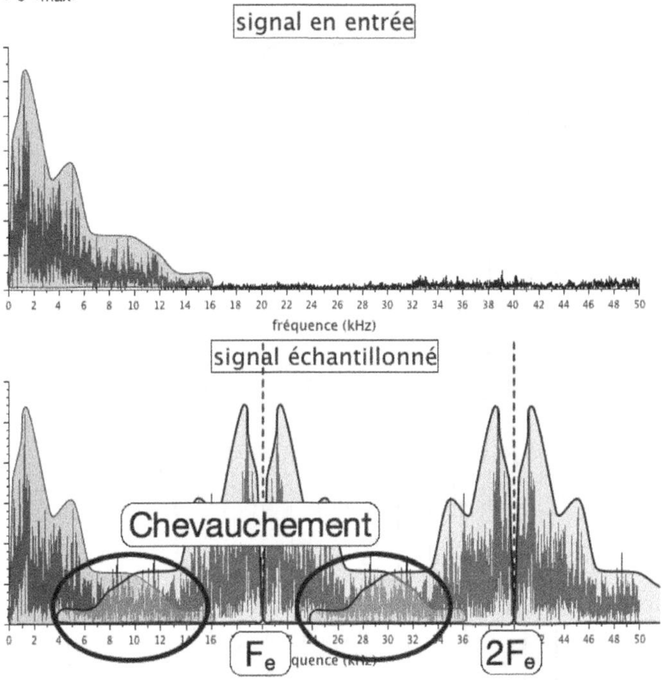

On a alors, dans la bande de chevauchement, apparition de composantes de fréquences supplémentaires, sommes du spectre d'origine et du spectre de la réplication, qui n'existent pas dans le signal d'origine : on parle de repliement du spectre.

Pour remédier à ce phénomène, il faut impérativement respecter $F_e - f_{max} > f_{max}$.

Cette condition est à l'origine du théorème de Shannon : il faut vérifier $F_e > 2f_{max}$.

Sans cette condition, il sera impossible de reconstituer le signal d'origine à partir du signal échantillonné.

Prenons l'exemple d'un signal sinusoïdal pur de fréquence 50 Hz échantillonné à 45 Hz.

Le spectre de fréquence de la sinusoïde échantillonnée fait apparaître une première composante à 5 Hz :

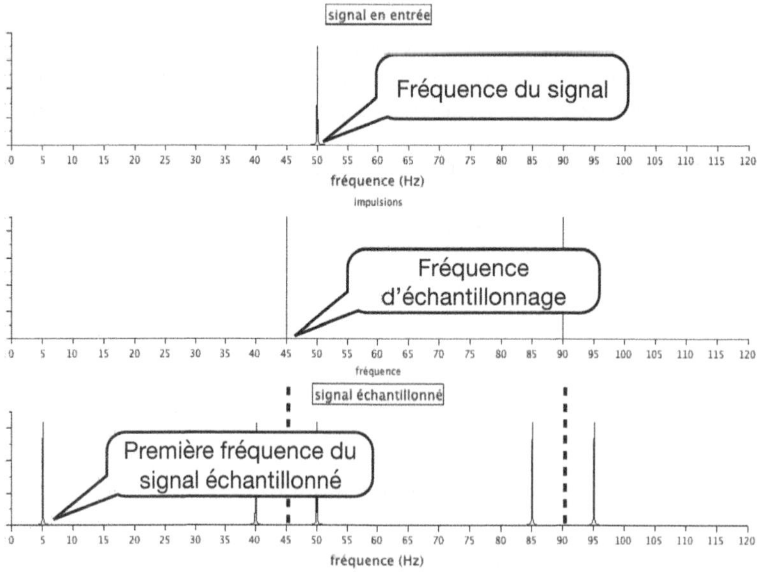

Le signal sinusoïdal de 50 Hz alors reconstitué à partir de l'échantillonnage est une sinusoïde de fréquence 5 Hz :

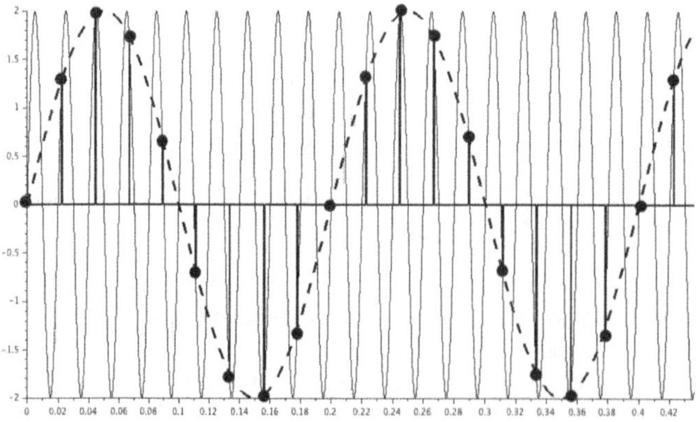

C'est la raison pour laquelle les communications en téléphonie sont échantillonnées à 8 kHz, les fréquences de la voix étant de l'ordre de 3 kHz. De même, le spectre audible s'étendant jusqu'à 20 kHz, l'échantillonnage HiFi est élaboré à 44,1 kHz.

A.3.2 Filtre anti-repliement

Dans la pratique, il est difficile de conserver l'ensemble des fréquences d'un signal, car cela imposerait une fréquence d'échantillonnage trop élevée. Il faut donc arbitrairement supprimer les fréquences trop élevées, en ayant recours à un filtre passe-bas spécifique : le filtre anti-repliement. Ce filtre permet de garantir l'absence de chevauchement sur le spectre du signal échantillonné.

Ce filtre doit avoir une fréquence de coupure f_c inférieure à $F_e/2$: $f_c < F_e/2$.

La figure ci-dessous montre l'effet sur le spectre du signal de l'application d'un filtre passe-bas d'ordre 8 à une fréquence de coupure de 6 kHz :

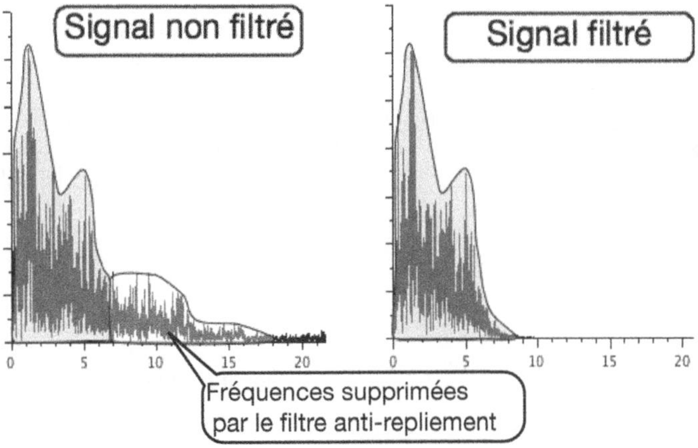

Le spectre du signal échantillonné ne présente alors plus de repliement, permettant ainsi la reconstruction du signal d'origine :

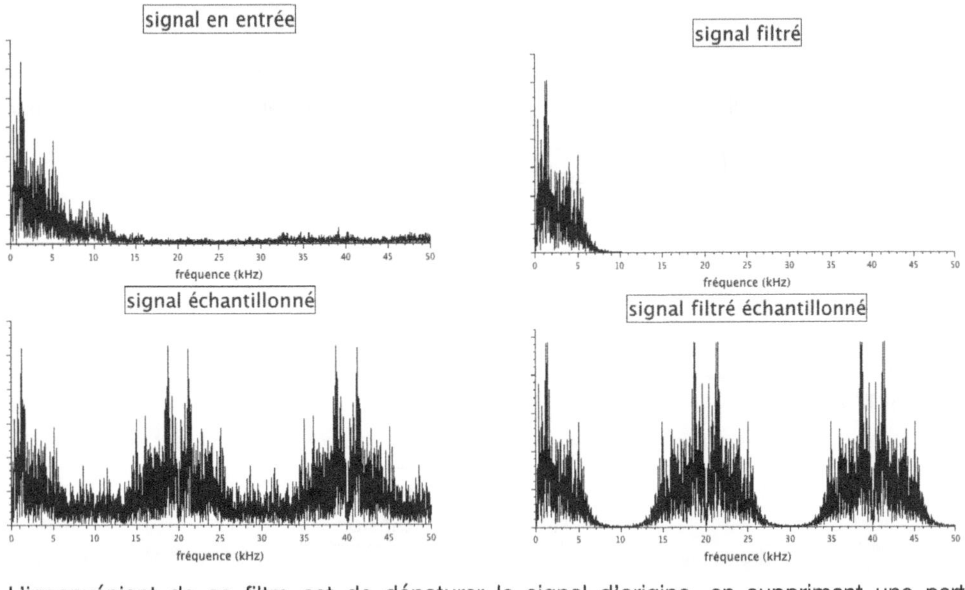

L'inconvénient de ce filtre est de dénaturer le signal d'origine, en supprimant une partie de ses caractéristiques. C'est la raison pour laquelle les sons numériques peuvent apparaître trop «métalliques».

A.4 Bloqueur

L'échantillonnage est une opération qui, techniquement, ne peut être instantanée, l'impulsion de Dirac n'existant que mathématiquement.

Il faut en réalité un certain temps pour effectuer la conversion, temps pendant lequel la valeur du signal analogique peut changer. Il faut donc «bloquer» le signal sur l'ensemble de la période d'échantillonnage T_e.

Cette opération s'obtient par l'intermédiaire d'un bloqueur d'ordre zéro, qui a pour fonction de maintenir et isoler la valeur du signal pendant la période d'échantillonnage, jusqu'au prélèvement d'échantillon suivant :

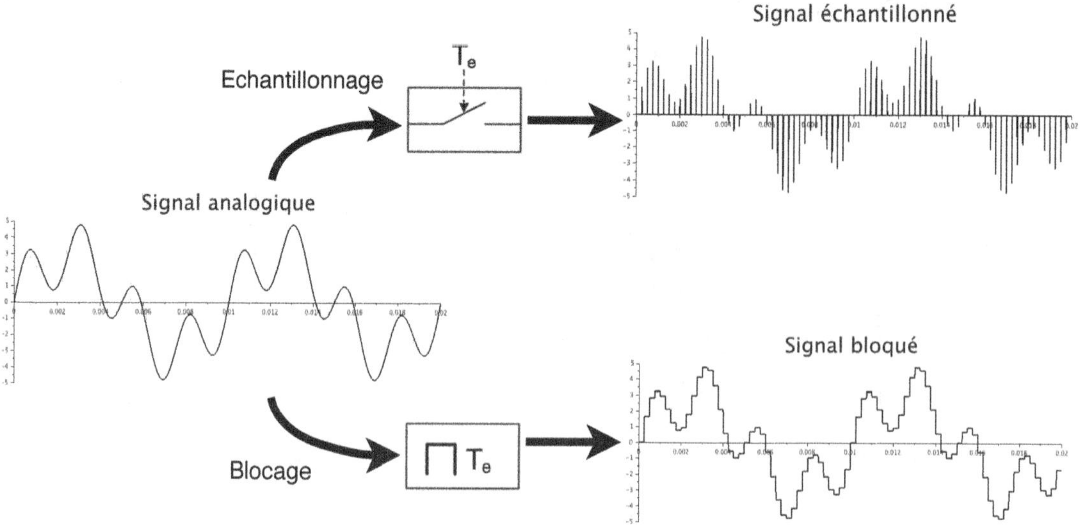

Le principe du bloqueur est de charger pendant une durée τ un condensateur, avec la valeur de l'échantillon au moment du prélèvement, puis de maintenir cette valeur pendant la durée de la période d'échantillonnage :

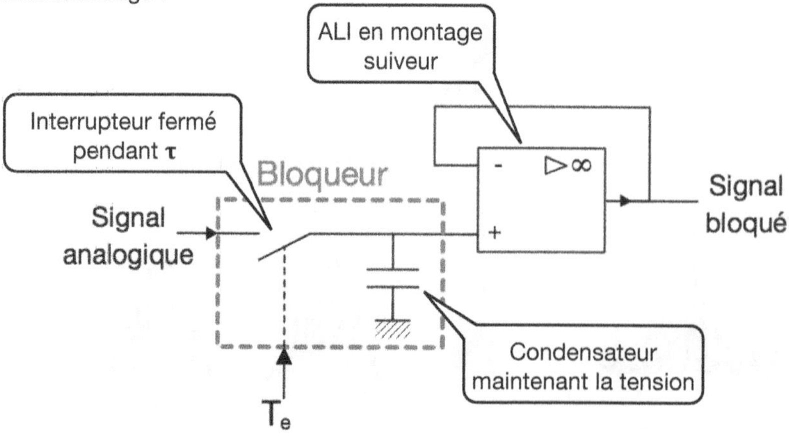

Le bloqueur est appelé bloqueur «d'ordre zéro», en référence à l'ordre du développement limité :

$$e(n.T_e + \tau) \approx e(nT_e)$$

Le principe n'est évidemment valable que si le temps de charge du condensateur est inférieur à la période d'échantillonnage.

CE QU'IL FAUT RETENIR

Echantillonnage

Principe de l'échantillonnage : signal analogique x Peigne de Dirac ➢ Signal échantillonné

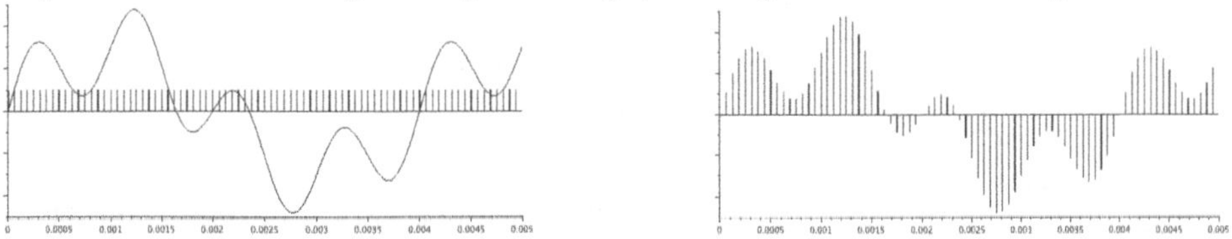

Conséquences sur le spectre de fréquence : duplication du spectre tous les multiples de Fe (fréquence d'échantillonnage)

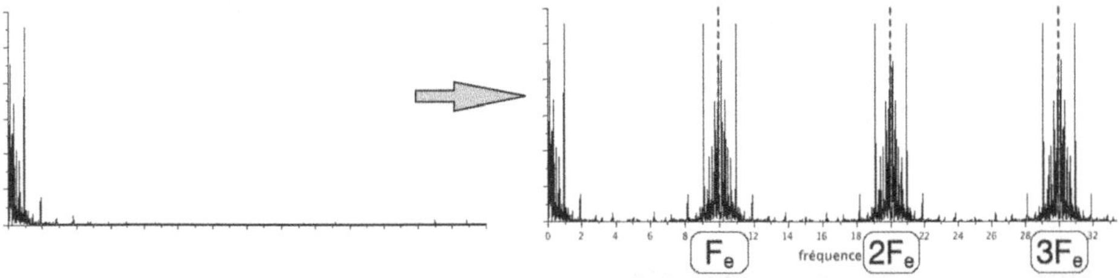

Reconstitution du signal : Filtre passe-bas de fréquence de coupure comprise entre f_{max} et F_e-f_{max}

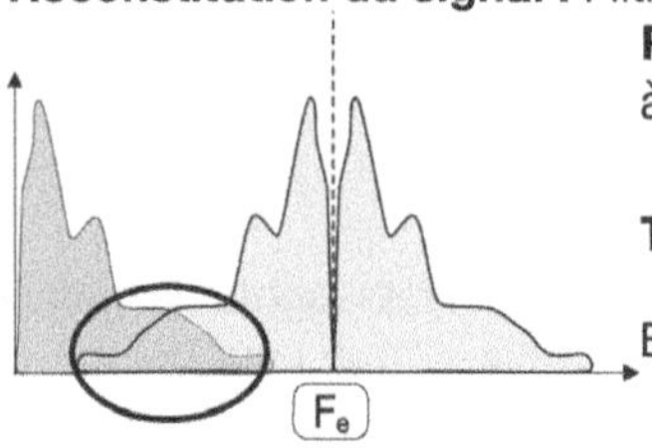

Repliement du spectre : Si $f_{max}>F_e-f_{max}$, alors la duplication se superpose à l'original : repliement du spectre

Théorème de Shannon : $F_e > 2f_{max}$

En pratique, on retient $5f_{max} < F_e < 25f_{max}$

Filtre anti repliement («antialiasing») : pour éviter le repliement, on supprime les hautes fréquences du signal analogique avant son échantillonnage à l'aide d'un filtre passe-bas anti-repliement.

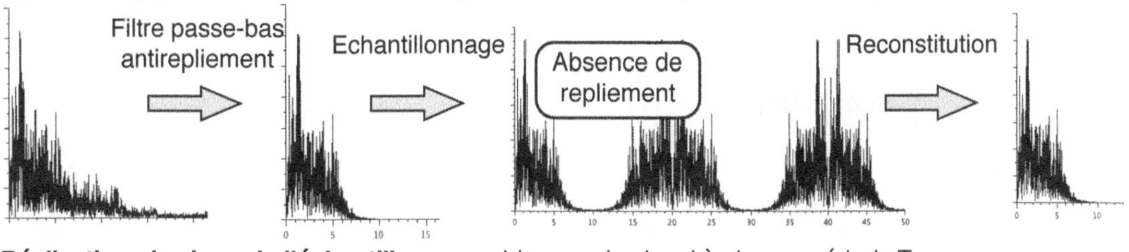

Réalisation physique de l'échantillonnage : blocage du signal à chaque période Te

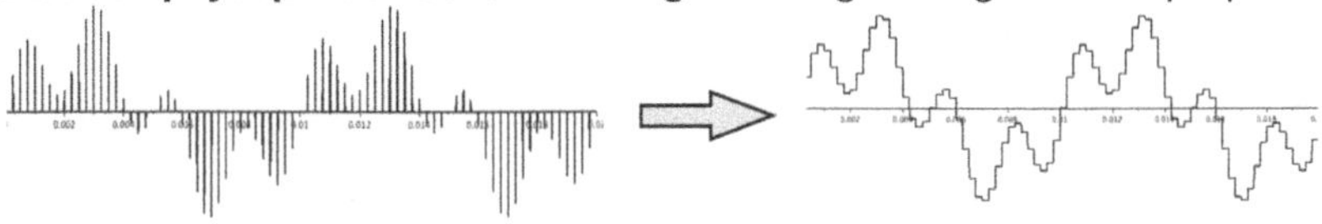

Bloqueur d'ordre zéro :

- Fermeture de K pendant le temps de charge τ: le condensateur C se charge avec la tension du signal.
- Ouverture de K. Le condensateur C maintient la tension.
- Le signal échantillonné est délivré par un ALI en mode suiveur de tension.

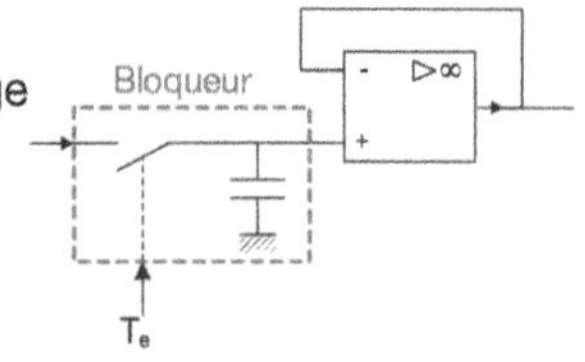

CE QU'IL FAUT RETENIR

Conversion Analogique-Numérique (CAN)

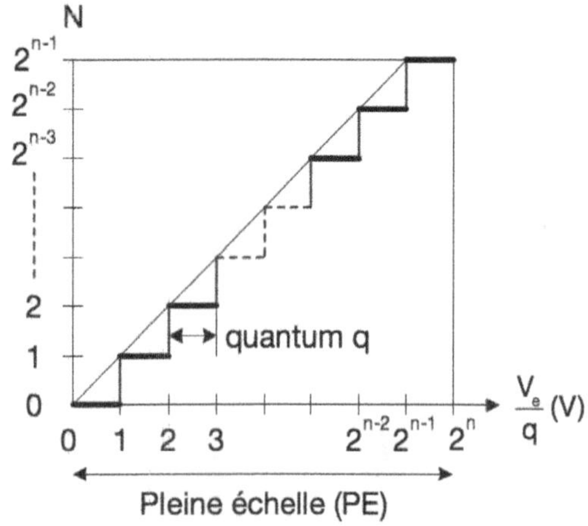

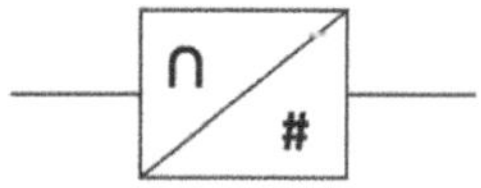

CAN ou ADC

La valeur pleine échelle PE représente la valeur maximale de la tension d'entrée V_e convertible par le CAN.

Le quantum q représente la plus petite variation de tension provoquant un changement de codage :

$$q = \frac{PE}{2^n}$$

Conversion Numérique-Analogique (CNA)

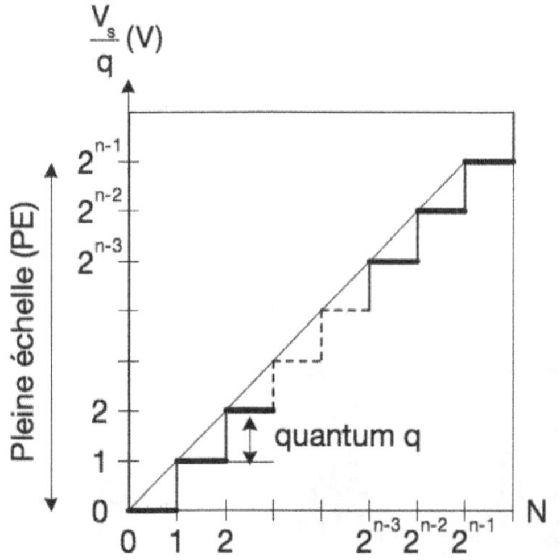

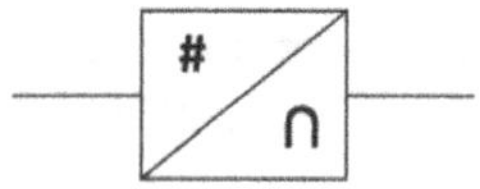

CNA ou DAC

La valeur pleine échelle PE représente la valeur maximale de la tension de sortie V_s que peut délivrer le CNA.

Le quantum q représente le plus petit incrément de tension provoqué par un changement de codage :

$$q = \frac{PE}{2^n - 1}$$

B. Exercices

Exercice 1 : Véhicule Auto Guidé (Concours ATS 2014) *(Corrigé page 626)*

Le nouveau Centre Hospitalier Universitaire (CHU) de Dijon Bocage Central a retenu pour sa logistique hôtelière hospitalière des VAG (véhicule auto guidé).

La liaison au sol s'effectue par l'intermédiaire de 2 roues latérales fixes et 2 roues longitudinales orientables :

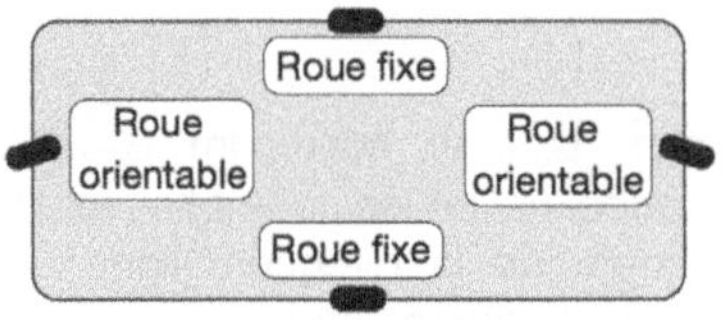

L'asservissement de l'angle des roues nécessite l'acquisition de l'angle de la tourelle de direction.

Cette acquisition est réalisée à partir d'un potentiomètre rotatif multitour (angle α_P maxi de 10 tours ou 3600°) dont l'axe est solidaire d'un pignon de diamètre primitif D_{pP} = 20 mm, est entraîné par un pignon de diamètre D_{pD} = 200 mm solidaire de la tourelle de direction.

Le potentiomètre est alimenté sous une tension de 10 V continu, sa tension de sortie notée V_r est de 5V pour la ligne droite, correspondant à $\alpha_D = 0$.

Le débattement maximal de la direction est $\alpha_D = \pm 75°$ autour de la ligne droite.

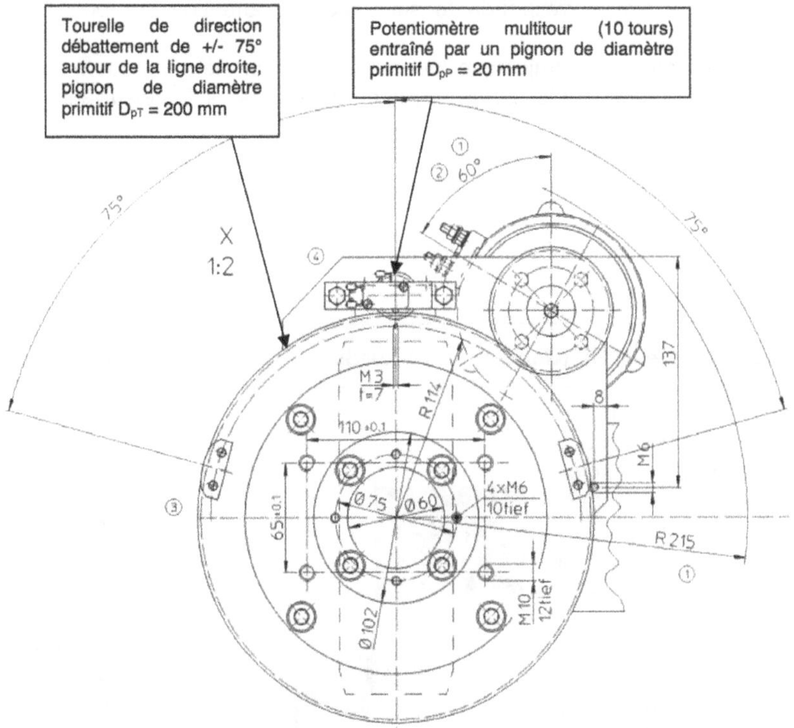

On cherche à quantifier la précision du suivi d'une ligne droite.

Cette précision du suivi dépend des propriétés de la boucle d'asservissement et de son réglage, mais également de l'erreur de quantification numérique de l'information.

> Le diagramme des exigences précise que la dérive latérale en ligne droite ne doit pas dépasser la valeur ± 5 mm/m.
>
> On se propose de vérifier ici le respect de cette exigence.

Question 1

Donner le nom complet du constituant permettant la conversion de la grandeur tension variable de 0 à 10 V issue du potentiomètre en une grandeur numérique codée en binaire sur 12 bits.

Ce convertisseur peut travailler de deux façons :

- en code binaire pur,
- en code complément à 2.

Question 2

Pour un code binaire pur, donner les mots binaires minimum B_{min} et maximum B_{max} issus théoriquement du convertisseur. Donner également ces codes en hexadécimal en les notant H_{min} et H_{max}.

Si le montage du potentiomètre est telle que la position centrale de la direction (ligne droite) correspond à + 5V, donner le code binaire B_D et hexadécimal H_D associés à cette position.

Question 3

Déterminer pour le convertisseur, la plus petite variation de tension qu'il peut détecter lorsque sa sortie évolue d'un bit de poids faible (LSB) ou incrément. On notera q quantum cette valeur.

Question 4

Pour l'erreur de quantification correspondant à cette quantité q, et en reprenant le principe du montage du potentiomètre sur la tourelle de direction :

- déterminer l'erreur angulaire correspondante sur l'axe du potentiomètre puis sur l'axe de direction $\varepsilon_{\alpha D}$;
- déduire alors la dérive latérale de trajectoire Δy en mm, pour un mètre parcouru en faisant une hypothèse simplificatrice acceptable pour les petits angles et illustrée par la figure suivante :

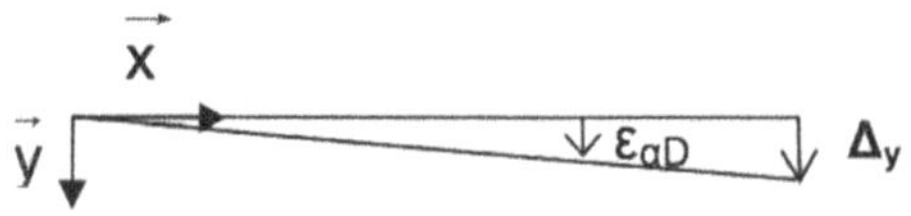

Comparer cette dérive à la précision de positionnement latérale fixée dans le cahier des charges.

Exercice 2 : Table de radiographie D2RS (Concours ATS 2018) *(Corrigé page 626)*

La société Stephanix conçoit des équipements de radiologie pour les hôpitaux. La table D2RS, étudiée dans cet exercice, permet de supporter le patient et le système d'imagerie.

On cherche à vérifier si l'électronique de traitement de l'information issue du capteur plan est adaptée à une utilisation en tomosynthèse (radio en 3D).

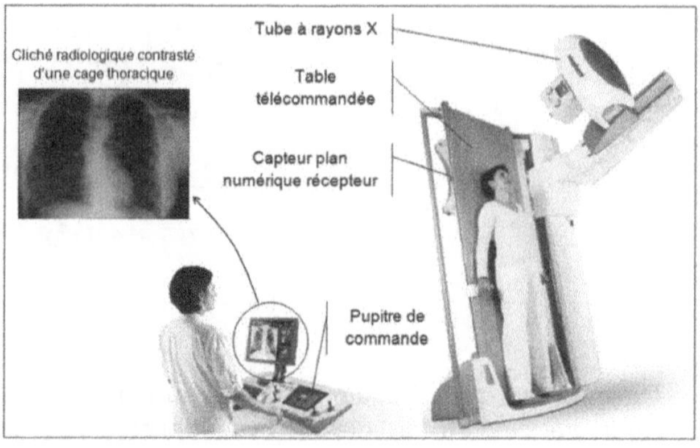

L'objectif de cet exercice est de vérifier que le circuit de traitement numérique des images associé au capteur plan est compatible avec la vitesse d'acquisition attendue des images radiographiques.

Le cahier des charges précise que la fréquence d'acquisition des images radiographiques doit au moins être égale à 10 clichés / s.

La chaîne de traitement de l'information est décrite ci-dessous :

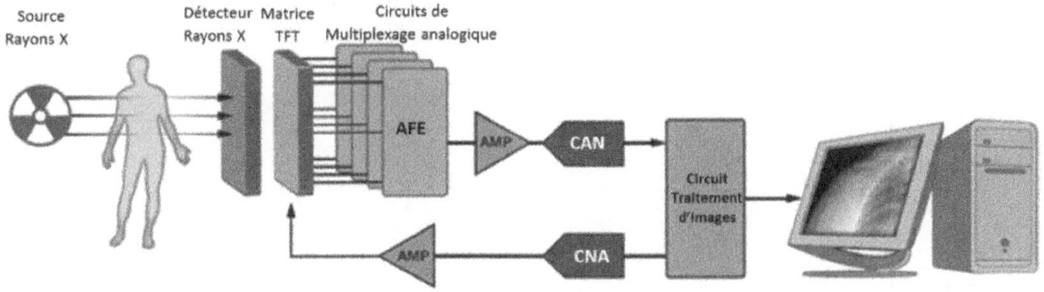

Les circuits AFE (AFE0064) de multiplexage analogique réalisent la conversion charge électrique – tension, les fonctions d'échantillonnage, et le multiplexage vers les circuits CAN.

Des circuits CAN (Convertisseur Analogique Numérique) convertissent chaque pixel en une information numérique codée sur 14 bits.

Un circuit FPGA a pour fonction le traitement d'images, la communication avec l'opérateur radio et l'affichage. Il gère également la chaîne de polarisation du réseau TFT du capteur plan.

Etude du Convertisseur Analogique Numérique (CAN) à Approximations Successives (SAR)

La technologie SAR est fondée sur deux composants : un Convertisseur Numérique Analogique et un Comparateur. Elle intègre un algorithme de recherche numérique. L'architecture de base est décrite ci-dessous.

La tension d'entrée analogique V_{in} à convertir traverse un échantillonneur bloqueur et est comparée à la tension V_{co}, issue du convertisseur numérique analogique.

Pour mettre en œuvre l'algorithme de recherche binaire, le registre 14-bits est d'abord réglé sur l'échelle médiane pour forcer la sortie V_{co} du CNA à $V_{co} = \frac{V_{ref}}{2}$, où V_{ref} est la tension de référence fournie au convertisseur.

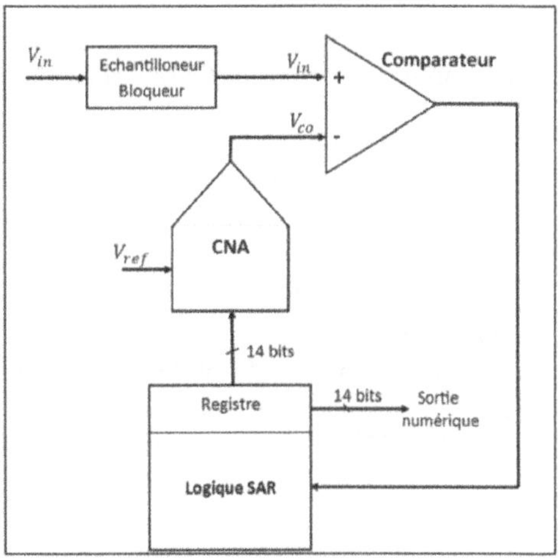

L'algorithme de recherche est fourni ci-dessous :

```
Variables locales :
        i (entier)
        rco (mot 14 bits)

Début
        rco ← 00000000000000
        i ← 0
        Tant que i < 14
                i ← i + 1
                initialiser le bit de poids (14 − i)de rco à 1
                envoyer rco au CNA
                Si V_in est supérieure à V_co
                Alors le bit de poids (14 − i)de rco reste à 1
                Sinon le bit de poids (14 − i) de rco passe à 0
        Fin tant que
Fin
```

Question 1

Tracer l'allure du signal sur le document ci-dessous si V_{in}=1,678 V et V_{ref}=5V :

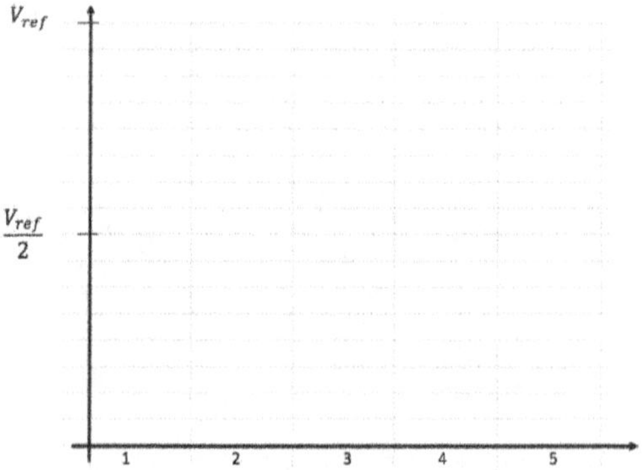

Donner ensuite, dans les mêmes conditions, le contenu du registre pour les 4 premières comparaisons sur le document suivant :

Contenu du registre

	MSB																			LSB
1																				
2																				
3																				
4																				

Le capteur plan Canon CXDO-50C fournit une image de 5,9 millions de pixels (2 208 lignes x 2 688 pixels).

42 circuits *AFE 64 entrées* (AFE0064) effectuent la conversion charge électrique – tension des pixels ligne par ligne, et le multiplexage vers 84 circuits CAN SAR. Les spécifications du circuit AFE0064 donnent un temps de transfert vers les circuits CAN SAR de 28,32 µs pour les 64 pixels de chaque circuit AFE (intégration comprise).

Le temps de conversion d'un pixel par le convertisseur CAN SAR est inférieur à 100 ns.

Question 2

Calculer le nombre de pixels que traite un convertisseur CAN SAR à chaque lecture d'une ligne, le temps de traitement d'une ligne et le temps total d'acquisition d'une image.

Vérifier la compatibilité avec le cahier des charges en tomosynthèse.

Chapitre 24. Logique combinatoire

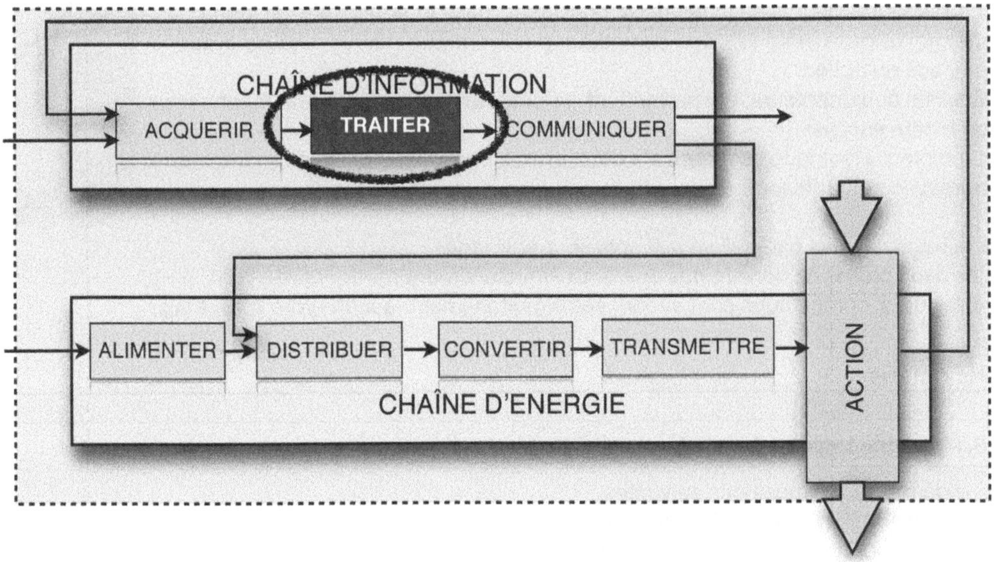

Expliciter les fonctions et la structure d'un système ne suffit pas à définir un système, il faut également décrire son comportement.

L'unité centrale traite les informations de façon à donner des consignes en fonction de l'état du système.

Ces informations peuvent être de nature binaire.

A. Généralités

A.1 Introduction

La logique combinatoire permet d'étudier les systèmes possédant seulement deux états physiques. Ces systèmes varient donc de façon discontinue entre ces deux états.

Par exemple, on peut convenir (modélisation du réel) :

- que la tension, régnant dans le circuit de pilotage d'un module électro-pneumatique, ne prend que deux états : 0 ou 24 Vcc,
- que la pression, régnant dans le circuit de distribution pneumatique d'un vérin, ne prend que deux états : 0 ou 8 bars.

Ce sont des systèmes de ce type qui seront étudiés grâce aux moyens théoriques développés dans cette partie.

A.2 Support de cours

Ce chapitre prendra appui sur un monte escalier électrique, dont l'extrait du cahier des charges précise les points suivants :

- La personne peut demander deux consignes par l'intermédiaire de boutons : monter (m) et descendre (d). Ces commandes doivent être maintenues pour que le moteur soit en action.
- Il existe deux capteurs, qui permettent de détecter la position haute (h) et basse (b) du monte escalier.
- Le moteur électrique est soumis à deux ordres possibles : ordre de monter (om) et ordre de descendre (od).

Par ailleurs, les cas particuliers suivants sont envisagés :

- les deux ordres ne doivent pas être émis simultanément ;
- si les deux commandes sont actionnées simultanément, aucun ordre n'est émis.

A.3 Définitions

A.3.1 Variable logique (binaire)

Considérons les propositions suivantes :

- « La consigne *'monter'* est actionnée »
- « Le capteur *'position haute'* est actif »
- « L' *'ordre de monter'* est émis »

Chacune des ces propositions est soit vraie, soit fausse, et peuvent être associées à des variables binaires ne pouvant prendre que deux états : 0 ou 1.

Ainsi :

- si la consigne *'monter'* est actionnée, on écrira $m=1$, sinon $m=0$;
- si le capteur *'position haute'* est actif, on écrira $h=1$, sinon $h=0$;
- si l'*ordre de monter* est émis au moteur, on écrira $om=1$, sinon $om=0$.

A.3.2 Systèmes binaire, combinatoire, séquentiel

L'unité de traitement des données peut être représentée par un schéma bloc définissant ses entrées et ses sorties :

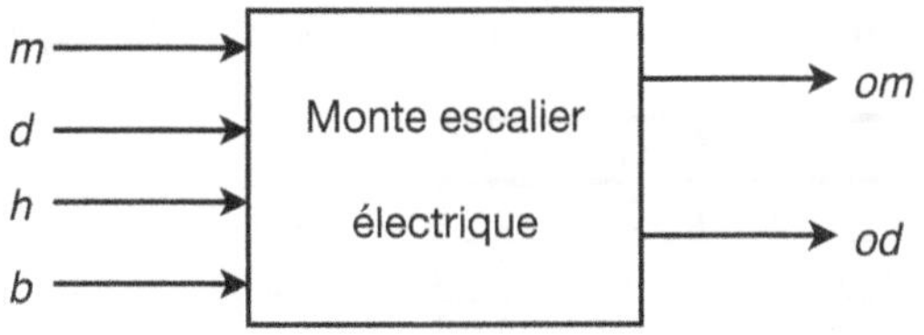

A.3.2.1 Système binaire

Un système sera dit binaire si l'ensemble de ses entrées et de ses sorties sont binaires.

A.3.2.2 Système combinatoire / séquentiel

Un système binaire sera dit combinatoire si l'état des sorties dépend exclusivement de l'état des entrées, indépendamment de l'historique.

Un système binaire sera dit séquentiel si l'état des sorties dépend d'une part de l'état des entrées, mais également de la séquence dans lequel se trouve le système.

Considérons l'exemple de l'allumage d'une lampe, commandée soit par interrupteur classique, soit par contacteur :

Système binaire combinatoire	Système binaire séquentiel
Interrupteur à 2 positions 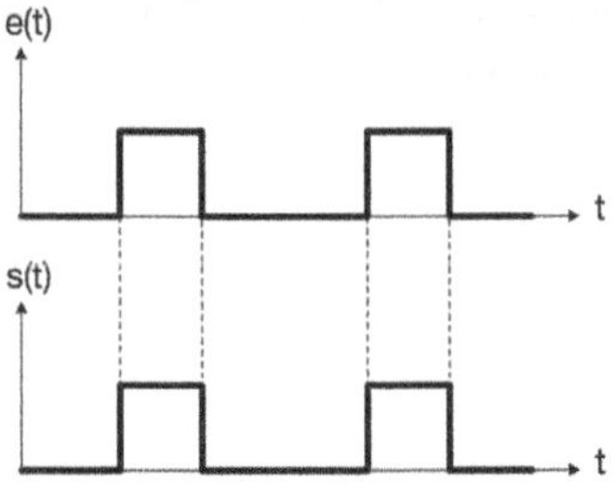	Contacteur 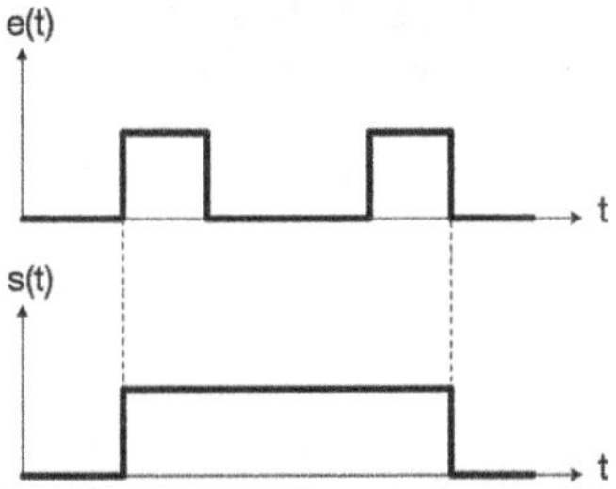
• Première position : la lampe est éteinte • Seconde position : la lampe est allumée	• Première impulsion : la lampe s'allume • Seconde impulsion : la lampe s'éteint

A.4 Outils de description

Il existe plusieurs outils pour décrire l'état d'une variable de sortie S en fonction de l'état des n variables d'entrée a, b, c ... :

- la table de vérité,
- le logigramme,
- le schéma à contacts.

A.4.1 Table de vérité

Une table de vérité est construite en recensant l'ensemble des combinaisons possibles de l'état de toutes les variables d'entrée, et en écrivant pour chaque cas la valeur de la variable de sortie.

Une table de vérité comporte donc 2^n lignes. Ainsi, dans le cas du monte escalier électrique, la table de vérité des variables *'ordres de monter'* et *'ordre de descendre'* est :

m	*d*	*h*	*b*	*om*	*od*
0	0	0	0	0	0
0	0	0	1	0	0
0	0	1	0	0	0
0	0	1	1	X	X
0	1	0	0	0	1
0	1	0	1	0	0
0	1	1	0	0	1
0	1	1	1	X	X
1	0	0	0	1	0
1	0	0	1	1	0
1	0	1	0	0	0
1	0	1	1	X	X
1	1	0	0	0	0
1	1	0	1	0	0
1	1	1	0	0	0
1	1	1	1	0	0

Les cas physiquement impossibles sont identifiés par 'X'. Ainsi, il est impossible d'avoir le fauteuil simultanément en haut et en bas (sauf à considérer des défaillances de ces capteurs).

Le traitement de ces cas indéterminés s'opère de la façon suivante :

- soit le cahier des charges explicite le comportement du système (dans le cas du monte escalier électrique par exemple, les cas *h=1* et *b=1* pourraient se traduire par une interdiction de mouvement : *om=0* et *od=0*) ;
- soit le choix est laissé au concepteur, qui choisira l'état qui permet de simplifier la fonction logique finale.

A.4.2 Logigramme

Dans la suite du cours, nous aborderons des fonctions logiques élémentaires : «NON», «ET», «OU», ... Chacune de ces fonctions est associée à un schéma bloc, et le logigramme est un schéma de câblage reliant les différentes fonctions élémentaires.

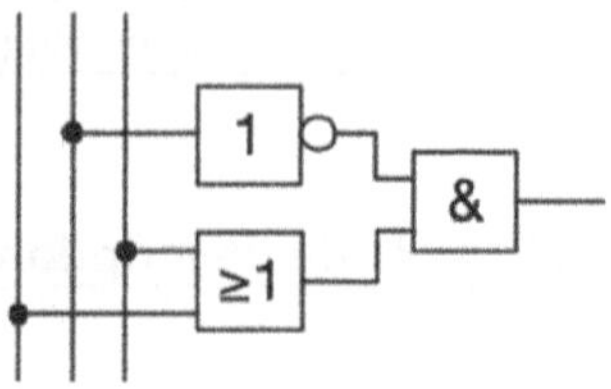

A.4.3 Schémas à contact

Un schéma à contact permet de traduire l'état des variables par analogie électrique, avec :

- des interrupteurs dont l'état ouvert ou fermé traduit l'état 0 ou 1 d'une variable d'entrée,
- des bobines, ou lampes, dont l'alimentation traduit la mise à l'état 0 ou 1 d'une variable de sortie.

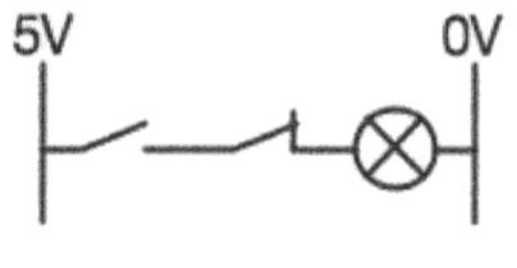

B. Opérateurs logiques

Deux normes de représentation graphique des opérateurs logiques existent : la norme européenne «rectangulaire» CEI 60617-12 et la norme américaine ANSI/IEEE 91-1984. Les deux représentations sont indiquées dans la suite.

B.1 Fonctions usuelles

B.1.1 Fonction « OUI »

Cette fonction, d'apparence inutile mais qui sera exploitée pour mettre en oeuvre des retards, reproduit à l'identique le signal d'entrée.

<table>
<tr><th>Table de vérité</th><th>Logigramme (NF/US)</th><th>Schéma à contact</th><th>Equation</th></tr>
<tr><td>

e	s
0	0
1	1

</td><td>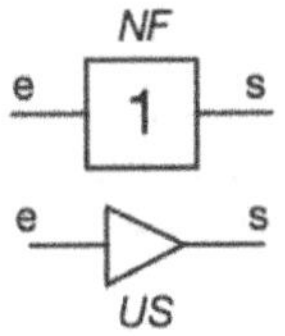
</td><td>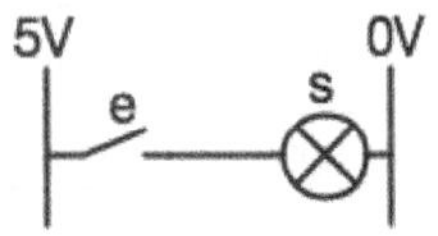
</td><td>$s = e$</td></tr>
</table>

B.1.2 Fonction « NON »

Cette fonction complémente l'entrée :

<table>
<tr><th>Table de vérité</th><th>Logigramme (NF/US)</th><th>Schéma à contact</th><th>Equation</th></tr>
<tr><td>

e	s
0	1
1	0

</td><td>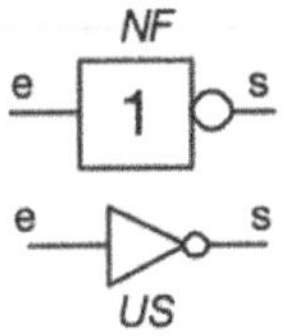
</td><td>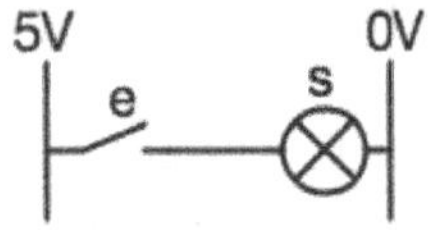
</td><td>$s = \overline{e}$</td></tr>
</table>

B.1.3 Fonction « ET »

Cette fonction positionne la sortie à l'état 1 si toutes les entrées sont également à l'état 1 :

<table>
<tr><th>Table de vérité</th><th>Logigramme (NF/US)</th><th>Schéma à contact</th><th>Equation</th></tr>
<tr><td>

e_1	e_2	s
0	0	0
0	1	0
1	0	0
1	1	1

</td><td>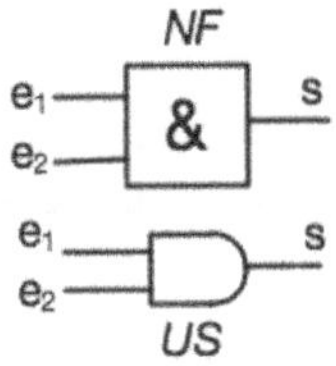
</td><td>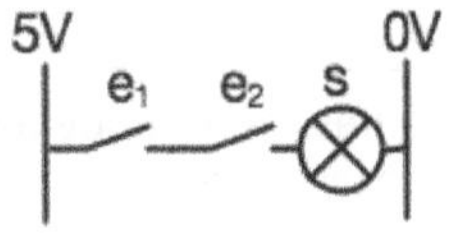
</td><td>$s = e_1 \cdot e_2$</td></tr>
</table>

B.1.4 Fonction « OU (INCLUSIF) »

Cette fonction positionne la sortie à l'état 1 si au moins une des entrées est également à l'état 1 :

<table>
<tr><th>Table de vérité</th><th>Logigramme (NF/US)</th><th>Schéma à contact</th><th>Equation</th></tr>
<tr><td><table><tr><th>e_1</th><th>e_2</th><th>s</th></tr><tr><td>0</td><td>0</td><td>0</td></tr><tr><td>0</td><td>1</td><td>1</td></tr><tr><td>1</td><td>0</td><td>1</td></tr><tr><td>1</td><td>1</td><td>1</td></tr></table></td>
<td>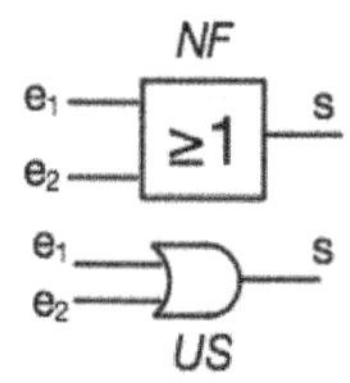
</td>
<td>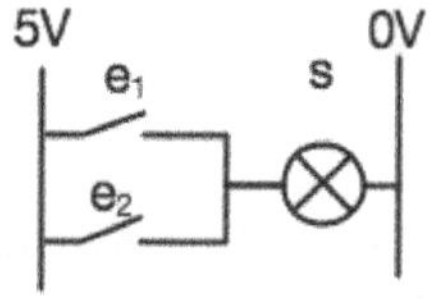
</td>
<td>$s = e_1 + e_2$</td></tr>
</table>

B.1.5 Fonction « OU EXCLUSIF »

Cette fonction positionne la sortie à l'état 1 si ses entrées sont dans un état différent :

<table>
<tr><th>Table de vérité</th><th>Logigramme (NF/US)</th><th>Schéma à contact</th><th>Equation</th></tr>
<tr><td><table><tr><th>e_1</th><th>e_2</th><th>s</th></tr><tr><td>0</td><td>0</td><td>0</td></tr><tr><td>0</td><td>1</td><td>1</td></tr><tr><td>1</td><td>0</td><td>1</td></tr><tr><td>1</td><td>1</td><td>0</td></tr></table></td>
<td>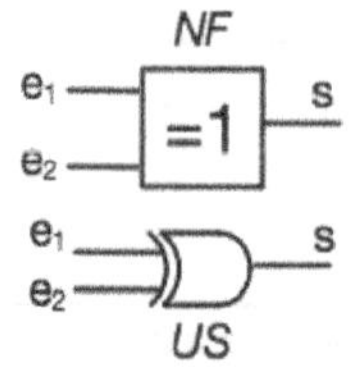
</td>
<td>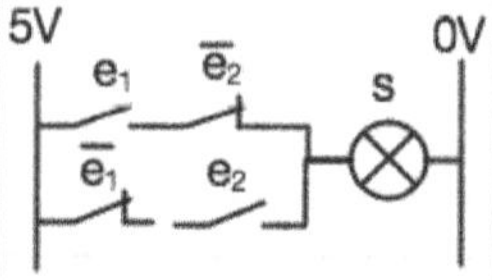
</td>
<td>$s = e_1 \oplus e_2$</td></tr>
</table>

B.1.6 Fonction « IDENTITE »

Cette fonction positionne la sortie à l'état 1 si ses entrées sont dans le même état :

<table>
<tr><th>Table de vérité</th><th>Logigramme (NF/US)</th><th>Schéma à contact</th><th>Equation</th></tr>
<tr><td><table><tr><th>e_1</th><th>e_2</th><th>s</th></tr><tr><td>0</td><td>0</td><td>1</td></tr><tr><td>0</td><td>1</td><td>0</td></tr><tr><td>1</td><td>0</td><td>0</td></tr><tr><td>1</td><td>1</td><td>1</td></tr></table></td>
<td>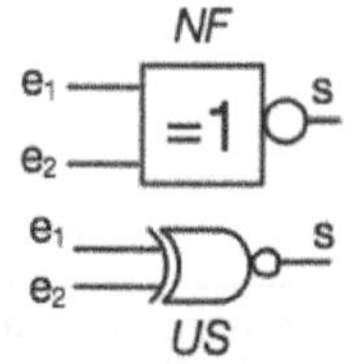
</td>
<td>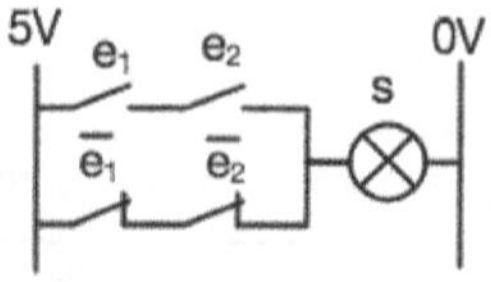
</td>
<td>$s = \overline{e_1 \oplus e_2}$</td></tr>
</table>

B.2 Fonctions universelles

Les deux fonctions suivantes sont appelées «fonctions universelles», car toutes les fonctions précédentes peuvent être construites par association de ces fonctions universelles.

B.2.1 Fonction « NON ET » ou « NAND »

Cette fonction positionne la sortie à l'état 1 si au moins une des entrées est dans l'état 0 :

<table>
<tr><th>Table de vérité</th><th>Logigramme (NF/US)</th><th>Schéma à contact</th><th>Equation</th></tr>
<tr><td>
<table>
<tr><th>e_1</th><th>e_2</th><th>s</th></tr>
<tr><td>0</td><td>0</td><td>1</td></tr>
<tr><td>0</td><td>1</td><td>1</td></tr>
<tr><td>1</td><td>0</td><td>1</td></tr>
<tr><td>1</td><td>1</td><td>0</td></tr>
</table>
</td><td>
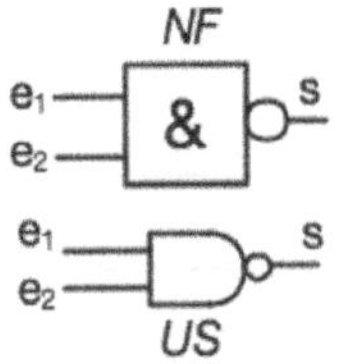

</td><td>
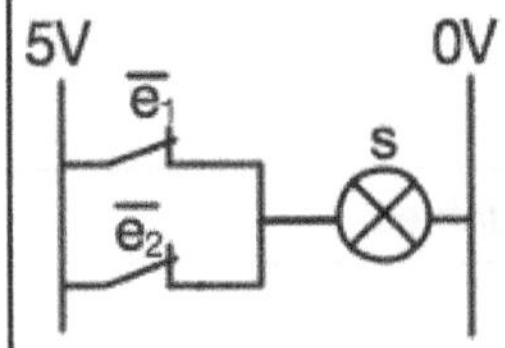

</td><td>$s=\overline{e_1\cdot e_2}$</td></tr>
</table>

B.2.2 Fonction « NON OU » ou « NOR »

Cette fonction positionne la sortie à l'état 1 si toutes ses entrées sont à l'état 0 :

<table>
<tr><th>Table de vérité</th><th>Logigramme (NF/US)</th><th>Schéma à contact</th><th>Equation</th></tr>
<tr><td>
<table>
<tr><th>e_1</th><th>e_2</th><th>s</th></tr>
<tr><td>0</td><td>0</td><td>1</td></tr>
<tr><td>0</td><td>1</td><td>0</td></tr>
<tr><td>1</td><td>0</td><td>0</td></tr>
<tr><td>1</td><td>1</td><td>0</td></tr>
</table>
</td><td>
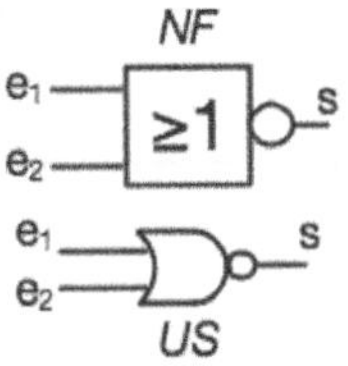

</td><td>
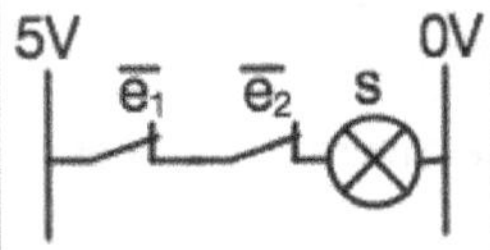

</td><td>$s=\overline{e_1+e_2}$</td></tr>
</table>

C. Propriétés et théorèmes

Les relations entre deux variables liées par une fonction logique définissent l'algèbre de Boole. Les propriétés de cette algèbre booléenne permettront de simplifier les équations logiques.

C.1 Propriétés de l'algèbre booléenne

Propriété	Opérateur «ET»	Opérateur «OU»
Elément neutre	$a\cdot 1=a$	$a+0=a$
Elément absorbant	$a\cdot 0=0$	$a+1=1$
Idempotence	$a\cdot a=a$	$a+a=a$
Complémentarité	$a\cdot\bar{a}=0$	$a+\bar{a}=1$
Distributivité	$a\cdot(b+c)=a\cdot b+a\cdot c$	$a+b\cdot c=(a+b)\cdot(a+c)$

C.2 Théorèmes et identités remarquables

C.2.1 Théorème de De Morgan

$\overline{a \cdot b} = \bar{a} + \bar{b}$

$\overline{a + b} = \bar{a} \cdot \bar{b}$

C.2.2 Identités remarquables

$a + a \cdot b = a$

$a + \bar{a} \cdot b = a + b$

D. Equations de sortie

D.1 Exploitation de la table de vérité

D.1.1 Mintermes - Maxtermes

On considère un système binaire à n entrées.

On appellera :
- « minterme » le produit logique (ET) de toutes les entrées ;
- « maxterme » la somme logique (OU) du complément de toutes les entrées.

a	b	c	minterme	maxterme
0	0	0	$\bar{a} \cdot \bar{b} \cdot \bar{c}$	$a + b + c$
0	0	1	$\bar{a} \cdot \bar{b} \cdot c$	$a + b + \bar{c}$
0	1	0	$\bar{a} \cdot b \cdot \bar{c}$	$a + \bar{b} + c$
0	1	1	$\bar{a} \cdot b \cdot c$	$a + \bar{b} + \bar{c}$
1	0	0	$a \cdot \bar{b} \cdot \bar{c}$	$\bar{a} + b + c$
1	0	1	$a \cdot \bar{b} \cdot c$	$\bar{a} + b + \bar{c}$
1	1	0	$a \cdot b \cdot \bar{c}$	$\bar{a} + \bar{b} + c$
1	1	1	$a \cdot b \cdot c$	$\bar{a} + \bar{b} + \bar{c}$

D.1.2 Première forme canonique d'une équation logique

L'équation logique traduisant une table de vérité est la **somme logique** de tous les mintermes pour lesquels la sortie est à 1.

D.1.3 Seconde forme canonique d'une équation logique

L'équation logique traduisant une table de vérité est le **produit logique** de tous les maxtermes pour lesquels la sortie est à 0.

D.1.4 Application au monte escalier électrique

On rappelle la table de vérité des variables om et od établie au A.4.1 :

m	d	h	b	om	od
0	0	0	0	0	0
0	0	0	1	0	0
0	0	1	0	0	0
0	0	1	1	X	X
0	1	0	0	0	1
0	1	0	1	0	0
0	1	1	0	0	1
0	1	1	1	X	X
1	0	0	0	1	0
1	0	0	1	1	0
1	0	1	0	0	0
1	0	1	1	X	X
1	1	0	0	0	0
1	1	0	1	0	0
1	1	1	0	0	0
1	1	1	1	0	0

Cette table de vérité comporte essentiellement des 0, il sera donc avantageux d'utiliser la première forme canonique :

$$om = m\cdot\overline{d}\cdot\overline{h}\cdot\overline{b} + m\cdot\overline{d}\cdot\overline{h}\cdot b$$

$$od = \overline{m}\cdot d\cdot\overline{h}\cdot\overline{b} + \overline{m}\cdot d\cdot h\cdot\overline{b}$$

D.2 Simplification des équations

L'extraction des équations par exploitation de la table de vérité peut aboutir à des expressions compliquées, qu'il sera souvent possible de simplifier. Il faudra pour cela utiliser les propriétés et théorèmes énoncés au C.

Dans le cas du monte escalier électrique :

$$om = m\cdot\overline{d}\cdot\overline{h}\cdot\overline{b} + m\cdot\overline{d}\cdot\overline{h}\cdot b$$

$$= m\cdot\overline{d}\cdot\overline{h}\cdot\left(\overline{b}+b\right) \quad \text{(factorisation)}$$

$$= m\cdot\overline{d}\cdot\overline{h}\cdot 1 \quad \text{(complémentarité)}$$

$$= m\cdot\overline{d}\cdot\overline{h} \quad \text{(élément neutre)}$$

$$od = \overline{m}\cdot d\cdot\overline{h}\cdot\overline{b} + \overline{m}\cdot d\cdot h\cdot\overline{b}$$

$$= \overline{m}\cdot d\cdot\overline{b}\cdot\left(\overline{h}+h\right) \quad \text{(factorisation)}$$

$$= \overline{m}\cdot d\cdot\overline{b}\cdot 1 \quad \text{(complémentarité)}$$

$$= \overline{m}\cdot d\cdot\overline{b} \quad \text{(élément neutre)}$$

D.3 Construction du logigramme ou du schéma à contact

Une fois l'équation de sortie simplifiée, il est alors possible de procéder à une représentation graphique, soit sous forme de logigramme, soir sous forme de schéma à contact.

D.3.1 Logigramme du monte escalier électrique

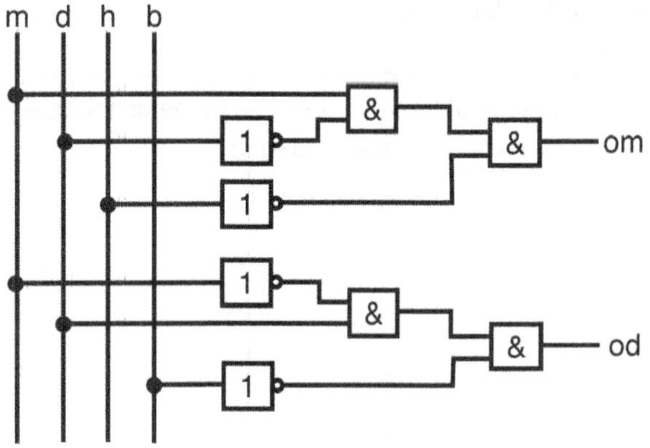

D.3.2 Schéma à contact du monte escalier électrique

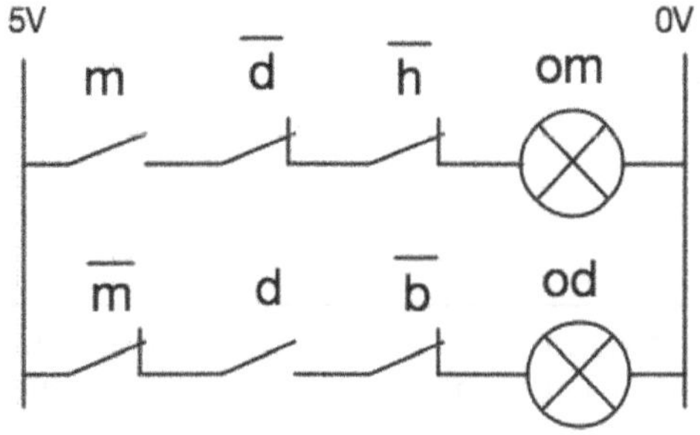

Chapitre 25. Logique séquentielle

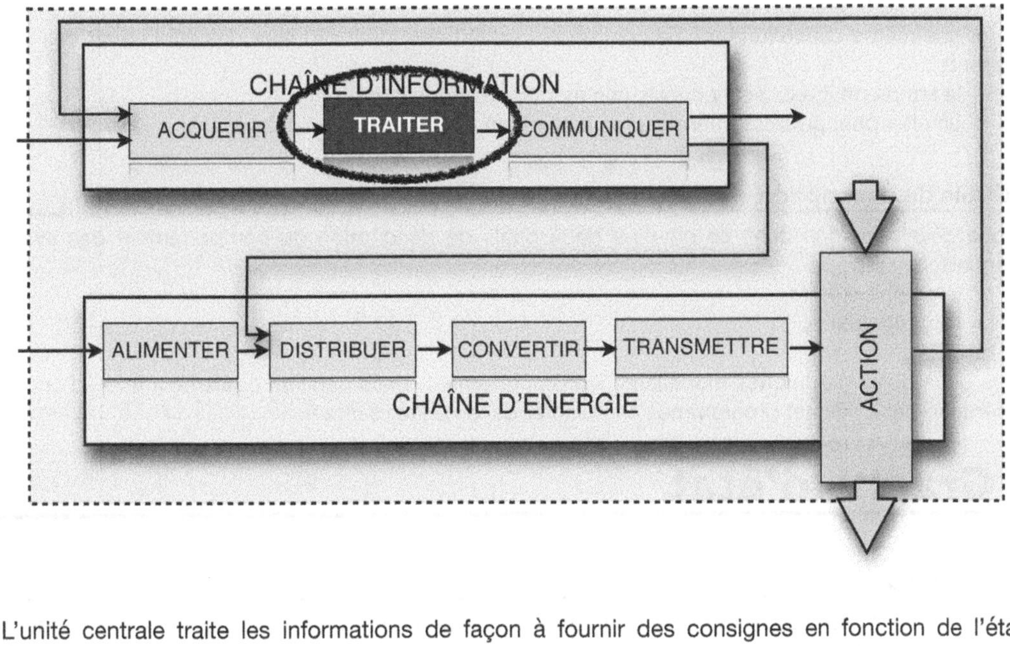

L'unité centrale traite les informations de façon à fournir des consignes en fonction de l'état du système.

Les sorties dépendent des entrées, mais peuvent également de l'état précédent des sorties, suivant une séquence prédéfinie. On parlera alors de système séquentiel.

A. Système séquentiel

A.1 Définition d'un système séquentiel

Un système sera dit séquentiel dès lors qu'au moins une des sorties ne dépend pas exclusivement de l'état des entrées, mais également de l'état des sorties et/ou du temps.

Il sera représenté comme suit :

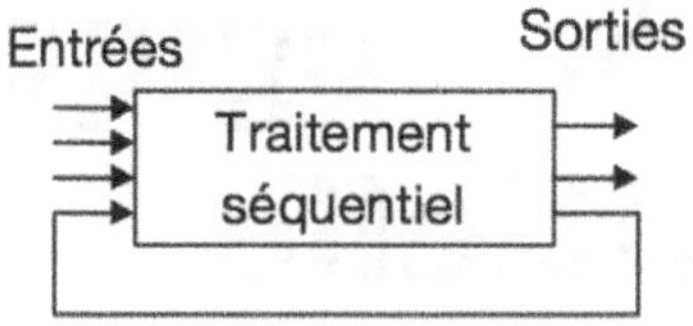

A.2 Caractéristiques d'un système séquentiel

Il n'y a plus, contrairement au cas des systèmes combinatoires, de relation d'équivalence entre l'état des entrées et l'état des sorties :

- une même cause (une même combinaison d'entrées) peut produire des effets (état des sorties) différents ;
- le temps peut à lui seul générer une modification des sorties ;
- un effet peut persister même après disparition des causes qui l'ont généré.

A.3 Outils de description

Nous développerons dans ce chapitre deux outils de description du comportement des systèmes séquentiels :

- le graphe d'états,
- l'algorigramme.

Ces deux outils graphiques modélisent le comportement, mais peuvent également être à l'origine de la génération des codes et programmes à implanter dans l'unité centrale.

B. Graphe d'état

B.1 Machine à état

Une machine à état est un système dont le comportement peut être décrit par plusieurs « états » qui représentent ses différents modes de fonctionnement.

Le passage d'un état à un autre se fait par l'intermédiaire de « transitions » qui sont associées à des conditions de passage.

Lors de l'activation d'un état, des actions peuvent être associées, soit à l'entrée dans l'état, soit pendant l'état, soit à la sortie de l'état.

Des actions peuvent également être réalisées au franchissement d'une transition.

B.2 Outils graphiques du graphe d'état

B.2.1 Exemple : mise en situation

Intéressons-nous à la modélisation du comportement d'une boîte de vitesse automatique, à quatre rapports. Un calculateur détermine le rapport de vitesse optimal, qui est fonction de la position de la commande de puissance (accélérateur) et de la vitesse du véhicule :

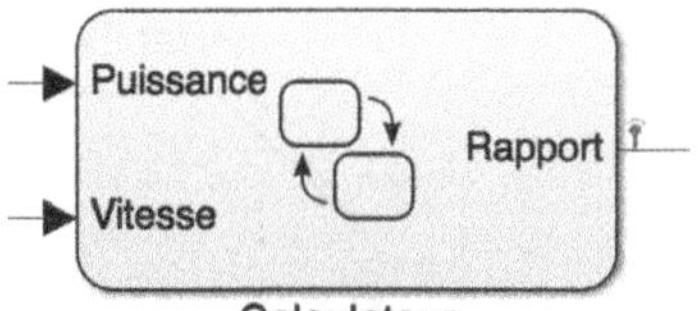

Calculateur

Il existe 2 états en parallèle (simultanément actifs) :

- l'état *«Etat_BV»* : il décrit l'état dans lequel doit se trouver la boîte de vitesse. C'est cet état qui imposera la configuration de la transmission ;
- l'état *«selection_rapport»* : il gère le changement de rapport, en décidant de l'opportunité de modifier le rapport de transmission en fonction des paramètres d'entrée.

Chacun de ces états est lui-même constitué de plusieurs états exclusifs (successivement actifs) :

- L'état *«Etat_BV»* est constitué de 4 sous-états exclusifs, chacun imposant une valeur à la variable *Rapport*. Le passage d'un état à un autre se fait par une consigne interne *MONTER* ou *DESCENDRE*. Cette consigne interne est élaborée par l'état *«selection_rapport»*.
- L'état «selection_rapport» est constitué de 3 sous-états exclusifs :
  - ✓ *«Repos»* : pas de changement demandé ;
  - ✓ *«Descente_Rapport»* : élaboration de la consigne *DESCENTE* ;
  - ✓ *«Montee_Rapport»* : élaboration de la consigne *MONTEE*.

B.2.2 Etat

Il existe deux sortes d'état :

L'état exclusif (Etat OU) : plusieurs états exclusifs ne peuvent être actifs simultanément. Seul un état est actif à un instant donné, et l'activation d'un état entraîne la désactivation des autres états.

L'état parallèle (Etat ET) : plusieurs états parallèles se comportent de façon totalement indépendante à partir du moment où ils sont activés.

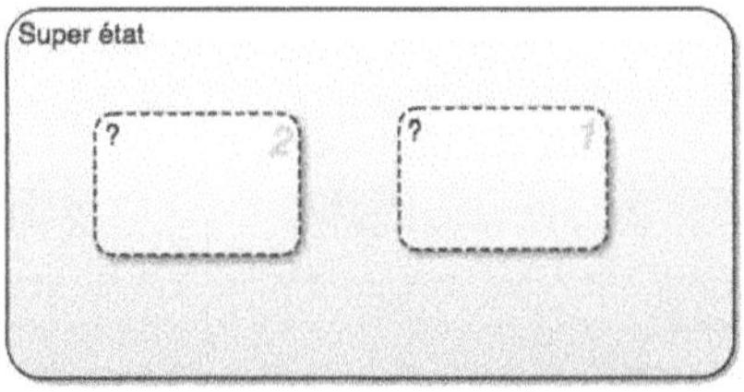

Par ailleurs, un état composite (ou «super état») est un état qui regroupe plusieurs sous-états. Ces états composites permettent de simplifier la lecture d'un graphe d'état.

Les états contenus dans l'état composite ne peuvent être actifs que si cet état composite est actif.

La désactivation d'un état composite entraîne immédiatement la désactivation de tous les états qui le constituent.

Prenons l'exemple de la boîte de vitesses automatique. La gestion doit comporter deux états simultanément actifs :

- imposer à la transmission le rapport dans lequel elle doit se trouver,
- déterminer à chaque instant si un rapport doit être modifié (descente ou montée d'un rapport) ou non (repos).

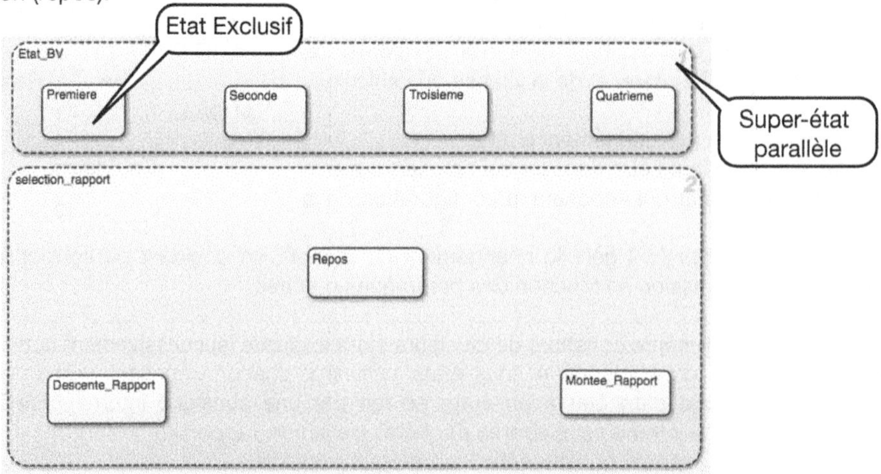

B.2.3 Actions dans l'état

Il existe trois possibilités d'action dans un état :

- à l'entrée dans l'état : *«entry»*. L'action s'exécute une seul fois à l'activation dans l'état ;
- durant l'état : *«during»*. L'action s'exécute pendant toute la durée d'activation de l'état ;
- à la sortie de l'état : *«exit»*. L'action s'exécute une seule fois à la désactivation de l'état.

Reprenons l'exemple de la boîte de vitesses automatique.

L'état *«Etat_BV»* doit comporter 4 états exclusifs, chacun imposant un rapport parmi les quatre possibles de la transmission.

L'état *«selection_rapport»* doit calculer en permanence les seuils de vitesse au-delà desquels un changement de rapport doit être opéré.

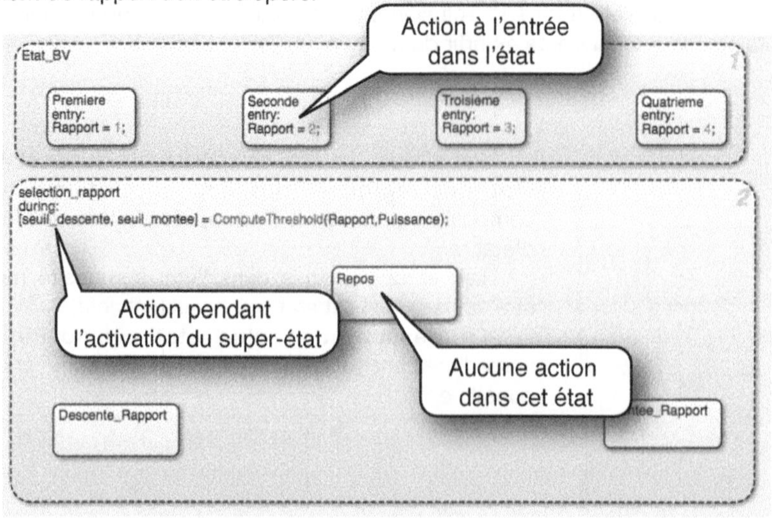

B.2.4 Transitions

B.2.4.1 Définition

Une transition permet de définir les conditions de passage d'un état à un autre.

Une transition est déclenchée par un événement et/ou une condition. Lorsque l'événement et/ou la condition associé(e) à la transition devient vrai(e), le passage d'un état à l'état suivant est instantané, et provoque la désactivation de l'état source.

Lorsqu'aucun événement n'est associé à la transition, le franchissement est automatique.

Il est possible d'émettre des actions au franchissement de la transition.

Par ailleurs, il est nécessaire d'indiquer le ou les états actifs au lancement du programme ou de la simulation. C'est le rôle des transitions par défaut.

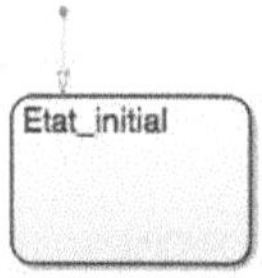

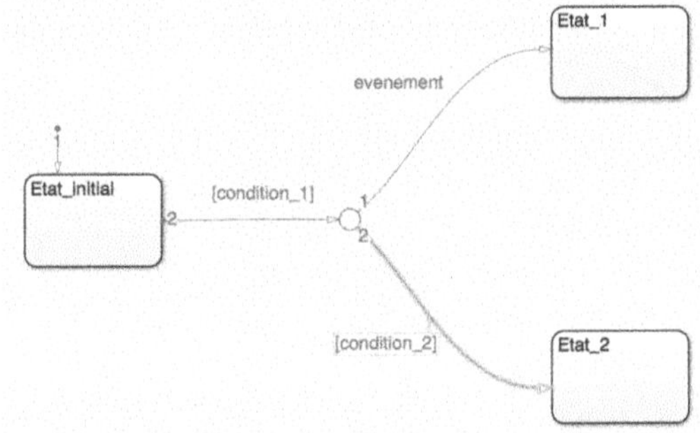

Par ailleurs, les transitions peuvent se scinder avec des jonctions.

Dans l'exemple ci-contre, si [Condition 1] est vraie, alors le passage à l'état 1 se réalise si [evénement] est vrai, et le passage à l'état 2 se réalise si [Condition 2] est vraie.

B.2.4.2 Propriétés de complétude et de non-contradiction

Dans le cas où un graphe d'états n'est composé que d'états exclusifs, alors les deux propriétés suivantes doivent être vérifiées :

Condition 1 (complétude) :

Pour chaque état source, il doit exister au moins un état possible de destination.

La vérification de cette condition peut être obtenue par calcul de la somme logique de l'ensemble des conditions issues de l'état source, qui doit être égale à 1.

Condition 2 (non contradiction) :

Pour chaque état source, il ne doit exister qu'un état possible de destination.

Il faut donc s'assurer que quel que soit l'état des variables en jeu dans les conditions, une et une seule transition peut être franchie.

Ainsi, la gestion de la boîte de vitesses automatique impose les points suivants :

- la transmission doit initialement se trouver en première vitesse, et la gestion du changement de rapport doit être au repos ;
- le changement de rapport de la transmission, imposé dans l'état «*Etat_BV*» se fait sur apparition d'un événement *MONTER* ou *DESCENDRE* élaboré dans l'état «*selection_rapport*» ;
- le franchissement d'un seuil de vitesse calculé durant l'état «*selection_rapport*» est une condition qui déclenche un changement d'état dans cet état composite ;
- pour éviter tout phénomène de changement de vitesse intempestif lorsque la vitesse est très proche du seuil, on confirme le changement de seuil pendant deux secondes, à l'issue desquelles l'événement *MONTER* OU *DESCENDRE* est enfin élaboré.

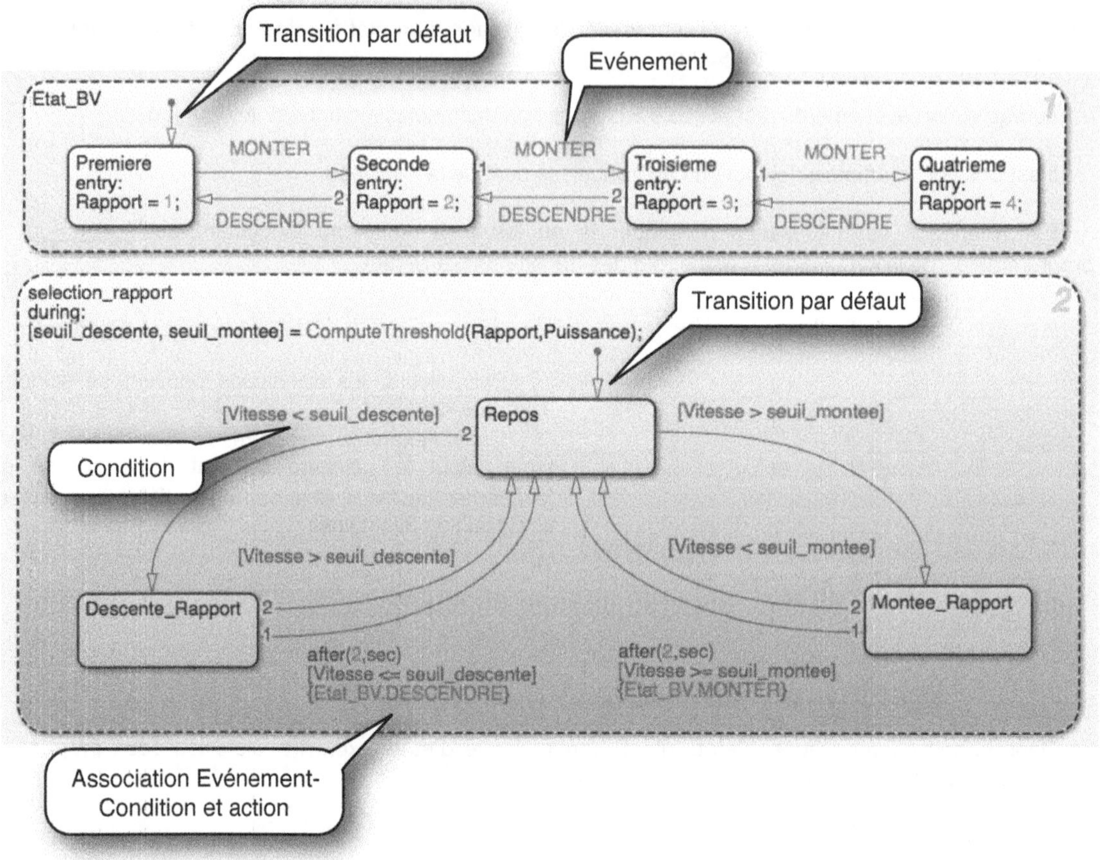

B.2.5 Début et fin de scénario, Historique, Souches

Un graphe d'état décrit un scénario d'enchaînement d'états, et ce scénario à un début et une fin.

Par ailleurs, le symbole de modélisation «History» permet de mémoriser l'état dans lequel se trouvait un état composite, afin d'y retourner à la prochaine activation :

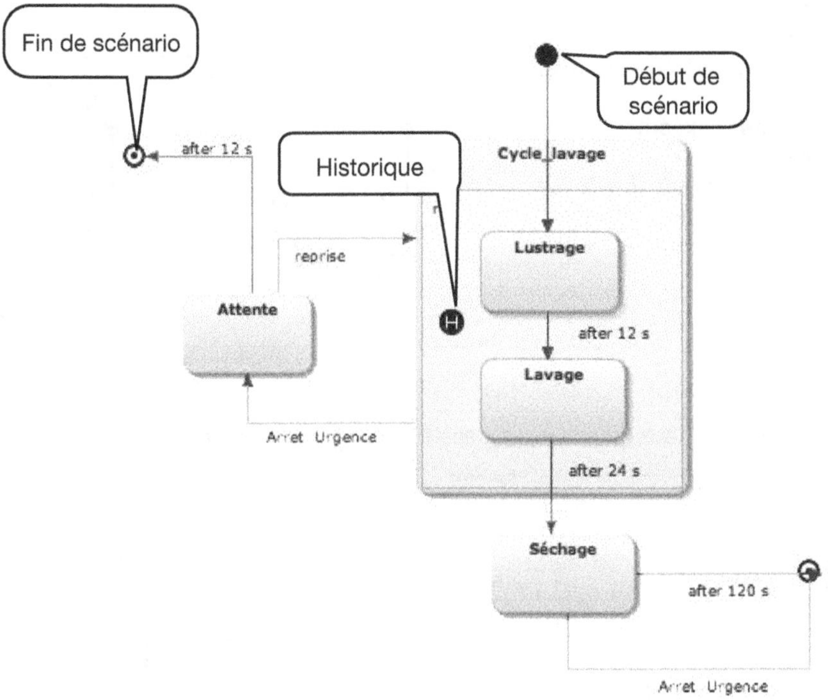

Afin d'alléger la représentation des graphes comprenant des états composite, il est possible d'opter pour la représentation à l'aide de «souches», qui permettent d'indiquer la présence de sous-états dans un état composite.

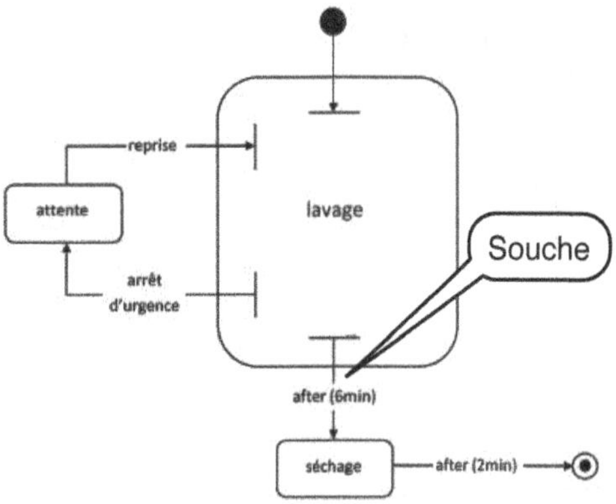

B.2.6 Agrégation d'états et synchronisation

B.2.6.1 Agrégation d'états

Plusieurs séquences peuvent se dérouler en parallèle, de façon indépendante ou liées. On parlera alors d'agrégation d'états.

Dans le diagramme ci-contre :

- K est un automate qui agrège les deux automates L et M ;
- ces deux automates exécutent leurs diagrammes en parallèle ;
- mais l'activation de l'état *E-M2* de l'automate M nécessite d'une part l'occurence de la transition *tr4* ,mais également l'activation de l'état *E-L3* de l'automate L.

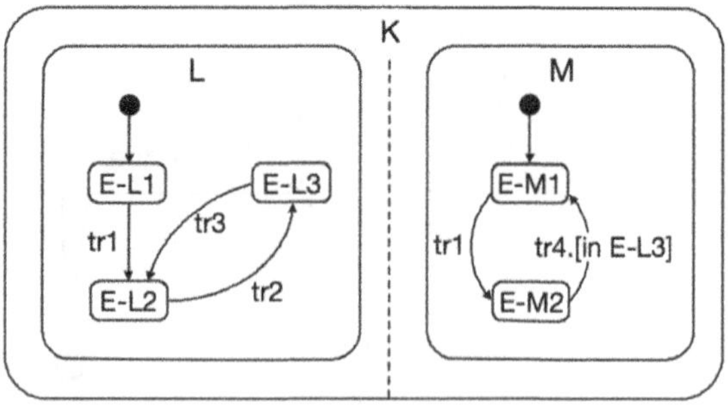

B.2.6.2 Synchronisation

Une autre façon de faire évoluer deux graphes en parallèle est d'utiliser les barres de synchronisation :

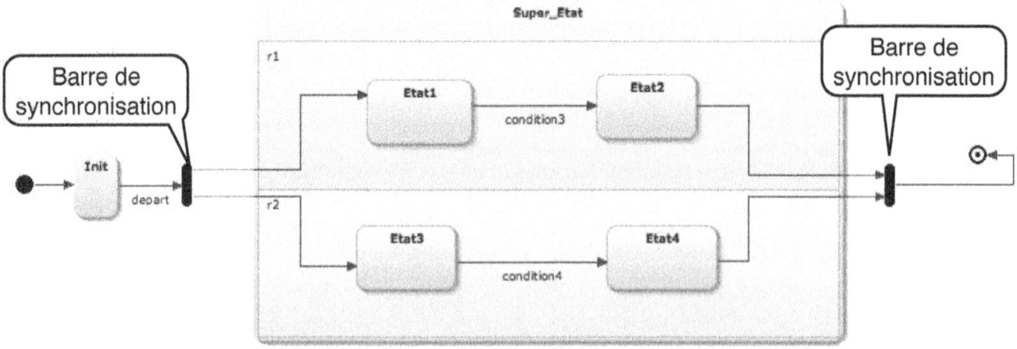

Les transitions qui sont issues ou qui accèdent à une barre de synchronisation sont automatiques (sans conditions associées).

C. Algorigramme (ou algorithme)

C.1 Définitions

On désigne par algorithme tout ensemble ordonné de règles ou d'instructions à réaliser par une unité centrale.

Un algorigramme est la représentation graphique d'un algorithme.

C.2 Outils graphiques

Symbole	Désignation	Symbole	Désignation
	Début ou Fin d'algorithme	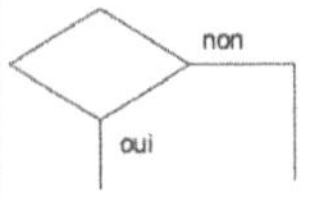	Test conditionnel
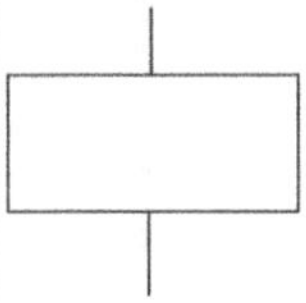	Traitement : instruction, opération sur données, ...	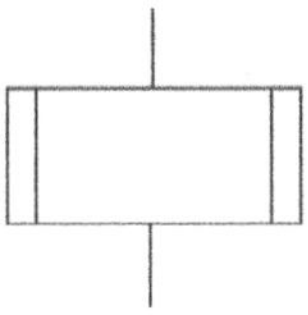	Sous-programme, process prédéfini
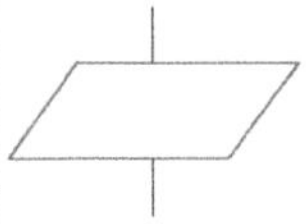	Entrée / Sortie		Liaison. Par défaut, les liaisons se lisent de haut en bas et de gauche à droite
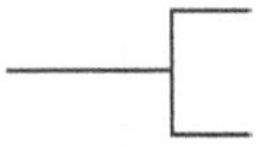	Commentaire		

C.3 Structures de base

C.3.1 Structure linéaire (Structure unique)

Algorigramme	Algorithme
Les opérations sont réalisées successivement	
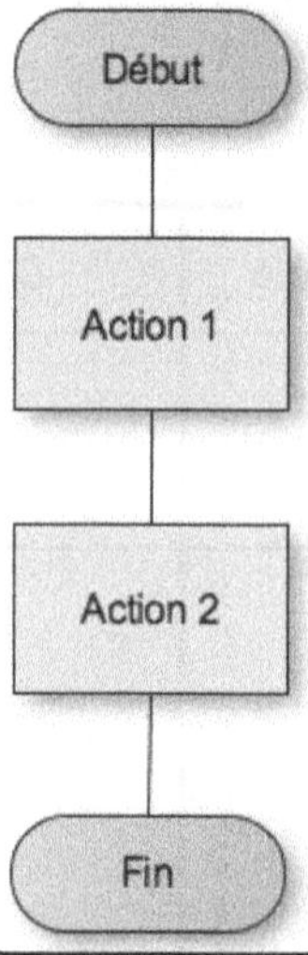	**Début** Action 1 Action 2 **Fin**

C.3.2 Structure alternative

Algorigramme	Algorithme
Une série d'opérations est réalisée à une certaine condition	
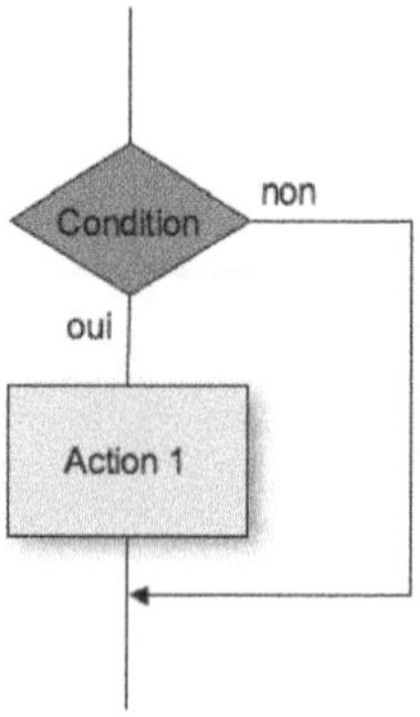	**Si** Condition **Alors** Action 1 **Fin**

<table>
<tr><th>Algorigramme</th><th>Algorithme</th></tr>
<tr><td colspan="2">Choix entre deux listes d'actions.</td></tr>
<tr><td>
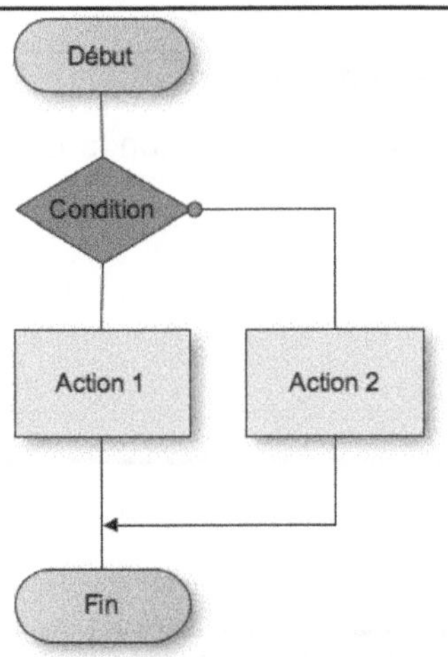

</td><td>
Début
Si Condition
Alors Action 1
Sinon Action 2
Fin Si
Fin
</td></tr>
<tr><td colspan="2">Choix entre plusieurs listes d'actions.</td></tr>
<tr><td>
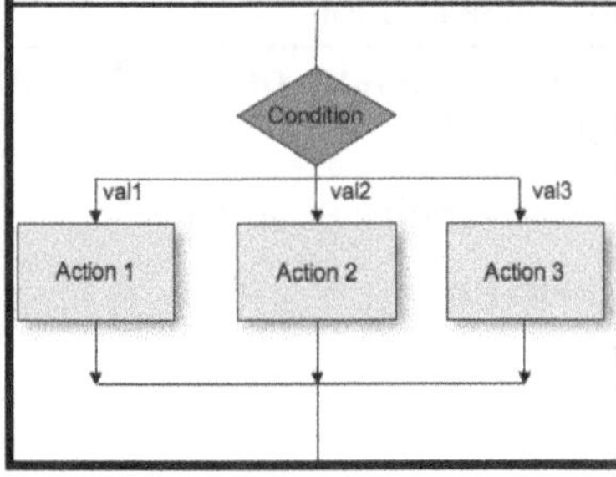

</td><td>
Cas où
Condition=val1 Faire Action1
Condition=val2 Faire Action2
Condition=val3 Faire Action3
Fin Cas où
</td></tr>
</table>

C.3.3 Structure itérative

<table>
<tr><th>Algorigramme</th><th>Algorithme</th></tr>
<tr><td colspan="2">Une série d'opérations est réalisée tant qu'une condition est vraie.</td></tr>
<tr><td>
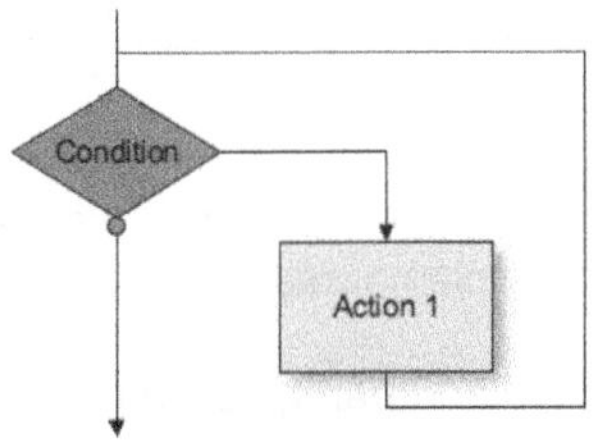

</td><td>
Tant Que Condition
Faire Action 1
Fin Tant Que
</td></tr>
</table>

Algorigramme	Algorithme
Une série d'opérations est répétée tant qu'une condition est fausse.	
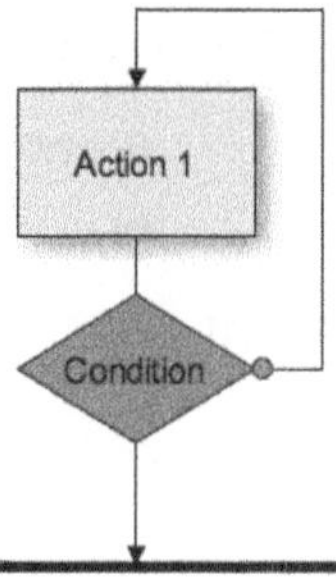	**Répéter** Action1 **Tant Que** Condition fausse

C.3.4 Structure à reprise de séquence

Algorigramme	Algorithme
Une série d'opérations est réalisée N fois	
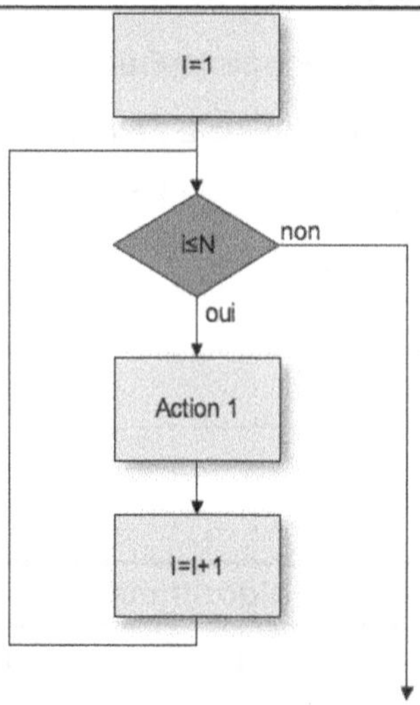	**Pour i allant de** 1 à N **par pas de 1** **Faire** Action 1 **Fin Pour**

C.3.5 Décomposition en macros

De façon à rendre compréhensible et lisible l'algorigramme de description d'un système, il est judicieux de décomposer le comportement en tâches élémentaires qui seront décrites par un algorigramme simple.

L'algorigramme général fera alors appel à ces différents algorigrammes simples, appelés macros.

Corrigés des exercices

Corrigés de la partie B « Rappels »

Chapitre 4. Electrocinétique

Exercice 1 : Méthodes générales

Lois de Kirchhoff

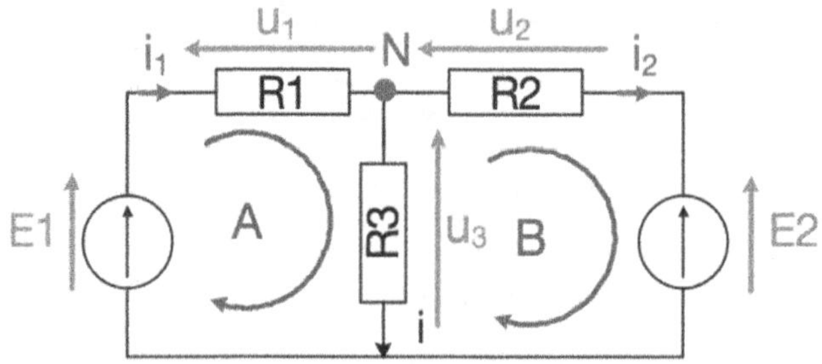

Maille A : $E_1 - u_1 - u_3 = 0$ Maille B : $-E_2 + u_3 - u_2 = 0$ Nœud N : $i_1 - i - i_2 = 0$

Relations caractéristiques : $u_1 = R_1 i_1$; $u_2 = R_2 i_2$; $u_3 = R_3 i$

On extrait les équations suivantes :

$$\begin{cases} R_1 i_1 + R_3 i = E_1 \\ R_3 i - R_2 (i_1 - i) = E_2 \end{cases} \succ \begin{cases} R_1 i_1 + R_3 i = E_1 \\ (R_2 + R_3) i - R_2 i_1 = E_2 \end{cases} \succ \begin{cases} R_1 R_2 i_1 + R_2 R_3 i = R_2 E_1 \\ R_1 (R_2 + R_3) i - R_1 R_2 i_1 = R_1 E_2 \end{cases} \succ i = \frac{R_2 E_1 + R_1 E_2}{R_1 R_2 + R_1 R_3 + R_2 R_3}$$

Théorème de superposition

On passive la source E1, et on applique le théorème de Millmann :

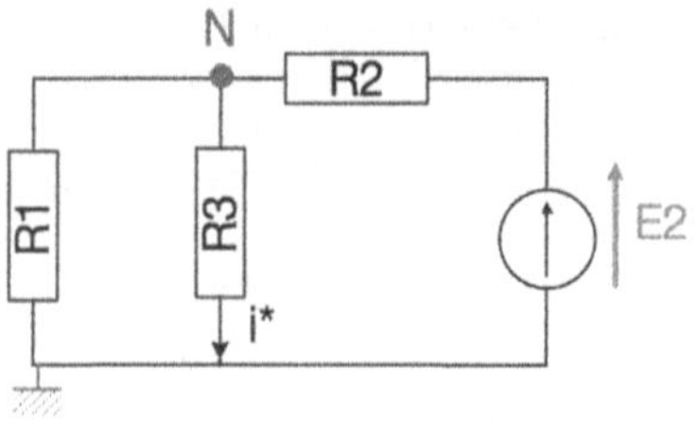

$$V_N^* = \frac{G_2 E_2}{G_1 + G_2 + G_3}$$

$$i^* = G_3 V_N^*$$

On passive ensuite la source E2 :

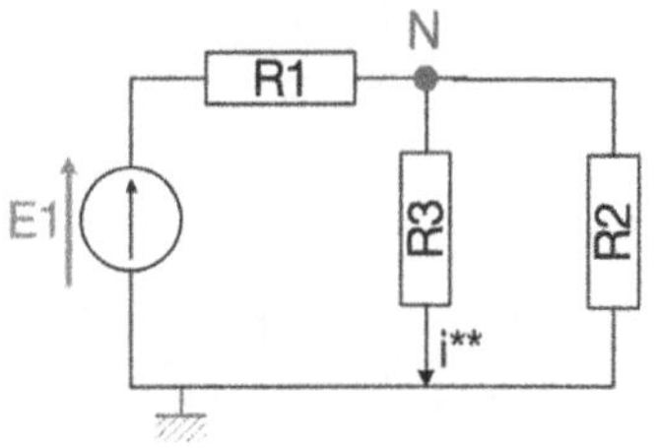

$$V_N^{**} = \frac{G_1E_1}{G_1 + G_2 + G_3}$$

$$i^{**} = G_3 V_N^{**}$$

Par application du principe de superposition, on déduit alors

$$i = i^* + i^{**} = \frac{G_2G_3}{G_1 + G_2 + G_3}E_2 + \frac{G_1G_3}{G_1 + G_2 + G_3}E_1$$

Soit $i = \dfrac{R_1E_2 + R_2E_1}{R_1R_2 + R_1R_3 + R_2R_3}$

Théorème de Thévenin

On déconnecte la charge (résistance R3), et on cherche la tension de Thévenin par application du théorème de Millmann :

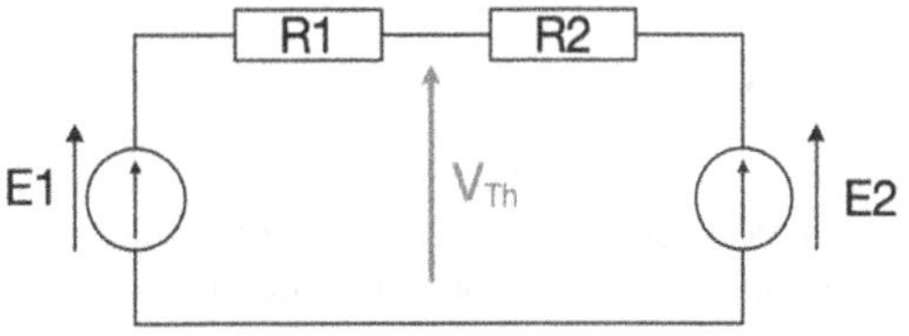

$$V_{Th} = \frac{G_1E_1 + G_2E_2}{G_1 + G_2} = \frac{R_2E_1 + R_1E_2}{R_1 + R_2}$$

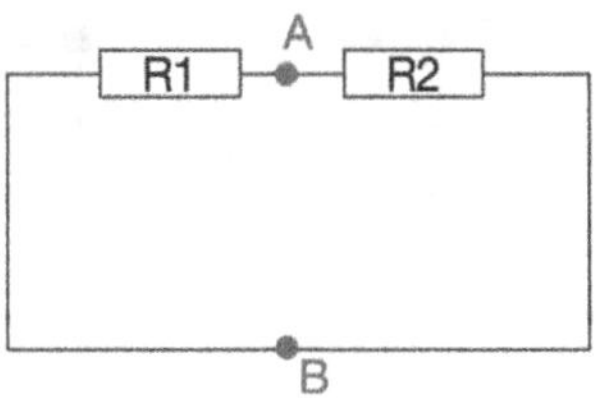

On passive ensuite les sources, et on cherche la résistance de Thévenin :

$$R_{Th} = \frac{R_1R_2}{R_1 + R_2}$$

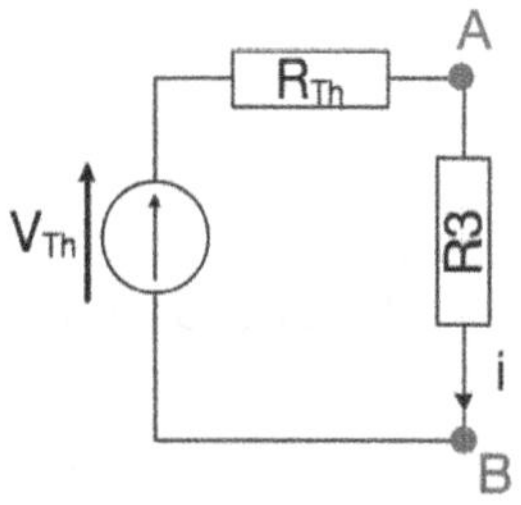

Le problème se ramène alors au circuit ci-contre, et on tire :

$$i = \frac{V_{Th}}{R_3 + R_{Th}} = \frac{R_1E_2 + R_2E_1}{R_1R_2 + R_1R_3 + R_2R_3}$$

Théorème de Norton

On court-circuite la charge (résistance R3), et on cherche le courant de Norton :

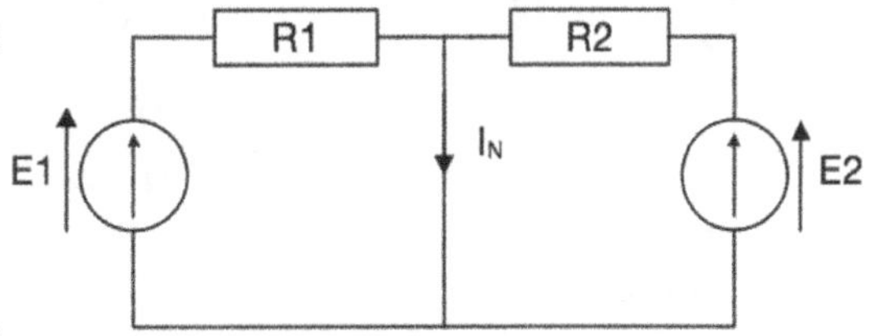

$$I_N = G_1E_1 + G_2E_2 = \frac{R_2E_1 + R_1E_2}{R_1 \cdot R_2}$$

La conductance de Norton G_N se détermine en passivant les sources, comme dans le cas du circuit équivalent de Thévenin.

$$G_N = \frac{1}{R_{Th}} = \frac{R_1 + R_2}{R_1 \cdot R_2}$$

On se ramène alors au circuit équivalent suivant, avec la charge connectée :

$$i = \frac{G_3}{G_3 + G_N} I_N = \frac{R_{Th}}{R_3 + R_{Th}} \cdot \frac{R_2 E_1 + R_1 E_2}{R_1 \cdot R_2}$$

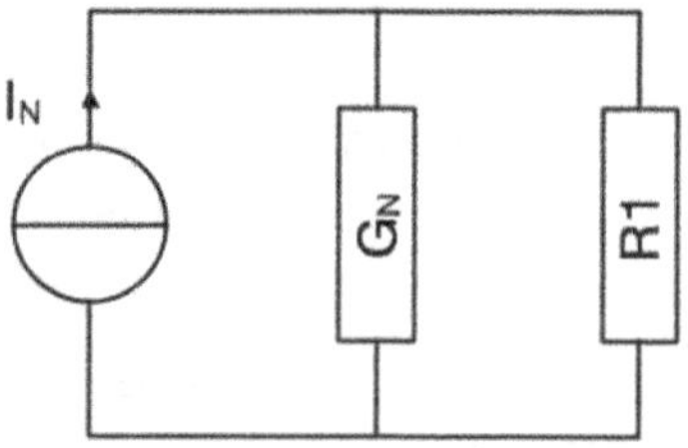

$$i = \frac{\dfrac{R1 \cdot R2}{R1 + R2}}{R_3 + \dfrac{R1 \cdot R2}{R1 + R2}} \cdot \frac{R_2 E_1 + R_1 E_2}{R_1 \cdot R_2} = \frac{R_1 E_2 + R_2 E_1}{R_1 R_2 + R_1 R_3 + R_2 R_3}$$

Exercice 2 : Méthodes générales

Théorème de Thévenin

On déconnecte la charge (résistance R5), et on cherche la tension de Thévenin par application du théorème de Millmann au nœud A puis au nœud B :

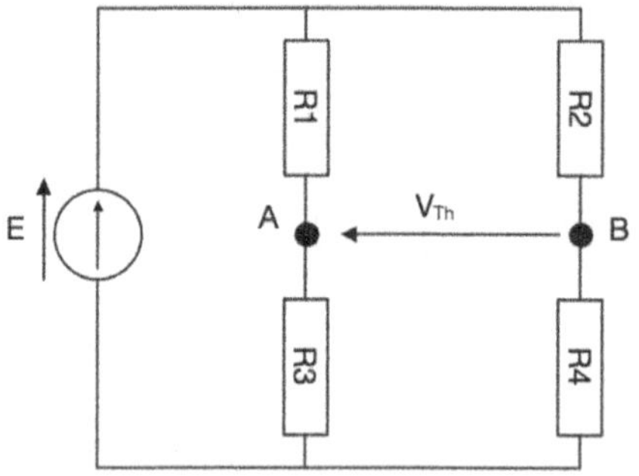

$$V_A = \frac{G_1 E}{G_1 + G_3} = \frac{R_3 E}{R_1 + R_3}$$

$$V_B = \frac{G_2 E}{G_2 + G_4} = \frac{R_4 E}{R_2 + R_4}$$

Alors $V_{Th} = V_A - V_B = \left(\dfrac{R_3}{R_1 + R_3} - \dfrac{R_4}{R_2 + R_4} \right) E$

En passivant les sources, on détermine la résistance de Thévenin :

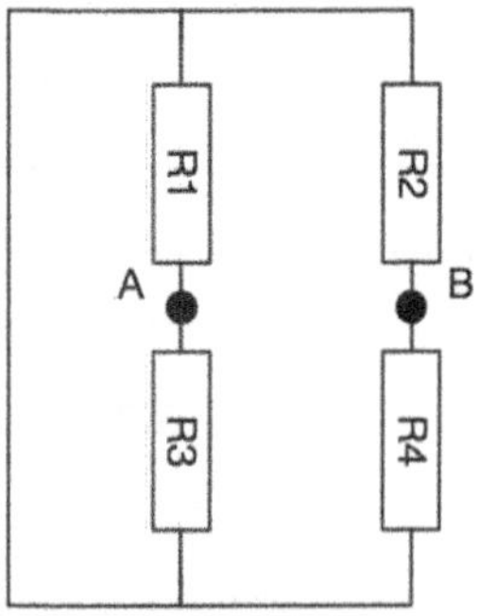

Ce circuit est équivalent au suivant, qui permet de déterminer plus aisément la résistance de Thévenin :

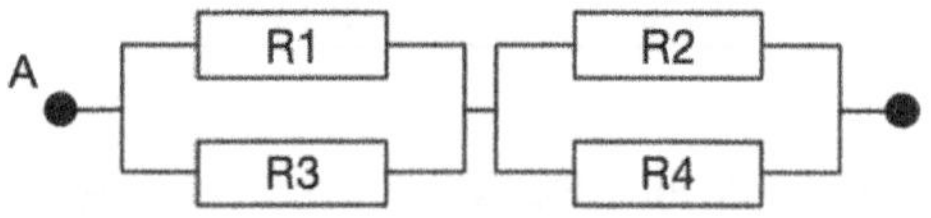

Alors $R_{Th} = \dfrac{R_1 \cdot R_3}{R_1 + R_3} + \dfrac{R_2 \cdot R_4}{R_2 + R_4}$

On en déduit alors la valeur du courant i, par application du théorème de Boucherot au circuit équivalent de Thévenin :

$$i = \frac{V_{Th}}{R_{Th} + R_5} = \frac{\left(\frac{R_3}{R_1 + R_3} - \frac{R_4}{R_2 + R_4}\right)E}{\frac{R_1 \cdot R_3}{R_1 + R_3} + \frac{R_2 \cdot R_4}{R_2 + R_4} + R_5}$$

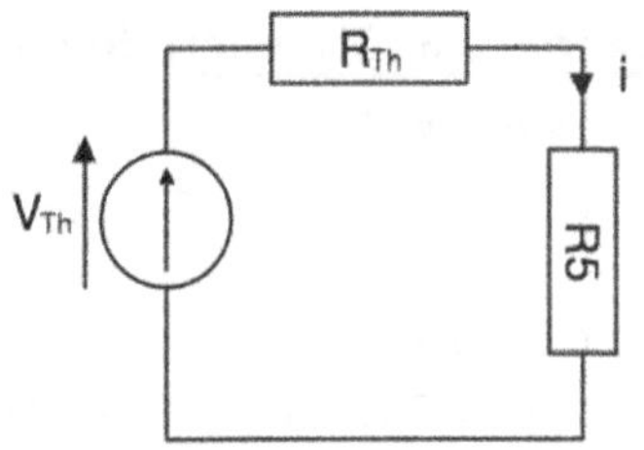

Soit finalement :

$$i = \frac{R_3(R_2 + R_4) - R_4(R_1 + R_3)}{R_1R_3(R_2 + R_4) + R_2R_4(R_1 + R_3) + R_5(R_1 + R_3)(R_2 + R_4)}E$$

Théorème de Norton

On court-circuite la charge de façon à déterminer le courant de Norton par application du théorème de Millmann aux nœud A et B :

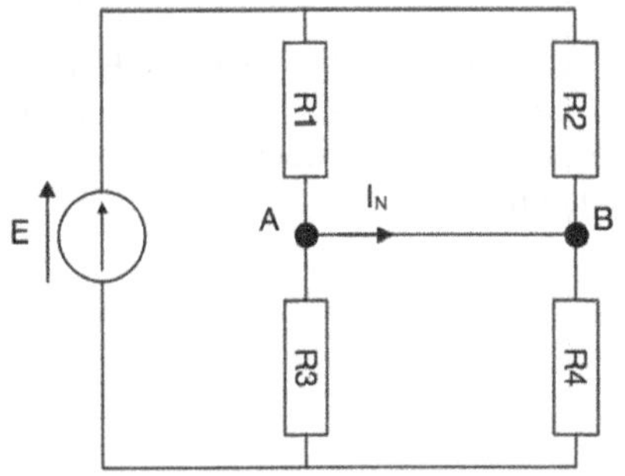

$$V_A = \frac{G_1E - I_N}{G_1 + G_3} \text{ et } V_B = \frac{G_2E + I_N}{G_2 + G_4}$$

L'égalité $V_A = V_B$ permet alors de tirer :

$$\frac{G_1E - I_N}{G_1 + G_3} = \frac{G_2E + I_N}{G_2 + G_4}$$

D'où : $I_N = \frac{G_1(G_2 + G_4) - G_2(G_1 + G_3)}{G_1 + G_2 + G_3 + G_4}E$

La conductance de Norton a pour expression :

$$\frac{1}{G_N} = \frac{1}{G_1 + G_3} + \frac{1}{G_2 + G_4}$$

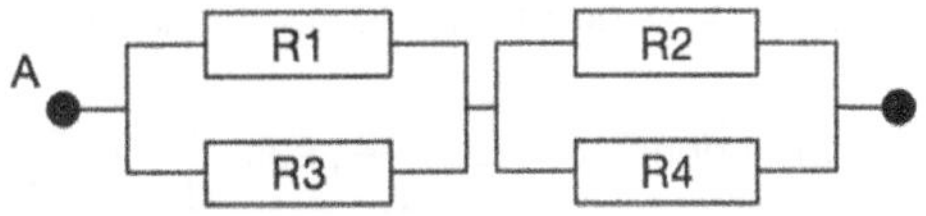

$$G_N = \frac{(G_1 + G_3)(G_2 + G_4)}{G_1 + G_2 + G_3 + G_4}$$

La détermination de la charge s'obtient par application du pont diviseur de courant dans le circuit équivalent de Norton :

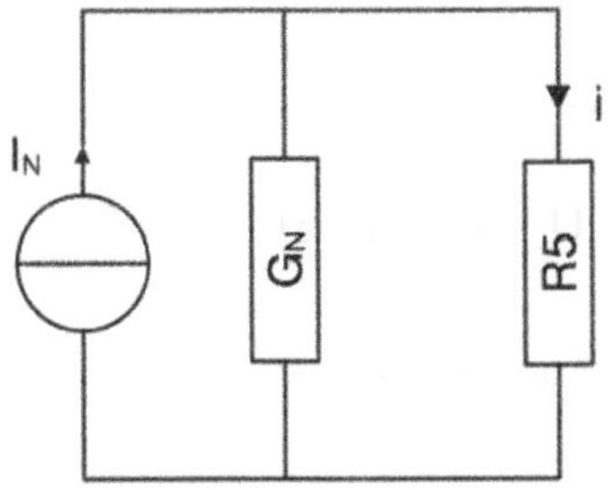

$$i = \frac{G_5}{G_5 + G_N} \cdot \frac{G_1(G_2 + G_4) - G_2(G_1 + G_3)}{G_1 + G_2 + G_3 + G_4}E$$

Exercice 3 : Transfert de puissance

Question 1

$P_R = RI^2$ avec $I = \frac{E}{R+r}$ (théorème de Boucherot). Donc $P_R = \frac{R}{(R+r)^2}E^2$

Question 2

$P_R(0) = 0\ W$ et $\lim_{R\to+\infty} P_R = 0\ W$

Il existe donc au moins un maximum de la puissance consommée par la résistance R.

$$\frac{dP_R}{dR} = \frac{(R+r)^2 - 2R(R+r)}{(R+r)^4} = \frac{R-r}{(R+r)^3}$$

Cette dérivée s'annule pour R=r.

La puissance est donc maximale pour quand R=r, ce que montre la courbe ci-contre (en échelle semi logarithmique).

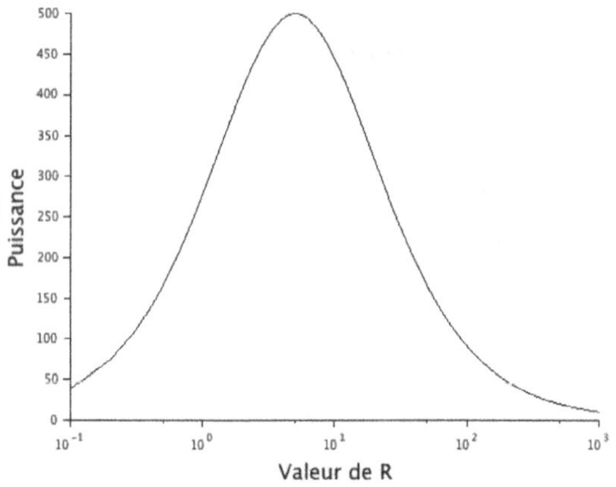

Exercice 4 : Circuit LC en régime libre

Question 1

La fermeture de la maille permet d'écrire $u(t) = L\frac{di(t)}{dt}$.

Par ailleurs, la relation caractéristique du condensateur s'exprime $i(t) = -C\frac{du(t)}{dt}$ (le signe - provenant du sens du courant dans le condensateur, identique à la tension à ses bornes).

On a donc $u = -LC\frac{d^2u}{dt^2}$, soit $\frac{d^2u}{dt^2} + \frac{1}{LC}u = 0$

Il s'agit d'une équation différentielle du second ordre, dans laquelle on identifie :

- la pulsation propre $\omega_0 = \frac{1}{\sqrt{LC}} = 10^4$ rad.s^{-1},
- le coefficient d'amortissement m=0, et le facteur de qualité Q infini.

Question 2

Expression de la tension u(t)

La solution générale de cette équation différentielle est de la forme $u(t) = K\sin(\omega_0 t + \varphi)$.

On déduit de cette solution l'expression de i(t) : $i(t) = -C\frac{du(t)}{dt} = -C\omega_0 U_0 \cos(\omega_0 t + \varphi)$

Les conditions initiales u(0)=U0 et i(0)=0 permettent de déterminer les constantes U₀ et :

$u(0) = U_0 = K\sin(\varphi)$ et $i(0) = 0 = -C\omega_0 U_0 \cos(\varphi)$

On en déduit K=U0 et $\varphi = \frac{\pi}{2}$

D'où : $u(t) = U_0 \sin(\omega_0 t + \frac{\pi}{2}) = U_0 \cos(\omega_0 t)$

$i(t) = -C\omega_0 U_0 \cos(\omega_0 t)$

Question 3

L'énergie totale transitant dans le circuit est $W = W_C + W_L = -\frac{1}{2}Cu^2(t) + \frac{1}{2}Li^2(t)$

$$W = -\frac{1}{2}CU_0^2\cos^2(\omega_0 t) + \frac{1}{2}LC^2\omega_0^2U_0^2\cos^2(\omega_0 t)$$
$$= \frac{1}{2}CU_0^2\left(LC\omega_0^2 - 1\right)\cos^2(\omega_0 t) = 0$$

L'énergie totale transitant dans le circuit est nulle : il y a transfert d'énergie périodique entre le condensateur et la bobine.

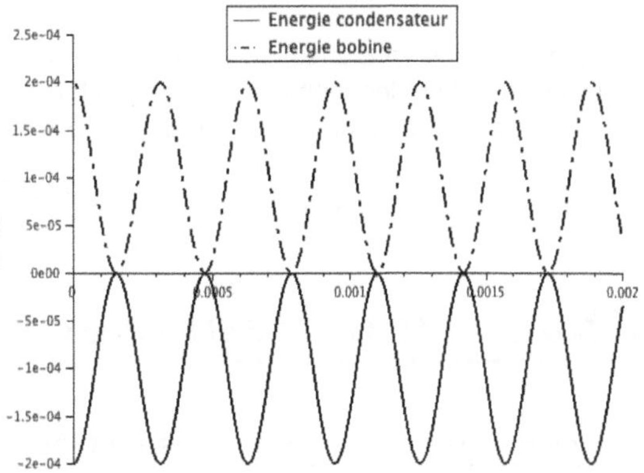

Exercice 5 : Bobine de contacteur

Question 1

La tension uK(t) aux bornes de la bobine du contacteur s'exprime $u_K(t) = Ri(t) + L\frac{di(t)}{dt}$.

Lorsque le transistor est passant, il se comporte comme un interrupteur fermé et VCE=0. Alors uK(t)=Vcc, et l'équation précédente s'écrit :

$$i(t) + \frac{L}{R}\frac{di(t)}{dt} = \frac{V_{cc}}{R}$$

Cette équation différentielle du 1er ordre admet une solution du type :

$i(t) = i_L(t) + i_F(t)$ où iL(t) est la solution homogène (régime libre) et iF(t) une solution particulière (régime forcé), avec :

- $i_L(t) = Ke^{-\frac{R}{L}t}$
- $i_F(t) = \frac{V_{cc}}{R}$

Donc $i(t) = Ke^{-\frac{R}{L}t} + \frac{V_{cc}}{R}$.

Or i(0)=0. On en déduit $K = -\frac{V_{cc}}{R}$.

L'équation générale est alors :

$$i(t) = \frac{V_{CC}}{R}\left(1 - e^{-\frac{R}{L}t}\right)$$

Question 2

On cherche ici la valeur de t pour laquelle $i(t) = \frac{V_{CC}}{2R}$.

Donc $1 - e^{-\frac{R}{L}t_e} = \frac{1}{2}$, soit $t_e = \frac{L}{R}\ln 2$

Question 3

$t_e = \frac{L}{R}\ln 2$, donc le retard à l'enclenchement est inversement proportionnel à la valeur de la résistance. En insérant une résistance, on diminue donc la valeur de ce retard.

Pour que l'enclenchement du contacteur puisse avoir lieu, il faut que la valeur du retard à l'enclenchement soit inférieur au temps de commutation du transistor T/2.

Il faut donc vérifier $\frac{L}{R+R_a}\ln 2 < \frac{T}{2}$, soit $R_a > \frac{2L}{T}\ln 2 - R$

Chapitre 6. Représentation par schéma blocs

Exercice 1 : Réduction d'un schéma bloc

On peut par exemple commencer par déplacer le point de prélèvement situé avant l'intégrateur :

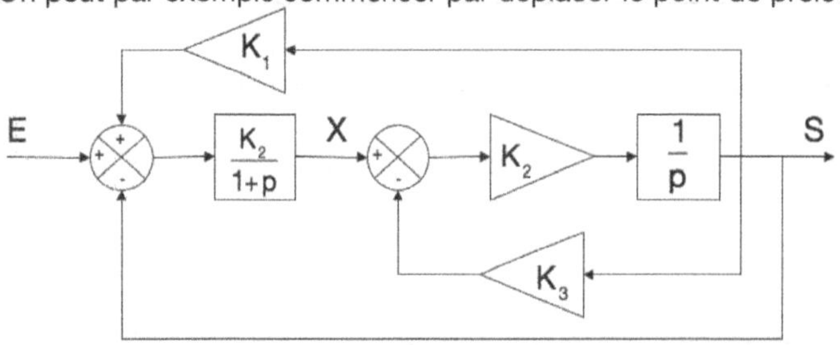

Cette forme permet d'écrire la fonction de transfert de la boucle imbriquée $\frac{S(p)}{X(p)}$:

$$\frac{S(p)}{X(p)} = \frac{\frac{K_2}{p}}{1 + K_3\frac{K_2}{p}} = \frac{K_2}{K_2K_3 + p}$$

Le schéma bloc peut alors s'écrire :

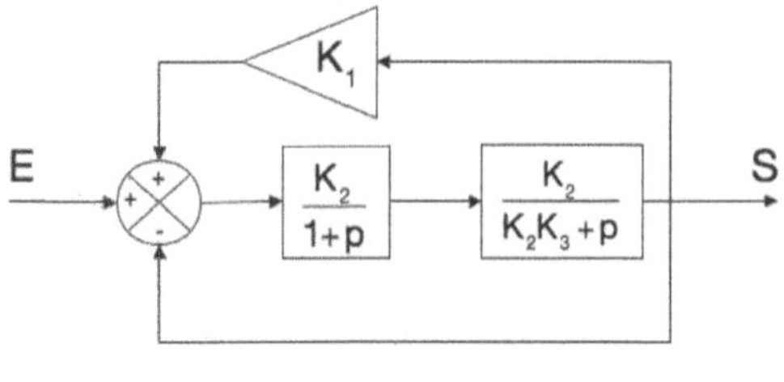

Les deux fonctions en série de la chaîne directe se multiplient, et les deux boucles de retour s'additionnent au niveau du sommateur (en prêtant garde aux signes du sommateur).

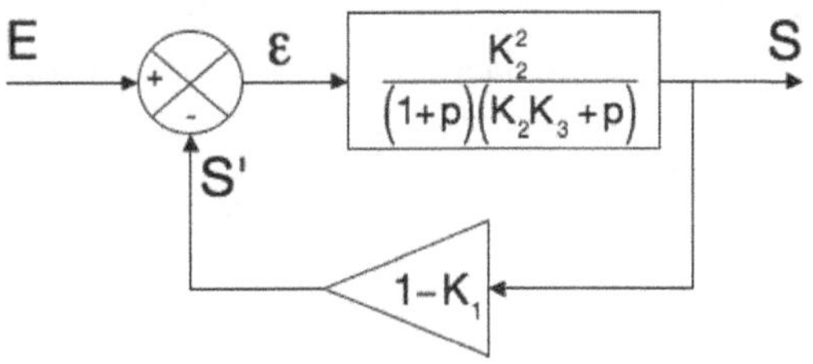

Cette forme permet à présent d'écrire aisément les fonctions de transfert en boucle ouverte $FTBO(p)=\frac{S'(p)}{\varepsilon(p)}$ et en boucle fermée $FTBF(p)=\frac{S(p)}{E(p)}$.

La fonction de transfert en boucle ouverte s'écrit :

$FTBO(p)=\frac{(1-K_1)K_2^2}{(1+p)(K_2K_3+p)}=\frac{(1-K_1)\frac{K_2}{K_3}}{(1+p)\left(1+\frac{p}{K_2K_3}\right)}$, fonction de gain $(1-K_1)\frac{K_2}{K_3}$, d'ordre 2 et de classe 0.

La fonction de transfert en boucle fermée est quant à elle :

$$FTBF(p)=\frac{\frac{K_2^2}{(1+p)(K_2K_3+p)}}{1+FTBO(p)}=\frac{\frac{K_2^2}{(1+p)(K_2K_3+p)}}{1+\frac{(1-K_1)\frac{K_2}{K_3}}{(1+p)\left(1+\frac{p}{K_2K_3}\right)}}=\frac{K_2^2}{(1+p)\left(1+\frac{p}{K_2K_3}\right)+(1-K_1)\frac{K_2}{K_3}}$$

$$FTBF(p)=\frac{K_2^2}{1+(1-K_1)\frac{K_2}{K_3}+\left(1+\frac{1}{K_2K_3}\right)p+\frac{p^2}{K_2K_3}}$$

Cette fonction d'ordre 2 et de classe 0 a pour gain $\boxed{\frac{K_2^2}{1+(1-K_1)\frac{K_2}{K_3}}=\frac{K_2^2K_3}{K_3+(1-K_1)K_2}}$.

Exercice 2 : Théorème de superposition

On considère dans un premier temps une perturbation nulle : P(p)=0.

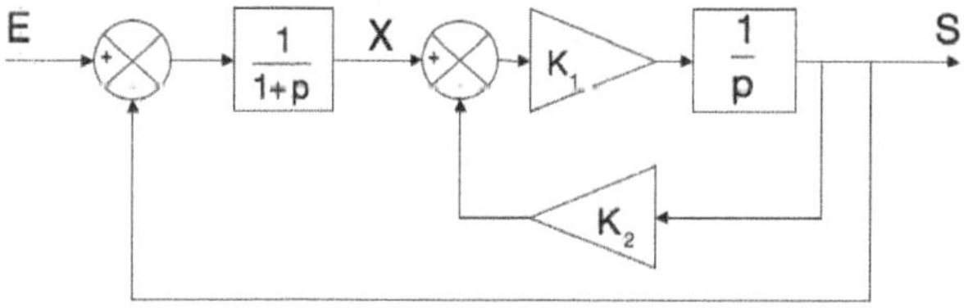

La fonction de transfert de la boucle imbriquée a pour expression $\frac{S(p)}{X(p)} = \frac{\frac{K_1}{p}}{1+\frac{K_1K_2}{p}} = \frac{K_1}{K_1K_2+p}$

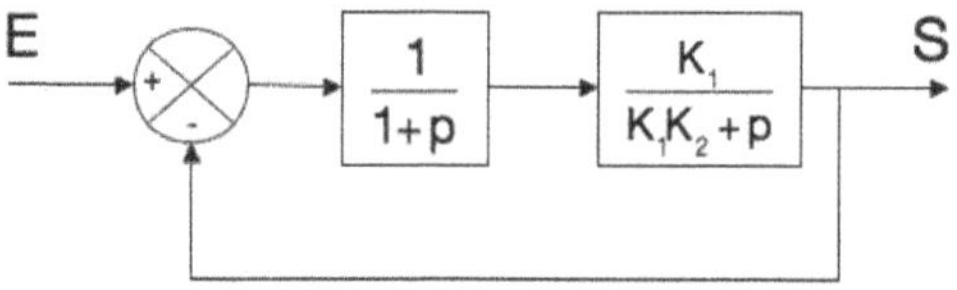

On déduit alors la première fonction de transfert :

$$H_1(p) = \frac{\frac{1}{1+p}\cdot\frac{K_1}{K_1K_2+p}}{1+\frac{1}{1+p}\cdot\frac{K_1}{K_1K_2+p}} = \frac{K_1}{K_1+(1+p)(K_1K_2+p)}$$

Considérons maintenant l'entrée nulle : E(p)=0.

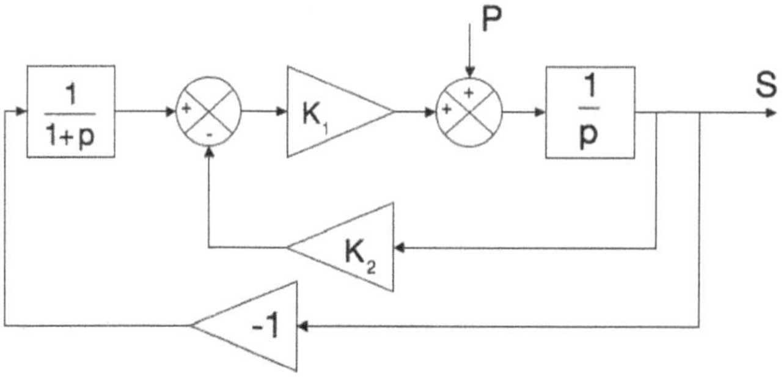

Par manipulations sur les blocs, on fait apparaître la forme ci-dessous :

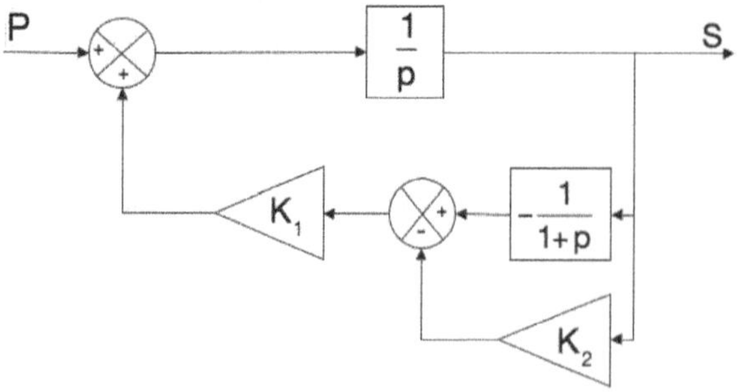

Soit finalement la forme qui permet d'extraire la seconde fonction de transfert :

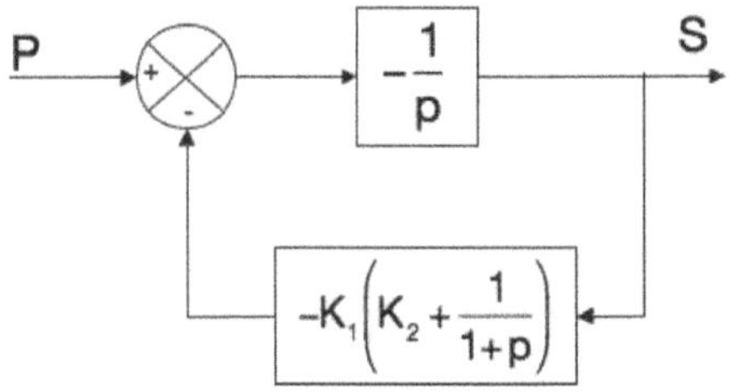

$$H_2(p)=\frac{-\frac{1}{p}}{1+\frac{K_1}{p}\left(K_2+\frac{1}{1+p}\right)}=-\frac{(1+p)}{p(1+p)+K_1\left(1+(1+p)K_2\right)}$$

$$=\frac{-(1+p)}{K_1+(1+p)\left(K_1K_2+p\right)}$$

Exercice 3 : Modélisation d'un circuit électrique

Question 1

Les équations qui régissent le système sont :

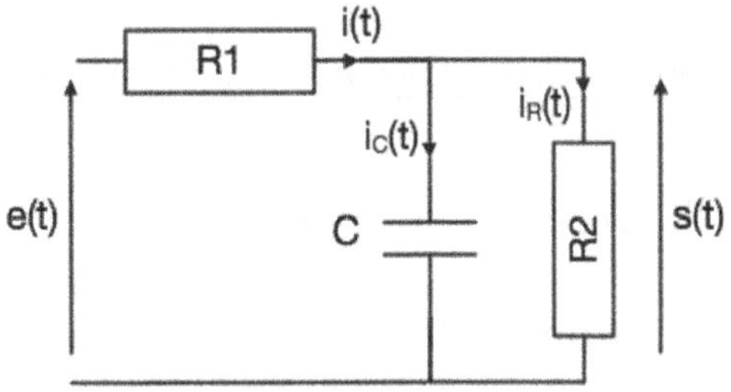

- fermeture de maille : $e(t)=R_1i(t)+s(t)$
- loi des nœuds : $i(t)=i_C(t)+i_R(t)$
- relations caractéristiques :
  - $i_C(t)=C\frac{ds(t)}{dt}$
  - $s(t)=R_2i_R(t)$

Dans le domaine symbolique de Laplace, ces équations s'écrivent :

$$\begin{cases} E(p)=R_1I(p)+S(p) \\ I(p)=I_C(p)+I_R(p) \\ I_C(p)=CpS(p) \\ S(p)=R_2I_R(p) \end{cases}$$

Question 2

Les équations précédentes se traduisent graphiquement sous la forme du schéma bloc suivant :

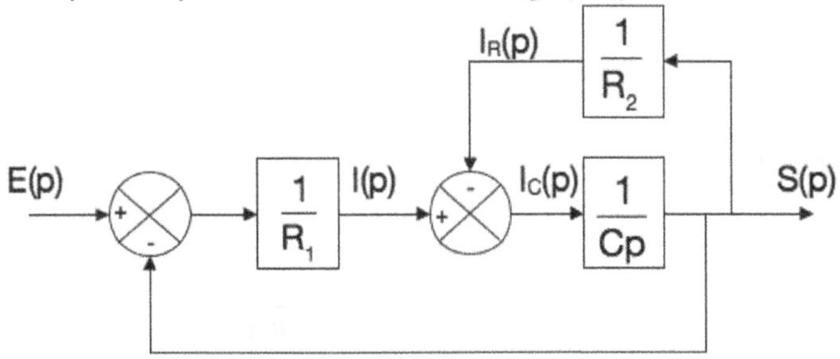

Question 3

Le schéma précédent se simplifie après avoir écrit la fonction de transfert de la boucle imbriquée

$$\frac{S(p)}{I(p)}=\frac{\frac{1}{Cp}}{1+\frac{1}{R_2Cp}}=\frac{R_2}{1+R_2Cp}$$:

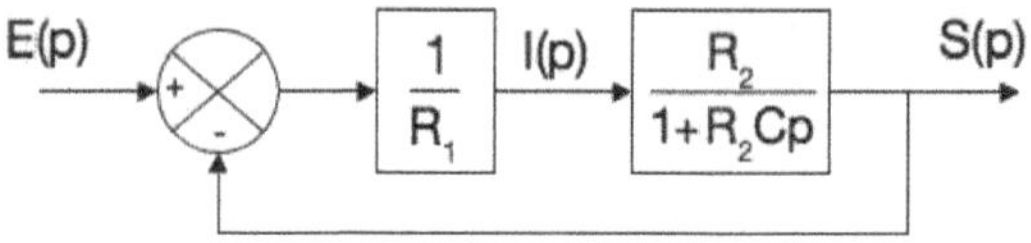

La fonction de transfert $H(p) = \frac{S(p)}{E(p)}$ s'écrit alors :

$$H(p) = \frac{\frac{1}{R_1} \cdot \frac{R_2}{1+R_2Cp}}{1+\frac{1}{R_1} \cdot \frac{R_2}{1+R_2Cp}} = \frac{R_2}{R_2 + R_1\left(1+R_2Cp\right)}$$

Exercice 4 : Modélisation d'un système thermique

Question 1

$$\begin{cases} Q_i(p) = \frac{1}{R}\left(T(p) - T_e(p)\right) \\ CpT(p) = Q_i(p) - Q_s(p) \end{cases}$$

Question 2

Les équations précédentes se traduisent sous la forme de schéma bloc ci-dessous :

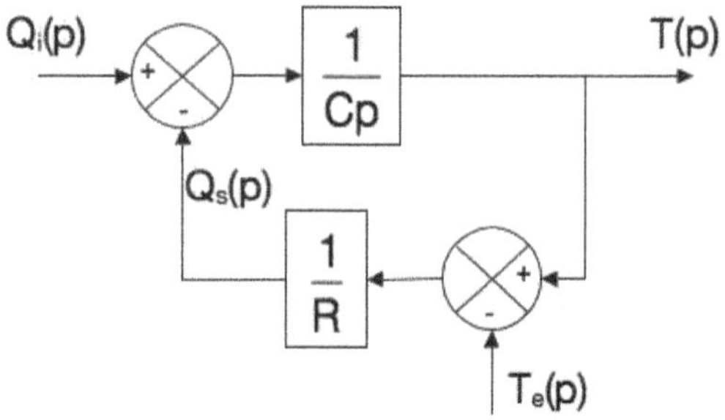

On identifie alors :

$$G_1(p) = \frac{1}{Cp}$$

$$G_2(p) = \frac{1}{R}$$

Question 3

Ecrivons le schéma bloc quand $T_e(p)=0$:

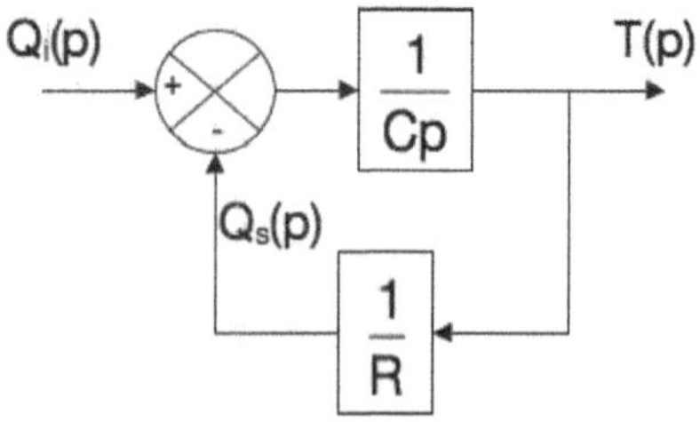

$$H_1(p) = \left.\frac{T(p)}{Q_i(p)}\right|_{T_e(p)=0} = \frac{\frac{1}{Cp}}{1+\frac{1}{R}\cdot\frac{1}{Cp}} = \frac{R}{1+RCp}$$

Ecrivons maintenant le schéma bloc quand $Q_i(p)=0$:

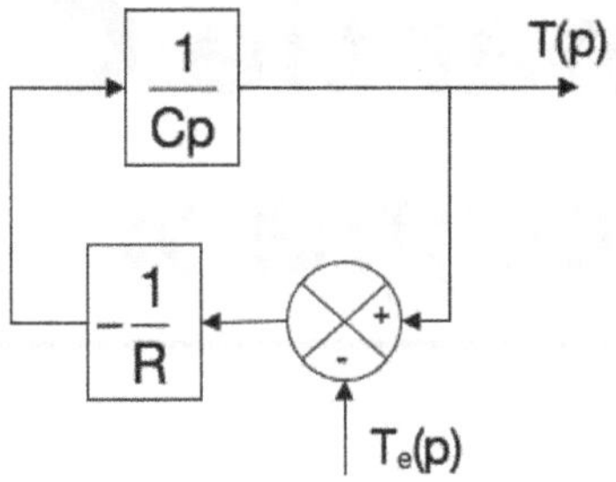

qui devient :

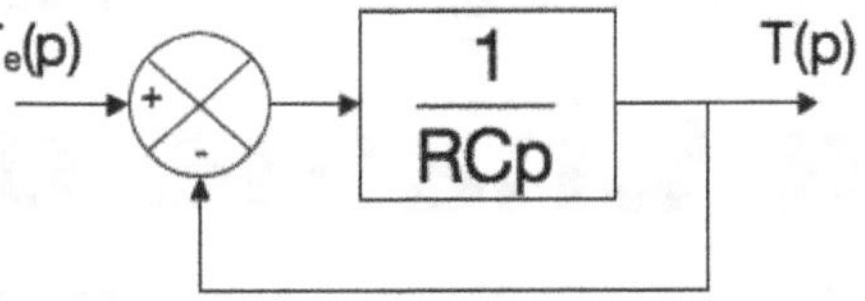

Alors $H_2(p) = \left.\dfrac{T(p)}{T_e(p)}\right|_{Q_i(p)=0} = \dfrac{\dfrac{1}{RCp}}{1+\dfrac{1}{RCp}} = \dfrac{1}{1+RCp}$

Corrigés de la partie C « Chaîne d'énergie »

Chapitre 7. Sources d'énergie

Exercice 1 : Compensation de l'énergie réactive

Question 1

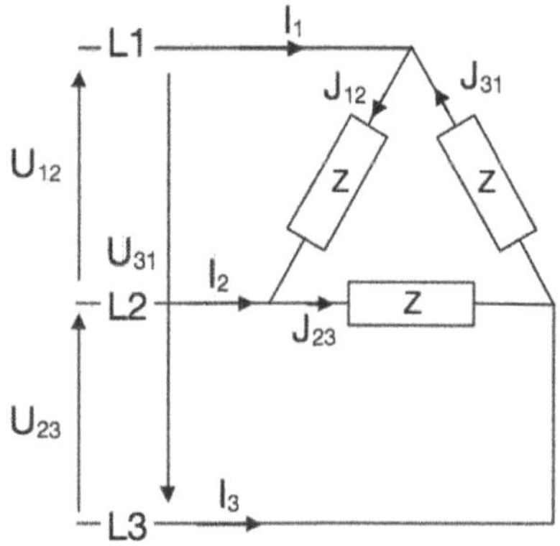

Dans ce montage triangle, les valeurs efficaces des courants de phase s'expriment en fonction des courants de ligne :

$$I = \sqrt{3}J$$

Question 2

Calcul de la phase et du facteur de puissance : la puissance active a pour expression $P = \sqrt{3}UI\cos\varphi$.

On en déduit $\varphi = \mathrm{acos}\left(\dfrac{P}{\sqrt{3}UI}\right) = 43{,}8°$

Le facteur de puissance, en régime sinusoïdal, a pour expression $FP = \cos\varphi = 0{,}72$.

Calcul de la valeur de R : la puissance active consommée est la puissance dissipée dans les résistances.

$P = 3RJ^2 = RI^2$. On en déduit $R = \dfrac{P}{I^2} = 10\ \Omega$.

Calcul de la valeur de X et de la puissance réactive : le déphasage a pour expression $\varphi = \mathrm{atan}\left(\dfrac{X}{R}\right)$.

On en déduit $X = R\tan\varphi = 9{,}59\ \Omega$, soit $L = \dfrac{X}{\omega} = \dfrac{X}{2\pi f} = 30\ \text{mH}$

La puissance réactive a pour expression $Q = \sqrt{3}UI\sin\varphi = 23{,}98\ \text{kVAR}$

Calcul des courants de phase : $J = \dfrac{I}{\sqrt{3}} = 28{,}87\ \text{A}$

Question 3

Voir diagramme de Fresnel ci-dessous.

Question 4

Afin d'obtenir le facteur de puissance désiré, en maintenant constante la puissance active consommée, il faut limiter la consommation de puissance réactive Q', de telle sorte que :

$FP = \frac{P}{S} < 0,96$, soit $\frac{P}{\sqrt{P^2 + Q'^2}} < 0,96$. La puissance réactive doit donc être au plus égale à

$Q' < 7,29 \text{ kVAR}$

L'ajout de condensateurs permet de produire de la puissance réactive Q_c, car $Q_c = -\frac{1}{C\omega} I^2$

Alors $Q_c = Q' - Q = -16,69 \text{ kVAR}$, d'où on tire $C = -\frac{1}{Q_c \omega} I^2 = -\frac{1}{2\pi f Q_c} I^2 = 476,9 \ \mu F$

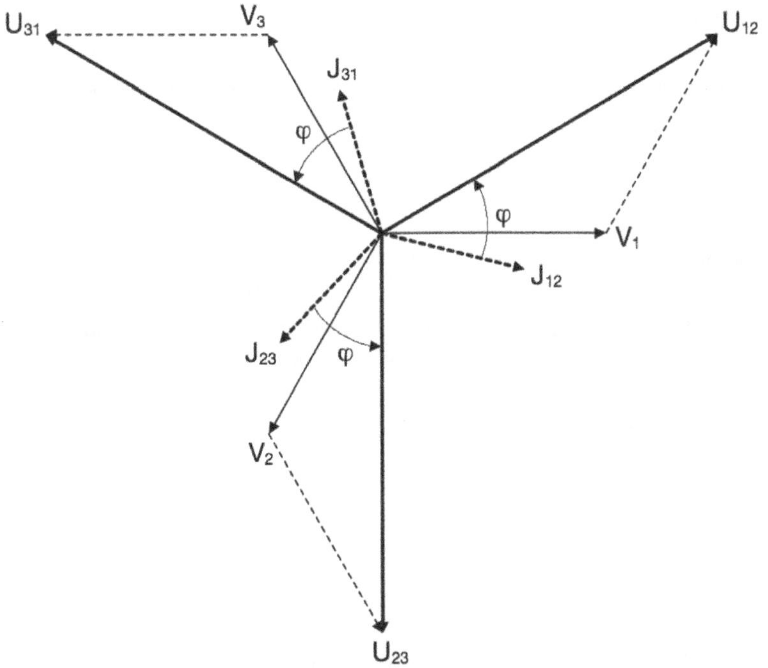

Diagramme de Fresnel des tensions et courants dans le circuit

Problème 1 : Taux de distorsion harmonique

Question 1

$$I = \sqrt{\frac{1}{2\pi} \int_0^{2\pi} i^2(\theta) d\theta} = \sqrt{\frac{1}{\pi} \int_{\pi/2-\alpha/2}^{\pi/2+\alpha/2} i^2(\theta) d\theta} = \sqrt{\frac{1}{\pi} \int_{\pi/2-\pi/12}^{\pi/2+\pi/12} I_m^2 \cos^2(6\theta) d\theta}$$

$$I = \frac{I_m}{\sqrt{\pi}} \sqrt{\int_{\pi/2-\pi/12}^{\pi/2+\pi/12} \frac{1+\cos(12\theta)}{2} d\theta} = \frac{I_m}{\sqrt{2\pi}} \sqrt{\left[\theta + \frac{\sin(12\theta)}{12}\right]_{\pi/2-\pi/12}^{\pi/2+\pi/12}}$$

$$I=\frac{I_m}{\sqrt{2\pi}}\sqrt{\left[\theta+\frac{\sin(12\theta)}{12}\right]_{\pi/2-\pi/12}^{\pi/2+\pi/12}}=\frac{I_m}{\sqrt{2\pi}}\sqrt{\frac{\pi}{6}}=\frac{I_m}{\sqrt{12}}0{,}548\text{ A}$$

Question 2

Valeur du déphasage : les courbes de tension et de courant montrent qu'il n'existe pas de déphasage du courant par rapport à la tension : $\varphi=0$.

Puissance active : la puissance active est véhiculée par les harmoniques de tension et de courant de même rang. La tension étant une sinusoïde pure de valeur efficace V, la puissance active a donc pour expression $P=V.I_1$ où I_1 désigne la valeur efficace du fondamental du courant.

Ici, V=230 V et $I_1=0{,}298/\sqrt{2}=0{,}21$ A. Donc P=48,46 W.

Puissance réactive : le déphasage étant nul, on en déduit que la puissance réactive Q est nulle.

Puissance apparente : la puissance apparente a pour expression S=V.I avec I=0,548 A calculé à la question précédente. Donc S=126,15 VA.

Puissance déformante : $S^2=P^2+Q^2+D^2$ permet de calculer la puissance déformante D :

$$D=\sqrt{S^2-P^2-Q^2}=116{,}47\text{ VAD}$$

Question 3

Les valeurs efficaces des harmoniques autres que le fondamental peuvent être déterminées sachant que $I^2=\sum_{n=1}^{+\infty}I_n^2=I_1^2+\sum_{n=2}^{+\infty}I_n^2$, donc $\sum_{n=2}^{+\infty}I_n^2=I^2-I_1^2$, soit $\sqrt{\sum_{n=2}^{+\infty}I_n^2}=0{,}506$ A.

On peut alors calculer le taux de distorsion harmonique : $THD=\frac{\sqrt{\sum_{n=2}^{+\infty}I_n^2}}{I_1}=\frac{\sqrt{I^2-I_1^2}}{I_1}=2{,}4$, soit 240%.

Ce taux de distorsion dépasse de très loin les exigences de la norme, et il faudra faire appel à des solutions de filtrage pour respecter l'exigence relative au taux de distorsion harmonique.

Problème 2 : Etude d'une étuve thermique (Concours ATS 2006)

Question 1

$$p(t)=u(t)\cdot i(t)\quad\text{et}\quad P=\frac{1}{T}\int_0^T p(t)\,dt$$

Question 2

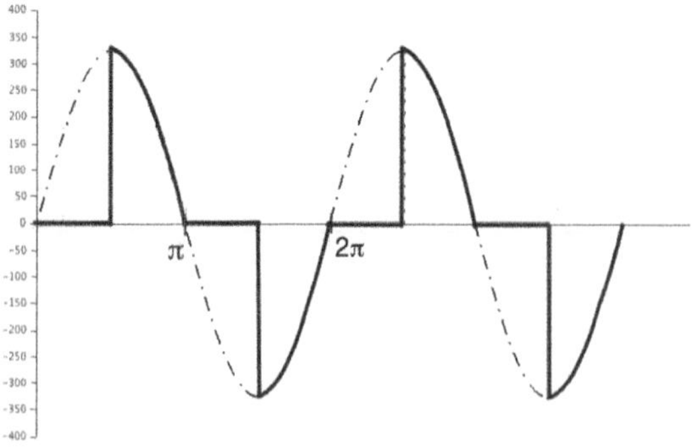

$$U_{moy}=\frac{1}{2\pi}\int_0^{2\pi}u(\theta)\,d\theta=\frac{1}{2\pi}\int_0^{2\pi}V_{eff}\sqrt{2}\sin\theta\,d\theta$$
$$=\frac{V_{eff}\sqrt{2}}{2\pi}\left(\int_{\pi/2}^{\pi}\sin\theta\,d\theta+\int_{3\pi/2}^{2\pi}\sin\theta\,d\theta\right)$$
$$=-\frac{V_{eff}\sqrt{2}}{2\pi}\left(\left[\cos\theta\right]_{\pi/2}^{\pi}+\left[\cos\theta\right]_{3\pi/2}^{2\pi}\right)=0$$

Question 3

Valeur efficace de la tension : $U_{eff} = \sqrt{\frac{1}{2\pi}\int_0^{2\pi} u^2(\theta)d\theta} = \sqrt{\frac{1}{\pi}\int_\psi^{\pi} u^2(\theta)d\theta} = \sqrt{\frac{1}{\pi}\int_\psi^{\pi} 2V_{eff}^2 \sin^2\theta d\theta}$

$$U_{eff} = \sqrt{\frac{2}{\pi}}V_{eff}\sqrt{\int_\psi^{\pi}\sin^2\theta d\theta} = \sqrt{\frac{2}{\pi}}V_{eff}\sqrt{\int_\psi^{\pi}\frac{1-\cos 2\theta}{2}d\theta} = \frac{V_{eff}}{\sqrt{\pi}}\sqrt{\left[\theta - \frac{\sin 2\theta}{2}\right]_\psi^{\pi}}$$

$$U_{eff} = \frac{V_{eff}}{\sqrt{\pi}}\sqrt{\left[\theta - \frac{\sin 2\theta}{2}\right]_\psi^{\pi}} = V_{eff}\frac{\sqrt{\pi - \psi + \frac{\sin 2\psi}{2}}}{\sqrt{\pi}} = V_{eff}\sqrt{1 - \frac{\psi}{\pi} + \frac{\sin 2\psi}{2\pi}}$$

Puissance moyenne dissipée : $P = RI_{eff}^2 = \frac{U_{eff}^2}{R} = \frac{V_{eff}^2}{R}\left(1 - \frac{\psi}{\pi} + \frac{\sin 2\psi}{2\pi}\right)$

Puissance active fournie par le réseau : $P_a = \frac{1}{2\pi}\int_0^{2\pi} v(\theta)\cdot i(\theta)d\theta = \frac{1}{\pi}\int_\psi^{\pi} u(\theta)\cdot i(\theta)d\theta = P$

Pour ψ=90°, on calcule $\boxed{P = P_a = \frac{V_{eff}^2}{2R} = 1889{,}3\ W}$.

Courant efficace du réseau : $P = RI_{eff}^2$ donc $RI_{eff}^2 = \frac{V_{eff}^2}{R}\left(1 - \frac{\psi}{\pi} + \frac{\sin 2\psi}{2\pi}\right)$, soit $\boxed{I_{eff} = \frac{V_{eff}}{R}\sqrt{1 - \frac{\psi}{\pi} + \frac{\sin 2\psi}{2\pi}}}$

Question 4

La puissance apparente est donnée par l'expression $S = V_{eff}\cdot I_{eff} = \frac{V_{eff}^2}{R}\sqrt{1 - \frac{\psi}{\pi} + \frac{\sin 2\psi}{2\pi}}$.

On en déduit le facteur de puissance $fp = \frac{P}{S} = \frac{\frac{V_{eff}^2}{R}\left(1 - \frac{\psi}{\pi} + \frac{\sin 2\psi}{2\pi}\right)}{\frac{V_{eff}^2}{R}\sqrt{1 - \frac{\psi}{\pi} + \frac{\sin 2\psi}{2\pi}}} = \sqrt{1 - \frac{\psi}{\pi} + \frac{\sin 2\psi}{2\pi}}$.

Pour ψ=90°, on calcule $\boxed{fp = \frac{1}{\sqrt{2}} = 0{,}7}$.

Le diagramme des exigences, qui requiert un facteur de puissance au moins égal à 0,9, n'est pas respecté.

Chapitre 8. Convertisseurs statiques

Problème 1 : Laveuse autoportée (Concours ATS 2015)

Question 1

La laveuse doit pouvoir avancer et reculer sur des pentes. Il est donc nécessaire d'assurer une réversibilité en tension et en courant.

Question 2

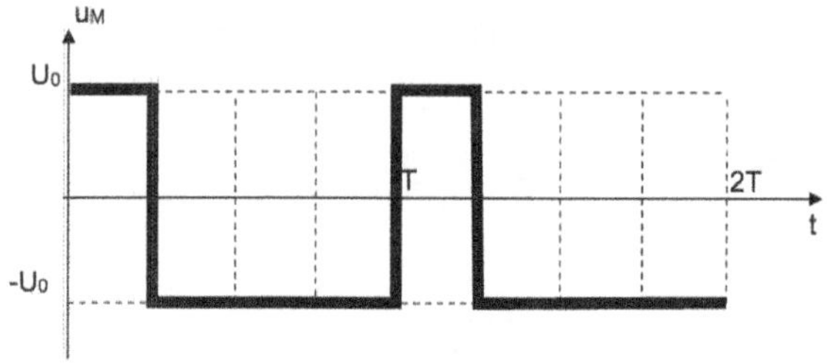

Question 3

$$< U_m > = \frac{\alpha T \cdot U_0 - (1-\alpha) T \cdot U_0}{T} = (2\alpha - 1) U_0$$

Ω_moteur	α
0	α=0,5
>0	0,5≤α<1
<0	0≤α<0,5

Problème 2 : Borne rétractable solaire (Concours ATS 2010)

Question 1

Le montage proposé est un hacheur 1 quadrant, constitué d'une cellule de commutation élémentaire. Il est également appelé hacheur série.

α est le rapport cyclique de ce convertisseur.

Question 2

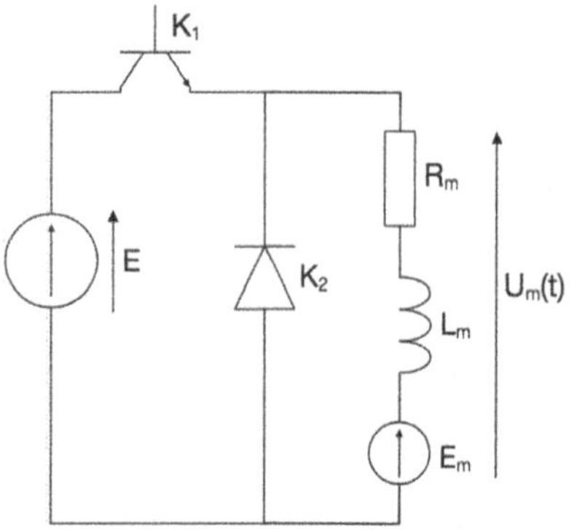

Question 3

$$U_{m[moy]} = \frac{1}{T}\int_0^T U_m(t)\,dt = \frac{1}{T}\int_0^{\alpha T} E\,dt = \alpha E$$

Question 4

<u>fcém du moteur</u> : $U_m = E_m + L_m \frac{dI_m}{dt}$, donc $U_{m[moy]} = E_m + L_m < \frac{dI_m}{dt} >$.

Or le courant $I_m(t)$ est périodique, ce qui implique $< \frac{dI_m}{dt} > = 0$.

On en déduit alors $U_{m[moy]} = E_m = \alpha E$.

<u>Courant $I_m(t)$</u> : quand K_1 est fermé, on vérifie $E_m + L_m \frac{dI_m}{dt} = E$ avec $E_m = \alpha E$

Donc $\frac{dI_m}{dt} = \frac{(1-\alpha)E}{L_m}$, soit : $I_m(t) = \frac{(1-\alpha)E}{L_m}t + I_{m[min]}$

<u>Expression de L_m</u> : l'ondulation de courant est donnée par la relation $\Delta I_m = I_{m[max]} - I_{m[min]} = I_m(\alpha T) - I_m(0)$

Donc $\Delta I_m = \frac{(1-\alpha)E}{L_m}\alpha T$, d'où on tire $\boxed{L_m = \frac{(1-\alpha)\alpha ET}{\Delta I_m}}$.

Question 5

Les essais fournissent les valeurs suivantes : E=12 V ; T= 60 µs ; α=0,5 ; ΔI_m=0,2 A

On est alors en mesure de calculer la valeur de l'inductance :

$$L_m = \frac{(1-\alpha)\alpha ET}{\Delta I_m} = \frac{(1-0,5)\cdot 0,5 \cdot 12 \cdot 60.10^{-6}}{0,2} = 0,9\,\text{mH}$$

Problème 3 : Unité de conditionnement de cartons (Concours ATS 2016)

Question 1

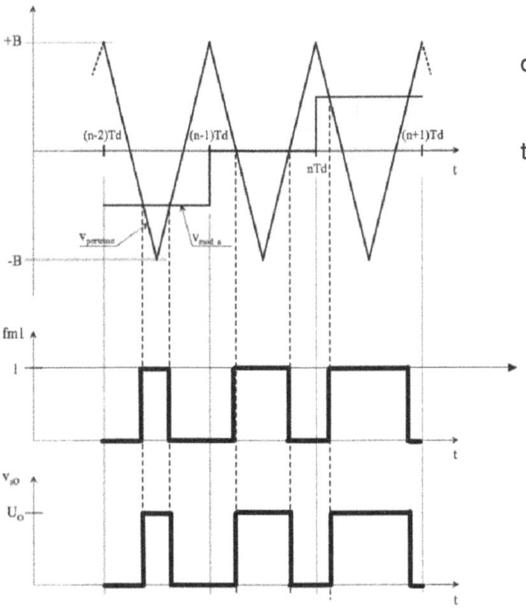

La fonction fm1 est à l'état 1 lorsque la tension de la modulante est supérieure à celle de la porteuse.

Lorsque fm1=1, l'interrupteur K1 est fermé, et la tension v_{a0} aux bornes de K4 est alors $v_{a0}=U_0$.

Question 2

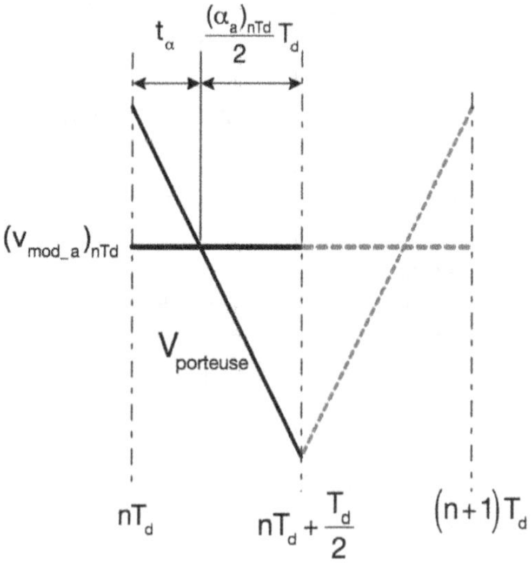

L'équation de la porteuse est, pour $0 \le t < \frac{T_d}{2}$:

$$V_{porteuse} = B - \frac{2B}{T_d/2}t = B\left(1-\frac{4}{T_d}t\right).$$

Les courbes $V_{porteuse}$ et $(v_{mod\_a})_{nTd}$ étant symétriques par rapport à $nT_d + T_d/2$, alors $\frac{(\alpha_a)_{nTd}}{2}T_d$ représente le temps pendant lequel $(v_{mod\_a})_{nTd} > V_{porteuse}$.

Cherchons t_α, à partir duquel $(v_{mod\_a})_{nTd} > V_{porteuse}$:

$$B\left(1-\frac{4}{T_d}t_\alpha\right) = (v_{mod\_a})_{nTd}$$

On en déduit $t_\alpha = \frac{T_d}{4}\left[1-\frac{(v_{mod\_a})_{nTd}}{B}\right]$.

D'où on tire $\frac{(\alpha_a)_{nTd}}{2}T_d = \frac{T_d}{2} - t_\alpha = \frac{T_d}{2} - \frac{T_d}{4}\left[1-\frac{(v_{mod\_a})_{nTd}}{B}\right] = \frac{T_d}{4} + \frac{T_d}{4}\frac{(v_{mod\_a})_{nTd}}{B}$

Soit au final $\boxed{(\alpha_a)_{nTd} = \frac{1}{2} + \frac{(v_{mod\_a})_{nTd}}{2B}}$

Question 3

$v_{a0} = fm1 \cdot U_0$

$< v_{a0} >_{nTd} = < fm1 > U_0 = (\alpha_a)_{nTd} U_0$

Question 4

D'après les études précédentes, on déduit $< v_{b0} >_{nTd} = (\alpha_b)_{nTd} U_0$ et $< v_{c0} >_{nTd} = (\alpha_c)_{nTd} U_0$

Question 5

La relation de fermeture de maille appliquée à un enroulement permet d'écrire :

$$V_{NO} = v_{a0} - v_{aN} = v_{a0} - e_a - L_c\frac{di_a}{dt} \text{ pour l'enroulement (a).}$$

De même, pour les enroulements (b) et (c), on a $V_{NO} = v_{b0} - e_b - L_c\frac{di_b}{dt}$ et $V_{NO} = v_{c0} - e_c - L_c\frac{di_c}{dt}$.

En additionnant ces 3 relations, on aboutit à :

$$3V_{NO} = (v_{a0}+v_{b0}+v_{c0}) - (e_a+e_b+e_c) - L_c\frac{d(i_a+i_b+i_c)}{dt}$$

Or, le réseau étant équilibré, on a $e_a+e_b+e_c = 0$ et $i_a+i_b+i_c = 0$.

D'où la relation recherchée : $\boxed{V_{NO} = \frac{1}{3}(v_{a0}+v_{b0}+v_{c0})}$.

Question 6

On a $V_{NO} = v_{a0} - v_{aN}$, donc $v_{aN} = v_{a0} - V_{NO} = v_{a0} - \frac{1}{3}\left(v_{a0} + v_{b0} + v_{c0}\right)$.

D'où $v_{aN} = \frac{1}{3}\left(2v_{a0} - v_{b0} - v_{c0}\right)$.

De cette relation, en passant par les valeurs moyennes, on tire :

$$< v_{aN} >_{nTd} = \frac{1}{3}\left(2 < v_{a0} >_{nTd} - < v_{b0} >_{nTd} - < v_{c0} >_{nTd}\right)$$

A l'aide des résultats obtenus aux questions 3 et 4, on peut alors exprimer $< v_{aN} >_{nTd}$ comme suit :

$$< v_{aN} >_{nTd} = \frac{U_0}{3}\left(2\left(\alpha_a\right)_{nTd} - \left(\alpha_b\right)_{nTd} - \left(\alpha_c\right)_{nTd}\right)$$

Le résultat de la question 2 permet enfin d'écrire :

$$\boxed{< v_{aN} >_{nTd} = \frac{U_0}{6B}\left(2(v_{mod\_a})_{nTd} - (v_{mod\_b})_{nTd} - (v_{mod\_c})_{nTd}\right)}$$

Question 7

L'expression précédente peut s'écrire :

$$< v_{aN} >_{nTd} = \frac{U_0}{6B}\left(3(v_{mod\_a})_{nTd} - (v_{mod\_a})_{nTd} - (v_{mod\_b})_{nTd} - (v_{mod\_c})_{nTd}\right)$$

Or $(v_{mod\_a})_{nTd} + (v_{mod\_b})_{nTd} + (v_{mod\_c})_{nTd} = 0$. Donc $\boxed{< v_{aN} >_{nTd} = \frac{U_0}{2} \cdot \frac{(v_{mod\_a})_{nTd}}{B}}$

Question 8

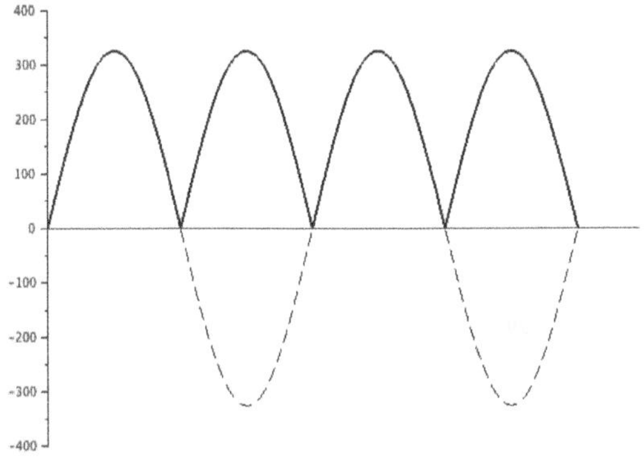

Question 9

$$< v_{red} > = \frac{1}{\pi}\int_0^{\pi} v_{red}(\theta)d\theta = \frac{1}{\pi}\int_0^{\pi} V_r\sqrt{2}\sin\theta d\theta$$

$$< v_{red} > = \frac{V_r\sqrt{2}}{\pi}\left[-\cos\theta\right]_0^{\pi} = \frac{2\sqrt{2}}{\pi}V_r$$

En notant v_{Lf} la tension aux bornes de l'inductance Lf, la loi des mailles permet d'écrire $v_{red} = U_0 + v_{Lf}$

Donc, en régime permanent, $< v_{red} > = U_0 + < v_{Lf} >$

avec $< v_{Lf} > = 0$ car le courant est périodique.

On en déduit donc $\boxed{U_0 = < v_{red} > = 207\text{ V}}$.

Question 10

On a $< v_{aN} >_{nTd} = \frac{U_0}{2} \cdot \frac{(v_{mod\_a})_{nTd}}{B}$ d'après la question 7.

Or $(v_{mod\_a})_{nTd} < B$ afin d'éviter la surmodulation.

Donc $< v_{aN} >_{nTd} < \frac{U_0}{2}$, soit $< v_{aN} >_{nTd} < 103{,}5\text{ V}$

Or le moteur nécessite d'être alimenté sous une tension efficace V_S=63 V, soit une tension maximale égale à $V_S\sqrt{2} = 90{,}6\text{ V}$. $< v_{aN} >_{nTd} < V_S\sqrt{2}$, donc le redresseur est bien compatible avec le point de fonctionnement du moteur.

Problème 5 : Analyse sanguine (Concours CCP TSI 2008)

Question 1

Les connexions possibles entre sources de tension et de courant sont rappelées ci-dessous :

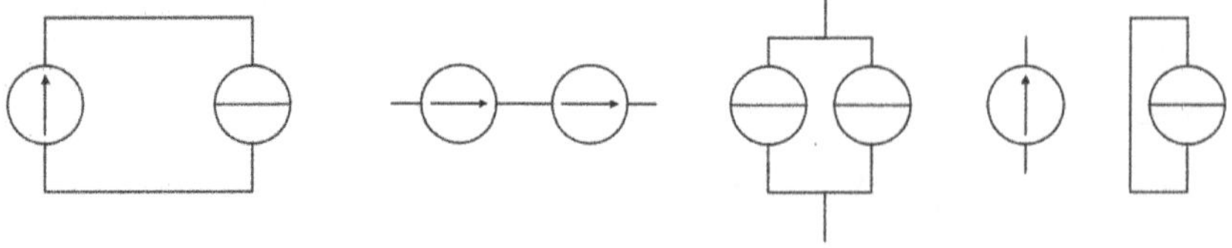

Les connexions à proscrire sont quant à elles :

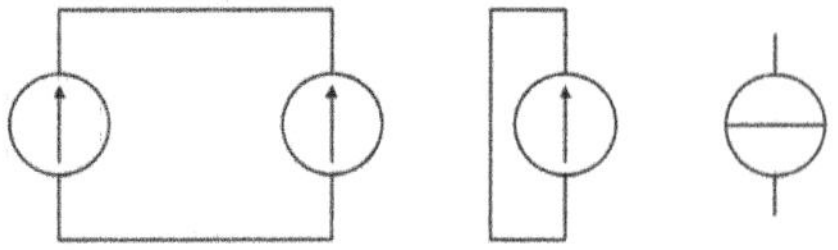

Question 2

Il est possible de fermer simultanément {K1,K2} ou {K3,K3}

On peut ne conserver qu'un interrupteur par demi-circuit, par exemple K1 et K3, supprimant ainsi K2 et K4.

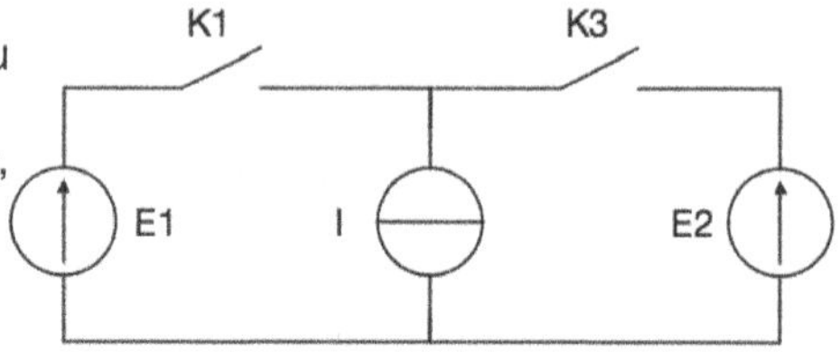

Question 3

E1 ⇔ V_E ; E2 ⇔ C ; I ⇔ I_L ; K1 ⇔ X ; K3 ⇔ D

Question 4

K3 est en commutation naturelle. Elle se désamorce automatiquement à la fermeture de K1, et devient passante à son ouverture.

L'emploi de deux interrupteurs commandés faire courir le risque d'avoir (par erreur de pilotage) :

- une fermeture simultanée ➢ sources de tensions court-circuitées
- une ouverture simultanée ➢ source de courant ouverte

Question 5

$$V_E(t) = V_L(t) + V_X(t)$$

Question 6

$< V_E > = < V_L > + < V_X >$ avec $<V_L>=0$ car le courant est périodique.

Donc $< V_X > = < V_E > = V_E$.

Question 7

Pour $0 \le t < \alpha T$: $V_X(t) = 0$

Pour $\alpha T \le t < T$: $V_X(t) = V_E(t) + V_S(t) + V_D(t) = V_E(t) + V_S(t)$

Question 8

$$< V_X > = \frac{1}{T}\int_0^T V_X(t)dt = \frac{\alpha T \cdot 0 + (1-\alpha)T \cdot (V_E + V_S)}{T} = (1-\alpha)(V_E + V_S)$$

Question 9

On a montré à la question 6 que $< V_E > = < V_X >$.

Donc $< V_X >= V_E = (1-\alpha)(V_E + V_S)$, soit $\alpha V_E = (1-\alpha)V_S$

D'où $\dfrac{V_S}{V_E} = \dfrac{\alpha}{1-\alpha}$, qui permet d'affirmer que $\forall\alpha \in [0,1[: \dfrac{V_S}{V_E} > 0$

Les sens des tensions V_S et V_E sont opposés sur le schéma, il s'agit donc bien ici d'un montage inverseur.

Question 10

$$V_S = \frac{\alpha}{1-\alpha} V_E = V_E = 12\ \text{V}$$

Le montage permet bien de fournir une tension symétrique, exigence du cahier des charges.

Question 11

Voir chronogrammes page suivante.

Question 12

$$V_S = \frac{\alpha}{1-\alpha} V_E \succ \alpha = \frac{V_S}{V_E + V_S} \succ 0{,}48 \le \alpha \le 0{,}52$$

Question 13

Chronogrammes en page suivante.

Pour $0 \le t < \alpha T$: la diode est bloquée ($i_D=0$) et l'interrupteur est passant ($i_X=i_L$).

Pour $\alpha T \le t < T$: la diode est passante ($i_D=i_L$) et l'interrupteur est désamorcé ($i_X=0$).

Question 14

Déterminons la loi d'évolution du courant iL(t) pour $0 \le t < \alpha T$:

$$V_E = V_L = L\frac{di_L}{dt} \succ \frac{di_L}{dt} = \frac{V_E}{L} t + I_{Lmin}$$

On en déduit l'expression de l'ondulation du courant $\boxed{\Delta I_L = \dfrac{V_E}{L}\alpha T = \dfrac{\alpha V_E}{LF}}$

Question 15

$\Delta i_L = 0{,}24\ \text{A}$ pour F=50 kHz. Donc $\dfrac{\Delta I_L}{I_{Lmoy}} = \dfrac{0{,}24}{2} = 12\%$

L'ondulation est trop importante vis-à-vis des exigences du cahier des charges.

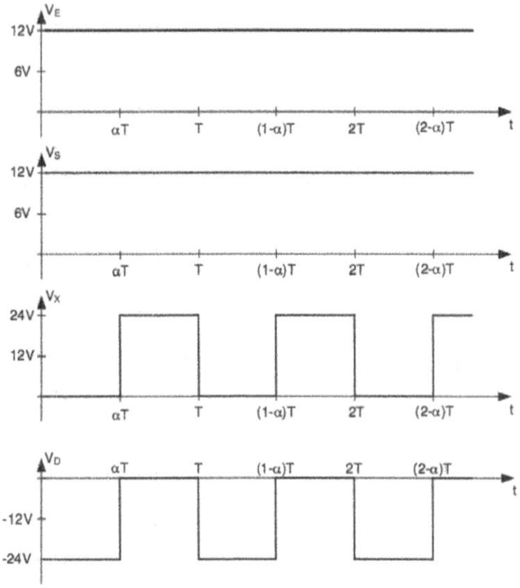

Chronogrammes de la question 11

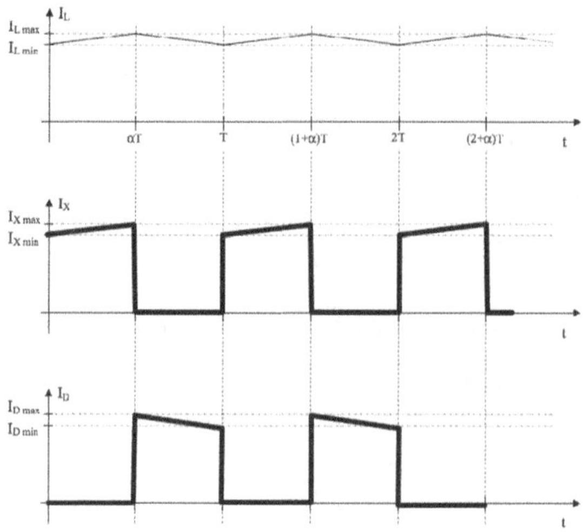

Chronogrammes de la question 13

Chapitre 9. Moteurs à courant continu

Exercice 1 : Motorisation d'un axe vertical (Concours ATS 2012)

Question 1

En régime permanent, le modèle de connaissance du moteur à courant continu permet d'écrire :

$U = RI + E$, donc $E = U - RI = 209{,}1\,V$.

Or $E = K_e\omega_e = K_e\dfrac{\pi N}{30}$, d'où on tire $\boxed{K_e = \dfrac{30E}{\pi N} = 1{,}849\ V.rad^{-1}.s}$

Question 2

Pertes par effet Joule : $P_J = RI^2 = 83{,}5\ W$

Le bilan des puissances permet d'écrire : $P_a = P + P_J + P_f$, donc $P_f = UI - P - P_J = 106{,}48\ W$

On en déduit $\boxed{C_f = \dfrac{P_f}{\omega} = \dfrac{30P_f}{\pi N} = 0{,}94\ Nm}$

Question 3

$C_{em} = C_u + C_f$ avec $C_u = \dfrac{30P}{\pi N} = 6{,}45\ Nm$

Or $C_{em} = K_m I$, donc $K_m = \dfrac{C_{em}}{I} = 1{,}849\ Nm.A^{-1}$

On trouve $K_m = K_e$, ce qui est en cohérence avec le comportement d'un moteur à courant continu.

Question 4

On a $U = RI + E$ avec $E = K_e\omega = \dfrac{\pi K_e}{30}N_m$ et $I = \dfrac{C_{em}}{K_m} = \dfrac{Cu + C_f}{K_m}$

Donc $U = R\dfrac{Cu + C_f}{K_m} + \dfrac{\pi K_e}{30} N_m$

Application numérique en montée, charge maximale et Nm=850 tr.mn^{-1} : U=183,05 V

Question 5

A vide, le couple à fournir vaut Cu=1,86 Nm en montée. Avec U=183,05 V, on aboutit à une vitesse de rotation $N_m = \dfrac{30}{\pi K_e}\left(U - R\dfrac{Cu + C_f}{K_m}\right) = 904{,}5\ V$

Question 6

En descente à vide, le couple à fournir est égal à Cu=0,46 Nm, et le couple de frottement change de signe. Alors :

- pour Nm=-12 tr.mn^{-1}, U=-3,68 V ;
- pour Nm=-850 tr.mn^{-1}, U=-165,9 V.

Question 7

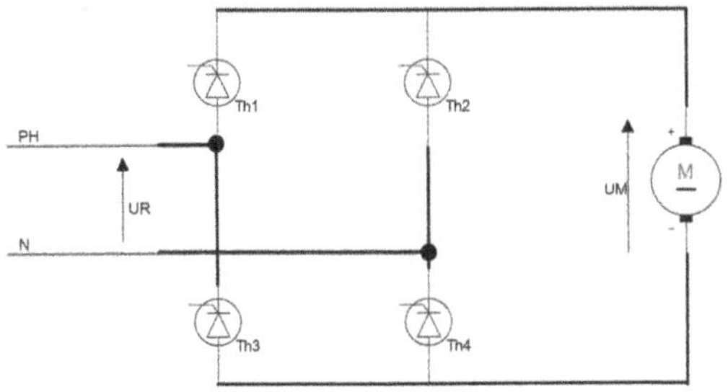

Question 8

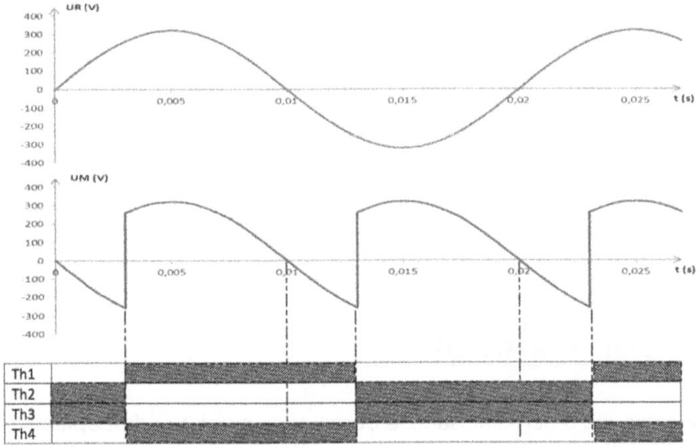

Question 9

$$< UM > = \frac{1}{T}\int_0^T UM(t)\,dt = \frac{1}{2\pi}\int_0^{2\pi} UM(\theta)\,d\theta = \frac{1}{\pi}\int_\alpha^{\alpha+\pi} UM(\theta)\,d\theta = \frac{1}{\pi}\int_\alpha^{\alpha+\pi} UR\sin\theta\,d\theta$$

$$< UM > = \frac{UR}{\pi}\left[-\cos\theta\right]_\alpha^{\alpha+\pi} = \frac{UR}{\pi}\left(\cos\alpha - \cos(\alpha+\pi)\right) = \frac{2UR}{\pi}\cos\alpha$$

Question 10

$<UM> = \frac{2UR}{\pi}\cos\alpha$ permet de calculer α : $\cos\alpha = a\cos\left(\frac{\pi <UM>}{2UR}\right)$, avec $UR = V\sqrt{2} = 325{,}3\ V$

Pour UM=183 V : α1=27,9°, soit $t1 = \frac{\alpha 1}{360}\cdot\frac{1}{f} = 1{,}6\ ms$

Pour UM=-3,65 V : α2=91,0°, soit $t2 = 5{,}1\ ms$

Pour UM=-166 V : α3=143,3°, soit $t3 = 8{,}0\ ms$

Question 11

L'ensemble des tensions nécessaires pour alimenter le moteur est disponible, et valide donc la solution retenue vis-à-vis du cahier des charges.

Exercice 2 : Borne de circulation (Concours ATS 2010)

Question 1

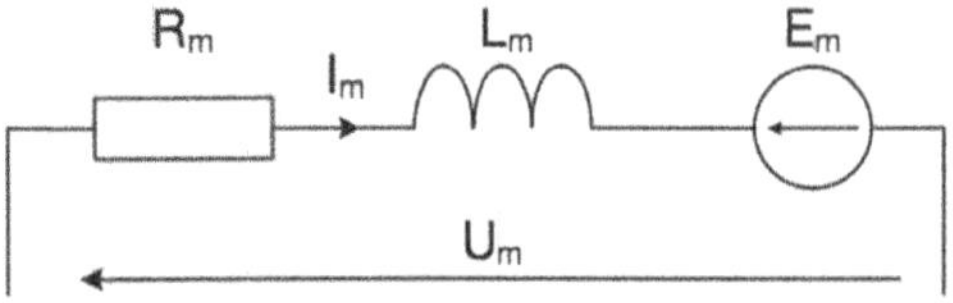

Les équations du modèle de connaissance sont :

$$U_m = R_m I_m + L_m \frac{dI_m}{dt} + E_m$$

$$E_m = K_m \Omega_m$$

$$C_m = K_m I_m$$

Question 2

Rotor bloqué, Em=0. Alors $U_m = R_m I_m$, soit ➢ $R_m = \frac{U_m}{I_m}$

$$R_m = \frac{2{,}511}{2{,}7} = 0{,}93\ \Omega$$

Question 3

$U_m = R_m I_m + K_m \Omega_m$ car $\frac{dI_m}{dt} = 0$ ➢ $K_m = \frac{U_m - R_m I_m}{\Omega_m}$

$$K_m = \frac{12 - 0{,}93 \cdot 2{,}7}{206{,}28} = 46.10^{-3}\ V.rad^{-1}.s$$

Exercice 3 : Laveuse autoportée (Concours ATS 2015)

Question 1

Les équations du modèle de connaissance s'écrivent dans le domaine symbolique de Laplace :

$$U_M(p) = RI(p) + LpI(p) + E(p) \qquad Jp\Omega_m(p) = C_m(p)$$

$$E(p) = K_e\Omega_m(p) \qquad C_m(p) = K_t I(p)$$

On peut alors construire le schéma bloc représentatif de ces équations :

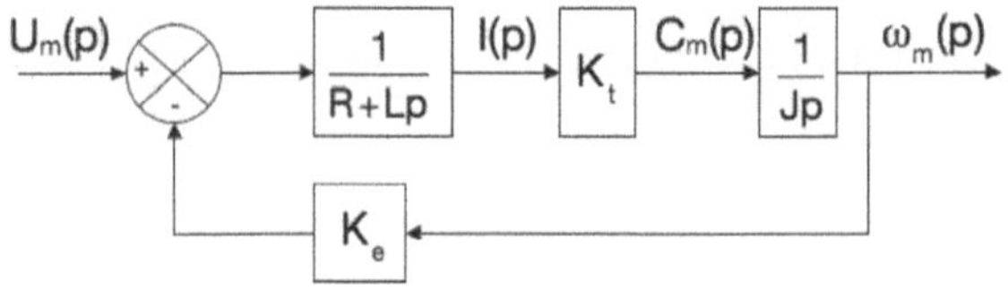

Question 2

$$H_m(p)=\frac{\dfrac{K_t}{Jp(R+Lp)}}{1+\dfrac{K_eK_t}{Jp(R+Lp)}}=\frac{K_t}{Jp(R+Lp)+K_eK_t}=\frac{\dfrac{1}{K_e}}{1+\dfrac{RJ}{K_eK_t}p+\dfrac{LJ}{K_eK_t}p^2}$$

Question 3

Développons le dénominateur proposé :

$$(1+\tau_{em}p)(1+\tau_e p)=1+(\tau_{em}+\tau_e)p+\tau_{em}\tau_e p^2=1+\left(\frac{L}{R}+\frac{JR}{K_eK_t}\right)p+\frac{LJ}{K_eK_t}p^2$$

Pour le moteur proposé, $\frac{L}{R}=2{,}91.10^{-3}$ s et $\frac{JR}{K_eK_t}=2{,}29$ s : $\frac{L}{R}\ll\frac{JR}{K_eK_t}$

Par conséquent, $\left(\frac{L}{R}+\frac{JR}{K_eK_t}\right)p\approx\frac{JR}{K_eK_t}p$ et $H_m(p)$ peut bien s'écrire $H_m(p)=\dfrac{\frac{1}{K_e}}{(1+\tau_{em}p)(1+\tau_e p)}$

Chapitre 10. Moteurs asynchrones

Exercice 1 : Table de radiographie D2RS (Concours ATS 2018)

Question 1

Nombre de paires de pôles : on suppose le glissement faible, ce qui permet d'écrire $\omega_{moteur}\approx\omega_s$ où ω_s désigne la pulsation de synchronisme.

Donc $\omega_{moteur}\approx\frac{2\pi f}{p}$, soit $p\approx\frac{2\pi f}{\omega_{moteur}}$. Or $\frac{2\pi f}{\omega_{moteur}}=\frac{60f}{N_{moteur}}=2{,}14$

On conclut alors à p=2 paires de pôles.

La vitesse de synchronisme vaut alors $N_s=\frac{60f}{p}=1500$ tr.mn^{-1}

Glissement nominal : $g=\frac{N_s-N}{N_s}=6{,}67\ \%$

Puissance active absorbée : le moteur doit être couplé en étoile (tension entre phases 230 V). Donc U=230 V et I=4,7 A d'après la plaque signalétique du moteur.

$P_a=\sqrt{3}UI\cos\varphi=1460{,}4$ W

Pertes joule rotoriques : le modèle proposé néglige les pertes fer et les pertes joule statoriques. Par conséquent, le bilan des puissances amène à $P_a=P_{em}$, puissance électromagnétique : $P_{em}=1460{,}4$ W.

Les pertes joule rotoriques ont alors pour valeur $P_{jr}=g.P_{em}=97{,}36$ W.

Rendement : $\eta=\frac{P_u}{P_a}=75{,}3\ \%$

Question 2

A vide, on suppose le glissement nul (négligeant ainsi les pertes mécaniques). La résistance R_2/g devient alors infinie, et rompt le circuit modélisant le rotor. Le modèle équivalent par phase est alors représenté ci-contre.

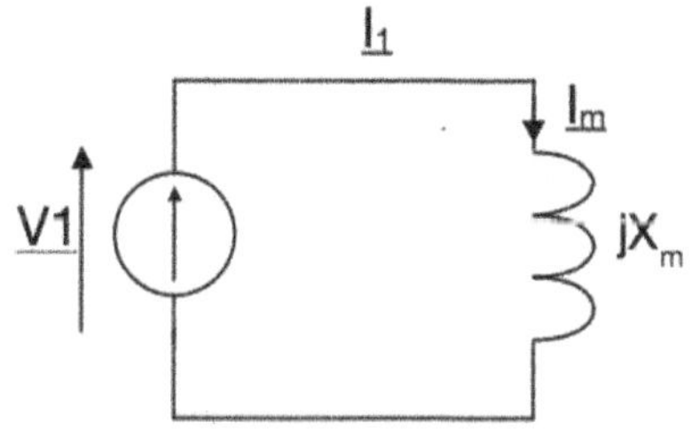

La puissance active consommée est $Q_0 = 3X_m I_1^2 = 3\dfrac{V_{10}^2}{X_m}$

On en déduit $X_m = 3\dfrac{V_{10}^2}{Q_0} = 120{,}06\ \Omega$

Or $X_m = L_m\omega = 2\pi L_m f$, soit $\boxed{L_m = \dfrac{X_m}{2\pi f} = 382{,}2\ \text{mH}}$

Question 3

Rotor bloqué, le glissement est égal à 1. Le modèle équivalent par phase devient alors le circuit ci-contre.

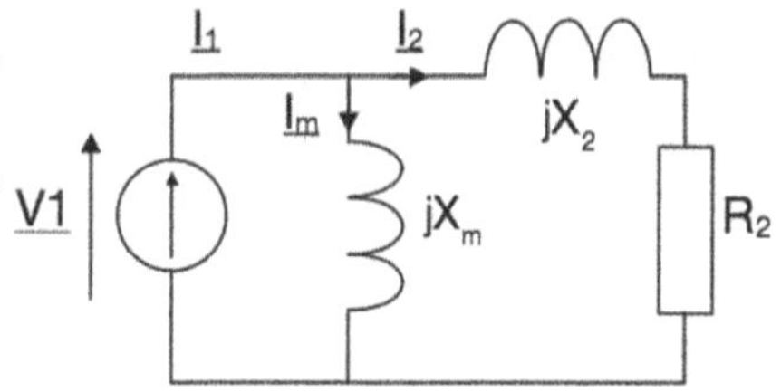

La puissance active est $P_{rb} = 3R_2 I_{2rb}^2$, et la puissance réactive $Q_{rb} = 3\left(X_m I_m^2 + X_2 I_{2rb}^2\right)$.

On en déduit $R_2 = \dfrac{P_{rb}}{3I_{2rb}^2} = \dfrac{fp \cdot S_{rb}}{3I_{2rb}^2} = 3{,}08\ \Omega$

Par ailleurs, $\underline{V_{1rb}} = \underline{Z_2} \cdot \underline{I_{2rb}} = \left(R_2 + jX_2\right)\underline{I_{2rb}}$. Donc $R_2^2 + \left(L_2\omega\right)^2 = \dfrac{V_{1rb}^2}{I_{2rb}^2}$, soit finalement :

$$\boxed{L_2 = \frac{1}{\omega}\sqrt{\frac{V_{1rb}^2}{I_{2rb}^2} - R_2^2} = 16{,}5\ \text{mH}}$$

Question 4

La variation de vitesse d'une machine asynchrone est obtenue par variation de la fréquence d'alimentation.

Question 5

Le couple électromagnétique se détermine avec $C_{em} = \dfrac{P_{em}}{\Omega_s}$ avec $P_{em} = 3\dfrac{R_2}{g} I_2^2$

Par ailleurs, $V_1^2 = \left(X_2^2 + \left(\dfrac{R_2}{g}\right)^2\right) I_2^2$. Donc $P_{em} = 3\dfrac{R_2}{g} \cdot \dfrac{V_1^2}{X_2^2 + \left(\dfrac{R_2}{g}\right)^2}$

$$\text{Alors } C_{em} = 3\frac{R_2}{g\Omega_s} \cdot \frac{V_1^2}{X_2^2 + \left(\frac{R_2}{g}\right)^2} = 3\frac{pR_2}{g\omega} \cdot \frac{V_1^2}{X_2^2 + \left(\frac{R_2}{g}\right)^2} = \frac{3pV_1^2}{2\pi f} \cdot \frac{\frac{R_2}{g}}{\left(\frac{R_2}{g}\right)^2 + X_2^2} : \begin{cases} K = \dfrac{3pV_1^2}{2\pi f} \\ x = \dfrac{R_2}{g} \end{cases}$$

Avec les valeurs numériques du moteur étudié : K=336,8 et x=46,2 Ω.

Alors C_{em}=7,2 Nm (très proche de la valeur du constructeur : $C_u = P_u/\omega_u$=7,5 Nm).

$\dfrac{dC_{em}}{dx} = K\dfrac{x^2 + X_2^2 - 2x^2}{\left(x^2 + X_2^2\right)^2}$. Cette dérivée s'annule pour x=X₂, donc pour $g = \dfrac{R_2}{X_2}$.

Le couple maximal a alors pour expression $C_{max} = \dfrac{\dfrac{3pV_1^2}{2\pi f}}{2X_2} = \dfrac{3pV_1^2}{4\pi f L_2 \omega} = \dfrac{3pV_1^2}{8\pi^2 f^2 L_2}$

Question 6

D'après l'expression précédente, le couple C_{max} reste constant, quelle que soit la fréquence d'alimentation, lorsque le rapport $\left(\dfrac{V_1}{f}\right)$ est constant.

Question 7

Le modèle proposé permet d'écrire $V_1 = L_m \omega I_m$, soit $\boxed{I_m = \dfrac{V_1}{2\pi f L_m}}$

Question 8

Raisonnons sur le schéma ci-contre, qui fait apparaître la chute de tension $\Delta \underline{U}$.

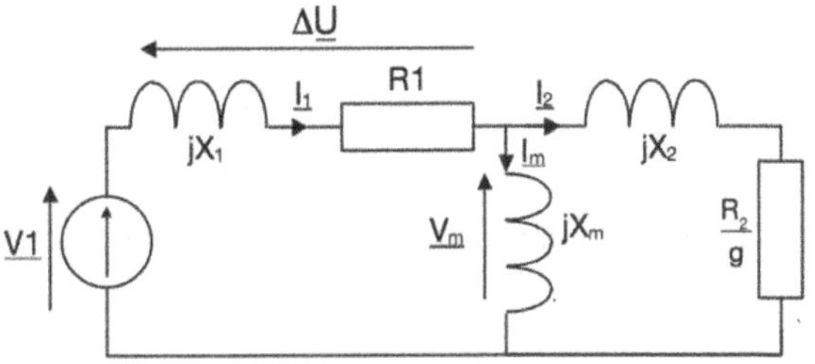

La chute relative de tension a pour expression :

$$\frac{\Delta U}{V_1} = \frac{\Delta U \cdot I_1}{V_1 \cdot I_1} = \frac{S_1}{S}$$

où S est la puissance apparente consommée par l'ensemble du moteur et S_1 la puissance apparente consommée par le stator.

Or $S_1 = 3\sqrt{R_1^2 + X_1^2} I_1^2$

Donc $\boxed{\dfrac{\Delta U}{V_1} = \dfrac{3\sqrt{R_1^2 + X_1^2} I_1^2}{3V_1 \cdot I_1} = \dfrac{\sqrt{R_1^2 + X_1^2}}{V_1} I_1 = 4{,}7\ \%}$

Question 9

La chute de tension augmente de façon significative lorsque la fréquence diminue, rendant délicate le maintien de la commande scalaire.

Une commande vectorielle pourrait alors s'envisager.

Exercice 2 : Panneaux déroulants (Concours ATS 2011)

Question 1

$P_m = C_m \Omega_m = 38{,}9\ W$

Question 2

Le rapport des puissances vaut $\dfrac{P_m}{P_N} = 32{,}4\ \%$ et le rapport des couples $\dfrac{C_m}{C_N} = 35\ \%$. Le moteur est exploité au tiers de ses capacités.

Question 3

$g = \dfrac{\Omega_s - \Omega_m}{\Omega_s}$ avec $\Omega_s = \dfrac{\omega}{p}$

Si f=50 Hz, alors $\Omega_s = \frac{2\pi f}{p} = \frac{314{,}15}{p}$ et $N_s = \frac{60f}{p} = \frac{3000}{p}$

On suppose le glissement faible, ce qui permet de supposer $N_s \approx N_N$, donc $\frac{60f}{p} \approx N_N$.

Or $\frac{60f}{N_N} = 2{,}31$, donc on conclut à p=2 paires de pôles. Alors $N_s = 1500\ \text{tr.mn}^{-1}$.

Question 4

$$g_N = \frac{N_s - N_N}{N_s} = 13{,}3\ \%$$

$C_{m1} = \frac{2C_{max}}{\frac{g_0}{g} + \frac{g}{g_0}}$ avec $C_{m1}=C_N=0{,}88$ Nm et $C_{MAX}=1{,}9.C_N=1{,}52$ Nm.

Donc $\left(\frac{g_0}{g_N} + \frac{g_N}{g_0}\right) C_N = 2C_{max}$, soit $\left(g_0^2 + g_N^2\right) C_N = 2 g_N g_0 C_{max}$

Il faut donc résoudre l'équation du second degré $g_0^2 - \frac{2 g_N C_{max}}{C_N} g_0 + g_N^2 = 0$

Cette équation a deux racines : $g_0 = \frac{g_N C_{max}}{C_N} \pm g_N \sqrt{\left(\frac{C_{max}}{C_N}\right)^2 - 1}$: g_0=3,8% et g_0=46,9%. La première est incohérente, car inférieure au glissement nominal.

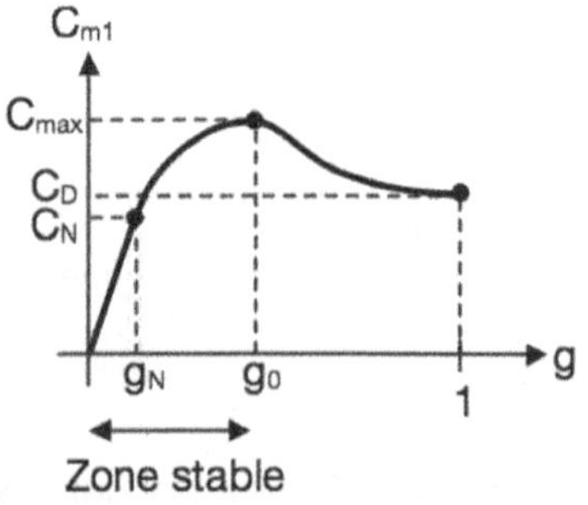

Le glissement au couple maximal vaut donc g0=46,9%.

Le couple de démarrage a pour valeur :

$$\boxed{C_D = \frac{2C_{max}}{g_0 + \frac{1}{g_0}} = 1{,}17\ \text{Nm}}$$ car g=1 au démarrage.

Question 5

Le glissement est faible autour du point de fonctionnement, et permet de négliger $\frac{g}{g_0} \ll \frac{g_0}{g}$. Le couple s'écrit alors $C_{m1} = \frac{2C_{max}}{g_0} g$.

Pour $C_{m1}=C_{maff}$, le glissement vaut alors $\boxed{g_{aff} = \frac{g_0 C_{maff}}{2C_{max}} = 4{,}6\ \%}$

Question 6

$$C_{m1} = \frac{2C_{max}}{g_0} g = \frac{2C_{max}}{g_0} \frac{\Omega_s - \Omega_m}{\Omega_s} = \frac{2C_{max}}{g_0 \Omega_s} \left(\Omega_s - \Omega_m\right) : \boxed{\lambda = \frac{2C_{max}}{g_0 \Omega_s}}$$

Question 7

$$\lambda = \frac{2\dfrac{3pV^2}{2L_2\omega^2}}{\dfrac{R_2}{L_2\omega}\Omega_s} = \frac{3pV^2}{R_2\omega\Omega_s} = \frac{3p^2V^2}{R_2\omega^2} = \frac{3p^2V^2}{4\pi^2R_2f^2} = \frac{3p^2}{4\pi^2R_2}\left(\frac{V}{f}\right)^2$$

Question 8

$$C_{maff} = \lambda\left(\Omega_s - \Omega_m\right), \text{ donc } \Omega_s = \Omega_m + \frac{C_{maff}}{\lambda} = 145{,}6 \text{ rad.s}^{-1}$$

La fréquence des courants statoriques doit alors être égale à $\boxed{f = \dfrac{p\Omega_s}{2\pi} = 46{,}35 \text{ Hz}}$

Exercice 3 : Maison hantée (Concours ATS 2009)

Question 1

$$C_{em} = \frac{3U^2}{\Omega_s}.\frac{R_2g}{R_2^2 + X_2^2g^2}, \text{ donc } \frac{dC_{em}}{dg} = \frac{3U^2}{\Omega_s}.\frac{R_2\left(R_2^2 + X_2^2g^2\right) - 2R_2X_2^2g^2}{\left(R_2^2 + X_2^2g^2\right)^2}$$

Cette dérivée s'annule pour $R_2^2 + X_2^2g^2 - 2X_2^2g^2 = 0$, soit $g = \dfrac{R_2}{X_2}$

Le couple maximum a alors pour expression, pour cette valeur de glissement :

$$C_M = \frac{3U^2}{\Omega_s}.\frac{\dfrac{R_2^2}{X_2}}{2R_2^2} = \frac{3U^2}{2X_2\Omega_s}$$

Question 2

$$C_{em} = \frac{3U^2}{\Omega_s}.\frac{R_2g}{R_2^2 + X_2^2g^2} = \frac{3U^2}{X_2\Omega_s}.\frac{X_2R_2g}{R_2^2 + X_2^2g^2} = 2C_M\frac{\dfrac{X_2}{R_2}g}{1+\dfrac{X_2^2}{R_2^2}g^2} = 2C_M\frac{x}{1+x^2} \text{ avec } x = \frac{g}{g_M}$$

Question 3

$\Omega_s = \dfrac{2\pi f}{p}$. En supposant le glissement faible, on peut écrire $n_N \approx N_s$, donc $n_N \approx \dfrac{60f}{p}$.

Or $\dfrac{60f}{n_N} = 2{,}13$, donc on conclut à p=2 paires de pôles. Ainsi, N_s=1500 tr.mn^{-1}.

Question 4

$C_{em} = 2C_M\dfrac{x}{1+x^2}$ s'écrit, avec les notations du moteur : $M_N = 2M_{MAX}\dfrac{x}{1+x^2}$

Donc $2M_{MAX}x = \left(1+x^2\right)M_N$, soit $x^2 - \dfrac{2M_{MAX}}{M_N}x + 1 = 0$.

Cette équation du second degré admet deux racines : $x = \dfrac{M_{MAX}}{M_N} \pm \sqrt{\left(\dfrac{M_{MAX}}{M_N}\right)^2 - 1}$

Avec les valeurs numériques du moteur étudié, on calcule les racines 0,19 et 5,14. Cette dernière est impossible, car supérieure à 1.

Le glissement g_M vaut donc $g_M = \frac{g}{x}$ avec $g = \frac{N_S - N_N}{N_S} = 6\%$, soit $\boxed{g_M = 30{,}8\,\%}$

Question 5

$$C_{em} = 1{,}65.g.\Omega_s = 1{,}65\frac{\Omega_S - \omega_M}{\Omega_S}\Omega_S = 1{,}65(\Omega_S - \omega_M) = 1{,}65\left(\frac{2\pi f}{p} - \omega_M\right)$$

Pour N_m=1400 tr.mn^{-1} et C_{em}=10 Nm :

$$C_{em} = 1{,}65\left(\frac{2\pi f}{p} - \omega_M\right) \text{ implique } f = \frac{p}{2\pi}\left(\frac{C_{em}}{1{,}65} + \frac{\pi N_m}{30}\right) = 48{,}6\,\text{Hz}$$

Question 6

Le convertisseur proposé est réversible en courant grâce à la résistance de freinage qui permet de dissiper la puissance lorsque la machine asynchrone fonctionne en génératrice (couple négatif).

Question 7

$$C_{em} = 1{,}65\left(\frac{2\pi f}{p} - \omega_M\right) \text{ implique } N_m = \frac{30}{\pi}\left(\frac{2\pi f}{p} - \frac{C_{em}}{1{,}65}\right) = 1481\,\text{tr.mn}^{-1}.$$

Pour les valeurs extrêmes de couple, la variation relative de vitesse est donc $\frac{1481 - 1400}{1400} = 5{,}8\,\%$.

Cette valeur est inférieure à la tolérance du cahier des charges, et valide donc le choix de la solution d'un moteur asynchrone associé à un variateur.

Chapitre 11. Moteurs synchrones

Exercice 1 : Unité de conditionnement de cartons (Concours ATS 2016)

Question 1

$$P_{em} = 3\underline{E}\cdot\underline{I_s} = 3EI_S\cos\psi$$

Question 2

$$P_{em} = C_{em}\cdot\Omega_S \text{ donc } C_{em} = \frac{P_{em}}{\Omega_S} = \frac{3EI_S\cos\psi}{\Omega_S} = \frac{3E}{\Omega_S}I_S\cos\psi, \text{ avec } E = k_e\Omega_m = k_e\Omega_s.$$

On en déduit $C_{em} = 3k_eI_S\cos\psi$

D'où $\boxed{k_c = 3k_e}$

Question 3

Pour $\psi = 0$ et $\psi = \pi$, la valeur absolue du couple est maximale.

Question 4

Calcul de la fcém efficace par phase

Pour V=0,86 m.s-1 , la vitesse de rotation vaut $\Omega_m = \dfrac{2V}{rD} = 203{,}48\ \text{rad.s}^{-1}$

On en déduit :

$E = k_e\Omega_m$ avec $k_e = \dfrac{56/\sqrt{3}}{1000}\cdot\dfrac{30}{\pi} = 0{,}309\ \text{V.rad}^{-1}.\text{s}$ d'après les données du constructeur.

Donc $E = 62{,}8\ \text{V}$

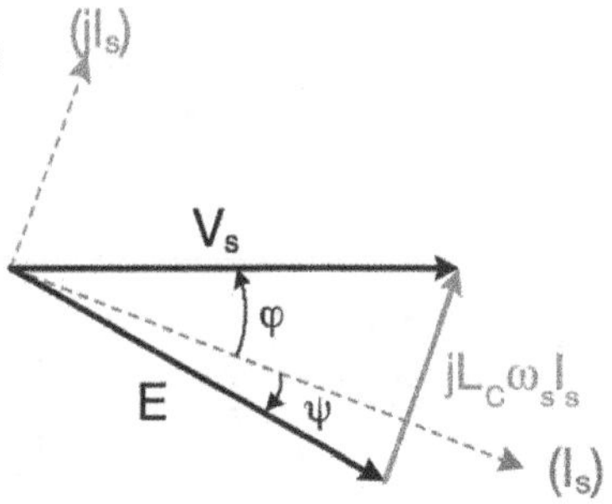

Calcul du courant efficace par phase

$C_{em} = k_c I_s$ car $\psi = 0$.

Donc $I_s = \dfrac{C_{em}}{k_c} = 42{,}1\ \text{mA}$

Calcul de la fréquence des grandeurs électriques

$\Omega_s = \Omega_m = \dfrac{2\pi f}{p}$ avec $p = \dfrac{2\pi\cdot 150}{3000}\cdot\dfrac{30}{\pi} = 3$ d'après les données du constructeur.

Donc $\boxed{f = \dfrac{p\Omega_m}{2\pi} = 97{,}15\ \text{Hz}}$

Calcul de la tension d'alimentation efficace par phase

$\underline{V_s} = \underline{E} + jL_c\omega_s\underline{I_s}$ avec $\psi = 0$ implique $V_s = \sqrt{E^2 + \left(L_c\omega_s I_s\right)^2} = 62{,}8\ \text{V}$

Question 5

D'après le diagramme de Fresnel, la tension Vs s'écrit

$$\boxed{V_s = \sqrt{\left(E + R_s I_s\right)^2 + \left(L_c\omega_s I_S\right)^2} = 63\ \text{V}}$$

Cette valeur est quasiment identique à la question précédente, et justifie l'hypothèse R_s=0.

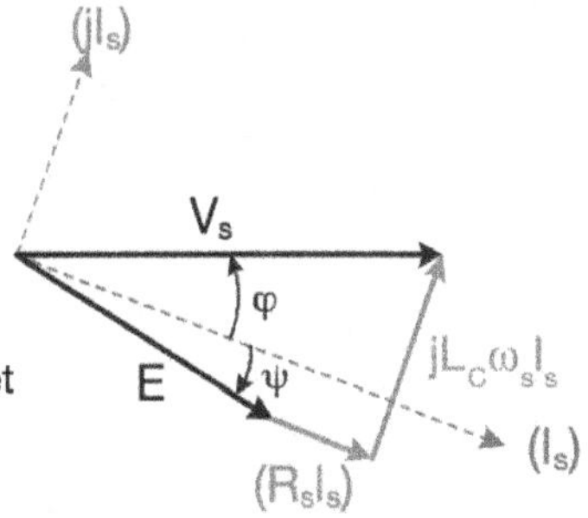

Exercice 2 : Etude d'un aérogénérateur (Concours ATS 2003)

Question 1

$E_M = k.\omega_0 = 431{,}75\ \text{V}$; $\omega_M = \dfrac{\omega_0}{n} = 314\ \text{rad.s}^{-1}$ (Notons que 1/n représente le nombre de paire de pôles de la machine synchrone) ; $f_M = \dfrac{\omega_M}{2\pi} = 50\ \text{Hz}$

$N_0 = \dfrac{30\omega_0}{\pi} = 1500\ \text{tr.mn}^{-1}$

Question 2

$\underline{Z} = jL\omega$. Donc $\left|\underline{Z}\right| = L\omega = 0{,}94\ \Omega$ et $\varphi_Z = \dfrac{\pi}{2}$

$\underline{V}_M = V_M\sqrt{2}e^{j\omega_M t}$; $\underline{E}_M = E_M\sqrt{2}e^{j\omega_M t+\alpha}$; $\underline{I}_M = I_M\sqrt{2}e^{j\omega_M t-\varphi}$

Question 3

$\underline{V}_M = \underline{E}_M - \underline{Z}\cdot\underline{I}_M$

Question 4

Dans le cas particulier d'une charge résistive, φ=0 et le diagramme de Fresnel se trace comme suit :

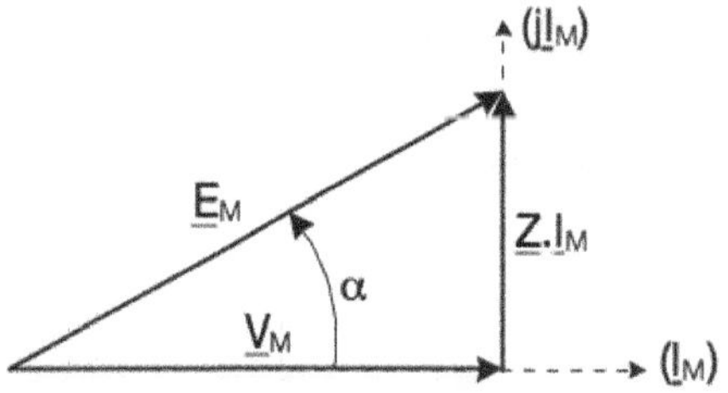

Question 5

L'exploitation du diagramme ci-dessus permet d'écrire :

$$E_M = \sqrt{V_{M1}^2 + \left(ZI_{M1}\right)^2} \Rightarrow V_{M1} = \sqrt{E_M^2 - \left(ZI_{M1}\right)^2} = 326{,}4\ V$$

Question 6

Dans le cas particulier d'une charge inductive, φ=π/2 et le diagramme de Fresnel devient :

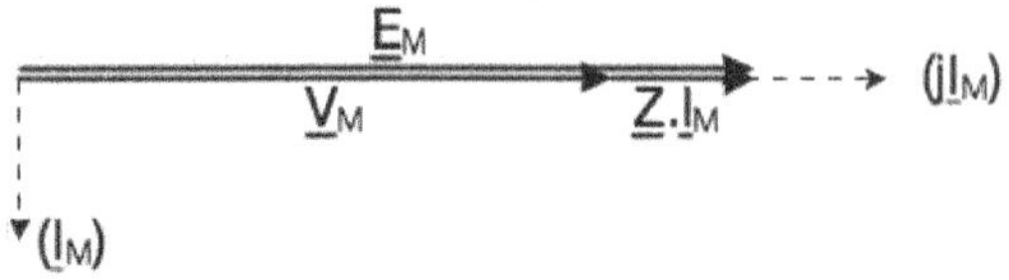

Question 7

$$\boxed{V_{M2} = E_{M2} - \left|\underline{Z}\right| \cdot I_{M2} = 149{,}2\ V}$$

Question 8

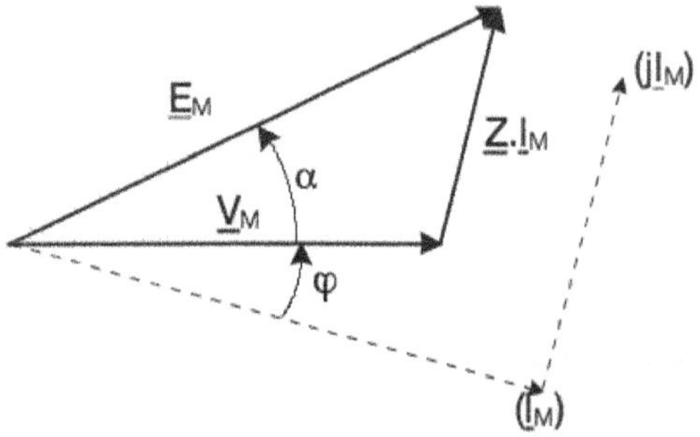

Question 9

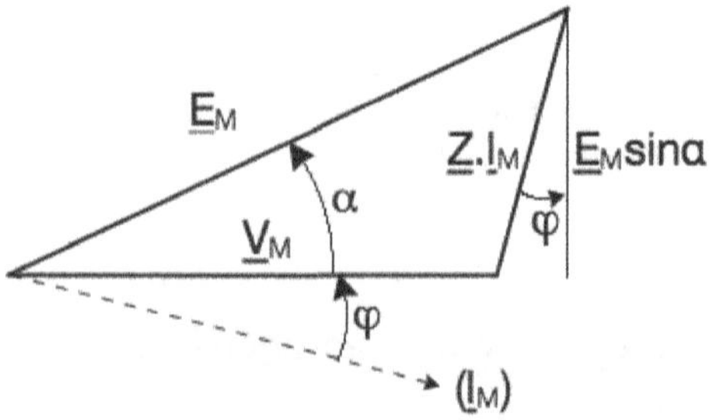

$$E_M \sin\alpha = \left|\underline{Z}\right| I_M \cos\varphi$$

Question 10

$P = 3V_M \cdot I_M \cos\varphi$, soit $\boxed{P = 3V_M \cdot \dfrac{E_M \sin\alpha}{\left|\underline{Z}\right|}}$ d'après la question précédente.

Question 11

Il faut $\sin\alpha_0=1$, donc $\alpha_0 = \dfrac{\pi}{2}$.

Le diagramme de Fresnel ci-contre traduit ce cas de figure, et montre qu'alors $\varphi<0$: la charge est de nature capacitive et résistive.

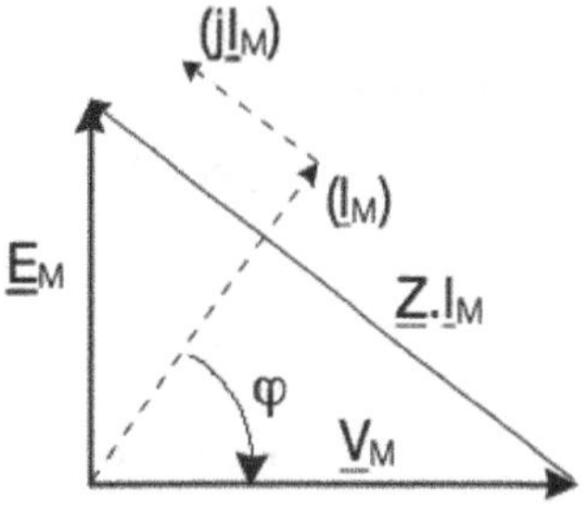

Chapitre 12. Cinématique

Exercice 1 : Spiralift (Concours ATS 2017)

Question 1

On exploite la fermeture géométrique $\overrightarrow{B_6A_7}+\overrightarrow{A_7B_7}+\overrightarrow{B_7B_6}=\vec{0}$ avec $A_6=A_7$.

$-l_6\cdot\overrightarrow{y_6}+l_7\cdot\overrightarrow{y_7}-\lambda\cdot\overrightarrow{y_0}=\vec{0}$ avec $\overrightarrow{y_6}=\cos\alpha_6\overrightarrow{y_0}+\sin\alpha_6\overrightarrow{z_0}$ et $\overrightarrow{y_7}=\cos\alpha_7\overrightarrow{y_0}+\sin\alpha_7\overrightarrow{z_0}$

Donc $-l_6\left(\cos\alpha_6\overrightarrow{y_0}+\sin\alpha_6\overrightarrow{z_0}\right)+l_7\left(\cos\alpha_7\overrightarrow{y_0}+\sin\alpha_7\overrightarrow{z_0}\right)-\lambda\cdot\overrightarrow{y_0}=\vec{0}$ avec $\alpha=\alpha_7=\pi-\alpha_6$ et $l_6=l_7=l$

$-l\left(-\cos\alpha\overrightarrow{y_0}+\sin\alpha\overrightarrow{z_0}\right)+l\left(\cos\alpha\overrightarrow{y_0}+\sin\alpha\overrightarrow{z_0}\right)-\lambda\cdot\overrightarrow{y_0}=\vec{0}$

En projetant cette dernière relation sur $\overrightarrow{y_0}$, on tire :

$2l\cos\alpha-\lambda=0$, d'où $\boxed{\lambda=2l\cos\alpha}$

Question 2

$$\left\{\mathcal{V}_{6/0}\right\}=\left\{\begin{matrix}\vec{\Omega}(6/0)=\dot{\alpha}_6\vec{x}_0\\ \vec{V}_{B_6,6/0}=\vec{0}\end{matrix}\right\}_{B_6}=\left\{\begin{matrix}-\dot{\alpha}\vec{x}_0\\ \vec{0}\end{matrix}\right\}_{B_6}$$

Par application de la formule de varignon, on calcule $\vec{V}_{G_6,6/0}=\vec{V}_{B_6,6/0}+\overrightarrow{G_6B_6}\wedge\vec{\Omega}(6/0)=\dfrac{l}{2}\overrightarrow{y_6}\wedge\left(-\dot{\alpha}\overrightarrow{x_0}\right)$

Soit : $\vec{V}_{G_6,6/0}=\dfrac{l}{2}\dot{\alpha}\overrightarrow{z_6}$

D'où finalement $\boxed{\left\{\mathcal{V}_{6/0}\right\}=\left\{\begin{matrix}-\dot{\alpha}\vec{x}_0\\ \dfrac{l}{2}\dot{\alpha}\overrightarrow{z_6}\end{matrix}\right\}_{G_6}}$

Question 3

$$\left\{\mathcal{V}_{7/0}\right\}=\left\{\begin{matrix}\vec{\Omega}(7/0)=\dot{\alpha}_7\vec{x}_0\\ \vec{V}_{B_7,7/0}=\dot{\lambda}\vec{y}_0\end{matrix}\right\}_{B_7}=\left\{\begin{matrix}\dot{\alpha}\vec{x}_0\\ \dot{\lambda}\vec{y}_0\end{matrix}\right\}_{B_7}$$

On calcule alors $\vec{V}_{G_7,7/0}=\vec{V}_{B_7,7/0}+\overrightarrow{G_7B_7}\wedge\vec{\Omega}(7/0)=\dot{\lambda}\overrightarrow{y_0}+\dfrac{l}{2}\overrightarrow{y_7}\wedge\left(\dot{\alpha}\overrightarrow{x_0}\right)=\dot{\lambda}\overrightarrow{y_0}-\dfrac{l}{2}\dot{\alpha}\overrightarrow{z_7}$

D'où finalement $\boxed{\left\{\mathcal{V}_{7/0}\right\}=\left\{\begin{matrix}\dot{\alpha}\vec{x}_0\\ \dot{\lambda}\overrightarrow{y_0}-\dfrac{l}{2}\dot{\alpha}\overrightarrow{z_7}\end{matrix}\right\}_{G_7}}$

Exercice 2 : Véhicule auto guidé (Concours ATS 2014)

Question 1

La fermeture géométrique proposée est $\overrightarrow{KN}+\overrightarrow{NM}+\overrightarrow{ML}+\overrightarrow{LK}=\vec{0}$

Donc $L_3 \cdot \vec{x} + L_1 \cdot \vec{z}_4 - L_2 \cdot \vec{x}_{12} + L_1 \cdot \vec{z}_1 = \vec{0}$

Or $\vec{z}_1 = -\sin\alpha_1\vec{x} + \cos\alpha_1\vec{z}$, $\vec{x}_{12} = \cos\beta\vec{x} + \sin\beta\vec{z}$ et $\vec{z}_4 = \sin\alpha_4\vec{x} + \cos\alpha_4\vec{z}$

Donc $L_3 \cdot \vec{x} + L_1(\sin\alpha_4\vec{x} + \cos\alpha_4\vec{z}) - L_2(\cos\beta\vec{x} + \sin\beta\vec{z}) + L_1(-\sin\alpha_1\vec{x} + \cos\alpha_1\vec{z}) = \vec{0}$

En projetant cette expression sur $\vec{x}$ et $\vec{z}$, on obtient

$$\begin{cases} L_3 + L_1\sin\alpha_4 - L_2\cos\beta - L_1\sin\alpha_1 = 0 \\ L_1\cos\alpha_4 - L_2\sin\beta + L_1\cos\alpha_1 = 0 \end{cases}$$

Question 2

$$\begin{cases} L_2\cos\beta = L_3 + L_1\sin\alpha_4 - L_1\sin\alpha_1 \quad (1) \\ L_2\sin\beta = L_1\cos\alpha_4 + L_1\cos\alpha_1 \quad (2) \end{cases}$$

$(1)^2+(2)^2$ donne : $L_2^2 = (L_3 + L_1\sin\alpha_4 - L_1\sin\alpha_1)^2 + (L_1\cos\alpha_4 + L_1\cos\alpha_1)^2$

$$L_2^2 = L_3^2 + L_1^2(\sin^2\alpha_4 + \sin^2\alpha_1 - 2\sin\alpha_4\sin\alpha_1) + 2L_1L_3(\sin\alpha_4 - \sin\alpha_1) + L_1^2(\cos^2\alpha_1 + \cos^2\alpha_4 + 2\cos\alpha_1\cos\alpha_4)$$

$$-2L_1^2\sin\alpha_4\sin\alpha_1 + 2L_1L_3\sin\alpha_4 + 2L_1^2\cos\alpha_1\cos\alpha_4 = L_2^2 - L_3^2 - 2L_1^2 + 2L_1L_3\sin\alpha_1$$

D'où finalement la relation demandée :

$$(2L_1^2\cos\alpha_1)\cos\alpha_4 - 2(L_1^2\sin\alpha_1 - L_1L_3)\sin\alpha_4 = L_2^2 - 2L_1^2 - L_3^2 + 2L_1L_3\sin\alpha_1 \quad (3)$$

Question 3

La relation (3) s'écrit donc :

$$\frac{A'}{\sqrt{A'^2+B'^2}}\cos\alpha_4 - \frac{B'}{\sqrt{A'^2+B'^2}}\sin\alpha_4 = \frac{C'}{\sqrt{A'^2+B'^2}}$$

$\cos\theta\cos\alpha_4 - \sin\theta\sin\alpha_4 = \dfrac{C'}{\sqrt{A'^2+B'^2}}$, soit : $\cos(\theta+\alpha_4) = \dfrac{C'}{\sqrt{A'^2+B'^2}}$

D'où $\boxed{\alpha_4 = \operatorname{acos}\left(\dfrac{C'}{\sqrt{A'^2+B'^2}}\right) - \theta}$

Exercice 3 : Train pendulaire (Concours ATS 2013)

Question 1

Le vecteur vitesse du point G par rapport au repère R_1 est $\overrightarrow{V_{G\in R_1/R_0}} = V \cdot \vec{y}_1$.

Donc $\vec{a}(g/R_0) = \left.\dfrac{d\overrightarrow{V_{G\in R_1/R_0}}}{dt}\right]_{R_0} = V\left.\dfrac{d\vec{y}_1}{dt}\right]_{R_0} = V\vec{\Omega}_{1/0} \wedge \vec{y}_1$ avec $\vec{\Omega}_{1/0} = \dot{\theta}\vec{z}_0$

Alors $\vec{a}(g/R_0) = V\dot{\theta}\vec{z}_0 \wedge \vec{y}_1 = -V\dot{\theta}\vec{x}_1$

Or $\overrightarrow{V_{G\in R_1/R_0}} = \left.\dfrac{d\overrightarrow{OG}}{dt}\right]_{R_0} = R\left.\dfrac{d\vec{x}_1}{dt}\right]_{R_0} = R\vec{\Omega}_{1/0} \wedge \vec{x}_1 = R\dot{\theta}\vec{y}_1$, donc $V = R\dot{\theta}$, soit $\dot{\theta} = \dfrac{V}{R}$

D'où finalement :

$$\vec{a}(g/R_0) = V\dot{\theta}\vec{z}_0 \wedge \vec{y}_1 = -\frac{V^2}{R}\vec{x}_1$$

Question 2

$$\gamma_{nc} = \left(\vec{g} - \vec{a}(G/R_0)\right).\vec{x}_2 = -g\vec{z}_1 \cdot \vec{x}_2 + \frac{V^2}{R}\vec{x}_1 \cdot \vec{x}_2 = -g\cos(\frac{\pi}{2} - \delta) + \frac{V^2}{R}\cos\delta$$

$\gamma_{nc} = -g\sin\delta + \dfrac{V^2}{R}\cos\delta$ avec $\sin\delta = \dfrac{d}{e}$ et $\cos\delta \approx 1$ car δ est faible.

Donc $\boxed{\gamma_{nc} = \dfrac{V^2}{R} - g\dfrac{d}{e}}$

Question 3

Si $\gamma_{nc} = 0$, alors $\dfrac{V^2}{R} - g\sin\delta = 0$, donc $\sin\delta = \dfrac{V^2}{Rg}$. D'où $\boxed{d = \dfrac{e}{g} \cdot \dfrac{V^2}{R}}$

Question 4

Avec les données numériques proposées, on calcule $\boxed{\gamma_{nc} = 1{,}16\ m.s^{-2}}$

Question 5

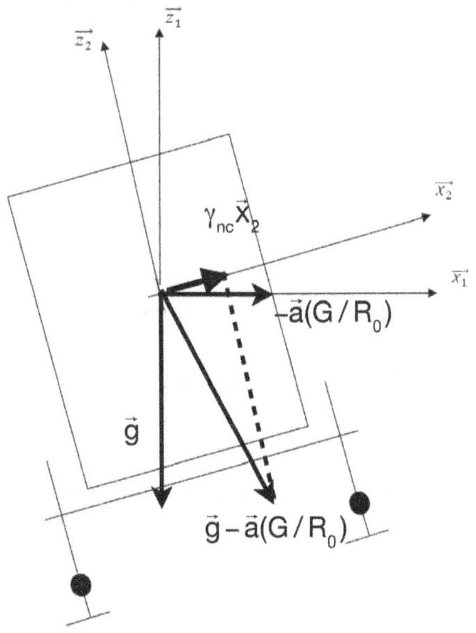

Question 6

Le dévers total nécessaire pour annuler l'accélération non compensée vaut $d = \dfrac{e}{g} \cdot \dfrac{V^2}{R} = 0{,}233\ m = 233\ mm$.

Or le dévers existant vaut d=100 mm.

L'insuffisance de dévers est donc égal à : 233-100=133mm

Le dévers devrait être égal à $\boxed{\delta = \text{asin}\left(\dfrac{V^2}{Rg}\right) = 11{,}7\ °}$

Question 7

On autorise $\gamma_{nc,max} = \dfrac{V_{max}^2}{R} - g\dfrac{d}{e} = \dfrac{V_{max}^2}{R} - g\sin(\delta + \alpha_{max}) = 1{,}2\ m.s^{-2}$

CORRIGÉS

On en déduit alors l'expression de la vitesse correspondante :

$$\boxed{V_{max} = \sqrt{R\left(\gamma_{nc,max} + g\sin(\delta + \alpha_{max})\right)} = 50{,}26\ m.s^{-1} = 180{,}9\ km.h^{-1}}$$

Question 8

Sans sytème de pendulation, la vitesse maximale possible vaut :

$$V^{*}_{max} = \sqrt{R\left(\gamma_{nc,max} + g\sin\delta\right)} = 40{,}69\ m.s^{-1}$$

Le gain de vitesse est donc $\boxed{\dfrac{V_{max}}{V^{*}_{max}} = \dfrac{50{,}26}{40{,}69} = 23{,}5\ \%}$: le cahier des charges est respecté.

Exercice 4 : Laveuse autoportée (Concours ATS 2015)

Question 1

Dans le triangle OO_LO_a : $\boxed{\tan\beta = \dfrac{a+b}{\rho}}$

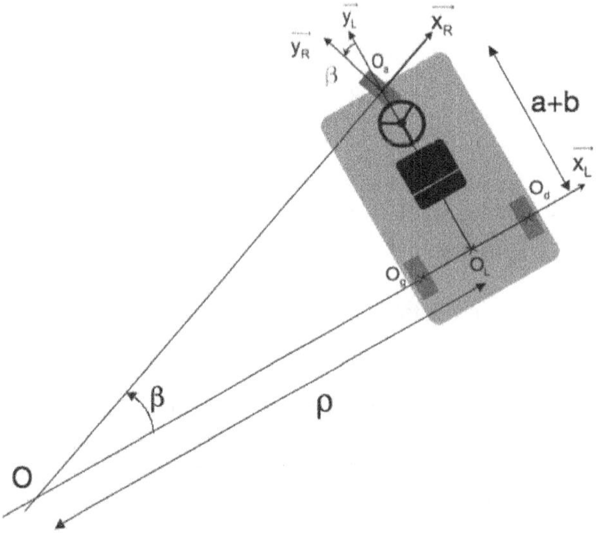

Question 2

1.Si la laveuse tourne sur elle-même, alors $\overrightarrow{OO_L} = \vec{0}$ et $\omega_g = -\omega_d$

2.Si la laveuse va en ligne droite, alors $\rho \to \infty$ et $\omega_g = \omega_d$

3.Si la laveuse tourne autour de la roue gauche, alors $\omega_g = 0$ et $\rho = \left\|\overrightarrow{O_gO_L}\right\| = \dfrac{e}{2}$

Question 3

Les torseurs cinématiques du mouvement de la roue gauche et de la roue droite par rapport au châssis s'écrivent :

$$\left\{\mathcal{V}_{R_g/R_L}\right\} = \left\{\begin{matrix}\dot{\theta}_g\vec{x}_L \\ \vec{0}\end{matrix}\right\}_{O_g} = \left\{\begin{matrix}\omega_g\vec{x}_L \\ \vec{0}\end{matrix}\right\}_{O_g} \text{ et } \left\{\mathcal{V}_{R_d/R_L}\right\} = \left\{\begin{matrix}\dot{\theta}_d\vec{x}_L \\ \vec{0}\end{matrix}\right\}_{O_d} = \left\{\begin{matrix}\omega_d\vec{x}_L \\ \vec{0}\end{matrix}\right\}_{O_d}$$

Le torseur cinématique du mouvement de la laveuse (donc le châssis) par rapport au sol s'écrit :

$$\left\{\mathcal{V}_{R_L/R_0}\right\} = \left\{\begin{matrix}\dot{\alpha}\vec{z}_0 \\ \vec{V}\end{matrix}\right\}_{O_L}$$

<u>Condition de roulement sans glissement en I_g</u> :

$\vec{V}_{I_g\in R_g/R_0} = \vec{0}$ car il n'y a pas glissement de la roue en I_g.

Par composition des mouvements, on en déduit $\vec{V}_{I_g\in R_g/R_L} + \vec{V}_{I_g\in R_L/R_0} = \vec{0}$

Or, d'après la formule de Varignon :

$$\vec{V}_{I_g \in R_g/R_L} = \vec{V}_{O_g \in R_g/R_L} + \overrightarrow{I_g O_g} \wedge \vec{\Omega}_{R_g/R_L} = r\vec{z}_L \wedge \left(\omega_g \vec{x}_L\right) = r\omega_g \vec{y}_L$$

$$\vec{V}_{I_g \in R_L/R_0} = \vec{V}_{O_L \in R_L/R_0} + \overrightarrow{I_g O_L} \wedge \vec{\Omega}_{R_L/R_0} = \vec{V} + \left(\frac{e}{2}\vec{x}_L\right) \wedge \left(\dot{\alpha}\vec{z}_0\right) = \vec{V} - \frac{e}{2}\dot{\alpha}\vec{y}_L \quad \text{car } \vec{z}_L = \vec{z}_0$$

Donc $r\omega_g \vec{y}_L + \vec{V} - \frac{e}{2}\dot{\alpha}\vec{y}_L = \vec{0}$

D'où $\boxed{\vec{V} = -\left(r\omega_g - \frac{e}{2}\dot{\alpha}\right)\vec{y}_L \quad (1)}$

<u>Condition de roulement sans glissement en I_d</u> :

$\vec{V}_{I_d \in R_d/R_0} = \vec{0}$ car il n'y a pas glissement de la roue en I_d.

Par composition des mouvements, on en déduit $\vec{V}_{I_d \in R_d/R_L} + \vec{V}_{I_d \in R_L/R_0} = \vec{0}$

Or, d'après la formule de Varignon :

$$\vec{V}_{I_d \in R_d/R_L} = \vec{V}_{O_d \in R_g/R_L} + \overrightarrow{I_d O_d} \wedge \vec{\Omega}_{R_d/R_L} = r\vec{z}_L \wedge \left(\omega_d \vec{x}_L\right) = r\omega_d \vec{y}_L$$

$$\vec{V}_{I_d \in R_L/R_0} = \vec{V}_{O_L \in R_L/R_0} + \overrightarrow{I_d O_L} \wedge \vec{\Omega}_{R_L/R_0} = \vec{V} + \left(-\frac{e}{2}\vec{x}_L\right) \wedge \left(\dot{\alpha}\vec{z}_0\right) = \vec{V} + \frac{e}{2}\dot{\alpha}\vec{y}_L \quad \text{car } \vec{z}_L = \vec{z}_0$$

Donc $r\omega_d \vec{y}_L + \vec{V} + \frac{e}{2}\dot{\alpha}\vec{y}_L = \vec{0}$

D'où $\boxed{\vec{V} = -\left(r\omega_d + \frac{e}{2}\dot{\alpha}\right)\vec{y}_L \quad (2)}$

<u>Expression de la vitesse $\vec{V}$</u> :

$\vec{V}_{O_L \in R_L/R_0}$ s'obtient en dérivant le vecteur position $\overrightarrow{OO_L} = \rho\vec{x}_L$:

$$\vec{V}_{O_L \in R_L/R_0} = \left.\frac{d\overrightarrow{OO_L}}{dt}\right]_{R_0} = \rho\left.\frac{d\vec{x}_L}{dt}\right]_{R_0} = \rho\vec{\Omega}_{R_L/R_0} \wedge \vec{x}_L = \rho\dot{\alpha}\vec{z}_0 \wedge \vec{x}_L$$

$$\boxed{\vec{V}_{O_L \in R_L/R_0} = \rho\dot{\alpha}\vec{y}_L \quad (3)}$$

Question 4

En égalant les relations (1) et (3), on tire :

$$\rho\dot{\alpha}\vec{y}_L = -\left(r\omega_g - \frac{e}{2}\dot{\alpha}\right)\vec{y}_L \text{, soit } r\omega_g = \left(\frac{e}{2} - \rho\right)\dot{\alpha}$$

Or $V = \rho\dot{\alpha}$

Donc $\omega_g = \left(\frac{e}{2} - \rho\right)\frac{V}{r\rho} = -\frac{V}{r}\left(1 - \frac{e}{2\rho}\right)$

De même en égalant les relations (2) et (3) : $r\omega_d = -\left(\frac{e}{2} + \rho\right)\dot{\alpha}$

Donc $\omega_d = -\frac{V}{r}\left(1+\frac{e}{2\rho}\right)$

Par ailleurs, d'après la question 1, $\rho = \frac{a+b}{\tan\beta}$

D'où finalement les relations recherchées :

$$\omega_g = -\frac{V}{r}\left(1-\frac{e\tan\beta}{2(a+b)}\right)$$

$$\omega_d = -\frac{V}{r}\left(1+\frac{e\tan\beta}{2(a+b)}\right)$$

Chapitre 13. Théorie des mécanismes

Exercice 1 : Spiralift (Concours ATS 2017)

Question 1

Liaison	Désignation complète	Liaison	Désignation complète
$L_{0/6a}$	Pivot d'axe $(B_{6a}, \vec{x}_0)$	$L_{0/1b}$	Glissière d'axe $(E_b, \vec{y}_0)$
$L_{6a/7a}$	Pivot d'axe $(A_{7a}, \vec{x}_0)$	$L_{1b/2}$	Ponctuelle de normale $(E_b, \vec{y}_0)$
$L_{7a/2}$	Pivot d'axe $(B_{7a}, \vec{x}_0)$	$L_{0/5}$	Pivot glissant d'axe $(A, \vec{x}_0)$
$L_{0/6b}$	Pivot d'axe $(B_{6b}, \vec{x}_0)$	$L_{5/4}$	Pivot d'axe $(D, \vec{x}_0)$
$L_{6b/7b}$	Pivot d'axe $(A_{7b}, \vec{x}_0)$	$L_{4/2}$	Rotule de centre C
$L_{7b/2}$	Pivot d'axe $(B_{7b}, \vec{x}_0)$	$L_{0/3}$	Pivot d'axe $(A, \vec{y}_0)$
$L_{0/1a}$	Glissière d'axe $(E_a, \vec{y}_0)$	$L_{3/4}$	Rotule de centre B
$L_{1a/2}$	Ponctuelle de normale $(E_a, \vec{y}_0)$		

Question 2

Le mécanisme possède p = 11 pièces, reliées par l =15 liaisons.

Le nombre cyclomatique vaut alors $\nu = l - p + 1 = 15 - 11 + 1 = 5$ chaînes fermées. Le nombre d'équations cinématiques est donc égal à $E_c = 6 \cdot 5 = 30$.

La liste des liaisons fait apparaître 8 pivots (1 inconnue cinématique par pivot), 2 glissières (1 inconnue cinématique par glissière), 2 ponctuelles (5 inconnues cinématiques par ponctuelle), 2 rotules (3 inconnues cinématiques par rotule) et 1 pivot glissant (2 inconnues cinématiques). Le nombre total d'inconnues cinématiques est alors

$$N_c = 8 \cdot 1 + 2 \cdot 1 + 2 \cdot 5 + 2 \cdot 3 + 1 \cdot 2 = 28$$

Il existe 2 mobilités utiles dans le mécanismes, qui sont les translations indépendantes de chacun des deux spiralift. Aucune mobilité interne n'est présente, et donc m = 2.

Le degré d'hyperstatisme est alors égal à $\boxed{h = E_c + m - N_c = 30 + 2 - 28 = 4}$

Question 3

Le système est fortement hyperstatique, et contribue ainsi à la rigidité du mécanisme, répondant ainsi à l'exigence «déformation» du diagramme des exigences.

Question 4

	Exigence « déformation » « 13.1.2.3.1.2 »	Exigence « Inclinaison » « 13.1.2.3.1.3 »
$R_x=0$		X
$R_y=0$	X	
$R_z=0$		X
$T_x=0$	X	
$T_z=0$	X	

Question 5

	Guides charnières	Guides lambda	Un Spiralift seul	Combinaison de deux Spiraflits
$R_x=0$				X
$R_y=0$	X			
$R_z=0$	X			
$T_x=0$	X	X		
$T_z=0$		X		

Question 6

L'ensemble des liaisons supprime les degrés de liberté nécessaires au respect du diagramme des exigences.

Exercice 2 : Véhicule auto guidé (Concours ATS 2014)

Question 1

Le graphe des liaisons du mécanisme étudié est proposé ci-contre.

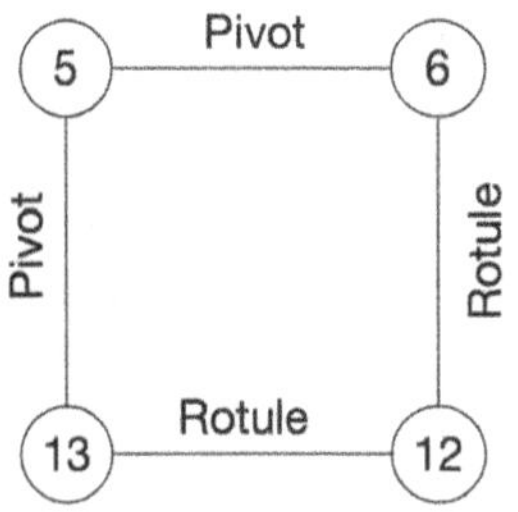

Il fait apparaître une chaîne fermée : $\nu = 1$. Le nombre d'équations cinématiques est donc égal à $E_c = 6\nu = 6$.

Les liaisons en présence sont 2 pivots (1 inconnue cinématique pour chaque pivot) et 2 rotules (3 inconnues cinématiques pour chaque rotule).

Donc le nombre total d'inconnues cinématiques vaut $N_c = 2 \cdot 1 + 2 \cdot 3 = 8$.

2 mobilités sont présentes :

- une utile (mouvement plan de la bielette),
- une interne (rotation de la bielette autour de son axe longitudinal).

Donc $m_c = 1 + 1 = 2$.

Le degré d'hyperstatisme est donc égal à $\boxed{h = E_c + m - N_c = 6 + 2 - 8 = 0}$.

Le mécanisme est isostatique.

Un mécanisme isostatique présente l'avantage d'être simple dans sa mise en œuvre et son assemblage, ce qui est précisément recherché dans le cahier des charges.

Exercice 3 : Train pendulaire (Concours ATS 2013)

Question 1

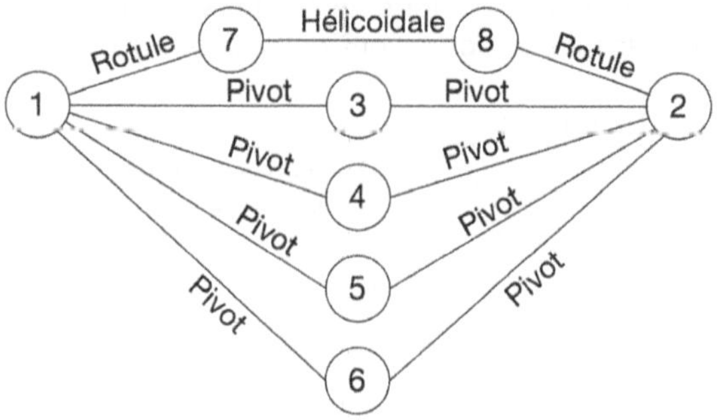

Le mécanisme possède p = 8 pièces et dispose de l = 11 liaisons. Donc le nombre cyclomatique vaut $\nu = l - p + 1 = 4$ chaînes fermées indépendantes.

Il y a donc $E_c = 6\nu = 24$ équations cinématiques.

Le mécanisme est composé de 8 liaisons pivot (1 inconnue cinématique par pivot), 2 rotules (3 inconnues cinématiques par rotule) et 1 glissière hélicoïdale (1 inconnue cinématique). Donc le nombre total d'inconnues cinématiques vaut :

$N_c = 8 \cdot 1 + 2 \cdot 3 + 1 = 15$

Il existe une mobilité utile (liée à la translation de la tige du vérin) et une mobilité interne (rotation du vérin autour de son axe), donc m = 2.

Le degré d'hyperstatisme est donc égal à $\boxed{h = E_c + m - N_c = 24 + 2 - 15 = 11}$.

Question 2

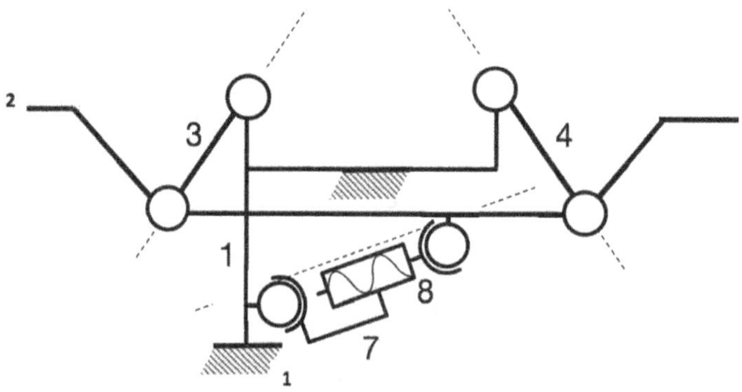

Dans le cas d'un problème plan :

- chaque chaîne fermée génère 3 équations cinématiques,
- une liaison pivot possède une inconnue cinématique (rotation),
- une liaison rotule possède une inconnue cinématique (rotation)
- une liaison hélicoïdale possède une inconnue cinématique (translation).

Le schéma plan est composé de p = 6 pièces, l = 7 liaisons. Son nombre cyclomatique est donc égal à $\nu = l - p + 1 = 2$ chaînes fermées indépendantes. Donc le nombre d'équations cinématiques vaut :

$E_c = 3\nu = 6$ équations.

Il n'existe qu'une mobilité, donc m=1.

Le nombre total d'inconnues cinématiques est égal à $N_c = 4 \cdot 1 + 2 \cdot 1 + 1 = 7$ (4 pivots, 2 rotules, 1 glissière hélicoïdale).

Le degré d'hyperstatisme est alors $\boxed{h = E_c + m - N_c = 6 + 1 - 7 = 0}$: le système plan est isostatique.

Chapitre 14. Statique

Exercice 1 : Motorisation d'un axe vertical (Concours ATS 2012)

Question 1

La fourche (1) est soumise aux actions mécaniques extérieures suivantes :

- action de la liaison glissière $\left\{T(0 \to 1)\right\} = \left\{\begin{matrix} X_{A0\to1} & L_{A0\to1} \\ 0 & M_{A0\to1} \\ Z_{A0\to1} & N_{A0\to1} \end{matrix}\right\}_A$;

- action de la vis $\left\{T(2 \to 1)\right\} = \left\{\begin{matrix} 0 & 0 \\ Y_{B2\to1} & M_{B2\to1} \\ 0 & 0 \end{matrix}\right\}_B$;

- action de la pesanteur $\left\{T(g \to 1)\right\} = \left\{\begin{matrix} 0 & 0 \\ Y_{Cg\to1} & 0 \\ 0 & 0 \end{matrix}\right\}_C$ avec $Y_{Cg\to1} = -5000\,\text{N}$

Question 2

Réduisons l'ensemble des torseurs au point A.

<u>Action {T(2→1)}</u> :

$$\overrightarrow{M_A(2 \to 1)} = \overrightarrow{M_B(2 \to 1)} + \overrightarrow{AB} \wedge \overrightarrow{R(2 \to 1)} = \begin{pmatrix} 0 \\ M_{B2\to1} \\ 0 \end{pmatrix} + \begin{pmatrix} 0,17 \\ -0,16 \\ 0 \end{pmatrix} \wedge \begin{pmatrix} 0 \\ Y_{B2\to1} \\ 0 \end{pmatrix} = \begin{pmatrix} 0 \\ M_{B2\to1} \\ 0,17Y_{B2\to1} \end{pmatrix}$$

$$\text{Donc } \left\{T(2 \to 1)\right\} = \left\{\begin{matrix} 0 & 0 \\ Y_{B2\to1} & M_{B2\to1} \\ 0 & 0,17Y_{B2\to1} \end{matrix}\right\}_A$$

<u>Action {T(g→1)}</u> :

$$\overrightarrow{M_A(g \to 1)} = \overrightarrow{M_C(g \to 1)} + \overrightarrow{AC} \wedge \overrightarrow{R(g \to 1)} = \begin{pmatrix} 1,45 \\ Y_C \\ 0 \end{pmatrix} \wedge \begin{pmatrix} 0 \\ Y_{Cg\to1} \\ 0 \end{pmatrix} = \begin{pmatrix} 0 \\ 0 \\ 1,45Y_{Cg\to1} \end{pmatrix} = \begin{pmatrix} 0 \\ 0 \\ -7250 \end{pmatrix}$$

$$\text{Donc } \left\{T(g \to 1)\right\} = \left\{\begin{matrix} 0 & 0 \\ -5000 & 0 \\ 0 & -7250 \end{matrix}\right\}_A$$

Appliquons à présent le principe fondamental de la statique :

CORRIGÉS

$$\{T(0\to 1)\}+\{T(2\to 1)\}+\{T(g\to 1)\}=\{0\}$$

$$\begin{Bmatrix} X_{A0\to1} & L_{A0\to1} \\ 0 & M_{A0\to1} \\ Z_{A0\to1} & N_{A0\to1} \end{Bmatrix}_A + \begin{Bmatrix} 0 & 0 \\ Y_{B2\to1} & M_{B2\to1} \\ 0 & 0{,}17Y_{B2\to1} \end{Bmatrix}_A + \begin{Bmatrix} 0 & 0 \\ 5000 & 0 \\ 0 & 7250 \end{Bmatrix}_A = \begin{Bmatrix} 0 & 0 \\ 0 & 0 \\ 0 & 0 \end{Bmatrix}_A$$

Cette relation permet d'extraire les équations scalaires suivantes :

$$\begin{cases} (1)\quad X_{A0\to1}=0 \\ (2)\quad Y_{B2\to1}-5000=0 \\ (3)\quad Z_{A0\to1}=0 \\ (4)\quad L_{A0\to1}=0 \\ (5)\quad M_{A0\to1}+M_{B2\to1}=0 \\ (6)\quad N_{A0\to1}+0{,}17Y_{B2\to1}-7250=0 \end{cases}$$

Question 3

Il s'agit ici de résoudre le système d'équations précédent

Cas d'une vis trapézoïdale : $M_{B2\to1}=0{,}0035\cdot Y_{B2\to1}$

Equations (1), (3) et (4) : $X_{A0\to1}=Z_{A0\to1}=L_{A0\to1}=0$

Equations (2) et (5) : $Y_{B2\to1}=5000\,N$, donc $M_{A0\to1}=-0{,}0035\cdot Y_{B2\to1}=-17{,}5\,Nm$

Equation (6) : $N_{A0\to1}=-0{,}17Y_{B2\to1}+7250=6400\,Nm$

D'où l'expression du torseur de l'action du bâti sur la fourche :

$$\{T(0\to 1)\}=\begin{Bmatrix} 0 & 0 \\ 0 & -17{,}5 \\ 0 & 6400 \end{Bmatrix}_A$$

Cas d'une vis à billes : $M_{B2\to1}=0{,}0012\cdot Y_{B2\to1}$

Seule l'équation (5) change : $M_{A0\to1}=-0{,}0012\cdot Y_{B2\to1}=-6\,Nm$

D'où l'expression du torseur de l'action du bâti sur la fourche :

$$\{T(0\to 1)\}=\begin{Bmatrix} 0 & 0 \\ 0 & -6 \\ 0 & 6400 \end{Bmatrix}_A$$

Exercice 2 : Borne rétractable solaire (Concours ATS 2010)

Question 1

L'hypothèse de symétrie proposée permet d'écrire :

$X_{A01} = X_{B01} = X_{01}$, $Z_{A01} = Z_{B01} = Z_{01}$ et $M_{A01} = M_{B01} = M_{01}$.

De même, l'hypothèse de répartition dans le plan (x,y) des actions des liaisons pivot permet d'écrire :

$Y_{A01} = Y_{B01} = 0$ et $L_{A01} = L_{B01} = 0$.

L'ensemble (E) est soumis aux actions mécaniques extérieures suivantes :

- action de la crémaillère sur 3 $\{T(0 \to 3)\} = \begin{Bmatrix} X_{03} & 0 \\ 0 & 0 \\ Z_{03} & 0 \end{Bmatrix}_C$ avec $\tan\alpha = -\dfrac{X_{03}}{Z_{03}}$;
- action des liaisons pivot $\{T_A(0 \to 1)\} = \begin{Bmatrix} X_{01} & 0 \\ 0 & M_{01} \\ Z_{01} & 0 \end{Bmatrix}_A$ et $\{T_B(0 \to 1)\} = \begin{Bmatrix} X_{01} & 0 \\ 0 & M_{01} \\ Z_{01} & 0 \end{Bmatrix}_B$;
- action de la pesanteur sur E $\{T(g \to 3)\} = \begin{Bmatrix} 0 & 0 \\ 0 & 0 \\ -mg & 0 \end{Bmatrix}_G$.

Question 2

En se plaçant à la limite du glissement, on peut affirmer $\dfrac{Z_{01}}{|X_{01}|} = -\tan\phi$ lors de la montée (l'action tangentielle Z_{01} est de sens opposé à la direction vitesse de glissement $\overrightarrow{V_{A\in 1/0}}$).

Réduisons maintenant l'ensemble des torseurs au point C :

<u>Actions $\{T_A(0\to1)\}$ et $\{T_B(0\to1)\}$</u> :

$$\overrightarrow{MA_C(0\to1)} = \overrightarrow{MA_A(0\to1)} + \overrightarrow{CA} \wedge \overrightarrow{R_A(0\to1)} = \begin{pmatrix} 0 \\ M_{01} \\ 0 \end{pmatrix} + \begin{pmatrix} 0 \\ -\dfrac{h}{2} \\ -l \end{pmatrix} \wedge \begin{pmatrix} X_{01} \\ 0 \\ Z_{01} \end{pmatrix} = \begin{pmatrix} -\dfrac{h}{2}Z_{01} \\ M_{01} - l\cdot X_{01} \\ \dfrac{h}{2}X_{01} \end{pmatrix}$$

Donc $\{T_A(0\to1)\} = \begin{Bmatrix} X_{01} & -\dfrac{h}{2}Z_{01} \\ 0 & M_{01} - l\cdot X_{01} \\ Z_{01} & \dfrac{h}{2}X_{01} \end{Bmatrix}_C$

CORRIGÉS

$$\overrightarrow{MB_C(0\to 1)}=\overrightarrow{MB_B(0\to 1)}+\overrightarrow{CB}\wedge\overrightarrow{R_B(0\to 1)}=\begin{pmatrix}0\\M_{01}\\0\end{pmatrix}+\begin{pmatrix}0\\\frac{h}{2}\\-l\end{pmatrix}\wedge\begin{pmatrix}X_{01}\\0\\Z_{01}\end{pmatrix}=\begin{pmatrix}\frac{h}{2}Z_{01}\\M_{01}-l\cdot X_{01}\\-\frac{h}{2}X_{01}\end{pmatrix}$$

$$\text{Donc }\left\{T_A(0\to 1)\right\}=\begin{Bmatrix}X_{01} & \frac{h}{2}Z_{01}\\ 0 & M_{01}-l\cdot X_{01}\\ Z_{01} & -\frac{h}{2}X_{01}\end{Bmatrix}_C$$

Action {T(g→E)} :

$$\overrightarrow{M_C(g\to E)}=\overrightarrow{M_G(g\to E)}+\overrightarrow{CG}\wedge\overrightarrow{R_g(g\to E)}=\begin{pmatrix}d\\0\\L-l\end{pmatrix}\wedge\begin{pmatrix}0\\0\\-mg\end{pmatrix}=\begin{pmatrix}0\\dmg\\0\end{pmatrix}$$

$$\text{Donc }\left\{T(g\to E)\right\}=\begin{Bmatrix}0 & 0\\ 0 & dmg\\ -mg & 0\end{Bmatrix}_C$$

Appliquons à présent le principe fondamental de la statique :

$$\left\{T(0\to 3)\right\}+\left\{T_A(0\to 1)\right\}+\left\{T_B(0\to 1)\right\}+\left\{T(g\to E)\right\}=\left\{0\right\}$$

$$\begin{Bmatrix}X_{03} & 0\\ 0 & 0\\ Z_{03} & 0\end{Bmatrix}_C+\begin{Bmatrix}X_{01} & -\frac{h}{2}Z_{01}\\ 0 & M_{01}-l\cdot X_{01}\\ Z_{01} & \frac{h}{2}X_{01}\end{Bmatrix}_C+\begin{Bmatrix}X_{01} & \frac{h}{2}Z_{01}\\ 0 & M_{01}-l\cdot X_{01}\\ Z_{01} & -\frac{h}{2}X_{01}\end{Bmatrix}_C+\begin{Bmatrix}0 & 0\\ 0 & dmg\\ -mg & 0\end{Bmatrix}_C=\begin{Bmatrix}0 & 0\\ 0 & 0\\ 0 & 0\end{Bmatrix}_A$$

On en déduit les équations scalaires utiles :

$$\begin{cases}X_{03}+2X_{01}=0\\ Z_{03}+2Z_{01}-mg=0\\ 2M_{01}-2l\cdot X_{01}+dmg=0\end{cases}\text{, soit }\boxed{\begin{cases}-Z_{03}\tan\alpha+2X_{01}=0 & (1)\\ Z_{03}-2\left|X_{01}\right|\tan\phi-mg=0 & (2)\\ 2M_{01}-2l\cdot X_{01}+dmg=0 & (3)\end{cases}}$$

Question 3

Etude du signe de X_{01} :

(2) : $Z_{03}=2\left|X_{01}\right|\tan\phi+mg$, donc $Z_{03}>0$

(1) : $2X_{01}=Z_{03}\tan\alpha$ donc $X_{01}>0$

Résolution du système :

(1)+(2)tanα : $2X_{01} - 2X_{01}\tan\phi\tan\alpha - mg\tan\alpha = 0$, donc $X_{01} = \frac{mg}{2}\frac{\tan\alpha}{1-\tan\phi\cdot\tan\alpha}$

(3) : $\boxed{M_{01} = \frac{mg}{2}\left(\frac{\tan\alpha}{1-\tan\phi\cdot\tan\alpha}l - d\right)}$

Question 4

Afin d'annuler M_{01}, il faut vérifier $\frac{\tan\alpha}{1-\tan\phi\cdot\tan\alpha}l - d = 0$

D'où $\boxed{d = \frac{\tan\alpha}{1-\tan\phi\cdot\tan\alpha}l}$

Question 5

Application numérique : d=23,74 mm

Chapitre 15. Dynamique

Exercice 1 : Table de radiographie D2RS (Concours ATS 2018)

Question 1

Le mouvement du pignon (2) par rapport à la colonne (3) est une rotation d'axe $(B,\vec{y})$.

$BK' = \frac{D_i}{2}$ donc $V_{K'\in 2/3} = \omega_{23}\frac{D_i}{2} = \omega_m\frac{D_i}{2i}$

Question 2

Le mouvement de la colonne (3) par rapport à la colonne (1) est une rotation d'axe $(A,\vec{y})$.

$AK = R_e$ donc $V_{K\in 3/1} = \omega_{31}R_e$

Question 3

En supposant l'absence de glissement aux points de contact K et K', on peut écrire $V_{K\in 4/1} = 0$ et $V_{K'\in 4/2} = 0$

Donc $V_{K\in 4/3} + V_{K\in 3/1} = 0$ et $V_{K'\in 4/3} + V_{K'\in 3/2} = 0$

Or, la chaîne est indéformable, et par conséquent $V_{K\in 4/3} = V_{K'\in 4/3}$

Donc $V_{K\in 3/1} = V_{K'\in 3/2} = -V_{K'\in 2/3}$

D'où $\omega_{31}R_e = -\omega_m\frac{D_i}{2i}$, soit $\boxed{\omega_{31} = -\frac{D_i}{2iR_e}\omega_m}$

Question 4

Energie cinétique du rotor

$$Ec_{rotor} = \frac{1}{2}\left\{C_{rotor/R_1}\right\}\otimes\left\{v_{rotor/R_1}\right\} \text{ avec } \left\{v_{rotor/R_1}\right\} = \left\{\begin{matrix}\omega_{m/1}\vec{y}\\ \vec{V}_{B\in rotor/1}\end{matrix}\right\}_B = \left\{\begin{matrix}(\omega_m + \omega_{31})\vec{y}\\ -\omega_{31}R_B\vec{z}\end{matrix}\right\}_B$$

$$\text{et } \left\{C_{rotor/R_1}\right\} = \left\{\begin{matrix}m_{rotor}\vec{V}_{B\in rotor/1}\\ J_m\omega_{m/1}\vec{y}\end{matrix}\right\}_B = \left\{\begin{matrix}-m_{rotor}\omega_{31}R_B\vec{z}\\ J_m(\omega_m + \omega_{31})\vec{y}\end{matrix}\right\}_B$$

Donc $Ec_{rotor} = \frac{1}{2}\left(J_m\left(\omega_m + \omega_{31}\right)^2 + m_{rotor}\omega_{31}^2 R_B\right)$

Or $\omega_{31} \ll \omega_m$, donc $Ec_{rotor} = \frac{1}{2}J_m\omega_m^2$

Energie cinétique du réducteur

$$Ec_{rotor} = \frac{1}{2}\left\{C_{red/R_1}\right\} \otimes \left\{\mathcal{V}_{red/R_1}\right\} \text{ avec } \left\{\mathcal{V}_{rotor/R_1}\right\} = \left\{\begin{matrix} \omega_{2/1}\vec{y} \\ \vec{V}_{B\in red/1} \end{matrix}\right\}_B = \left\{\begin{matrix} \left(\omega_{23} + \omega_{31}\right)\vec{y} \\ -\omega_{31}R_B\vec{z} \end{matrix}\right\}_B$$

$$\text{et } \left\{C_{rotor/R_1}\right\} = \left\{\begin{matrix} m_{red}\vec{V}_{B\in red/1} \\ J_{red}\omega_{m/1}\vec{y} \end{matrix}\right\}_B = \left\{\begin{matrix} -m_{red}\omega_{31}R_B\vec{z} \\ J_{red}\left(\omega_m + \omega_{31}\right)\vec{y} \end{matrix}\right\}_B$$

Sachant que $\omega_{31} \ll \omega_m$ et $\omega_{31} \ll \omega_{23}$, on déduit $Ec_{red} = \frac{1}{2}J_{red}\omega_m^2$

Energie cinétique du pignon entraînant

$$Ec_{rotor} = \frac{1}{2}\left\{C_{2/R_1}\right\} \otimes \left\{\mathcal{V}_{2/R_1}\right\} \text{ avec } \left\{\mathcal{V}_{2/R_1}\right\} = \left\{\begin{matrix} \omega_{2/1}\vec{y} \\ \vec{V}_{B\in 2/1} \end{matrix}\right\}_B = \left\{\begin{matrix} \left(\omega_{23} + \omega_{31}\right)\vec{y} \\ -\omega_{31}R_B\vec{z} \end{matrix}\right\}_B$$

$$\text{et } \left\{C_{2/R_1}\right\} = \left\{\begin{matrix} m_i\vec{V}_{B\in 2/1} \\ J_i\omega_{2/1}\vec{y} \end{matrix}\right\}_B = \left\{\begin{matrix} -m_i\omega_{31}R_B\vec{z} \\ J_i\left(\omega_{23} + \omega_{31}\right)\vec{y} \end{matrix}\right\}_B$$

Donc $Ec_2 = \frac{1}{2}\left(J_i\left(\omega_{23} + \omega_{31}\right)^2 + m_i\omega_{31}^2 R_B\right)$

Il est possible de négliger $m_i\omega_{31}^2 R_B$ devant $J_i\left(\omega_{23} + \omega_{31}\right)^2$, donc $Ec_2 = \frac{1}{2}J_i\left(\omega_{23} + \omega_{31}\right)^2$.

De plus, $\omega_{23} + \omega_{31} = \frac{\omega_m}{i} - \frac{D_i}{2iR_e}\omega_m$.

Donc au final $Ec_2 = \frac{1}{2}J_i\left(1 - \frac{D_i}{2R_e}\right)^2 \frac{\omega_m^2}{i^2}$

Energie cinétique du sous-ensemble {colonne;motoréducteur}

Le point A est un point fixe dans le repère galiléen R1, donc $Ec_3 = \frac{1}{2}J_c\omega_{31}^2$ avec $\omega_{31} = -\frac{D_i}{2iR_e}\omega_m$.

D'où $Ec_3 = \frac{1}{2}J_c\left(\frac{D_i}{2iR_e}\right)^2 \omega_m^2$

Question 5

Le tube est considéré comme une masse ponctuelle M_t, disposée à une distance R_t de l'axe de rotation $(A, \vec{y})$.

Donc $J_t = M_t R_t^2$

On en déduit $Ec_3 = \frac{1}{2} J_t \omega_{31}^2 = \frac{1}{2} M_t R_t^2 \left(\frac{D_i}{2iR_e} \right)^2 \omega_m^2$

Question 6

$Ec_{totale} = Ec_{rotor} + Ec_{red} + Ec_2 + Ec_3 + Ec_{tube}$

$$Ec_{totale} = \frac{1}{2} J_m \omega_m^2 + \frac{1}{2} J_{red} \omega_m^2 + \frac{1}{2} J_i \left(1 - \frac{D_i}{2R_e} \right)^2 \frac{\omega_m^2}{i^2} + \frac{1}{2} J_c \left(\frac{D_i}{2iR_e} \right)^2 \omega_m^2 + \frac{1}{2} M_t R_t^2 \left(\frac{D_i}{2iR_e} \right)^2 \omega_m^2$$

$$Ec_{totale} = \frac{1}{2} \left(J_m + J_{red} + \frac{J_i}{i^2} \left(1 - \frac{D_i}{2R_e} \right)^2 + J_c \left(\frac{D_i}{2iR_e} \right)^2 + M_t R_t^2 \left(\frac{D_i}{2iR_e} \right)^2 \right) \omega_m^2$$

D'où $\boxed{J_{eq} = J_m + J_{red} + \frac{J_i}{i^2} \left(1 - \frac{D_i}{2R_e} \right)^2 + \left(J_c + M_t R_t^2 \right) \left(\frac{D_i}{2iR_e} \right)^2}$

Question 7

L'ensemble E est en rotation d'axe $(A, \vec{y})$. Par conséquent, seuls les moments des actions mécaniques autour de l'axe $(A, \vec{y})$ généreront une puissance.

<u>Bilan des actions mécaniques extérieures agissant sur E</u>

Moment autour de $(A, \vec{y})$ de la liaison pivot 1→3 : nul car la liaison est parfaite.

Moment autour de $(A, \vec{y})$ du poids du tube $\overrightarrow{M_{A,pes \to tube}}$:

$$\overrightarrow{M_{A,pes \to tube}} = \overrightarrow{AG_t} \wedge \left(-M_t g \vec{x} \right) = R_t \vec{x}_3 \wedge \left(-M_t g \vec{x} \right) = -R_t M_t g \vec{x}_3 \wedge \vec{x}$$

Or $\vec{x}_3 \wedge \vec{x} = -\sin\alpha \vec{y}$ en notant $\alpha = (\vec{x}, \vec{x}_3)$ l'angle orienté entre verticale et la la direction de la colonne. Donc $\overrightarrow{M_{A,pes \to tube}} = R_t M_t g \sin\alpha \vec{y}$.

On en déduit la puissance de l'action de la pesanteur sur le tube :

$$P_{pes \to tube/R_1} = R_t M_t g \sin\alpha \omega_{31} = -R_t M_t g \sin\alpha \frac{D_i}{2iR_e} \omega_m$$

Moment autour de $(A, \vec{y})$ du poids de la colonne $\overrightarrow{M_{A,pes \to colonne}}$:

$$\overrightarrow{M_{A,pes \to colonne}} = \overrightarrow{AG_c} \wedge \left(-M_c g \vec{x} \right) = R_c \vec{x}_3 \wedge \left(-M_c g \vec{x} \right) = -R_c M_c g \vec{x}_3 \wedge \vec{x} = R_c M_c g \sin\alpha \vec{y}$$

On en déduit la puissance de l'action de la pesanteur sur la colonne :

$$P_{pes \to colonne/R_1} = R_c M_c g \sin\alpha \omega_{31} = -R_c M_c g \sin\alpha \frac{D_i}{2iR_e} \omega_m$$

<u>Bilan des actions mécaniques intérieures agissant dans E</u>

Les liaisons sont supposées parfaites, donc seul le couple moteur génère une puissance intérieure :

$$P_{int} = C_m \omega_m$$

Question 8

Appliquons le théorème de l'énergie cinétique : $P_{\bar{E} \to E/R_1} + P_{int} = \frac{dEc_{totale}}{dt}$

CORRIGÉS

$$-\left(R_tM_t + R_cM_c\right)\sin\alpha\frac{D_i}{2iR_e}\omega_m + C_m\omega_m = \frac{d\left(\frac{1}{2}J_{eq}\omega_m^2\right)}{dt} = J_{eq}\omega_m\dot{\omega}_m$$

D'où $\boxed{J_{eq}\dot{\omega}_m = C_m + \left(R_tM_t + R_cM_c\right)\sin\alpha\frac{D_i}{2iR_e}}$

Question 9

Dans le cas le plus défavorable, $\alpha = -\frac{\pi}{2}$: $C_m = J_{eq}\dot{\omega}_m + \left(R_tM_t + R_cM_c\right)\frac{D_i}{2iR_e}$

On souhaite que le moteur atteigne sa vitesse de rotation en 0,1s, donc $\dot{\omega}_m = -1466{,}1\ \text{rad.s}^{-2}$ (l'accélération est négative car $\omega_m<0$ pour assurer $\omega_{31}>0$).

Donc il faut garantir $C_m>10{,}8$ Nm.

Exercice 2 : Spiralift (Concours ATS 2017)

Question 1

Le mouvement de 6 par rapport à 0 est une rotation d'axe $(B_6,\vec{x}_0)$. Le torseur cinématique de ce mouvement est donc :

$$\left\{\mathcal{V}_{6/0}\right\} = \left\{\begin{matrix}\dot{\alpha}_6\vec{x}_0\\ \vec{0}\end{matrix}\right\}_{B_6} = \left\{\begin{matrix}-\dot{\alpha}\vec{x}_0\\ \vec{0}\end{matrix}\right\}_{B_6}$$

Par ailleurs, $\overrightarrow{V_{G_6\in 6/0}} = \overrightarrow{V_{B_6\in 6/0}} + \overrightarrow{G_6B_6}\wedge\vec{\Omega}_{6/0} = \frac{l}{2}\vec{y}_6\wedge\left(-\dot{\alpha}\vec{x}_0\right) = \frac{l}{2}\dot{\alpha}\vec{z}_6$

Donc $\boxed{\left\{\mathcal{V}_{6/0}\right\} = \left\{\begin{matrix}-\dot{\alpha}\vec{x}_0\\ \frac{l}{2}\dot{\alpha}\vec{z}_6\end{matrix}\right\}_{G_6}}$

Question 2

Le torseur cinématique du mouvement de 7/0 s'écrit en B_7 :

$$\left\{\mathcal{V}_{7/0}\right\} = \left\{\begin{matrix}\dot{\alpha}_7\vec{x}_0\\ \overrightarrow{V_{B_7\in 7/0}}\end{matrix}\right\}_{B_7} = \left\{\begin{matrix}\dot{\alpha}\vec{x}_0\\ \dot{\lambda}\vec{y}_0\end{matrix}\right\}_{B_7}$$

Par ailleurs, $\overrightarrow{V_{G_7\in 7/0}} = \overrightarrow{V_{B_7\in 7/0}} + \overrightarrow{G_7B_7}\wedge\vec{\Omega}_{7/0} = \dot{\lambda}\vec{y}_0 + \frac{l}{2}\vec{y}_7\wedge\left(\dot{\alpha}\vec{x}_0\right) = \dot{\lambda}\vec{y}_0 - \frac{l}{2}\dot{\alpha}\vec{z}_7$

Donc $\boxed{\left\{\mathcal{V}_{7/0}\right\} = \left\{\begin{matrix}\dot{\alpha}\vec{x}_0\\ \dot{\lambda}\vec{y}_0 - \frac{l}{2}\dot{\alpha}\vec{z}_7\end{matrix}\right\}_{G_7}}$

Question 3

$$\left\{C_{6/0}\right\}=\left\{\begin{array}{c} m_6\overrightarrow{V_{G_6\in 6/0}} \\ \overrightarrow{\sigma_{G_6,6/0}}=\overline{\overline{I_{G_6,6}}}\cdot\vec{\Omega}_{6/0}=A_6\dot{\alpha}_6\vec{x}_0 \end{array}\right\}_{G_6}=\left\{\begin{array}{c} m_6\dfrac{l}{2}\dot{\alpha}\vec{z}_6 \\ -A_6\dot{\alpha}\vec{x}_0 \end{array}\right\}_{G_6}$$

Alors

$$T(6/0)=\frac{1}{2}\left\{C_{6/0}\right\}\otimes\left\{\mathcal{V}_{6/0}\right\}=\frac{1}{2}\left\{\begin{array}{c} m_6\dfrac{l}{2}\dot{\alpha}\vec{z}_6 \\ -A_6\dot{\alpha}\vec{x}_0 \end{array}\right\}_{G_6}\otimes\left\{\begin{array}{c} -\dot{\alpha}\vec{x}_0 \\ \dfrac{l}{2}\dot{\alpha}\vec{z}_6 \end{array}\right\}_{G_6}$$

$$\boxed{T(6/0)=\frac{1}{2}\left(m_6\frac{l^2}{4}+A_6\right)\dot{\alpha}^2}$$

Question 4

$$\left\{C_{6/0}\right\}=\left\{\begin{array}{c} m_7\overrightarrow{V_{G_7\in 7/0}} \\ \overrightarrow{\sigma_{G_7,7/0}}=\overline{\overline{I_{G_7,6}}}\cdot\vec{\Omega}_{7/0}=A_7\dot{\alpha}\vec{x}_0 \end{array}\right\}_{G_7}=\left\{\begin{array}{c} m_7\left(\dot{\lambda}\vec{y}_0-\dfrac{l}{2}\dot{\alpha}\vec{z}_7\right) \\ A_7\dot{\alpha}\vec{x}_0 \end{array}\right\}_{G_7}$$

Alors

$$T(7/0)=\frac{1}{2}\left\{C_{7/0}\right\}\otimes\left\{\mathcal{V}_{7/0}\right\}=\frac{1}{2}\left\{\begin{array}{c} m_7\left(\dot{\lambda}\vec{y}_0-\dfrac{l}{2}\dot{\alpha}\vec{z}_7\right) \\ A_7\dot{\alpha}\vec{x}_0 \end{array}\right\}_{G_7}\otimes\left\{\begin{array}{c} \dot{\alpha}\vec{x}_0 \\ \dot{\lambda}\vec{y}_0-\dfrac{l}{2}\dot{\alpha}\vec{z}_7 \end{array}\right\}_{G_7}$$

$$T(7/0)=\frac{1}{2}\left(m_7\left(\dot{\lambda}\vec{y}_0-\frac{l}{2}\dot{\alpha}\vec{z}_7\right)\cdot\left(\dot{\lambda}\vec{y}_0-\frac{l}{2}\dot{\alpha}\vec{z}_7\right)+A_7\dot{\alpha}^2\right)=\frac{1}{2}\left(m_7\left(\dot{\lambda}^2+\frac{l^2}{4}\dot{\alpha}^2-l\dot{\lambda}\dot{\alpha}\vec{y}_0\cdot\vec{z}_7\right)+A_7\dot{\alpha}^2\right)$$

Or $\vec{y}_0\cdot\vec{z}_7=-\cos\left(\dfrac{\pi}{2}-\alpha_7\right)=-\sin\alpha$

$$\boxed{T(7/0)=\frac{1}{2}\left(m_7\left(\dot{\lambda}^2+\frac{l^2}{4}\dot{\alpha}^2+l\dot{\lambda}\dot{\alpha}\sin\alpha\right)+A_7\dot{\alpha}^2\right)}$$

Question 5

$$T(E/0)=T(6/0)+T(7/0)=\frac{1}{2}\left(m_6\frac{l^2}{4}+A_6\right)\dot{\alpha}^2+\frac{1}{2}\left(m_7\left(\dot{\lambda}^2+\frac{l^2}{4}\dot{\alpha}^2+l\dot{\lambda}\dot{\alpha}\sin\alpha\right)+A_7\dot{\alpha}^2\right)$$

$$\boxed{T(E/0)=\frac{1}{2}\left[\left((m_6+m_7)\frac{l^2}{4}+A_6+A_7\right)\dot{\alpha}^2+m_7\dot{\lambda}\left(\dot{\lambda}+l\dot{\alpha}\sin\alpha\right)\right]}$$

Question 6

Les actions mécaniques extérieures agissant sur l'ensemble {6+7} sont :

- l'action du bâti 0 sur la bielle 6 (liaison pivot), modélisée par le torseur
- l'action du plancher sur la bielle 7,
- l'action de la pesanteur sur les pièces 6 et 7.

La puissance des actions extérieures a alors pour expression :

$$P_{ext\to E/0} = \{T_{0\to 6}\} \otimes \{\mathcal{V}_{6/0}\} + \{T_{ext\to 7}\} \otimes \{\mathcal{V}_{7/0}\} + \{T_{pes\to 6}\} \otimes \{\mathcal{V}_{6/0}\} + \{T_{pes\to 7}\} \otimes \{\mathcal{V}_{7/0}\}$$

Or : $\{T_{0\to 6}\} \otimes \{\mathcal{V}_{6/0}\} = 0$ car la liaison est parfaite et le mouvement,

$$\{T_{ext\to 7}\} \otimes \{\mathcal{V}_{7/0}\} = -F\dot{\lambda}$$

$$\{T_{pes\to 6}\} \otimes \{\mathcal{V}_{6/0}\} = (-m_6 g\vec{y}_0)\cdot(\frac{l}{2}\dot{\alpha}\vec{z}_6) = \frac{m_6 g l \dot{\alpha}}{2}\sin\alpha$$

$$\{T_{pes\to 7}\} \otimes \{\mathcal{V}_{7/0}\} = (-m_7 g\vec{y}_0)\cdot(\dot{\lambda}\vec{y}_0 - \frac{l}{2}\dot{\alpha}\vec{z}_7) = -m_7 g\dot{\lambda} - \frac{m_7 g l \dot{\alpha}}{2}\sin\alpha$$

Donc $\boxed{P_{ext\to E/0} = (m_6 - m_7)g\frac{l}{2}\dot{\alpha}\sin\alpha - m_7 g\dot{\lambda} - F\dot{\lambda}}$

Question 7

Les liaisons sont supposées parfaites, et aucune action n'est motorisée, par conséquent $P_{int}=0$.

Question 8

Le théorème de l'énergie cinétique s'écrit ici : $\boxed{\frac{dT(E/0)}{dt} = P_{ext\to E/0} + P_{int}}$

Exercice 3 : Unité de conditionnement de cartons (Concours ATS 2016)

Question 1

S'il y a glissement de la ventouse gauche en M, la vitesse de glissement du carton par rapport à la ventouse s'écrirait $\vec{V}_{M\in carton/ventouse} = -V(t)\cdot\vec{x}$. La composante tangentielle de ventouse sur le carton s'oppose à cette vitesse de glissement, par conséquent $X_M>0$.

On en déduit donc la relation $\boxed{X_M = \mu\cdot|Z_M|}$

De même pour la ventouse droite : $\boxed{X_N = \mu\cdot|Z_N|}$

Question 2

Isolons le carton. Les actions mécaniques extérieures agissant sur ce carton sont :

- les actions des ventouses gauche et droite : $\{T^M_{ventouse\to carton}\}$ et $\{T^N_{ventouse\to carton}\}$;
- l'action de la pesanteur sur le carton : $\{T^G_{pesanteur\to carton}\}$

Réduisons ces torseurs au point G :

Action mécanique de la ventouse gauche :

$$\overrightarrow{M_{G,ventouse\_g\to carton}} = \overrightarrow{M_{M,ventouse\_g\to carton}} + \overrightarrow{GM}\wedge\vec{R}_{ventouse\_g\to carton} = \begin{pmatrix} -0,1 \\ 0 \\ 0,07 \end{pmatrix} \wedge \begin{pmatrix} X_M \\ 0 \\ Z_M \end{pmatrix} = \begin{pmatrix} 0 \\ 0,07X_M + 0,1Z_M \\ \end{pmatrix}$$

$$\text{Donc } \{T^G_{ventouse\_g\to carton}\} = \begin{Bmatrix} X_M & 0 \\ 0 & 0,07X_M + 0,1Z_M \\ Z_M & 0 \end{Bmatrix}_G$$

Action mécanique de la ventouse droite :

$$\overrightarrow{M_{G,ventouse\_d \to carton}} = \overrightarrow{M_{N,ventouse\_d \to carton}} + \overrightarrow{GN} \wedge \vec{R}_{ventouse\_d \to carton} = \begin{pmatrix} 0,1 \\ 0 \\ 0,07 \end{pmatrix} \wedge \begin{pmatrix} X_N \\ 0 \\ Z_N \end{pmatrix} = \begin{pmatrix} 0 \\ 0,07X_M - 0,1Z_M \\ 0 \end{pmatrix}$$

$$\text{Donc } \left\{T^G_{ventouse\_d \to carton}\right\} = \left\{ \begin{matrix} X_N & 0 \\ 0 & 0,07X_N - 0,1Z_N \\ Z_N & 0 \end{matrix} \right\}_G$$

Ecrivons à présent le torseur dynamique du carton :

$$\left\{D_{carton/0}\right\} = \left\{ \begin{matrix} ma(t)\cdot\vec{x} \\ \vec{0} \end{matrix} \right\}_G$$

Le principe fondamental de la dynamique appliqué au carton permet alors d'écrire :

$$\left\{T^M_{ventouse \to carton}\right\} + \left\{T^N_{ventouse \to carton}\right\} + \left\{T^G_{pesanteur \to carton}\right\} = \left\{D_{carton/0}\right\}$$

$$\text{Donc } \left\{ \begin{matrix} X_M & 0 \\ 0 & 0,07X_M + 0,1Z_M \\ Z_M & 0 \end{matrix} \right\}_G + \left\{ \begin{matrix} X_N & 0 \\ 0 & 0,07X_N - 0,1Z_N \\ Z_N & 0 \end{matrix} \right\}_G + \left\{ \begin{matrix} 0 & 0 \\ 0 & 0 \\ -mg & 0 \end{matrix} \right\}_G = \left\{ \begin{matrix} ma(t) & 0 \\ 0 & 0 \\ 0 & 0 \end{matrix} \right\}_G$$

Les équations scalaires extraites de cette expression sont :

$$\begin{cases} (1)\ X_M + X_N = ma(t) \\ (2)\ Z_M + Z_N - mg = 0 \\ (3)\ 0,07(X_M + X_N) + 0,1(Z_M - Z_N) = 0 \end{cases} \quad \text{avec } X_M = \mu\cdot|Z_M| \text{ et } X_N = \mu\cdot|Z_N|$$

Emettons l'hypothèse que $Z_M>0$ et $Z_N>0$. Alors $X_M = \mu Z_M$ et $X_N = \mu Z_N$, et le système se résout comme suit :

$$(3)\ 0,07\mu(Z_M + Z_N) + 0,1(Z_M - Z_N) = 0 \text{ avec (2) } Z_M + Z_N - mg = 0$$

Ces deux équations permettent d'extraire :

$$Z_M = \frac{0,1 - 0,07\mu}{0,2}mg \text{ et } Z_N = \frac{0,1 + 0,07\mu}{0,2}mg$$

$$\text{D'où } X_M = \frac{0,1 - 0,07\mu}{0,2}\mu mg \text{ et } X_N = \frac{0,1 + 0,07\mu}{0,2}\mu mg$$

L'équation (1) permet alors d'écrire :

$$\frac{1 - 1,7\mu}{2}\mu mg + \frac{1 + 1,7\mu}{2}\mu mg = ma(t)$$

D'où on tire finalement, à la limite du glissement :

$$\boxed{a(t) = \mu g}$$

Les applications numériques fournissent :

- Z_M=28,8 N et Z_N=51,2 N (validant ainsi les hypothèses $Z_M>0$ et $Z_N>0$) ;
- X_M=11,5 N , X_N=20,5 N et $a(t)$=4 m.s^{-2}.

Question 3

Le tableau constructeur fournit, pour les ventouses retenues (ΦD 75 en caoutchouc naturel) une charge maximale unitaire CMU=6 daN.

L'effort maximal à fournir par ces ventouses est égal à Z_N=51,2 N, inférieur à la limite CMU=60 N.

Les ventouses sont donc correctement choisies.

Exercice 4 : Laveuse autoportée (Concours ATS 2015)

Question 1

Action du sol sur la roue avant :

Il n'y a pas de freinage dans cette phase, donc :

$$\left\{T_{sol \to Roueavant}\right\} = \left\{\begin{matrix} Z_{Ia} \cdot \vec{z}_L \\ \vec{0} \end{matrix}\right\}_{Ia}$$

Action de la pesanteur sur le système S :

$$\left\{T_{pesanteur \to S}\right\} = \left\{\begin{matrix} -M_s g \vec{z}_0 \\ \vec{0} \end{matrix}\right\}_{G}$$

Action du sol sur les roues arrières :

L'adhérence n'est pas prise en compte pour les roues arrières, donc l'action du sol est orientée suivant la normale au contact :

$$\left\{T_{sol \to Rouearrière}\right\} = \left\{\begin{matrix} Z_{Igd} \cdot \vec{z}_L \\ \vec{0} \end{matrix}\right\}_{Igd}$$

Question 2

Le mouvement du système S par rapport au repère R_0 est une translation rectiligne, par conséquent le moment dynamique en G est nul : $\vec{\delta}_G(S/R_0) = \vec{0}$.

La résultante dynamique est quant à elle égale à $\vec{R}_d(S/R_0) = M_s \vec{\Gamma}_{G \in S/R_0}$ avec $\vec{\Gamma}_{G \in S/R_0} = \gamma_d \vec{y}_L$.

Réduisons les torseurs des actions mécaniques au point G :

$$\left\{T_{sol \to Roueavant}\right\} = \left\{\begin{matrix} Z_{Ia} \cdot \vec{z}_L \\ bZ_{Ia}\vec{x}_L \end{matrix}\right\}_{G} \text{ et } \left\{T_{sol \to Rouearrière}\right\} = \left\{\begin{matrix} Z_{Igd} \cdot \vec{z}_L \\ -aZ_{Igd}\vec{x}_L \end{matrix}\right\}_{G}$$

Appliquons maintenant le principe fondamental de la dynamique à l'ensemble S :

$$\left\{\begin{matrix} Z_{Ia} \cdot \vec{z}_L \\ bZ_{Ia}\vec{x}_L \end{matrix}\right\}_{G} + \left\{\begin{matrix} -M_s g \vec{z}_0 \\ \vec{0} \end{matrix}\right\}_{G} + \left\{\begin{matrix} Z_{Igd} \cdot \vec{z}_L \\ -aZ_{Igd}\vec{x}_L \end{matrix}\right\}_{G} = \left\{\begin{matrix} M_s \gamma_d \vec{y}_L \\ \vec{0} \end{matrix}\right\}_{G}$$

Cette relation permet d'extraire les équations scalaires suivantes, en projection dans R_L :

$$\begin{cases} -M_s g \sin\varphi = M_s \gamma_d \\ Z_{Ia} - M_s g \cos\varphi + Z_{Igd} = 0 \\ bZ_{Ia} - aZ_{Igd} = 0 \end{cases}$$

d'où on tire immédiatement $\boxed{\gamma_d = -g\sin\varphi = -1{,}55\ m.s^{-2}}$

Question 3

γ_d est constant, donc $v(t) = \gamma_d t + v_0 = \gamma_d t$ car la vitesse initiale est nulle.

On en déduit ensuite $x(t)=\frac{1}{2}\gamma_d t^2+x_0=\frac{1}{2}\gamma_d t^2$ car le déplacement initial est nul.

Ces deux relations permettent d'écrire $v(t)=-\sqrt{2\gamma_d x(t)}=-\sqrt{-2g\sin\varphi\cdot x(t)}$.

Pour x(t)=-5 m, la vitesse de la laveuse sera alors égale à v=-3,94 m.s^{-1}.

Question 4

Calcul de la décélération :

Il y a glissement, avec une vitesse de glissement $\vec{V}_{I_a\in Roueavant/sol}$ par conséquent le torseur de l'action du sol sur la roue avant devient :

$$\left\{T_{sol\to Roueavant}\right\}=\left\{\begin{matrix} Y_{Ia}\cdot\vec{y}_L+Z_{Ia}\cdot\vec{z}_L \\ \vec{0}\end{matrix}\right\}_{Ia} \quad \text{avec } \frac{Y_{Ia}}{Z_{Ia}}=f$$

De plus, la laveuse est à présent horizontale, donc les repères R_L et R_0 sont confondus.

Le principe fondamental de la dynamique s'écrit alors :

$$\left\{\begin{matrix} fZ_{Ia}\cdot\vec{y}_0+Z_{Ia}\cdot\vec{z}_0 \\ (b+Hf)Z_{Ia}\vec{x}_0\end{matrix}\right\}_G+\left\{\begin{matrix} -M_s g\vec{z}_0 \\ \vec{0}\end{matrix}\right\}_G+\left\{\begin{matrix} Z_{Igd}\cdot\vec{z}_0 \\ -aZ_{Igd}\vec{x}_0\end{matrix}\right\}_G=\left\{\begin{matrix} M_s\gamma\vec{x}_0 \\ \vec{0}\end{matrix}\right\}_G$$

Les nouvelles équations scalaires sont alors :

$$\begin{cases} (1)\ \ fZ_{Ia}=M_s\gamma \\ (2)\ \ Z_{Ia}-M_s g+Z_{Igd}=0 \\ (3)\ \ (b+Hf)Z_{Ia}-aZ_{Igd}=0\end{cases}$$

(2).a+(3) : $aZ_{Ia}-aM_s g+(b+Hf)Z_{Ia}=0$, donc : $Z_{Ia}=\frac{a}{a+b+Hf}M_s g$

Alors (1) : $\boxed{\gamma=\frac{af}{a+b+Hf}g=3,55\ m.s^{-2}}$

Calcul du temps de début de freinage :

Les équations du mouvement établies à la question 3 permettent de déterminer $t_d=\sqrt{\frac{2x}{\gamma_d}}=2,54\ s$

Calcul du temps d'arrêt :

Les équations du mouvement durant la phase de freinage sont :

$v'(t)=\gamma t+v'_0$ avec $v'_0=-3,94\ m.s^{-1}$

Le temps d'arrêt est donc égal à $t=-\frac{v'_0}{\gamma}=1,11\,s$.

La distance de freinage est alors $\boxed{\left|\frac{V'^2_0}{2\gamma}\right|=2,19\ m}$

Question 5

Le cahier des charges exige une distance d'arrêt maximale de 2 m. Cette exigence n'est pas satisfaite.

CORRIGÉS

Exercice 5 : Panneaux déroulants (Concours ATS 2011)

Question 1

$V_0 = \Omega_{roul} \cdot R$ avec $\Omega_{roul} = k_{pc}\Omega_{asr} = k_{pc}k_r\Omega_m$.

Donc $V_0 = k_{pc}k_rR\Omega_m$.

Question 2

$\gamma_0 = k_{pc}k_rR\dot{\Omega}_m$ en supposant R constant.

Question 3

$$T(S_{bas}/0) = T(am/0) + T(eqr/0) + T(roul/0) + T(b/0) = \frac{1}{2}J_m\Omega_m^2 + \frac{1}{2}J_{eqr}\Omega_m^2 + \frac{1}{2}J_{roul}\Omega_{roul}^2 + \frac{1}{2}J_b\Omega_{roul}^2$$

Or $\Omega_m = \frac{\Omega_{roul}}{k_{pc}k_r}$. Donc $\boxed{T(S_{bas}/0) = \frac{1}{2}\left(\frac{J_m + J_{eqr}}{k_{pc}^2k_r^2} + J_{roul} + J_b\right)\Omega_{roul}^2}$

Question 4

$T(S_{bas}/0) = \frac{1}{2}J_{eqb}\Omega_{roul}^2$, donc $\boxed{J_{eqb} = \frac{J_m + J_{eqr}}{k_{pc}^2k_r^2} + J_{roul} + J_b}$

Question 5

$\boxed{J_{eqb} = 173051 \text{ kg.mm}^2}$

Question 6

$$\left\{T_{\text{bandeau haut}\to\text{bandeau bas}}\right\} = \left\{\begin{array}{c} T_{aff}\vec{z}_0 \\ \vec{0} \end{array}\right\}_K = \left\{\begin{array}{c} T_{aff}\vec{z}_0 \\ RT_{aff}\vec{x}_0 \end{array}\right\}_B \text{ et } \left\{T_{\text{Frott:bâti}\to\text{rouleau bas}}\right\} = \left\{\begin{array}{c} \vec{0} \\ -C_{fr}\vec{X}_0 \end{array}\right\}_B$$

Le principe fondamental de la statique s'écrit $\left\{T_{\text{bandeau haut}\to\text{bandeau bas}}\right\} + \left\{T_{\text{Frott:bâti}\to\text{rouleau bas}}\right\} = \left\{0\right\}$.

Appliquons alors le théorème du moment résultant au point B, projeté sur $\vec{x}_0$:

$\boxed{RT_{aff} - C_{fr} = 0}$

Question 7

Pour avoir T_{aff}=40 N, il faut donc fournir un couple $\boxed{C_{fr} = RT_{aff} = 3{,}04 \text{ Nm}}$

Chapitre 16. Transmission de puissance

Exercice 1 : Train pendulaire (Concours ATS 2013)

$N = \frac{\omega_m}{\omega_{vis}}$ et $V = \frac{10^{-3}p}{2\pi}\omega_{vis}$

Donc $\omega_m = N\omega_{vis} = \frac{2\pi N}{10^{-3}p}V$, soit : $\omega_m = 191 \text{ rad.s}^{-1}$

Exercice 2 : Réducteur à deux vitesses

Question 1

L'hélice du filetage de la vis 34 est à droite. En conséquence, une rotation de la vis dans le sens $\omega_{34/0}>0$ va provoquer une rotation de la roue 13 dans le sens $\omega_{13/0}<0$.

Question 2

Le mécanisme est constitué d'un train épicycloïdal de type II en série avec un train épicycloïdal de type I.

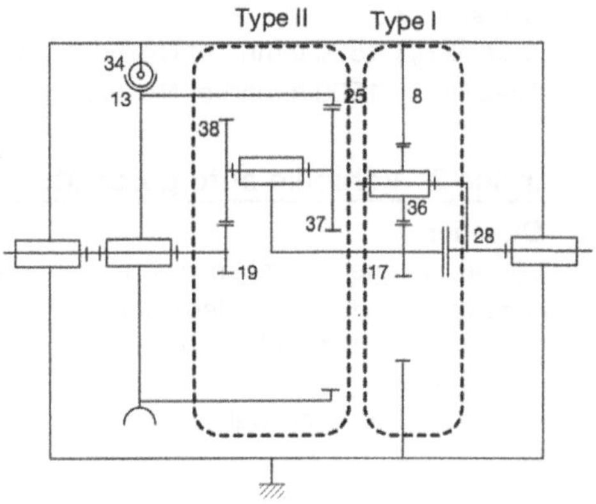

Etude du premier train :

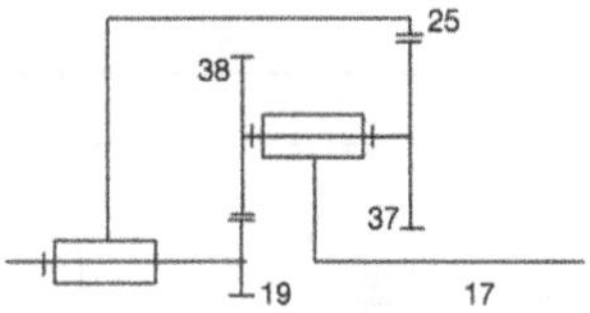

On reconnaît :

- les planétaires 19 et 25,
- les satellites 38 et 37,
- le porte-satellites 17.

La formule de Willis s'exprime ici $\dfrac{\omega_{25/17}}{\omega_{19/17}}=-(1)^1\dfrac{Z_{19}\cdot Z_{37}}{Z_{38}\cdot Z_{25}}$

Donc : $\dfrac{\omega_{25/0}-\omega_{17/0}}{\omega_{19/0}-\omega_{17/0}}=-\dfrac{Z_{19}\cdot Z_{37}}{Z_{38}\cdot Z_{25}}$ (1)

Etude du second train :

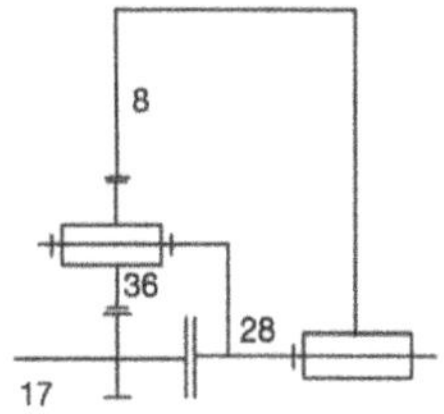

On reconnaît les planétaires 17 et 8, le satellite 36 et le porte-satellite 28.

La formule de Willis s'exprime ici :

$\dfrac{\omega_{8/28}}{\omega_{17/28}}=-(1)^1\dfrac{Z_{17}\cdot Z_{36}}{Z_{36}\cdot Z_8}$, soit : $\dfrac{-\omega_{28/0}}{\omega_{17/0}-\omega_{28/0}}=-\dfrac{Z_{17}}{Z_8}$ (2) car $\omega_{8/0}=0$

Etude de l'ensemble :

(1) permet d'écrire : $\left(\dfrac{Z_{19}\cdot Z_{37}}{Z_{38}\cdot Z_{25}}+1\right)\omega_{17/0}=\omega_{25/0}+\dfrac{Z_{19}\cdot Z_{37}}{Z_{38}\cdot Z_{25}}\omega_{19/0}$, soit :

$$\omega_{17/0}=\frac{Z_{38}\cdot Z_{25}}{Z_{19}\cdot Z_{37}+Z_{38}\cdot Z_{25}}\left[\omega_{25/0}+\frac{Z_{19}\cdot Z_{37}}{Z_{38}\cdot Z_{25}}\omega_{19/0}\right] \quad (3)$$

(2) permet d'écrire : $\left(1+\dfrac{Z_{17}}{Z_8}\right)\omega_{28/0}=\dfrac{Z_{17}}{Z_8}\omega_{17/0}$, soit : $\omega_{28/0}=\dfrac{Z_{17}}{Z_8+Z_{17}}\omega_{17/0}$ (4)

Les relations (3) et (4) permettent alors d'écrire :

$$\omega_{28/0}=\frac{Z_{17}}{Z_8+Z_{17}}\cdot\frac{Z_{38}\cdot Z_{25}}{Z_{19}\cdot Z_{37}+Z_{38}\cdot Z_{25}}\left[\frac{Z_{19}\cdot Z_{37}}{Z_{38}\cdot Z_{25}}\omega_{19/0}+\omega_{25/0}\right]$$

Or $\omega_{25/0}=\omega_{13/0}=-\dfrac{Z_{34}}{Z_{13}}\omega_{34/0}$.

Donc on obtient finalement :

$$\boxed{\omega_{28/0} = \frac{Z_{17}}{Z_8 + Z_{17}} \cdot \frac{Z_{38} \cdot Z_{25}}{Z_{19} \cdot Z_{37} + Z_{38} \cdot Z_{25}} \left[\frac{Z_{19} \cdot Z_{37}}{Z_{38} \cdot Z_{25}} \omega_{19/0} - \frac{Z_{34}}{Z_{13}} \omega_{34/0} \right]}$$

Question 3

Avec $N_{34/0}=-1500$ tr.mn^{-1} et $N_{19/0}=0$ tr.mn^{-1}, on trouve : $N_{28/0}=5{,}17$ tr.mn^{-1}.
Avec $N_{34/0}=-1500$ tr.mn^{-1} et $N_{19/0}=1500$ tr.mn^{-1}, on trouve : $N_{28/0}=58{,}7$ tr.mn^{-1}.

Exercice 3 : Véhicule auto guidé (Concours ATS 2014)

Question 1

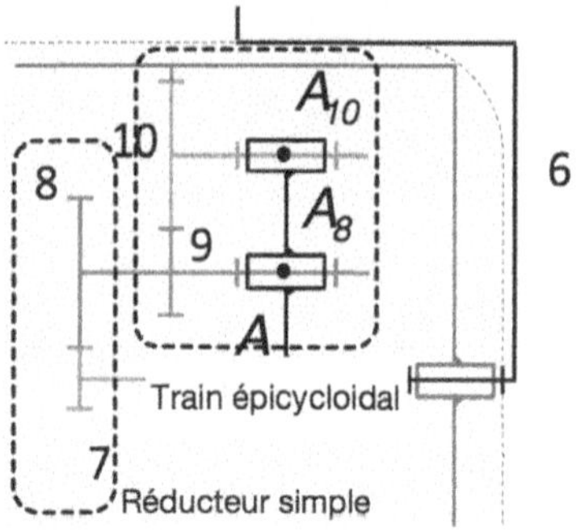

Le mécanisme de transmission de puissance du moteur roue est constitué d'un réducteur à deux étages, avec :

- un réducteur simple dans lequel l'entrée est le pignon 7, et la sortie la roue 8 ;
- un train épicycloïdal de type I, dans lequel on identifie le planétaires 9 et la couronne 1, le satellite 10 et le porte-satellite 6.

Le réducteur simple est défini par $r = \frac{\omega_{8/6}}{\omega_{7/6}} = -\frac{Z_7}{Z_8}$.

La formule de Willis appliquée au train épicycloïdal permet d'écrire :

$$r' = \frac{\omega_{1/6}}{\omega_{9/6}} = -\frac{Z_9}{Z_1} \text{ avec } \omega_{9/6} = \omega_{8/6}.$$

On en déduit alors $r_1 = \frac{\omega_{1/6}}{\omega_{7/6}} = \frac{\omega_{1/6}}{\omega_{8/6}} \cdot \frac{\omega_{8/6}}{\omega_{7/6}} = r' \cdot r$, d'où $\boxed{r_1 = \frac{Z_7 \cdot Z_9}{Z_1 \cdot Z_8}}$

Application numérique : $r_1=4{,}17.10^{-2}$.

Question 2

Lorsque le chariot se déplace en ligne droite, il n'y a pas de mouvement de 6 par rapport à 5, et le mouvement de la pièce 6 par rapport à 0 est une translation rectiligne. Donc $\omega_{6/0}=0$.

Par conséquent, $\omega_{1/6} = \omega_{1/0} + \omega_{0/6} = \omega_{1/0}$.

Question 3

$\overrightarrow{V_{I_1 \in 1/0}} = \overrightarrow{V_{I_1 \in 1/6}} + \overrightarrow{V_{I_1 \in 6/0}}$ avec $\overrightarrow{V_{I_1 \in 6/0}} = \overrightarrow{V_{I_1 \in 5/0}} = \dot{x} \cdot \vec{x}$ car le mécanisme d'orientation des roues est bloqué dans le cas d'une translation rectiligne du chariot.

Par ailleurs, $\overrightarrow{V_{I_1 \in 1/6}} = \overrightarrow{V_{A \in 1/6}} + \overrightarrow{I_1 A} \wedge \vec{\Omega}_{1/6} = r\vec{y} \wedge \left(\omega_{1/6}\vec{z}\right) = r\omega_{1/6}\vec{x}$

La condition de roulement sans glissement $\overrightarrow{V_{I_1 \in 1/0}} = \vec{0}$ permet alors d'écrire $r\omega_{1/6}\vec{x} + \dot{x} \cdot \vec{x} = \vec{0}$.

Donc $\dot{x} = -r\omega_{1/6}$ avec $r_1 = \frac{\omega_{1/6}}{\omega_{7/6}}$, soit finalement $\boxed{\dot{x} = -rr_1\omega_{7/6}}$

Exercice 4 : Boîte de transmission d'hélicoptère

Question 1

Le rendement de la BTP a pour expression $\eta = \frac{C_1\omega_{1/0}}{C_2\omega_{2/0}}$, donc $C_2 = \frac{C_1\omega_{1/0}}{\eta\omega_{2/0}} = 167{,}35\,\text{Nm}$

Question 2

$$k_T = \left|\frac{N_{2/0}}{N_{7/0}}\right| = \frac{Z_7 \cdot Z_6 \cdot Z_5 \cdot Z_{41} \cdot Z_{31}}{Z_6 \cdot Z_5 \cdot Z_{42} \cdot Z_{32} \cdot Z_2} = \frac{Z_7 \cdot Z_{41} \cdot Z_{31}}{Z_{42} \cdot Z_{32} \cdot Z_2} = 4{,}54$$

On en déduit $N_{7/0} = \dfrac{N_{2/0}}{k_T} = 1928{,}1\,\text{tr.mn}^{-1}$

Question 3

La transmission de puissance fait intervenir 5 étages : r1, R5, R4, R3 et R2.

En supposant que les arbres de sortie 6 et 5 ne nécessitent pas d'apport de puissance, la puissance que doit délivrer le moteur pour la mise en œuvre de la BTP a alors pour expression :

$$C_7\omega_{7/0} = \frac{C_2\omega_{2/0}}{\eta^5}$$

D'où l'expression du couple moteur : $C_7 = \dfrac{C_2\omega_{2/0}}{\eta^5\omega_{7/0}} = \dfrac{k_T}{\eta^5}C_2 = 840{,}2\,\text{Nm}$

Corrigés de la partie D « Systèmes asservis »

Chapitre 17. Modélisation et réponse d'un système asservi

Exercice 1 : Laveuse autoportée (Concours ATS 2015)

Question 1

Le convertisseur est soumis à un échelon de tension de 5 à 6 V.

La réponse permet d'extraire les informations suivantes :

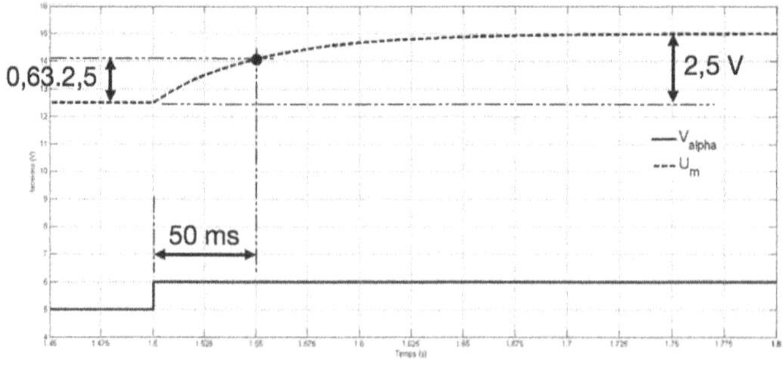

Le gain du convertisseur est $A_0 = \dfrac{15-12{,}5}{6-5} = 2{,}5$.

La constante de temps est déterminée à partir de la valeur à 0,63 fois le régime permanent : $\tau = 50\ \text{ms}$.

Question 2

Dans le cas d'un système du premier ordre, le temps de réponse vaut $t_{r5\%} = 3\tau = 150\ \text{ms}$.

Le cahier des charges impose un temps de réponse inférieur à 100 ms, ce que ne satisfait pas le convertisseur étudié.

Exercice 2 : Transpalette à conducteur porté

Question 1

Les relevés graphiques sur la courbe de la réponse indicielle permettent d'identifier :

- une valeur finale $\Omega_{m\infty} = 5 \text{ rad.s}^{-1}$,
- un temps de réponse $t_{r5\%} = 65 \text{ ms}$,
- un dépassement relatif $D_{1\%} = \dfrac{0,7}{5} = 14\%$.

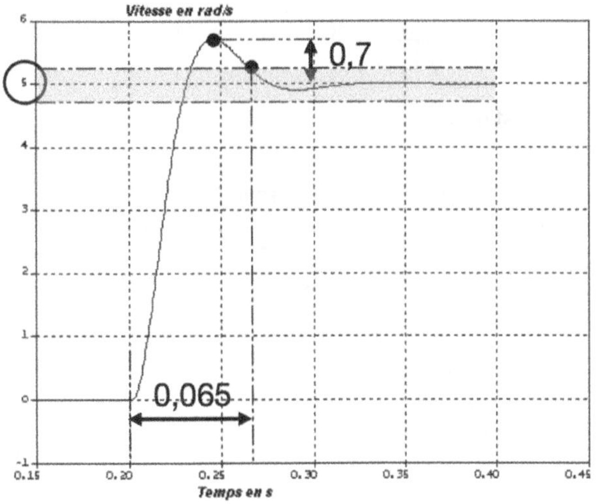

Question 2

L'échelon appliqué est une tension de 713 mV. Le gain statique vaut donc :

$$H_{m0} = \frac{5}{713.10^{-3}} = 7,01 \text{ rad.s}^{-1}.\text{V}^{-1}$$

Le tableau proposé permet de d'estimer le coefficient d'amortissement à partir de la valeur du dépassement relatif. Par extrapolation entre les valeur 16,2% et 12,6%, on estime z=0,53.

Enfin, pour ce même dépassement, le temps de réponse réduit vaut $t_r \cdot \omega_0 = 5,3$, ce qui permet d'estimer $\omega_0 = 5,3 / 0,065 = 81,5 \text{ rad.s}^{-1}$.

Exercice 3 : Fardeleuse (Concours CCP TSI 2011)

Question 1

$$P_{12}(t) = P_1(t) + P_2(t) = \frac{\theta(t) - \theta_a(t)}{R_{th1}} + \frac{\theta(t) - \theta_a(t)}{R_{th2}} = \left(\frac{1}{R_{th1}} + \frac{1}{R_{th2}}\right)(\theta(t) - \theta_a(t))$$

On a donc $\boxed{\dfrac{1}{R_{theq}} = \dfrac{1}{R_{th1}} + \dfrac{1}{R_{th2}}}$: association de deux résistances en parallèle.

Question 2

La puissance du four doit chauffer la masse d'air et compenser les pertes :

$$P(t) = \frac{dW}{dt} + P_{12}(t) = m \cdot C_p \frac{d\theta(t)}{dt} + \frac{\theta(t) - \theta_a(t)}{R_{theq}}$$

D'où $\boxed{mC_p \dfrac{d\theta(t)}{dt} + \dfrac{1}{R_{theq}} \theta(t) = P(t) + \dfrac{\theta_a(t)}{R_{theq}}}$

Question 3

Les conditions de Heaviside étant satisfaites, la relation précédente s'écrit dans le domaine symbolique de Laplace :

$$mC_p p\Theta(p) + \frac{1}{R_{theq}} \Theta(p) = P(p) + \frac{1}{R_{theq}} \Theta_a(p) \text{, soit } \boxed{\left(\frac{1 + mR_{theq}C_p p}{R_{theq}}\right)\Theta(p) = P(p) + \frac{1}{R_{theq}} \Theta_a(p)}$$

Question 4

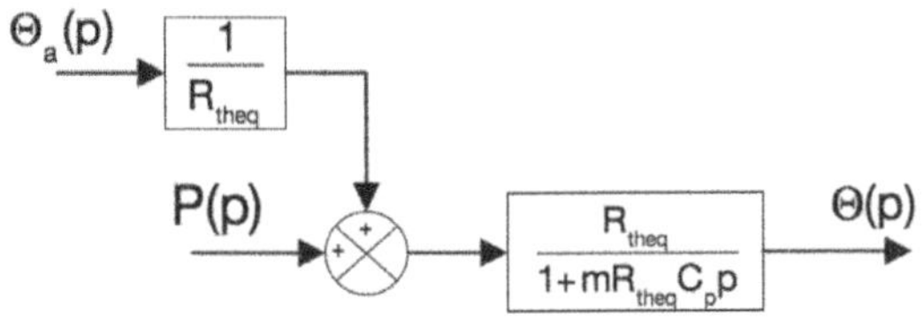

CORRIGÉS

Question 5

$$F_1(p) = \frac{R_{theq}}{1 + mR_{theq}C_p p}$$

Question 6

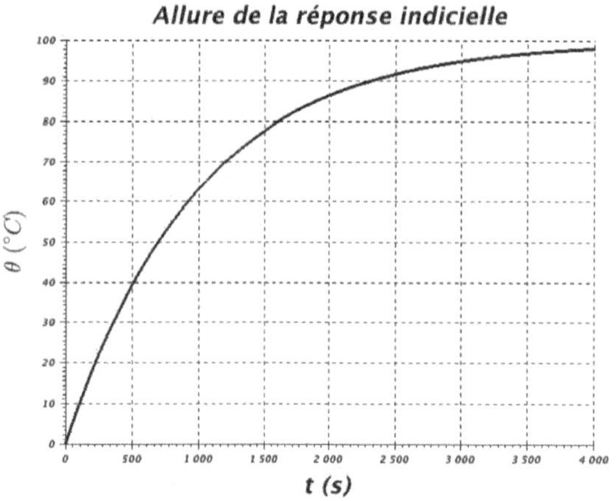

Question 7

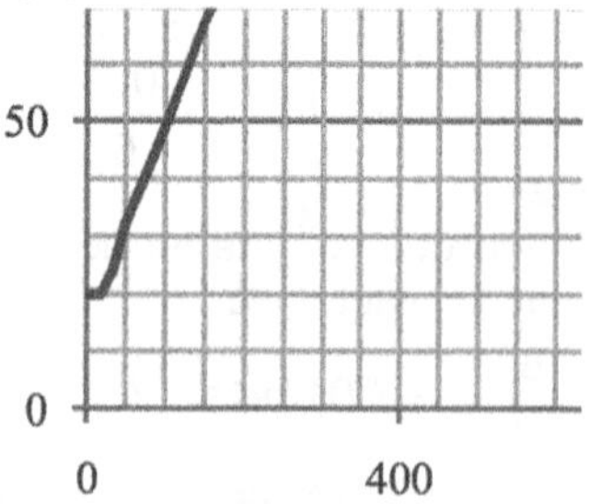

La réponse d'un système du premier ordre est caractérisée par une tangente à l'origine non horizontale.

La réponse débute donc à $t=T_d=25$ s.

Ce retard s'explique par la position du capteur de température dans le four.

Question 8

La présence du retard modifie l'expression de la fonction de transfert précédente $F_2(p) = F_1(p) \cdot e^{-T_d p}$.

Donc $$F_2(p) = \frac{R_{theq}}{1 + mR_{theq}C_p p} e^{-T_d p}$$

Question 9

<u>Identification du gain</u> : pour un échelon de 400 W, la température du four passe de 20 °C à 210 °C en régime permanent.

Le gain vaut donc $\frac{210-20}{400} = 0{,}475$ °C.W^{-1}

<u>Identification de la constante de temps</u> : en lisant le temps pour lequel la température s'est élevée de 63% du gain total de température, on mesure une constante de temps égale à 450 s.

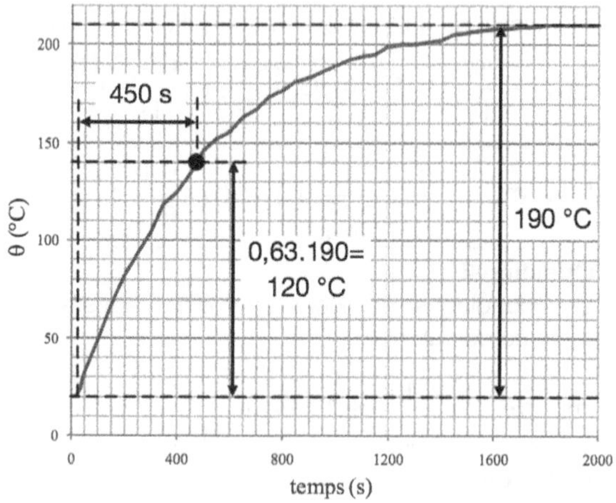

Or, d'après l'expression de la fonction de transfert, le gain est R_{theq}.

Donc $$R_{theq} = 0{,}475 \text{ °C.W}^{-1}$$

Chapitre 18. Réponse harmonique des systèmes asservis

Exercice 1 : Train pendulaire (Concours ATS 2013)

Question 1

$U_m = E + RIm$ (1) ; $E = K\omega$ (2) ; $C_m = KI_m$ (3) ; $J_{eq}\dfrac{d\omega}{dt} = C_m - f_t\omega$ (4)

Question 2

$\boxed{A1(p) = \dfrac{1}{R}}$ d'après (1) ; $\boxed{A2(p) = K}$ d'après (3) ; $\boxed{A3(p) = \dfrac{1}{f_t + J_{eq}p}}$ d'après (4) ; $\boxed{A4(p) = K}$ d'après (2).

Question 3

Le système vis-écrou se traduit par $\dot{X}_V = \dfrac{\lambda}{2\pi}\omega_{vis} = \dfrac{\lambda}{2\pi}\cdot\dfrac{\omega_m}{N}$. Donc $\boxed{A5(p) = \dfrac{\lambda}{2\pi N}}$.

En supposant l'absence de pertes dans la vis et dans le réducteur, la vis et le réducteur transmettent intégralement la puissance : $F_v \cdot \dot{x}_v = C_v\omega_m$, avec $\dot{x}_V = \dfrac{\lambda}{2\pi}\cdot\dfrac{\omega_m}{N}$. Donc $C_v = \dfrac{\lambda}{2\pi N}F_v$, d'où $\boxed{A6(p) = \dfrac{\lambda}{2\pi N}}$.

Question 4

$$F_v(p) = K_{AV}\left(X_V(p) - X_T(p)\right) = K_{AV}\left(\frac{A5}{p}\omega_m(p) - X_T(p)\right) = K_{AV}\left(\frac{A5}{p}A3\left(C_m(p) - C_v(p)\right) - X_T(p)\right)$$

$$F_v(p) = K_{AV}\left(\frac{A5}{p}A3\left(A2\cdot I_m(p) - A6\cdot F_v(p)\right) - X_T(p)\right) = K_{AV}\left(\frac{A2\cdot A3\cdot A5}{p}I_m(p) - \frac{A3\cdot A5\cdot A6}{p}F_v(p) - X_T(p)\right)$$

$$\left(1 + K_{AV}\frac{A3\cdot A5\cdot A6}{p}\right)F_v(p) = K_{AV}\frac{A2\cdot A3\cdot A5}{p}I_m(p) - K_{AV}X_T(p)$$

D'où l'expression de $F_v(p)$:

$$F_v(p) = \frac{K_{AV}A2.A3.A5}{K_{AV}A3.A5.A6 + p}I_m(p) - \frac{K_{AV}p}{K_{AV}A3.A5.A6 + p}X_T(p)$$

Ainsi, $\boxed{\left[\dfrac{F_V(p)}{I_m(p)}\right]_{X_T=0} = \dfrac{K_{AV}A2.A3.A5}{K_{AV}A3.A5.A6 + p}}$ et $\boxed{\left[\dfrac{F_V(p)}{X_T(p)}\right]_{I_m=0} = \dfrac{K_{AV}p}{K_{AV}A3.A5.A6 + p}}$

Question 5

D'après la question précédente, $F_v(p) = \dfrac{K_{AV}}{K_{AV}A3.A5.A6 + p}\left[A2.A3.A5\cdot I_m(p) - p\cdot X_T(p)\right]$.

On identifie alors $A7(p) = A2.A3.A5$; $A8(p) = \dfrac{K_{AV}}{K_{AV}A3.A5.A6 + p}$; $A9(p) = p$.

Question 6

$C_m = F_V\dfrac{\lambda}{2\pi N} + f_t\omega_m$ avec $C_m = K.I_m$ et $\omega_m = 0$ en statique.

Donc $\boxed{F_V = \dfrac{2\pi NK}{\lambda}I_m}$

Question 7

Le schéma bloc donné permet d'extraire les relations suivantes :

1. $\omega_m(p) = A3\left(C_m(p) - C_v(p)\right)$ avec $C_m(p) = A2.I_m(p)$ et $C_v(p) = A6.F_v(p)$

Donc $\boxed{\omega_m(p) = A2.A3 \cdot I_m(p) - A3.A6 \cdot F_v(p)}$

2. $\boxed{X_v(p) = \dfrac{A5}{p}\omega_m(p)}$

Des deux expressions précédentes, on tire :

$$X_v(p) = \frac{A5}{p}\left[A2.A3 \cdot I_m(p) - A3.A6 \cdot F_v(p)\right] = \frac{A2.A3.A5}{p}I_m(p) - \frac{A3.A5.A6}{p}F_V(p)$$

Or $I_m(p) = A1\left(U_m(p) - A4\omega_m(p)\right)$ et $F_v(p) = K_{AV}\left(X_v(p) - X_T(p)\right)$

Donc $X_v(p) = \dfrac{A2.A3.A5}{p}A1\left(U_m(p) - A4\omega_m(p)\right) - \dfrac{A3.A5.A6}{p} \cdot K_{AV}\left(X_v(p) - X_T(p)\right)$

$$\left(1 + K_{AV}\frac{A3.A5.A6}{p}\right)X_v(p) = \frac{A1.A2.A3.A5}{p}U_m(p) - \frac{A1.A2.A3.A4.A5}{p}\omega_m(p) + K_{AV}\frac{A3.A5.A6}{p}X_T(p)$$

Par ailleurs, $X_v(p) = \dfrac{A5}{p}\omega_m(p)$. Donc

$$\left(1 + K_{AV}\frac{A3.A5.A6}{p}\right)X_v(p) = \frac{A1.A2.A3.A5}{p}U_m(p) - A1.A2.A3.A4 \cdot X_v(p) + K_{AV}\frac{A3.A5.A6}{p}X_T(p)$$

$$\left(1 + A1.A2.A3.A4 + K_{AV}\frac{A3.A5.A6}{p}\right)X_v(p) = \frac{A1.A2.A3.A5}{p}U_m(p) + K_{AV}\frac{A3.A5.A6}{p}X_T(p)$$

$$\boxed{\left(1 + \frac{1 + A1.A2.A3.A4}{K_{AV}A3.A5.A6}p\right)X_v(p) = \frac{A1.A2}{K_{AV}A6} \cdot U_m(p) + X_T(p)}$$

Question 8

La relation précédente peut s'écrire : $\left(1 + ap + bp^2\right)X_v(p) = A10 \cdot U_m(p) + X_T(p)$

Sachant que $A1 = \dfrac{1}{R}$, $A2 = A4 = K$, $A3 = \dfrac{1}{f_t + J_{eq}p}$, et $A5 = A6 = \dfrac{\lambda}{2\pi N}$:

- $\boxed{A10 = \dfrac{A1.A2}{K_{AV}A6} = \dfrac{2\pi NK}{K_{AV}R\lambda}}$

- $1 + ap + bp^2 = 1 + \dfrac{1 + A1.A2.A3.A4}{K_{AV}A3.A5.A6}p = 1 + \dfrac{1 + \dfrac{K^2}{R\left(f_t + J_{eq}p\right)}}{K_{AV}\dfrac{1}{f_t + J_{eq}p}\left(\dfrac{\lambda}{2\pi N}\right)^2}p = 1 + \dfrac{R\left(f_t + J_{eq}p\right) + K^2}{K_{AV}R\left(\dfrac{\lambda}{2\pi N}\right)^2}p$

$$= 1 + \frac{Rf_t + K^2}{K_{AV}R\left(\dfrac{\lambda}{2\pi N}\right)^2}p + \frac{RJ_{eq}}{K_{AV}R\left(\dfrac{\lambda}{2\pi N}\right)^2}p^2$$

On identifie $a=\dfrac{2z}{\omega_n}=\dfrac{Rf_t+K^2}{K_{AV}R\left(\dfrac{\lambda}{2\pi N}\right)^2}$ et $b=\dfrac{1}{\omega_n^2}=\dfrac{J_{eq}}{K_{AV}\left(\dfrac{\lambda}{2\pi N}\right)^2}$

D'où $\boxed{\omega_n=\dfrac{\lambda}{2\pi N}\sqrt{\dfrac{K_{AV}}{J_{eq}}}}$ et $\boxed{z=\dfrac{\pi N\left(Rf_t+K^2\right)}{R\lambda\sqrt{K_{AV}J_{eq}}}}$

Question 9

Une réponse sans dépassement est conditionnée par z>1. En introduisant $\tau_V=\dfrac{J_{eq}}{f_t}$, on peut écrire :

$$z=\frac{\pi N\left(Rf_t+K^2\right)}{R\lambda\sqrt{K_{AV}f_t\tau_V}}>1\text{, d'où la condition }\boxed{\tau_V<\frac{\pi^2N^2\left(Rf_t+K^2\right)^2}{K_{AV}f_tR^2\lambda^2}}$$

Exercice 2 : Spiralift (Concours ATS 2017)

Question 1

Les diagramme de gain montre deux pulsations de cassure, avec :

- une asymptote horizontale à 40 dB pour $\omega\to 0$,
- une pente de -20 dB/décade après la première pulsation de cassure $\omega_1=1$ rad.s^{-1},
- une pente de -40 dB/décade après la seconde pulsation de cassure $\omega_2=20$ rad.s^{-1}.

Ces observations permettent de conclure à un système du second ordre amorti, dont l'expression de la fonction de transfert est :

$$T_{actionneur}(p)=\frac{K_{actionneur}}{\left(1+\dfrac{p}{\omega_1}\right)\left(1+\dfrac{p}{\omega_2}\right)}\text{ avec }K_{actionneur}=10^{40/20}=100$$

$$\boxed{T_{actionneur}(p)=\frac{100}{\left(1+p\right)\left(1+\dfrac{p}{20}\right)}}$$

Question 2

La réponse du capteur est linéaire, avec un gain $\dfrac{u_{retvit}}{\omega_{arbre}}=\dfrac{4}{250}$, d'où $\boxed{K_{retvit}(p)=1{,}6.10^{-2}\text{ V.rad}^{-1}.\text{s}^{-1}}$

Question 3

$$FTBO_{vitesse}(p)=K_{vit}\cdot T_{actionneur}(p)\cdot K_{retvit}(p)=K_{vit}\frac{100}{\left(1+p\right)\left(1+\dfrac{p}{20}\right)}\cdot 1{,}6.10^{-2}$$

$$\boxed{FTBO_{vitesse}(p)=\frac{1{,}6K_{vit}}{\left(1+p\right)\left(1+\dfrac{p}{20}\right)}}$$

Question 4

$FTBO_{vitesse}(p)=K_{vit}K_{retvit}T_{actionneur}(p)$, donc le diagramme de gain de la FTBO se déduit du diagramme de $T_{actionneur}$ par une translation de $20\log(K_{vit}K_{retvit})=20\log(1{,}6.10^{-2})=-35{,}9$ dB :

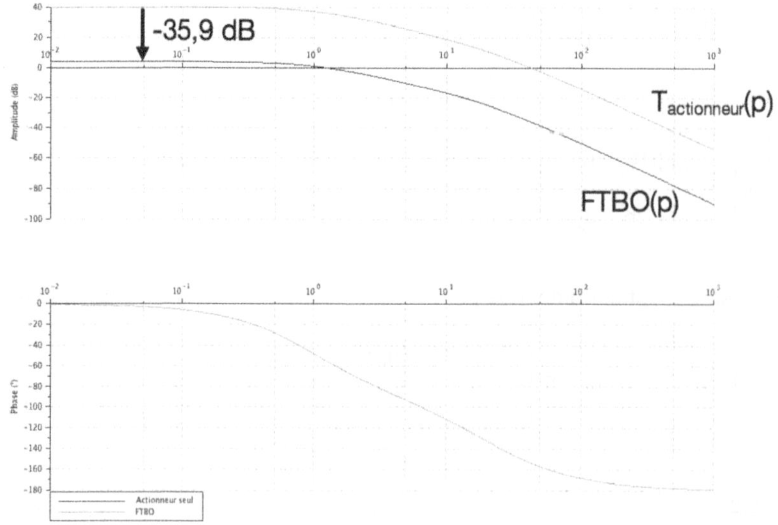

Exercice 3 : Laveuse autoportée (Concours ATS 2015)

Question 1

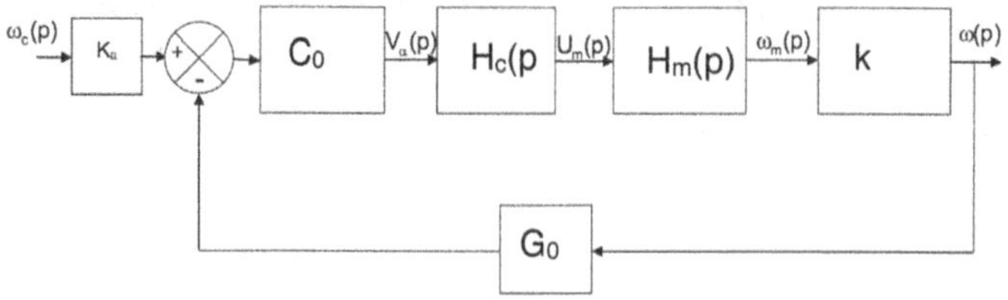

Question 2

Afin que les grandeurs comparées soient homogènes, il est nécessaire d'avoir $K_a = G_0$.

Question 3

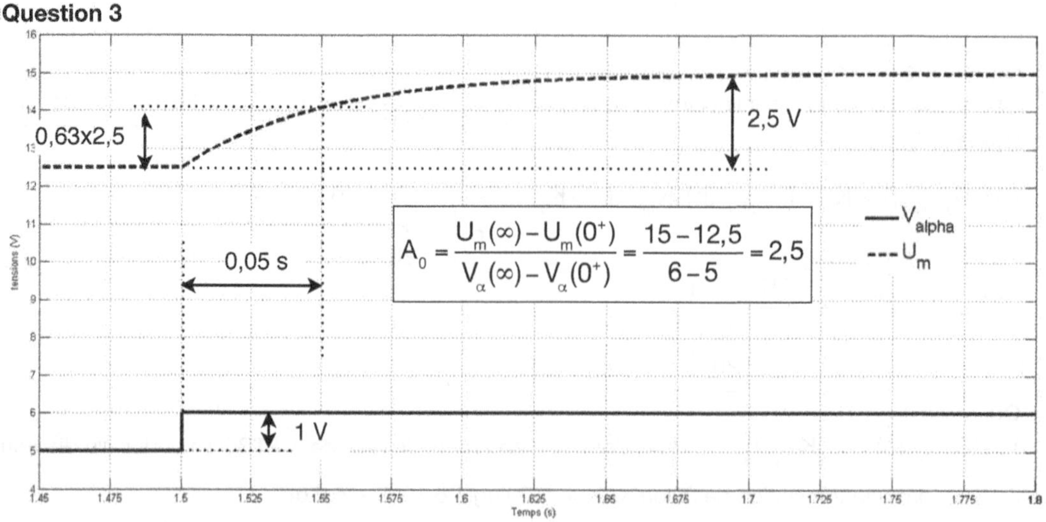

La réponse indicielle permet d'identifier la valeur du gain $A_0 = 2{,}5$ et de la constante de temps $\tau = 50$ ms.

Question 4

$$\text{FTBF}(p) = K_a \frac{C_0 H_c(p) H_m(p) k}{1 + C_0 H_c(p) H_m(p) k G_0} = K_a \frac{C_0 \frac{A_0}{1+\tau p} \frac{B_0}{(1+\tau_{em} p)} k}{1 + C_0 \frac{A_0}{1+\tau p} \frac{B_0}{(1+\tau_{em} p)} k G_0}$$

$$= \frac{k K_a A_0 B_0 C_0}{(1+\tau p)(1+\tau_{em} p) + k A_0 B_0 C_0 G_0} = \frac{k K_a A_0 B_0 C_0}{1 + k A_0 B_0 C_0 G_0 + (\tau + \tau_{em}) p + \tau \tau_{em} p^2}$$

Sous forme canonique, cette fonction de transfert s'écrit :

$$\text{FTBF}(p) = \frac{\frac{k K_a A_0 B_0 C_0}{1 + k A_0 B_0 C_0 G_0}}{1 + \frac{\tau + \tau_{em}}{1 + k A_0 B_0 C_0 G_0} p + \frac{\tau \tau_{em}}{1 + k A_0 B_0 C_0 G_0} p^2}$$

On identifie dans cette fonction :

$$\boxed{\omega_0 = \sqrt{\frac{1 + k A_0 B_0 C_0 G_0}{\tau \tau_{em}}}} \text{ et } \boxed{\xi = \frac{\omega_0}{2} \frac{\tau + \tau_{em}}{1 + k A_0 B_0 C_0 G_0} = \frac{\tau + \tau_{em}}{\sqrt{\tau \tau_{em}}} \frac{1}{2\sqrt{1 + k A_0 B_0 C_0 G_0}}}$$

Question 5

ξ=1 permet d'avoir le temps de réponse le plus faible sans dépassement.

On cherche donc à avoir $\frac{\tau + \tau_{em}}{\sqrt{\tau \tau_{em}}} \frac{1}{2\sqrt{1 + k A_0 B_0 C_0 G_0}} = 1.$

On en déduit alors $\boxed{C_0 = \frac{(\tau - \tau_{em})^2}{4 \tau \tau_{em} k A_0 B_0 G_0}}$

L'application numérique fournit C_0=14,5;

Question 6

Pour ξ=1, le temps de réponse réduit vaut $t_{r5\%} \cdot \omega_0 = 5$. Donc le temps de réponse a pour expression :

$$\boxed{t_{r5\%} = \frac{5}{\omega_0} = \frac{5\sqrt{\tau \tau_{em}}}{\sqrt{1 + k A_0 B_0 C_0 G_0}} = 0{,}49 \text{ s}}$$

Le cahier des charges est respecté.

Question 7

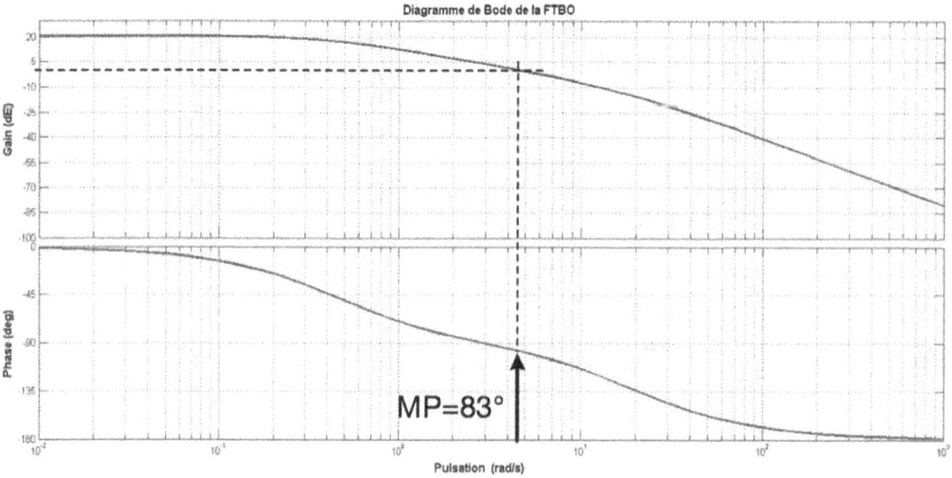

La marge de phase lue sur le diagramme de Bode est égale à 83°. La marge de gain est infinie.

Question 8

$$\varepsilon(p) = \omega_c(p) - \omega(p) = \left[\frac{1}{1+\text{FTBO}(p)}\right]\omega_c(p)$$

$$\varepsilon_s = \lim_{t\to\infty}\varepsilon(t) = \lim_{p\to 0} p\varepsilon(p) = \lim_{p\to 0} p\left[\frac{1}{1+\text{FTBO}(p)}\right]\omega_c(p) \text{ avec } \omega_c(p) = \frac{\omega_{c0}}{p} \text{ et } \omega_{c0} = 9{,}26 \text{ rad.s}^{-1}$$

$$\boxed{\varepsilon_s = \frac{\omega_{c0}}{1+11} = 0{,}77 \text{ rad.s}^{-1}}$$

Exercice 4 : Borne rétractable solaire (Concours ATS 2010)

Question 1

Avec CR=0, les équations du modèle de connaissance s'écrivent :

$$U_m(p) = K_m \cdot \Omega_m(p) + (R_m + L_m \cdot p)I_m(p) \text{ et } (J\cdot p + F)\cdot\Omega_m(p) = K_m \cdot I_m(p)$$

Donc $U_m(p) = K_m \cdot \Omega_m(p) + (R_m + L_m p)\dfrac{(Jp+F)}{K_m}\cdot\Omega_m(p) = \left[K_m + \dfrac{(R_m + L_m p)(Jp+F)}{K_m}\right]\Omega_m(p)$

D'où $\boxed{H_m(p) = \dfrac{\Omega_m(p)}{U_m(p)} = \dfrac{K_m}{K_m^2 + (R_m + L_m p)(Jp+F)}}$

Question 2

$$H_m(p) = \frac{K_m}{K_m^2 + (R_m + L_m p)(Jp+F)} = \frac{K_m}{K_m^2 + RF + (R_m J + FL_m)p + JL_m p^2} = \frac{\dfrac{K_m}{K_m^2 + R_m F}}{1 + \dfrac{R_m J + FL_m}{K_m^2 + R_m F}p + \dfrac{JL_m}{K_m^2 + R_m F}p^2}$$

Par identification, on extrait :

$$H_{m0} = \frac{K_m}{K_m^2 + R_m F} \; ; \; \omega_0 = \sqrt{\frac{K_m^2 + R_m F}{J L_m}} \; ; \; m = \frac{\omega_0}{2} \cdot \frac{R_m J + F L_m}{K_m^2 + R_m F} = \frac{R_m J + F L_m}{2\sqrt{J L_m \left(K_m^2 + R_m F\right)}}$$

Question 3

Application numérique : m=2,83. Le système est très amorti, et :

- la réponse indicielle ne présentera aucun dépassement,
- la réponse harmonique présentera deux pulsations de cassure et aucune résonance.

Question 4

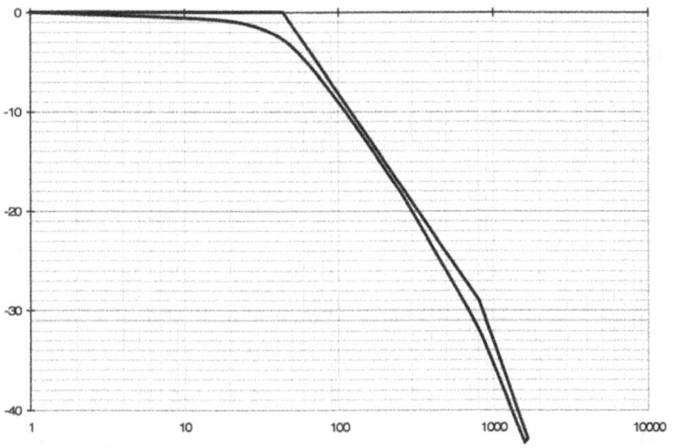

Question 5

Le diagramme de gain montre que la fonction de transfert peut s'écrire sous la forme :

$$H_m(p) = \frac{H_{m0}}{\left(1 + \frac{p}{33,2}\right)\left(1 + \frac{p}{1001}\right)}$$

La constante de temps électrique du moteur est $\frac{L_m}{R_m} = 0{,}97\ \text{ms}$, soit une pulsation 1033 rad.s-[1] (correspondant à la pulsation de cassure 1001 rad.s-[1]).

Cette constante de temps est très faible et peut être négligée devant l'autre constante de temps du système.

On vérifie qu'en négligeant cette constante de temps, la fonction de transfert s'écrit :

$$H_m(p) = \frac{\frac{K_m}{K_m^2 + R_m F}}{1 + \frac{R_m J}{K_m^2 + R_m F} p} = \frac{21{,}2}{1 + \frac{p}{32{,}2}}$$

où on retrouve la première pulsation de cassure de la réponse harmonique.

Question 6

$$H_1(p) = \left.\frac{Z(p)}{U_m(p)}\right]_{C_R=0} = K_R \cdot \frac{K_Z}{p} \cdot \frac{\frac{K_m}{R_m(F + Jp)}}{1 + K_m \frac{K_m}{R_m(F + Jp)}} = \frac{K_R K_Z K_m}{p\left(R_m(F + Jp) + K_m^2\right)}$$

$$H_2(p)=\left.\frac{Z(p)}{C_R(p)}\right]_{U_m=0}=K_R\frac{K_Z}{p}\frac{-\frac{1}{F+Jp}}{1+\frac{K_m^2}{R_m(F+Jp)}}=-\frac{K_RK_ZR_m}{p\left(R_m(F+Jp)+K_m^2\right)}$$

Question 7

$$H_1(p)=\frac{K_RK_ZK_m}{p\left(K_m^2+R_mF+R_mJp\right)}=\frac{\frac{K_RK_ZK_m}{K_m^2+R_mF}}{p\left(1+\frac{R_mJ}{K_m^2+R_mF}p\right)}=\frac{A}{p(1+\tau p)}$$

$$H_2(p)=-\frac{K_RK_ZR_m}{p\left(K_m^2+R_mF+R_mJp\right)}=-\frac{\frac{K_RK_ZR_m}{K_m^2+R_mF}}{p\left(1+\frac{R_mJ}{K_m^2+R_mF}p\right)}=-\frac{B}{p(1+\tau p)}$$

Question 8

il faut appliquer une tension positive à la montée de la borne. Ce cas de figure correspond à la fermeture des interrupteurs K1 et K2 (et K3, K4 ouverts).

A la descente de la borne, ce sont les interrupteurs K3 et K3 qui devront être fermés (et K1, K2 ouverts).

Question 9

$$Z(p)=H_1(p)\cdot U_m(p)-H_2(p)\cdot C_R(p)=\frac{A}{p(1+\tau p)}U_m(p)-\frac{B}{p(1+\tau p)}C_R(p)=\frac{A}{p(1+\tau p)}\frac{E_B}{p}-\frac{B}{p(1+\tau p)}\frac{C_{R0}}{p}$$

Question 10

Cette question est hors programme...

La table des transformées de Laplace indique que $\frac{1}{p^2(1+\tau p)}\xrightarrow{L^{-1}}t-\tau+\tau e^{-\frac{t}{\tau}}$

Donc $\frac{1}{p^2(1+\tau p)}\xrightarrow{L^{-1}}t-\tau+\tau e^{-\frac{t}{\tau}}$

D'où l'expression de Z(t) : $\boxed{Z(t)=\left(AE_B-BC_{R0}\right)\left(t-\tau+\tau e^{-\frac{t}{\tau}}\right)}$

Question 11

Avec les valeurs numériques proposées, on calcule pour t=5,84 s : Z(t)=500,2 mm.

Chapitre 19. Correction des systèmes asservis

Exercice 1 : Table de radiographie D2RS (Concours ATS 2018)

Question 1

La réponse ne présente pas de dépassement, et la tangente à l'origine n'est pas horizontale. On peut donc estimer que le système est un système du premier ordre.

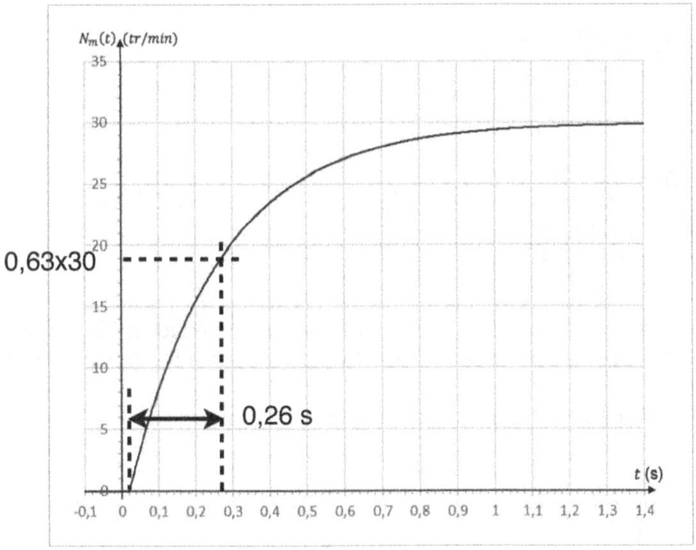

Le gain statique vaut $H_{i0} = \dfrac{30}{30} = 1$

La constante de temps se mesure sur la courbe : τ=260 ms.

Question 2

$k_r = k_i \cdot k_t = 2{,}289.10^{-3}$

Par manipulations sur les blocs, on construit le schéma bloc équivalent ci-dessous :

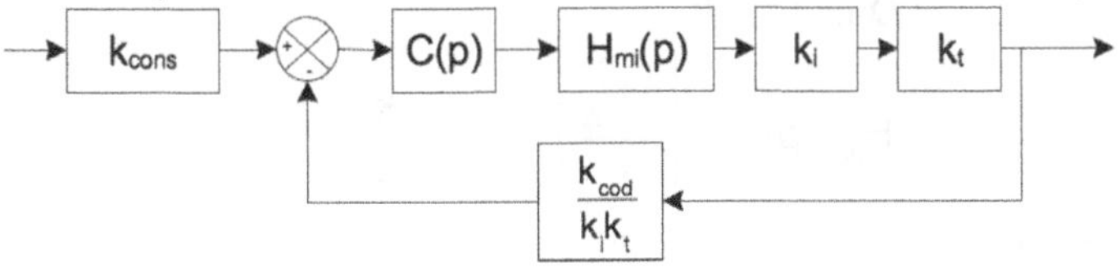

Puis :

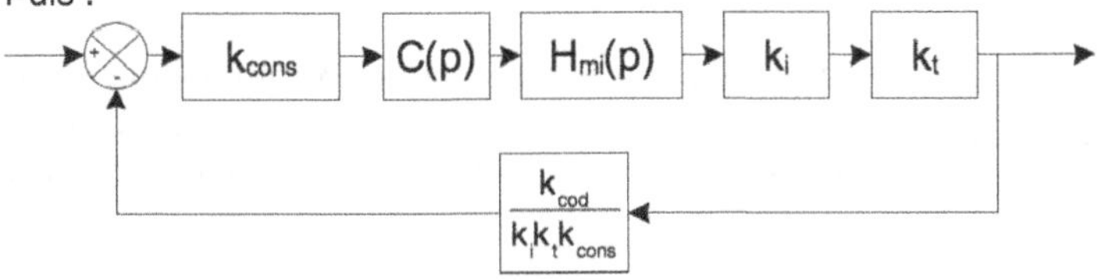

Il faut donc avoir $k_{cons} k_i k_t = 1$ et $\dfrac{k_{cod}}{k_{cons} k_i k_t} = 1$ pour se ramener au schéma bloc proposé.

D'où $\boxed{k_{cons} = \dfrac{1}{k_i k_t} = \dfrac{1}{k_r} = 436{,}8}$ et $\boxed{k_{cod} = 1}$

Question 3

$$H_{BO}(p) = C(p) \cdot H_{mi}(p) = k_p \frac{1}{1+\frac{p}{4}} = \frac{10}{1+\frac{p}{4}}$$

Dans le cas d'un retour unitaire, l'erreur a pour expression $\varepsilon(p) = \dfrac{1}{1+H_{BO}(p)} \cdot N_{ci}(p)$.

Pour une entrée échelon unitaire, $N_{ci}(p) = \dfrac{1}{p}$.

CORRIGÉS

Alors $\boxed{\varepsilon_s = \lim_{p\to 0} p\varepsilon(p) = \lim_{p\to 0} \frac{1}{1+H_{BO}(p)} = \frac{1}{11} = 0{,}091°/s}$

Question 4

$$H_{BF}(p) = \frac{H_{BO}(p)}{1+H_{BO}(p)} = \frac{\frac{10}{1+\frac{p}{4}}}{1+\frac{10}{1+\frac{p}{4}}} = \frac{10}{1+\frac{p}{4}+10} = \frac{10}{11+\frac{p}{4}} = \frac{\frac{10}{11}}{1+\frac{p}{44}} \; : \; H_{iBF} = 0{,}91 \text{ ET } \tau_{iBF} = 22{,}7\,\text{ms}$$

Le temps de réponse répond à l'exigence de rapidité du cahier des charges (inférieur à 100ms). En revanche, l'exigence de précision n'est pas satisfaite puisque l'erreur statique est égale à 1-0,91=0,09°/s, supérieure à 0,05 °/s.

Il sera donc nécessaire d'ajouter une correction intégrale afin d'améliorer cette précision.

Question 5

$$C(p) = k_p + \frac{k_i}{p} = \frac{k_i + k_p p}{p} = k_i\left(\frac{1+\frac{k_p}{k_i}p}{p}\right) = k_p\left(\frac{1+\frac{k_p}{k_i}p}{\frac{k_p}{k_i}p}\right) \; : \; k_c = k_p \text{ et } \tau_c = \frac{k_p}{k_i}$$

Question 6

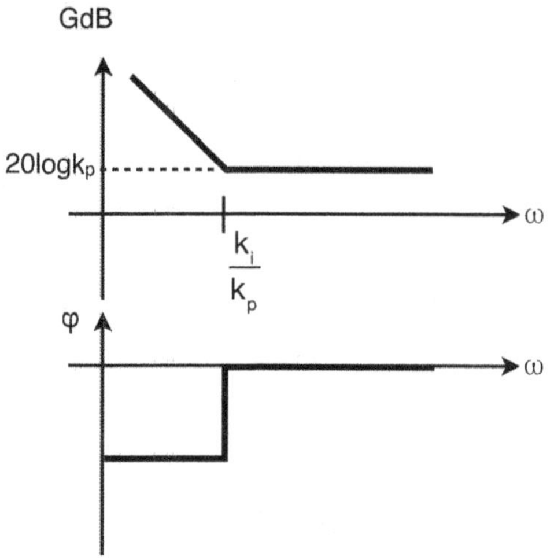

Question 7

$$H_{BOc}(p) = k_c\left(\frac{1+\frac{p}{4}}{\frac{p}{4}}\right)\frac{1}{1+\frac{p}{4}} = \frac{4k_c}{p} \; :$$

$\boxed{k_i = 4k_c = 4k_p = 40\ s^{-1}}$

La fonction de transfert corrigée est un intégrateur pur, avec une phase constante égale à -90°. La marge de phase est donc égale à 90° et le système est stable.

Question 8

La fonction de transfert corrigée étant de classe 1, l'erreur statique est nulle.

Pour un système à retour unitaire, la fonction de transfert en boucle fermée a pour expression :

$$H_{BFc}(p) = \frac{H_{Boc}(p)}{1+H_{Boc}(p)} = \frac{\frac{K_i}{p}}{1+\frac{K_i}{p}} = \frac{1}{1+\frac{p}{K_i}}$$

Il s'agit d'une fonction de transfert du 1er ordre, dont le temps de réponse vaut $t_{r,5\%} = 3\tau = \frac{3}{K_i}$.

Le temps de réponse est donc égal à $t_{r,5\%} = 75\ \text{ms}$.

Les exigences du cahier des charges sont donc respectées.

Exercice 2 : Unité de conditionnement de cartons (Concours ATS 2016)

Question 1

Pour avoir un retour unitaire, il faut vérifier $K_{num} \cdot \dfrac{5}{1023} \cdot K_{\Omega} = 1$ avec $K_{\Omega} = \dfrac{5}{100\pi}$.

Donc $\boxed{K_{num} = \dfrac{5}{1023} \cdot \dfrac{100\pi}{5} = 0,307}$

Question 2

$$\varepsilon_{num}(p) = \left(\Omega_{ref}\right)_{num}(p) - \Omega_m(p) = \left(\Omega_{ref}\right)_{num}(p) - \frac{3546,1}{p}\left(C_{em}(p) - C_{req}(p)\right)$$

$$\varepsilon_{num}(p) = \left(\Omega_{ref}\right)_{num}(p) - \frac{3546,1}{p}\left(C_{em}(p) - C_{req}(p)\right)$$

$$\varepsilon_{num}(p) = \left(\Omega_{ref}\right)_{num}(p) - \frac{3546,1}{p}\left(C(p) \cdot \frac{5}{1023} \cdot 0,926\varepsilon_{num}(p) - C_{req}(p)\right)$$

Donc :

$$\left[1 + \frac{3546,1}{p}C(p) \cdot \frac{5}{1023} \cdot 0,926\right]\varepsilon_{num}(p) = \left(\Omega_{ref}\right)_{num}(p) + \frac{3546,1}{p}C_{req}(p)$$

$$\left[\frac{16,049C(p) + p}{p}\right]\varepsilon_{num}(p) = \left(\Omega_{ref}\right)_{num}(p) + \frac{3546,1}{p}C_{req}(p)$$

D'où finalement :

$$\boxed{\varepsilon_{num}(p) = \frac{p}{16,049C(p) + p}\left(\Omega_{ref}\right)_{num}(p) + \frac{3546,1}{16,049C(p) + p}C_{req}(p)}$$

Question 3

Avec C(p)=K, $C_{req}(p) = \dfrac{C_{r0}}{p}$ et $\left(\Omega_{ref}\right)_{num}(p) = \dfrac{\left(\Omega_{ref}\right)_{num0}}{p}$, l'erreur a pour expression :

$$\varepsilon_{num}(p) = \frac{p}{16,049K + p}\frac{\left(\Omega_{ref}\right)_{num0}}{p} + \frac{3546,1}{16,049K + p}\frac{C_{R0}}{p}$$

L'application du théorème de la valeur finale permet de déterminer l'erreur statique :

$$\varepsilon_0 = \lim_{p \to 0} p\varepsilon_{num}(p) = \lim_{p \to 0}\left(\frac{p}{16,049K + p}\left(\Omega_{ref}\right)_{num0} + \frac{3546,1}{16,049K + p}C_{R0}\right)$$

$$\boxed{\varepsilon_0 = \frac{220,95}{K}C_{R0}}$$

CORRIGÉS

Question 4

$$\varepsilon_{num}(p)=\frac{p}{16{,}049K_p\left(\frac{1+T_ip}{T_ip}\right)+p}\frac{\left(\Omega_{ref}\right)_{num0}}{p}+\frac{3546{,}1}{16{,}049K_p\left(\frac{1+T_ip}{T_ip}\right)+p}\frac{C_{r0}}{p}$$

$$\varepsilon_{num}(p)=\frac{T_ip^2}{16{,}049K_p\left(1+T_ip\right)+T_ip^2}\frac{\left(\Omega_{ref}\right)_{num0}}{p}+\frac{3546{,}1T_ip}{16{,}049K_p\left(1+T_ip\right)+T_ip^2}\frac{C_{r0}}{p}$$

Alors l'erreur statique a maintenant pour expression :

$$\varepsilon_0=\lim_{p\to 0}p\varepsilon_{num}(p)=\lim_{p\to 0}\left(\frac{T_ip^2}{16{,}049K_p\left(1+T_ip\right)+T_ip^2}\left(\Omega_{ref}\right)_{num0}+\frac{3546{,}1T_ip}{16{,}049K_p\left(1+T_ip\right)+T_ip^2}C_{r0}\right)$$

$$\boxed{\varepsilon_0=0}$$

Question 5

$$\underline{FTBO}=K_p\left(\frac{1+jT_i\omega}{jT_i\omega}\right)e^{-jTe\omega}\cdot\frac{5\cdot 0{,}926}{1023}\cdot\frac{3546{,}1}{j\omega}=\frac{16{,}049K_pe^{-jTe\omega}\left(1+jT_i\omega\right)}{j\omega\left(jT_i\omega\right)}$$

Question 6

On impose $\operatorname{Arg}\left(\underline{FTBO}(\omega_u)\right)=-\frac{3\pi}{4}$, donc $\operatorname{Arg}\left(\frac{16{,}049K_pe^{-jTe\omega_u}\left(1+jT_i\omega_u\right)}{j\omega_u\left(jT_i\omega_u\right)}\right)=-\frac{3\pi}{4}$

On en déduit $-Te\cdot\omega_u+\operatorname{atan}\left(T_i\omega_u\right)-\pi=-\frac{3\pi}{4}$

D'où l'expression de T_i : $\boxed{T_i=\frac{\tan\left(\frac{\pi}{4}+Te\cdot\omega_u\right)}{\omega_u}=3{,}4\text{ ms}}$

Question 7

Il faut vérifier $\left|\underline{FTBO}(\omega_u)\right|=1$, donc $\frac{16{,}049K_p\sqrt{1+\left(T_i\omega_u\right)^2}}{T_i\omega_u^2}=1$.

On en déduit $K_p=\frac{T_i\omega_u^2}{16{,}049\sqrt{1+\left(T_i\omega_u\right)^2}}$ avec T_i=3,4 ms.

Donc $\boxed{K_p=59{,}8}$

Exercice 3 : Véhicule Auto Guidé (Concours ATS 2014)

Question 1

$$\boxed{K_M=\frac{\frac{\pi N}{30}}{5}=78{,}54\text{ rad.s}^{-1}.\text{V}^{-1}}\text{ et }\boxed{R(p)=R=\frac{1}{153{,}33}=6{,}52.10^{-3}}$$

Question 2

$\Omega_D(t) = \frac{d\alpha_D(t)}{dt}$, donc $\Omega_D(p) = p\alpha_D(p)$. D'où $\boxed{D(p) = \frac{1}{p}}$

Question 3

Le rapport de transmission entre la tourelle et le potentiomètre est $\frac{\alpha_P}{\alpha_D} = \frac{D_{pD}}{D_{pP}} = 10$

Donc une plage de variation de la tourelle de ±75° se traduit par une plage de variation de ±750° du potentiomètre.

On en déduit alors $Cap(p) = \frac{dV_r}{d\alpha_D} = \frac{10dV_r}{d\alpha_P}$, avec $\frac{dV_r}{d\alpha_P} = \frac{10}{10 \cdot 2\pi}$ car la tension aux bornes du potentiomètre varie de 0 à 10 V sur 10 tours.

D'où $\boxed{Cap(p) = 10\frac{10}{10 \cdot 2\pi} = 1{,}59 \text{ V.rad}^{-1}}$

Question 4

$$\boxed{T_{BO}(p) = Cor(p) \cdot H_M(p) \cdot R(p) \cdot D(p) \cdot Cap(p)}$$

Question 5

La fonction de transfert $H_M(p)$ est une fonction du second ordre avec deux pôles réels. La compensation du pôle dominant permet d'éliminer de cette fonction de transfert le pôle dont la partie réelle est la plus faible, correspondant à la constante de temps la plus grande.

Cette technique permet de rendre l'asservissement plus rapide.

$$T_{BO}(p) = \frac{K_p \cdot (1 + T_i \cdot p)}{1 + \frac{T_i}{a} \cdot p} \cdot \frac{K_M}{(1 + T_E \cdot p)(1 + T_M \cdot p)} \cdot R(p) \cdot D(p) \cdot Cap(p) \text{ avec } T_i = T_M \text{ et } \frac{T_i}{T_a} \ll 1$$

$\boxed{T_{BO}(p) = \frac{K_p K_M RCap}{p(1 + T_E \cdot p)}}$ avec $K_{BO} = K_M RCap = 0{,}815$ et $\tau_{BO} = T_E = 20\text{ ms}$

Question 6

Voir diagrammes page suivante.

Question 7

La phase est égale à -135° à la pulsation de cassure de la fonction de transfert. Il s'agit donc de la pulsation à laquelle la marge de phase est égale à 45°, et $\omega_{M\phi} = \frac{1}{T_e} = 50 \text{ rad.s}^{-1}$

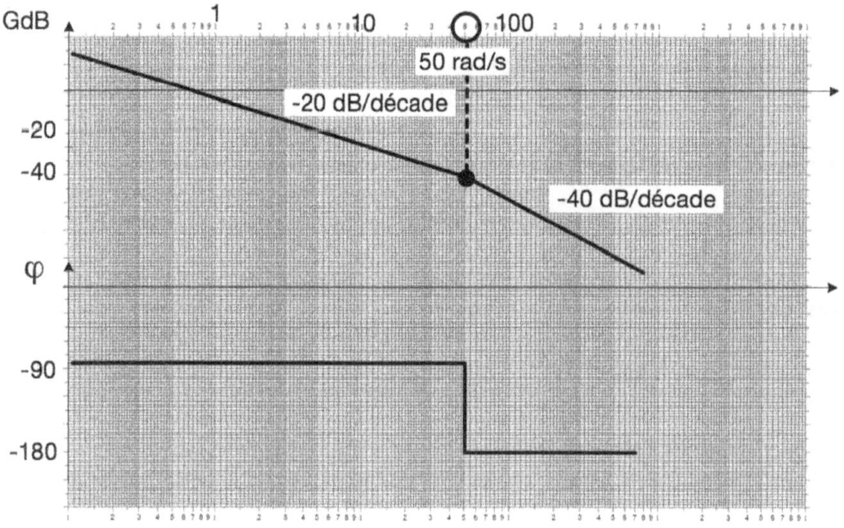

Question 8

$$\left|T_{BO}(j\omega_{M\phi})\right| = \left|\frac{K_p K_{BO}}{j\omega_{M\phi}\left(1+T_E \cdot j\omega_{M\phi}\right)}\right| = \frac{K_{BO}}{\omega_{M\phi}\sqrt{2}} \text{ car } j\omega_{M\phi} = \frac{1}{T_E}$$

Donc $\left|T_{BO}(j\omega_{M\phi})\right| = 0{,}0115$, Soit $G_{dB}(\omega_{M\phi}) = 20\log\left(\left|T_{BO}(j\omega_{M\phi})\right|\right) = -38{,}8\text{ dB}$

Il est donc possible d'insérer une correction proportionnelle telle que $20\log K_p = 38{,}8$ dB, soit $K_p = \dfrac{1}{\left|T_{BO}(j\omega_{M\phi})\right|} = 86{,}8$.

Question 9

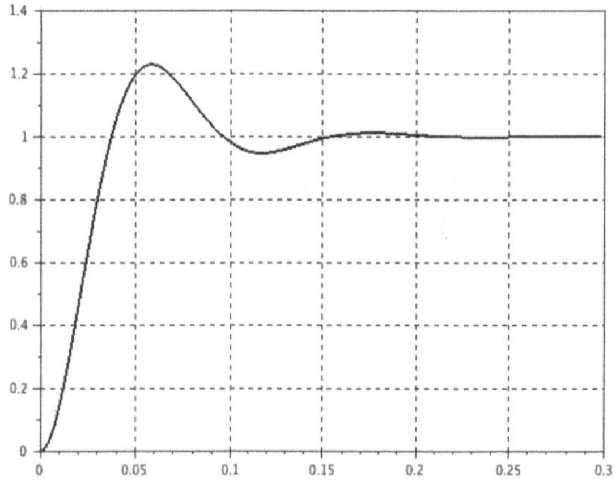

Le réglage du correcteur permet d'obtenir une stabilité et un temps de réponse satisfaisants.

Corrigés de la partie E « Chaîne d'information »

Chapitre 20. Capteurs et détecteurs

Exercice 1 : Spiralift (Concours ATS 2017)

Question 1

Le codeur, de résolution r=32 impulsions par tour, est relié à l'arbre moteur.

Le rapport de transmission a pour expression $k = \frac{1}{5} \cdot \frac{21}{54} \cdot 52{,}9.10^{-3} = 4{,}11.10^{-3}$ m.tour^{-1}.

La précision de la chaîne de mesure est donc égale à $\frac{k}{r} = 1{,}29.10^{-4} = 0{,}13$ mm / impulsion.

Le cahier des charges est donc respecté.

Question 2

La conversion de 0x184E en décimal est égale à 6222. Avec une précision de $1{,}29.10^{-4}$ m/impulsion, l'altitude de la position basse de l'ascenseur vaut donc 6222x $1{,}29.10^{-4}$ = 0,8 m

Question 3

L'altitude maximale est égale à 5,6 m, et correspond à un nombre d'impulsions :

$$\frac{5{,}6}{k / r} = 43553 \text{ impulsions}$$

La conversion de ce nombre en hexadécimal est AA21, qui nécessite 2 octets. L'exigence du cahier des charges est donc satisfaite.

Exercice 2 : Train pendulaire (Concours ATS 2013)

Question 1

Le nombre de tour du codeur par mètre de déplacement de l'axe a pour expression :

$$k = \frac{\text{angle codeur}}{\text{déplacement axe}} = \frac{\omega_{codeur}}{\omega_m} \cdot \frac{\omega_m}{\omega_{vis}} \cdot \frac{1}{p} = \frac{1}{100} \cdot \frac{3{,}04}{10.10^{-3}} = 3{,}04 \text{ tour.m}^{-1}$$

Donc, pour une course de 140 mm, le codeur effectue une rotation égale à $140.10^{-3} \cdot k = 0{,}42$ tour.

Le codeur effectue donc moins d'un tour lors de la course de l'actionneur.

Question 2

Le codeur effectuant moins d'un tour, il ne sera pas nécessaire de compter le nombre de tours pour connaître la position de l'actionneur.

Question 3

$$X_V = \frac{p}{2\pi} \alpha_{vis} \pm \Delta art \pm \Delta vis$$

De plus, $\alpha_{vis} = \frac{\alpha_m}{N} \pm \Delta red$ avec $\alpha_m = 100\alpha_{codeur}$

Donc $\boxed{X_V = \frac{p}{2\pi}\left(\frac{100\alpha_{codeur}}{N} \pm \Delta red\right) \pm \Delta art \pm \Delta vis}$

Question 4

$$\Delta X_V = X_{V,maxi} - X_{V,mini} = \left[\frac{p}{2\pi}\left(\frac{100\alpha_{codeur}}{N} + \Delta red\right) + \Delta art + \Delta vis\right] - \left[\frac{p}{2\pi}\left(\frac{100\alpha_{codeur}}{N} - \Delta red\right) - \Delta art - \Delta vis\right]$$

$$\boxed{\Delta X_V = \frac{p}{2\pi}\left(\frac{100\alpha_{codeur}}{N} + 2\Delta red\right) + 2\Delta art + 2\Delta vis = 0,596\ \text{mm}}$$

L'exigence du cahier des charges (écart inférieur à 2 mm) est donc respectée.

Exercice 3 : Top Chair S (Concours CCP TSI 2013)

Question 1

L'étude de la documentation constructeur fait apparaître les informations suivantes :

- type de rayon émis : infrarouge ;
- tension d'alimentation : 4,5 à 5 V conseillée ;
- temps maximum entre deux mesures : 38,3+9,6=47,9 ms.

La fréquence minimale de prise d'échantillon est donc $\frac{1}{47{,}9.10^{-3}} = 20{,}9\ \text{Hz}$.

Question 2

Le capteur fournit un signal analogique sous la forme d'une tension. Il sera donc nécessaire de procéder à une conversion analogique-numérique avant le traitement de l'information par le microprocesseur.

La tension délivrée est au plus égale à 2,7 V et est donc compatible avec une utilisation directe sur un microprocesseur alimenté en 5 V.

Question 3

A la lecture de la courbe caractéristique du capteur, on lit les tensions délivrées en fonction des distances demandées :

Distance (cm)	4	9	15	30	65
Tension (V)	1	2	2,8	2	1

Il existe un maximum, et par conséquent deux distances différentes peuvent se traduire par une même tension délivrée par le capteur.

La mesure n'est donc exploitable que pour une distance supérieure à 15 cm.

Le domaine d'emploi spécifié par le constructeur est une distance variant de 20 cm à 150 cm.

Le capteur délivre une tension de 2,5 V à la limite du domaine d'emploi (20 cm), et une tension maximale de 2,55 V pour une distance de 15 cm.

Lé détection de la sortie du domaine d'emploi peut se réaliser par comparaison de la tension avec la valeur 2,5 V. Si la tension délivrée devient supérieure à 2,5 V alors le capteur sort de son domaine d'emploi.

Chapitre 21. Amplification du signal

Exercice 1 : Panneaux déroulants (Concours ATS 2011)

Question 1

Il existe un bouclage sur l'entrée non inverseuse : l'ALI fonctionne en régime non linéaire.

Question 2

Appliquons le théorème de Millmann sur l'entrée inverseuse E-:

$$V^- = V_{ref} = \frac{G_2 V_{cc}}{G_1 + G_2} = \frac{R_1 V_{cc}}{R_1 + R_2}$$

On en déduit $R_2 = R_1\left(\frac{V_{cc}}{V_{ref}} - 1\right) = 4{,}45\ \text{k}\Omega$

Question 3

Théorème de Millmann sur l'entrée non inverseuse E+ :

$$V^+ = \frac{G_A V_{SC} + G_B V_{cap}}{G_A + G_B} = \frac{R_B V_{SC} + R_A V_{cap}}{R_A + R_B}$$

Question 4

Si $V_{SC}=+V_{CC}$, la bascule vers $V_{SC}=-V_{CC}$ se produira quand $V^+ < V^-$, donc quand $\frac{R_B V_{SC} + R_A V_{cap}}{R_A + R_B} < V_{ref}$

D'où $\frac{R_B V_{CC} + R_A V_{cap1}}{R_A + R_B} = V_{ref}$, soit $\boxed{V_{cap1} < \frac{V_{ref}(R_A + R_B) - R_B V_{CC}}{R_A} = 0{,}99\ \text{V}}$

Si $V_{SC}=-V_{CC}$, la bascule vers $V_{SC}=+V_{CC}$ se produira quand $V^+ > V^-$, donc quand $\frac{R_B V_{SC} + R_A V_{cap}}{R_A + R_B} > V_{ref}$

D'où $\frac{-R_B V_{CC} + R_A V_{cap2}}{R_A + R_B} = V_{ref}$, soit $\boxed{V_{cap2} = \frac{V_{ref}(R_A + R_B) + R_B V_{CC}}{R_A} = 3{,}96\ \text{V}}$

Question 5

Lorsque le capteur est à l'état bas, la tension délivrée varie entre -2 V et 2 V, donc toujours inférieure à V_{cap2}. Il n'y a pas de risque de bascule intempestive vers l'état haut.

De même, lorsque le capteur est à l'état haut, il délivre une tension comprise entre 3 V et 7,5 V, donc toujours supérieure à V_{cap1}. Il n'y a pas de risque de bascule intempestive vers l'état bas.

Question 6

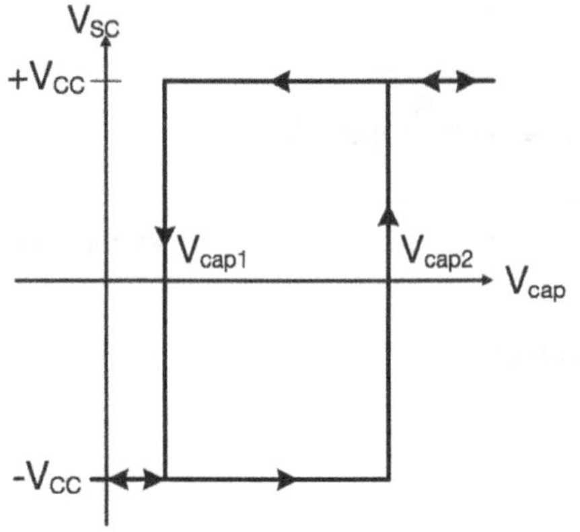

CORRIGÉS

Exercice 2 : Maison hantée (Concours ATS 2009)

Question 1

Chaque ALI fonctionne en régime linéaire, car il y a présence d'un bouclage sur leurs entrées inverseuses.

Théorème de Millmann sur l'entrée inverseuse de l'ALI de sortie :

$$V^- = \frac{GV_s + GV_a}{2G} = \frac{V_s + V_a}{2}$$

Théorème de Millmann sur l'entrée non inverseuse de l'ALI de sortie :

$$V^+ = \frac{GV_b}{2G} = \frac{V_b}{2}$$

L'ALI étant parfait, on a $V^- = V^+$, donc $\frac{V_s + V_a}{2} = \frac{V_b}{2}$, soit au final : $\boxed{V_s = V_b - V_a}$

Question 2

On note V_1^- et V_1^+ les tensions des entrées de l'ALI de l'entrée V_1, et V_2^- et V_2^+ les tensions des entrées de l'ALI de l'entrée V_2.

Théorème de Millmann sur l'entrée inverseuse de l'ALI de l'entrée V_1 :

$$V_1^- = \frac{G_1 V_a + G_g V_2^-}{G_1 + G_g}$$

L'ALI est parfait, donc $V_1^- = V_1^+ = V_1$. D'où $\frac{G_1 V_a + G_g V_2^-}{G_1 + G_g} = V_1$ avec $V_2^- = V_2^+ = V_2$

D'où au final $\frac{R_g V_a + R_1 V_2}{R_1 + R_g} = V_1$, soit $\boxed{V_a = V_1 + \frac{R_1}{R_g}(V_1 - V_2)}$

Théorème de Millmann sur l'entrée inverseuse de l'ALI de l'entrée V_1 :

$$V_2^- = \frac{G_1 V_b + G_g V_1^-}{G_1 + G_g}$$

L'ALI est parfait, donc $V_2^- = V_2^+ = V_2$. D'où $\frac{G_1 V_b + G_g V_1^-}{G_1 + G_g} = V_2$ avec $V_1^- = V_1^+ = V_1$

D'où au final $\frac{R_g V_b + R_1 V_1}{R_1 + R_g} = V_2$, soit $\boxed{V_b = V_2 - \frac{R_1}{R_g}(V_1 - V_2)}$

Question 3

$V_s = V_b - V_a = V_2 - \frac{R_1}{R_g}(V_1 - V_2) - V_1 - \frac{R_1}{R_g}(V_1 - V_2)$, donc $\boxed{V_s = \left(1 + 2\frac{R_1}{R_g}\right)(V_2 - V_1)}$

Question 4

Le capteur délivre une tension de 30 µV par N. On souhaite obtenir 5 incréments par newton, sachant que la résolution du convertisseur vaut 2,5 mV par incrément.

Il faut donc amplifier le signal d'un rapport $\frac{5 \cdot 2{,}5.10^{-3}}{30.10^{-6}} = 416{,}17$

Donc $1 + 2\frac{R_1}{R_g} = 416{,}17$, soit $\boxed{R_g = 2\frac{R_1}{415{,}17} = 118{,}6\ \Omega}$

Question 5

En utilisant la formule proposée par le constructeur, on obtient $R_g = \frac{49{,}4\ \text{k}\Omega}{416{,}17-1} = 119\ \Omega$.

Le calcul de la question précédente est donc en cohérence avec la proposition du constructeur.

Question 6

L'étendue de mesure du capteur vaut 250 N. Si on souhaite 5 incréments par newton, il faut pouvoir coder la valeur 250x5=1250.

Or le codage du convertisseur se fait sur 12 bits, et permet donc de coder la valeur 2^{12}-1=4095. Le convertisseur est donc adapté à la solution choisie.

Exercice 3 : Stabilisateur cardiaque actif (Concours Centrale Supelec TSI 2012)

Question 1

Appliquons le théorème de Millmann aux nœud A et B :

$$v_A = \frac{\dfrac{E_0}{R_0 - \nu\Delta R}}{\dfrac{1}{R_0 - \nu\Delta R} + \dfrac{1}{R_0 + \Delta R}} = \frac{(R_0 + \Delta R)}{2R_0 + (1-\nu)\Delta R} E_0$$

$$v_B = \frac{\dfrac{E_0}{R_0 + \Delta R}}{\dfrac{1}{R_0 - \nu\Delta R} + \dfrac{1}{R_0 + \Delta R}} = \frac{(R_0 - \nu\Delta R)}{2R_0 + (1-\nu)\Delta R} E_0$$

On en déduit l'expression de la tension $u_{AB}=v_A-v_B$:

$$u_{AB} = \frac{(R_0 + \Delta R)}{2R_0 + (1-\nu)\Delta R} E_0 - \frac{(R_0 - \nu\Delta R)}{2R_0 + (1-\nu)\Delta R} E_0 = \frac{(1+\nu)\Delta R}{2R_0 + (1-\nu)\Delta R} E_0 = \frac{(1+\nu)\dfrac{\Delta R}{R_0}}{2 + (1-\nu)\dfrac{\Delta R}{R_0}} E_0$$

Or on considère $\frac{\Delta R}{R_0} \ll 1$, donc cette expression peut s'écrire $\boxed{u_{AB} = \frac{1+\nu}{2} \cdot \frac{\Delta R}{R_0} \cdot E_0}$

Question 2

$\frac{\Delta R}{R_0} = G_F \frac{\Delta L}{L_0} = 2{,}31\%$. Alors $\boxed{u_{AB} = 15{,}1\text{mV}}$

Question 3

Il y présence d'un bouclage sur chacune des entrées inverseuses des trois ALI, qui fonctionnent donc tous en régime linéaire.

Théorème de Millmann appliqué aux entrées de ALI 3 :

$$V_3^+ = \frac{G_2 v_2}{2G_2} = \frac{v_2}{2} \quad \text{et} \quad V_3^- = \frac{G_2 v_1 + G_2 v_{cm}}{2G_2} = \frac{v_1 + v_{cm}}{2}$$

Les ALI étant supposés idéaux, $V_3^- = V_3^+$, donc $\frac{v_2}{2} = \frac{v_1 + v_{cm}}{2}$. D'où $v_{cm} = v_2 - v_1$ (1)

Théorème de Millmann appliqué aux entrées inverseuses des ALI 1 et 2 :

$$V_1^- = \frac{G_1 v_1 + G_g V_2^-}{G_1 + G_g} \quad \text{et} \quad V_2^- = \frac{G_1 v_2 + G_g V_1^-}{G_1 + G_g}$$

Or $V_1^+ = v_B = V_1^-$ et $V_2^+ = v_A = V_2^-$

Donc $$v_B = \frac{G_1 v_1 + G_g v_A}{G_1 + G_g} = \frac{R_g v_1 + R_1 v_A}{R_1 + R_g}, \text{ soit } v_B = v_1 + \frac{R_1}{R_g}(v_A - v_B) \quad (2)$$

et $$v_A = \frac{G_1 v_2 + G_g v_B}{G_1 + G_g} = \frac{R_g v_2 + R_1 v_B}{R_1 + R_g}, \text{ soit } v_A = v_2 - \frac{R_1}{R_g}(v_A - v_B) \quad (3)$$

De (1), (2) et (3), on tire $v_{cm} = v_2 - v_1 = v_A + \frac{R_1}{R_g}u_{AB} - v_B + \frac{R_1}{R_g}u_{AB}$

D'où finalement $\boxed{v_{cm} = \left(1 + 2\frac{R_1}{R_g}\right)u_{AB}}$

Question 4

Avec les valeurs numériques proposées, le rapport d'amplification est égal à $\left(1 + 2\frac{R_1}{R_g}\right) = 495$.

Pour X_A=-130 µm, donc pour u_{AB}=15,1 mV, la tension en sortie de l'amplificateur est alors égale à :

$\boxed{v_{cm} = 7,49 \text{ V}}$

Chapitre 22. Filtrage du signal

Exercice 1 : Laveuse autoportée (Concours ATS 2015)

Question 1

Le collecteur de l''arbre moteur, qui comporte 14 lames, tourne à une vitesse maximale de 5838 tr/mn. Chaque changement de lame du collecteur génère une implusion parasite, dont la fréquence est donc au maximum égale à :

$\boxed{f_p = \frac{5836}{60} * 14 = 1362 \text{ Hz}}$

Question 2

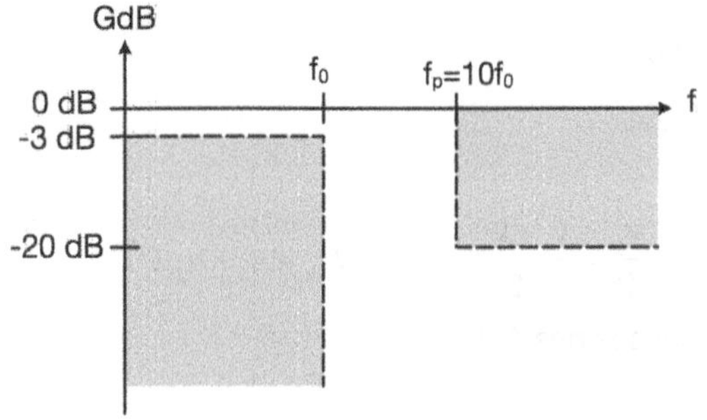

Question 3

Appliquons la formule du pont diviseur de tension au montage :

$$\frac{\underline{V_s}(j\omega)}{\underline{V_e}(j\omega)} = \frac{\frac{1}{jC\omega}}{R+\frac{1}{jC\omega}} = \frac{1}{1+jRC\omega}$$

Le filtre est un filtre passe-bas du premier ordre, de pulsation de coupure $\frac{1}{RC}$.

Le gain de ce filtre diminue de 20 dB par décade. Par conséquent, si la fréquence de coupure est égale à f_0, alors le gain à la fréquence f_p sera égal à -20 dB. Or le cahier des charges exige une atténuation strictement supérieure à -20 dB. L'exigence d'atténuation n'est donc pas satisfaite avec ce filtre du premier ordre.

Question 4

Notons $v_C(t)$ la tension aux bornes du condensateur commun, et appliquons la formule du pont diviseur de tension à $v_s(t)$:

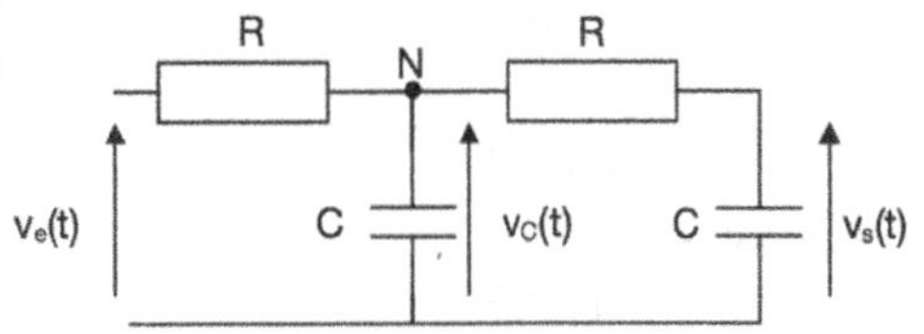

$$\underline{V_s}(j\omega) = \frac{\frac{1}{jC\omega}}{R+\frac{1}{jC\omega}}\underline{V_C}(j\omega) = \frac{1}{1+jRC\omega}\underline{V_C}(j\omega)$$

Appliquons maintenant le théorème de Millmann au nœud N :

$$\underline{V_C}(j\omega) = \frac{\frac{1}{R}\underline{V_e}(j\omega)+\frac{1}{R}\underline{V_s}(j\omega)}{\frac{1}{R}+\frac{1}{R}+jC\omega} = \frac{\underline{V_e}(j\omega)+\underline{V_s}(j\omega)}{2+jRC\omega}$$

De ces deux relations, on tire

$$\underline{V_s}(j\omega) = \frac{\underline{V_e}(j\omega)+\underline{V_s}(j\omega)}{(1+jRC\omega)(2+jRC\omega)}, \text{ donc } \left(1-\frac{1}{(1+jRC\omega)(2+jRC\omega)}\right)\underline{V_s}(j\omega) = \frac{\underline{V_e}(j\omega)}{(1+jRC\omega)(2+jRC\omega)}$$

$$\frac{\underline{V_s}(j\omega)}{\underline{V_e}(j\omega)} = \frac{1}{(1+jRC\omega)(2+jRC\omega)-1} = \frac{1}{1+3jRC\omega+(jRC\omega)^2}$$

Il s'agit ici d'un filtre passe-bas du second ordre, dont l'atténuation est de -40 dB par décade. Ce filtre est donc compatible avec l'exigence d'atténuation.

Question 5

On doit avoir $RC = \frac{1}{2\pi f_0} = 1.17.10^{-3}$ s

On peut choisir par exemple C=1 µF et R=1,2 kΩ

Question 6

La plage de vitesse à mesurer varie de -2 km/h à 6 km/h.

Le quantum de la conversion analogique numérique est, pour un mot de 5 bits signés, égal à $q = \frac{6}{2^4} = 0{,}38\,\text{km/h}$

Exercice 2 : Panneaux déroulants (Concours ATS 2011)

Question 1

Un filtre passe-bas permet de conserver la partie continue d'un signal, et d'atténuer son ondulation.

Question 2

Appliquons le théorème de Millmann au nœud A :

$$V_A = \frac{\frac{1}{R}V_{im} + \frac{1}{10R}V_{is}}{\frac{1}{R} + \frac{1}{10R} + jC\omega} = \frac{10V_{im} + V_{is}}{11 + 10jRC\omega}$$

Question 3

Appliquons maintenant le pont diviseur de tension pour V_{is} :

$$V_{is} = \frac{\frac{1}{10R}V_A}{\frac{1}{10R} + j\frac{C}{10}\omega} = \frac{V_A}{1 + jRC\omega}$$

Question 4

Des deux expressions établies, on tire :

$$V_{is} = \frac{1}{1 + jRC\omega} \cdot \frac{10V_{im} + V_{is}}{11 + 10jRC\omega}, \text{ soit } 10V_{im} = \left(\left(1 + jRC\omega\right)\left(11 + 10jRC\omega\right) - 1\right)V_{is}$$

D'où $\frac{V_{is}}{V_{im}} = \frac{10}{10 + 21jRC\omega + 10\left(jRC\omega\right)^2} = \frac{1}{1 + 2,1j\frac{\omega}{\omega_0} + \left(j\frac{\omega}{\omega_0}\right)^2}$

Question 5

La structure étudiée est un filtre passe-bas du second ordre, caractérisé par une atténuation de 40 dB par décade.

Atténuer le signal d'entrée de 40 dB revient à choisir une pulsation de coupure du filtre ω_0 positionnée une décade avant la pulsation du signal ω_i.

Or Ti=0,5 ms, donc $\omega_i = \frac{2\pi}{T_i} = 12566 \text{ rad.s}^{-1}$. D'où $\omega_0 = 1256,6 \text{ rad.s}^{-1}$

Question 6

On peut choisir toute valeur de résistance supérieure à 1 kΩ, par exemple 10 kΩ.

Question 7

$\frac{1}{RC} = \omega_0$ donc $C = \frac{1}{R\omega_0} = 80 \text{ nF}$ (la valeur normalisée la plus proche est 82 nF).

Exercice 3 : Maison hantée (Concours ATS 2009)

Question 1

La présence d'une boucle de rétroaction sur l'entrée inverseuse de l'ALI indique que ce dernier fonctionne en régime linéaire.

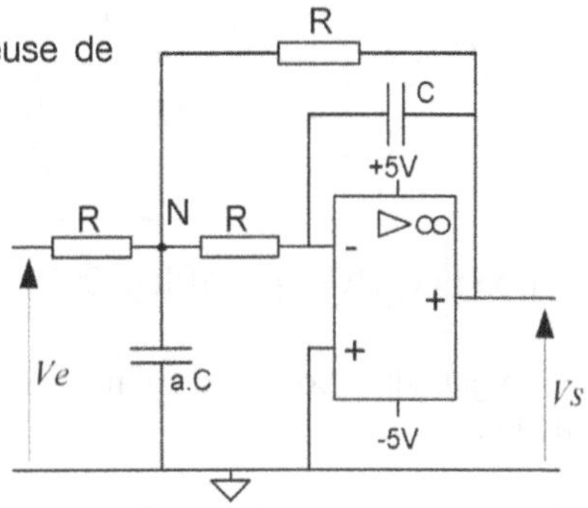

Théorème de Millmann au nœud N :

$$\underline{V}_N = \frac{\frac{1}{R}\underline{V}_e + \frac{1}{R}\underline{V}_s + \frac{1}{R}\underline{V}^-}{\frac{3}{R} + jaC\omega} = \frac{\underline{V}_e + \underline{V}_s + \underline{V}^-}{3 + jaRC\omega}$$

Théorème de Millmann sur l'entrée inverseuse :

$$\underline{V}^- = \frac{jC\omega\underline{V}_s + \frac{1}{R}\underline{V}_N}{jC\omega + \frac{1}{R}} = \frac{jRC\omega\underline{V}_s + \underline{V}_N}{1 + jRC\omega}$$

L'ALI étant supposé idéal, $\underline{V}^- = \underline{V}^+ = 0$, donc $\underline{V}_N = -jRC\omega\underline{V}_s$

On en déduit donc $\frac{\underline{V}_e + \underline{V}_s + \underline{V}^-}{3 + jaRC\omega} = -jRC\omega\underline{V}_s$, soit $\left(1 + \left(3 + jaRC\omega\right)jRC\omega\right)\underline{V}_s = -\underline{V}_e$

$$\boxed{\frac{\underline{V}_s}{\underline{V}_e} = -\frac{1}{1 + 3jRC\omega + a\left(jRC\omega\right)^2}}$$

Question 2

$$\frac{\underline{V}_s}{\underline{V}_e} = \frac{-1}{1 + \frac{3}{\sqrt{a}}j\left(RC\sqrt{a}\right)\omega + \left(j\left(RC\sqrt{a}\right)\omega\right)^2}$$

En posant K=-1, $\omega_0 = \frac{1}{RC\sqrt{a}}$ et $Q = \frac{\sqrt{a}}{3}$, cette expression s'écrit $\frac{\underline{V}_s}{\underline{V}_e} = \frac{K}{1 + \frac{1}{Q}\frac{j\omega}{\omega_0} + \left(\frac{j\omega}{\omega_0}\right)^2}$

Question 3

$Q = \frac{\sqrt{a}}{3} = \frac{1}{\sqrt{2}}$ implique $\boxed{a = \frac{9}{2}}$

Question 4

Pour un coefficient d'amortissement $m = \frac{1}{2Q} = \frac{\sqrt{2}}{2}$, le gain à la pulsation de cassure vaut à - 3 dB.

La fréquence de coupure est donc précisément la fréquence 25 Hz, et on cherche donc $\omega_0 = 2\pi f_0$ avec f_0=25 Hz.

D'où $\boxed{RC = \frac{1}{2\pi f_0\sqrt{a}} = 3\text{ ms}}$

Question 5

$$\left|\underline{H}(j10\omega_0)\right| = \left|\frac{K}{1+\frac{10j}{Q}+(10j)^2}\right| = \frac{|K|}{\sqrt{\left(1-10^2\right)^2+\left(\frac{10}{Q}\right)^2}}$$

Donc $\boxed{G_{dB}(10\omega_0) = -10\log\left(99^2+\frac{100}{Q^2}\right) = -40\text{ dB}}$

Le gabarit impose une atténuation au moins égale à -38 dB à 250 Hz. Le filtre étudié respecte donc ce gabarit.

Chapitre 23. Conversion analogique-numérique et numérique-analogique

Exercice 1 : Véhicule Auto Guidé (Concours ATS 2014)

Question 1

Il s'agit d'un convertisseur analogique-numérique.

Question 2

Le mot binaire minimum est $B_{min}=(0000\ 0000\ 0000)_2$, soit $H_{min}=(0\ 0\ 0)_{16}$.

Le mot binaire maximum est $B_{max}=(1111\ 1111\ 1111)_2$, soit $H_{max}=(F\ F\ F)_{16}$.

En position centrale, le potentiomètre délivre la moitié de la pleine échelle du convertisseur, qui va donc coder $\frac{5}{10}\cdot 2^{12} = 2048$.

Donc $B_D=(1000\ 0000\ 0000)_2$, soit $H_D=(8\ 0\ 0)_{16}$.

Question 3

Le quantum a pour expression $\boxed{q = \frac{\text{Pleine échelle}}{2^n} = \frac{10}{2^{12}} = 2{,}44\text{ mV}}$.

Question 4

Le débattement du potentiomètre est égal à 10 tours, correspondant à 1 tour de tourelle. Le plus petit débattement angulaire de tourelle mesurable par la chaîne d'acquisition est donc :

$$\boxed{\varepsilon_{\alpha D} = \frac{2\pi}{2^{12}} = 1{,}53.10^{-3}\text{ rad}}.$$

L'angle $\varepsilon_{\alpha D}$ est suffisamment petit pour pouvoir faire l'approximation $\tan\varepsilon_{\alpha D}\approx\varepsilon_{\alpha D}$.

Alors $\varepsilon_{\alpha D} \approx \tan\varepsilon_{\alpha D} = \frac{\Delta y}{1}$ pour 1 mètre de distance parcourue.

D'où $\boxed{\Delta y = \varepsilon_{\alpha D} = 1{,}53\text{ mm/m}}$

$\Delta y<5$ mm/m, donc l'exigence de dérive latérale est ainsi satisfaite.

Exercice 2 : Table de radiographie D2RS (Concours ATS 2018)

Question 1

$$q = \frac{V_{ref}}{2^{14} - 1} = 0,305 \text{ mV}$$

Le tableau ci-dessous dresse l'état du registre a cours des 5 premières itérations de l'algorithme de recherche.

i	rco testé	V_{co}	Test	rco final
1	10.0000.0000.0000	$2^{13} \cdot q = 2,500$ V	$V_{in} < V_{co}$	00.0000.0000.0000
2	01.0000.0000.0000	1,250 V	$V_{in} > V_{co}$	01.0000.0000.0000
3	01.1000.0000.0000	1,875 V	$V_{in} < V_{co}$	01.0000.0000.0000
4	01.0100.0000.0000	1,563 V	$V_{in} > V_{co}$	01.0100.0000.0000
5	01.0110.0000.0000	1,719 V	$V_{in} < V_{co}$	01.0100.0000.0000

L'allure du signal est représentée page suivante.

Question 2

La conversion charge électrique-tension traite 42x64=2688 pixels simultanément, et le multiplexage permet de convertir simultanément 84 tensions.

Pour une ligne (2688 pixel), le temps de conversion nécessite 28,32 µs, et il faut procéder ensuite à 2688/84=32 conversions analogique-numérique. Le temps de traitement d'une ligne est donc au plus égale à 28,32+32.0,1=31,52 µs.

L'ensemble des 2208 lignes sera donc traité en t_{image}=2208.31,52=69596 µs.

La fréquence possible d'acquisition est donc égale à $1/t_{image}$=14,4 Hz. Cette fréquence est supérieure à l'exigence de 10 Hz du cahier des charges, qui se trouve ainsi satisfaite.

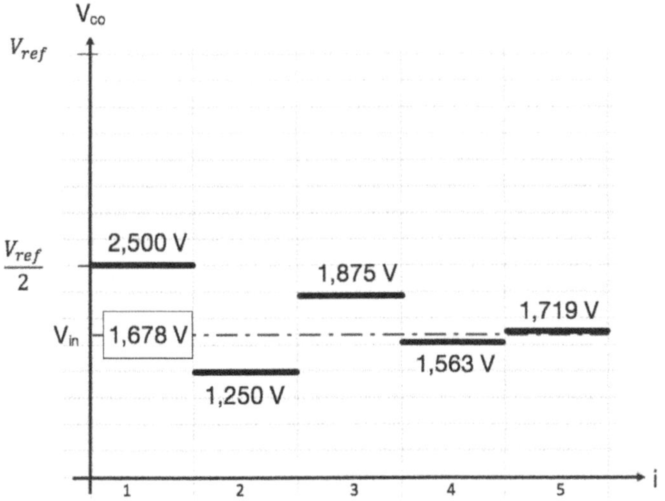

CORRIGÉS

Annexes

Table des transformées de Laplace

Fonction temporelle (Domaine réel)	Transformée de Laplace (Domaine symbolique)
$u(t) = 1$	$U(p) = \frac{1}{p}$
$s(t) = kt$	$S(p) = \frac{k}{p^2}$
$s(t) = t^n$	$S(p) = \frac{n!}{p^{n+1}}$
$s(t) = e^{-at}$	$S(p) = \frac{1}{p+a}$
$s(t) = te^{-at}$	$S(p) = \frac{1}{(p+a)^2}$
$s(t) = 1 - e^{-\frac{t}{\tau}}$	$S(p) = \frac{1}{p(1+\tau p)}$
$s(t) = e^{-at} - e^{-bt}$	$S(p) = \frac{b-a}{(p+a)(p+b)}$
$s(t) = t - \tau + \tau e^{-\frac{t}{\tau}}$	$S(p) = \frac{1}{p^2(1+\tau p)}$
$s(t) = 1 - \frac{1}{\tau_1 - \tau_2}\left(\tau_1 e^{-\frac{t}{\tau_1}} - \tau_2 e^{-\frac{t}{\tau_2}}\right)$	$S(p) = \frac{1}{p(1+\tau_1 p)(1+\tau_2 p)}$
$s(t) = 1 - e^{-at} - ate^{-at}$	$S(p) = \frac{a^2}{p(p+a)^2}$
$s(t) = \sin\omega t$	$S(p) = \frac{\omega}{p^2 + \omega^2}$
$s(t) = \cos\omega t$	$S(p) = \frac{p}{p^2 + \omega^2}$
$s(t) = e^{-at}\sin\omega t$	$S(p) = \frac{\omega}{(p+a)^2 + \omega^2}$
$s(t) = e^{-at}\cos\omega t$	$S(p) = \frac{p+a}{(p+a)^2 + \omega^2}$

Abaques du second ordre

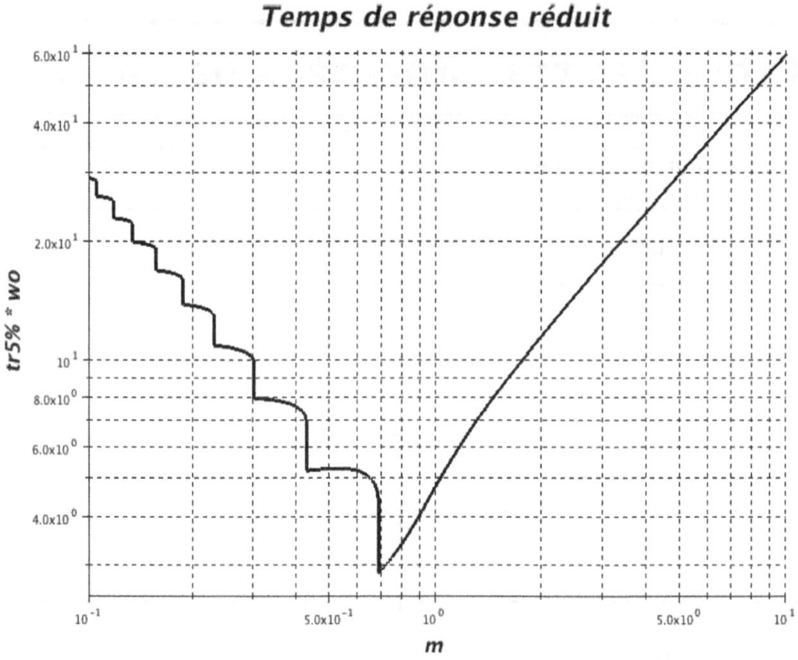

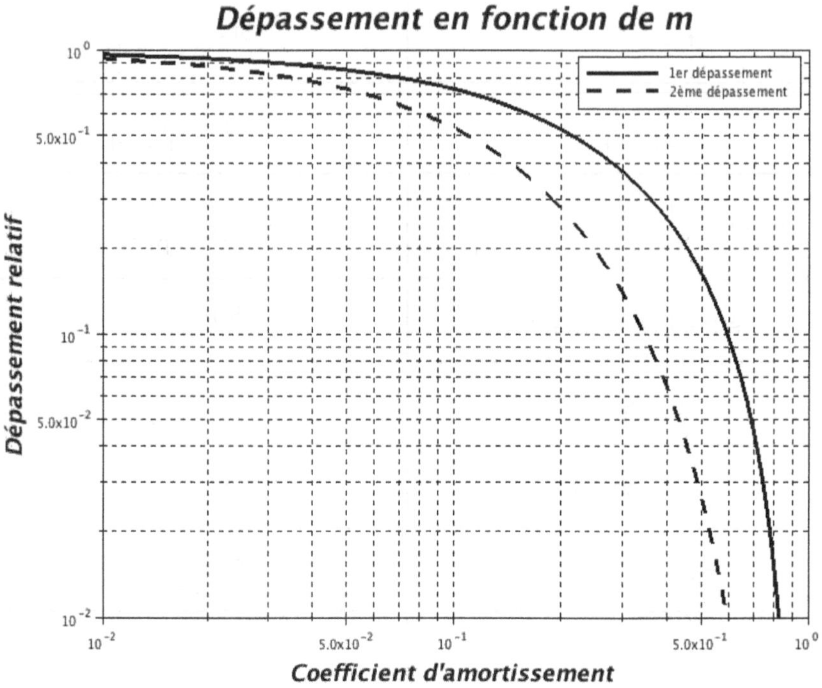

Sujets de concours

Index

Imprimé en France en octobre 2019
par l'Imprimerie Maury S.A.S. à Millau (12)
N° d'impression : I19/59356S
Dépôt légal : octobre 2019